Vorwort zur ersten Auflage.

Den Versuch, die für die Technik wichtigsten Schwingungserscheinungen aus der Mechanik starrer, elastischer, flüssiger, gasförmiger Körper wie aus der Elektrizitätslehre im Zusammenhang darzustellen, habe ich unternommen, weil es mir zweckmäßig schien, zu zeigen, daß sich alle jene Schwingungsvorgänge fast ausnahmslos auf lineare Differentialgleichungen zurückführen lassen, und daß so die Lehre von diesen Differentialgleichungen als ein wichtiges theoretisches Hilfsmittel des Ingenieurs erscheint.

Trotzdem habe ich darauf verzichtet, eine abgeschlossene Theorie dieses Hilfsmittels an den Anfang des Buches zu stellen.

Die einleitenden Paragraphen enthalten vielmehr sofort der Wirklichkeit entnommene Beispiele, an denen die grundlegenden mathematischen Begriffsbestimmungen und Methoden gewissermaßen beiläufig erörtert werden. Erst nachdem der Leser weiß, welche Ziele das mathematische Verfahren zeigt, wird eine knappe, zusammenhängende Theorie gegeben.

Aus ähnlichen Gründen wurde ein Abriß der rationellen Mechanik in gedrängtester Form an den Schluß der einleitenden Beispiele gestellt.

Die späteren Abschnitte enthalten dann schwierigere Gegenstände, die in neuerer Zeit die wissenschaftliche Technik beschäftigt haben.

Im einzelnen wurde Wert darauf gelegt, daß möglichst jeder Paragraph für sich gelesen werden kann. Dies wurde dadurch erreicht, daß der formelmäßigen Behandlung eine allgemein gehaltene Erörterung vorausgeschickt wurde, die die wesentlichen technisch-physikalischen Gesichtspunkte, öfter auch Bemerkungen zur Entwicklungsgeschichte der betreffenden Frage enthält.

Nonnendamm bei Berlin, Januar 1910.

Siemens-Schuckert-Werke. Dr. W. Hort.

Vorwort zur zweiten Auflage.

Seit Erscheinen der ersten Auflage hat die Anwendung periodischer Vorgänge in der Technik sich außerordentlich erweitert; die technische Schwingungslehre ist Vorlesungsgegenstand an den Hochschulen geworden.

Diese Umstände und die durchweg zustimmenden Besprechungen haben mich veranlaßt, die nunmehr vorliegende zweite Auflage in bedeutend erweiterter Form erscheinen zu lassen, einerseits, um die inzwischen wichtig gewordenen neuen Anwendungsgebiete aufzunehmen, andererseits, um die früher nur kurz dargestellten Stoffe, besonders aus der Elektrizitätsanwendung, ausführlicher zu betrachten.

In der Industrie teilen sich heute wissenschaftlich gebildete Ingenieure und technische Physiker in die Behandlung der Aufgaben; für beide ist das Werk als Handbuch gedacht, zur Umschau auf dem eigenen und auf benachbarten Gebieten.

Die Schwingungslehre hat aber auch für den Mathematiker Interesse, sowohl mit Rücksicht auf die zahlreichen Anwendungsbeispiele, die sie der reinen Theorie bietet, als auch deshalb, weil sie in ihrer neuesten Entwicklung der mathematischen Forschung Anregung gibt.

Studenten der genannten Wissenschaften, die die grundlegenden Vorlesungen gehört haben, dürfte das Werk als Lehrbuch nützlich sein.

In die eigentliche technische Darstellung habe ich an einigen wenigen Stellen Erörterungen astronomischer oder allgemein physikalischer Natur eingeflochten, gewissermaßen als wissenschaftliche Fernblickspunkte.

Einige Herren, deren Namen in den Anmerkungen am Schluß genannt sind, haben mich in dankenswerter Weise durch Überlassung von Originalfiguren unterstützt; Herr Dipl.-Ing. L. Zipperer, Karlsruhe, hat mir bei der Korrektur geholfen[1]).

Charlottenburg, August 1922.

Dr. W. Hort.

[1]) Einige nachträglich bemerkte Versehen haben in den Anmerkungen bei den einzelnen Paragraphen Verbesserung gefunden.

Technische Schwingungslehre

Ein Handbuch für Ingenieure, Physiker und Mathematiker bei der Untersuchung der in der Technik angewendeten periodischen Vorgänge

Von

Dipl.-Ing. Dr. Wilhelm Hort

Oberingenieur bei der Turbinenfabrik der AEG
Privatdozent an der Technischen Hochschule in Berlin

Zweite
völlig umgearbeitete Auflage

Mit 423 Textfiguren

Berlin
Verlag von Julius Springer
1922

ISBN-13: 978-3-642-98547-8 e-ISBN-13: 978-3-642-99362-6
DOI:10.1007/ 978-3-642-99362-6

Softcover reprint of the hardcover 2nd edition 1922

Inhaltsverzeichnis.

VI. Analytische und graphische Methoden.

VII. Schwingungen mit einem Freiheitsgrad in der Maschinentechnik.

VIII. Schwingungen mit mehreren Freiheitsgraden.

IX. Schwingungserscheinungen bei Fahrzeugen.

X. Die Kreiseltheorie in der Technik.

XI. Schwingungen fester elastischer Körper.

XII. Periodische Bewegungen nicht elastischer Flüssigkeiten.

XIII. Periodische Bewegungen von Gasen und Dämpfen.

I. Einfachste ungedämpfte Schwingungsvorgänge.

§ 1. Mathematisches Pendel[1]).

Das bekannteste Beispiel einer ungedämpften Schwingungsbewegung bietet das mathematische Pendel. Dasselbe kann genügend genau dargestellt werden durch eine kleine schwere Kugel der Masse m (siehe Fig. 1), die an einem dünnen unausdehnbaren Faden der Länge l aufgehängt ist. OM sei eine durch den Aufhängepunkt gezogene Vertikale. Wir betrachten nun das Pendel in dem Moment, in welchem es um den Winkel α aus seiner Ruhelage OM ausgelenkt ist. In diesem Augenblick wirken auf die Pendelkugel folgende Kräfte: senkrecht nach unten das Gewicht $m g$, in Richtung des Aufhängefadens die Spannung desselben $m g \cos\alpha$ nebst der Zentrifugalkraft $m l \left(\frac{d\alpha}{dt}\right)^2$, tangential zur Bahn die Massenträgheit der Kugel: $m l \frac{d^2\alpha}{dt^2}$.

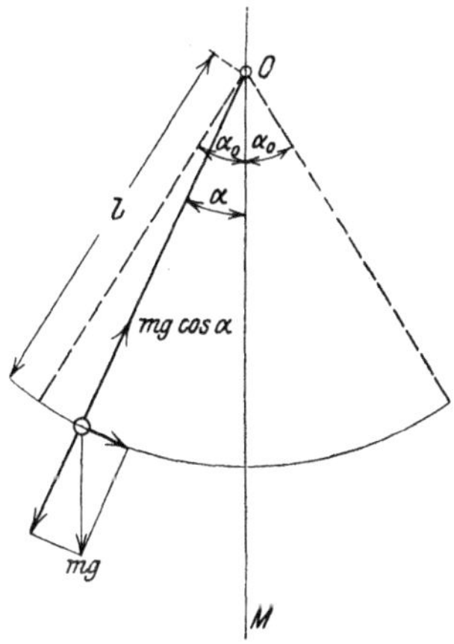

Fig. 1. Mathematisches Pendel.

Um nun zu einer Bewegungsgleichung zu gelangen, betrachten wir den Gleichgewichtszustand dieser Kräfte.

Das Gewicht $m g$ wird zu diesem Zweck in zwei Komponenten zerlegt: normal zur Bahn wirkt $m g \cos\alpha$, tangential $m g \sin\alpha$. Die Komponente $m g \cos\alpha$ ist der Fadenspannung gleich und entgegengerichtet, braucht also nicht weiter berücksichtigt zu werden. Dagegen muß die Tangentialkomponente $m g \sin\alpha$ der Massenträgheit das Gleichgewicht halten:

$$(1) \qquad -m g \sin\alpha = m l \frac{d^2\alpha}{dt^2},$$

wobei das Minuszeichen deshalb gesetzt werden muß, weil $m\,g \sin\alpha$ den Winkel α zu verkleinern strebt.

Die Masse m fällt in der Gleichung (1) durch Division heraus, und wir erhalten die Differentialgleichung für die Bewegung des mathematischen Pendels:

$$\frac{d^2\alpha}{dt^2} + \frac{g}{l}\sin\alpha = 0\,. \tag{2}$$

Die genaue Integration dieser Differentialgleichung führt auf elliptische Funktionen; einfacher gestaltet sich jedoch die Lösung, wenn wir vorerst nur kleine Schwingungen des Pendels betrachten, bei denen man angenähert

$$\sin\alpha = \alpha \tag{3}$$

setzen kann.

Die Differentialgleichung (2) geht dann über in folgende Form:

$$\frac{d^2\alpha}{dt^2} + c^2\alpha = 0\,, \tag{4}$$

wo gesetzt ist:

$$\frac{g}{l} = c^2\,. \tag{5}$$

(4) ist die einfachste Form einer linearen Differentialgleichung zweiter Ordnung mit konstanten Koeffizienten. Sie stellt uns die Aufgabe, α als Funktion von t zu finden.

Zu diesem Zwecke setzen wir versuchsweise

$$\alpha = e^{\mu t}\,, \tag{6}$$

wo μ eine noch zu ermittelnde Konstante ist. Nach zweimaligem Differenzieren findet man aus (6):

$$\frac{d^2\alpha}{dt^2} = \mu^2 e^{\mu t}\,. \tag{7}$$

Führen wir die Ausdrücke (6) und (7) in die Gleichung (4) ein, so erhalten wir nach Division mit $e^{\mu t}$:

$$\mu^2 + c^2 = 0\,. \tag{8}$$

Hieraus findet sich die gesuchte Konstante

$$\mu = \pm i c\,. \tag{9}$$

Es genügt demnach sowohl

$$\alpha = e^{+ict} \tag{10}$$

als auch

$$\alpha = e^{-ict} \tag{11}$$

der Differentialgleichung (4).

Wir haben also für diese Differentialgleichung zweiter Ordnung zwei voneinander unabhängige partikuläre Integrale gefunden. Aus diesen setzt sich das allgemeine Integral unter Zuhilfenahme von zwei willkürlichen Konstanten A und B wie folgt zusammen:

$$\alpha = A e^{+ict} + B e^{-ict} . \tag{12}$$

Gleichung (12) ist die allgemeinste Lösung von (4). Jedes Wertpaar A, B liefert ein partikuläres Integral dieser Differentialgleichung.

Wird in der Gleichung (12)

$$\begin{cases} e^{+ict} = \cos ct + i \sin ct , \\ e^{-ict} = \cos ct - i \sin ct \end{cases} \tag{13}$$

gesetzt, so findet sich:

$$\alpha = (A + B) \cos ct + (A - B) i \sin ct . \tag{14}$$

Jetzt bleibt nur noch eine Aufgabe: die Bestimmung der willkürlichen Konstanten A und B. Über diese kann nur entschieden werden, wenn man sich hinsichtlich der Anfangsbedingungen der Pendelbewegung klar ist. Wir wollen z. B. annehmen, daß die Bewegung zur Zeit $t = 0$ dadurch eingeleitet wird, daß wir dem Pendel eine Anfangsauslenkung α_0 erteilen und dann dasselbe loslassen, ohne ihm einen Stoß, d. h. eine Anfangsgeschwindigkeit zu erteilen. So soll also sein für:

$$t = 0: \quad \alpha = \alpha_0 ; \quad \frac{d\alpha}{dt} = 0 . \tag{15}$$

Wenden wir diese Anfangsbedingungen auf das allgemeine Integral (14) an, so folgt für:

$$t = 0: \quad \alpha = (A + B) = \alpha_0 ; \quad \frac{dx}{dt} = ic(A - B) = 0 . \tag{16}$$

Hieraus aber ergibt sich nach Einsetzung in (14)

$$\alpha = \alpha_0 \cos ct . \tag{17}$$

Die Größe α_0 (hier ein Winkel) nennt man die Amplitude der Schwingung; sie gibt die größte Abweichung des schwingenden Körpers von der Gleichgewichtslage an.

Hiernach wird $\alpha = \alpha_0$ zur Zeit

$$t = 0; \quad t = \frac{2\pi}{c}; \quad t = \frac{4\pi}{c}; \quad \text{usw.}$$

d. h. nach Verlauf der Zeit

$$T = \frac{2\pi}{c} = 2\pi\sqrt{\frac{l}{g}} \tag{18}$$

hat das Pendel eine volle Schwingung vollführt. Man nennt T die Schwingungsdauer; $n = \frac{1}{T}$ heißt die Schwingungszahl pro Sekunde; es ist:

$$n\,T = 1\,. \tag{19}$$

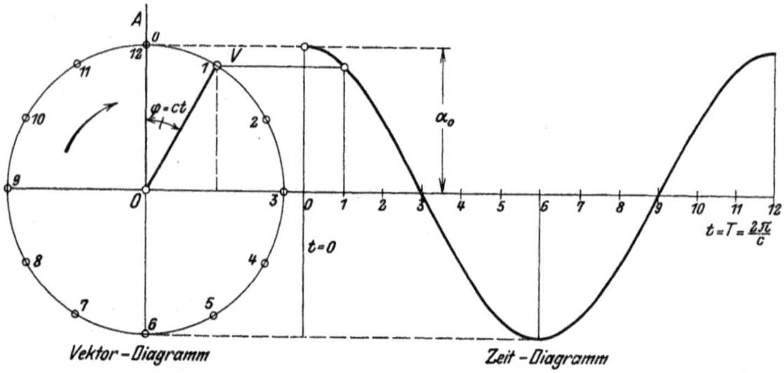

Fig. 2.

Zu einer graphischen Veranschaulichung des durch (17) dargestellten Schwingungsvorganges gelangt man mit Hilfe eines „Vektorzeitdiagrammes". Man erhält ein solches (siehe Fig. 2), indem man mit der Amplitude α_0 als Radius einen Kreis beschreibt. Unter den Kreisradien markiert man eine feste Anfangsrichtung OA und stellt sich vor, daß der Endpunkt V eines „Radiusvektors" OV den Kreis in der Zeit $T = \frac{2\pi}{c}$, der Schwingungsdauer einmal gleichförmig durchlaufe. Dann stellt das von V auf den zu OA senkrechten Durchmesser gefällte Lot die Auslenkung des Pendels zur Zeit $t = \frac{\varphi}{c}$ dar. Trägt man nun auf der Verlängerung des zu OA senkrechten Durchmessers die Zeiten t als Abszissen auf und projiziert den Endpunkt V des Vektors auf die zu den Zeiten gehörigen Ordinaten, so erhält man ein „Zeitdiagramm" der Bewegung: die Darstellung des Weges als Funktion der Zeit; im vorliegenden Falle entsteht eine Kosinuskurve.

§ 2. Biegungsschwingungen eines belasteten Stabes[2]).

Ein elastischer Stab der Länge l (siehe Fig. 3) sei an seinen beiden Enden unterstützt und trage in der Mitte eine Last $m\,g$. Es werde angenommen, daß die Masse des Stabes der Masse m gegenüber vernachlässigbar sei; man soll die kleinen Schwingungen des Systems finden.

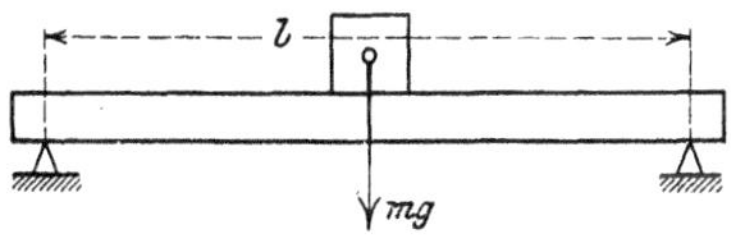

Fig. 3. Stabschwingung.

Ist J das Trägheitsmoment des Stabquerschnittes, E der Elastizitätsmodul des Stabmateriales, so zeigt die Elastizitätslehre, daß der Stab durch die Last $m\,g$ eine Durchbiegung

(1) $$a = \frac{m\,g}{E\,J}\,\frac{l^3}{48}$$

erleidet; wir wollen a die „statische" Durchbiegung nennen. Setzen wir kurz hier:

(2) $$c^2 = \frac{48\,E\,J}{l^3},$$

so ist

(3) $$a = m\,g\,\frac{1}{c^2}.$$

Versuchen wir jetzt die Balkenmitte um die kleine Größe y_1 weiter zu senken, so ist hierzu eine nach unten wirkende Kraft

(4) $$P = y_1\,c^2$$

erforderlich; die gesamte Durchbiegung ist:

(5) $$y = a + y_1 = (P + m\,g)\,\frac{1}{c^2}.$$

Lassen wir jetzt den Balken frei, so daß $P = 0$ wird, so beginnt eine Schwingungsbewegung um die Ruhelage a, deren Differentialgleichung lautet:

$$m \frac{d^2 y}{dt^2} = -y c^2 + m g . \tag{6}$$

Hier bedeutet y die „dynamische" Durchbiegung des Stabes, die eine Funktion der Zeit ist. Ist y von der Zeit unabhängig, also $\frac{d^2 y}{dt^2} = 0$, so geht mit

$$y = a = \frac{m g}{c^2} \tag{7}$$

die „dynamische" Durchbiegung in die statische über.

Die Differentialgleichung (6), die auch geschrieben werden kann:

$$m \frac{d^2 y}{dt^2} + y c^2 = m g , \tag{8}$$

ist in der Form ganz analog der Gleichung (4) des § 1; nur steht auf der rechten Seite statt 0 das konstante Glied $m g$. Wir haben somit eine lineare Differentialgleichung mit Störungsglied vor uns, und zwar den einfachen Fall, daß das Störungsglied eine Konstante ist. Die Mathematiker bezeichnen übrigens lineare Differentialgleichungen ohne Störungsglied als homogene; unsere Differentialgleichung würde als nicht homogen sein.

Zum Zwecke der Lösung betrachten wir zunächst die homogene Differentialgleichung, indem wir das Glied $\frac{m g}{c^2}$ fortlassen; die beiden partikulären Integrale können jetzt sofort hingeschrieben werden; sowohl

$$y = A e^{+\frac{i c t}{\sqrt{m}}} \tag{9}$$

als auch

$$y = B e^{-\frac{i c t}{\sqrt{m}}} \tag{10}$$

genügen der homogenen Differentialgleichung. Das allgemeine Integral wird alsdann:

$$y = (A + B) \cos \frac{c t}{\sqrt{m}} + i (A - B) \sin \frac{c t}{\sqrt{m}} . \tag{11}$$

Aus dieser Gleichung geht sofort die Lösung der nicht homogenen Differentialgleichung (8) hervor durch Hinzufügen von $\frac{m g}{c^2}$, wie man sich leicht überzeugt:

$$y = \frac{m g}{c^2} + (A + B) \cos \frac{c t}{\sqrt{m}} + i (A - B) \sin \frac{c t}{\sqrt{m}} . \tag{12}$$

Zur Bestimmung der willkürlichen Konstanten A und B sind wieder die Anfangsbedingungen erforderlich; es sei für

$$t = 0: \quad y = y_0 ; \qquad \frac{dy}{dt} = y_0' . \tag{13}$$

Diese Anfangsbedingungen können z. B. dadurch realisiert werden, daß man zur Zeit $t = 0$ den Stab um den Betrag y_0 durchbiegt und dem Gewicht eine momentane Geschwindigkeit y_0' quer zur Stabachse erteilt. Aus den Anfangsbedingungen folgt für:

$$\begin{cases} t = 0: \quad y_0 = A + B + \dfrac{m g}{c^2} , \\ \qquad\quad y_0' = i (A - B) \dfrac{c}{\sqrt{m}} , \end{cases} \tag{14}$$

woraus sich findet:

$$\begin{cases} A + B = y_0 - \dfrac{m g}{c^2} , \\ A - B = -i \dfrac{\sqrt{m}}{c} y_0' \end{cases} \tag{15}$$

und das Integral:

$$y = \frac{m g}{c^2} + \left(y_0 - \frac{m g}{c^2}\right) \cos \frac{c t}{\sqrt{m}} + \frac{\sqrt{m}}{c} y_0' \sin \frac{c t}{\sqrt{m}} . \tag{16}$$

An diese Formel knüpfen wir wieder eine graphische Behandlung. Von dem konstanten Glied $\frac{m g}{c^2}$ sehen wir ab und bezeichnen die Konstanten der beiden verbleibenden Glieder mit a und b, so daß wir erhalten:

$$y = a \cos \frac{c t}{\sqrt{m}} + b \sin \frac{c t}{\sqrt{m}} . \tag{17}$$

Für a und b führen wir nun zwei neue Größen r und β ein durch die Beziehungen

$$a = r \sin\beta\,; \quad b = r \cos\beta\,, \tag{18}$$

wodurch (17) übergeht in

$$y = r\left(\sin\beta \cos\frac{c\,t}{\sqrt{m}} + \cos\beta \sin\frac{c\,t}{\sqrt{m}}\right)$$

oder

$$y = r \sin\left(\frac{c\,t}{\sqrt{m}} + \beta\right). \tag{19}$$

Zu einer graphischen Darstellung dieser Formel benutzen wir wieder das schon oben erörterte Vektor-Zeit-Diagramm (siehe Fig. 4). Der Radius des Vektorkreises ist r; und der Beginn der

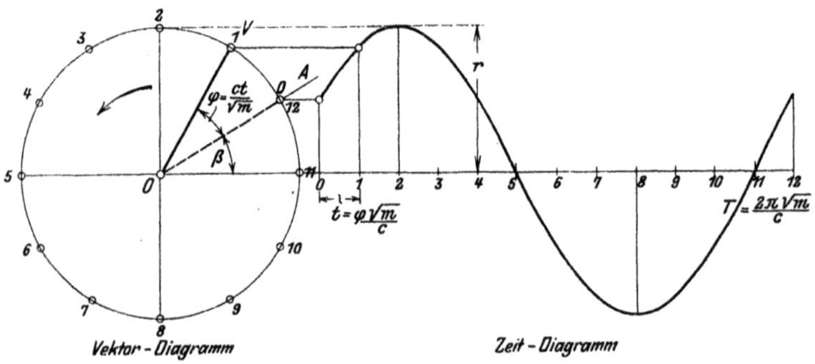

Fig. 4.

Bewegung liegt beim Punkt A. Wir sehen, daß die Anfangsauslenkung des Gewichtes (zur Zeit $t = 0$) den Betrag $r \sin\beta$ besitzt. Den Winkel β nennt man Phasenverschiebung, indem man die Bewegung

$$y = r \sin\left(\frac{c\,t}{\sqrt{m}} + \beta\right) \tag{20}$$

sich verglichen denkt mit einer anderen Bewegung

$$y = r \sin\frac{c\,t}{\sqrt{m}}\,, \tag{21}$$

bei welcher die Auslenkung zur Zeit $t = 0$ ebenfalls Null ist. Man sagt kurz: die Bewegung (20) ist gegen die Bewegung (21) um die

Phase β verschoben, und zwar eilt (20) vor (21) voraus um den Betrag β.

Von diesem Standpunkt aus kann man sagen, daß die Bewegung (17) des vorigen Paragraphen eine Phasenverschiebung $\frac{\pi}{2}$ hat, indem man statt (17) offenbar auch schreiben kann

$$\alpha = \alpha_0 \sin\left(c\,t + \frac{\pi}{2}\right). \tag{22}$$

Man nennt derartig verlaufende Schwingungen (in denen nur Kreisfunktionen vorkommen) harmonische.

§ 3. Theorie des physikalischen Pendels und der Wage[3]).

Das physikalische Pendel (siehe Fig. 5) ist ein starrer Körper, der unter Einwirkung der Schwere um eine feste Achse schwingt. O sei der Drehpunkt, S der Schwerpunkt des Pendels. OY_- sei die durch den Aufhängepunkt gezogene Vertikale; $x\,y$ ein im Raume fest liegendes Koordinatensystem. Für das Pendel ist nun die Bewegungsgleichung:

$$(1)\quad \left\{\begin{aligned} &\frac{d}{dt}\sum dm\left(x\frac{dy}{dt} - y\frac{dx}{dt}\right) \\ &= \sum (Y\,x - X\,y)\,, \end{aligned}\right.$$

wo X, Y die am Massenelement $d\,m$ angreifenden Kraftkomponenten und die Summationen über den ganzen Körper zu erstrecken sind.

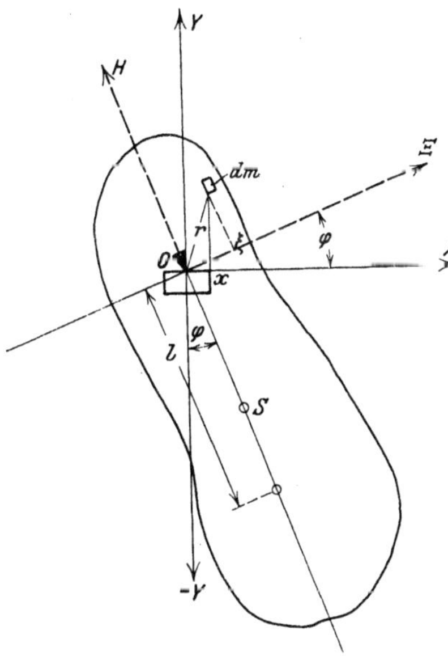

Fig. 5. Physikalisches Pendel.

Zur Ausführung der Summationen nehmen wir ein mit dem Körper fest verbundenes Koordinatensystem $\Xi\,H$ an, in welchem der Massenpunkt $d\,m$ die Koordinaten ξ, η hat. Es gilt:

$$x = \xi \cos\varphi - \eta \sin\varphi ,$$

$$y = \xi \sin\varphi + \eta \cos\varphi .$$

Setzen wir nach Differentiation

$$x , \quad y , \quad \frac{dx}{dt} , \quad \frac{dy}{dt}$$

in (1) ein und berücksichtigen, daß die Kraft $X = 0$ und Y die auf den Massenpunkt wirkende Schwerkraft $-g\,d\,m$ ist, so geht (1) über in:

$$\Theta \frac{d^2 y}{dt^2} = -g\,s\,M \sin\varphi , \tag{2}$$

wo Θ das auf O bezogene Trägheitsmoment $\Sigma r^2\,d\,m$, M die gesamte Masse $\Sigma\,d\,m$ und s der Schwerpunktsabstand von O ist.

Diese Bewegungsgleichung wird identisch mit der des mathematischen Pendels, wenn wir

$$\frac{\Theta}{M\,s} = l \tag{3}$$

setzen. Demnach hat ein physikalisches Pendel, für welches diese Gleichung gilt, dieselbe Schwingungsdauer wie ein mathematisches der Länge l; beide Pendel schwingen isochron. Es wird die Schwingungsdauer

$$T^2 = \pi^2 \frac{\Theta}{M\,s\,g} . \tag{4}$$

Man nennt den Ausdruck

$$\frac{\Theta}{M\,s}$$

die reduzierte Länge des physikalischen Pendels. Trägt man $\frac{\Theta}{M\,s}$ vom Aufhängepunkt O auf der Schwerachse aus in Richtung nach S ab, so bezeichnet man den Endpunkt dieser Strecke als Schwingungsmittelpunkt des Pendels.

Führen wir jetzt den Trägheitsradius λ des Pendels ein, so ist $\Theta_s = \lambda^2 M$, wo Θ_s das auf den Schwerpunkt S bezogene Trägheitsmoment ist. Dann gilt:

$$\Theta = M\,(s^2 + \lambda^2) \tag{5}$$

und die reduzierte Pendellänge wird:

$$l = \frac{s^2 + \lambda^2}{s}. \tag{6}$$

Durch diese Gleichung werden für jedes physikalische Pendel mit dem Trägheitsradius λ zwei Aufhängepunkte bestimmt, für welche die Schwingungsdauer des Pendels $= 2\pi\sqrt{\frac{l}{g}}$ wird. Die Abstände s_1 und s_2 (siehe Fig. 6) der Aufhängepunkte bestimmen sich durch die Gleichung:

$$s^2 - l\,s + \lambda^2 = 0. \tag{7}$$

Beide Aufhängepunkte sind demnach reell und verschieden, so lange $l^2 - 4\lambda^2$ positiv ist. Verschwindet dieser Ausdruck ($l^2 = 4\lambda^2$), so fallen beide Aufhängepunkte zusammen. In diesem Fall hat l den für das gegebene physikalische Pendel kleinstmöglichen Wert angenommen; das Pendel hat die kleinste Schwingungsdauer, die überhaupt möglich ist. Sind dagegen s_1 und s_2 verschieden, so kann man das Pendel um jeden der zugehörigen Aufhängepunkte O_1 und O_2 schwingen lassen. Derartige Pendel nennt man **Reversionspendel**, die 1811 von **Bohnenberger** angegeben und von **Bessel**[4]) zu genauen Messungen der Beschleunigung der Schwerkraft benutzt wurden, worauf indes hier nicht weiter eingegangen werden soll.

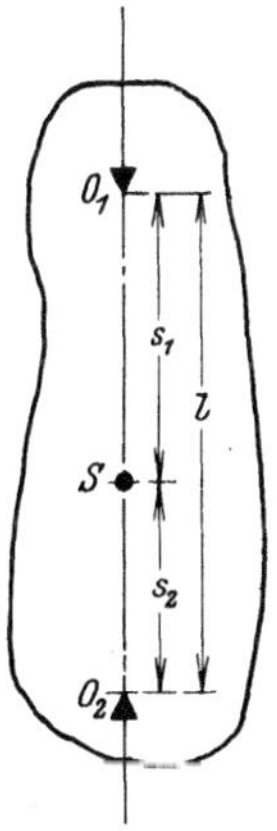

Fig. 6. Reversionspendel.

Ein ganz allgemein verwendetes physikalisches Pendel ist die **Präzisionswage**[5]). Über ihre Theorie wollen wir uns jetzt einen Überblick verschaffen.

ADB (siehe Fig. 7) sei der Wagebalken, D sein Drehpunkt, S der Schwerpunkt; $SD = s$. Die Masse des Wagebalkens sei $= \mathsf{M}$. L und l seien die Armlängen; M' und m' die Massen der Wagschalen, M und m die Massen der auf die Schalen gelegten Körper resp. Gewichte; δ sei der Ausschlag der Richtung DS aus der Vertikalen; δ wird an der an jeder guten Wage angebrachten Skala abgelesen.

Die Gleichgewichtsbedingung ist:

$$\mathsf{M} s \sin\delta + (M + M')\,L \sin(\alpha + \delta) - (m + m')\,l \sin(\beta - \delta) = 0. \tag{8}$$

Wir wollen nun untersuchen, welche Änderung von δ hervorgebracht wird durch eine kleine Änderung von m. Zu diesem Zwecke differenzieren wir (8):

$$(9)\quad \begin{cases} [\mathsf{M}s\cos\delta + (M+M')L\cos(\alpha+\delta) + (m+m')l\cos(\beta-\delta)]\,d\delta \\ \qquad\qquad - l\sin(\beta-\delta)\,dm = 0\,. \end{cases}$$

Multipliziert man Gleichung (8) mit $-\cos(\alpha+\delta)\,d\delta$ und Gleichung (9) mit $\sin(\alpha+\delta)$, so folgt nach Addition:

$$(10)\quad [\mathsf{M}s\sin\alpha + (m+m')l\sin(\alpha+\beta)]\,d\delta = l\sin(\beta-\delta)\sin(\alpha+\delta)\,dm$$

und hieraus:

$$(11)\qquad \varepsilon = \frac{d\delta}{dm} = \frac{l\sin(\beta-\delta)\sin(\alpha+\delta)}{\mathsf{M}s\sin\alpha + (m+m')l\sin(\alpha+\beta)}\,.$$

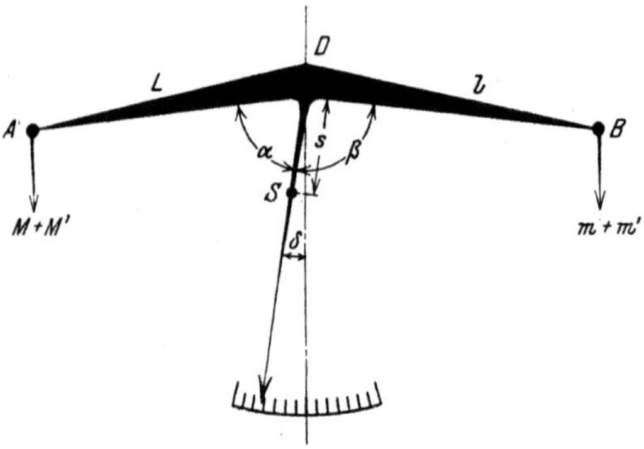

Fig. 7. Wage.

Wir nennen ε die Empfindlichkeit der Wage, d. h. denjenigen Ausschlag des Zeigers DS, der durch ein kleines Übergewicht $dm = 1$ Milligramm hervorgebracht wird.

Aus Gleichung (11) sehen wir, daß ε abhängig ist von der Belastung; nur wenn die Aufhängepunkte ASB der Schalen und der Drehpunkt D in einer Geraden liegen ($\alpha+\beta = 2\pi$), wird ε von $(m+m')$ unabhängig:

$$(12)\qquad \varepsilon = \frac{l\sin^2(\alpha+\delta)}{\mathsf{M}s\sin\alpha}\,.$$

Empfindliche Wagen sollen also kurze Arme und leichte Balken haben. Im übrigen finden wir, wenn wir den Wagebalken als physikalisches Pendel betrachten, dessen Trägheitsmoment $= \Theta$ ist, die Schwingungsdauer der Wage

$$T^2 = \pi^2 \frac{\Theta}{\mathsf{M}\, s\, g} \tag{13}$$

und in Verbindung mit (12)

$$\varepsilon = \frac{l \sin^2(\alpha + \delta)}{\pi^2 \Theta} T^2 g\,, \tag{14}$$

d. h. die Empfindlichkeit der Wage ist dem Quadrat der Schwingungsdauer proportional.

§ 4. Theorie der Magnetometer und Galvanometer[6]).

Die Magnetometer und Galvanometer sind Instrumente, welche dazu dienen, Kräfte zu messen, welche gegenüber der Schwerkraft klein zu nennen sind. Zu diesem Zwecke entzieht man die Körper, auf welche die kleinen Kräfte ausgeübt werden, der störenden Schwerkraft ganz oder zum Teil durch Aufhängung.

Im wesentlichen kommen zwei Aufhängungsarten in Betracht: die unifilare, die von Coulomb[7]) in die physikalische Meßtechnik eingeführt wurde und die bifilare, welche zuerst Gauß[8]) anwendete.

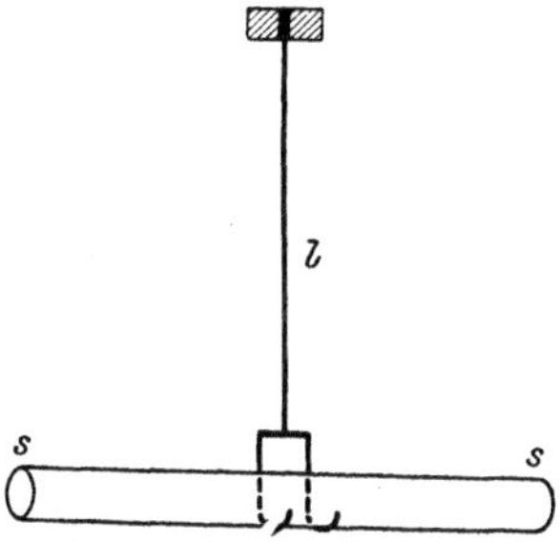

Fig. 8. Magnetometer.

Fig 8 zeigt ein unifilares Gehänge einfachster Form. l ist ein dünner Draht, $s\,s$ ein unmagnetischer Stab. Geben wir dem Stab eine schwache horizontale Auslenkung φ aus seiner Gleichgewichtslage und überlassen dann das Ganze sich selbst, so wird unter dem Einfluß der Torsionskräfte des Drahtes eine Schwingungsbewegung zustande kommen, deren Gleichung sofort angegeben werden kann; es müssen nämlich stets die Trägheitskräfte des Systems den Torsionskräften gleich sein. Ist Θ das Trägheitsmoment des schwingenden Systems, τ die aus den Drahtabmessungen und seinem Gleitmodul zu berechnende Torsionskonstante, so haben wir:

$$\Theta \frac{d^2\varphi}{dt^2} = -\tau\varphi\,,$$

wo das Torsionsmoment $\tau\varphi$ negativ angesetzt ist, weil es die Auslenkung φ zu verkleinern sucht. Dies ist aber wieder unsere bekannte einfachste Schwingungsgleichung:

$$\Theta \frac{d^2\varphi}{dt^2} + \tau\varphi = 0\,.$$

Setzen wir jetzt den Stab als magnetisch voraus, so ist außer der Wirkung der Torsion die des Erdmagnetismus zu berücksichtigen. Es sei H (siehe Fig. 9) die Horizontalkomponente des Erdmagnetismus am Beobachtungsort, d. h. diejenige Kraft, die auf einen isolierten Pol der Stärke $+1$ ausgeübt wird. H wird positiv gerechnet nach der Bewegungsrichtung des Poles $+1$; man nennt diese Richtung den magnetischen Meridian des Ortes. Hat unser Stab ein magnetisches Moment $\mu \cdot l$, wo l die ideelle Länge des Magneten, μ die an den Enden von l konzentriert gedachte magnetische Menge ist, so übt das Erdfeld bei einer Auslenkung φ des Stabes aus der Richtung des magnetischen Meridians auf jenen ein Moment $H\,l\,\mu \sin\varphi$ aus. Dies wird mit dem Torsionsmoment zusammengesetzt, und für den Fall, daß die Gleichgewichtslage des Stabes der magnetische Meridian ist, haben wir als Schwingungsgleichung

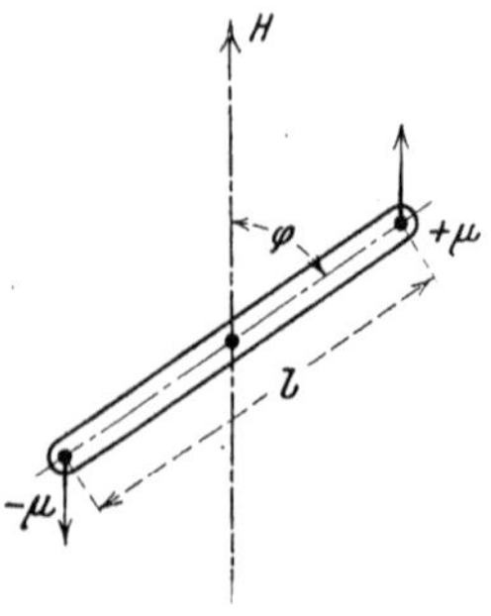

Fig. 9. Zum magnetischen Moment.

$$\Theta \frac{d^2\varphi}{dt^2} = -\tau\varphi - H\mu l \sin\varphi\,.$$

Schreiben wir jetzt $\mathfrak{M}$ statt $\mu\,l$ und φ statt $\sin\varphi$, was für kleine Winkel zulässig ist, so haben wir

$$\Theta \frac{d^2\varphi}{dt^2} + (\tau + H\,\mathfrak{M})\,\varphi = 0\,.$$

Ein derartiges Instrument wird zur Bestimmung des Produkts $H\,\mathfrak{M}$ der Horizontalkomponente des Erdmagnetismus in das magnetische Moment des benutzten Magnetstabes benutzt. Die Methode ist folgende. Unbekannt ist außer der Größe $H\,\mathfrak{M}$ das Trägheitsmoment Θ des Magnetstabes und die Torsionskonstante τ des Gehänges. Zunächst wird τ gemessen, indem ein unmagnetischer Stab des unbekannten Trägheitsmomentes Θ_0 in das Gehänge gelegt wird. Im gemessenen Abstande l_1 links und rechts vom Aufhängefaden werden an dem Stab kleine Körper der bekannten Massen m angebracht, deren Trägheitsmomente um die Achse des Gehänges $m(\lambda^2 + l_1^2)$ sind. λ ist der Trägheitsradius der Körperchen und bleibt unbekannt.

Das System hat jetzt das Trägheitsmoment $\Theta_0 + 2m(\lambda^2 + l_1^2)$. Wir bringen es in Schwingung und messen die Schwingungsdauer T_1. Dann gilt die Gleichung:

$$T_1^2 \tau = \pi^2[\Theta_0 + 2m(\lambda^2 + l_1^2)] . \tag{3}$$

Wird das Schwingungsexperiment wiederholt, während die Körperchen m den Abstand l_2 vom Aufhängefaden haben, so hat man analog

$$T_2^2 \tau = \pi^2[\Theta_0 + 2m(\lambda^2 + l_2^2)] . \tag{4}$$

Zieht man Gleichung (4) von (3) ab, so findet man

$$\tau = 2m\pi^2 \frac{l_1^2 - l_2^2}{T_1^2 - T_2^2} . \tag{5}$$

Jetzt ersetzt man den unmagnetischen Stab O durch den Magneten $\mathfrak{M}$ und macht wieder zwei Schwingungsexperimente mit den Körperchen m in den Abständen l_3 und l_4. Findet man die Schwingungsdauern T_3 und T_4, so hat man sogleich

$$\tau + H\mathfrak{M} = 2m\pi^2 \frac{l_3^2 - l_4^2}{T_3^2 - T_4^2} . \tag{6}$$

Aus Gleichung (5) und (6) ergibt sich nun $H\mathfrak{M}$. Will man jetzt H und $\mathfrak{M}$ einzeln kennen, so muß noch $\frac{\mathfrak{M}}{H}$ auf folgende Weise bestimmt werden: Eine kleine Magnetnadel m (siehe Fig. 10) wird in Richtung des magnetischen Meridians gebracht. Dann wird der Magnetstab $\mathfrak{M}$ so aufgestellt, daß er in der Ebene der Nadel auf dem Meridian senkrecht steht und seine Achse nach dem Mittel-

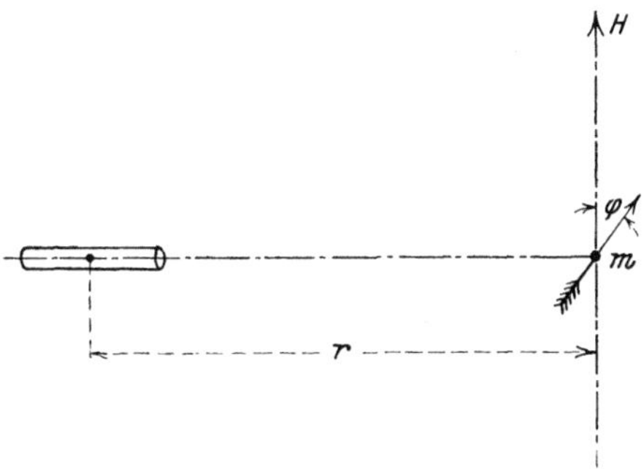

Fig. 10. Zur Bestimmung der Horizontalkomponente.

punkt der Nadel weist. Der Mittelpunkt des Stabes sei von dem der Nadel um den Abstand r entfernt. Unter gemeinsamem Einfluß des Erdmagnetismus und des Magnetstabes $\mathfrak{M}$ werde die Nadel aus der Gleichgewichtslage (dem magnetischen Meridian) um den Winkel φ abgelenkt. Ist nun $\mathfrak{M}'$ das unbekannte magnetische Moment der Nadel, so beweist die Lehre vom Magnetismus, daß das vom Stab auf sie ausgeübte Drehmoment

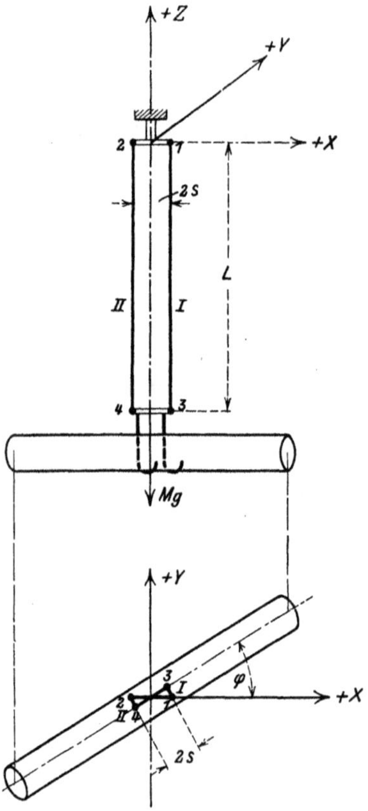

Fig. 11. Bifilares Gehänge.

$$\frac{2\,\mathfrak{M}\,\mathfrak{M}'}{r^3}\cos\varphi \tag{7}$$

ist. Der Erdmagnetismus dagegen übt auf die Nadel das Drehmoment

$$H\,\mathfrak{M}'\sin\varphi \tag{8}$$

aus. Beide Momente müssen einander aufheben:

$$\frac{2\,\mathfrak{M}\,\mathfrak{M}'}{r^3}\cos\varphi = H\,\mathfrak{M}'\sin\varphi\,. \tag{9}$$

Hieraus findet sich

$$\frac{\mathfrak{M}}{H} = \frac{r^3}{2}\operatorname{tg}\varphi \tag{10}$$

und mit (6) und (5) zusammen H und $\mathfrak{M}$ einzeln.

Wichtig ist neben der unifilaren Aufhängungsart die von Gauß zuerst für magnetometrische Zwecke angewendete bifilare. Die Fig. 11 zeigt die Anordnung[9]). Im Abstand $2\,s$ sind parallel zwei Fäden der Länge L aufgehängt, die unten im Gehänge mit einem Stabe die Masse M tragen. Wird das Gehänge um den Winkel φ aus seiner Gleichgewichtslage herausgedreht, so stellen sich die Fäden schräg, und die entstehenden Komponenten X und Y der Fadenspannungen S üben ein Drehmoment um die Z-Achse auf das Gehänge und den Magneten.

Die am Gehänge angreifenden Fadenspannungen haben folgende Komponenten:

$$(11)\ \begin{cases} X_I = -S\dfrac{s\cos\varphi - s}{L}; \quad Y_I = -S\dfrac{s\sin\varphi}{L}; \quad Z_I = +S\dfrac{z}{L} \\ \text{und} \\ X_{II} = +S\dfrac{s\cos\varphi - s}{L}; \quad Y_{II} = +S\dfrac{s\sin\varphi}{L}; \quad Z_{II} = +S\dfrac{z}{L}\,. \end{cases}$$

z bedeutet hier die Entfernung des Gehänges vom Aufhängepunkt.

Für die Bewegung des Gehänges gilt:

$$(12)\qquad \Sigma X = 0\,; \qquad \Sigma Y = 0\,; \qquad \Sigma Z = 2S\frac{z}{L} - Mg = 0\,;$$

d. h. die angreifenden Kräfte (12) sind im Gleichgewicht gegen Verschieben.

Außerdem aber die Drehungsgleichung:

$$(13)\qquad \frac{d}{dt}\sum dm\left(x\frac{dy}{dt} - y\frac{dx}{dt}\right) = \sum(Yx - Xy)\,.$$

Die linke Seite ist nichts anderes als die Massenträgheit des Stabes und kann kurz geschrieben werden

$$\Theta\frac{d^2\varphi}{dt^2}\,,$$

die rechte wird mit

$$(14)\qquad \begin{cases} x_I = s\cos\varphi\,, & y_I = s\sin\varphi\,; \\ x_{II} = -s\cos\varphi\,, & y_{II} = -s\sin\varphi \end{cases}$$

und (11) gleich:

$$-S\frac{s\sin\varphi}{L}\cdot s\cos\varphi - S\frac{s\cdot\sin\varphi}{L}\cdot s\cos\varphi + S\frac{s\cos\varphi - s}{L}s\sin\varphi$$
$$+ S\frac{s\cos\varphi - s}{L}\cdot s\sin\varphi$$
$$= -\frac{2Ss^2}{L}\sin\varphi\cos\varphi + \frac{2Ss^2}{L}\sin\varphi\cos\varphi - \frac{2Ss^2}{L}\sin\varphi$$
$$= -\frac{2Ss^2}{L}\sin\varphi\,.$$

Da aber nach (12)

$$S = M g \frac{L}{2z}$$

ist, so hat man als Schwingungsgleichung

$$\Theta \frac{d^2\varphi}{dt^2} + \frac{M g s^2}{z} \sin\varphi = 0 . \tag{15}$$

Hier kann man wieder für kleine Schwingungen $\sin\varphi = \varphi$ und $Z = L$ setzen, so daß man von neuem die einfachste Schwingungsgleichung erhält:

$$\Theta \frac{d^2\varphi}{dt^2} + M g \frac{s^2}{L} \varphi = 0 . \tag{16}$$

Streng genommen werden die Aufhängedrähte beim Bifilargalvanometer ebenso tordiert wie beim Unifilarinstrument. Daher kommt im Faktor von φ noch das Glied 2τ hinzu, so daß die Gleichung genau heißt:

$$\Theta \frac{d^2\varphi}{dt^2} + \left(M g \frac{s^2}{L} + 2\tau\right) \varphi = 0 . \tag{16a}$$

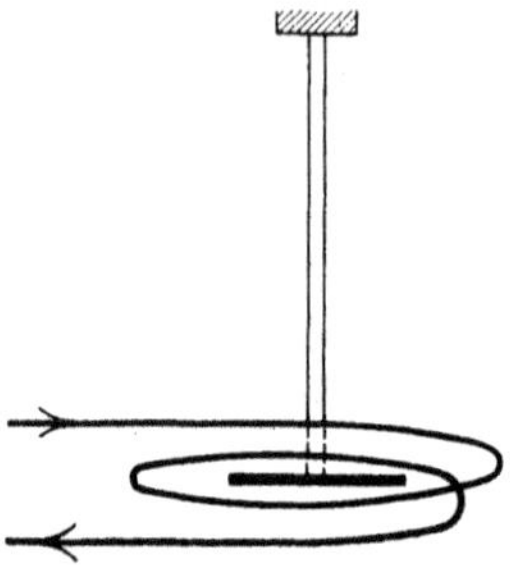

Fig. 12. Galvanometer.

Das Bifilarinstrument unterscheidet sich demnach nicht wesentlich vom unifilaren.

Eine wichtige Anwendung der beschriebenen Instrumente findet das ballistische Galvanometer zur Messung von Elektrizitätsmengen bei Induktionsströmen. Die experimentelle Anordnung zeigt die Fig. 12: Ein Magnetstab ist z. B. bifilar im Innern einer Stromspule so aufgehängt, daß er im magnetischen Meridian liegt; die Windungsebenen der Spule sind der Meridianebene parallel. Fließt ein Strom i durch die Spule, so wird der Magnetstab um den Winkel φ aus der Gleichgewichtslage ausgelenkt. Die angreifenden Kräfte sind das Drehmoment der Aufhängefäden $-M g \frac{s^2}{L} \varphi$, das Moment des Erdmagnetismus $-H \mathfrak{M} \sin\varphi$ und das Moment des Stromes $i = +G M i \cos\varphi$. G ist hier die sogenannte Galvanometerkonstante, welche als bekannt vorausgesetzt wird.

Die Schwingungsgleichung lautet dann

(17) $$\Theta \frac{d^2\varphi}{dt^2} + Mg\frac{s^2}{L}\varphi + H\mathfrak{M}\sin\varphi - G\mathfrak{M}\,i\cos\varphi = 0\,.$$

Zur Zeit $t = 0$ geben wir einen kurzen Induktionsstrom der kleinen Zeitdauer T in das Instrument. T sei so klein, daß während des Induktionsstromes der Magnetstab in Ruhe bleibt ($\varphi = 0$), was durch hinreichend großes Trägheitsmoment Θ erreicht wird. Die Schwingungsgleichung reduziert sich dann zu:

(18) $$\Theta \frac{d^2\varphi}{dt^2} = G\mathfrak{M}\,i\,.$$

Integrieren wir von 0 bis T, so ist

(19) $$\Theta \left[\frac{d\varphi}{dt}\right]_0^T = G\mathfrak{M}\int_0^T i\,dt\,.$$

Das Integral $\int_0^T i\,dt$ ist die Größe, die wir suchen, nämlich die von dem Induktionsstoß durch die Spule geschickte Elektrizitätsmenge. Da für $t = 0$ $\left[\frac{d\varphi}{dt}\right]_0 = 0$ ist, so ist

(20) $$\int_0^T i\,dt = \frac{\Theta}{G\mathfrak{M}}\left[\frac{d\varphi}{dt}\right]_T\,.$$

Nach Aufhören des Induktionsstromes schwingt der Stab aus der Ruhelage $\varphi = 0$ mit der Drehgeschwindigkeit $\left[\frac{d\varphi}{dt}\right]_T$ aus, und zwar bewegt er sich jetzt nach der Gleichung

(21) $$\Theta \frac{d^2\varphi}{dt^2} + \left(\frac{M g s^2}{L} + H\mathfrak{M}\right)\varphi = 0\,,$$

welche wieder für kleine Ausschläge gilt. Wir setzen abkürzend

(22) $$\frac{1}{\Theta}\left(\frac{M g s^2}{L} + H\mathfrak{M}\right) = c^2$$

und schreiben das allgemeine Integral der entstandenen Schwingungsgleichung

(23) $$\varphi = A\cos c t + B\sin c t\,.$$

Da aber für $t = 0$ $\frac{d\varphi}{dt} = \left[\frac{d\varphi}{dt}\right]_T$ sein soll, so wird

$$A = 0\,, \qquad B = \frac{1}{c}\left[\frac{d\varphi}{dt}\right]_T$$

und

(24) $$\varphi = \frac{1}{c}\left[\frac{d\varphi}{dt}\right]_T \sin c\,t\,.$$

Hieraus berechnet sich der größte Ausschlag des Magnetstabes

$$\varphi_1 = \frac{1}{c}\left[\frac{d\varphi}{dt}\right]_T$$

und

$$\left[\frac{d\varphi}{dt}\right]_T = c\,\varphi_1$$

oder

(25) $$\int_0^T i\,dt = \frac{\Theta\,c}{G\mathfrak{M}}\,\varphi\,.$$

Da nun Θ, c, G, $\mathfrak{M}$ bekannt sind, so genügt zur Bestimmung der Elektrizitätsmenge $\int_0^T i\,dt$ die Messung des ersten größten Ausschlages des ballistischen Galvanometers.

II. Schwingungen mit Dämpfung.

§ 5. Schwingungen unter dem Einfluß einer konstanten Reibung.

Alle Formeln, welche zur Ermittlung der Reibung bei Maschinen dienen, bauen sich auf dem Coulombschen Gesetz auf, welches besagt, daß die zwischen zwei Körpern auftretende Reibungskraft proportional ist dem Normaldruck zwischen den Körpern:

(1) $$R = \mu N\,.$$

In diesem Ansatz nennt man den Koeffizienten μ den Reibungskoeffizienten. Der Bestimmung dieses Koeffizienten sind seit Leonardo da Vinci eine große Zahl von Experimentaluntersuchungen gewidmet, deren Resultate für die Erledigung von Einzelfragen wertvoll sind, ohne jedoch über das eigentliche Wesen der Reibung Licht zu verbreiten.

Immerhin soll im folgenden gezeigt werden, wie sich die Behandlung von Schwingungsaufgaben, bei denen die Bewegung nach dem Coulombschen Gesetz erfolgt, gestaltet.

Es handle sich um die Verfolgung der Schwingungsbewegung (s. Fig. 13) der Zentrifugalgewichte eines Hartungschen Regulators[10]). Die Gewichte gleiten auf einer Stange und werden durch eine Feder zusammengehalten. Bei einer bestimmten Umlaufzahl ω_0 der Regulatorspindel sind sie relativ zur Stange in Ruhe; wird die Umlaufzahl auf ω plötzlich abgeändert, so beginnt eine schwingende Gleitbewegung der Gewichte relativ zur Führungsstange; es soll sich darum handeln, diese Schwingungsbewegung zu untersuchen und speziell den Zeitpunkt zu bestimmen, zu welchem der der neuen Umlaufzahl entsprechende Gleichgewichtszustand des Systems Gewichte + Feder eintritt.

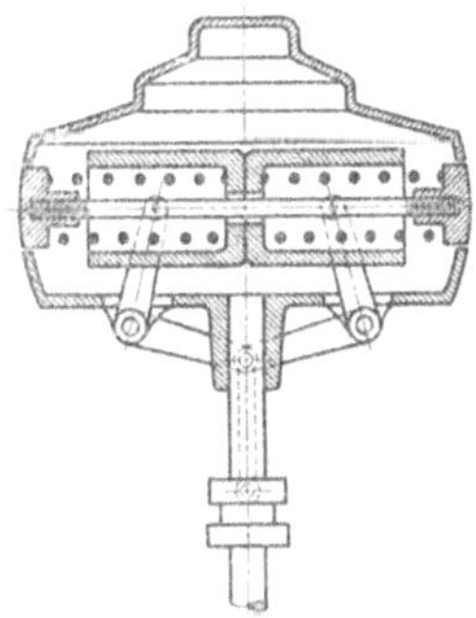

Fig. 13. Hartungs Regulator.

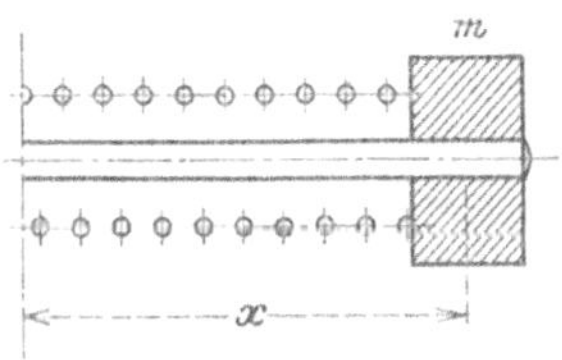

Fig. 14. Konstante Reibung.

Es sei x_0 die Lage des Gewichtes bei ruhender Spindel und gänzlich entlasteter Feder (siehe Fig. 14).

Dann gilt als Bewegungsgleichung:

$$m \frac{d^2 x}{dt^2} = m x \omega^2 - (x - x_0) c^2 - m g \mu . \tag{2}$$

Hier ist c^2 die elastische Konstante der Feder für axiale Formänderung und $m g \mu$ die von dem Gleiten des Gewichts auf der Führungsstange und von der Drehung der Gelenke herrührende Reibungskraft. Sie ist hier negativ angesetzt, da die Gleichung für Bewegung des Gewichtes nach außen, also für wachsende x gelten soll.

Wir führen die Abkürzungen

$$x' = x_0 \frac{c^2}{c^2 - m\,\omega^2} - \frac{m\,g\,\mu}{c^2 - m\,\omega^2}\,,$$

$$c^2 - m\,\omega^2 = \alpha^2$$

ein und können so schreiben:

$$m\frac{d^2x}{dt^2} = -\alpha^2(x - x')\,. \tag{3}$$

Die hierdurch gegebene Bewegung ist eine Schwingung um die Mittellage x'. Wäre keine Reibung vorhanden und $\omega = 0$, so wäre $x' = x_0$, d. h. die spannungslose Lage der Feder wäre der Schwingungsmittelpunkt. Durch die Rotation ω wird dieser weiter nach außen gerückt: $x = x_0 \frac{c^2}{c^2 - m\,\omega^2}$; die Reibung $m\,g\,\mu$ bewirkt, daß er diese Lage nicht ganz erreicht.

Die Integration von (3) liefert:

$$x - x' = (x_1 - x')\cos\frac{\alpha\,t}{\sqrt{m}}\,,$$

wo x_1 die der Winkelgeschwindigkeit ω_0 entsprechende Anfangslage des Gewichtes bedeutet.

Die Gültigkeit dieser Gleichung hört auf bei der Umkehr der Bewegung, da die Reibung ihr Vorzeichen wechselt. Dies tritt ein für

$$\frac{dx}{dt} = 0\,,$$

d. h. für

$$\sin\frac{\alpha\,t}{\sqrt{m}} = 0\,; \qquad t = \frac{\pi\sqrt{m}}{\alpha}$$

oder

$$x_2 - x' = -(x_1 - x')\,,$$

$$x_2 = 2\,x' - x_1\,.$$

Die hier beginnende Rückschwingung regelt sich aber nach folgender Differentialgleichung

$$m\frac{d^2x}{dt^2} = m\,x\,\omega^2 - (x - x_0)\,c^2 + m\,g\,\mu \tag{4}$$

oder mit der Abkürzung

$$x'' = x_0 \frac{c^2}{c^2 - m\,\omega^2} + \frac{m\,g\,\mu}{c^2 - m\,\omega^2},$$

$$(5) \qquad m\frac{d^2x}{dt^2} = -\alpha^2(x - x'').$$

Das Integral lautet:

$$x - x'' = (x_2 - x'')\cos\frac{\alpha\,t}{\sqrt{m}},$$

welche Bewegung ihr Ende findet bei

$$x = x_3 = 2\,x'' - x_2 = 2\,x'' - 2\,x' + x_1 = x_1 + \frac{4\,m\,g\,\mu}{\alpha^2}$$

zur Zeit

$$t = \frac{2\,\pi\sqrt{m}}{\alpha}.$$

Setzt man jetzt abgekürzt

$$\lambda = \frac{m\,g\,\mu}{\alpha^2}$$

und macht man den Punkt

$$x = x_0 \frac{c^2}{c^2 - m\,\omega^2},$$

d. h. den Schwingungsmittelpunkt bei reibungsfreier Bewegung zum Anfangszählpunkt der x, so wird:

$$x_1 = +\xi_1,$$
$$x_2 = -\xi_1 + 2\lambda,$$
$$x_3 = +\xi_1 - 4\lambda,$$
$$x_4 = -\xi_1 + 6\lambda \quad \text{usw.},$$

d. h. die Schwingungsweiten nehmen in arithmetischer Progression ab, während die Schwingungsdauern konstant sind. Die Bewegung kommt zur Ruhe, sobald irgendein x absolut genommen kleiner als λ wird. Stellt man die Bewegung graphisch dar, so erhält man eine aus einzelnen Sinuskurven zusammengesetzte Schlangenlinie (siehe Fig. 15).

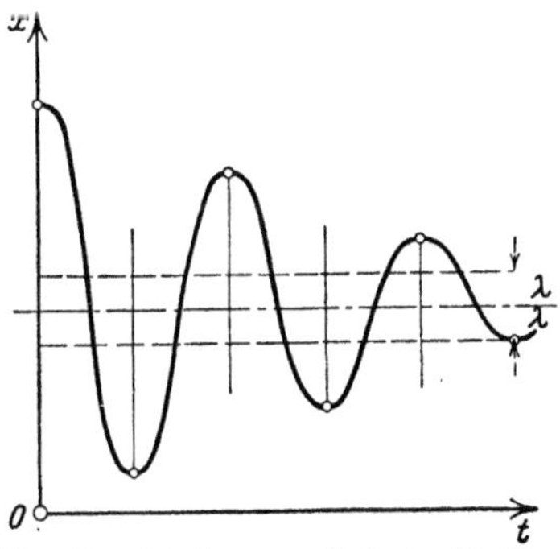

Fig. 15. Schwingung mit Coulomb'scher Reibung.

Eine verwickeltere Bewegung unter Einfluß der Reibung kommt beim Betrieb von Expansions-Kolbenschiebersteuerungen vor. Hier hat der Schieber in Richtung der Schieberstange eine durch die Maschinenbewegung gegebene gezwungene Schwingungsbewegung auszuführen, während die Regulierbewegung senkrecht dazu unter Einfluß des Regulators erfolgt. Um im folgenden nur das Charakteristische dieser Bewegung hervortreten zu lassen, denken wir uns die Massen der Regulierteile mit dem Trägheitsmoment Θ des Expansionsschiebers um seine Drehungsachse vereinigt und die Federkraftwirkungen zusammen mit den Zentrifugalkraftwirkungen auf einen Ausdruck $-\alpha^2\varphi$ gebracht. Hier soll φ den als klein vorausgesetzten Verdrehungswinkel des Schiebers von irgendeiner Mittellage $\varphi = 0$ aus gerechnet bedeuten; $-\alpha^2\varphi$ soll also nichts anderes sein als die auf den Schieber vom Regulator her ausgeübte Stellkraft.

Wir denken uns jetzt ferner ein Relativkoordinatensystem in bezug auf den Grundschieber, dessen Anfangspunkt in der den beiden Schiebern gemeinsamen Zylinderfläche liegt und dessen x-Achse eine Erzeugende dieser Fläche sei, während die y-Achse die Spur der Ebene $x = 0$ mit jener Fläche ist; bezeichnet man den Radius des Expansionsschiebers mit r, so gilt

$$dy = r\,d\varphi.$$

Die zwischen den Schiebern wirkende Reibungskraft $Mg\mu$, wo M die Masse des Expansionsschiebers ist, wirkt jedenfalls tangential zu einer in der Schieberfläche liegenden Kurve, deren Bogenelement ds sei. Diese Kurve ist diejenige, die ein beliebiger Punkt des Expansionsschiebers bei der aus Drehungen und Verschiebungen zusammengesetzten Bewegung des letzteren relativ zum Grundschieber beschreibt. Die Komponenten der Reibungskraft in den Koordinatenrichtungen sind jetzt

$$R_x = \pm M g \mu \frac{dx}{ds}; \qquad R_y = \pm M g \mu \frac{dy}{ds} = \pm M g \mu r \frac{d\varphi}{ds}.$$

Die Bewegungsgleichungen des Expansionsschiebers schreiben sich hiermit wie folgt:

$$(6) \qquad \begin{cases} M\dfrac{d^2x}{dt^2} = X \pm M g \mu \dfrac{dx}{ds}, \\[2ex] \Theta\dfrac{d^2\varphi}{dt^2} + \alpha^2\varphi = \pm M g \mu r \dfrac{d\varphi}{ds}. \end{cases}$$

Hier gilt nun weiter

$$\frac{ds}{dt} = \sqrt{\left(\frac{dx}{dt}\right)^2 + r^2\left(\frac{d\varphi}{dt}\right)^2},$$

in welcher Formel die kleine Drehgeschwindigkeit $r\left(\frac{d\varphi}{dt}\right)$ des Expansionsschiebers gegenüber seiner großen Axialgeschwindigkeit $\left(\frac{dx}{dt}\right)^2$ vernachlässigt werden kann. Damit wird aber $ds = dt \cdot c$, indem wir die in Wirklichkeit periodische Axialgeschwindigkeit durch ihren Mittelwert c ersetzen.

Jetzt geht die zweite der Formeln (6) über in

$$\Theta \frac{d^2\varphi}{dt^2} + \alpha^2 \varphi = -\frac{M g \mu r}{c} \frac{d\varphi}{dt}. \tag{7}$$

Hier ist das Minuszeichen gesetzt, weil ebenso wie die Reibung auch die Geschwindigkeit $\frac{d\varphi}{dt}$ ihr Zeichen umkehrt, so daß wir im Gegensatz zum vorigen Beispiel für die ganze Bewegung nur eine einzige Differentialgleichung erhalten.

Bemerkenswert ist an dieser Formel, daß der vom Regulator zu überwindende Bewegungswiderstand $\frac{M g \mu r}{c} \frac{d\varphi}{dt}$ mit zunehmender Verschiebegeschwindigkeit c abnimmt, ein Ergebnis, welches die praktische Erfahrung bestätigt.

§ 6. Freie Schwingungen eines Galvanometers mit linearer Dämpfung.

Die Formel (7) des § 5 führt uns bereits in das Gebiet der freien gedämpften Schwingungen im engeren Sinne. Unter Dämpfungen versteht man ganz allgemein Widerstandskräfte, die sich der Bewegung eines schwingenden Körpers entgegensetzen und dabei in jedem Augenblick der ersten Potenz der Geschwindigkeit des Körpers proportional sind. Naturgemäß ist diese Definition lediglich eine Annäherung an die Wirklichkeit; es ist keineswegs von vornherein einzusehen, weshalb die Widerstandskräfte nicht auch von höheren Potenzen der Geschwindigkeit abhängen sollen. In der Tat gibt es auch Bewegungsvorgänge, bei denen jene einfache Definition nicht mehr zutrifft. Indessen hat die Erfahrung gezeigt, daß die Behandlung einer sehr großen Zahl von Schwingungsproblemen des Ingenieurs und des Physikers sich nach obiger Festsetzung mit genügender Genauigkeit behandeln lassen.

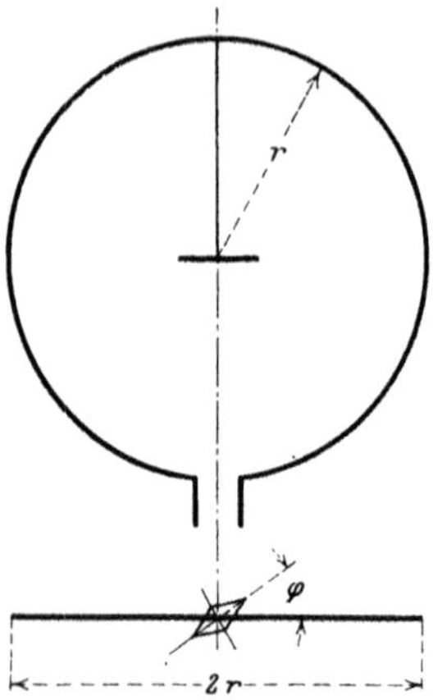

Fig. 16. Galvanometer.

Ein wichtiges Beispiel einer gedämpften Schwingung bietet eine innerhalb eines geschlossenen Leiters schwingende Magnetnadel [11]).

Der Leiter (siehe Fig. 16) sei kreisförmig vom Radius r, die Magnetnadel habe das magnetische Moment $\mathfrak{M}$ und ihre Länge sei klein gegen r. Wir betrachten die Nadel zu einer Zeit, zu der sie um den Winkel φ aus der Ebene des Leiters ausgelenkt ist. Da sie sich in Bewegung befindet, so induziert sie im Leiter elektromotorische Kräfte, die einen Strom i hervorrufen. Der Strom i leistet im Leiter eine Arbeit zur Erwärmung des Leiters; diese Arbeit hat im Zeitelement dt den Betrag $w i^2 dt$, wenn w der Widerstand des Leiters ist. Der Energiebetrag $w i^2 dt$ kann nur daher rühren, daß die Bewegungsenergie k der Magnetnadel um den gleichen Betrag dk vermindert wird; es ist

(1) $$dk + wi^2 dt = 0\,.$$

Die Übertragung der Energiemenge dk von der Nadel auf den Wärmeinhalt des Leiters geschieht durch Vermittlung des elektromagnetischen Potentials des Leiters in bezug auf die Nadel. Die Potentialtheorie zeigt, daß dieses Potential lautet:

(2) $$\Pi = -\frac{2\pi\mathfrak{M} i}{r}\sin\varphi\,.$$

Stets gilt die Beziehung

(3) $$dk + d\Pi = 0\,;$$

d. h. die Summe der Änderungen der kinetischen und der potentiellen Energie der Nadel muß stets gleich Null sein.

Aus (1) und (3) folgt

(3a) $$wi^2 dt = d\Pi = \frac{\partial \Pi}{\partial \varphi}\frac{d\varphi}{dt}\,dt$$

oder mit (2)

$$i = -\frac{2\pi\mathfrak{M}}{r\,w}\cos\varphi\,\frac{d\varphi}{dt}\,. \tag{4}$$

Hiermit wird also der Strom i berechnet. Wir berechnen nun das Drehmoment D_1, welches dieser Strom auf die Nadel ausübt. Es ist einfach

$$D_1 = -\frac{\partial\Pi}{\partial\varphi} = \frac{2\pi\mathfrak{M}\,i}{r}\cos\varphi\,. \tag{5}$$

Ferner übt der Erdmagnetismus ein Moment D_2 aus, welches wir in § 4 fanden

$$D_2 = -H\mathfrak{M}\sin\varphi\,, \tag{6}$$

wobei vorausgesetzt ist, daß die Leiterebene mit dem magnetischen Meridian zusammenfalle. Bezeichnen wir noch das Trägheitsmoment der Nadel mit Θ, dann gilt als Bewegungsgleichung:

$$\Theta\frac{d^2\varphi}{dt^2} = -H\mathfrak{M}\sin\varphi + 2\pi\frac{\mathfrak{M}\,i}{r}\cos\varphi\,. \tag{7}$$

Führen wir im letzten Glied der rechten Seite für i seinen Wert aus Gleichung (4) ein, so ergibt sich:

$$\Theta\frac{d^2\varphi}{dt^2} + \frac{4\pi^2\mathfrak{M}^2}{r^2\,w}\cos^2\varphi\,\frac{d\varphi}{dt} + H\mathfrak{M}\sin\varphi = 0\,. \tag{8}$$

Werden hier wieder nur kleine Schwingungen betrachtet, so daß man setzen kann

$$\sin\varphi = \varphi\,,\quad \cos\varphi = 1\,,$$

so wird

$$\Theta\frac{d^2\varphi}{dt^2} + \frac{4\pi^2\mathfrak{M}^2}{r^2\,w}\frac{d\varphi}{dt} + H\mathfrak{M}\,\varphi = 0\,. \tag{9}$$

Dies ist die den gedämpften Schwingungsvorgang beschreibende Differentialgleichung. Sie ist linear von der zweiten Ordnung mit konstanten Koeffizienten und homogen.

Wir kürzen jetzt ab:

$$\frac{4\pi^2\mathfrak{M}^2}{r^2\,w} = B\,;\qquad H\mathfrak{M} = C \tag{9a}$$

und erhalten

$$\frac{d^2\varphi}{dt^2} + \frac{B}{\Theta}\frac{d\varphi}{dt} + \frac{C}{\Theta}\varphi = 0\,. \tag{10}$$

Wir versuchen, unter welchen Umständen

$$\varphi = A\, e^{\alpha t} \tag{11}$$

eine Lösung von (10) ist.

Nach ein- und zweimaliger Differentiation findet man:

$$\frac{d\varphi}{dt} = A\,\alpha\, e^{\alpha t}\,; \qquad \frac{d^2\varphi}{dt^2} = A\,\alpha^2\, e^{\alpha t}\,. \tag{12}$$

Setzen wir (11) und (12) in (10) ein, so folgt nach Division mit $A\, e^{\alpha t}$:

$$\alpha^2 + \frac{B}{\Theta}\alpha + \frac{C}{\Theta} = 0\,. \tag{13}$$

Genügt α dieser Gleichung, so ist offenbar (11) eine Lösung von (10).

Die quadratische Gleichung (13) hat zwei Lösungen:

$$\left\{\begin{aligned} \alpha_1 &= -\frac{B}{2\,\Theta} + \sqrt{\frac{B^2}{4\,\Theta^2} - \frac{C}{\Theta}} \quad \text{und} \\ \alpha_2 &= -\frac{B}{2\,\Theta} - \sqrt{\frac{B^2}{4\,\Theta^2} - \frac{C}{\Theta}}\,. \end{aligned}\right. \tag{14}$$

Jeder dieser beiden Werte liefert ein partikuläres Integral der Differentialgleichung (10); das allgemeine Integral setzt sich aus diesen zusammen unter Zuhilfenahme zweier willkürlicher Konstanten A_1 und A_2

$$\varphi = A_1\, e^{\alpha_1 t} + A_2\, e^{\alpha_2 t}\,. \tag{15}$$

Der Bewegungsvorgang gestaltet sich sehr verschieden, je nach den Anfangsbedingungen und nach dem Wert der Wurzel in (14). Ist die Wurzel reell ($B^2 > 4\,\Theta C$), dann sind α_1 und α_2 beide negativ, woraus sich ergibt, daß φ niemals unendlich groß werden kann, sondern daß die Nadel, ohne durch ihre Mittellage zu gehen, zur Ruhe kommt.

Besonders wichtig ist der Fall, daß

$$B^2 = 4\,\Theta C\,; \tag{16}$$

auch in diesem Falle kommt keine eigentliche Schwingung zustande, sondern die Nadel nähert sich „aperiodisch“ ihrer Ruhelage (siehe Fig. 17).

Wird dagegen $\sqrt{\frac{B^2}{4\,\Theta^2} - \frac{C}{\Theta}}$ imaginär, dann geht φ in die Form über

$$\varphi = e^{-\frac{B}{2\Theta}t}\left(A_1 \cos\sqrt{\frac{C}{\Theta} - \frac{B^2}{4\,\Theta^2}}\,t + A_2 \sin\sqrt{\frac{C}{\Theta} - \frac{B^2}{4\,\Theta^2}}\,t\right), \tag{17}$$

wo A_1 und A_2 wieder die Integrationskonstanten sind.

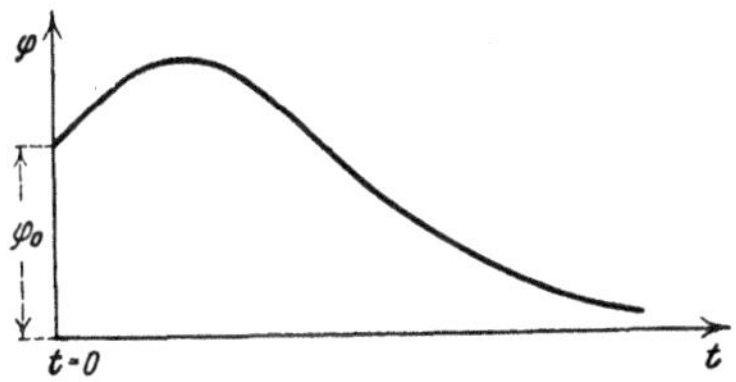

Fig. 17. Aperiodische Dämpfung.

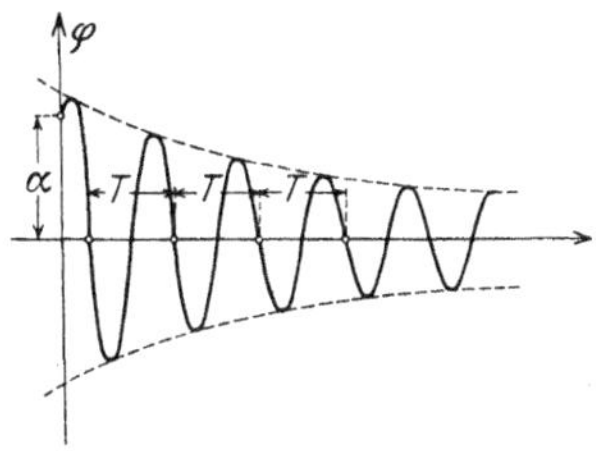

Fig. 18. Gedämpfte Schwingung.

Einen solchen Schwingungsvorgang veranschaulicht Fig. 18: es entstehen Sinusschwingungen mit fortdauernd abnehmender Amplitude.

Diese Schwingungsdauer wird jetzt

$$T = \frac{2\,\pi}{\sqrt{\frac{C}{\Theta} - \frac{B^2}{4\,\Theta}}}, \tag{18}$$

also größer als im Falle der freien ungedämpften Schwingung ($B = 0$).

Zwei Amplituden, zwischen denen eine Schwingungsdauer liegt, verhalten sich wie $1 : e^{-\frac{B}{2\Theta}T}$; man nennt die Größe $\frac{B\,T}{2\,\Theta}$, welche für die Abnahme der Amplituden bestimmend ist, das logarithmische Dekrement Λ, bezogen auf eine ganze Schwingungsdauer.

Man benutzt eine gedämpft schwingende Magnetnadel zur Bestimmung von Widerständen. Dabei wird der zu messende Widerstand mit dem Widerstand der Galvanometerwicklung in Reihe geschaltet und durch Schwingungsbeobachtung das logarithmische Dekrement der Schwingung $= \Lambda$ ermittelt. Aus Λ berechnet man vermöge

$$\Lambda = \frac{B\,T}{2\,\Theta}$$

die Größe B und aus dieser nach (9a) die Summe des Wicklungswiderstands und des zu untersuchenden Widerstandes, von denen die erstere bekannt ist.

§ 7. Einzelheiten zur Behandlung gedämpfter Schwingungen beim Galvanometer.

Die Gleichung (17) des § 6 schreiben wir für das Folgende in der Form

$$\varphi = A\,e^{-\frac{Bt}{2\Theta}} \sin\left(t\sqrt{\frac{C}{\Theta} - \frac{B_2}{4\,\Theta^2}} + \alpha\right). \tag{1}$$

Durch Einführung der halben gedämpften Schwingungsdauer

$$T = \frac{\pi}{\sqrt{\frac{C}{\Theta} - \frac{B^2}{4\,\Theta^2}}} \tag{2}$$

schreibt sich (1) einfacher:

$$\varphi = A\,e^{-\frac{Bt}{2\Theta}} \sin\left(\frac{\pi\,t}{T} + \alpha\right). \tag{3}$$

Benutzt man ein solches gedämpftes Galvanometer zu ballistischen Messungen, so ist der beobachtete erste Ausschlag (siehe § 4) auf ungedämpfte Schwingungen zurückzuführen und dann erst zur Berechnung der Elektrizitätsmenge nach Gleichung (25) des § 4 zu benutzen.

Zur Zurückführung des Ausschlags auf ungedämpfte Schwingungen stellen wir folgende Überlegungen an.

Die Galvanometernadel beginne zur Zeit $t = 0$ ihre Bewegung mit einer noch unbekannten Geschwindigkeit $\dot{\varphi}_0$. Dann ist $\alpha = 0$ zu setzen, und es wird:

$$\dot{\varphi} = A\,e^{-\frac{Bt}{2\Theta}} \left(\frac{\pi}{T}\cos\frac{\pi}{T}t - \frac{B}{2\,\Theta}\sin\frac{\pi}{T}t\right) \tag{4}$$

oder zur Zeit $t = 0$

$$\dot{\varphi}_0 = A \frac{\pi}{T} . \tag{5}$$

Vollzieht nun die Nadel eine halbe Schwingung, so kehrt sie nach der Zeit $t = T$ wieder durch die Ruhelage zurück mit der Geschwindigkeit

$$\dot{\varphi}_1 = - A \frac{\pi}{T} e^{-\frac{BT}{2\Theta}} . \tag{6}$$

Durch Division der Absolutwerte von $\dot{\varphi}_0$ und $\dot{\varphi}_1$ ergibt sich das Dämpfungsverhältnis

$$k = \frac{|\dot{\varphi}_0|}{|\dot{\varphi}_1|} = e^{-\frac{BT}{2\Theta}} \tag{7}$$

und hieraus das logarithmische Dekrement für halbe Schwingungsdauer:

$$\Lambda = \log \operatorname{nat} k = \frac{BT}{2\Theta} = \frac{B}{2\Theta} \frac{\pi}{\sqrt{\frac{C}{\Theta} - \frac{B^2}{4\Theta^2}}} . \tag{8}$$

Mit (8) kann man die Gleichung (3) auch schreiben:

$$\varphi = A e^{-\frac{\Lambda}{T} t} \sin \frac{\pi}{T} t . \tag{9}$$

Ferner führt man noch zweckmäßig die halbe Schwingungsdauer T_0 der ungedämpften Bewegung

$$T_0 = \frac{\pi}{\sqrt{\frac{C}{\Theta}}} \tag{10}$$

ein und findet mit dieser:

$$T = T_0 \frac{1}{\sqrt{1 - \frac{B^2}{4C\Theta}}} \tag{11}$$

oder auch durch Einführung von C nach Gleichung (8):

$$T = T_0 \sqrt{1 + \frac{1}{4} \frac{B^2 T^2}{\pi^2 \Theta^2}} . \tag{12}$$

Aus dieser letzten Formel und (8) findet sich dann schließlich

$$T = \frac{T_0}{\pi}\sqrt{\pi^2 + \Lambda^2}\,. \tag{13}$$

Die erste Umkehr der Nadel erfolgt zu einer Zeit $t = t_1$, welche sich bestimmt aus der Gleichung

$$\dot{\varphi} = \frac{A}{T}\,e^{-\frac{\Lambda}{T}t}\left(\pi\cos\frac{\pi}{T}t_1 - \Lambda\sin\frac{\pi}{T}t_1\right) = 0\,, \tag{14}$$

welcher Ansatz aus (4) unter Berücksichtigung von (8) folgt. Danach wird:

$$\operatorname{tg}\frac{\pi}{T}t_1 = \frac{\pi}{\Lambda} \tag{15}$$

oder

$$t_1 = \frac{T}{\pi}\operatorname{arctg}\frac{\pi}{\Lambda} \tag{16}$$

und

$$\sin\frac{\pi}{T}t_1 = \frac{\pi}{\sqrt{\pi^2 + \Lambda^2}}\,. \tag{17}$$

Hiermit findet sich der Ausschlag zur Zeit t_1, d. h. der erste Ausschlag nach Beginn der Bewegung:

$$\varphi_1 = A\,e^{-\frac{\Lambda}{\pi}\operatorname{arctg}\frac{\pi}{\Lambda}}\,\frac{\pi}{\sqrt{\pi^2 + \Lambda^2}}\,. \tag{18}$$

Ermittelt man hier die unbestimmte Integrationskonstante nach (5), so wird:

$$\varphi_1 = \dot{\varphi}_0\,\frac{T}{\sqrt{\pi^2 + \Lambda^2}}\,e^{-\frac{\Lambda}{\pi}\operatorname{arctg}\frac{\pi}{\Lambda}}\,. \tag{19}$$

Ohne Dämpfung wäre aber gewesen ($B = 0$, $\Lambda = 0$)

$$\varphi = \dot{\varphi}_0\,\frac{T_0}{\pi} = \dot{\varphi}_0\,\frac{T}{\sqrt{\pi^2 + \Lambda^2}} \tag{20}$$

und demnach

$$\varphi_1 = \varphi\,e^{-\frac{\Lambda}{\pi}\operatorname{arctg}\frac{\pi}{\Lambda}} \tag{21}$$

oder

$$\varphi = \varphi_1\,e^{+\frac{\Lambda}{\pi}\operatorname{arctg}\frac{\pi}{\Lambda}}\,. \tag{22}$$

Die Zurückführung auf ungedämpfte Bewegung wird also geleistet, durch Beobachtung des ersten und zweiten Umkehrausschlags φ_1 und φ_2, welche nach

$$\Lambda = \log\text{nat}\,\frac{\varphi_1}{\varphi_2} \tag{23}$$

das logarithmische Dekrement zu berechnen gestatten und dann mit (22) den gesuchten ungedämpften Ausschlag liefern.

Bestimmt man gleichzeitig die gedämpfte halbe Schwingungsdauer T als Zeitverlauf zwischen den genannten Umkehrpunkten, so hat man alle die Bewegungsdifferentialgleichung bestimmenden Größen gewonnen. Denn nach (8) findet man:

$$\frac{B}{\Theta} = 2\,\frac{\Lambda}{T} \tag{24}$$

und nach (10) und (13)

$$\frac{C}{\Theta} = \frac{\pi^2 + \Lambda^2}{T^2} = \frac{\pi^2}{T_0^2}\,. \tag{25}$$

So findet denn die Differentialgleichung (10) des § 6 ihre Form in den unmittelbaren Ergebnissen der Schwingungsbeobachtung:

$$\frac{d^2\varphi}{dt^2} + 2\,\frac{\Lambda}{T}\,\frac{d\varphi}{dt} + \frac{\pi^2 + \Lambda^2}{T^2}\,\varphi = 0\,. \tag{26}$$

Führt man hier noch die Abkürzungen ein

$$\frac{\Lambda}{T} = \delta\,; \qquad \frac{\pi}{T} = \nu\,,$$

so erhält man:

$$\frac{d^2\varphi}{dt^2} + 2\,\delta\,\frac{d\varphi}{dt} + (\nu^2 + \delta^2)\,\varphi = 0\,.$$

Hier ist $\sqrt{\nu^2 + \delta^2} = \frac{\pi}{T_0}$ die Kreisfrequenz der ungedämpften Bewegung, ν die der gedämpften Bewegung.

§ 8. Untersuchung aperiodischer Schwingungen des Galvanometers.

1. Die gedämpfte Schwingungsdauer

$$T = \frac{2\pi}{\sqrt{\frac{C}{\Theta} - \frac{B^2}{4\,\Theta}}} \tag{1}$$

gestattet noch eine Umformung durch Einführung von

$$T_0 = 2\pi\sqrt{\frac{\Theta}{C}} \quad \text{und} \quad \xi = \frac{2\sqrt{\Theta C}}{B}, \tag{2}$$

wo T_0 die Schwingungsdauer der nicht gedämpften Bewegung ist.

Wir erhalten dann:

$$T = T_0 \frac{\xi}{\sqrt{\xi^2 - 1}}, \qquad \Lambda = \frac{2\pi}{\sqrt{\xi^2 - 1}}. \tag{3}$$

Es ist also die Größe $\xi^2 - 1$, welche über den Charakter der Bewegung entscheidet, und es entspricht:

$\xi > 1$ dem periodisch gedämpften, im vorigen Paragraph näher behandelten Zustand,

$\xi = 1$ dem aperiodischen Grenzzustand,

$\xi < 1$ dem überaperiodischen Zustand.

In diesen beiden letzten Fällen ist eine bestimmte Abänderung der Bewegungsgleichung erforderlich.

2. Für den Fall $\xi < 1$ müssen wir auf die allgemeine Lösung des § 6

$$\varphi = A_1 e^{\alpha_1 t} + A_2 e^{\alpha_2 t}$$

zurückgehen, mit $\alpha_1 = -\delta + \nu$ und $\alpha_2 = -\delta - \nu$, wo zu setzen ist (vgl. § 7)

$$\delta = \frac{B}{2\Theta}; \qquad \nu = \frac{B}{2\Theta}\sqrt{1 - \frac{4\Theta C}{B^2}} = \frac{B}{2\Theta}\sqrt{1 - \xi^2}.$$

Soll nun die Nadelgeschwindigkeit zur Zeit $t = 0$ in der Mittellage für $\varphi = 0$ gleich $\dot{\varphi}_0$ sein, so haben wir zu setzen

$$\begin{cases} A_1 + A_2 = 0, \\ A_1 \alpha_1 + A_2 \alpha_2 = \dot{\varphi}_0 \end{cases} \tag{3a}$$

und daraus die unbestimmten Integrationskonstanten

$$A_1 = -A_2 = \frac{\dot{\varphi}_0}{2b}.$$

Damit wird die gesuchte Bewegung:

$$\varphi = \frac{\dot{\varphi}_0}{2\nu} e^{-\delta t}(e^{\nu t} - e^{-\nu t}) = \frac{\dot{\varphi}_0}{\nu} e^{-\delta t} \mathfrak{Sin}\, \nu t \tag{4}$$

unter Anwendung des hyperbolischen Sinus.

Wollen wir jetzt den Zeitpunkt der ersten Umkehr bestimmen, so ist zu setzen:

$$(5)\qquad \dot{\varphi} = \frac{\dot{\varphi}_0}{2} e^{-\delta t} (e^{\nu t} + e^{-\nu t}) - \delta \frac{\dot{\varphi}_0}{2\nu} e^{-\delta t} (e^{\nu t} - e^{-\nu t}) = 0 \,,$$

woraus sich die Umkehrzeit T_1 ermittelt nach

$$(6)\qquad \frac{\nu}{\delta} = \frac{e^{+\nu T_1} - e^{-\nu T_1}}{e^{+\nu T_1} + e^{-\nu T_1}} \,,$$

was nach T_1 aufgelöst ergibt:

$$(7)\qquad T_1 = \frac{1}{2\nu} \log \operatorname{nat} \frac{\delta + \nu}{\delta - \nu} \,.$$

Dieses kann man wieder in (4) einsetzen und findet die Größe des zur Zeit T_1 gehörigen Ausschlages mit

$$(8)\qquad \varphi_1 = \frac{\dot{\varphi}_0}{2\nu} \left(\frac{\delta + \nu}{\delta - \nu}\right)^{-\frac{1}{2}\frac{\delta}{\nu}} \left\{ \left(\frac{\delta + \nu}{\delta - \nu}\right)^{+\frac{1}{2}} - \left(\frac{\delta + \nu}{\delta - \nu}\right)^{-\frac{1}{2}} \right\} .$$

Nach Erreichung dieses Ausschlages geht das Galvanometer wieder zurück. Die Bewegung folgt den Anfangsbedingungen für $t = 0$: $\varphi = \varphi_1$, $\dot{\varphi} = 0$, welche die Konstantengleichungen liefern

$$(8\,a)\qquad \varphi_1 = A_1 + A_2 \,; \qquad 0 = \alpha_1 A_1 + \alpha_2 A_2 \,.$$

Mithin wird:

$$(8\,b)\qquad A_1 = \varphi_1 \frac{\nu + \delta}{2\nu} \,; \qquad A_2 = \varphi_1 \frac{\nu - \delta}{2\nu} \,.$$

Nach der ersten Umkehr, zur Zeit ϑ, wird also der Ausschlag

$$(9)\qquad \varphi = \varphi_1 \left(\frac{\nu + \delta}{2\nu} e^{\nu\vartheta} + \frac{\nu - \delta}{2\nu} e^{-\nu\vartheta} \right) e^{-\delta\vartheta} \,.$$

Ist die Dämpfung nun sehr groß, wobei B sehr groß ist gegenüber $2\,\Theta C$, dann wird annähernd

$$\nu = \frac{B}{2\Theta} \sqrt{1 - \frac{4\,\Theta C}{B^2}} = \frac{B}{2\Theta} \left(1 - \frac{2\,\Theta C}{B^2}\right)$$

und

$$\delta - \nu = \frac{C}{B} \,,$$

wo $\frac{C}{B}$ eine sehr kleine Zahl ist. Man kann demnach

$$\delta - \nu = 0 \quad \text{und} \quad \delta + \nu = 2\nu$$

setzen und findet

$$\varphi = \varphi_1 \, e^{(\nu - \delta)\vartheta} = \varphi_1 \, e^{-\frac{C}{B}\vartheta} . \tag{10}$$

Weil $\frac{C}{B}$ eine sehr kleine Größe ist, so nimmt φ nun sehr langsam ab, das Galvanometer „kriecht“ in seine Mittellage. Das Bild (siehe Fig. 19) zeigt den Verlauf des soeben berechneten Vorgangs.

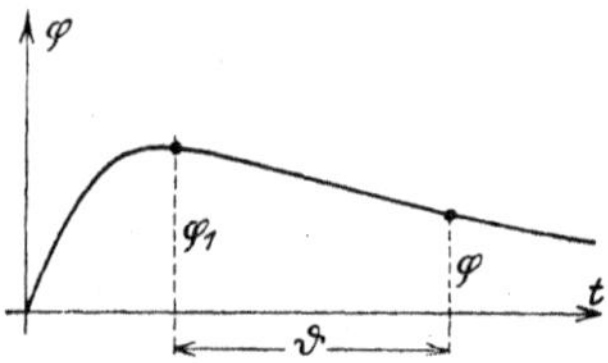

Fig. 19. Überaperiodische Dämpfung.

3. Der aperiodische Grenzzustand $\xi = 1$ fordert die Aufsuchung des Integrals

$$\varphi = A_1 \, e^{\alpha_1 t} + A_2 \, e^{\alpha_2 t} \tag{11}$$

im Falle der Gleichheit von α_1 und α_2 etwa $= \alpha$. Daß dieser Fall eine gesonderte Untersuchung verlangt, sieht man, wenn man zunächst noch α_2 von α_1 verschieden annimmt, etwa $\alpha_2 = \alpha_1 + \lambda$. Dann wird aus (11)

$$\varphi = e^{\alpha_1 t} (A_1 + A_2 \, e^{\lambda t}) . \tag{12}$$

Versuchen wir jetzt, diesen Ansatz etwa den bei (3a) zugrunde liegenden Anfangsbedingungen anzupassen, so würde sein

$$A_1 = -A_2 = -\frac{\dot{\varphi}_0}{\lambda} . \tag{13}$$

Setzt man dies in (13) ein, so findet sich:

$$\varphi = \frac{\dot{\varphi}_0}{\lambda} \, e^{\alpha_1 t} (e^{\lambda t} - 1) . \tag{14}$$

Die Gleichheit der Wurzeln α_1 und α_2 verlangt nun das Verschwinden von λ, was in (14) den unbestimmten Faktor

$$g(\lambda) = \lim_{\lambda = 0} \frac{e^{\lambda t} - 1}{\lambda} = \frac{0}{0}$$

hervorbringt. Um diesen zu beseitigen, haben wir (nach bekannten Regeln; vgl. Hütte 1915, I, S. 68) Zähler und Nenner nach λ zu differenzieren und finden:

$$g(\lambda) = \lim_{\lambda = 0} \frac{t\, e^{\lambda t}}{1} = t . \tag{15}$$

Somit findet sich die Bewegung der Galvanometernadel im aperiodischen Grenzzustand mit $\alpha_1 = -\delta$.

(16) $$\varphi = \dot{\varphi}_0 e^{-\delta t} \cdot t .$$

Da nun die Bedingung $\xi = 1$ identisch ist mit $\nu = 0$, so wird wegen

(17) $$\frac{\pi^2}{T_0^2} = \nu^2 + \delta^2$$

(vgl. § 7) einfach:

(18) $$\delta = \frac{\pi}{T_0} ,$$

also aus (16):

(19) $$\varphi = \dot{\varphi}_0 e^{-\frac{\pi t}{T_0}} \cdot t .$$

Hiernach bestimmt sich die Zeit $t = T_1$ der ersten Umkehr aus

$$\dot{\varphi} = \dot{\varphi}_0 \left\{ e^{-\frac{\pi t}{T_0}} - \frac{\pi}{T_0} t e^{-\frac{\pi t}{T_0}} \right\} = 0$$

zu (20) $$T_1 = \frac{T_0}{\pi}$$

und der bis dahin erreichte größte Ausschlagwinkel

(21) $$\varphi_1 = \dot{\varphi}_0 \frac{T_0}{e\,\pi} = \dot{\varphi}_0 \frac{T_0}{8{,}540} .$$

Rechnet man vom größten Ausschlag ($t = 0$) den Rückgang mit der Zeit ϑ, so hat man wieder die Gleichung (12) zu verwenden und mit den Anfangsbedingungen $\varphi = \varphi_1$ und $\dot{\varphi} = 0$ für $t = 0$ zu verbinden. Es wird demnach

(22) $$\begin{cases} \varphi_1 = A_1 + A_2 , \\ 0 = \alpha_1 A_1 + (\alpha_1 + \lambda) A_2 . \end{cases}$$

Durch Auflösung nach A_1 und A_2 erhalten wir

(23) $$A_1 = \left(\frac{\alpha_1}{\lambda} + 1\right) \varphi_1 ; \quad A_2 = -\frac{\alpha_1}{\lambda} \varphi_1$$

und nach Einsetzung in (12)

(24) $$\varphi = \varphi_1 e^{\alpha_1 \vartheta} \left\{ 1 + \frac{\alpha_1}{\lambda} (1 - e^{\lambda \vartheta}) \right\} .$$

Hier tritt in der geschweiften Klammer beim Grenzübergang $\lambda = 0$ wieder ein unbestimmtes Glied auf, welches durch Differentiation von Zähler und Nenner nach λ zu beseitigen ist. Man erhält dadurch

$$\varphi = \varphi_1 \, e^{\alpha_1 \vartheta} (1 - \alpha_1 \vartheta) \tag{25}$$

oder mit

$$\alpha_1 = -\delta = -\frac{\pi}{T_0}$$

$$\varphi = \varphi_1 e^{-\frac{\pi \vartheta}{T_0}} \left(1 + \frac{\pi}{T_0} \vartheta\right) . \tag{26}$$

Setzt man hier $\vartheta = 3\, T_0$, so wird

$$\varphi = \varphi_1 \frac{10{,}4}{e^{9{,}4}} = \varphi_1 \frac{10{,}4}{11200} ,$$

d. h. beim aperiodischen Grenzzustand geht der größte Ausschlag in der dreifachen ungedämpften halben Schwingungsdauer auf weniger als $\frac{1}{1000}$ seines Betrages zurück.

Man kann beweisen, daß der aperiodische Grenzzustand ($\nu = 0$) derjenige ist, der den größten Ausschlag φ_1 in der kürzesten Zeit zum Verschwinden bringt.

Der Beweis gelingt so: Nach Ansatz (9) ist

$$\varphi = \varphi_1 \left\{ \frac{\nu + \delta}{2\nu} e^{\nu \vartheta} + \frac{\nu - \delta}{2\nu} e^{-\nu \vartheta} \right\} e^{-\delta \vartheta} . \tag{27}$$

die Gleichung für das Rückschwingen des Galvanometers vom größten Ausschlag φ_1 bei aperiodischer Bewegung. Es soll jetzt der Ausschlag φ, der nach einer beliebigen Zeit ϑ von φ_1 noch übrigbleibt, so klein wie möglich sein, was durch geeignete Wahl von ν und δ erreicht werden soll.

Es soll also φ bei jedem ϑ ein Minimum werden. Hierzu bilden wir durch partielle Differentiation nach ν und δ (Bedingung für das Maximum oder Minimum einer Funktion mit zwei Variabeln; siehe „Hütte“ 1915, S. 68), nachdem wir φ in Hyperbelfunktionen

$$\varphi = \varphi_1 \left\{ \mathfrak{Cof}\, \nu \vartheta + \frac{\delta}{\nu} \mathfrak{Sin}\, \nu \vartheta \right\} e^{-\delta \vartheta}$$

(vgl. „Hütte“ 1915, S. 64) ausgedrückt haben, die Gleichungen

$$\tag{28} \left\{ \begin{aligned} \frac{\partial \varphi}{\partial \nu} &= \varphi_1 \left\{ \vartheta\, \mathfrak{Sin}\, \nu \vartheta + \frac{\delta \vartheta}{\nu} \mathfrak{Cof}\, \nu \vartheta - \frac{\delta}{\nu^2} \mathfrak{Sin}\, \nu \vartheta \right\} e^{-\delta \vartheta} = 0 , \\ \frac{\partial \varphi}{\partial \delta} &= \varphi_1 \left\{ \frac{1}{\nu} \mathfrak{Sin}\, \nu \vartheta - \vartheta\, \mathfrak{Cof}\, \nu \vartheta - \frac{\delta \vartheta}{\nu} \mathfrak{Sin}\, \nu \vartheta \right\} e^{-\delta \vartheta} = 0 . \end{aligned} \right.$$

Nach Addition, Wegheben von $\frac{\nu-\delta}{\nu}\varphi_1 e^{-\delta\vartheta}$ und geeigneter Zusammenfassung findet sich aus diesen Gleichungen:

$$(29)\qquad (\mathfrak{Sin}\,\nu\,\vartheta - \mathfrak{Cos}\,\nu\,\vartheta) + \frac{1}{\nu\,\vartheta}\,\mathfrak{Sin}\,\nu\,\vartheta = 0\,.$$

Diese Gleichung soll für jedes ϑ nach ν aufgelöst werden. $\nu = 0$ ist eine solche Lösung, bei von Null verschiedenem ϑ, wie sich durch Einsetzen in (29) ergibt, und es ist die einzige Lösung, da, wie ein Blick in die hyperbolischen Funktionentafeln der „Hütte" oder auch eine kurze Reihenentwicklung der linken Seite von (29) lehrt, positives ν diese Seite stets positiv, negatives ν stets negativ, also von Null verschieden macht.

Der aperiodische Grenzzustand bringt also das Galvanometer schneller als alle anderen möglichen Bewegungszustände zur Ruhe.

§ 9. Entladung eines Kondensators.

Unter einem Kondensator versteht man eine Vorrichtung zur Ansammlung einer Elektrizitätsmenge. In seiner einfachsten Form besteht ein Kondensator aus einer Platte aus isolierendem Material (Glas, Hartgummi, Glimmer usw.), die auf beiden Seiten mit dünnen Metallfolien belegt ist. Der Kondensator sei geladen auf das Potential P_0; seine Kapazität sei C; dann ist die auf der einen Belegung *1* enthaltene Elektrizitätsmenge

$$(1)\qquad Q_0 = P_0\,C\,;$$

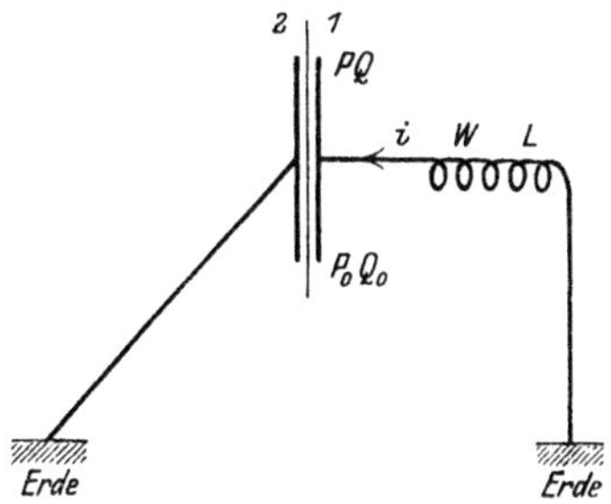

Fig. 20. Kondensator.

die andere Belegung *2* sei zur Erde abgeleitet (siehe Fig. 20). Verbinden wir jetzt die Belegung *1* durch einen Leiter vom Widerstande w und der Selbstinduktion L mit der Erde, so beginnt ein Strom i im Leiter zu fließen; die auf der Belegung enthaltene Elektrizitätsmenge beginnt sich zu ändern, und es gilt im Zeitelement dt:

$$(2)\qquad dQ = -i\,dt\,.$$

Ferner gilt aber auch das **Ohmsche** Gesetz: Das Potential P muß in jedem Augenblick der Summe vom **Ohmschen** und Selbstinduktionsspannungsabfall gleich sein:

$$P = w\,i + L\,\frac{di}{dt}\,. \tag{3}$$

Setzt man in (3) $P = \frac{Q}{C}$ ein und differenziert nach t, so erhält man:

$$\frac{1}{C}\,\frac{dQ}{dt} = w\,\frac{di}{dt} + L\,\frac{d^2 i}{dt^2} \tag{4}$$

und hieraus mit $\frac{dQ}{dt} = -i$

$$\frac{d^2 i}{dt^2} + \frac{w}{L}\,\frac{di}{dt} + \frac{i}{LC} = 0\,. \tag{5}$$

Wir finden also, daß bei der Entladung eines Kondensators sich der Entladungsstrom genau so ändert, wie die Schwingungsweite einer gedämpft schwingenden Magnetnadel. Es gibt auch hier zwei Möglichkeiten: Entweder ist

$$\frac{w^2}{4\,L^2} \geqq \frac{1}{LC}\,, \tag{6}$$

dann kommt keine eigentliche Schwingung zustande; der Strom wächst schnell von Null bis zu einem Maximum, um dann allmählich bis zu Null abzunehmen (siehe Fig. 21).

Oder es ist

$$\frac{w^2}{4\,L^2} < \frac{1}{LC}\,,$$

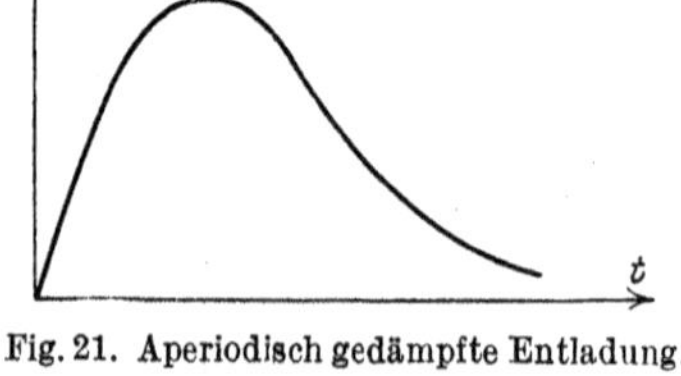

Fig. 21. Aperiodisch gedämpfte Entladung.

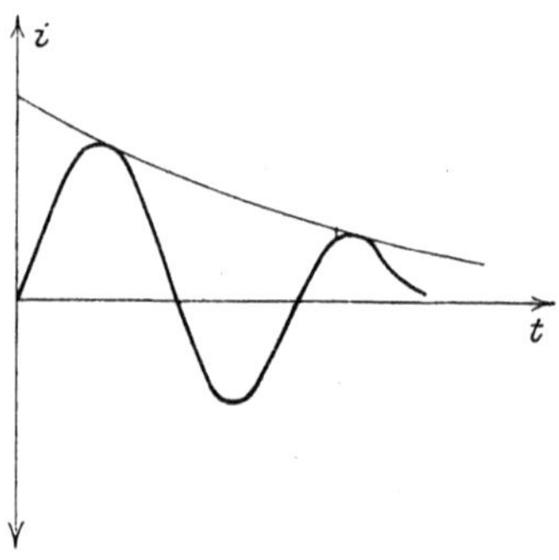

Fig. 22. Oscillierende Entladung.

dann kommen ein oder mehrere Strom**wechsel** vor; der Funke ist nicht einheitlich, sondern läßt sich mit Hilfe schnellrotierender Spiegel als periodische Erscheinung erkennen (siehe Fig. 22)[12].

Ist der Ohmsche Widerstand des Entladungsleiters sehr klein, so entsteht eine große Zahl schwach gedämpfter Stromschwingungen, deren Dauer sich berechnet zu:

$$T = 2\pi\sqrt{LC}\ .$$

Kondensatorentladungen dieser Art mit möglichst schwacher Dämpfung werden in der drahtlosen Telegraphie benutzt.

§ 10. Schließungs- und Öffnungsextrastrom.

Schließt man eine Gleichstromspannung E mit einem Leiter von Widerstand w und der Selbstinduktion L, dann gilt vom Momente des Schließens ab für den Stromverlauf im Leiter die Differentialgleichung:

(1) $$E = w\,i + L\frac{di}{dt}\ .$$

Zur Lösung dieser Gleichung setzen wir an

(2) $$i = A_1 + A_2\,e^{\alpha t}\ ,$$

woraus wir durch Differenzieren und Einsetzen in (1) erhalten:

(3) $$E = w\,A_1 + w\,A_2\,e^{\alpha t} + L A_2\,\alpha\,e^{\alpha t}\ .$$

Da nun E eine Gleichstromspannung ist, muß es von der Zeit t unabhängig sein, d. h. in (3) muß

$$(w\,A_2 + L A_2\,\alpha)\,e^{\alpha t}$$

verschwinden, was nur möglich ist, wenn

(4) $$w + L\,\alpha = 0$$

ist. Hieraus folgt

(5) $$\alpha = -\frac{w}{L}\ .$$

Hiermit berechnet sich aber

(6) $$E = w\,A_1\ ,$$

womit die Integrationskonstante A_1 gefunden ist:

(7) $$A_1 = \frac{E}{w}\ .$$

Der Stromverlauf i findet sich nun wie folgt aus (2):

(8) $$i = \frac{E}{w} + A_2\,e^{-\frac{w}{L}t}\ .$$

Hier ist noch die Integrationskonstante A_2 zu bestimmen, was vermittels der Bemerkung erfolgt, daß zur Zeit $t = 0$, also im Moment der Schließung, der Strom i ebenfalls gleich Null ist:

$$t = 0\,, \qquad 0 = \frac{E}{w} + A_2 \tag{9}$$

oder

$$A_2 = -\frac{E}{w}\,. \tag{10}$$

Hiermit ergibt sich endgültig der Stromverlauf:

$$i = \frac{E}{w}\left(A - e^{-\frac{w}{L}t}\right). \tag{11}$$

Diese Gleichung läßt sich mit Hilfe der Fig. 23 wie folgt deuten:

Zur Zeit $t = 0$ (kurz vor dem Schließen) ist der Leiter stromlos. Nach der Schließung beginnt ein Strom zu fließen, der mit der Zeit auf seinen Maximalbetrag $i = \frac{E}{w}$ ansteigt. Dies verzögerte Ansteigen ist eine Folge der Selbstinduktion L, welche beim Schließen einen Gegen(extra)strom hervorruft, der erst mit der Zeit verschwindet.

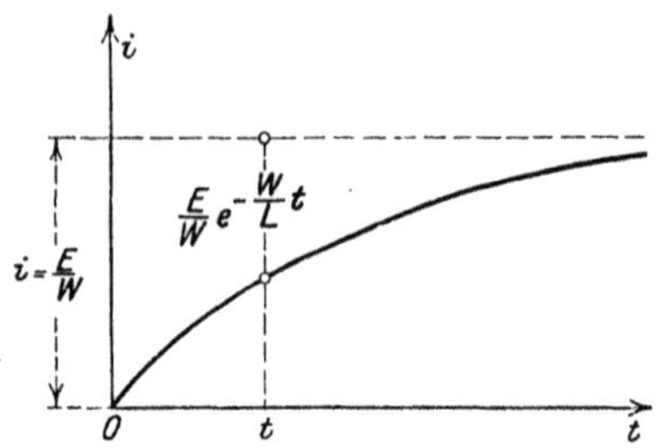

Fig. 23. Schließungsstrom.

Ähnlich gestaltet sich die Behandlung des Öffnungsextrastromes. Dieser tritt auf, wenn ein vom Gleichstrom durchflossener Kreis des Widerstands w und der Selbstinduktion L plötzlich unterbrochen wird. Die Unterbrechung bedeutet nichts anderes, als daß die im Kreise wirkende elektromotorische Kraft E momentan aufgehoben wird. Die Differentialgleichung für den Stromverlauf schreibt sich dann:

$$0 = w\,i + L\frac{di}{dt}\,. \tag{12}$$

Hier haben wir wieder sofort eine Lösung

$$i = A_2\,e^{-\frac{w}{L}t}\,, \tag{13}$$

wo sich die Konstante A_2 aus der Bedingung bestimmt, daß für $t = 0$ der Strom

$$(14)\qquad \begin{cases} i = \dfrac{E}{w} & \text{und also auch} \\ A_2 = \dfrac{E}{w} \end{cases}$$

sein muß.

Es ist also:

$$(15)\qquad i = \frac{E}{w} e^{-\frac{w}{L} t}\,.$$

Aus Gleichung (15) sieht man, daß nach Öffnen des Kreises der Strom von seinem Werte $\frac{E}{w}$ bis Null allmählich abnimmt (siehe Fig. 24). Man nennt diesen abklingenden Strom den Öffnungsextrastrom, der dieselbe Richtung hat wie der ursprüngliche Strom; sein Auftreten ist mit erheblicher Funkenbildung verbunden, während der Schließungsextrastrom ohne Funkenbildung auftritt. Der Öffnungsextrastrom wird gelegentlich im Betriebe elektrischer Anlagen wichtig, wofür ein der Wirklichkeit entnommenes Beispiel nachstehend angeführt werden soll.

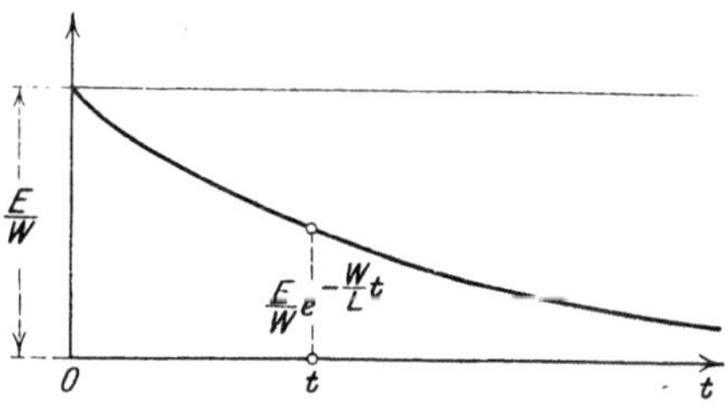

Fig. 24. Öffnungsstrom.

Eine große Turbodynamo geriet plötzlich außer Betrieb, indem ohne zunächst erkennbare Ursache die Sicherungen zwischen der Dynamo und der Batterie (es handelte sich um Gleitstrom) durchschmolzen. Beim Wiederanlassen der Maschine zeigte es sich, daß sie umpolarisiert war. Hierfür war zunächst keine Erklärung zu finden, da die Magnetwicklung der Maschine von einer besonderen kleinen Dynamomaschine gespeist wurde, die ebenfalls auf der Welle der Turbodynamo saß; es war also ausgeschlossen, daß die Magnetwicklung der Maschine etwa Rückstrom aus der Batterie erhalten hatte. Durch genaue Untersuchung wurde festgestellt, daß der Unfall passiert war, während der

Wärter sich an den Bürsten der kleinen Erregerdynamo beschäftigt hatte. Er gab dann zu, daß er eine Bürste versehentlich abgehoben hatte, womit sich der ganze Unfall sofort aufklärte. Einerseits mußte durch das Abheben der Bürste die Turbodynamo sofort stromlos werden und die Batteriesicherungen durch den eintretenden Rückstrom durchschmelzen. Andererseits mußten beim Abheben einer Bürste der Erregermaschine E (siehe Fig. 25) zwei Öffnungsextraströme entstehen, und zwar sowohl in der Magnetwicklung M_I der Turbodynamo T wie auch in der Magnetwicklung M_{II} der Erregermaschine E. Beide Ströme mußten in derselben Richtung verlaufen wie die Ströme vor der Öffnung, also in Richtung der in Fig. 25 gezeichneten Pfeile. Da aber der Strom M_I naturgemäß stärker war als M_{II}, so wurde M_{II} unterdrückt, und die Magnete der Erregermaschine wurden durch den Öffnungsextrastrom der Magnetwicklung der Turbomaschine umpolarisiert.

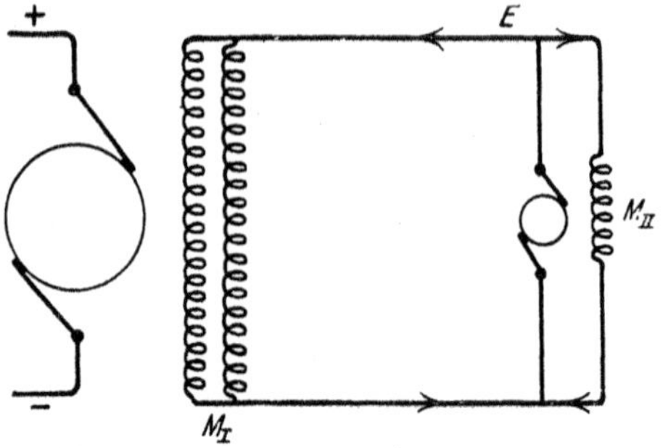

Fig. 25. Umpolarisierung einer Dynamo.

§ 11. Schwingungen mit quadratischer Dämpfung.

An Stelle der in § 6 behandelten linearen Dämpfung nach der Differentialgleichung

$$m\frac{d^2x}{dt^2} + b\frac{dx}{dt} + cx = 0 \tag{1}$$

wollen wir jetzt voraussetzen, daß die Widerstände der Bewegung dem Quadrat der Geschwindigkeit proportional sind. Dieser Fall wird bei den später zu behandelnden Flüssigkeitsschwingungen eine Rolle spielen.

Wir untersuchen also jetzt die Differentialgleichung

$$m\frac{d^2x}{dt^2} + b\left(\frac{dx}{dt}\right)^2 + cx = 0\,, \tag{2}$$

wo wir noch die Abkürzungen einführen:

$$\frac{b}{m} = \frac{\delta}{2}\,; \qquad \frac{c}{m} = \nu^2$$

mit dem Ergebnis:

$$\frac{d^2x}{dt^2} + \frac{\delta}{2}\left(\frac{dx}{dt}\right)^2 + \nu^2 x = 0\,. \tag{3}$$

Die Integration gelingt, wenn man $\left(\frac{dx}{dt}\right)^2 = y$ setzt. Dann wird

$$\frac{d^2x}{dt^2} = \frac{\frac{1}{2}\frac{dy}{dt}}{\frac{dx}{dt}} = \frac{1}{2}\frac{dy}{dx}\,. \tag{4}$$

Dann kann man statt (3) schreiben

$$\frac{1}{2}\frac{dy}{dx} + \frac{\delta}{2}\,y + \nu^2 x = 0\,, \tag{5}$$

welche Differentialgleichung erster Ordnung vermittelst der Substitution $y = u\,v$ weiter zu behandeln ist.

Es schreibt sich (5) wie folgt:

$$\frac{1}{2}\left(u\frac{dv}{dx} + v\frac{du}{dx}\right) + \frac{\delta}{2}\,u\,v + \nu^2 x = 0 \tag{6}$$

oder

$$v\left(\frac{du}{dx} + \delta u\right) + u\frac{dv}{dx} + 2\,\nu^2 x = 0\,. \tag{7}$$

Da für eine der beiden Funktionen u und v, ohne eine Beschränkung fürchten zu müssen, noch eine Bedingung festgesetzt werden kann, so bestimmen wir

$$\frac{du}{dx} + \delta u = 0 \tag{8}$$

oder

$$\frac{du}{u} = -\delta\,dx\,,$$

d. h. nach Integration:

$$\log\operatorname{nat} u = C' - \delta x$$

$$u = e^{C' - \delta x} = C_2 \cdot e^{-\delta x}\,. \tag{9}$$

Nach Einführung dieses Ansatzes in (7) bleibt noch übrig:

(10) $$\frac{dv}{dx} = -\frac{2}{C_2}\nu^2 x e^{\delta x}$$

oder nach einmaliger Integration:

$$v = C_1 - \frac{2}{C_2}\nu^2 \frac{x e^{\delta x}}{\delta}\left(1 - \frac{1}{\delta x}\right).$$

Demnach wird

(11) $$y = u v = C_1 C_2 e^{-\delta x} - \frac{2\nu^2}{\delta} x\left(1 - \frac{1}{\delta x}\right),$$

$$\left(\frac{dx}{dt}\right)^2 = C_1 C_2' e^{-\delta x} - \frac{2\nu^2 x}{\delta}\left(1 - \frac{1}{\delta}\right).$$

Unter Auflösung nach $\left(\frac{dx}{dt}\right)$ schreiben wir

(12) $$\sqrt{y} = \frac{dx}{dt} = \sqrt{\frac{2\nu^2}{\delta^2}(1 - \delta x + C e^{-\delta x})}.$$

Es ist nun unerläßlich, über das Vorzeichen des quadratischen Dämpfungsgliedes $\frac{\delta}{2}\left(\frac{dx}{dt}\right)^2$ nähere Festsetzung zu treffen.

Das Dämpfungsglied wirkt seiner Natur nach der Bewegung entgegen, wie es in der Differentialgleichung (3) der Fall ist, wenn wir sie auf eine Bewegung im Sinne wachsender x beziehen, nach Fig. 26 auf eine Bewegung im Sinne des Pfeiles a.

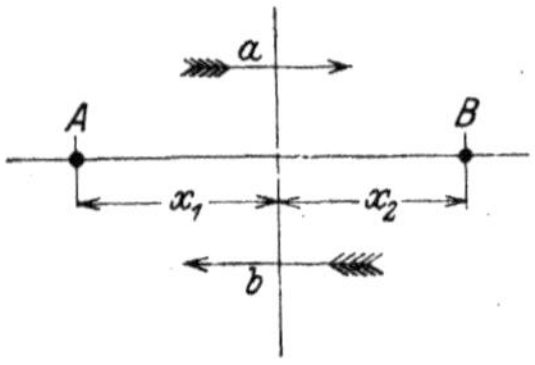

Fig. 26. Vorzeichenbestimmung.

Betrachten wir nun die umgekehrte Bewegungsrichtung nach Pfeil b, so kann hierfür die Differentialgleichung (3) nicht gelten, weil dann das Dämpfungsglied im Sinne der Bewegung wirken würde, was ja nicht möglich ist. Dies bringen wir in der Differentialgleichung durch einen Vorzeichenwechsel des Gliedes $\frac{\delta}{2}\left(\frac{dx}{dt}\right)^2$ zum Ausdruck. Wir schreiben also für die Schwingungsbewegung im Sinne des Pfeiles b die Differentialgleichung

(3a) $$\frac{d^2 x}{dt^2} - \frac{\delta}{2}\left(\frac{dx}{dt}\right)^2 + \nu^2 x = 0$$

und ihre Lösung

(12a) $$\frac{dx}{dt} = \sqrt{\frac{2\nu^2}{\delta^2}(1 + \delta x + C e^{+\delta x})} \, .$$

Es liegt hier der gleiche Umstand vor, wie im § 5 bei der Schwingung mit konstanter Dämpfung, die ebenfalls in den Bewegungsumkehrpunkten einen Vorzeichenwechsel beim Dämpfungsglied erforderlich machte.

Die Behandlung einer Schwingung mit Hilfe der gegebenen Ansätze gestaltet sich wie folgt.

Die Bewegung beginne in der Umkehrlage A zur Zeit $t = 0$ mit $x = -x_1$ und $\frac{dx}{dt} = 0$. Es gilt die Gleichung (12), aus der sich die Konstante nach

$$1 + \delta x_1 + C e^{\delta x_1} = 0$$

mit

(13) $$C = -(1 + \delta x_1) e^{-\delta x_1}$$

bestimmt. Setzt man dies in (12) ein, so findet sich die Bewegungsgeschwindigkeit von A bis B zu

(14) $$\frac{dx}{dt} = \frac{\nu}{\delta} \sqrt{2(1 - \delta x - (1 + \delta x_1) e^{-\delta(x + x_1)})}$$

und für die Endlage in B die Ausschlagweite $x = x_2$ aus:

(15) $$\frac{dx}{dt} = \frac{\nu}{\delta} \sqrt{2(1 - \delta x_2 - (1 + \delta x_1) e^{-\delta(x_1 + x_2)})} = 0 \, .$$

Den unter der Wurzel in Klammern stehenden Ausdruck, der zu Null zu machen ist, kann man durch Logarithmieren umformen, wie folgt:

(16) $$\delta x_2 + \operatorname{lognat}(1 - \delta x_2) = -\delta x_1 + \operatorname{lognat}(1 + \delta x_1) \, .$$

Hiernach läßt sich die Ausschlagweite x_2 berechnen, wenn x_1 gegeben ist.

Hat man $+x_2$ gefunden, so benutzt man für den Rückwärtsgang in Richtung BA die Gleichung (12a) zur Konstantenbestimmung mit $\frac{dx}{dt} = 0$ und erhält

(17) $$C = -(1 + \delta x_2) e^{-\delta x_2}$$

und hieraus durch Wiedereinsetzen in (12a) und nach Einsetzen des dritten Ausschlages $-x_3$ und Logarithmieren:

$$(18) \qquad \delta x_3 + \operatorname{lognat}(1 - \delta x_3) = -\delta x_2 + \operatorname{lognat}(1 + \delta x_2)\,.$$

Diese Gleichung lautet genau wie (16). Der letztere Ansatz ist also für den ganzen Bewegungsverlauf geeignet, aus dem gegebenen Anfangsausschlag $|x_1|$ die nachfolgenden Ausschläge $|x_2|$, $|x_3|$ usw. zu berechnen. Die Auflösung der Gleichung (16) erfolgt am besten graphisch durch Auftragen der Kurven

$$y = \xi + \operatorname{lognat}(1 - \xi) \quad \text{und} \quad y = -\xi + \operatorname{lognat}(1 + \xi)\,.$$

Diese brauchen nur für den Bereich $\xi = 0$ bis $\xi = 1$ gezeichnet zu sein.[13])

§ 12. Energetische Behandlung der Schwingungsbewegung.

1. Führte die Anknüpfung an den Kraftbegriff zur Kenntnis des zeitlichen Verlaufes der Schwingung, so gelangt man durch Einführung des Arbeitsbegriffes zur Kenntnis der mit der Schwingungsbewegung verbundenen Energieumwandlungen.

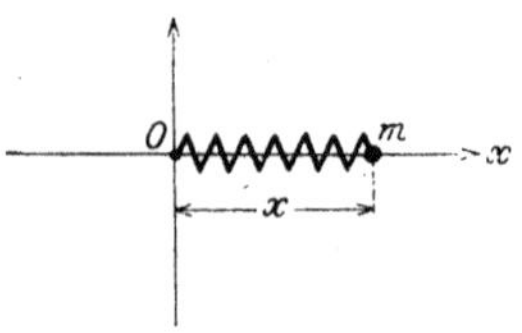

Fig. 27. Elastische Schwingung.

Wir betrachten nach Fig. 27 einen Massenpunkt m, der um das Maß x von einem festen Punkte seiner geradlinigen Bahn entfernt und mit demselben durch eine Feder verbunden sei, deren Spannung mit cx gleichgesetzt wird.

Ist der Punkt in der Entfernung x in Ruhe, so enthält das ganze System von Massenpunkt und Feder einen Arbeitsbetrag, der aufgewendet werden mußte, um den Punkt m aus O gegen die Federkraft in die Entfernung x zu bringen.

Diese Arbeit wird gefunden nach dem Satz:

$$(1) \qquad A = \int_0^s P\,ds\,,$$

wo P die arbeitende Kraft, ds ihr Wegelement bedeutet. In unserem Falle ist zu setzen: $P = cx$, $ds = dx$, mithin

$$A = \int_0^x c\,x\,dx = c\,\frac{x^2}{2}\,.$$

In Fig. 28 stellt sich A dar als Flächeninhalt des Dreiecks $O\,m\,A$.

Hat andererseits der Punkt in der Entfernung x noch eine von Null verschiedene Geschwindigkeit $\frac{dx}{dt}$, so wohnt ihm ein Arbeitsbetrag inne der Größe $\frac{1}{2}\,m\left(\frac{dx}{dt}\right)^2$, den wir die kinetische Energie oder die lebendige Kraft des Punktes nennen, während der der Feder allein innewohnende Arbeitsbetrag $\frac{1}{2}\,c\,x^2$ die potentielle oder Spannungsenergie heißt.

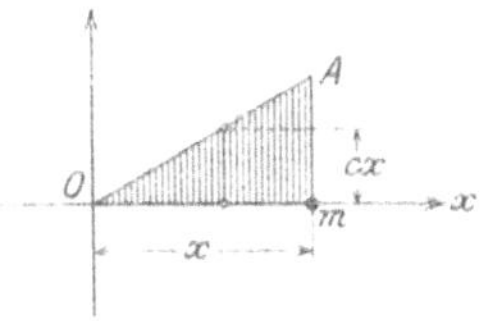

Fig. 28. Kräftespiel der Schwingung.

Ist nun das System Massenpunkt und Feder ein geschlossenes, ohne anderweitige Einwirkung von Kräften, so wird eine Beziehung zwischen den beiden Energieformen hergestellt durch den Satz von der Erhaltung der Energie, welcher die Summe der beiden Energieformen als unveränderlich setzt:

$$\frac{1}{2}\,m\left(\frac{dx}{dt}\right)^2 + \frac{1}{2}\,c\,x^2 = C\,. \tag{2}$$

Diese Aussage steht übrigens auch in engem Zusammenhang mit der Differentialgleichung der Systembewegung, welche nach dem Früheren lautet:

$$m\,\frac{d^2x}{dt^2} + c\,x = 0\,. \tag{3}$$

Multipliziert man hier mit $\frac{dx}{dt}$, so verwandelt sich die linke Seite in ein vollständiges Differential, nämlich

$$\frac{d}{dt}\left[\frac{1}{2}\,m\left(\frac{dx}{dt}\right)^2\right] + \frac{d}{dt}\left[\frac{1}{2}\,c\,x^2\right] = 0\,, \tag{4}$$

durch dessen einmalige Integration wieder der Ansatz (2) entspringt.

Der Satz von der Erhaltung der Energie liefert also ein Zwischenintegral der Bewegungsgleichung.

Nach dem Früheren ist nun etwa

$$x = x_0 \sin\omega\,t \tag{5}$$

$$\omega = \sqrt{\frac{c}{m}}$$

ein Integral von (3). Hiernach findet sich die kinetische Energie des Systems:

$$L_k = \tfrac{1}{2} m \left(\frac{dx}{dt}\right)^2 = \tfrac{1}{2} m \omega^2 x_0^2 \cos^2 \omega t$$

und die potentielle

$$L_p = \tfrac{1}{2} c x^2 = \tfrac{1}{2} c x_0^2 \sin^2 \omega t \, .$$

Die Summe der beiden Energien liefert aber

$$L_k + L_p = \tfrac{1}{2} c x_0^2 (\cos^2 \omega t + \sin^2 \omega t) = \tfrac{1}{2} c x_0^2 = C \, , \tag{6}$$

und damit wird

$$\tfrac{1}{2} m \left(\frac{dx}{dt}\right)^2 + \tfrac{1}{2} c x^2 = \tfrac{1}{2} c x_0^2 \, . \tag{7}$$

Die Gesamtenergie des Systems ist also gleich derjenigen Menge von potentieller Energie, welche das System im Augenblick stärkster Auslenkung x_0 enthält. Die kinetische Energie ist aber in diesem Augenblicke:

$$L_{k_0} = \tfrac{1}{2} m \left(\frac{dx}{dt}\right)^2_{x=x_0} = \tfrac{1}{2} m \omega^2 [\cos^2 \omega t]_{\sin \omega t = 1} = 0 \, .$$

Andererseits ist im Augenblick kleinster Auslenkung $x = 0$ die potentielle Energie

$$L_{p_0} = \tfrac{1}{2} c [x^2]_{x=0} = 0$$

und die kinetische:

$$L_k = \tfrac{1}{2} m \omega^2 x_0 = \tfrac{1}{2} c x_0^2 \, .$$

Die Energie oszilliert also dauernd zwischen den beiden Formen der potentiellen und kinetischen Energie hin und her, wie in Fig. 29 gezeichnet ist.

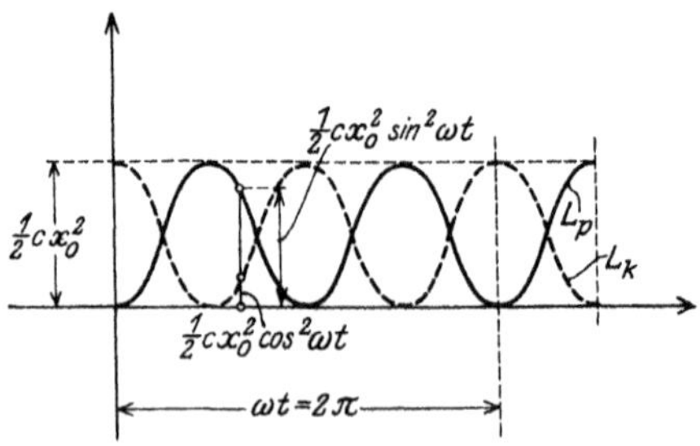

Fig. 29. Ungedämpfte Oscillation der Energie.

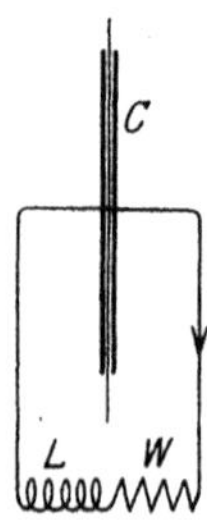

Fig. 30. Condensator.

2. Betrachten wir jetzt die Vorgänge bei einer gedämpften elektrischen Schwingung, etwa der Entladung eines Kondensators

nach Fig. 30 durch einen Widerstand und eine Selbstinduktion [vgl. Ansatz (3) in § 9 nach Umkehrung des Vorzeichens des Stromes i]:

$$P + W i + L \frac{di}{dt} = \frac{Q}{C} + W i + L \frac{di}{dt} = 0\,, \tag{1}$$

so haben wir uns zunächst über die Energieformen klar zu werden.

Der Strom i, der während der Zeit dt aus dem Kondensator fließt, bringt bei diesem eine Spannungs- oder Potentialerniedrigung dP hervor, die der Elektrizitätsmenge $dQ = i\,dt$ proportional ist; es gilt:

$$i\,dt = C\,dP \tag{2}$$

$$i = C\frac{dP}{dt} = \frac{dQ}{dt}\,.$$

Dieser unter der Spannung P aus dem Kondensator fließende Strom leistet in der Zeit dt eine Arbeit

$$d\,U = i\,P\,dt = C P \frac{dP}{dt}\,dt\,, \tag{3}$$

um welchen Betrag sich der Energieinhalt des Kondensators in der Zeit dt vermindert. Durch Integration zwischen den Spannungen 0 und P erhält man den ganzen der Spannung P entsprechenden Energieinhalt des Kondensators:

$$U = \int_0^P C P \frac{dP}{dt}\,dt = \tfrac{1}{2} C P^2\,, \tag{4}$$

oder wenn man die Ladung Q des Kondensators mit $P = \frac{Q}{C}$ einführt:

$$U = \frac{1}{2C} Q^2\,, \tag{5}$$

oder in der Zeit dt

$$d\,U = \frac{1}{C} Q\,dQ\,. \tag{6}$$

Die dem Kondensator entnommene Energiemenge wird nun verbraucht zur Arbeitsleistung im Schließungskreis des Kondensators. Im Schließungskreis wird Arbeit verbraucht in Gestalt von Joulescher Wärme $W i^2 dt$, sowie zur Überwindung des induktiven Spannungsabfalles $L \frac{di}{dt}$. Der dieser entsprechende Energiebetrag wird dem magnetischen Energieinhalt der induktiven Spule in der Größe $L i \frac{di}{dt}$ zugeführt.

Die Summe der drei Arbeiten muß also verschwinden, weshalb zu setzen ist:

(7) $$\frac{1}{C} Q\, dQ + W i^2 dt + L i \frac{di}{dt} = 0\,.$$

Hieraus folgt durch Integration:

$$\frac{1}{2} \frac{Q^2}{C} + W \int_0^t i^2 dt + \tfrac{1}{2} L i^2 = \text{Konst.}$$

Dies ist wieder das Gesetz der Erhaltung der Energie, welches besagt, daß die Summe von elektrischer Energie $\frac{1}{2} \frac{Q^2}{C}$ und magnetischer Energie $\frac{1}{2} L i^2$, zuzüglich der seit Beginn der Bewegung verbrauchten Jouleschen Wärme $W \int_0^t i^2 dt$ eine Konstante ist.

Abgesehen von der Jouleschen Wärme, welche als Verlust zu buchen ist, findet auch hier ein Oszillieren der beiden Energieformen statt. Elektrische und magnetische Energie, die, an Hand der Differentialgleichung betrachtet, den Charakter der potentiellen bzw. kinetischen Energie tragen, gehen fortwährend ineinander über. Ihre Summe aber nimmt fortwährend ab, weil bei dem Übergang aus einer Energieform in die andere Energie als Joulesche Wärme verlorengeht. In Fig. 31 ist der Verlauf der Energieoszillation dargestellt. Die punktierte Kurve gibt den Verlust an Gesamtenergie an.

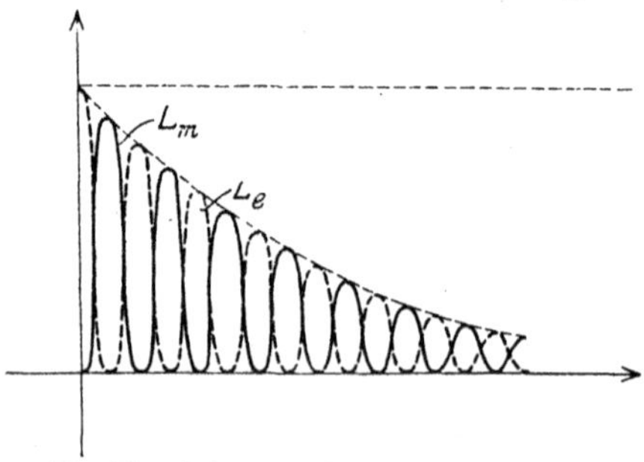

Fig. 31. Gedämpfte Oscillation der Energie.

Ist zur Abkürzung

$$\frac{W}{2L} = \delta \quad \text{und} \quad \sqrt{\frac{1}{LC} - \frac{W^2}{4L^2}} = \nu\,,$$

so ist

$$i = A e^{-\delta t} \sin(\nu t + \alpha)$$

der Stromverlauf im allgemeinen. Die Integrationskonstanten A und α bestimmen sich aus den Anfangsbedingungen zur Zeit $t = 0$, $i = 0$, $Q = \int i\,dt = Q_0$ zu:

$$\alpha = 0\,; \qquad A = -Q_0 \frac{\nu^2 + \delta^2}{\nu}\,.$$

Also wird

$$i = -Q_0 \frac{\nu^2 + \delta^2}{\nu} \sin \nu t\, e^{-\delta t}$$

und

$$Q = \frac{Q_0}{\nu} (\delta \sin \nu t + \nu \cos \nu t)\, e^{-\delta t}\,.$$

Hieraus ermittelt sich aber die magnetische Energie

$$L_m = \tfrac{1}{2} i^2 L = \tfrac{1}{2} Q_0^2 L \left(\frac{\nu^2 + \delta^2}{\nu^2}\right)^2 \sin^2 \nu t\, e^{-2\delta t} = \frac{1}{2} \frac{Q_0^2}{LC^2 \nu^2} \sin^2 \nu t\, e^{-2\delta t}$$

und die elektrische

$$L_e = \frac{1}{2} \frac{Q^2}{C} = \frac{1}{2} \frac{Q_0^2}{LC^2 \nu^2} \cos^2(\nu t - \vartheta)\, e^{-2\delta t}\,,$$

wenn $\operatorname{tg} \vartheta = \frac{\delta}{\nu}$ gesetzt ist.

Bildet man jetzt die Summe von L_e und L_m, so erhält man den Verlauf der gesamten elektromagnetischen Energie mit

$$L = L_e + L_m = \frac{1}{2} \frac{Q_0^2}{LC^2 \nu^2} [1 - \sin \vartheta \sin(2 \nu t + \delta)]\, e^{-2\delta t}\,.$$

Bei schwacher Dämpfung, also kleinem δ oder ϑ, kann der Faktor in der eckigen Klammer gleich 1 gesetzt werden, und die Energieabnahme erfolgt nach der Exponentialfunktion $e^{-2\delta t}$.

III. Einfache erzwungene Schwingungen.

§ 13. Beispiel aus der Mechanik.

Die bisher behandelten Schwingungsvorgänge waren sämtlich von Differentialgleichungen folgender Form beherrscht:

$$m\frac{d^2x}{dt^2} + b\frac{dx}{dt} + cx = 0\,. \tag{1}$$

In dieser Gleichung konnte die Veränderliche x bald die Amplitude eines Pendels oder einer Magnetnadel bedeuten, bald die Ausweichung eines federnden Gewichtes aus seiner Ruhelage, oder den Verdrehungswinkel des Schiebers einer Dampfmaschine, oder einen veränderlichen Strom usw. Die physikalische Bedeutung von m war bald die Masse eines materiellen Punktes, oder das Trägheitsmoment einer Magnetnadel, oder die Selbstinduktion eines Stromkreises. Die Dämpfungskonstante b konnte herrühren von Reibungen zwischen rasch aufeinandergleitenden Flächen, oder von Induktionsströmen in einem Leiter, oder von der Reibung eines Körpers in der umgebenden Luft, während die Direktionskraft c geliefert wurde bald von der Schwerkraft, oder von einer Feder, oder von elektrischen und magnetischen Kräften.

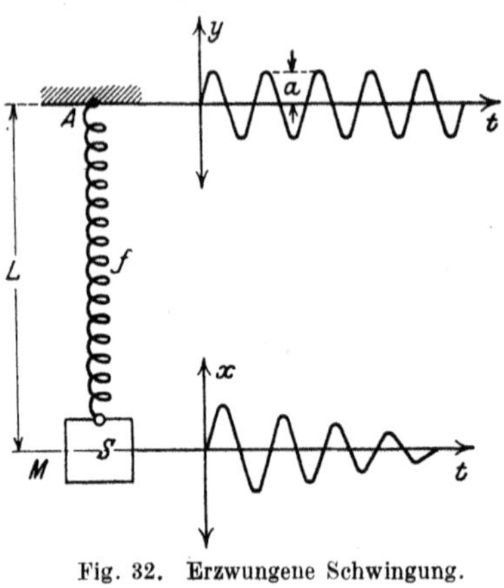

Fig. 32. Erzwungene Schwingung.

Die von der Gleichung (1) beherrschten Vorgänge sind also äußerst vielseitig; sie haben das gemeinsam, daß sie sogenannte freie Schwingungen sind, Schwingungen, welche das sich selbst überlassene System ausführt, wenn es aus seiner Ruhelage gebracht wird.

Der Gruppe der freien Schwingungen schließen sich nicht minder wichtig die erzwungenen Schwingungen an, für die wir uns zunächst ein mechanisches Beispiel herrichten wollen.

Ein schwerer Körper m (siehe Fig. 32) sei mittels einer Feder f aufgehängt; sein Schwerpunkt habe in der Ruhelage vom Aufhängepunkt die Entfernung L. Bringt man den Körper m durch Anheben und Loslassen aus seiner Ruhelage heraus, so vollführt er um seine Ruhelage Schwingungen nach Gleichung (1), wo die Dämpfung b daher rühren möge, daß der Körper etwa in Öl untergetaucht sei, und wo die Konstante c, die „Direktionskraft“, sich leicht aus den Federabmessungen berechnet.

Jetzt setzen wir voraus, daß der Aufhängepunkt A seinerseits (etwa durch Kurbelantrieb) dauernd eine periodische Bewegung ausführe nach der Gleichung

$$y = \frac{a}{c} \sin \omega t \, . \tag{2}$$

Durch die Bewegung werden periodische Änderungen der Federspannung bedingt, die ihrerseits sich auf die Bewegung des Körpers m fortpflanzen: zur Zeit t wirkt nicht mehr die Federkraft $c\,x$ auf den Körper, sondern $c\,(x - y)$, wo x und y beide nach oben positiv gezählt werden.

Die Gleichung (1) geht also über in

$$m \frac{d^2 x}{dt^2} + b \frac{dx}{dt} + c\,(x - y) = 0 \tag{3}$$

oder

$$m \frac{d^2 x}{dt^2} + b \frac{dx}{dt} + c\,x = a \sin \omega t \, . \tag{4}$$

Diese Gleichung beschreibt die einfachste Form einer erzwungenen Schwingung mit Dämpfung oder einer periodisch gestörten Schwingung. Das Glied auf der rechten Seite heißt das Störungsglied; es ist im vorliegenden Falle eine harmonische Funktion der Zeit.

Wir wollen zunächst die ungedämpfte Schwingung untersuchen, lassen also vorläufig $b = 0$ sein. Wir versuchen, ob eine Funktion

$$x = A_1 \sin \omega t + A_2 \cos \omega t \tag{5}$$

die Gleichung

$$m \frac{d^2 x}{dt^2} + c\,x = a \sin \omega t \tag{6}$$

befriedigt; A_1 und A_2 seien die Integrationskonstanten.

Nach zweimaliger Differentiation findet sich

$$\frac{d^2x}{dt^2} = -A_1\,\omega^2 \sin\omega t - A_2\,\omega^2 \cos\omega t\,. \tag{7}$$

Nach Eintragen von (5) und (7) in (6) findet sich:

$$\left\{\begin{aligned} &-m\,\omega^2 (A_1 \sin\omega t + A_2 \cos\omega t) + c A_1 \sin\omega t \\ &\qquad\qquad + c A_2 \cos\omega t = a \sin\omega t \end{aligned}\right. \tag{8}$$

oder nach sin und cos geordnet:

$$(c A_1 - A_1 m\,\omega^2 - a) \sin\omega t + (c A_2 - A_2\, m\,\omega^2) \cos\omega t = 0\,. \tag{9}$$

Aus (9) folgt durch Nullsetzen der Koeffizienten von sin und cos

$$A_1 = \frac{1}{c - m\,\omega^2}\, a\,; \qquad A_2 = 0\,, \qquad (\text{wenn } c \gtrless \omega^2)$$

womit unsere Lösung lautet

$$x = \frac{a}{c - m\,\omega^2} \sin\omega t\,. \tag{10}$$

Diese Gleichung sagt, daß die erzwungene Schwingung x des Körpers m synchron mit der Bewegung y des Aufhängepunktes erfolgt und daß die Amplitude der zweiten Bewegung $\frac{c}{c - m\,\omega^2}$ mal so groß ist als die Amplitude der ersteren.

Hier sind einige besondere Fälle zu unterscheiden.

Ist ω sehr klein, erfolgt also die Bewegung des Aufhängepunktes sehr langsam, so kopiert der Körper m die Bewegung von A ganz genau, wächst ω, so nehmen die Ausschläge von m fortgesetzt zu, bis sie mit

$$\omega^2 = \frac{c}{m} \tag{11}$$

unendlich groß werden.

Es liegt auf der Hand, daß diese Möglichkeit vermieden werden muß, weil infolge der Heftigkeit der Bewegungen von m der Bestand des ganzen Systems in Frage gestellt wird.

Wächst ω weiter, so nimmt der Einfluß der erzwungenen Bewegung wieder ab, bis sich bei ganz großem ω die Bewegung von m nur durch schnelle Erzitterungen mit ganz kleiner Amplitude bemerkbar macht.

Neben den erzwungenen Schwingungen vollführt jedoch der Körper auch noch seine Eigenschwingungen

$$x = x_0 \sin \sqrt{\frac{c}{m}}\, t\,. \tag{12}$$

Diese kombinieren sich mit den erzwungenen Schwingungen, sie interferieren mit ihnen. In der Fig. 33 ist eine Eigenschwingung *II* und eine erzwungene Schwingung *I*, deren Frequenzen sich wie 2 : 3 verhalten, zu einer Schwingung *III* kombiniert. Sind die Frequenzen gleich, dann geraten Eigenschwingung und erzwungene Schwingung in Resonanz, d. h. wir haben den durch Gleichung (11) charakterisierten Fall.

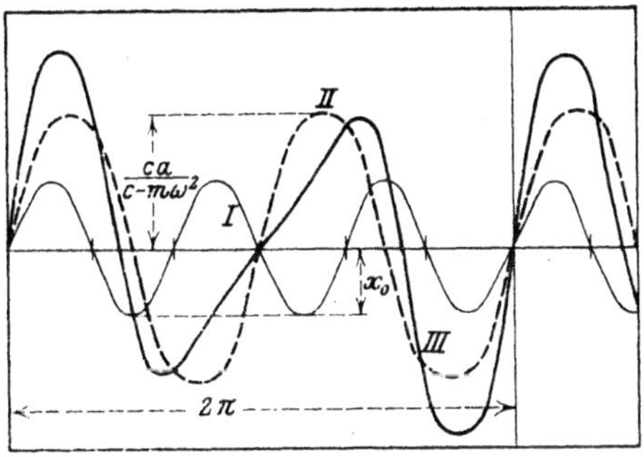

Fig. 33. Interferenz von Schwingungen.

Wir nehmen nun an, daß die erzwungene Schwingung mit Dämpfung behaftet sei, d. h. wir untersuchen die Differentialgleichung (4). Im § 6 hatten wir die allgemeine Form einer freien gedämpften Schwingung gefunden:

$$x = A_1\, e^{\alpha_1 t} + A_2\, e^{\alpha_2 t}\,. \tag{13}$$

Wir wollen nun versuchen, ob diese Form der Lösung von (1) sich auch für Gleichung (4) eignet, indem wir annehmen, daß A_1 und A_2 nicht Konstante, sondern vorläufig noch unbekannte Funktionen von t seien; wir untersuchen also, unter welchen Umständen

$$x = A_1(t)\, e^{\alpha_1 t} + A_2(t)\, e^{\alpha_2 t} \tag{14}$$

eine Lösung von (4) ist. Wir differenzieren Gleichung (14) zweimal und erhalten nach Eintragung in (4):

$$\left\{\begin{aligned} &A_1\, e_1 (m\,\alpha_1^2 + b\,\alpha_1 + c) + A_2\, e_2 (m\,\alpha_2^2 + b\,\alpha_2 + c) \\ &\quad + m(A_1'' e_1 + A_2'' e_2) + 2\,m(A_1' \alpha_1\, e_1 + A_2' \alpha_2\, e_2) \\ &\quad + b(A_1' e_1 + A_2' e_2) = a \sin \omega\, t\,, \end{aligned}\right. \tag{15}$$

wo e_1 für $e^{\alpha_1 t}$ und e_2 für $e^{\alpha_2 t}$ gesetzt ist. In dieser Gleichung verschwinden die beiden ersten Glieder auf der linken Seite von selbst.

Es bleibt übrig eine Differentialgleichung für zwei unbekannte Funktionen A_1 und A_2. Wir dürfen daher eine weitere Bedingung für diese Funktionen beliebig festsetzen und tun dies, indem wir schreiben:

$$A_1' e_1 + A_2' e_2 = 0 . \tag{16}$$

Differenzieren wir diese Gleichung, so entsteht

$$A_1'' e_1 + A_2'' e_2 = -(A_1' \alpha_1 e_1 + A_2' \alpha_2 e_2) . \tag{17}$$

Tragen wir (16) und (17) in (15) ein, so folgt:

$$m(A_1' \alpha_1 e_1 + A_2' \alpha_2 e_2) = a \sin \omega t . \tag{18}$$

Aus (16) und (18) leiten sich dann zunächst die Differentialquotienten A_1' und A_2' ab:

$$\left\{\begin{aligned} A_1' &= \frac{dA_1}{dt} = \frac{a}{m(\alpha_1 - \alpha_2)} \frac{\sin \omega t}{e^{\alpha_1 t}} , \\ A_2' &= \frac{dA_2}{dt} = \frac{a}{m(\alpha_2 - \alpha_1)} \frac{\sin \omega t}{e^{\alpha_2 t}} \end{aligned}\right. \tag{19}$$

und hieraus die gesuchten Funktionen selbst:

$$\left\{\begin{aligned} A_1 &= C_1 + \int \frac{a}{m(\alpha_1 - \alpha_2)} \frac{\sin \omega t}{e^{\alpha_1 t}} dt , \\ A_2 &= C_2 + \int \frac{a}{m(\alpha_2 - \alpha_1)} \frac{\sin \omega t}{e^{\alpha_2 t}} dt . \end{aligned}\right. \tag{20}$$

Setzen wir die Ausdrücke (20) in (14) ein, so ergibt sich, wenn J_1 und J_2 die beiden Integrale in Gleichung (20) sind:

$$x = C_1 e^{\alpha_1 t} + C_2 e^{\alpha_2 t} + e^{\alpha_1 t} J_1 + e^{\alpha_2 t} J_2 , \tag{21}$$

d. h. die Gesamtschwingung besteht wieder aus der Eigenschwingung $C_1 e^{\alpha_1 t} + C_2 e^{\alpha_2 t}$ und der erzwungenen Schwingung $e^{\alpha_1 t} J_1 + e^{\alpha_2 t} J_2$.

Bei genauer Betrachtung der erzwungenen Schwingung zeigt sich, daß diese die Gestalt annimmt

$$p \sin(\omega t - \varepsilon) .$$

Die Größen p und ε sollen nun direkt bestimmt werden, da die Ausrechnung der Integrale (20) etwas umständlich ist.

Wir setzen also die erzwungene Schwingung

$$x = p \sin(\omega t - \varepsilon) , \tag{22}$$

differenzieren zweimal und setzen in Gleichung (4) ein.

Wir wollen die einfache Zwischenrechnung unterdrücken und finden:

$$\left\{\begin{aligned} \varepsilon &= \operatorname{arctg} \frac{\omega b}{c - \omega^2 m}, \\ p &= \frac{a}{\sqrt{(c - m\omega^2)^2 + b^2\omega^2}}. \end{aligned}\right. \tag{23}$$

Dieses Resultat besagt:

1. Die erzwungene Schwingung eilt der erregenden Ursache um die Phasenverschiebung

$$\varepsilon = \operatorname{arctg} \frac{\omega b}{c - \omega^2 m}$$

nach.

2. Ist die Schwingung ungedämpft, dann findet keine Phasenverschiebung statt.

3. Es kann niemals Resonanz auftreten für $c = \omega^2 m$; in diesem Falle wird lediglich die Phasenverschiebung $= \frac{\pi}{2}$, während x endlich bleibt, solange Dämpfung vorhanden ist.

4. Der Maximalwert der Amplitude p tritt ein für

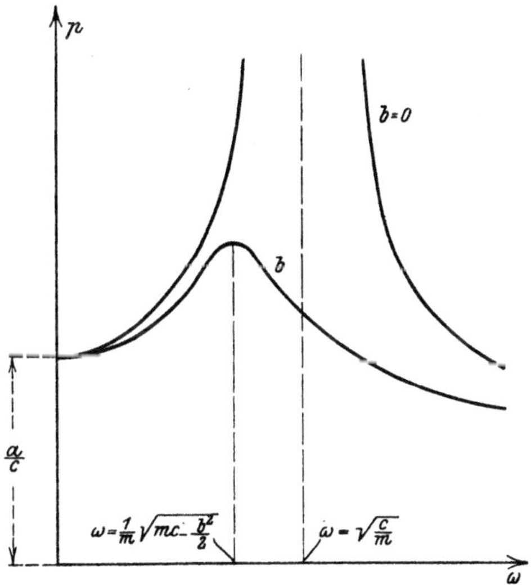

Fig. 34. Dämpfungs- und Phasenschaubild.

$$\omega = \frac{1}{m}\sqrt{mc - \frac{b^2}{2}}.$$

Fig. 34 gibt den Zusammenhang zwischen der Amplitude p und der Kreisfrequenz ω für verschiedene Dämpfungen. Mit wachsendem b nehmen die Maximalamplituden immer mehr ab, und ihre Werte werden bei immer kleinerem ω erreicht.

§ 14. Zeichnerische Behandlung der erzwungenen Schwingungen.

Wir schreiben den Ansatz (10) in § 13 in der Form:

$$x = \frac{1}{c} \frac{a}{1 - \omega^2 : \frac{c}{m}} \sin \omega t \tag{1}$$

und setzen

$$\omega^2 : \frac{c}{m} = z^2 , \tag{2}$$

wo z das Verhältnis der Störungskreisfrequenz zur Eigenkreisfrequenz bedeutet. Man nennt z die Verstimmung, und es ergibt sich

$$x = \frac{a}{c} \frac{1}{1 - z^2} \sin \omega t . \tag{3}$$

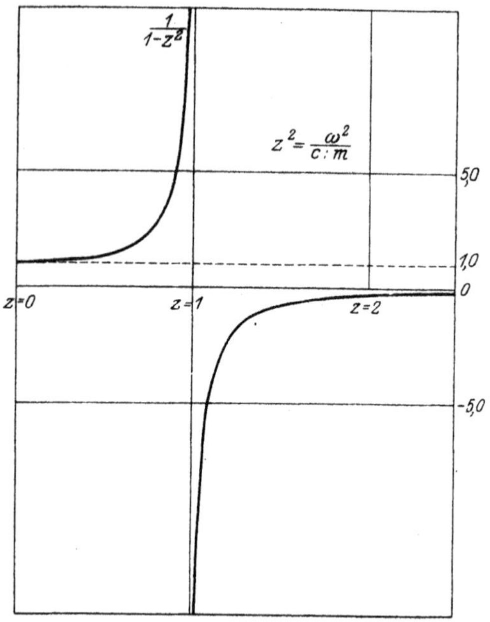

Fig. 34a. Verstärkungszahl und Verstimmung.

Die größten Ausschläge sind also in erster Linie von dem Wert des Ausdruckes $V_z = \frac{1}{1 - z^2}$ abhängig, der in Fig. 34a in Abhängigkeit von z aufgezeichnet ist. Man nennt V_z die Vergrößerungszahl der Schwingung. Die Abhängigkeit von V_z von z liefert demnach die Vergrößerung 1, also genaues Kopieren der erzwungenen Bewegung, für sehr kleine z, d. h. für sehr kleine Störungsfrequenzen. Mit wachsendem ω nimmt z zu, und V_z wird für $z = 1$ (Gleichstimmigkeit von Eigen- und Störungsschwingung) theoretisch unendlich groß.

Nach dem Bild findet beim Durchgang durch $z = 1$ ein Vorzeichenwechsel von V_z statt. Für $z < 1$ ist das Vorzeichen positiv, für $z > 1$ negativ. Dies bedeutet, daß für Störungsfrequenzen unter der Eigenschwingungszahl ($z < 1$) sich die erzwungene Schwingung in Phase mit der Störung befindet, während für Störungsfrequenzen über der Eigenschwingungszahl ($z > 1$) die erzwungene Schwingung der störenden Ursache gerade entgegengesetzt erfolgt.

Bei wirklichen Bewegungen findet der Übergang zwischen den Phasen natürlich nicht so unvermittelt statt, wie im Bilde gezeichnet, weil die stets vorhandene Dämpfung den Vorgang beeinflußt; auch kann selbstverständlich der Ausschlag praktisch niemals wirklich unendlich werden.

Nimmt z von 1 weiter zu bis ∞, was mit unendlich großer Störungsfrequenz gleichbedeutend ist, so nimmt V_z immer mehr ab, der Einfluß der Störung verliert sich.

Es kann aber auch z zunehmen, bei endlichem ω, durch Verschwinden von c, d. h. durch Aufhören der Kräfte, welche die Masse m an den Schwingungsmittelpunkt heften. In diesem Falle ist eine gesonderte Untersuchung der Differentialgleichung nötig. Wir haben dann als solche

$$m \frac{d^2 x}{dt^2} = a \sin \omega t \,. \tag{4}$$

Durch einmalige Integration findet sich hier

$$m \frac{dx}{dt} = C_1 - \frac{a}{\omega} \cos \omega t \tag{5}$$

und durch nochmalige Integration

$$m x = C_2 + C_1 t - \frac{a}{\omega^2} \sin \omega t \,. \tag{6}$$

Die Anfangsbedingung: für $t = 0$ soll sein $x = 0$ und $\frac{dx}{dt} = 0$ liefert für die Konstanten:

$$C_2 = 0 \quad \text{und} \quad C_1 = \frac{a}{\omega} \,.$$

Mithin wird

$$x = \frac{a}{\omega m} t - \frac{a}{\omega^2 m} \sin \omega t \,. \tag{7}$$

Wir haben also gar keine eigentliche Schwingung mehr vor uns, sondern eine fortschreitende mit darüber gelagerter periodischer Bewegung. Die aus Fig. 34a zu entnehmenden Werte gelten also nicht für $c = 0$.

Betrachten wir nun die Vergrößerung der Bewegungsausschläge und die Phasenverschiebungen bei gedämpften, erzwungen schwingenden Systemen nach den Ansätzen (23) im § 13.

$$p = \frac{a}{\sqrt{(c - m\,\omega^2)^2 + b^2\,\omega^2}}\,; \tag{8}$$

$$\varepsilon = \operatorname{arctg} \frac{\omega\, b}{c - \omega^2\, m}\,. \tag{a}$$

Diese Ansätze formen wir um wie folgt

$$p = \frac{a}{c}\,\frac{1}{\sqrt{\left(1 - \frac{m\,\omega^2}{c}\right)^2 + \frac{b^2}{m\,c}\cdot\frac{\omega^2\, m}{c}}}\,;$$

$$\varepsilon = \operatorname{arc\,tg} \frac{b}{\sqrt{m\,c}}\cdot\omega\sqrt{\frac{m}{c}}\,\frac{1}{1 - \frac{m\,\omega^2}{c}}\,.$$

Hier setzt man nach Ansatz (2) dieses Paragraphen $\frac{1}{\omega}\sqrt{\frac{c}{m}} = \frac{1}{z}$ und nach Ansatz (24) und (25) des § 8 mit $B = b$, $\Theta = m$, $C = c$ $\frac{b}{\sqrt{m\,c}} = \frac{2\Lambda}{\sqrt{\pi^2 + \Lambda^2}}$, wodurch wir erhalten:

$$p = \frac{a}{c}\,\frac{1}{\sqrt{(1 - z^2)^2 + \frac{4\Lambda^2}{\pi^2 + \Lambda^2}\cdot z^2}}\,; \quad \varepsilon = \operatorname{arctg} \frac{2\Lambda}{\sqrt{\pi^2 + \Lambda^2}}\,\frac{z}{1 - z^2}\,.$$

Somit wird die Vergrößerungszahl $V_z = \dfrac{1}{\sqrt{(1 - z^2)^2 + \frac{4\Lambda^2}{\pi^2 + \Lambda^2}\cdot z^2}}$ sowie die Phasenverschiebung ε nur auf zwei Größen zurückgeführt, nämlich auf die schon oben eingeführte Verstimmung z und das logarithmische Dekrement Λ. Die wichtigen Größen V_z (s. Fig. 35) und ε (s. Fig. 36) ergeben sich jetzt in einfacher Weise in Abhängigkeit von z für die verschiedenen Dämpfungen

$\frac{x_n}{x_{n+1}} = e^{\Lambda}$. Niemals wird, mit Ausnahme von $\frac{x_n}{x_{n+1}} = 1:1$ oder $\Lambda = 0$, die Verstärkungszahl unendlich; stets bleibt bei vor-

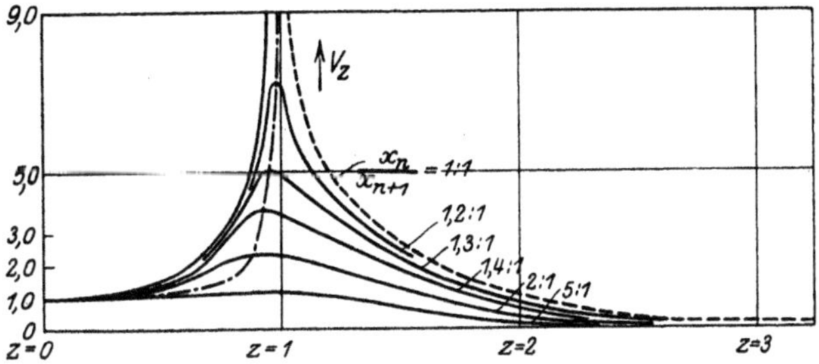

Fig. 35. Dämpfungsschaubild.

handener Dämpfung auch bei Gleichklang von Störungston und Eigenton ($z = 1$) die Verstärkung endlich. Dabei liegt das Maximum der Verstärkung nicht bei $z = 1$, sondern bei kleineren

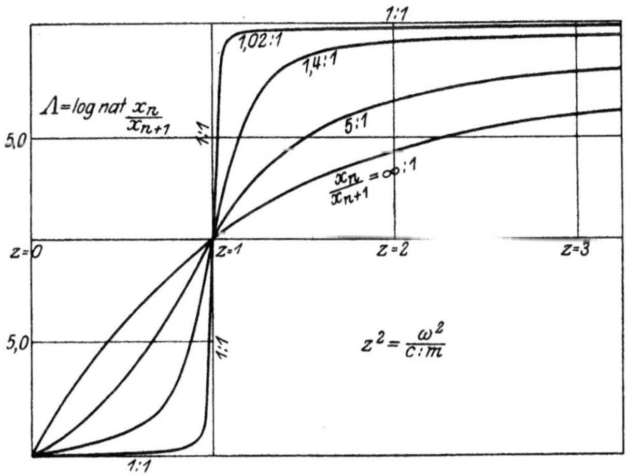

Fig. 36. Phasenschaubild.

Werten von z, die sich ermitteln aus $\frac{\partial V_z}{\partial z} = 0$ mit

$$z = +\sqrt{1 - \frac{2\Lambda^2}{\pi^2 + \Lambda^2}}\,.$$

Die Phasenkurven zeigen für schwache Dämpfung eine starke Veränderlichkeit der Phase ε mit der Verstimmung z.

§ 15. Die allgemeine Wechselstromgleichung.

1. Bereits in § 9 und 10 hatten wir uns mit den elektrischen Schwingungen in einem mit Kapazität und Selbstinduktion behafteten Stromkreis beschäftigt. Damals lag eine konstante Spannung an den Enden des Stromkreises; jetzt wollen wir den Stromkreis einer sich sinusartig ändernden Wechselspannung aussetzen:

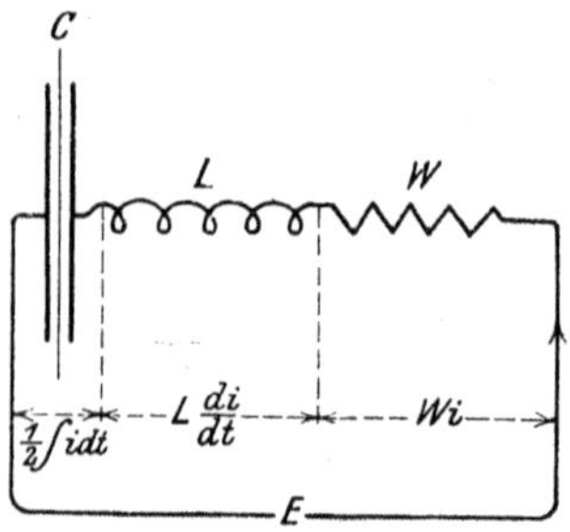

Fig. 37. Wechselstromkreis.

(1) $$E = a \sin \omega t\,.$$

In Fig. 37 sei W der Ohmsche Widerstand, L die Selbstinduktion, C die Kapazität des Stromkreises; i sei der im Leiter fließende Strom. In jedem Augenblick muß nach dem Ohmschen Gesetz die Summe der von W, L, C herrührenden Spannungsabfälle gleich E sein, d. h. es muß gelten:

(2) $$W i + L\frac{di}{dt} + \frac{1}{C}\int i\,dt = E = a \sin \omega t\,.$$

Um in dieser Gleichung das Integral zu beseitigen, muß dieselbe differenziert werden:

(3) $$W\frac{di}{dt} + L\frac{d^2 i}{dt^2} + \frac{1}{C}\,i = \frac{dE}{dt} = a\omega \cos \omega t$$

oder besser geordnet

(4) $$L\frac{d^2 i}{dt^2} + W\frac{di}{dt} + \frac{1}{C}\,i = a\,\omega \cos \omega t\,.$$

Die linke Seite dieser Gleichung stimmt überein mit Gleichung (5) in § 7. Auf der rechten Seite steht als erregende Kraft nicht die gegebene Wechselspannung selber, sondern ihr erster Differentialquotient.

Nach den Erörterungen von § 8 über die Integration dieser Gleichung können wir die erzwungene Schwingung wieder sofort hinschreiben:

(5) $$i = p \sin(\omega t + \varepsilon)$$

und wollen hier nur die Bestimmung der Amplitude p und der Phasenverschiebung ε ausdrücklich durchführen. Es findet sich aus (5)

$$(6)\quad \begin{cases} \dfrac{di}{dt} = \omega p \cos(\omega t + \varepsilon) \,, \\[2ex] \dfrac{d^2 i}{dt^2} = -\omega^2 p \sin(\omega t + \varepsilon) \,. \end{cases}$$

Führen wir (5) und (6) in (4) ein, so ergibt sich, wenn man die Glieder mit $\sin\omega t$ und $\cos\omega t$ zusammenfaßt:

$$(7)\quad \begin{cases} \sin\omega t\left(-\omega^2 L p \cos\varepsilon - \omega W p \sin\varepsilon + \dfrac{1}{C} p \cos\varepsilon\right) \\[2ex] + \cos\omega t\left(-\omega^2 L p \sin\varepsilon + \omega W p \cos\varepsilon + \dfrac{1}{C} p \sin\varepsilon - a\omega\right) = 0 \,. \end{cases}$$

Die beiden Glieder auf der linken Seite müssen jedes für sich verschwinden, weil sie mit Zeitfunktionen multipliziert sind, und man erhält:

$$(8)\quad \begin{cases} p = \dfrac{a\omega C}{\sqrt{(1-\omega^2 LC)^2 + \omega^2 W^2 C^2}} \\[2ex] \varepsilon = \operatorname{arctg} \dfrac{1-\omega^2 LC}{\omega W C} \\[2ex] \quad = \dfrac{\pi}{2} - \operatorname{arctg} \dfrac{\omega W C}{1-\omega^2 LC} \,. \end{cases}$$

Hiermit findet sich der Wechselstromverlauf:

$$(9)\quad i = \frac{a\omega C}{\sqrt{(1-\omega^2 LC)^2 + \omega^2 W^2 C^2}} \sin\left(\omega t + \frac{\pi}{2} - \operatorname{arctg}\frac{\omega W C}{1-\omega^2 LC}\right) .$$

Mittels dieser Gleichung kann jedes Wechselstromproblem gelöst werden. Allgemein ergibt sich, daß der Strom i der Spannung E um den Winkel ε vorauseilt, solange $L < 1 : \omega^2 C$. Nur im Falle $1 - \omega^2 LC = 0$ wird die Phasenverschiebung zwischen Strom und Spannung Null. Wird $L > 1 : \omega^2 C$, so wird die Phasenverschiebung negativ, der Strom beginnt der Spannung nachzueilen. Enthält der Stromkreis keinen Widerstand W, so ist die Phasenverschiebung ε entweder $= \frac{\pi}{2}$ oder $= -\frac{\pi}{2}$, je nachdem der Einfluß die Selbstinduktion oder die Kapazität überwiegt. Im ersteren Fall eilt der Strom der Spannung um einen rechten Winkel voraus, im letzteren Falle um ebensoviel nach; elektrische Arbeit wird dabei überhaupt nicht geleistet. Der Strom wird zu einem Maximum, wenn $1 = \omega^2 L C$ wird.

Wir wollen im folgenden ein Zahlenbeispiel dafür bringen, wie sich in einem konkreten Fall Stromstärke und Phasenverschiebung mit wechselnder Selbstinduktion ändern.

Es sei die Wechselspannung $= a = 3000$ Volt, die Kreisfrequenz sei $= \omega = 300$, der Widerstand $W = 200$ Ohm, die Kapazität $C = 2$ Mikrofarad. Mit diesen Größen ergibt sich die Stromstärke

$$p = \frac{1{,}8}{\sqrt{(1 - 0{,}18\,L)^2 + 0{,}0144}} \text{ Ampere.}$$

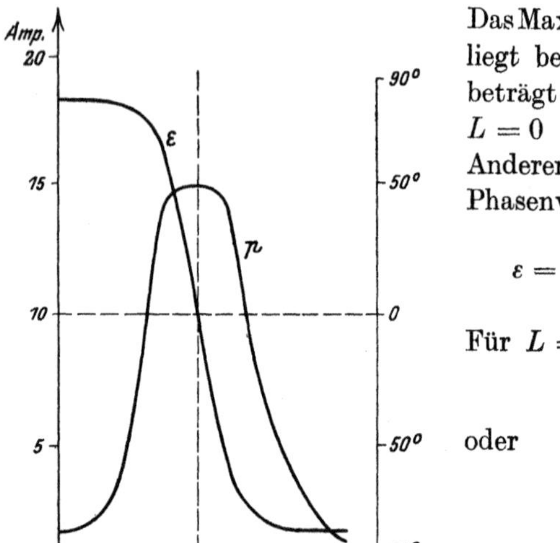

Fig. 38. Strommaximum und Phasenverschiebung bei einem Wechselstrom.

Das Maximum der Stromstärke liegt bei $L = 5{,}6$ Henry und beträgt 15 Ampere. Für $L = 0$ ist $p = 1{,}79$ Ampere. Andererseits findet sich die Phasenverschiebung

$$\varepsilon = \operatorname{arctg} \frac{1 - 0{,}18\,L}{0{,}12}.$$

Für $L = 0$ wird

$$\varepsilon = \operatorname{arctg} 8{,}3$$

oder

$$\varepsilon = 83^0,$$

während für $L = 5{,}6$ Henry $\varepsilon = 0$ wird. Den genauen Verlauf der Kurven zeigt Fig. 38.

Die Größen, die in den abgeleiteten Gleichungen auftreten, tragen folgende Benennungen:

$$p = \frac{a\,\omega\,C}{\sqrt{(1-\omega^2 LC)^2 + \omega^2 W^2 C^2}} = \text{der größte Momentanwert des Stromes,}$$

$$a = \text{der größte Momentanwert der Spannung,}$$

$$\sqrt{\left(\frac{1}{\omega C} - \omega L\right)^2 + W^2} = \text{die Impedanz oder der scheinbare Widerstand des Stromkreises,}$$

$$\left(\omega L - \frac{1}{\omega C}\right) = \text{die Reaktanz,}$$

$$\frac{\omega L - \frac{1}{\omega C}}{W} = \text{die Zeitkonstante,}$$

$$\omega = 2\,n\,\pi = \text{die Kreisfrequenz,}$$

$$n = \text{die Frequenz oder Wechselzahl.}$$

2. Der Ansatz (5) liefert, wie bemerkt, nur die erzwungene Schwingung des Kreises in Fig. 37. Neben der erzwungenen Schwingung vollzieht der Kreis jedoch auch noch seine Eigenschwingung, d. h. wir können zu (5) noch die allgemeine Lösung der Differentialgleichung

$$L\frac{d^2 i}{dt^2} + W\frac{di}{dt} + \frac{1}{C}\,i = 0 \tag{10}$$

hinzufügen, ohne daß der so erweiterte Ansatz seine Bedeutung als Integral der Differentialgleichung (4) verliert.

Aus § 6 und 7 wissen wir, daß sich die allgemeine Lösung von (10) schreiben läßt wie folgt:

$$i = A\,e^{-\delta t}\sin(\nu t + \alpha)\,, \tag{11}$$

wo bedeutet:

$$\delta = \frac{W}{2L}\,, \qquad \nu = \sqrt{\frac{1}{LC} - \frac{W^2}{4L^2}}\,.$$

Demnach haben wir als allgemeine Lösung von (4)

$$i = A\,e^{-\delta t}\sin(\nu t + \alpha) + p\sin(\omega t + \varepsilon)\,. \tag{12}$$

Bestimmen wir jetzt als Anfangsbedingung, daß zur Zeit $t = 0$ die Spannung $E = a\sin\omega\,t$ plötzlich an den Kreis angelegt werde, der stromlos ist und dessen Kapazität ladungslos sei, so haben wir A und α nach den Gleichungen $i = 0$ und $q = \frac{1}{C}\int i\,dt = 0$ anzusetzen:

$$(13)\qquad \begin{aligned} &A \sin\alpha + p \sin\varepsilon = 0\,, \\ &\frac{A}{\nu^2 + \delta^2}\{\delta \sin\alpha + \nu \cos\alpha\} + \frac{p}{\omega} \cos\varepsilon = 0\,. \end{aligned}$$

Da nach den Ansätzen (8)

$$(14)\qquad \operatorname{tg}\varepsilon = \frac{1 - \omega^2 LC}{\omega W C} = \frac{\nu^2 + \delta^2 - \omega^2}{2\omega\delta}$$

ist, so findet sich aus (13)

$$(15)\qquad \left\{ \begin{aligned} &\operatorname{tg}\alpha = \frac{\nu(\nu^2 + \delta^2 - \omega^2)}{\delta(\nu^2 + \delta^2 + \omega^2)} \\ &\text{und} \\ &A = -p \frac{\sin\varepsilon}{\sin\alpha}\,, \end{aligned} \right.$$

womit sich ganze Schwingung (12) in die Form stellt:

$$(16)\qquad i = p\left\{\sin(\omega t + \varepsilon) - \frac{\sin\varepsilon}{\sin\alpha} e^{-\delta t} \sin(\nu t + \alpha)\right\},$$

wo das zweite Glied in der Klammer die Eigenschwingung darstellt.

Die Gestalt dieser Stromkurve kann sehr verschiedenartig sein. Wenn geringe Dämpfung δ besteht und die Eigenfrequenz ν der Erregerfrequenz ω sehr nahe liegt, ist es möglich, daß Stromverläufe nach Fig. 39 vorkommen. Die Bewegung zeigt sich dann als Schwebung, d. h. als Interferenz zweier nahezu gleichperiodischer Schwingungen, die abgedämpft wird, bis schließlich nur die mit der Erregerperiode verlaufende erzwungene Schwingung übrigbleibt.

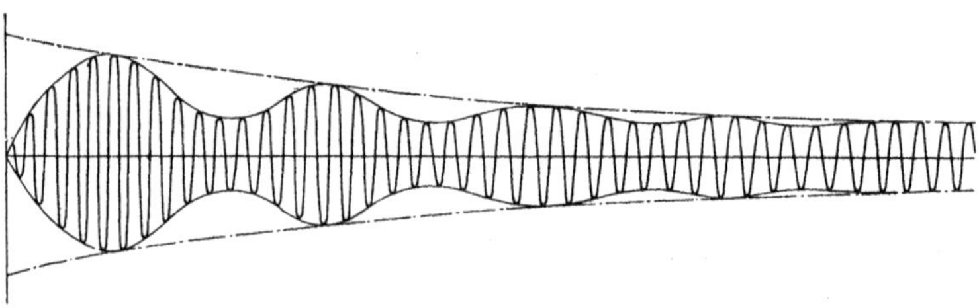

Fig. 39. Eigenschwingung und erzwungene Schwingung.

§ 16. Entstehung eines Wechselstromes bei abwesender Kapazität.

Ist im Stromkreis keine Kapazität vorhanden, so kann man den Ansatz (2) im § 15 ohne weiteres benutzen, da $\frac{1}{C} = 0$ zu setzen ist.

Wir haben also

$$L\frac{di}{dt} + W i = a \sin \omega t \,. \tag{1}$$

Das allgemeine Integral dieser linearen Differentialgleichung 1. Ordnung findet sich mit einer willkürlichen Konstanten A:

$$i = A\, e^{-\frac{W}{L}t} + \frac{a}{\sqrt{W^2 + \omega^2 L^2}} \sin(\omega t - \gamma)\,, \tag{2}$$

wo für den Winkel γ gilt:

$$\operatorname{tg} \gamma = \frac{\omega L}{W}\,. \tag{3}$$

Die Konstante A bestimmt sich aus der Anfangsbedingung; zur Zeit des Einschaltens ($t = 0$) sei z. B. $i = 0$. Dann wird

$$0 = A - \frac{a \sin \gamma}{\sqrt{W^2 + \omega^2 L^2}}$$

oder

$$A = \frac{a\,\omega L}{W^2 + \omega^2 L^2}\,.$$

Der Stromverlauf setzt sich also aus einem abklingenden und einem erzwungenen Teil zusammen.

Der erstere verschwindet bei den in der Wirklichkeit eintretenden Verhältnissen sehr schnell. Z. B.:

Es sei die Spannung $a = 500$ Volt.

Es sei die Selbstinduktion $L = 0{,}0858$ Henry.

Es sei der Widerstand $W = 3{,}43$ Ohm.

Dann wird $-\frac{W}{L} = -40$.

Es sei die Frequenz $n = 50$/Sek.

Dann wird die Kreisfrequenz $\omega = 2\pi n = 314$.

Es ergibt sich die Reaktanz $\omega L = 26{,}9$.

Mithin die Impedanz $= \sqrt{W^2 + \omega^2 L^2} = 27{,}11$.

Also wird $i = \frac{a}{27,11} = 18{,}44\,\text{Amp.}$ und $\operatorname{tg} = \frac{\omega L}{W} = \frac{26{,}9}{3{,}43} = 7{,}82$ oder der Phasenverschiebungswinkel

$$\gamma \cong 82^\circ 43' .$$

Infolge des hohen Wertes von $-\frac{W}{L} = -40$ klingt das Glied

$$\frac{a\,\omega\,L\,e^{-\frac{W}{L}t}}{W^2 t L^2 \omega^2},$$

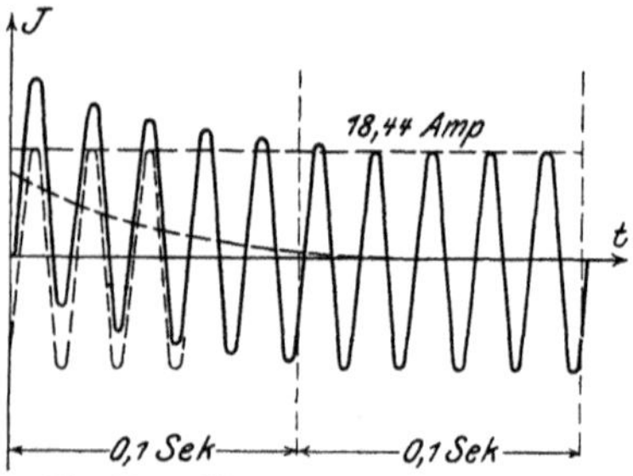

Fig. 39a. Kapazitätsloser Stromverlauf.

welches zur Zeit $t = 0$ den Wert $18{,}44 \cdot \sin\gamma$ Ampere hat, sehr schnell ab; bereits nach 0,1 Sek. ist es auf 0,018, nach 0,15 Sek. auf 0,0025 seines Anfangswertes gesunken, womit die volle Ausbildung des Wechselstromes beendet ist. Es vergehen also nur wenige Stromwechsel bis die volle Ausbildung des Wechselstromes beendet ist. Fig. 39a stellt den Anfangsverlauf der Strombildung dar.

§ 17. Verhalten eines Schwingungskreises bei gedämpfter Erregung.

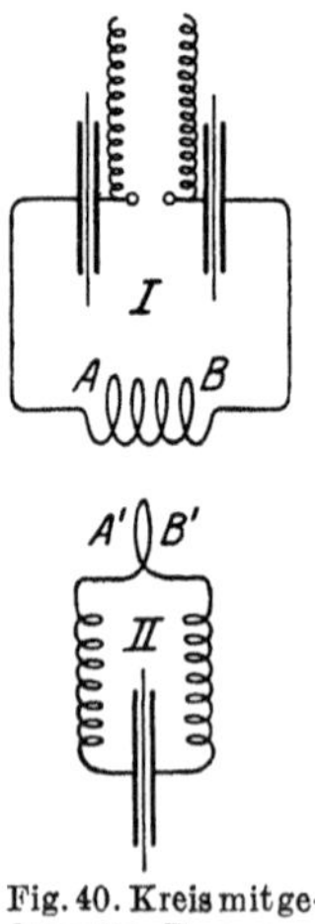

Fig. 40. Kreis mit gedämpfter Erregung.

Im § 15 hatten wir einen Schwingungskreis, bestehend aus Selbstinduktion, Ohmschem Widerstand und Kapazität, durch Anlegen einer Wechselstromspannung von konstanter Amplitude erregt und die dadurch im Kreise entstehende erzwungene Schwingung, d. h. den ihn durchfließenden Wechselstrom, untersucht.

In der drahtlosen Telegraphie gibt es nun Anordnungen, bei denen die Erregerspannung keine konstante Amplitude besitzt, sondern selbst gedämpft ist. Eine solche Anordnung zeigt Fig. 40. Hier wird in einem Schwingungskreis *I* eine gedämpfte Eigenschwingung erzeugt (etwa durch ein Funkeninduktorium), und diese Eigenschwingung benutzt man, um vermöge der aufeinander induzierenden Spulen AB und $A'B'$ in einem zweiten Kreise II einen neuen Schwingungsvorgang zu erregen. Gelten dann für den Kreis II wieder die Konstanten L, C, W, und ist die gedämpfte Schwingung im Kreise I

$$E = a\, e^{-\beta t} \sin \omega t \,, \tag{1}$$

so wird die Differentialgleichung der Schwingung im Kreise II:

$$\begin{cases} L \dfrac{d^2 i}{dt^2} + W \dfrac{di}{dt} + \dfrac{1}{C} i = \dfrac{dE}{dt} = a\, e^{-\beta t} (\omega \cos \omega t - \beta \sin \omega t) \\ \qquad = a \sqrt{\omega^2 + \beta^2}\, e^{-\beta t} \cos(\omega t + \gamma) \end{cases} \tag{2}$$

mit $\dfrac{\beta}{\omega} = \operatorname{tg} \gamma$.

Die Lösung dieser Differentialgleichung findet sich in Gestalt der Übereinanderlagerung zweier gedämpfter Schwingungen, nämlich

$$i = p\, e^{-\beta t} \sin(\omega t + \varepsilon) + A\, e^{-\delta t} \sin(\nu t + \alpha) \,. \tag{3}$$

Die Differentialgleichung (2) und ihre Lösung (3) gelten aber nur unter der Voraussetzung, daß der Schwingungskreis II keine Rückwirkung auf den Kreis I ausübt. Würde er eine solche ausüben, so würde eine merkliche Koppelung zwischen den Kreisen vorhanden sein, die wir erst später behandeln werden.

In der Lösung (3) finden sich die Größen p und ε nach Einsetzen von i und seiner beiden niedrigsten Ableitungen in (2) durch Vergleichung der Zeitfunktionen auf beiden Seiten, während die unbestimmten Integrationskonstanten A und α des zweiten Gliedes sich vermöge der Anfangsbedingungen bestimmen.

Die Stromkurven zeigen auch hier wechselnde Gestalten, je nachdem die verschiedenen Konstanten des Ansatzes (3), insbesondere δ und β, ω und ν gewählt werden.

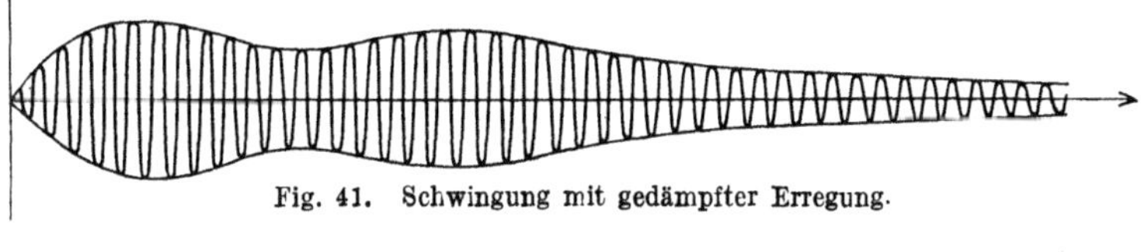

Fig. 41. Schwingung mit gedämpfter Erregung.

Fig. 41 gibt einen Vorgang mit voneinander etwas verschiedenen Werten für ω und ν, während eine der beiden Dämpfungen wesentlich kleiner ist als die andere.

In Fig. 42 ist vorausgesetzt: $\nu = \omega$ und nicht sehr verschiedene β und δ.

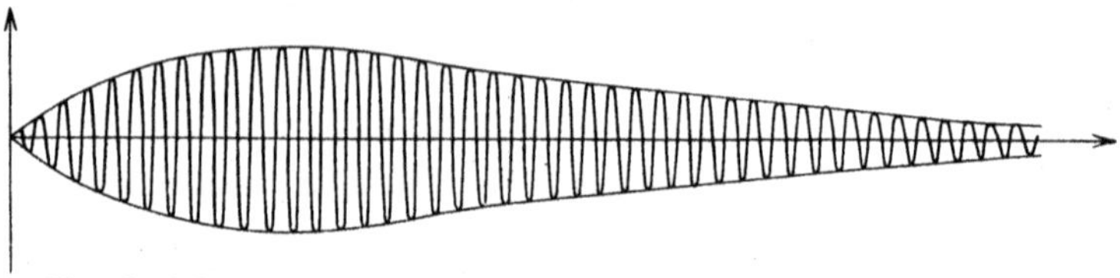

Fig. 42. Schwingung bei gleicher Dämpfung der Erregung und des Eigentones.

Ausführlicher werden diese Verhältnisse untersucht von Bjerknes, auf dessen Arbeit wir hiermit verweisen.[14])

IV. Instrumente zur Aufzeichnung von Schwingungen.

§ 18. Der Indikator.

Der Dampfmaschinenindikator dient zur Aufzeichnung der periodischen Änderungen des Druckes im Zylinder einer Dampfmaschine in Gestalt des Indikatordiagrammes, welches als Maßstab für die Arbeitsleistung der Maschine dienen soll.

Die Genauigkeit des Diagrammes hängt nun ab von der Fähigkeit des schwingenden Systemes des Indikators — Kolben, Feder, Schreibgestänge —, den erzwungenen, vom Dampfdruck herrührenden Schwingungen zu folgen.

Hierzu ist erforderlich, die Eigenschwingungsdauer des Systems mit der erzwungenen Schwingungsdauer und deren Oberschwingungen zu vergleichen.

Bezeichnet m die Masse des Indikatorkolbens und aller damit verbundenen beweglichen Teile des Schreibgestänges, F den Kolbenquerschnitt in qcm, s den Federmaßstab, bezogen auf den Schreibstiftweg und ausgedrückt in mm für 1 kg/qcm, q das Übersetzungsverhältnis zwischen Schreibstiftweg und Kolbenweg, kann die Eigenschwingungsgleichung des Kolbens angeschrieben werden:

$$m\frac{d^2x}{dt^2} + cx = 0,$$

wenn man die Reibung außer Ansatz läßt. Entschließen wir uns, x als den in m gemessenen Kolbenweg aufzufassen und die Masse m in [kg m^{-1} sec^2] zu berechnen, so findet sich die Richtkraft c aus dem Federmaßstab s wie folgt:

$$c = F : \frac{s}{1000\,q}\ [\text{kg m}^{-1}]\,.$$

Für einen Indikator von Schäffer & Budenberg gelten folgende Werte:

$$m = 0{,}00626\ [\text{kg m}^{-1}\,\text{sec}^2]$$
$$s = 2{,}37\ [\text{mm kg}^{-1}\,\text{qcm}]$$
$$q = 4$$
$$F = 1{,}602\ [\text{qcm}]\,.$$

Damit findet sich $c = \frac{1{,}602}{0{,}000592} = 2710$ [kg m^{-1}]. Die freie Kreisfrequenz $\nu = \sqrt{\frac{c}{m}}$ erhält hiernach den Wert

$$\nu = 658,$$

und die Eigenschwingungszahl wird

$$n_0 = \frac{\nu}{2\pi} = 105/\text{sec} = 6300/\text{min}\,.$$

Benutzt man den Indikator an raschlaufenden Viertakt-Verbrennungskraftmaschinen mit Umlaufszahlen von 2000 in der Minute, so würde die sechste Teilschwingungszahl in die Nähe der Eigenschwingungszahl fallen und zu Resonanz und damit zu falscher Anzeige des Indikators Anlaß geben.

Über die Möglichkeit unrichtiger Anzeige des Indikators kann man sich auch noch in folgender Weise Rechenschaft ablegen.

Bezeichnet p den aufzuzeichnenden veränderlichen Dampfdruck, R die Gesamtheit aller der Indikatorbewegung sich entgegenstellenden Widerstände, so lautet die Bewegungsgleichung

$$m\frac{d^2x}{dt^2} + c\,x + R = p\,F\,.$$

Der Widerstand R setze sich zusammen aus einem mit der ersten Potenz der Kolbengeschwindigkeit veränderlichen Teil $b\frac{dx}{dt}$ und einem festen Teil $\pm r$, der von der Coulombschen Reibung herrührt, und dessen Vorzeichen sich nach der jeweiligen Bewegungsrichtung des Indikatorkolbens bestimmt. Es ist also zu setzen:

$$R = b\frac{dx}{dt} \pm r\,.$$

Der Indikator zeichnet den Kolbenweg x auf, der vermöge des Federmaßstabes sofort den Druck p liefern würde, wenn die Massenkraft $m\frac{d^2x}{dt^2}$ und der Reibungswiderstand R nicht zu Korrekturen nötigten.

Die Größe r kann man zu etwa 2 v. H. von $c\,x$ veranschlagen; über $b\frac{dx}{dt}$ liegen keine Erfahrungen vor und soll daher außer Ansatz bleiben.

Der Massendruck $m\frac{d^2x}{dt^2}$ wird nun berücksichtigt, indem man das Kolbenwegindikatordiagramm in ein Zeit- oder Kurbelwegdiagramm umwandelt; die Kurbeldrehung wird für diesen Zweck als gleichförmig angenommen.

Dann kann man an dem Zeitdiagramm graphisch oder rechnerisch den ersten und zweiten Differentialquotienten ermitteln und damit die Massenkräfte auswerten, die den indizierten Werten $c\,x$ positiv oder negativ hinzuzufügen sind.

Das Verfahren der zweimaligen rechnerisch-zeichnerischen Differentiation ist zeitraubend und entbehrt der Genauigkeit. Richtiger wäre es, die Zeitkurve des indizierten Druckes zunächst in Teilwellen zu zerlegen, was mit Sicherheit möglich ist, da die Analyse periodischer Kurven auf eine Integration hinauskommt und daher mit größerer Genauigkeit ausführbar ist als die Differentiation. An dem so zerlegten Diagramm kann man die Differentiation bequem ausführen.

Daß es sich bei der Berücksichtigung des Massendruckes $m\frac{d^2x}{dt^2}$ oft um beträchtliche Korrekturen handelt, soll wie folgt deutlich gemacht werden.

In Fig. 43 ist $ABCD$ das auf den Kurbelwinkel bezogene Indikatorkolbenwegdiagramm.[15]) Die Verbrennungsperiode BC kann angenähert als Teil einer Sinuslinie aufgefaßt werden, welche in der Figur punktiert vervollständigt ist. Die Vergleichung mit den Maßstäben ergibt, daß die Sinuslinie eine Amplitude von 3,8 mm und eine ganze Periode von 45° hat. Es gehen also 8 solche Perioden auf eine Maschinenumdrehung. Macht die Maschine 200 Umdrehungen in der Minute, so hat sie eine Kreisfrequenz

$$\frac{\omega}{2\pi} = \frac{200}{60}; \quad \omega = 21,$$

und die Gleichung der Sinuslinie wird:

$$x = 3{,}8 \sin 8\,\omega\, t\,.$$

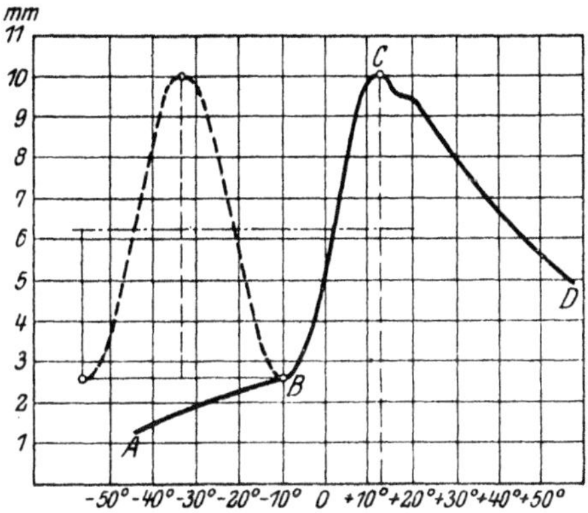

Fig. 43. Indikatordiagramm.

Hieraus ergibt sich die Beschleunigung:

$$\frac{d^2x}{dt^2} = \frac{3{,}8 \cdot 64 \cdot \omega^2}{1000} \sin 8\,\omega\, t = 108 \sin 8\,\omega\, t \text{ m/sec}^2\,.$$

Mit der oben bezeichneten Indikatormasse $m = 0{,}00626$ findet sich nun die größte Massenkraft

$$m\frac{d^2x}{dt^2} = 108 \cdot 0{,}00626 = 0{,}676 \text{ kg}$$

oder, auf den Kolbenquerschnitt $F = 1{,}602$ bezogen, eine Verbesserung der Indikatorangabe von

$$\frac{0{,}676}{1{,}602} = 0{,}42 \text{ kg/qcm}\,,$$

eine Fehlergröße, welche augenscheinlich Berücksichtigung verdient.

Noch größere Indikatorkolbenbeschleunigungen bis 1340 m/sec^2 können während der Kompressionsperiode raschlaufender Dampfmaschinen vorkommen.[16])

§ 19. Die Seismographen.

Instrumente zur Aufzeichnung der Erdbodenbewegungen nennt man Seismometer oder Seismographen.

Die Bewegungen des Erdbodens zeigen sich als vertikale und horizontale. Letztere unterscheidet man nach ihrer Ost-West-

und Nord-Süd-Komponente. Daneben kommen Neigungen des Bodens und gelegentlich auch Drehungen um eine Vertikale vor.

Die am häufigsten vorkommenden Seismographen sind solche für die Horizontalbewegungen, deren Einrichtung und Wirkungsweise wir im folgenden erörtern.

In der Fig. 44 sei der Raum RR in einem Felsen ausgespart, so daß er gegenüber den Bewegungen der Erdoberfläche als starr vorausgesetzt werden kann. Ebenso seien alle mit den Wänden des Raumes fest verbundenen Teile starr.

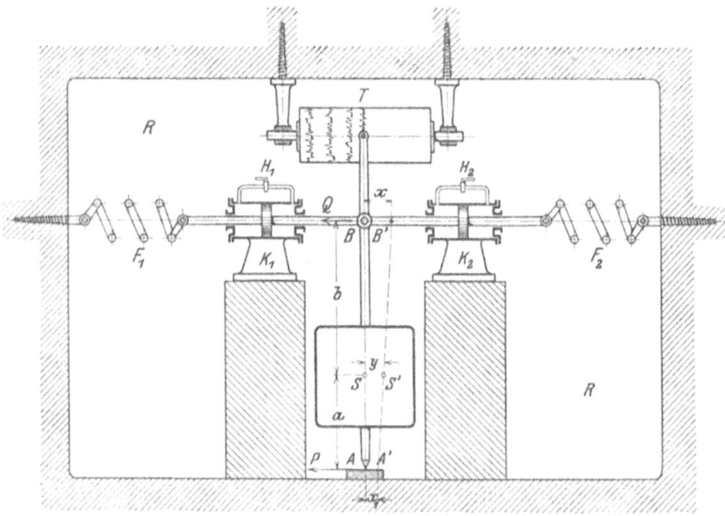

Fig. 44. Seismograph.

Ein schwerer Körper ASB des Schwerpunktes S ist in A unterstützt; wir setzen voraus, daß seine Symmetrielinie AB sich nur in der Papierebene bewegen kann. An dem Punkte B sind zwei Zugstangen angebracht, die sich weiterhin in die Kolben K_1 und K_2 und die Federn F_1 und F_2 fortsetzen.

Die Kolben gleiten eingeschliffen in Zylindern, deren Enden miteinander durch stellbare Hähne H_1 und H_2 verbunden sind.

Die Relativbewegung des Punktes B gegenüber dem Raum RR wird in einem bestimmten Maßstab auf die Zeittrommel T übertragen.

Die zu messende seismische Verschiebung sei x_1; die entsprechende Lage des Körpers sei $A'S'B'$. Es seien $SS' = y$ und $BB' = x$ die absoluten Bewegungen der Punkte S und B, die wir als klein voraussetzen.

Seien nun Q und P die infolge der Verschiebung in B bzw. A am Körper angreifenden Kräfte, so gilt für die Verschiebung des Körpers folgende Differentialgleichung:

$$(1) \qquad M \frac{d^2 y}{dt^2} = -P - Q$$

und für die Drehung:

$$(2) \qquad \frac{\Theta}{a+b}\left(\frac{d^2 x}{dt^2} - \frac{d^2 x_1}{dt^2}\right) = -Q\,b + P\,a + M\,g\,(y - x_1)\,.$$

In diesen Formeln sind M und Θ Masse bzw. Trägheitsmoment des Körpers; das dritte Glied auf der rechten Seite von (2) ist das vom Gewicht Mg des Pendelkörpers herrührende Drehmoment, welches hier infolge der labilen Unterstützung im Sinne der Drehung wirkt.

Im übrigen besteht zwischen den Verschiebungen y, x, x_1 die Beziehung:

$$(3) \qquad y = \frac{b}{a+b} x_1 + \frac{a}{a+b} x\,,$$

während für Q einzuführen ist:

$$(4) \qquad Q = c(x - x_1) + \frac{d(x - x_1)}{dt} k\,.$$

Hier ist das erste Glied auf der rechten Seite die von den Federn F_1 und F_2 herrührende „Rückstellkraft", während $\frac{d(x - x_1)}{dt} k$ die von den Kolben K_1 und K_2 hervorgebrachte Dämpfung proportional der Geschwindigkeit vorstellt.

Setzt man nun

$$x - x_1 = \xi\,,$$

unter ξ die vom Schreibstift aufgezeichnete Relativbewegung von B verstanden, so findet sich zunächst:

$$(5) \qquad P = -M \frac{d^2 x_1}{dt^2} - M \frac{a}{a+b} \frac{d^2 \xi}{dt^2} - c\,\xi - k \frac{d\xi}{dt}$$

und durch Einsetzen von (4) und (5) in (2)

$$(6)\quad \left\{\begin{aligned} &\left(\frac{\Theta}{a+b}+\frac{M a^2}{a+b}\right)\frac{d^2\xi}{dt^2}+k(a+b)\frac{d\xi}{dt} \\ &\qquad + \left\{c\,(a+b)-\frac{a M g}{a+b}\right\}\xi = -a\,\frac{d^2 x_1}{dt^2}\,M\,. \end{aligned}\right.$$

Diese Gleichung schreibt sich mit den Abkürzungen:

$$\frac{k\,(a+b)^2}{\Theta+M a^2}=2\,\delta\,.$$

$$\frac{g\,(\Theta+M a^2)}{c\,(a+b)^2-a M g}=L\,.$$

$$\frac{(a+b)\,a M g}{c\,(a+b)^2-a M g}=J\,.$$

wie folgt:

$$(7)\quad \frac{d^2\xi}{dt^2}+2\,\delta\,\frac{d\xi}{dt}+\frac{g}{L}\,\xi=-\frac{J}{L}\,\frac{d^2x_1}{dt^2}\,.$$

Hier ist L die dynamische Pendellänge des Seismographen, welche die ungedämpfte Eigenschwingungsdauer T vermöge

$$(8)\quad \frac{g}{L}=\left(\frac{2\pi}{T}\right)^2$$

bestimmt.

Die Größe J ist die für die Empfindlichkeit des Instrumentes maßgebende Indikatorlänge, die bei einem gewöhnlichen Pendel ($c=0$) mit der Entfernung $a+b$ des Schreibstiftes vom Drehpunkt identisch ist.

Den Quotienten

$$(9)\quad V=\frac{J}{L}$$

nennen wir die Indikatorvergrößerung und stellen fest, daß, abgesehen von der Dämpfung $2\,\delta$ die dynamischen Eigenschaften des Seismometers durch die vier Größen L, T, J, V vollständig bestimmt sind, die aber miteinander durch die Gleichungen (8) und (9) zusammenhängen.

In unserem Falle kann die dynamische Pendellänge L und damit die ungedämpfte Eigenschwingungsdauer beliebig groß gemacht werden, wenn man die Größe $c(a+b)^2 - aMg$ durch geeignete Konstruktion beliebig klein macht. Das Instrument heißt deshalb ein astatisches Pendel.

Die Berechnung der Erdbewegung aus dem Indikatordiagramm vollzieht sich durch Integration der Differentialgleichung (7). Insbesondere ergibt sich die wirkliche Vergrößerung $\mathfrak{V}$ der Amplituden der seismischen Bewegungen im Diagramm durch

$$\mathfrak{V} = \frac{V \cdot T^2}{\mathfrak{T}^2 - T^2}, \tag{10}$$

wenn $\mathfrak{T}$ die Periode der seismischen Störungen bedeutet und die Dämpfung des Pendels δ außer acht gelassen wird.

Berücksichtigt man δ, so wird

$$\mathfrak{V} = \frac{V \cdot T^2}{\sqrt{(\mathfrak{T}^2 - T^2)^2 + \delta^2 T^4 \mathfrak{T}^2 : \pi^2}}. \tag{11}$$

Hiernach ist bei sehr kleinen Störungsperioden $\mathfrak{T}$ und schwacher Dämpfung die Vergrößerung $\mathfrak{V}$ unabhängig von der Eigenschwingungsdauer $= V$.

Dagegen schreibt man für große $\mathfrak{T}$ den Ansatz (11) wie folgt:

$$\mathfrak{V} = \frac{\dfrac{4J\pi^2}{g}}{\mathfrak{T}^2\sqrt{\left(1 - \dfrac{T^2}{\mathfrak{T}^2}\right)^2 + \dfrac{\delta T^4}{\pi^2 \mathfrak{T}^2}}}, \tag{11a}$$

der sich mit wachsendem $\mathfrak{T}$ dem Ausdruck nähert:

$$\mathfrak{V} = \frac{4J\pi^2}{g\mathfrak{T}^2}$$

Die Vergrößerung wird also dem Quadrate der Störungsperiode umgekehrt proportional.

Die ausgeführten Seismographen zeigen verschiedene Konstruktionen. Ein von Wiechert[16a)] angegebenes großes astatisches Horizontalpendel der seismographischen Station in Göttingen, dessen Pendelkörper 17 000 kg wiegt, zeichnet die Bodenbewegungen mit 2200facher Vergrößerung.[16b)]

§ 20. Der Pallograph.

Zur Aufzeichnung der Schwingungen und Erzitterungen der Schiffskörper hat Otto Schlick[17]) den Pallographen gebaut, der auf den gleichen Grundsätzen wie die Seismographen beruht.

In Fig. 45 ist das Instrument in allgemeinen Zügen dargestellt. Es verzeichnet die wagrechten und senkrechten Schwingungen des Schiffskörpers auf einem Papierstreifen, der durch ein Uhrwerk *B* über eine Trommel *A* bewegt wird. Träger der horizontalen und vertikalen Schwingungskomponente sind die Gewichte G_1 und G_2, die vermöge ihrer Trägheit im Raume zu verharren stre-

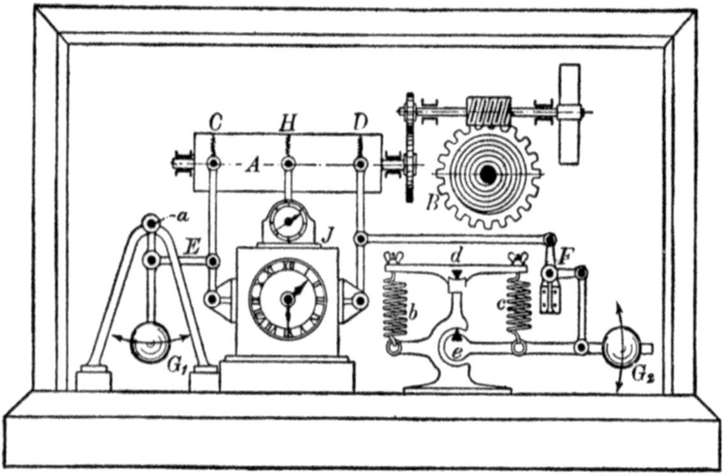

Fig. 45. Pallograph.

ben, wenn das Instrumentgehäuse, welches mit dem auf Schwingungen zu untersuchenden Schiffsteil fest verbunden ist, in Bewegung gerät. Die Relativbewegung der Gewichte gegen das Gehäuse wird durch Hebelübersetzung auf die Schreibfedern *C* und *D* übertragen und auf dem Papierstreifen verzeichnet; eine dritte Feder *H* verzeichnet die Zeit. Oft sind auch noch Schreibfedern zur Verzeichnung der Kurbelstellungen der Schiffsmaschinen vorhanden.

Bei der Aufhängung der Gewichte sind gut ausgedachte Anordnungen verwendet, um lange Eigenschwingungsdauern bei nicht zu großen Abmessungen des Instrumentes zu erhalten; außerdem sollten die Eigenschwingungsdauern einstellbar sein.

Zunächst zeigt das Gewicht G_2 des Vertikalpendels eine Anordnung nach Fig. 46. Es ist an einem Hebel h der Länge R und des Drehpunktes S horizontal aufgehängt mittels einer Feder F, die am Punkt s angreift. s liegt um eine bestimmte Strecke unterhalb von h; seine Lage ist nach der Figur durch den Hebelarm r und den Winkel β bestimmt.

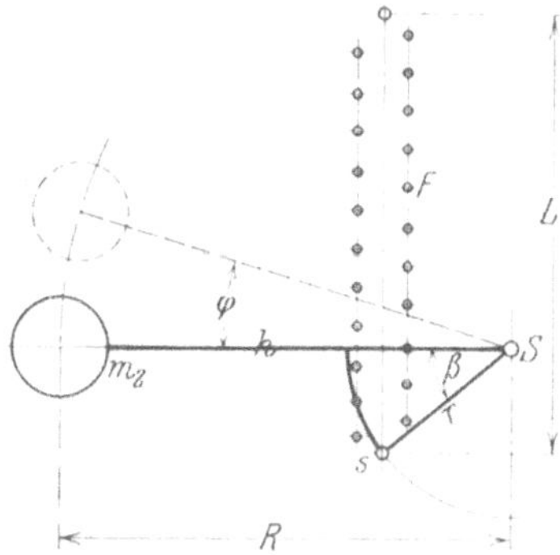

Fig. 46. Vertikalpendel.

Ist L die Federlänge in der Mittellage des Hebels h, L_0 die entspannte Federlänge, so gilt für das Gleichgewicht in der gezeichneten Mittelstellung:

$$G_2 R = (L - L_0) f r \cos\beta \; . \tag{1}$$

Weiterhin ergibt sich die Schwingungsdifferentialgleichung:

$$m_2 R^2 \frac{d^2\varphi}{dt^2} = f[L - L_0 - r\varphi\cos\beta]\,[r\cos\beta + r\varphi\sin\beta] \tag{2}$$

oder, nach Unterdrückung des kleinen Gliedes mit φ^2 und unter Berücksichtigung von (1)

$$m_2 R^2 \frac{d^2\varphi}{dt^2} + [r\cos^2\beta - (L - L_0)\sin\beta]\, f r \varphi = 0 \; . \tag{3}$$

Würde $\beta = 0$ sein, also s auf dem Hebel h liegen, so würde die Schwingungsgleichung lauten:

$$m_2 R^2 \frac{d^2\varphi}{dt^2} + r^2 f \varphi = 0 \; . \tag{4}$$

Demgegenüber kann das Glied in der eckigen Klammer in der Gleichung (3) durch geeignete Bestimmung von β zu Null gemacht werden, wenn man noch Gleichung (1) heranzieht. Man hat:

$$G_2 R = (L - L_0) f r \cos\beta \; ,$$
$$r\cos^2\beta = (L - L_0)\sin\beta \; .$$

Dies gibt nach Division:

$$\frac{\sin\beta}{\cos^3\beta} = \frac{f r^2}{G_2 R} \; .$$

Löst man diesen Ansatz nach $\beta = \beta_0$ auf, so verschwindet die eckige Klammer, und die Gleichung (4) erhält die Eigenschwingungsdauer unendlich. Wählt man nun β zwischen β_0 und 0, so erhält man eine Anordnung mit kleinerer Direktionskraft, also größerer Schwingungsdauer, bei gleicher Federkonstante f, als man bei $\beta = 0$ erhalten würde; außerdem ist die Möglichkeit der Regulierung der Eigenschwingungsdauer durch Verstellung von s auf dem Kreise mit dem Radius r gegeben.

Die gewöhnliche Schwingungszahl des Vertikalpendels G_2 kann vermöge der beschriebenen Einrichtung bis auf etwa 20 in der Minute herabgebracht werden. Eine Steigerung der Schwingungszahl wird durch Verkürzung des tätigen Teils der Feder F bis etwa 200 in der Minute erreicht.

Das Horizontalpendel G_1 ist nach Fig. 47 mit seiner wagerechten Achse $z\,z$ zwischen den Hängestangen $h\,h$ aufgehängt, die sich in zwei Hülsen $b\,b$ verschieben können. Diese Hängestangen werden durch zwei Zapfen $c\,c$ gestützt, welche sich an zwei hebelartigen Armen $a\,a$ der Achse S befinden. Die Hülsen $b\,b$ sind mit einer Achse verbunden, die bei $l\,l$ drehbar gelagert ist. Die Lager $l\,l$ können durch zwei senkrechte, mittels Kegelrädern angetriebene Schrauben senkrecht verschoben werden, so daß sich die Entfernung h verändern läßt.

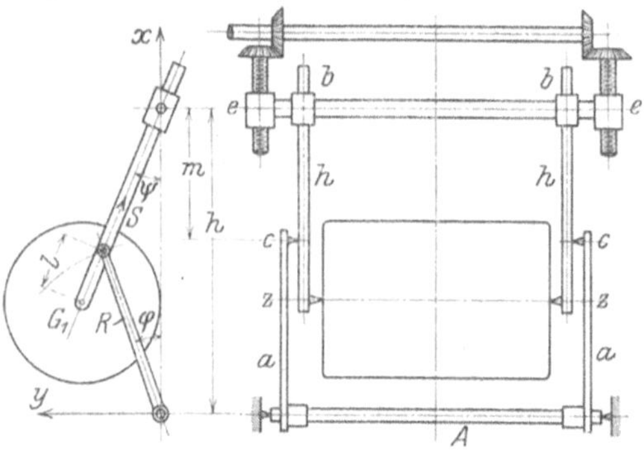

Fig. 47. Horizontalpendel.

Die Schwingungsbewegung dieser Pendelanordnung sei im folgenden untersucht.

Der Schwerpunkt von G_1 habe in bezug auf den Punkt S die Koordinaten x und y. Es gilt nach der Figur:

$$\text{(1)} \qquad \begin{cases} x = R\cos\varphi - l\cos\psi\,, \\ y = R\sin\varphi + l\sin\psi\,, \end{cases}$$

$$\text{(2)} \qquad \frac{y}{h - x} = \operatorname{tg}\psi\,.$$

Die Bewegungsgleichungen des Schwerpunktes werden, wenn S die in der Stange l wirkende Kraft ist:

$$(3)\qquad \begin{cases} m\dfrac{d^2x}{dt^2} = -mg + S\cos\psi\,, \\[2ex] m\dfrac{d^2y}{dt^2} = \qquad\quad -S\sin\psi\,. \end{cases}$$

Durch Entfernung von S erhält man:

$$(4)\qquad (x''\sin\psi + y''\cos\psi) = -g\sin\psi\,.$$

Setzt man in diese Gleichung die aus (1) zu gewinnenden zweiten Differentialquotienten x'' und y'' ein, so findet sich:

$$(5)\qquad R\,[\cos(\varphi+\psi)\,\varphi'' - \sin(\varphi+\psi)\,\varphi'^2] + l\,\psi'' = -g\sin\psi\,.$$

Leitet man nun aus Fig. 47 noch ab:

$$(6)\qquad \operatorname{tg}\psi = \frac{R\sin\varphi}{h - R\cos\varphi}$$

und geht zu kleinen Schwingungen φ über, ohne φ'^2 zu vernachlässigen, so ergibt sich, mit

$$(7)\qquad h + l - R = H:$$

$$(8)\qquad \varphi'' - \frac{h}{H}\varphi\,\varphi'^2 + \frac{g}{H}\varphi = 0\,.$$

Die Weiterbehandlung dieser Differentialgleichung gelingt durch die Substitution $\varphi' = p$, $\varphi'' = p\dfrac{dp}{d\varphi}$.

Man wird hierdurch auf den Ansatz geführt:

$$(9)\qquad p\,dp = \frac{h\,p^2 - g}{H}\,\varphi\,d\varphi\,,$$

dessen Integration liefert:

$$(10)\qquad \varphi^2 + C' = \frac{H}{h}\log\mathrm{nat}\,(h\,p^2 - g)$$

oder in Exponentialform und unter Auflösung nach $p = \dfrac{d\varphi}{dt}$

$$(11)\qquad \frac{d\varphi}{dt} = \sqrt{\frac{g + C\,e^{\frac{h}{H}\varphi^2}}{h}}\,.$$

Die Konstante C bestimmt sich durch die Anfangsbedingung für $t = 0$ mit $\frac{d\varphi}{dt} = 0$, $\varphi = \varphi_1$, d. h. für den Bewegungsbeginn aus dem größten Ausschlag φ_1:

(12) $$C = -\frac{g}{e^{\frac{h}{H}\varphi_1^2}}.$$

Nach Einführung von C in (11) erhält man:

(13) $$\frac{d\varphi}{dt} = \sqrt{\frac{g}{h}\left(1 - e^{\frac{h}{H}(\varphi^2 - \varphi_1^2)}\right)}.$$

Frägt man jetzt nach der Größe des Maximalausschlages φ_2 nach der anderen Seite, so ist anzusetzen:

(13a) $$\frac{d\varphi}{dt} = \sqrt{\frac{g}{h}\left\{1 - e^{\frac{h}{H}(\varphi_2^2 - \varphi_1^2)}\right\}} = 0.$$

Entwickelt man nun die Exponentialfunktion unter der Wurzel in (13) in ihre Reihe, so hat man:

(14) $$\frac{d\varphi}{dt} = \sqrt{\frac{g}{h\,e^{\frac{h}{H}\varphi_1^2}}\left\{\frac{h}{H}(\varphi_1^2 - \varphi^2) + \frac{h^2}{H^2}(\varphi_1^4 - \varphi^4) + \dots\right\}}.$$

Unterdrückt man hier die vierten und höheren Potenzen von φ und φ_1, so findet sich mit:

(15) $$\omega = \sqrt{\frac{g}{H\,e^{\frac{h}{H}\varphi_1^2}}},$$

(16) $$\omega\,dt = \frac{d\varphi}{\sqrt{\varphi_1^2 - \varphi^2}}.$$

Mittels der Substitution $\varphi = \varphi_1 z$ geht (16) über in:

(17) $$\omega\,dt = \frac{dz}{\sqrt{1 - z^2}}$$

oder nach Integration zwischen 0 und t bzw. 0 und z:

(18) $$\omega t = \arcsin z,$$

d. h.

(19) $$\varphi = \varphi_1 \sin\omega t.$$

Es erweist sich also die Pendelbewegung als eine angenähert periodische mit der Eigenschwingungszeit:

$$T = \frac{2\pi}{\omega} = 2\pi \sqrt{\frac{H}{g}\, e^{\frac{h}{H}\varphi_1^2}} \tag{20}$$

Diese Schwingungsdauer ist demnach von der Amplitude der Bewegung abhängig, also nicht genau isochron. Indessen zeigt sich diese Abweichung vom Isochronismus praktisch belanglos, da bis zu Ausschlägen von $\varphi_1 = 5^\circ$ der Zeitfehler erst 0,35 v. H., bei $\varphi_1 = 10^\circ$ erst 1,4 v. H. beträgt. Ferner kann T verschieden gemacht werden, je nach der Wahl von H und $h = H + R - l$. Denn es ist:

$$T = 2\pi \sqrt{\frac{H}{g}\, e^{\left(1 + \frac{R-l}{H}\right)\varphi_1^2}} \tag{21}$$

oder:

$$T = 2\pi\sigma \sqrt{H\, e^{\frac{\varrho}{H}}} = 2\pi\sigma f(H) \tag{22}$$

mit

$$\sigma = \sqrt{\frac{e^{\varphi_1^2}}{g}} \quad \text{und} \quad \varrho = R - l\,.$$

Hier hat die Funktion $f(H)$ zunächst ein Minimum, welches sich ermittelt aus:

$$\frac{\partial f}{\partial H} = e^{\frac{\varrho}{H}}\left(1 - \frac{\varrho}{H}\right) = 0$$

zu:

$$H = \varrho = R - l$$

oder:

$$h = \frac{R - l}{2}\,,$$

denn es ist:

$$\frac{\partial^2 f}{\partial H^2} = -\frac{\varrho}{H^2}\, e^{\frac{\varrho}{H}}\left(1 - \frac{\varrho}{H}\right) + e^{\frac{\varrho}{H}} \cdot \frac{\varrho}{H^2} = \frac{\varrho^2\, e^{\frac{\varrho}{H}}}{H^3}$$

positiv für $H = R - l$.

Von hier nimmt T mit abnehmendem und zunehmendem H unbegrenzt zu. Insbesondere wird die Schwingungsdauer T unendlich für $H = 0$; d. h. wenn man nach Fig. 47 für h den Wert $R + m$ setzt, so gilt:

$$h + l - R = R + m + l - R = m + l = 0;$$

demnach ist die Höhenlage der Achse $b\,b$ so zu wählen, daß der Abstand $h = R + l$ wird, wenn die Schwingungsdauer unendlich werden soll.

Bei dem ausgeführten Pendel kann die Schwingungsdauer auf etwa 1,25 sek herunter reguliert werden, durch Sacken der Achse $b\,b$, deren tiefste Lage der Pendelbahn einen Krümmungsradius von etwa 1,6 m gibt.[17a])

§ 21. Der Oszillograph.

Die Oszillographen sind Galvanometer, die die Augenblickswerte eines veränderlichen elektrischen Stromes aufzeichnen. Grundsätzlich ist jedes Galvanometer hierfür geeignet.

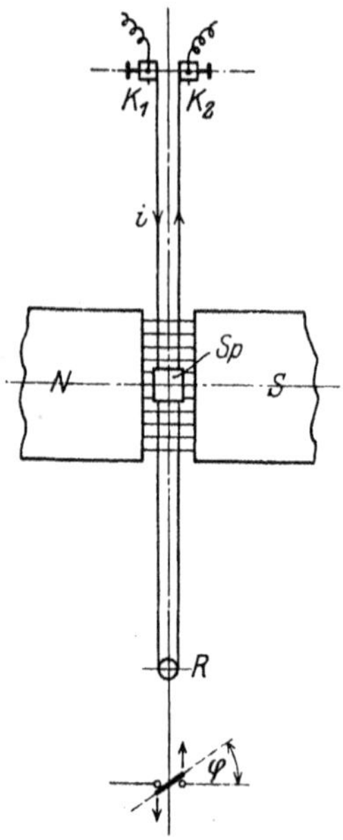

Fig. 48. Oszillographenschleife.

Die gewöhnlichen Galvanometer, welche Eigenschwingungsdauern von der Größenordnung einiger Sekunden haben, können Stromverläufe richtig anzeigen, wenn deren Periode einige Minuten währt.

Dementsprechend sind auch die allgemeinen Konstruktionsgrundsätze der Oszillographen dieselben wie bei den Galvanometern.

Erfinder der Oszillographen und Erbauer der ersten brauchbaren Instrumente ist Blondel.

In Deutschland wird die Blondelsche Bauart, nach vielfachen Verbesserungen, von Siemens & Halske ausgeführt.

Der Oszillograph nach Siemens-Blondel wird nach dem Drehspulprinzip gebaut. Die Drehspule wird mit Meßschleife bezeichnet. Ihre allgemeine Anordnung ist in Fig. 48 dargestellt. Ein sehr dünner Draht wird über eine Rolle R durch ein gleichförmiges Magnetfeld NS so hin und zurück geführt, daß die Ebene der parallelen Drahtstücke mit der Kraftlinienrichtung parallel verläuft. Fließt nun ein Strom i durch die Schleife, so werden die beiden Drähte senkrecht zu ihrer Achse und zur Kraftlinienrichtung verschoben und liefern somit eine Drehung des von ihnen getragenen kleinen Spiegels Sp um den Winkel φ.

Diese Drehung des Spiegels wird photographisch als Zeitfunktion festgehalten. Ein Kollimator C (Fig. 49) macht die von der Lichtquelle L ausgehenden Strahlen parallel. Ein senkrecht stehender Schlitz S grenzt aus dem Parallelstrahlenbündel einen Streifen *1* heraus, der über den festen Spiegel Sp_1 nach dem Drehspiegel Sp_2 läuft und von da durch die Zylinderlinse Z auf dem gleichförmig fortbewegten Papier der Trommel P als Punkt zusammengezogen wird. Jede Drehung des Spiegels bezeichnet sich auf der stillstehenden Trommel als geradlinige Wanderung des Lichtpunktes quer zur Fortschreitungsrichtung des Papiers. Infolge der Papierbewegung wird die gerade Lichtlinie in eine periodische Kurve auseinandergezogen.

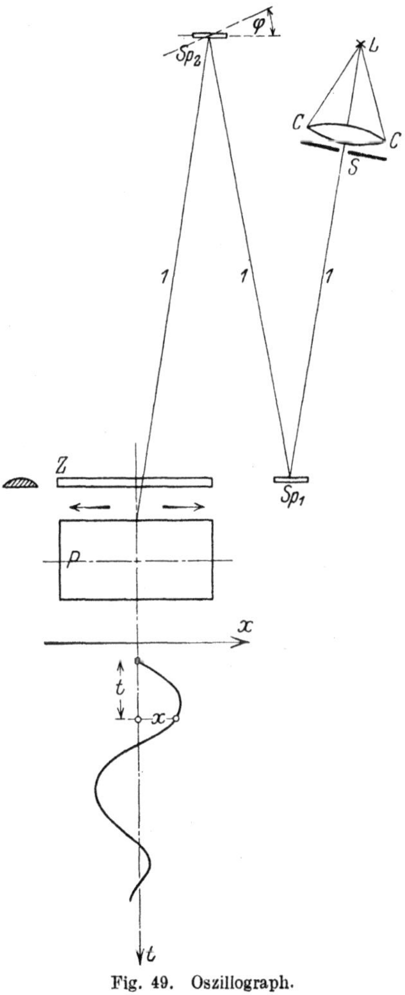

Fig. 49. Oszillograph.

Diese Kurve, deren Ordinaten x bei kleinen Drehwinkeln φ mit φ proportional sind, $x = p\,\varphi$, sollen den Verlauf des Stromes i, der die Oszillographenschleife durchfließt, bis auf den Maßstab, zeitlich richtig wiedergeben; jedoch wird Phasengleichheit nicht gefordert.

Die Oszillographenkurve $x = x(t)$ ist das Ergebnis der erzwungenen Drehschwingung der Meßschleife bzw. des von ihr getragenen Spiegels. Diese Schwingung regelt sich nach der Differentialgleichung:

$$\Theta \frac{d^2\varphi}{dt^2} + B \frac{d\varphi}{dt} + C\varphi = \frac{k}{p} i \cos\varphi \,, \tag{1}$$

wo die Zeichen Θ, B, C die schon früher erklärten Größen des Trägheitsmoments, der Widerstands- und Direktionskraft bedeuten, während die Konstante $\frac{k}{p}$ auf der rechten Seite mit der Feldstärke H des Magneten $N\,S$ und der Schleifenfläche F proportional ist:

$$\frac{k}{p} = c \cdot HF \,. \tag{2}$$

Für kleine Winkel φ und mit $x = p\,\varphi$ wird:

$$\Theta \frac{d^2x}{dt^2} + B \frac{dx}{dt} + C x = k i \tag{3}$$

oder nach Division mit Θ:

$$\frac{d^2x}{dt^2} + 2\delta \frac{dx}{dt} + \nu^2 x = \gamma i \,, \tag{3a}$$

wo $\delta = \frac{B}{2\Theta}$ wie früher die Dämpfungskonstante, $\nu = \sqrt{\frac{C}{\Theta}}$ die ungedämpfte Kreisfrequenz bedeuten.

Es soll also die Oszillographenkurve $x = x(t)$ bis auf den Maßstab A und die Phase τ mit der Stromkurve $i = i(t)$ übereinstimmen. Also muß sein:

$$A\,x(t + \tau) = i(t) \,. \tag{4}$$

Setzt man nun nach (4) i in (3a) unter Entwicklung nach dem Satz von Taylor ein, so findet sich:

$$\left\{ \begin{aligned} &\frac{d^2x}{dt^2} + 2\delta \frac{dx}{dt} + \nu^2 x \\ &\qquad = A\gamma \left\{ x(t) + \tau\, x'(t) + \frac{\tau^2}{2!} x''(t) + \frac{\tau^3}{3!} x'''(t) + \dots \right\}. \end{aligned} \right. \tag{4a}$$

Durch Koeffizientenvergleichung ergibt sich hieraus, wenn man die Glieder von höherem Grade als τ^2 vernachlässigt:

(5) $$\nu^2 = A\,\gamma\,,$$

(6) $$2\,\delta = A\,\tau\,\gamma\,,$$

(7) $$1 = A\,\gamma\,\frac{\tau^2}{2}\,.$$

Aus (5) und (6) findet sich der Maßstab:

(5a) $$A = \frac{\nu^2}{\gamma}$$

und die auftretende Phasenverschiebung:

(6a) $$\tau = \frac{2\,\delta}{\nu^2}\,.$$

Unter Heranziehung von (7) findet sich noch für die Dämpfung, die der Meßschleife aufzuerlegen ist:

(7a) $$\delta = \nu\sqrt{\tfrac{1}{2}}\,.$$

Rechnet man die Dämpfung in das logarithmische Dekrement Λ, auf die halbe Schwingungsdauer bezogen, zufolge:

$$\Lambda = \frac{\delta\,\pi}{\sqrt{\nu^2 - \delta^2}}$$

um, so findet sich:

(8) $$\Lambda = \pi\,,$$

d. h. die Dämpfung muß so eingestellt werden, daß der zweite Ausschlag des freischwingenden Instrumentes $\frac{1}{e^\pi} = \frac{1}{23{,}14}$ des ersten wird. Dies erreicht man durch Einbringung des Spiegels in ein geeignetes Öl.

Weiter wird verlangt, daß der in der Entwicklung (4a) nicht berücksichtigte Fehler:

(9) $$\Delta x = \frac{\tau^3}{3!}\,x'''(t) + \frac{\tau^4}{4!}\,x''''(t) + \ldots$$

erheblich kleiner sein soll als die vorkommenden Ausschläge x. Diese Bedingung schreiben wir:

(10) $$\Delta x \ll x(t)\,.$$

Beschränken wir uns nun auf das erste Glied von (9) und legen wir eine reine Sinusschwingung der Untersuchung zugrunde

$$x = x_0 \sin \omega t \,, \tag{11}$$

so findet sich:

$$x''' = -x_0 \, \omega^3 \cos \omega t \tag{12}$$

und mit:

$$\tau = \frac{\sqrt{2}}{\nu} \quad \text{[aus 6a und 7a]} \tag{12a}$$

das erste Glied der rechten Seite von (9):

$$\Delta x = \frac{\tau^3}{3!} x'''(t) = \frac{2\sqrt{2}}{6\nu^3} x'''(t) \,. \tag{13}$$

Die Ungleichung (10) nimmt nun die Gestalt an:

$$-\frac{2\sqrt{2}}{6\nu^3} x_0 \, \omega^3 \cos \omega t \ll x_0 \sin \omega t \,, \tag{14}$$

d. h. unter Betrachtung der absoluten Werte der Amplituden beider Seiten

$$\frac{\omega}{\nu} \ll \frac{\sqrt[3]{6}}{\sqrt{2}}$$

$$\frac{\omega}{\nu} \ll 1{,}28 \,. \tag{15}$$

Bezeichnet man nun mit T_0 die ungedämpfte Eigenschwingungsdauer des Oszillographen, mit T die erzwungene Schwingungsdauer, so gilt:

$$\frac{T_0}{T} \ll 1{,}28 \,, \tag{16}$$

in Worten: die Eigenschwingungsdauer des Oszillographen muß beträchtlich kürzer sein als die Periode der zu untersuchenden Stromvorgänge.

Der hiernach übrigbleibende Fehler ist dann:

$$\Delta x = \frac{2\sqrt{2}}{6} \frac{\omega^3}{\nu^3} = 0{,}47 \left(\frac{T_0}{T}\right)^3 ,$$

nimmt also proportional der dritten Potenz der Eigenschwingungsdauer ab.

Folgende Tabelle gibt die Größe des Fehlers (in v. H.) in Abhängigkeit von Λ und $\frac{\omega}{\nu}$:

$\frac{\omega}{\nu}$	$\Lambda = 0{,}825\,\pi$	$\Lambda = \pi$	$\Lambda = 1{,}24\,\pi$	$\Lambda = 2\,\pi$
$^1/_4$	1,3	0,7	1,64	4,0
$^1/_2$	6,4	5,9	9,6	19,0
1	31	47	66	113

Man erkennt, wie der Fehler bei $\Lambda = \pi$ ein Minimum wird, solange die Eigenschwingungsdauer überhaupt kleiner als die erzwungene Schwingungsdauer ist, und daß im übrigen der Fehler mit abnehmendem T_0 ebenfalls schnell abnimmt.[18])

Die Oszillographen nach Siemens-Blondel werden gebaut bis zu Eigenfrequenzen von 12 000 in der Sekunde, womit man recht schnelle Schwingungen genügend genau erhalten kann. Fig. 50 liefert eine Ansicht des Apparates.

Fig. 50. Oszillograph von Siemens & Halske.

Um nun zu untersuchen, in welchem Maße der Oszillograph verzerrungsfreie Kurvenbilder, d. h. richtige Phasen aller Oberschwingungen gegen die Grundschwingung liefert, setzen wir in (3a) für i einen Wechselstrom beliebiger Kurvenform als Fouriersche Reihe ein:

$$\frac{d^2x}{dt^2} + 2\,\delta\,\frac{dx}{dt} + \nu^2 x = \gamma \sum_{k=1}^{\infty} a_k \sin(k\,\omega\,t - \beta_k)\,. \tag{16}$$

Die $k$te Oberschwingung des Kurvenbildes nimmt damit die Gestalt an:

$$(17)\qquad x_k = \gamma \frac{a_k}{\sqrt{(\nu^2 - \omega^2 k^2) + 4\,\delta^2\,\omega^2\,k^2}} \sin(\omega\,k\,t - \beta_k - \varepsilon_k)\,.$$

Hier ist der Phasenverschiebungsfehler der $k$ten Oberschwingung:

$$\varepsilon_k = \operatorname{arctg} \frac{2\,\delta\,\omega\,k}{\nu^2 - \omega^2\,k^2}\,.$$

Setzt man zur Abkürzung:

$$\frac{\delta}{\nu} = \zeta \quad \text{und} \quad \frac{\omega}{\nu} = z\,,$$

so wird:

$$\varepsilon_k = \operatorname{arctg} \frac{2\,k\,z\,\zeta}{1 - k^2\,z^2}$$

oder mit dem früher gefundenen Wert $\zeta = \sqrt{\tfrac{1}{2}}$:

$$\varepsilon_k = \operatorname{arctg} \frac{k\,z\,\sqrt{2}}{1 - k^2\,z^2}\,.$$

Sei jetzt die Eigenfrequenz des Oszillographen 50 mal so groß als die erzwungene Frequenz, so wird:

$$\varepsilon_k = \operatorname{arctg} \frac{50\,\sqrt{2}\,k}{2500 - k^2}$$

oder, wenn man den arctg durch seine mit dem zweiten Gliede abbrechende Reihenentwicklung ersetzt:

$$\varepsilon_k = \frac{50\,\sqrt{2}\,k}{2500 - k^2} - \frac{1}{3}\left[\frac{50\,\sqrt{2}\,k}{2500 - k^2}\right]^3\,.$$

Hat nun die gezeichnete Gesamtwelle x eine Schaubildlänge von L mm, so hat die $k$te Oberwelle die Länge $\frac{L}{k}$ mm und der Phasenfehler wird in mm ausgedrückt:

$$\frac{L}{k}\,\frac{\varepsilon_k}{2\pi} = \left\{\frac{50\,\sqrt{2}}{2\,\pi\,(2500 - k^2)} - \frac{1}{6\,\pi}\,\frac{(50\,\sqrt{2})^3\,k^2}{(2500 - k^2)^3}\right\} L\,.$$

In folgender Tabelle sind die Phasenfehler für die niedrigsten k berechnet, bei $L = 250$ mm:

k	$\frac{L}{k} \frac{\varepsilon_k}{2\pi}$
1	1,12 mm
3	1,12 ,,
5	1,12 ,,
13	1,13 ,,
21	1,13 ,,

Der Fehler der Phasenverschiebung ist also für alle Teilwellen merklich derselbe; die Abbildung ist also praktisch verzerrungsfrei.

Fig. 51 liefert die Aufnahme der Spannung (a) und des Stromes (b) bei einem Kondensator. Die Spannung erscheint durch eine ziemlich verwickelte periodische Kurve dargestellt; demzu-

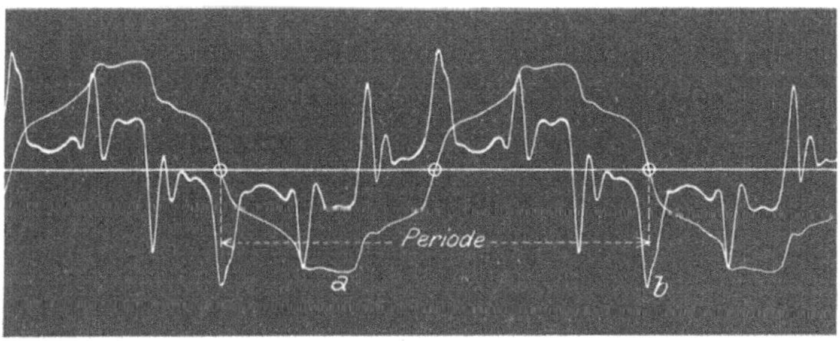

Fig. 51. Oszillogramm.

folge zeigt der Strom, als Differentialquotient der Spannung, wie es beim Kondensator sein muß, eine noch verwickeltere Kurvenform. Zur gleichzeitigen Aufnahme der Strom- und Spannungskurve besitzt der Oszillograph zwei Meßschleifen.[19])

Zu den Oszillographen sind auch die Elektrokardiographen zu rechnen, die den Zweck haben, die Aktionsströme der Muskeltätigkeit, insbesondere des Herzens, aufzunehmen.

Taucht eine Person die beiden Unterarme in zwei voneinander isolierte, mit Kochsalzlösung gefüllte Gefäße, so kann man mit Hilfe des Elektrokardiographen nachweisen, daß die Person einen Wechselstrom hervorbringt, der an den beiden Kochsalzgefäßen als Polen abgenommen werden kann.

Entsprechend der viel längeren Periode dieser Herzströme können die Eigenperioden der Kardiographen wesentlich länger sein als die der Oszillographen.

Einer der ersten elektrischen Kardiographen war das Einthovensche Saitengalvanometer. Ein feiner Platindraht oder ein versilberter Quarzfaden ist zwischen den Polen eines Magneten (Fig. 52) ausgespannt. Bei Stromdurchgang wird seine Mitte dem Strome proportional in dem Magnetfeld zur Seite gedrängt, welche Lagenänderung durch den einen durchbohrten Pol N mikroskopisch beobachtet oder mikrophotographisch registriert werden kann; durch den anderen ebenfalls durchbohrten Magnetpol S wird das hierzu erforderliche Licht zugeführt.

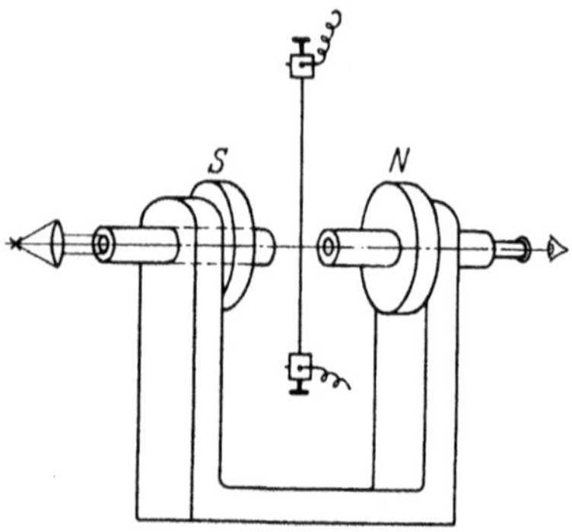

Fig. 52. Saitengalvanometer.

Ein Elektrokardiogramm gibt Fig. 53, welche mit dem Apparat von Siemens & Halske aufgenommen worden ist. Dieser Apparat besitzt eine kleine, aus einigen Windungen feinen Drahtes bestehende Drehspule. Im übrigen sind bei ihm dieselben Bauprinzipien wie beim Oszillographen angewendet.

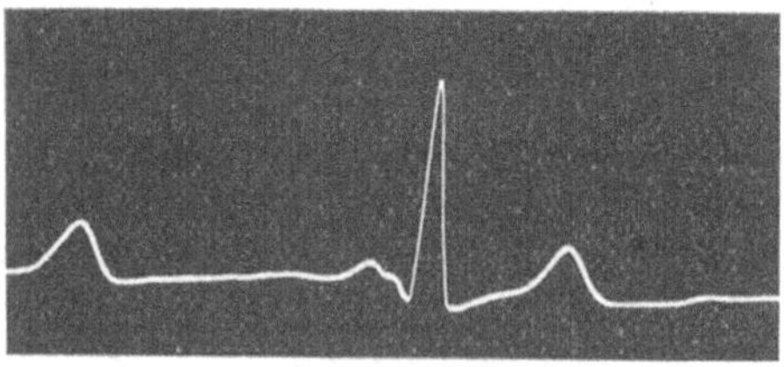
Fig. 53. Kardiogramm.

Die Bedeutung der einzelnen Herzaktionsstromstöße, die Fig. 53 erkennen läßt, ist bis heute nur zum Teil erforscht; näheres ist hierüber im Artikel Elektrizitätsproduktion des Handwörterbuches der Naturwissenschaften zu finden. Im übrigen ist die medizinische Literatur über die Benutzung des Elektrokardiographen zur Erkennung von Herzkrankheiten heute sehr ausgedehnt und die von ihr geförderte Elektrodiagnostik hat schon bemerkenswerte Erfolge aufzuweisen.[19a])

§ 22. Das Vibrationsgalvanometer.

Zur Ausführung von Nullmethoden bei Wechselstrommessungen (Ermittlung von Induktivitäten und Kapazitäten) bedient man sich als Nullinstrument entweder des Telephons oder eines Vibrationsgalvanometers.

Man bezeichnet die letzteren auch als Resonanzgalvanometer und hebt damit den Gegensatz hervor, in welchem sie zu den Oscillographen stehen.

Während die Wirksamkeit der Oscillographen auf der Verschiedenheit der Eigenschwingungsdauer und der Störungsperiode beruht, wird die Eigenschwingungsdauer der Resonanzgalvanometer der Periode des der Messung dienenden Wechselstromes gleichgemacht, um eine möglichste Vergrößerung der kleinen bei der Nullmethode in das Instrument gelangenden Stromamplituden zu erreichen und damit die Empfindlichkeit der Messung zu steigern.

Die Konstruktion derartiger Instrumente ähnelt im allgemeinen derjenigen der Oscillographen bzw. Saitengalvanometer: ein bewegliches stromführendes System schwingt in einem starken Magnetfeld (s. Fig. 54).

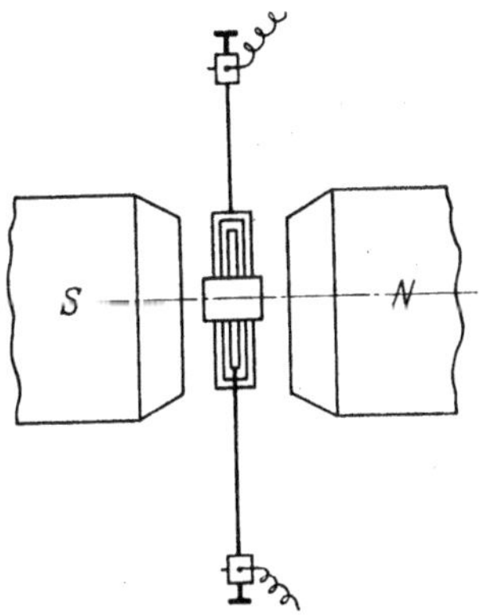

Fig. 54. Vibrationsgalvanometersystem.

Setzen wir für unsere Darlegung ein Resonanzgalvanometer nach der Drehspultype voraus, so würde die Schwingungsgleichung des beweglichen um den Winkel φ schwingenden Systems lauten:

$$(1)\quad \Theta\frac{d^2\varphi}{dt^2} + B\frac{d\varphi}{dt} + C\varphi = NFJ\,,$$

wo Θ, B, C die früher definierten Konstanten der Trägheit, Dämpfung, Richtkraft bedeuten, während unter N die Kraftlinienzahl des Magnetfeldes, F die Windungsfläche der Drehspule, J der letztere durchfließende Wechselstrom zu verstehen ist.

Nun ist jedoch die Gleichung (1) nicht vollständig, weil sie nur die mechanische Dämpfung B enthält.

Bei dem Resonanzgalvanometer ist aber noch die elektromagnetische Dämpfung zu berücksichtigen, die daher rührt, daß in der schwingenden Drehspule durch das Magnetfeld eine rückwirkende EMK. erzeugt wird, die ihrerseits zu einer Dämpfung Anlaß gibt, weil sie einen Strom im Galvanometerkreise zur Folge hat, der bewegungshindernd wirkt.

Die Größe dieser EMK. ist

$$-NF\cos\varphi\frac{d\varphi}{dt}$$

oder für kleine Winkel φ

$$-NF\frac{d\varphi}{dt}\,.$$

Diese EMK. hat in dem Galvanometerstromkreis einen Strom zur Folge, der sich mit der Gesamtimpedanz des Stromkreises Z nach § 43 gleich

$$-\frac{NF}{Z}\frac{d\varphi}{dt}$$

findet.

Dieser Strom liefert aber das dämpfende Moment

$$-\frac{N^2F^2}{Z}\frac{d\varphi}{dt}\,,$$

womit sich (1) vollständiger schreibt

$$\Theta\frac{d^2\varphi}{dt^2}+\left(B+\frac{N^2F^2}{Z}\right)\frac{d\varphi}{dt}+C\varphi=\frac{NF}{Z}E\,, \tag{2}$$

wenn hier E die im Galvanometerkreise wirkende äußere EMK. bedeutet. In dieser Differentialgleichung ist E etwa eine sinusförmige EMK. der Kreisfrequenz ω, während Z die symbolisch zu schreibende Impedanz des Galvanometerkreises

$$Z=W+j\left(\omega L-\frac{1}{\omega C}\right) \tag{3}$$

bedeutet.

Um nun in einfacher Weise die erzwungene Lösung φ von (2) zu finden, gehen wir nach Vorschrift in § 43 nach der symbolischen Methode vor, indem wir eine elektrisch-mechanische Impedanz des Galvanometerkreises einführen

$$Z'=B+\frac{N^2F^2}{Z}+j\left(\Theta\omega-\frac{C}{\omega}\right). \tag{4}$$

Diese Impedanz geht aus (3) hervor, wenn man hier

$$(5)\qquad \begin{cases} W = B + \dfrac{N^2F^2}{Z} \\ L = \Theta \\ C = \dfrac{1}{C} \end{cases}$$

setzt.

Auf der rechten Seite von (2) steht die schwingungserregende Kraft $\frac{NF}{Z}E$, deren symbolisch geschriebenes (§ 43) Zeitintegral

$$(6)\qquad \int \frac{NF}{Z} E\,dt = \frac{NFE}{j\,\omega\,Z}$$

der in § 15 dem Stromkreis aufgedrückten Wechselstromspannung $a \sin \omega\, t$ entspricht.

Nach diesen Vorbereitungen schreibt sich der Schwingungswinkel φ ohne weiteres:

$$\varphi = \frac{\dfrac{NFE}{j\,\omega\,Z}}{B + \dfrac{N^2F^2}{Z} + j\left(\Theta\,\omega - \dfrac{C}{\omega}\right)}$$

oder

$$(7)\qquad \varphi = \frac{NFE}{j\,\omega\,(\mathfrak{Z}Z + N^2F^2)}\,.$$

Hier ist nunmehr neben der elektrischen Impedanz des Stromkreises

$$Z = W + j\left(\omega\,L - \frac{1}{\omega\,C}\right) = W + j\,x$$

noch die mechanische Impedanz des Galvanometers

$$\mathfrak{Z} = B + j\left(\omega\,\Theta - \frac{C}{\omega}\right) = B + j\,m$$

eingeführt, während x und m die entsprechenden Reaktanzen bedeuten.

Die Amplitude von φ ergibt sich nun aus (7) zu

$$(8)\qquad |\varphi| = \frac{NFE}{\omega\sqrt{(B\,W - m\,x + N^2F^2)^2 + (W\,m + B\,x)^2}}$$

und die Phasennacheilung von φ gegen E

$$\alpha = -\frac{\pi}{2} - \operatorname{arctg} \frac{x B + m W}{W B - x m + N^2 F^2}. \tag{9}$$

Die abgeleiteten Gleichungen, insbesondere (7), kann man benutzen, um die Bedingungen für den Eintritt der stärksten Resonanz, d. h. für eine maximale Amplitude zu ermitteln.

Soll der absolute Betrag von

$$\varphi = \frac{E}{j\omega\left(\frac{\mathfrak{Z}}{NF} + NF\right)} \tag{10}$$

ein Maximum werden, so hat man NF so zu wählen, daß

$$\frac{\partial \varphi}{\partial (NF)} = 0 \tag{11}$$

wird. Dies gibt

$$\mathfrak{Z} = N^2 F^2 \tag{12}$$

oder nach Vergleichung der Absolutwerte und Amplituden

$$\sqrt{W^2 + x^2} \cdot \sqrt{B^2 + m^2} = N^2 F^2 \tag{13}$$

$$\left|\frac{\omega\Theta - \frac{C}{\omega}}{B}\right| = \left|\frac{\omega L - \frac{1}{\omega C}}{W}\right|. \tag{14}$$

Gleichung (14) setzt den auf der rechten Seite stehenden Ausdruck, den wir früher als elektrische Zeitkonstante (siehe § 15) bezeichnet haben, dem entsprechenden mechanischen gleich.

Ferner ergibt sich aus (13) und (14)

$$B = \frac{W N^2 F^2}{W^2 + x^2}. \tag{15}$$

Hier steht nach Multiplikation mit $\frac{d\varphi}{dt}$ auf der rechten Seite das von der rückwirkenden EMK. herrührende arbeitsleistende Moment, welches nach unserer obigen Darlegung die elektrische Dämpfung zur Folge hat. Die Gleichung (15) sagt also aus, daß für die beste Gleichstimmigkeit von Galvanometer und aufgedrückter EMK. die mechanische und elektrische Dämpfung gleich sein müssen.

Schreiben wir jetzt den früher gewonnenen Ausdruck für die rückwirkende EMK.

$$-NF\frac{d\varphi}{dt}$$

in symbolischer Form

$$E_\nu = -j\,\omega N F \varphi$$

und vergleichen wir dies mit dem aus (7) zu gewinnenden Ansatz für E

$$E = j\,\omega\,\frac{(\mathfrak{Z} + N^2F^2)\,\varphi}{NF}$$

so findet sich

$$\frac{E_\nu}{E} = -\frac{N^2F^2}{\mathfrak{Z} + N^2F^2}$$

oder mit (12)

$$(16) \qquad \frac{E_\nu}{E} = -\frac{1}{2}.$$

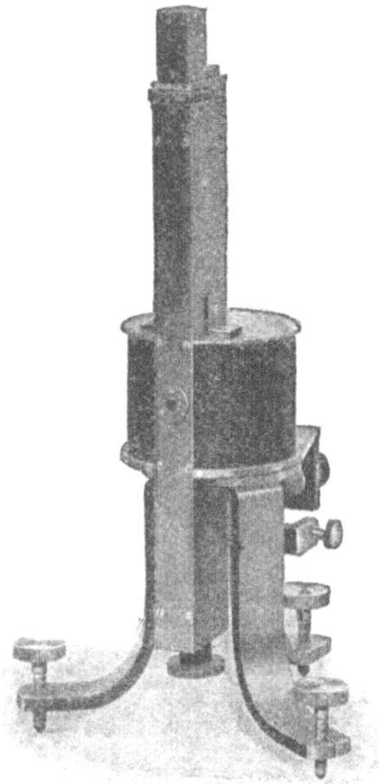

Fig. 55. Vibrationsgalvanometer.

Also muß die rückwirkende EMK. dem absoluten Betrage nach gleich der halben aufgedrückten EMK. und ihr in der Phase entgegengesetzt sein, d. h. die entwickelte mechanische Arbeit (die Dämpfungsarbeit) muß ein Maximum sein.

Wegen weiterer Einzelheiten verweisen wir auf die Literatur.[20])

Die äußere Form eines Vibrationsgalvanometers von Siemens & Halske gibt Fig. 55, während Fig. 56 ein oscillographisch auf-

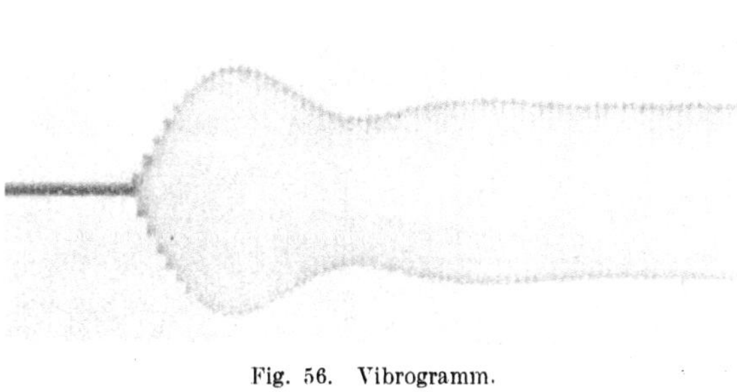

Fig. 56. Vibrogramm.

genommenes objektives Schwingungsbild gibt. Für gewöhnlich werden die Vibrationsgalvanometer subjektiv benutzt.

§ 23. Der Schwingungsmesser von Frahm.

Der Resonanzaffekt kann auch zur Messung von Frequenzen benutzt werden.

Ein Instrument dieser Art, welches der Ermittlung mechanischer Frequenzen dient, ist der Frequenzmesser von Frahm.

Er dient dazu, die Umdrehungszahl von Maschinen zu bestimmen und zu überwachen, indem man die von diesen ausgehenden periodischen Erschütterungen auf ein System von schwingungsfähigen Körpern regelmäßig abgestufter Eigenfrequenz wirken läßt. Dann gerät auf Grund des Resonanzaffektes derjenige Körper in besonders starke Schwingungen, dessen Eigenfrequenz mit der Erregungsfrequenz der periodischen Erschütterungen am besten übereinstimmt.

Das System von schwingungsfähigen Körpern wird nach Frahm durch eine Reihe von Stahllamellen gebildet, die nach Fig. 57

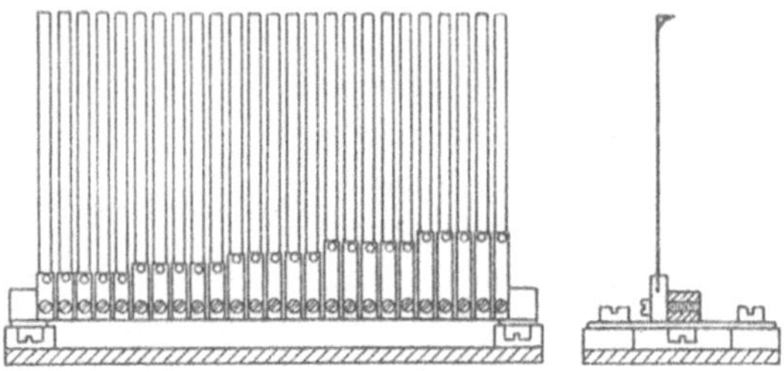

Fig. 57. Frahms Frequenzmesser.

nebeneinander an einer metallenen Leiste einseitig fest eingespannt sind.

Das freie Ende dieser Lamellen ist rechtwinklig umgebogen und so für die Aufnahme eines kleinen Metalltropfens vorbereitet.

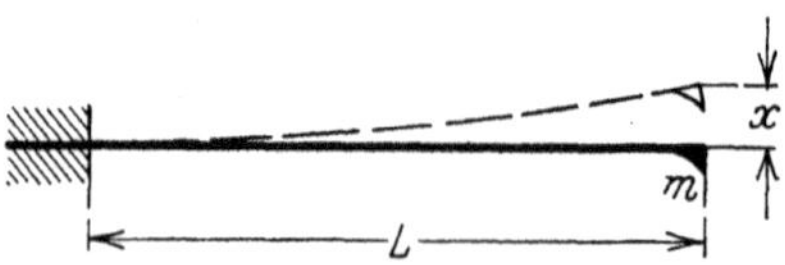

Fig. 58. Schwingende Lamelle.

Wie in Fig. 57 dargestellt, sind die Lamellen in Gruppen von je 5 in abgestuften Längen ausgeführt.

Bezeichnet man die Länge der Lamellen (Fig. 58) mit L, ihre Masse mit M_1, ihren Elastizitätsmodul mit E, das Trägheitsmoment ihres Querschnittes mit J und die Masse des an ihrem freien Ende angehefteten Metalltropfens (einschließlich der Umbiegung) mit M_2, so kann man die Schwingungsgleichung der Lamelle aufstellen. Die Gleichung hat die allgemeine Form:

$$m \frac{d^2 x}{dt^2} + c x = 0 . \tag{1}$$

Hier setzt sich m zusammen aus M_2 und in erster Annäherung einem Anteil von M_1, der, am Hebelarm L wirkend, dem Trägheitsmoment der ganzen Lamelle in bezug auf den Einspannungsquerschnitt A äquivalent ist. Dieses Trägheitsmoment ist aber $\frac{L^2 M_1}{3}$, also wird

$$m = \frac{M_1}{3} + M_2 . \tag{2}$$

Die Einheitsrichtkraft c bestimmt sich aus der Durchbiegungsformel der Lamelle. Es ist nach Fig. 59

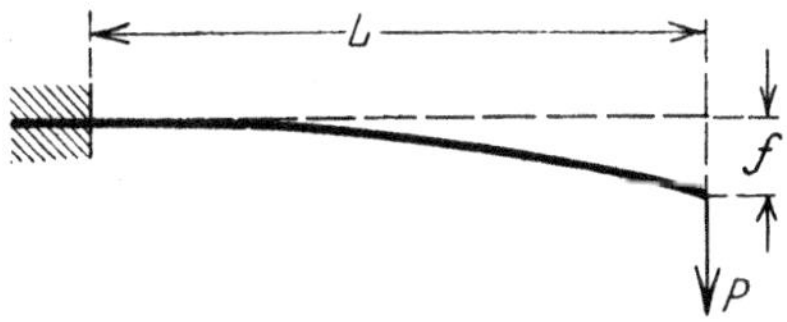

Fig. 59. Biegung einer Lamelle.

$$f = \frac{P L^3}{3 E J}$$

und hiernach

$$c = \frac{P}{f} = \frac{3 E J}{L^3} . \tag{3}$$

Also wird die Schwingungsgleichung

$$(M_1 + 3 M_2) \frac{d^2 x}{dt^2} + \frac{9 E J}{L^3} x = 0 . \tag{4}$$

Die Eigenschwingungsdauer wird somit

$$T = \frac{2 \pi L}{3} \sqrt{\frac{L (M_1 + 3 M_2)}{E J}} . \tag{5}$$

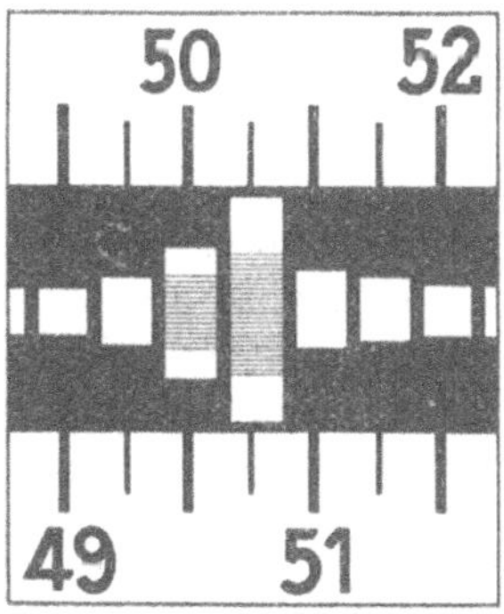

Fig. 60. Schwingungsbild nach Frahm.

Die nach diesem (oder nach einem später für die Berücksichtigung von M_1 zu gebenden genaueren) Ansatz ermittelten Schwingungsdauern bzw. Frequenzen aller Lamellen werden nach Abstimmung durch die Massen M_2 auf einer Skala verzeichnet, die nach Fig. 60 mit den Köpfen der Lamellen in Verbindung gebracht wird.

Beim Gebrauch wird das Instrument an der zu überwachenden Maschine befestigt. Deren Frequenz zeigt sich dann auf der Skala durch Verbreiterung des Kopfes der in Resonanz heftig schwingenden Lamelle gleicher Eigenfrequenz.

Ist die Abstufung der Lamellen fein genug (in der Figur von 0,5 zu 0,5 Frequenzen in der Sekunde), so lassen sich auch geringe Schwankungen der erregenden Frequenz durch abwechselnde Verbreiterung zweier benachbarter Lamellenköpfe beobachten.[21])

§ 24. Der Kinematograph.

Der Kinematograph eignet sich sehr gut zur Aufnahme von mechanischen Schwingungsvorgängen, die auf andere Weise nur sehr schwer quantitativ verfolgt werden können.

Hierher gehören in erster Linie die Schwingungen von Zeigerinstrumenten.

Bei Zeigerinstrumenten interessieren oft die Bewegungen der Zeiger, die sich abspielen, wenn das Instrument plötzlich eingeschaltet wird.

Diese Bewegungsvorgänge gehen meist sehr rasch vor sich und sie können daher, da ein Zeigerinstrument nur für Ablesungen stationärer Zustände eingerichtet ist, ohne besondere Vorkehrungen nicht verfolgt werden.

Hier leistet der Kinematograph gute Dienste. Es ist nur nötig, die Zeitfolge der einzelnen Bilder unveränderlich zu halten und zu messen, um ohne weiteres durch Ablesung der Zeigerstellungen auf den einzelnen Kinogrammen die Möglichkeit zur Ermittlung der Zeigerbewegung in Abhängigkeit von der Zeit zu gewinnen.

In Fig. 61 ist die kinematographische Aufnahme des Einschaltevorganges eines Fliehkrafttachometers wiedergegeben. Die Einschaltung erfolgte von Hand (auf nominell 1480 Umdrehungen in der Minute) zwischen dem dritten und vierten Bild. Der Vorgang umfaßte 17 Kinogramme und ist beim 20. Bild praktisch beendet.

Die Messung der Kinematographenbewegung ergab, daß 15,4 Bilder in der Sekunde erfolgten; der Zeitraum zwischen zwei Kinogrammen betrug also 0,065 Sekunden. Die Zeigerablesungen des Instrumentes sind hiernach mit der zugehörigen Zeit in folgender Tabelle zusammengestellt.

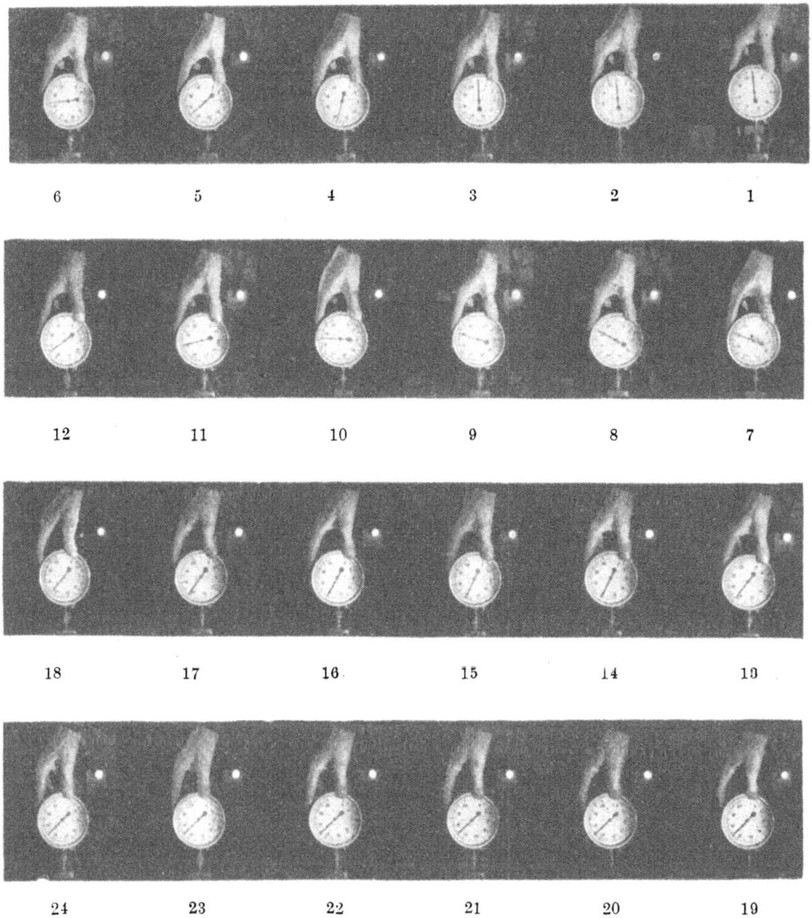

Fig. 61. Kinogramm einer Tachometerschwingung.

Bild Nr.	Zeit	Zeiger-stellung	Bild Nr.	Zeit	Zeiger-stellung	Bild Nr.	Zeit	Zeiger-stellung	Bild Nr.	Zeit	Zeiger-stellung
1	0	0	7	0,325	1780	13	0,715	1435	19	1,104	1480
2	0,000	0	8	0,390	1820	14	0,780	1380	20	1,170	1480
3	0,065	0	9	0,455	1760	15	0,845	1400	21	1,235	1480
4	0,130	1320	10	0,520	1700	16	0,910	1425	22	1,300	1480
5	0,195	1480	11	0,585	1615	17	0,975	1450	23	1,365	1480
6	0,260	1650	12	0,650	1515	18	1,040	1470	24	1,430	1480

Die graphische Auftragung dieser Tabellenwerte ergibt das Schwingungsbild Fig. 62.[22])

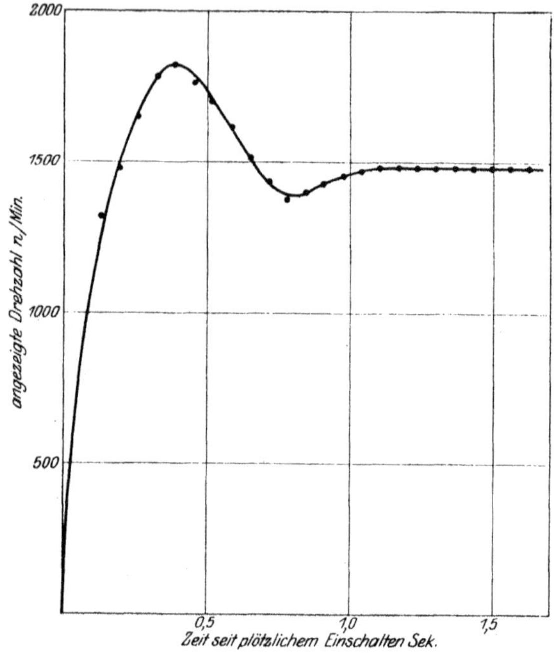

Fig. 62. Kinematographisch gewonnenes Schwingungsbild.

V. Rationelle Mechanik.

§ 25. Die mathematischen Hilfsmittel der Technik.

Über die Bedeutung der Mathematik für den Ingenieur ist man zu verschiedenen Zeiten verschiedener Meinung gewesen, sowohl hinsichtlich des Maßes der wünschenswerten Kenntnisse, als auch hinsichtlich der Unterrichtsmethode. Bezeichnend hierfür ist die Tatsache, daß vor ca. 30 Jahren auf einer Ingenieurversammlung der Vorschlag gemacht wurde, an der Hochschule lediglich Elementarmathematik zu lehren, während andererseits Bestrebungen dahin gehen, die Differential- und Integralrechnung der Mittelschule zu überweisen, so daß die Hochschule Zeit für die Erörterung schwierigerer Aufgaben gewinnt.

Am treffendsten ist wohl ein Ausspruch von Rankine, der besagt: There's no useful mathematical weapon, with an engineer may not learn to use.

Nach diesem Urteil muß man zusehen, welche mathematischen Hilfsmittel hervorragende Ingenieure zur Lösung praktischer Aufgaben herangezogen haben.

Es soll gleich hier hervorgehoben werden, daß in dieser Hinsicht stets ausgiebig Gebrauch gemacht worden ist von den schärfsten „Waffen", welche die Mathematik für die Bewältigung konkreter Aufgaben darbietet. Oft zwar sind diese Waffen in der Hand kundiger Ingenieure umgeschmiedet und für die praktischen Zwecke geschmeidiger gemacht worden, so daß man von spezifisch technischen mathematischen Methoden[23]) reden kann, auf jeden Fall aber ist das Maß mathematischer Kenntnisse, die ein angehender Ingenieur besitzen sollte, um die Arbeiten der Klassiker der wissenschaftlichen Technik zu verstehen, kein geringes.

Die mathematische Wissenschaft hat gegenüber den Anwendungsgebieten der Naturwissenschaft und Technik eine eigenartige Stellung: man braucht sie notwendig und verlangt von ihr, daß sie den Anwendungen keine Schwierigkeiten bereite. Es hat sich nun gezeigt, daß dieses Verhältnis je nach der Entwicklung der Mathematik und ihrer Anwendungsgebiete sich geändert hat. Bis etwa zum Jahr 1800 knüpfte man an die Tragweite der Mathematik die kühnsten Erwartungen. Es war in der Astronomie gelungen, durch Rechnung auf Grund des Newtonschen[24]) Gravitationsgesetzes die Bahnen der Planeten mit einer Genauigkeit festzulegen, die größer war als die Sicherheit der Beobachtungen; in der Physik hatte die Schwingungstheorie gespannter Saiten, die mathematische Untersuchung der Schallvorgänge, die Fouriersche[25]) Wärmeleitungstheorie, die Behandlung elektrischer Vorgänge mit Hilfe der Lehre vom Potential sowie die Anfänge einer exakten Lichttheorie so schöne Ergebnisse geliefert, so daß man der Meinung sein konnte, daß die damaligen mathematischen Hilfsmittel bald zu einer universellen Beschreibung der Naturerscheinungen führen würden. Schon Laplace[26]) hatte dieser Idee Ausdruck verliehen durch die Forderung der Darstellung des Weltprozesses durch eine einzige ungeheure Differentialgleichung.

Wir wissen heute, daß sich diese Hoffnung bei weitem nicht erfüllt hat. Einerseits liegt die Ursache dieser enttäuschenden Erfahrung darin, daß man sich über den allgemeinen Charakter der Naturerscheinungen im unklaren war, andererseits daran, daß man die Mächtigkeit der damaligen Hilfsmittel der Mathematik überschätzte.

Es mag heute wohl nur noch wenige Naturforscher geben, die der Meinung sind, daß alle Naturvorgänge einfach seien; vor etwa 100 Jahren war dies die herrschende Ansicht. Gewiß gibt es eine Anzahl von einfach zu formulierenden Tatsachen, die, frühzeitig erkannt, jetzt mehr oder weniger zum Gemeingut der Gebildeten gehören. Je schärfer aber die Beobachtungsmittel ausgebildet werden, um so mehr machen sich neben den „allgemein" gültigen „Gesetzen" Nebenerscheinungen bemerkbar, die immer von neuem Korrekturen an dem Aufbau der Naturerkenntnis nötig machen.

In ähnlicher Weise ist es mit der Entwicklung der Technik gewesen: Die Bauwerke des Altertums, die Bergwerksmaschinen des Mittelalters, die Mechanismen von Leonardo da Vinci[27]) waren vergleichsweise einfach gegenüber den Leistungen der neueren Zeit. Die Konstruktionen sind seitdem kühner, die wirkenden Kräfte und die Geschwindigkeiten sind größer, die Energienwirtschaft ist schwieriger geworden. Diese Umwandlung hat zur Folge gehabt, daß die Berechnungs- und Konstruktionsmethoden immer subtiler ausgebaut und daß immer neue ursprünglich naturwissenschaftliche Disziplinen zum Rüstzeug des Ingenieurs geschlagen wurden.

Bei diesem Entwicklungsgange hat die Ingenieurwissenschaft der Mitwirkung der Mathematik mehr entraten müssen als die Physik. Als sich am Ende des ersten Viertels des 19. Jahrhunderts zeigte, daß die mathematischen Hilfsmittel bei dem Versuche der Anwendung mehr und mehr versagten, gingen die Mathematiker an den weiteren Ausbau ihrer Wissenschaft. Es beginnt eine bis etwa zum Beginn des 20. Jahrhunderts dauernde Periode der abstrakten, den Anwendungen abholden Mathematik. Benutzt wurde diese Zeit einer 80jährigen Entwicklung in erster Linie zu einem außerordentlich verzweigten Ausbau der Funktionentheorie und der Lehre von den Differentialgleichungen, die im letzten Grunde voneinander untrennbar sind. Vor allem wurden dabei die Grundlagen aufs sorgsamste festgelegt, eine Tätigkeit, die uns Ingenieuren im allgemeinen fernliegt. Ohne Zweifel haben die Existenz- und Konvergenzbeweise für die praktische Technik keine unmittelbare Bedeutung; es darf aber nicht vergessen werden, daß ohne diese scharfsinnigen Grundlegungen, die auf Dirichlet, Riemann, Fuchs, Weierstraß[28]) zurückgehen, das ganze Gebäude der modernen Präzisionsmathematik auf höchst unsicherem Grunde stehen würde, und wir wünschen doch, daß ein Teil dieses Gebäudes auch für die Anwendungen bewohnbar sei.

Daß die Mathematik nunmehr den technischen Anwendungen neue Hilfsmittel bietet, scheint mir übrigens angesichts der Bemühungen von Horn, Mehmcke und Runge[29]) zur angenäherten Lösung von schwierigen Differentialgleichungen höherer Ordnung außer allem Zweifel. Keineswegs werden diese Hilfsmittel einfach sein, es wird aber für den weiterstrebenden Ingenieur unerläßlich sein, trotzdem von ihnen Kenntnis zu nehmen.

Insbesondere haben in neuerer Zeit die rechnerischen und zeichnerischen Verfahren, die sich technischen Aufgabestellungen besonders schmiegsam anzupassen pflegen, ausgiebige Behandlung in der Literatur erfahren.

Es handelt sich hier zunächst um die Auflösung von linearen und höheren Gleichungen und Gleichungssystemen. Derartige Gebilde stellen sich bei den praktischen Anwendungen häufig ein; so z. B. kommt die Bestimmung der einzelnen Glieder eines elektrischen Leitungsnetzes oder die Ermittlung der Stützenmomente beim durchlaufenden Balken auf die Lösung von Gleichungssystemen mit mehreren Unbekannten hinaus.

Die graphische Integration und Differentiation greift Platz bei zahlreichen Aufgaben der Statik und Dynamik, wo entweder Trägheitsmomente zu bestimmen oder aus gegebenen Bewegungsvorgängen die Kraftwirkungen zu ermitteln sind.

Eine besondere Art graphischer Integrationsaufgaben liegt vor auf dem Gebiete der harmonischen Analyse periodischer Funktionen, eine Aufgabe, deren Lösung fast unzählige Verfahren gewidmet sind.

Daß weiterhin die praktischen Rechenmittel, die Rechenschieber und Rechenmaschinen einer sorgfältigen theoretischen Analyse bedürfen, um zu vollster Wirksamkeit zu gelangen, sei ebenfalls in diesem Zusammenhang erwähnt.

Angesichts des so zutage tretenden erheblichen Bedarfs an mathematischen Überlegungen in bestimmten Zweigen des Ingenieurberufes scheint es nicht verwunderlich, daß neuerdings die systematische Darstellung der für die Technik wichtigen Zweige der Mathematik mehr und mehr von Ingenieuren in die Hand genommen wird. Es ist so eine ausgesprochene Literatur der Ingenieurmathematik entstanden, die den mehr abstrakt gerichteten Werken rein mathematischer Verfasser zur Seite tritt und hier eine Lücke ausfüllt, deren Vorhandensein die Lebensfähigkeit dieses Literaturzweiges im Buchhandel beweist[30]).

§ 26. Die allgemeinen Grundlagen der Mechanik.

Der Versuch, die Grundlagen der Mechanik in einer allseitig befriedigenden, logisch einwandfreien Weise darzustellen, stößt auf Schwierigkeiten. Man geht gewöhnlich davon aus, daß es Aufgabe der reinen Mechanik sei, den Verlauf der Bewegungen der von uns wahrgenommenen Körper zu beschreiben. Die dieser Aufgabestellung entsprechend einzuführenden Grundbegriffe sind zunächst Raum und Zeit. Mit den Definitionen dieser Grundbegriffe sowie des Bewegungsbegriffes haben sich die fähigsten Köpfe aller Zeiten beschäftigt, ohne daß es bis heute gelungen wäre, alle der genauen Erfassung dieser Begriffe entgegenstehenden erkenntnistheoretischen Schwierigkeiten zu beseitigen. Eine Darstellung dieser Schwierigkeiten soll hier nun um so weniger versucht werden, als wir solche Darstellungen in den „Grundlagen der Mechanik" von A. Voß[31]), in Poincaré, Wissenschaft und Hypothese[32]), sowie in Machs Prinzipien der Mechanik[33]) bereits besitzen. Wir wollen vielmehr mit dem bekannten „on ne definit ni l'espace ni le temps" uns begnügen und uns, wie es für Ingenieure ziemt, dem sicheren Fahrwasser der Erfahrung überlassen, indem wir den Raum und die Zeit lieber messen als definieren. Wir sagen: die Einheit der Zeit ist der 68400ste Teil der Rotationsdauer der Erde, die Sekunde; die Einheit des Raumes ist der 100ste Teil der Länge des in Paris im Bureau international des poids et des mesures aufbewahrten Platin-Iridiumstabes, das Zentimeter; daneben legen wir dem Raum noch das Merkmal der Stetigkeit, der Zeit das Merkmal des gleichmäßigen Dahinfließens zu. Diese Sorglosigkeit bezüglich Feststellung der Grundlagen unserer Wissenschaft ist aber nur dadurch berechtigt, daß sie uns später keine Verlegenheiten bereiten wird.

Man kann die Entwicklung der Mechanik in zwei große Abschnitte einteilen: die Zeit vor und die Zeit nach Newton. Die erste Periode ist dadurch gekennzeichnet, daß sie nur mit den Begriffen des Raumes und der Zeit operiert. Die Mechanik dieses Zeitraumes war wesentlich Bewegungslehre. Als Gipfelpunkte der wissenschaftlichen Untersuchungen dieser Zeit sind zu nennen die Arbeiten von Kepler (1571—1630)[34], der aus den astronomischen Beobachtungen Tycho Brahes[35]) die drei berühmten Gesetze der Planetenbewegung ableitete, ferner Galileo Galileis[36]) (1564—1642) Fall- und Pendelgesetze, sowie schließlich Christian Huyghens[37]) (1629—1695) Horologium oscillatorium, welches neben einer Theorie der Uhren Untersuchungen über die Tautochrone, das materielle und das Zentrifugalpendel enthält.

Mit Newton[38]) beginnt die Zeit der Mechanik im engeren Sinne: die Dynamik. Die geometrische Bewegungslehre oder Kinematik wird in Newtons Händen durch Einführung der Masse zur Kinetik. Der Grundbegriff der Masse stellt sich den Begriffen des Raumes und der Zeit gleichberechtigt zur Seite.

Bei der Definition der Masse stellen sich ähnliche Schwierigkeiten ein, wie bei der Einführung von Raum und Zeit. Newton sagt: Die Masse ist gleich dem Produkt aus Volumen und Dichte. Schön. Das Volumen ist als Raumgröße nach unserer obigen Festsetzung meßbar; wie aber messen wir die Dichte? Sollte man daher nicht besser sagen: Die Dichte ist der Quotient aus Masse und Volumen, und versuchen, die Masse anders zu definieren. Hierzu scheint sich ein ebenfalls von Newton herführendes Gesetz darzubieten: Masse mal Beschleunigung ist gleich Kraft. Hier kann angenommen werden, daß die Beschleunigung durch die Definition von Raum und Zeit festgelegt ist; es handelt sich also um Definition der Kraft. Hier stehen wir vor einer neuen Schwierigkeit. Ohne Zweifel liegt der Kraftbegriff unserem Vorstellungsvermögen näher als die Masse, da wir mit dem Ausdruck Kraft an die Muskelkraftempfindung anknüpfen können. Es zeigt sich aber bald, daß diese anthropomorphe Auffassung zu einer quantitativen Festlegung des Kraftbegriffs ebensowenig ausreicht, wie z. B. die Wärmeempfindung der Haut zur Festlegung des Temperaturbegriffs. Es bleibt also nichts übrig, als die Masseneinheit konventionell analog dem Raum- und Zeitbegriff festzusetzen, als Masse eines Liters Wasser von 4° C, das Kilogramm, und im übrigen der Masse das Merkmal der Unveränderlichkeit beizulegen.

§ 27. Die Newtonsche Bewegungsgleichung und das Prinzip von d'Alembert.

1. Das oben schon als von Newton herrührend mitgeteilte Gesetz: Kraft = Masse mal Beschleunigung kann zum Ausgangspunkt der Entwicklung der klassischen Mechanik gemacht werden. In der mathematischen Formelsprache lautet es:

$$(1) \qquad m\frac{d^2x}{dt^2} = X\,.$$

Mit Ansetzung dieser Formel betrachtet man die oben angedeuteten Schwierigkeiten als geklärt, und alle nun folgenden Überlegungen sind rein mathematischer Art.

Die Schreibung der Formel (1) in folgender Gestalt

$$(2) \qquad m\frac{d^2x}{dt^2} - X = 0$$

führt von Newton auf d'Alembert[39]). Schon vor d'Alembert hatte Joh. Bernoulli[40]) die allgemeine Gültigkeit eines wichtigen Grundsatzes der Mechanik: des Prinzips der virtuellen Verrückungen oder besser der virtuellen Arbeit erkannt.

Dieses Prinzip lautet folgendermaßen: Greifen an einem System von n Körpern $m_1, m_2 \ldots$ Kräfte an, deren Komponenten nach der Achse des Koordinatensystems $X_1 Y_1 Z_1$; $X_2 Y_2 Z_2 \ldots$ sind, so befindet sich das System im Gleichgewicht, wenn

$$(3) \qquad A = \sum_{i=1}^{i=n} (X_i\,\delta x_i + Y_i\,\delta y_i + Z_i\,\delta z_i) = 0$$

ist. Hier sind die Größen $\delta x_i \ldots$ die Komponenten der virtuellen Verrückungen $\delta s_i \ldots$, die man den Körpern erteilt, während A als virtuelle Arbeit bezeichnet werden kann. Jene Verrückungen sind ganz willkürlich, sie dürfen nur nicht gegen die Bedingungen verstoßen, denen die Koordinaten der Systemkörper unterworfen sind. Sind z. B. sämtliche Körper untereinander durch starre Stäbe zu einem Ganzen verbunden, so werden, wenn man die virtuellen Verschiebungen so festlegt, daß sie einer Parallelverschiebung des Körpersystems mit sich selbst entsprechen, alle

$$\delta s_1 = \delta s_i = \ldots = \delta s ,$$

$$\delta x_1 = \delta x_i = \ldots = \delta x \quad \text{usw.},$$

und wir können statt (3) schreiben:

$$A = \delta x \sum_{i=1}^{i=n} X_i + \delta y \sum_{i=1}^{i=n} Y_i + \delta z \sum_{i=1}^{i=n} Z_i = 0 . \tag{4}$$

Diese Gleichung kann aber nur erfüllt werden, wenn ist:

$$\Sigma X_i = 0 , \quad \Sigma Y_i = 0 , \quad \Sigma Z_i = 0 .$$

Dies sind die bekannten Gleichungen für das Gleichgewicht eines Körpers gegen Verschieben.

2. Zur Ermittlung der Bedingungen des Gleichgewichts eines starren Körpersystems gegen Verdrehen setzen wir eine virtuelle Verdrehung des Körpersystems $\delta\omega$ durch Angabe ihrer Komponenten nach den Koordinatenachsen $\delta\omega_1$, $\delta\omega_2$, $\delta\omega_3$ fest.

Dann bestimmt sich die virtuelle Verschiebung eines beliebigen Punktes P_i durch ihre Komponenten

$$\delta x_i = \delta\omega_2 z_i - \delta\omega_3 y_i ,$$

$$\delta y_i = \delta\omega_3 x_i - \delta\omega_1 z_i ,$$

$$\delta z_i = \delta\omega_1 y_i - \delta\omega_2 x_i ,$$

die in den Ansatz des Prinzips der virtuellen Verschiebungen einzuführen sind.

Wir erhalten demnach nach gehöriger Ordnung:

$$A = \sum_{i=1}^{i=n} \Big\{ \delta\omega_1 (Z_i y_i - Y_i z_i) + \delta\omega_2 (X_i z_i - Z_i x_i) + \delta\omega_3 (Y_i x_i - X_i y_i) \Big\} = 0$$

oder, da wegen der Willkürlichkeit der drei Drehungskomponenten die einzelnen Glieder der Summe für sich verschwinden müssen:

$$\sum_{i=1}^{i=n}(Z_i y_i - Y_i z_i) = 0\,; \quad \sum_{i=1}^{i=n} X_i z_i - Z_i x_i) = 0\,; \quad \sum_{i=1}^{i=n}(Y_i x_i - X_i y_i) = 0\,.$$

Die Ausdrücke unter den Summenzeichen sind nun nichts anderes als die Komponenten der Drehmomente der Kräfte K_i um die Koordinatenachsen, die wir mit $\mathfrak{M}_{xi}$, $\mathfrak{M}_{yi}$, $\mathfrak{M}_{zi}$ bezeichnen wollen. Wir finden also endgültig als Bedingungen des Gleichgewichts gegen eine Drehung des starren Körpersystems:

$$\sum_{i=1}^{i=n}\mathfrak{M}_{xi} = 0\,; \quad \sum_{i=1}^{i=n}\mathfrak{M}_{yi} = 0\,; \quad \sum_{i=1}^{i=n}\mathfrak{M}_{zi} = 0\,.$$

In jedem Falle kann man für ein gegebenes Körpersystem, dessen einzelne Teile untereinander entweder starr oder nicht starr verbunden sind, unter Berücksichtigung der Bedingungsgleichungen mit Hilfe des Prinzips (3) die Gleichgewichtsgleichungen finden.

Beweise des Prinzips gibt es mehrere, z. B. auch von Lagrange und Poinsot, doch hat das Prinzip in seiner ganzen Allgemeinheit einen mehr axiomatischen Charakter.

3. Die Vereinigung der d'Alembertschen Form der Newtonschen Grundgleichung mit dem Prinzip der virtuellen Verrückungen liefert sofort das d'Alembertsche Prinzip[41]):

$$(5)\quad \sum_{i=1}^{i=n}\left[\left(m_i\frac{d^2x_i}{dt^2} - X_i\right)\delta x_i + \left(m_i\frac{d^2y_i}{dt^2} - Y_i\right)\delta y_i + \left(m_i\frac{d^2z_i}{dt^2} - Z_i\right)\delta z_i\right];$$

in welcher Form es zunächst für Systeme freier Körper gültig ist. Der Formulierung dieses Prinzips liegt die Auffassung zugrunde, daß man die Ausdrücke $m_i\dfrac{d^2x_i}{dt^2} - X_i$ usw. als an dem Körpersystem angreifende sogenannte verlorene Kräfte betrachten kann. Denkt man sich die wirklichen Kräfte X_i usw. momentan durch die verlorenen Kräfte ersetzt, so würde sich das System im Gleichgewicht befinden.

§ 28. Die unfreie Bewegung und die Gleichungen von Lagrange.

Für die unfreie Bewegung eines Massensystems seien k Bedingungsgleichungen zwischen den $3n$ Koordinaten der Massenpunkte gegeben:

$$(1)\quad \begin{cases} f_1(x, y, z, \ldots) = 0, \\ f_2(x, y, z, \ldots) = 0, \\ \ldots\ldots\ldots\ldots \\ f_k(x, y, z, \ldots) = 0. \end{cases}$$

Mit dieser Festsetzung sind die virtuellen Verrückungen δ nicht mehr unbeschränkt willkürlich, sondern folgenden k Gleichungen unterworfen:

$$(2)\quad \sum_{i=1}^{i=n}\left(\frac{\partial f_k}{\partial x_i}\,\delta x_i + \frac{\partial f_k}{\partial y_i}\,\delta y_i + \frac{\partial f_k}{\partial z_i}\,\delta z_i\right) = 0. \quad (k = 1, 2 \ldots k)$$

Wir führen jetzt k zunächst unbekannte Multiplikatoren λ_k ($k = 1, 2, \ldots k$) ein, mit denen wir die Gleichungen (2) der Reihe nach multiplizieren. Ziehen wir diese mit k multiplizierten Gleichungen von Gleichung (5) in § 27 ab, so kommt nach gehöriger Ordnung:

$$(3)\quad \begin{cases} \sum\left[\left(m_i\frac{d^2x_i}{dt^2} - X_i - \sum_k \lambda_k\frac{\partial f_k}{\partial x_i}\right)\delta x_i + \left(m_i\frac{d^2y_i}{dt^2} - Y_i - \sum_k\lambda_k\frac{\partial f_k}{\delta y_i}\right)\delta y_i\right. \\ \qquad\qquad \left. + \left(m_i\frac{d^2z_i}{dt^2} - Z_i - \sum_k\lambda_k\frac{\partial f_k}{\partial t_i}\right)\delta z_i\right] = 0 \end{cases}$$

Nach Einführung der k Unbekannten λ dürfen wir über die virtuellen Verrückungen wieder unbeschränkt verfügen. Damit unter solchen Umständen aber Gleichung (3) erfüllt wird, muß gelten:

$$(4)\quad \left.\begin{cases} m_i\frac{d^2x_i}{dt^2} = X_i + \lambda_1\frac{\partial f_1}{\partial x_i} + \lambda_2\frac{\partial f_2}{\partial x_i} + \ldots + \lambda_k\frac{\partial f_k}{\partial x_i}, \\ m_i\frac{d^2y_i}{dt^2} = Y_i + \lambda_1\frac{\partial f_1}{\partial y_i} + \lambda_2\frac{\partial f_2}{\partial y_i} + \ldots + \lambda_k\frac{\partial f_k}{\partial y_i}, \\ m_i\frac{d^2z_i}{dt^2} = Z_i + \lambda_1\frac{\partial f_1}{\partial z_i} + \lambda_2\frac{\partial f_2}{\partial z_i} + \ldots + \lambda_k\frac{\partial f_k}{\partial z_i}. \end{cases}\right\}(i - 1, 2 \ldots n)$$

Dies ist die erste Lagrangesche[42]) Form der Bewegungsgleichungen. Sie sind dadurch bemerkenswert, daß in ihnen der

Einfluß der Bedingungsgleichungen in der Gestalt von „Zwangskräften“ oder „Führungsreaktionen“ auftritt. Sie bieten demnach ein bequemes Mittel, diese Reaktionen, deren Kenntnis für den Entwurf von Maschinen wichtig ist, zu berechnen. Der formale Weg zur Problemlösung ist jetzt weiter der, daß die Gleichungen (1) zweimal nach der Zeit differenziert und in sie die Gleichungen (4) eingeführt werden. So entstehen k Gleichungen zur Berechnung der unbestimmten Multiplikatoren λ als Funktionen der Kräfte und der Koordinaten. Führt man die gefundenen Ausdrücke in das Gleichungssystem (4) ein, so ist die Aufstellung der Differentialgleichungen für die Systembewegung geleistet. Die Integration und damit die Ermittlung der Bewegung selbst ist eine andere Frage, die allgemein nicht gelöst werden kann; dies muß der Behandlung spezieller Probleme vorbehalten bleiben; doch lassen sich aus jenen Gleichungen in einigen wichtigen Spezialfällen allgemein gültige Bewegungsgesetze folgern.

Wir betrachten zunächst ein System, welches nur solchen Bedingungen unterworfen ist, daß in den Gleichungen (1) nur die Differenzen gleichnamiger Koordinaten vorkommen. In diesem Falle ist

$$(5)\qquad \begin{cases} \sum_{i=1}^{n} \frac{\partial t_k}{\partial x_i} = 0\,; \quad \sum_{i=1}^{n} \frac{\partial t_k}{\partial y_i} = 0\,; \quad \sum_{i=1}^{n} \frac{\partial t_k}{\partial z_i} = 0\,. \\ (k = 1\,,\ 2 \ldots k) \end{cases}$$

Definiert man jetzt den Schwerpunkt $\xi\,\eta\,\zeta$ des Körpersystems durch

$$(6)\qquad \xi = \frac{\Sigma m_i x_i}{\Sigma m_i}\,; \quad \eta = \frac{\Sigma m_i y_i}{\Sigma m_i}\,; \quad \zeta = \frac{\Sigma m_i z_i}{\Sigma m_i}\,; \qquad \Sigma m_i = M\,,$$

so folgt aus den Gleichungen (4) durch geeignete Zusammenfassung:

$$(7)\qquad \begin{cases} M\,\frac{d^2\xi}{dt^2} = \Sigma X_i\,, \\ M\,\frac{d^2\eta}{dt^2} = \Sigma Y_i\,, \\ M\,\frac{d^2\zeta}{dt^2} = \Sigma Z_i\,, \end{cases}$$

d. h. der Schwerpunkt eines Systems, dessen Bedingungsgleichungen nur von den Entfernungen der einzelnen Massenpunkte abhängen, bewegt sich so, als ob alle Massen in ihm vereinigt wären und alle Kräfte an ihm angriffen. Dies ist der erste Schwerpunktssatz.

Sind die Kräfte innere, d. h. wirken nur Kräfte zwischen den Systemkörpern, so wird

$$\Sigma X_i = 0\,, \quad \Sigma Y_i = 0\,, \quad \Sigma Z_i = 0\,, \tag{8}$$

so daß für die Bewegung des Schwerpunktes gilt:

$$\frac{d^2\xi}{dt^2} = 0\,, \quad \frac{d^2\eta}{dt^2} = 0\,, \quad \frac{d^2\zeta}{dt^2} = 0\,. \tag{9}$$

Nach zweimaliger Integration folgt dann

$$\xi = a_1 t + b_1\,; \quad \eta = a_2 t + b_2\,; \quad \zeta = a_3 t + b_3\,; \tag{10}$$

d. h. der Schwerpunkt eines von äußeren Kräften freien Systems bewegt sich mit gleichförmiger Geschwindigkeit auf einer Geraden. (Der zweite Schwerpunktssatz.) Die Formulierung dieser Sätze von der Bewegung des Schwerpunktes geht auf Huyghens, Newton und d'Alembert zurück.

§ 29. Das d'Alembertsche Prinzip und der Satz von der Erhaltung der lebendigen Kraft.

Das d'Alembertsche Prinzip kann man weiter folgendermaßen schreiben:

$$\left\{\begin{aligned} &\sum\left(m\,\frac{d^2x}{dt^2}\,\delta x + m\,\frac{d^2y}{dt^2}\,\delta y + m\,\frac{d^2z}{dt^2}\,\delta z\right)\\ &\qquad = \sum(X\,\delta x + Y\,\delta y + Z\,\delta z)\,. \end{aligned}\right. \tag{1}$$

Beobachtet man jetzt, daß die wirkliche Systembewegung auch immer eine mögliche ist, so können wir die δ mit den d vertauschen und nach Division mit dt schreiben:

$$\left\{\begin{aligned} &\sum m\left(\frac{d^2x}{dt^2}\,\frac{dx}{dt} + \frac{d^2y}{dt^2}\,\frac{dy}{dt} + \frac{d^2z}{dt^2}\,\frac{dz}{dt}\right)dt\\ &\qquad = \sum(X\,dx + Y\,dy + Z\,dz)\,. \end{aligned}\right. \tag{2}$$

Setzen wir jetzt die Existenz einer Kräftefunktion oder eines Potentials U voraus, derart, daß die Kraftkomponenten die ersten Derivierten dieser Funktion U nach den Koordinaten sind:

(3) $$X = \frac{\partial U}{\partial x}; \quad Y = \frac{\partial U}{\partial y}; \quad Z = \frac{\partial U}{\partial z},$$

so kann (2) nach einmaliger Integration geschrieben werden:

$$\tfrac{1}{2}\sum m\left[\left(\frac{dx}{dt}\right)^2 + \left(\frac{dy}{dt}\right)^2 + \left(\frac{dz}{dt}\right)^2\right] = U + c,$$

oder

(4) $$\tfrac{1}{2}\Sigma m v^2 = U + c.$$

Setzen wir jetzt

$$U = 0,$$

so folgt aus (4) das Prinzip von der Erhaltung der lebendigen Kraft:

(5) $$\tfrac{1}{2}\Sigma m v^2 = \text{Konst.},$$

d. h. ein von äußeren Kräften freies System bewegt sich stets so, daß seine lebendige Kraft konstant bleibt; dies ist der Satz von der Erhaltung der lebendigen Kraft. Setzen wir aber $U = -V$, wo wir V die potentielle Energie des Systems nennen, so folgt aus (4)

(6) $$\tfrac{1}{2}\Sigma m v^2 + V = \text{Konst.}$$

das Prinzip von der Erhaltung der Energie.

Der Satz von der lebendigen Kraft geht in seinen ersten Anfängen auf Huyghens (1629—1695) zurück; in seinem vollen Umfange ist er dann von Johann (1667—1748) und Daniell Bernoulli (1700—1782) aufgenommen worden.

Der Begriff des Potentials verknüpft sich mit den Namen Clairaut (1713—1765), Lagrange (1736—1813) und Laplace. Für die Bezeichnung lebendige Kraft hat Rankine den Ausdruck kinetische Energie eingeführt; ebenso stammt von ihm die Bezeichnung potentielle Energie.

§ 30. Die Flächensätze.

Knüpfen wir jetzt wieder an die Gleichungen (4) von § 28 an, so läßt sich z. B. aus der zweiten und dritten durch Multiplikation mit z bzw. y und Subtraktion folgende Gleichung ableiten:

$$\sum m\left(y\frac{d^2 z}{dt} - z\frac{d^2 y}{dt^2}\right) = \sum (yZ - zY) + \sum\left(y\sum_k \lambda_k \frac{\partial f_k}{\partial z} - z\sum_k \lambda_k \frac{d f_k}{d y}\right).$$

Analog sind dann zu bilden:

$$(1)\quad \begin{cases} \sum m\left(z\frac{d^2 x}{dt^2} - x\frac{d^2 z}{dt^2}\right) = \sum (zX - xZ) + \sum\left(z\sum_k \lambda_k \frac{\partial f_k}{\partial x} - x\sum_k \lambda_k \frac{\partial f_k}{\partial z}\right), \\ \sum m\left(x\frac{d^2 y}{dt^2} - y\frac{d^2 x}{dt^2}\right) = \sum (xY - yX) + \sum\left(x\sum_k \lambda_k \frac{\partial f_k}{\partial y} - y\sum_k \lambda_k \frac{\partial f_k}{\partial x}\right). \end{cases}$$

In diesen Gleichungen stehen rechts die Drehmomente $M_x\, M_y\, M_z$ der Kräfte um die Koordinatenachsen, während die Doppelsummen verschwinden, falls die Bedingungsgleichungen nur Funktionen der Entfernungen der Systemelemente sind; die linken Seiten lassen sich wie folgt transformieren:

$$y\frac{d^2 z}{dt^2} - z\frac{d^2 y}{dt^2} = \frac{d}{dt}\left(y\frac{dz}{dt} - z\frac{dy}{dt}\right).$$

Führt man jetzt den Fahrstrahl r des Massenpunktes m ein und bezeichnet die von ihm im Raume beschriebene Fläche mit F, den von ihm beschriebenen räumlichen Winkel mit φ, während die Projektionen dieser Größen auf die Koordinatenebenen mit r_x, r_y, r_z; F_x, F_y, F_z; $\varphi_x, \varphi_y, \varphi_z$ bezeichnet werden, so kann man schreiben:

$$(2)\quad \begin{cases} y\frac{dz}{dt} - z\frac{dy}{dt} = r_x^2\frac{d\varphi_x}{dt} = \frac{dF_x}{dt}, \\ z\frac{dx}{dt} - x\frac{dz}{dt} = r_y^2\frac{d\varphi_y}{dt} = \frac{dF_y}{dt}, \\ x\frac{dy}{dt} - y\frac{dx}{dt} = r_z^2\frac{d\varphi_z}{dt} = \frac{dF_z}{dt}. \end{cases}$$

Hiermit lassen sich die Gleichungen (1) wie folgt umformen:

$$(3) \qquad \begin{cases} \sum m \dfrac{d^2 F_x}{dt^2} = \sum M_x\,, \\ \sum m \dfrac{d^2 F_y}{dt^2} = \sum M_y\,, \\ \sum m \dfrac{d^2 F_z}{dt^2} = \sum M_z\,. \end{cases}$$

Dies sind die drei Flächensätze der Bewegung: die Drehmomente sind gleich dem Produkt aus Masse und Flächenbeschleunigung. Verschwinden die Momente, so lassen sich die Gleichungen (3) sofort zweimal integrieren und liefern:

$$(4) \qquad \begin{cases} \Sigma m F_x = a_1 t + b_1\,, \\ \Sigma m F_y = a_2 t + b_2\,, \\ \Sigma m F_z = a_3 t + b_3\,. \end{cases}$$

d. h. bei kräftefreier Bewegung wachsen die von den Fahrstrahlen beschriebenen Flächenräume proportional mit der Zeit.

Die Flächensätze sind von Euler (1707—1783) entdeckt; später haben sich noch Daniell Bernoulli (1700—1782) und Patrick d'Arcy (1725—1779) mit ihnen beschäftigt. Laplace und Poisson haben dann mit den Flächensätzen die Begriffe der invariabeln Geraden und der invariabeln Ebene verbunden, welche in der Astronomie eine Rolle spielen; die Auseinandersetzung dieser Dinge würde hier zu weit führen.

Mit den bisher allgemein betrachteten Grundsätzen läßt sich schon eine große Fülle von Problemen lösen, von denen die wichtigsten wenigstens kurz berührt werden sollen.

Der einfachste Ansatz von Newton mit konstantem X liefert den freien Fall in der Nähe der Erdoberfläche; nimmt man noch die y-Richtung hinzu, so wird man zur Wurfbewegung geführt. Betrachtet man zwei Körper, so liefert die Integration der Differentialgleichungen unter Voraussetzung von Kräften, die nach dem Newtonschen Gravitationsgesetz wirken, die Gleichungen der Zentralbewegung für den Fall des Zweikörperproblems. Im einzelnen finden sich dann wieder die Schwerpunktssätze und die drei Keplerschen Regeln, von denen die erste nichts anderes ist als der Ausdruck unserer Flächensätze; auch der Begriff der Bahnelemente eines Planeten kommt hier zur Sprache.

Knüpfen wir ferner an an unsere Gleichungen der bedingten oder gezwungenen Bewegung, so liefert der einfache Fall eines Massenpunktes, der sich auf einer gegebenen Fläche bewegen muß, die Begriffe der Zwangsbeschleunigung, der Zentrifugalkraft und des Bahndruckes, die schon Huyghens bekannt waren.

Als weitere Anwendung bietet sich die Pendelbewegung dar, die uns im ersten Kapitel beschäftigt hat.

Läßt man bei den Problemen der „irdischen" Mechanik (Fall, Wurf, Pendel) die Voraussetzung der Unbeweglichkeit der Erde fallen, so wird man auf die Betrachtung der Relativbewegung geführt. Die hierhergehörigen Probleme des Foucaultschen Pendels, der Ballistik- und der Fahrzeugbewegung bilden bekannte Teile der Mechanik.

So besitzen wir in den Lagrangeschen Gleichungen erster Art das Mittel, um alle Aufgaben der Mechanik, speziell der Schwingungslehre, lösen zu können.

§ 31. Die Lagrangeschen Gleichungen zweiter Art.

In der Tat beruhen alle Methoden der üblichen Lehrbücher der Mechanik auf diesen Gleichungen, und nur in ganz vereinzelten Fällen werden hier die Hilfsmittel verwendet, die in einer großen Anzahl von Fällen eleganter und schneller zum Ziel führen.

Wir erachten es für den Ingenieur für unerläßlich, sich diese höheren Hilfsmittel ebenfalls zu eigen zu machen und gehen nun dazu über, die Lagrangeschen Gleichungen zweiter Art[43]) abzuleiten.

Wir knüpfen an die Gleichungen erster Art (4) in § 28 und an die Bedingungsgleichungen (1) daselbst an.

Zunächst bemerken wir, daß mittels dieser k Gleichungen k der Variabeln x_i, y_i, z_i als Funktion der $3n - k$ übrigen Variabeln gefunden werden können. Wir bezeichnen z. B. die ersten k Koordinaten x_i $(i = 1 \dots k)$ wie folgt:

$$(1) \qquad g_i = q_i(x_{k+1} \dots x_n\,, \quad y_1 \dots y_n\,, \quad z_1 \dots z_n)\,. \quad (i = 1 \dots k)$$

Wir haben also die k Koordinaten x_i $(i = 1 \dots k)$ ausgedrückt durch $3n - k$ Parameter, die vollständig willkürlich wählbar sind.

Es ist nun erlaubt, diese Parameter, welche ja die $3n-k$ Variabeln $x_{k+1}\dots z_n$ sind, zu ersetzen durch $3n-k$ andere Parameter q, welche mit den Variabeln $x_{k+1}\dots z_n$ verknüpft sein sollen durch die ganz willkürlichen Gleichungen:

$$(2)\quad \begin{cases} x_i = \varphi_i(q_1, q_2 \dots q_{3n-k}), & (i = k+1 \dots n) \\ y_i = \psi_i(q_1, q_2 \dots q_{3n-k}), & (i = 1 \dots n) \\ z_i = \chi_i(q_1, q_2 \dots q_{3n-k}). & (i = 1 \dots n) \end{cases}$$

Führen wir diese Gleichungen (2) in die Gleichungen (1) ein und bezeichnen wir die Funktionen g_i in Abhängigkeit von den q mit φ_i $(i = 1 \dots k)$, so erhalten wir:

$$(3)\quad \left.\begin{cases} x_i = \varphi_i(q_1, q_2 \dots q_{3n-k}), \\ y_i = \psi_i(q_1, q_2 \dots q_{3n-k}), \\ z_i = \chi_i(q_1, q_2 \dots q_{3n-k}). \end{cases}\right\} \qquad (i = 1 \dots n)$$

Hiermit sind die Bedingungen zwischen den x_i, y_i, z_i dargestellt durch die Abhängigkeit dieser Größen von $3n-k$ Parametern, die voneinander unabhängig sind. Wir wollen diese Parameter nun als Koordinaten des Systems betrachten, denn offenbar wird durch eine beliebige Auswahl von $3n-k$ Größen q durch (3) eine solche Systemlage bestimmt, die den Bedingungen (1) in § 28 genügt.

Wir multiplizieren jetzt die Gleichungen (4) in § 28 mit resp. $\frac{\partial x_i}{\partial q_s}$, $\frac{\partial y_i}{\partial q_s}$, $\frac{\partial z_i}{\partial q_s}$ und erhalten durch Addition

$$(4)\quad \begin{cases} M_i\left(\frac{d^2x_i}{dt^2}\frac{\partial x_i}{\partial q_s} + \frac{d^2y_i}{dt^2}\frac{\partial y_i}{\partial q_s} + \frac{d^2z_i}{dt^2}\frac{\partial z_i}{\partial q_s}\right) = X_i\frac{\partial x_i}{\partial q_s} + Y_i\frac{\partial y_i}{\partial q_s} + Z_i\frac{\partial z_i}{\partial q_s} \\ \qquad + \sum_k \lambda_k\left(\frac{\partial f_k}{\partial x_i}\frac{\partial x_i}{\partial q_s} + \frac{\partial f_k}{\partial y_i}\frac{\partial y_i}{\partial q_s} + \frac{\partial f_k}{\partial z_i}\frac{\partial z_i}{\partial q_s}\right). \end{cases}$$

Hier verschwindet auf der rechten Seite die $\sum_k$, weil der Klammerausdruck stets identisch gleich Null ist, und wir können jetzt schreiben, indem wir über alle Systemelemente summieren:

$$(5)\quad \begin{cases} \sum_{i=1}^{i=n} M_i\left(\frac{d^2x_i}{dt^2}\frac{\partial x_i}{\partial q_s} + \frac{d^2y_i}{dt^2}\frac{\partial y_i}{\partial q_s} + \frac{d^2z_i}{dt^2}\frac{\partial z_i}{\partial q_s}\right) \\ \qquad = \sum_{i=1}^{i=n}\left(X_i\frac{\partial x_i}{\partial q_s} + Y_i\frac{\partial y_i}{\partial q_s} + Z_i\frac{\partial z_i}{\partial q_s}\right) = Q_s. \end{cases}$$

Eine solche Gleichung läßt sich für jedes q anschreiben, so daß wir unsere ursprünglichen $3n$ Gleichungen (4) auf $3n - k$ Gleichungen reduziert haben. Die Summe auf der rechten Seite ist nun eine Funktion, in der nur die generalisierten Koordinaten q vorkommen, wir bezeichnen sie mit Q_s.

Nun wollen wir uns denken, die Gleichungen (4) in § 28 seien integriert, d. h. x_i, y_i, z_i seien gefunden. Dann muß in diesen Gleichungen zunächst die Zeit t vorkommen. Ferner müssen aber auch noch die generalisierten Koordinaten, die wir ganz willkürlich annehmen konnten, vorkommen, und diese können wir uns ebenfalls von der Zeit t abhängig denken. Mithin würden wir für die Geschwindigkeiten haben

$$(6)\qquad \begin{cases} \dfrac{dx_i}{dt} = \sum\limits_s \dfrac{\partial x_i}{\partial q_s}\dfrac{dq_s}{dt} + \dfrac{\partial x_i}{\partial t}, \\ \dfrac{dy_i}{dt} = \sum\limits_s \dfrac{\partial y_i}{\partial q_s}\dfrac{dq_s}{dt} + \dfrac{\partial y_i}{\partial t}, \\ \dfrac{dz_i}{dt} = \sum\limits_s \dfrac{\partial z_i}{\partial q_s}\dfrac{dq_s}{dt} + \dfrac{\partial z_i}{\partial t}. \end{cases}$$

Jetzt machen wir einen Ansatz für die Summe der kinetischen Energien sämtlicher Systempunkte in der Form:

$$(7)\qquad T = \frac{1}{2}\sum m_i \left\{\left(\frac{dx_i}{dt}\right)^2 + \left(\frac{dy_i}{dt}\right)^2 + \left(\frac{dz_i}{dt}\right)^2\right\},$$

einen Ausdruck, den wir mit Hilfe der Gleichungen (6) als Funktion der Koordinaten q_s und der „Geschwindigkeiten“ $\dfrac{dq_s}{dt}$ ermittelt denken. Das Wort „Geschwindigkeit“ bedeutet hier: erster Differentialquotient einer Koordinate nach der Zeit; jedenfalls ist T ebenso wie in den $\dfrac{dx_i}{dt}$, $\dfrac{dy_i}{dt}$, $\dfrac{dz_i}{dt}$ auch in den „Geschwindigkeiten“ $\dfrac{dq_s}{dt}$ homogen vom zweiten Grade.

Aus (7) leiten wir durch partielle Differentiation nach $\dfrac{dq_s}{dt}$ mit Hilfe von (6) ab:

$$(8)\qquad \frac{\partial T}{\partial \dfrac{dq_s}{dt}} = \sum m_i \left(\frac{dx_i}{dt}\frac{\partial x_i}{\partial q_s} + \frac{dy_i}{dt}\frac{\partial y_i}{\partial q_s} + \frac{dz_i}{dt}\frac{\partial z_i}{\partial q_s}\right)$$

und hieraus durch totale Differentiation nach der Zeit:

$$(9)\quad \begin{cases} \dfrac{d}{dt}\left(\dfrac{\partial T}{\partial \dfrac{dq_s}{dt}}\right) = \sum m_i \left(\dfrac{d^2 x_i}{dt^2}\dfrac{\partial x_i}{\partial q_s} + \dfrac{d^2 y_i}{dt^2}\dfrac{\partial y_i}{\partial q_s} + \dfrac{d^2 z_i}{dt^2}\dfrac{\partial z_i}{\partial q_s}\right) \\ \qquad + \sum m_i \left(\dfrac{dx_i}{dt}\dfrac{\partial^2 x_i}{\partial q_s dt} + \dfrac{dy_i}{dt}\dfrac{\partial^2 y_i}{\partial q_s dt} + \dfrac{dz_i}{dt}\dfrac{\partial^2 z_i}{\partial q_s dt}\right). \end{cases}$$

In dieser Gleichung ist aber die erste Summe nichts anderes als Q_s nach Gleichung (5) und die zweite Summe nichts anderes als der partielle Differentialquotient $\dfrac{\partial T}{\partial q_s}$, wie sich aus (6) und (7) durch eine einfache Rechnung ergibt.

Hiermit schreibt sich aber die Gleichung (9)

$$(10)\qquad \frac{d}{dt}\left(\frac{\partial T}{\partial \dfrac{dq_s}{dt}}\right) - \frac{\partial T}{\partial q_s} = Q_s\,.$$

Diese Lagrangeschen Gleichungen zweiter Art interpretieren wir folgendermaßen: Die räumliche Lage eines mechanischen Systems von $3n - k$ Freiheitsgraden läßt sich stets durch $3n - k$ Parameter q, die wir generalisierte Koordinaten nennen wollen, festlegen. Ebenso läßt sich die kinetische Energie des Systems als homogene quadratische Funktion der „Geschwindigkeiten" finden, und die Komponenten der Kräfte lassen sich auf Funktionen der q reduzieren. Dann kann man die Lagrangeschen Gleichungen, wenn man beachtet, daß $\dfrac{\partial T}{\partial \dfrac{dq_s}{dt}}$ formal gleich Masse $\times$ Geschwindigkeit ist und demzufolge als Bewegungsgröße bezeichnet werden kann, folgendermaßen aussprechen:

Die zeitliche Änderung der Bewegungsgröße vermindert um die räumliche Änderung der kinetischen Energie ist gleich der äußeren Kraft.

Die praktische Ausführung der angedeuteten Operationen wird später an Beispielen gezeigt werden.

§ 32. Kleine Schwingungen um eine Gleichgewichtslage.

Die Lagrangeschen Gleichungen zweiter Art lassen sich zu einer übersichtlichen Untersuchung der Bewegung eines Systems um seine Gleichgewichtslage[44]) benutzen.

Der Begriff des Gleichgewichts schließt in sich, daß die Lage eine solche ist, die gegenüber einer kleinen Störung sich selbst wiederherzustellen sucht. Dies geschieht dadurch, daß das gestörte System sich durch Pendelungen oder Schwingungen seiner Gleichgewichtslage wieder zu nähern versucht. Die Differentialgleichungen für diese Schwingungen wollen wir aufstellen.

In der Gleichgewichtslage haben die Koordinaten q_s des Systems die konstanten Werte $\bar{q}_s$. Zu irgendeiner Zeit werde das System aus seiner Gleichgewichtslage durch äußere Einwirkung ein wenig herausgebracht und dann zur Zeit $t = 0$ plötzlich sich selbst überlassen. Es vollführt dann Schwingungen um die Gleichgewichtslage, die zu untersuchen sind.

Zur Zeit t seien die Koordinaten $\bar{q}_s + \Delta q_s$. Die kinetische Energie lautet:

$$T = \frac{1}{2} \sum_{\mu,\nu}^{k} A_{\mu,\nu}(q_1 \ldots q_k) \cdot \frac{dq_\mu}{dt} \cdot \frac{dq_\nu}{dt} . \tag{1}$$

Die Koeffizienten $A_{\mu,\nu}$ entwickeln wir nun in eine Taylorsche Reihe wie folgt:

$$A_{\mu,\nu}(q_1 \ldots q_k) = A_{\mu,\nu}(\bar{q}_1 \ldots \bar{q}_k) + \sum_{i}^{k} \frac{\partial A_{\mu,\nu}(\bar{q}_1 \ldots \bar{q}_k)}{\partial \bar{q}_i} \Delta q_i . \tag{2}$$

Hiermit geht T über in:

$$\left\{\begin{aligned} T = \frac{1}{2} \sum_{\mu,\nu}^{k} \Big\{ & A_{\mu,\nu}(\bar{q}_1 \ldots \bar{q}_k) \frac{d\Delta q_\mu}{dt} \cdot \frac{d\Delta q_\nu}{dt} \\ & + \sum_{i}^{k} \frac{\partial A_{\mu,\nu}(\bar{q}_1 \ldots \bar{q}_k)}{\partial \bar{q}_i} \Delta q_i \frac{d\Delta q_\mu}{dt} \cdot \frac{d\Delta q_\nu}{dt} \Big\} . \end{aligned}\right. \tag{3}$$

Da wir nun sowohl die Δq_i wie die $\frac{d\Delta q_i}{dt}$ als klein voraussetzen, ist das zweite Glied auf der rechten Seite klein gegen das erste, und T reduziert sich auf:

$$T = \frac{1}{2} \sum_{\mu,\nu}^{k} \left\{ A_{\mu,\nu}(\bar{q}_1 \ldots \bar{q}_k) \frac{d\Delta q_\mu}{dt} \cdot \frac{d\Delta q_\nu}{dt} \right\} , \tag{4}$$

wo die Koeffizienten $A_{\mu,\nu}(\bar{q}_1 \ldots \bar{q}_k)$ Konstante sind.

Ferner setzen wir voraus, daß die Kräfte Q ein Potential besitzen, daß also sei:

$$Q_i = -\frac{\partial V(q_1 \ldots q_k)}{\partial q_i}. \tag{5}$$

Das Potential V entwickeln wir ebenfalls nach Taylor:

$$\left\{\begin{aligned} V(q_1 \ldots q_k) = V(\bar{q}_1 \ldots \bar{q}_k) &+ \sum_i^k \frac{\partial V(\bar{q}_1 \ldots \bar{q}_k)}{\partial \bar{q}_i} \Delta q_i \\ &+ \sum_{\mu,\nu}^k \frac{1}{2} \frac{\partial^2 V(\bar{q}_1 \ldots \bar{q}_k)}{\partial q_\mu \partial q_\nu} \Delta q_\mu \Delta q_\nu \\ &+ \text{Glieder höherer Ordnung.} \end{aligned}\right. \tag{6}$$

Das zweite Glied auf der rechten Seite muß verschwinden, da das System unter Einfluß der Kräfte $\frac{\partial V}{\partial \bar{q}}$ im Gleichgewicht ist, indem das Verschwinden jenes Gliedes das Prinzip der virtuellen Verschiebungen erfüllt. V reduziert sich also, abgesehen von Gliedern höherer Ordnung, auf:

$$V = V(\bar{q}_1 \ldots \bar{q}_k) + \sum_{\mu,\nu}^k \frac{1}{2} \frac{\partial^2 V(\bar{q}_1 \ldots \bar{q}_k)}{\partial q_\mu \partial q_\nu} \Delta q_\mu \Delta q_\nu, \tag{7}$$

wo $V(\bar{q}_1 \ldots \bar{q}_k)$ und seine Derivierten Konstante sind.

Die Lagrangeschen Gleichungen werden nun:

$$\sum_\mu^k A_{\mu,\nu} \frac{d^2 \Delta q_\mu}{dt^2} + \sum_\mu^k \frac{\partial^2 V}{\partial q_\mu \partial q_\nu} \Delta q_\mu = 0. \qquad (\nu = 1 \ldots k) \tag{8}$$

Dies ist ein System von Differentialgleichungen mit konstanten Koeffizienten, welches stets integriert werden kann.

§ 33. Kleine Schwingungen um einen Bewegungszustand[45].

Oft entsteht die Frage, ob eine Bewegung gegenüber einer geringfügigen Störung stabil sei, d. h. ob sie das Vermögen besitzt, die Störungen zu überwinden.

Zu einer allgemeinen Erörterung über das hier einzuschlagende Verfahren lassen sich wieder die Lagrangeschen Gleichungen zweiter Art benutzen. Wir knüpfen an an den vorigen Paragraphen, mit dem Unterschiede, daß wir die $\bar{q}_i$ als Funktionen der Zeit ansehen. Die kleinen Pulsationen seien wieder Δq_i. Jetzt verschwinden die $\frac{d\bar{q}_i}{dt}$ nicht, und wir müssen schreiben:

$$(1)\quad \begin{cases} T = \frac{1}{2}\sum\limits_{\mu,\nu}^{k}\Big\{A_{\mu\nu}(\bar{q}_1\ldots\bar{q}_k)\left(\frac{d\bar{q}_\mu}{dt}+\frac{d\Delta q_\mu}{dt}\right)\left(\frac{d\bar{q}_\nu}{dt}+\frac{d\Delta q_\nu}{dt}\right) \\ \quad + \sum\limits_{i}^{k}\frac{\partial A_{\mu\nu}(\bar{q}_1\ldots\bar{q}_k)}{\partial\bar{q}_i}\Delta\bar{q}_i\left(\frac{d\bar{q}_\mu}{dt}\cdot\frac{dq_\nu}{dt}+\frac{d\bar{q}_\mu}{dt}\frac{d\Delta q_\nu}{dt}+\frac{d\bar{q}_\nu}{dt}\frac{d\Delta q_\mu}{dt}\right)\Big\} \\ \quad + \frac{1}{2}\sum\limits_{\mu,\nu}^{k}\frac{\partial^2 A_{\mu\nu}}{\partial\bar{q}_\mu\partial\bar{q}_\nu}\Delta q_\mu\Delta q_\nu\cdot\frac{d\bar{q}_\mu}{dt}\frac{d\bar{q}_\nu}{dt}, \end{cases}$$

oder, indem wir alle Zeitfunktionen durch Symbole B, C, D, E, F ausdrücken:

$$(2)\quad \begin{cases} T = \bar{T} + \sum\limits_{i}^{k} B_i\Delta q_i + \sum\limits_{i}^{k} C_i\frac{d\Delta q_i}{dt} + \frac{1}{2}\sum\limits_{\mu,\nu}^{k} D_{\mu\nu}\Delta q_\mu\Delta q_\nu \\ \qquad + \frac{1}{2}\sum\limits_{\mu,\nu}^{k} E_{\mu\nu}\frac{d\Delta q_\mu}{dt}\frac{d\Delta q_\nu}{dt} + \sum\limits_{\mu,\nu}^{k} F_{\mu\nu}\Delta q_\mu\frac{d\Delta q_\nu}{dt}. \end{cases}$$

Analog entwickeln wir das Potential:

$$(3)\qquad V = \bar{V} + \sum_{i}^{k} G_i\Delta q_i + \sum_{\mu,\nu}^{k} H_{\mu\nu}\Delta q_\mu\Delta q_\nu .$$

Im allgemeinen sind nun diese Symbole B, C, D, E, F, G, H Funktionen der Zeit. Lassen sie sich durch Auswahl geeigneter Variabeln von der Zeit unabhängig machen, so ist die Bewegung „stationär“. Für diesen Fall schreiben sich nach kurzer Zwischenrechnung die Gleichungen nach Lagrange:

$$(4)\quad \begin{cases} \sum\limits_{\mu}^{k} E_{\mu\nu}\frac{d^2\Delta q_\mu}{dt^2} + (F_{\mu\nu}-F_{\nu\mu})\frac{d\,\Delta q_\mu}{dt} + (H_{\mu\nu}-D_{\mu\nu})\,\Delta q_\mu = 0 . \\ \qquad (\nu = 1\ldots k) \end{cases}$$

Dies ist wieder ein System von totalen Differentialgleichungen mit konstanten Koeffizienten, welches sich auf eine einzige totale Differentialgleichung höherer Ordnung, welche integrabel ist, reduzieren läßt. Das Stabilitätskriterium für die durch das Integral dargestellte Bewegung ist im folgenden Abschnitt mitgeteilt.

VI. Analytische und graphische Methoden.

§ 34. Die Zusammensetzung von Schwingungen.

Im § 13 hatten wir den Fall, daß sich zwei Schwingungen kombinierten oder übereinanderlagerten zu einer resultierenden Schwingung.

Kombinierte Schwingungen spielen bei den später zu behandelnden verwickelten Schwingungsvorgängen eine wichtige Rolle. Deshalb soll die mathematische Theorie der Zusammensetzung von Schwingungen zunächst im Zusammenhang entwickelt werden.

Wir wissen, daß eine einzelne Schwingung einer gegebenen Periode T sich darstellen läßt in Form

$$x = A \cos \omega t + B \sin \omega t \,, \tag{1}$$

wo

$$\omega = \frac{2\pi}{T}$$

ist. Wir wissen auch, daß man mit Hilfe des Ansatzes

$$\left\{ \begin{aligned} A &= p \sin \delta \,, \\ B &= p \cos \delta \end{aligned} \right. \tag{2}$$

für Gleichung (1) schreiben kann

$$x = p \sin(\omega t + \delta) \,. \tag{3}$$

Hier ist $p = \sqrt{A^2 + B^2}$ die Amplitude der Schwingung x und $\delta = \operatorname{arctg} \frac{A}{B}$ ihre Phasenverschiebung, T die Schwingungsdauer oder Periode, $n = \frac{1}{T} = \frac{\omega}{2\pi}$ die Frequenz, ω die Kreisfrequenz. Wir wollen jetzt mit x eine zweite Schwingung x_1 kombinieren. Es sei:

$$x_1 = p_1 \sin(\omega_1 t + \delta_1) \,. \tag{4}$$

Für das weitere setzen wir

$$\left\{ \begin{aligned} \omega_1 - \omega &= \Delta\omega \,, \\ \delta_1 - \delta &= \Delta\delta \,, \end{aligned} \right. \tag{5}$$

dann wird

$$(6)\quad \left\{\begin{aligned} x + x_1 &= p \sin\omega t \cos\delta + p \cos\omega t \sin\delta \\ &\quad + p_1 \sin(\omega t + \Delta\omega \cdot t) \cos(\delta + \Delta\delta) \\ &\quad + p_1 \cos(\omega t + \Delta\omega \cdot t) \sin(\delta + \Delta\delta) \\ &= \sin\omega t [p \cos\delta + p_1 \cos(\delta + \Delta\delta) \cos\Delta\omega \cdot t \\ &\qquad\qquad - p_1 \sin(\delta + \Delta\delta) \sin\Delta\omega \cdot t] \\ &\quad + \cos\omega t [p \sin\delta - p_1 \cos(\delta + \Delta\delta) \sin\Delta\omega \cdot t \\ &\qquad\qquad + p_1 \sin(\delta + \Delta\delta) \cos\Delta\omega \cdot t] \,. \end{aligned}\right.$$

Setzen wir hier die Ausdrücke in den eckigen Klammern

$$= P \cos\Delta \quad \text{bzw.} \quad = P \sin\Delta \,,$$

so stellt sich der kombinierte Vorgang in die Form:

$$(7)\qquad x + x_1 = P \sin(\omega t + \Delta) \,,$$

d. h. wir haben eine Schwingung der Periode $T = \frac{2\pi}{\omega}$, bei der sowohl die Amplitude P, als auch die Phasenverschiebung Δ von der Zeit t abhängig wird; man nennt einen solchen Schwingungsvorgang eine Schwebung.

Für die Amplitude P findet man:

$$(8)\qquad P^2 = p^2 + p_1^2 + 2 p p_1 \cos(\Delta\delta - \Delta\omega \cdot t) \,.$$

Hieraus ergibt sich, daß P zwischen den Werten $\pm (p + p_1)$ und $\pm (p - p_1)$ hin und her schwankt während einer Zeit $\frac{T_s}{2}$:

$$(9)\qquad \frac{T_s}{2} = \frac{\pi}{\Delta\omega} \,.$$

Man nennt T_s die Schwebungsdauer der Kombination, deren Abhängigkeit von der Schwingungsdauer der Einzelschwingungen T und T_1 sich findet zu:

$$(10)\qquad T_s = \frac{T \cdot T_1}{T - T_1} \,.$$

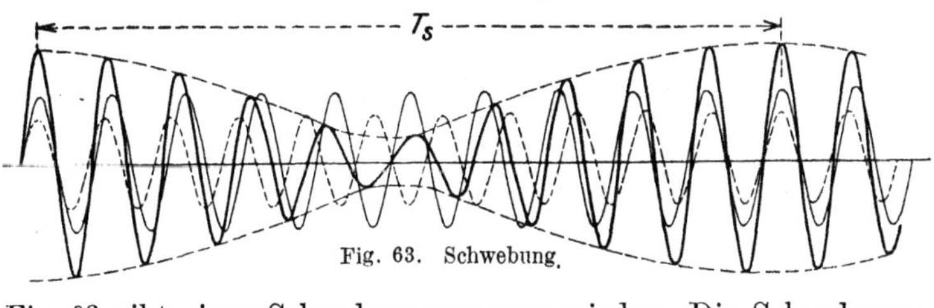

Fig. 63. Schwebung.

Fig. 63 gibt einen Schwebungsvorgang wieder. Die Schwebungsdauer T_s wird um so größer, je größer T und T_1 und je kleiner $T - T_1$ wird.

§ 35. Fouriersche Reihen.

1. Wichtig für die Technik ist der Fall, wenn die zu kombinierenden Schwingungen Frequenzen haben, die sämtlich ganzzahlige Vielfache einer kleinsten Frequenz sind. Eine solche Kombination drücken wir aus durch den Ansatz:

$$x = a_0 + \sum_k a_k \sin(k\,\omega\,t + \delta_k)\,. \qquad (k = 1, 2, 3 \ldots) \tag{1}$$

Entwickeln wir hier die Sinusfunktion, so können wir auch mit

$$A_k = a_k \sin\delta_k\,, \qquad B_k = a_k \cos\delta_k \tag{2}$$

schreiben:

$$x = a_0 + \sum_k A_k \cos k\,\omega\,t + \sum_k B \sin k\,\omega\,t\,. \tag{3}$$

Eine solche Reihe von Winkelfunktionen heißt eine Fouriersche Reihe. Die Entwicklung trägt den Namen Fouriers, weil dieser Mathematiker durch sie zuerst Schwingungsvorgänge dargestellt hat.

Für uns liegt ihre Bedeutung darin, daß wir Methoden besitzen, um irgendwelche Funktionen $f(x)$ der Periode 2π, die entweder analytisch oder graphisch innerhalb des Intervalles 2π gegeben sind, durch eine solche Reihe auszudrücken. Man hat dann die Funktion in eine Fouriersche Reihe entwickelt.

2. Wir wollen jetzt die Funktion $f(x)$ in eine Fouriersche Reihe entwickeln, etwa der Form

$$f(x) = a_0 + \sum_k A_k \cos k\,x + \sum_k B_k \sin k\,x\,. \tag{3a}$$

Über die Funktion $f(x)$ setzen wir nur voraus, daß sie innerhalb des Intervalles 2π nicht unendlich viele Maxima und Minima hat und daß sie nur so unendlich wird, daß

$$\int_{-\pi}^{+\pi} f(x)\,dx$$

endlich bleibt. Es sei übrigens bemerkt, daß alle in der Technik vorkommenden periodischen Funktionen diesen Bedingungen ohne weiteres genügen.

Wir multiplizieren jetzt die Gleichung (3) mit $\cos mx\,dx$ und integrieren von $-\pi$ bis $+\pi$. Dann erhalten wir:

$$(4)\quad \left\{\begin{aligned}\int_{-\pi}^{+\pi} f(x)\cos m x\,dx = a_0\int_{-\pi}^{+\pi}\cos m x\,dx \\ +\sum_k A_k\int_{-\pi}^{+\pi}\cos k x\cos m x\,dx \\ +\sum_k B_k\int_{-\pi}^{+\pi}\sin k x\cos m x\,dx\,.\end{aligned}\right.$$

Da m eine ganze Zahl sein soll, so verschwinden auf der rechten Seite zunächst das erste Glied und ferner sämtliche Glieder mit Koeffizienten B_k. Nämlich

$$\int_{-\pi}^{+\pi}\cos m x\,dx \qquad \text{und} \qquad \int_{-\pi}^{+\pi}\sin k x\cos m x\,dx$$

sind unter allen Umständen Null. Von den Gliedern mit Koeffizienten A_k verschwinden aber sämtliche, bei denen $m \gtrless k$ ist, so daß nur $\int_{-\pi}^{+\pi}\cos k x\cdot\cos k x\,dx$ übrigbleibt. Dieses Integral hat aber den Wert π, solange $k > 0$. Die Gleichung (4) reduziert sich also auf:

$$(5)\qquad \int_{-\pi}^{+\pi} f(x)\cos k x\,dx = \pi A_k\,,$$

womit wird:

$$(7)\qquad A_k = \frac{1}{\pi}\int_{-\pi}^{+\pi} f(x)\cos k x\,dx\,.$$

Setzen wir noch $a_0 = \frac{A_0}{2}$, so gilt (6) auch noch für $k = 0$.

In analoger Weise findet man durch Multiplikation mit $\sin m x\,dt$:

$$(7)\qquad B_k = \frac{1}{\pi}\int_{-\pi}^{+\pi} f(x)\sin k x\,dx\,,$$

womit die Entwicklung von $f(x)$ in eine Fouriersche Reihe geleistet ist.

3. Ist, wie häufig, die Funktion $f(x)$ als periodische Zeitfunktion der Periode T durch $f(x) = f(\omega t)$ mit $\omega = \frac{2\pi}{T}$ gegeben, so wird ihre Fouriersche Entwicklung:

$$(8)\quad \left\{ \begin{aligned} f(\omega t) = \frac{1}{T}\int_{-\frac{T}{2}}^{+\frac{T}{2}} f(\omega t)\,dt + \sum_m \frac{2}{T}\cos m\,\omega t \int_{-\frac{T}{2}}^{+\frac{T}{2}} f(\omega t)\cos m\,\omega t\,dt \\ + \sum_m \frac{2}{T}\sin m\,\omega t \int_{-\frac{T}{2}}^{+\frac{T}{2}} f(\omega t)\sin m\,\omega t\,dt\,. \end{aligned} \right.$$

Sowohl in (3a) wie in (8) kennzeichnet sich das erste Glied als der halbe Inhalt der von einem ganz periodischen Kurvenstück von $f(x)$, der Abszissenachse und den Endordinaten umschlossenen Fläche.

4. Sind die beiden Periodenhälften der Funktion $f(\omega t)$ spiegelsymmetrisch zur t-Achse im Punkte $t = 0$, gilt also

$$(9)\qquad f(\omega t) = -f\left[\omega\left(t - \frac{T}{2}\right)\right],$$

so hat man diese Bedingung in den Fourierschen Ansatz einzuführen:

$$(10)\quad f[\omega(t - \tfrac{1}{2}T)] = \sum A_k \cos k\omega\left(t - \frac{T}{2}\right) + \sum B_k \sin k\,\omega\left(t - \frac{T}{2}\right).$$

Hier ist

$$k\,\omega\left(t - \frac{T}{2}\right) = k\,\omega\,t - \frac{2\pi}{T}k\frac{T}{2} = k\,\omega\,t - k\pi\,,$$

und es wird

$$(11)\quad \sin k\,\omega\left(t - \frac{T}{2}\right) = \sin(-k\pi + k\,\omega\,t) = (-1)^k \sin k\,\omega\,t$$

und entsprechend

$$(12)\quad \cos k\,\omega\left(t - \frac{T}{2}\right) = (-1)^k \cos k\,\omega\,t\,.$$

Demnach wird:

$$(13)\quad f[\omega(t - \tfrac{1}{2}T)] = (-1)\,k\{\sum A_k \cos k\,\omega\,t + \sum B_k \sin k\,\omega\,t\}\,.$$

Der Klammerausdruck auf der rechten Seite ist aber nichts anderes als $f(\omega t)$. Damit er mit dem negativen Vorzeichen behaftet erscheint, wie es nach der Bedingung (9) der Fall sein muß, so ist k nur ungerade zu wählen.

Ferner kann man die Integrale für A_k und B_k aus (8) wie folgt zerlegen

$$A_k = \frac{2}{T}\left\{\int_{-\frac{T}{2}}^{0} - f\left[\omega\left(t - \frac{T}{2}\right)\right] \cos k\,\omega\left(t - \frac{T}{2}\right) dt + \int_{0}^{+\frac{T}{2}} f(\omega t) \cos k\omega t\, dt\right\}$$

$$= \frac{2}{T}\left\{\int_{-\frac{T}{2}}^{0} - f(\omega t) \cos k\,\omega\, t\, dt + \int_{0}^{+\frac{T}{2}} f(\omega t) \cos k\,\omega\, t\, dt\right\}$$

$$= \frac{2}{T}\left\{\int_{0}^{+\frac{T}{2}} f(\omega t) \cos k\,\omega\, t\, dt + \int_{0}^{+\frac{T}{2}} f(\omega t) \cos k\,\omega\, t\, dt\right\},$$

$$A_k = \frac{4}{T}\int_{0}^{\frac{T}{2}} f(\omega t) \cos k\,\omega\, t\, dt$$

und entsprechend für $k = 1, 3, 5 \ldots$

$$B_k = \frac{4}{T}\int_{0}^{\frac{T}{2}} f(\omega t) \sin k\,\omega\, t\, dt\,.$$

Es genügt also, zur Bestimmung der Fourierschen Koeffizienten die Integration über eine Periodenhälfte zu erstrecken; die geraden Koeffizienten verschwinden dabei.

Fig. 64 zeigt eine derartige ungerade Kurve.

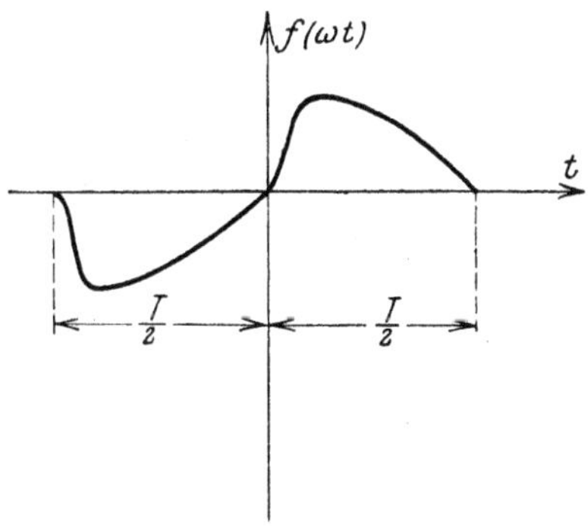

Fig. 64. Ungerade unsymmetrische periodische Funktion.

5. Ist die Funktion $f(\omega t)$ zur t-Achse und $f(\omega t)$ Achse im Punkte $t = 0$ symmetrisch, so daß gilt

$$f(\omega t) = -f(-\omega t)\,,$$

so ergibt die Zerlegung von A_k

$$A_k = \frac{2}{T}\int\limits_{-\frac{T}{2}}^{0} -f(-\omega t)\cos k\,\omega t\,dt + \frac{2}{T}\int\limits_{0}^{\frac{T}{2}} f(\omega t)\cos k\,\omega t\,dt$$

oder nach der Umformung des Integrals rechter Hand durch $-t = \vartheta$ zwischen den Grenzen $-\frac{T}{2}$ und 0

$$A_k = \frac{2}{T}\int\limits_{+\frac{T}{2}}^{0} f(\omega\vartheta)\cos k\,\omega\vartheta\,d\vartheta + \frac{2}{T}\int\limits_{0}^{+\frac{T}{2}} f(\omega t)\cos k\,\omega t\,dt = 0$$

und

$$B_k = \frac{4}{T}\int\limits_{0}^{\frac{T}{2}} f(\omega t)\sin k\,\omega t\,dt\,.$$

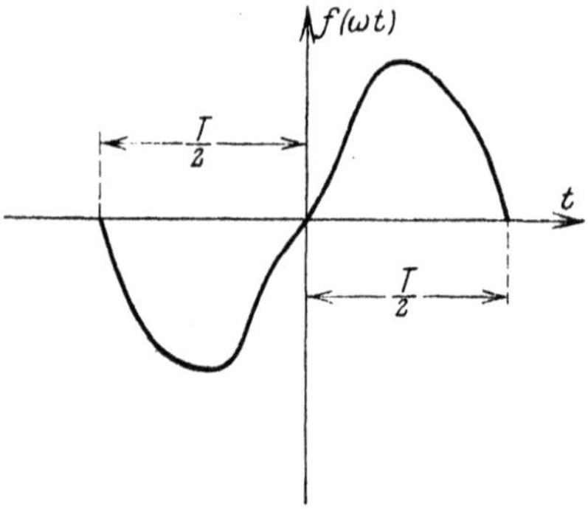

Fig. 65. Ungerade symmetrische periodische Funktion.

Eine derartige Funktion ist in Fig. 65 gezeichnet.

Es genügt also ebenfalls die Integration über die halbe Periode und alle Kosinusbeiwerte kommen in Fortfall.

§ 36. Rechnerische Analyse von graphisch gegebenen Kurvenzügen.

In den meisten praktischen Fällen ist die Funktion $f(\omega t)$ graphisch gegeben, z. B. durch das Tangentialdruckdiagramm einer Dampfmaschine. Es handelt sich dann darum, die Koeffizienten A und B graphisch zu finden. Für A_0 ist dies leicht, denn A_0 ist nichts anderes als der doppelte Mittelwert des Kurvenzuges, siehe

Fig. 66. Zur Ermittlung der übrigen Koeffizienten A und B gibt es planimeterähnliche Instrumente, die man Integraphen oder Analysatoren nennt. Indessen besitzen wir auch bequeme graphische analytische Verfahren, von denen im folgenden eines mitgeteilt sei.[46])

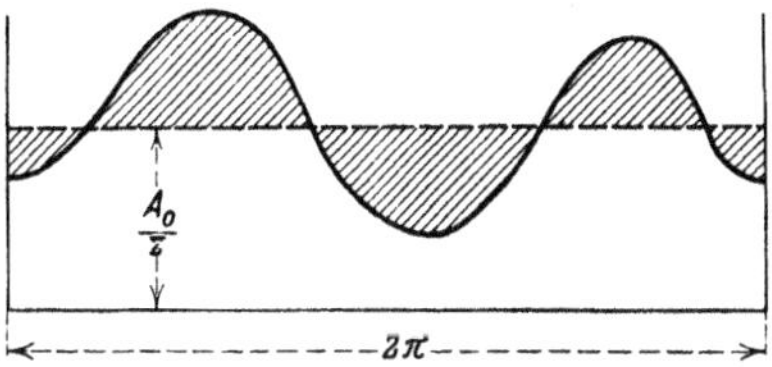

Fig. 66. Funktion der Periode 2π.

Wir teilen das Periodenintervall $2\pi = 360°$ in $2m = 24$ gleiche Teile, wodurch wir 24 Werte von $f(\omega t)$ erhalten, die wir als Ordinaten des gegebenen Kurvenzuges ausmessen können. Wir bezeichnen diese Ordinatenwerte mit

$$f_\nu(\omega t) \qquad (\nu = 0\,,\ 1\,,\ 2\ \ldots\ 2m)$$

und es ist natürlich

$$f_\nu(\omega t) = f_{2m}(\omega t) = f_{24}(\omega t)\,.$$

Ferner denken wir uns die Kurven $\cos k\,\omega\,t$ und $\sin k\,\omega\,t$ eingezeichnet, deren Ordinaten wir analog mit $\cos_\nu k(\omega\,t)$ und $\sin_\nu k(\omega\,t)$ bezeichnen wollen. Diese Ordinaten entnehmen wir einer trigonometrischen Tafel, indem wir bemerken, daß mit $\omega = \frac{2\pi}{T}$ und $\frac{t}{T} = \frac{\nu}{2m}$

$$\cos_\nu k\,\omega\,t = \cos k\frac{2\pi\nu}{2m}$$

und

$$\sin_\nu k\,\omega\,t = \sin k\frac{2\pi\nu}{2m}$$

ist. Wir brauchen also nur die Kosinus und Sinus der ganzzahligen Vielfachen von $\frac{2\pi}{2m} = \frac{360}{24} = 15°$ aufzusuchen und in der nachfolgenden Tabelle zusammenzustellen.

Mit diesen Kosinus- resp. Sinuswerten sind die $f_\nu(\omega\,t)$-Werte zu multiplizieren, und man erhält:

$$A_k = \frac{1}{m}\sum_\nu f_\nu(\omega\,t)\cdot\cos(k\,\nu\cdot 15)^0\,,$$

$$B_k = \frac{1}{m}\sum_\nu f_\nu(\omega\,t)\cdot\sin(k\,\nu\cdot 15)^0\,.$$

$\cos(k\,\nu\,15)^0$

k / ν	1	2	3	4	5
1	+0,966	+0,866	+0,707	+0,5	+0,259
2	+0,866	+0,500	0,000	−0,5	−0,866
3	+0,707	0,000	−0,707	−1,0	−0,707
4	+0,500	−0,500	−1,000	−0,5	+0,500
5	+0,259	−0,866	−0,707	+0,5	+0,966
6	0,000	−1,000	0,000	+1,0	0,000
7	−0,259	−0,866	+0,707	+0,5	−0,966
8	−0,500	−0,500	+1,000	−0,5	−0,500
9	−0,707	0,000	+0,707	−1,0	+0,707
10	−0,866	+0,500	0,000	−0,5	+0,866
11	−0,966	+0,866	−0,707	+0,5	−0,259
12	−1,000	+1,000	−1,000	+1,0	−1,000
13	−0,966	+0,866	−0,707	+0,5	−0,259
14	−0,866	+0,500	0,000	−0,5	+0,866
15	−0,707	0,000	+0,707	−1,0	+0,707
16	−0,500	−0,500	+1,000	−0,5	−0,500
17	−0,259	−0,866	+0,707	+0,5	−0,966
18	0,000	−1,000	0,000	+1,0	0,000
19	+0,259	−0,866	−0,707	+0,5	+0,966
20	+0,500	−0,500	−1,000	−0,5	+0,500
21	+0,707	0,000	−0,707	−1,0	−0,707
22	+0,866	+0,500	0,000	−0,5	−0,866
23	+0,966	+0,866	+0,707	+0,5	+0,259
24	+1,000	+1,000	+1,000	+1,0	+1,000

$\sin(k\,\nu\,16)^0$

k / ν	1	2	3	4	5
1	+0,259	+0,500	+0,707	+0,866	+0,966
2	+0,500	+0,866	+1,000	+0,866	+0,500
3	+0,707	+1,000	+0,707	0,000	−0,707
4	+0,866	+0,866	0,000	−0,866	−0,866
5	+0,966	+0,500	−0,707	−0,866	+0,259
6	+1,000	0,000	−1,000	0,000	+1,000
7	+0,966	−0,500	−0,707	+0,866	+0,259
8	+0,866	−0,866	0,000	+0,866	−0,866
9	+0,707	−1,000	+0,707	0,000	−0,707
10	+0,500	−0,866	+1,000	−0,866	+0,500
11	+0,259	−0,500	+0,707	−0,866	+0,966
12	0,000	0,000	0,000	0,000	0,000
13	−0,259	+0,500	−0,707	+0,866	−0,966
14	−0,500	+0,866	−1,000	+0,866	−0,500
15	−0,707	+1,000	−0,707	0,000	+0,707
16	−0,866	+0,866	0,000	−0,866	+0,866
17	−0,966	+0,500	+0,707	−0,866	−0,259
18	−1,000	0,000	+1,000	0,000	−1,000
19	−0,966	−0,500	+0,707	+0,866	−0,259
20	−0,866	−0,866	0,000	+0,866	+0,866
21	−0,707	−1,000	−0,707	0,000	+0,707
22	−0,500	−0,866	−1,000	−0,866	−0,500
23	−0,259	−0,500	−0,707	−0,866	−0,966
24	0,000	0,000	0,000	0,000	0,000

Diese Operation sei an dem in Fig. 67 dargestellten Tangentialdruckdiagramm einer Dampfmaschine durchgeführt für $k = 1$ bis 7. Die $f_\nu(\omega t)$-Werte seien gegeben durch folgende Tabelle:

ν	$f_\nu(\omega t)$ kg	ν	$f_\nu(\omega t)$ kg	ν	$f_\nu(\omega t)$ kg	ν	$f_\nu(\omega t)$ kg
1	−4150	7	+2750	13	−4850	19	+6800
2	− 300	8	± 0	14	−2250	20	+4500
3	+3250	9	−2650	15	+ 650	21	+2300
4	+7000	10	−5200	16	+3850	22	+ 250
5	+7450	11	−7700	17	+6400	23	−5150
6	+4300	12	−7400	18	+7600	24	−7200

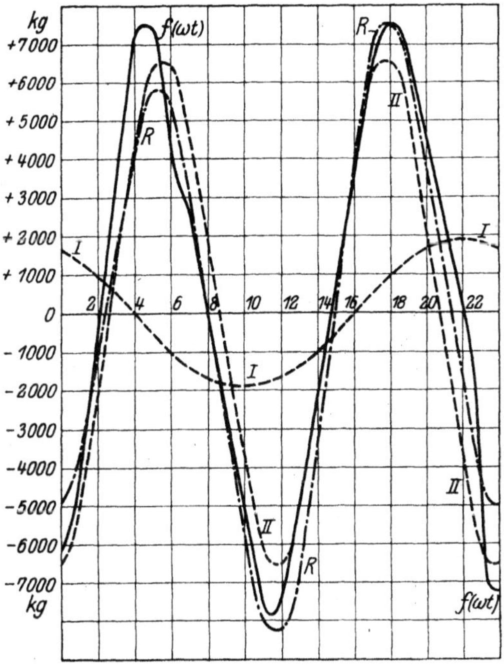

Fig. 67. Zerlegung einer Kurve.

Die Durchrechnung ergibt:

$A_1 = +1685$	$B_1 = -\ 940$
$A_2 = -6425$	$B_2 = +1325$
$A_3 = -1175$	$B_3 = -\ \ 87$
$A_4 = -\ 783$	$B_4 = -2410$
$A_5 = -\ 163$	$B_5 = -\ 400$
$A_6 = -\ 304$	$B_6 = +\ 325$
$A_7 = -\ 235$	$B_7 = +\ 247$

Faßt man die Sinus- und Kosinusglieder jeder Welle zusammen, so erhält man mit:

$$p_k = \sqrt{A_k^2 + B_k^2}$$

folgende Wellenamplituden:

$p_1 = 1930$	$p_5 = 432$
$p_2 = 6560$	$p_6 = 445$
$p_3 = 1180$	$p_7 = 341$
$p_4 = 2530$	

und mit: $$\operatorname{tg} \delta_k = \frac{A_k}{B_k}$$

die Phasenverschiebungen:

$$\delta_1 = 119^0; \quad \delta_2 = 282^0; \quad \delta_3 = 266^0; \quad \delta_4 = 198^0; \quad \delta_5 = 208^0;$$
$$\delta_6 = 317^0; \quad \delta_7 = 316^0 .$$

Die Analyse der Welle liefert also die ersten 7 Glieder:

$$\begin{aligned} f(\omega t) = f(\varphi) &= 1930 \sin(\varphi + 119^0) \\ &+ 6560 \sin(2\varphi + 282^0) + 1180 (\sin 3\varphi + 266^0) \\ &+ 2530 \sin(4\varphi + 198^0) + 432 (\sin 5\varphi + 208^0) \\ &+ 445 \sin(6\varphi + 317^0) + 341 (\sin 7\varphi + 316^0) . \end{aligned}$$

In der Fig. 67 sind die Wellen p_1 und p_2 mit I und II bezeichnet, ihre Resultierende mit R; die gegebene Tangentialdruckkurve ist $f(\omega t)$; man erkennt, daß der Einfluß der Welle II überwiegt. Die zwischen $f(\omega t)$ und R noch bestehenden Unterschiede werden durch Hinzunahme der höheren Harmonischen bis p_7 nahezu ausgeglichen.

§ 37. Verfahren von Zipperer.

Die Ausführung der im § 36 für die Berechnung der Koeffizienten A_n und B_n gegebenen Rechenvorschrift:

$$A_k = \frac{1}{m} \sum_{1}^{2m} {}_{\nu} f_{\nu}(x) \cos k \frac{\pi}{m} \nu ,$$

$$B_k = \frac{1}{m} \sum_{1}^{2m} {}_{\nu} f_{\nu}(x) \sin k \frac{\pi}{m} \nu$$

mit Hilfe der Tafel verlangt die Multiplikation der $f_{\nu}(x)$-Werte mit einer beschränkten Anzahl von Kosinus- bzw. Sinuswerten.

Bei der gewählten Tafelanordnung mit $m = 12$, erhält man, abgesehen vom Vorzeichen und wenn man die Werte 0 und 1 fortläßt, nur fünf verschiedene Kosinus- bzw. Sinuszahlen, mit denen die Multiplikation auszuführen ist, nämlich:

$$\begin{aligned} \sin 75^\circ &= 0{,}966 \\ \sin 60^\circ &= 0{,}866 \\ \sin 45^\circ &= 0{,}707 \\ \sin 30^\circ &= 0{,}500 \\ \sin 15^\circ &= 0{,}259 \end{aligned}$$

Demzufolge sind nur $10\,m = 120$ Produkte

$$f_\nu(x) \overset{\cos}{\underset{\sin}{.}} k \frac{\pi}{m} \nu$$

zu berechnen und das Verfahren besteht in erster Linie darin, aus diesen 120 Produkten für jede Welle als Index k die zugehörigen Produkte auszurechnen, mit rechtem Vorzeichen zu addieren und durch $m = 12$ zu teilen.

Zu diesem Zwecke trägt man die Produkte

$$f_\nu(x) \overset{\cos}{\underset{\sin}{.}} k \frac{\pi}{m} \nu$$

in einer Tabelle (Fig. 68) zusammen, deren Netz möglichst genau auf starkes Zeichenpapier entworfen ist. Die Tabelle enthält also alle, mit Berücksichtigung des Vorzeichens, möglichen Produkte. Variiert man nun k, so heißt das nichts anderes, als aus diesen Produkten eine bestimmte Anzahl herauszugreifen, die in der Tabelle nach einer periodischen Anordnung verteilt sind. Die Periode dieser Anordnung wird nun für jedes k durch eine Schablone festgelegt, die genau auf die Tabelle paßt, und in deren Ausschnitten gerade die Produkte

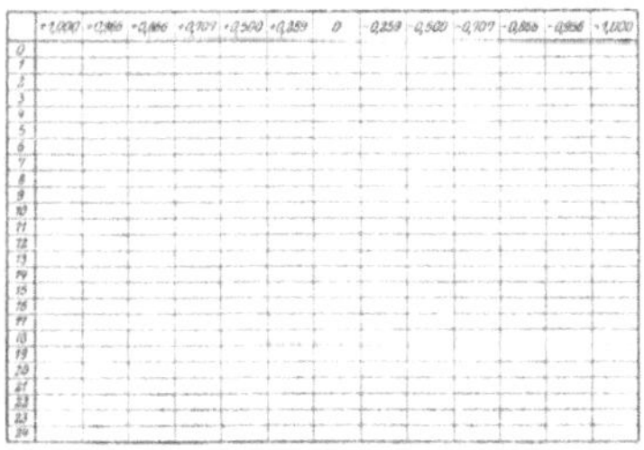

Fig. 68. Tabellenformular für das Zerlegungsverfahren von Zipperer.

$$f_\nu(x) \overset{\cos}{\underset{\sin}{.}} k \frac{\pi}{m} \nu$$

erscheinen, deren Addition das m-fache der gesuchten Vorzahlen A_k und B_k liefert.

Der Bau dieser Schablonen ist bis $k = 12$ in den Fig. 69 bis 71 dargestellt, nach denen die Anfertigung für den praktischen Gebrauch stattfinden kann.

Die erste Kolumne der Tabelle enthält die $f_\nu(x)$-Werte selbst.

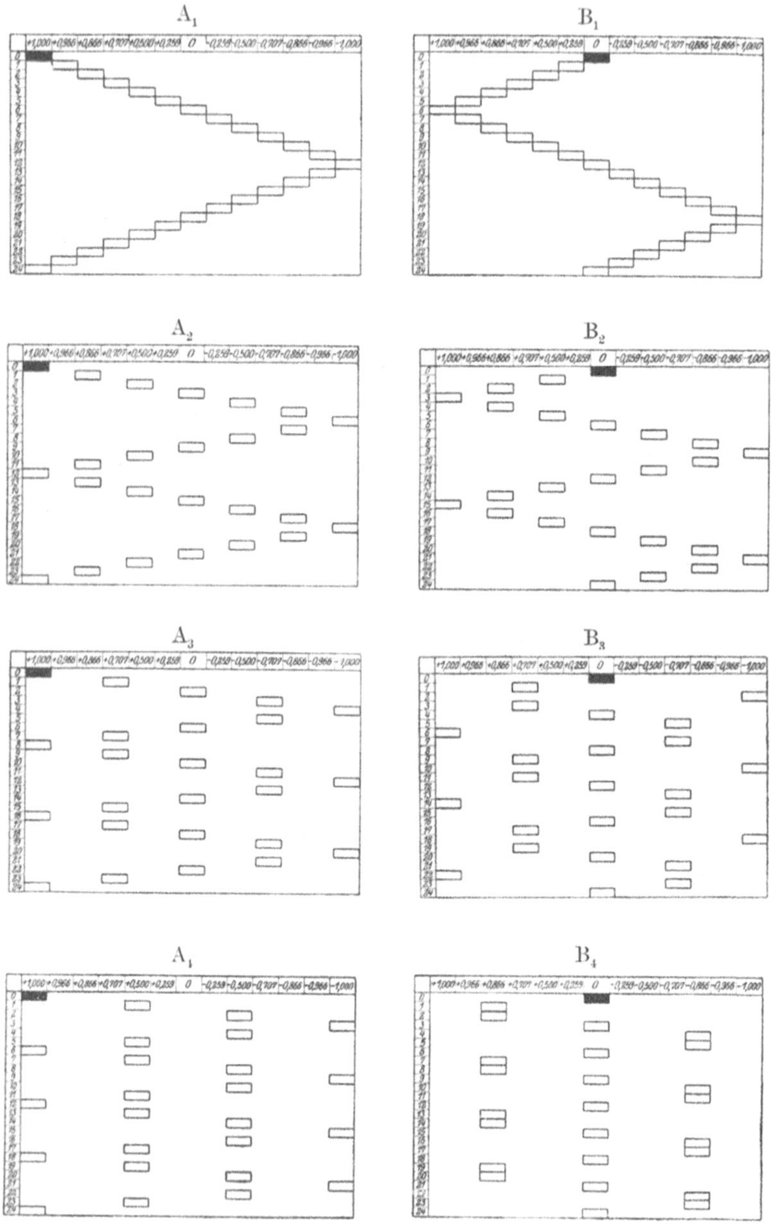

Fig. 69. Tafeln zur harmonischen Analyse periodischer Kurven.

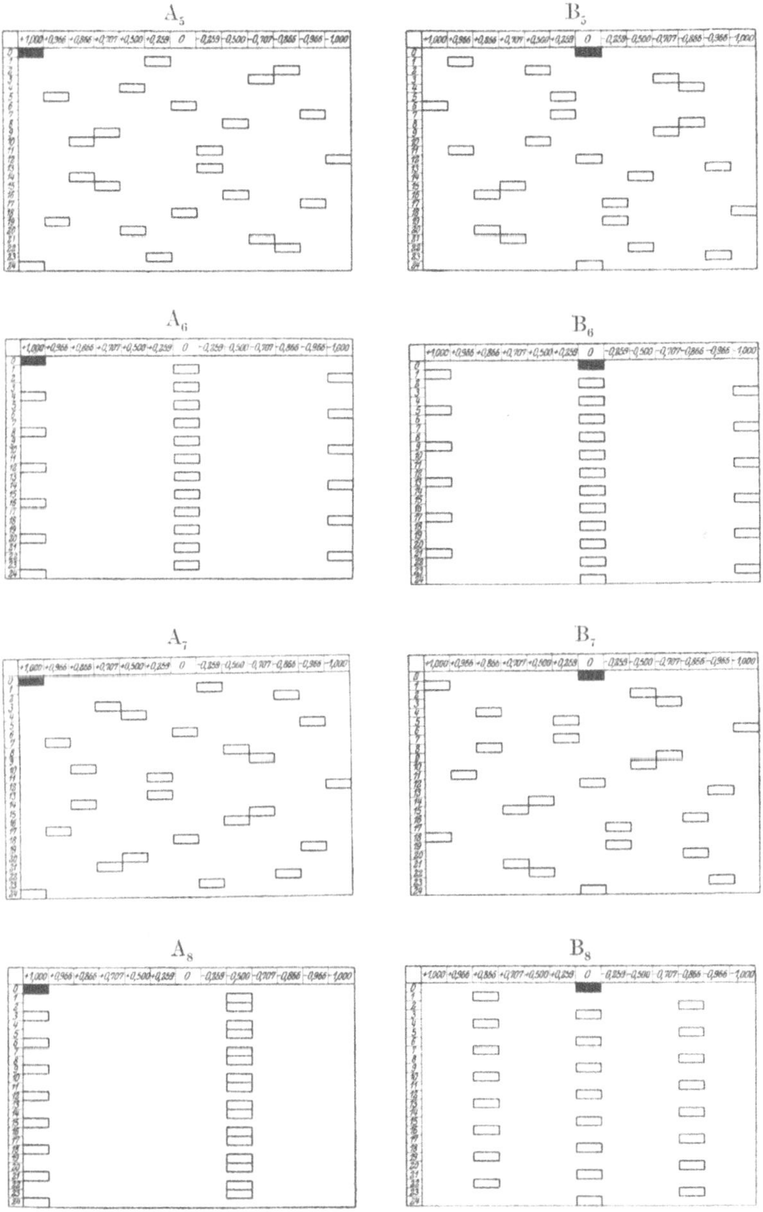

Fig. 70. Tafeln zur harmonischen Analyse periodischer Kurven.

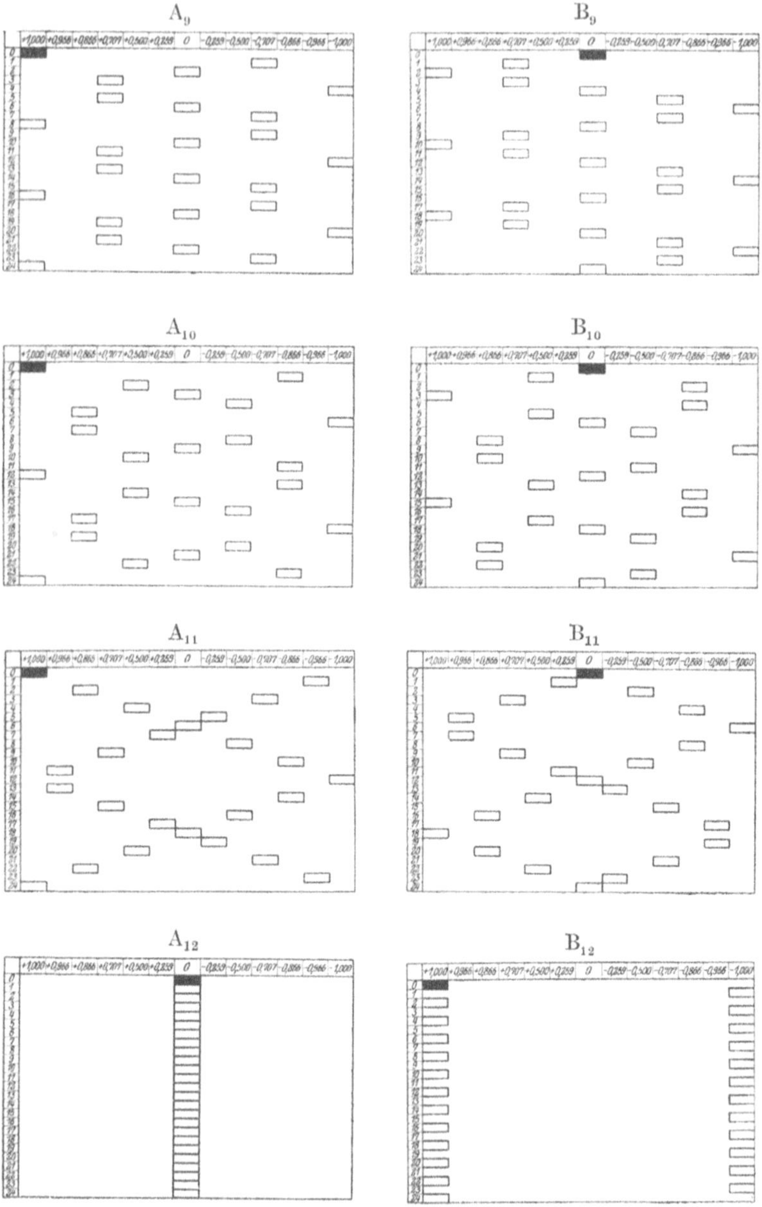

Fig. 71. Tafeln zur harmonischen Analyse periodischer Kurven.

§ 38. Verfahren von Pichelmayer und v. Schrutka.

Die bisher mitgeteilten Verfahren zur Analyse beruhen auf der Zerlegung der Wellen in Streifen durch vertikale Parallelen. Man kann aber auch die Zerlegung durch horizontale Parallelen (zur Zeitachse) der Analyse zugrunde legen.

Ein solches Verfahren haben Pichelmayer und v. Schrutka[47]) angegeben.

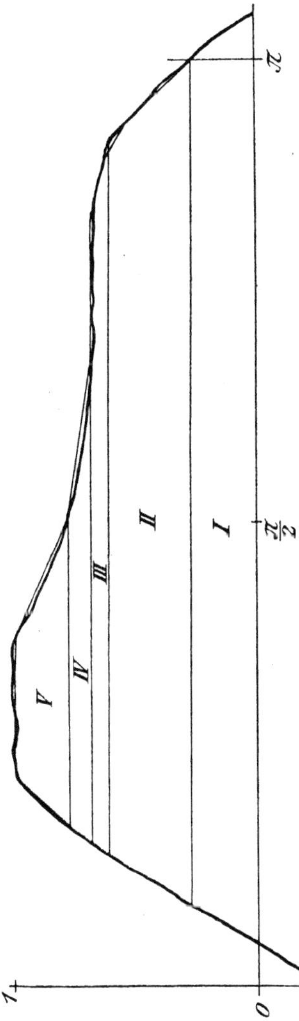

Fig. 72. Horizontalstreifenzerlegung einer periodischen Kurve.

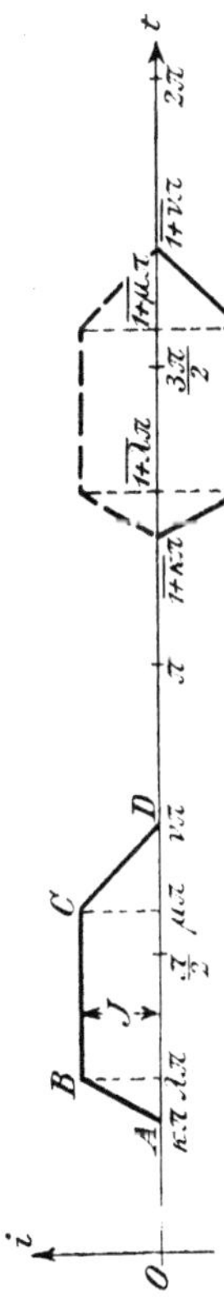

Fig. 73. Teiltrapeze der Kurvenzerlegung.

Die Horizontalstreifenzerlegung liefert nach Fig. 72 im allgemeinen Trapeze als Teilfiguren, die nach Fig. 73 gekennzeichnet sind durch ihre Höhe J und durch die Abszissen ihrer Eckpunkte $\varkappa\pi$, $\lambda\pi$, $\mu\pi$, $\nu\pi$.

Wir legen die Fourierschen Koeffizientengestalten

$$(1)\quad \begin{cases} A_k = \dfrac{2}{\pi}\displaystyle\int_0^\pi f(x)\cos k x\,dx \\[2ex] B_k = \dfrac{2}{\pi}\displaystyle\int_0^\pi f(x)\sin k x\,dx \end{cases}$$

zugrunde, die auf das einzelne Trapez angewendet zu spezialisieren sind, wie folgt:

$$(2)\quad \begin{cases} f(x) = i_1 = \dfrac{x-\varkappa\pi}{(\lambda-\varkappa)\pi}J & \text{im Intervall von } k\pi \text{ bis } \lambda\pi\,, \\ f(x) = i_2 = J & \text{,,}\quad\text{,,}\quad\text{,,}\ \lambda\pi \text{ bis } \mu\pi\,, \\ f(x) = i_3 = \dfrac{\nu\pi - x}{(\nu-\mu)\pi}J & \text{,,}\quad\text{,,}\quad\text{,,}\ \mu\pi \text{ bis } \nu\pi\,. \end{cases}$$

Hiermit ergibt sich für A_k

$$(3)\quad A_k = \frac{2}{\pi}\int_{\varkappa\pi}^{\lambda\pi} i_1\cos k x\,dx + \frac{2}{\pi}\int_{\lambda\pi}^{\mu\pi} J\cos k x\,dx + \frac{2}{\pi}\int_{\mu\pi}^{\nu\pi} i_3\cos k x\,dx\,,$$

welcher Ausdruck nach gehöriger Auswertung übergeht in

$$(4)\quad \begin{cases} A_k = \dfrac{1}{k^2}\Big[\dfrac{1}{(\lambda-\varkappa)\pi}(\cos k\lambda\pi - \cos k\varkappa\pi) \\ \qquad\qquad - \dfrac{1}{(\nu-\mu)\pi}(\cos k\nu\pi - \cos k\mu\pi)\Big]\dfrac{2J}{\pi} \end{cases}$$

und entsprechend für $B_\varkappa$ liefert:

$$(5)\quad \begin{cases} B_k = \dfrac{1}{k^2}\Big[\dfrac{1}{(\lambda-\varkappa)\pi}(\sin k\lambda\pi - \sin k\varkappa\pi) \\ \qquad\qquad - \dfrac{1}{(\nu-\mu)\pi}(\sin k\nu\pi - \sin k\mu\pi)\Big]\dfrac{2J}{\pi}\,. \end{cases}$$

Für jeden Streifen sind hiernach die Werte A_k und B_k auszurechnen; die Addition für alle Streifen liefert dann die $k$ten Harmonischen.

Zur Prüfung des Verfahrens werde die Welle

(6) $$i = \sin x + 0{,}212 \sin 3x - 0{,}212 \cos 3x - 0{,}05 \cos 5x$$

graphisch aufgetragen und dann zerlegt.

Die Zerlegung gibt eine Trapezeinteilung nach folgender Tabelle (Fig. 72):

	J	$\varkappa\pi$	$\lambda\pi$	$\mu\pi$	$\nu\pi$
I	0,265	$7^1/_2{}^\circ$	15°	180°	$187^1/_2{}^\circ$
II	0,338	15°	25°	168°	180°
III	0,070	25°	27°	$152^1/_2{}^\circ$	164°
IV	0,092	27°	30°	91°	123°
V	0,230	30°	42°	67°	91°

Dann werden die Faktoren $\frac{1}{\lambda - \varkappa} \frac{2J}{\pi}$ und $\frac{1}{\nu - \mu} \frac{2J}{\pi}$ berechnet und in einer Tabelle zusammengestellt:

	$\frac{1}{\lambda - \varkappa} \frac{2J}{\pi}$	$\frac{1}{\nu - \mu} \frac{2J}{\pi}$
I	1,289	1,289
II	1,238	0,774
III	1,278	0,222
IV	1,119	0,105
V	0,699	0,350

Die weitere Auswertung von A_k und B_k erfolgt nach Aufschlagen der Sinus- und Kosinuswerte mit Hilfe eines Rechenschiebers. Das Ergebnis wird:

k	1	3	5	7	9
A_k	$-0{,}007$	$-0{,}191$	$-0{,}045$	$-0{,}018$	$+0{,}006$
B_k	$+0{,}990$	$+0{,}208$	$+0{,}016$	$+0{,}007$	$-0{,}009$

Der Vergleich mit den Festwerten der Entwicklung (6) zeigt eine befriedigende Übereinstimmung.

§ 39. Verfahren von Meurer.

Ein weiteres Verfahren zur harmonischen Analyse, welches auf der Kurvenzerlegung durch Parallele zur Zeitachse beruht, ist von Dipl.-Ing. F. Meurer[48]) angegeben worden.

Die im § 35 gewonnene Gestalt der Fourierschen Koeffizienten

$$
(1)\qquad \begin{cases} A_k = \dfrac{1}{\pi}\displaystyle\int\limits_{-\pi}^{+\pi} f(x)\cos k\,x\,dx \\ B_k = \dfrac{1}{\pi}\displaystyle\int\limits_{-\pi}^{+\pi} f(x)\sin k\,x\,dx \end{cases}
$$

verändern wir durch Zerlegung der bestimmten Integrale in je zwei Teile, die zwischen den Grenzen $-\pi$ und 0 bzw. 0 und $+\pi$ genommen sind. In den erstgenannten Integralen wird dann die Variable x durch $(-x)$ ersetzt, wodurch Integrale zwischen den Grenzen π und 0 entstehen. Diese Grenzen werden unter Vorzeichenwechsel des Integrals miteinander vertauscht und wir erhalten:

$$
(2)\qquad \begin{cases} A_k = \dfrac{1}{\pi}\displaystyle\int\limits_{0}^{\pi} [f(x) + f(-x)]\cos k\,x\,dx\,, \\ B_k = \dfrac{1}{\pi}\displaystyle\int\limits_{0}^{\pi} [f(x) - f(-x)]\sin k\,x\,dx\,. \end{cases}
$$

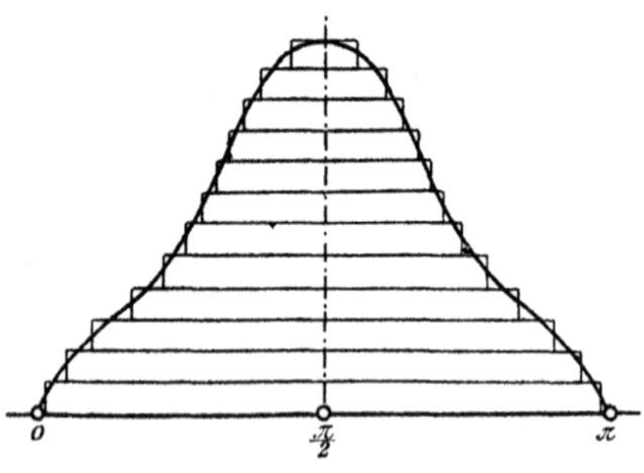

Fig. 74. Parallelstreifenzerlegung nach Meurer.

Das Meurersche Verfahren wird besonders einfach, wenn es auf Kurven mit symmetrischen Halbwellen nach Fig. 74 angewendet wird, deren Zerlegung durch horizontale Parallelen periodische Kurven ergibt, die, wie in Fig. 75 gezeichnet, angenähert als Rechtecke betrachtet werden können.

Diese Rechteckskurven werden harmonisch analysiert. Die Summe der so gewonnenen Harmonischen der Ordnung k muß die $k$te Harmonische der ursprünglichen Kurve ergeben.

Bei symmetrischen Wellen nach Fig. 74 fallen die Kosinusglieder fort; die Sinuskoeffizienten der Rechteckszerlegung Fig. 75 aber werden, da $f(x)$ hier gleich $B_{\max}$ ist:

$$(3)\qquad \begin{cases} B_k = \dfrac{1}{\pi}\displaystyle\int\limits_{\pi m}^{(1-m)\pi} [B_{\max} - (-B_{\max})] \sin k\,x\,dx\,, \\[2ex] B_k = \dfrac{2\,B_{\max}}{k\,\pi}[\cos k\,\pi\,m - \cos k\,\pi\,(1-m)]\,. \end{cases}$$

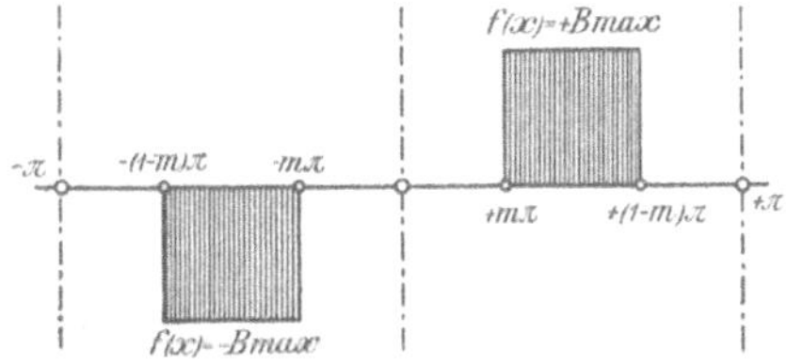

Fig. 75. Rechtecke als periodische Teilkurven.

Schreibt man dies in der Form

$$(4)\quad B_k = \frac{2\,B_{\max}}{k\,\pi}\{\cos k\,\pi\,m\,(1-\cos k\,\pi) - \sin k\,\pi\,m \sin k\,\pi\}\,,$$

so sieht man, daß B_k nur für ungerade Werte von k von Null verschieden sein kann und den Betrag annimmt

$$(5)\qquad B_k = \frac{4\,B_{\max}}{k\,\pi}\cos k\,\pi\,m\,.$$

Die Harmonische B_k ist also eine Kosinusfunktion von $\pi\,m$, d. h. der Lage des Teilrechteckes gegenüber dem Koordinatenanfang. Da der Bereich von $\pi\,m$ nur von 0 bis $\frac{\pi}{2}$ läuft, so genügt es, wenn die Kosinuskurve $\cos k\,\pi\,m$ von 0 bis $\frac{\pi}{2}$ aufgetragen werden, wie es in Fig. 76 geschehen ist. Hierbei sind die Amplituden der Kurven bereits mit $\frac{4}{k\,\pi}$ multipliziert, wie es nach Ansatz (5) erforderlich ist; aus Raumgründen ist die I. Harmonische mit $^1/_4$ des Maßstabes der höheren Harmonischen gezeichnet.

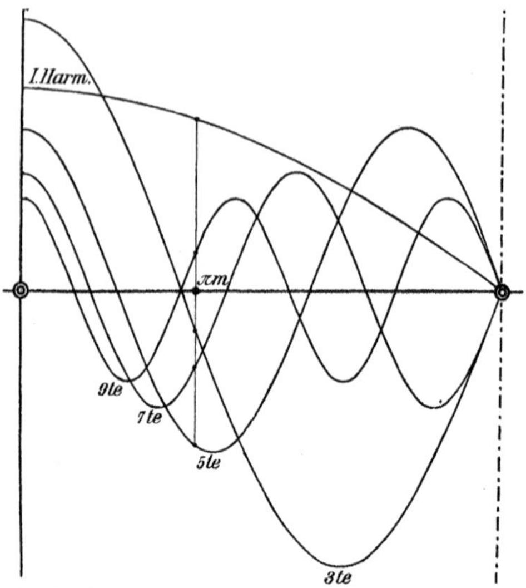

Fig. 76. Die Harmonischen Beiwerte eines Rechteckes.

Fig. 77 gibt die Benutzung dieses Schemas der Harmonischen zusammen mit einem zu analysierenden Viertelwellenzug. Die Anfangsordinaten πm_i der Teilrechtecke bestimmen auf den gezeichneten Kurven, z. B. der $k$ten, unmittelbar die Anteile $\frac{\cos k \pi m_i}{k}$, die sie zur $k$ten Harmonischen der Gesamtrolle beitragen. Hat, wie in der Fig. 77, eine Zerlegung in 12 Rechtecke stattgefunden, so liefert eine Summation der 12 auf der $k$ten Kurve abgeschnittenen Ordinaten die $k$te Harmonische

$$B_k = \frac{4}{\pi} \sum_1^{12} {}_i \frac{B_{\max_i}}{k} \cos k \pi m_i \,.$$

Die Verallgemeinerung des Verfahrens auf unsymmetrische Halbwellen ist in der Originalveröffentlichung von Meurer nachzusehen.

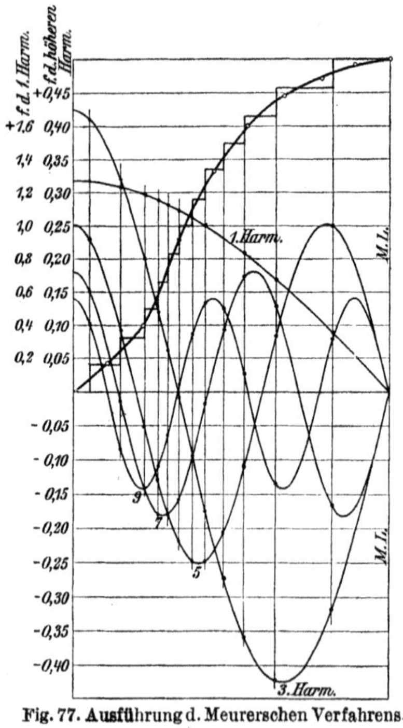

Fig. 77. Ausführung d. Meurerschen Verfahrens.

§ 40. Verfahren von Runge-Emde.

Man kann fragen, wie groß der Fehler ist, wenn man eine gegebene periodische

Funktion $f(x)$ durch einen Ausdruck von n harmonischen Funktionen von x

$$(1)\quad \begin{cases} \varphi(x) = A_0 + A_1 \cos x + A_2 \cos 2x + A_3 \cos 3x + \ldots A_n \cos nx \\ \qquad\qquad + B_1 \sin x + B_2 \sin 2x + \ldots\ldots\ldots\ldots B_n \sin x \end{cases}$$

annähernd darzustellen sucht.

Der Fehler Δf_ν in jedem Abszissenpunkte $x_\nu = x_1,\ x_2 \ldots x_{2n}$ ist

$$(2)\qquad \Delta f = f_\nu(x) - \varphi_\nu(x)\,,$$

und es wird eine möglichst genaue Darstellung von $f_\nu(x)$ erreicht, wenn die Summe der Fehlerquadrate ein Maximum wird:

$$(3)\qquad F = \sum_1^{2n}{}_\nu\, \Delta f_\nu^2 = \sum_1^{2n}{}_\nu\, [f_\nu(x) - \varphi_\nu(x)]^2 = \text{Minimum.}$$

Nun enthält F die $2n + 1$ Unbekannten $A_0 \ldots B_2$, zu deren Bestimmung die Minimalbedingung (3) die $2n + 1$-Gleichungen

$$\left.\begin{aligned} \frac{\partial F}{\partial A_k} &= 2 \sum_1^{2n}{}_\nu \sin k\nu \frac{\pi}{n} [f_\nu(x) - \varphi_\nu(x)] = 0\,, \\ \frac{\partial F}{\partial B_k} &= 2 \sum_1^{2n}{}_\nu \cos k\nu \frac{\pi}{n} [f_\nu(x) - \varphi_\nu(x)] = 0 \end{aligned}\right\} k = 0,\ 1,\ 2,\ 3 \ldots n$$

liefert.

Aus diesen Gleichungen bestimmen sich die Koeffizienten in der früheren Form:

$$A_0 = \frac{1}{2n} \sum_1^{2n}{}_\nu f_\nu(x)\,; \qquad A_k = \frac{1}{n} \sum_1^{2n}{}_\nu f_\nu(x) \cos k \frac{\nu\pi}{n}\,,$$

$$B_k = \frac{1}{n} \sum_1^{2n}{}_\nu f_\nu(x) \sin k \frac{\nu\pi}{n}\,.$$

Unsere Koeffizienten, deren Form oben auf anderem Wege gewonnen wurde, geben also auch zugleich eine möglichst gute Annäherung an die zu analysierende Funktion.

Wählt man $2n = 12$, so ergibt sich nach Runge-Emde[49]) ein sehr einfaches Rechenschema, welches darauf beruht, daß die Winkelfunktionen

$$\begin{matrix}\cos\\ \sin\end{matrix}\, k\nu \frac{\pi}{n}$$

für $n = 6$, abgesehen von 0 und 1 und ohne Rücksicht auf das Vorzeichen, nur die Werte cos 60° und cos 30° annehmen können.

Man schreibt die 12 Werte $y_\nu = f(x_\nu)$ $(\nu = 1, 2 \ldots 2n)$ in folgender Weise hin:

		y_1	y_2	y_3	y_4	y_5	y_6
	y_{12}	y_{11}	y_{10}	y_9	y_8	y_7	
Summe	v_0	v_1	v_2	v_3	v_4	v_5	v_6
Differenz		u_1	u_2	u_3	u_4	u_5	

und bildet die Summen $v_0 \ldots v_6$ und Differenzen $u_0 \ldots u_5$ übereinander stehender Werte.

Dann schreibt man die Größen $v_0 \ldots v_6$ ihrerseits in ähnlicher Weise hin:

	v_0	v_1	v_2	v_3
	v_6	v_5	v_4	
Summe	s_0	s_1	s_2	s_3
Differenz	d_0	d_1	d_2	

Diese Größen s und d sind nun die Bausteine, aus denen die Koeffizienten A_k nach geeigneter Multiplikation mit $\cos k\nu\frac{\pi}{n}$ und Summierung gewonnen werden.

Zunächst ist

$$A_0 = \tfrac{1}{12}\sum_1^{2n} y_\nu = \tfrac{1}{12}(v_0 + v_1 \ldots v_6) = \tfrac{1}{12}(s_0 + s_1 + s_2 + s_3)\,.$$

Ferner wird

$$A_n = \tfrac{1}{12}\sum_1^{2n} y_\nu(-1)^\nu = \tfrac{1}{12}[(s_0 + s_2) - (s_1 + s_3)]\,.$$

Für die übrigen Koeffizienten $A_1 \ldots A_5$ gilt folgende, leicht zu verifizierende Rechenvorschrift:

cos 0°	×	s_0 s_2	s_1 s_3	d_0		s_0	$-s_3$	d_0	$-d_2$
cos 30°	×				d_1				
cos 60°	×			d_2		$-s_2$	s_1		
Summe		I	II	I	II	I	II	I	II
I + II		$12A_0$		$6A_1$		$6A_2$		$6A_3$	
I − II		$12A_6$		$6A_5$		$6A_4$			

Für die B-Koeffizienten geht man von den oben erhaltenen Differenzen $u_1 \ldots u_5$ aus, die man wie folgt hinschreibt:

	u_1	u_2	u_3
	u_5	u_4	
Summe	σ_1	σ_2	σ_3
Differenz	δ_1	δ_2	

woran sich das endgültige Schema schließt:

sin 30°	×	σ_1					
sin 60°	×		σ_2	δ_1	δ_2		
sin 90°	×	σ_3				σ_1	σ_3
Summe		I	II	I	II	I	II
I + II		$6\,B_1$		$6\,B_2$		$6\,B_3$	
I − II		$6\,B_5$		$6\,B_4$			

§ 41. Analysator nach Henrici.

Wir wollen jetzt etwas verallgemeinernd uns eine Funktion $f(x)$ der Periode $2\,c$ (Fig. 78) in eine sowohl nach Kosinus- wie nach Sinusfunktionen fortschreitende Reihe entwickelt denken:

$$f(x) = a_0 + \sum_1^{\infty} (A_n \cos n\,x + B_n \sin n\,x) \,. \tag{1}$$

Wiederum schlagen wir das Verfahren der Multiplikation mit $\cos m\,x\,dx$ bzw. $\sin m\,x\,dx$ ein und erhalten nach Integration zwischen 0 und $2\,c$:

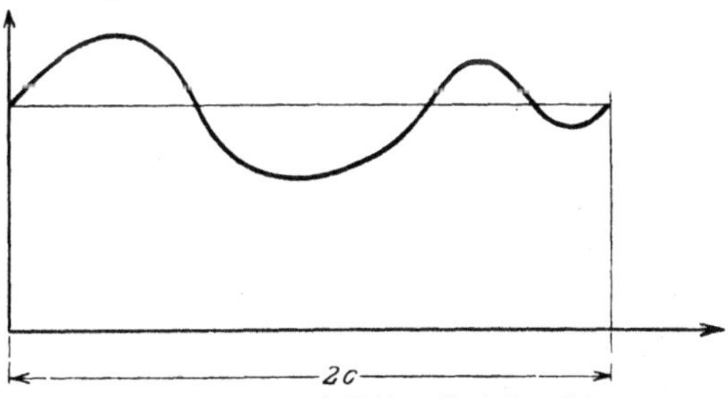

Fig. 78. Kurve beliebiger Periodengröße.

$$\begin{cases} A_n = \dfrac{1}{c} \displaystyle\int_0^{2c} f(x) \cos n \frac{\pi}{c}\, x\, dx \,, \\[2ex] B_n = \dfrac{1}{c} \displaystyle\int_0^{2c} f(x) \sin n \frac{\pi}{c}\, x\, dx \,. \end{cases} \tag{2}$$

welche Formeln auch noch für $n = 0$ gelten, falls man:

$$a_0 = \frac{A_0}{2} = \frac{1}{2c}\int_0^{2c} f(x)\,dx$$

setzt. Damit ist die Reihenentwicklung (1) festgelegt.

Es handelt sich jetzt um die Bestimmung der Koeffizienten A_n und B_n. Man nennt diese Aufgabe harmonische Analyse der Funktion $f(x)$. Man kann nun diese in Gleichung (2) genannten Integrale mit Hilfe gewisser mechanischer Verfahren, zu denen dasjenige des Henrici-Coradischen Analysators gehört, bestimmen [50]).

Zunächst werden beide Integrale durch partielle Integration umgeformt:

$$\text{(2a)} \qquad A_n = \frac{1}{c}\left[f(x)\frac{c}{n\pi}\sin\frac{\pi n}{c}x\right]_0^{2c} - \frac{1}{c}\int_0^{2c}\frac{c}{n\pi}\sin\frac{n\pi}{c}x\,df(x)$$

oder, da der Wert der eckigen Klammer verschwindet:

$$\text{(2b)} \qquad A_n = -\frac{1}{n\pi}\int_0^{2c}\sin\frac{n\pi}{c}x\,df(x)$$

und analog:

$$\text{(2c)} \qquad B_n = +\frac{1}{n\pi}\int_0^{2c}\cos\frac{n\pi}{c}x\,df(x)\,.$$

Für die Ausführung dieser Integrationen ist der genannte Analysator eingerichtet.

Ein Rahmen RR (Fig. 79) wird von drei Rollen EE und D getragen und so auf die Ebene xy gesetzt, daß die Achse EE parallel zur x-Achse steht. Der Rahmen kann dann nur parallel der y-Achse verschoben werden.

Auf dem Rahmen sitzt parallel zur x-Achse verschieblich der Wagen W, der den Fahrtstift F trägt. Wird der Fahrtstift an einer zu analysierenden Kurve entlang geführt, so verschiebt sich der Wagen W proportional dx, der Rahmen R proportional dy. Die Bewegung des Wagens, die durch Anschläge auf einen Bereich $2c$ beschränkt ist, wird mittels eines Silberdrahtes durch Rollenübertragung zur Scheibe H geleitet. Die Übertragung ist so eingerichtet, daß sich H n mal mit seiner senkrechten Spindel S dreht, wenn der Wagen einmal die Basis $2c$ durchläuft.

Fest mit der Spindel verbunden ist der Integrierapparat $KLMN$, der durch einen etwa quadratischen Rahmen gebildet wird, in welchem zwei Meßrädchen $R_1 R_2$ zueinander achsensenkrecht gelagert sind. Der Integrierapparat dreht sich also um den Winkel $\vartheta = n\frac{\pi}{c}x$ um die Achse S, wenn der Wagen die Strecke x durchläuft.

Die Bewegung des Rahmens überträgt sich proportional $dy = df(x)$ auf eine zylindrische Scheibe C, die auf der Achse EE befestigt ist, und wird von hier durch eine Glaskugel G weiter geleitet, die sich auf E stützt und innerhalb des Integrierapparates so gelagert ist, daß sie von den beiden Meßrädchen R_1 und R_2 in zwei Punkten ihres größten Horizontalkreises berührt wird.

Die Kugel G dreht sich vermöge der Reibung mit C stets um ihren zur x-Achse parallelen Durchmesser, und zwar propor-

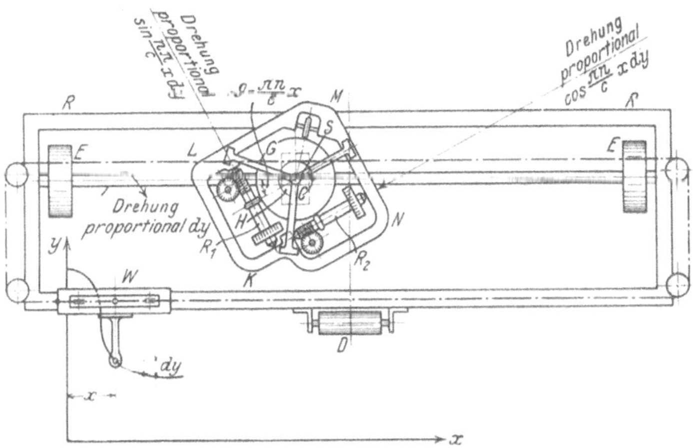

Fig. 79. Bauart des Analysators von Henrici-Coradi.

tional dy. Diese Bewegung überträgt sich auf die beiden Meßrädchen R_1 und R_2, und zwar nach Maßgabe der Drehung ϑ des Integrierapparates. Wie aus der Fig. 79 unmittelbar ersichtlich, dreht sich R_1 proportional $\sin\frac{n\pi}{c}x \cdot dy$ und R_2 proportional

$\cos\frac{n\pi}{c}x \cdot dy$. Durchläuft der Fahrtstift die ganze Kurve, so sind die Meßrädchen-Ablesungen a_1 und a_2 proportional mit:

$$(3) \qquad \int_0^{2c} \sin\frac{n\pi x}{c} \cdot dy$$

bzw. mit:

$$(4) \qquad \int_0^{2c} \cos\frac{n\pi x}{c} \cdot dy\,,$$

d. h. es ist:

$$(5) \qquad \begin{cases} a_1 = p_1 \int_0^{2c} \sin\frac{n\pi x}{c}\, dy\,, \\ a_2 = p_2 \int_0^{2c} \cos\frac{n\pi x}{c}\, dy\,, \end{cases}$$

wo p_1 und p_2 von den Abmessungen des Instrumentes abhängige Konstante sind. Wir haben also:

$$(6) \qquad \begin{cases} A_n = -\frac{1}{n\pi}\frac{a_1}{p_1}\,, \\ B_n = +\frac{1}{n\pi}\frac{a_2}{p_2}\,. \end{cases}$$

Da nun am Instrument p_1 und p_2 so gewählt sind, daß gilt:

$$(7) \qquad \begin{cases} p_1\pi = -1\,, \\ p_2\pi = +1\,, \end{cases}$$

Fig. 80. Analysator nach Henrici-Coradi.

so hat man unmittelbar:

$$(8)\quad \begin{cases} A_n = \dfrac{a_1}{n}, \\ B_n = \dfrac{a_2}{n}. \end{cases}$$

Trägt das Instrument $n = 1, 2, 3$ und so fort mehrere Integrierapparate, so kann man mit einer einzigen Umfahrung der Figur sämtliche Koeffizienten A und B bestimmen, bis auf $\frac{A_0}{2}$, welches als Höhe des mit der Kurvenfläche inhaltgleichen Rechteckes durch ein Planimeter bestimmt wird. Einen Apparat dieser Art zeigt Fig. 80[51]).

§ 42. Analysator nach Mader.

Einen sehr einfachen Analysator hat Mader[52]) angegeben, der gestattet, unter Zuhilfenahme eines Planimeters recht genaue Analysen zu gewinnen.

In Fig. 81 ist das Instrument dargestellt. Es besteht aus einem Wagen W, der einerseits den Winkelhebel SKF, andererseits

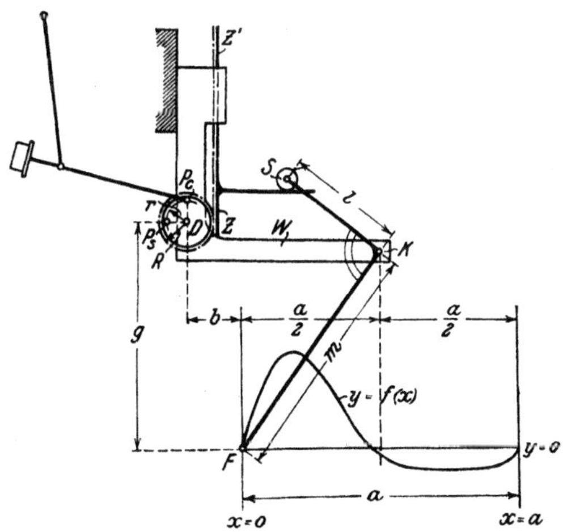

Fig. 81. Bauart des Analysators nach Mader.

seits eine Zahnstange Z, die mit den Zähnen eines Rades D im Eingriff steht, trägt.

Der Wagen wird so auf das Zeichenpapier gesetzt, daß sein Schenkel K parallel zur Basis a der zu analysierenden Kurve steht.

Der Fahrstift F des Winkelhebels wird in den Anfangspunkt der Basis gesetzt; der Hebel steht durch die Rolle S dauernd in Berührung mit einem Ansatz der Zahnstange Z, so daß die Verschiebung der Zahnstange und der Rolle S relativ zum Wagen und senkrecht zur Basis a gleich werden.

Die Scheibe D trägt zwei punktförmige Vertiefungen P_c und P_s im Abstand r vom Scheibenmittelpunkt D und um $\frac{\pi r}{2}$ auf der Kreisperipherie $2\pi r$ voneinander entfernt.

Wir wählen den Anfangspunkt der Basis a als Anfangspunkt eines Koordinatensystems $x\,y$, in welchem der Scheibenmittelpunkt die Koordinaten

$$x_D = -b\,, \qquad y_D = +g \tag{1}$$

habe.

Dabei sei die Anfangsstellung der Scheibe D so, daß die Koordinaten der Punkte P_c und P_s folgende Werte erhalten:

$$\begin{cases} x_{oc} = -b\,; & y_{oc} = g + r \\ x_{os} = -(b + r)\,; & y_{os} = +g\,. \end{cases} \tag{2}$$

Der Fahrstift steht im Anfangspunkt der Basis.

Lassen wir nun den Fahrstift F auf der zu analysierenden Kurve bis zum Punkte x, $y = f(x)$ wandern, so wird die Horizontalverschiebung von F gleich x, die Vertikalverschiebung von S und damit die Verschiebung der Zahnstange gleich $x\frac{l}{m}$, wenn l und m die Schenkellängen des Winkels FKS bedeuten.

Hat das mit D verbundene, mit Z im Eingriff stehende Zahnrad den Teilkreisradius R, so dreht sich die Scheibe D um den Winkel

$$\beta = \frac{x\,l}{m\,R} \tag{3}$$

und die Koordinaten der Punkte P_c und P_s werden:

$$\begin{cases} x_c = -l + r\sin\beta\,; & y_c = g + \psi(x) + y + r\cos\beta\,; \\ x_s = -(l + r\cos\beta)\,; & y_s = g + \psi(x) + y + r\sin\beta\,. \end{cases} \tag{4}$$

Hier ist $\psi(x)$ die Projektion des vom Fahrstift relativ zum Wagen beschriebenen Weges auf die y-Achse.

Läßt man jetzt F die ganze Kurve und die Basis zu deren Anfangspunkt zurück durchlaufen, so beschreiben P_c und P_s geschlossene Kurven, deren Flächeninhalt gegeben ist durch

$$F_c = \oint y_c\, dx_c\,, \qquad F_s = \oint y_s\, dx_s \tag{5}$$

wo die $\oint$ geschlossene Integrationen bedeuten.

Setzt man hier zunächst bei F_c die Werte für x_c und y_c aus (4) ein, so ergibt sich:

$$F_c = \oint (g + \psi(x) + y + r\cos\beta)\, d(-b + r\sin\beta)\,. \tag{6}$$

Führen wir hier den Ansatz (3) ein und zerlegen wir die geschlossene Integration in die Integration von $x = 0$ über die Kurve bis $x = a$ und von da über die Basis zurück bis $x = 0$, so wird

$$\left\{\begin{aligned} F_c &= \frac{r\,l}{R\,m}\int_0^a \left(g + \psi(x) + y + r\sin\frac{x\,l}{m\,R}\right)\sin\frac{x\,l}{m\,R}\,dx \\ &\quad + \frac{r\,l}{R\,m}\int_a^0 \left(g + \psi(x) + r\sin\frac{x\,l}{m\,R}\right)\sin\frac{x\,l}{m\,R}\,dx \\ &= \frac{r\,l}{R\,m}\oint \left(g + \psi(x) + r\sin\frac{x\,l}{m\,R}\right)\sin\frac{x\,l}{m\,R}\,dx \\ &\quad + \frac{r\,l}{m\,R}\int_0^a f(x)\sin\frac{x\,l}{m\,R}\,dx\,. \end{aligned}\right. \tag{7}$$

Hier verschwindet aber das erste geschlossene Integral, weil sein Integrand nur von x abhängig ist und zu seinen Anfangswerten zurückkehrt, und es wird

$$F_c = \frac{r\,l}{m\,R}\int_0^a f(x)\sin\frac{x\,l}{m\,R}\,dx\,. \tag{8}$$

Setzt man hier

$$R = \frac{l}{m}\,\frac{a}{2\pi k}\,; \qquad K = \pi k r\,, \tag{9}$$

so wird

$$F_c = \frac{2K}{a}\int_0^a f(x)\sin k\frac{2\pi}{a}x\,dx\,. \tag{10}$$

Hier ist aber auf der rechten Seite das bestimmte Integral nichts anderes, als der Koeffizient A_k der Fourierschen Entwicklung der Funktion $f(x)$ mit der Periode a und es wird also:

$$A_k = \frac{aF_c}{2K}\,. \tag{11}$$

In entsprechender Weise ergibt sich für den Flächeninhalt F_s:

$$F_s = \frac{2K}{a}\int_0^a f(x)\cos k\frac{2\pi}{a}x\,dx \tag{12}$$

und danach der Koeffizient B_k

$$B_k = \frac{aF_s}{2K}\,. \tag{13}$$

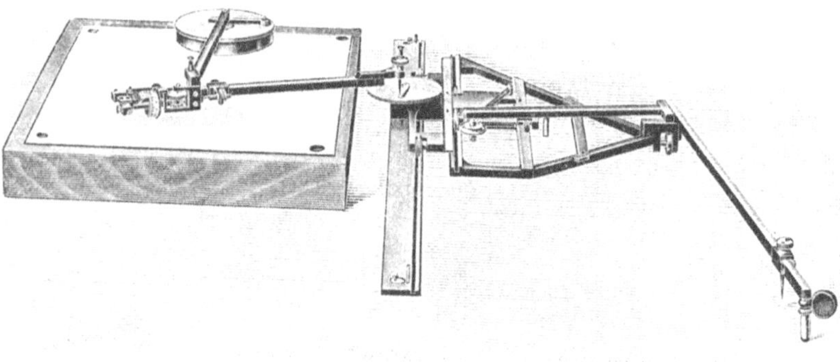

Fig. 82. Gesamtanordnung des Analysators nach Mader.

Wählt man also in (9) für jedes ganzzahlige $k = 1, 2, 3, \ldots$ den entsprechenden Zahnradradius $R_k = \frac{l}{m}\frac{a}{2\pi k}$, so erhält man die gesuchten Fourier-Werte nach Ermittlung der Flächen F_c und F_s mit Hilfe eines gewöhnlichen Planimeters, dessen Fahrstift in den Punkten P_c und P_s eingesetzt wird. Fig. 82 zeigt die Gesamtanordnung des Maderschen Instrumentes.

§ 43. Vektorielle Behandlung von Schwingungsvorgängen.

I. Der bisher allein geübten Behandlung und Darstellung von Schwingungsvorgängen in rechtwinkligen Koordinaten (Abszissen = Zeit, Ordinaten = Funktionswert = Schwingungsweite) stellen wir jetzt die Behandlung in Polarkoordinaten gegenüber, wobei die Zeit als Winkel oder Amplitude, der Funktions- oder Momentanwert als Radiusvektor erscheint. Eine volle Periode entspricht einem ganzen einmaligen Umlauf des Radiusvektors.

So stellt in Fig. 83 der gezeichnete Kreisdurchmesser die Stromwelle

(1) $$i = J \sin \omega t$$

vor, während in Fig. 84 der Durchmesser die Welle

(2) $$i = J \cos \omega t$$

liefert.

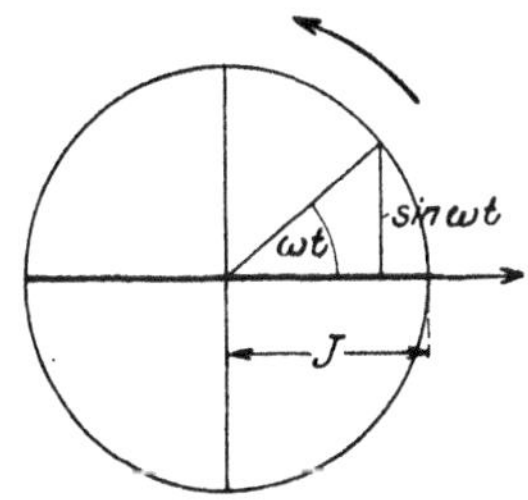

Fig. 83. Sinus-Welle.

In entsprechender Weise ergibt der Durchmesser in Fig. 85 die Welle

(3) $$i = J \sin(\omega t + \beta) .$$

Alle diese Wellen sind offenbar bestimmt durch Angabe der Lage des Durchmessers des jeweiligen Kreises, dessen Radius mit dem Maximalwert der Welle identisch ist.

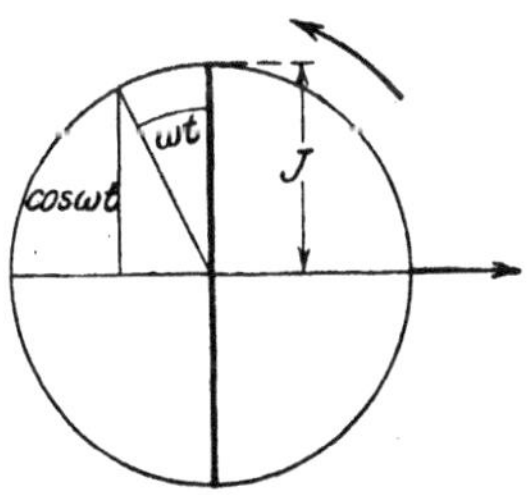

Fig. 84. Kosinus-Welle.

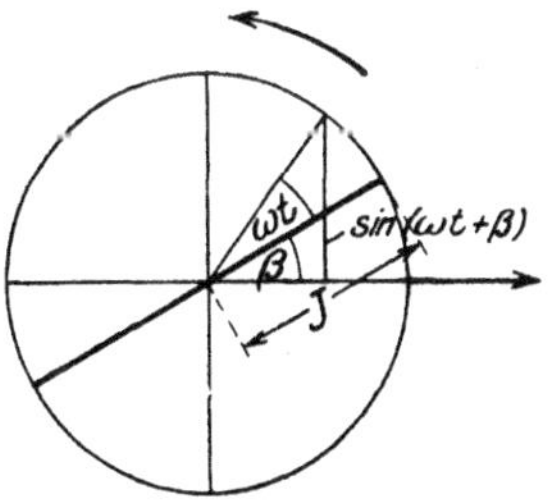

Fig. 85. Welle mit Phasenverschiebung.

In den drei Figuren 83 bis 85 haben die Kreise alle gleichen Durchmesser; sie unterscheiden sich nur durch den Winkel, den diese mit der horizontalen Anfangsrichtung einschließen, d. h. durch die Phase der zugehörigen Welle.

Auf diese Weise kommt man dazu, zu sagen, daß wir eine vektorielle Darstellung für die einfachen Wellen gewonnen haben. Dabei sind die Radien der Kreise die Absolutwerte der Vektoren.

Die Welle

$$i = J \sin(\omega t + \beta)$$

zerfällt durch Entwicklung des Kosinus in zwei Teilwellen

$$(4) \qquad i = J \sin \omega t \cos \beta + J \cos \omega t \sin \beta \, .$$

Hier ist die erste Teilwelle offenbar eine solche, wie sie in Fig. 83 dargestellt ist, mit dem Absolutwerte $J \cos \beta$. Entsprechend stellt sich die zweite Teilwelle unter Fig. 84 mit dem Absolutwert $J \sin \beta$.

Demnach setzt sich der Vektor

$$i = J \sin(\omega t + \beta)$$

aus den beiden Vektoren $J \cos \beta \sin \omega t$ und $J \sin \beta \cos \omega t$, die gegeneinander die Phase $\frac{\pi}{2}$ haben, nach der Parallelogrammregel zusammen (Fig. 86).

Die Parallelogrammregel gilt nun ganz allgemein für die Zusammensetzung von Wellenvektoren. So sind z. B. in Fig. 87 die Vektoren

$$i_1 = J_1 \sin(\omega t + \beta_1) \qquad \text{und} \qquad i_2 = J_2 \sin(\omega t + \beta_2)$$

zusammengesetzt.

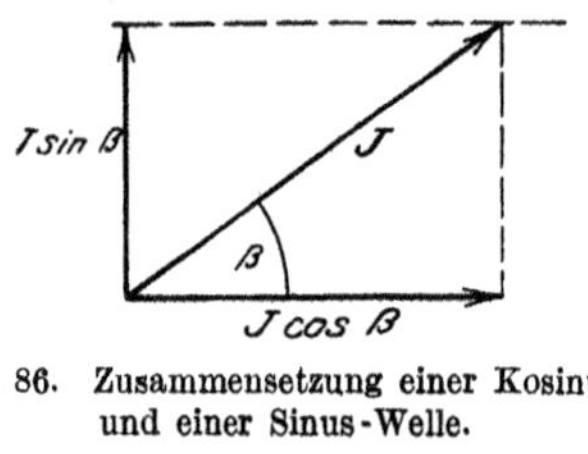

Fig. 86. Zusammensetzung einer Kosinus- und einer Sinus-Welle.

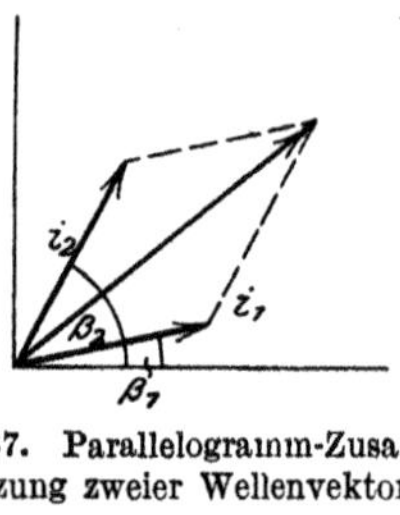

Fig. 87. Parallelogramm-Zusammensetzung zweier Wellenvektoren.

II. Da es nun umständlich ist, jeden Vektor stets durch seine beiden einzelnen Komponenten zu bezeichnen, so greift man zu einer symbolischen Darstellungsmethode, indem man den Vektor als Summe seiner Komponenten schreibt mit der Maßgabe, daß die vertikale Komponente durch ein Zeichen j gegenüber der Horizontalkomponente herausgehoben wird, wodurch zugleich angedeutet werden soll, daß die Zusammensetzung nach der Parallelogrammregel zu erfolgen hat.

Die Welle $J \sin(\omega t + \beta)$ mit den Komponenten $J \cos\beta \sin\omega t$ und $J \sin\beta \cos\omega t$ würde man also vektoriell schreiben:

$$J = J\cos\beta + j\,J\sin\beta\,. \tag{5}$$

Wir bevorzugen jetzt für die Komponenten die kürzere Schreibweise

$$\begin{cases} J\cos\beta = a \\ J\sin\beta = b \end{cases} \tag{6}$$

und heben die Vektoreigenschaft von J durch Verwendung eines Frakturbuchstabens hervor:

$$\mathfrak{J} = a + j\,b\,. \tag{7}$$

Über das Zeichen j wissen wir bisher nach der obigen Definition nur, daß es eine Drehung der mit ihm behafteten Strecke b um den Winkel $\frac{\pi}{2}$ gegenüber der nicht mit ihm behafteten Strecke a im Gegenzeigersinne bedeutet.

Multiplizieren wir jetzt den Vektor $\mathfrak{J}$ mit j, so würde ein Vektor erscheinen, der gegenüber $\mathfrak{J}$ um $\frac{\pi}{2}$ im Gegenzeigersinne gedreht ist. Wir erhalten:

$$j\,\mathfrak{J} = j\,a + j^2 b\,. \tag{8}$$

Nach der Fig. 88 hat aber $j\,\mathfrak{J}$ die Komponenten $-b$ und $j\,a$. Es ist also

$$j\,\mathfrak{J} = -b + j\,a\,, \tag{9}$$

was nur dann aus (8) folgen kann, wenn

$$j^2 = -1 \tag{10}$$

angenommen wird.

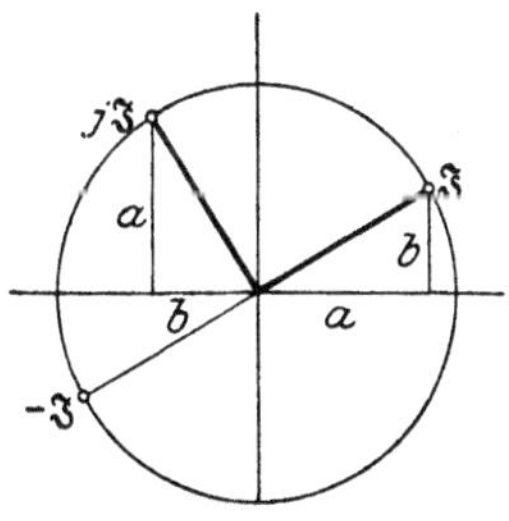

Fig. 88. Drehung des Vektors $\mathfrak{J}$ um den Winkel $\frac{\pi}{2}$.

Mit dieser Bedingung (10) wird j allen den Rechenregeln unterworfen, die für die Benutzung der imaginären Einheit

$$i = \sqrt{-1} \tag{11}$$

gelten und wir entschließen uns geradezu

$$j = \sqrt{-1} \tag{12}$$

zu setzen.

Drehen wir den Vektor $j\mathfrak{J}$ durch nochmalige Multiplikation mit j weiter um $\frac{\pi}{2}$ im Gegenzeigersinne, so findet sich:

(13) $$j^2\mathfrak{J} = -\mathfrak{J} = -a - i\,b\,,$$

d. h. ein Vektor der gegenüber $\mathfrak{J}$ um den Winkel π im Gegensinne gedreht ist.

III. Die Zusammensetzung zweier Vektoren

(14) $$\begin{cases} \mathfrak{J}_1 = a_1 + j\,b_1 \quad \text{und} \\ \mathfrak{J}_2 = a_2 + j\,b_2 \end{cases}$$

ergibt

(15) $$\mathfrak{J} = \mathfrak{J}_1 + \mathfrak{J}_2 = (a_1 + a_2) + j\,(b_1 + b_2)$$

entsprechend der Parallelogrammkonstruktion.

Die Multiplikation der beiden Vektoren $\mathfrak{J}_1$ und $\mathfrak{J}_2$ liefert

(16) $$\mathfrak{J} = \mathfrak{J}_1 \cdot \mathfrak{J}_2 = (a_1\,a_2 - b_1\,b_2) + j\,(a_1\,b_2 + a_2\,b_1)\,.$$

IV. Da der Absolutwert J des Vektors $\mathfrak{J}$ die Größe hat

(17) $$J = \sqrt{a^2 + b^2}\,,$$

so kann man schreiben

(18) $$\mathfrak{J} = J\,\frac{a}{J} + j\,J\,\frac{b}{J}\,,$$

mit $$\frac{a}{J} = \cos\varphi \qquad \text{und} \qquad \frac{b}{J} = \sin\varphi$$

findet sich hieraus

(19) $$\mathfrak{J} = J\,(\cos\varphi + j\sin\varphi) = J\,e^{i\varphi}\,,$$

womit wir die Exponentialdarstellung des Vektors $\mathfrak{J}$ gewonnen haben.

Die Multiplikation zweier Vektoren gibt unter Benutzung dieser Darstellung

(20) $$\mathfrak{J} = \mathfrak{J}_1\,\mathfrak{J}_2 = J_1\,J_2\,e^{i\,(\varphi_1 + \varphi_2)}\,.$$

V. Die Differentiation einer Welle

$$\mathfrak{J} = J\sin(\omega t + \beta)$$

nach der Zeit liefert

$$\frac{d\mathfrak{J}}{dt} = J\,\omega\cos(\omega\,t + \beta)$$

$$= J\,\omega\sin\left(\frac{\pi}{2} + \omega\,t + \beta\right).$$

Der Differentialquotient $\frac{d\mathfrak{J}}{dt}$ ist also wieder ein Vektor, der gegenüber $\mathfrak{J}$ einen mit ω multiplizierten Absolutwert und eine um $\frac{\pi}{2}$ (im Gegenzeigersinne) vergrößerte Amplitude aufweist.

Demnach gilt für die Differentiation eines Vektors $\mathfrak{J}$ die Regel

$$\frac{d\mathfrak{J}}{dt} = j\,\omega\,\mathfrak{J}\,. \tag{21}$$

Diese Regel läßt sich auch geometrisch ableiten. Nach Fig. 89 entspricht dem Zeitdifferential $d\,t$ das Vektordifferential

$$d\mathfrak{J} = \omega\,\mathfrak{J}\,dt\,,$$

$d\mathfrak{J}$ steht auf $\mathfrak{J}$ senkrecht, muß also gegenüber $\mathfrak{J}$ mit j multipliziert erscheinen:

$$d\mathfrak{J} = j\,\omega\,\mathfrak{J}\,dt\,, \tag{22}$$

woraus die obige Regel folgt.

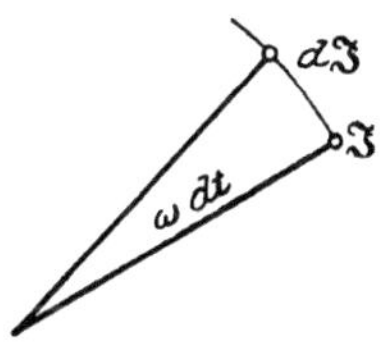

Fig. 89. Zur Differentiation des Vektors $\mathfrak{J}$.

Durch Umkehrung ergibt sich die Integration nach der Zeit:

$$\int \mathfrak{J}\,dt = \frac{\mathfrak{J}}{j\,\omega} = -\frac{j\,\mathfrak{J}}{\omega}\,. \tag{23}$$

VI. Die bisherigen Festsetzungen zeigen sich besonders nützlich bei der Behandlung von Wechselströmen, d. h. der stationären Lösung der im § 15 untersuchten Differentialgleichung

$$L\frac{di}{dt} + W\,i + \frac{1}{C}\int i\,dt = a\sin\omega\,t\,. \tag{24}$$

Die auf der rechten Seite stehende Wechselspannung kennzeichnet sich nach unseren Festsetzungen als Vektor

$$\mathfrak{E} = a\sin\omega\,t \tag{25}$$

und wir wissen, daß die stationäre Lösung ein Wechselstrom $i = \sin(\omega\,t + \varepsilon)$ derselben Frequenz wird, der also seinerseits die Vektoreigenschaft besitzt.

Bezeichnen wir ihn demgemäß mit $i = \mathfrak{J}$, so wird

$$\left\{\begin{aligned} \frac{di}{dt} &= \frac{d\mathfrak{J}}{dt} = j\,\omega\,\mathfrak{J}\,,\\ \int i\,dt &= \int \mathfrak{J}\,dt = -j\,\frac{\mathfrak{J}}{\omega}\,. \end{aligned}\right. \tag{26}$$

Damit schreibt sich aber die Differentialgleichung:

(27) $$j\,\omega\,\mathfrak{J} L + \mathfrak{J} W - j\,\frac{\mathfrak{J}}{\omega C} = \mathfrak{E}\,,$$

woraus sich nunmehr $\mathfrak{J}$ ohne weiteres berechnet:

(28) $$\mathfrak{J} = \frac{\mathfrak{E}}{W + j\left(\omega L - \dfrac{1}{\omega C}\right)} = \frac{\omega C \mathfrak{E}}{\omega W C + j(\omega^2 LC - 1)}\,.$$

Nach den oben gegebenen Regeln ist dies ein Vektor, der hinter dem Vektor $\mathfrak{E}$ um den Winkel der Phasenverschiebung φ

(29) $$\operatorname{tg}\varphi = \frac{\omega^2 LC - 1}{\omega W C}$$

nacheilt, während sich sein Absolutwert aus demjenigen von $\mathfrak{E}$ durch Multiplikation mit

(30) $$\frac{\omega C}{\sqrt{\omega^2 W^2 C^2 + (\omega^2 LC - 1)^2}}$$

ergibt.

Durch diese Festsetzungen, insbesondere durch Ansatz (28) wird die Darstellung des Verlaufes stationärer Wechselströme in eine dem Ohmschen Gesetz analoge Form gebracht, indem man die Wechselspannung nur durch den allgemeinen Widerstandsoperator

$$\mathfrak{z} = W + j\left(\omega L - \frac{1}{\omega C}\right)$$

zu dividieren braucht, der die Wirkung von Ohmschen Widerstand W, Selbstinduktion L und Kapazität C zusammenfaßt. Die weitere Auswertung liefern dann die Rechenregeln der symbolischen oder komplexen Darstellung.

Es sei noch angemerkt, daß sich der Gesamtwiderstandsoperator $\mathfrak{z}$ mehrerer parallel geschalteter Stromkreise sich aus deren Widerstandsoperatoren $\mathfrak{z}_i$ nach der Regel ergibt:

$$\frac{1}{\mathfrak{z}} = \sum \frac{1}{\mathfrak{z}_i}\,,$$

während sich bei in Reihe geschalteten Operatoren der Gesamtoperator als ihre Summe findet:

$$\mathfrak{z} = \sum \mathfrak{z}_i$$ [53]).

§ 44. Totale Differentialgleichungen mit konstanten Koeffizienten.

Die bisher verwendeten Differentialgleichungen waren immer vom zweiten Grade, entweder mit oder ohne Störungsfunktionen. Die letzteren waren ebenfalls einfach, indem es sich immer um einfache Sinus- oder Kosinusfunktionen handelte.

Die komplizierteren Schwingungsprobleme der Technik machen nun auch die Anwendung von Differentialgleichungen höheren Grades erforderlich, deren Theorie im folgenden allgemein entwickelt werden soll, um später darauf Bezug nehmen zu können.

Vorerst behandeln wir die totale Differentialgleichung n ten Grades mit konstanten Koeffizienten ohne Störungsfunktion. Die Differentialgleichung laute:

$$\frac{d^n x}{dt^n} + a_1 \frac{d^{n-1} x}{dt^{n-1}} + \ldots + a_{n-1} \frac{dx}{dt} + a_n x = 0 . \tag{1}$$

Analog unseren früheren Erfahrungen mit der entsprechenden Gleichung zweiten Grades versuchen wir der Gleichung (1) zu genügen durch die Exponentialfunktion

$$x = e^{\lambda t} . \tag{2}$$

Nach Ausführung der erforderlichen Differentiationen und nach Einführung in (1) erhalten wir eine Gleichung $n$ten Grades für λ

$$\lambda^n + a_1 \lambda^{n-1} + \ldots + a_{n-1} \lambda + a_n = 0 . \tag{3}$$

Diese ganze algebraische Funktion von λ hat n Wurzeln, die wir mit

$$\lambda_i \quad (i = 1 , 2 , 3 \ldots n)$$

bezeichnen. Jedes λ_i liefert ein partikuläres Integral der Gleichung (1); das allgemeine Integral setzt sich mit Hilfe von n willkürlichen Konstanten

$$A_i \quad (i = 1 , 2 , 3 \ldots n)$$

zusammen, wie folgt:

$$x = \Sigma A_i e^{\lambda_i t} , \tag{4}$$

unter der Voraussetzung, daß alle λ_i von einander verschieden sind. Mit diesem Ansatz ist die Integration der Gleichung (1) formal erledigt. Die Ermittlung der Werte λ_i läßt sich auch immer durchführen; für Gleichungen von höherem als dem vierten Grade durch Approximationsmethoden[53a]).

Da die Gleichung (4) einen wirklichen Vorgang darstellen soll, so muß gefordert werden, daß kein Glied der Gleichung unendlich groß werden kann. Dies ist nur möglich, wenn von den reellen Wurzeln λ keine positiv wird, und wenn die komplexen Wurzeln nur negative reelle Anteile haben.

Damit diese Bedingungen erfüllt sind, müssen die Koeffizienten a_n gewisse Eigenschaften haben. Es war eine Aufgabe der Mathematik, diese Eigenschaften festzustellen, eine Aufgabe, die von Hurwitz[54]) gelöst ist. Wir wollen auf eine Wiedergabe der Hurwitzschen Entwicklungen verzichten und hier nur das Resultat angeben.

1. Alle a_n müssen $\geqq 0$ sein.

2. Man bilde sämtliche Determinanten folgender Form

$$\Delta_\lambda = \begin{vmatrix} a_1 \; a_3 \; a_5 \ldots\ldots a_{2\lambda-1} \\ 1 \; a_2 \; a_4 \ldots\ldots a_{2\lambda-2} \\ 0 \; a_1 \; a_3 \ldots\ldots a_{2\lambda-3} \\ 0 \quad a_2 \; a_4 \ldots a_{2\lambda-4} \\ a_{-\lambda+2} \ldots a_\lambda \end{vmatrix},$$

indem man $\lambda = 1, 2, 3 \ldots$ nimmt und alle a_ν, bei denen $\nu < 0$ wird, gleich Null setzt.

Dann müssen

$$\Delta_1, \Delta_2, \Delta_3 \ldots \Delta_n$$

positiv sein.

Für $n = 2$ hat man folgende Ungleichungen:

$$a_1 > 0, \quad a_2 > 0, \quad \begin{vmatrix} a_1 & 0 \\ 1 & a_2 \end{vmatrix} = a_1 a_2 > 0.$$

Für $n = 3$:

$$a_1 > 0, \quad a_2 > 0, \quad a_3 > 0, \quad \begin{vmatrix} a_1 & a_3 \\ 1 & a_2 \end{vmatrix} = a_1 a_2 - a_3 > 0,$$

$$\begin{vmatrix} a_1 & a_3 & 0 \\ 1 & a_2 & 0 \\ 0 & a_1 & a_3 \end{vmatrix} = a_3 (a_1 a_2 - a_3) > 0$$

usw.

§ 45. Differentialgleichungen mit konstanten Koeffizienten und Störungsfunktion.

Wir betrachten jetzt unsere Differentialgleichung (1) § 44 erneut unter der Voraussetzung, daß eine Störungsfunktion vorhanden sei, die nur die Zeit t enthalte. Wir setzen demnach an:

$$\frac{d^n x}{dt^n} + a_1 \frac{d^{n-1} x}{dt^{n-1}} + \ldots + a_{n-1} \frac{dx}{dt} + a_n x = f(t) \,. \tag{1}$$

Dieser Gleichung suchen wir dadurch zu genügen, daß wir in dem allgemeinen Integral

$$x = \Sigma A_i e^{\lambda_i t} \tag{2}$$

wo alle λ_i verschieden seien, die Koeffizienten A_i als unbekannte Funktionen der Zeit ansehen. Wir wollen diese n unbekannten Funktionen so bestimmen, daß sie der einzigen Gleichung (1) genügen. Daher dürfen wir für die A_i $(n-1)$ weitere Gleichungen beliebig verschieben.

Zunächst führen wir die sukzessiven Differentiationen aus:

$$x' = \Sigma A_i \lambda_i e^{\lambda_i t} + \Sigma A_i' e^{\lambda_i t} \,. \tag{3}$$

Hier setzen wir die zweite Summe gleich Null, womit wir die erste der zur Bestimmung der A_i fehlenden $(n-1)$ Gleichungen gewonnen haben. x' reduziert sich also auf

$$x' = \Sigma A_i \lambda_i e^{\lambda_i t} \,. \tag{4}$$

Wir differenzieren weiter und erhalten

$$x'' = \Sigma A_i \lambda_i^2 e^{\lambda_i t} + \Sigma A_i' \lambda_i e^{\lambda_i t} \,. \tag{5}$$

Wieder setzen wir die zweite Summe gleich Null und finden schließlich, indem wir analog fortfahren

$$x^{(n-1)} = \Sigma A_i \lambda_i^{n-1} e^{\lambda_i t} + \Sigma A_i' \lambda_i^{n-2} e^{\lambda_i t} \,, \tag{6}$$

wo wieder

$$\Sigma A_i' \lambda_i^{n-2} e^{\lambda_i t} = 0$$

zu setzen ist.

Wir haben also bis jetzt die Differentialquotienten

$$x^{(k)} = \sum_{i=1}^{i=n} A_i \lambda_i^k e^{\lambda_i t} \qquad (k = 1 \ldots n-1) \tag{7}$$

und $n-1$ Bedingungsgleichungen für die A_i'

$$\sum_{i=1}^{i=n} A_i' \lambda_i^{k-1} e^{\lambda_i t} = 0 \qquad (k = 1 \ldots n-1) \tag{8}$$

gefunden. Eine nochmalige Differentiation liefert:

$$x^{(n)} = \Sigma A_i \lambda_i^n e^{\lambda_i t} + \Sigma A_i' \lambda_i^{n-1} e^{\lambda_i t} . \tag{9}$$

Führen wir nun die Gleichungen (2), (7), (9) in Gleichung (1) ein, so wird:

$$\sum_{i=1}^{i=n} A_i e^{\lambda_i t} \left\{ \sum_{k=n-1}^{k=1} a_{n-k} \lambda_i^{n-k} + \lambda_i^n + a_n \right\} + \sum A_i' \lambda_i^{n-1} e^{\lambda_i t} = f(t) . \tag{10}$$

Hier verschwindet aber das erste Glied auf der linken Seite identisch, da ja jedes λ_i die Gleichung befriedigt:

$$\lambda^n + a_1 \lambda^{n-1} + \ldots + a_{n-1} \lambda + a_n = 0 , \tag{11}$$

wodurch sich (10) reduziert auf:

$$\Sigma A_i' \lambda_i^{n-1} e^{\lambda_i t} = f(t) . \tag{12}$$

Diese Gleichung bildet aber mit den $n-1$ Gleichungen (8) ein System, welches zur Berechnung der A_i' hinreicht. Die A_i' ergeben sich dabei als Funktionen von $f(t)$, λ_i und $e^{\lambda_i t}$ etwa in der Form

$$A_i' = \Phi_i (\lambda_i , \; e^{\lambda_i t} , \; f(t)) , \tag{13}$$

oder in Determinantenform, die sich aus den Gleichungen (8) und (12) leicht ergibt[55]):

$$e^{\lambda_i t} A_i' = \frac{\begin{vmatrix} 1 & 1 & \ldots & f(t) & \ldots & 1 \\ \lambda_1 & \lambda_2 & \ldots & \lambda_{i-1} \; 0 \; \lambda_{i+1} & \ldots & \lambda_n \\ \cdot & \cdot & \cdot & \cdot & \cdot & \cdot \\ \cdot & \cdot & \cdot & \cdot & \cdot & \cdot \\ \lambda_1^{n-1} & \lambda_2^{n-1} & \ldots & \lambda_{i-1}^{n-1} \; 0 \; \lambda_{i+1}^{n-1} & \ldots & \lambda_n^{n-1} \end{vmatrix}}{\begin{vmatrix} 1 & 1 & \ldots & 1 & \ldots & 1 \\ \lambda_1 & \lambda_2 & \ldots & \lambda_i & \ldots & \lambda_n \\ \cdot & \cdot & \cdot & \cdot & \cdot & \cdot \\ \cdot & \cdot & \cdot & \cdot & \cdot & \cdot \\ \lambda_1^{n-1} & \lambda_2^{n-1} & \ldots & \lambda_i^{n-1} & \ldots & \lambda_n^{n-1} \end{vmatrix}} \tag{13a}$$

Multipliziert man hier oben und unten mit $\lambda_1 \lambda_2 \ldots \lambda_n$, so erhält man den Quotienten der Determinanten:

$$f(t)\begin{vmatrix} \lambda_1^2\,\lambda_2^2 & \ldots & \lambda_{i-1}^2\,\lambda_{i+1}^2 & \ldots & \lambda_n^2 \\ \cdot & \cdot & \cdot & \cdot & \cdot \\ \cdot & \cdot & \cdot & \cdot & \cdot \\ \lambda_1^n\,\lambda_2^n & \ldots & \lambda_{i-1}^n\,\lambda_{i+1}^n & \ldots & \lambda_n^2 \end{vmatrix} = f(t)\,I_i(\lambda^n)$$

und

$$\begin{vmatrix} \lambda_1\,\lambda_2 & \ldots & \lambda_i & \ldots\ldots & \lambda_n \\ \lambda_1^2\,\lambda_2^2 & \ldots & \lambda_i^2 & \ldots\ldots & \lambda_n^2 \\ \lambda_1^n\,\lambda_2^n & \ldots & \lambda_i^n & \ldots\ldots & \lambda_n^n \end{vmatrix} = \Delta(\lambda^n)$$

also (bis auf das Vorzeichen, welches positiv wird, wenn i ungerade und negativ, wenn i gerade ist):

(13b) $$A_i' = \pm \frac{I_i(\lambda^n)}{\Delta(\lambda^n)}\,\frac{f(t)}{e^{\lambda_i t}},$$

woraus sich die A_i selber als Zeitfunktionen finden durch Integration:

(14) $$A_i = C_i + \int \Phi_i\,dt\,,$$

wo die C_i willkürliche Konstante sind.

Demnach schreibt sich das allgemeine Integral von (1):

(15) $$x = \sum_i C_i\,e^{\lambda_i t} + \sum_i e^{\lambda_i t}\int \Phi_i\,dt\,.$$

Durch Vergleichung mit unseren früheren Erfahrungen ergibt sich wieder, daß das erste Glied die freien Schwingungen, das zweite die erzwungenen Schwingungen darstellt.

Ist nun $f(t)$ eine Summe von periodischen Funktionen, deren einzelne sich stets in die Gestalt $a\,e^{\mu t}$ (μ komplex oder imaginär) bringen läßt, so wird der dieser entsprechende Anteil von A_i:

$$A_i = \pm \frac{I_i(d_x^n)}{\Delta(\lambda^n)}\,\frac{a\,e^{(\mu-\lambda_i)t}}{\mu-\lambda_i}$$

und somit der ganze zu $a\,e^{\mu t}$ gehörende Betrag von x

(16) $$x = \frac{a\,e^{\mu t}}{\Delta(\lambda^n)}\sum_1^n{}_i\,\frac{I_i(\lambda^n)}{(\mu-\lambda_i)},$$

woraus sich ergibt, daß der erzwungene Teil der Lösung nur Perioden der störenden Funktionen aufweisen kann.

§ 46. Allgemeines Verfahren zur Behandlung der kleinen Schwingungen.

Bereits in den Paragraphen 33 und 34 waren Bewegungsvorgänge, die sich als kleine Schwingungen kennzeichneten, auf gewisse Differentialgleichungssysteme mit unveränderlichen Vorzahlen zurückgeführt worden.

Das dort zugrunde liegende Verfahren kann nun ganz allgemein auf physikalische Vorgänge ausgedehnt werden, die durch Differentialgleichungen beschrieben werden. Die physikalische Natur der in die Gleichungen eingehenden abhängigen Veränderlichen unterliegt dabei keinen irgendwelchen Beschränkungen.

Im allgemeinen werden außer den Veränderlichen, die wir mit $x_1, x_2 \ldots x_n$ bezeichnen, auch deren erste und zweite Differentialquotienten nach der Zeit in die Gleichungen eingehen; höhere Differentialquotienten in den Ausgangsansätzen zu berücksichtigen, liegt im allgemeinen in der Physik kein Anlaß vor.

Es sei also zur Ermittlung des zeitlichen Verlaufes der n abhängigen Veränderlichen $x_1, x_2 \ldots x_n$ ein System von Differentialgleichungen, auf Grund von physikalischen (mechanischen, elektrischen, thermodynamischen usw.) Überlegungen aufgestellt. Zur vollständigen Ermittlung aller n veränderlichen Größen müssen es n Gleichungen sein:

$$(1)\quad \begin{cases} \Phi_1\left(x_1, \dfrac{dx_1}{dt}, \dfrac{d^2x_1}{dt^2}, x_2, \dfrac{dx_2}{dt}, \dfrac{d^2x_2}{dt^2}, \ldots x_n, \dfrac{dx_n}{dt}, \dfrac{d^2x_n}{dt^2}\right) = f_1(t), \\ \ldots\ldots\ldots\ldots\ldots\ldots \\ \ldots\ldots\ldots\ldots\ldots\ldots \\ \Phi_n\left(x_1, \dfrac{dx_1}{dt}, \dfrac{d^2x_1}{dt^2}, x_2, \dfrac{dx_2}{dt}, \dfrac{d^2x_2}{dt^2}, \ldots x_n, \dfrac{dx_n}{dt}, \dfrac{d^2x_n}{dt^2}\right) = f_n(t). \end{cases}$$

Die Vorzahlen der einzelnen Glieder in diesen Gleichungen setzen wir sämtlich als unveränderlich voraus. Nehmen wir weiter die Störungsfunktionen $f_1(t) \ldots f_n(t)$ vorläufig als verschwindend an, so haben wir in dem Gleichungssystem

$$(2)\qquad \Phi_1 = 0 \ldots \Phi_n = 0$$

die freien oder Eigenschwingungen des Systems vor uns.

Zunächst ermitteln wir die Gleichgewichts- oder Ruhelage des Systems, in welcher

$$
(3) \quad \left\{ \begin{array}{l} \dfrac{dx_1}{dt} = \dfrac{dx_2}{dt} = \ldots \dfrac{dx_n}{dt} = 0 \\ \text{und} \\ \dfrac{d^2x_1}{dt^2} = \dfrac{d^2x_2}{dt^2} = \ldots \dfrac{d^2x_n}{dt^2} = 0 \end{array} \right.
$$

zu setzen sind.

Dann kann das System

$$
(4) \quad \left\{ \begin{array}{l} \Phi_1(x_1\,, \quad 0\,, \quad 0 \ldots x_n\,, \quad 0\,, \quad 0) = 0\,, \\ \ldots\ldots\ldots\ldots\ldots\ldots \\ \ldots\ldots\ldots\ldots\ldots\ldots \\ \Phi_n(x_1\,, \quad 0\,, \quad 0 \ldots x_n\,, \quad 0\,, \quad 0) = 0 \end{array} \right.
$$

nach $x_1 \ldots x_n$ aufgelöst werden, gegebenenfalls mit einer zeichnerischen oder rechnerischen Annäherungsmethode. Jedenfalls sei das Wertsystem

$$
\bar{x}_1 \ldots \bar{x}_n
$$

das Auflösungsergebnis.

Nun untersuchen wir die kleinen Schwingungen des Systems um diesen Gleichgewichtszustand. Die als klein zu betrachtenden Abweichungen der einzelnen Systemkoordinaten $x_1 \ldots x_n$ von der Gleichgewichtslage bezeichnen wir mit $\xi_1 \ldots \xi_n$ und setzen demnach:

$$
x_1 = \bar{x}_1 + \xi_1 \ldots x_n = \bar{x}_n + \xi_n
$$

in das Gleichungssystem (1) ein:

$$
(5) \left\{ \begin{array}{l} \Phi_1\left(\bar{x}_1 + \xi_1\,, \quad \dfrac{d\xi_1}{dt}\,, \quad \dfrac{d^2\xi_1}{dt^2} \ldots \bar{x}_n + \xi_n\,, \quad \dfrac{d\xi_n}{dt}\,, \quad \dfrac{d^2\xi_n}{dt^2}\right) = 0\,, \\ \ldots\ldots\ldots\ldots\ldots\ldots\ldots\ldots \\ \Phi_n\left(\bar{x}_1 + \xi_1\,, \quad \dfrac{d\xi_1}{dt}\,, \quad \dfrac{d^2\xi_1}{dt} \ldots \bar{x}_n + \xi_n\,, \quad \dfrac{d\xi_n}{dt}\,, \quad \dfrac{d^2\xi_n}{dt^2}\right) = 0\,. \end{array} \right.
$$

Hier entwickeln wir die Funktionen Φ_i nach dem Taylorschen Lehrsatz und finden

$$
(6) \left\{ \begin{array}{l} \Phi_i(\bar{x}_1, 0, 0 \ldots \bar{x}_n, 0, 0) + \dfrac{\partial \Phi_i}{\partial \bar{x}_1} \cdot \xi_1 + \dfrac{\partial \Phi_i}{\partial \bar{x}_1'} \dfrac{d\xi_1}{dt} + \dfrac{\partial \Phi_i}{\partial \bar{x}_1''} \dfrac{d^2\xi_1}{dt^2} \\ \qquad\qquad\qquad \ldots\ldots\ldots\ldots\ldots\ldots \\ \qquad\qquad\qquad + \dfrac{\partial \Phi_i}{\partial \bar{x}_n} \xi_n + \dfrac{\partial \Phi_i}{\partial \bar{x}_n'} \dfrac{d\xi_n}{dt} + \dfrac{\partial \Phi_i}{\partial \bar{x}_n''} \dfrac{d^2\xi_n}{dt^2} = 0\,. \\ \qquad\qquad (i = 1\,, 2 \ldots n) \end{array} \right.
$$

Hier verschwinden die ersten Glieder wegen (4) und die partiellen Differentialquotienten bei den anderen Gliedern sind unveränderliche Größen. Das Gleichungssystem (6) zieht sich also zusammen auf

$$\text{(7)}\qquad \left\{ \begin{array}{l} \sum_1^n {}_k \left(\frac{\partial \Phi_i}{\partial \bar{x}_k} \xi_k + \frac{\partial \Phi_i}{\partial \bar{x}_k'} \frac{d \xi_k}{dt} + \frac{\partial \Phi_i}{\partial \bar{x}_k''} \frac{d^2 \xi_k}{dt^2} \right) = 0 \\ \qquad (i = 1, 2 \ldots n) \end{array} \right.$$

oder mit den Abkürzungen:

$$\text{(8)}\qquad \frac{\partial \Phi_i}{\partial \bar{x}_k} = \alpha_{ik}, \qquad \frac{\partial \Phi_i}{\partial \bar{x}_k'} = \beta_{ik}, \qquad \frac{\partial \Phi_i}{\partial \bar{x}_k''} = \gamma_{ik}$$

auf

$$\text{(9)}\qquad \sum_1^n {}_k \left(\alpha_{ik} \xi_k + \beta_{ik} \frac{d \xi_k}{dt} + \gamma_{ik} \frac{d^2 \xi_k}{dt^2} \right) = 0 . \qquad (i = 1, 2 \ldots n)$$

Dies ist ein System von n simultanen Differentialgleichungen zweiten Grades mit festen Vorzahlen für die n abhängigen Veränderlichen ξ_k $(k = 1, 2 \ldots n)$.

Zur Integration kann man entweder so verfahren, daß man aus den n Gleichungen $n - 1$ Veränderliche aussondert, so daß nur eine einzige Differentialgleichung, etwa für ξ_k, übrigbleibt. Diese ist von höherem Grade als 2, etwa m. Im allgemeinen, wenn in dem System (9) keine von den Vorzahlen α_{ik}, β_{ik}, γ_{ik} verschwindet, ist m höchstens $= 2n$.

Es handelt sich also um die Behandlung der Differentialgleichung $m$ten Grades mit unveränderlichen Vorzeichen

$$\text{(10)}\qquad \frac{d^m \xi_k}{dt^m} + a_1 \frac{d^{m-1} \xi_k}{dt^{m-1}} + a_2 \frac{d^{m-2} \xi_k}{dt^{m-2}} + \ldots + a_{m-1} \frac{d \xi_k}{dt} + a_m = 0 ,$$

deren Lösung wir bereits im § 43 entwickelt haben.

Andererseits kann man auch auf die Aussonderung der $n - 1$ Veränderlichen verzichten und den partikularen Integralansatz

$$\text{(11)}\qquad \xi_k = A_k e^{\lambda t} \qquad (k = 1, 2 \ldots n)$$

in das System (9) einführen. Dann erhält man:

$$\text{(12)}\qquad \sum_1^n {}_k A_k (\alpha_{ik} + \lambda \beta_{ik} + \lambda^2 \gamma_{ik}) = 0 , \qquad i = 1, 2, \ldots n$$

welches System zur Bestimmung der unbekannten Vorzahlen A_k ($k = 1, 2 \ldots n$) nur dann brauchbar ist, wenn die Vorzahlendeterminante verschwindet, d. h. wenn gilt:

$$(13)\quad \begin{vmatrix} \alpha_{11} + \lambda\beta_{11} + \lambda^2\gamma_{11}, & \alpha_{12} + \lambda\beta_{12} + \lambda^2\gamma_{12} \ldots \\ \alpha_{21} + \lambda\beta_{21} + \lambda^2\gamma_{21} \ldots & \ldots \\ \ldots & \alpha_n + \lambda\beta_{nn} + \lambda^2\gamma_{nn} \end{vmatrix} = \Delta(\lambda) = 0\,.$$

Im allgemeinen liefert das Verschwinden dieser Determinante für λ eine charakteristische oder Fundamentalgleichung vom Grade $m = 2n$, die mit der zur Differentialgleichung (10) gehörigen und im § 44 besprochenen Gleichung (3) natürlich identisch ist. Jedenfalls ergeben sich m Wurzeln λ_j ($j = 1, 2 \ldots m$) und somit, nach Einsetzen der λ_j in die Gleichung (12) m Systeme von Werten der Unbekannten

$$\mathfrak{A}_{jk} = \frac{A_{jk}}{A_{j1}}, \qquad \begin{matrix} (k = 2, 3 \ldots n) \\ (j = 1, 2 \ldots m) \end{matrix}$$

nach deren Ermittlung die m Vorzahlen A_{j1} als willkürliche Integrationskonstanten übrigbleiben. Mit ihnen setzt sich dann das ganze Lösungssystem von (9) wie folgt zusammen:

$$(14)\quad \begin{cases} \xi_k = A_{11}\,\mathfrak{A}_{1k}\,e^{\lambda_1 t} + A_{21}\,\mathfrak{A}_{2k}\,e^{\lambda_2 t} + \ldots A_{m1}\,\mathfrak{A}_{mk}\,e^{\lambda_m t} \\ \qquad (k = 1, 2 \ldots n) \end{cases}$$

mit der Maßgabe, daß $\mathfrak{A}_{11} = \mathfrak{A}_{21} = \ldots \mathfrak{A}_{m1} = 1$ zu setzen ist. Kehren wir nun zu dem Ausgangssystem (1) mit Störungsfunktionen zurück, so wollen wir diese vorerst als periodisch annehmen. Dann können wir die einzelne Störungsfunktion als in eine Fouriersche Reihe entwickelt voraussetzen und also etwa schreiben:

$$(15)\qquad f_i(t) = \sum_1^{\infty} {}_j P_{ij} \sin(\mu_{ij}\, t + \beta_{ij}) \qquad (i = 1, 2 \ldots n)$$

Hier werden die μ_{ij} ($j = 1, 2 \ldots \infty$) die ganzen Zahlen $1, 2, 3 \ldots \infty$ bedeuten. Sie können aber auch beliebige andere Werte aufweisen, in welchem Falle der Ansatz (15) keine Fouriersche Reihe darstellen wird und die Anzahl seiner Glieder endlich sein muß, damit die Möglichkeit der Divergenz ausgeschlossen bleibt. Er stellt dann (also etwa für $j = 1, 2 \ldots l$) eine Übereinanderlagerung einer endlichen Anzahl von Funktionen beliebiger Perioden dar.

Ferner kann der größeren Allgemeinheit halber noch auf die Konstanz der Beiwerte P_j verzichtet werden, die in vielen technisch vorkommenden Fällen mit einer Exponentialgröße mit negativem Exponenten multipliziert sein können, so daß (15) in die Form tritt:

$$f_i(t) = \sum_1^l {}_j P_{ij} e^{-\lambda_{ij} t} \sin(\mu_{ij} t + \beta_{ij}) \qquad (i = 1, 2 \ldots n) \tag{15a}$$

Dann stellt (15) eine permanente störende Kraft, (15a) eine gedämpfte störende Kraft dar.

Das Verfahren, welches den zur störenden Kraft

$$P_{ij} e^{-\lambda_{ij} t} \sin(\mu_{ij} t + \beta_{ij})$$

gehörenden erzwungenen Anteil von ξ_i liefert, ist ein symbolisches und sei im folgenden ohne Beweis mitgeteilt[56]).

Der zu benutzende Symbolismus beruht zunächst auf der Schreibweise

$$\left\{ \begin{aligned} &\frac{d^n x}{dt^n} + a_1 \frac{d^{n-1} x}{dt^{n-1}} + \ldots + a_{n-1} \frac{dx}{dt} + a_n \\ &= \left(\frac{d^n}{dt^n} + a_1 \frac{d^{n-1}}{dt^{n-1}} + \ldots + a_{n-1} \frac{d}{dt} + a_n\right) x \\ &= (\delta^n + a_1 \delta^{n-1} + \ldots + a_{n-1} \delta + a_n) x = F(\delta) x \,. \end{aligned} \right. \tag{16}$$

Der Differentialausdruck $n$ter Ordnung mit unveränderlichen Beiwerten von x (der Operator) wird also als ganze rationale Funktion $n$ten Grades $F(\delta)$ von δ mit x multipliziert geschrieben und es wird auch entsprechend mit ihm gerechnet; nur am Ende der Rechnung geht man unter Beachtung der Erklärung

$$(\delta^i) x = \frac{d^i x}{dt^i} \tag{17}$$

wieder zum eigentlichen Differentialausdruck über. Mit diesem Symbolismus erhält man für den gesuchten Anteil der erzwungenen Schwingung von ξ_k:

$$\xi_k = \frac{I_{ik}(\delta)}{\Delta(\delta)} P_{ij} e^{-\lambda_{ij} t} \sin(\mu_{ij} t + \beta_{ij}) \,. \tag{18}$$

Hier ist $\Delta(\delta)$ die durch (13) erklärte Determinante nach Einführung des Operators δ an Stelle von λ und $I_{ik}(\delta)$ die Unterdeterminante des $k$ten Elementes $i$ter Zeile genannter Determinante, also des Elementes $\alpha_{ik} + \beta_{ik}\delta + \gamma_{ik}\delta^2$.

Nunmehr setzt man in (18) den Operator

$$\delta = -\lambda_{ij} + \mu_{ij}\sqrt{-1}\,,$$

wodurch die Operation $\frac{I_{ik}(\delta)}{\Delta(\delta)}$ unter Anwendung der Rechenregeln für komplexe Größen in die Gestalt $L_k + M_k\sqrt{-1}$ gebracht werden kann.

Durch Ausübung dieser Operation an $P_{ij}\,e^{-\lambda_{ij}t}\sin(\mu_{ij}t + \beta_{ij})$ kommt dann ξ_k in die Form:

$$\xi_k = P_{ij}\,e^{-\lambda_{ij}t}\left(L_k + M_k\frac{\delta}{\mu_{ij}}\right)\sin(\mu_{ij}t + \beta_{ij})\,, \tag{19}$$

womit die Aufgabe auf eine einfache Differentiation zurückgeführt ist und die erzwungene Schwingung sich wieder von der gleichen Periode wie die störende Ursache erweist.

§ 47. Integraldarstellung der Lösung einer Differentialgleichung zweiter Ordnung mit Störungsfunktion.

Die Lösung der im § 13 behandelten Differentialgleichung mit Störungsfunktion gestattet noch eine Darstellung in der Form eines bestimmten Integrals[57]).

Wir schreiben die Differentialgleichung in der Form:

$$m\frac{d^2x}{dt^2} + b\frac{dx}{dt} + cx = m\,f(t) \tag{1}$$

mit den Abkürzungen $\frac{b}{m} = 2\beta$, $\frac{c}{m} = \alpha^2$ wie folgt:

$$\frac{d^2x}{dt^2} + 2\beta\frac{dx}{dt} + \alpha^2 x = f(t)\,. \tag{2}$$

Dann ist zunächst die allgemeine Lösung der homogenen Gleichung anzusetzen:

$$x = A\,e^{\mu_1 t} + B\,e^{\mu_2 t}\,, \tag{3}$$

wo die Werte μ_1 und μ_2 Wurzeln der charakteristischen Gleichung

$$\mu^2 + 2\beta\mu + \alpha_2 = 0 \tag{4}$$

sind. Setzt man $\beta < \alpha$ voraus, so sind die Wurzeln in der Form zu schreiben:

$$(5) \qquad \mu_1 = -\beta + i\lambda\,, \quad \mu_2 = -\beta - i\lambda\,, \quad \lambda = \left|\sqrt{\alpha^2 - \beta^3}\right|.$$

Das in § 9 angegebene Verfahren zur Ermittlung des allgemeinen Integrals führt zunächst zur Ansetzung der Größen A und B als Zeitfunktionen in der Form:

$$(6) \qquad \frac{dA}{dt} = \frac{f(t)}{(\mu_1 - \mu_2)\, e^{\mu_1 t}}\,; \qquad \frac{dB}{dt} = -\frac{f(t)}{(\mu_1 - \mu_2)\, e^{\mu_2 t}}\,.$$

Nach Einführung von $\mu_1 - \mu_2 = 2i\lambda$ und

$$e^{-\mu_1 t} = e^{+\beta t}(\cos\lambda t - i\sin\lambda t)$$
$$e^{-\mu_2 t} = e^{+\beta t}(\cos\lambda t - i\sin\lambda t)$$

leitet sich aus (6) ab:

$$(7) \quad \frac{dA}{dt} + \frac{dB}{dt} = -\frac{f(t)}{2\lambda}\, e^{\beta t}\sin\lambda t\,; \quad \left(\frac{dA}{dt} - \frac{dB}{dt}\right) i = +\frac{f(t)}{2\lambda}\, e^{\beta t}\cos\lambda\,.$$

Ersetzt man jetzt $A + B$ durch C_1, $(A - B)\, i$ durch C_2 und führt man auch in dem allgemeinen Integral (3) statt der Exponential- die Winkelfunktionen ein, so hat man:

$$(8) \qquad x = (A + B)\, e^{-\beta t}\cos\lambda t + (A - B)\, i\, e^{-\beta t}\sin\lambda t$$

oder

$$x = e^{-\beta t}\{C_1 \cos\lambda t + C_2 \sin\lambda t\}\,.$$

Durch Ausführung der Integration im Ansatz (7) erhält man:

$$(9) \qquad \begin{cases} C_1 = -\dfrac{1}{2\lambda}\displaystyle\int_{t_0}^{t} f(\xi)\, e^{\beta\xi}\sin\lambda\xi\, d\xi\,, \\[2ex] C_2 = +\dfrac{1}{2\lambda}\displaystyle\int_{t_0}^{t} f(\xi)\, e^{\beta\xi}\cos\lambda\xi\, d\xi \end{cases}$$

und damit für (8), nach Hinzufügung des allgemeinen Integrals der homogenen Gleichung:

$$(10) \quad x = C_1 e^{-\beta t}\cos\lambda t + C_2 e^{-\beta t}\sin\lambda t + \frac{1}{2\lambda}\int_{t_0}^{t} f(\xi)\, e^{-\beta(t-\xi)}\sin\lambda(t - \xi)\, d\xi\,.$$

Diese Lösung enthält scheinbar drei willkürliche Integrationskonstante C_1, C_2, t_0. Man überzeugt sich jedoch leicht, daß sie sich auf zwei zurückführen lassen, wenn man Anfangsbedingungen einführt:

$$x = x_0 \,, \quad \frac{dx}{dt} = x_0' \quad \text{für } t = t_0 \,.$$

Dann wird:

$$(11) \qquad \begin{cases} C_1 = \dfrac{e^{\beta t_0}}{\lambda} [x_0 (\lambda \cos \lambda t_0 - \beta \sin \lambda t_0) - x_0' \sin \lambda t_0] \,, \\ C_2 = \dfrac{e^{\beta t_0}}{\lambda} [x_0 (\beta \cos \lambda t_0 + \lambda \sin \lambda t_0) + x_0' \cos \lambda t_0] \,. \end{cases}$$

Diese Konstanten und damit der Einfluß der Anfangsbedingungen verschwinden, sobald $t_0 = -\infty$ genommen wird, sofern also der Anfang der Bewegung sehr weit zurückliegt.

Liegt der Anfang der Bewegung in endlicher Zeit, so verschwindet der Einfluß der Anfangsbedingungen für $t = \infty$, also wieder nach Verlauf sehr langer Zeit vom Beginn der Bewegung ab gerechnet.

Im Falle dieses Verschwindens bleibt also nur folgende Bewegung übrig:

$$(12) \qquad x = \frac{1}{2\lambda} \int\limits_{-\infty}^{t} f(\xi)\, e^{-\beta(t-\xi)} \sin \lambda (t - \xi)\, d\xi \,.$$

Nach Duffing[58]) kann man eine Untersuchung der Periodizitätseigenschaften anstellen.

Hat $f(\xi)$ die Periode τ, so findet sich für x:

$$(13) \quad x = \frac{1}{2\lambda} \frac{1}{1 - 2e^{-\beta\tau} \cos \lambda\tau - e^{-2\beta\tau}} \{[1 - e^{-\beta\tau} \cos \lambda\tau] S + e^{-\beta\tau} \sin \lambda\tau S_1\}$$

mit den Abkürzungen:

$$(14) \qquad \begin{cases} S = \displaystyle\int\limits_0^{\tau} f(t - u)\, e^{-\beta u} \sin \lambda u\, du \,, \\ S_1 = \displaystyle\int\limits_0^{\tau} f(t - u)\, e^{-\beta u} \cos \lambda u\, du \,. \end{cases}$$

Da S und S_1 Funktionen der Periode τ sind, so stellt sich (13) ebenfalls als Funktion der Periode τ dar. Die erzwungene Schwingung (12) geht demnach mit der Periode der Störungsfunktion $f(t)$ vor sich.

§ 48. Zeichnerische und rechnerische Näherungsbehandlung der Schwingungsdifferentialgleichung[59]).

Die Schwingungsdifferentialgleichung, wie wir sie bisher behandelt haben, ist ein Sonderfall der allgemeinen linearen Differentialgleichung zweiter Ordnung:

$$P_0(x, t)\frac{d^2x}{dt^2} + P_1(x, t)\frac{dx}{dt} + P_2(x, t)\,x + P_3(x, t) = 0\,. \tag{1}$$

Sind P_0, P_1, P_2 feste Vorzahlen und ist $P_3 = 0$, so haben wir die gewöhnliche Gleichung der freien Schwingungen, ist P_3 dagegen von x frei und nur von t, speziell periodisch, abhängig, so entsteht die Gleichung erzwungener Schwingungen, welche sich ebenso wie die vorgenannte vollständig in geschlossener Form integrieren und untersuchen läßt, wie wir dies in den vorhergehenden Abschnitten ausgiebig getan haben.

Die allgemeineren Fälle, in denen P_0, P_1; P_2 von x oder auch von t abhängig oder beides sind, lassen sich ebenfalls bis zu einem gewissen Grade in allgemeinerer Weise diskutieren, worüber in einem späteren Abschnitt zu sprechen sein wird, wobei es sich allerdings um Funktionen und Verfahren handelt, die gegenüber den bisher benutzten nicht mehr ganz einfach sind.

Glücklicherweise besitzen wir aber einige zeichnerische und rechnerische Näherungsverfahren, welche gestatten, für jede beliebige Schwingungsdifferentialgleichung spezielle Lösungen für vorgelegte Anfangsbedingungen mit beliebiger Genauigkeit herzustellen. Ja, wir sind sogar nicht einmal an die Form des Ansatzes (1) gebunden, sondern wir können jede beliebige Differentialgleichung zweiter Ordnung

$$F\left(\frac{d^2x}{dt^2}, \frac{dx}{dt}, x, t\right) = 0 \tag{2}$$

nach diesem Verfahren behandeln, falls sie nur nach $\frac{d^2x}{dt^2}$ etwa in der Gestalt

$$\frac{d^2x}{dt^2} = \varphi\left(\frac{dx}{dt}, x, t\right) \tag{3}$$

auflösbar oder wenn der zweite Differentialquotient x'' irgendwie graphisch oder tabellarisch in Abhängigkeit von x', x, t gegeben ist.

Die Verfahren teilen sich kurz wie folgt ein:

I. Verfahren mit Hilfe der Krümmungskreise.

II. Verfahren mit Hilfe der Seilkurve.

III. Verfahren mit Hilfe simultaner Differentialgleichungen.

Die Verfahren I und II liefern verhältnismäßig rasch auf graphischem Wege einzelne Lösungen, die man, wenn nötig, nachträglich noch genauer machen kann, während das Verfahren III rechnerisch durchgeführt etwas mühsam eine allerdings ziemlich genaue Einzellösung gibt. Man kann III. mit gewissen geometrischen Vorstellungen aus der Kurvenlehre auch graphisch gestalten, was aber nur dann zweckmäßig erscheint, wenn man gleichzeitig eine ganze Schar von Integralkurven der vorgelegten Differentialgleichung ermitteln will.

I. Das Verfahren mit dem Krümmungskreis knüpft an an die Gestalt (3) der vorgelegten Differentialgleichung:

$$\frac{d^2x}{dt^2} = \varphi\left(\frac{dx}{dt}, x, t\right) \tag{3a}$$

und an die ebenfalls vorgelegten Anfangsbedingungen:

$$\left\{\begin{aligned} t = t_1 ; \quad & x_1 = x_1 ; \\ & \frac{dx}{dt} = x_1' . \end{aligned}\right. \tag{4}$$

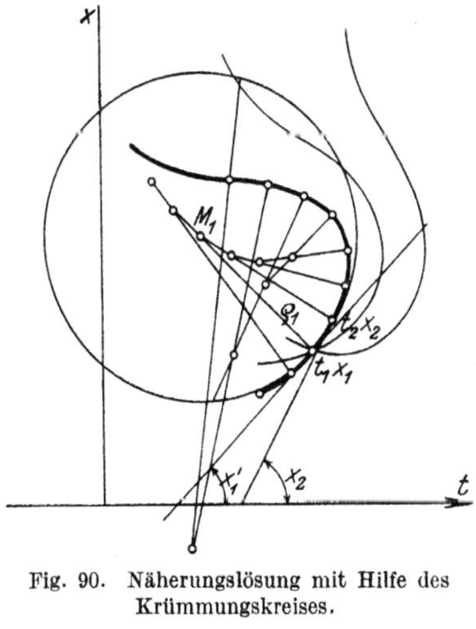

Fig. 90. Näherungslösung mit Hilfe des Krümmungskreises.

Im Zeitwegdiagramm (Fig. 90) bestimmen die Anfangsbedingungen einen Punkt P_1 und eine Richtung durch ihn[60]).

Nach dem Ansatz:

$$\varrho_1 = \frac{\sqrt{(1 + x_1'^2)^3}}{x_1''}, \tag{5}$$

wo

$$x_1'' = \varphi(x_1', x_1, t)$$

den zweiten Differentialquotienten der Kurve im Punkte P_1 bedeutet, ist der Krümmungsradius ϱ_1 daselbst festgelegt. Man zeichnet den Krümmungskreis auf und wählt auf seinem Umfang in kleiner Entfernung von P_1 in der Fortschreitungsrichtung x_1' den Punkt P_2. Dieser liefert drei neue Werte x_2', x_2, t_2, die aus der Zeichnung zu entnehmen sind, und damit einen neuen Krümmungsradius ϱ_2

$$\varrho_2 = \frac{\sqrt{(1 + x_2'^2)^3}}{x_2''}$$

mit

$$x_2'' = \varphi(x_2, x_2, t_2).$$

In dieser Weise wird fortgefahren, bis genügend viele Punkte der gesuchten Integralkurve bestimmt sind. Die Entfernungen der Punkte $P_1 P_2 P_3 \ldots$, auf den einzelnen Kreisumfängen gemessen, wählt man praktisch einander gleich; ihre absolute Größe, durch die die Genauigkeit des Ergebnisses und der Zeitaufwand des Verfahrens naturgemäß in gegenläufigem Sinne beeinflußt werden, bestimmt man am besten erfahrungsmäßig, indem man sich an einigen hingezeichneten Kurven von der Länge derjenigen Strecken überzeugt, die die Krümmungskreise mit der Kurve praktisch gemein haben.

Variiert man für festes x_1, t_1 die Richtung x_1', so erhält man eine einfach unendliche Mannigfaltigkeit von Integralkurven. Variiert man dann auch noch etwa x_1 bei festgehaltenem t_1, so wird die Mannigfaltigkeit zweifach unendlich, entsprechend dem Satze, daß das allgemeine Integral einer Differentialgleichung zweiter Ordnung zwei willkürliche Konstanten enthält. Es läßt sich beweisen, daß die Variierung von t_1, die augenscheinlich möglich ist, keine weiteren Integralkurven liefern kann.

Das Verfahren mit dem Krümmungskreis hat Prof. E. Meissner[61]) in Zürich durch eine zweckmäßige Deutung der Variabeln der vorgelegten Differentialgleichung abgeändert. Er deutet die Punktkoordinaten x, t als Linienkoordinaten p, u einer Geraden:

$$g(u) = x \cos u + y \sin u - p = 0, \tag{6}$$

wo die laufende Koordinate x mit der Variabeln x der vorgelegten Differentialgleichung

$$F(x'', x', x, t) = 0, \tag{7}$$

natürlich nichts zu tun hat.

Ist p als Funktion von u erklärt

$$p = p(u)\,, \tag{8}$$

so liefert (6) durch Variierung von u ein Geradenbüschel, dessen einhüllende Kurve *E.* Meissner die Stützkurve der Funktion $p(u)$ nennt.

Nach den Regeln der Differentialgeometrie bestimmt sich die Gleichung der Stützkurve durch Elimination von u aus (6) und

$$\frac{d g(u)}{d u} = -x \sin u + y \cos u - p'(u) = 0\,. \tag{9}$$

Ansatz (9) ist die Gleichung einer Geraden, die auf $g(x)$ senkrecht steht und auf ihr den Berührungspunkt P mit der Stützkurve bestimmt; sie ist also Normale zu C'. Sämtliche Normalen zu C sind aber die Tangenten an die Evolute C' von C, deren Normalen die Gleichung

$$g''(u) = -x \cos u - y \sin u - p''(u) = 0 \tag{10}$$

haben. Aus der Fig. 91 ergibt sich nun unmittelbar der Krümmungsradius von C:

$$\varrho_u = p(u) + p''(u)\,. \tag{11}$$

Auf dieser geometrischen Überlegung beruht die Meissnersche graphische Methode. Er schreibt die vorgelegte Differentialgleichung:

$$\left\{\begin{aligned} &F(p''(u),\ p'(u),\\ &p(u),\ u) = 0 \end{aligned}\right. \tag{12}$$

und deutet die Integration als Aufsuchen der Stützkurve C der gesuchten Funktion $p = p(u)$.

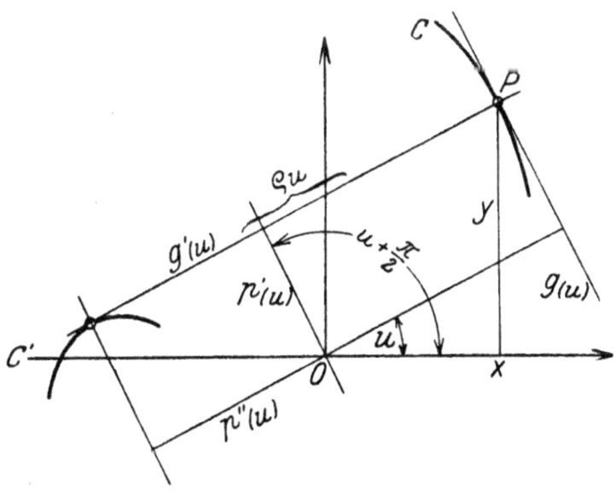

Fig. 91. Zur Definition der Stützkurve nach E. Meissner.

Hierzu schreibt man zunächst wieder

$$p''(u) = \varphi(p',\ p,\ u) \tag{13}$$

und geht von den Anfangsbedingungen

$$u = u_1, \quad p = p_1, \quad p' = p'_1$$

aus. Diese bestimmen die Gerade g_1 und ihre Normale g'_1. Auf der letzteren bestimmt sich der Krümmungsmittelpunkt K_{12} auf der Evolute von C durch

$$\varrho_1 = p_1 + p''_1, \tag{14}$$

wo nach (13) erklärt ist:

$$p''_1 = \varphi(p'_1, p_1, u_1). \tag{15}$$

Unter Annahme eines kleinen Zuwachses Δu (Fig. 92) für u_1 erhält man auf dem Umfang des Krümmungskreises den Punkt P_2,

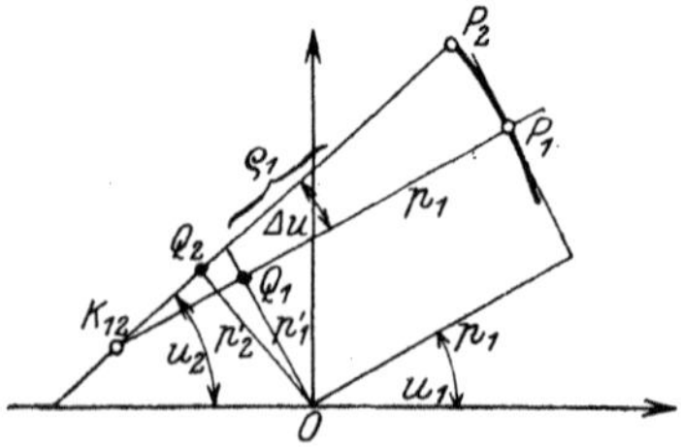

Fig. 92. Integrationsverfahren nach E. Meissner.

damit $u_2 = u_1 + \Delta u$, und durch das Lot von O auf $K_{12} P_2$ die Ableitung $p'_2 = O Q_2$ und $p_2 = Q_2 P_2$. Demnach läßt sich für P_2 bestimmen:

$$p''_2 = \varphi(p'_2, p_2, u_2) \tag{16}$$

und

$$\varrho_2 = p_2 + p''_2. \tag{17}$$

Um den Krümmungsmittelpunkt K_{23} beschreibt man wieder ein kleines Kurvenstück

$$P_2 P_3 = \varrho_2 \Delta u$$

und kann auf diese Weise die Konstruktion fortsetzen, bis man ein genügend langes Stück der Integralkurve gewonnen hat.

Die Stützkurvendiagramme mit ihren Evoluten haben ein von den üblichen Kurvendarstellungen erheblich abweichendes Aussehen und machen oft die Umwandlung in rechtwinklige Koordinatendarstellung $p = x$, $u = t$ notwendig.

In der Fig. 93 ist das Stützkurvenbild einer gewöhnlichen gedämpften Schwingung gezeichnet; die Eigenschaft konstanter Schwingungsdauer kommt dadurch zum Ausdruck, daß die Bögen der Evolute eine vom Anfangspunkt ausgehende gemeinsame Tangente haben. Im übrigen stellt Fig. 94 das gewöhnliche Zeitwegdiagramm der Schwingung dar, dessen Maximalamplituden als die vom Anfangspunkt ausgehenden Normalen der Stützkurve gewonnen werden.

II. Das Verfahren mit der **Seilkurve**[62]) beruht darauf, daß die **Differentialgleichung zweiter Ordnung**:

$$\frac{d^2x}{dt^2} = \varphi(t) \tag{18}$$

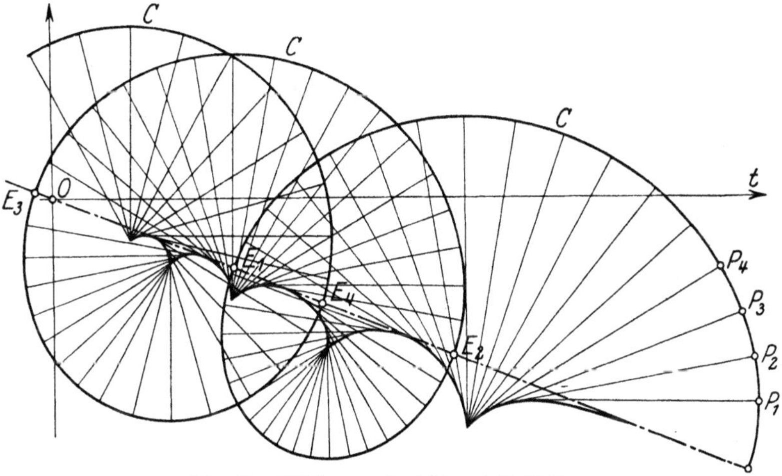

Fig. 93. Stützkurvenschaubild nach E. Meißner.

graphisch integriert werden kann, wenn man $\varphi(t)$ als Belastungsfläche auffaßt, zu der das **Seilpolygon** nach Fig. 95 zu konstruieren ist. Dieses Seilpolygon ist unmittelbar eine Integralkurve

$$x = C_1 + C_2\, t + \int dt \int \varphi(t)\, dt\,. \tag{19}$$

Zur Anwendung auf die vorgegebene Differentialgleichung (3)

$$\frac{d^2x}{dt^2} = \varphi\left(\frac{dx}{dt},\, x,\, t\right) \tag{20}$$

betrachten wir die rechte Seite als Belastungsfläche über der Abszisse t.

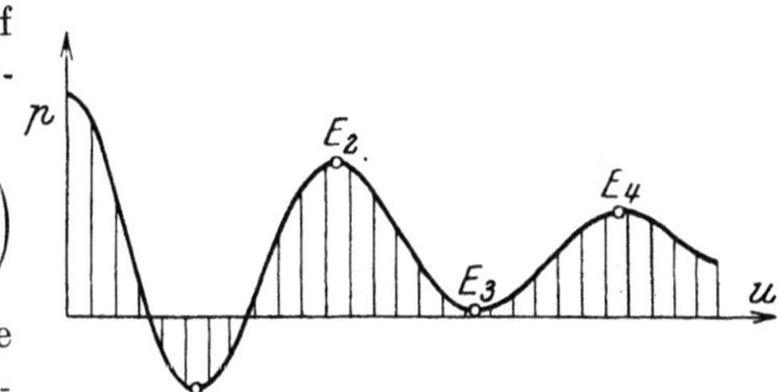

Fig. 94. Zeitwegschaubild zu Fig. 93.

Diese Belastungsfläche ist zwar nicht, wie beim Ansatz (18) von vornherein gegeben, sondern sie entsteht erst schrittweise bei der Durchführung der graphisch-rechnerischen Lösung.

Hierbei möge von einer speziellen Gestalt für

$$\varphi\left(\frac{dx}{dt}, x, t\right)$$

ausgegangen werden, nämlich von

$$\frac{d^2x}{dt^2} = \lambda x' + f(x) + \psi(t) \,. \tag{21}$$

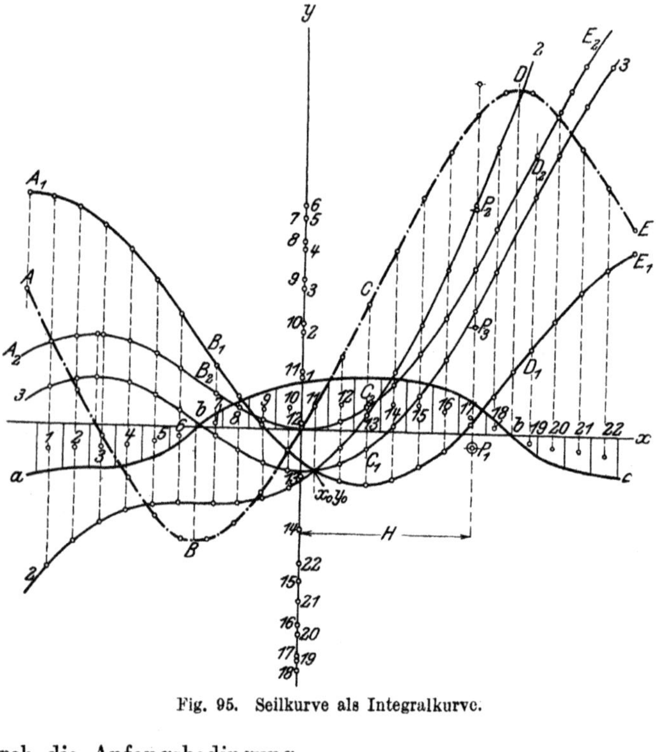

Fig. 95. Seilkurve als Integralkurve.

Durch die Anfangsbedingung

$$t = 0\,; \qquad x = x_1\,, \qquad \frac{dx}{dt} = x_1' \tag{22}$$

wird zunächst während des Zeitintervalles Δt die gesuchte Integralkurve angenähert als Gerade $x_1 \to \bar{x}_2$ nach Fig. 96 festgelegt.

Ferner bestimmt sich aus denselben Anfangsbedingungen mit

$$x_1'' = \lambda x_1' + f(x_1) + \psi(0)\,, \tag{23}$$

der ebenfalls während Δt als geradlinig anzunehmende Verlauf des ersten Differentialquotienten:

$$\lambda x_1' \to \lambda \bar{x}_1' .$$

Die Funktion $f(x)$ ist, da ja $x_1 \to \bar{x}_2$ bekannt sind, in ihrem Verlauf während Δt mit $f(x_1) \to f(\bar{x}_2)$ anzunehmen, und da $\psi(t)$ unmittelbar graphisch oder rechnerisch in (21) erklärt sein muß, so ist die Funktion $\varphi = \lambda x' + f(x) + \psi(t)$ im Intervall Δt mit $\varphi_1 \to \bar{\varphi}_2$ genähert gewonnen und mit ihrer Hilfe wird der Verlauf von x im Intervall Δt verbessert, indem man ein Kräftedreieck *0 1 2* zeichnet, dessen Strahl *0 1* parallel zu $x_1 \bar{x}_2$ und dessen Kraftpfeil *1 2* gleich dem Trapezinhalt $\Delta t \dfrac{\varphi_1 + \bar{\varphi}_2}{2}$ gewählt wird. Zum Strahle *0 2* zieht man dann seine Parallele durch den Schnitt der Schwerpunktsordinate des Trapezes mit $x_1 \bar{x}_2$, die auf der Endordinate des ersten Zeitintervalles den verbesserten Wert x_2 abschneidet. Ebenso liefert die Richtung von *0 2* die verbesserte Tangente der gesuchten Integralkurve für den Anfang des zweiten Intervalles Δt.

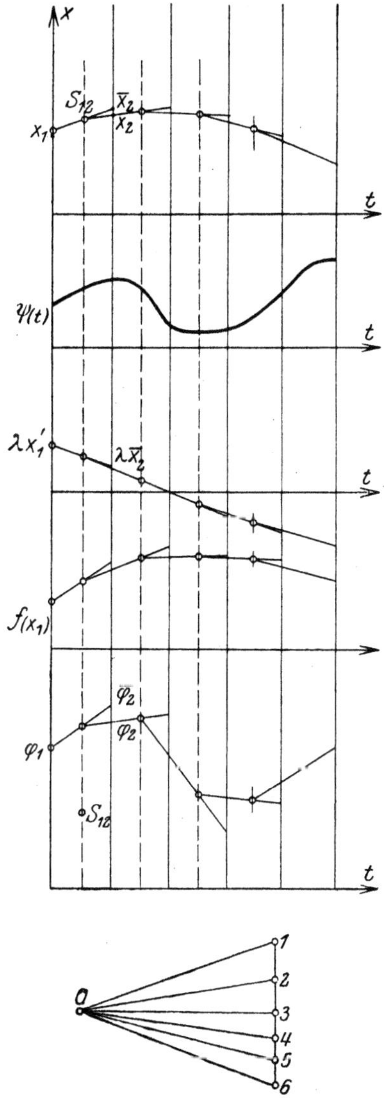

Fig. 96. Näherungsverfahren nach L. Gümbel.

Mit diesen verbesserten Werten für x_2 und x_2' verbessert man noch die Funktionen $\lambda x' f(x)$ und φ für das nächste Intervall und fährt so fort, bis ein genügend ausgedehntes Stück der Integralkurve vorliegt.

Nach diesem Verfahren hat L. Gümbel[63]) eine Reihe wichtiger Schwingungsaufgaben behandelt, von denen die Lösung der Differentialgleichung

$$ml\frac{d^2\alpha}{dt^2} + k\frac{dx}{dt} + mg\sin\alpha = 0 \tag{24}$$

mit der Anfangsbedingung

$$t = 0, \quad \alpha = \frac{\pi}{3}, \quad \frac{dx}{dt} = 0$$

in Fig. 97 dargestellt sei.

Beide Verfahren, sowohl das von Meissner wie das von Gümbel, sind praktisch recht gut verwendbar; das von Gümbel ist wohl auch etwas leichter verständlich.

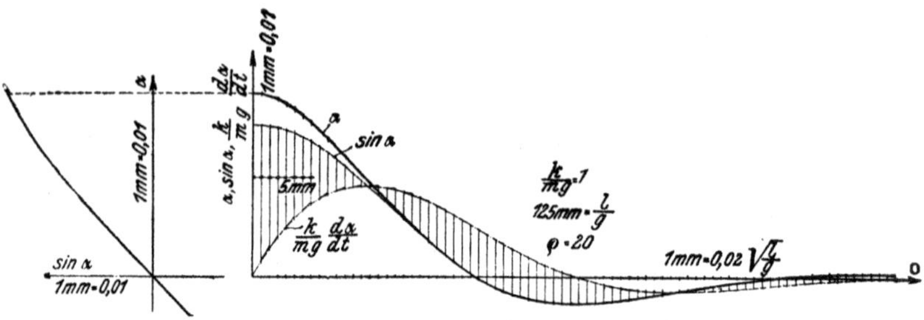

Fig. 97. Ausgeführtes Beispiel nach L. Gümbel.

Die erzielbare Genauigkeit dürfte bei beiden dieselbe sein und sie hängt ab von der Größe des gewählten Intervalls.

Im einzelnen erörtern beide Verfasser noch gewisse Korrektionen, die die Ergebnisse verbessern sollen und bezüglich deren auf die Originalarbeiten zu verweisen ist.

III. Die übrigen Verfahren beruhen zunächst auf der Ersetzung der Differentialgleichung zweiter Ordnung durch ein System von zwei simultanen Differentialgleichungen erster Ordnung.

Die Substitution:

$$\frac{dx}{dt} = \xi \tag{25}$$

in dem Ansatz (20) liefert:

$$\frac{d\xi}{dt} = \varphi(\xi, x, t) . \tag{26}$$

(25) und (26) sind aber ein simultanes System von Differentialgleichungen erster Ordnung für die Bestimmung der Veränderlichen x und y in Abhängigkeit von t.

Die rechnerische angenäherte Integration derartiger Systeme knüpft an an die einzelne Differentialgleichung erster Ordnung:

$$\frac{dy}{dx} = f(x, y) . \tag{27}$$

Nach Runge[64]) findet sich folgende Vorschrift zur angenäherten Ermittlung des Zuwachses k, den ein angenommener Wert y_1 erfährt, wenn man dem zugehörigen Wert x_1 den Zuwachs h erteilt.

Zunächst berechne man:

$$k_1 = f(x_1, y_1)\, h \tag{28}$$

daraus:

$$k_2 = f(x_1 + h, y_1 + k_1)\, h . \tag{29}$$

Dann wird der gesuchte Zuwachs von y_1:

$$k = \frac{k_1 + k_2}{2} . \tag{30}$$

Um zu prüfen, was dies bedeutet, so nehmen wir an, die Funktion f sei von y frei; dann schreibt sich:

$$k = \frac{f(x_1) + f(x_1 + h)}{2}\, h . \tag{31}$$

Dies ist aber der Inhalt des in Fig. 98 schraffierten Sehnentrapezes.

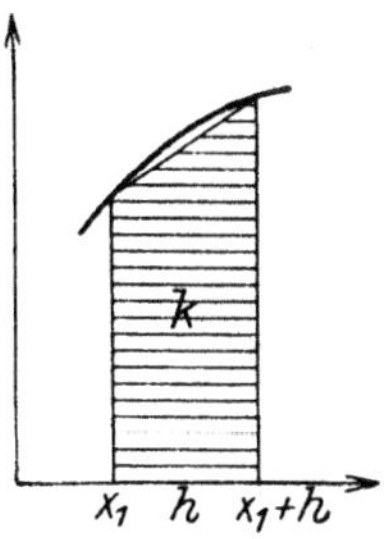

Fig. 98. Zur Sehnennäherung.

Der Ansatz (30) ist also nichts anderes als die in das zweivariablige Gebiet übertragene Annäherung eines Flächeninhaltes durch den einbeschriebenen Sehnenzug.

Hat man nach (30) den zu $x_2 = x_1 + h$ gehörigen Näherungswert $y_2 = y_1 + k$ gefunden, so berechnet man nach derselben Vorschrift so lange neue Wertepaare

$x_3, y_3 \ldots$, bis man ein genügend langes Stück der gesuchten Integralkurve besitzt.

Graphisch kann man zur Integration der Differentialgleichung

$$\frac{dy}{dx} = f(x, y) \tag{32}$$

wie folgt vorgehen. Diese Differentialgleichung bestimmt geometrisch in der $x_1 y_1$-Ebene ein Richtungsfeld, d. h. sie erklärt für jeden Punkt der Ebene eine Richtung, die ein durch ihn gezogenes kleines Linienelement mit der x-Achse einschließen soll (Fig. 99). Eine Kurve

$$f(x, y) = C \tag{33}$$

verbindet also alle diejenigen Punkte miteinander, in denen die eingezeichneten Linienelemente gleiche Richtung haben. Man nennt eine solche Kurve daher eine Isokline (Fig. 99).

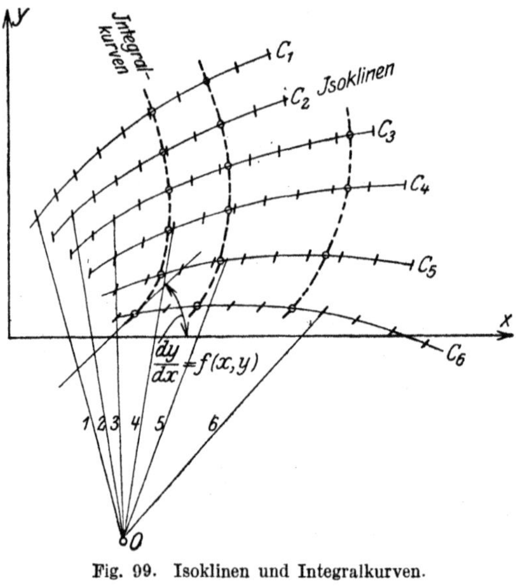

Fig. 99. Isoklinen und Integralkurven.

Die gegebene Differentialgleichung (32) schreibt nun vor, in jedem Punkte der xy-Ebene in der in ihm durch die Funktion $f(x, y)$ gemäß (33) erklärten Richtung vorwärts zu schreiten. Durch diese Bewegung erhält man, von einem Punkte x_1, y_1 ausgehend, eine Integralkurve.

Zeichnet man nun ein **Strahlenbüschel**, dessen einzelne Strahlen *1*, *2*, *3* ... zu den auf jeder Kurve $C_1, C_2, C_3 \ldots$ erklärten Linienelementen parallel sind, so erhält man die Integralkurven als eine Art Seilpolygon, dessen Seilstrahlen zwischen den **Isoklinen** parallel der Büschelstrahlen unter Beachtung der Zuordnungsziffern *1 2 3* ... gezogen sind.

Zeichnet man demnach eine ganze Schar von Isoklinen, so kann man auch eine ganze Schar von Integralkurven leicht finden.

Die Übertragung der entwickelten Verfahren auf das simultane System (25) und (26) gestaltet sich in dem rechnerisch durchgeführten Falle wie folgt.

Auf Grund der Anfangsbedingungen

$$t = t_1\,, \qquad x = x_1\,, \qquad \xi_1 = \frac{dx}{dt} = \xi_1$$

bestimmt man für den Zeitzuwachs Δt

(34) $$k_{1x} = \xi\,\Delta t\,, \qquad k_{1\xi} = \varphi(\xi_1\,,\ x_1\,,\ t_1)\,\Delta t$$

sowie

(35) $$k_{2x} = (\xi_1 + k_{1\xi})\,\Delta t\,; \qquad k_{2\xi} = \varphi(\xi_1 + k_{1\xi}\,,\ x_1 + k_{1x}\,,\ t_1 + \Delta t)\,\Delta t$$

und schließlich

(36) $$k_x = \frac{k_{1x} + k_{2x}}{2}\,, \qquad k_\xi = \frac{k_{1\xi} + k_{2\xi}}{2}\,.$$

Mit den erhaltenen Zuwüchsen bestimmen sich die Anfangsbedingungen für einen weiteren Integrationsschritt:

(37) $$t = t_2 = t_1 + \Delta t\,, \quad x = x_2 = x_1 + k_x\,, \quad \xi = \xi_2 = \xi_1 + k_\xi\,.$$

Die graphische Methode der **Isoklinen** und ihrer **Trajektorien** läßt sich zwar ebenfalls auf das zweivariabele Gebiet übertragen, führt aber vielfach zu umständlichen Konstruktionen. Es ist deshalb eine zeichnerische Ausübung der durch die Ansätze (28) bis (31) gegebenen Näherung vorzuziehen. Diese gestaltet sich für die einzelne Differentialgleichung erster Ordnung nach folgender Vorschrift:

Man bestimme auf der y-Parallelen $x = x_1$ in dem Anfangspunkte P_1 (Fig. 100) der Konstruktion mit den Koordinaten $x = x_1$, $y = y_1$ die Tangentenrichtung τ_1 gemäß

$$\frac{dy}{dx} = \operatorname{tg}\tau_1 = f(x_1\,,\ y_1)\,.$$

Die Richtung τ_1 führt man bis zum Schnitt P_2 mit der y-Parallelen $x = x_1 + h$; der Schnitt von τ_1 mit der y-Parallelen $x = x_1 + \frac{h}{2}$ sei M_{12}.

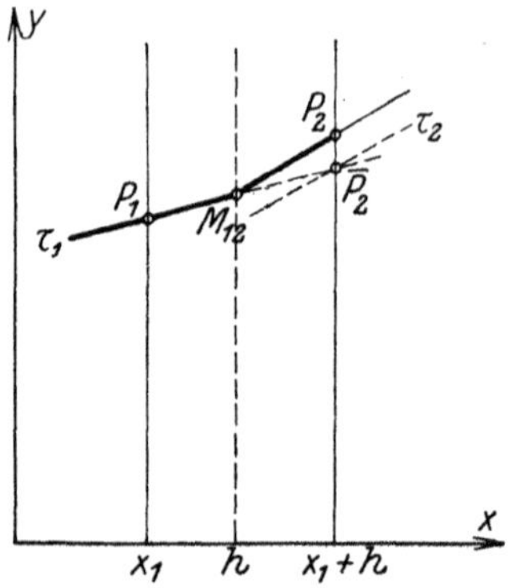

Fig. 100. Graphische Ausübung der Sehnennäherung.

Darauf bestimme man in P_2' die Tangentenrichtung:

$$\tau_2 = \frac{dy}{dx} = f(x_1 + h\,,\; y_1 + fh)$$

und ziehe zu ihr durch M_{12} eine Parallele, die auf der y-Parallelen $x = x_1 + h$ den Punkt P_2 bestimmt. Dann sind die Koordinaten von P_2:

$$x = x_2 = x_1 + h\,,$$
$$y = y_2 = y_1 + k\,,$$

wo k sich aus (28) bis (30) erklärt.

Der Punkt P_2 ist der Ausgang für einen weiteren Schritt nach dem gleichen Verfahren.

Analog gestaltet sich die Ausübung der folgenden Vorschrift: Die Tangentenrichtung in P_1 bestimmt sich wieder (Fig. 101) nach

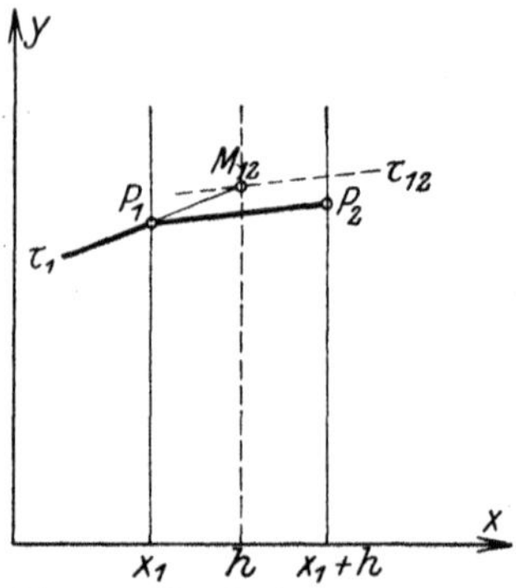

Fig. 101. Graphische Ausübung der Tangentennäherung.

$$\operatorname{tg}\tau_1 = \frac{dy}{dx} = f(x_1\,,\; y_1)$$

und wird bis zum Schnitt M_{12} mit der y-Parallelen $x = x_1 + \frac{h}{2}$ geführt.

In M_{12} berechnet man die Tangentenrichtung

$$\operatorname{tg}\tau_{12} = f\left(x_1 + \frac{h}{2}\,,\; y_1 + \frac{k_1}{2}\right)$$

zu der eine Parallele durch P_1 bis zum Schnitt P_2 mit der y-Parallelen $x = x_1 + h$ zu ziehen ist. P_2 wird dann Ausgangspunkt für die Fortsetzung des Verfahrens; es hat die Koordinaten:

$$(38)\quad x = x_2 = x_1 + h\,,\qquad y = y_2 = y_1 + f\left(x_1 + \frac{h}{2}\,,\; y_1 + \frac{k_1}{2}\right)h\,,$$

wo k_1 durch (28) erklärt ist.

Kommt y in der Funktion f nicht vor, dann wird aus (38):

$$x = x_2 = x_1 + h\,, \qquad y = y_2 = y_1 + f\left(x_1 + \frac{h}{2}\right)h\,. \tag{39}$$

Nach Fig. 102 ist aber $f\left(x_1 + \frac{h}{2}\right)h$ der Flächeninhalt des Tangententrapezes, d. h. nach Ansatz (38) oder (39) wird die Integralkurve durch den umschriebenen Tangentenzug angenähert.

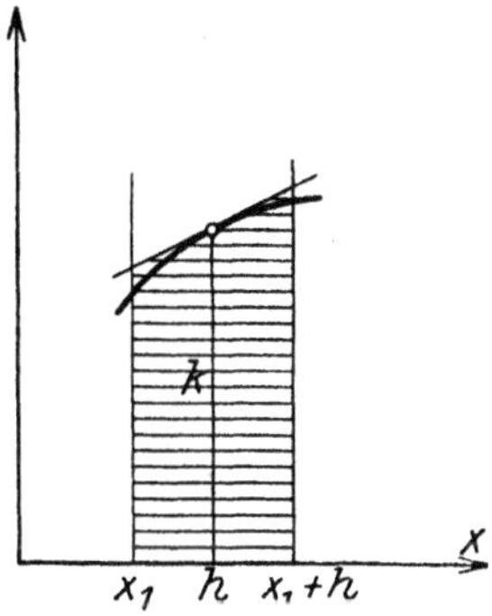

Fig. 102. Tangentennäherung.

Bezeichnen wir jetzt die Näherung (30), die wir als die Sehnentrapeznäherung erkannten, mit

$$k_S = \frac{k_1 + k_2}{2}$$

und die Tangententrapeznäherung (38) mit

$$k_T = f\left(x_1 + \frac{h}{2}\,,\; y_1 + \frac{k_1}{2}\right) h\,,$$

so liefert

$$k = k_S + \tfrac{2}{3}(k_T - k_S) \tag{40}$$

eine neue Näherung, durch die das Integralkurvenstück im Intervall von $x = x_1$ bis $x = x_1 + h$ durch einen Parabelbogen (Fig. 103) angenähert wird, denn der Ansatz (40) spricht die bekannte Inhaltsbeziehung zwischen dem Parabelsegment und dem umschriebenen Sehnen-Tangenten-Parallelogramm aus (Simpsonsche Regel).

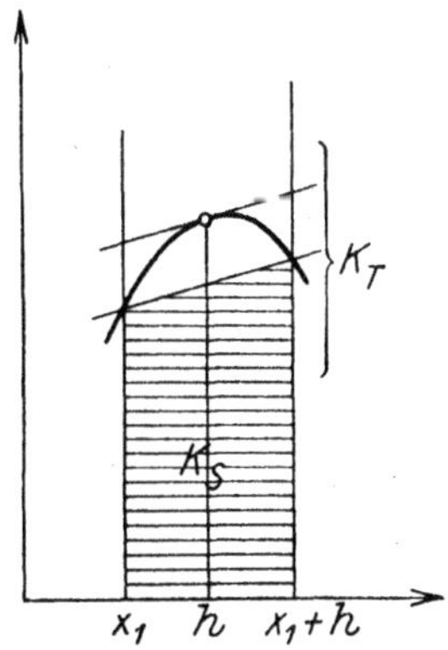

Fig. 103. Parabelnäherung.

Auf unser System von simultanen Differentialgleichungen lassen sich nun die Verfahren nach Fig. 101 und Fig. 102 übertragen.

Man hat jetzt zwei Koordinatensysteme x, t und ξ, t anzunehmen (Fig. 104). In ihnen bestimmt man mit Hilfe der Anfangsbedingungen die Punkte

$$\overline{P}_1 = t_1\,,\; x_1 \qquad \text{bzw.} \qquad \overline{\overline{P}}_1 = t_1\,,\; \xi_1$$

nebst den zugehörigen Richtungen

$$\operatorname{tg}\bar{\tau}_1 = \left(\frac{dx}{dt}\right)_1 = \xi_1 ; \qquad \operatorname{tg}\bar{\bar{\tau}}_1 = \left(\frac{d\xi}{dt}\right)_1 = \varphi(\xi_1, x_1, t_1) .$$

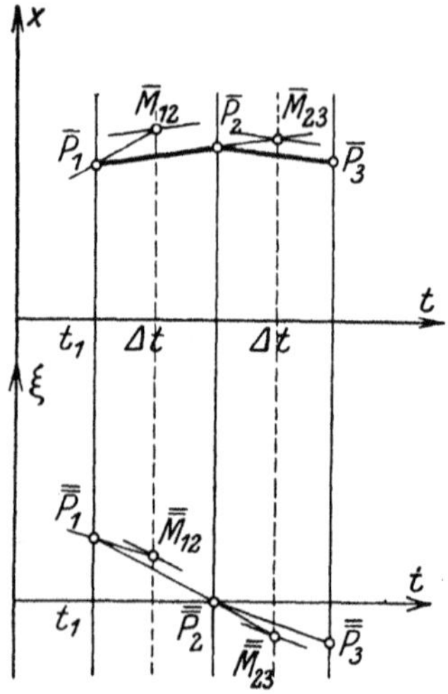

Fig. 104. Behandlung eines simultanen Systems nach der Tangentennäherung.

Diese Richtungen führt man bis zu den Schnitten $\bar{M}_{12}$ bzw. $\bar{\bar{M}}_{12}$ mit den t-Achsennormalen $t = t_1 + \frac{\Delta t}{2}$, in welchen wiederum die Richtungen $\bar{\tau}_{12}$ bzw. $\bar{\bar{\tau}}_{12}$ bestimmt werden. Zu diesen sind Parallelen durch $\bar{P}_1$ bzw. $\bar{\bar{P}}_1$ zu ziehen, die nun die Punkte $\bar{P}_2$ bzw. $\bar{\bar{P}}_2$ auf der t-Achsennormalen $t = t_1 + \Delta t$ festlegen. Entsprechende Schnitte führen zu weiteren Punkten $\bar{P}_3$ bzw. $\bar{\bar{P}}_3$ der genäherten Integralkurve, die als Tangentenzug zur wirklichen Kurve anzusprechen ist. Der der Fig. 100 entsprechende Vorgang liefert auch für simultane Differentialgleichungen ein Sehnenverfahren, dessen Entwicklung nach dem Erörterten ganz einfach ist.

Alle besprochenen Näherungsmethoden liefern bei sorgfältiger, namentlich präziser zeichnerischer Durchführung oft sehr gute Resultate, wofür die Arbeit von L. Gümbel ein Beweis ist. Es darf aber nicht vergessen werden, daß mit der Angabe der verschiedenen Vorschriften über die Konvergenz der Näherungsprozesse nichts ausgesagt ist. Wenn also begründete Zweifel entstehen, ob die Näherung im Laufe ihrer Durchführung nicht sich immer mehr von der wirklichen Kurve entfernt, so muß man zu gewissen Verfahren fortschreitender Kurvenverbesserung greifen, welche gestatten, aus einem angenähert vorliegenden Kurvenstück, welches nicht einmal besonders gut angenähert zu sein braucht, mit Hilfe der vorgelegten Differentialgleichungen das gesuchte Kurvenstück mit beliebiger Schärfe zu ermitteln. Bezüglich dieser Mittel sei auf die Literatur verwiesen[65].

VII. Schwingungen mit einem Freiheitsgrad in der Maschinentechnik.

§ 49. Übertragung von Maschinenschwingungen auf das Fundament.

Daß die Bewegung von Maschinen sich auf die Fundamente und sogar auf die umgebenden Gebäude übertragen kann, ist bekannt. Die Ursache dieser Erscheinung ist darin zu suchen, daß das Fundament, obwohl selbst als starr zu betrachten, im Erdboden nicht unverrückbar gelagert ist, sondern infolge der Elastizität des Erdbodens kleine Bewegungen, d. h. erzwungene Schwingungen, ausführen kann.

Wir brauchen gar keine Gleichung aufzustellen, um die Folgen dieser Tatsache zu übersehen. Wir wissen schon aus dem Früheren, wie man diesem Übelstande begegnet: Man macht die Fundamentmasse so groß als möglich, wodurch sich die Amplitude der erzwungenen Schwingungen verringert. Gleichzeitig ist zu bemerken, daß die Maximalamplitude der Schwingungen eintritt, wenn die Eigenschwingungszahl des Fundamentes mit der erregenden Schwingungszahl zusammenfällt.

Diese Erfahrung trifft zu in allen den Fällen, wenn die elastische Formänderung der Maschinenteile, die die erregenden Kräfte (freie Massenkräfte bei Kolbenmaschinen oder Überwuchtwirkungen bei Kreiselmaschinen) auf das Fundament übertragen, so klein ist, daß sie vernachlässigt werden kann.

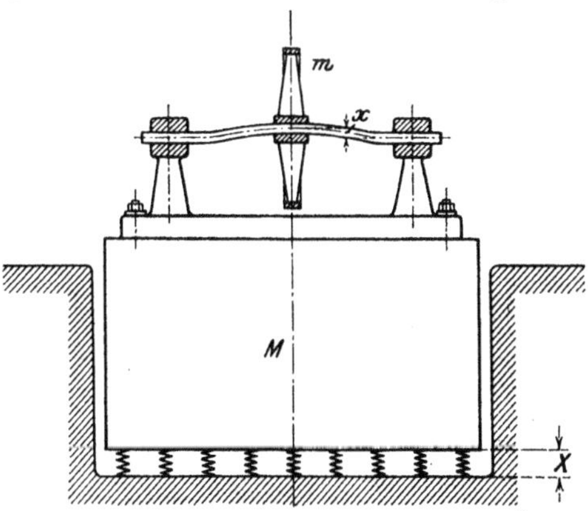

Fig. 105. Maschine und Fundament.

Diese Voraussetzung trifft nun bei Turbinen unter Umständen nicht zu, weil die Wellen, durch welche die von den Rädern ausgehenden Schwingungskräfte auf die Lager und damit auf das Fundament übertragen werden, oft mit erheblicher elastischer Durchbiegung ausgestattet sind.

Dieser Fall muß besonders untersucht werden. In Fig. 105 sei m die Masse eines auf der Welle einer Turbine sitzenden Rades, x sei die Auslenkung des Radschwerpunktes aus seiner Mittellage relativ zum Fundament, in der die Welle ohne Biegungsspannungen ist. M sei die Masse des federnd gedachten Fundamentes und X die Ausweichung desselben aus seiner Ruhelage. Dann ist die Bewegungsgleichung der Radmasse:

$$(1) \qquad m\frac{d^2(X+x)}{dt^2} + c\,x = p\sin\omega\,t\,,$$

wo $p\sin\omega\,t$ irgendeine am Rad angreifende periodische Kraft ist.

Die Bewegungsgleichung des Fundamentes aber wird analog:

$$(2) \qquad M\frac{d^2X}{dt^2} + C\cdot X - c\cdot x = 0\,.$$

Setzt man

$$\frac{d^2x}{dt^2} = \frac{M}{c}\frac{d^4X}{dt^4} + \frac{C}{c}\frac{d^2X}{dt^2}$$

in (1) ein und addiert (1) und (2), dann findet sich:

$$(3) \qquad M\,m\frac{d^4X}{dt^4} + (M\,c + m\,c + c\,C)\frac{d^2X}{dt^2} + c\,C\,X = p\sin\omega\,t\,.$$

Offenbar genügt dieser Gleichung der Ansatz

$$(4) \qquad X = A\sin\omega\,t\,,$$

wenn

$$(4\text{a}) \qquad A = \frac{p\,c}{\{M\,\omega^2 - (C+c)\}\{m\,\omega^2 - c\} - c^2}$$

gesetzt wird.

In entsprechender Weise findet sich die Amplitude a' der Radschwerpunktbewegung relativ zum Fundament

$$a' = -\frac{p(M\,\omega^2 - C)}{\{M\,\omega^2 - (C+c)\}\{m\,\omega^2 - c\} - c^2}$$

und die absolute Amplitude

$$(4\text{b}) \qquad a = a' + A = \frac{p(C + c - M\,\omega^2)}{\{M\,\omega^2 - (C+c)\}\{m\,\omega^2 - c\} - c^2}\,.$$

Durch Auflösung der hieraus folgenden quadratischen Gleichung für ω^2:

$$\omega^4 - \frac{c}{m}\left(1 + \frac{m}{M}\frac{C}{c} + \frac{m}{M}\right)\omega^2 = -\frac{cC}{mM} \tag{5}$$

ergibt sich die kritische Schwingungszahl

$$\omega_k^2 = \frac{c}{m}\left(1 + \frac{1}{2}\frac{m}{M}\right), \tag{6}$$

wenn wir die Annahme machen, daß die Fundamentmasse M groß gegenüber der Maschinenmasse, ihre elastische Rückwirkung C aber klein gegenüber c sei. Der Ansatz (6) zeigt also, daß die kritische Schwingungszahl ω_k über der Eigenschwingungszahl $\sqrt{\frac{c}{m}}$ der Maschine liegt, wenn das Fundament schwer ist.

Weiter kann man zeigen, daß ω_k niedriger wird als $\sqrt{\frac{c}{m}}$, wenn das Fundament leicht ist.

Ein Beispiel hierfür aus Experimenten Stodolas gibt § 51 [66]).

Hieraus ergibt sich aber, daß weder die Eigenschwingungszahl der Maschine $\omega = \sqrt{\frac{c}{m}}$ noch die Eigenschwingungszahl des Fundamentes $\omega = \sqrt{\frac{C}{m}}$ zu maximalen Erschütterungen Anlaß geben.

Eine besondere Betrachtung verdient bei Fundamentschwingungen der Energieumsatz. Offenbar wird dadurch, daß die Teile des Fundamentes in Erschütterung kommen, Energie verbraucht. Diese Energie kann nur von der auf dem Fundament befestigten Maschine herrühren.

Diese Einwanderung von Energie aus der Maschine in das Fundament hat Sommerfeld [67]) sehr schön nachgewiesen. Er befestigte einen kleinen Elektromotor auf einem Tisch und brachte an der Motorachse ein kleines exzentrisches Schwunggewicht an, wodurch beim Ingangsetzen vertikale und horizontale periodische Kräfte auf den Tisch, dessen Beine am Boden fixiert waren, ausgeübt werden mußten. Zunächst steigerte man die Umlaufzahl und fand, daß bei $n = 310$ die ganze Tischplatte horizontale Bewegungen von 5 mm Amplitude machte. Offenbar war 310 die Eigenschwingungszahl des Systems von Tischfüßen und Platte. Versuchte man nun durch Steigern der Klemmenspannung die Umlaufzahl weiter zu steigern, so ergab sich, daß dies nicht möglich war; trotz stärkerer Stromaufnahme blieb die Umlaufzahl 310 (siehe Fig. 106). Die vom Motor aufgenommene Energie wurde zur Aufrechterhaltung der Tischschwingungen verzehrt. Erst bei stärkerer Stromaufnahme stieg die Umlaufzahl unter Beruhigung der Tischschwingungen, um bei 750 wieder konstant zu werden unter erneutem heftigen Schwingen des Tisches. Diesmal zitterte die Platte allein, aber nur in vertikaler Richtung: 750 war die Eigenschwingung der Platte für sich betrachtet.

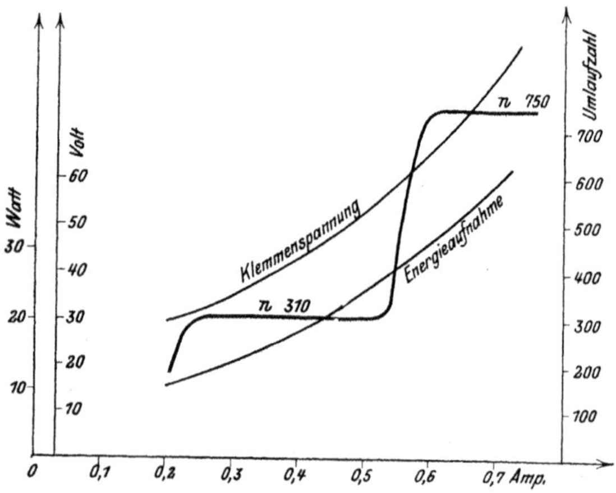

Fig. 106. Versuch Sommerfeld.

Aus dem Vorstehenden ergibt sich, daß ein Mitschwingen des Fundamentes auch einen schlechten mechanischen Wirkungsgrad der Maschine im Gefolge haben muß.

Über die Art der Fundamentschwingungen sind zahlreiche Experimentaluntersuchungen angestellt worden, deren Ergebnisse sich allgemein wie folgt zusammenfassen lassen:

a) Die Fundamentbewegungen kennzeichnen sich als gleichzeitig auftretende Kippungen, Drehungen im Horizont, vertikale und horizontale Verschiebungen, von denen sich bei Kolbenmaschinen die beiden letzten Arten, hervorgerufen durch die Massendrücke der hin und her gehenden Getriebeteile besonders stark bemerkbar machen.

Die Frequenz der vertikalen Schwingungen ist gleich der Umlaufzahl der Maschine, während bei den horizontalen Verschiebungen infolge der endlichen Länge der Schubstange noch eine Oberschwingung von doppelter Frequenz auftritt.

b) Die wesentliche Aufgabe, die Eigenfrequenz eines Fundamentes in einem gegebenen Boden vorauszuberechnen, ist noch nicht gelöst. Aus vorliegenden Versuchen kann geschlossen werden, daß es möglich sein wird, durch weitere eingehende Experimentaluntersuchungen zur Kenntnis der die Eigenschwingung eines Fundamentes beherrschenden Verhältnisse zu gelangen[68]).

§ 50. Fortpflanzung von Erschütterungen, insbesondere von Maschinenschwingungen im Erdboden.

Die Fortpflanzung von Erschütterungen im Erdboden wird mit Hilfe der Theorie der Wellenausbreitung in elastischen Körpern behandelt.

Nach dieser Theorie werden die Eigenschaften eines elastischen Körpers bestimmt durch folgende Größen:

ϱ = Dichte = Masse der Volumeinheit (in absoluten Einheiten = spezifisches Gewicht).

E = Elastizitätsmodul.

G = Gleitmodul.

Statt des Gleitmoduls G kann man auch die Poissonsche Konstante σ einführen, die mit E und G durch die Beziehung

$$G = \frac{E}{2(1+\sigma)}$$

oder

$$\sigma = \frac{E - 2G}{2G}$$

zusammenhängt.

In manchen Schriften wird als Poissonsche Konstante der reziproke Wert von σ

$$m = \frac{1}{\sigma}$$

benutzt.

Schließlich kann man statt E und G auch die beiden Laméschen Elastizitätskoeffizienten λ und μ heranziehen, die sich in E und G wie folgt ausdrücken:

$$\lambda = \frac{\sigma}{(1+\sigma)(1-2\sigma)} E ,$$

$$\mu = \frac{1}{2(1+\sigma)} E .$$

Die Untersuchung der partiellen Differentialgleichungen, die die Wellenbewegungen in einem so definierten Körper beherrschen, ergibt, daß grundsätzlich zwei Arten von Schwingungen möglich sind, nämlich longitudinale oder Verdichtungswellen und transversale oder Scherungswellen. Bei den ersteren liegt die Schwingungsrichtung des einzelnen Teilchens in der Fortpflanzungsrichtung der Welle, bei den letzteren senkrecht dazu.

Wesentliches Ergebnis der Wellentheorie der elastischen Körper ist, daß die Fortpflanzungsgeschwindigkeiten der beiden Wellenbewegungen sich aus den elastischen Konstanten wie folgt berechnen:

Für die longitudinale Bewegung:

$$V_1 = \sqrt{\frac{E}{\varrho} \frac{1-\sigma}{(1+\sigma)(1-2\sigma)}} ,$$

für die transversale Bewegung:

$$V_2 = \sqrt{\frac{E}{\varrho} \frac{1}{2(1+\sigma)}} .$$

Aus diesen Ansätzen findet man durch Division, daß das Verhältnis der beiden Geschwindigkeiten schon durch die Poissonsche Konstante geliefert wird:

$$\frac{V_1}{V_2} = \sqrt{2 \frac{1-\sigma}{1-2\sigma}}$$

oder

$$\sigma = \frac{\frac{1}{2}\left(\frac{V_1}{V_2}\right)^2 - 1}{\left(\frac{V_1}{V_2}\right)^2 - 1} .$$

Die seismographischen Untersuchungen der Erdbeben gestatten nun die beiden Geschwindigkeiten V_1 und V_2 in den obersten Erdschichten aus den Seismogrammen zu ermitteln wie folgt:

$$V_1 = 7{,}17 \text{ km/sek},$$

$$V_2 = 4{,}01 \text{ km/sek}.$$

Das Verhältnis der Geschwindigkeiten ist also

$$\frac{V_1}{V_2} = \frac{7{,}17}{4.01} = 1{,}788\,,$$

woraus sich die Poissonsche Konstante für die obersten Schichten der Erdrinde findet:

$$\sigma = 0{,}27$$ [69].

Das Auftreten der beiden Wellenbewegungen wird auch beobachtet bei der seismometrischen Aufnahme von Bodenerschütterungen, die von Sprengungen herrühren.

Ein solches Seismogramm, welches bei der Detonation von 1 kg Dynamit in 600 m Entfernung aufgenommen wurde, zeigt Fig. 107. In ihm bezeichnen B_1 bzw. B_2 die Ankunft der longitudinalen bzw. transversalen Bodenwellen, während L die Ankunft der von der Explosion herrührenden Lufterschütterung anzeigt. Aus den Zeitunterschieden $t_L - t_{B_1}$ und $t_L - t_{B_2}$ des Diagrammes, zusammen mit der Entfernung s und der Schallgeschwindigkeit in der Luft $V_L = 342$ [m/sek^{-1}] können V_1 und V_2 berechnet werden.

Aus einer Reihe so angestellter Versuche, bei denen s bis zu 1000 m variiert wurde, ergab sich im Mittel

$$V_1 = 3{,}13 \text{ [km/sek]}\,,$$

$$V_2 = 1{,}76 \text{ [km/sek]}\,,$$

woraus sich wiederum die Poissonsche Konstante

$$\sigma = 0{,}27$$ [70]

ermittelt.

Neben den longitudinalen und transversalen Bodenwellen treten nun noch die von Lord Rayleigh zuerst erkannten Oberflächenwellen auf, die sich sowohl bei der seismographischen Aufnahme von Erdfernbeben, wie auch bei Erderschütterungen auf nahe Entfernungen bemerkbar machen, die z. B. vom

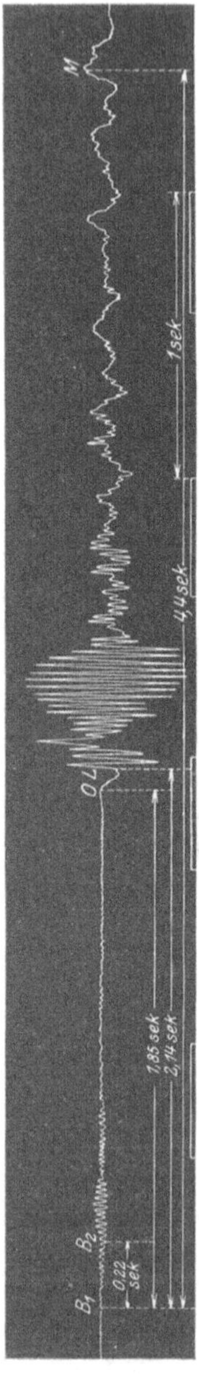

Fig. 107. Erdbodenbewegung bei einer Dynamitexplosion.

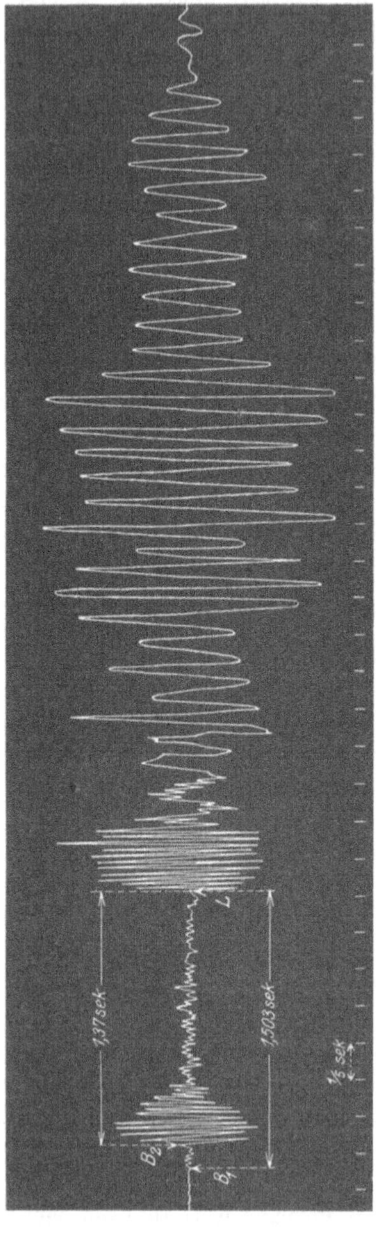

Fig. 108. Erdbodenbewegung bei einem Geschützabschuß.

Abfeuern von Geschützen herrühren. Die Fig. 108 zeigt ein derartiges Geschützseismogramm, welches beim Abfeuern einer 13 cm-Kanone aus 900 m Entfernung aufgenommen wurde.[71])

B_1 und B_2 sind wieder die beiden Bodenwellenarten, während bei O die Oberflächenwellen ankommen. Deren Aufzeichnung

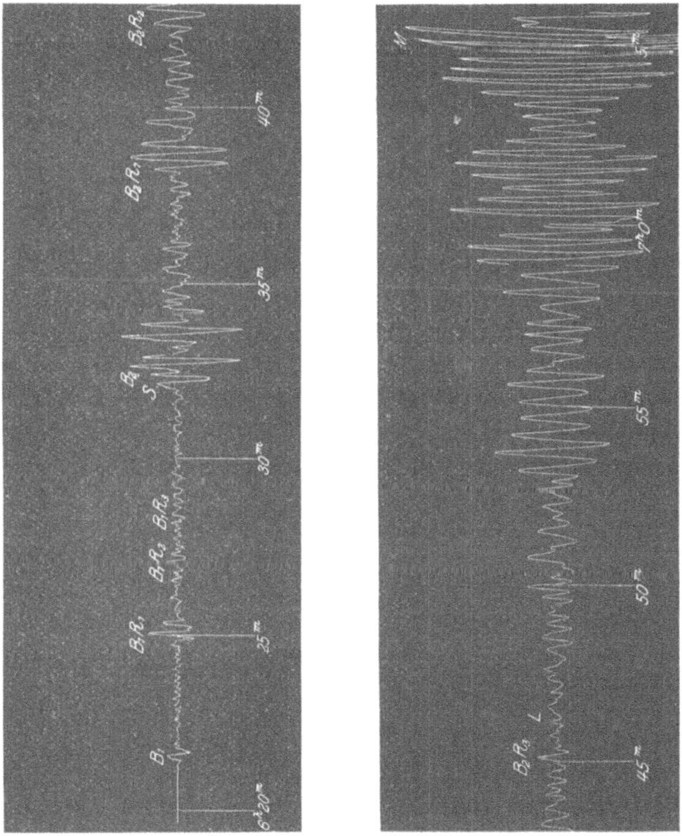

Fig. 109. Seismische Erdbodenbewegung.

wird jedoch bald durch die mit etwas geringerer Geschwindigkeit nachfolgenden Luftschallwellen (die vom Knall des Geschützes herrühren) bei L gestört. Nach dem Abklingen der Luftschallwellen treten die Oberflächenwellen hervor und ergeben mehrere Maxima.

Fig. 109 stellt das Schaubild [72]) einer makroseismischen Störung (Mexikanisches Erdbeben vom 15. IV. 1907) dar, und zwar deren Ost-West-Komponente, wie sie vom 1200 kg-Pendel der Göttinger Erdbebenwarte verzeichnet wurde. Die Buchstaben $B_1 B_2 O$ haben dieselbe Bedeutung wie oben, nur treten jetzt noch die Wellengruppen $B_1 R_1$, $B_1 R_2$, $B_1 R_3$ und $B_2 R_1$, $B_2 R_2$, $B_2 R_3$ hinzu. Diese entstehen durch ein bis zweimalige Reflexion der Wellen B_1 und B_2 an der Erdoberfläche. Sie machen das Seismogramm natürlich schwer lesbar, weshalb besondere Übung dazu gehört, den Beobachtungsstoff einer Erdbebenstation richtig zu werten.

Jedenfalls ergibt sich aus unserem Seismogramm schon die infolge der viel größeren Entfernung des Störungsherdes wesentlich längere Dauer der Zeitunterschiede zwischen den einzelnen Störungsarten.

Über die Fortpflanzung von Maschinenschwingungen im Erdboden gibt eine Arbeit von L. Mintrop [68]) ausführlich Auskunft.

Mintrop stellte seine Messungen mit einem von ihm gebauten transportabeln astatischen Horizontalseismographen an (vgl. § 19), dessen Konstanten (für die unempfindlichste Einstellung) waren:

Ungedämpfte Eigenschwingungsdauer $T = 0{,}69$ sek,
Äquivalente Pendellänge . . . . . $L = 0{,}119$ m,
Indikatorlänge . . . . $J = 212$ m,
Indikatorvergrößerung . . . . . . $V = 1780$ m,
Dämpfungsverhältnis . . . . . $\varepsilon = e^{\Lambda} = 3{,}4$.

Aus dem Dämpfungsverhältnis berechnet sich die Größe 2δ der Gleichung (7) im § 19 wie folgt:

$$2\delta = \frac{2\Lambda}{T} = \frac{2 \operatorname{lognat} \varepsilon}{T} = 1{,}77 \text{ sek}^{-1}.$$

Die Indikatorvergrößerung konnte bis auf 11 300 gesteigert werden.

Mit diesem Instrument gelang es, die Erdbodenerschütterungen, die von den 100- bis 400-pferdigen Gasmotoren des Göttinger Elektrizitätswerkes ausgingen, nicht nur bis in Entfernungen von 1240 m vom Störungsherd in ihrer Amplitude zu messen, sondern auch so vergrößert zu registrieren, daß sie einer harmonischen Analyse unterworfen werden konnten.

Die Analyse ergab eine horizontal gerichtete Grundschwingung in der Umdrehungsperiode der erregenden Maschine und eine doppelt so schnelle Oberschwingung.

Die Amplitudenbestimmung ergab Bodenbewegungen bis etwa 0,003 mm in der Nähe der Maschine, die infolge der Bodendämpfung in 1240 m Entfernung auf etwa den 100. Teil abnahmen.

§ 51. Biegungsschwingungen rasch rotierender Wellen.

Die Entwicklung des Maschinenbaues kennzeichnet sich in bemerkenswerter Weise durch den Vergleich von Tourenzahlen in alter und neuer Zeit. Newcomens Pumpen machten vielleicht 20 Hübe in der Minute, und Watt kam etwa bis zu Umlaufzahlen von 60. Normale Betriebsdampfmaschinen machen heute 120 bis 180 Touren; schnellaufende Dampfmaschinen gehen bis 800 und kleinere Elektromotore sowie Verbrennungskraftmaschinen weit über 1000 hinaus. Gegenüber dieser Entwicklung der Geschwindigkeiten war aber der Schritt, den Laval in den 80er Jahren tat, ein ganz besonders kühner. Er ließ seine Dampfturbinen sofort mit 10 000—20 000 Umdrehungen laufen. Die damit sich ergebenden Schwierigkeiten der Ausbalancierung der Räder suchte er natürlich zunächst auf dem gewöhnlichen Wege genauer Arbeit und Montage zu überwinden, bald aber zeigte sich, daß die kleinen Unvollkommenheiten in der Zentrierung der umlaufenden Massen gar nicht zu beseitigen waren. Glücklicherweise machte er nun die Beobachtung, daß der unruhige Lauf seiner Maschinen sich nur bei bestimmten Umlaufzahlen einstellte, und daß die Bewegung bei einem gewissen Abstand von diesen Umlaufzahlen um so ruhiger war, je biegsamer die Welle konstruiert wurde. Damit war der Begriff der kritischen Umlaufzahl erfahrungsmäßig festgelegt. Bald folgte auch die theoretische Behandlung der Sache nach. In den einschlägigen Arbeiten von Rankine, Reynolds und Föppl[73]) besitzen wir eine klassische Darstellung der Theorie der Laval-Turbinenwelle.

Im Grunde ist die Sachlage einfach: Ein von einem Kräftepaar aP beeinflußtes Rad (Fig. 110) sucht stets um eine durch seinen Schwerpunkt S gehende Achse zu rotieren, wenn auch die Achse des Kräftepaares nicht durch den Schwerpunkt geht; der Spurpunkt M der Achse des Kräftepaares beschreibt dann einen Kreis um den Schwerpunkt. Beim exzentrisch aufgekeilten Turbinenrad ist diese Sachlage gegeben.

Das Kräftepaar wird durch den Wellenspurpunkt eingeleitet, und dieser würde eine Drehbewegung um den Schwerpunkt machen wenn die Welle etwa ein vollkommen unelastisch biegsamer Faden wäre. Da aber die Welle elastisch ist, suchen die transversalen Biegungskräfte den Schwerpunkt des Rades zu verschieben. Somit treten die Biegungskräfte in Wechselwirkung mit den Beschleunigungskräften des Rades, und es kommt ein Schwingungsvorgang zustande.

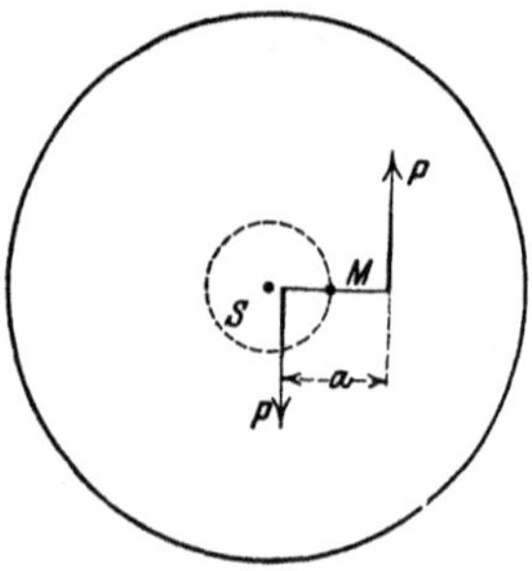

Fig. 110. Kräfteangriff am Turbinenrad.

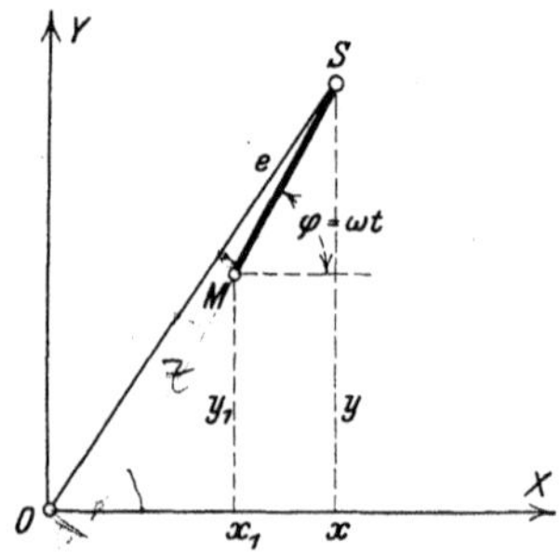

Fig. 111. Koordinaten der Turbinenradbewegung.

x, y (Fig. 111) seien die Koordinaten des Schwerpunktes S, x_1, y_1 die des Wellenspurpunktes M; in 0 projiziere sich die Verbindungslinie der Wellenlager, e ist das Maß der „Exzentrizität“ des Rades. Die beiden Durchbiegungskomponenten x_1, y_1 üben auf das Rad verschiebende Kräfte $-c\,x_1$ und $-c\,y_1$ aus; hier ist die Biegungskonstante oder Federungszahl c aus den Wellendimensionen nach den Regeln der Elastizitätslehre zu berechnen.

Die Differentialgleichungen für die Bewegung des Schwerpunktes S schreiben sich dann unter Vernachlässigung der Schwere mit der Radmasse M:

$$(1)\qquad \begin{cases} M\dfrac{d^2x}{dt^2} = -c\,(x - e\cos\varphi)\,, \\[2ex] M\dfrac{d^2y}{dt^2} = -c\,(y - e\sin\varphi)\,. \end{cases}$$

Hier ist nun für den Winkelweg φ des Rades einzuführen $\varphi = \omega t$, wo ω die annähernd konstant gedachte Umlaufgeschwindigkeit der Welle bedeutet.

Der Ansatz (1) führt so auf zwei Differentialgleichungen mit von der Zeit abhängigen periodischen Störungsfunktionen, durch deren Integration man zu dem Ergebnis kommt, daß die Eigen-Biegungsschwingungszahl $\sqrt{\frac{c}{M}}$ der Welle verschieden sein muß von der Umlaufzahl ω. Die Zahl $\omega_k = \sqrt{\frac{c}{M}}$ ist somit für die betrachtete Maschinenanordnung eine kritische in dem Sinne, daß für $\omega = \sqrt{\frac{c}{M}}$ die Schwerpunktsverschiebungen x und y unzulässig (unendlich) groß werden, wie sich aus dem allgemeinen Integral:

$$
(2) \qquad \left\{ \begin{aligned} x &= A \sin \sqrt{\frac{c}{M}}\, t + B \cos \sqrt{\frac{c}{M}}\, t + \frac{c\,e}{c - M\,\omega^2} \cos \omega\, t\,, \\ \gamma &= C \sin \sqrt{\frac{c}{M}}\, t + D \cos \sqrt{\frac{c}{M}}\, t + \frac{c\,e}{c - M\,\omega^2} \sin \omega\, t \end{aligned} \right.
$$

sofort ergibt.

Die Schwingung hat somit scheinbar Ähnlichkeit mit einer Resonanzerscheinung.

Die gegebene Darstellung schließt sich an die Auffassung von A. Föppl an, die vor allem dadurch bemerkenswert ist, daß sie den früher vielfach zur Erklärung herangezogenen Begriff des „Einstellens des Rades auf eine freie Achse bei hohen Umlaufzahlen" zurückweist. Die Sache hat mit einer Kreiselwirkung gar nichts zu tun, schon aus dem Grunde, weil die Drehungsgleichung des Rades ganz beiseite bleibt.

Soll jetzt die Drehungsgleichung herangezogen werden, so wollen wir zugleich die Wirkung der Schwere des Rades in Richtung der y-Koordinate in Rücksicht ziehen, wenn die Richtung der Wellenachse mit der $x\,y$-Ebene den Winkel β einschließt. Dann schreiben sich die Verschiebungsgleichungen (1):

$$
(3) \qquad \left\{ \begin{aligned} M \frac{d^2 x}{dt^2} + c(x - e \cos \varphi) &= 0\,, \\ M \frac{d^2 y}{dt^2} + c(y - e \sin \varphi) &= -M g \sin \beta\,. \end{aligned} \right.
$$

Hierzu gesellt sich die Drehungsgleichung:

$$\Theta \frac{d^2\varphi}{dt^2} = c\,e(y\cos\varphi - x\sin\varphi)\,. \tag{4}$$

Zunächst bemerken wir, daß:

$$\left\{\begin{aligned} x &= \frac{c\,e}{c - M\,\omega_0^2}\cos(\omega_0\,t + \varphi_0)\,;\\ y &= \frac{c\,e}{c - M\,\omega_0^2}\sin(\omega_0\,t + \varphi_0)\,;\\ \varphi &= (\varphi_0 + \omega_0\,t) \end{aligned}\right. \tag{5}$$

eine strenge Lösung des Systems (3), (4) ist, wenn die Wirkung des Gewichtes Mg vernachlässigt wird, oder die Welle mit $\beta = 0$ vertikal steht. φ_0 und ω_0 sind zwei Integrationskonstanten, d. h. wir setzen voraus, daß die Bewegung zur Zeit $t = 0$ und mit einem Winkelweg des Rades $\varphi = \varphi_0$ und einer Drehgeschwindigkeit $\omega = \omega_0$ beginne. Ansatz (5) stellt also eine in strengem Sinne mögliche Lösung dar. Diese Lösung ist mit jeder auf die Lage x, y des Schwerpunktes bezüglichen Anfangsbedingung verträglich.

Berücksichtigen wir nun $Mg\sin\beta$, so ist (5) nur noch als angenäherte Lösung verwendbar, die wir jetzt prüfen wollen.

Zunächst schreiben wir mit:

$$y' = y + y_0 = y + \frac{M\,g\sin\beta}{c} \tag{6}$$

die Gleichungen (3), (4) wie folgt:

$$\left\{\begin{aligned} &M\frac{d^2x}{dt^2} + c(x - e\cos\varphi) = 0\,,\\ &M\frac{d^2y'}{dt^2} + c(y' - e\sin\varphi) = 0\,,\\ &\Theta\frac{d^2\varphi}{dt^2} + c\,e(x\sin\varphi - y'\cos\varphi) = -e\,M\,g\sin\beta\cos\varphi\,. \end{aligned}\right. \tag{7}$$

Gehen wir nun mit dem Ansatz (5) in dieses Gleichungssystem ein, so werden die beiden ersten Gleichungen erfüllt; dagegen bleibt von der dritten noch der Rest übrig:

$$\Theta\frac{d^2\varphi}{dt^2} = -e\,M\,g\sin\beta\cos\varphi\,, \tag{8}$$

den wir zur Berechnung einer Korrektur der Winkelgeschwindigkeit ω_0 benutzen.

Im übrigen ist es wichtig, festzustellen, daß eine Kombination der Ansätze (5) und (2), etwa:

$$\text{(5a)}\quad \begin{cases} x = A \sin\alpha t + B\cos\alpha t + \dfrac{e\alpha^2}{\alpha^2 - \omega_0^2}\cos(\omega_0 t + \varphi_0)\,, \\ y = C\sin\alpha t + D\cos\alpha t + \dfrac{e\alpha^2}{\alpha^2 - \omega_0^2}\sin(\omega_0 t + \varphi_0)\,, \\ \varphi = \varphi_0 + \varphi_0 t\,, \end{cases}$$

wo $\alpha^2 = \frac{c}{M}$ gebracht ist, keine Lösung des Ansatzes (3), (4) für die senkrechte Welle ($\beta = 0$) darstellt.

Nach Multiplikation mit $d\varphi = \omega\, dt$ und Integration ergibt sich aus (8):

$$\text{(9)}\qquad \omega^2 = \omega_0^2 - 2\,\frac{e M g \sin\beta}{\Theta}\sin\varphi$$

oder, da wir die Korrektur als klein voraussetzen dürfen:

$$\omega = \omega_0 - \frac{e M g \sin\beta}{\omega_0 \Theta}\sin\varphi\,.$$

Setzen wir nun die Integrationskonstante $\varphi_0 = 0$ und zur Abkürzung:

$$-\frac{e M g \sin\beta}{\omega_0 \Theta} = \varepsilon\,,$$

so wird:

$$\text{(10)}\qquad \omega = \omega_0 + \varepsilon \sin\omega_0 t$$

und hieraus durch Integration:

$$\text{(11)}\qquad \varphi = \int_0^t \omega\, dt = \omega_0 t - \frac{\varepsilon}{\omega_0}(\cos\omega_0 t - 1)\,.$$

Diese Ansätze sind in die aus (7) folgenden Gleichungen:

$$\text{(11a)}\quad \begin{cases} M\dfrac{d^2x}{dt^2} + c x = c e \cos\varphi\,, \\ M\dfrac{d^2y'}{dt^2} + c y' = c e \sin\varphi \end{cases}$$

mit

$$\cos\varphi = \cos\omega_0 t + \frac{\varepsilon}{\omega_0}(\cos\omega_0 t - 1)\sin\omega_0 t\,,$$

$$\sin\varphi = \sin\omega_0 t - \frac{\varepsilon}{\omega_0}(\cos\omega_0 t - 1)\cos\omega_0 t$$

einzutragen, wodurch wir erhalten:

$$(12)\quad \begin{cases} M\dfrac{d^2x}{dt^2} + c\,x = c\,e\left(\cos\omega_0\,t - \dfrac{\varepsilon}{\omega_0}\sin\omega_0\,t + \dfrac{\varepsilon}{2\,\omega_0}\sin 2\,\omega_0\,t\right), \\[2ex] M\dfrac{d^2y'}{dt^2} + c\left(y' + \dfrac{e\,\varepsilon}{2\,\omega_0}\right) = c\,e\left(\sin\omega_0\,t + \dfrac{\varepsilon}{\omega_0}\cos\omega_0\,t - \dfrac{\varepsilon}{2\,\omega_0}\cos 2\,\omega_0\,t\right). \end{cases}$$

Aus der Gestalt der Störungsfunktionen auf der rechten Seite sieht man sofort, daß die erzwungenen Schwingungen mit den Frequenzen ω_0 und $2\,\omega_0$ erfolgen müssen. Mit den unbestimmten Integrationskonstanten $A_1, B_1, A_2, B_2, \alpha_1, \alpha_2, \beta_1, \beta_2$ können wir also schreiben:

$$x = A_1\cos(\omega_0\,t + \alpha_1) + B_1\cos(2\,\omega_0\,t + \beta_1)\,,$$

$$y' + \frac{e\,\varepsilon}{2\,\omega_0} = A_2\sin(\omega_0\,t + \alpha_2) + B_2\sin(2\,\omega_0\,t + \beta_2)\,,$$

wo sich die Integrationskonstanten durch Eintragen in (12) bestimmen zu:

$$A_1 = A_2 = \frac{c\,e\sqrt{\omega_0^2 + \varepsilon^2}}{\omega_0(c - M\,\omega_0^2)}\,,$$

$$B_1 = B_2 = \frac{c\,e\,\varepsilon}{2\,\omega_0(c - 4\,M\,\omega_0^2)}\,,$$

$$\operatorname{tg}\alpha_1 = \operatorname{tg}\alpha_2 = \frac{\varepsilon}{\omega_0}\,; \qquad \operatorname{tg}\beta_1 = \operatorname{tg}\beta_2 = \infty\,; \qquad \beta_1 = \beta_2 = \frac{\pi}{2}\,.$$

Die vorstehenden Entwicklungen zeigen, daß im Falle der wagerechten Welle sowohl die Drehzahl:

$$\omega_0 = \sqrt{\frac{c}{M}}$$

wie auch

$$\omega_0 = \frac{1}{2}\sqrt{\frac{c}{M}}$$

Anlaß zu unzulässigen Schwingungserscheinungen geben kann, daß also neben der eigentlichen Biegungsschwingungszahl auch deren halber Betrag eine kritische Drehzahl ist[74]).

Ferner stellt sich die Bewegung des Wellenmittelpunktes im allgemeinen dar als eine epizykloidische nach Fig. 112 mit dem Grundkreis des Radius A_1, auf dessen Umfang mit der Kreisfrequenz ω_0 der Mittelpunkt des zweiten Kreises vom Radius B_1 gleitet. Der Fahrstrahl dieses zweiten Kreises, dessen Endpunkt die Bewegung des Wellenmittelpunktes beschreibt, dreht sich mit der Kreisfrequenz $2\,\omega_0$.

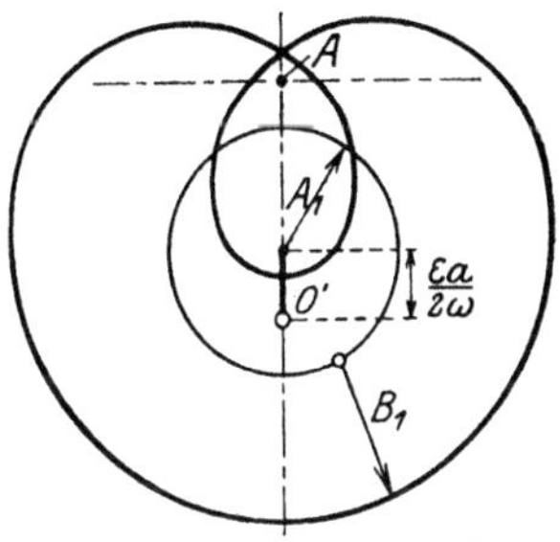

Fig. 112. Epizykloidische Bewegung des Wellenmittelpunktes.

Bei der Ausführung von Turbinen wird die Annahme nur einer rotierenden Scheibe keineswegs ausreichen; immer werden vielmehr mehrere Räder vorhanden sein. Handelt es sich schließlich um die Bewegung raschlaufender Transmissionswellen, so muß auch noch die Eigenmasse der Welle berücksichtigt werden. Diesen verwickelteren Anforderungen werden die Darlegungen von Stodola[75]) in seinem bekannten Handbuche der Turbinentheorie gerecht, die zum Teil auf Arbeiten von Dunkerley beruhen, zum Teil von Stodola selbst herrühren.

In erster Linie ist das Resultat bemerkenswert, daß bei Berücksichtigung des Eigengewichts oder bei Annahme einer großen Zahl von gleichmäßig über die Wellenlänge verteilten Rädern die Theorie auf eine Reihe von kritischen Umlaufzahlen führt.

Dabei ist die Wirkung einer gleichmäßig verteilten Zahl von Rädern und die Wirkung des Eigengewichts insofern verschieden, als im letzteren Falle die kritischen Umlaufzahlen unabhängig vom Wellendurchmesser sind. Stodola[76]) schlägt für sie die Benennung: Kritische Umlaufzahlen zweiter Art vor, die allerdings im allgemeinen so hoch liegen, daß sie als ungefährlich betrachtet werden können.

Die Existenz jener Umlaufzahlen (bei gleichmäßig verteilter großer Räderzahl) hat Stodola übrigens auch experimentell festgestellt; aus seinen Versuchen sei der folgende herausgegriffen:

Glatte Welle 3,5 mm Durchmesser, Entfernung der Lagermitten 536 mm;

Kritische Umlaufzahl pro Minute:

theoretisch	3690	9400	18 400
beobachtet	3200	8200	17 000

Die Abweichung der Beobachtung von der Rechnung ist auf den Umstand zurückzuführen, daß die Wellenlager auf einem zu leichten Fundament befestigt waren, so daß dieses ins Mitschwingen kam. Die Ursache der Erscheinung ist im § 49 erörtert.

Für den Fall einer kleinen Scheibenanzahl, bis etwa 4, hat Dunkerley[77]) eine empirische Formel gegeben, welche mit hinreichender Übereinstimmung mit den Beobachtungen für praktische Zwecke bequem ist. Ist ω_0 die kritische Umlaufzahl einer glatten Welle, ω_1 die kritische Umlaufzahl derselben Welle mit einem Rad 1 ohne Berücksichtigung des Eigengewichtes, ω_2 die kritische Umlaufzahl mit einem Rad 2, so ist die kritische Umlaufzahl der mit den Rädern 1 und 2 gleichzeitig besetzten Welle

$$\omega = \frac{\omega_0\,\omega_1\,\omega_2}{\sqrt{\omega_1^2\,\omega_2^2 + \omega_0^2\,\omega_1^2 + \omega_0^2\,\omega_2^2}}\,.$$

Stodola[78]) hat dann auch noch den Einfluß der Schiefstellung der Räder diskutiert und gefunden, daß die Schiefstellung eine Änderung der kritischen Umlaufzahlen im Gefolge hat[79]).

§ 52. Verhalten rasch umlaufender Wellen im Gebiete der kritischen Drehzahlen, bei Berücksichtigung der Bewegungswiderstände.

Der Ansatz von A. Föppl im vorigen Paragraphen liefert die Bahn des Schwerpunktes x, y des umlaufenden Körpers als Zusammensetzung

$$\text{(1)}\qquad \begin{cases} x = x_1 + x_2\,, \\ y = y_1 + y_2 \end{cases}$$

zweier Bahnen, nämlich des Kreises:

$$\text{(2)}\qquad \begin{cases} x_1 = \dfrac{c e\,\omega^2}{c - M\omega^2}\cos\omega t\,, \\[2ex] y_1 = \dfrac{c^2\,\omega^2}{c - M\omega^2}\sin\omega t \end{cases}$$

und der Ellipse:

$$(3)\qquad \begin{cases} x_2 = A\sin\sqrt{\frac{c}{M}}\,t + B\cos\sqrt{\frac{c}{M}}\,t\,, \\ y_2 = C\sin\sqrt{\frac{c}{M}}\,t + D\cos\sqrt{\frac{c}{M}}\,t\,. \end{cases}$$

Die Bestimmung der Integrationskonstanten A, B, C, D in (2) findet sich aus den Anfangsbedingungen, und die Ellipse wird in den meisten praktischen Fällen, bei denen es sich ja um Rotationskörper, die keine radialen Asymmetrien aufweisen, handelt, mit großer Annäherung ein Kreis sein.

Die aus (2) und (3) zusammengesetzte Bahn wird also im allgemeinen mit einer gewöhnlichen Epizykloide große Ähnlichkeit haben, für die die Koordinaten x_1, y_1 den Grundkreis k_1, x_2, y_2 den Rollkreis k_2 liefern, und die Ansätze (2) und (3) sind der Ausdruck dafür, daß der Grundkreis vom Mittelpunkt des Rollkreises mit der Kreisfrequenz der Drehungsbewegung, der Rollkreis oder Schwingungskreis vom Schwerpunkt mit der Kreisfrequenz der Biegungsschwingung durchlaufen wird.

Es ist nun bemerkenswert, daß die Radien der beiden Kreise sich durch völlig voneinander verschiedene Umstände bestimmen.

Der Radius r_2 des Rollkreises ist gegeben durch die Biegungsverhältnisse der Welle des rotierenden Körpers, sowohl durch ihre Biegungseigenschaften als auch durch ihren anfänglichen Biegungszustand, während der Radius des Grundkreises

$$r_1 = \frac{c\,e}{c - M\omega^2}$$

oder mit der (kritischen) Biegungsschwingungszahl:

$$\sqrt{\frac{c}{M}} = \omega_k\,,$$

$$(4)\qquad r_1 = e\,\frac{\omega_k^2}{\omega_k^2 - \omega^2}$$

in erster Linie von der stets kleinen Exzentrizität e und ferner von dem Abstand der kritischen Drehzahl ω von der Biegungsschwingungszahl ω_k abhängt. Ist dieser Abstand nicht sehr klein, so kann r_1 gegen r_2 als klein angesehen werden.

Unter diesen Umständen kann sich die Gestalt der Epizykloide

$$x = x_1 + x_2\,,$$
$$y = y_1 + y_2$$

nicht sehr weit von der Kreisgestalt entfernen, wie sich aus der Fig. 113 ergibt. In dieser sind mit unverändert festgehaltenem r_1 die Epizykloiden gezeichnet, bei denen der Grundkreis mit Kreisfrequenzen von $\omega = 0$ bis $\omega_0 = 2\,\omega_k$ durchlaufen wird.

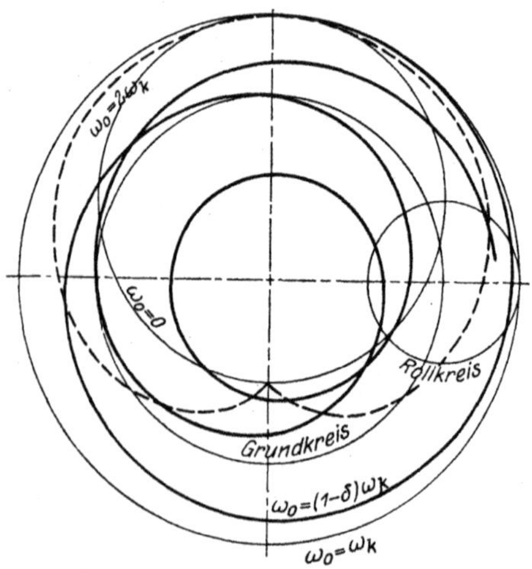

Fig. 113. Kreisnahe Bewegungsformen des Wellenmittelpunktes.

Für $\omega = 0$ und $\omega = \omega_k$ wird die Epizykloide genau ein Kreis (im letzteren Fall ist davon abgesehen, daß für $\omega = \omega_k$ der Radius des Grundkreises „unendlich" groß wird); für alle anderen Werte von ω entfernt sich die Epizykloide nicht weit von der Kreisgestalt, auch nicht im Falle kleiner Abweichungen der Drehgeschwindigkeit ω_0 von ω_k; die Epizykloide hat dann spiraligen Charakter.

In erster Annäherung also, so können wir sagen, ist die Bahn des Schwerpunktes ein Kreis, um einen Punkt als Mittelpunkt, der vom geometrischen Wellenspurpunkt um eine gegen den Radius kleine Größe entfernt ist.

Wesentlich ist nun die Bemerkung, daß die Föpplsche Lösung, ebenso wie unsere Annäherungslösung, an die Existenz gewisser Anfangsbedingungen der Bewegung geknüpft ist.

Diese Anfangsbedingungen hätten Festsetzung zu treffen über die Schwerpunktslage und -bewegung zur Zeit $t = 0$, die am kürzesten durch Angabe der Koordinaten x_0, y_0 und der Geschwindigkeiten $\left(\frac{dx}{dt}\right)_0$ und $\left(\frac{dy}{dt}\right)_0$ bezeichnet wird. Zu diesen Angaben tritt dann noch die Festsetzung über die Anfangsbewegung der im Rade festliegenden Strecke $e = SM$ durch den Winkel φ_0.

Bildlich handelt es sich also um die Anfangsgestalt des Dreiecks OMS und die Anfangsgeschwindigkeit seines Eckpunktes S (Fig. 114), nach deren Feststellung die Bewegung auf Grund der Föpplschen Lösung mit unveränderlichem ω_0 vor sich gehen kann.

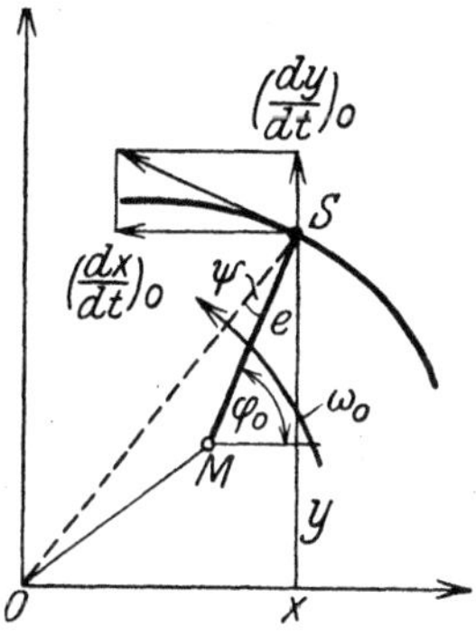

Fig. 114. Anfangsbedingungen der Turbinenradbewegung.

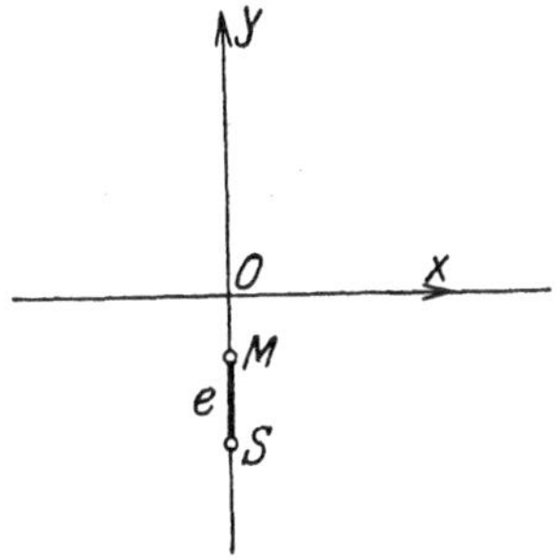

Fig. 115. Natürliche Lage des Turbinenrades.

Nun ist es aber praktisch unmöglich, Anfangsbedingungen der beliebigen Zusammenstellung x_0, y_0, $\left(\frac{dx}{dt}\right)_0$, $\left(\frac{dy}{dt}\right)_0$, φ_0, ω_0 technisch herzustellen, weil jeder Bewegungszustand, den wir an einer Maschine erzeugen können, von einem ganz bestimmten Anfangszustand, nämlich dem der Ruhe, ausgehen muß. Insoweit sind wir also in der Wahl der Anfangsbedingungen beschränkt, und im vorliegenden Fall kann niemals praktisch bewiesen werden, daß die Föpplsche Bewegung jede beliebige Anfangsgestalt des Dreiecks OMS zuläßt, weil alle Bewegungen ausgehen müssen von einer sehr speziellen Anfangsgestalt, nämlich der in Fig. 115 gezeichneten.

Von dieser Gestalt gehen alle Bewegungen, die wir dem System erteilen können, mit der Drehgeschwindigkeit $\omega_0 = 0$ aus, und um zu anderen Drehgeschwindigkeiten zu gelangen, müssen wir von Anfang an die Voraussetzung des Föpplschen Ansatzes, nämlich die Unveränderlichkeit der Drehgeschwindigkeit, verlassen. Wir können eine beliebig geforderte Drehgeschwindigkeit endlicher Größe ω_0 nur herstellen, indem wir, von $\omega_0 = 0$ ausgehend, das drehbare System allmählich beschleunigen.

Dies ist aber ein ganz anderer Vorgang, als der von Föppl behandelte, zu dessen Untersuchung wir uns zunächst an das Experiment wenden.

Die in Fig. 115 gezeichnete Anfangslage des Dreiecks *OMS* sei als die natürliche Lage bezeichnet. Sie ist zunächst gegeben durch die Gewichtswirkung des exzentrisch aufgekeilten Rades, durch die eine anfängliche Wellenfederung *OM* hervorgerufen wird. Sehen wir von der Gewichtswirkung ab, so kann für $\omega_0 = 0$ keine Durchfederung der Welle vorhanden sein. Eine solche tritt aber sofort auf, sobald das System in Drehung versetzt wird, indem die sich entwickelnde Zentrifugalkraft durchbiegend auf die Welle zu wirken beginnt[80]).

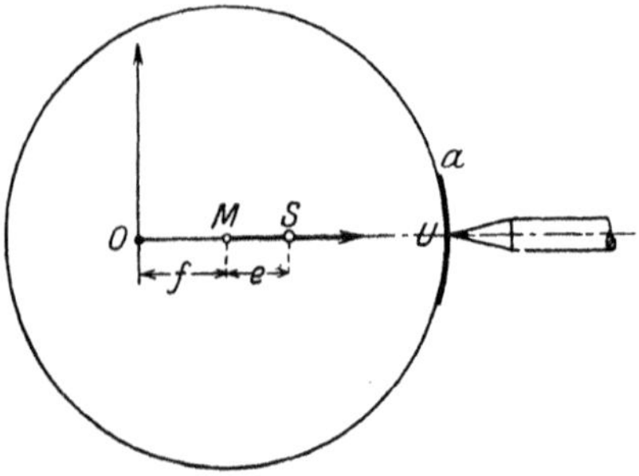

Fig. 116. Exzentrisch befestigtes Turbinenrad bei ganz langsamer Drehung.

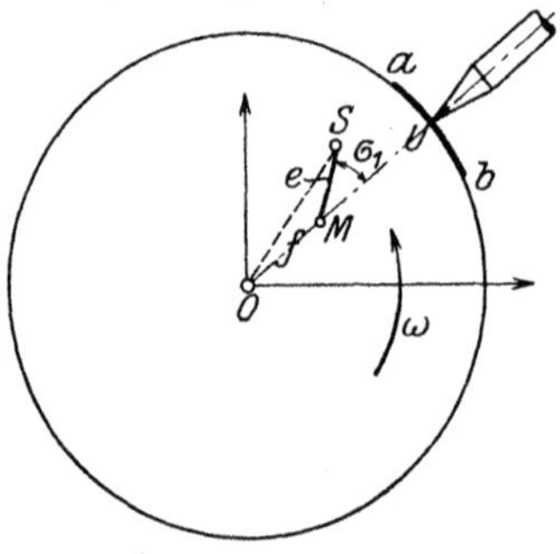

Fig. 117. Exzentrisch befestigtes Turbinenrad unterhalb der kritischen Drehzahl.

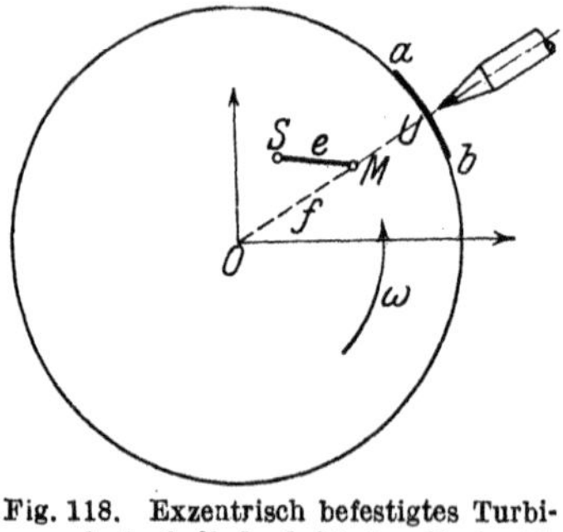

Fig. 118. Exzentrisch befestigtes Turbinenrad oberhalb der kritischen Drehzahl.

Mit dem Auftreten der Durchfederung *f* (Fig. 116) beginnt aber die Welle, deren Kreisquerschnitt um *M* als Mittelpunkt sich in Fig. 116 projiziert, zu schlagen. Es ist üblich, diese Wirkung durch Anhalten eines Schreibmittels an die schlagende Welle deutlich zu machen, wobei man als Mitte der angezeichneten Strecke *a*—*b* den Punkt *U* erhält. Erfahrungsgemäß liegt *U* bei kleinen Drehgeschwindigkeiten auf der Linie *OMS* auf der Seite von *S*.

Die Erfahrung lehrt nun weiter, daß bei langsamer Steigerung der Drehgeschwindigkeit der Schwerpunkt *S* der Linie *OM* in der

Drehrichtung vorauseilt, etwa nach Fig. 117. Die Gerade OMS ist also in das Dreieck OMS übergegangen, dessen Gestalt, abgesehen von e und f, durch den Winkel $\sigma = \pi - \sigma_1$ gekennzeichnet sei. Zu jedem Winkel σ gehört eine bestimmte Drehgeschwindigkeit; ersterer durchläuft den ganzen Bereich von π bis O, während die Drehgeschwindigkeit die kritische Zone $\omega = \omega_k$ durchschreitet; oberhalb ω_k ist im allgemeinen $\sigma < \frac{\pi}{2}$, d.h. das Dreieck OMS hat die in Fig. 118 gezeichnete Gestalt.

Die Auslenkungen r des Systemschwerpunktes S oder ϱ des Wellenspurpunktes M, die nach dem vorigen Paragraphen bei $\omega = \omega_k$ unendlich werden müssen, bleiben in endlichen Grenzen.

Nach Versuchen von Stodola gestaltet sich der Verlauf von σ und ϱ beispielsweise nach Figur 119, welche beide Größen auch nach rechnerischer Ermittlung zur Darstellung bringt[81]).

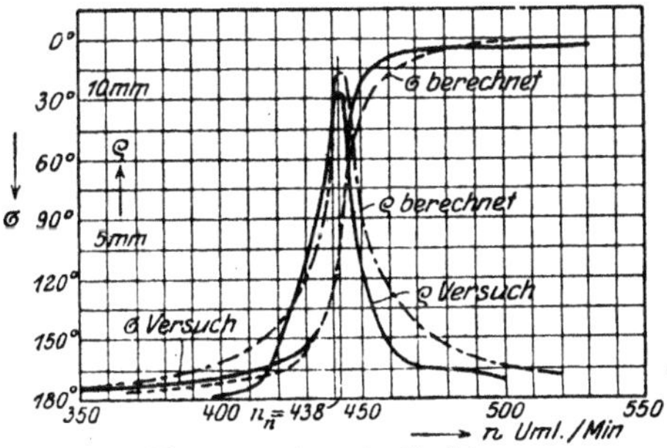

Fig. 119. Versuche Stodolas.

Zur Erklärung dieses vom früheren abweichenden Verhaltens der Welle haben wir die bisher vernachlässigten Bewegungswiderstände heranzuziehen, die den Schwingungsvorgang beeinflussen, ähnlich wie wir früher bei einfacheren Sachlagen ebenfalls Reibungswiderstände verschiedener Art in Rechnung setzen mußten.

Bei rotierenden Wellen mit aufgesetzten Rädern ist es in erster Linie die hydrodynamische Reibung des umgebenden Mediums, also der Luft, des Dampfes oder des Wassers, welche die Bewegung des Systems beeinflußt.

Wir setzen diese Reibungskraft der Geschwindigkeit proportional und wir denken sie uns am Wellenspurpunkt angreifend.

Das der Ansetzung der Bewegungsgleichungen zugrunde zu legende Kräftesystem zeigt Fig. 120. Hier ist der Widerstand W, proportional der Geschwindigkeit v von M, hinzugekommen. Wir setzen also:

(5) $$W = b\,v$$

und vervollständigen demnach unsere Bewegungsgleichungen (1) aus § 51, die für den Schwerpunkt x, y gelten, durch Hinzufügen der beiden Komponenten von W, nämlich $b\frac{dx_1}{dt}$ und $b\frac{dy_1}{dt}$ auf deren linken Seiten, indem wir schreiben:

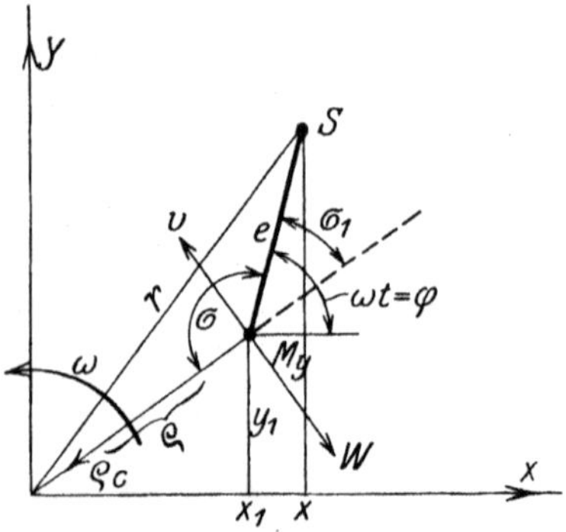

Fig. 120. Angriff der Dämpfung am Turbinenrad.

$$(6)\quad \begin{cases} M\dfrac{d^2x}{dt^2} + b\dfrac{dx_1}{dt} + c\,x_1 = 0\,, \\ M\dfrac{d^2y}{dt^2} + b\dfrac{dy_1}{dt} + c\,y_1 = 0\,. \end{cases}$$

Um nun überall in diesen Ansätzen zum Punkte $x_1 y_1$ überzugehen, haben wir auch in den ersten Gliedern x durch $x_1 + e\cos\omega t$, bzw. y durch $y_1 + e\sin\omega t$ zu ersetzen und erhalten:

$$(7)\quad \begin{cases} M(x_1'' - e\,\omega^2\cos\omega\, t) + b\,x_1' + c\,x_1 = 0\,, \\ M(y_1'' - e\,\omega^2\sin\omega\, t) + b\,y_1' + c\,y_1 = 0\,. \end{cases}$$

Mit $\frac{b}{M} = b'$ und $\frac{c}{M} = \alpha^2$ erhalten wir hieraus:

$$(8)\quad \begin{cases} x_1'' + b'\,x_1 + \alpha^2 x_1 = e\,\omega^2\cos\omega\, t\,, \\ y_1'' + b'\,y_1 + \alpha^2 y_1 = e\,\omega^2\sin\omega\, t\,. \end{cases}$$

Dies sind zwei Schwingungsgleichungen schon oft von uns behandelter Form mit Störungsfunktion, deren erzwungene Lösung wir unmittelbar nach § 13 bestimmen können mit

$$(9)\quad \begin{cases} x_1 = \dfrac{e\,\omega^2}{\sqrt{(\alpha^2 - \omega^2)^2 + b'^2\,\omega^2}}\cos(\omega\, t - \sigma_1)\,, \\ y_1 = \dfrac{e\,\omega^2}{\sqrt{(\alpha^2 - \omega^2)^2 + b'^2\,\omega^2}}\sin(\omega\, t - \sigma_1)\,, \end{cases}$$

wo

$$(10)\quad \operatorname{tg}\sigma_1 = \frac{b'\,\omega}{\alpha^2 - \omega^2}$$

zu setzen ist.

Hier ergibt sich zunächst, daß die Auslenkung ϱ des Spurpunktes

(11) $$\varrho = \frac{e\,\omega^2}{\sqrt{(\alpha^2 - \omega^2)^2 + b'^2\,\omega^2}}$$

wird und einen um σ_1 kleineren Winkel als $e = MS$ mit der x-Achse einschließt. Die Strecke e und damit der Schwerpunkt eilt dem Radius ϱ um den Winkel σ_1 voraus, schließt also mit ihm einen Winkel

(12) $$\sigma = \pi - \sigma_1$$

ein, für welchen gilt:

(13) $$\operatorname{tg}\sigma = \frac{b'\,\omega}{\omega^2 - \alpha^2}\,.$$

Für kleine $\omega\,(\omega < \alpha)$ ist $\sigma > \frac{\pi}{2}$; für $\omega = \alpha$ wird

(14) $$\sigma = \frac{\pi}{2}$$

um sich für weiter wachsende ω dem Wert Null zu nähern; S fällt dann zwischen O und M, wie es auch der Versuch ergibt.

Die Auslenkungen ϱ bleiben bei dieser Zunahme von ω endlich; sie haben ein Maximum, dessen Lage durch Auflösung von

(15) $$\frac{\partial\varrho}{\partial\omega} = 0$$

ermittelt werden kann.

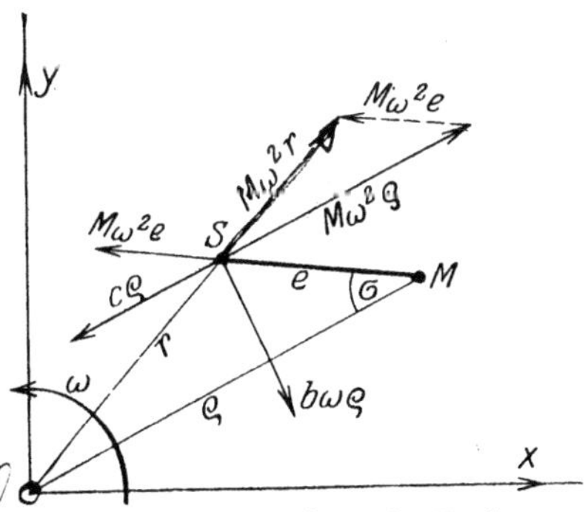

Fig. 121. Zusammensetzung der Kräfte am Turbinenrad.

Das gleiche Ergebnis, welches im vorhergehenden mit Hilfe der Bewegungsdifferentialgleichungen gewonnen wurde, kann man auch durch unmittelbare Untersuchung der wirkenden Kräfte erhalten.

In Fig. 121 sind am Schwerpunkt S angebracht:

1. Die Zentrifugalkräfte $M\omega^2\varrho$ und $M\omega^2 e$, als Komponenten der wirklich vorhandenen Zentrifugalkraft $M\omega^2 r$ (gestrichelt).

2. Die elastische Kraft $c\varrho$, von M nach S verschoben.
3. Die Dämpfungskraft $b\omega\varrho$, von M nach S verschoben.

Man stellt die Gleichgewichtsbedingungen für diese Kräfte in Richtung und senkrecht zur Auslenkung ϱ auf, womit man findet:

$$(16)\qquad \begin{cases} M\omega^2\varrho - c\varrho - M\omega^2 e\cos\sigma - b\omega\varrho = 0\,, \\ b\omega\varrho - M\omega^2 e\sin\sigma = 0\,. \end{cases}$$

Hieraus folgt:

$$(17)\qquad \begin{cases} \varrho = \dfrac{e\,\omega^2 M}{\sqrt{(M\omega^2 - c)^2 + b^2\omega^2}}\,, \\ \operatorname{tg}\sigma = \dfrac{b\,\omega}{M\omega^2 - c} \end{cases}$$

oder mit $b' = \dfrac{b}{M}$ wieder die Ansätze (11) und (13).

§ 53. Torsionsschwingungen rasch rotierender Wellen.

Die bisher betrachteten Untersuchungen betrafen nur die Biegungsschwingungen. Es muß aber bemerkt werden, daß eine Dampfturbinenwelle auch Torsionsschwingungen ausführen kann. Zu dieser Erkenntnis kommt man sofort, wenn man bedenkt, daß zur Übertragung des Momentes des strömenden Dampfes von der Turbine auf die Dynamo die Torsionselastizität des dazwischenliegenden Wellenstückes in Anspruch genommen wird. Die hier erforderlichen Überlegungen gestalten sich sehr einfach, wenn man zur Aufstellung sämtlicher Bewegungsgleichungen die Methode von Lagrange benutzt.

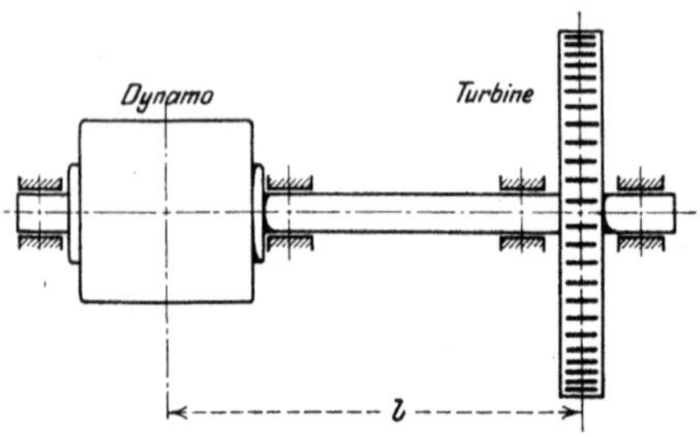

Fig. 122. Schematisches Bild einer Turbodynamo.

Wir wissen, daß sich mit Hilfe der kinetischen Energie L des zu untersuchenden Systems die Bewegungsgleichungen schreiben lassen in der Form:

$$(1)\qquad \frac{d}{dt}\left(\frac{\partial L}{\partial \frac{dx}{dt}}\right) - \frac{\partial L}{\partial x} = k_x\,,$$

wo die Zeichen auf der linken Seite einfach auszuführende Rechenoperationen bedeuten, während k_x die betreffende Kraftkoordinate ist.

Es handelt sich nun zunächst um die Aufsuchung von L für unser Turbinenrad, dessen Schwerpunkt sich bewegt und welches gleichzeitig Drehungen um seinen Wellenspurpunkt ausführt.

In Fig. 122 ist die zugrunde gelegte Anordnung allgemein skizziert.

In Fig. 123 sei die xy-Ebene die Mittelebene des Turbinenrades. M sei der Spurpunkt der Wellenachse, S der Schwerpunkt des Rades. $MS = e$ ist die kleine Exzentrizität des Rades. $\xi\,\eta$ sei ein mit dem Turbinenrad fest verbundenes Koordinatensystem, dm ein Massenteilchen des Turbinenrades. Die Koordinaten von M seien x_1, y_1, die Richtung von MS sei φ. Die Bewegung ist derart, daß M sich in der xy-Ebene bewegt und das Rad sich um M dreht. Jedes Massenteilchen des Rades hat infolgedessen im festen Koordinatensystem eine bestimmte Geschwindigkeit

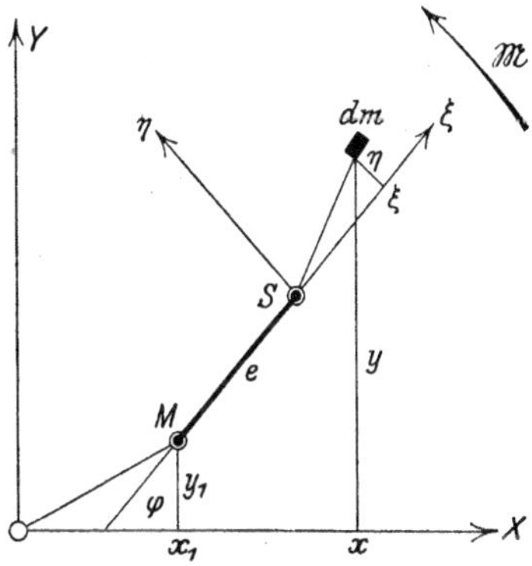

Fig. 123. Die Koordinaten des Turbinenrades.

$$v = \sqrt{\left(\frac{dx}{dt}\right)^2 + \left(\frac{dy}{dt}\right)^2},$$

aus der sich L wie folgt berechnet:

$$L = \frac{1}{2}\int v^2\,dm = \frac{1}{2}\int\left[\left(\frac{dx}{dt}\right)^2 + \left(\frac{dy}{dt}\right)^2\right]dm\,, \tag{2}$$

wo sich die Integration über das Rad zu erstrecken hat.

Nun ist nach Fig. 123

$$\left\{\begin{aligned} x &= x_1 + e\cos\varphi + \xi\cos\varphi - \eta\sin\varphi\,,\\ y &= y_1 + e\sin\varphi + \xi\sin\varphi + \eta\cos\varphi\,. \end{aligned}\right. \tag{3}$$

Differenziert man diese Gleichungen nach t und beachtet, daß x_1, y_1, φ von t abhängig, aber ξ und η von t unabhängig sind, so folgt nach Addition:

$$\left(\frac{dx}{dt}\right)^2 + \left(\frac{dy}{dt}\right)^2 = \left(\frac{dx_1}{dt}\right)^2 + \left(\frac{dy_1}{dt}\right)^2 + e^2\left(\frac{d\varphi}{dt}\right)^2 + \xi^2\left(\frac{d\varphi}{dt}\right)^2 + \eta^2\left(\frac{d\varphi}{dt}\right)^2$$
$$- 2\,x_1'\,e\,\omega\sin\varphi + 2\,y_1'\,e\,\omega\cos\varphi - 2\,x_1'\,\xi\,\omega\sin\varphi + 2\,y_1'\,\xi\,\omega\cos\varphi$$
$$- 2\,x_1'\,\eta\,\omega\cos\varphi - 2\,y_1'\,\eta\,\omega\sin\varphi + 2\,e\,\xi\,\omega^2\,.$$

Bildet man jetzt:

$$\int\left[\left(\frac{dx}{dt}\right)^2 + \left(\frac{dy}{dt}\right)^2\right] dm\,,$$

so wird

$$\int dm = M\,; \qquad \int(\xi^2 + \eta^2)\,dm = \Theta\,;$$
$$\int \xi\,dm = 0\,; \qquad \int \eta\,dm = 0$$

und die kinetische Energie:

$$(4) \quad \begin{cases} L = \dfrac{1}{2}\left[\left(\dfrac{dx_1}{dt}\right)^2 + \left(\dfrac{dy_1}{dt}\right)^2\right] M + \dfrac{1}{2}\left(\dfrac{d\varphi}{dt}\right)^2 (e^2 M + \Theta) \\ \qquad - e\,M\,\dfrac{d\varphi}{dt}\left(\dfrac{dx_1}{dt}\sin\varphi - \dfrac{dy_1}{dt}\cos\varphi\right). \end{cases}$$

Jetzt führen wir die unter (1) angedeuteten partiellen Differentiationen aus:

$$(5) \quad \begin{cases} \dfrac{\partial L}{\partial \dfrac{dx_1}{dt}} = M\left(\dfrac{dx_1}{dt} - e\,\dfrac{d\varphi}{dt}\sin\varphi\right); \qquad \dfrac{\partial L}{\partial x_1} = 0\,, \\ \dfrac{\partial L}{\partial \dfrac{dy_1}{dt}} = M\left(\dfrac{dy_1}{dt} + e\,\dfrac{d\varphi}{dt}\cos\varphi\right); \qquad \dfrac{\partial L}{\partial y_1} = 0\,, \\ \dfrac{\partial L}{\partial \dfrac{d\varphi}{dt}} = (e^2 M + \Theta)\,\dfrac{d\varphi}{dt} - e\,M\left(\dfrac{dx_1}{dt}\sin\varphi - \dfrac{dy_1}{dt}\cos\varphi\right), \\ \dfrac{\partial L}{\partial \varphi} = -e\,M\,\dfrac{d\varphi}{dt}\left(\dfrac{dx_1}{dt}\cos\varphi + \dfrac{dy_1}{dt}\sin\varphi\right). \end{cases}$$

Mit diesen Größen lassen sich die Bewegungsgleichungen ansetzen.

Man findet:

$$(6a)\quad \frac{d}{dt}\left(\frac{\partial L}{\partial \frac{dy_1}{dt}}\right) - \frac{\partial L}{\partial x_1} = M\left\{\frac{d^2 x_1}{dt^2} - e\left[\sin\varphi \frac{d^2\varphi}{dt^2} + \cos\varphi\left(\frac{d\varphi}{dt}\right)^2\right]\right\} = k_x\,,$$

$$(6b)\quad \frac{d}{dt}\left(\frac{\partial L}{\partial \frac{dy_1}{dt}}\right) - \frac{\partial L}{\partial y_1} = M\left\{\frac{d^2 y_1}{dt^2} + e\left[\cos\varphi \frac{d^2\varphi}{dt^2} - \sin\varphi\left(\frac{d\varphi}{dt}\right)^2\right]\right\} = k_y\,,$$

$$(6c)\quad \frac{d}{dt}\left(\frac{\partial L}{\partial \frac{dx_1}{dt}}\right) - \frac{\partial L}{\partial \varphi} = (e^2 M + \Theta)\frac{d^2\varphi}{dt^2} - eM\left[\frac{d^2 x_1}{dt^2}\sin\varphi - \frac{d^2 y_1}{dt^2}\cos\varphi\right] = k_\varphi\,.$$

Zur Bestimmung der Kräfte k führt folgende Überlegung (Fig. 124). In der x-Richtung wirkt nur die Biegekraft $c\,x_1$, und zwar sucht sie die Koordinate x_1 zu verkleinern; sie muß deshalb negativ angesetzt werden:

$$k_x = -c\,x_1\,.$$

In der y-Richtung wirken gleichfalls verkleinernd auf y_1 die Biegekraft $c\,y_1$ und die Schwerkraft gM; also

$$k_y = -c\,y_1 - gM\,.$$

Die Biegungskonstante c ist aus den Wellendimensionen und aus den Auflagerbedingungen nach den Regeln der Elastizitätslehre zu berechnen.

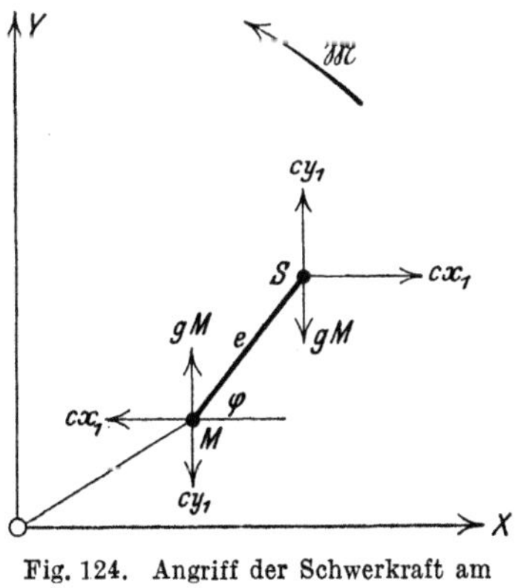

Fig. 124. Angriff der Schwerkraft am Turbinenrad.

Die dritte Gleichung (6) ist die Drehungsgleichung des Turbinenrades. Es kommen hier in Betracht die von den Kräften $c\,x_1$ und $c\,y_1$ und der Schwerkraft ausgeübten Momente, sowie das äußere Antriebsmoment des auf die Schaufeln strömenden Dampfes nebst dem Torsionsmoment der Welle.

In Fig. 124 sind die ersteren Momente eingezeichnet. Die Pfeilrichtungen für die lediglich verschiebende Wirkung der Kräfte $c\,x_1$, $c\,y_1$ und $g\,M$ sind der Deutlichkeit halber weggelassen.

Offenbar ist anzusetzen:

$$\begin{aligned} &\text{Moment von } c\,x_1 = -c\,x_1\,e\sin\varphi\,,\\ &\;\;,,\qquad\;\; ,,\quad c\,y_1 = +c\,y_1\,e\cos\varphi\,,\\ &\;\;,,\qquad\;\; ,,\quad g\,M = -g\,M\,e\cos\varphi\,. \end{aligned}$$

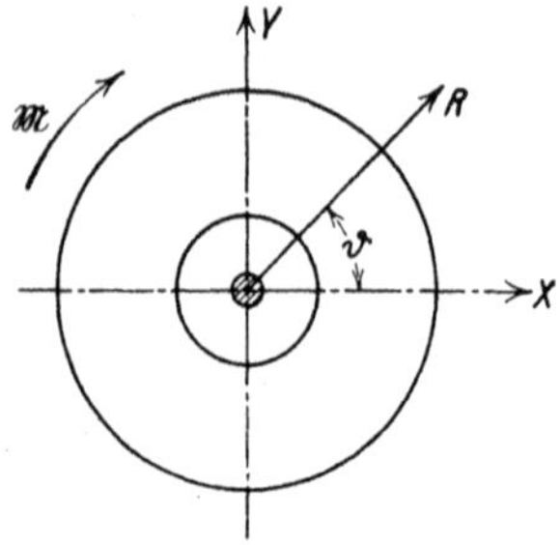

Fig. 125. Die Koordinate des Dynamomotors.

Das Angriffsmoment des Dampfes werde mit $\mathfrak{M}$ bezeichnet und sei konstant gedacht.

Zur Festlegung des Torsionsmomentes der Welle ist noch die Bewegung des Dynamoankers zu betrachten. Zu diesem Zwecke denken wir uns (siehe Fig. 125) im Anker eine Richtung R markiert, die bei der Drehung der Maschine mit der X-Achse den Winkel ϑ bildet. Da die Welle torsionselastisch ist, wird ϑ im allgemeinen nicht gleich φ sein; der Winkel $\varphi - \vartheta$ gibt die Verdrehung der Welle auf die Länge l an. Dieser Verdrehung entspricht ein Torsionsmoment

$$\mathfrak{M}_t = \frac{\varphi - \vartheta}{l} \cdot G \cdot J_p\,,$$

wo

$$J_p = \frac{\pi}{32}\,d^4$$

ist. Dieses Torsionsmoment ist negativ in den Ausdruck für k_φ einzuführen; es wird also

$$k_\varphi = -g\,M\,e\cos\varphi - c\,x_1\,e\sin\varphi + c\,y_1\,e\cos\varphi + \mathfrak{M} - (\varphi - \vartheta)\,\frac{G\,J_p}{l}\,.$$

Somit wären die drei Gleichungen (6) vollständig. Es fehlt ganz nur noch die Bewegungsgleichung für den Dynamoanker. Diese kann sofort angeschrieben werden und lautet

$$(7) \qquad \Theta_1\,\frac{d^2\vartheta}{dt^2} = -\mathfrak{M} + (\varphi - \vartheta)\,\frac{G\,J_p}{l}\,.$$

Die vier Gleichungen (6) und (7) sollen dazu dienen, die vier Variabeln x_1, y_1, φ, ϑ als Funktionen der Zeit zu berechnen. Leider stellen sich der strengen Lösung dieser Aufgabe Schwierigkeiten entgegen, so daß man sich mit Näherungslösungen begnügen muß.

Vor allen Dingen setzt man voraus, daß die Winkelgeschwindigkeit $\frac{d\varphi}{dt}$ der Welle annähernd konstant $= \omega_0$ und demnach $\frac{d^2\varphi}{dt^2} = 0$ sei. Hiermit vereinfachen sich die beiden ersten Gleichungen (6) bedeutend zu

$$M\frac{d^2x_1}{dt^2} - eM\omega_0^2\cos\omega_0 t = -c\,x_1$$

und

$$M\frac{d^2y_1}{dt^2} - eM\omega_0^2\sin\omega_0 t = -gM - c\,y_1\ .$$

Es sind dies die Föpplschen Gleichungen, die wir schon oben kennen lernten. Die Lösungen sind:

$$(8)\begin{cases} x_1 = \dfrac{e\,\omega_0^2 M}{c - \omega_0^2 M}\cos\omega_0 t + A\cos\sqrt{\dfrac{c}{M}}\,t + B\sin\sqrt{\dfrac{c}{M}}\,t\,, \\ y_1 = -\dfrac{gM}{c} + \dfrac{e\,\omega_0^2 M}{c - \omega_0^2 M}\sin\omega_0 t + C\cos\sqrt{\dfrac{c}{M}}\,t + D\sin\sqrt{\dfrac{c}{M}}\,t\,, \end{cases}$$

wo A, B, C, D die vier willkürlichen Integrationskonstanten sind.

Man sieht sofort, daß hier

$$\omega_0 \gtrless \sqrt{\frac{c}{M}}$$

sein muß, d. h. die Biegungsschwingungszahl darf nicht mit der Umdrehungszahl zusammenfallen, denn sonst würde

$$c - \omega_0^2 M = 0$$

und damit die Auslenkungen x_1 und y_1 unzulässig groß werden, wodurch die Erschütterungsfreiheit der Maschine in Frage gestellt würde; es sei bemerkt, daß Stodola die diesem Gedankengang entsprechenden gefährlichen Schwingungszahlen als kritische Schwingungszahlen erster Ordnung bezeichnet.

Wir wollen nun aber auch die Drehungsgleichungen (6c) und (7), die bisher von der Betrachtung ausgeschlossen waren, untersuchen. Wir wollen zusehen, was geschieht, wenn wir die

Näherungsgleichungen (8) in (6c) einführen. Die hierzu nötigen Differentiationen wollen wir unterdrücken und sofort das Ergebnis anschreiben: (6c) geht über in:

$$
(9\text{a})\quad \left\{
\begin{aligned}
(e^2 M + \Theta)\frac{d^2\varphi}{dt^2} + (\varphi - \vartheta)\frac{GJ_p}{l} &= \mathfrak{M} - 2\,e\,g\,M\cos\omega_0 t \\
&\quad + 2\,e\,c[\cos\gamma t(C\cos\omega_0 t - A\sin\omega_0 t \\
&\quad + \sin\gamma t(D\cos\omega_0 t - B\sin\omega_0 t)] \,.
\end{aligned}
\right.
$$

wo $\gamma = \sqrt{\dfrac{c}{M}}$ ist, während (7) unverändert bleibt:

$$
(9\text{b})\qquad \Theta_1\frac{d^2\vartheta}{dt^2} - (\varphi - \vartheta)\frac{GJ_p}{l} = -\mathfrak{M}\,.
$$

Fassen wir die trigonometrischen Ausdrücke auf der rechten Seite von (9a) unter $F(t)$ zusammen und bezeichnen wir das Trägheitsmoment $e^2M + \Theta$ mit Θ_0, so folgt, wenn wir Gleichung (9a) mit Θ_1, Gleichung (9b) mit Θ_0 multiplizieren und die entstandenen Gleichungen voneinander abziehen:

$$
(10)\quad \left\{
\begin{aligned}
\Theta_1\Theta_0\frac{d^2(\varphi - \vartheta)}{dt^2} &+ \frac{GJ_p}{l}(\Theta_1 + \Theta_0)(\varphi - \vartheta) \\
&= \mathfrak{M}(\Theta_1 + \Theta_0) + \Theta_1 F(t)\,.
\end{aligned}
\right.
$$

Dies ist die Differentialgleichung für die Wellenverdrehungen; wäre $F(t) = 0$, so würde die Maschine mit gleichmäßiger Geschwindigkeit umlaufen, $\dfrac{d^2(\varphi - \vartheta)}{dt^2}$ wäre $= 0$ und es würde

$$
(10\text{a})\qquad (\varphi - \vartheta) = \frac{\mathfrak{M}\,l}{GJ_p}\,,
$$

wie es sein muß. $F(t)$ verschwindet nun im allgemeinen nicht, sondern spielt für die Drehungsbewegung die Rolle einer Störungsfunktion. Ihr Einfluß ist durch Integration von (10) festzustellen. Diese Integration liefert folgendes Ergebnis. Die Welle vollführt zunächst Drehungs-Eigenschwingungen, die sich finden, wenn man die rechte Seite von (10) gleich Null setzt. Es wird:

$$
(\varphi - \vartheta) = A\cos\alpha t + B\sin\alpha t\,,
$$

wo A und B Integrationskonstante sind und α für

$$
\sqrt{\frac{GJ_p(\Theta_1 + \Theta_0)}{l\,\Theta_1\,\Theta_0}}
$$

gesetzt ist; α ist die von H. Lorenz in die Technik eingeführte Drehungsschwingungszahl[83]) einer Welle mit zwei rotierenden Massen.

Diese Eigenschwingungen dürfen nicht in Resonanz mit den erzwungenen Schwingungen kommen, die durch die Störungsfunktion $F(t)$ gegeben sind. $F(t)$ enthält zunächst ein Glied mit $\cos \omega_0 t$; also muß sein

$$\alpha \gtrless \omega_0 ,$$

d. h. die Drehungsschwingungszahl darf nicht gleich der Umlaufzahl sein.

Ferner enthält $F(t)$ Ausdrücke von der Form

$$\cos \gamma t \cos \omega_0 t$$

usw. Berechnet man die diesen Gliedern entsprechenden Ausdrücke des Integrals der Gleichung (10), so findet sich, daß in ihnen Größen folgender Gestalt:

$$\frac{R}{(\omega_0 + \gamma)^2 - \alpha^2} \quad \text{und} \quad \frac{R}{(\omega_0 - \gamma)^2 - \alpha^2}$$

vorkommen. Da diese Terme unzulässige große Beiträge zu den Verdrehungen $(\varphi - \vartheta)$ liefern können, wenn nämlich

$$\alpha = \omega_0 + \gamma$$

oder

$$\alpha = \omega_0 - \gamma$$

wird, so müssen noch die Ungleichungen erfüllt werden:

$$\alpha \gtrless \omega_0 + \gamma ,$$
$$\alpha \gtrless \omega_0 - \gamma ,$$

d. h. die Drehungsschwingungszahl darf weder gleich der Summe noch gleich der Differenz von Biegungsschwingungszahl und Umlaufzahl werden.

Als vollständige Bedingungen für den betriebssicheren Gang der Maschine ergeben sich also in unserem Falle folgende vier Ungleichungen:

$$1. \quad \omega_0 \gtrless \sqrt{\frac{c}{M}} ,$$

$$2. \quad \omega_0 \gtrless \sqrt{\frac{G J_p (\Theta_1 + \Theta_0)}{l \Theta_1 + \Theta_0}} ,$$

$$3.\quad \omega_0 + \sqrt{\frac{c}{M}} \gtrless \sqrt{\frac{G J_p(\Theta_1 + \Theta_0)}{l\,\Theta_1\Theta_0}}\,,$$

$$4.\quad \omega_0 - \sqrt{\frac{c}{M}} \gtrless \sqrt{\frac{G J_p(\Theta_1 + \Theta_0)}{l\,\Theta_1\Theta_0}}\,.$$

Sitzen mehrere Räder oder mehrere Anker auf der Turbinenwelle, was in der Praxis immer der Fall ist, so lassen sich analoge Betrachtungen anstellen[84]).

§ 54. Torsionsschwingungen langsam rotierender Wellen.

Die von uns angenommene Unterscheidung zwischen rasch und langsam rotierenden Wellen ist dahin zu erklären, daß Maschinen mit hoher Umlaufzahl im wesentlichen Turbinen sind, also Maschinen mit gleichförmigem Antriebsmoment. Demgegenüber wollen wir unter langsam rotierenden Maschinen im allgemeinen Motore mit periodischem Antriebsmoment verstehen, vor allem große Dampfmaschinen und Gasmotore, wobei wir natürlich nicht außer acht lassen, daß es auch Kolbenmaschinen gibt, die sich durch sehr hohe Umlaufzahlen auszeichnen.

Besonderen Anlaß zur Untersuchung auf Schwingungserscheinungen bieten in erster Linie die Schiffsdampfmaschinen und ihre Propellerwellen. Die Abmessungen der Maschinen und Propeller nahmen eine Entwicklung, die der weiter unten in § 57 gekennzeichneten Entwicklung der Schiffe selbst analog ist. Zu derselben Zeit, als auf neugebauten Schiffen sich äußerst störende Erschütterungen bemerkbar zu machen begannen, häuften sich bei Schraubendampfern die Brüche der langen Tunnelwellen, die man bis dahin meistens als Folge von schlechtem Material oder von Anstoßen an feste Gegenstände im Wasser erklären konnte. Derartige Erklärungen blieben bei den neuen Unfällen aus. Die aus der statischen Dimensionierung der Wellen sich ergebenden Torsionsbeanspruchungen mußten innerhalb zulässiger Grenzen bleiben, wenn die ihnen zugrunde gelegte Annahme einer konstanten mittleren Wellenverdrehung richtig war.

Der Beginn des 20. Jahrhunderts brachte schließlich Licht in die Frage: Man fand, daß eine Schiffsmaschine mit Welle und Propeller ein torsionsschwingungsfähiges System ist, dessen Eigenschwingung mit den erzwungenen Schwingungen des Antriebsmomentes in Resonanz treten kann.

Wir wollen uns im folgenden die Sache zunächst durch einen mathematischen Ansatz zurechtlegen.

Fig. 126 stelle eine **Schiffsmaschine** mit Welle und Propeller vor. Die von der meist mehrkurbeligen Maschine auf die Welle ausgeübten Antriebsmomente fassen wir in eines zusammen, indem wir uns vorstellen, daß das Drehmoment $F(\vartheta_1)$, wo $F(\vartheta_1)$ eine periodische Funktion des Kurbelwinkels ϑ_1 ist, an einer einzigen in der Mittelebene der Maschine gelegenen Kurbel angreife. Ebendort denken wir uns das Trägheitsmoment der Kurbelwelle nebst demjenigen der halben glatten Welle sowie einen von den hin und her gehenden Teilen herrührenden Zuschlag vereinigt; wir bezeichnen es mit Θ_1.

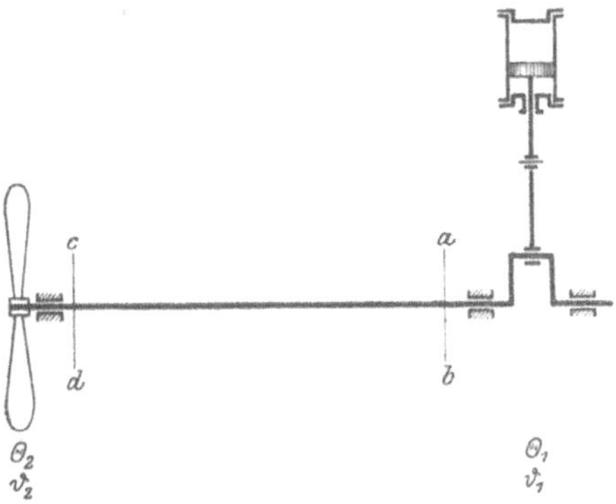

Fig. 126. Schematisches Bild einer Schiffsmaschine.

Das Trägheitsmoment des Propellers und der zugehörigen Hälfte der glatten Welle sei Θ_2; die Propellerdrehung werde durch einen Winkel ϑ_2 gekennzeichnet; im Ruhezustande sei $\vartheta_1 = \vartheta_2$; der Widerstand, den der Propeller im Wasser findet, sei W.

Das Antriebsmoment $F(\vartheta_1)$ wird nun von Θ_1 auf Θ_2 übergeleitet mittels der Torsionsspannungen der glatten Welle, welche auf Θ_1 und Θ_2 entgegengesetzt gleiche Drehmomente der Größe

$$\tau(\vartheta_1 - \vartheta_2)$$

ausüben, wo τ eine aus den Wellenabmessungen zu berechnende Konstante ist. Jetzt lassen sich die Bewegungsgleichungen für Θ_1 und Θ_2 anschreiben:

$$(1) \qquad \left\{ \begin{aligned} \Theta_1 \frac{d^2\vartheta_1}{dt^2} + \tau(\vartheta_1 - \vartheta_2) &= F(\vartheta_1) \\ &= A_m + \sum_k (A_k \sin k\omega t + B_k \cos k\omega t)\,, \end{aligned} \right.$$

$$(2) \qquad \Theta_2 \frac{d^2\vartheta_2}{dt^2} - \tau(\vartheta_1 - \vartheta_2) + W = 0\,.$$

In Gleichung (2) ist noch über W Entscheidung zu treffen. Versuche haben gezeigt, daß der Propellerwiderstand proportional ist der $r$ten Potenz der Winkelgeschwindigkeit, daß also der Ansatz gilt

$$W = C \cdot \left(\frac{d\vartheta_2}{dt}\right)^r, \tag{3}$$

wo r zwischen 3,6 und 4,0 liegt.

Für das Weitere machen wir die Voraussetzung, daß die Bewegung eine gleichförmige sei mit einer kleinen sich überlagernden Pulsation, die für Θ_1 mit ε_1, für Θ_2 mit ε_2 bezeichnet werde.

Es gelte also

$$\vartheta_1 = \omega t + \varepsilon_1, \qquad \vartheta_2 = \alpha + \omega t + \varepsilon_2, \tag{4}$$

wo α die im Beharrungszustand auftretende konstante mittlere Wellenverdrehung sei. Hiermit schreiben sich die Gleichungen (1) und (2):

$$\Theta_1 \frac{d^2\varepsilon_1}{dt^2} + \tau(\varepsilon_1 - \varepsilon_2) + \alpha\tau = F(\omega t) + \varepsilon_1 F'(\omega t), \tag{5}$$

$$\Theta_2 \frac{d^2\varepsilon_2}{dt^2} - \tau(\varepsilon_1 - \varepsilon_2) - \alpha\tau + C\omega^r + C r \omega^{r-1} \frac{d\varepsilon_2}{dt} = 0. \tag{6}$$

In Gleichung (5) steht auf der rechten Seite die auf die beiden ersten Glieder beschränkte Taylorentwicklung von

$$F(\vartheta_1) = F(\omega t + \varepsilon_1),$$

während in Gleichung (6) bei der Binomialentwicklung

$$W = C\left(\omega + \frac{d\varepsilon_2}{dt}\right)^r$$

die höheren Potenzen als $\frac{d\varepsilon_2}{dt}$ als klein gegen die übrigen vernachlässigt sind.

In Gleichung (6) kann $\alpha\tau$ gegen $C\omega^r$ fortgehoben und $C r \omega^{r-1} = b$ gesetzt werden; in Gleichung (5) wollen wir $\alpha\tau$ gegen das konstante Glied A_m von $F(\omega t)$ fortlassen und $\varepsilon_1 F'(\omega t)$ vernachlässigen. Wir erhalten:

$$\Theta_1 \frac{d^2\varepsilon_1}{dt^2} + \tau(\varepsilon_1 - \varepsilon_2) = \sum_k (A_k \sin k\omega t + B_k \cos k\omega t), \tag{7}$$

$$\Theta_2 \frac{d_2\varepsilon_2}{dt^2} + b\frac{d\varepsilon_2}{dt} - \tau(\varepsilon_1 - \varepsilon_2) = 0. \tag{8}$$

Diese Gleichungen liefern die Winkel ε_1 und ε_2 als periodische Funktionen

$$\varepsilon_1 = \sum_k (a_k \sin k\,\omega\,t + b_k \cos k\,\omega\,t)\ ,$$

$$\varepsilon_2 = \sum (a'_k \sin k\,\omega\,t + b'_k \cos k\,\omega\,t)\ ,$$

wo die Koeffizienten a_k, b_k, a'_k, b'_k sich aus den Koeffizienten von F und den Konstanten der Gleichungen (7) und (8) berechnen lassen.

Uns interessiert in erster Linie die Relativbewegung der beiden Wellenenden, also die Differenz

$$\begin{aligned}\Delta\varepsilon = \varepsilon_1 - \varepsilon_2 &= \sum_k [(a_k - a'_k)\sin k\,\omega\,t + (b_k - b'_k)\cos k\,\omega\,t] \\ &= \sum_k p_k \sin k\,\omega\,t + q_k \cos k\,\omega\,t\ .\end{aligned}$$

Die Ausrechnung zeigt, daß die Koeffizienten p_k und q_k in der Form erscheinen:

$$\text{(9)}\quad \begin{cases} p_k = \dfrac{P_k}{b^2[\tau - k^2\,\omega^2\Theta_1]^2 + \omega^2\,k^2[(\Theta_1 + \Theta_2)\,\tau - k^2\,\omega^2\,\Theta_1\,\Theta_2]^2} \\ \text{und} \\ q_k = \dfrac{Q_k}{b^2[\tau - k^2\,\omega^2\,\Theta_1]^2 + \omega^2\,k^2[(\Theta_1 + \Theta_2)\,\tau - k^2\,\omega^2\,\Theta_1\,\Theta_2]^2}\ , \end{cases}$$

wo P_k und Q_k von A_k, B_k und den Konstanten der Differentialgleichung abhängen.

Aus den Nennern der Ausdrücke (9) erkennt man sofort, daß eigentliche Resonanz nicht eintreten kann, wie man ja infolge des Vorhandenseins von Dämpfung vermuten konnte. Dagegen erreicht sowohl p_k wie q_k maximale Werte für

$$\text{(10)}\quad \begin{cases} \omega = \dfrac{1}{k}\sqrt{\dfrac{\tau}{\Theta_1}} \\ \text{und} \\ \omega = \dfrac{1}{k}\sqrt{\dfrac{(\Theta_1 + \Theta_2)\,\tau}{\Theta_1\,\Theta_2}}\ . \end{cases}$$

Der zweite dieser beiden Ausdrücke ist die für die $k$te Harmonische des Antriebsmomentes kritische Frequenz; für die Grundschwingung ($k = 1$) würde sein

$$\omega = \sqrt{\frac{(\Theta_1 + \Theta_2)\,\tau}{\Theta_1\,\Theta_2}}\ ,$$

und man nennt diesen Ausdruck die Torsionseigenschwingungszahl des Systems.

Diese theoretischen Resultate sind durch die zahlreichen Versuche von Frahm[85]) an ausgeführten Schiffsmaschinen bestätigt gefunden worden. Aus dem Berichte Frahms über diese Versuche sei ein charakteristisches Beispiel für diese Resonanzschwingungen angeführt.

In Fig. 127 gibt die gestrichelte Kurve den Torsionsspannungsverlauf während einer Umdrehung wieder, der eintreten würde, wenn er genau nach dem indizierten Dampfdruck-Drehmomentdiagramm erfolgte. 1 mm Ordinatenhöhe entspricht 26 kg/qcm Torsionsspannung. Analysiert man das Drehkraftdiagramm, so findet man, daß die dritte Grundschwingung desselben noch erhebliche Ordinaten aufweist. Da nun die Eigenschwingungszahl der Welle 257,4 beträgt, so ist $\frac{1}{3} \cdot 257{,}4 = 85{,}8$ eine kritische Umlaufzahl der Welle. In der Tat zeigt das wirkliche Drehkraftdiagramm (die ausgezogene Kurve in Fig. 127), welches bei einer Umlaufzahl = 83 aufgenommen ist, bedenkliche Spannungsschwankungen, deren Maximalbetrag bis zu 600 kg/qcm ansteigt. Würde die Umlaufzahl auf den genauen kritischen Wert 85,8 gesteigert, so würde man eine maximale Torsionsspannung = 810 kg/qcm zu erwarten haben.

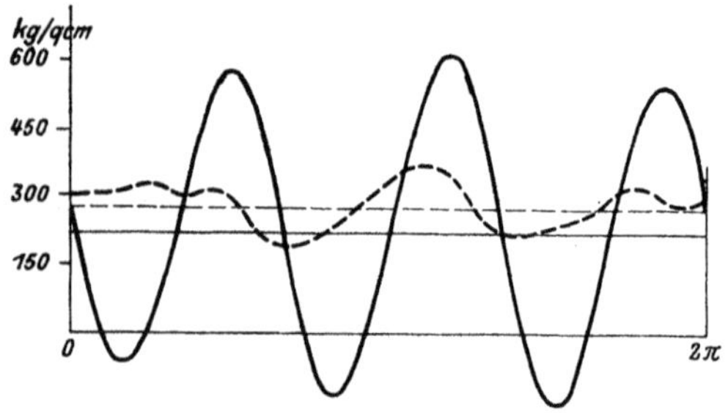

Fig. 127. Torsionsmomente und Verdrehungsspannungen in der Nähe der Resonanz.

Derartige Spannungen sind aber angesichts der raschen Wechsel durchaus unzulässig.

Ein bemerkenswertes Nebenergebnis haben diese Untersuchungen, wenn man bedenkt, daß die mittleren Ordinaten der beiden Kurven dem mittleren indizierten Drehmoment bzw. dem mittleren effektiven (am Propeller ausgeübten) Drehmoment proportional sind. Ihr Verhältnis liefert also den mechanischen Wirkungsgrad der Schiffsmaschine:

$$\eta = 0{,}82\,.$$

Mit anderen Worten, die Schwingungsuntersuchungen enthalten gleichzeitig eine Messung der effektiven Leistung, indem die Propellerwelle selbst als Torsionsdynamometer[86]) benutzt wird.

Die Ausführung der Messungen geschah so, daß an zwei möglichst weit voneinander entfernten Punkten der Welle besonders präparierte Zinkblätter um diese herumgelegt wurden. Auf jedem dieser Zinkblätter wurden durch einen in genau bekannten kleinen Zeitintervallen unterbrochenen Strom gleichzeitige Marken hervorgebracht, deren Vergleichung die Relativdrehung der betreffenden Wellenquerschnitte, d. h. den Winkel $\alpha + (\varepsilon_1 - \varepsilon_2)$ zu messen gestattete. Der Schubelastizitätsmodul, der außer den Wellenabmessungen noch in der Konstante τ vorkommt, wurde an Probestäben aus dem Wellenmaterial gesondert bestimmt. Im einzelnen sei auf die Arbeit von Frahm verwiesen.

Schwingungserscheinungen der besprochenen Art sind auch möglich bei stationären Maschinen, z. B. bei großen Gasmotoren mit mehreren Schwungmassen. Hierauf hat zuerst P. Roth hingewiesen, Z. d. V. d. Ing. 1904, S. 564. In dieser Arbeit wird das Verhalten eines Zweitakt-Gasmotors mit Dynamo und besonderem Schwungrad untersucht. Der Gang der Untersuchung ist prinzipiell derselbe wie bei Systemen mit nur zwei Schwungmassen. Im übrigen enthält die Arbeit wertvolle Angaben über die vom Konstrukteur zu treffenden Maßnahmen, wenn er kritische Schwingungszahlen vermeiden will.

§ 55. Auswuchten rotierender Maschinenteile.

Über die allgemeinste Art von Fehlern in der Massenverteilung eines rotierenden Körpers, die zu Schwingungen im Sinne unserer bisherigen Untersuchungen Anlaß geben können, macht man sich eine richtige Vorstellung, wenn man den Rotationskörper sich in eine große Anzahl achsennormaler Scheiben zerlegt denkt, von denen jede eine nach Fig. 128 kleine Schwerpunktsabweichung von der Wellenmitte aufweist. Diese Abweichungen mögen in den einzelnen achsensenkrechten Ebenen ganz beliebig gerichtet sein. Die ihnen entsprechenden Zentrifugalkräfte liefern nach bekannten Regeln der Statik eine Einzelkraft K und ein Moment M, welches wir uns als Kräftepaar Pa vorstellen. Sonach können die Fehler der **Massenverteilung** eines Rotationskörpers stets nach Fig. 129 dargestellt werden. Die Ebene des Kräftepaares Pa kann dabei beliebig gegen die Einzelkraft K geneigt sein. Als Eigenschaft des Gesamtkörpers betrachtet rührt nun diese letztere von einer kleinen Exzentrizität des Gesamtschwerpunktes her, während das **Kräftepaar** Pa dadurch verursacht wird, daß die Rotationsachse einen kleinen Winkel mit der **Hauptträgheitsachse** einschließt. Ist Pa gleich Null, so ist die Hauptträgheitsachse in kleinem Abstand der Drehachse parallel; ist K gleich Null, so fällt der Schwerpunkt zwar in die Rotationsachse, aber die Richtung der Hauptträgheitsachse weicht von jener ein wenig ab.

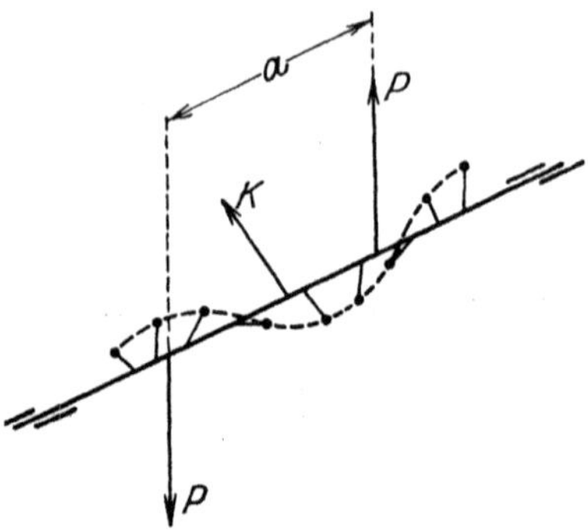

Fig. 128. Massenfehlerverteilung in einem Rotationskörper.

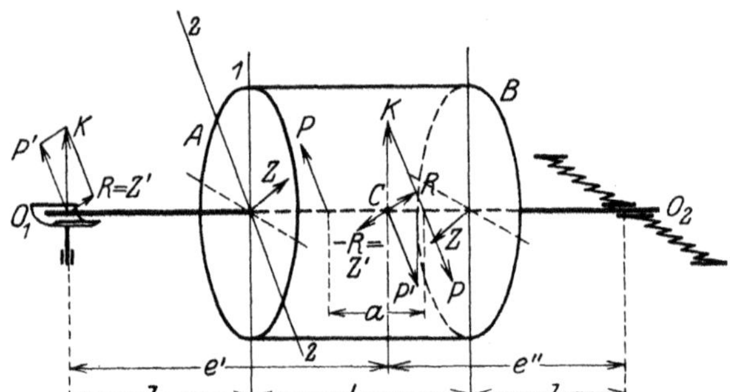

Fig. 129. Einzelkraft und Moment als Folge der Fehler der Massenverteilung.

Für diese Fehler werden verschiedene Benennungen verwendet. Mancherorts spricht man von **Überwucht**, ein Ausdruck, der nicht schlecht gewählt ist, aber dennoch der Schärfe vermissen läßt. Mehr gebräuchlich ist die Benennung **Unbalance**, die als Fremdausdruck gewiß nicht zu loben ist. Das Wort Überwucht knüpft an an gewisse undeutliche Vorstellungen von der Wirkung der Fehler, der Ausdruck Unbalance an ein früher übliches unvollkommenes, einer Wägung ähnliches Verfahren zu ihrer Beseitigung.

Demgegenüber ziehe ich es vor, kurz vom Massenfehler zu sprechen, der sich im Falle $Pa = 0$ als Schwerpunktsfehler, im Falle $K = 0$ als Achsenfehler spezialisiert.

Ein Verfahren für einen Ausgleich der Fehler gewinnt man durch folgende Überlegung.

Zunächst seien die Axialebenen *1—1* der Einzelkraft K und *2—2* des Kräftepaares Pa (Fig. 129) bekannt.

Das Kräftepaar Pa denken wir uns jetzt ersetzt durch ein gleich großes Kräftepaar $P'e'$, dessen linke Paarkraft P' in den festliegenden Endpunkt O_1 der Welle falle (der andere Endpunkt O_2 sei zwischen Federn horizontal verschieblich), während die rechte Paarkraft P' mit K in dieselbe achsennormale Ebene falle. Diese letztere Paarkraft wird mit K zu einer Resultierenden R vereinigt gedacht. Jetzt ist also das ursprünglich gegebene Kraftsystem K und Pa ersetzt durch zwei Einzelkräfte R und P', von denen die letztere in den festen Endpunkt O_1 fällt. Eine Schwingung K des rotierenden Körpers um O_1 kann also nur von der Einzelkraft R herrühren, deren Wirkung ausgeglichen wird durch eine Kraft R' (in Gestalt eines entsprechenden Zusatzgewichtes an der Stirnseite B des Rotationskörpers, welches die vorhandenen Schwingungsausschläge der Welle zum Verschwinden bringt), so daß gilt:

$$R e' = -R'(l_1 + L) .$$

Das Moment des Gewichtes R' ersetzen wir nun durch ein Kräftepaar

$$Z L = R'(l_1 + L) ;$$

indem wir statt des Gewichtes R' in der einen Stirnseite B die Gewichte Z und $-Z$ in den beiden Stirnseiten A und B anbringen. Ihre Größe wird aus

$$Z = \frac{R'(l_1 + L)}{L} ,$$

wo R' durch Schwingungsversuch, l_1 und L durch Abmessung am Läufer bekannt sind.

Die Wirkung der Einzelkraft R ist demnach durch das Kräftepaar ZL aufgehoben.

Um hier näher zu untersuchen denken wir nur ZL ersetzt durch $Z'l'$:

$$ZL = Z'l',$$

d. h. durch ein Kräftepaar, dessen Paarkräfte in O_1 und C in den gleichen Ebene wie ZL angreifen.

Da aber $ZL = -Rl'$ ist, so ist

$$Z' = -R,$$

d. h. in C hebt Z' die Einzelkraft R auf, wie es sein muß, und in O_1 setzt sie sich mit P' zur resultierenden K zusammen. Das Ergebnis unserer bisherigen Überlegung ist aber, daß das Kräftepaar Pa verschwunden ist (durch ZL) und gleichzeitig die Einzelkraft K in den Drehpunkt O_1 verschoben wurde. Um auch ihre Wirkung auszugleichen, treffen wir auf Grund eines neuen Schwingungsversuches mit O_2 als Drehpunkt die Zusatzgewichtsanordnung in den Stirnseiten A und B nach Fig. 130 mit der Bedingung

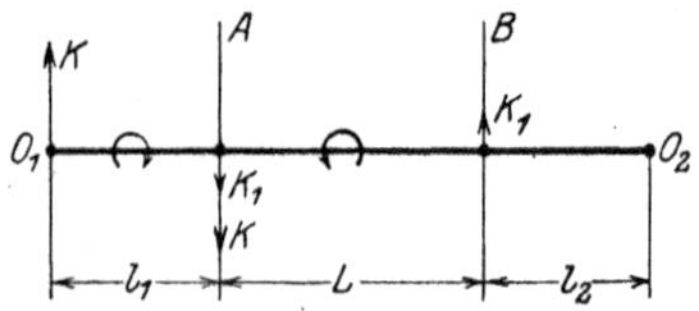

Fig. 130. Ausgleichung der Einzelkraft.

$$K_1 L = -K l_1 .$$

Wir haben jetzt in der Stirnseite A die Gewichte Z und $K + K_1$, in der Stirnseite B die Gewichte Z und K_1.

Bei der wirklichen Ausführung des Verfahrens handelt es sich um zweierlei: 1. Es ist die Ebene der Kraft R zu ermitteln. 2. Das Zusatzgewicht zum Ausgleich der Wirkung von R ist so zu bestimmen, daß die beobachteten Schwingungsausschläge des Rotationskörpers oder seiner Welle verschwinden oder möglichst klein werden.

Zur Lösung der ersten Aufgabe erinnern wir uns der im § 52 entwickelten Tatsache, daß der größte Schwingungsausschlag eines rotierenden Körpers der Schwingungsursache, also der Axialebene des Schwerpunkts- oder des Achsenfehlers, um einen bestimmten Winkel σ_1 nacheilt.

Werden also zwei Schwingungsversuche mit gleichen Drehzahlen, aber entgegengesetzter Drehrichtung angestellt und dabei jedesmal die Axialebenen des größten Ausschlags an der Welle bezeichnet, so liefert die Halbierungsebene (Fig. 131) des Winkels zwischen den Ausschlagebenen die gesuchte Fehlerebene.

Die zweite Aufgabe wird dann so gelöst, daß man in der Fehlerebene, in einer geeigneten achsennormalen Ebene des Läufers, gewöhnlich einer Stirnseite, soviel Gewichte in dafür vorbereitete Ringnuten zugibt, daß die Ausschläge beim Drehvorgang verschwinden.

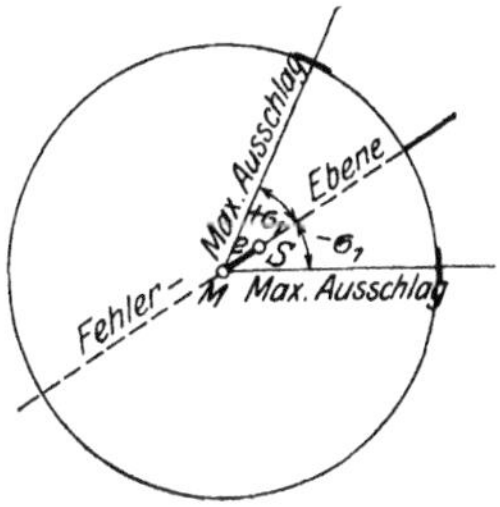

Fig. 131. Bestimmung der Fehlerebene.

Diesen verschiedenen Aufgaben wird die Auswuchtmaschine von Lawaczeck-Heymann in zweckmäßiger Weise gerecht.

Die Maschine (die in verschiedenen Größen gebaut wird) besteht aus einem kräftigen Bett BB, auf dem die Lagerständer verschiebbar sind. Fig. 132. Diese enthalten je eine senkrecht angeordnete, am unteren Ende fest in den Ständern gespannte Blattfeder F, die oben das eigentliche Lager trägt. Letztere sind so eingerichtet, daß die Gleitlagerschalen der Kugellagergehäuse, welche die Welle des Versuchsläufers aufzunehmen haben, um

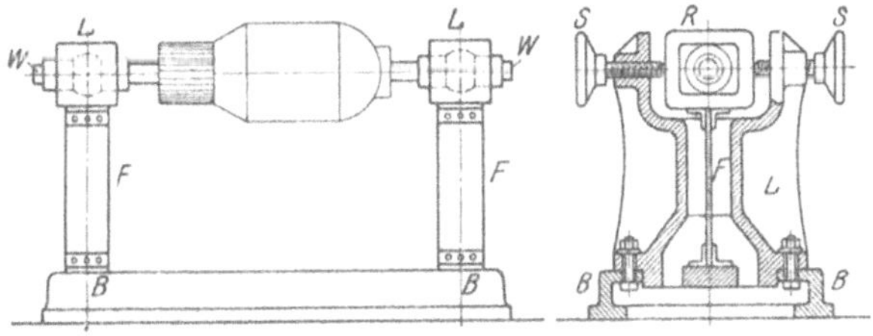

Fig. 132. Auswuchtmaschine nach Lawaczeck-Heymann.

eine Vertikalachse drehbar in einem Rahmen sitzen der von der Blattfeder getragen wird. Der Rahmen kann durch Schraubenspindeln in seinem Lagerständer festgestellt werden. So kann jedes Lager bald als Drehlager O_1, bald als Schwinglager O_2 dienen, was für das eben erklärte Verfahren notwendig ist, wenn man nicht den Versuchsläufer beim zweiten Auswuchtversuch (der Einzelkraft K) in seinen Lagern umlegen will.

Die Aufzeichnung der Schwingungsausschläge der Welle wird bei Lawaczeck-Heymann nicht auf dem Wellen- oder Läufermantel vorgenommen, sondern auf deri Strnseite des Schwingendes der Welle. Das Ausschwingen des Lagers der letzteren überträgt sich (Fig. 133) über den Hebel h auf den Schreibstift S,

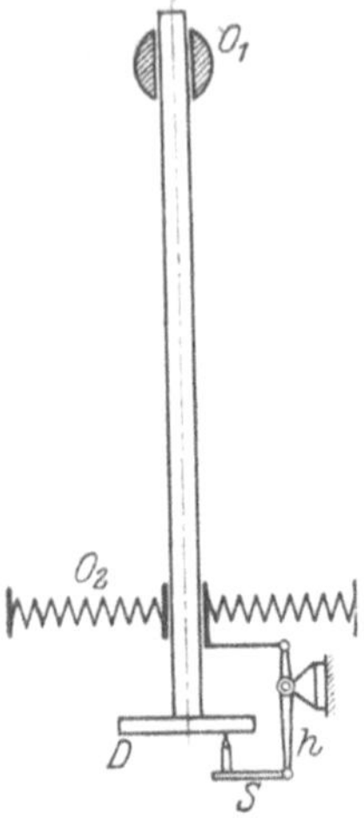

Fig. 133. Drehlager, Schwinglager und Stirnseitenindikator.

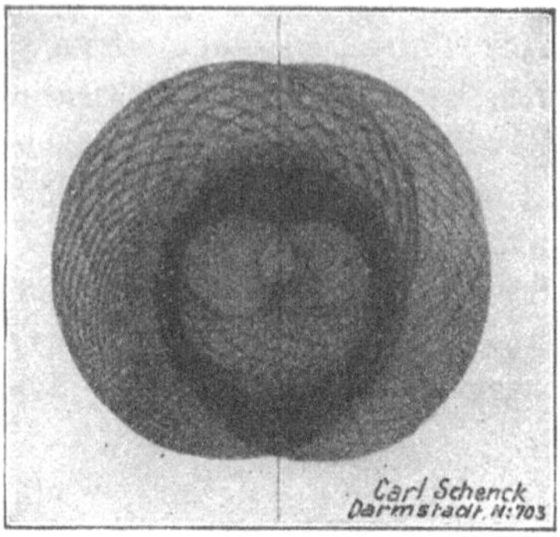

Fig. 134. Stirnseitendiagramm.

Fig. 135 Schreibtafelindikator.

Fig. 136. Ausführung der Maschine von Lawaczeck-Heymann.

der auf einem von dem freien Stirnende getragenen Diagrammblatt aufzeichnet. Die größten Ausschläge treten dabei besonders deutlich zutage, weil sie sich infolge der Hebelübersetzung sowie der Gegenläufigkeit des Diagrammblattes und des Schreibstiftes (in der Schwingebene) vergrößert aufzeichnen. Läßt man diesen Stirnseitenindikator die Schwingungsbewegung bei zwei Ausläufen in verschiedenen Drehrichtungen aufzeichnen, so entsteht ein Zug sich überlagernder Ausschlagkurven nach Fig. 134, deren Symmetrielinie die Fehlerebene angibt, wenn man sie in bekannter Weise auf den Versuchsläufer projiziert.

Zur Beobachtung der Ausschläge beim Auswägen des Fehlers ist am Schwinglager ein Zeiger Z angebracht (Fig. 135), der auf einer in der Höhe verstellbaren Schreibtafel T ihre Ausschläge festlegt. Das Auswägen (in der ermittelten Fehlerebene) ist beendet, wenn die Schreibtafelausschläge verschwinden oder einen Kleinstrest annehmen.

Eine Übersicht über die Ausführung der Maschine (mit abgenommenen Stirnseitenindikator und Darstellung der Anreißvorrichtung für die Übertragung der Fehlerebene auf den Läufer) bietet Fig. 136[87]).

§ 56. Dynamik des Kurbelgetriebes[88]).

Der ältere Dampfmaschinenbau, wie er aus den Händen Watts und seiner Nachfolger hervorging, kannte nur kleine Kolbengeschwindigkeiten von etwa 1—2 m/sek. Im Zusammenhang hiermit war für die Maschinenkonstrukteure wenig Anlaß vorhanden, sich mit der Massenwirkung eingehender zu befassen. Allerdings besitzen wir in Poncelets Mecanique appliquée aux machines 1829 eine vollständige dynamische Theorie des Kurbelgetriebes, nachdem schon Navier und Coriolis in derselben Richtung gearbeitet hatten. Doch mußten erst die Anforderungen der Praxis sich bemerkbar machen, ehe die Ideen der Theoretiker Eingang in die Konstruktionsbureaus fanden.

Zuerst gab der Lokomotivbau Anlaß zur Berücksichtigung der Trägheitswirkungen. Dann war es die Berechnung der Kurbel- und Gatterzapfen bei Sägegattern, die mit Rücksicht auf die schwingenden Massen durchgeführt und in der Z. d. V. d. Ing. 1862 erstmalig veröffentlicht wurde.

Die allgemeinere Berücksichtigung der Massenwirkungen im ausführenden Maschinenbau datiert aber erst vom Jahre 1867, in welchem Radinger im Anschluß an die Besprechung einer in Paris 1867 ausgestellten Allenschen Dampfmaschine mit 5 m/sek Kolbengeschwindigkeit seine berühmte Theorie der Dampfmaschinen mit hoher Kolbengeschwindigkeit veröffentlichte. Diese Radingersche Theorie gehört seitdem zum stehenden Handwerkszeug aller Ingenieure, obwohl ihr zweifellos gewisse Mängel anhaften.

Nach dem Vorgange von Heun, „Kinetische Probleme der wissenschaftlichen Technik", besprechen wir im folgenden den Radingerschen Gedankengang unter Heranziehung der Lagrangeschen Gleichungen zweiter Art.

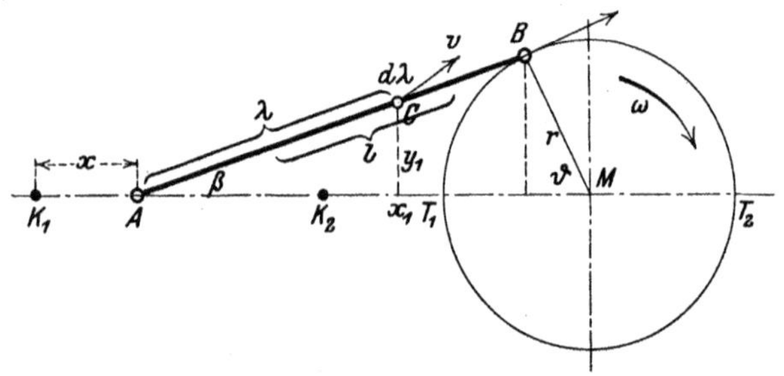

Fig. 137. Kurbelgetriebe.

In Fig. 137 sei AB die Pleuelstange. Im Kreuzkopf A denken wir uns die Gesamtmasse M aller nur hin und her gehenden Teile, Kolben, Kolbenstange, Kreuzkopf, vereinigt, während alle nur rotierenden Teile (Schwungrad, Welle, Kurbelarm) im Trägheitsmomente Θ zusammengefaßt werden. Hierzu kommt bei Aufstellung der kinetischen Energie des Getriebes noch die Wirkung der Pleuelstange. Die Geschwindigkeiten v der Stangenpunkte sind offenbar abhängig von ihrer Entfernung λ vom Kreuzkopf A. Für den Punkt C ist

$$x_1 = x + \lambda\cos\beta\,,$$
$$y_1 = \lambda\sin\beta\,,$$

und hiermit wird

$$(1)\quad v^2 = \left(\frac{dx_1}{dt}\right)^2 + \left(\frac{dy_1}{dt}\right)^2 = \left(\frac{dx}{dt}\right)^2 + \lambda^2\left(\frac{d\beta}{dt}\right)^2 - 2\,\lambda\sin\beta\frac{dx}{dt}\frac{d\beta}{2t}\,.$$

Hiernach wird die kinetische Energie der Lenkstange:

$$(2)\quad \frac{1}{2}\int v^2\,dm = \frac{1}{2}\left(\frac{dx}{dt}\right)^2\int dm - \sin\beta\frac{dx}{dt}\frac{d\beta}{dt}\int\lambda\,dm + \frac{1}{2}\left(\frac{d\beta}{dt}\right)^2\int\lambda^2\,dm\,.$$

Es ist $\int dm = M_1$ die Masse der Pleuelstange, $\int \lambda\, dm = \mathfrak{M}_1$ ihr auf A bezogenes statisches Moment, $\int \lambda^2 dm = \Theta_1$ ihr auf A bezogenes Trägheitsmoment.

Die ganze kinetische Energie des Getriebes schreibt sich also:

$$(3)\quad \begin{cases} L = \frac{1}{2}(M + M_1)\left(\frac{dx}{dt}\right)^2 - \sin\beta\,\mathfrak{M}_1 \frac{dx}{dt}\frac{d\beta}{dt} + \frac{1}{2}\Theta_1\left(\frac{d\beta}{dt}\right)^2 \\ \qquad + \frac{1}{2}\Theta\left(\frac{d\vartheta}{dt}\right)^2 \end{cases}$$

Führt man noch die Beziehungen

$$(4)\qquad x = r(1-\cos\vartheta) + l(1-\cos\beta)$$

und

$$r\sin\vartheta = l\sin\beta$$

ein, so verwandelt sich L in einen Ausdruck folgender Form:

$$(5)\qquad L = \frac{1}{2}E(\vartheta)\left(\frac{d\vartheta}{dt}\right)^2,$$

wo $E(\vartheta)$ nur den Winkel ϑ als einzige unabhängige Variable und im übrigen als Konstante die Massen und Trägheitsmomente enthält. Ausführlich geschrieben lautet $E(\vartheta)$

$$(6)\quad \begin{cases} E(\vartheta) = (M + M_1)\,r^2\sin^2\vartheta\left(1 + \frac{r}{l}\frac{\cos\vartheta}{\cos\beta}\right)^2 \\ \qquad - 2\mathfrak{M}\frac{r^3}{l^2}\sin^2\vartheta\left(1 + \frac{r}{l}\frac{\cos\vartheta}{\cos\beta}\right)\frac{\cos\vartheta}{\cos\beta} + \Theta_1\frac{r^2}{l^2}\frac{\cos^2\vartheta}{\cos^2\beta} + \Theta. \end{cases}$$

Dieser Ausdruck scheint zunächst etwas verwickelt, vereinfacht sich aber erheblich durch Einführung einiger in der Natur der Sache liegenden Vernachlässigungen.

Die Bewegungsgleichung der Dampfmaschine schreibt sich nach **Lagrange** einfach

$$(7)\qquad E(\vartheta)\frac{d^2\vartheta}{dt^2} + \frac{1}{2}\frac{\partial E(\vartheta)}{\partial\vartheta}\left(\frac{d\vartheta}{dt}\right)^2 = D - W,$$

wo D das am Kurbelzapfen angreifende Dampfdruckmoment und W das von der Maschine zu überwindende Widerstandsmoment ist.

Radinger verfährt folgendermaßen. Zunächst denkt er sich die Massenwirkung der Schubstange ersetzt durch Hinzufügung einer Masse M_0 zu den im Kreuzkopf vereinigten Massen M und

Anbringung einer Masse M_2 am Kurbelzapfen. Hierdurch vereinfacht sich die kinetische Energie bedeutend zu:

$$(8)\quad L = \tfrac{1}{2}\left[(M + M_0)\, r^2 \sin^2\vartheta \left(1 + \frac{r}{l}\,\frac{\cos\vartheta}{\cos\beta}\right)^2 + (\Theta + r^2 M_2)\right]\left(\frac{d\vartheta}{dt}\right)^2.$$

Die Bewegungsgleichung aber wird:

$$(9)\quad \begin{cases} \left[\Theta + r^2 M_2 + (M + M_0)\, r^2 \sin^2\vartheta \left(1 + \dfrac{r}{l}\,\dfrac{\cos\vartheta}{\cos\beta}\right)^2\right]\dfrac{d^2\vartheta}{dt^2} \\ \qquad + \tfrac{1}{2}(M + M_0)\dfrac{\partial}{\partial\vartheta}\left\{r^2 \sin^2\vartheta \left(1 + \dfrac{r}{l}\,\dfrac{\cos\vartheta}{\cos\beta}\right)^2\right\}\left(\dfrac{d\vartheta}{dt}\right)^2 = D - W. \end{cases}$$

Hier führt Radinger weitere vereinfachende Annahmen ein. Zuerst vernachlässigt er in dem mit $\dfrac{d^2\vartheta}{dt^2}$ behafteten Gliede die veränderliche Größe gegenüber der konstanten $(\Theta + r^2 M_2)$ mit Rücksicht darauf, daß Θ das gewaltige Schwungradträgheitsmoment enthält. Diese Vernachlässigung ist ohne Zweifel etwas gewaltsam, da sie z. B. bei Einzylindermaschinen bis 5% des Schwungradträgheitsmomentes betragen kann. Ferner ersetzt Radinger die in Wirklichkeit veränderliche Winkelgeschwindigkeit $\dfrac{d\vartheta}{dt}$ durch die mittlere ω_0 und schreibt das mit ihr behaftete Glied auf die andere Seite der Gleichung. So geht die strenge Gleichung in folgende Gestalt über:

$$(10)\quad \Theta\frac{d^2\vartheta}{dt^2} = -\tfrac{1}{2}(M + M_0)\frac{\partial}{\partial\vartheta}\left\{r^2 \sin^2\vartheta \left(1 + \frac{r}{l}\,\frac{\cos\vartheta}{\cos\beta}\right)^2\right\}\omega_0^2 + D - W.$$

Das erste Glied der rechten Seite ist nichts anderes als der Radingersche Beschleunigungsdruck der hin und her gehenden Massen, der mit dem Tangential-Dampfdruckdiagramm kombiniert wird. Dieses kombinierte Tangentialdruckdiagramm benutzt nun Radinger zur Ermittlung des Schwungradgewichtes, indem er die Größe

$$\Theta\frac{d^2\vartheta}{dt^2} = -\tfrac{1}{2}(M + M_0)\frac{\partial}{\partial\vartheta}\left\{r^2 \sin^2\vartheta \left(1 + \frac{r}{l}\,\frac{\cos\vartheta}{\cos\beta}\right)^2\right\}\omega_0^2 + D - W$$

als Funktion von ϑ graphisch aufträgt und das Integral

$$J = \int_{\vartheta_1}^{\vartheta_2} \Theta\frac{d^2\vartheta}{dt^2}\, d\vartheta$$

bildet, d. h. er planimetriert den größten Flächenüberschuß des kombinierten Tangentialdruckdiagramms und dimensioniert das Schwungrad so, daß bei Eintritt der diesen Überschuß entsprechenden Zunahme an kinetischer Energie des Schwungrades die Winkelgeschwindigkeitszunahme ein vorgegebenes Maß nicht überschreitet. Zweifellos wohnt diesem Gedankengange ein hohes Maß von Anschaulichkeit inne, dem es in erster Linie zu danken ist, daß heute jeder Ingenieur diese Methode beherrscht; doch kann man das Radingersche Verfahren nur als eine erste Annäherung betrachten.

Zunächst ist die zur Schwungradberechnung erforderliche Annahme, daß die den Kurbelwinkeln ϑ_1 und ϑ_2 (Fig. 138) zu Be-

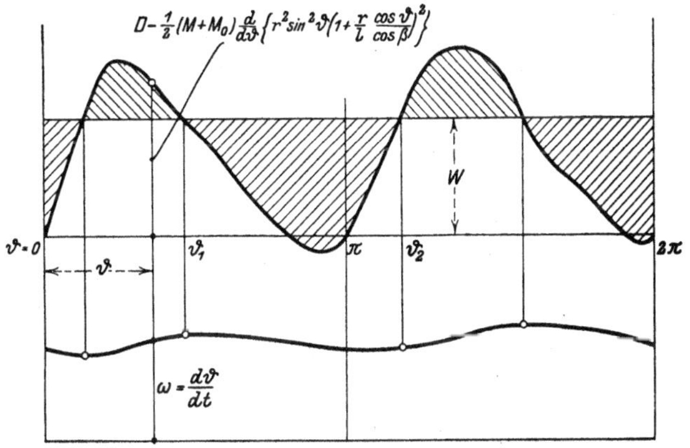

Fig. 138. Tangentialdruck- und Geschwindigkeitsdiagramm.

ginn und Ende jener größten Überschußfläche entsprechenden Winkelgeschwindigkeiten ω_1 und ω_2 die beiden eminenten Werte der Winkelgeschwindigkeiten für die Umdrehung seien, in keiner Weise begründet, und noch bedenklicher ist die weiters erforderliche Annahme, daß die mittlere Winkelgeschwindigkeit gleich dem arithmetischen Mittel von ω_1 und ω_2 sei. Um die hiermit zusammenhängende Definition des Ungleichförmigkeitsgrades

(11) $$\delta = 2\,\frac{\omega_1 - \omega_2}{\omega_1 + \omega_2},$$

auf eine genauere Grundlage zu stellen, wird daher von Heun eine neue Definition von ω_m vorgeschlagen, die an die strengere

Lagrangesche Formel anknüpft, und zwar aus dem Grunde, weil die Radingerschen Vernachlässigungen sämtlich eine unnötige Vergrößerung des Schwungrades zur Folge haben; es ist daher für den Maschinenbau ökonomischer, mit der genaueren Formel zu rechnen, die in der praktischen Anwendung keineswegs mehr Schwierigkeiten bietet als die Radingersche Näherungsformel.

Diese Definition lautet

$$\omega_m = 2\pi : \int_0^{2\pi} \frac{d\vartheta \sqrt{E(\vartheta)}}{\sqrt{2\left[\left(L_0 + \int_0^{\vartheta} (D - W)\, d\vartheta\right]\right.}} . \tag{12}$$

Hier ist $E(\vartheta)$ uns bereits bekannt, während L_0 der Wert der kinetischen Energie für $\vartheta = 0$ ist. Auf die Einzelheiten der Heunschen Darstellung, die sich vor allem auf die rationelle graphische Auswertung des Integrals in (12) beziehen, sowie auf die für den Dampfmaschinenbau äußerst wertvollen praktischen weiteren Darlegungen von Radinger, wollen wir hier nicht eingehen; es sei bezüglich dieser Dinge auf die Originalwerke verwiesen.

§ 57. Der Schlicksche Massenausgleich[89]).

Im innigsten Zusammenhang mit der Entwicklung des modernen Schnellbetriebes steht auch der namentlich für den Schiffsmaschinenbau wichtige Massenausgleich der Kolbenmaschinen.

Schon um die Mitte des 19. Jahrhunderts hatte Lechatelier die Bewegungsstörungen der Lokomotive studiert und die Bedingungen für ihre Beseitigung angegeben. Seine Theorie wurde von Villarceau weitergebildet, während Redtenbacher und Résal die mit den Bewegungsstörungen zusammenhängenden Schwingungen, besonders die des Gleisgestänges und Lokomotivrahmens untersuchten.

Schwingungserscheinungen waren es auch, die im Schiffsbau die Aufmerksamkeit auf die störenden Massendrücke der Maschine lenkten. Bei den kleineren langsam fahrenden Dampfschiffen der älteren Zeit waren Schwingungen unbekannt geblieben, weil die Frequenz der von der Maschine auf das Schiff ausgeübten Impulse wesentlich kleiner war als die Eigenschwingungszahl des kurzen, steifen Schiffskörpers. Die Schnellbetriebsentwicklung führte aber zu immer rascher laufenden Maschinen und gleichzeitig zu immer größeren Schiffskörpern. So wurde die Frequenz der Impulse der Maschinen immer mehr erhöht und die Eigenschwingungszahlen der Schiffskörper immer mehr herabgesetzt, so daß bei den gegen Ende des Jahrhunderts ausgeführten ersten Schnelldampferbauten die elastischen Schwingungen des Schiffes in Resonanz mit den Antriebsschwingungen der Maschine kamen. Die hiermit verbundenen Erzitterungen des gesamten Schiffskörpers stellten aber den dauernden Zusammenhang seiner Konstruktion ernstlich in Frage. Zum erstenmal traten derartige Schwierigkeiten bei der Inbetriebsetzung der Schnelldampfer Campania und Lucania der Cunard-Linie hervor. Schon vorher hatten hervorragende Schiffbauingenieure, wie Schlick und Kleen, auf die oben geschilderte Gefahr hingewiesen. Jetzt war es wieder Schlick, der zunächst in ausgedehnten Experimentaluntersuchungen den Einfluß der Maschinenbewegung auf die Schiffsschwingungen mit Hilfe des von ihm zu diesem Zwecke konstruierten Pallographen studierte. Er stellte fest, daß die Einwirkung der Maschine auf den Schiffskörper in hohem Maße von dem Orte ihrer Aufstellung abhängig ist und daß nicht nur die Massendrücke selbst, sondern auch ihre Momente zu Schwingungen Anlaß geben. Obwohl es nun immer möglich ist, die Maschine so aufzustellen, daß die Schiffsschwingungen ein Minimum werden, schien es doch besser, die Maschine so zu bauen, daß die Massendrücke und Massendruckmomente ihrer Getriebeteile sich gegenseitig zerstören und Einwirkungen auf den Schiffskörper somit überhaupt nicht auftreten. Dieses Ziel erreicht zu haben, ist unstreitig das Verdienst Schlicks, wenn auch schon vor ihm die Engländer Taylor und Yarrow dem Ziele nahe gekommen waren.

Es entsprach durchaus der Wichtigkeit der Schlickschen Vorschläge, daß an ihre Veröffentlichung sich ein heftiger Patentstreit anschloß.

Wohl selten wird zur Entscheidung eines Rechtsstreites ein derartiges Rüstzeug an Hilfsmitteln der wissenschaftlichen Technik zur Anwendung kommen, wie es in den letzten Jahren des 19. Jahrhunderts im Kampf um den Massenausgleich von beiden

Parteien aufgeboten wurde. Jedenfalls aber hatte der mit der Veröffentlichung der Gutachten verbundene Gedankenaustausch zur Folge, daß die Entwicklung der technischen Dynamik um einen guten Schritt vorwärts kam. Die eingehendste Darstellung der mit dem Schlickschen Massenausgleich zu verbindenden Überlegungen stammt von H. Lorenz. Seine „Dynamik der Kurbelgetriebe" erörtert in erschöpfender Weise das ganze Problem auf rein dynamischer Grundlage.

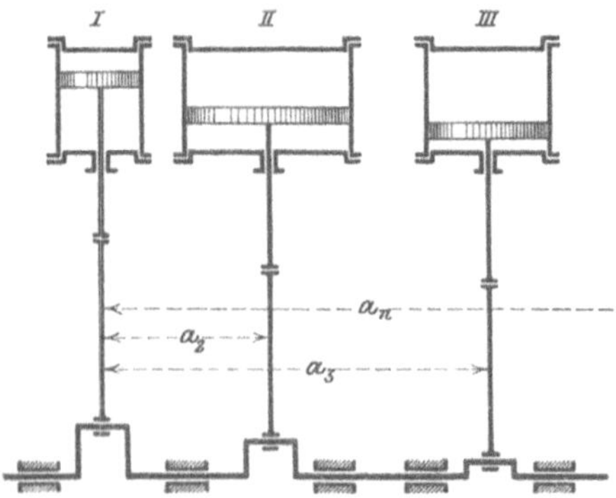

Fig. 139. Schema einer Dreizylinder-Schiffsmaschine.

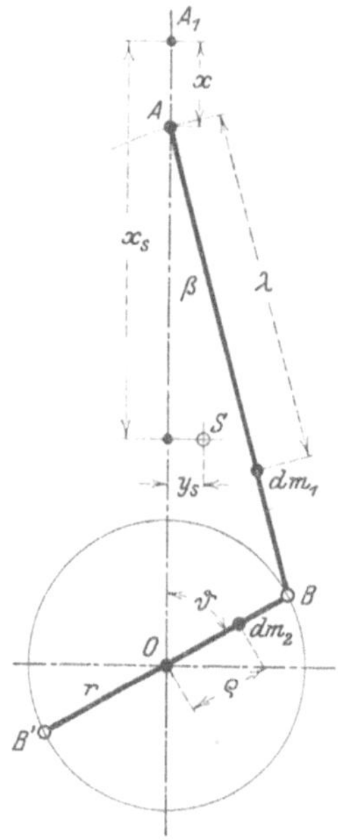

Fig. 140. Kurbelgetriebe in senkrechter Lage.

Im letzten Grunde reduziert sich die Forderung des vollständigen Massenausgleichs auf die Erfüllung folgender Bedingungen: Die Bewegungsgröße der Getriebeteile der Schiffsmaschine und ihr Moment muß dauernd gleich Null sein. Diesen Satz wollen wir zum Ausgangspunkt unserer Darstellung machen.

Die Maschine bestehe aus mehreren senkrecht angeordneten Getrieben *I, II, III* (Fig. 139), von denen *I* in Fig. 140 im Seitenriß gezeichnet ist. Die Masse M von Kolben, Kolbenstange und Kreuzkopf denken wir uns im Mittelpunkt A des letzteren vereinigt. M_1 sei die Masse der Pleuelstange AB, M_2 die Masse der Kurbel OB und ihres Gegengewichtes OB'; S sei der Schwerpunkt des Getriebes.

Für die Koordinate x_s des Schwerpunktes läßt sich jetzt anschreiben:

$$
(1)\quad \left\{\begin{aligned}
x_s(M + M_1 + 2\,M_2) &= x\,M + \int_0^l (x + \lambda\cos\beta)\,dm_1 \\
&\quad + \int_0^r (x + l\cos\beta + (r - \varrho)\cos\vartheta)\,dm_2 \\
&\quad + \int_0^r (x + l\cos\beta + (r + \varrho)\cos\vartheta)\,dm_2 \\
&= x\,M + x\,M_1 + \cos\beta\int_0^l \lambda\,dm_1 + 2\,x\,M_2 + 2\,l\cos\beta\,M_2 + 2\,r\cos\vartheta\,M_2 \\
&\quad - \cos\vartheta\int_0^r \varrho\,dm_2 + \cos\vartheta\int_0^r \varrho\,dm_2 .
\end{aligned}\right.
$$

Beachtet man jetzt, daß $\int_0^l \lambda\,dm_1 = \mathfrak{M}_1$ das statische Moment der Pleuelstange in bezug auf den Kreuzkopf und daß $x + l\cos\beta + r\cos\vartheta = l + r$ ist, so hat man

$$
(2)\quad x_s(M + M_1 + 2\,M_2) = x(M + M_1) + \cos\beta\,\mathfrak{M}_1 + 2(l + r)\,M_2 .
$$

Analog findet man für die y-Koordinate von S:

$$
(3)\qquad y_s(M + M_1 + 2\,M_2) = \sin\beta\,\mathfrak{M}_1 .
$$

Höchst einfach findet sich jetzt die Bewegungsgröße des Getriebes nach den Koordinaten x_s und y_s:

$$
(4)\quad \left\{\begin{aligned}
A_x &= (M + M_1 + 2\,M_2)\frac{dx_s}{dt} \\
&= (M + M_1)\frac{dx}{dt} - \mathfrak{M}_1\sin\beta\frac{d\beta}{dt}, \\
A_y &= (M + M_1 + 2\,M_2)\frac{dy_s}{dt} = \mathfrak{M}_1\cos\beta\frac{d\beta}{dt} .
\end{aligned}\right.
$$

Führt man hier die Beziehungen ein:

$$
\frac{dx}{dt} = r\left(\sin\vartheta + \frac{r}{2\,l}\sin 2\vartheta\right)\frac{d\vartheta}{dt},
$$

$$
\frac{d\beta}{dt} = \frac{r}{l}\,\frac{\cos\vartheta}{\cos\beta}\,\frac{d\vartheta}{dt},
$$

$$
\sin\beta = \frac{r}{l}\sin\vartheta
$$

und die Vernachlässigungen:

$$\sin\beta \backsim \operatorname{tg}\beta$$

$$\sqrt{1-\frac{r^2}{l^2}\sin^2\vartheta} \backsim \left(1-\frac{1}{4}\frac{r^2}{l^2}\right)+\frac{1}{4}\frac{r^2}{l^2}\cos 2\vartheta\,,$$

so folgt

$$(5)\quad\begin{cases} A_x = r(M+M_1)\left(\sin\vartheta+\dfrac{r}{2l}\sin^2\vartheta\right)\dfrac{d\vartheta}{dt} - \mathfrak{M}_1\dfrac{r^2}{2l^2}\sin 2\vartheta\,\dfrac{d\vartheta}{dt}\,,\\ A_y = \mathfrak{M}_1\cos\vartheta\,\dfrac{d\vartheta}{dt}\,. \end{cases}$$

Die Bewegungsgrößen der weiteren Getriebe sehen ganz ähnlich aus, nur daß die Kurbelwinkel um die Schränkungswinkel $\alpha_2, \alpha_3 \ldots$ gegen ϑ vergrößert sind.

Bildet man jetzt die Summen der Bewegungsgrößen sämtlicher Getriebe, so findet man:

$$(6)\quad\begin{cases} \sum A_x = \left[\begin{array}{l} r\sin\vartheta\sum(M+M_1)\cos\alpha + r\cos\vartheta\sum(M+M_1)\sin\alpha\\ +\dfrac{r^2}{2l}\sin 2\vartheta\sum(M+M_1)\cos 2\alpha+\dfrac{r^2}{2l}\cos 2\vartheta\sum(M+M_1)\sin 2\alpha\\ -\dfrac{r^2}{2l^2}\sin 2\vartheta\sum(\mathfrak{M}_1\cos 2\alpha \quad +\dfrac{r^2}{2l^2}\cos 2\vartheta\sum\mathfrak{M}_1\sin 2\alpha \end{array}\right]\dfrac{d\vartheta}{dt}\,,\\ \sum A_y = [\cos\vartheta\sum\mathfrak{M}_1\cos\alpha - \sin\vartheta\sum\mathfrak{M}_1\sin\alpha]\,\dfrac{d\vartheta}{dt}\,. \end{cases}$$

Sollen nun die gesamten Bewegungsgrößen verschwinden, also

$$\Sigma A_x = 0$$

und

$$\Sigma A_y = 0$$

sein, so muß gelten:

$$(7)\quad\begin{cases} \Sigma(M+M_1)\cos\alpha = 0\,, & \Sigma(M+M_1)\sin\alpha = 0\,,\\ \Sigma(M+M_1)\cos 2\alpha = 0\,, & \Sigma(M+M_1)\sin 2\alpha = 0\,,\\ \Sigma\mathfrak{M}_1\cos\alpha = 0\,, & \Sigma\mathfrak{M}_1\sin\alpha = 0\,,\\ \Sigma\mathfrak{M}_1\cos 2\alpha = 0\,, & \Sigma\mathfrak{M}_1\sin 2\alpha = 0\,. \end{cases}$$

In ähnlicher Weise kann man auch die Momente der Bewegungsgrößen aufstellen, z. B. für eine durch die Mittellinie des Getriebes *I* senkrecht zur gemeinsamen Zylinderebene gelegte

Achse O_1 (Fig. 141). Hier treten dann die mit den Abständen der Getriebeebenen multiplizierten Massen auf und wir haben das Formelsystem (7a)

$$(7a)\quad \begin{cases} \Sigma a(M+M_1)\cos\alpha = 0\,, & \Sigma a(M+M_1)\sin\alpha = 0\,,\\ \Sigma a(M+M_1)\cos 2\alpha = 0\,, & \Sigma a(M+M_1)\sin 2\alpha = 0\,,\\ \Sigma a\mathfrak{M}_1 \cos\alpha = 0\,, & \Sigma a\mathfrak{M}_1 \sin\alpha = 0\,,\\ \Sigma a\mathfrak{M}_1 \cos 2\alpha = 0\,, & \Sigma a\mathfrak{M}_1 \sin 2\alpha = 0\,. \end{cases}$$

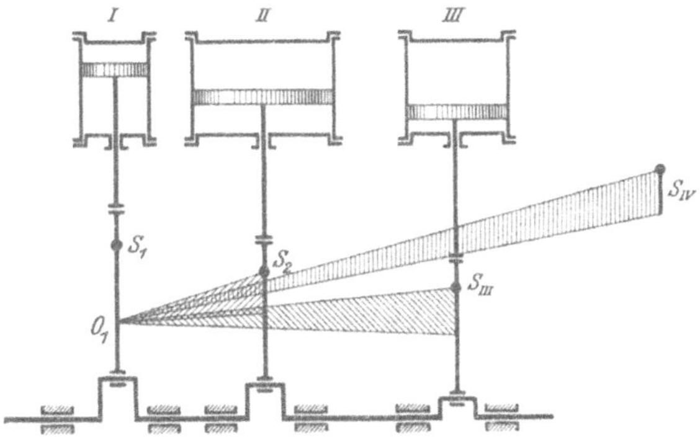

Fig. 141. Momente der Bewegungsgrößen der einzelnen Getriebe.

Die Formelsysteme (7) und (7a) sind die Bedingungen für den vollständigen Massenausgleich erster und zweiter Ordnung.

Sie lassen sich auch kurz in Worte fassen: Die Massen der hin und her gehenden Getriebeteile nebst den statischen Momenten der Pleuelstangen müssen sowohl für sich als auch mit den zugehörigen Abständen der Getriebeebenen multipliziert geschlossene Polygone ergeben, wenn die Winkel der Polygone die Schränkungswinkel der Kurbeln oder ihr Doppeltes sind.

Die Erfüllung aller dieser Bedingungen würde eine Maschine von mindestens fünf Getrieben erfordern. In der Praxis läßt man nun die auf die statischen Momente bezüglichen acht Gleichungen weg und begnügt sich mit dem so vereinfachten Ausgleich erster und zweiter Ordnung. Dies ist erlaubt, da Wirkungen der statischen Momente erst in zweiter Linie in Betracht kommen. Die so übrigbleibenden acht Gleichungen lassen sich dann mit einer Vierkurbelmaschine erfüllen. Maschinen mit weniger als vier

Getrieben gestatten dagegen den Massenausgleich erster und zweiter Ordnung nur teilweise.

Die Ausgleichsbedingungen (7) und (7a) haben im übrigen auch elegante geometrische Interpretation unter anderem durch Schubert gefunden. Hierüber ist bei Lorenz a. a. O. und in dessen technischen Mechanik zusammenfassend berichtet.

§ 58. Theorie der Ventilbewegung.

Die Bewegung der selbsttätigen Ventile bei Kolbenpumpen wird durch Fig. 142 gekennzeichnet, welches die Ventil-

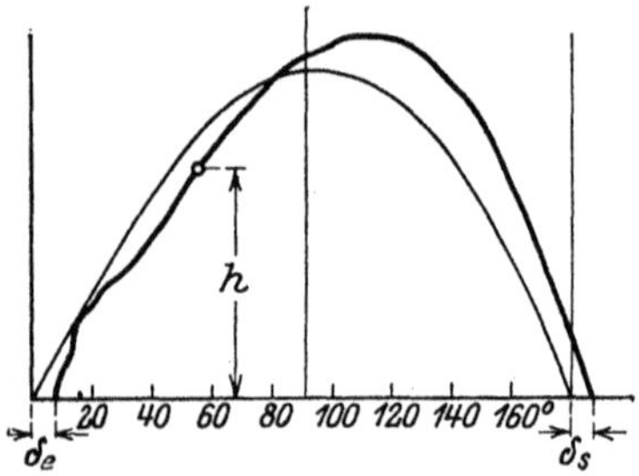

Fig. 142. Ventilerhebungsdiagramm.

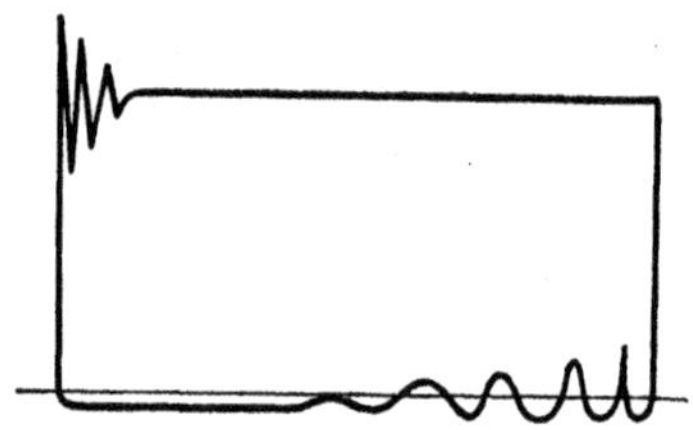

Fig. 143. Indikatordiagramm der Pumpe.

erhebung h in Abhängigkeit von dem Kurbelwinkel $\varphi = \omega t$ darstellt.

Neben dem Ventilerhebungsdiagramm ist noch das Indikatordiagramm des Kolbenkammes wichtig, welches häufig eine Gestalt nach Fig. 143 zeigt.

Die auffälligste Erscheinung an der Ventilerhebungskurve sind neben ihrer Unsymmetrie die Eröffnungsverspätung δ_e und die Schlußverspätung δ_e, während die Schwankungen der Druck- und Sauglinie des Indikatordiagrammes von ebenso häufigen wie unangenehmen Ventilwirkungen Kunde geben.

Der Behebung namentlich der Druckschwankungen und der mit ihnen oft verbundenen Geräuschwirkung beim Schließen der Pumpenventile sind zahlreiche theoretische und experimentelle Arbeiten gewidmet, durch die wir heute eine ziemlich weitgehende Einsicht in das Wesen der Ventilbewegung besitzen. Es ist aber noch nicht gelungen für so auffallende Eigenschaften der Ventilbewegung, wie die beiden Verspätungen, einfache Ansätze zu finden, durch die man die Winkel δ_e und δ_s etwa ähnlich wie die

Phasenverschiebungswinkel eines gewöhnlichen erzwungenen Schwingungsvorganges berechnen könnte.

Zweifellos sind die für gewöhnlich federbelasteten Ventile schwingungsfähige Körper, und die von der Kolbenbewegung beruhende Einwirkung auf sie ist eine periodische; trotzdem versagen hier die üblichen Integrationsmethoden der Schwingungstheorie so gut wie völlig ihren Dienst, und es bleibt nur übrig, an Hand der Differentialansätze der Lösung der Aufgabe schrittweise und mit Annäherung, unter ausgiebiger Benutzung von Versuchen, nahezukommen.

Der erste Schritt zur Untersuchung der Ventilbewegung beruht auf der Annahme, daß das Ventil masselos und unbelastet sei.

Mit den Bezeichnungen der Fig. 144 und

$$U = \frac{d_1 + d_2}{2},$$

$$f_a = \frac{\pi}{4} d_2^2$$

findet sich der Ansatz:

$$f_a c_s = \mu c_a U h + f_a \frac{dh}{dt}, \tag{1}$$

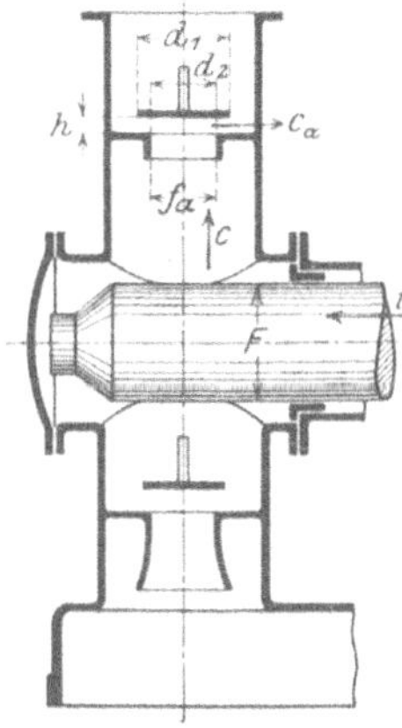

Fig. 144. Schema einer Pumpe.

d. h. die durch den Ventilsitzquerschnitt f_a strömende sekundliche Wassermenge $f_a c_s$ muß gleich der durch den Ventilspalt $U h$ strömenden Menge $\mu c_a U h$ vermehrt um den von dem aufwärtsgehenden Ventil freigegebenen Raum $f_a \frac{dh}{dt}$ sein, wobei die Spaltgeschwindigkeit c_a und die Ausflußzahl μ als unveränderlich angenommen sind.

Da weiter auf Grund der Kontinuitätsgleichung

$$f_a c_s = F u = F r \omega \sin \omega t \tag{2}$$

sein muß, so findet sich sofort aus (1) und (2) eine Differentialgleichung für den Ventilhub

$$\mu c_a U h + f_a \frac{dh}{dt} = F r \omega \sin \omega t. \tag{3}$$

Merkwürdigerweise ist diese Gleichung in der Literatur mehrfach dazu benutzt worden, die Winkel δ_e und δ_s abzuleiten. In Wirklichkeit ist dies nicht angängig, da unsere gemachten Annahmen die Möglichkeit von Eröffnungs- und Schlußverspätungen ja überhaupt ausschließen.

Die Lösung der Differentialgleichung (3) ist:

$$h = \frac{p}{m^2 + 1} \left(e^{-m\omega t} + m \sin\omega t - \cos\omega t\right) \tag{4}$$

mit

$$p = \frac{F r}{f_a} \quad \text{und} \quad m = \frac{\mu c_a U}{\omega f_a} .$$

Trägt man ihre Aussage für eine gegebene Pumpe graphisch auf, so ergeben sich für die Ventilhübe, Ventilgeschwindigkeiten und Ventilbeschleunigungen Schaulinien, deren Verlauf mit der Wirklichkeit nur sehr wenig übereinstimmt.

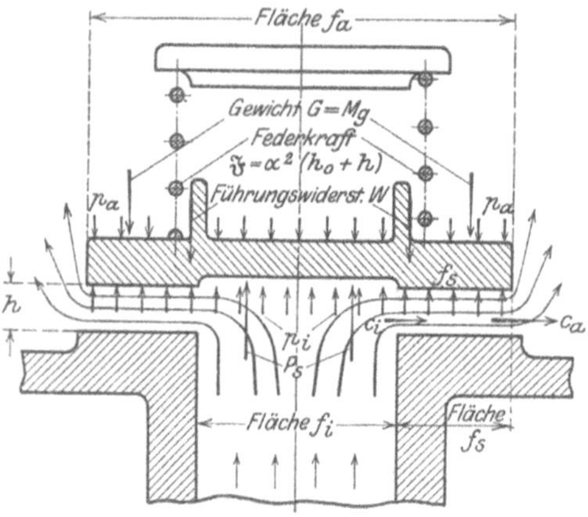

Fig. 145. Kraftwirkungen am Pumpenventil.

Um zu aussichtsvolleren Ansätzen zu gelangen, ist es notwendig, auf die wirklichen Eigenschaften des Ventils und die seine Bewegung beherrschenden Flüssigkeitsströmungen einzugehen, wobei wir vor allem die bisherige Voraussetzung unveränderlicher Spaltgeschwindigkeit c_a und Ausflußziffer μ fallen lassen.

Nach Fig. 145 setzen sich die am Ventilkörper angreifenden Kraftwirkungen wie folgt zusammen:

$$M \frac{d^2 h}{dt^2} + W + \alpha^2 (h_0 + h) + M g = P_s + D . \tag{5}$$

Hier bedeutet P_s die in der Strömungsablenkung beruhende Wirkung im Betrage von

$$P_s = \frac{\gamma}{g} F u \left(c_s - \frac{dh}{dt}\right) \tag{6}$$

und

$$W = B \frac{dh}{dt} \pm R \tag{6a}$$

die Summe der Flüssigkeitsreibung und des Führungswiderstandes der Ventilbewegung, während D die Gesamtwirkung des Wasserdruckes umfaßt; es setzt sich D aus mehreren Teilen

$$D = D_a - D_i - D_s \tag{7}$$

zusammen, die wie folgt erklärt sind:

(8) $D_a = p_a f_a$ = Wasserdruck auf die obere freie Ventilfläche,

(9) $D_i = p_i f_i$ = Wasserdruck auf die untere freie Ventilfläche

(10) $D_s = \int_0^b p\, U\, dx$ = Wasserdruck auf die Spaltfläche. Vgl. Fig. 146.

Hiernach haben die Druck- und Strömungsverhältnisse im Ventilspalt einen Einfluß auf die Ventilbewegung, der zunächst festgestellt werden soll.

Nach Fig. 146 herrschen in der Fläche Uh des Längsschnittes X—X die Spaltgeschwindigkeit c und der Druck p.

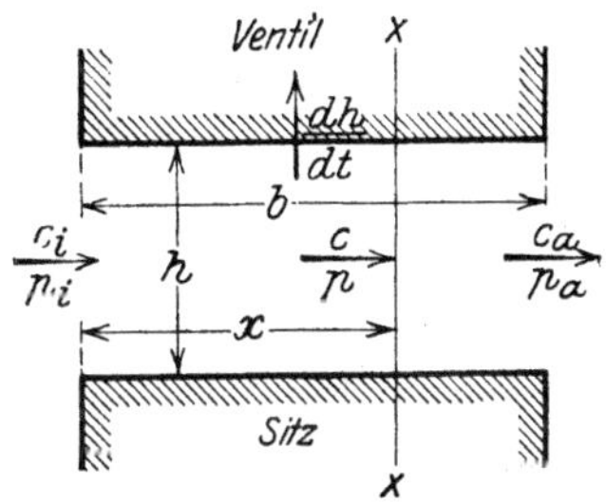

Fig. 146. Zur Strömung durch de Ventilspalt.

Betrachten wir die Strömungen im Längsschnitt X—X und im Außenschnitt, so gilt für sie die Kontinuitätsgleichung: Menge durch den Außenschnitt = Menge durch X—X vermindert um die Ventilverdrängung, d. h.

$$c_a h U = c h U - (b - x) \frac{v}{h}\,. \tag{11}$$

Für das Druckgefälle im Spalt von innen nach außen gilt die allgemeine **Strömungsgleichung**:

$$-\frac{g}{\gamma}\frac{\partial p}{\partial x} = \frac{dc}{dt} = \frac{\partial c}{\partial t} + c\frac{\partial c}{\partial x}\,. \tag{12}$$

Durch Auflösung von (11) nach c und partielle Differentiation findet sich:

$$(13)\quad \begin{cases} \dfrac{\partial c}{\partial t} = \dfrac{d c_a}{dt} + \dfrac{d^2 h}{dt^2}\,\dfrac{b-x}{h} - \left(\dfrac{dh}{dt}\right)^2 \dfrac{b-x}{h^2} \\ \dfrac{\partial c}{\partial x} = -\dfrac{dh}{dt}\cdot\dfrac{1}{h}\,. \end{cases}$$

Führt man diese Ansätze in (12) ein und integriert, so erhält man:

$$(14)\quad \frac{g}{\gamma}(p_i - p) = x\left(\frac{dc_a}{dt} + \frac{d^2h}{dt^2}\,\frac{b}{h} - \frac{dh}{dt}\,\frac{c_a}{h}\right) - \left(\frac{dh}{dt}\right)^2 \frac{x^2}{2h^2}\,.$$

Für $x = b$, $p = p_a$ liefert diese Gleichung einen Zusammenhang zwischen p_i und p_a, durch den z. B. p_i als eine Funktion der Ventilbewegung und der Spaltgeschwindigkeit c_a festgelegt wird, wenn p_a als gegeben angenommen werden kann. Im Falle das betrachtete Ventil ein Druckventil ist, wird man p_a als Pressung im Druckraum ansehen können, deren Schwankungen bei richtig bemessenem Windkesselraum nur klein sein können, so daß p_a als unveränderlich zu betrachten ist.

Handelt es sich andererseits um das Saugventil, so wird man p_a durch p_i ausdrücken und so die ebenfalls annähernd unveränderliche Pressung p_i im Saugraum als gegeben ansehen.

In gleicher Weise kann man auch p durch p_a oder p_i ausdrücken.

Jedenfalls gewinnt man nach Eintragung der gewonnenen Drucke in (8), (9), (10) bzw. (7) und von da in (5) eine Differentialgleichung, die nur noch die mit der Zeit veränderlichen Größen h und c_a enthält.

Wir bezeichnen sie abgekürzt mit

$$(15)\quad \Phi\left(\frac{d^2h}{dt^2},\ \frac{dh}{dt},\ h,\ \frac{dc_a}{dt},\ c_a\right) = 0\,,$$

worin als Festwerte noch folgende Größen vorkommen:

Ventilmasse	M	(Konstruktionsgröße)
Flüssigkeitsreibungszahl (Dämpfung)	B	(Versuchsgröße)
Coulombsche Reibung	$\pm R$	(Versuchsgröße)
Federungszahl	α^2	(Versuchsgröße)
Vorspannung	$\alpha^2 h_0$	(Versuchsgröße)
Ventilspaltbreite	b	(Konstruktionsgröße)
Saug- oder Druckraumpressung	p_i resp. p_a	(Versuchsgröße)

Kolbenquerschnitt	F	(Konstruktionsgröße)
Kurbelarm	r	(Konstruktionsgröße)
Drehzahl	ω	(Versuchsgröße)
Spezifisches Gewicht der Flüssigkeit	γ	(Versuchsgröße)
Beschleunigung der Erdschwere	g	(Versuchsgröße)
Mittlerer Spaltumfang	U	(Konstruktionsgröße).

Zu dieser eigentlichen Ventilbewegungsgleichung tritt noch die Westphalsche Gleichung (1), die die Kontinuität der Flüssigkeitsbewegung im Spalt sichert. Sie enthält an Veränderlichen außer h und c_a noch die Ausflußziffer μ, so daß für drei Variable h, c_a, μ nur zwei Differentialgleichungen zur Verfügung stehen. Zur Lösung der Aufgabe ist also sichtlich die Vervollständigung des Versuchsmaterials notwendig, wozu sich an Hand unserer Ansätze gute Gelegenheit bietet, wenn man die der Beobachtung leicht zugängliche Ventilbewegung h in den Differentialgleichungen als gegeben ansieht, so daß man zwei Ansätze zur Ermittlung von c_a und μ erhält. Damit ist man aber auf eine leicht lösbare Aufgabe geführt, wegen deren Behandlung wir auf die Literatur verweisen[90]).

VIII. Schwingungen mit mehreren Freiheitsgraden.

§ 59. Technische Anwendungen des Doppelpendels.

Unter einem Doppelpendel wollen wir die Vereinigung von zwei physikalischen Pendeln verstehen, die so vorgenommen ist, daß der Aufhängepunkt des zweiten Pendels auf der Verbindungslinie von Aufhängepunkt und Schwerpunkt des ersten Pendels liegt. Im übrigen sollen die Pendel sich nur in einer und derselben gemeinsamen Ebene bewegen können.

In der Fig. 147 seien A und A_1 die Drehpunkte der einzelnen Pendel, S und S_1 ihre Schwerpunkte.

Die Massen der Pendel seien M und M_1, ihre auf die Schwerpunkte bezogenen Trägheitsmomente Θ und Θ_1. Dann ergeben sich die Trägheitsradien λ und λ_1 aus den Gleichungen

$$(1) \qquad \Theta = \lambda^2 M\,; \qquad \Theta_1 = \lambda_1^2 M_1\,.$$

Bezeichnet man jetzt die auf A resp. A_1 bezogenen Trägheitsmomente mit Θ_A resp. Θ_{A_1}, so hat man:

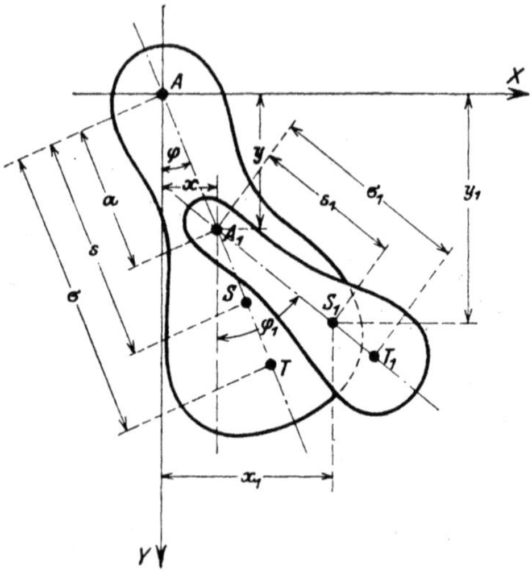

Fig. 147. Doppelpendel.

$$(2)\quad \begin{cases} \Theta_A = \Theta + \lambda^2 M\,; \\ \Theta_{A_1} = \Theta_1 + \lambda_1^2 M_1\,. \end{cases}$$

Die Abstände von σ bzw. σ_1 in den in der Fig. 147 gezeichneten Punkten T bzw. T_1 von A bzw. A_1 definieren wir jetzt durch den Ansatz:

$$(3)\quad \begin{cases} \Theta_A = \sigma^2 M\,; \\ \Theta_{A_1} = \sigma_1^2 M_1\,. \end{cases}$$

Zur Aufstellung der Bewegungsgleichungen ist die Kenntnis der kinetischen Energie L des Systems erforderlich. Wir setzen diese zusammen aus den kinetischen Energien der beiden einzelnen Pendel. Für das erste Pendel ist:

$$L_1 = \tfrac{1}{2}(\Theta + M s^2)\left(\frac{d\varphi}{dt}\right)^2.$$

Die kinetische Energie L_2 des zweiten Pendels setzt sich zusammen aus der Energie L_{s_1} infolge von Schwerpunktsbewegung und aus der Energie L_d infolge von Drehung um den Schwerpunkt. Letzterer hat die Koordinaten:

$$(4)\quad \begin{cases} x_1 = a\sin\varphi + s_1\sin\varphi_1\,, \\ y_1 = a\cos\varphi + s_1\cos\varphi_1\,. \end{cases}$$

Hiermit ergibt sich die Energie

$$(5)\quad \begin{aligned} L_{s_1} &= \tfrac{1}{2}M_1\left\{\left(\frac{dx_1}{dt}\right)^2 + \left(\frac{dy_1}{dt}\right)^2\right\} \\ &= \tfrac{1}{2}M_1\left\{a^2\left(\frac{d\varphi}{dt}\right)^2 + s_1^2\left(\frac{d\varphi_1}{dt}\right)^2 + 2\,a\,s_1\cos(\varphi-\varphi_1)\,\frac{d\varphi}{dt}\,\frac{d\varphi_1}{dt}\right\}, \end{aligned}$$

während

$$(6)\quad L_d = \tfrac{1}{2}\,\Theta_1\left(\frac{d\varphi_1}{dt}\right)^2$$

wird.

Die Lagrangeschen Bewegungsgleichungen werden nun mit Unterdrückung der vorgeschriebenen Differentiationen:

$$(7)\quad \begin{cases} (M\sigma^2 + M_1 a^2)\dfrac{d^2\varphi}{dt^2} + M_1 a s_1 \cos(\varphi - \varphi_1)\dfrac{d^2\varphi_1}{dt^2} \\ \qquad\qquad + M_1 a s_1 \sin(\varphi - \varphi_1)\left(\dfrac{d\varphi_1}{dt^2}\right)^2 = k_\varphi\,, \\ M_1\sigma_1^2\dfrac{d^2\varphi_1}{dt^3} + M_1 a s_1 \dfrac{d^2\varphi}{dt^2}\cos(\varphi - \varphi_1) \\ \qquad\qquad - M_1 a s_1 \sin(\varphi - \varphi_1)\left(\dfrac{d\varphi}{dt}\right)^2 = k_{\varphi_1}\,. \end{cases}$$

Hier sind noch die Kraftmomente k_φ und k_{φ_1} zu berechnen. Auf die beiden Pendel wirken deren Schwerkräfte $(M + M_1)g$ und $M_1 g$. $(M + M_1)g$ leistet in einem Zeitelement bei konstantem φ_1 die Arbeit:

$$Mg\,dy + M_1 g\,dy_1\,.$$

Diese muß gleich sein der Arbeit des Momentes k_φ:

$$k_\varphi \cdot d\varphi\,,$$

so daß wir erhalten:

$$k_\varphi \cdot d\varphi = Mg\,dy + M_1 g\,dy_1\,.$$

Mit Hilfe der Beziehungen

$$y = s\cos\varphi\,, \qquad y_1 = a\cos\varphi + s_1\cos\varphi_1$$

wird

$$(8)\qquad k_\varphi = -g(Ms + M_1 a)\sin\varphi\,.$$

Entsprechend hat man:

$$(9)\qquad k_{\varphi_1} = -g M_1 s_1 \sin\varphi_1\,.$$

Durch Einsetzen von (8) und (9) in (7) entstehen die vollständigen Differentialgleichungen des Systems, die sofort die Frage zu beantworten erlauben, unter welchen Umständen zwischen den beiden Pendeln keine Relativbewegung stattfindet, d. h. φ dauernd gleich φ_1 ist.

Die Einführung der Beziehung $\varphi = \varphi_1$ in die Differentialgleichungen liefert zwei einfache Pendelgleichungen:

$$(7a)\qquad \frac{d^2\varphi}{dt^2} + \frac{g(Ms + M_1 a)}{M\sigma^2 + M_1 a^2 + M_1 a s_1}\sin\varphi = 0\,,$$

$$(8a)\qquad \frac{d^2\varphi}{dt^2} + \frac{g s_1}{\sigma_1^2 + a s_1}\sin\varphi = 0\,.$$

Damit die Pendelbewegungen identisch werden, müssen die Längen der entsprechenden mathematischen Pendel gleich, d. h.

$$\frac{M s + M_1 a}{M \sigma^2 + M_1 a^2 + M_1 a s_1} = \frac{s_1}{\sigma_1^2 + a s_1} \tag{10}$$

sein.

Bezeichnet man jetzt die reduzierten Längen der beiden Pendel mit l und l_1:

$$l = \frac{\sigma^2}{s}; \qquad l_1 = \frac{\sigma_1^2}{s_1},$$

so berechnet sich nach Gleichung (10) der Abstand a der Aufhängepunkte

$$a = \frac{l_1 - l}{1 + \frac{M_1}{M} \frac{l_1 - s_1}{s}}. \tag{11}$$

Genügt der Abstand a dieser Bedingung, dann findet keine Relativbewegung zwischen den Pendeln statt.

Die vorstehende Theorie des Doppelpendels stammt von Veltmann[91]), der auch Gelegenheit fand, sie technisch anzuwenden.

Die Kaiserglocke des Kölner Domes, die im Jahre 1876 ihrer Bestimmung übergeben wurde, zeigte das merkwürdige Verhalten, daß der Klöppel beim Läuten nur so geringe Pendelungen relativ zur Glocke ausführte, daß ein Anschlagen der Glocke überhaupt nicht eintrat. Als Veltmann die Glocke nachrechnete, wobei er in Gleichung (11) den Quotienten $\frac{M_1}{M} \frac{l_1 - s_1}{s}$ gegen 1 vernachlässigte, fand sich, daß $l_1 - l = 65{,}3$ cm war, $a = 66{,}7$ cm. Hiermit mußte die Glocke beim Läuten in der Tat versagen. Andererseits konnte man durch zweckentsprechende Abänderung einer der Größen l_1, l, a die Glocke läutbar machen, worüber Veltmann berichtet.

Weitere Anwendung findet das Doppelpendel bei der Aufhängung der großen Signallaternen auf Feuerschiffen.

Die Feuerschiffe machen im Seegang große Schwankungen, vor denen die Laterne möglichst bewahrt werden soll, damit ihre Strahlen für ein das Zeichen ansegelndes Schiff nicht zeitweilig unsichtbar werden, wodurch die „Kennung“ des Seezeichens verändert würde. Man hängt deshalb die Leuchtapparate auf den

Feuerschiffen cardanisch pendelnd auf; das Doppelpendel besteht dann aus dem Schiff als Hauptpendel und aus dem kleineren Pendel, welches vom Leuchtapparat repräsentiert wird.

Wir knüpfen wieder an die Gleichungen (7) an und fragen, ob es möglich ist, daß das zweite Pendel seine Richtung im Raume beibehält, d. h. unter welchen Umständen $\varphi_1 = 0$ ein partikuläres Integral des Gleichungssystems (7) ist.

Durch Einsetzen der Beziehungen

$$\varphi_1 = 0\,, \qquad \frac{d\varphi_1}{dt} = 0\,, \qquad \frac{d^2\varphi_1}{dt^2} = 0 \tag{12}$$

in die Gleichung (7) entsteht:

$$\left\{\begin{aligned} &(M\sigma^2 + M_1\,a^2)\,\frac{d^2\varphi}{dt^2} = -g\,(Ms + M_1\,a)\sin\varphi\,,\\ &M_1\,a\,s_1\left[\frac{d^2\varphi}{dt^2}\cos\varphi - \left(\frac{d\varphi}{dt}\right)^2\sin\varphi\right] = 0\,. \end{aligned}\right. \tag{13}$$

Dies sind zwei Differentialgleichungen für φ, die miteinander nicht vereinbar sind, weil φ offenbar nicht gleichzeitig zwei verschiedenen Differentialgleichungen gehorchen kann. Demnach ist die Annahme einer unveränderlichen Lage des Leuchtapparates im Raume bei pendelndem Schiff unzulässig; es ist unmöglich, mittels eines Pendels auf einem Schiff eine unveränderliche Richtung zu schaffen. Auch die Einführung einer Dämpfung kann nichts helfen, da durch diese erst recht Kräfte vom Schiff auf den Leuchtapparat übertragen werden, die den letzteren zur Bewegung im Raume veranlassen. In der Tat hat man die kleinsten Schwankungen der Laterne erzielt, wenn man, alle Reibungen z. B. in der cardanischen Anhängung nach Möglichkeit vermeidend, im übrigen der Laterne eine möglichst große Schwingungsdauer gegenüber der des Schiffes gab.

§ 60. Statik der Zentrifugalregulatoren[92]).

Unseren Betrachtungen legen wir einen kombinierten Federgewichts-Regulator zugrunde nach nebenstehender Fig. 148.

Die kinetische Energie des Systems setzt sich zusammen aus den Energien der Schwungkugeln und der Muffenbelastung; die Stangenwirkung wird vernachlässigt oder durch geeignete Zuschläge zu den Schwungkugeln und zum Muffengewicht berücksichtigt.

Der eine Schwungkugelmittelpunkt hat folgende Koordinaten von seiner Ruhelage aus gerechnet:

$$(1)\qquad \begin{cases} x = l(1 - \cos\tau)\ , \\ y = (a + l\sin\tau)\cos\varphi\ , \\ z = (a + l\sin\tau)\sin\varphi\ . \end{cases}$$

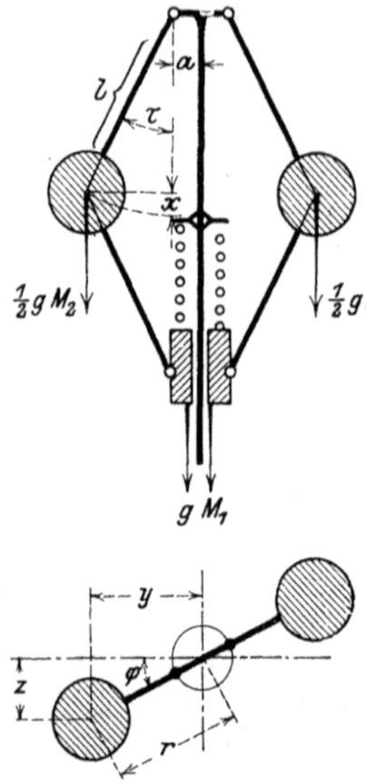

Fig. 148. Schwungkugelregulator.

Durch Differentiation nach der Zeit, Quadrieren und Addieren findet man für die absolute Geschwindigkeit der Schwungkugeln:

$$v^2 = \left(\frac{dx}{dt}\right)^2 + \left(\frac{dy}{dt}\right)^2 + \left(\frac{dz}{dt}\right)^2$$

$$= l^2\left(\frac{d\tau}{dt}\right)^2 = (a + l\sin\tau)\left(\frac{d\varphi}{dt}\right)^2.$$

Für den Weg des Muffengewichtes gilt jedoch

$$x = 2\,l\,(1 - \cos\tau)$$

und demnach

$$\left(\frac{dx}{dt}\right)^2 = 4\,l^2\sin^2\tau\left(\frac{d\tau}{dt}\right)^2.$$

Jetzt kann die kinetische Energie des Systems geschrieben werden:

$$(2)\qquad \begin{cases} L = \dfrac{1}{2}\left[\left\{l^2\left(\dfrac{d\tau}{dt}\right)^2 + (a + l\sin\tau)^2\left(\dfrac{d\varphi}{dt}\right)^2\right\} M_2 + 4l^2\sin^2\tau\left(\dfrac{d\tau}{dt}\right)^2 M_1\right] \\ \qquad\qquad + \Theta_0\left(\dfrac{d\varphi}{dt}\right)^2, \end{cases}$$

wo Θ_0 das Trägheitsmoment der Muffe in bezug auf die Spindel ist.

Die Kraftmomente, die auf das System wirken, rühren her von den Gewichten, von der Feder, von der Eigenreibung und vom Stellzeug.

Das Moment der Gewichte ist:

$$-(M_2 + 2\,M_1)\,g\,l\sin\tau\ ,$$

das der Federkraft beträgt:

$$-F\,l(1 - \cos\tau)\sin\tau\ ,$$

wenn die Feder für $\tau = 0$ gerade spannungslos ist und F ihre Spannung für $\tau = 90°$ bedeutet. Die Momente von Eigenreibung und der Stellzeugwiderstand sollen zusammengefaßt werden unter

$$(R + W)\, l \sin\tau$$

und den Charakter einer Reibung besitzen. R und W werden zwar vom Muffenhub abhängig sein, da aber diese Abhängigkeit meist unbekannt ist, wollen wir unter R und W ihre Mittelwerte verstehen.

Jetzt lassen sich die Lagrange-Gleichungen für die Reguatorbewegung hinschreiben. Wir wollen vorläufig nur auf die Änderung des Winkels τ bezügliche betrachten. Sie lautet:

$$(3)\quad \begin{cases} l^2(M_2 + 4\,M_1 \sin^2\tau)\dfrac{d^2\tau}{dt^2} + 4l^2 M_1 \sin\tau\cos\tau\left(\dfrac{d\tau}{dt}\right)^2 - l M_2\,(a + l\sin\tau)\cos\tau\left(\dfrac{d\varphi}{dt}\right)^2 \\ \quad = -(M_2 + 2\,M_1)\,g\,l\sin\tau - F\,l(1 - \cos\tau)\sin\tau \mp (R + W)\,l\sin\tau\,. \end{cases}$$

Es gilt im letzten Gliede der rechten Seite das — Zeichen für den Aufwärtsgang, das + Zeichen für den Abwärtsgang.

Zunächst betrachten wir den Regulator bei ruhender Spindel $\left(\dfrac{d\varphi}{dt} = 0,\ \dfrac{d\tau}{dt} = 0,\ \dfrac{d^2\tau}{dt} = 0\right)$ und abgekuppeltem Stellzeug ($W = 0$) und denken ihn uns reibungslos ($R = 0$). Wir müssen jetzt, um den Regulator in seinem Ausschlag τ zu erhalten, an der Muffe eine nach oben wirkende Kraft

$$(4)\qquad S = (M_2 + 2\,M_1) + F(1 - \cos\tau)$$

anbringen.

Diese Kraft S, welche man durch Auswiegen am Regulator leicht feststellen kann, nennt man die Energie des Regulators. Es darf nicht übersehen werden, daß Energie hier im Sinne von Kraft gebraucht und in Kilogramm gemessen wird. Wir wollen zur Vermeidung von Unklarheiten die Größe S stets als Muffendruck bezeichnen.

Nun denken wir uns die Regulatorspindel mit im Beharrungszustande laufen, zunächst noch ohne Stellzeug und Eigenreibung. Dann ist $\dfrac{d\tau}{dt} = 0$, $\dfrac{d^2\tau}{dt^2} = 0$ und unsere Gleichung lautet:

$$(5)\quad \begin{cases} -l\,M_2\,(a + l\sin\tau)\cos\tau\left(\dfrac{d\varphi}{dt}\right)^2 \\ = -(M_2 + 2\,M_1)\,g\,l\sin\tau \\ \quad -F\,l(2 - \cos\tau)\sin\tau\,. \end{cases}$$

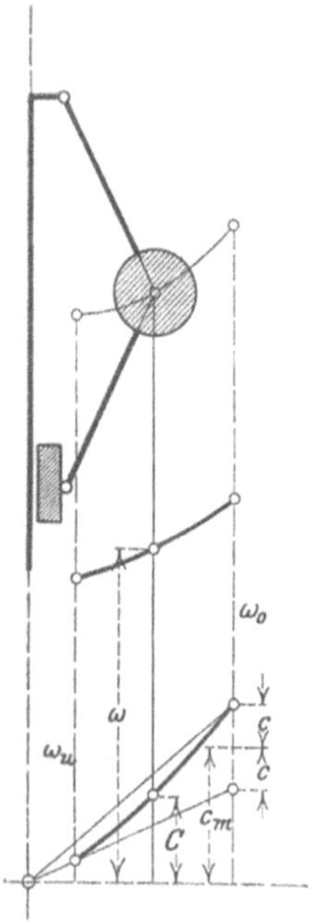

Fig. 149. Charakteristik des Regulators.

Diese Gleichung sagt aus: Im Beharrungszustand hält die Zentrifugalkraft der Schwungkugeln dem Muffendruck das Gleichgewicht. Bezeichnen wir die Zentrifugalkraft mit C, so gilt offenbar

$$(6)\quad \begin{cases} C = M_2 (a + l \sin\tau) \left(\dfrac{d\varphi}{dt}\right)^2 \\ = \dfrac{[(M_2 + 2 M_1) g + F(1 - \cos\tau)] \sin\tau}{\cos\tau}, \end{cases}$$

und es läßt sich zu jeder Schwungkugelstellung τ die Zentrifugalkraft C berechnen. Trägt man diese Werte nach Fig. 149 unter den zugehörigen Kugelstellungen auf, so entsteht die sogenannte Charakteristik oder C-Kurve des Regulators. Zu jedem C läßt sich dann auch die zugehörige Winkelgeschwindigkeit $\omega = \dfrac{d\varphi}{dt}$ der Regulatorspindel berechnen und auftragen.

Nunmehr denken wir uns den Regulator mit der Eigenreibung R behaftet, dann gilt für die Aufwärtsbewegung:

$$(7)\quad \begin{cases} M_2 (a + l \sin\tau) \left(\dfrac{d\varphi}{dt}\right)^2 \\ = [(M_2 + 2 M_1) \sin\tau + F(1 - \cos\tau) \sin\tau + R \sin\tau] : \cos\tau\,. \end{cases}$$

Aus dieser Gleichung ergibt sich, daß zur Einleitung einer Bewegung der Muffe nach oben eine größere Winkelgeschwindigkeit $\omega = \omega'$ oder ein größeres $C = C'$ erforderlich, als beim reibungslosen Regulator.

Es gilt offenbar

$$C' = C + \Delta C' = C + R \operatorname{tg}\tau$$

oder

$$\Delta C' = R \operatorname{tg}\tau\,.$$

Das Verhältnis

$$\frac{\Delta C'}{C} = \frac{R}{S}$$

bezeichnet man mit ε_r und nennt

$$\varepsilon_r = \frac{R}{S}$$

den Unempfindlichkeitsgrad für die Eigenreibung. Für die Abwärtsbewegung hat man analog

$$C'' = C - \Delta C'' = C - R \operatorname{tg} \tau$$

oder

$$\Delta C'' = R \operatorname{tg} \tau .$$

Willkürlich nimmt man jetzt an, daß für alle Regulatorstellungen

$$\Delta C' = \Delta C''$$

sei. Analoge Betrachtungen führen auf den Unempfindlichkeitsgrad für den Stellzeugwiderstand

$$\varepsilon_w = \frac{W}{S} ;$$

aus ε_r und ε_w setzt sich schließlich der gesamte Unempfindlichkeitsgrad des Regulators

(8) $$\varepsilon = \varepsilon_r + \varepsilon_w$$

zusammen.

Die Größe $R + W = \varepsilon S$ bezeichnet man kurz als Verstellungskraft des Regulators. Da bei den meisten Regulatoren der Muffendruck S veränderlich ist, ist auch die Unempfindlichkeit veränderlich; nur die Tolleschen Federregulatoren haben konstanten Muffendruck.

Wir kehren zurück zur C'-Kurve Fig. 149. Die Winkelgeschwindigkeiten ω_0 und ω_u an den Grenzen des Wirkungsbereiches des Regulators benutzt man zur Definition des Ungleichförmigkeitsgrades der Regulierung:

(9) $$\delta = 2 \frac{\omega_0 - \omega_u}{\omega_0 + \omega_u} .$$

Ist die C-Kurve gezeichnet, so kann δ nach Fig. 149 leicht gefunden werden:

$$\delta = \frac{c}{c_m} .$$

Mit der eingehenderen Diskussion der C-Kurve, bei der sich Gelegenheit bieten würde, zwischen statischen, astatischen und pseudoastatischen Regulatoren zu unterscheiden, wollen wir uns nicht befassen. Jedenfalls aber sind die bisherigen Festsetzungen der Inbegriff der statischen Regulatortheorie. Mit Hilfe derselben pflegt man in der Praxis die Regulatoren zu ermitteln, wenn man nicht auf die Berechnung überhaupt verzichtet und die von den Regulatorfirmen herausgegebenen Tabellen zu Rate zieht. Berücksichtigt wird dabei immer die Forderung, daß der Unempfindlichkeitsgrad des Regulators größer sein muß als der Ungleichförmigkeitsgrad des Schwungrades und kleiner als der Ungleichförmigkeitsgrad der Regulierung.

§ 61. Theorie der Drehpendeltachometer.

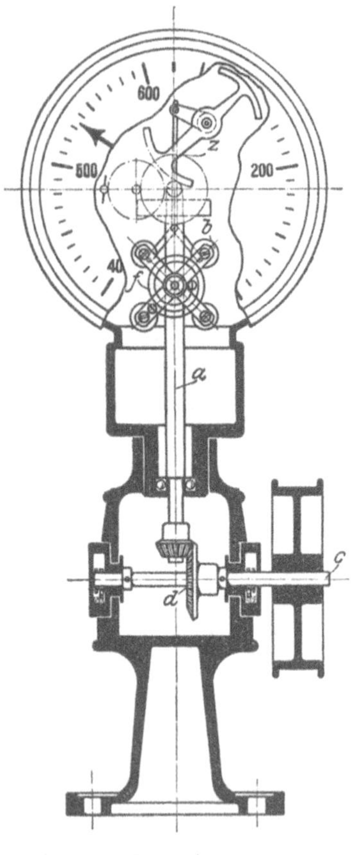

Fig. 150. Drehpendeltachometer von Th. Horn.

Im allgemeinen sind die Drehpendeltachometer nach den gleichen Grundsätzen wie die Regler der Kraftmaschinen gebaut.

Als neues Element kommt bei ihnen der Zeiger und sein Antriebswerk hinzu, durch welche die Ausschläge des Fliehpendelsystems auf einer Skala (Angabe der zugehörigen Drehzahl) sichtbar gemacht werden.

Fig. 150[93]) stellt einen solchen Tachometer mit gekreuzten Pendeln dar. Die Pendelausschläge werden durch einen Schwinghebel mit gewichtsausgeglichenem Zahnsegment auf das Getriebe Z übertragen. Dessen erste, durch den Mittelpunkt des Skalengehäuses gehende Achse trägt den Zeiger, die letzte, ins Schnelle übersetzte Achse trägt einen Luftdämpferflügel. Die der Zentrifugalkraft entgegenwirkende Feder ist als ebene Spirale ausgebildet.

Es sei 1—1 nach Fig. 151 die Lage der einen Hälfte des Pendelkreuzes bei spannungsloser Feder.

g ist das Gewicht sämmtlicher vier Pendelmassen zusammen, c die Federungszahl von f in cm kg $(2\pi)^{-1}$, also das Federkraftmoment in cm kg, bezogen auf die Einheit des Umfanges des Einheitskreises.

Ist das Kreuzpendel völlig gewichtsausgeglichen, so ist im stationären Drehzustand stets das gesamte Zentrifugalkraftmoment gleich dem Federkraftmoment

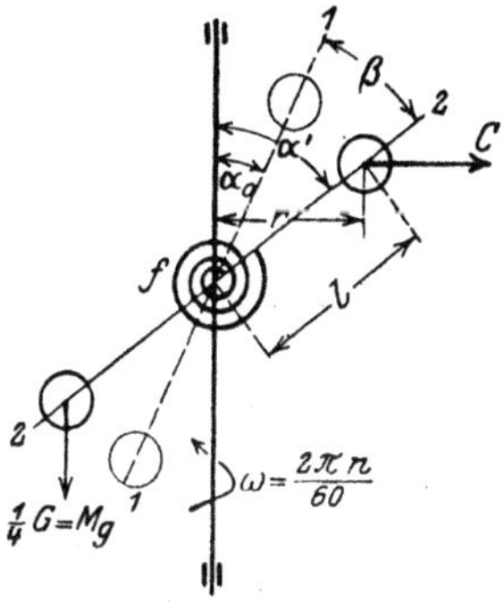

Fig. 151. Koordinaten des Drehpendeltachometers.

(1) $$4\,M_c = M_f\,.$$

Hier ist:

$$M_c = C\,l\cdot\cos\alpha\,,$$

$$C' = m\,l\sin\alpha\,\omega^2\,.$$

Also wird:

(2) $$4\,Mc = \frac{2\,G\,l^2}{2\,g}\sin\alpha\,\cos\alpha\left(\frac{\pi\,n}{30}\right)^2$$

und mit

(3) $$Mf = c(\alpha - \alpha_0)$$

und unter Auflösung nach der sekundlichen Drehzahl n

(4) $$n = \frac{30}{\pi}\sqrt{2g}\sqrt{\frac{c(\alpha-\alpha_0)}{l^2 G\sin 2\,\alpha}}\,.$$

Dieser Ansatz führt nach graphischer Auftragung zur Charakteristik des Pendels und zur Frage nach der Stabilität der Instrumentanzeiger. Man versteht unter Stabilität in diesem Fall eine solche Lage des Instrumentwerkes, daß zu wachsenden Zeigerstellungen wachsende Drehzahlen gehören.

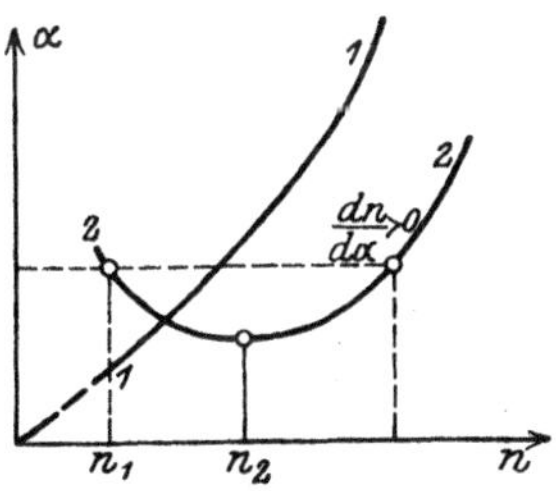

Fig. 152. Stabilität und Instabilität der Charakteristik.

In diesem Sinne ist in Fig. 152 die Charakteristik 1—1 völlig stabil, 2—2 auf dem absteigenden Ast instabil.

Stabile Bereiche erhält man also in denjenigen Kurvenzweigen, die ansteigend sind, also bei Erfüllung der Bedingung

(5) $$\frac{dn}{d\alpha} > 0\,.$$

Prüft man hier noch den Ansatz (5), so findet man als Bedingung der Stabilität,

$$\sin 2\alpha > 2(\alpha - \alpha_0)\cos 2\alpha \ . \tag{6}$$

Im Bereiche $0 \gtreqless \alpha \gtreqless \frac{\pi}{4}$ schreiben wir (6):

$$\operatorname{tg} 2\alpha > 2(\alpha - \alpha_0) \ , \tag{6a}$$

welche Bedingung für positive α_0 stets erfüllt ist.

Im Bereiche $\frac{\pi}{4} \gtreqless \alpha \gtreqless \frac{\pi}{2}$ behalten wir (6) bei. Für $\alpha = \frac{\pi}{4}$ ist sicher:

$$\sin\frac{\pi}{2} > 0 \ .$$

Für größere α ist zunächst zu beachten, daß α niemals kleiner als α_0 gewählt werden kann, da sonst nach (4) die Drehzahl n imaginär werden würde. $\alpha - \alpha_0$ ist also entweder Null oder positiv, folglich ist $(\alpha - \alpha_0)\cos 2\alpha$ im Bereiche

$$\frac{\pi}{2} \leqq \alpha \leqq \frac{\pi}{2}$$

entweder Null oder negativ, folglich im genannten Bereiche

$$\sin 2\alpha > (\alpha - \alpha_0)\cos 2\alpha \ ,$$

weil $\sin 2\alpha$ hier stets positiv oder Null ist.

Für negative α_0 bestimmt sich aus der Gleichung

$$\operatorname{tg} 2\alpha_1 = 2(\alpha_1 - \alpha_0) \tag{7}$$

die Grenze $\alpha = \alpha_1$ zwischen den labilen und stabilen Bereichen; für $\alpha < \alpha_1$ ist der Bereich labil, für $\alpha > \alpha_1$ stabil. Die genannten Grenzpunkte, in denen $\frac{dn}{d\alpha} = 0$ ist, heißen astatische Punkte.

Die graphische Auftragung des Ansatzes (4) liefert nach Fig. 153[94]) ein System von Kurven, deren stabile Bereiche in dem nichtschraffierten Gebiet liegen. Von diesen an sich brauchbaren Kurven zweigen hat man beim Bau des Instrumentes dann denjenigen auszusuchen, der den Forderungen großen Meßbereiches und proportionalen Zusammenhanges zwischen Drehgeschwindigkeit und Pendelausschlag bzw. Zeigerstellung am nächsten kommt.

Von diesen Stabilitätsfragen abgesehen sind die Drehpendeltachometer aber auch schwingungsfähige Instrumente. Im allgemeinen wird man bei Aufstellung der Schwingungsgleichung das Verfahren zu befolgen haben, welches für Drehpendelregulatoren im folgenden Paragraph auseinandergesetzt wird.

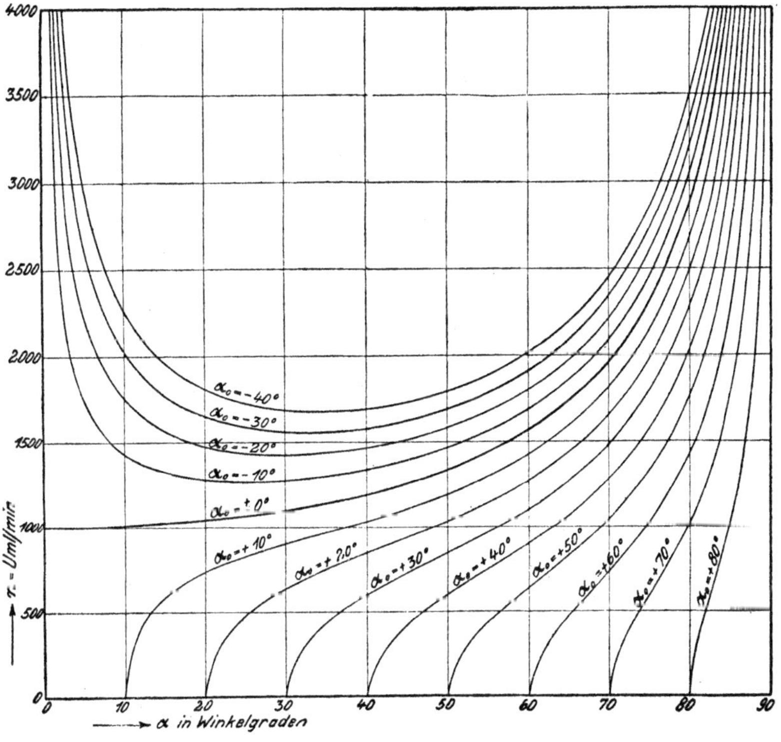

Fig. 153. Verschiedene Formen der Charakteristik des Tachometers.

In unserem Falle gestaltet sich die Entwicklung des Schwingungsansatzes besonders einfach. Wir erhalten, ohne Berücksichtigung der Widerstände:

$$\frac{l^2 G}{g}\frac{d^2\alpha}{dt^2} + c(\alpha - \alpha_0) = \frac{G l^2}{2g}\omega^2 \sin 2\alpha \,. \tag{8}$$

An Widerständen kommt hier noch die Wirkung des Dämpferflügels hinzu, die wir mit $B\frac{d\alpha}{dt}$ proportional der Zeigergeschwindigkeit ansetzen, sowie die Coulombsche Reibung $\pm R$.

Im ganzen entsteht also der Ansatz:

$$\frac{l^2 G}{g}\frac{d^2\alpha}{dt^2} + B\frac{d\alpha}{dt} + c\,\alpha - \frac{G\,l^2}{2\,g}\,\omega^2 \sin 2\,\alpha \pm R = c\,\alpha_0\,.$$

Nach Übergang zu kleinen Ausschlägen α und mit den Abkürzungen:

$$\frac{l^2 G}{g} = \Theta\,; \qquad c - \Theta\omega^2 = C' \tag{9}$$

entsteht

$$\Theta\frac{d^2\alpha}{dt^2} + B\frac{d\alpha}{dt} + C\,\alpha \pm R = c\,\alpha_0\,. \tag{10}$$

Nach (9) ist mit $c - \Theta\omega^2 < 0$ die Möglichkeit dynamisch unstabiler Zustände nicht ausgeschlossen, andererseits ist die durch die Gleichungskonstanten in (10) gegebene Dämpfung maßgebend für die Unpünktlichkeit des Instruments, d. h. für denjenigen Zeitbetrag, den es gebraucht, um nach Eintritt einer plötzlichen Änderung von ω in ω_0 (in der Konstante $C = c - \Theta\omega^2$, die dadurch in $C_0 = c - \Theta\omega_0^2$ übergeht) zur Ruhe zu kommen.

Um diese Verhältnisse beurteilen zu können, haben wir die Differentialgleichung (10) zu integrieren, was in geschlossener Form unmöglich ist. Die Lösung ist vielmehr aus einer Reihe von Schwingungsbögen zusammenzusetzen, ähnlich, wie es bereits in § 5 geschehen ist.

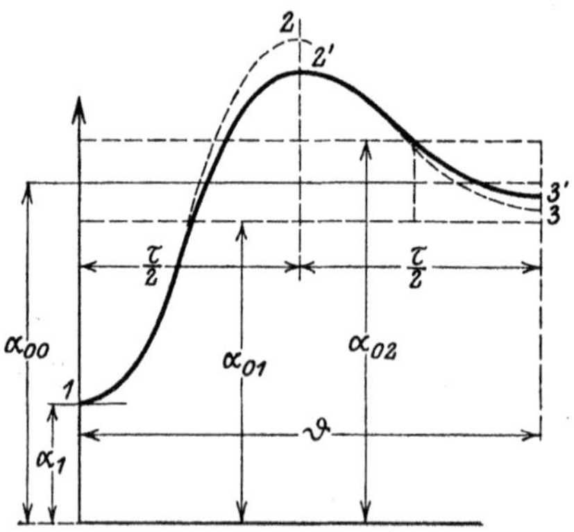

Fig. 154. Dämpfungskurve eines Tachometers.

Zunächst schreiben wir auf der rechten Seite von (10)

$$c\,\alpha_0 = C_0\,\alpha_{00}\,. \tag{11}$$

Wir zählen nach Fig. 154 die Winkel α als Strecken von einer Nullachse aus und erkennen α_{00} als die Anzeige des Instrumentes, die bei der neuen Drehgeschwindigkeit ω_0 im stationären Zustand eintritt, wobei wir in (10) von der Reibung abgesehen haben. Die Ausgangsstellung des Zeigers (für die Drehgeschwindigkeit ω) war

$$\alpha_1 = \frac{c\,\alpha_0}{C}\,. \tag{12}$$

Berücksichtigen wir nun in unserer Differentialgleichung die Reibung, so haben wir ihren Betrag, falls, wie wir annehmen,

$$\alpha_1 < \alpha_{00}$$

war, also mit $\omega < \omega_0$ plötzlich von einer kleineren auf eine größere Drehgeschwindigkeit übergegangen wurde, auf der rechten Seite von (10) negativ anzusetzen, da die Reibung dem Anwachsen der Zeigerstellung von α_1 auf α_{00} entgegenwirkt. Wir erhalten also als Differentialgleichung:

$$\Theta\frac{d^2\alpha}{dt^2} + B\frac{d\alpha}{dt} + C_0\,\alpha = C_0\,\alpha_{00} - R\,. \tag{13}$$

Schreiben wir hier rechts

$$C_0\left(\alpha_{00} - \frac{R}{C_0}\right)$$

und

$$\alpha_{00} - \frac{R}{C_0} = \alpha_{01}\,,$$

so haben wir in $\alpha = \alpha_{01}$ diejenige Zeigerstellung $< \alpha_{00}$, um welche die Instrumentanzeige unter Einfluß der Reibung ohne Vorhandensein von Dämpfung pendeln müßte. In Fig. 154 gibt der Sinuskurvenzug 1—2 die Zeigerbewegung wieder, die in ihrem oberen Teil gestrichelt ist. Infolge der Dämpfung $B\frac{d\alpha}{dt}$ wird die Zeigerstellung 2 gar nicht erreicht, sondern nur 2′, von wo nunmehr ein zweiter Kurvenzug nach der Differentialgleichung

$$\Theta\frac{d^2\alpha}{dt^2} + B\frac{d\alpha}{dt} + C_0\,\alpha = C_0'\,\alpha_{00} + R \tag{14}$$

beginnt, da die Reibung R jetzt das Abnehmen des Zeigerausschlages verhindert, also im Sinne einer Vergrößerung von α wirkt. Im übrigen geht die weitere Bewegung als Schwingung um die Mittellage α_{02} vor sich und erreicht infolge der Dämpfung nach der halben Schwingungsdauer $\frac{\tau}{2}$ die Lage 3′ statt 3. Da 3′ bereits innerhalb der Unempfindlichkeitszone infolge der Coulombschen Reibung liegt, so ist in 3′ die Zeigerbewegung zu Ende.

Es ergibt sich also, daß sich die Wirkungen der Flüssigkeitsreibung $B\frac{d\alpha}{dt}$ und der Coulombschen Reibung R übereinander lagern, ohne daß die gedämpfte Schwingungsdauer τ berührt wird. Indessen findet sich auf Grund der Entstehung der Fig. 154, daß die Unpünktlichkeit ϑ der Instrumentanzeige um so kleiner wird, je kürzer die Schwingungsdauer τ und je stärker die Dämpfung ist. Diese beiden Bedingungen widersprechen sich, da die Schwingungsdauer τ nach § 6 mit wachsender Dämpfung zunimmt. Der Ausgleich der widesprechenden Bedingungen ist durch Untersuchung jedes einzelnen Falles zu schaffen, ebenso wie die Frage der Reibung R so zu erledigen ist. Denn R wirkt zwar günstig auf die Pünktlichkeit, indem es mit der Dämpfung auf raschen Stillstand der Zeigerschwankungen hinwirkt; auf der anderen Seite aber wirkt es schädlich durch Vergrößerung der Unempfindlichkeitszone $\alpha_{02}-\alpha_{01}$. In den meisten Fällen wird man lieber auf Pünktlichkeit zugunsten der Empfindlichkeit verzichten[95]).

§ 62. Regulator und Kraftmaschine.

Über das Zusammenwirken eines Reglers mit der von ihm beherrschten Maschine sagt uns die Statik der Regulatoren nichts. Hier beginnt das Gebiet des Regulierproblems, d. h. die Frage: Wie bewegt sich die von einem Regulator beeinflußte Maschine bei einer Störung des Beharrungszustandes? Diese Frage beginnt zuerst um die Mitte des 19. Jahrhunderts die Dampfmaschineningenieure zu beschäftigen. Die endgültige Lösung stammt dagegen aus dem Jahre 1877 und ist dem russischen Finanzminister Wischnegradsky[96]) zu verdanken.

Wir knüpfen an den Ausdruck (2) der kinetischen Energie des Regulators im vorhergehenden Paragraphen an, indem wir noch das Glied $\frac{1}{2}\Theta\left(\frac{d\varphi}{dt}\right)^2$ hinzufügen.

Hier ist Θ das Trägheitsmoment des rotierenden Teils der ganzen Maschine, $\frac{d\varphi}{dt}$ die ihre Winkelgeschwindigkeit. Da wir das Übersetzungsverhältnis von der Maschinenwelle zur Regulatorspindel $= 1$ annehmen wollen, ist $\frac{d\varphi}{dt}$ auch die Winkelgeschwindigkeit der letzteren.

Unter (3) des vorigen Abschnitts war auch schon die Bewegungsgleichung des Regulators für den Schwungkugelausschlag τ aufgestellt. Es muß nun bemerkt werden, daß für die folgende Behandlung das Reibungsglied $\pm (RW)\, l \sin\tau$ Schwierigkeiten machen würde. Wir wollen daher uns die konstante Reibung durch eine veränderliche ersetzt denken und annehmen, daß hierzu eine Ölbremse am Regulator angebracht sei. Der Kolben der Bremse sei mit der Muffe verbunden, so daß für die Bremskraft geschrieben werden kann:

$$k_b = -B\frac{d\tau}{dt}.$$

Die Bremskraft soll also proportional der Muffengeschwindigkeit sein. Nach Einführung von k_b in Gleichung (3) des § 60 findet sich:

$$(1)\quad \begin{cases} l^2(M_2+4M\sin^2\tau)\dfrac{d^2\tau}{dt}+4l^2M_1\sin\tau\cos\tau\left(\dfrac{d\tau}{dt}\right)^2-lM_2(a+l\sin\tau)\cos\tau\left(\dfrac{d\varphi}{dt}\right)^2 \\ \quad = -(M_2+2M_1)g\,l\sin\tau - Fl(1-\cos\tau)\sin\tau - 2\,lB\sin^2\tau\dfrac{d\tau}{dt}. \end{cases}$$

Für die Änderung der φ-Koordinate ergibt sich aus der gesamten kinetischen Energie des Systems:

$$(2)\qquad \left(\Theta+\Theta_0+(a\,l\sin\tau)^2M_2\right)\frac{d^2\varphi}{dt} = D - W.$$

Hier bedeutet D das (bei Kolbenmaschinen mit den Beschleunigungsdrücken der hin und her gehenden Massen kombinierte) Tangentialantriebsmoment, W das von der Maschine zu überwindende Gegenmoment.

Im allgemeinen wird nun D bei Kolbenmaschinen abhängig sein vom Winkel φ, so daß wir schreiben können

$$(3)\qquad D = D_m + F(\varphi).$$

Dieser Formel liegt die Vorstellung zugrunde, daß das Tangentialmoment aus seinem Mittelwert D_m und aus einem periodischen Teil $F(\varphi)$ bestehe. Bei lediglich rotierenden Maschinen ist $F(\varphi) = 0$. Bei allen Maschinen werde nun der Mittelwert D_m vom Regulator beeinflußt, so daß zu höheren Regulatorlagen kleinere D_m und umgekehrt gehören; siehe Fig. 155. Wir schreiben

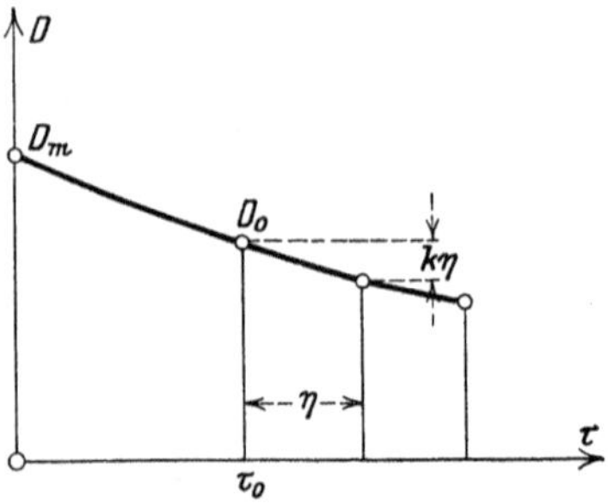

Fig. 155. Schaubild des Füllungseinflusses auf das Tangentialdruckmoment.

$$D_m = D_0 - k \cdot \tau \,. \tag{4}$$

Die so vervollständigten Gleichungen (1) und (2) bedürfen, nun weiterer Vereinfachungen, die im wesentlichen darin bestehen daß die Ausschläge τ, von einer Mittellage τ_0 aus gerechnet, als klein betrachtet werden. Ebenso nimmt man an, daß die Winkelgeschwindigkeit $\frac{d\varphi}{dt}$ um ihren Mittelwert ω_0 nur wenig schwanke; mit anderen Worten, man betrachtet nur kleine Schwingungen des Systems. Wir schreiben in diesem Sinne:

$$\tau = \tau_0 + \eta \,,$$
$$\frac{d\varphi}{dt} = \omega_0 + \omega \,.$$

Eine letzte Vereinfachung besteht darin, daß in dem Ausdruck $F(\varphi)$ $\omega = \omega_0 t$ gesetzt und F somit in eine periodische Funktion der Zeit übergeführt wird.

Die Tragweite dieser Vernachlässigungen läßt sich ohne genauere Abschätzung schwer beurteilen; wir müssen uns vorbehalten, ihre Zulässigkeit durch Vergleiche mit dem Experiment zu prüfen.

Die Gleichungen (1) und (2) nehmen nunmehr eine übersichtliche Gestalt an:

$$\text{(1a)} \left\{ \begin{aligned} & l^2(M_2 + 4M\sin^2\tau_0)\frac{d^2\eta}{dt^2} - lM_2(a + l\sin\tau_0 + l\,\eta\cos\tau_0)\,\omega_0^2 \\ & \qquad - 2lM_2(a + l\sin\tau_0)\,\omega\,\omega_0 \\ & = -(M_2 + 2M_1)\,g\,l(\sin\tau_0 + \eta\cos\tau_0) - Fl(1 - \cos\tau_0)\sin\tau_0 \\ & \qquad - Fl[(1 - \cos\tau_0)\cos\tau_0 + \sin^2\tau_0]\,\eta - 2Bl\sin^2\tau_0\frac{d\eta}{dt} \,. \end{aligned} \right.$$

(2a) $$\Theta \frac{d\omega}{dt} = D_0 - k\tau_0 - k\eta + F(\omega_0 t) - W.$$

Nach Einführung der abkürzenden Bezeichnungen:

$$m = l^2(M_2 + 4M\sin^2\tau_0)\,; \qquad b = 2Bl\sin^2\tau_0\,;$$

$$c = Fl[(1-\cos\tau_0)\cos\tau_0 + \sin^2\tau_0]$$
$$+ (M_2 + 2M_1)gl\cos\tau_0 - l^2 M_2\cos\tau_0\,\omega_0^2\,;$$

$$a = 2lM_2(a + l\sin\tau_0)\,\omega_0$$

und unter Berücksichtigung von Gleichung (5) in § 60, nach welcher sich die konstanten Glieder in Gleichung (1a) aufheben, kommt:

(1b) $$m\frac{d^2\eta}{dt^2} + b\frac{d\eta}{dt} + c\eta = a\omega\,;$$

(2b) $$\Theta\frac{d\omega}{dt} = -k\eta + D_0 - k\tau_0 - W + F(\omega_0 t)\,.$$

Wie auch der Regulator im einzelnen beschaffen sein möge, stets lassen sich zwei Gleichungen der Form (1 b) und (2b) aufstellen. (1b) ist die Schwingungsgleichung des Regulators, in welcher $m\frac{d^2\eta}{dt^2}$ die Massenträgheit der Regulatorteile, $b\frac{d\eta}{dt}$ die Dämpfung der Schwingung durch die Ölbremse, $c\eta$ die Gewichts- und Federwirkungen darstellt; $a\omega$ ist die von den Schwankungen der Maschinengeschwindigkeit herrührende Störung der Regulatorschwingungen. Die Gleichung (2b) für die Maschine selbst enthält in $\Theta\frac{d\omega}{dt}$ die Massenträgheit der rotierenden Teile; $-k\eta$ stellt den vom Regulator beeinflußten Teil des Antriebsmomentes dar; die Größe $D_0 - k\tau_0 - W$ wird während der Störung konstant gedacht. Der veränderliche Teil des Antriebsmomentes $F(\omega_0 t)$ fällt bei Turbinen fort.

Den letzteren Fall wollen wir auch hier betrachten.

Wir eliminieren aus (1b) und (2b) die Variable ω, indem wir statt (1 b) schreiben

$$a\frac{d\omega}{dt} = m\frac{d^3\eta}{dt^3} + b\frac{d^2\eta}{dt^2} + c\frac{d\eta}{dt}$$

und dies in (2b) einführen:

$$(3) \qquad m\frac{d^3\eta}{dt^3}+b\frac{d^2\eta}{dt^2}+c\frac{d\eta}{dt}+\frac{k\,a}{\Theta}\,\eta=\frac{(D_0-k\,\tau_0-W)\,a}{\Theta}\,.$$

Diese Differentialgleichung dritter Ordnung mit konstanten Koeffizienten läßt sich leicht integrieren.

Man findet als Lösung:

$$(4) \qquad \eta = A\,e^{\alpha_1 t}+B\,e^{\alpha_2 t}+C\,e^{\alpha_3 t}+\frac{D_0-k\,\tau_0-W}{k}\,.$$

Hier sind die α_1, α_2, α_3 als Wurzeln der Gleichung dritten Grades

$$m\,\alpha^3+b\,\alpha^2+c\,\alpha+\frac{k\,a}{\Theta}=0$$

zu berechnen, während die willkürlichen Konstanten A, B, C sich aus dem bekannten Bewegungszustand der Maschine im Anfang der Störung ergeben. Hiermit läßt sich die Störungsbewegung graphisch auftragen. Je nach dem Verhalten der Wurzeln α_1, α_2, α_3 sind verschiedene Fälle denkbar.

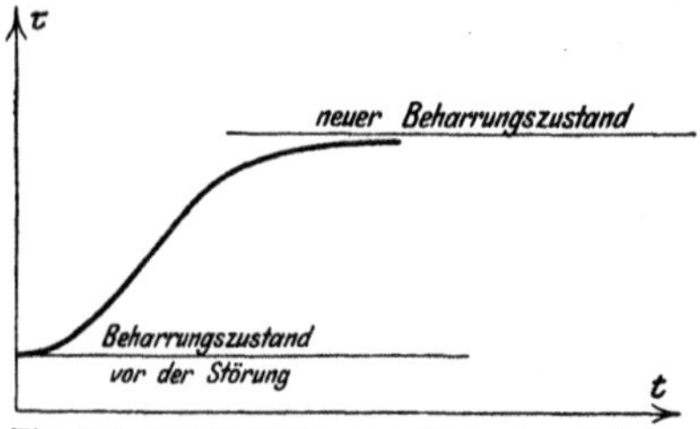

Fig. 156. Aperiodischer Ausgleich einer Störung.

1. Alle Wurzeln sind reell und negativ. Dann strebt der Regulatorausschlag schnell der Lage des neuen Beharrungszustandes zu, wie in Fig. 156 dargestellt ist.

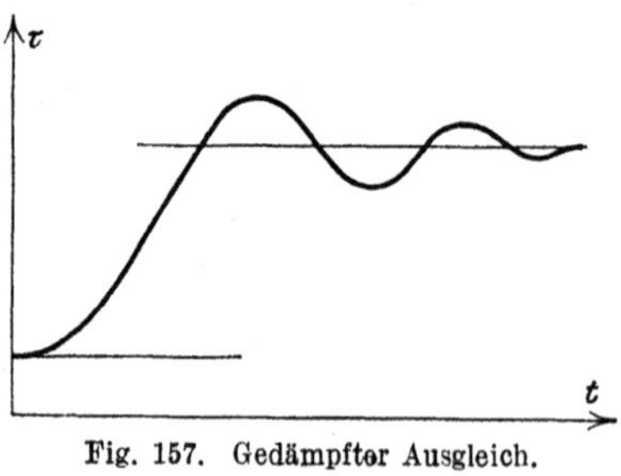

Fig. 157. Gedämpfter Ausgleich.

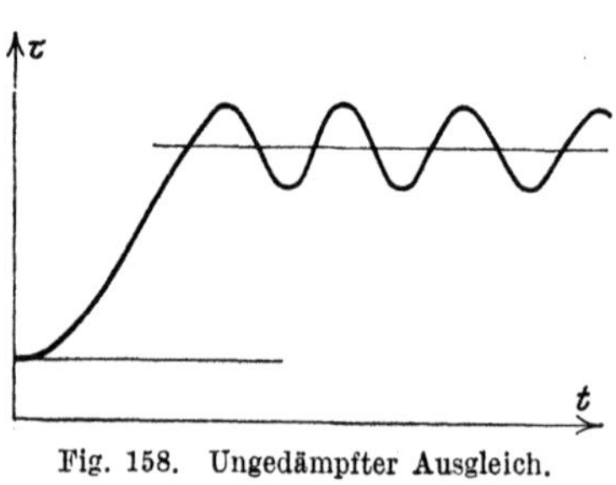

Fig. 158. Ungedämpfter Ausgleich.

2. Eine Wurzel ist reell und negativ, die beiden andern sind konjugiert komplex, haben aber negative reelle Anteile: Der Regulator macht einige Pendelungen um den neuen Zustand, kommt aber bald zur Ruhe (Fig. 157).

3. Eine Wurzel ist Null, die beiden andern sind rein imaginär: Der Regulator macht um den neuen Zustand andauernde Pendelungen (Fig. 158).

4. Von den Wurzeln sind zwei komplex, die dritte ist positiv reell, oder die komplexen haben reelle positive Anteile: Der Regulator vollführt um den neuen Beharrungszustand immer größer werdende Schwingungen (Fig. 159).

5. Alle Wurzeln sind reell und positiv: Die Regulatorausschläge wachsen ohne Pendelungen unbegrenzt (Fig. 160).

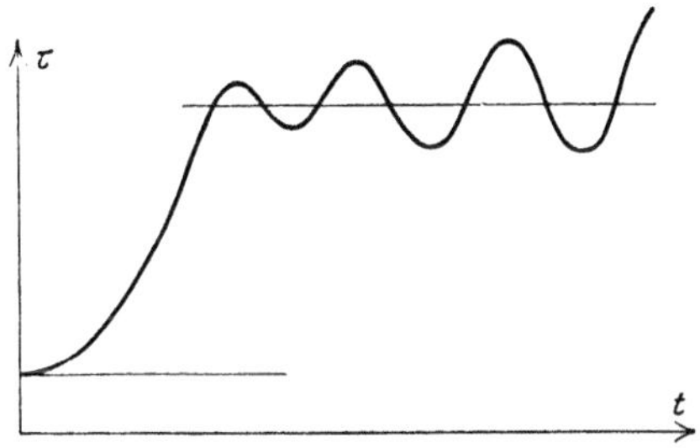

Fig. 159. Instabiler Ausgleich mit Schwingungen.

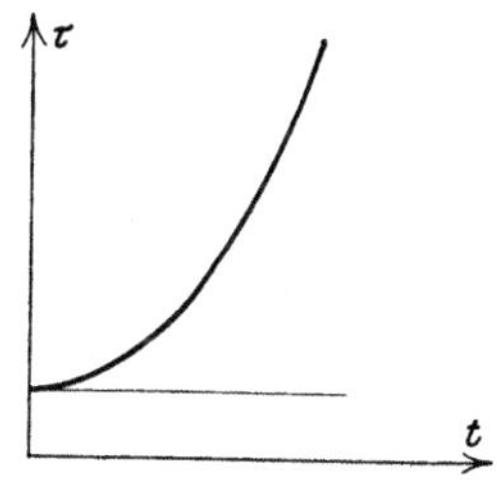

Fig. 160. Instabiler Ausgleich ohne Schwingungen.

Praktisch brauchbar von diesen fünf Möglichkeiten sind naturgemäß nur die beiden ersten; damit sie eintreten, müssen die Regulator- und Maschinenkonstanten folgende Bedingungen erfüllen:

$$(5)\quad \begin{cases} m > 0; \quad b > 0; \quad c > 0; \quad \dfrac{k a}{\Theta} > 0; \\ \dfrac{m k a}{\Theta} < b c, \end{cases}$$

wie sich aus der Ansetzung der Hurwitzschen Determinanten nach § 44 mit

$$a_1 = \frac{b}{m}, \quad a_2 = \frac{c}{m}, \quad a_3 = \frac{k a}{\Theta m}$$

ergibt.

Aus der zweiten Zeile lassen sich ohne weiteres die Wischnegradskyschen Bedingungen der Stabilität der Regulierung ablesen:

1. Ein Regulator ohne Dämpfung ($b = 0$) kann nie befriedigend regulieren.

2. Ebensowenig ein astatischer ($c = 0$) oder gar labiler ($c < 0$) Regulator.

Es muß zugegeben werden, daß die Regulatorpraxis auf diese Gleichungen keine Rücksicht nimmt; dies geschieht aber nicht deshalb, weil sie nicht in Übereinstimmung mit der Erfahrung sind, sondern weil die Forderung eines möglichst gleichförmigen Ganges der Maschinen an sich schon zu so großen Schwungrädern Θ führt, daß die zweite Gleichung (5) immer erfüllt wird, wenn überhaupt eine Dämpfung vorhanden und der Regulator statisch ist. Nun sind in der Tat alle neueren Regulatoren mit verstellbaren Ölbremsen versehen; ebenso hat man das Streben nach astatischen Regulatoren aufgegeben, so daß die Wischnegradskyschen Bedingungen sozusagen unbewußt berücksichtigt werden.

Zieht man im Falle der Kolbenmaschinen auch das Glied $F(\omega_0 t)$ in Betracht, so ist zunächst die Frage der Resonanz der Eigenschwingungen des Regulators mit diesen Antriebsimpulsen aufzuwerfen. In Wirklichkeit macht sich diese Gefahr nicht geltend, weil die betreffenden Schwingungszahlen zu weit auseinanderliegen. Die einzige Wirkung, welche die Ungleichförmigkeit während einer Umdrehung auf den Regler ausüben kann, besteht in kleinen Schwingungen der Muffe des letzteren, die nur nützlich sind, indem sie die Empfindlichkeit des Reglers verbessern; diese Schwingungen sind bekannt unter dem Namen das Tanzen des Reglers.

Die Untersuchung der Stabilität der Regulierung unter Wirkung der Coulombschen Eigenreibung und des Stellzeugwiderstandes $\pm(R + W) e \sin\tau$ an Stelle der Ölbremsendämpfung $B\dfrac{d\tau}{dt}$ [vgl. Ansatz (3), § 60] führt an Stelle von 1b und 2b auf folgendes Gleichungssystem:

$$\Theta \frac{d\omega}{dt} + k\eta = 0\,, \tag{6}$$

$$m\frac{d^2\eta}{dt^2} + c\eta = a\omega \pm (R + W)\, l \sin\tau_0\,. \tag{7}$$

Im Ansatz (7) bleibt das Vorzeichen des zweiten Gliedes der rechten Seite so lange ungeändert, als $\dfrac{dy}{dt}$ nicht durch Null geht.

Für einen solchen Teilvorgang gewinnen wir aus (6) und (7) die Differentialgleichung

$$m\frac{d^3\eta}{dt^3}+c\frac{d\eta}{dt}+\frac{a\,k}{\Theta}\eta=0\,, \tag{8}$$

deren allgemeines Integral für die aus einer gegebenen Störung des Beharrungszustandes folgenden Anfangsbedingungen zu spezifizieren ist:

$$t=0:\qquad \eta=\eta_0\,;\qquad \frac{d\eta}{dt}=0\,;\qquad \frac{d^2\eta}{dt^2}=0\,.$$

Das so gewonnene partikuläre Integral gilt bis zur Zeit $t=t_1$, zu welcher die aus ihm folgende Geschwindigkeit $\frac{dy}{dt}$ zum erstenmal verschwindet.

Von diesem Zeitpunkt ab gilt wieder das allgemeine Integral von (8), aber mit den neuen Anfangsbedingungen:

$$t=t_1:\quad \eta=\eta_1\,;\quad \frac{d\eta}{dt}=0;\quad \frac{d^2\eta}{dt^2}=-\left[\left(\frac{d^2\eta}{dt^2}\right)_1+\frac{2(R+W)\,l\sin\tau}{m}\right].$$

In dieser Weise ist mit der Ermittlung der einzelnen Schwingungsbögen, die von den Nullpunkten der Geschwindigkeit begrenzt werden, in ähnlicher Weise fortzufahren, wie es in § 5 bei einer durch eine Differentialgleichung zweiter Ordnung charakterisierten Bewegung geschehen war.

Es ist auch möglich, für einen derartigen Vorgang die Kriterien der Konvergenz der Reihe aufeinanderfolgender Schwingungsbögen aufzufinden, wie es R. v. Mises[97]) getan hat, der dabei auch die Beharrungswirkung des als Flachregler vorausgesetzten Regulators berücksichtigte.

§ 63. Die Inertieregulatoren.

In der zweiten Hälfte des 19. Jahrhunderts begann die in Aufschwung gekommene elektrische Industrie an die Regulierung der Antriebsmotoren der elektrischen Maschinen bei vergleichsweise hoher Umlaufszahl größere Anforderungen zu stellen. Dieser Umstand hatte das Auftreten einer neuen Klasse von Reglern zur Folge, die mit den Fliehkraftregulatoren in erfolgreichen Wettbewerb zu treten begannen. Es handelt sich hier um die sogenannten „Beharrungsregler", die auf dem schon von Werner und Wilhelm Siemens im Jahre 1845[98]) angegebenen Grundsatz beruhen, die bei Belastungsänderungen der Maschine auftretende, auf eine frei mitrotierende Masse ausgeübte Beschleunigungskraft bzw. ihre Reaktion, d. h. den Trägheitswiderstand der Hilfsmasse, als Stellkraft zur Verschiebung des Steuerorgans des Motors zu benutzen. Der erste auf diesem Prinzip beruhende brauchbare Regler wurde 1891 von Kummer, Fischinger[99]) und Leck erfunden; es sind ihm seitdem eine ganze Reihe namentlich amerikanischer Konstruktionen gefolgt[100]).

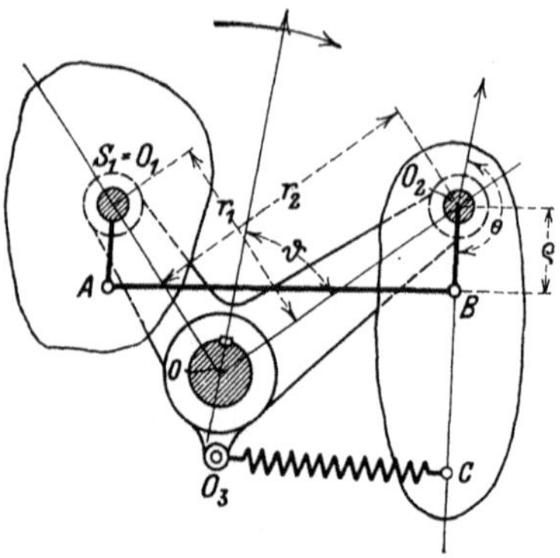

Fig. 161. Schema eines Inertiereglers.

Das Grundsätzliche der Einrichtung eines Beharrungsreglers besteht in folgendem: Auf der Maschinenwelle (siehe Fig. 161) festgekeilt ist der dreiarmige Hebel $O_1 O O_2$. Um O_1 und O_2 drehbar angeordnet sind zwei Massen M_1 und M_2, die bezüglich O_1 und O_2 die Trägheitsmomente Θ_1 und Θ_2 haben. Der Schwerpunkt S_1 von M_1 fällt mit O_1 zusammen, während $S_2 = B$ von O_2 den Abstand ϱ hat; die Hebelarme OO_1 und OO_2 haben die Längen r_1 und r_2. M_1 und M_2 sind durch die Stange AB mit Gelenken in A und B verbunden; dabei soll $O_1 A = O_2 B$ sein. Im übrigen ist der Punkt C von M_2 mit O_3 durch eine Feder verbunden. Auf der Welle O sitzt außerdem das Maschinenschwungrad vom Trägheitsmomente Θ. Die ganze Anordnung bildet ein System von zwei Freiheitsgraden; die beiden zugehörigen Koordinaten seien ϑ und θ, deren Bedeutung aus der Figur leicht zu ersehen ist. Außerdem definieren wir noch einen Winkel $\varphi = \theta - \vartheta$; Fig. 162.

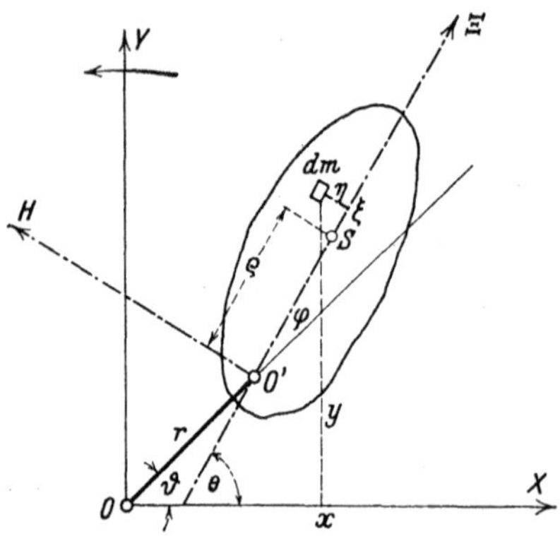

Fig. 162. Die Koordinaten des Inertiereglers.

Zunächst ist es erforderlich, die kinetische Energie des Systems aufzustellen. Wir betrachten hierbei die Massen für sich; dieselben seien als plattenförmige Körper ausgebildet, deren parallele Begrenzungsebenen auf den Drehachsen O_1 und O_2 senkrecht stehen; ein Massenelement heiße dm. Bezeichnet v die Geschwindigkeit desselben, so ist offenbar die kinetische Energie eines solchen Körpers

$$L = \tfrac{1}{2}\int v^2 dm\,,$$

wobei sich die Integration über die Plattenfläche zu erstrecken hat. Hat nun (siehe Fig. 162) dm die Koordinaten $x\,y$ in dem festen Koordinatensystem XY und $\xi\,\eta$ in dem sich drehenden ΞH, so ist:

$$v^2 = \left(\frac{dx}{dt}\right)^2 + \left(\frac{dy}{dt}\right)^2.$$

Für x und y gilt aber (siehe Fig. 162)

$$\text{(1)}\qquad \begin{cases} x = r\cos\vartheta + \xi\cos(\vartheta+\varphi) - \eta\sin(\vartheta+\varphi)\,, \\ y = r\sin\vartheta + \xi\sin(\vartheta+\varphi) + \eta\cos(\vartheta+\varphi)\,. \end{cases}$$

Durch Differentiation folgt hieraus:

$$\text{(1a)}\qquad \begin{cases} \dfrac{dx}{dt} = -r\sin\vartheta\,\vartheta' - \xi\sin(\vartheta+\varphi)(\vartheta'+\varphi') \\ \qquad\qquad - \eta\cos(\vartheta+\varphi)(\vartheta'+\varphi')\,, \\ \dfrac{dy}{dt} = r\cos\vartheta\,\vartheta' + \xi\cos(\vartheta+\varphi)(\vartheta'+\varphi') \\ \qquad\qquad - \eta\sin(\vartheta+\varphi)(\vartheta'+\varphi') \end{cases}$$

und danach durch Quadrieren und Addieren:

$$\text{(2)}\quad v^2 = r^2\vartheta'^2 + (\xi^2+\eta^2)(\vartheta'+\varphi')^2 + 2r\vartheta'(\vartheta+\varphi')(\xi\cos\varphi - \eta\sin\varphi)\,.$$

Die kinetische Energie findet sich sodann zu:

$$\text{(3)}\qquad \begin{cases} L = \tfrac{1}{2}r^2\vartheta'^2\int dm + \tfrac{1}{2}(\vartheta'+\varphi')^2\int(\xi^2+\eta^2)\,dm \\ \quad + r\vartheta'(\vartheta'+\varphi')\left\{\cos\varphi\int\xi\,dm - \sin\varphi\int\eta\,dm\right\}. \end{cases}$$

Angewandt auf die Masse M_1, ergibt dies wegen $\int\xi\,dm = \int\eta\,dm = 0$

$$\text{(1b)}\qquad L_1 = \tfrac{1}{2}r_1^2 M_1\vartheta'^2 + \tfrac{1}{2}\Theta_1(\vartheta'+\varphi')^2\,.$$

Für M_2 findet man dagegen

$$\text{(1c)}\qquad \begin{cases} L_2 = \tfrac{1}{2}r_2^2 M_2\vartheta'^2 + \tfrac{1}{2}\Theta_2(\vartheta'+\varphi')^2 \\ \quad + r(\vartheta'+\varphi')\vartheta'\{a\cos\varphi - b\sin\varphi\}M_2\,, \end{cases}$$

wo a und b die Koordinaten des Schwerpunktes $S_2 = B$ bedeuten. Der in Klammern $\{\}$ stehende Ausdruck stellt die Projektion des Schwerpunktabstandes ϱ auf die Richtung von r_2 dar und kann daher bei der Willkürlichkeit des Koordinatensystems der ξ, η gleich $\varrho \cos\varphi$ gesetzt werden. Somit wird die ganze kinetische Energie des aus Schwungrad und Regulator bestehenden Systems:

$$(4)\quad \left\{\begin{aligned} L &= \tfrac{1}{2}(\Theta + r_1^2 M_1 + r_2^2 M_2)\,\vartheta'^2 + \tfrac{1}{2}(\Theta_1 + \Theta_2)\,(\vartheta' + \varphi')^2 \\ &\qquad + r_2\,\varrho\, M_2\,\vartheta'(\varphi' + \vartheta')\cos\varphi\,. \end{aligned}\right.$$

Die Koordinaten des Kraftfeldes der Maschine haben nun folgende Zusammensetzung: 1. ϑ Koordinate: $F_1(\vartheta, \varphi)$ das treibende Kraftfeld, abhängig vom Kurbelwinkel ϑ und der Relativstellung φ zwischen Regulator und Maschinenwelle. Ferner das Widerstandsfeld $-W$, welches als konstant vorausgesetzt wird, nebst dem Feld der Lagerreibung $-a_0 - a\,\vartheta'$. 2. Für die φ-Koordinate hat man dagegen $-F_2(\varphi)$ das Feld der Federkraft und $-b\,\varphi'$ die Regulatorreibung nebst Bremse.

Den oben gefundenen Ausdruck für L vereinfachen wir durch Einführung der Abkürzungen:

$$(5)\quad \left\{\begin{aligned} &\Theta + \Theta_1 + \Theta_2 + r_1^2 M_1 + r_2^2 M_2 = J_1\,, \\ &\Theta_1 + \Theta_2 = J_2\,, \qquad r_2\,\varrho\, M_2 = T \end{aligned}\right.$$

in

$$(4\text{a})\quad L = \tfrac{1}{2}(J_1 + 2T\cos\varphi)\,\vartheta'^2 + \tfrac{1}{2}J_2\,\varphi'^2 + (J_2 + T\cos\varphi)\,\vartheta'\varphi'\,.$$

Die Lagrangeschen Differentialgleichungen der Bewegung nehmen dann folgende Gestalt an:

$$(6)\quad \left\{\begin{aligned} &\frac{d}{dt}\left(\frac{\partial L}{\partial \vartheta'}\right) - \frac{\partial L}{\partial \vartheta} = \{J_1 + 2T\cos\varphi\}\,\vartheta'' + (J_2 + T\cos\varphi)\,\varphi'' \\ &\qquad - 2\varphi'\vartheta'\,T\sin\varphi - T\,\varphi'^2\sin\varphi = F_1 - W - a_0 - a\,\vartheta'\,, \\ &\frac{d}{dt}\left(\frac{\partial L}{\partial \varphi'}\right) - \frac{\partial L}{\partial \varphi} = \{J_2 + T\cos\varphi\}\,\vartheta'' + J_2\,\varphi'' + T\sin\varphi\,\vartheta'^2 \\ &\qquad = -F_2 - b\,\varphi'\,. \end{aligned}\right.$$

Wenden wir jetzt die Transformation für kleine Schwingungen

$$(7)\quad \varphi = \varphi_0 + \varepsilon\,; \qquad \vartheta' = \omega = \omega_0 + \Delta\omega$$

an, so erhalten wir

$$(7\text{a})\quad \left\{\begin{aligned} \sin\varphi &= \sin\varphi_0 + \varepsilon\cos\varphi_0\,, \\ \cos\varphi &= \cos\varphi_0 - \varepsilon\sin\varphi_0\,. \end{aligned}\right.$$

Hierbei wird ε positiv im Sinne der Drehrichtung gezählt, und zwar so, daß für $\varepsilon = 0$ $\varphi = \varphi_0$ wird. Der Anfangspunkt der Zählung der ε ist damit gegen den Arm r_2 um den Winkel φ_0 im Sinne der Drehrichtung (also nach vorn) verschoben. Über die Winkelgeschwindigkeit ω entscheiden wir dann so, daß im Beharrungszustande bei der mittleren Winkelgeschwindigkeit ω_0 die Pendelauslenkung $\varepsilon = 0$ ist. Für einen Beharrungszustand mit der größeren Winkelgeschwindigkeit $\omega_0 + \Delta\omega$ ist dann der Pendelausschlag ε negativ, wie sich sofort aus der Anordnung der Fig. 163 ergibt. Bezeichnet nun $\pm\varepsilon_0$ den Maximalausschlag des Pendels nach vorn oder nach rückwärts und setzen wir Proportionalität zwischen Pendelausschlägen und zugehörigen Winkelgeschwindigkeiten voraus, so muß geschrieben werden:

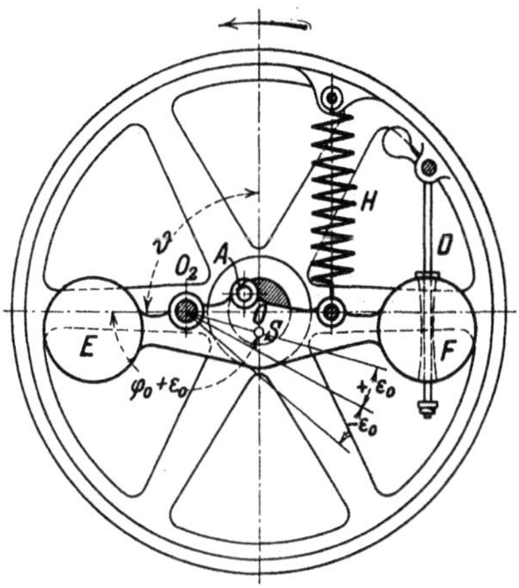

Fig. 163. Inertieregler von Mc. Even.

$$\omega = \omega_0 + \Delta\omega + \omega_0\left(1 - \delta\frac{\varepsilon}{\varepsilon_0}\right). \tag{8}$$

d. h. für $\varepsilon = -\varepsilon_0$: $\quad \omega_{\max} = \omega_0(1 + \delta)$,

für $\varepsilon = +\varepsilon_0$: $\quad \omega_{\min} = \omega_0(1 + \delta)$;

mithin

$$\delta = \frac{\omega_{\max} - \omega_{\min}}{2\,\omega_0}, \tag{9}$$

wodurch δ als Ungleichförmigkeitsgrad des Regulators erkannt wird.

Aus (8) findet man noch:

$$\Delta\omega = -\delta\,\omega_0\,\frac{\varepsilon}{\varepsilon_0}. \tag{8a}$$

Für den Beharrungszustand ergibt sich hier noch aus Gleichung (6)]:

$$0 = F - W - a_0 - a(\Delta\omega + \omega_0)$$

oder
$$F_1 = W + a_0 + a(\omega_0 + \Delta\omega) ,$$

d. h. das treibende Kraftfeld F_1 überwindet den Nutzwiderstand W nebst den Reibungswiderständen $a_0 + a(\omega_0 + \Delta\omega)$.

Aus der zweiten Gleichung (6) findet man dagegen

$$T \sin\varphi\, \vartheta'^2 = -F_2 ,$$

d. h. die am Pendel angreifende Zentrifugalkraft hält der Federspannung $-F_2$ das Gleichgewicht.

Wir kehren nach diesen Festsetzungen zurück zur Transformationen (7). Nach Anwendung derselben auf die Gleichungen (6) und nach Vernachlässigung der kleinen Größen höherer Ordnung

$$\varepsilon\frac{d\Delta\omega}{dt}\,;\quad \varepsilon\frac{d^2\varepsilon}{dt^2}\,;\quad (\Delta\omega)^2\,;\quad \Delta\omega\frac{d\varepsilon}{dt}\,;\quad \varepsilon\,\Delta\omega\,;\quad \varepsilon\frac{d\varepsilon}{dt}\,;\quad \left(\frac{d\varepsilon}{dt}\right)^2$$

ergibt sich:

$$\text{(6a)}\quad \begin{cases} (J_1 + 2T\cos\varphi_0)\dfrac{d\Delta\omega}{dt} + (J_2 + T\cos\varphi_0)\dfrac{d^2\varepsilon}{dt^2} - 2T\omega_0\sin\varphi_0\dfrac{d\varepsilon}{dt} \\ \qquad = F_1 - W - a_0 - a\,\omega_0 - a\,\Delta\omega , \\ (J_2 + T\cos\varphi_0)\dfrac{d\Delta\omega}{dt} + J_2\dfrac{d^2\varepsilon}{dt^2} + T\sin\varphi_0\,\omega_0^2 + 2T\sin\varphi_0\,\omega_0\,\Delta\omega \\ \qquad + T\cos\varphi_0\,\omega_0^2\varepsilon = -F_2 - b\dfrac{d\varepsilon}{dt} . \end{cases}$$

In diesen Gleichungen ist nur noch über die Kräfte F_1 und $-F_2$ Verfügung zu treffen. Um zunächst $-F_2$ zu betrachten, setzen wir die zweite der Gleichungen (6a) für den Beharrungszustand an:

$$T\sin\varphi_0\,\omega_0^2 + 2T\omega_0\sin\varphi_0\,\Delta\omega + T\omega_0^2\cos\varphi_0\,\varepsilon = -F_2 .$$

Hier kann vermöge (8a) $\Delta\omega = -\delta\omega_0\dfrac{\varepsilon}{\varepsilon_0}$ gesetzt werden. Setzt man den so gefundenen Ausdruck für $-F_2$ in das Gleichungssystem (6a) ein, so erhält man:

$$\text{(6b)}\quad \begin{cases} (J_1 + 2T\cos\varphi_0)\,\Delta\omega' + (J_2 + T\cos\varphi_0)\,\varepsilon'' - T\omega_0\sin\varphi_0\,\varepsilon' \\ \qquad + a\,\Delta\omega = W + a_0 + a\,\omega_0 = F , \\ (J_2 + T\cos\varphi_0)\,\Delta\omega' + J_2\,\varepsilon'' + 2T\sin\varphi_0\,\omega_0^2\left(\dfrac{\Delta\omega}{\omega_0} + \delta\dfrac{\varepsilon}{\varepsilon_0}\right) = 0 . \end{cases}$$

Was jetzt F_1 anlangt, so sei diese Kraft zunächst von ϑ frei und von φ bzw. von ε linear abhängig. Wir schreiben daher

$$F_1 = M \frac{\varepsilon_0 + \varepsilon}{\varepsilon_0} \tag{10}$$

Diesen Ansatz interpretieren wir folgendermaßen:

Ist $\varepsilon = -\varepsilon_0$, so ist $F_1 = 0$,
„ $\varepsilon = 0$, „ „ $F_1 = M$,
„ $\varepsilon = +\varepsilon_0$, „ „ $F_1 = 2M$.

M würde also das halbe maximale Drehmoment bedeuten. Daß mit wachsendem ε das Drehmoment zunimmt (umgekehrt wie bei Zentrifugalkraftregulatoren), ist in den konstruktiven Verhältnissen der Beharrungsregler begründet. Dieselben ändern die Füllung durch Verstellung des Steuerungsexzenters. Dies wird erreicht durch Veränderung des Voreilwinkels (und der Exzentrizität). Wir wollen hier nur die Änderung des Voreilwinkels an Hand der Fig. 163, die einen Beharrungsregler nach dem Patent J. Mc. Even[101]) darstellt, betrachten. Derselbe besitzt nur eine einzige Beharrungsmasse M_2, während $M_1 = \Theta_1 = 0$ ist, bestehend aus dem Körper ESF. O_2 ist der Drehpunkt desselben, O der Wellenmittelpunkt, S der Schwerpunkt: $O_2S = \varrho$; $OO_2 = r_2$; A ist der Angriffspunkt der Schieberexzenterstange. Man erkennt sofort, daß bei einer Verlegung von Q_2S nach rückwärts, d. h. bei Verkleinerung von ε, das Exzenter OA nach vorn gedreht wird. Es wird mithin bei steigender Tourenzahl der Voreilwinkel vergrößert, also die Füllung und damit das Kraftfeld verkleinert. Ist letzteres tatsächlich proportional dem Pendelausschlag ε, so ist der Ansatz (10) gerechtfertigt.

Unter solchen Umständen erhalten wir ein System von zwei linearen Differentialgleichungen mit konstanten Koeffizienten, welches integrabel ist. Dasselbe lautet:

$$\left\{\begin{aligned} &(J_1 + 2T\cos\varphi_0)\,\Delta\omega' + a\,\Delta\omega + (J_2 + T\cos\varphi_0)\,\varepsilon'' \\ &\qquad - 2T\,\omega_0\sin\varphi_0\,\varepsilon' - M\frac{\varepsilon}{\varepsilon_0} + W + a_0 + a\,\omega_0 - M = 0\,, \\ &(J_2 + T\cos\varphi_0)\,\Delta\omega' + 2T\sin\varphi_0\,\omega_0\,\Delta\omega + J_2\,\varepsilon'' + b\,\varepsilon' \\ &\qquad + 2T\sin\varphi_0\,\omega_0^2\,\frac{\delta}{\varepsilon_0}\,\varepsilon = 0 \end{aligned}\right. \tag{6c}$$

oder abgekürzt:

$$(6\mathrm{d})\qquad \begin{cases} a_1\,\Delta\omega' + b_1\,\Delta\omega + c_1\,\varepsilon'' + d_1\,\varepsilon' + e_1\,\varepsilon + f_1 = 0\,, \\ a_2\,\Delta\omega' + b_2\,\Delta\omega + c_2\,\varepsilon'' + d_2\,\varepsilon' + e_2\,\varepsilon \qquad = 0\,. \end{cases}$$

Durch Elimination von $\Delta\omega$ entsteht schließlich folgende Differentialgleichung dritter Ordnung für ε:

$$(11)\qquad \begin{cases} \{J_1 J_2 - J_2^2 - T^2\cos^2\varphi_0\}\dfrac{d^3\varepsilon}{dt^3} + \{a J_2 + b(J_1 + 2T\cos\varphi_0)\}\dfrac{d^2\varepsilon}{dt^2} \\ \qquad + \dfrac{1}{\varepsilon_0}\{M(J_2 + T\cos\varphi_0) + 2T\,\delta\,\omega_0^2\sin\varphi_0\,(J_1 + 2T\cos\varphi_0) \\ \qquad + a\,b\,\varepsilon_0 + 4\,\varepsilon_0 T^2\omega_0^2\sin^2\varphi_0\}\dfrac{d\varepsilon}{dt} + \dfrac{2}{\varepsilon_0}T\,\omega_0\sin\varphi_0\{a\,\delta\,\omega_0 + M\}\,\varepsilon \\ \qquad + 2T\omega_0\sin\varphi_0\{M - W - a_0 - a\,\omega_0\} = 0\,. \end{cases}$$

Für den Beharrungszustand ($\varepsilon''' = \varepsilon'' = \varepsilon' = 0$) ergibt sich hieraus:

$$(11\mathrm{a})\qquad M\frac{\varepsilon + \varepsilon_0}{\varepsilon_0} = W + a_0 + a\,\omega_0 - \frac{\varepsilon}{\varepsilon_0}\,a\,\delta\,\omega_0 = W + a_0 + a(\omega_0 + \Delta\omega)\,,$$

d. h. das treibende Kraftfeld ist dem Widerstandsfeld gleich.

Die Frage nach der Konvergenz des durch (11) beschriebenen Schwingungsvorganges erledigt sich wieder in einfacher Weise durch Diskussion der zugehörigen charakteristischen Gleichung dritter Ordnung, wobei interessante Beziehungen zwischen der großen Anzahl von Maschinenkonstanten zutage treten. Die bezüglichen Rechnungen wollen wir hier, da es sich nur um prinzipielle Gesichtspunkte handeln soll, nicht durchführen; es sei aber bemerkt, daß die von Stodola a. a. O.[101]) aufgestellte Differentialgleichung dritter Ordnung auch hier herauskommt, wenn man in den Formeln (6c) die von Stodola vorgenommenen Vernachlässigungen eintreten läßt. Diese Vernachlässigungen sind:

1. Nichtberücksichtigung der Lagerreibung der Maschine: $a_0 = 0$; $a = 0$. 2. Unterdrückung der mit ε'' und ε' behafteten Glieder der ersten Gleichung (6b) gegenüber dem mit $\Delta\omega$, da der Koeffizient $(J_1 + 2\,T\cos\varphi_0)$ das gewaltige Schwungradträgheitsmoment enthält, dem gegenüber J_2 und T nur von untergeordneter Bedeutung sind. Stodola kommt auf Grund dieser Vernachlässigungen zu dem Resultat, daß durch Hinzufügung einer Beharrungsmasse ein astatischer ($\delta = 0$), ja sogar ein labiler ($\delta < 0$)

Zentrifugalregultaor zur Regulierung brauchbar wird. Dasselbe ergibt sich übrigens auch aus der Diskussion der strengeren Gleichung (11). Ferner sieht man noch sofort, daß nie a und b (Lagerreibung und Bremse) gleichzeitig verschwinden dürfen. Die Reibung der Maschine kann daher die Dämpfung des Regulators ersetzen. Auf Grund der oben erwiesenen Möglichkeit der Verwendung eines astatischen Beharrungsreglers ist man in der Lage, Maschinen zu bauen, die bei allen Belastungen mit derselben Drehzahl laufen, wodurch die häufige Verwendung dieser Regler im elektrischen Betriebe erklärt ist.

§ 64. Regulatoren mit Krafteinschaltung.

Der Rückdruck, den manche Steuerungen auf den Regler ausüben, führt zu Einrichtungen, bei denen der eigentliche Regler bei Beharrungszustandsstörungen das Stellzeug der Steuerung mit der Drehbergung der Dampfmaschine selbst kuppelt, so daß die praktisch unendlich große Drehkraft der letzteren die Steuerung verstellt. Der Regler selbst dient also nur als Krafteinschalter.

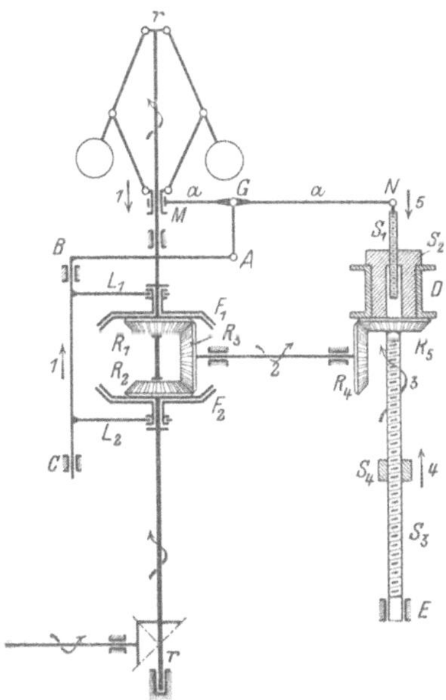

Fig. 164. Regulator nach Hartmann.

Da eine mathematische Diskussion der Wirksamkeit eines solchen Apparates in der Literatur nirgends anzutreffen ist und die betreffenden Entwicklungen immerhin einiges Interessante bieten, so soll im folgenden der Hartmann-Regulator[102]) etwas eingehender behandelt werden. Andere Apparate dieser Gattung unterscheiden sich nicht wesentlich von jenem, so z. B. der Regulator von Knüttel[103]).

Der Hartmannsche Mechanismus ist folgendermaßen (siehe Fig. 164) eingerichtet: Die senkrechte Spindel $r\,r$ eines gewöhnlichen Zentrifugalreglers wird von der Maschinenwelle aus zwangläufig in Rotation versetzt. Die Muffe M desselben führt das eine Ende einer Stange $a\,a$ senkrecht auf und ab; das andere Ende N ist an der senkrechten Schraubenspindel S_1 angelenkt. Mit dem Punkte G der Stange $a\,a$ ist der starre Winkel ABC verbunden, der bei B und C senkrecht geführt wird. An BC sind zwei Arme L_1 und L_2 fest angebracht, die die Narben zweier auf der Achse des Regulators verschiebbarer konischer Friktionsräder F_1 und F_2 umfassen, so daß die letzteren eine etwaige Vertikalbewegung des Armes BC mitmachen müssen; dabei nehmen F_1 und F_2 dauernd an der Rotation der Regulatorspindel teil. Innerhalb von F_1 und F_2 sitzen auf der Spindel $r\,r$, gegen dieselbe drehbar aber axial unverschieblich, zwei Kegelräder R_1 und R_2, die mit konischen in F_1 bzw. F_2 hineinpassenden Reibungsflächen ausgestattet sind. Mit R_1 und R_2 in stetem Eingriff steht das Kegelrad R_3, welches seine Drehung vermittels der Kegelräder R_4 und R_5 der bei D und E gelagerten senkrechten Schraubenspindel S_3 mitteilt. S_3 setzt sich oberhalb R_5 in die koaxiale Schraubenmutter S_2 fort, die ihrerseits in das Gewinde der schon erwähnten Spindel S_1 eingreift. S_1 trägt Linksgewinde, S_3 Rechtsgewinde.

Der Apparat arbeitet nun folgendermaßen. Beginnt die Maschine infolge einer Störung ihres Beharrungszustandes z. B. rascher zu laufen, so hebt sich die Reglermuffe, wobei die Stange $a\,a$ um ihren festen Endpunkt N gedreht wird. Hierdurch wird auch das Gestänge $GABC$ nach oben bewegt, bis das Reibungsrad F_2 in Berührung mit dem zugehörigen Kegelrad R_2 kommt; R_2 nimmt an der Drehung von F_2 teil und überträgt diese Drehung im Sinne der Pfeile *2* bzw. *3* auf die Räder R_3 und R_4 bzw. die Schraubenspindel S_3 und ihren oberen Fortsatz S_2. Hierdurch wird einerseits die Schraubenmutter S_4 nach oben geschraubt, wodurch die Füllung verkleinert wird, andererseits die Schraubenspindel S_1 und damit das Gestänge $NGABCL_1L_2$ nach unten bewegt, wobei M der Drehpunkt der Stange $a\,a$ ist. Durch die Senkung von BC kommt das Reibungsrad F_2 außer Berührung mit R_2, wonach die Rotation von $R_3R_4S_3S_2$ beendet ist. Hat die inzwischen stattgefundene Füllungsänderung noch nicht genügt, so steigt der Regulator von neuem, und das beschriebene Spiel wiederholt sich (eventuell im entgegengesetzten Sinne), bis der neue Beharrungszustand herbeigeführt ist.

Um den geschilderten Apparat einer mathematischen Behandlung unterwerfen zu können, ersetzen wir das Reibungsgetriebe $F_1 F_2 R_1 R_2$ durch ein mit $r\,r$ konzentrisches Reibungsrad F (siehe Fig. 165), welches sich sowohl um $r\,r$ drehen als auch zu $r\,r$ axial verschieben kann. In seiner Lage gehalten wird das Rad F durch den Arm L_2; L_1 fällt fort. Die Nabe von F ist als Hülse ausgebildet, in welcher das Kegelrad R so eingesteckt ist, daß es sich mit F drehen muß; die Hülse von F kann sich dabei auf der Nabe von R_1 verschieben. R_1 seinerseits ist fest gelagert. In dauernder Berührung mit dem Umfang von F steht die Reibungsscheibe R, die von der Maschinenwelle aus zwangläufig in Drehung gesetzt wird. Alle übrigen Teile des Apparates bleiben unverändert. Die wesentlichen Eigenschaften desselben werden durch die obigen Änderungen nicht alteriert; wir haben lediglich durch dieselben die Bewegung stetig gemacht.

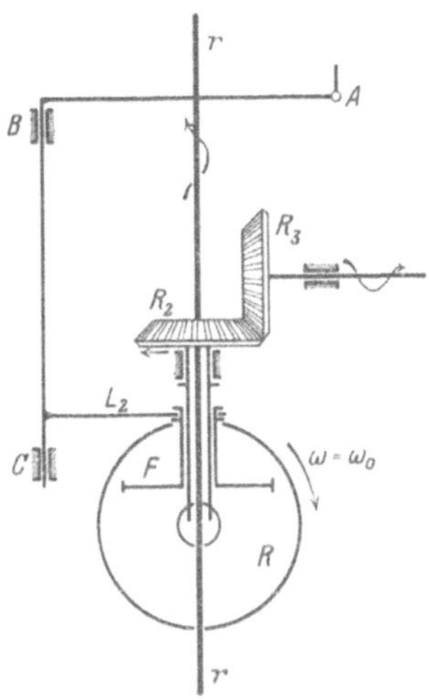

Fig. 165. Ersatz des Reibungsgetriebes des Hartmann-Regulators.

Diejenige Lage von G, bei welcher F das Rad R im Mittelpunkte berührt, werde mit $x = 0$ bezeichnet; die Verschiebungen x von G (bzw. F) nach oben seien positiv. Auf dieselbe Höhenlage von G beziehen wir die Vertikalverschiebungen u der Muffe M und des Punktes N. Da M, G, N Punkte der starren Stange $a\,a$ sind, so gilt stets (siehe Fig. 166)

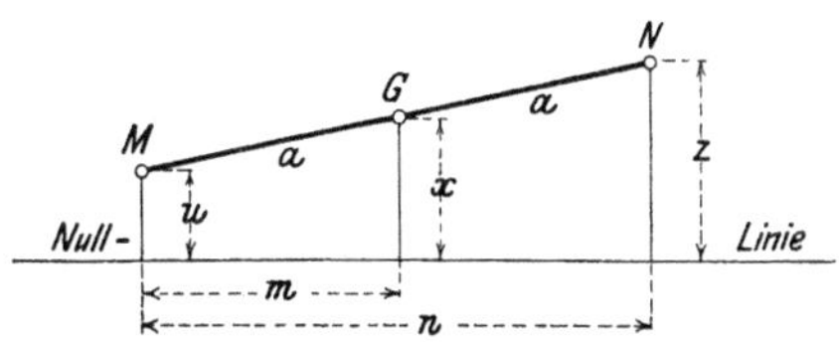

Fig. 166. Stellzeughebel des Hartmann-Regulators.

(1) $$x = \frac{m}{n} z + \frac{n-m}{n} u\,.$$

Für die Bewegung von N gilt ferner:

(2) $$z = z_0 + \int_0^t c_2\, x(t) \cdot dt\,.$$

Für die Bewegung des Regulators schreiben wir an:

$$\frac{d^2 u}{dt^2} + M\frac{du}{dt} + N u - \frac{k g}{\omega_0}\omega + k g = 0 . \tag{3}$$

Für die Maschine:

$$\Theta\frac{d^2\vartheta}{dt^2} = r(P - W) . \tag{4}$$

Für das treibende Kraftfeld:

$$P = P_0 + \int_0^t c_1 x \omega\, dt . \tag{5}$$

In (2) und (5) können wir in erster Annäherung ω durch ω_0 ersetzen; in (4) schreiben wir ω für $\frac{d\vartheta}{dt}$. Durch Differentiation von (2) und (5) nach t erhalten wir dann fünf simultane Differentialgleichungen für die abhängigen Variablen ω, x, z, u, P der unabhängigen Variabeln t. Eine einfache Elimination oder das Verfahren nach § 46 liefert für ω die Differentialgleichung 5. Ordnung:

$$\begin{cases} n\,\Theta\,\omega^{V} + \Theta(M n - m c_2)\,\omega^{IV} + \Theta(N n - M m c_2)\,\omega''' \\ \qquad - \Theta N m c_2\,\omega'' - \frac{g k (n - m) r c_1}{\omega_0}\,\omega' = 0 . \end{cases} \tag{6}$$

Hier erkennt man sofort, daß c_1 und c_2 negativ sein müssen, damit eine stabile Regulierung möglich wird. Im übrigen liefern die Hurwitzschen Ungleichungen die Bedingungen, denen die Maschinenkonstanten zu genügen haben.

Im übrigen ist es bemerkenswert, daß ω-Const. eine Lösung der Diffentialgleichung (6) ist. Die behandelte Anordnung reguliert also bei allen Belastungen auf dieselbe Maschinengeschwindigkeit.

Sie gehört demnach zur Klasse der Isodromregler, über die in § 65 ausführlicher zu sprechen sein wird.

§ 65. Regulierung der Turbinen.

Die Regulierung großer Wasserturbinen erfordert andere Regulierungseinrichtungen, deren Verstellkraft wesentlich größer ist als die der einfachen unmittelbar am Regulierorgan angreifenden Regler. Es sind dies die Regulatoren mit „Servomotor".

Diese Einrichtungen sind dadurch gekennzeichnet, daß ein von der Maschine angetriebener Zentrifugalregulator ein mechanisches (meistens hydraulisches) Relais einschaltet, welches die Verstellung der Zulauföffnung der Turbine besorgt; dabei gehört zu jeder Regulatorstellung eine bestimmte Relaisstellung. Die Theorie dieser Regulierapparate wurde erstmalig von Stodola aufgestellt in zwei Arbeiten über „Turbinenregulierung" 1893 und 1894[104]).

Die Stodolasche Untersuchung zerfällt in einen mechanischen und einen hydrodynamischen Teil, von denen wir zunächst den ersten, sich auf Regler, Hilfsmotor und Turbine beziehenden behandeln, während der zweite, der die Vorgänge im Zuflußrohr der Turbine betrifft, in § 104 erörtert werden soll.

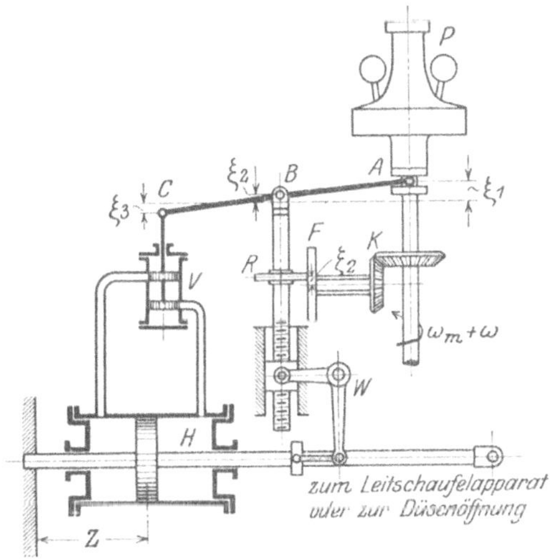

Fig. 167. Turbinen-Isodromregler.

In Fig. 167 ist eine Turbinenregelungseinrichtung mit Hilfsmotor dargestellt.

An der Muffe A des Pendelreglers P, den wir kurz als Pendel bezeichnen, ist die Stange ABC angelenkt.

Im Punkte C ist der Antrieb des Steuerventils V des Hilfsmotors H an der Stange angebracht, im Punkte B die Isodromvorrichtung. Die Abweichungen der Punkte ABC aus der durch die Mittellage der Muffe und des Ventils bestimmten Stangenstellung seien ξ_1, ξ_2, ξ_3.

Der Hilfsmotor ist als Zylinder ausgeführt, in welchem sich, vom Ventil V getrennt, ein Kolben unter Einwirkung von Druckflüssigkeit bewegt. Die Steuerung wirke so, daß die Kolbengeschwindigkeit $\dot{z}$ proportional der Ventileröffnung ξ_3 sei. Die Kolbenbewegung wird auf den Leitapparat der Turbine oder die Düsen des Peltonrades übertragen. Durch die Bewegung wird das Drehmoment der Turbine bestimmt, proportional der Kolbenverschiebung z.

Ferner wird der Kolbenbewegung proportional durch den Winkelhebel W die Stange SB gehoben oder gesenkt.

Der untere Teil der Stange ist als Schraube ausgebildet, die in einer von dem Winkelhebel W getragenen Mutter drehbar ist. Die Drehung und damit die Verschiebebewegung, relativ zur Mutter, rührt von dem Reibradgetriebe FR her. Die Reibscheibe F wird durch das Kegelrädergetriebe K mit einer zur mittleren Drehzahl ω_m der Maschine proportionalen Drehgeschwindigkeit angetrieben, so daß die Drehgeschwindigkeit des Reibrades R und damit die Verschiebegeschwindigkeit der Stange SB relativ zur Mutter proportional $\omega_m \xi_2$ wird.

Es handelt sich nun darum, die Bewegungsgleichungen der einzelnen Teile der ganzen Regelungseinrichtung aufzustellen.

Für das Pendel greifen wir auf § 60, Ansatz (2) zurück, in welchem wir die Koordinate τ durch den Muffenhub x ersetzen. Dann erscheint die kinetische Energie in der Gestalt:

$$L = \frac{1}{2}\left\{M_1(x)\left(\frac{dx}{dt}\right)^2 + M_0(x)\left(\frac{d\varphi}{dt}\right)^2\right\}. \tag{1}$$

Hiermit wird die linke Seite der Pendelgleichung nach dem Ansatz von Lagrange:

$$\frac{d}{dt}\frac{\partial L}{\partial \dot{x}} - \frac{\partial L}{\partial x} = M_1(x)\,\ddot{x} + \frac{1}{2}\frac{\partial M_1}{\partial x}\dot{x}^2 - \frac{1}{2}\frac{\partial M_0}{\partial x}\dot{\varphi}^2,$$

auf deren rechter Seite die eingeprägte Kraft, d. h. die Federwirkungen $-F(x) = -\alpha^2 x$ und die Dämpfung $-B\dot{x}$ erscheinen.

Für den Beharrungszustand $\dot{x} = 0$, $\ddot{x} = 0$ liefert zunächst die Bewegungsgleichung:

$$\frac{1}{2}\frac{\partial M_0}{\partial x}\dot{\varphi}^2 = \alpha^2 x \tag{2}$$

oder mit

$$\frac{1}{2}\frac{\partial M_0}{\partial x} = x\,M_2(x) \tag{3}$$

wo $M_2(x)$ die Dimension einer Masse hat, den Ansatz:

$$\tfrac{1}{2}\,x\,M_2(x)\,\dot{\varphi}^2 = \alpha^2 x\,. \tag{4}$$

Durch Differentiation nach x wird hieraus

$$(5) \qquad \frac{1}{2}\left\{M_2(x)\,\dot\varphi^2 + x\,\frac{\partial M_2}{\partial x}\,\dot\varphi^2 + 2\,x\,M_2(x)\,\dot\varphi\,\frac{\partial\dot\varphi}{\partial x}\right\} = \alpha^2 .$$

Gehen wir nun in der Bewegungsgleichung

$$(6) \qquad M_1(x)\,\ddot x + \frac{1}{2}\,\frac{\partial M_1}{\partial x}\,\dot x^2 - \frac{1}{2}\,x\,M_2(x)\,\dot\varphi^2 = -\alpha^2 x - B\dot x$$

vermöge

$$(7) \qquad \begin{cases} x = x_m + \xi_1 \\ \dot\varphi = \omega_m + \omega \end{cases}$$

zu kleinen Ausschlägen über, so erhalten wir:

$$(8) \quad M_1(x_m)\,\ddot\xi_1 - \tfrac{1}{2}(x_m+\xi_1)\left[M_2(x_m) + \frac{\partial M_2}{\partial x}\,\xi_1\right](\omega_m+\omega)^2 = -\alpha^2 x - B\dot x$$

$$(9) \quad \begin{cases} M_1(x_m)\,\ddot\xi_1 - \dfrac{1}{2}\left\{x_m M_2(x_m) + \left[M_2(x_m) + x_m\,\dfrac{\partial M_2}{\partial x}\right]\xi_1\right\}(\omega_m^2 + 2\,\omega_m\,\omega) \\ \qquad = -\alpha^2(x_m+\xi_1) - B\,\dot\xi_1 \end{cases}$$

und aus (4) und (5) für die mittlere Pendelstellung x_m bei der mittleren Drehgeschwindigkeit ω_m:

$$(4\text{a}) \qquad \tfrac{1}{2}\,x_m M_2(x_m)\,\omega_m^2 = \alpha^2 x_m ,$$

$$(5\text{a}) \qquad \tfrac{1}{2}\,\omega_m^2\left[M_2(x_m) + x_m\left[\frac{\partial M_2}{\partial x}\right]_{x_m}\right] + x_m\,\omega_m M_2(x_m)\left[\frac{\partial\omega}{\partial x}\right]_{x_m} = \alpha^2 .$$

Geht man diesen Ansätzen in (9) ein, so findet sich:

$$(10) \quad M_1(x_m)\,\ddot\xi_1 + B\,\dot\xi + x_m\,\omega_m M_2(x_m)\left[\frac{\partial\omega}{\partial x}\right]_{x_m}\xi = \omega_m\,x_m M_2(x_m)\,\omega .$$

Hier bedeutet M_1 die gesamte bei den Ausschlägen ξ_1 des Pendels beteiligte und auf diese reduzierte, M_2 nur die der Zentrifugalkraft unterworfene Masse in ihren Werten für die mittlere Pendelstellung.

Ferner kann man $\left[\dfrac{\partial\omega}{\partial x}\right]_{x_m}$ durch den Ungleichförmigkeitsgrad δ des Pendels ausdrücken. Dieser ist definiert durch

$$(11) \qquad \delta = \frac{\omega_1 - \omega_2}{\omega_m} ,$$

wenn ω_1 und ω_2 die größte und die kleinste Drehgeschwindigkeit des Pendels bedeuten.

Nun kann man angenähert

$$\left[\frac{\partial \omega}{\partial x}\right]_{x_m} = \frac{\omega_1 - \omega_2}{2\,x_m}$$

setzen, woraus sich ergibt

$$\left[\frac{\partial \omega}{\partial x}\right]_{x_m} = \frac{\delta\,\omega_m}{2\,x_m}\,.$$

$2\,x_m$ ist also der gesamte Muffenhub des Pendels.

Somit wird (10) einfacher

$$M_1\,\ddot{\xi}_1 + B\,\dot{\xi} + \frac{\delta\,x_m\,M_2\,\omega_m^2}{2\,x_m}\,\xi = \omega_m\,x_m\,M_2\,\omega\,. \tag{12}$$

Dividiert man hier mit M_1 und setzt zur Abkürzung

$$\lambda = \frac{B}{M_1}\,; \qquad \varrho^2 = \frac{x_m\,\omega_m^2\,M_2}{2\,x_m\,M_1}\,, \tag{13}$$

so entsteht

$$\ddot{\xi}_1 + \lambda\,\dot{\xi} + \delta\,\varrho^2\,\xi = \frac{2\,x_m}{\omega_m}\,\varrho^2\,\omega\,. \tag{14}$$

Zur Deutung von ϱ^2 gelangen wir auf folgendem Wege. Nach (4a) ist $\frac{1}{2}\,x_m\,\omega_m^2\,M_2$ die Zentrifugalkraft K des Pendels in seiner Mittellage, die der Federkraft $\alpha^2\,x_m$ das Gleichgewicht hält. Stellen wir uns diese jetzt unveränderlich auf die Masse M_1 wirkend vor, so braucht sie die Zeit:

$$T_s = \sqrt{4\,x_m\,\frac{M_1}{K}} = \sqrt{\frac{8\,x_m\,M_1}{x_m\,\omega_m^2\,M_2}}\,, \tag{15}$$

um diese Masse M_1 durch den ganzen Muffenhub $2\,x_m$ zu treiben. Es ist also

$$\frac{1}{\varrho} = \frac{T_s}{2} = \sqrt{\frac{2\,M_1}{\omega_m^2\,M_2}} \tag{16}$$

die halbe Fallzeit des Pendels, d. h. die Hälfte der Zeit, die es brauchen würde, um den ganzen Muffenhub $2\,x_m$ unter Wirkung der Federkraft K bei nichtdrehender Pendelachse zu durchfallen.

Damit kann man die Pendelbewegungsgleichung auch schreiben

$$\ddot{\xi}_1 + \lambda\,\dot{\xi}_1 + \frac{4\,\delta}{T_s^2}\,\xi = \frac{8\,x_m}{\omega_m\,T_s^2}\,\omega\,. \tag{17}$$

Die Bewegungsgleichung der Turbine wird einfach

$$\Theta \ddot{\varphi} = z k - W ,$$

d. h. das der Verschiebung z des Hilfsmotorkolbens proportionale treibende Moment $z k$, vermindert um das konstante widerstehende Moment W, beschleunigt die Turbine vom Trägheitsmoment Θ. Hier kann noch folgendes bemerkt werden. Läßt man die Turbine mit $W = 0$ unter voller Öffnung des Leitapparates z_0 anlaufen, so wird die mittlere Drehgeschwindigkeit ω_m in der Zeit T_a erreicht nach dem Ansatz:

$$\omega_m = \frac{z_0 k}{\Theta} T_a . \tag{18}$$

Man nennt

$$T_a = \frac{\omega_m \Theta}{z_0 k} \tag{19}$$

die Anlaufzeit der Turbine, deren Bewegungsgleichung sich nun schreibt:

$$\ddot{\varphi} = \frac{z}{z_0} \frac{\omega_m}{T_a} - \frac{W}{\Theta} . \tag{20}$$

Gehen wir nun zum Hilfsmotor über, so können wir seine Bewegung durch den einfachen Ansatz

$$\dot{z} = h \xi_3 \tag{21}$$

beschreiben, entsprechend der oben geschaffenen Festsetzung über die Wirkung der Ventileröffnung ξ_3.

Es erübrigt nun noch, für die Wirkung des Isodromapparates, der im Punkte B der Stange ABC angreift, die nötigen Gleichungen zu entwickeln.

Zunächst gilt für die Verschiebungen ξ_1, ξ_2, ξ_3 der Punkte ABC die Bedingung:

$$\frac{\xi_1 - \xi_2}{a} = \frac{\xi_2 - \xi_3}{b} . \tag{22}$$

Für die Verschiebung ξ_2 des Punktes B für sich gilt aber folgendes:

$$\xi_2 - k_1 z - \int_0^t k_2 \xi_2 \, dt = 0 , \tag{23}$$

d. h. die Summe der Verschiebungen von B, die von der Muffenverschiebung, der Rückstellwirkung $k_1 z$ und der Isodromwirkung $\int\limits_0^t k_2 \xi_2 \, dt$ herrühren, muß verschwinden.

Durch Differentiation von (23) findet sich

$$\dot{\xi}_2 - k_1 \dot{z} - k_2 \xi_2 = 0 \,. \tag{23a}$$

Setzt man nun in (20) unter Einführung der neuen Koordinate ζ

$$\frac{z}{z_0} \frac{\omega_m}{T_a} - \frac{W}{\Theta} = -\frac{\zeta}{z_0} \frac{\omega_m}{T_a} \,, \tag{24}$$

so wird

$$\dot{z} = -\dot{\zeta} \,, \tag{25}$$

und es ergeben sich endgültig folgende Gleichungen:

Für das Pendel (Koordinate ξ_1):

$$\ddot{\xi}_1 + \lambda \dot{\xi}_1 + \frac{\delta}{T_s^2} \xi - \frac{2 x_m}{\omega_m T_s^2} \omega = 0 \,. \tag{25a}$$

Für die Turbine (Koordinate φ bzw. ω):

$$\dot{\omega} + \frac{\zeta}{z_0} \frac{\omega_m}{T_a} = 0 \,. \tag{26}$$

Für den Hilfsmotor (Koordinate ζ):

$$\dot{\zeta} + h \xi_3 = 0 \,. \tag{27}$$

Für das Steuerventil (Koordinate ξ_3):

$$\xi_3 + q \xi_2 + p \xi_1 = 0 \tag{28}$$

mit

$$q = \left(\frac{b}{a} - 1\right),$$

$$p = \frac{b}{a} \,.$$

Für die Isodromeinrichtung (Koordinate ξ_2):

$$\dot{\xi}_2 - k_2 \xi_2 + k_1 \dot{\zeta} = 0 \,. \tag{29}$$

Aus diesen Ansätzen kann man wieder die charakteristische Gleichung ermitteln, deren Wurzeln für den Verlauf des ganzen Reguliervorganges bestimmend sind. Sie wird vom fünften Grade. Man findet, daß der Ungleichförmigkeitsgrad der Regulierung $= 0$ wird, zum Unterschied von dem Ungleichförmigkeitsgrad δ des Pendels, die unmittelbar nichts miteinander zu tun haben.

Ist die Isodromvorrichtung anders gestaltet, so erfährt die Gleichung (29) eine Abänderung, während die übrigen unverändert bleiben.

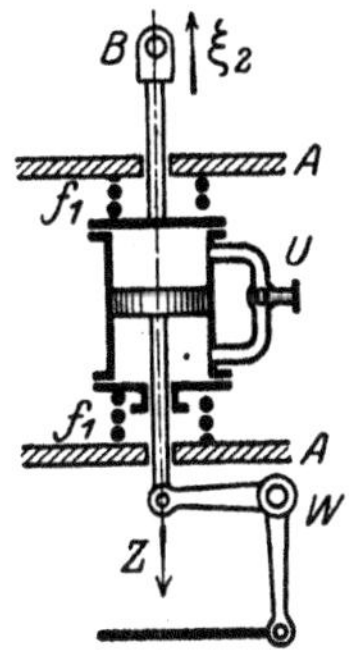

Fig. 168. Hydraulische Isodromeinrichtung.

Nach Fig. 168 greift in B ein Zylinder an, dessen Kolben mit der Hilfsmotorbewegung verknüpft ist. Der Zylinder ist mit einer Flüssigkeit (Öl) gefüllt; die Kolbenbewegung im Zylinder wird durch den einstellbaren Umlauf U ermöglicht. Die Federn $f_1 f_1$ suchen den Zylinder in seiner Mittellage $\xi_2 = 0$ zu halten. Bezeichnen wir die Masse des Zylinders mit m, so wird seine Bewegungsgleichung:

$$m \ddot{\xi}_2 + \beta(\dot{\xi}_2 - \dot{z}) + \gamma_2 \xi_2 = 0$$

oder mit $\dot{z} = -\dot{\zeta}$

(29a) $$m \ddot{\xi}_2 + \beta(\dot{\xi}_2 + \dot{\zeta}) + \gamma^2 \xi_2 = 0 .$$

Hier rührt das Glied mit β von dem Flüssigkeitswiderstand der Relativbewegung des Zylinders im Kolben her, das Glied mit γ^2 von der Federwirkung.

Bis auf das Beschleunigungsglied $m \ddot{\xi}_2$, das oft vernachlässigt werden kann, liefert also (29a) eine ähnliche Isodromwirkung wie (29).

Bei den in Wirklichkeit ausgeführten Turbinenregelungen sind, abgesehen von den später zu behandelnden Wasserschwingungen im Zulaufsrohr, noch manche Verwicklungen zu beachten, wie z. B. bei Peltonrädern die Notwendigkeit, den Regelvorgang mit einer Strahlablenkung einzuleiten, wodurch man zu den Turbinendoppelregelungen geführt wird. Hinsichtlich dieser und anderer Sonderfragen verweisen wir auf die Literatur, in der sich auch vielseitiger Stoff zur graphischen Darstellung und Untersuchung von Regelvorgängen findet[105]).

§ 66. Theorie unstetiger Reguliervorgänge.

Die bisher mitgeteilten Ansätze zur Regulatortheorie haben eine Voraussetzung, die auf die Dampfmaschine nicht genau von der Stellung des Regulators beherrscht sei. Streng genommen gilt dies nur für Turbinen, während bei Kolbendampfmaschinen immer nur die Regulatorstellung im Augenblick des Steuerungsabschlusses für das mittlere Drehmoment während des betreffenden Hubes maßgebend ist. Man kann daher die Kolbenmaschinenregulierung gegenüber der Turbinenregulierung als unstetig bezeichnen.

Von diesem zutreffenden Standpunkt aus soll im folgenden die Regulierungstheorie der Dampfmaschine nunmehr behandelt werden[106].

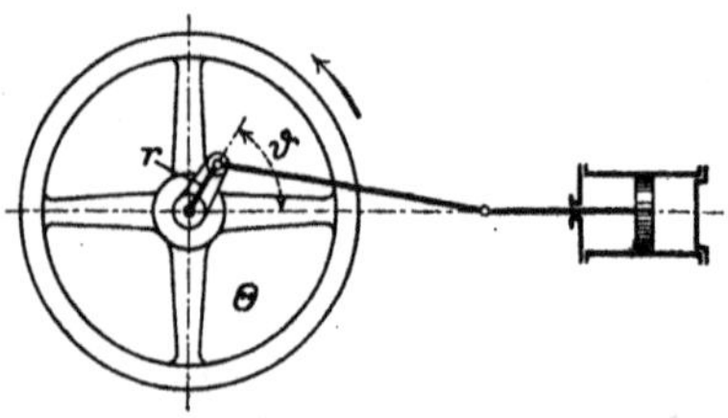

Fig. 169. Getriebe der Dampfmaschine.

Wir führen folgende Bezeichnungen ein (Fig. 169):

Θ = Trägheitsmoment des Schwungrades;

r = Kurbelradius;

ϑ = Kurbelwinkel positiv gezählt von der vorderen Totlage nach oben; auch die Drehung der Maschine erfolge in dieser Richtung, also rechtsläufig.

z = Regulatorhub.

$z = +z^0$ in der höchsten Stellung.

$z = -z^0$ in der tiefsten Stellung.

$z = 0$ in der mittleren Stellung.

ω_m = mittlere Winkelgeschwindigkeit der Maschine, entsprechend dem Beharrungszustand mit $z = 0$.

$\omega_m + \eta^0$ = höchste Winkelgeschwindigkeit im Beharrungszustande (Leerlauf) mit $z = +z^0$.

$\omega_m - \eta^0$ = kleinste Winkelgeschwindigkeit im Beharrungszustande mit $z = -z^0$.

M_0 = mittleres Tangentialdruckmoment beim Leerlauf.

$M_0 + M_m$ = mittleres Tangentialdruckmoment bei mittlerer Belastung.

$M_0 + 2M_m$ = mittleres Tangentialdruckmoment bei höchster Belastung.

W_r = Widerstandsmoment der Maschinenreibung, unabhängig von der Geschwindigkeit und der Belastung.

W = Widerstandsmoment der Belastung.

Über den Regulator setzen wir weiter folgendes fest. Es sei ein Zentrifugalregulator mit Feder- oder Gewichtsbelastung; seine Schwingungsgleichung sei:

$$m\frac{d^2z}{dt^2} + b\frac{dz}{dt} + c\left(z - \frac{z^0}{\delta\omega_m}\eta\right). \tag{1}$$

z ist hier der Muffenhub, t ist die Zeit. m ist eine Konstante, abhängig von den Abmessungen und Massen der Regulatorteile; die Konstante b trage dem Einfluß der Ölbremse und der Eigen- und Stellzeugreibung Rechnung, die Konstante c ist aus den Gewichten, Federkräften und Abmessungen des Regulators zusammengesetzt. m, b, c lassen sich für jeden gegebenen Regulator berechnen. Im übrigen hat die Gleichung (1) folgenden Sinn: Dreht sich der Regulator mit konstanter mittlerer Winkelgeschwindigkeit $\omega_m (\eta = 0)$ um seine Achse, so wird seine Muffe in ihrer mittleren Ruhelage $z = 0$ verharren. Bringt man nun die Muffe (bei übrigens ungeänderter Winkelgeschwindigkeit) aus ihrer Ruhelage heraus, so wird sie, freigelassen, eine Schwingung um die Lage $z = 0$ nach obiger Differentialgleichung ausführen. Ist die Winkelgeschwindigkeit des Beharrungszustandes von ω_m verschieden und etwa $\omega_m + \eta$, so wird die Ruhelage der Muffe bei $z = \frac{z^0}{\delta\omega_m}\eta$ sich einstellen, und dieser Punkt wird wieder der Schwingungsmittelpunkt der Muffenbewegung sein. Ist schließlich η mit der Zeit veränderlich, so gilt Gleichung (1) ebenfalls für die Regulatorbewegung; wir haben in diesem Falle eine lineare Differentialgleichung zweiter Ordnung mit Störungsfunktion.

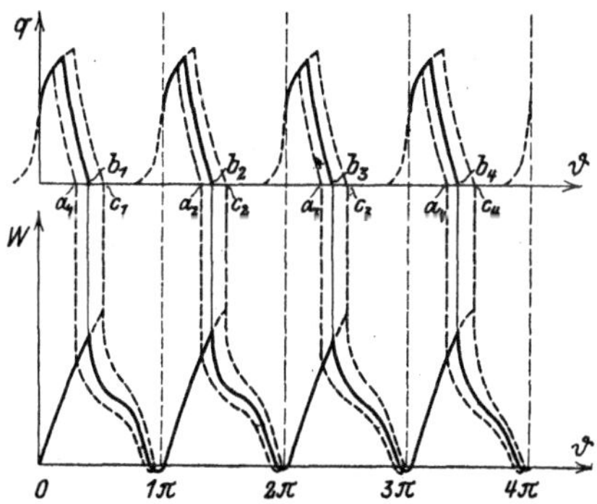

Fig. 170. Einfluß des Regulators auf das Tagentialdruckmoment.

Zur Erläuterung des Einflusses des Regulators auf die Drehmomente M diene Fig. 170. In dem oberen Diagramm bedeuten die Ordinaten q die Kanaleröffnungen bzw. die Ventilerhebungen in Funktion des Kurbelwinkels. In der unteren Figur ist in bekannter Weise das Drehmomentdiagramm gezeichnet. Der Flächeninhalt desselben und damit die Maschinenleistung ist wesentlich von dem früheren oder späteren Abschluß der Steuerorgane, der Füllung, abhängig. Wir setzen nun voraus, daß die Füllungen sowie die mittleren Drehmomente der Beharrungszustände den Regulatorstellungen proportional sind:

$$M = M_0 + a(z^0 - z). \tag{2}$$

Für die mittlere Belastung der Maschine gilt:

$$z = 0 \quad \text{und} \quad M_m = M_0 + a z^0 . \tag{3}$$

Für die höchste Belastung gilt:

$$z = -z^0 \quad \text{und} \quad M_{\max} = M_0 + 2 a z^0 , \tag{4}$$

während M_0 das Drehmoment des Leerlaufs $= W_r$ ist.

Was die Winkelgeschwindigkeit der Maschine anlangt, so seien ihre den verschiedenen Beharrungszuständen entsprechenden Änderungen ebenfalls proportional den Änderungen der Regulatorstellung (Fig. 171):

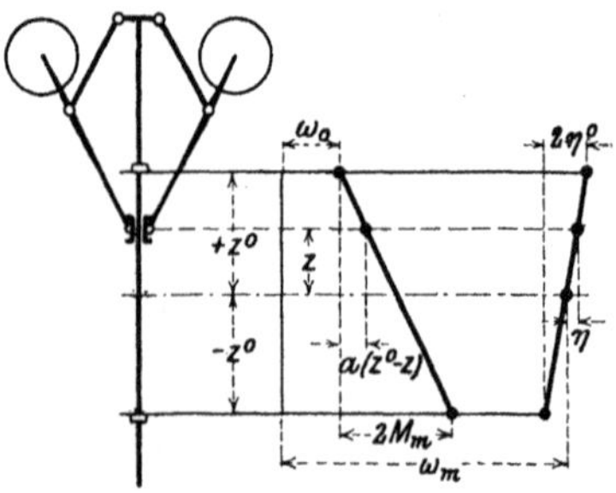

Fig. 171. Einfluß des Regulators auf Drehmoment und Drehgeschwindigkeit.

$$z : \eta = z^0 : \eta^0 . \tag{5}$$

Führen wir jetzt den Ungleichförmigkeitsgrad

$$\delta = \frac{\omega_{\max} - \omega_{\min}}{2\,\omega_m} \tag{6}$$

oder

$$\delta = \frac{\eta^0}{\omega_m} \tag{7}$$

ein, so geht (5) über in

$$z = \frac{z^0}{\delta\,\omega_m}\,\eta . \tag{8}$$

Es erübrigt nun noch, eine den Abschluß des Einlaßorganes beherrschende Gleichung aufzustellen. Wir betrachten eine Hubperiode, der wir die von einer bestimmten Anfangsperiode an gezählte Nummer k zuteilen, und schreiben folgende Gleichung an:

$$\vartheta_k = \vartheta_0 = k\pi + \alpha\,\frac{z^0 - z_k}{2 z^0} . \tag{9}$$

Die Größen ϑ_k seien diejenigen Kurbelwinkel, bei denen die Steuerung vermöge ihrer besonderen Einrichtung unter Einfluß der Regulatorstellung z_k die Dampfzufuhr für den Hub k absperrt.

Diese Gleichung besagt folgendes: Läuft die Maschine bei höchster Regulatorstellung $z_k = +z^0$, also leer, so ist

$$\vartheta_k = \vartheta_0 + k\pi \,. \tag{10}$$

ϑ_0 ist demnach die kleinste Füllung.

Bei maximaler Belastung dagegen ist

$$\vartheta_k + \vartheta_0 + k\pi + \alpha \,. \tag{11}$$

$\vartheta_0 + \alpha$ ist demnach die größte Füllung der Maschine.

Wir betrachten nach dieser Festsetzungen die Differentialgleichungen der Bewegung während einer Störung des stationären Zustandes. Dieser Beharrungszustand sei gekennzeichnet durch den anfänglich gegebenen Tangentialwiderstand W_0.

$$M = W_0 + W_r = M_0 + W_0 = M_0 + a(z^0 - z_0)\,, \tag{12}$$

$$W_0 = a(z^0 - z_0)\,; \tag{13}$$

hieraus findet man die zugehörige Regulatorstellung

$$z_0 = z^0 - \frac{W_0}{a} = \frac{a z^0 - W}{a}\,,$$

die zugehörige Winkelgeschwindigkeit:

$$\omega_0 = \omega_m\left(1 + \delta\,\frac{a z^0 - W_0}{a z^0}\right) \tag{14}$$

und die zugehörige Füllung zu

$$\vartheta_0 + \frac{\alpha W_0}{2 a z^0}\,.$$

Wir fassen jetzt einen Steuerungsschlußpunkt ins Auge, der unmittelbar auf einen Durchgang der Kurbel durch die vordere Totlage folgt, wobei wir die Kurbelwinkel von diesem Durchgang zu zählen anfangen. Im Schlußpunkt ist dann ($k = 0$)

$$\vartheta_0 = \alpha_0 + \frac{\alpha}{2}\cdot\frac{W_0}{a z^0}\,. \tag{15}$$

In diesem Augenblick nehmen wir eine Störung des Beharrungszustandes vor, indem wir das Tangential-Widerstandsmoment W_0 in W plötzlich abändern.

Dies sind die für die Lösung der Aufgabe nötigen Voraussetzungen. Die Methode der Lösung besteht nun darin, daß aus den Bewegungsgleichungen von Maschinen und Regulator für jeden Steuerungsschlußpunkt die Größen η_k, z_k, z_k' berechnet werden.

Mit der weiteren Annahme, daß die zwischen zwei Steuerungsschlußpunkten verfließende Zeit nicht wesentlich schwanke und annähernd gleich der mittleren Hubzeit T der Maschine gesetzt werden könne, werden diese Gleichungen, die im genauen Falle transzendent sind, linear und ermöglichen so die explizite Lösung.

Auf die Angabe der mathematischen Methode, die a. a. O. nachgelesen werden kann, soll hier verzichtet werden. Es resultiert aus ihr ein Gleichungssystem folgender Art:

$$(16)\qquad \begin{cases} z_{k+1} = \alpha_1 z_k + \beta_1 \eta_k + \gamma_1 z_k' + \delta_1 \,, \\ \eta_{k+1} = \alpha_2 z_k + \beta_2 \eta_k + \gamma_2 z_k' + \delta_2 \,, \\ z_{k+1}' = \alpha_3 z_k + \beta_3 \eta_k + \gamma_3 z_k' + \delta_3 \,, \end{cases}$$

wo die α, β, γ, δ Konstante sind. Dieses Gleichungssystem läßt sich so umformen, daß drei Gleichungen folgender Art entstehen:

$$(17)\qquad z_{k+4} = a_1 z_{k+3} + a_2 z_{k+2} + a_3 z_{k+1} + a_4 z_k \,.$$

Für η_{k+4} und z_{k+4}' kommen ganz analoge Gleichungen heraus, so daß man sich auf die Untersuchung der Gleichung für z_{k+4} beschränken kann.

Ein Theorem von Bernoulli erlaubt nun, aus dieser Gleichung die folgende abzuleiten:

$$(18)\qquad z_k = C_1 + C_2 \lambda_1^{k-1} + C_3 \lambda_2^{k-1} + C_4 \lambda_3^{k-1} \,.$$

Hier sind die C_1 aus den Anfangsbedingungen zu bestimmende Konstante, die λ dagegen die Wurzeln der Gleichung dritten Grades

$$(19)\qquad \lambda^3 - P\lambda^2 - Q\lambda - R = 0 \,.$$

Die P, Q, R sind Größen, die nur von den eingangs aufgeführten Maschinen und Regulatorkonstanten abhängen und sich folgendermaßen schreiben:

$$(20)\qquad \begin{cases} P = \gamma\left\{\dfrac{e_1 - e_2}{\alpha_1 - \alpha_2} + \dfrac{b}{c}\left(\dfrac{\alpha_2 e_1 - \alpha_1 e_2}{\alpha_1 - \alpha_2} + 1\right) - T\right\} + e_1 + e_2 + 1 \,, \\ Q = \gamma\left\{-2\dfrac{e_1 - e_2}{\alpha_1 - \alpha_2} + \dfrac{b}{c}\left(e_1 e_2 - \dfrac{\alpha_1 e_1 - \alpha_2 e_2}{\alpha_1 - \alpha_2} - \dfrac{\alpha_2 e_1 - \alpha_1 e_2}{\alpha_1 - \alpha_2} - 1\right) + T(e_1 + e_2)\right\} \\ \qquad\qquad - (e_1 e_2 + e_1 + e_2) \,, \\ R = \gamma\left\{\dfrac{e_1 - e_2}{\alpha_1 - \alpha_2} + \dfrac{b}{c}\left(- e_1 e_2 + \dfrac{\alpha_1 e_1 - \alpha_2 e_2}{\alpha_1 - \alpha_2} - e_1 e_2 T\right\} + e_1 e_2 \,, \end{cases}$$

γ bedeutet hier eine Abkürzung für $\dfrac{a z^0}{\eta^0 \Theta}$ und ist der reziproke Wert der „Durchgangszeit“ T_d der Maschine, d. h. derjenigen Zeit, die die Maschine braucht, um bei plötzlicher Entlastung von Vollast auf Leergang und nicht abgestellter Dampfzufuhr von der Geschwindigkeit $\omega_m - \eta^0$ auf $\omega_m + \eta^0$ zu kommen. Wie bekannt, muß T_d stets größer sein als die Hubzeit, damit für den Fall, daß eine solche Entlastung durch einen unglücklichen Zufall (Riemenbruch, Stromloswerden der angetriebenen Dynamo usw.) gerade unmittelbar nach einem Steuerungsschluß stattfindet, die Maschinengeschwindigkeit nicht vor dem nächsten Steuerungsschluß, bei dem ja der Regulator erst in die Störung einzugreifen beginnt, unzulässig hoch wird.

Ferner sind α_1 und α_2 die Wurzeln der für den Regulator charakteristischen Gleichung:

$$m\alpha^2 + b\alpha + c = 0\,, \tag{21}$$

während e_1 und e_2 abgekürzt sind für $e^{\alpha_1 t}$ und $e^{\alpha_2 t}$.

Nach diesen Feststellungen setzt uns Gleichung (18) in den Stand, den Verlauf jeder Beharrungsstörung im voraus zu berechnen. Wir sind aber noch weiter in der Lage, sofort angeben zu können, ob die Störung zu einem neuen Beharrungszustand führt. In diesem Falle muß der Regulator allmählich zur Ruhe kommen, und hierfür ist notwendig, daß die Größen λ in Gleichung (18) kleiner als $+1$, aber größer als -1 sind. Denn in diesem Falle nehmen die Terme mit C_2, C_3, C_4 fortgesetzt ab und es kommt heraus:

$$\lim z_k = \text{Konst.}$$

A. a. O. sind die Möglichkeiten negativer und komplexer λ erörtert, ebenso wie die Bestimmung der Konstanten C_1, und es wurde gefunden, daß die Regulatorstellungen z_k stets reell sind, wenn auch einige λ komplex sind. Nicht untersucht wurde dagegen der Fall, daß der Regulator keine Ölbremse hat, daß also $b = 0$ und $\alpha_1 = +i\sqrt{\frac{c}{m}}$, $\alpha_2 = -i\sqrt{\frac{c}{m}}$.

Rechnet man für diesen Fall die P, Q, R um, so findet sich

$$\left\{\begin{aligned} P &= \gamma\left\{\frac{\sin\alpha T}{\alpha} - T\right\} + 2\cos\alpha T + 1\,, \\ Q &= \gamma\left\{2T\cos\alpha T - \frac{2\sin\alpha T}{\alpha}\right\} - 1 - 2\cos\alpha T\,, \\ R &= \gamma\left\{\frac{\sin\alpha T}{\alpha} - T\right\} + 1\,. \end{aligned}\right. \tag{22}$$

Aus diesen Gleichungen folgt nun keineswegs, daß die Regulierung ohne Ölbremse sofort unbrauchbar wird. Die Durchrechnung eines Beispiels wird dies zeigen. Eine Dampfmaschine von 500 PS habe eine mittlere Umlaufzahl 80 pro Minute. Das Trägheitsmoment des Schwungrades sei

$$\Theta = 735 \cdot 10^6 \, [\mathrm{cm^2/kg}] \, ,$$

das größte Drehmoment

$$M_m = 455 \cdot 10^6 \, [\mathrm{cm^2/kg/sec^{-2}}] \, ,$$

der Kurbelradius

$$r = 50 \, [\mathrm{cm}] \, ,$$

der halbe Muffenhub des Regulators

$$z^0 = 5 \, [\mathrm{cm}] \, ,$$

die mittlere Winkelgeschwindigkeit

$$\omega_m = 8{,}40 \, [\mathrm{sec^{-1}}] \, ,$$

die größte Abweichung der Winkelgeschwindigkeit von der mittleren nach oben und unten

$$\eta^0 = 0{,}28 \, [\mathrm{sec^{-1}}] \, ,$$

der Ungleichförmigkeitsgrad der Regulierung

$$\delta = \frac{\eta_0}{\omega^m} = \frac{1}{30} \, ,$$

die mittlere Hubzeit

$$T = 0{,}375 \, [\mathrm{sec}) \, ,$$

die Durchgangszeit

$$T_d = 1{,}905 \, [\mathrm{sec}] \, ,$$

die Größe γ

$$\gamma = 1{,}105 \, [\mathrm{sec^{-1}}] \, ,$$

die Größe

$$a = \frac{M_m}{2 z^0} = 455 \cdot 10^5 \, [\mathrm{cm/kg/sec^{-2}}] \, .$$

Die Wurzeln der Regulatorgleichung seien

$$\alpha_1 = - \ 8 \, [\mathrm{sec^{-1}}] \, ,$$

$$\alpha_2 = -10 \, [\mathrm{sec^{-1}}] \, .$$

Der Regulator ist also beinahe aperiodisch gedämpft, da α_1 und α_2 ungefähr gleich sind.

Diese Angaben genügen, um P, Q, R zu berechnen. Es ist:

$$P = \quad 0{,}88358\,,$$
$$Q = -0{,}26268\,,$$
$$R = -0{,}00535\,.$$

Die Wurzeln der Gleichung (19) werden

$$\lambda_1 = -0{,}01910\,,$$
$$\lambda_2 = 0{,}45134 + i\sqrt{0{,}07621}\,,$$
$$\lambda_3 = 0{,}45134 - i\sqrt{0{,}07621}\,.$$

Die Absolutwerte sämtlicher λ sind also kleiner als die Einheit; die Störung wird in einen neuen Beharrungszustand übergeben. Der genaue Verlauf einer Störung, wenn die Maschine bei voller Belastung plötzlich total entlastet wird, ist in Fig. 172 schaubildlich dargestellt. Die einzelnen Punkte sind nach unseren Formeln berechnet. Nach 10 Hüben, d. h. schon nach 3,75 Sek, ist der neue Beharrungszustand erreicht.

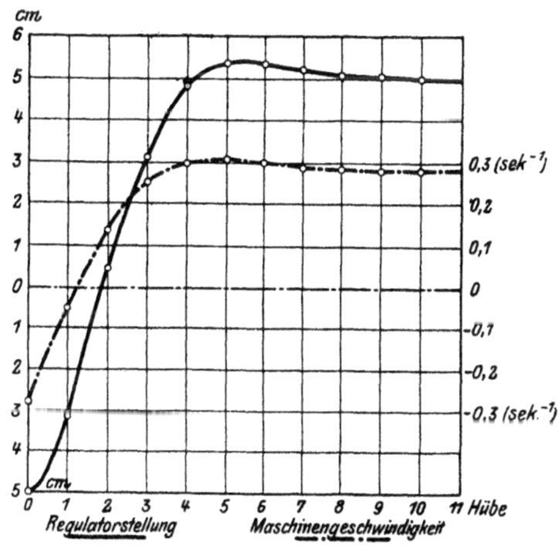

Fig. 172. Stabile unstetige Regulierung.

Wir wollen jetzt das Verhalten der Maschinenanlage untersuchen für den Fall, daß die Ölbremse des Regulators abgeschaltet wird und daß das Stellzeug auch keine nennenswerte Reibung verursache, die als Dämpfung gelten kann. Dann ist $b = 0$ zu setzen und die Größe α in Gleichung (22) wird

$$\alpha = 9\,[\sec^{-1}]\,.$$

Hiermit findet sich

$$P = -1{,}38619\,,$$
$$Q = +0{,}19145\,,$$
$$R = +\,0{,}55967\,.$$

Die Wurzeln der Gleichung (19) nehmen dann folgende Werte an:

$$\lambda_1 = +0{,}58381\,,$$
$$\lambda_2 = -0{,}87744\,,$$
$$\lambda_3 = -1{,}09256\,.$$

Da λ_3 absolut größer als die Einheit ist, kann die Regulierung nicht stabil sein (siehe Fig. 173). Die Amplituden der Regulatorbewegung der Winkelgeschwindigkeit der Maschine nehmen fortgesetzt zu. Diesem Übelstand kann aber jetzt dadurch abgeholfen werden, daß man das Schwungrad vergrößert, etwa so, daß $\gamma = 0{,}8$ [sec^{-1}] wird.

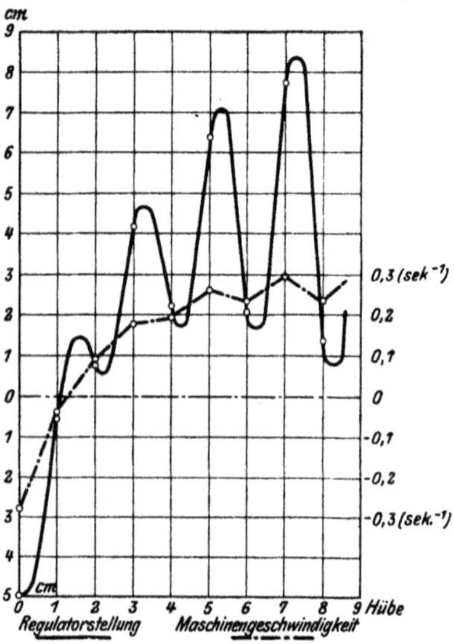

Fig. 173. Instabile unstetige Regulierung.

Berechnet man mit diesem γ bei übrigens ungebremstem Regulator von neuem die Stabilitätsbedingungen, so ergibt sich:

$$P = -1{,}26465\,,$$
$$Q = +0{,}39968\,,$$
$$R = +0{,}68121$$

und die Wurzeln

$$\lambda_1 = +0{,}69940\,,$$
$$\lambda_2 = -0{,}98203 + i\sqrt{0{,}00961}\,,$$
$$\lambda_3 = -0{,}98203 + i\sqrt{0{,}00961}\,.$$

Da die absoluten Beträge von λ_2 und λ_3 kleiner als die Einheit sind, so ist die Regulierung durch die Schwungradvergrößerung wieder brauchbar geworden. Die graphische Darstellung des Störungsvorganges ist in Fig. 174 enthalten. Zuerst nehmen die Regulatorausschläge zu, dann wieder ab, um von neuem zu einem Maximum zu wachsen, welches aber kleiner ist als das vorhergehende. So geht es fort, bis der Regulator und damit die Maschine zur Ruhe kommt. Hier hat der Störungsverlauf den Charakter einer Schwingung mit abklingenden Schwebungen. Die Zeitdauer des ganzen Vorganges ist allerdings wesentlich länger als bei dem zuerst betrachteten und beträgt etwa 45 Sekunden.

Diese Zeitdauer kann noch erheblich abgekürzt werden durch zweckmäßige Wahl des Regulators. Letzterer ist wesentlich durch die Zahl α charakterisiert. Nun ist aber die Größe

$$R = \gamma \left\{ \frac{\sin \alpha T}{\alpha} - T \right\} + 1$$

das Produkt der drei Wurzeln λ, und es steht zu erwarten, daß die Wurzeln kleiner werden, wenn ihr Produkt kleiner wird. Diese Schlußfolgerung ist zwar nicht mathematisch scharf, da auch noch P und Q in Betracht kommen; da aber eine genaue Untersuchung hier zu viel Raum beanspruchen würde, so wollen wir uns mit jener genäherten Annahme begnügen.

Bestimmen wir also auf Grund dieser Annahme α so, daß R ein Minimum wird. Die nach α aufzulösende Gleichung ist:

$$\frac{dR}{d\alpha} = \gamma \frac{\alpha T \cos \alpha T - \sin \alpha T}{\alpha} = 0$$

oder

$$\alpha T = \operatorname{tg} \alpha T .$$

Löst man diese Gleichung auf, so folgt:

$$\alpha T = 257{,}5^0 = 4{,}489 .$$

Berechnet man mit diesem α T die Größen P, Q, R, so findet sich:

$$P = \quad 0{,}19195,$$

$$Q = -0{,}55965,$$

$$R = \quad 0{,}63483,$$

und die Wurzeln der charakteristischen Gleichung

$$\lambda^3 - P\lambda^2 - Q\lambda - R = 0$$

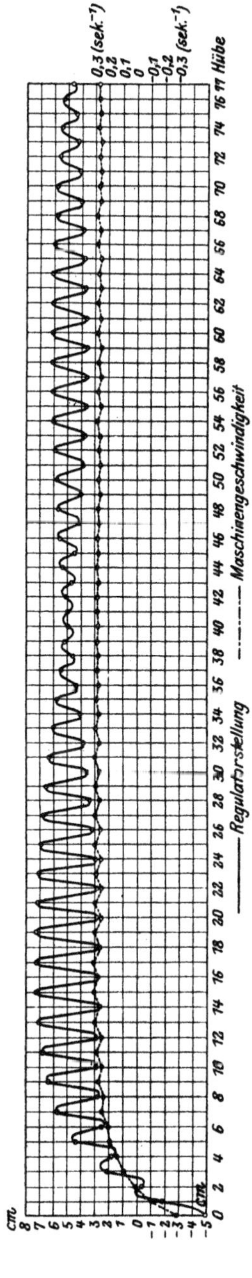

Fig. 174. Wenig stabile unstetige Regulierung.

sind
$$\lambda_1 = 0{,}69665\,,$$
$$\lambda_2 = -0{,}25235 + i\sqrt{0{,}84757}\,,$$
$$\lambda_3 = -0{,}25235 - i\sqrt{0{,}84757}\,.$$

Der so bestimmte Schwingungsvorgang verläuft nun viel rascher konvergent als der vorhergehende; man findet, daß schon nach ca. 30 Hüben, d. h. nach etwa 12 Sekunden, die Maschine zur Ruhe gekommen ist.

Durch Vorführung dieser Beispiele dürfte der qualitative Beweis erbracht sein, daß der Regelungsvorgang einer Dampfmaschine infolge der unstetigen Einwirkung des Reglers auf das Kraftfeld auch dann stabil verlaufen kann, wenn die Dampfmaschine vollkommen reibungslos und der Regler ungedämpft ist. Die schon von Wischnegradsky erkannte Tatsache, daß eine Ölbremse stets abkürzend auf den Störungsvorgang wirkt, wird hierdurch nicht beeinträchtigt; die mitgeteilten Resultate dürften aber eine Erklärung dafür bieten, daß öfter Dampfmaschinen beobachtet werden, die auch ohne Ölbremse am Regulator befriedigend regulieren.

Um nun auch noch den Fall des astatischen, mit Bremse ausgerüsteten Regulators zu erledigen, können wir uns kürzer fassen. Hier sei etwa $\alpha_1 = 0$; $\alpha_2 = \alpha$. Die Größen P, Q, R reduzieren sich jetzt auf $c + 2$, $-2e - 1$, e, wo $e = e^{\alpha T}$ gesetzt ist. Die drei Wurzeln der charakteristischen Gleichung werden dann einfach (wie man sich leicht überzeugt):

$$\lambda_1 = 1\,, \quad \lambda_2 = 1\,, \quad \lambda_3 = e^{\alpha T}\,.$$

Dieser Fall muß aber ausgeschlossen werden, da sonst die Konstanten C der Gleichung (18) zum Teil unendlich werden würden.

Ebenso ist der Fall des ungebremsten astatischen Regulators ($\alpha_1 = \alpha_2 = 0$) auszuschließen, da hier mit $\lambda_1 = \lambda_2 = \lambda_3 = 1$ die Konstanten C jener Gleichung ebenfalls unendlich werden.

Sonach bleibt der Satz 2 der Wischnegradsky-Stodolaschen Theorie auch bei unstetiger Regulierung unberührt.

Auf die genauen Bedingungen, die für

$$|\lambda| \leq 1$$

erfüllt sein müssen, hat R. v. Mises[107]) aufmerksam gemacht, Sie lauten:

$$P + Q + R \leqq 1 ,$$
$$-P + Q - R \leqq 1 ,$$
$$R(R - P) - Q \leqq 1 ,$$
$$P - Q - 3Q \leqq 3$$

und liefern, wenn man sie nach der Hubzeit T entwickelt und nur die niedrigsten Potenzen von T beibehält, das Ergebnis, daß die unstetige Regulierung bei kurzen Hubzeiten unter denselben Bedingungen stabil wirkt, wie die stetige.

§ 67. Theorie der Schiffssteuerung[108]).

Es handle sich um ein Schiff, welches zur Drehung des Ruders eine besondere Rudermaschine, und zwar eine Dampfmaschine besitzt. In der Fig. 175 ist das Ruder R in Verbindung mit der Maschine M gezeichnet. Die Verbindung wird vermittelt durch das Querhaupt Q, dessen Endpunkte durch die beiden Stangen S verschoben werden, wenn sich die Maschinenwelle dreht. Die Verschiebung wird bewirkt durch die Rechts- und Links-schrauben r und l, die auf der Maschinenwelle sitzen.

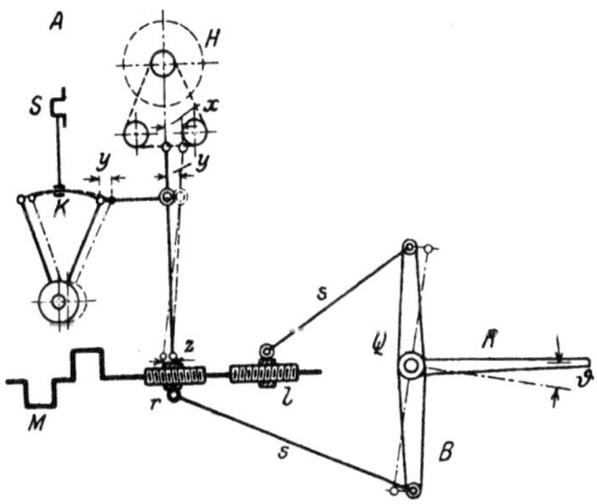

Fig. 175. Schema des Schiffsruders

Zur Einleitung der Bewegung der Maschine wird vom Handsteuerrad H das Dampfverteilungsorgan der Rudermaschine verschoben. Das Organ ist hier ein Schieber S, der von einer gewöhnlichen Kulissensteuerung angetrieben wird. Zur Einleitung der Bewegung der Maschine wird die Kulisse K aus ihrer Nullage verschoben.

Es ist nun eine grundsätzliche Anordnung, daß diese Verschiebung y nicht nur mit der der Handradbewegung proportionalen Größe x, sondern auch mit der der Ruderbewegung ϑ proportionalen Bewegung z verknüpft wird, und zwar so, daß die Gleichung besteht:

(1) $$y = m x - n z .$$

Wenn nun gilt:

(2) $$z = \frac{n}{n'} \vartheta ,$$

so findet sich:

(3) $$y = m x - n \vartheta .$$

Die Kulissenverschiebung y soll nun in erster Annäherung dem von der Ruderwelle abgegebenen Drehmoment M proportional sein.

(4) $$M = a y .$$

Nunmehr gewinnt man die Bewegungsgleichung des Ruders:

(5) $$\Theta \frac{d^2 \vartheta}{dt^2} = a y - W ,$$

wo Θ das auf die Ruderpinne reduzierte Trägheitsmoment aller bewegten Teile und W das in der gleichen Weise reduzierte Moment aller der Maschinen- bzw. der Ruderbewegung sich entgegenstellenden Widerstände ist. In erster Linie enthält W einen von dem Ruderdruck herrührenden Anteil, den wir proportional dem Sinusquadrat des Ruderwinkels anzunehmen haben, einen kleineren Teil, der der Winkelgeschwindigkeit des Ruders proportional ist, und einen konstanten Zuschlag, der den Reibungswiderständen der Maschine und des Rudergeschirres Rechnung tragen soll. Wir schreiben also:

(6) $$W = p \sin^2 \vartheta + q \frac{d\vartheta}{dt} + r .$$

Das erste Glied ist übrigens bei stilliegenden Schiffen nicht vorhanden, da p dem Quadrat der Fahrtgeschwindigkeit proportional ist. Nunmehr gewinnen wir die Bewegungsgleichung des Ruders in folgender Gestalt:

(7) $$\Theta \frac{d^2 \vartheta}{dt^2} = a m x - a n \vartheta - p \sin^2 \vartheta - q \frac{d\vartheta}{dt} - r ,$$

oder wenn wir uns die der Handradbewegung proportionale Größe x als eine durch die Absicht des Schiffsleiters gegebene Zeitfunktion $f(t)$ denken, unter Umsetzung der einzelnen Summanden:

$$\Theta \frac{d^2\vartheta}{dt^2} + q\frac{d\vartheta}{dt} + a\,n\,\vartheta + p\sin^2\vartheta = a\,m\,f(t) - r\,. \tag{8}$$

Hier bemerken wir, daß das Glied $p \sin^2 \vartheta$ die Wirkung des Ruderdruckes insofern nicht richtig zum Ausdruck bringt, als es den Vorzeichenwechsel beim Durchgang des Ruders durch die Nullage nicht mitmacht. Wir behalten uns deshalb vor, die Wirkung des Ruderdruckes gesondert zu untersuchen und beschränken uns auf kleine Ruderbewegungen oder auch auf die Ruderbewegung bei stillliegendem Schiff. In beiden Fällen kann $p \sin^2 \vartheta$ fortgelassen werden.

Auch die Größe r nötigt uns zu gesonderter Behandlung, weil sie den Vorzeichenwechsel im Nullpunkt nicht zum Ausdruck bringt, weshalb wir sie ebenfalls unterdrücken.

Nach diesen Vereinfachungen gewinnen wir die Gestalt der gewöhnlichen Differentialgleichung erzwungener Schwingung:

$$\Theta \frac{d^2\vartheta}{dt^2} + q\frac{d\vartheta}{dt} + a\,n\,\vartheta = a\,m\,f(t)\,. \tag{9}$$

Zur Prüfung dieser Differentialgleichung denken wir uns $f(t)$ in eine Fouriersche Reihe entwickelt:

$$\left\{\begin{aligned} f(t) = A_0 + A_1 \cos\alpha_0 t + A_2 \cos 2\alpha_0 t + \dots \\ + B_1 \sin\alpha_0 t + B_2 \sin 2\alpha_0 t + \dots, \end{aligned}\right. \tag{10}$$

womit sich das allgemeine Integral der Differentialgleichung in der Form findet:

$$\vartheta = a_1 e^{\mu_1 t} + a_2 e^{\mu_2 t} + \frac{m A_0}{n} + \Phi(t)\,. \tag{11}$$

Hier sind μ_1 und μ_2 die Wurzeln der Gleichung:

$$\mu^2 + \frac{q}{\Theta}\mu + \frac{a\,n}{\Theta} = 0 \tag{12}$$

und $\Phi(t)$ eine weiter unten zu erörternde Zeitfunktion. Die beiden ersten Glieder des Ansatzes für ϑ, welche die Eigenschwingungen des Systems darstellen, verschwinden nach genügend langer Zeit bei positivem q unter allen Umständen, so daß nur die vom Handrad herrührende erzwungene Bewegung des Ruders:

$$\vartheta = \frac{m}{n} A_0 + \Phi(t) \tag{13}$$

übrigbleibt.

Aus diesem Ansatz lesen wir ab, daß die Ruderlage sich tatsächlich proportional (wenn auch erst nach Verschwinden der Eigenschwingung) der Handradbewegung einstellt, wenn die letztere aus einer zur Zeit $t = 0$ eingeleiteten rasch erfolgenden Drehung des Handrades proportional der Größe $x = A_0$ besteht; die Koeffizienten von $f(t)$: $A_1, A_2, A_3, \ldots, B_1, B_2, B_3, \ldots$ verschwinden in diesem Falle, die Ruderlage wird einfach:

$$\vartheta = \frac{m}{n} A_0 \,. \tag{14}$$

Aus dieser Gleichung erkennen wir sofort die Wirkung der Aufhebung der Verbindung von y mit der Ruderbewegung, also des Verschwindens der sog. Stellhemmung, die in dem Ansatz:

$$y = m x - n \vartheta \tag{15}$$

sich durch $n = 0$ bemerklich macht. Diese Voraussetzung liefert:

$$\vartheta = \infty \,,$$

also die Unmöglichkeit einer stabilen Ruderbewegung.

Wir erkennen also, daß die Stellhemmung das System Handrad — Rudermaschine — Ruder, welches an sich zwei ungekoppelte Freiheitsgrade hat und unstabil ist, zu einem gekoppelten System macht, welches stabiler Bewegungen fähig ist.

Was nun die Zeitfunktion $\Phi(t)$ anlangt, so ist dieselbe, wie die genauere Ausrechnung zeigt, eine Fouriersche Reihe, deren $k$tes Glied lautet:

$$\frac{a m \sqrt{A_k^2 + B_k^2}}{\sqrt{(a n - k^2 \Theta^2)^2 + k^2 \alpha_0^2 q_2}} \sin(\alpha_0 t + \delta_k) k \,, \tag{16}$$

mit:

$$\left\{\begin{aligned} \cos k \delta_k &= \frac{(a n - k^2 \Theta \alpha_0^2) B_k + k \alpha_0 q A_k}{\sqrt{(A_k^2 + B_k^2)\,[(a n - k^2 \Theta \alpha_0^2)^2 + k^2 \alpha_0^2 q^2]^2}} \,, \\ \sin k \delta_k &= \frac{(\alpha^2 - k^2 \Theta \alpha_0^2) A_k - k \alpha_0 q B_k}{\sqrt{(A_k^2 + B_k^2)\,[(a n - k^2 \Theta \alpha_0^2)^2 + k^2 \alpha_0^2 q^2]^2}} \,. \end{aligned}\right. \tag{17}$$

Damit diese Gleichung ein möglichst raumgetreues Abbild von $f(t)$ wird, müssen bezüglich der Trägheit Θ und der Dämpfung q die gleichen Bedingungen erfüllt werden, die früher beim Oszillographen ermittelt worden sind. Wenn auch auf diese Weise die Raumtreue erreicht wird, so ist doch die Zeittreue, wie wir erkennen, bei der Ruderbewegungsübertragung nur mit Annäherung möglich.

IX. Schwingungserscheinungen bei Fahrzeugen.

§ 68. Schiffsschwingungen im ruhigen Wasser[109]).

Für das Folgende werde stets angenommen, daß die Schwerlängsebene und die Schwerquerebene des Schiffes Symmetrieebenen seien.

Bei der Bewegung eines Schiffes kommen zwei ausgezeichnete Punkte in Betracht. Dies sind zunächst der Schwerpunkt S (Fig. 176) des Schiffes und der Schwerpunkt A des Auftriebes (der verdrängten Wassermasse), und es gilt der Satz, daß ein Schiff schwimmt, wenn die Verbindungslinie SA, die Schwimmachse, senkrecht steht.

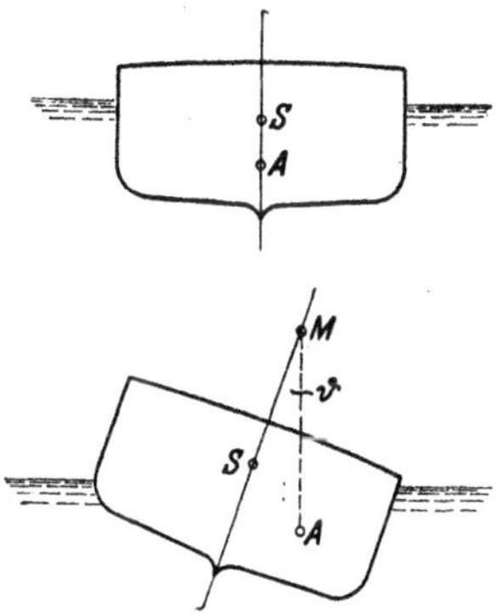

Fig. 176. Koordinaten der Schiffsbewegung.

Bringt man ein schwimmendes Schiff aus seiner Schwimmlage, so stellt sich die Schwimmachse schief. Die Senkrechte durch den Schwerpunkt A des Auftriebs, die in der Ruhelage mit SA identisch war, trifft jetzt SA in einem Punkte M, den man das Metazentrum nennt. Die betrachtete Ruhelage ist stabil, wenn M über S liegt. Für jede Schrägstellung der Schwimmachse gibt es ein Metazentrum. Unter den Metazentren gibt es zwei ausgezeichnete, M_1 und M_2, die man erhält, wenn man SA entweder in der Schwerlängsebene oder in der Schwerquerebene neigt; man nennt M_1 das Quermetazentrum, M_2 das Längsmetazentrum. Stets liegt das Längsmetazentrum M_2 tiefer als das Quermetazentrum M_1. Wir betrachten im folgenden nur kleine Schwingungen des Schiffes.

Es sind grundsätzlich drei Schwingungen möglich entsprechend den Drehungen eines festen Körpers. Beim Schiff sind dies:

1. Das Rollen ist eine Drehung des Schiffs um die Hauptlängsachse und wird gemessen durch den Winkel ϑ.

2. Das Stampfen ist eine Drehung um die Hauptquerachse, gemessen durch den Winkel ψ.

3. Das Gieren (Schlingern) ist eine Drehung um die Schwimmachse, gemessen durch den Winkel φ.

Für diese kleinen Winkel kann man die Lage der Metazentren als unabhängig von ϑ und ψ annehmen und ihre Entfernung von S mit m_1 resp. m_2 bezeichnen. Dann sind die aufrichtenden Stabilitätsmomente für Rollen und Stampfen

$$\text{(1)} \qquad \begin{cases} \mathfrak{M}_1 = Q\, m_1 \sin\vartheta\,, \\ \mathfrak{M}_2 = Q\, m_2 \sin\psi\,, \end{cases}$$

wo Q das Schiffsgewicht ist; das Moment $\mathfrak{M}_2$ nennt man auch das Trimmoment.

Wir definieren noch die Schwimmebene als diejenige Schiffsquerschnittfläche, die durch den Wasserspiegel aus dem Schiffe herausgeschnitten wird. Diese Querschnittfläche habe die beiden Hauptträgheitsmomente J_1 und J_2 für Drehungen um diejenige ihrer Hauptträgheitsachsen, welche der Hauptlängsachse resp. der Hauptquerachse des Schiffes parallel sind. Bezeichnet man nun mit R_1 und R_2 die Entfernungen der Metazentren von A und das Auftriebsvolumen mit V_0, dann gilt die Beziehung:

$$\text{(2)} \qquad \begin{cases} R_1 = \dfrac{J_1}{V_0}\,, \\[2ex] R_2 = \dfrac{J_2}{V_0}\,. \end{cases}$$

In der Praxis bestimmt man die Größen m_1 und m_2 durch den Krängungsversuch[110]). Verschiebt man eine Last q quer zum Schiff um die Strecke z und ergibt sich hierbei eine Änderung der Schiffsneigung um ϑ, so ist

$$m_1 = \frac{q\,l}{Q \operatorname{tg}\vartheta}$$

und analog

$$m_2 = \frac{q\,l}{Q \operatorname{tg}\psi}\,.$$

Außer den kleinen Drehungen des Schiffes ϑ, ψ, φ wollen wir im folgenden noch kleine Verschiebungen (Tauchbewegungen) des Schwerpunkts ξ, η, ζ betrachten. Es sei Ξ, H, Z ein im Raum festes Koordinatensystem, welches parallel zu den Hauptachsen des Schiffes so orientiert ist, daß $+\Xi$ nach dem Heck, $+H$ nach Steuerbord und $+Z$ senkrecht nach unten zeigt.

Unter diesen Voraussetzungen verhält sich ein in ruhigem Wasser schwingendes Schiff ohne Eigengeschwindigkeit wie ein Pendel hinsichtlich seiner Drehungen. Es seien Θ_1, Θ_2, Θ_3 die Trägheitsmomente für Rollen, Stampfen und Gieren; dann sind die Differentialgleichungen für die entsprechenden Schwingungen:

$$(3) \qquad \begin{cases} \Theta_1 \dfrac{d^2\vartheta}{dt^2} + Q\, m_1 \vartheta = 0\,, \\ \Theta_2 \dfrac{d^2\psi}{dt^2} + Q\, m_2 \psi = 0\,, \\ \Theta_3 \dfrac{d^2\varphi}{dt^2} \qquad\qquad = 0 \end{cases}$$

und die Differentialgleichungen für die Verschiebungsbewegungen:

$$(4) \qquad \frac{Q}{g}\frac{d^2\xi}{dt^2} = 0\,; \quad \frac{Q}{g}\frac{d^2\eta}{dt^2} = 0\,; \quad \frac{Q}{g}\frac{d^2\zeta}{dt^2} + g\,F\,\zeta = 0\,.$$

In den letzten Gleichungen ist F die Fläche der Schwimmebene und $g F \zeta$ die von einer Eintauchung um den Betrag ζ herrührende Auftriebänderung.

Die Differentialgleichungssysteme (3) und (4) sind ohne weiteres klar, könnten aber auch auf Grund einer strengeren mathematischen Untersuchung abgeleitet werden, worauf wir hier nicht eingehen. Das Hauptergebnis ist, daß im ruhigen Wasser in erster Annäherung das Rollen, Stampfen und Tauchen voneinander unabhängige Schwingungsvorgänge sind und daß das Gieren überhaupt nicht zustande kommt.

Bei Ableitung der Formeln (3) und (4) ist stillschweigend von der Berücksichtigung des Reibungswiderstandes des Wassers abgesehen worden.

Praktisch läßt sich die Größe des Reibungswiderstandes leicht ermitteln durch Schwingungsbeobachtung an einem in ruhigem Wasser rollenden Schiff.

Im allgemeinen ergibt die Annahme eines der Winkelgeschwindigkeit des Rollens proportionalen Reibungswiderstandes genügend genaue Resultate. Besitzt jedoch das Schiff Schlingerkiele, so wird der Wasserwiderstand dem Quadrat der Geschwindigkeit pro-

protional. In diesem Falle kann man die Dämpfung mittels eines Modellversuches[111]) bestimmen. Das Verhältnis der Lineardimensionen von Modell und Schiff sei $1 : \lambda$. Dann verhalten sich die Gewichte und Trägheitsmomente wie $1 : \lambda^3$ und $1 : \lambda^5$. Nehmen wir nun den Wasserwiderstand des Schiffes zunächst proportional der $n$ten Potenz der Lineargeschwindigkeit eines Flächenelementes der ins Wasser eingetauchten Schiffsoberfläche, dann wird die Bewegungsgleichung des Schiffes für Rollen:

$$\Theta_1 \frac{d^2\vartheta}{dt^2} + R\left(\frac{d\vartheta}{dt}\right)^n + Q\, m_1 \vartheta = 0 \,. \tag{5}$$

Die Bewegung des Modelles regelt sich dann nach der Gleichung:

$$\frac{\Theta_1}{\lambda^5} \frac{d^2\vartheta}{dt^2} \mu^2 + \frac{k}{\lambda^{3+n}}\left(\frac{d\vartheta}{dt}\right)^n \cdot \mu^n + \frac{Q}{\lambda^3} \frac{m_1}{\lambda} \vartheta = 0 \,. \tag{6}$$

Hier ist μ eine Konstante, die den Zeitmaßstab so zu ändern hat, daß Schiff und Modell vollkommen geometrisch ähnlich schwingen. Damit dies nun der Fall wird, müssen λ und μ aus (6) verschwinden, d. h. es muß werden:

$$\frac{\mu^2}{\lambda^5} = \frac{1}{\lambda^4} = \frac{\mu^n}{\lambda^{3+n}} \,. \tag{7}$$

Aus diesen beiden Gleichungen folgt:

$$\mu = \sqrt{\lambda} \,, \tag{8}$$

falls

$$n = 2 \tag{9}$$

wird. Also nur im Falle des quadratischen Widerstandsgesetzes kann die Bewegung des Modells derjenigen des Schiffes ähnlich werden.

§ 69. Schiffsschwingungen im Seegang[112]).

Die Bewegung eines Schiffes im Seegange ist als eine erzwungene Schwingung zu betrachten im Gegensatz zu den Gleichungen (3) und (4) § 30, welche die freien oder Eigenschwingungen des Schiffes charakterisieren. Die schwingungserregende Ursache sind die Meereswellen, und ihr Einfluß auf das Schiff ist im einfachsten Fall gegeben durch den Ansatz:

$$M_w = m_1 Q\, \vartheta_0 \sin \frac{2\pi t}{T_w} \,, \tag{1}$$

wo T_w die Wellenperiode ist und ϑ_0 die maximale Neigung der Schwimmebene für den Fall, daß das Schiff im Wasser in senkrechter Lage festgehalten wird. Die Formel (1) sagt aus, daß das von den Wellen auf das Schiff ausgeübte Moment angenommen wird als unabhängig von der Lage des Schiffes im Wasser, was für kleine ϑ zulässig wird.

Mit (1) wird die Bewegungsgleichung des Schiffes

$$\Theta_1 \frac{d^2\vartheta}{dt^2} + Q\, m_1\, \vartheta = Q\, m_1\, \vartheta_0 \sin\frac{2\pi t}{T_w}. \tag{2}$$

Setzt man die Periode der Eigenrollung des Schiffes $= T_r$, so erhält man durch Integration von (2)

$$\vartheta = C_1 \sin\frac{2\pi t}{T_r} + C_2 \cos\frac{2\pi t}{T_r} + \frac{T_w^2}{T_r^2 - T_w^2}\, \vartheta_0 \sin\frac{2\pi t}{T_r}. \tag{3}$$

Hier stellen die beiden ersten Glieder die Eigenschwingung vor das dritte die erzwungene Schwingung.

Wichtig ist der Fall des Zusammenfallens der Periode T_r und T_w. Dann geht (3) über in

$$C_1 \sin\frac{2\pi t}{T_r} + C_2 \cos\frac{2\pi t}{T_r} - \frac{\pi}{T_r}\, t\vartheta_0 \cos\frac{2\pi t}{T_r}. \tag{4}$$

Hier zeigt das Glied $\frac{\pi}{T_r}\, t\vartheta_0 \cos\frac{2\pi t}{T_r}$, daß die Ausschläge des Schiffes im Falle des Synchronismus unbegrenzt zunehmen müssen. In der Tat hat der Schöpfer der mitgeteilten Theorie des Rollens, Froude, Schiffsmodelle auf synchronen Wellen zum Kentern gebracht.

Erweiterte und verallgemeinerte Untersuchungen über die Bewegung eines Schiffes, welches schräg zu den Wellen steuert, verdanken wir Kriloff. Eine Mitteilung seiner Ansätze würde an dieser Stelle zu viel Raum beanspruchen. Es sei daher auf seine Hauptarbeit „A general theory of the oscillations of a ship on waves" verwiesen.

§ 70. Schwingungen und Stabilität von Luftfahrzeugen.

1. Daß ein Luftfahrzeug ein schwingungsfähiges System ist, scheint auf den ersten Blick nicht sofort erkennbar.

Indes kann wenigstens beim Luftschiff das Pendel ebenso zum Vergleich herangeholt werden wie beim Wasserschiff, sofern man zunächst Schwingungen um eine durch ein Schiffsschwerpunkt gehende Horizontale betrachtet und von einer Eigengeschwindigkeit des Schiffes absieht.

Beim fahrenden Schiff kommen noch die von der Geschwindigkeit herrührenden Richtkräfte hinzu, die auch die Schwingungsfähigkeit um die Vertikalachse bedingen.

Diese Richtkräfte infolge der Eigengeschwindigkeit bestimmen auch beim Flugzeug ganz wesentlich die Stabilität; überdies sind sie hier das eigentliche Lebenselement des Schwimmens, da ja die Flugzeuge einen natürlichen Auftrieb, der sie im Schweben halten könnte wie die Luftschiffe, nicht besitzen.

Die Schwingungsuntersuchung knüpft zweckmäßiger Weise an an die allgemeinen Gleichungen der Bewegung eines starren Körpers, unter Trennung der Schwerpunktsbewegung von der Körperdrehung[113]).

Beide Bewegungen werden unabhängig voneinander angesetzt und stehen miteinander nur dadurch in Beziehung, daß die am Schwerpunkt angreifenden Kräfte a durch ihre Momente auch auf die Körperdrehung Einfluß nehmen.

Wir beziehen den Luftfahrzeugkörper der Masse M und des Gewichtes G auf ein fest mit ihm verbundenes Koordinatensystem x, y, z nach Fig. 177 und 178. Die den Achsenrichtungen entsprechenden Verschiebungen tragen bestimmte Benennungen:

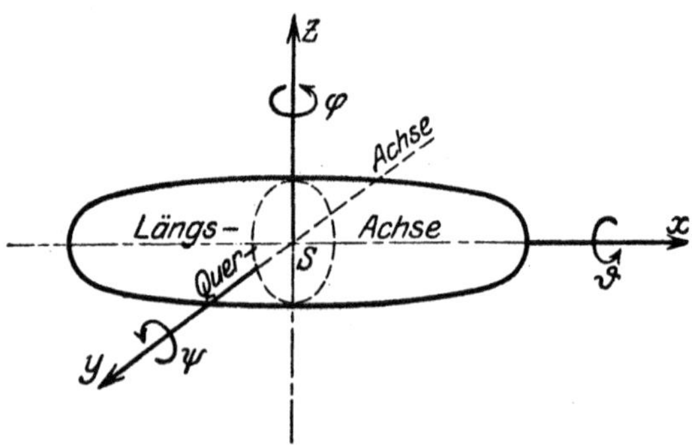

Fig. 177. Koordinaten des Luftschiffs.

x-Richtung (Fahrtschwankung) = Stoßen,
y-Richtung (Seitenverschiebung) = Abtreiben,
z-Richtung (Höhenverschiebung) = Wogen oder Sacken.

Die den Achsen entsprechenden Drehungen werden durch die Winkel ϑ, ψ, φ gekennzeichnet und wie folgt benannt:

ϑ-Drehung um die Längsachse (Seitenneigung) = Rollen,
ψ-Drehung um die Querachse (Längsneigung) = Kippen,
φ-Drehung um die Vertikalachse = Drehen.

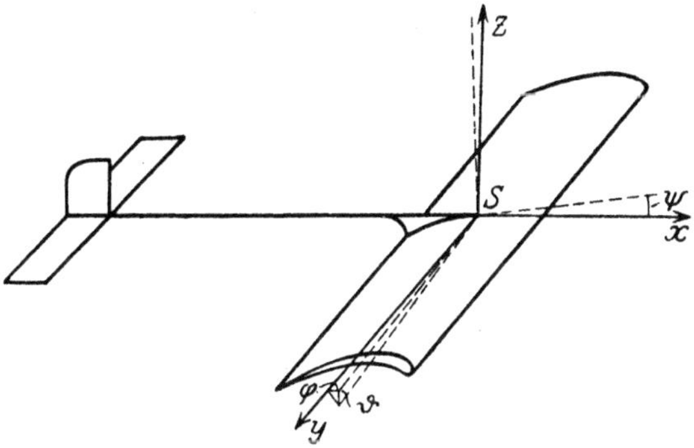

Fig. 178. Koordinaten des Flugzeugs.

Weiter setzen wir voraus, daß die gewählten Achsen die der Hauptträgheitsmomente Θ_1, Θ_2, Θ_3 seien; die nach ihnen genommenen Linear-Geschwindigkeitskomponenten seien v_1, v_2, v_3, die Komponenten der Drehgeschwindigkeit seien ω_1, ω_2, ω_3; solange die Drehwinkel ϑ, ψ, φ klein bleiben, was wir voraussetzen wollen, gilt:

$$(1) \qquad \omega_1 = \frac{d\vartheta}{dt}, \qquad \omega_2 = \frac{d\psi}{dt}, \qquad \omega_3 = \frac{d\varphi}{dt}.$$

Nach diesen Vorbereitungen schreiben wir die Bewegungsgleichungen des Schwerpunktes:

$$(2) \quad \begin{cases} M(\dot v_1 + \omega_2 v_3 - \omega_3 v_2) = -G \sin\psi \cos\vartheta + S_1 + P \\ M(\dot v_2 + \omega_3 v_1 - \omega_1 v_3) = +G \sin\vartheta \qquad\quad + S_2 + Q \\ M(\dot v_3 + \omega_1 v_2 - \omega_2 v_1) = -G \cos\psi \cos\vartheta + S_3 + R, \end{cases}$$

wenn wir annehmen, daß das Luftfahrzeug um die Winkel ϑ, ψ, φ aus der ursprünglichen Lage, in welcher die Schwererichtung parallel zur Z-Achse war, abgewichen sei.

In den Gleichungen (2) bedeuten S_1, S_2, S_3 die Komponenten des Propellerschubes, P, Q, R die Summe aller Komponenten der Gesamt-Luftwiderstände.

Als Drehungsgleichungen benutzen wir die Eulerschen Gleichungen für die Drehung eines starren Körpers unter Einwirkung äußerer Momente und schreiben sie:

$$(3)\qquad \begin{cases} \Theta_1 \dot{\omega}_1 + \omega_2 \omega_3 (\Theta_3 - \Theta_2) = \mathfrak{S}_1 + \mathfrak{M}_1 \\ \Theta_2 \dot{\omega}_2 + \omega_3 \omega_1 (\Theta_1 - \Theta_3) = \mathfrak{S}_2 + \mathfrak{M}_2 \\ \Theta_3 \dot{\omega}_3 + \omega_1 \omega_2 (\Theta_2 - \Theta_1) = \mathfrak{S}_3 + \mathfrak{M}_3 \,, \end{cases}$$

wo $\mathfrak{S}_1$, $\mathfrak{S}_2$, $\mathfrak{S}_3$ die Komponenten des Momentes der Propellerwirkung, $\mathfrak{M}_1$, $\mathfrak{M}_2$, $\mathfrak{M}_3$ die Komponenten des Gesamtdrehmomentes aller Luftwiderstandskräfte bedeuten.

2. Wir wenden die Gleichungen (2) und (3) auf den einfachen Fall eines Luftschiffes an, welches von der xy-Ebene nicht abgewichen ist ($v_2 = v$, $\omega_1 = \omega_2 = 0$), und bei welchem der Schwerpunkt in der Schiffslängsachse liege. Außerdem soll der Propellerschub S_1 in Richtung der Längsachse verlaufen und stets der Widerstandskomponente P gleich sein.[114])

Dann nehmen die Gleichungen (2) die einfache Gestalt an:

$$(2\text{a})\qquad \begin{cases} M(\dot{v}_1 - \omega_3 v_2) = 0 \\ M(\dot{v}_2 + \omega_3 v_1) = Q \,, \end{cases}$$

während wir für (3) erhalten:

$$(3\text{a})\qquad \Theta_3 \dot{\omega}_3 = \mathfrak{M}_3 \,.$$

Nun setzen wir voraus, daß sowohl die Verschiebegeschwindigkeit zur Seite $v_2 = \frac{dy}{dt}$ sowie die Drehgeschwindigkeit $\omega_3 = \frac{d\varphi}{dt}$ klein seien; dann ergeben sich die Ansätze:

$$(4)\qquad \begin{cases} M\dot{v}_1 = M\dfrac{d^2x}{dt^2} = 0 \\ M\left(\dfrac{d^2y}{dt^2} + v_1\dfrac{d\varphi}{dt}\right) = Q \\ \Theta_3 \dfrac{d^2\varphi}{dt^2} = \mathfrak{M}_3 \,. \end{cases}$$

Die erste Gleichung (4) liefert $v_1 =$ konst., mit welchem Ergebnis die beiden anderen Gleichungen weiter behandelt werden.

Die Kraftkomponente Q rührt vom Luftwiderstand W her, dessen Richtung in der Tangente der Schwerpunktsbahn liege. Letztere bilde mit der Schiffslängsachse den kleinen Winkel α.

Dann enthält Q zunächst einen diesem proportionalen Anteil $= a^2 \alpha$. Ferner liefert auch die Drehung $\frac{d\varphi}{dt}$ einen Beitrag zu Q (vor allem von seiten der Stabilisierungsflächen), den wir proportional der Drehgeschwindigkeit $\frac{d\varphi}{dt}$ mit $\frac{b_1\, d\varphi}{dt}$ ansetzen.

Also haben wir:

$$Q = a^2 \alpha + b_1 \frac{d\varphi}{dt}. \tag{5}$$

Das Moment hat entsprechende Anteile und schreibt sich:

$$\mathfrak{M}_3 = c^2 \alpha + b_2 \frac{d\varphi}{dt}. \tag{6}$$

Hier ist $c^2 \alpha$ die Richtkraft durch den Luftwiderstand infolge der Seitendrehung, $b_2 \frac{d\varphi}{dt}$ die von letzterer herrührende Dämpfung.

Die Bewegungsgleichungen (4) schreiben sich nun:

$$\left\{\begin{aligned} M\left(\frac{d^2 y}{dt^2} + v_1 \frac{d\varphi}{dt}\right) &= a^2 \alpha + b_1 \frac{d\varphi}{dt} \\ \Theta_3 \frac{d^2\varphi}{dt^2} &= c^2 \alpha + b_2 \frac{d\varphi}{dt}. \end{aligned}\right. \tag{5}$$

Zwischen α, φ und y besteht aber nach Fig. 179 die Beziehung:

$$\frac{1}{v_1}\left(\frac{dy}{dt} + v_1 \varphi\right) = \varphi - \alpha$$

oder mit:

$$\frac{dy}{dt} + v_1 \varphi = \frac{d\eta}{dt},$$

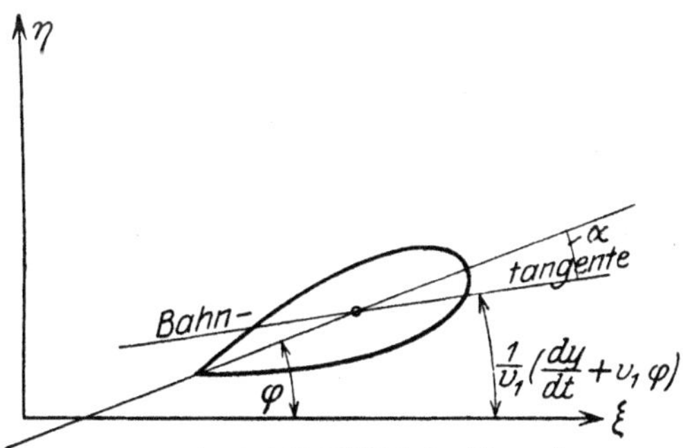

Fig. 179. Zur Stabilitätsbetrachtung der Luftschiffbewegung.

wo η die Seitenverschiebung auf ein im Raum festes Koordinatensystem bezogen bedeutet:

$$\varphi - \alpha = \frac{1}{v_1} \frac{d\eta}{dt}.$$

Damit wird aber:

$$(6)\qquad \begin{cases} M\dfrac{d^2\eta}{dt^2} = a^2\left(\varphi - \dfrac{1}{v_1}\dfrac{d\eta}{dt}\right) + b_1\dfrac{d\varphi}{dt} \\ \Theta_3\dfrac{d^2\varphi}{dt^2} = c^2\left(\varphi - \dfrac{1}{v_1}\dfrac{d\eta}{dt}\right) + b_2\dfrac{d\varphi}{dt} \end{cases}$$

oder geordnet:

$$(7)\qquad \begin{cases} M\eta'' + \dfrac{a^2}{v_1}\eta' - b_1\varphi' - a^2\varphi = 0 \\ \Theta_3\varphi'' - b_2\varphi' - c^2\varphi + \dfrac{c^2}{v_1}\eta' = 0\,. \end{cases}$$

Zur Ermittlung der Stabilitätsbedingung für dieses gekoppelte Schwingungssystem führt folgende Determinante:

$$(8)\qquad \begin{vmatrix} M\lambda^2 + \dfrac{a^2}{v_1}\lambda\,, & -b_1\lambda - a^2 \\ \dfrac{c^2}{v_1}\lambda\,, & \Theta_3\lambda^2 - b_2\lambda - c^2 \end{vmatrix} = 0\,,$$

d. h. die Gleichung vierten Grades:

$$\left(M\lambda^2 + \frac{a^2}{v_1}\lambda\right)(\Theta_3\lambda^2 - b_2\lambda - c^2) + \frac{c^2}{v_1}(b_1\lambda + a^2)\lambda = 0\,.$$

Nach Division mit λ entsteht hier:

$$(\Theta_3\lambda^2 - b_2\lambda - c^2)(M v_1\lambda + a^2) + b_1 c^2\lambda + a^2 c^2 = 0$$

oder:

$$v_1 M\Theta_3\lambda^3 + (a^2\Theta_3 - b_2 v_1 M)\lambda^2 + (b_1 c^2 - b_2 a^2 - v_1 c^2 M)\lambda = 0\,,$$

und nach nochmaliger Division mit λ die quadratische Gleichung:

$$(9)\qquad v_1 M\Theta_3\lambda^2 + (a^2\Theta_3 - b_2 v_1 M)\lambda + (b_1 c^2 - b_2 a^2 - v_1 c^2 M) = 0\,.$$

Setzen wir nun abkürzend:

$$2p = \frac{a^2\Theta_3 - b_2 v_1 M}{v_1 M\Theta_3} \qquad \text{und} \qquad q^2 = \frac{b_1 c^2 - b_2 a^2 - v_1 c^2 M}{v_1 M\Theta_3}\,,$$

so findet sich für (2):

$$(9a)\qquad \lambda^2 + 2p\lambda + q^2 = 0$$

und hieraus die Wurzeln:

$$(10)\qquad \begin{cases} \lambda_1 = -p + i\sqrt{q^2 - p^2} \\ \lambda_2 = -p - i\sqrt{q^2 - p^2}\,. \end{cases}$$

Im übrigen sind noch die Werte der durch die zweimalige Division mit λ fortgefallenen Doppelwurzel mit

$$(10a)\qquad \lambda_3 = 0\,; \qquad \lambda_4 = 0$$

zu berücksichtigen.

Damit werden aber die allgemeinen Bewegungsintegrale:

$$(11)\qquad \begin{cases} \eta = A_1\, e^{\lambda_1 t} + A_2\, e^{\lambda_2 t} + A_3 + B_3\, v_1\, t \\ \varphi = B_1\, e^{\lambda_1 t} + B_2\, e^{\lambda_2 t} + B_3\,. \end{cases}$$

Hieraus ergibt sich wegen des Gliedes $B_3\, v_1\, t$, daß wenigstens die Seitenabweichung η niemals klein bleiben kann; unter den genannten Bedingungen wird also ein Luftschiff nicht automatisch in gerader Linie fahren können. Dagegen bleiben die Drehungen φ stabil, wenn

$$q > p$$

gilt.

Die Bedingungen hierfür sind:

$$(12)\qquad \begin{cases} a^2\, \Theta_3 - b_2\, v_1\, M > 0 \\ (b_1 - v_1\, M)\, c^2 - a^2\, b_2 > 0\,. \end{cases}$$

Damit die erste Ungleichung für alle Fahrtgeschwindigkeiten v_1 erfüllt ist, muß b_2 negativ sein, d. h. der Dämpfungsanteil des Momentes $\mathfrak{M}_1$ im Ansatz (6) muß das Bestreben haben, einer Vergrößerung der Drehung φ entgegenzuwirken, was ja in Wirklichkeit auch immer der Fall ist.

Die zweite Gleichung liefert, wenn wir das Vorzeichen von c^2 umkehren:

$$(13)\qquad -c^2 > -\frac{a^2\, b_2}{v_1\, M - b_1}\,.$$

Dieser Ansatz gibt zunächst Anlaß, statt $-c^2 + \gamma^2$ zu schreiben, womit das Moment $\mathfrak{M}_1$ endgültig in die Form tritt:

$$(14)\qquad \mathfrak{M}_1 = -\gamma^2\, \alpha - b_2\, \frac{d\varphi}{dt}\,.$$

Dabei bedeutet der Vorzeichenwechsel, daß rein statisch das Richtmoment $\gamma^2\alpha$ negativ sein, d. h. einer Vergrößerung und ebenso wie die Dämpfung $b_2 \dfrac{d\varphi}{dt}$ entgegenwirken muß. Da nun weiter in (13) $\dfrac{a^2 b_2}{v_1 M - b_1}$ sicher positiv wird, wenn, wie meist der Fall, die Verschiebungsdämpfung b_1 klein ist, so erfüllt die statische Stabilitätsbedingung

$$\gamma^2 > 0 \tag{14a}$$

auch die dynamische. Die statische Stabilitätsbedingung haben wir damit als hinreichend erkannt; sie ist aber keineswegs notwendig, denn nach (13) könnte auch ein statisch unstabiles Luftschiff (mit negativen γ^2) dynamisch stabil (in bezug auf die Drehungen) fahren.

3. Benutzen wir nun die Gleichungssysteme (2), (3) zur Ansetzung der Schwingungen eines Flugzeuges, so wollen wir diese Schwingungen wieder als klein voraussetzen. Es sind dann vor allem v_2, v_3, ω_1, ω_2, ω_3 Größen, deren höhere Potenzen und Produkte zu vernachlässigen sind, während v_1 in einer unveränderlichen Hauptbestandteil v_0, die Flugzeuggeschwindigkeit, und eine ebenfalls kleine Schwankung v_1' zerfällt.[115])

Von den Winkeln ψ und ϑ sei die Seitenneigung ϑ klein, während der Winkel der Längsneigung ψ (das Kippen) um einen festen Betrag ψ_0 die kleine Schwankung ε erfahre. Dann schreiben sich die Gleichungen (2)

$$\tag{15} \left\{ \begin{aligned} M\dot{v}_1' &= -G\sin\psi_0 + \varepsilon\cos\psi_0 + S_1 + P \\ M(\dot{v}_2 + v_0\,\omega_3) &= +G\,\vartheta + S_2 + Q \\ M(\dot{v}_3 - v_0\,\omega_2) &= -G(\cos\psi_0 - \varepsilon\sin\psi_0) + S_3 + R \end{aligned} \right.$$

und das System (3)

$$\tag{16} \left\{ \begin{aligned} \Theta_1\,\dot{\omega}_1 &= \mathfrak{S}_1 + \mathfrak{M}_1 \\ \Theta_2\,\dot{\omega}_2 &= \mathfrak{S}_2 + \mathfrak{M}_2 \\ \Theta_3\,\dot{\omega}_3 &= \mathfrak{S}_3 + \mathfrak{M}_3\,. \end{aligned} \right.$$

Der Propellerzug $S = \sqrt{S_1^2 + S_2^2 + S_3^2}$ liege parallel der x-Achse des Flugzeuges im Abstand s_3, womit seine Komponenten werden: $S_1 = S$, $S_2 = S_3 = 0$. Das vom Propellerzug ausgeübte Moment um die y-Achse berechnet sich demnach zu

$\mathfrak{S}_2 = S s_3$, während das durch die Drehungsgeschwindigkeit Ω hervorgerufene Gegenmoment $S \frac{v_0}{\Omega}$ nur eine Komponente $\mathfrak{S}_1$ um die x-Achse in gleicher Größe liefert. Für die von der Propellerwirkung herrührenden Kraft- und Momentkomponenten entstehen also die Ansätze

$$(17) \quad \left\{ \begin{array}{lll} S_1 = S\,, & S_2 = 0\,, & S_3 = 0\,. \\ \mathfrak{S}_1 = S \frac{v_0}{\Omega}\,, & \mathfrak{S}_2 = S s_3\,, & \mathfrak{S}_3 = 0\,. \end{array} \right.$$

Zur Gewinnung der Komponenten der Luftwiderstandswirkung $P, Q, R, \mathfrak{L}, \mathfrak{M}, \mathfrak{N}$ führt folgende Betrachtung. Im allgemeinen kann man die Widerstandskräfte und Momente eines Flugzeugteiles als Funktion des Quadrates der Geschwindigkeit der allgemeinen Gestalt $f(u^2)$ eines dem Teil zugehörigen Punktes der Koordinaten a, b, c ansetzen. Die Größen a, b, c sind Konstruktionsdaten, die mit den Geschwindigkeitskomponenten der Flugzeugbewegung $v_1, v_2, v_3, \omega_1, \omega_2, \omega_3$ das Geschwindigkeitsquadrat u^2 wie folgt erklären:

$$(18) \quad \left\{ \begin{array}{l} u^2 = (v_1 - c\,\omega_2 - b\,\omega_3)^2 + (v_2 + a\,\omega_3 - c\,\omega_1)^2 \\ \qquad\qquad + (v_3 + b\,\omega_1 - a\,\omega_2)^2\,. \end{array} \right.$$

Für jeden Flugzeugteil lassen sich nun experimentell zwei Funktionen $f_k(u^2)$ und $f_m(u^2)$ ermitteln, von denen die eine die Kraftwirkungen, die andere die Momentwirkungen des Luftwiderstandes darstellt.

Summiert man nun alle derartigen für die einzelnen Flugzeugteile ermittelten Funktionen, so erhält man die Gesamtkraft und das Gesamtmoment des Luftwiderstandes, dessen Komponenten $P, Q, R, \mathfrak{L}, \mathfrak{M}, \mathfrak{N}$ unter der Voraussetzung kleiner Schwingungen, die wir oben gemacht haben, in die allgemeine Gestalt gehen:

$$(19) \quad \left\{ \begin{array}{l} P = P_0 + p_1 v_1' + p_2 v_2 + p_3 v_3 + \pi_1 \omega_1 + \pi_2 \omega_2 + \pi_3 \omega_3 \\ Q = Q_0 + q_1 v_1' + q_2 v_2 + q_3 v_3 + \varkappa_1 \omega_1 + \varkappa_2 \omega_2 + \varkappa_3 \omega_3 \\ R = R_0 + r_1 v_1' + r_2 v_2 + r_3 v_3 + \varrho_1 \omega_1 + \varrho_2 \omega_2 + \varrho_3 \omega_3\,. \end{array} \right.$$

$$(20) \quad \left\{ \begin{array}{l} \mathfrak{L} = \mathfrak{L}_0 + \mathfrak{l}_1 v_1' + \mathfrak{l}_2 v_2 + \mathfrak{l}_3 v_3 + \lambda_1 \omega_1 + \lambda_2 \omega_2 + \lambda_3 \omega_3 \\ \mathfrak{M} = \mathfrak{M}_0 + \mathfrak{m}_1 v_1' + \mathfrak{m}_2 v_2 + \mathfrak{m}_3 v_3 + \mu_1 \omega_1 + \mu_2 \omega_2 + \mu_3 \omega_3 \\ \mathfrak{N} = \mathfrak{N}_0 + \mathfrak{n}_1 v_1' + \mathfrak{n}_2 v_2 + \mathfrak{n}_3 v_3 + \nu_1 \omega_1 + \nu_2 \omega_2 + \nu_3 \omega_3\,. \end{array} \right.$$

Wie ersichtlich, sind $P_0, Q_0, R_0, \mathfrak{L}_0, \mathfrak{M}_0, \mathfrak{N}_0$ die Widerstandskomponenten bei stationärer Bewegung:

$$(21)\quad \begin{cases} G\sin\psi_0 = S_0 + P_0 \\ 0 = Q_0 \\ G\cos\psi_0 = R_0 \\ \dfrac{S_0 v_0}{\Omega} = \mathfrak{L}_0 \\ S_0 s_3 = \mathfrak{M}_0 \\ 0 = \mathfrak{N}_0 \end{cases}$$

Weiter vermindert sich die Zahl der Beiwerte in (19) und (20) auf die Hälfte, weil infolge der Symmetrie des Flugzeuges zur xz-Ebene die Komponenten P, R, $\mathfrak{M}$ unabhängig von v_2, ω_1, ω_3 und Q, $\mathfrak{L}$, $\mathfrak{N}$ unabhängig von v_1', v_3, ω_2 sein müssen.

Somit wird einfacher:

$$(22)\quad \begin{cases} P = P_0 + p_1 v_1' + p_3 v_3 + \pi_2 \omega_2 \\ Q = Q_0 + q_2 v_2 + \varkappa_1 \omega_1 + \varkappa_3 \omega_3 \\ R = R_0 + r_1 v_1' + r_3 v_3 + \varrho_2 \omega_2 \\ \mathfrak{L} = \mathfrak{L}_0 + \mathfrak{l}_2 v_2 + \lambda_1 \omega_1 + \lambda_3 \omega_3 \\ \mathfrak{M} = \mathfrak{M}_0 + \mathfrak{m}_1 v_1' + \mathfrak{m}_3 v_3 + \mu_2 \omega_2 \\ \mathfrak{N} = \mathfrak{N}_0 + \mathfrak{n}_2 v_2 + \nu_1 \omega_1 + \nu_3 \omega_3\,. \end{cases}$$

Mit (21) und (22) werden nun die Bewegungsgleichungen des Flugzeuges:

$$(23)\quad \begin{cases} M\dot{v}_1' = -\varepsilon G\cos\psi_0 + p_1 v_1' + p_3 v_3 + \pi_2 \dot{\varepsilon} \\ M(\dot{v}_2 + v_0\omega_3) = \vartheta G + q_2 v_2 + \varkappa_1 \dot{\vartheta} + \varkappa_3 \omega_3 \\ M(\dot{v}_3 - v_0\dot{\varepsilon}) = \varepsilon G\sin\psi_0 + \nu_1 v_1' + \nu_3 v_3 + \varrho_2 \dot{\varepsilon} \\ \Theta_1 \ddot{\vartheta} = \mathfrak{l}_2 v_2 + \lambda_1 \dot{\vartheta} + \lambda_3 \omega_3 \\ \Theta_1 \ddot{\varepsilon} = \mathfrak{m}_1 v_1' + \mathfrak{m}_3 v_3 + \mu_2 \dot{\varepsilon} \\ \Theta_3 \dot{\omega}_3 = \mathfrak{n}_2 v_2 + \nu_1 \dot{\vartheta} + \nu_3 \omega_3\,. \end{cases}$$

Dieses Gleichungssystem zerfällt ersichtlich in zwei getrennte Gruppen, nämlich:

$$(24)\quad \begin{cases} M\dot{v}_1' = -\varepsilon G\cos\psi_0 + p_1 v_1' + p_3 v_3 + \pi_2\dot{\varepsilon} \\ M(\dot{v}_3 - v_0\dot{\varepsilon}) = +\varepsilon G\sin\psi_0 + r_1 v_1' + r_3 v_3 + \varrho_3\dot{\varepsilon} \\ \Theta_2\ddot{\varepsilon} = \mathfrak{m}_1 v_1' + \mathfrak{m}_3 v_3 + \mu_2\dot{\varepsilon} \end{cases}$$

und

$$(25)\quad \begin{cases} M(\dot{v}_2 + v_0\omega_3) = \vartheta G + q_2 v_2 + \varkappa_1\dot{\vartheta} + \varkappa_3\omega_3 \\ \Theta_1\ddot{\vartheta} = \mathfrak{l}_2 v_2 + \lambda_1\dot{\vartheta} + \lambda_3\omega_3 \\ \Theta_3\dot{\omega}_3 = \mathfrak{n}_2 v_2 + \nu_1\dot{\vartheta} + \nu_3\omega_3\,. \end{cases}$$

Von diesen Systemen enthält (24) nur die Koordinaten v_1', v_3, ε, also das Stoßen, Sacken und Kippen, welche Bewegungen man als symmetrische oder Längsschwingungen bezeichnet, während (25) nur v_2, ϑ, ω_3 enthält, das Abtreiben, Rollen und Drehen, d. h. die Komponenten der Querschwingung.

Damit ergibt sich der Satz von der gegenseitigen Unabhängigkeit der Längs- und Querschwingungen, deren Stabilität je von der Erfüllung einer Gleichung vierten Grades abhängt. Die Beiwerte dieser sind Funktionen der Flugzeugfestwerte in den Ansätzen (24) und (25), zu deren Ermittlung die Aeromechanik heranzuziehen ist, und zwar sowohl die experimentelle in Gestalt von Modellversuchen, wie die theoretische in Gestalt der Kutta-Joukowskyschen Strömungstheorie, aus welchen Gebieten eine Reihe von Zitaten im Literaturverzeichnis aufgenommen ist.[116])

§ 71. Schwingungen von Lokomotiven.

Die Bewegung einer Lokomotive ist ein im Sinne der Dynamik sehr verwickelter Vorgang. Auch wenn man von dem Tender und dem nachfolgenden Eisenbahnzug absieht, so bleibt noch ein System von einer beträchtlichen Zahl von Freiheitsgraden übrig.

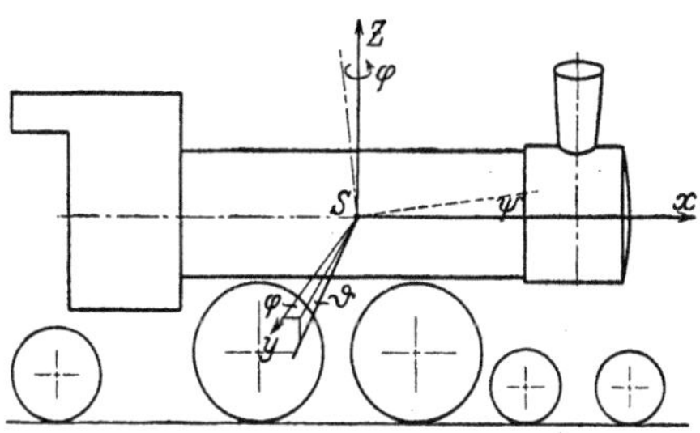

Fig. 180. Die Koordinaten des Lokomotivkörpers.

Zunächst ist der Lokomotivkessel, der mit seinem Rahmen als starrer Körper betrachtet werden soll, ein System von sechs Freiheitsgraden, deren Koordinaten nach der Fig. 180 erklärt sind.

Der Rahmen wird unter Vermittlung von Federn von einer Anzahl Radsätze getragen, die im Rahmen durch Führung gegen Bewegung in der x-Richtung gesichert sind; dagegen sind Verschiebungen der Radsatzschwerpunkte in der Richtung sowie Drehungen der Achsen in der $y\,z$-Ebene relativ zum Lokomotivkörper möglich. Schließlich kommt als Freiheitsgrad des Radsatzes die reine Rotation hinzu. Demnach hätte jeder Radsatz vier Grade der Freiheit relativ zum Lokomotivkörper.

Nun zerfallen die Radsätze der Lokomotive in zwei verschiedene Klassen: die der Treib- und der Laufachsen. Die Rotationsfreiheitsgrade der ersteren ziehen sich durch die Kupplung mit dem Triebwerk auf einen einzigen zusammen, so daß bei m Treibachsen und n Laufachsen die Zahl der Freiheitsgrade der Lokomotive beträgt:

$$6 + 3\,m + 4\,n + 1\,.$$

Hiervon sind aber für jeden Radsatz die Bedingungen der dauernden Berührung mit der Gleisbahn als 2 Freiheitsgrade, also $(m + n)$ mal, abzuziehen, so daß endgültig sich als Freiheitsgrad ergibt:

$$f = 7 + m + 2\,n\,.$$

Für unsere Schwingungsuntersuchung[117]) sehen wir nun von sämtlichen von den Radsätzen herrührenden Freiheitsgraden ab und vom Lokomotivkörper betrachten wir nur folgende:

Schwerpunktsbewegung in der z-Richtung: das Wogen
Drehungsbewegung um die x-Achse: das Wanken
Drehungsbewegung um die y-Achse: das Nicken
des Lokomotivkörpers.

Die übrigen Bewegungen des Lokomotivkörpers sind wesentlich von der Gleisgestaltung und dem Fahrvorgang bestimmt, die hier nicht zur Erörterung stehen sollen.

Zur Gewinnung der Bewegungsgleichungen des Lokomotivkörpers führt am übersichtlichsten das Verfahren nach Lagrange.

Die kinetische Energie L des Lokomotivkörpers der Masse M und der Hauptträgheitsmomente Θ_1, Θ_2, Θ_3 ist im allgemeinen Falle nur kleiner Schwerpunktsverschiebungen $x\,y\,z$ und Achsendrehungen $\vartheta\,\psi\,\varphi$:

$$L = \tfrac{1}{2}\left\{M(\dot{x}^2 + \dot{y}^2 + \dot{z}^2) + \Theta_1\,\dot{\vartheta}^2 + \Theta_2\,\dot{\psi}^2 + \Theta_3\,\dot{\varphi}^2\right\}.$$

Da wir aber nur das Wogen ($\dot{z}$), Wanken ($\dot{\vartheta}$) und Nicken ($\dot{\psi}$) betrachten wollen, bleibt für uns übrig:

$$L = \tfrac{1}{2}(M\dot{z}^2 + \Theta_1\dot{\vartheta}^2 + \Theta_2\dot{\psi}^2)\,. \tag{1}$$

Sehen wir von Reibungskräften ab, so sind nur die Feder- und Gewichtswirkungen zu berücksichtigen, für die wir eine Potentialfunktion V voraussetzen.

Dann werden die Bewegungsgleichungen:

$$\left\{\begin{aligned} \frac{d}{dt}\frac{\partial L}{\partial \dot{z}} &= -\frac{\partial V}{\partial z} \\ \frac{d}{dt}\frac{\partial L}{\partial \dot{\vartheta}} &= -\frac{\partial V}{\partial \vartheta} \\ \frac{d}{dt}\frac{\partial L}{\partial \dot{\psi}} &= -\frac{\partial V}{\partial \psi}\,. \end{aligned}\right. \tag{2}$$

Die Potentialfunktion V ist erklärt als diejenige Arbeit, die die Federn und das Gewicht zu leisten oder aufzunehmen haben bei einer kleinen Lagenänderung des Lokomotivkörpers z, ϑ, ψ.

Wir setzen $r = 2(n+m)$ Federn voraus, die symmetrisch zur x-Achse angeordnet seien. Ihre Federspannung in der Mittellage sei f_k ($k = 1, 2, 3 \ldots r$) und ihre Federungszahl c_k; ihre Lage sei gegeben durch die Positionskoordinaten x_k, y_k ($k = 1, 2, 3 \ldots r$). Infolge der Symmetrie ist

$$\left.\begin{aligned} x_{2i+1} &= x_{2(i+1)} \\ y_{2i+1} &= -y_{2(i+1)} \\ f_{2i+1} &= f_{2(i+1)} \\ c^2_{2i+1} &= c^2_{2(i+1)} \end{aligned}\right\} \qquad i = 0, 1, 2 \ldots (n+m-1)\,. \tag{3}$$

Durch eine Verlagerung des Lokomotivkörpers im Betrage z, ϑ, φ ändern sich aber die Koordinaten x_k, y_k, z_k jedes seiner Punkte in:

$$x_k,\ y_k,\ z_k + z + y_k\vartheta - x_k\psi$$

die $k$te Feder erleidet also eine Längenänderung $z + y_k\vartheta - x_k\psi$ und leistet demnach eine Arbeit

$$f_k(z + y_k\vartheta - x_k\psi) + \tfrac{1}{2}c_k^2(z + y_k\vartheta - x_k\psi)^2\,. \tag{4}$$

Hiermit berechnet sich aber das Federpotential:

$$V = -Mg\tau + \sum_1^r{}_k\{f_k(z + y_k\vartheta - x_k\psi) + \tfrac{1}{2}c_k^2(z + y_k\vartheta - x_k\psi)^2\}. \tag{5}$$

Die Ausführung der nach (2) rechts nötigen partiellen Differentiationen liefert zunächst von dem linearen Glied unter dem Summenzeichen in (5) die Ausdrücke

$$z \Sigma f_k, \quad \vartheta \Sigma f_k y_k, \quad \psi \Sigma f_k x_k .$$

Hier bedeuten aber die Summenzeichen der Reihe nach das Lokomotivgewicht (Kessel mit Rahmen), welches ja in der Ruhelage der Summe der Federkräfte gleich sein muß, und die beiden statischen Momente der Federkräfte bezüglich der beiden Koordinatenachsen, die in der Gleichgewichtsmittellage verschwinden.

Von den weiter infolge der partiellen Differentiationen aus (5) entstehenden Summen gilt aber

$$\Sigma c_k^2 y_k = 0 , \quad \Sigma c_k^2 x_k y_k = 0 \tag{6}$$

wegen der durch (3) ausgedrückten Symmetrie.

Die Bewegungsgleichungen (2) werden also:

$$\left\{\begin{aligned} & M \ddot{z} + z \Sigma c_k^2 - \psi \Sigma c_k^2 x_k = 0 \\ & \Theta_1 \ddot{\vartheta} + \vartheta \Sigma c_k^2 y_k^2 = 0 \\ & \Theta_2 \ddot{\psi} + \psi \Sigma c_k^2 x_k^2 - z \Sigma c_k^2 x_k = 0 . \end{aligned}\right. \tag{7}$$

Mit den Abkürzungen:

$$\left\{\begin{aligned} & \frac{\Sigma c_k^2}{M} = \alpha , \quad \frac{\Sigma c_k^2 z_k^2}{\Theta_1} = \beta , \quad \frac{\Sigma c_k^2 y_k^2}{\Theta_2} = \gamma , \\ & \frac{\Sigma c_k^2 x_k}{M} = \delta \varepsilon , \quad \frac{\Sigma c_k^2 x_k}{\Theta_2} = \frac{\delta}{\varepsilon} , \\ & \left(\delta = \frac{\Sigma c_k^2 x_k}{\sqrt{M \Theta_2}} , \quad \varepsilon = \sqrt{\frac{\Theta_2}{M}}\right) \end{aligned}\right. \tag{8}$$

entsteht jetzt das simultane Gleichungssystem:

$$\left\{\begin{aligned} & \ddot{z} + \alpha z - \delta \varepsilon \psi = 0 \\ & \ddot{\vartheta} + \gamma \vartheta = 0 \\ & \ddot{\psi} + \beta \psi - \frac{\delta}{\varepsilon} z = 0 . \end{aligned}\right. \tag{9}$$

Danach geht die Eigenschwingung des Wankens unabhängig von den beiden anderen Komponenten vor sich und besitzt eine Frequenz:

$$\nu = \frac{\sqrt{\gamma}}{2 \pi} . \tag{10}$$

Das Wogen ist dagegen mit dem Nicken verkuppelt. Beide weisen für die Frequenzen die biquadratische Gleichung auf:

$$(11)\qquad \begin{vmatrix} (2\pi\nu)^2+\alpha & -\delta\varepsilon \\ -\frac{\delta}{\varepsilon} & (2\pi\nu)^2+\beta \end{vmatrix} = [(2\pi\nu)^2+\alpha]\,[(2\pi\nu)^2+\beta] - \delta^2 = 0\,,$$

woraus sich findet:

$$\begin{matrix} 2\pi\nu_1 \\ 2\pi\nu_2 \end{matrix} \gtrless = \sqrt{\frac{\alpha+\beta}{2} \pm \sqrt{\left(\frac{\alpha+\beta}{2}\right)^2 + \delta^2 - \alpha\beta}}\,,$$

$$(12)\qquad \begin{matrix} \nu_1 \\ \nu_2 \end{matrix} \gtrless = \frac{1}{2\pi}\sqrt{\frac{\alpha+\beta}{2} \pm \sqrt{\left(\frac{\alpha-\beta}{2}\right)^2 + \delta^2}}\,.$$

Damit das Wogen und Nicken stabil verläuft, müssen ν_1 und ν_2 reell sein, d. h. es muß gelten:

$$\frac{\alpha+\beta}{2} > \left|\sqrt{\left(\frac{\alpha-\beta}{2}\right)^2 + \delta^2}\right|$$

oder $\alpha\beta > \delta^2$.

Unter Berücksichtigung von (8) heißt dies aber:

$$(13)\qquad \Sigma c_k^2 \cdot \Sigma c_k^2 x_k^2 > [\Sigma c_k^2 x_k]^2\,.$$

Diese Ungleichung, welche für $k = 1$ eine Identität ist, läßt sich für $k = 2$ unmittelbar durch Auswerten leicht beweisen und gilt deshalb auch für beliebiges k, unter der Voraussetzung, daß alle Federungszahlen c_k^2 positiv sind.

Wird die Frage nach den erzwungenen Schwingungen gestellt, so müssen an periodisch wirkenden äußeren Kräften neben den Reaktionen des Kurbeltriebwerkes die elastischen Durchbiegungen und die Stöße an den Schienen und Schienenverbindungen [118]), die unregelmäßigen, mit Schlingern bezeichneten Bewegungen des Rädersystems in die Reibung eingeführt werden, die von der Gleislage und der seitlichen Verschiebbarkeit der Radsätze herrühren.

Am wichtigsten unter den Kurbeltriebreaktionen und auch am leichtesten rechnerisch erfaßbar ist der stets (wenn der Kurbelzapfen aus der zylinderseitigen Totlage nach unten geht) senkrecht nach oben wirkende Kreuzkopfdruck; die Untersuchung der übrigen Einflüsse führt, abgesehen von den dynamischen Ansätzen, auf verwickelte Betrachtungen aus der Elastizitätslehre, bezüglich deren wir auf die Literatur verweisen.

In erster Annäherung läßt sich der Kreuzkopfdruck bei einer Zylinderseite nach Fig. 181 als periodische Funktion[119])

$$P\,|\sin\omega t|$$

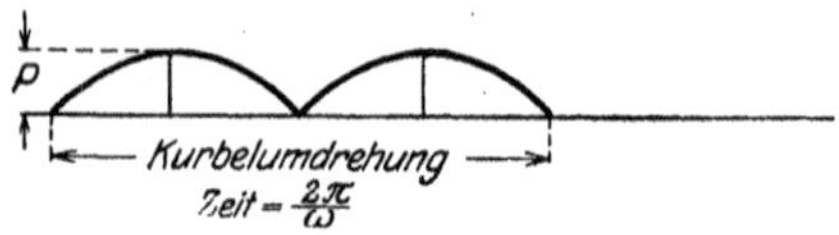

Fig. 181. Schaubild des Kreuzkopfdruckes.

darstellen. Die zweite Kurbel ist gegen die erste gewöhnlich um $\frac{\pi}{2}$ versetzt und liefert demnach den Kreuzkopfdruck $P\,|\cos\omega t|$. Dementsprechend würde die erste Gleichung (7) mit Störungsglied zu lauten haben:

$$(14) \qquad M\ddot{z} + z\,\Sigma c_k^2 - \psi\,\Sigma c_k^2 x_k = P\{|\cos\omega t| + |\sin\omega t|\}\,.$$

Mit dieser ist die Gleichung des Nickens zu verbinden, auf deren rechter Seite als Störung das Moment der Kreuzkopfdrücke erscheint. Dieses setzt sich aus zwei Teilen zusammen, von denen der erste analog $P\{|\cos\omega t| + |\sin\omega t|\}$ von der einfachen Umdrehungsgeschwindigkeit abhängig ist etwa entsprechend

$$M_1\{|\cos\omega t| + |\sin\omega t|\}\,.$$

Dagegen ist der andere Teil des Moments von der doppelten Drehgeschwindigkeit $2\,\omega$ abhängig, entsprechend

$$M_2\{|\sin\omega t|\cos\omega t + |\cos\omega t|\sin\omega t\}\,.$$

Dieses zweite Moment stellt sich graphisch nach Fig. 182 dar. So schreibt sich die dritte Gleichung (7) für das Nicken wie folgt:

$$(15) \quad \begin{cases} \Theta_2\,\ddot{\psi} + \psi\,\Sigma c_k^2 x_k^2 - z\,\Sigma c_k^2 x_k = M_1\{|\cos\omega t| + |\sin\omega t|\} \\ \qquad + M_2\{|\sin\omega t|\cos\omega t + |\cos\omega t|\sin\omega t\}\,. \end{cases}$$

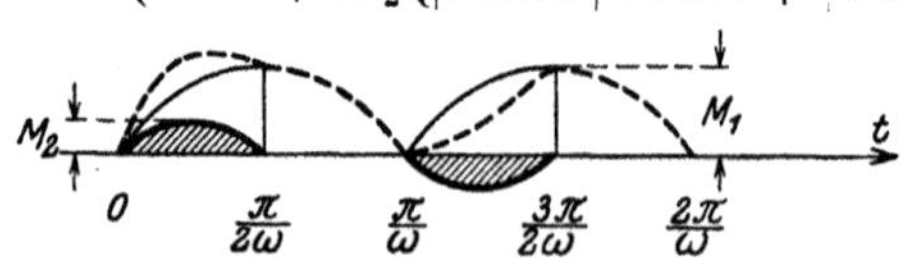

Fig. 182. Die Momente des Kreuzkopfdruckes.

Unter der Voraussetzung $\Sigma c_k^2 x_k = 0$, die sich durch geeignete Abstimmung der Federungszahlen c_k^2 erreichen läßt, werden Wogen und Nicken voneinander unabhängig. Die Differentialgleichung für das erzwungene Wogen schreibt sich dann:

$$(14\,\mathrm{a}) \qquad \ddot{z} + \lambda_1^2 z = \frac{P}{M}\{|\cos\omega t| + \sin|\omega t|\}$$

mit
$$\lambda_1^2 = \frac{\Sigma c_k^2}{M}.$$

Die Funktion rechts hat die Periode
$$2p = \frac{\pi}{2\omega}$$
(Fig. 183) und heiße kurz
$$f(t) = \frac{P}{M}\sqrt{2}\sin\left(\omega t + \frac{\pi}{4}\right).$$

Mit ihr stellt sich die erzwungene Lösung von (14a) in Gestalt eines bestimmten Integrals dar:[120])

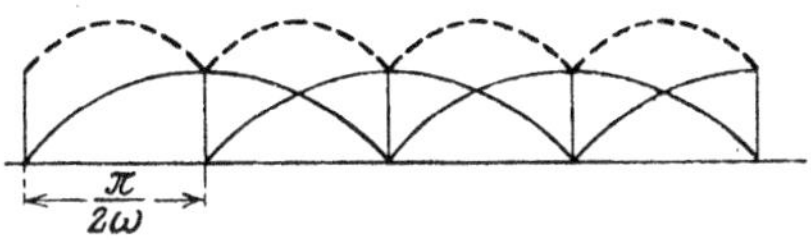

Fig. 183. Störungsfunktion des Wagens.

$$(16)\qquad \begin{cases} z = \dfrac{1}{\lambda_1}\displaystyle\int_0^t f(\alpha)\sin\lambda_1(t-\alpha)\,d\alpha \\[2ex] \quad + \dfrac{1}{2\lambda_1\sin\dfrac{\lambda_1\pi}{4\omega}}\displaystyle\int_0^{\frac{\pi}{2\omega}} f(\alpha)\cos\lambda_1\left(t+\frac{\pi}{4\omega}-\alpha\right)d\alpha \end{cases}$$

oder nach Ausrechnung der Integrale:

$$(17)\qquad \begin{cases} z = \dfrac{P\sqrt{2}}{M(\lambda_1^2-\omega^2)}\sin\left(\omega t+\dfrac{\pi}{4}\right) \\[2ex] \quad - \dfrac{P\omega}{M\lambda_1(\lambda_1^2-\omega^2)\sin\dfrac{\lambda_1\pi}{4\omega}}\cos\lambda_1\left(t-\dfrac{\pi}{4\omega}\right). \end{cases}$$

Hier entstehen für $\frac{\lambda_1\pi}{4\omega} = \pi n$ oder für $\lambda_1 = 4\omega n$, wo n eine ganze Zahl ist, unzulässige Beträge für das Wogen. Es darf also die Eigenschwingungsfrequenz des Wogens niemals gleich dem Vierfachen der Rotationsfrequenz des Kurbelgetriebes werden.

Andererseits wird für $\lambda_1 = \omega$ die Koordinate z zunächst den

Wert $\frac{0}{0}$ annehmen, der aber nach ordnungsmäßiger Behandlung der unbestimmten Form in

$$(18)\qquad z = \frac{P}{\omega^2 M \sqrt{2}} \left\{ \left(1 + \frac{\pi}{4}\right) \sin\left(\omega t + \frac{\pi}{4}\right) + \omega t \cos\left(\omega t + \frac{\pi}{4}\right) \right\}$$

übergeht. Demnach kann z auch für $\lambda_1 = \omega$ zu unzulässigen Beträgen anwachsen.

Zu ähnlichen Ergebnissen würde man auch bei Untersuchung der übrigen Schwingungskomponenten und bei Heranziehung der Wirkung der Schienenstoßverbindungen gelangen. Stets müssen die Perioden der Kurbeldrehung und des Durchfahrens einer Schienenlänge (oder ihre ganzzahligen Vielfachen) verschieden sein von der Eigenperiode des Wogens, Nickens und Wankens.

X. Die Kreiseltheorie in der Technik.

§ 72. Der Impuls beim symmetrischen Kreisel.

1. Die in der praktischen Technik verwendeten Drehbewegungen boten lange Zeit hindurch keinen Anlaß zu theoretischen Untersuchungen, die über die einfachsten kinematischen und kinetischen Ansätze hinausgingen.

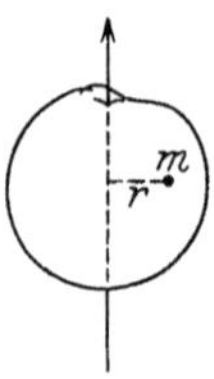

Fig. 184. Zur Definition d. Trägheitsmomentes.

Zu diesen Ansätzen gehört im wesentlichen der Begriff des Trägheitsmoments (Fig, 184)

$$\Theta = \Sigma m r^2 ,$$

welches auch öfters in der Form des Schwungmoments

$$GD^2 = 4 g \Theta$$

eingeführt wird.

Ferner gehört hierher der Satz von der Beschleunigung der Drehbewegung durch ein äußeres Moment:

$$\Theta \frac{d\omega}{dt} = \mathfrak{M}$$

und schließlich die Arbeitsgleichung der drehenden Bewegung:

$$\Theta \left(\frac{\omega^2}{2} - \frac{\omega_0^2}{2} \right) = \mathfrak{M} \vartheta .$$

In der Fig. 185 sind diese Ansätze zusammengefaßt. Sie stellen so ziemlich die ganze Rotationsdynamik des älteren Maschinenbaues dar.

Weitergehende Untersuchungen erschienen überflüssig, solange die langsam laufenden Maschinen der älteren Zeit keinen Anlaß gaben, mit der Kreiselwirkung vielleicht zusammenhängende störende Erscheinungen in Rücksicht zu ziehen, oder solange keine Aufgaben vorlagen, die die Kreiselwirkung für technische oder wirtschaftliche Zwecke nutzbar machen sollten.

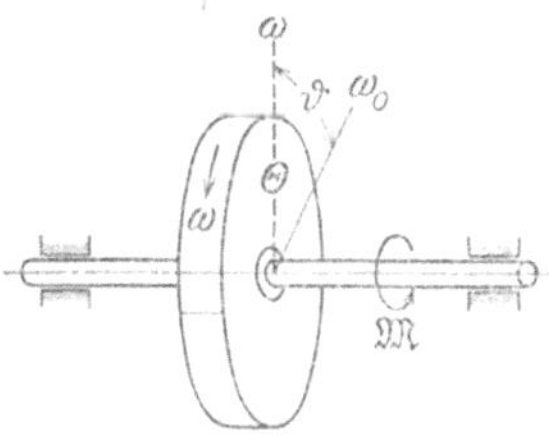

Fig. 185. Ältere Maschinendynamik.

Seit etwa fünfzehn Jahren ist nun die Kreiseltheorie [121]) in den Gesichtskreis der wissenschaftlichen Technik getreten. Wir haben gelernt, aus den Kreiseleigenschaften in kunstvoll aufgebauten Apparaten Nutzen zu ziehen, und es ist notwendig geworden, in Fällen besonders kühner Rotationsvorgänge vorsichtshalber nach schädlichen Nebenerscheinungen zu forschen, die von den Kreiselwirkungen herrühren.

2. Bekanntschaft mit den Kreiselerscheinungen macht schon der kleine Junge, der mit seiner Peitsche einen Spielkreisel auf dem Erdboden hin und her treibt. Eine Erscheinung, der er allerdings kaum Beachtung schenken wird, tritt bei diesem Spiel am Kreisel zutage, nämlich die Erscheinung, daß die Kreiselachse sich unter dem Einfluß der Erdbodenreibung automatisch aufrichtet, wenn sie einmal eine schräge Lage gegen die Vertikale angenommen hatte.

Eine andere Kreiselwirkung liegt dem Diabolospiel zugrunde, nämlich die Eigenschaft, daß die Achse eines kräftefreien Kreisels im Raume ihre Richtung beizubehalten sucht.

Diese verschiedenen Spielkreisel sind in Fig. 186 dargestellt.

3. Die Unveränderlichkeit der Kreiselachse wird nun allerdings in der technischen Praxis und in der Natur äußerst selten beobachtet. In Wirklichkeit ist es nur unter den größten Vorsichtsmaßregeln möglich, einen rotierenden Kreisel von der Einwirkung äußerer Kräfte oder Momente freizuhalten. Sind aber einmal Kräfte oder Momente vorhanden, so kann die Kreiselachse ihre Richtung nicht beibehalten, sie wird auf diese Einwirkungen in besonderer Weise reagieren.

In Fig. 187 und 188 sind zwei Kreisel gezeichnet, die unter dem Einfluß der Schwerkraft stehen. Der Pfeil *a* gibt die Richtung des Schwerkraftmomentes in beiden Fällen an. Der um die Achse *N* gezeichnete Pfeil zeigt den Sinn der Kreiselrotation, während der dritte gekrümmte Pfeil die Richtung der Bahn der oberen Kreiselspitze andeutet. Diese Bewegungserscheinungen kann man mit Hilfe der kleinen im Handel käuflichen Gyroskopkreisel leicht zeigen, wobei wir dahingestellt sein lassen, ob nicht bei schärferer Beobachtung sich weitere Bewegungserscheinungen zeigen können, die sich dem oberflächlichen Hinsehen entziehen. Das Beharrungsbestreben der Achse verhindert das Herabfallen des Kreisels; die Schwerkraft aber äußert sich in der langsamen Drehbewegung der Kreiselachse auf einem Kegelmantel. Man nennt diese Bewegungserscheinung die Präzession der Kreiselachse, die bei den meisten technischen An-

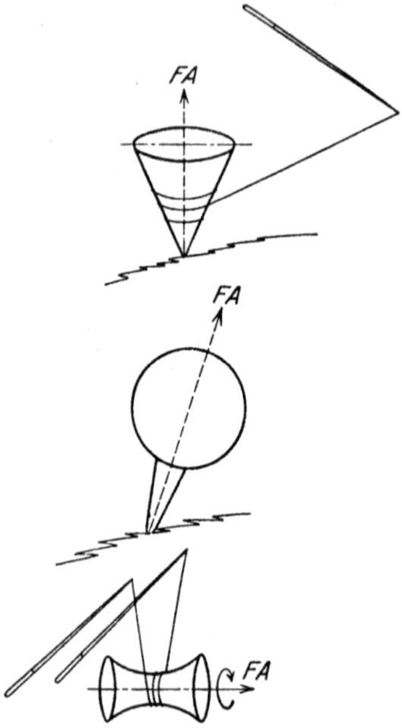

Fig. 186. Verschiedene Spielkreisel.

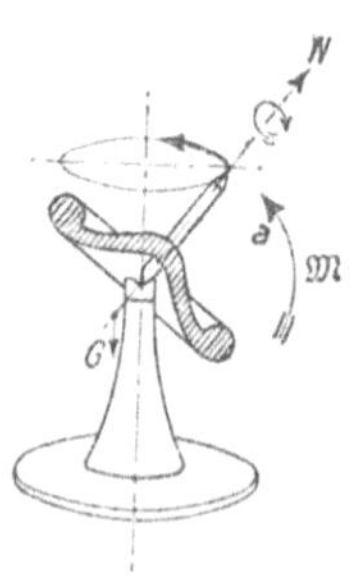

Fig. 187. Stabil unterstützter Kreisel.

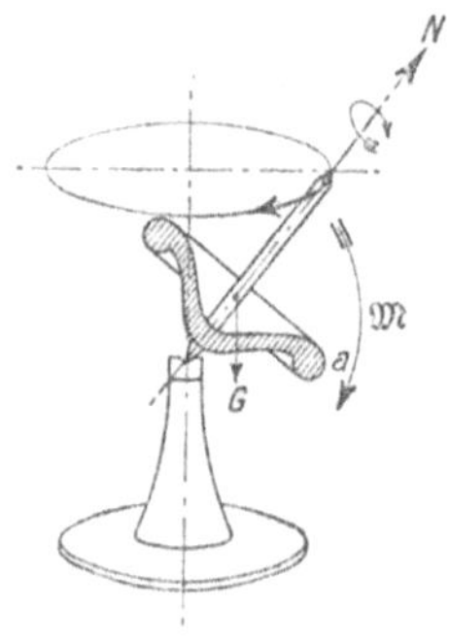

Fig. 188. Unstabil unterstützter Kreisel.

wendungen die Hauptrolle spielt und sich auch in der kosmischen Präzession der Erdachse in großem Maßstabe zeigt.

4. Um zu einer rechnerischen Verfolgung des Zusammenhanges zwischen der Wirkung äußerer Kräfte und der Präzession der Kreiselachse zu gelangen, bezeichnen wir das Produkt aus dem Trägheitsmoment Θ des Kreisels und seiner Winkelgeschwindigkeit ω mit dem Buchstaben N und nennen

$$N = \Theta\omega$$

den Drall oder Impuls des Kreisels oder auch das Moment der Bewegungsgröße. Bei dieser Formulierung des Impulses setzen wir stillschweigend voraus, daß wir es im allgemeinen bei Kreiseln mit Körpern zu tun haben, die eine Symmetrieachse besitzen, um welche die Rotation mit großer Stärke stattfindet, der gegenüber etwaige Rotationen um andere Achsen nur geringe Stärken besitzen. Wir setzen also voraus, daß die Rotation im wesentlichen um eine Trägheitshauptachse (die Symmetrieachse ist ja eine solche) stattfindet, woraus die Folge fließt, daß wir den Drall oder Impuls in der angegebenen einfachen Weise schreiben können. Findet die Rotation nicht um eine Trägheitshauptachse statt, so ist die Definition des Dralles wesentlich komplizierter, worauf wir später eingehen werden.

Es ist nun für das Verständnis der Kreiselwirkung eine entscheidende Vorstellung, daß wir den Drall oder Impuls als einen Vektor betrachten, der im Verein mit anderen Vektoren gleicher Natur dem Parallelogrammgesetz der Vektorzusammensetzung und Zerlegung ebenso unterworfen ist, wie z. B. die Kraftvektoren.

In Fig. 189 ist die Definition des Impulsvektors enthalten. Der Impulsvektor N fällt unter unserer obigen Voraussetzung über die besondere Kreiselnatur annähernd zusammen mit der Achse der Kreiseldrehung, d. h. mit dem Drehvektor ω des Kreisels; die Größe des Vektors ist numerisch

$$N = \Theta\omega ,$$

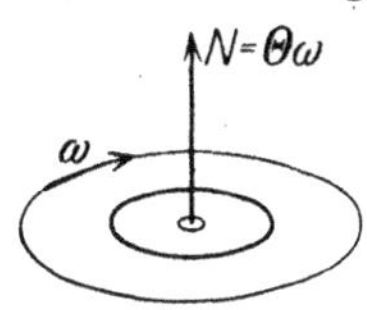

Fig. 189. Zur Definition des Drallvektors.

der Sinn wird so festgelegt, daß, von der Spitze des Vektorpfeiles aus gesehen, die Drehung im Uhrzeigersinne erfolgt.

5. Der Impulsvektor unterliegt zunächst dem Gesetz der Unveränderlichkeit nach Größe und Richtung bei Abwesenheit von äußeren Kräften. Dieser Satz kann bei der Verfolgung von mancherlei Erscheinungen herangezogen werden.

Eine Person, die auf einen Drehtisch gesetzt ist und schwere Gewichte in der Hand hat, beschleunigt ihre Drehung um die Achse des Tisches, wenn sie die Gewichte durch Armbeugen ihrem Körper nähert. Ist Θ das Trägheitsmoment der Person, m die Masse der Gewichte, r_0 deren anfänglicher Schwerpunktsabstand von der Drehachse, ω_0 die anfängliche Drehgeschwindigkeit, dann ist der Impuls des Ganzen

$$N = (\Theta + m r_0^2)\,\omega_0 \,.$$

Ändert die Person nun den Abstand r_0 in r ab durch Armbeugen, so geht die Drehgeschwindigkeit ω_0 in ω über nach dem Gesetz der Erhaltung des Impulses bei Abwesenheit von äußeren Kräften

$$N = (\Theta + m r_0^2)\,\omega_0 = (\Theta + m r^2)\,\omega \,.$$

6. Die Zerlegung des Impulsvektors in Komponenten kann man zeigen, wenn man der Person auf dem Drehtisch einen schweren Kreisel in die Hand gibt. Solange die Kreiselachse senkrecht auf der Drehachse steht, ist keine Einwirkung der Kreiseldrehung auf die Drehung der Person zu bemerken. Wird aber die Achse des Kreisels nach oben oder unten gesenkt, so fällt damit eine Komponente des Kreiselimpulses in die Drehachse des Tisches, womit dann eine Drehung des letzteren, entgegengesetzt der Drehrichtung der genannten Impulskomponente, verbunden ist. Diese Erscheinung regelt sich im übrigen wieder nach dem Gesetz von der Erhaltung des Impulses. Ist unter den Bezeichnungen von Nr. 5 der Person ein Kreisel des Impulses $N_1 = \Theta_1\,\omega_1$ in die Hand gegeben, so ist der Gesamtimpuls des Systems Person + Kreisel $= N_1$, wenn die Person in Ruhe ist und N_1 auf ihrer Drehachse senkrecht steht. Schließt N_1 einen Winkel α mit der Drehachse der Person ein, so beginnt diese sich zu drehen, und es gilt:

$$\Theta\,\omega + N_1 \cos\alpha = 0 \,.$$

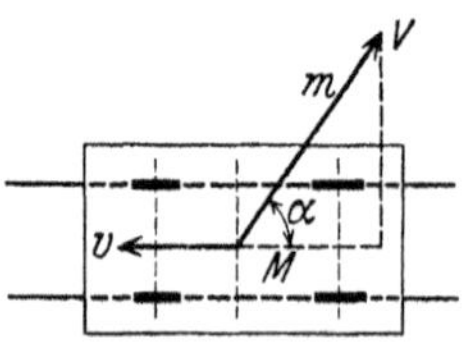

Fig. 190. Zum Satz von der Erhaltung der Bewegungsgröße.

In ähnlicher Form ergibt sich der entsprechende Ansatz für geradlinige Bewegungen nach Fig. 190. Wird eine Masse m mit der Geschwindigkeit V von einem auf Schienen fahrenden Wagen unter dem Winkel α gegen die Bahnachse geschleudert, so teilt sich dem Wagen eine Komponente des Impulses mit, woraus eine Geschwindigkeit v der Wagenmasse M fließt: $M v + m V \cos\alpha = 0$.

§ 73. Flächensatz und Kreiselwirkungsgesetz.

1. In Fig. 191 ist ein kräftiger, aus einem Fahrrad durch Umlegen eines Bleibandes an Stelle des Pneumatiks hergestellter Kreisel gezeigt. Die Achse des Rades besitzt an einer Seite einen Handgriff, am anderen Ende eine Spitze. Man erteilt dem Rade eine Umdrehung im Uhrzeigersinne, entsprechend unserer obengenannten Definition, und wir suchen jetzt die Achse des Kreisels zu drehen im Sinne der beiden am Kreisumfang gezeichneten Pfeile *a a*. Wir üben damit ein Moment auf die Kreiselachse aus, und wir entschließen uns nun, dieses Moment ebenfalls durch einen Vektor darzustellen, der auf der Ebene des Momentes senkrecht steht, und, von dessen Pfeilspitze aus gesehen, die Momentdrehung im Uhrzeigersinne erscheint. In der Figur ist dieses Moment durch den Pfeil $\mathfrak{M}\,dt$ bezeichnet. Setzen wir nun diesen Momentvektor mit dem Impulsvektor des Kreisels nach der Parallelogrammregel zusammen, so ergibt sich damit eine Verlagerung der Kreiselachse nach oben, wie es in der Figur durch die gestrichelten Linien angedeutet ist.

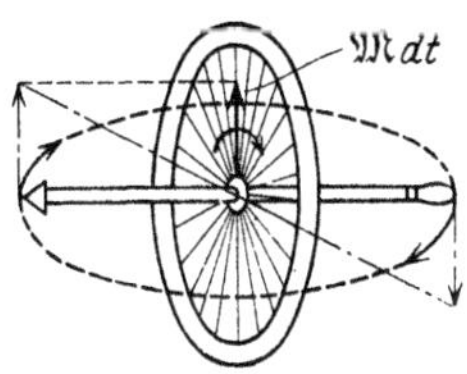

Fig. 191. Die Präzessionswirkung der Kreiselachse.

Dies ist die Grunderscheinung der Kreiselwirkung: die Kreiselachse verlagert sich stets im Sinne des ihr aufgezwungenen äußeren Momentes, falls man dieses nach der obigen Definition als Vektorpfeil darstellt.

Die Berechtigung, das Moment als einen Vektor zu betrachten, folgern wir aus dem Satz von der Beschleunigung der Drehbewegung durch ein äußeres Moment:

$$\Theta \frac{d\omega}{dt} = \mathfrak{M},$$

was man, da $\Theta\,\omega = N$ ist, auch schreiben kann:

$$\frac{dN}{dt} = \mathfrak{M}$$

oder in Worten: Die Änderungsgeschwindigkeit des Impulses ist gleich dem äußeren Moment. Dies ist die Aussage des Flächensatzes, welche die auf die Zeiteinheit bezogene Änderung des Impulsvektors dem Momentenvektor gleichsetzt. Hiernach setzt sich der Vektor N mit dem Vektor dN seiner Änderung zu einem neuen Vektor $N + dN$ zusammen, was nach der Parallelogrammregel zu geschehen hat.

2. Ganz wesentlich ist nun der Zusammenhang zwischen dem Drall N, dem Moment $\mathfrak{M}$ und der durch $\mathfrak{M}$ hervorgerufenen Winkelbewegung der Kreiselachse.

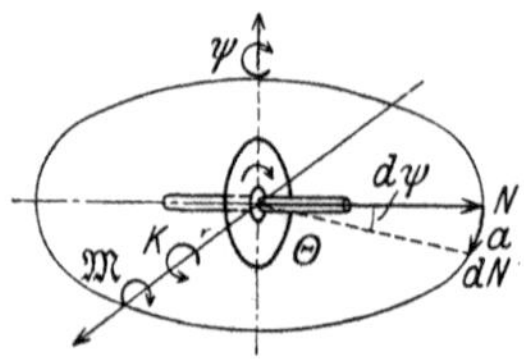

Fig. 192. Der Flächensatz beim Kreisel.

In Fig. 192 ist ein Kreisel mit dem Impulse N gezeichnet, auf dessen Achse ein Moment $\mathfrak{M}$ ausgeübt wird. Unter Berücksichtigung der Parallelogrammregel ergibt sich eine Verlagerung des Impulses N und damit der Kreiselachse um den Betrag dN in Richtung des Pfeiles a. Wenn wir die Achse von $\mathfrak{M}$ als senkrecht zu N voraussetzen, so muß auch dN senkrecht zu N stehen, d. h. die Bewegung der Impulsspitze muß sein:

$$dN = N\,d\psi\,,$$

wo $d\psi$ die Größe der Verlagerung der Kreiselachse sei.

Aus dem Flächensatz findet sich aber:

$$\mathfrak{M} = \frac{dN}{dt} = N\frac{d\psi}{dt}$$

oder, da $N = \Theta\,\omega$,

$$\mathfrak{M} = \Theta\,\omega\,\frac{d\psi}{dt}\,.$$

Diesen Ansatz kann man in Worten wie folgt aussprechen: Wirkt auf einen Kreisel des Impulses $\Theta\,\omega$ ein äußeres Moment $\mathfrak{M}$ ein, infolgedessen sich die Kreiselachse in einer die Achse des Momentes enthaltenden Ebene mit der Winkelgeschwindigkeit $\frac{d\psi}{dt}$ dreht, so besteht der Zusammenhang:

$$\boldsymbol{\mathfrak{M} = \Theta\,\omega\,\frac{d\psi}{dt}}\,.$$

Hierzu ist noch anzumerken, daß dieser Ansatz nicht gilt, wenn etwa plötzlich auf einen bis dahin kräftefreien Kreisel ein Moment $\mathfrak{M}$ ausgeübt wird. Da in diesem Falle $\frac{d\psi}{dt}$ zu Anfang der

Bewegung gleich Null ist, so kann die obige Gleichung nicht bestehen; wir werden später erörtern, was in diesem Falle geschieht.

Das äußere Moment $\mathfrak{M}$ unterhält also eine Präzessionsbewegung $\frac{d\psi}{dt}$ der Kreiselachse; nach dem Gesetze von Aktion und Reaktion muß es im Gleichgewicht stehen mit einem vom Kreisel ausgehenden, rückwirkenden Moment. Dieses Moment ist in der Figur durch den Pfeil K

$$K = -\Theta\,\omega\,\frac{d\psi}{dt}$$

bezeichnet. Es entsteht aus der Trägheitswirkung, welche der Kreisel dem äußeren Moment $\mathfrak{M}$ entgegensetzt. Diese Kreiselbewegung mit konstanter Präzession $\frac{d\psi}{dt}$ entspricht der gleichförmig beschleunigten Bewegung eines Massenpunktes; man nennt sie die reguläre Präzession. Übrigens ist es nicht notwendig, daß die Achse von $\mathfrak{M}$ auf der Kreiselachse senkrecht steht; sie kann auch den Winkel ϑ mit ihr einschließen. Dann beschreibt die Kreiselachse einen Kegelmantel des Öffnungswinkels $2\,\vartheta$ mit einer Geschwindigkeit $\frac{d\psi}{dt}\sin\vartheta$, und es gilt die Gleichung

$$\mathfrak{M} = \Theta\,\omega\,\frac{d\psi}{dt}\sin\vartheta\,,$$

d. h. das zur Drehung der Kreiselachse nötige Moment ist gleich dem Produkt aus dem Drall und der zum Drall senkrecht stehenden Komponente der Präzessionsgeschwindigkeit.

Bei der regulären Präzession besteht also Gleichheit zwischen dem Moment der äußeren Kräfte und der Trägheit der bewegten Teile.

Das oben aufgeführte Rückwirkungsmoment K tritt auf bei jeder Neigungsbewegung der Kreiselachse, auch wenn kein ihm das Gleichgewicht haltendes Moment $\mathfrak{M}$ vorhanden ist. In diesem Falle ist es der Ausdruck für das Bestreben des Kreisels, seinen Impulspfeil mit dem Pfeil der Neigungsbewegung in gleiche Richtung zu bringen.

3. Zur Einübung des Kreiselwirkungsgesetzes soll eine Reihe von einfachen technischen Anwendungen erörtert werden.

a) Die Eisenbahnachse[122]) ist vermöge ihrer Winkelgeschwindigkeit ω als Kreisel zu betrachten; ihr Trägheitsmoment sei gleich Θ. In Fig. 193 findet sich aus der Zuggeschwindigkeit v unddem Radius r des Radsatzes

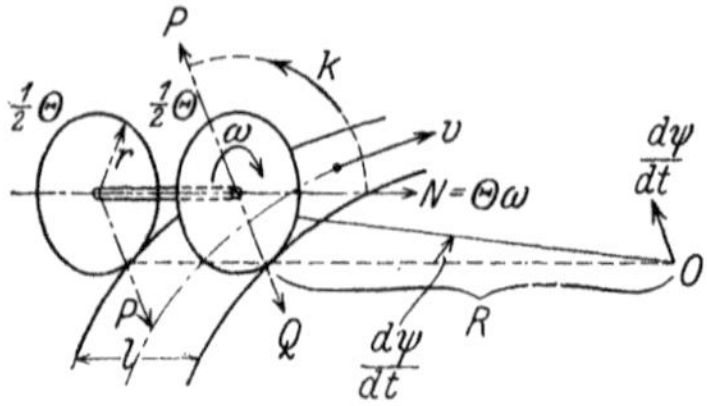

Fig. 193. Zur Kreiselwirkung an der Eisenbahnachse.

$$\omega = \frac{v}{r}.$$

Die Bewegung des Radsatzes durch die Kurve des Radius R betrachten wir als eine Präzessionsbewegung mit der Winkelgeschwindigkeit

$$\frac{d\psi}{dt} = \frac{v}{R}.$$

Folge dieser Präzessionsbewegung ist ein Trägheitswiderstandsmoment des Radsatzes

$$K = -\Theta\,\omega\,\frac{d\psi}{dt},$$

welches mit den äußeren Kräften im Gleichgewicht sein muß, wenn der Radsatz sich nicht von der Schiene abheben soll. Für dies Gleichgewicht kommt seitens der äußeren Kräfte nur das Schweremoment $Q\,l$ des Radsatzes (ohne Wagengewicht) in Frage, und es muß sein

$$Q\,l \geqq \Theta\,\omega\,\frac{d\psi}{dt},$$

wenn das innere Rad sich nicht abheben soll. Nimmt man die Räder als Ringe des Gewichtes Q vom Radius r an, so wird das Trägheitsmoment des Radsatzes:

$$\Theta \cong \frac{2Q}{g}\,r^2.$$

Die Ungleichung schreibt sich dann

$$Q\,l > \frac{2Q}{g}\,\frac{v^2}{R}\,r$$

oder

$$v^2 < g\,\frac{l\,R}{2r}.$$

Für gewöhnliche Eisenbahnen ist die Spurweite $l = 1{,}435$ m, der kleinste vorkommende Kurvenradius $R = 200$ m, der größte vorkommende Radhalbmesser $r = 1$ m. Mit diesen Werten würde eine Eisenbahnachse, ohne durch das Wagengewicht belastet zu sein, erst bei einer Zuggeschwindigkeit $v = 37{,}5$ m/sec und darüber sich von der Schiene abheben.

b) Turbinendampfer[123]. In den Anfängen des Turbinenschiffbaues hatte man vielfach die Befürchtung, daß sich ein Turbinendampfer schwerer steuern lassen würde als ein Kolbenmaschinendampfer infolge der Kreiselwirkung der Turbine.

Fig. 194 zeigt ein Schiff mit eingebauter Turbine.

Eine Rollbewegung um die Schiffslängsachse kann keine Wirkung haben.

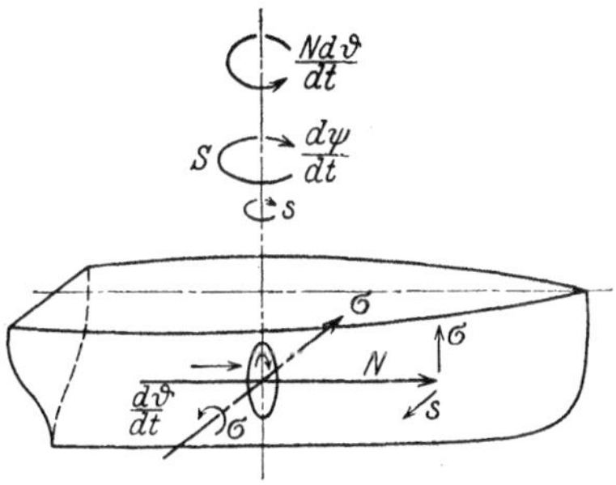

Fig. 194. Kreiselwirkung einer Schiffsturbine auf die Steuerfähigkeit.

Eine Steuerbewegung S mit der Drehgeschwindigkeit $\frac{d\psi}{dt}$ liefert ein Kreiselrückwirkungsmoment σ, eine Stampfbewegung um die Schiffsquerachse ruft also σ hervor. Dieses Moment hat die Größe

$$\sigma = N\frac{d\psi}{dt} = \Theta\,\omega\,\frac{d\psi}{dt}$$

und bewirkt eine Winkelgeschwindigkeit $\frac{d\vartheta}{dt}$ des Schiffes

$$\frac{d\vartheta}{dt} = \frac{\Theta}{\Theta_1}\,\omega\,\frac{d\psi}{dt},$$

wo Θ_1 das Trägheitsmoment des Schiffskörpers um seine Querachse bedeutet. Diese Bewegung $\frac{d\vartheta}{dt}$ kann nur klein bleiben, weil Θ gegen Θ_1 klein ist. Infolgedessen bleibt auch das aus der Drehgeschwindigkeit $\frac{d\vartheta}{dt}$ fließende Rückwirkungsmoment $N\frac{d\vartheta}{dt}$ klein und es kann daher die Steuerwirkung S nicht hindern, obwohl es dieser gerade entgegengesetzt gerichtet ist. In der Tat zeigt die Erfahrung, daß sich Turbinendampfer nicht schwerer steuern lassen als andere Schiffe.

Es bleibt nun die weitere Aufgabe, die Beanspruchung der Turbinenlager zu untersuchen. In der Fig. 195 ist der rotierende Teil einer Turbine gezeichnet. Es handelt sich um eine Lavalturbine mit dem Laufradgewicht $G = 120$ kg und dem Trägheitsradius des Rades $r = 0{,}22$ m; dann wird das Trägheitsmoment

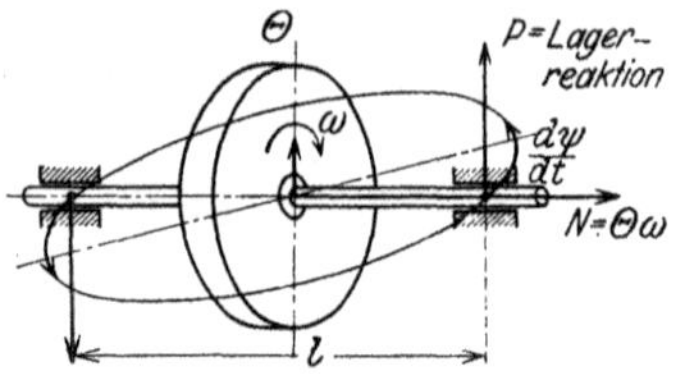

Fig. 195. Lagerdruckerhöhung durch Kreiselwirkung.

$$\Theta = \frac{G \cdot r^2}{g} = 0{,}590 \text{ m kg sec}^2.$$

Eine Drehzahl der Turbine von 19000 Umläufen in der Minute liefert eine Drehgeschwindigkeit $\omega = 2000 \text{ sec}^{-1}$ und damit eine Impulsgröße

$$N = \Theta\,\omega = 1180 \text{ m kgs ec.}$$

Setzt man nun eine Steuerbewegung des Schiffes mit der Drehgeschwindigkeit $\frac{d\psi}{dt} = 0{,}2 \text{ sec}^{-1}$ voraus, so ergibt sich als Moment der Lagerreaktion

$$P\,l = \Theta\,\omega\,\frac{d\psi}{dt} = 236 \text{ m kg.}$$

Dieser Wert bleibt trotz der hohen Drehzahl infolge der Kleinheit des Trägheitsmomentes Θ selbst klein.

Etwas anders liegt die Sache bei der Turbine eines großen Personendampfers, bei der die Drehzahl 250 in der Minute eine Drehgeschwindigkeit

$$\omega = \frac{2\pi \cdot 250}{60} \text{ sec}^{-1}$$

liefert. Das Turbinenrad habe einen mittleren Durchmesser $D = 2{,}9$ m. Sein Gewicht G, auf den Halbmesser $r = 1{,}45$ m reduziert, betrage 20000 kg; seine Masse $M = \frac{G}{g}$ beträgt demnach 2000 kg/m^{-1}/sec^2. Hiermit ergibt sich das Trägheitsmoment

$$\Theta = M\,r^2 = 4200 \text{ kg m sec}^2$$

und die Impulsgröße

$$N = \Theta\,\omega = 2\pi\,17\,500 \text{ m kg sec.}$$

Setzt man wieder die Winkelgeschwindigkeit der Steuerbewegung

$$\frac{d\psi}{dt} = 0{,}2\ \mathrm{sec}^{-1},$$

so ergibt sich das Moment der Kreiselwirkung

$$K = \Theta\,\omega\,\frac{d\psi}{dt} = 2\pi \cdot 3500\ \mathrm{m\,kg}$$

und hieraus, bei einer Entfernung der Turbinenlager von $l = 6{,}28$ m eine Lagerbeanspruchungskraft

$$P = \frac{K}{l} \cong 3500\ \mathrm{kg}.$$

Dieser Betrag, der etwa $^1/_6$ des Turbinengewichtes ausmacht, verdient immerhin einige Beachtung.

c) Der Kollergang[124]. In Fig. 196 ist ein Kollergang gezeichnet mit eingeschriebenen Hauptkonstruktionsdaten. Aus diesen ergibt sich zunächst das Trägheitsmoment des Läufers

$$\Theta = \frac{G}{g}\,r^2 = 30{,}5\ \mathrm{m\,kg\,sec^2}$$

und hieraus das Moment der Kreiselrückwirkung

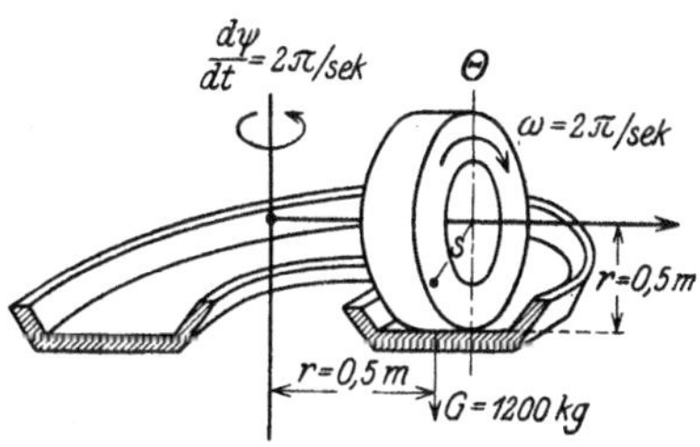

Fig. 196. Kreiselwirkung beim Kollergang.

$$K = \Theta\,\omega\,\frac{d\psi}{dt} = 30{,}5 \cdot 2\pi \cdot 2\pi = 1200\ \mathrm{m\,kg}.$$

Setzt man den Impulspfeil N des Läufers und den Drehpfeil $\frac{d\psi}{dt}$ der Kollergangrotation nach der Parallelogrammregel zusammen, so ergibt sich, daß die Kreiselwirkung sich durch Erhöhung des Druckes des Läufers auf die Kollergangbahn äußern muß. Dieser Druck findet sich zu $G + \frac{K}{r} = 1200 + \frac{1200}{0{,}6} = 3200$ kg. Die Rechnung zeigt also, daß auf diese Weise zum Gewicht des Läufers ein Betrag hinzukommt, der jenes nicht unerheblich übersteigt.

d) Reibungskreisel[125]. Das bereits oben erwähnte Aufrichten der Figurenachse des Spielkreisels erklärt sich durch Zusammensetzung des Momentes der Reibung mit dem Impuls des Kreisels. In Fig. 197 ist das untere Ende eines Spielkreisels in stark vergrößertem Maßstabe gezeichnet. Die als abgerundet zu betrachtende Kreiselspitze ruht bei A auf dem Boden, und der Pfeil R gibt die vom Boden herrührende am Kreisel angreifende Reibungskraft an. Diese Reibungskraft hat in bezug auf den höherliegenden Schwerpunkt S des Kreisels ein Moment

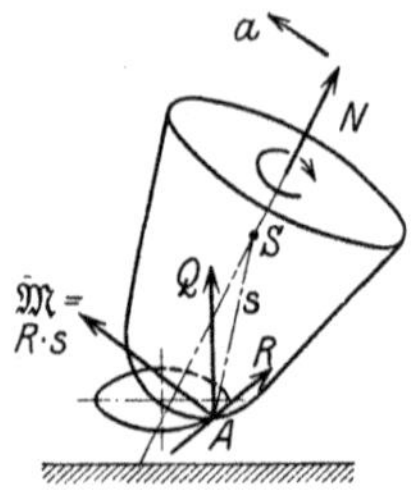

Fig. 197. Das Aufrichten der Figurenachse durch die Reibung.

$$\mathfrak{M} = R\,s\,,$$

dessen Pfeil, von A ausgehend, nach links, entsprechend unserer oben gegebenen Definition, gezeichnet ist. Setzt man diesen Momentenpfeil nach der Parallelogrammregel mit dem Pfeil N des Kreiselimpulses zusammen, angedeutet durch den Pfeil a, so ergibt sich, wie auch der Versuch zeigt, ein Aufrichten der Figurenachse, womit der Vorgang qualitativ erklärt ist.

e) Geschoßstabilisierung[126]. Ein Geschoß, welches das Geschützrohr oder den Flintenlauf verlassen hat, würde bei Abwesenheit der Luftreibung, also im luftleeren Raum, mit und ohne Drall im Raume stets der Achse des Rohres parallel bleiben, müßte also am Ende der Wurfparabel mit dem hinteren Ende auf den Boden aufschlagen. Daß das nicht der Fall ist, sondern daß das Geschoß in der Regel mit der Spitze sein Ziel erreicht, ist auf die Wirkung des Luftwiderstandes zurückzuführen. In Fig. 198 ist ein Geschoß gezeichnet, welches eine gewisse Neigung α gegenüber der Bahntangente angenommen hat.

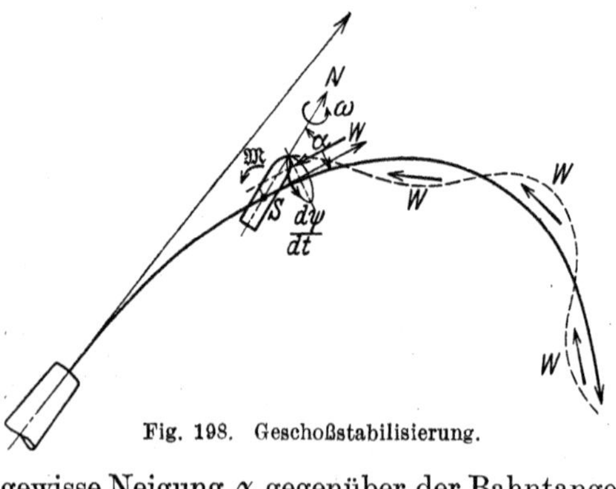

Fig. 198. Geschoßstabilisierung.

Setzt man voraus, daß die Resultierende des Luftwiderstandes durch den Pfeil W dargestellt werden kann, die am vorderen Ende des Geschosses angreift, so hat dieser Widerstand in bezug auf den Geschoßschwerpunkt S ein Moment $\mathfrak{M}$. Dieses Moment bzw. dessen Vektorpfeil setzt sich mit dem Drall N des Geschosses nach der Parallelogrammregel zusammen und hat zur Folge, daß sich der Drall um die Bahntangente im Sinne des Pfeiles $\frac{d\psi}{dt}$ verlagert. Die Geschoßachse muß also infolge des Dralles und des Luftwiderstandes eine Präzessionsbewegung um die Bahntangente ausführen. Es ist dies zwar nicht notwendig eine reguläre Präzession; im ganzen ergibt sich aber, da die Bahntangente im weiteren Verlauf der Bewegung ihre Richtung ändert, ein Entlangschrauben des Geschosses an der Bahn. Wie groß hierbei der Winkel α werden kann, lassen wir dahingestellt, jedenfalls ist es möglich, diesen Winkel durch geeignete Wahl der Geschoßkonstruktion und der Drallgeschwindigkeit klein zu halten.

f) Fahrradstabilisierung[127]). Das aufrechte Fahren auf dem Rade wird im allgemeinen herbeigeführt durch das Steuern mit Hilfe der Lenkstange im Zusammenhang mit gewissen willkürlichen Körperbewegungen, d. h. Schwerpunktsverlagerungen des Radfahrers.

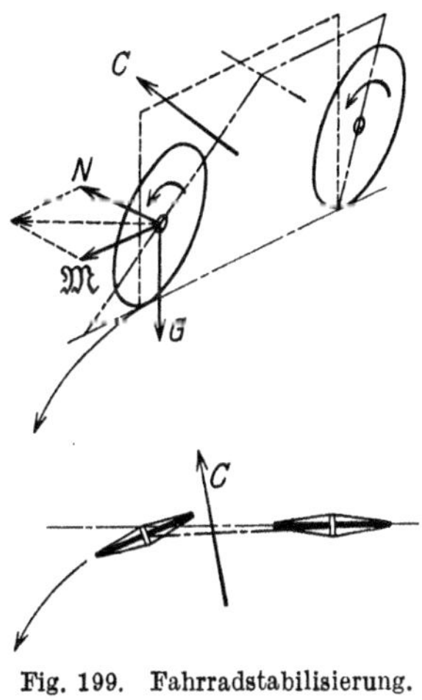

Fig. 199. Fahrradstabilisierung.

Hier handelt es sich um die Erklärung der Tatsache, daß man auf dem Fahrrad bekanntlich stabil fahren kann, auch ohne die Lenkstange anzufassen und ohne seinen Körper relativ zum Fahrrad zu bewegen.

In Fig. 199 ist ein Fahrrad gezeichnet, welches von seiner senkrechten Lage nach links abgewichen ist. Das Gewicht des Fahrrades übt dann ein Moment aus, dessen Pfeil $\mathfrak{M}$ ist. Dieser Pfeil setzt sich mit dem Pfeil N des Fahrradimpulses nach der Parallelogrammregel zusammen, so daß das Vorderrad eine Steuerbewegung nach links ausführt. Infolge der Kreiselwirkung wird also das Rad veranlaßt, in einer gekrümmten Bahn nach derselben Seite abzuweichen, nach der das Moment des Gewichtes wirkt. Diese Krümmung der Bahn ruft aber sofort eine Zentrifugalkraft C hervor, die im Sinne einer Aufrichtung der Fahrradebene wirkt. Hiermit ist die Erscheinung der Stabilisierung qualitativ erklärt. Man kann natürlich die Sache auch rechnerisch untersuchen und kommt dabei zu dem Ergebnis, daß bei unseren üblichen Fahrrädern das stabile Freihändigfahren an eine gewisse Minimalgeschwindigkeit des Fahrrades gebunden ist, entsprechend etwa 16 km in der Stunde.

§ 74. Drehung eines starren Körpers um einen seiner Punkte.

Bei den Entwicklungen der vorangehenden Abschnitte war ausdrücklich vorausgesetzt, daß es sich um symmetrische Körper handeln sollte, die um die Symmetrieachse eine besonders starke Rotation besitzen.

Lassen wir die Voraussetzung der Symmetrie fallen, so müssen wir auf die früher aufgestellten Differentialgleichungen für die Drehbewegung eines Massensystems zurückgreifen. Das Massensystem soll jetzt ein einziger starrer Körper sein. Dann trifft die Annahme, daß die Summen der Momente der inneren Kräfte verschwinden, zu, und die Gleichungen schreiben sich, falls man von dem Summenzeichen zum Integrationszeichen übergeht:

$$(1)\qquad \begin{cases} \int dm\left(y\,\dfrac{d^2z}{dt^2} - z\,\dfrac{d^2y}{dt^2}\right) = M_x\,, \\ \int dm\left(z\,\dfrac{d^2x}{dt^2} - x\,\dfrac{d^2z}{dt^2}\right) = M_y\,, \\ \int dm\left(x\,\dfrac{d^2y}{dt^2} - y\,\dfrac{d^2x}{dt^2}\right) = M_z\,. \end{cases}$$

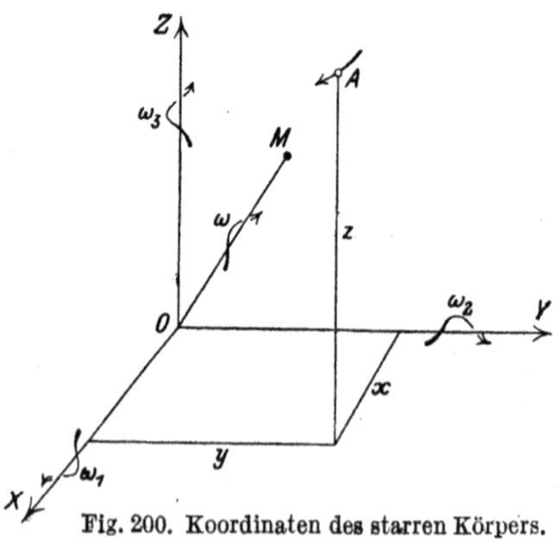

Fig. 200. Koordinaten des starren Körpers.

Wir wollen nun die linken Seiten von (1) umformen, indem wir von den Verschiebungen der Punkte dx, dy, dz zu Drehbewegungen übergehen.

In Fig. 200 sei A ein Punkt eines starren Körpers, der sich momentan um die Achse OM mit der Winkelgeschwindigkeit ω drehe.

Wir zerlegen nun die

Winkelgeschwindigkeit in 3 Komponenten nach den Achsen des Koordinatensystems, welche Komponenten wir mit ω_1, ω_2, ω_3 bezeichnen wollen.

Dann sind die Geschwindigkeitskomponenten des Punktes A:

$$
(2) \quad \begin{cases} \dfrac{dx}{dt} = \omega_2 z - \omega_3 y \,, \\[2ex] \dfrac{dy}{dt} = \omega_3 x - \omega_1 z \,, \\[2ex] \dfrac{dz}{dt} = \omega_1 y - \omega_2 x \,. \end{cases}
$$

Mittels dieser Beziehungen rechnen wir die in Gleichung (1) unter dem Integralzeichen stehenden Größen um und finden:

$$
(3) \quad \begin{cases} y \dfrac{d^2 z}{dt^2} - z \dfrac{d^2 y}{dt^2} = \dfrac{d\omega_1}{dt}(y^2 + z^2) + \omega_2 \omega_3 (y^2 - z^2) \\ \qquad\qquad + \Sigma_1 (xy\,, xz\,, yz)\,; \\ z \dfrac{d^2 x}{dt^2} - x \dfrac{d^2 z}{dt^2} = \dfrac{d\omega_2}{dt}(z^2 + x^2) + \omega_1 \omega_3 (z^2 - x^2) \\ \qquad\qquad + \Sigma_2 (xy\,, xz\,, yz)\,; \\ x \dfrac{d^2 y}{dt^2} - y \dfrac{d^2 x}{dt^2} = \dfrac{d\omega_3}{dt}(x^2 + y^2) + \omega_1 \omega_2 (x^2 - y^2) \\ \qquad\qquad + \Sigma_3 (xy\,, xz\,, yz)\,. \end{cases}
$$

Hier enthalten die Summen Σ_1, Σ_2, Σ_3 nur Glieder, die mit den Produkten zweier Koordinaten behaftet sind.

Führen wir nun die Integrationen über alle Körperelemente dm aus, so wird:

$$
\int (y^2 + z^2)\, dm = \Theta_1 \,; \quad \int (z^2 + x^2)\, dm = \Theta_2 \,; \quad \int (x^2 + y^2)\, dm = \Theta_3 \,;
$$

$$
\int xy\, dm = \int xz\, dm = \int yz\, dm = 0 \,,
$$

wenn wir als Koordinatenachsen die Hauptträgheitsachsen des Körpers annehmen und Θ_1, Θ_2, Θ_3 die zugehörigen Hauptträgheitsmomente sind. Dann nehmen die Gleichungen (1) die Form an:

$$
(4) \quad \begin{cases} \Theta_1 \dfrac{d\omega_1}{dt} + (\Theta_3 - \Theta_2)\, \omega_2 \omega_3 = \mathfrak{M}_x \,, \\[2ex] \Theta_2 \dfrac{d\omega_2}{dt} + (\Theta_1 - \Theta_3)\, \omega_1 \omega_3 = \mathfrak{M}_y \,, \\[2ex] \Theta_3 \dfrac{d\omega_3}{dt} + (\Theta_2 - \Theta_1)\, \omega_1 \omega_2 = \mathfrak{M}_z \,. \end{cases}
$$

Dies sind die Eulerschen Gleichungen für die Drehung eines starren Körpers um seinen Schwerpunkt; sie beziehen sich auf ein im Raume bewegliches Koordinatensystem, nämlich das System der Hauptträgheitsachsen, während das anfängliche Koordinatensystem x, y, z fest bleibt.

§ 75. Die Stabilität der kräftefreien Bewegung eines starren Körpers um seinen Schwerpunkt.

Wir nehmen an, daß die Bewegung des Körpers ohne Einfluß äußerer Momente $\mathfrak{M}_x$, $\mathfrak{M}_y$, $\mathfrak{M}_z$ erfolge und daß die Winkelgeschwindigkeiten ω_1 und ω_2 klein seien gegenüber ω_1 und ω_2. Dann wird die dritte Gleichung (4) des § 53:

$$\Theta_3 \frac{d\omega_3}{dt} = 0$$

oder

$$\omega_3 = \text{Konst.} = \omega\ ,$$

d. h. die Winkelgeschwindigkeit um die ausgezeichnete dritte Hauptachse ändert sich nicht unter den gemachten Voraussetzungen.

Wir wollen nun versuchen, über das Verhalten der beiden anderen Winkelgeschwindigkeiten ω_1 und ω_2, die wir als klein voraussetzten, Klarheit zu gewinnen, insbesondere darüber, ob ihre Kleinheit erhalten bleibt.

Kürzen wir jetzt ab:

$$\frac{\Theta_3 - \Theta_2}{\Theta_1}\,\omega = \alpha\ ,$$

$$\frac{\Theta_1 - \Theta_3}{\Theta_2}\,\omega = \beta\ ,$$

dann kommt aus den ersten beiden Gleichungen des § 53

$$(1)\qquad \left\{\begin{aligned} &\frac{d\omega_1}{dt} + \alpha\,\omega_2 = 0\ ,\\ &\frac{d\omega_2}{dt} + \beta\,\omega_1 = 0\ .\end{aligned}\right.$$

Eliminieren wir jetzt aus (1) ω_2, so wird:

$$(2)\qquad \frac{d^2\omega_1}{dt^2} = \alpha\,\beta\,\omega_1$$

und entsprechend

$$\frac{d^2\omega_2}{dt^2} = \alpha\,\beta\,\omega_2\,. \tag{3}$$

Aus (2) und (3) ergibt sich, daß die Geschwindigkeiten ω_1 und ω_2 Schwankungen ausführen, die periodisch sind, wenn $\alpha \cdot \beta$ negativ ist, aber mit der Zeit wachsen, wenn $\alpha \cdot \beta$ positiv ist. Im ersten Fall bleiben die Geschwindigkeiten ω_1 und ω_2 klein, die Bewegung um die Achse 3 ist also stabil, im zweiten Fall ist sie instabil.

Die Stabilitätsbedingung lautet:

$$\alpha\,\beta = \frac{(\Theta_3 - \Theta_2)(\Theta_1 - \Theta_3)}{\Theta_1\,\Theta_2}\,\omega^2 < 0\,. \tag{4}$$

Diese Bedingung ist erfüllt, falls

$\Theta_3 > \Theta_1 > \Theta_2$ oder $\Theta_1 > \Theta_2 > \Theta_3$

ist. Hieraus folgt, daß die **Drehung um eine Hauptachse nur dann stabil sein kann, wenn das zugehörige Trägheitsmoment von den dreien das kleinste oder das größte ist; die Rotation um die Achse des mittleren Trägheitsmomentes ist stets instabil**.

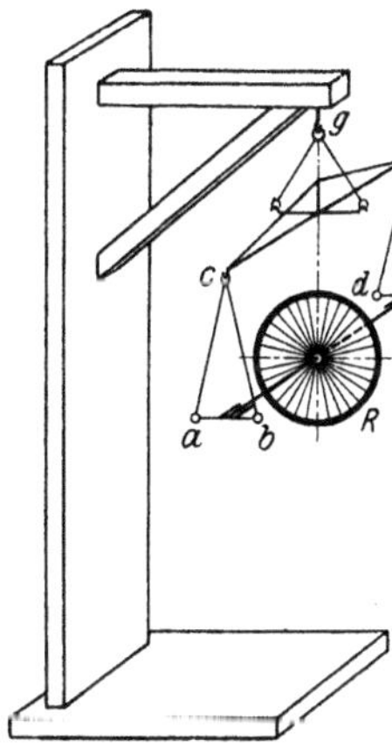

Fig. 201. Prandtls kräftefreie Kreiselaufhängung.

Zur Vorführung dieser wichtigen Eigenschaft des kräftefreien starren Körpers hat Prof. Prandtl[128]) die in Fig. 201 dargestellte Vorrichtung entworfen und ausführen lassen.

Ein gewöhnliches, einem Fahrrade entnommenes Rad ist durch Umlegen eines Bleibandes zu einem kräftigen Kreisel gemacht und durch ein Gehänge *a b c d e f* so im Raume aufgehängt, daß es sich im indifferenten Gleichgewicht befindet, daß es in seinem Schwerpunkt unterstützt erscheint.

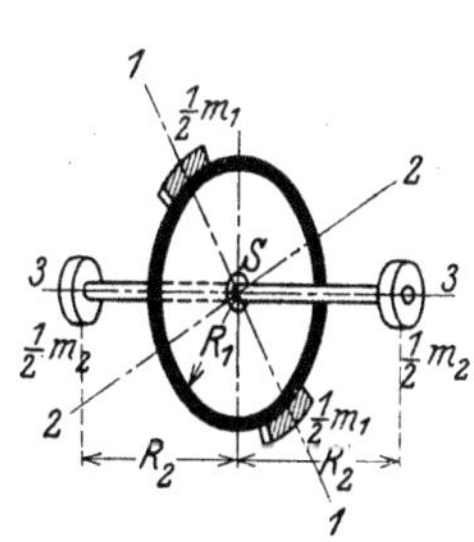

Fig. 202. Massenanordnung beim Prandtlschen Kreisel.

Es sei nach Fig. 202 der Halbmesser des Rades $= R_1$, seine am Umfange gleichmäßig verteilte Masse M. Dann ist, wenn wir die Symmetrieachse des Rades als dritte Achse betrachten:

$$\Theta_3 = M R_1^2\,; \quad \Theta_2 = \Theta_1 = \tfrac{1}{2} M R_1^2\,.$$

Hier gilt also:

$$\Theta_3 > \Theta_2 \,,\ \Theta_1$$

und die Θ_3-Achse muß also eine stabile Rotationsachse sein, was auch durch den Versuch bestätigt wird.

Bei der Prandtlschen Vorrichtung ist nun die Möglichkeit geschaffen, die Trägheitsmomente Θ_3, Θ_2, Θ_1 abzuändern. Einerseits können am Umfange des Rades zwei Massen $\frac{1}{2} m_1$, andererseits an den Endpunkten der Drehungsachse, im Abstande R_2 vom Schwerpunkt S, zwei Massen $\frac{1}{2} m_2$ angebracht werden.

Benutzt man zunächst nur die Massen $\frac{1}{2} m_1$, dann werden die drei Trägheitsmomente

$$\Theta_3 = M R_1^2 + m_1 R_1^2 \,; \quad \Theta_2 = \frac{M}{2} R_1^2 + m_1 R_1^2 \,; \quad \Theta_1 = \frac{M}{2} R_1^2 \,.$$

Dann gilt folgende Vergleichung der Trägheitsmomente:

$$\Theta_3 > \Theta_2 > \Theta_1 \,;$$

die Θ_3-Achse bleibt also stabil.

Fügt man nun die Massen $\frac{1}{2} m_2$ hinzu, so ergibt sich:

$$\Theta_3 = M R_1^2 + m_1 R_1^2 \,; \quad \Theta_2 = \tfrac{1}{2} M R_1^2 + m_1 R_1^2 + m_2 R_2^2 \,;$$
$$\Theta_1 = \tfrac{1}{2} M R_1^2 + m_2 R_2^2 \,.$$

Hier gilt:

$$\Theta_3 > \Theta_2 > \Theta_1$$

solange

$$\tfrac{1}{2} M R_1^2 > m_2 R_2^2$$

gilt.

Vergrößert man nun m_2, so daß $\frac{1}{2} M R_1^2 < m_2 R_2^2$, so wird die Θ_3-Achse instabil, und bleibt es, bis $\frac{1}{2} M R_1^2 < m_2 R_2^2 - m_1 R_1^2$ wird. In diesem letzteren Falle ist:

$$\Theta_3 < \Theta_1 < \Theta_2 \,,$$

das Trägheitsmoment Θ_3 wird das kleinste von den dreien; die Bewegung ist wieder stabil.

Bei der Prandtlschen Vorrichtung eines kräftefreien starren Körpers liegt also ein Bereich unbeständiger Drehbewegungen vor, solange für die Masse des Rades und die Zusatzmassen die Ungleichung erfüllt ist:

$$m_2 R_2^2 > \tfrac{1}{2} M R_1^2 > m_2 R_2^2 - m_1 R_1^2 \,.$$

§ 76. Integration der Eulerschen Differentialgleichungen.

Wir schreiten nunmehr zu der Aufgabe, Integrale der Eulerschen Differentialgleichungen des kräftefreien Körpers zu gewinnen, um aus ihnen weitere Eigenschaften der Bewegung abzuleiten. Die Differentialgleichungen lauten:

$$(1)\qquad \begin{cases} \Theta_1 \dfrac{d\omega_1}{dt} + (\Theta_3 - \Theta_2)\,\omega_2\,\omega_3 = 0\,, \\[2ex] \Theta_2 \dfrac{d\omega_2}{dt} + (\Theta_1 - \Theta_3)\,\omega_1\,\omega_3 = 0\,, \\[2ex] \Theta_3 \dfrac{d\omega_3}{dt} + (\Theta_2 - \Theta_1)\,\omega_1\,\omega_2 = 0\,. \end{cases}$$

Nach Multiplikation mit bzw. $\omega_1, \omega_2, \omega_3$ und Addition findet sich:

$$(2)\qquad \Theta_1\,\omega_1 \frac{d\omega_1}{dt} + \Theta_2\,\omega_2 \frac{d\omega_2}{dt} + \Theta_3\,\omega_3 \frac{d\omega_3}{dt} = 0\,.$$

Die Integration nach der Zeit liefert hieraus:

$$(3)\qquad \tfrac{1}{2}\,[\Theta_1\,\omega_1^2 + \Theta_2\,\omega_2^2 + \Theta_3\,\omega_3^2] = L\,,$$

wo L eine Konstante bedeutet. Deren Charakter ergibt sich aus der Betrachtung der linken Seite, wo jeder einzelne Term den Anteil der lebendigen Kraft des Körpers bedeutet, der von der betreffenden Komponente der Winkelgeschwindigkeit herrührt. Die Gleichung (3) ist demnach nichts anderes als der Ausdruck des Satzes von der Erhaltung der lebendigen Kraft.

Multiplizieren wir weiterhin die Gleichungen (1) mit bzw. $\omega_1\,\Theta_1$, $\omega_2\,\Theta_2$, $\omega_3\,\Theta_3$ und addieren, so findet sich:

$$(4)\qquad \Theta_1^2\,\omega_1 \frac{d\omega_1}{dt} + \Theta_2^2\,\omega_2 \frac{d\omega_2}{dt} + \Theta_3^2\,\omega_3 \frac{d\omega_3}{dt} = 0\,,$$

und nach Integration in bezug auf die Zeit:

$$(5)\qquad \Theta_1^2\,\omega_1^2 + \Theta_2^2\,\omega_2^2 + \Theta_3^2\,\omega_3^2 = N^2\,.$$

Hier haben wir auf der linken Seite eine Summe von drei Quadraten. Wir können daher die Produkte $\Theta_1\,\omega_1$, $\Theta_2\,\omega_2$, $\Theta_3\,\omega_3$ als Komponenten eines Vektors N auffassen, dessen Natur sich auf Grund unserer früheren Festsetzungen als Impulsvektor offenbart. Die Größen:

$$(6)\qquad N_1 = \Theta_1\,\omega_1\,,\quad N_2 = \Theta_2\,\omega_2\,,\quad N_3 = \Theta_3\,\omega_3$$

sind die nach den drei Trägheitshauptachsen genommenen Impuls- oder Drallkomponenten, und Gleichung (5) spricht die Unveränderlichkeit des Dralles bei der kräftefreien Bewegung aus, welchen Satz wir bei einfacherer Sachlage schon früher gefunden haben.

Kehren wir nun wieder zu den Gleichungen (1) zurück, so liefert Multiplikation derselben mit bzw.:

$$\frac{2\omega_1}{\Theta_1}, \quad \frac{2\omega_2}{\Theta_2}, \quad \frac{2\omega_3}{\Theta_3}$$

und Addition:

$$(7) \qquad 2\left(\omega_1 \frac{d\omega_1}{dt} + \omega_2 \frac{d\omega_2}{dt} + \omega_3 \frac{d\omega_3}{dt}\right) = \frac{d(\omega^2)}{dt} = m\,\omega_1\,\omega_2\,\omega_3\,,$$

weil:

$$(8) \qquad \omega_1^2 + \omega_2^2 + \omega_3^2 = \omega^2$$

gilt. Hier ist m eine unveränderliche Größe.

$$(9) \qquad m = 2\left\{\frac{\Theta_2 - \Theta_3}{\Theta_1} + \frac{\Theta_3 - \Theta_1}{\Theta_2} + \frac{\Theta_1 - \Theta_2}{\Theta_3}\right\}.$$

Nunmehr benutzen wir die Gleichungen (3), (5) und (8), um sie nach ω_1^2, ω_2^2, ω_3^2 aufzulösen. Man findet:

$$(10) \qquad \left\{\begin{aligned} \omega_1^2 &= \frac{\omega^2\,\Theta_2\,\Theta_3 - 2L(\Theta_2 + \Theta_3) + N^2}{(\Theta_1 - \Theta_2)(\Theta_1 - \Theta_3)}\,, \\ \omega_2^2 &= \frac{\omega^2\,\Theta_1\,\Theta_3 - 2L(\Theta_1 + \Theta_3) + N^2}{(\Theta_2 - \Theta_3)(\Theta_2 - \Theta_1)}\,, \\ \omega_3^2 &= \frac{\omega^2\,\Theta_1\,\Theta_2 - 2L(\Theta_1 + \Theta_2) + N^2}{(\Theta_3 - \Theta_1)(\Theta_3 - \Theta_2)}\,, \end{aligned}\right.$$

oder nach Einführung der Abkürzungen $\omega^2 = u$:

$$(11) \qquad \left\{\begin{aligned} \frac{2L(\Theta_2 + \Theta_3) - N^2}{\Theta_2\,\Theta_3} &= u_1\,, \\ \frac{2L(\Theta_1 + \Theta_3) - N^2}{\Theta_1\,\Theta_3} &= u_2\,, \\ \frac{2L(\Theta_1 + \Theta_2) - N^2}{\Theta_1\,\Theta_2} &= u_3 \end{aligned}\right.$$

die Ansätze:

$$(12)\qquad \begin{cases} \omega_1^2 = \Theta_2\,\Theta_3\,(u-u_1):(\Theta_1-\Theta_2)\,(\Theta_1-\Theta_3)\,, \\ \omega_2^2 = \Theta_1\,\Theta_3\,(u-u_2):(\Theta_2-\Theta_1)\,(\Theta_2-\Theta_3)\,, \\ \omega_3^2 = \Theta_1\,\Theta_2\,(u-u_3):(\Theta_3-\Theta_1)\,(\Theta_3-\Theta_2)\,. \end{cases}$$

Führt man diese Ansätze in die Gleichung (7) ein, so findet sich:

$$(13)\qquad \frac{du}{dt} = 2\sqrt{-(u-u_1)\,(u-u_2)\,(u-u_3)}\,,$$

oder nach Umkehrung des Vorzeichens von $u - u_1$ und Ausführung der Integration:

$$(14)\qquad t = \frac{1}{2}\int\limits_{u_1}^{u} \frac{du}{\sqrt{(u_1-u)\,(u-u_2)\,(u-u_3)}}\,,$$

wo für die u_1, u_2, u_3 die Ungleichung gelte:

$$(15)\qquad u_3 < u_2 < u_1\,.$$

Wir haben also ein elliptisches Integral erhalten, welches wir auf die Legendresche Normalform der elliptischen Integrale erster Gattung umzuformen haben.

Erweitern wir nun das Integral rechter Hand in (14) mit einer Konstanten $\sqrt{\sigma^3}$, die wir so wählen, daß:

$$(16)\qquad -\infty < \frac{u_3}{\sigma} < -1 < \frac{u_2}{\sigma} < \frac{u_1}{\sigma} < +1\,,$$

und setzen wir:

$$(17)\qquad \frac{u}{\sigma} = \xi\,,\qquad \frac{u_1}{\sigma} = \xi_1\,,\qquad \frac{u_2}{\sigma} = \xi_2\,,\qquad \frac{u_3}{\sigma} = \xi_3\,,$$

so geht der Ansatz (14) über in:

$$(18)\qquad t = \frac{1}{2\sqrt{\sigma}}\int\limits_{\xi}^{\xi_1} \frac{d\xi}{\sqrt{(\xi_1-\xi)\,(\xi-\xi_2)\,(\xi-\xi_3)}}\,.$$

Dieses Integral gelte in dem Intervall $\xi_1\,\xi_2$ zwischen der unteren Grenze ξ und der oberen ξ_1.

Vollziehen wir nun die Transformation:

$$(19)\qquad x = \frac{\xi_1-\xi}{\xi_1-\xi_2}\,,$$

so ergeben sich die einzelnen Bestandteile des Integrals (18) wie folgt:

$$(20)\quad \begin{cases} d\xi = -(\xi_1 - \xi_2)\,d\xi\,, \qquad \xi - \xi_2 = (\xi_1 - \xi_2)(1 - x)\,, \\ \xi - \xi_3 = (\xi_1 - \xi_2)\left(\dfrac{1}{k^2} - x^2\right), \end{cases}$$

mit:

$$(21)\qquad \frac{1}{k^2} = \frac{\xi_1 - \xi_3}{\xi_1 - \xi_2}\,,$$

und die Punkte ξ_1, ξ_2, ξ_3, $-\infty$ (die Verzweigungspunkte des elliptischen Integrals) gehen über in die Punkte:

$$(22)\qquad x = 0\,,\quad x = 1\,,\quad x = \frac{1}{k^2}\,,\quad x = \infty\,.$$

Die Gestalt aber von (18) wird:

$$(23)\qquad t = \frac{k}{2\sqrt{\sigma(\xi_1 - \xi_2)}}\int\limits_0^x \frac{dx}{\sqrt{x(1 - x)(1 - k^2 x)}}\,.$$

Setzt man hier $x = \sin^2\varphi$, so kann man schreiben:

$$(24)\qquad t = \frac{k}{\sqrt{\sigma(\xi_1 - \xi_2)}}\int\limits_0^\varphi \frac{d\varphi}{\sqrt{1 - k^2 \sin^2\varphi}}\,.$$

So erhalten wir rechter Hand die Normalform $F(k, \varphi)$ des Legendreschen elliptischen Integrals erster Gattung, welches durch Auflösung nach φ die Amplitudenfunktion liefert:

$$(25)\quad \begin{cases} \varphi = \operatorname{am}(k, \lambda t)\,, \\ \lambda = \dfrac{\sqrt{u_1 - u_2}}{k} = \sqrt{u_1 - u_3} = \sqrt{\dfrac{(\Theta_3 - \Theta_1)(N^2 - 2L\Theta_2)}{\Theta_1\,\Theta_2\,\Theta_3}}\,, \end{cases}$$

woraus sich weiterhin:

$$(26)\qquad x = \operatorname{sinam}^2(k, \lambda t)$$

findet.

Beim Zurückgehen auf ξ erhält man:

$$(27)\qquad \xi = \xi_1 - (\xi_1 - \xi_2)\,x = \frac{u}{\sigma}$$

und sonach:

$$(28)\qquad u = \omega^2 = \sigma(\xi_1(1 - x) + \xi_2\,x)$$

oder:

(29) $$\omega = \sqrt{u_1 \operatorname{cosam}^2(k, \lambda t) + u_2 \operatorname{sinam}^2(k, \lambda t)}\,.$$

Die augenblickliche Drehgeschwindigkeit des kräftefreien Körpers erweist sich also als eine elliptische Funktion der Zeit, deren Periode:

(30) $$T = \frac{4K}{\lambda}$$

beträgt, wo K das vollständige elliptische Integral erster Gattung:

(31) $$K = \int_0^{\frac{\pi}{2}} \frac{d\varphi}{\sqrt{1 - k^2 \sin^2\varphi}}$$

bedeutet. Für K gilt die Reihenentwicklung:

(32) $$K = \frac{\pi}{2}\left\{1 + \left(\frac{1}{2}\right)^2 k^2 + \left(\frac{1 \cdot 3}{2 \cdot 4}\right)^2 k^4 + \dots\right\}.$$

Entsprechende Betrachtungen kann man auch für die Komponenten des Drehvektors ω_1, ω_2, ω_3 anstellen, welche ebenfalls elliptische Funktionen der Zeit werden.[129])

§ 77. Geometrische Betrachtung der kräftefreien Bewegung.

In den Gleichungen (3) und (5) des § 76 ersetzen wir jetzt die Konstanten $2L$ und N^2 durch zwei andere μ und Θ, so daß gilt:

(1) $$\begin{cases} 2L = \mu^2 \Theta\,, \\ N^2 = \mu^2 \Theta^2\,. \end{cases}$$

Dann ist zu wählen:

(2) $$\Theta = \frac{N^2}{2L}\,; \quad \mu = \frac{2L}{N}\,,$$

und die Gleichungen (3) und (5) lauten:

(3) $$\begin{cases} \Theta_1 \omega_1^2 + \Theta_2 \omega_2^2 + \Theta_3 \omega_3^2 = \Theta \mu^2\,, \\ \Theta_1^2 \omega_1^2 + \Theta_2^2 \omega_2^2 + \Theta_3^2 \omega_3^2 = \Theta^2 \mu^2\,. \end{cases}$$

Wir richten nunmehr unsere Aufmerksamkeit auf den Drehvektor ω, der durch die Komponenten ω_1, ω_2, ω_3 bestimmt ist in dem mit dem Körper beweglichen Koordinatensystem, und wir wollen ermitteln, welchen Weg der Endpunkt des Vektors $X = \omega_1$,

$Y = \omega_2$, $Z = \omega_3$ relativ zum Körper beschreibt. Nach den Gleichungen (3) muß dieser Endpunkt auf den beiden Flächen zweiten Grades liegen:

$$\text{(4)} \qquad \begin{cases} \Theta_1 X^2 + \Theta_2 Y^2 + \Theta_3 Z^2 = \Theta \mu^2 , \\ \Theta_1^2 X^2 + \Theta_2^2 Y^2 + \Theta_3^2 Z^2 = \Theta^2 \mu^2 . \end{cases}$$

Diese beiden Flächen bestimmen eine Kurve vierten Grades, und man bezeichnet sie in der Kinematik nach Vorgang von Poinsot als „Polodiekurve" oder „Polbahn". Die Polodie ist mit dem sich bewegenden Körper fest verbunden zu denken. Aus den Gleichungen (4) findet sich durch Multiplikation mit Θ und Subtraktion der ersten von der zweiten:

$$\text{(5)} \quad \Theta_1 (\Theta_1 - \Theta) X^2 + \Theta_2 (\Theta_2 - \Theta) Y^2 + \Theta_3 (\Theta_3 - \Theta) Z^2 = 0 .$$

Dies ist nach den Lehren der analytischen Geometrie (vgl. „Hütte" 1915, Bd. I, S. 120) ein Kegel zweiten Grades, der seinerseits zusammen mit der ersten oder zweiten Gleichung (4) die Polodie bestimmt und deshalb Polodie- oder Polbahnkegel genannt wird.

Bevorzugen wir jetzt die erste der beiden Gleichungen (4), so stellt sie sich uns dar als Ellipsoid, dessen Hauptachsen mit bzw.

Fig. 203. Trägheitsellipsoid und Polbahnkegel nach Poinsot.

$$\frac{1}{\sqrt{\Theta_1}}, \quad \frac{1}{\sqrt{\Theta_2}}, \quad \frac{1}{\sqrt{\Theta_3}}$$

proportional sind. Das Ellipsoid heißt deshalb Trägheitsellipsoid; die Reihenfolge seiner Achsen sei durch $\Theta_1 > \Theta_2 > \Theta_3$ festgelegt.

Es ergibt sich also die Bahn des Endpunktes des Drehungsvektors ω im Körper als Schnitt zwischen dem Trägheitsellipsoid und dem Polbahnkegel (Fig. 203).

Kehren wir nun zurück zur Betrachtung der lebendigen Kraft.

$$\text{(6)} \qquad \Theta_1 \omega_1^2 + \Theta_2 \omega_2^2 + \Theta_3 \omega_3^2 = 2L .$$

Den Ausdruck auf der linken Seite fassen wir jetzt auf als das Produkt des Impulsvektors N in die Projektion des Drehungsvektors ω auf N. In der Tat ist:

$$\text{(6a)} \qquad 2L = N \omega \cos(N, \omega) .$$

Da aber sowohl $2L$ wie auch N unveränderliche Größen sind, so ist auch $\omega \cos(N, \omega)$, d. h. die Projektion des Drehvektors auf den Impulsvektor, eine unveränderliche Größe. Da der Impulsvektor im Raume feststeht, so müssen demnach die Endpunkte des Drehvektors in einer zum Impulsvektor senkrechten Ebene liegen.

Weiterhin legen wir an das Ellipsoid (6) im Endpunkte des Vektors ω eine Tangentialebene mit laufenden Koordinaten ξ, η, ζ:

$$(7) \qquad \Theta_1 \omega_1 \xi + \Theta_2 \omega_2 \eta + \Theta_3 \omega_3 \zeta = 2L\,,$$

und fällen vom Koordinatenanfangspunkte das Lot auf sie. Dann gilt für die Richtungskosinus dieses Lotes:

$$\cos\alpha : \cos\beta : \cos\gamma = \Theta_1 \omega_1 : \Theta_2 \omega_2 : \Theta_3 \omega_3\,,$$

d. h. das Lot fällt mit der Richtung des Impulsvektors zusammen und damit ist bewiesen, daß die in Fig. 204 gezeichnete Ebene E eine Tangentialebene an das Ellipsoid (6) ist. Die ganze Bewegung des kräftefreien starren Körpers kann also dadurch dargestellt werden, daß das Ellipsoid (6) auf der Ebene (7), ohne zu gleiten, rollt. Der Berührungspunkt, gleichzeitig der Endpunkt des Drehvektors, beschreibt sonach auf dem Ellipsoid die Polodickurve. Die Kurve, die der Berührungspunkt in der Ebene E beschreibt, heißt Herpolodiekurve. Verbindet man ihre Punkte mit dem Trägheitsmittelpunkt des starren Körpers, so erhält man den Herpolodiekegel, der im Raume feststeht. Die Bewegung kann also auch so aufgefaßt werden, daß der mit dem Körper verbundene Polodiekegel sich auf dem im Raume feststehenden Herpolodiekegel abwickelt.

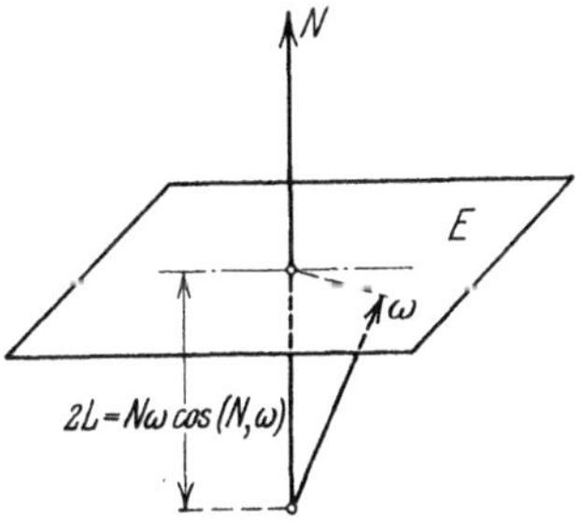

Fig. 204. Invariabele Ebene nach Poinsot.

Bei dieser Bewegung entsteht noch die Frage nach der Bahn des Endpunktes des Impulsvektors relativ zum Körper. Wegen der Unveränderlichkeit des Impulsvektors muß der Endpunkt auf einer Kugel liegen, und zwar auf der Kugel:

$$(8) \qquad X^2 + Y^2 + Z^2 = N^2\,.$$

Andererseits muß er aber auch liegen auf dem Ellipsoid:

$$\frac{X^2}{\Theta_1} + \frac{Y^2}{\Theta_2} + \frac{Z^2}{\Theta_3} = 2L. \tag{9}$$

Von diesen beiden Gleichungen folgt (8) unmittelbar aus der Impulsvektorgleichung (5) § 76, während (9) sich aus Gleichung (6) dieses Paragraphen ergibt durch Multiplikation der Glieder der linken Seite mit bzw.

$$\frac{\Theta_1}{\Theta_1}, \quad \frac{\Theta_2}{\Theta_2}, \quad \frac{\Theta_3}{\Theta_3}.$$

Jedenfalls ist die Bahn des Endpunktes des Impulsvektors eine sphärische Kurve, die sich als Schnitt des Ellipsoides (9) mit der Kugel (8) findet. Ist nun der Radius der Kugel nur wenig kleiner als die große Achse des Trägheitsellipsoides, so zeigt sich die sphärische Schnittkurve beider als ein Paar kleiner geschlossener, auf dem Ellipsoid um den Endpunkt seiner großen Achse herum verlaufender Kurven, woraus erhellt, daß die große Achse des Ellipsoides sich niemals weit von der Richtung des Drallvektors entfernen kann, wenn sie einmal in ihrer Nähe war. Damit ist die große Ellipsoidachse als stabil auf geometrischem Wege erwiesen.

Ist dagegen der Kugelradius nur wenig größer als die kleine Achse des Ellipsoides, so wird in entsprechender Weise auf die Stabilität der letzteren geschlossen, weil die Kugel für den Drallvektor wiederum ein Paar enger geschlossener Kurven als Relativbahn um den Endpunkt der Achse herausschneidet.

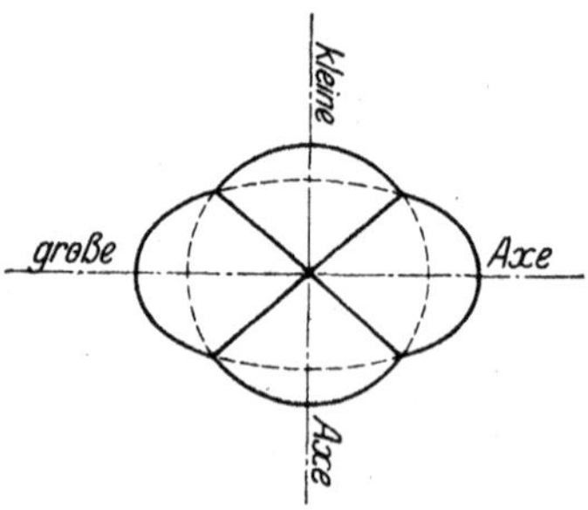

Fig. 205. Zur instabilen Drehung des kräftefreien Körpers.

Ist schließlich der Kugelradius nahe gleich der mittleren Ellipsoidachse, so hat die sphärische Kurve in den Endpunkten jener Achse Doppelpunkte (siehe Fig. 205), und die Relativbahn des Drallvektors geht des geschlossenen Charakters ihres Verlaufes, der bei der großen und kleinen Achse deren Stabilität anzeigte, verlustig. Die mittlere Ellipsoidachse ist also eine instabile Drehachse.

§ 78. Präzession und Nutation beim symmetrischen Kreisel.

1. In Fig. 206 sei ein symmetrischer Kreisel, dessen Figuren- oder geometrische Achse $O-3$ sei, mit seiner Spitze O in den Anfangspunkt eines Koordinatensystems x, y, z gesetzt. Der Kreisel habe um seine Figurenachse eine Winkelgeschwindigkeit $\omega = \frac{d\psi}{dt}$, das zugehörige Trägheitsmoment Θ_3 sei entweder größer oder kleiner als Θ_1 und Θ_2, die übrigens wegen der Symmetrie untereinander gleich sind:

$$\Theta_1 = \Theta_2 = \Theta .$$

Die Achsen dieser beiden Momente legen wir wie folgt fest: $O-2$ liege in der Ebene ZOS und sei senkrecht auf OS, $O-1$ sei senkrecht auf der Ebene ZOS. Die Winkelgeschwindigkeiten um die zueinander senkrechten „halb“ raumfesten Achsen $O-1$, 2, 3 seien $\omega_1\, \omega_2\, \omega_3$; dann findet sich die kinetische Energie des Kreisels:

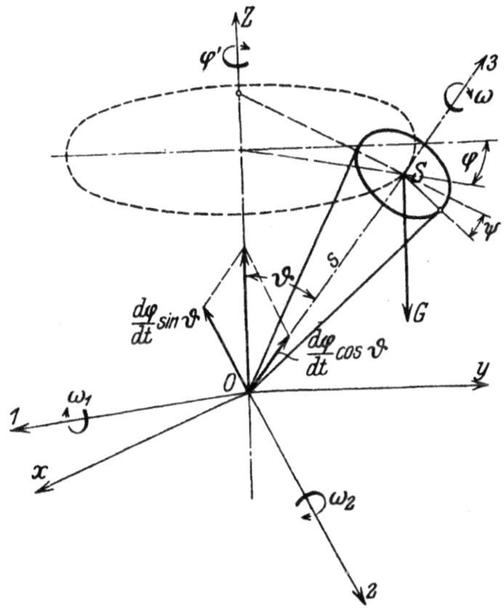

Fig. 206. Koordinaten beim symmetrischen Kreisel.

$$T = \tfrac{1}{2}\{\Theta(\omega_1^2 + \omega_2^2) + \Theta_3\, \omega_3^2\} .$$

Bezeichnet man nun den Neigungswinkel der Figurenachse gegen OZ mit ϑ, dann ist offenbar:

$$\omega_1 = \frac{d\vartheta}{dt} . \tag{1}$$

Bezeichnet weiter φ den Winkel, den die Ebene ZOS mit der YZ-Ebene einschließt, dann ist $\varphi' = \frac{d\varphi}{dt}$ eine in die Z-Achse fallende Komponente des Drehvektors des Kreisels. Da aber die Z-Achse keine Trägheitshauptachse ist, so zerlegen wir φ' nach den Achsen OS und $O-2$, welche Trägheitshauptachsen sind.

In die Achse OS fällt die Komponente $\varphi' \cos\vartheta$, in die Achse $O-2$ die Komponente $\varphi' \sin\vartheta$.

Hiernach findet sich die Drehvektorkomponente um die Achse $O-2$:

$$\omega_2 = \frac{d\varphi}{dt}\sin\vartheta \tag{2}$$

und um die Achse OS:

$$\omega_3 = \omega + \frac{d\varphi}{dt}\cos\vartheta\,, \tag{3}$$

wo ω_3 die in die Figurenachse fallende Komponente der gesamten Winkelgeschwindigkeit bedeutet.

So kann denn nun die kinetische Energie T in den Winkeln φ und ϑ wie folgt ausgedrückt werden:

$$T = \frac{1}{2}\left\{\Theta\left[\left(\frac{d\vartheta}{dt}\right)^2 + \left(\frac{d\varphi}{dt}\right)^2 \sin^2\vartheta\right] + \Theta_3\left[\omega + \frac{d\varphi}{dt}\cos\vartheta\right]^2\right\}. \tag{4}$$

Alle Drehungen werden im Uhrzeigersinne positiv gerechnet.

Wollen wir jetzt die Bewegungsgleichungen nach Lagrange bilden, so ist zunächst zu bemerken, daß um die Θ_3-Achse kein äußeres Moment wirkt; wir erhalten also die Bewegungsgleichung:

$$\frac{d}{dt}\frac{\partial T}{\partial \omega_3} = \Theta_3\frac{d}{dt}\left(\omega + \frac{d\varphi}{dt}\cos\vartheta\right) = 0 \tag{5}$$

oder:

$$\Theta_3\,\omega_3 = \Theta_3\left(\omega + \frac{d\varphi}{dt}\cos\vartheta\right) = N = \text{Konst.}, \tag{5a}$$

d. h. der Gesamtimpuls in Richtung der Figurenachse bleibt konstant.

Auf die ϑ-Koordinate wirkt dagegen das Moment der Schwerkraft: $G\,s\sin\vartheta$; es ist positiv anzusetzen, wenn es, wie im vorliegenden Falle infolge einer Lage des Schwerpunkts über dem Unterstützungspunkt vergrößernd auf die ϑ-Koordinate wirkt. Die entsprechende Gleichung lautet also:

$$\left\{\begin{aligned} &\frac{d}{dt}\left(\frac{\partial T}{\partial \frac{d\vartheta}{dt}}\right) - \frac{\partial T}{\partial\vartheta} = \Theta\left[\frac{d^2\vartheta}{dt^2} - \left(\frac{d\varphi}{dt}\right)^2 \sin\vartheta\cos\vartheta\right] \\ &\qquad + \Theta_3\left(\omega + \frac{d\varphi}{dt}\cos\vartheta\right)\frac{d\varphi}{dt}\sin\vartheta = G\,s\sin\vartheta\,. \end{aligned}\right. \tag{6}$$

Die φ-Koordinate ist wieder von äußeren Kräften unbeeinflußt:

$$(7)\quad \begin{cases} \dfrac{d}{dt}\left(\dfrac{\partial T}{\partial \dfrac{d\varphi}{dt}}\right) - \dfrac{\partial T}{\partial \varphi} = \Theta\left[\dfrac{d^2\varphi}{dt^2}\sin^2\vartheta + 2\dfrac{d\vartheta}{dt}\dfrac{d\varphi}{dt}\sin\vartheta\cos\vartheta\right] \\ \qquad - \Theta_3\left(\omega + \dfrac{d\varphi}{dt}\cos\vartheta\right)\dfrac{d\vartheta}{dt}\sin\vartheta = 0\,. \end{cases}$$

Multipliziert man Gleichung (6) und (7) mit bzw. $\dfrac{d\vartheta}{dt}$ und $\dfrac{d\varphi}{dt}$ und addiert, so folgt:

$$(8)\quad \tfrac{1}{2}\Theta\left\{\frac{d}{dt}\left(\frac{d\vartheta}{dt}\right)^2 + \frac{d}{dt}\left[\left(\frac{d\varphi}{dt}\right)^2\sin^2\vartheta\right]\right\} = -G s\frac{d\cos\vartheta}{dt}\,.$$

Integriert man hier von 0 bis t und setzt fest, daß zur Zeit $t = 0$ die beiden Geschwindigkeiten $\dfrac{d\vartheta}{dt}$ und $\dfrac{d\varphi}{dt} = 0$ und der Neigungswinkel der Figurenachse gegen $OZ = \vartheta_0$ sein sollte, so wird hieraus

$$(9)\quad \tfrac{1}{2}\Theta\left[\left(\frac{d\vartheta}{dt}\right)^2 + \left(\frac{d\varphi}{dt}\right)^2\sin^2\vartheta\right] = G s(\cos\vartheta_0 - \cos\vartheta)\,.$$

Diese Gleichung ist die Energiegleichung des Vorganges und besagt, daß zwischen der kinetischen Energie des Kreisels und seiner potentiellen ein Austausch stattfindet.

Weiter kann die Gleichung (7) nach Multiplikation mit $\sin\vartheta$ sofort integriert werden. Man findet

$$(10)\quad \Theta_3\,\omega_3\cos\vartheta + \Theta\frac{d\varphi}{dt}\sin^2\vartheta = n = \text{Konst.}$$

Es ist der Ausdruck auf der linken Seite aber nichts anderes als die Bewegungsgröße des Kreisels um die OZ-Achse. Zu dieser Bewegungsgröße liefern nur die Impulse nach den Achsen OS und $O-2$ Beiträge.

Der Beitrag der ersteren ist:

$$\Theta_3\,\omega_3\cos\vartheta\,,$$

der der letzteren:

$$\Theta\frac{d\varphi}{dt}\sin^2\vartheta\,.$$

Die Gleichung (10) sagt aus, daß die Summe dieser Bewegungsgrößen konstant sein muß, was darin begründet ist, daß die äußeren Kräfte in bezug auf OZ kein Moment haben. Nimmt man zur Integration von Gleichung (10) wieder als Anfangsbedingung:

$$t = 0\,, \quad \frac{d\varphi}{dt} = 0\,, \quad \vartheta = \vartheta_0\,,$$

so wird:

$$\Theta \frac{d\varphi}{dt} \sin^2\vartheta = N(\cos\vartheta_0 - \cos\vartheta)\,. \tag{11}$$

Eliminiert man nun aus (9) und (11) die Größe $\left(\frac{d\varphi}{dt}\right)^2$, so berechnet sich:

$$\left(\frac{d\vartheta}{dt}\right)^2 = \frac{2\,G\,s}{\Theta}(\cos\vartheta_0 - \cos\vartheta) - \left(\frac{N}{\Theta}\right)^2 \left(\frac{\cos\vartheta_0 - \cos\vartheta}{\sin\vartheta}\right)^2. \tag{12}$$

Im Anschluß hieran und an den Ansatz (9) findet sich weiter:

$$\left(\frac{d\varphi}{dt}\right)^2 = \frac{N^2}{\Theta^2} \frac{(\cos\vartheta_0 - \cos\vartheta)^2}{\sin^4\vartheta}\,. \tag{13}$$

Multipliziert man jetzt Gleichung (12) mit $\Theta^2 \sin^2\vartheta$ und ersetzt $\cos\vartheta$ durch den Buchstaben u, dann erhalten wir:

$$\Theta^2 \left(\frac{du}{dt}\right)^2 = (u - u_0)\{2\,G\Theta s(u^2 - 1) + N^2(u_0 - u)\}\,. \tag{14}$$

Den Inhalt der geschweiften Klammer kann man aber durch Auflösung der quadratischen Gleichung:

$$u^2 - \frac{N^2}{2\,G\Theta s} u = 1 - \frac{N^2}{2\,G\Theta s} u_0 \tag{15}$$

in das Linearfaktorenprodukt $(u - u_1)\,(u - u_2)$ verwandeln, wo u_1 und u_2 die Wurzeln der Gleichung (15) sind. Nach dieser Vorbereitung wird:

$$\Theta^2 \left(\frac{du}{dt}\right)^2 = 2\,G\Theta s(u - u_0)(u - u_1)(u - u_2)\,, \tag{16}$$

welche Differentialgleichung für u sofort integrabel ist, allerdings zunächst nur so, daß man die Zeit t als elliptisches Integral der Variabeln u findet:

$$t = \text{Konst.} \pm \sqrt{\frac{\Theta}{2\,G\,s}} \int_0^u \frac{du}{\sqrt{(u - u_0)(u - u_1)(u - u_2)}}\,, \tag{17}$$

welches Integral in entsprechender Weise wie im § 76 durch Umkehrung eine elliptische Funktion der Zeit für die Kreiselbewegung liefert.

Tragen wir nach (16) mit $U = (u - u_0)(u - u_1)(u - u_2)$

$$dt = \sqrt{\frac{\Theta}{2Gs}}\frac{du}{\sqrt{U}}$$

in (13) ein, so findet sich:

$$\varphi = \text{Konst.} \pm \frac{N}{\sqrt{2\Theta G s}}\int\frac{(u_0 - u)\,du}{(1 - u^2)\sqrt{U}} \tag{18}$$

und aus (5a) in Verbindung mit (13):

$$\omega = \frac{d\psi}{dt} = \frac{N}{\Theta_3} - \frac{N}{\Theta} + \frac{N}{\sqrt{2\Theta G s}}\frac{(1 - u_0 u)\,du}{(1 - u_2)\sqrt{U}},$$

woraus sich der Kreiselwinkel ψ findet:

$$\psi = \left(\frac{N}{\Theta_3} - \frac{N}{\Theta}\right)t + \frac{N}{\sqrt{2\Theta G s}}\int\frac{(1 - u_0 u)\,du}{(1 - u^2)\sqrt{U}}. \tag{19}$$

Damit ist die gesamte Bewegung des symmetrischen schweren Kreisels formal als Funktion der Zeit festgelegt.

2. Aber auch ohne Kenntnis der elliptischen Funktionen bzw. Integrale kann man aus den bisher entwickelten Ansätzen eine Reihe wichtiger Eigenschaften der durch (17) dargestellten Kreiselbewegung ermitteln.

Zunächst merken wir an, daß in den Ausdrücken für die Wurzeln der quadratischen Gleichung (15):

$$\begin{matrix} u_1 \\ u_2 \end{matrix} \gtrless = \frac{N^2}{4G\Theta s} \pm \frac{\sqrt{N^4 + 8G^2\Theta^2 s^2 - 8N^2 G\Theta s\, u_0}}{4G\Theta s} \tag{15a}$$

oder in abgekürzter Schreibweise:

$$\begin{matrix} u_1 \\ u_2 \end{matrix} \gtrless = \frac{N^2}{2M^2} \pm \frac{\sqrt{N^4 + 4M^4 - 4N^2M^2 u_0}}{2M^2} \tag{15b}$$

der Ausdruck unter der Wurzel stets positiv ist, weil er sich in der Gestalt:

$$[N^2 - 2M^2]^2 + 4N^2M^2(1 - u_0), \tag{20}$$

also als Summe zweier Quadrate schreiben läßt; denn $1 - u_0$ ist sicher nicht negativ, weil u_0 als $\cos\vartheta_0$ höchstens gleich ± 1 werden kann.

Aus der genannten Eigenschaft des Ausdrucks unter dem Wurzelzeichen folgt, daß u_1 und u_2 stets reell sind.

Weiter findet man für:

$$u_1 + u_2 = + \frac{N^2}{2\,M^2} \tag{21}$$

und:

$$u_1 - u_2 = + \frac{\sqrt{N^4 + 4\,M^4 - 4\,N^2 M^2 u_0}}{M^2} = + \frac{\sqrt{R}}{M^2}\,. \tag{22}$$

Also ist u_1 stets positiv, während u_2 auch negativ sein kann.

Ferner ermitteln wir den Wert von:

$$1 - u_1 = \frac{2\,M^2 - N^2 - \sqrt{R}}{2\,M^2}\,.$$

Hier ist aber:

$$[2\,M^2 - N^2]^2 < R\,, \tag{23}$$

also $1 - u_1$ sicher negativ, also u_1 größer als $+1$.

Für $1 - u_2$ findet sich:

$$1 - u_2 = \frac{2\,M^2 - N^2 + \sqrt{R}}{2\,M^2}\,, \tag{24}$$

also sicher ein positiver Wert, woraus sich ergibt, daß u_2 kleiner als $+1$ ist, solange wir es als positiv voraussetzen können, was wir nunmehr tun wollen.

Untersuchen wir nunmehr den Ansatz (16) auf seine Vorzeichenverhältnisse, so finden wir, daß einer der Faktoren der rechten Seite, nämlich $u - u_1$, stets negativ ist, weil wir von u_1 bewiesen haben, daß es stets größer als $+1$ ist, u aber als $\cos\vartheta$ höchstens gleich $+1$ sein kann. Damit aber die rechte Seite stets positiv wird, weil die linke als Quadrat dies erfordert, so muß unter allen Umständen einer der beiden anderen Faktoren negativ, der dritte positiv sein; also es hat zu gelten:

$$\left\{\begin{array}{l} u - u_0 > 0 > u - u_2 \\ \text{oder:} \\ u - u_0 < 0 < u - u_z\,. \end{array}\right. \tag{25}$$

Anders geschrieben, findet man für diese Ungleichungen:

$$(26)\qquad \begin{cases} u_0 < u < u_2 \\ \text{oder:} \\ u_0 > u > u_2 . \end{cases}$$

Diese Ungleichungen besagen, daß u stets zwischen u_0 und u_2 liegen muß. Die durch den Winkel $\cos\vartheta$ bestimmte Abweichung der Kreiselachse von der Vertikalen bleibt also zwischen zwei bestimmten Grenzen $\cos\vartheta_0$ und $\cos\vartheta_2$ eingeschlossen.

Benutzen wir jetzt den Wert von u_2:

$$(27)\qquad u_2 = \frac{N^2 - \sqrt{R}}{2\,M^2}$$

zum Vergleich von u_2 mit u_0. Nach Multiplikation mit $2\,M^2$ und Quadrieren ergibt sich:

$$(28)\qquad R = (N^2 - 2\,M^2 u_2)^2$$

und nach Vereinfachung und Zusammenfassung:

$$(29)\qquad M^2(1 - u_2^2) = N^2(u_0 - u_2) .$$

Hiernach ist das Vorzeichen von $(u_0 - u_2)$ gegeben durch das Vorzeichen von $M^2 = 2\,G\Theta s$. Ist letzteres positiv, dann ist $u_0 > u_2$; bei negativem M^2 ist $u_2 > u_0$. Das Vorzeichen von M^2 bestimmt sich aber durch das Vorzeichen von s. Bei positivem s, also wenn der Schwerpunkt des Kreisels über dem Unterstützungspunkt liegt, liegt die Grenze ϑ_2 tiefer als ϑ_0 im Sinne der Fig. 207; bei einer Schwerpunktslage unter dem Unterstützungspunkt (s negativ) liegt die Grenze ϑ_2 über ϑ_0.

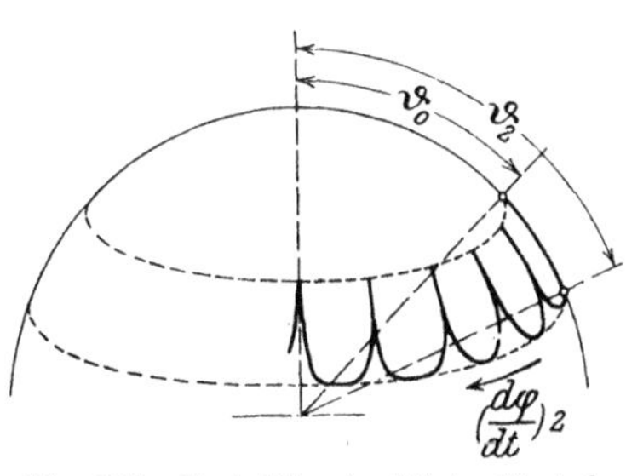

Fig. 207. Unstabil unterstützter Kreisel.

Untersuchen wir nun die Bewegung der Kreiselachse innerhalb dieser Grenzen.

Es war für $t = 0$ die Geschwindigkeit $\left(\frac{d\vartheta}{dt}\right)_0 = 0$ und $\left(\frac{d\varphi}{dt}\right)_0 = 0$, d. h. stellt man die Bewegung der Figurenachse dar durch die Bewegung ihres Schnittpunktes mit der in Fig. 207 gezeichneten Halbkugel, so beginnt die Bewegung zur Zeit $t = 0$ an dem Grenzparallelkreis mit dem Polabstand ϑ_0, und zwar senkrecht zu jenem Kreise. An dem anderen Grenzparallelkreis wird wieder $\left(\frac{d\vartheta}{dt}\right)_2 = 0$ und:

$$(30) \qquad \left(\frac{d\varphi}{dt}\right)_2 = \frac{N}{\Theta}\,\frac{\cos\vartheta_0 - \cos\vartheta_2}{\sin^2\vartheta_2} = \frac{N}{\Theta}\,\frac{u_0 - u_2}{(1 - u_2^2)}\,.$$

Hiernach berührt der die Bewegung der Figurenachse darstellende Punkt den Grenzkreis $\vartheta = \vartheta_2$, und zwar mit einer Bewegungsrichtung im Uhrzeigersinne, also rechtläufig (vom Pol der Halbkugel aus gesehen), wenn $u_0 - u_2$, d. h. s positiv ist. Da aber:

$$(31) \qquad \frac{d\varphi}{dt} = \frac{N}{\Theta}\,\frac{\cos\vartheta_0 - \cos\vartheta}{\sin^2\vartheta}$$

niemals das Zeichen wechseln kann, so bleibt die Bewegung des Punktes zwischen den Grenzkreisen dauernd fortschreitend und setzt sich aus lauter Bogen zusammen, die den Grenzkreis $\vartheta = \vartheta_2$ senkrecht treffen und den Grenzkreis $\vartheta = \vartheta_2$ berühren, wie in Fig. 207 dargestellt.

Der andere Fall des negativen $u_0 - u_2$, also des unter dem Unterstützungspunkt liegenden Schwerpunkts, liefert eine ähnliche Bogenkurve, aber so, daß der Grenzkreis $\vartheta = \vartheta_2$ über dem Grenzkreis $\vartheta = \vartheta_0$ liegt. Die Fig. 208 gibt einen Überblick über diese Bewegung, die man als rückläufige Präzession bezeichnet.

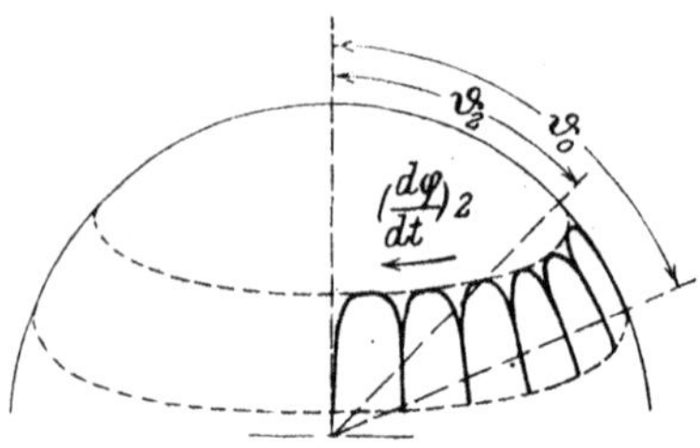

Fig. 208. Stabil unterstützter Kreisel. Der Pfeil bei $\left(\frac{d\varphi}{dt}\right)_2$ ist umgekehrt zu denken.

3. Wir untersuchen jetzt den Fall, daß wir einen Kreisel vor uns haben, bei welchem der Drall N eine so beträchtliche Größe besitzt, daß der Quotient:

$$(32) \qquad \frac{M^2}{2N^2} = \frac{G\Theta s}{N^2}$$

gegenüber der Einheit als klein betrachtet werden kann. Dann wird man im Ansatz (15b) für u_2 schreiben:

$$u_2 = \frac{N^2}{2M^2}\left(1 - \sqrt{1 + 4\frac{M^4}{N^4} - 4\frac{M^2}{N^2}u_0}\right),$$

wo wir wegen der Kleinheit von $\frac{M^2}{N^2}$ die Wurzel angenähert ausziehen können:

$$u_2 = \frac{N^2}{2\,M^2}\left\{1 - \left[1 + 2\left(\frac{M^4}{N^4} - \frac{M^2}{N^2}u_0\right)\right]\right\}$$

oder:

$$u_2 = u_0 - \frac{M^2}{N^2}\,. \tag{33}$$

Es ist also die Folge unserer Voraussetzung (32), daß die beiden Grenzkreise der Kreiselbewegung sehr nahe aneinander rücken. Demnach wird die durch die Koordinate ϑ bestimmte Bewegung des Kreisels nur kleine Ausschläge haben können, die wir durch ξ bezeichnen; es sei:

$$u = u_2 + \xi\,. \tag{34}$$

Weiterhin ist auch:

$$u_0 - u_2 = \frac{M^2}{N^2} = \delta$$

eine kleine Größe, während für $u_1 - u_2 = U$ diese Aussage nicht gelten kann, denn u_1 wird nach Ansatz (15 b) sehr groß:

$$u_1 = \frac{N^2}{M^2} + \frac{M^2}{N^2} - u_0\,. \tag{35}$$

Demnach wird:

$$U = u_1 - u_2 \sim \frac{N^2}{M^2}\,. \tag{36}$$

Jetzt gehen wir auf das Integral der Bewegung (16) zurück, in dem wir einsetzen:

$$u - u_0 = \xi - \delta\,, \qquad u - u_1 = \xi - U\,, \qquad u - u_2 = \xi\,. \tag{37}$$

Dann nimmt das Integral (17) die Gestalt an:

$$t = \text{Konst.} \pm \sqrt{\frac{\Theta}{2\,G s}}\int\limits_0^{\xi}\frac{d\xi}{\sqrt{(\xi - \delta)\,(\xi - U)\,\xi}} \tag{38}$$

Der Wurzelausdruck geht hier, wenn man ξ und δ gegen U vernachlässigt, über in $\sqrt{U(\delta - \xi)\,\xi}$, und das Integral liefert mit der Anfangsbedingung $\xi = \delta$ für $t = 0$ die Arcussinusfunktion:

$$t = \sqrt{\frac{\Theta}{2\,G s\,U}}\left\{\frac{\pi}{2} + \arcsin\left(1 - \frac{2\,\xi}{\delta}\right)\right\}$$

oder nach Einführung des Näherungswertes für U aus (36) und Umkehrung der Arcussinusfunktion:

$$(39) \qquad \xi = \frac{\delta}{2}\left(1 + \cos\frac{Nt}{\Theta}\right).$$

Diese Zeitfunktion hat die Periode:

$$(40) \qquad T = 2\pi\frac{\Theta}{N}.$$

Gehen wir wieder auf die u-Werte zurück, so findet sich:

$$(41) \qquad u = u_2 + \frac{u_0 - u_2}{2}\left(1 + \cos\frac{Nt}{\Theta}\right) = u_2 + \frac{\delta}{2}\left(1 + \cos\frac{Nt}{\Theta}\right),$$

womit die Nutationsbewegung des Kreisels gewonnen ist, die mit der kleinen Amplitude $\frac{\delta}{2}$ vor sich geht.

4. Greifen wir jetzt auf Gleichung (10) zurück:

$$(42) \qquad N\cos\vartheta + \Theta\frac{d\varphi}{dt}\sin^2\vartheta = n,$$

so bestimmt sich zunächst die Integrationskonstante n durch die Festsetzung: für $\vartheta = \vartheta_0$ soll sein $\frac{d\varphi}{dt} = 0$; die Figurenachse soll also die Bewegung, wie oben vorausgesetzt, senkrecht gegen den Grenzkreis ϑ_0 beginnen. Dann ist:

$$n = N\cos\vartheta_0,$$

und es wird:

$$(43) \qquad \frac{d\varphi}{dt} = \frac{N}{\Theta}\frac{\cos\vartheta_0 - \cos\vartheta}{\sin^2\vartheta} = \frac{N}{\Theta}\frac{u_0 - u}{1 - u^2}.$$

Setzt man hier:

$$u_0 - u = \delta - \xi$$

und schreibt näherungsweise $1 - u_0^2$ für $1 - u^2$, so findet sich:

$$(44) \qquad \frac{d\varphi}{dt} = \frac{N}{\Theta}\frac{\delta - \xi}{1 - u_0^2}$$

oder mit $\delta = \frac{M^2}{N^2}$:

$$\frac{d\varphi}{dt} = \frac{Gs}{N} \frac{1 - \cos\frac{Nt}{\Theta}}{\sin^2\vartheta_0}$$

und nach Integration mit der Anfangsbedingung $\varphi = 0$ für $t = 0$:

$$\varphi = \frac{1}{\sin^2\vartheta_0}\left\{\frac{Gs}{N}t - \frac{\delta}{2}\sin\frac{Nt}{\Theta}\right\}. \tag{45}$$

Diese Gleichung liefert die Präzession der Kreiselachse, die aus einer mit der Zeit proportional fortschreitenden Wanderung der Figurenachse in einem Kegelmantel der Öffnung $\frac{\vartheta_0 + \vartheta_2}{2}$ um die Vertikale, mit darübergelagerten periodischen Schwankungen der kleinen Amplitude $\frac{\delta}{2}$ besteht. Man nennt diese Bewegung eine pseudoreguläre, weil sie bei oberflächlicher Betrachtung große Ähnlichkeit mit der regulären Präzession hat, die wir im nächsten Paragraphen behandeln.

§ 79. Die reguläre Präzession beim symmetrischen Kreisel.

Den Entwicklungen des vorigen Paragraphen waren ein raumfestes Koordinatensystem XYZ und ein „halb"raumfestes System 1 2 3 zugrunde gelegt, und die für den Kreisel abgeleiteten Ansätze bezogen sich auf seine Bewegung gegenüber dem „halb"-raumfesten System.

Wir wollen nun ein bewegliches „kreiselfestes" Koordinatensystem einführen, welches an der Drehung des Kreisels teilnimmt. Ein solches erhalten wir, wenn wir eine seiner Achsen r mit der Achse 3 zusammenfallen lassen und das Kreuz der beiden anderen Achsen $p\,q$ in der 1, 2-Ebene gegen das Kreuz der Achsen 1 und 2 durch den Kreiselwinkel ψ orientieren.

Dann hängen die „halb"raumfesten Drehgeschwindigkeiten ω_1, ω_2, ω_3 mit den kreiselfesten Drehgeschwindigkeiten wie folgt zusammen:

$$\left\{\begin{aligned} \omega_p &= \omega_1\cos\psi + \omega_2\sin\psi; \\ \omega_q &= -\omega_1\sin\psi + \omega_2\cos\psi; \\ \omega_r &= \omega_3 \end{aligned}\right. \tag{1}$$

oder:

$$(2)\qquad \begin{cases} \omega_p = \dfrac{d\vartheta}{dt}\cos\psi + \dfrac{d\varphi}{dt}\sin\vartheta\sin\psi\,; \\[2ex] \omega_q = -\dfrac{d\vartheta}{dt}\sin\psi + \dfrac{d\varphi}{dt}\sin\vartheta\cos\psi\,; \\[2ex] \omega_r = \dfrac{d\psi}{dt} + \dfrac{d\varphi}{dt}\cos\vartheta\,. \end{cases}$$

Hier sind ω_p, ω_q, ω_r nichts anderes als die Komponenten des Drehvektors ω in dem auf die Trägheitshauptachsen bezogenen Koordinatensystem (§ 74), die wir früher mit ω_1, ω_2, ω_3 bezeichnet haben.

Wir fragen nun nach der Möglichkeit einer regulären Präzession des Kreisels, d. h. einer Bewegung, die bei konstanten $\vartheta = \vartheta_0$ und konstanten Winkelgeschwindigkeiten $\dfrac{d\varphi}{dt}$ und $\dfrac{d\psi}{dt}$ vor sich geht. Es soll also der Kreisel gleichförmig um seine Achse rotieren, und diese soll gleichförmig einen Kegelmantel der Öffnung $2\,\vartheta_0$ beschreiben. Der analytische Ausdruck für diese Bedingungen ist:

$$(3)\qquad \vartheta = \vartheta_0\,; \qquad \frac{d\varphi}{dt} = \nu\,; \qquad \frac{d\psi}{dt} = \mu\,,$$

wo μ die Drehgeschwindigkeit um die Figurenachse und ν die Drehgeschwindigkeit der letzteren um die Vertikale bedeutet. Dann wird:

$$(4)\quad \omega_p = \nu\sin\vartheta_0\sin\psi\,; \quad \omega_q = \nu\sin\vartheta_0\cos\psi\,; \quad \omega_r = \mu + \nu\cos\vartheta_0\,.$$

Nun ziehen wir die Eulerschen Gleichungen für den nicht kräftefreien Fall heran (§ 74), indem wir sie für $\omega_1, \omega_2, \omega_3 = \omega_p, \omega_q, \omega_r$ und $\Theta_1, \Theta_2, \Theta_3 = \Theta, \Theta, \Theta_3$ umschreiben.

$$(5)\qquad \begin{cases} \Theta\dfrac{d\omega_p}{dt} + (\Theta_3 - \Theta)\,\omega_q\omega_r = \mathfrak{M}_p\,, \\[2ex] \Theta\dfrac{d\omega_q}{dt} + (\Theta - \Theta_3)\,\omega_p\omega_r = \mathfrak{M}_q, \\[2ex] \Theta\dfrac{d\omega_r}{dt} = \mathfrak{M}_r\,. \end{cases}$$

Aus diesen Gleichungen bestimmen sich die Komponenten $\mathfrak{M}_p$ und $\mathfrak{M}_q$ des Schweremomentes in Bezug auf die kreiselfesten Achsen, unter Berücksichtigung von (3) und (4):

$$(6)\quad \begin{cases} \mathfrak{M}_p = +\Theta\mu\nu\sin\vartheta_0\cos\psi \\ \qquad + (\Theta_3 - \Theta)\,\nu(\mu + \nu\cos\vartheta_0)\sin\vartheta_0\cos\psi\,, \\ \mathfrak{M}_q = -\Theta\mu\nu\sin\vartheta_0\sin\psi \\ \qquad + (\Theta - \Theta_3)\,\nu(\mu + \nu\cos\vartheta_0)\sin\vartheta_0\sin\psi\,. \end{cases}$$

Nun handelt es sich um die Bestimmung des Schwerkraftmomentes $Gs\sin\vartheta_0$ aus den kreiselfesten Komponenten $\mathfrak{M}_p$ und $\mathfrak{M}_q$ in bezug auf das raumfeste System. Nach der Figur des § 78 fällt die Achse des Momentes $Gs\sin\vartheta_0$ mit der Achse 01 zusammen. Demnach wird, wie aus Fig. 209 des näheren ersichtlich:

$$(7)\qquad Gs\sin\vartheta_0 = \mathfrak{M}_p\cos\psi - \mathfrak{M}_q\sin\psi\,,$$

d. h. unter Einführung von (6):

$$(8)\qquad Gs\sin\vartheta_0 = \Theta_3\mu\nu\sin\vartheta_0 + (\Theta_3 - \Theta)\,\nu^2\cos\vartheta_0\sin\vartheta_0\,.$$

Hier ist G_s mit positivem Vorzeichen einzuführen, wenn der Schwerpunkt über dem Unterstützungspunkt, mit negativem, wenn er darunter liegt.

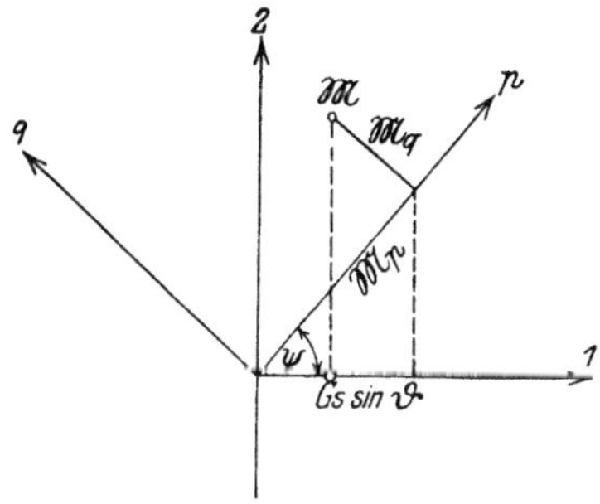

Fig. 209. Raumfeste und Kreiselfeste Komponenten des Schweremomentes.

Dieser Ansatz ist die Bedingung für das Zustandekommen einer regulären Präzession bei einem symmetrischen Kreisel mit den Trägheitsmomenten Θ_3 und Θ, der mit dem Impuls $N = \Theta_3\,\mu$ um die Figurenachse unter einem Winkel ϑ_0 gegen die Vertikale aufgesetzt wird und einen Drehanstoß seiner Figurenachse um die Vertikale von der Größe ν erhält, wenn das wirkende Schweremoment $Gs\sin\vartheta_0$ im Sinne der Figur des § 78 ist.

Der Ansatz umfaßt sowohl den früher gegebenen Fall (§ 73) des mit seiner Achse eine Ebene beschreibenden symmetrischen Kreisels:

$$(9)\qquad \mathfrak{M} = \Theta\omega\frac{d\psi}{dt}\,,$$

wenn man:

$$\vartheta_0 = \frac{\pi}{2}\,,\qquad Gs = \mathfrak{M}\,,\qquad \omega = \mu\,,\qquad \frac{d\psi}{dt} = \nu$$

setzt.

Ebenso ist in ihm der Fall des Kugelkreisels mit $\Theta_3 = \Theta$ enthalten:

$$G_s = \Theta \omega \frac{d\psi}{dt}. \tag{10}$$

Benutzt man den Ansatz (8), um bei einer durch Θ_3, Θ, μ, G, s, ϑ_0 gegebenen Kreiselbewegung nach der Geschwindigkeit ν der regulären Präzession zu fragen, so ergeben sich entweder zwei Werte von ν oder keiner, je nachdem die Quadratwurzel:

$$\sqrt{\Theta_3^2 \mu^2 - 4 G s (\Theta - \Theta_3) \cos\vartheta_0} \tag{11}$$

reell oder imaginär wird. Imaginär kann die Wurzel aber nur werden, wenn:

$$\Theta > \Theta_3 \left(1 + \frac{\Theta_3 \mu^2}{4 G s \cos\vartheta_0}\right), \tag{12}$$

d. h. wenn es sich um schlanke Kreisel handelt, bei denen das äquatoriale Trägheitsmoment das axiale um einen gewissen Betrag überwiegt.

Handelt es sich um einen Kugelkreisel ($\Theta_3 = \Theta$), so ist nur eine Präzessionsgeschwindigkeit möglich.

Im Falle reellen Wurzelwertes (11) nennen wir die absolut größere der beiden Präzessionsgeschwindigkeiten ν_1 und ν_2 die schnelle, die kleinere die langsame reguläre Präzession.

Der Gedankengang der obenstehenden Untersuchung ist also der, daß aus den Eulerschen Gleichungen die Komponenten des äußeren Momentes berechnet werden, welches auf den Kreisel einwirken muß, damit die gewollte reguläre Präzession zustande kommt. Die Eulerschen Gleichungen liefern hiernach die kreiselfesten Komponenten des Drehmomentes; durch eine Transformation auf ein raumfestes Koordinatensystem wird ihre raumfeste Resultierende ermittelt, die mit dem von der Schwerkraft herrührenden Moment gleichgesetzt wird.

§ 80. Die kräftefreie Bewegung des symmetrischen Kreisels.

Die Entwicklungen des § 76 werden für den symmetrischen Kreisel mit $\Theta_1 = \Theta_2 = \Theta$ unanwendbar. Denn aus den dort gegebenen Ansätzen (3) und (5) findet sich

(1) $$\omega_1^2 + \omega_2^2 = \frac{2\,\Theta_3\,L - N^2}{\Theta(\Theta_3 - \Theta)}\,,$$

(2) $$\omega_3^2 = \frac{2\,\Theta\,L - N^2}{\Theta_3\,(\Theta - \Theta_3)}\,,$$

woraus sich

(3) $$u = \omega^2 = \omega_1^2 + \omega_2^2 + \omega_3^2 = \frac{2\,L(\Theta_3 + \Theta) - N^2}{\Theta\,\Theta_3}$$

ergibt. Der Gesamtdrehvektor $\sqrt{u}$ ist demnach konstant, wodurch die Integration (14) in § 76 unausführbar wird (wegen $d\,u = 0$). Es ist aber nicht schwer, über die Gestalt der Polhodie und der Herpolodiekurve bzw. den entsprechenden Kegel Aufschluß zu gewinnen.

Offenbar ist die Polodiekurve das Kreispaar, das auf dem Umdrehungsellipsoid

(4) $$\Theta(X^2 + Y^2) + \Theta_3\,Z^2 = 2\,L$$

durch das Ebenenpaar

(5) $$Z^2 = \frac{2\,\Theta\,L - N^2}{\Theta_3\,(\Theta - \Theta_3)}$$

herausgeschnitten wird. Der Polodiekegel ist demnach ein Kreiskegel mit dem halben Öffnungswinkel α:

(6) $$\operatorname{tg}\alpha = \sqrt{\frac{2\,\Theta_3\,L - N^2}{N^2 - 2\,\Theta\,L} \cdot \frac{\Theta_3}{\Theta}}\,.$$

Andererseits ergibt sich aus (6a) § 77 wegen ω = konst., daß auch $\cos(N, \omega)$ unveränderlich sein muß. Demnach ist auch der Herpolhodiekegel ein Kreiskegel mit dem halben Öffnungswinkel β:

(7) $$\cos\beta = \cos(N, \omega) = \frac{2\,L}{N\,\omega}\,,$$

der stets spitz sein muß, weil $\cos\beta$ wegen des stets positiven Wertes von $N\,\omega = \Theta\,\omega^2$ niemals negativ werden kann.

Für den symmetrischen kräftefreien Kreisel geht also die allgemeine Poinsotbewegung in das Abrollen zweier Kreiskegel aufeinander über.

Um nun auch die Bewegung der Figurenachse des Kreisels kennenzulernen, greifen wir auf das raumfeste Koordinatensystem XYZ und das kreiselfeste Koordinatensystem p, q, r zurück, die wir in § 79 miteinander verknüpften, wobei wir die Drehvektorkomponenten $\omega_1\,\omega_2\,\omega_3$ nunmehr durch $\omega_p\,\omega_q\,\omega_r$ zu bezeichnen haben.

Zunächst lassen wir den unveränderlichen Impulsvektor N mit der Z-Achse zusammenfallen und merken seine Richtungskosinus relativ zu den Achsen des beweglichen Systemes $p\,q\,r$ mit

$$\frac{\Theta\,\omega_p}{N}\,,\qquad \frac{\Theta\,\omega_q}{N}\,,\qquad \frac{\Theta_3\,\omega_r}{N}$$

an. Vermöge der Winkel ϑ und ψ, die die gegenseitige Lage der beiden Koordinatensysteme angeben, finden sich aber dieselben Richtungskosinus zu

$$\sin\vartheta\sin\psi\,,\qquad \sin\vartheta\cos\psi\,,\qquad \cos\vartheta\,.$$

Es gilt also:

$$\text{(8)}\quad \sin\vartheta\sin\psi = \frac{\Theta\,\omega_p}{N}\,;\qquad \sin\vartheta\cos\psi = \frac{\Theta\,\omega_q}{N}\,;\qquad \cos\vartheta = \frac{\Theta_3\,\omega_r}{N}\,.$$

Weiter gewinnen wir aus den Ansätzen (2) im § 79 durch Auflösung:

$$\text{(9)}\quad \begin{cases} \dfrac{d\vartheta}{dt} = \omega_p\cos\psi - \omega_q\sin\psi \\[2ex] \dfrac{d\varphi}{dt} = \dfrac{1}{\sin\vartheta}(\omega_p\sin\psi + \omega_q\cos\psi) \\[2ex] \dfrac{d\psi}{dt} = \omega_r - \dfrac{\cos\vartheta}{\sin\vartheta}(\omega_p\sin\psi + \omega_q\cos\psi)\,. \end{cases}$$

Aus der dritten Gleichung (8) findet sich $\cos\vartheta$ für die ganze Bewegung unveränderlich $\cos\vartheta_0 = \dfrac{\Theta_3\,\omega_r}{N}$; die Figurenachse beschreibt also einen Kreiskegel um die Impulsachse. Ferner findet sich aus der zweiten Gleichung (9) mit den Gleichungen (8)

$$\text{(10)}\qquad \frac{d\varphi}{dt} = \frac{N\Theta(\omega_p^2 + \omega_q^2)}{N^2 - \Theta_3^2\,\omega_r^2} = \frac{N}{\Theta} = \nu\,.$$

Demnach wird der Kreiskegel seitens der Figurenachse mit der gleichförmigen (Präzessions-)Geschwindigkeit $\dfrac{d\varphi}{dt} = \nu$ durchlaufen und wir haben, wenn als Anfangsbedingung (für $t = 0$ soll $\varphi = 0$ sein) gilt:

(11) $$\varphi = \nu t\,.$$

Weiter ergibt sich aus der dritten Gleichung (2) des § 79

(12) $$\frac{d\psi}{dt} = \omega_r - \nu\frac{\Theta_3\,\omega_r}{N} = \omega_r\frac{\Theta - \Theta_3}{\Theta} = \mu\,.$$

Demnach erweist sich die in die Figurenachse fallende Komponente $\frac{d\psi}{dt}$ des Drehvektors als Konstante (μ), und die dritte Gleichung (2) des § 79 kann nun geschrieben werden:

$$\frac{\Theta\,\mu}{\Theta - \Theta_3} = \mu + \nu\cos\vartheta_0$$

oder

(13) $$\Theta_3\,\mu + (\Theta_3 - \Theta)\,\nu\cos\vartheta_0 = 0\,.$$

Dies ist aber nichts anderes, als die Bedingung der regulären Präzession im Falle $s = 0$ nach Gl. (8) § 79, d. h. **die allgemeine Bewegung des kräftefreien symmetrischen Kreisels ist eine reguläre Präzession.** Ein symmetrischer Kreisel, der in seinem Schwerpunkt unterstützt wird, beschreibt also mit seiner Figurenachse unter allen Umständen einen Kreiskegel, dessen Achsenrichtung im Raume ganz beliebig gewählt werden kann. Im übrigen ist die Bewegung durch die Konstanten μ, ν, ϑ_0 gekennzeichnet, die durch den Ansatz (13) mit den Trägheitsmomenten des Kreisels und miteinander verknüpft sind.

§ 81. Die allgemeine Bewegung des Kugelkreisels.

Die bisher betrachteten Bewegungen des schweren symmetrischen Kreisels waren sehr spezieller Natur infolge der einfachen Anfangsbedingungen, die ihnen zugrunde lagen.

Im § 78 wurde ein Vorgang untersucht (Fig. 207 und 208), bei dem die Figurenachse des Kreisels ihre Bewegung im Raum ohne irgendwelche Anfangsgeschwindigkeit begann. Er kennzeichnete sich als Zusammenwirkung einer Nutation mit einer Präzessionsbewegung, die mittels elliptischer Funktionen eine periodische Darstellung erfuhren.

Bevorzugen wir jetzt statt der schiefwinkligen Projektion der Kreiselspitzenbahn nach Fig. 206/207 eine rechtwinklige, parallel zur Schwere auf die Horizontalebene durch den Kreiselunterstützungspunkt, so liefert der instabil unterstützte Kreisel eine Kurvenprojektion nach Fig. 210, der stabil unterstützte nach Fig. 211, wobei vorausgesetzt wurde, daß der Drall N des Kreisels

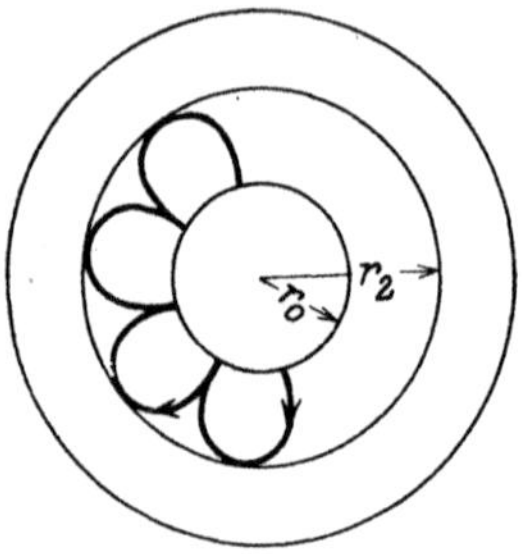

Fig. 210.

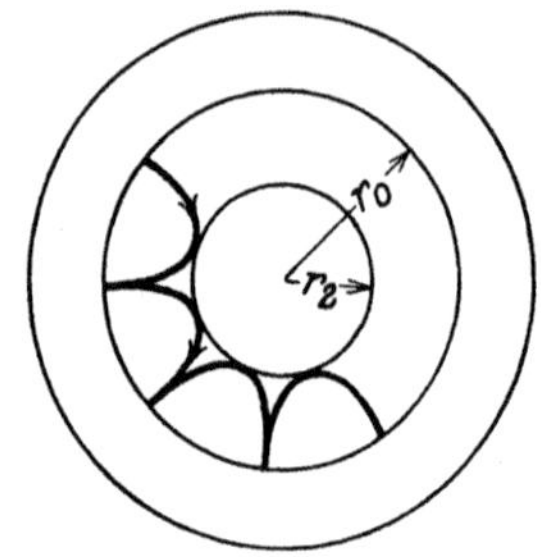

Fig. 211.

nach oben gerichtet sei. Die beiden den Winkeln ϑ_0 und ϑ_2 entsprechenden Grenzkreise sind durch ihre Radien r_0 und r_2 gekennzeichnet.

Betrachten wir jetzt allein den stabil unterstützten Kreisel, so hatten wir bereits die Bewegungsart ermittelt, die sich einstellt, wenn der Drall N unbegrenzt zunimmt. Wir erhielten so die pseudoreguläre Präzession, bei der der Grenzkreis r_2 ganz nahe an r_0 heranrückt und die Bewegung der Kreiselspitze auf sehr kleine Nutationen und Schwankungen der Präzession hinauskommt. Siehe hierzu Fig. 212.

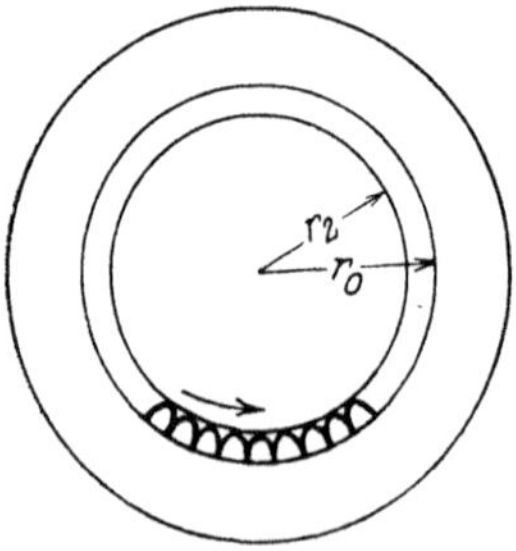

Fig. 212.

Es liegt nun nahe, nach den Bewegungsformen zu fragen, die entstehen, wenn der Drall N unbegrenzt abnimmt, etwa durch Abnahme der Drehgeschwindigkeit μ um die Figurenachse[130]).

Offenbar wird im Falle $\mu = 0$ der Kreisel ein gewöhnliches sphärisches Pendel, dessen Spitzenkurve beim Fehlen jeglichen seitlichen Anstoßes nach Fig. 213 eine ebene und in unserer Projektion ein Durchmesser des Kreises mit dem Radius r_0 werden muß.

Es ist nun nicht schwer, von Fig. 213 den Anschluß an Fig. 212 bei wachsendem N zu finden. Die Spitzenkurven müssen für sehr kleines, von Null verschiedenes N sich aus flachen Bögen zusammensetzen, die sich auf dem Grenzkreis r_0 in Spitzen zusammenfügen, während sie sämtlich einen kleinen Grenzkreis r_2 berühren (Fig. 214).

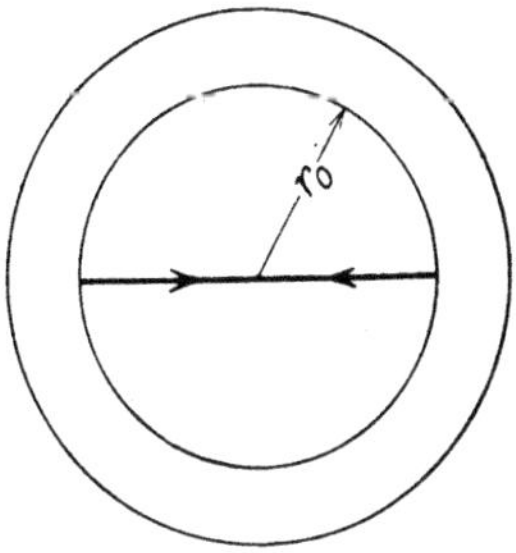

Fig. 213.

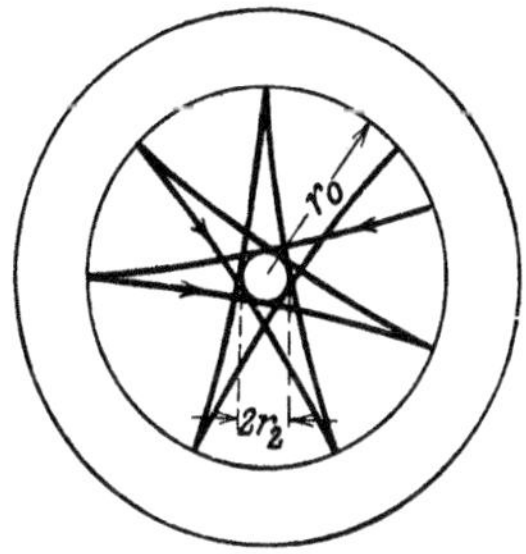

Fig. 214.

Wächst jetzt N, so werden die Bögen nach Fig. 215 schärfer gekrümmt, der Grenzkreis r_2 wird größer, bis der Übergang (über Fig. 211) zu Fig. 212 erreicht ist.

In den Figuren nach der Reihenfolge 213, 214, 215, 211, 212 haben wir nun die Grundlagen gefunden, um die Bewegungen besprechen zu können, die aus einem seitlichen Anfangsstoß $\pm\nu$ der Figurenachse im Sinne von Fig. 205 oder von § 79 (3) hervorgehen.

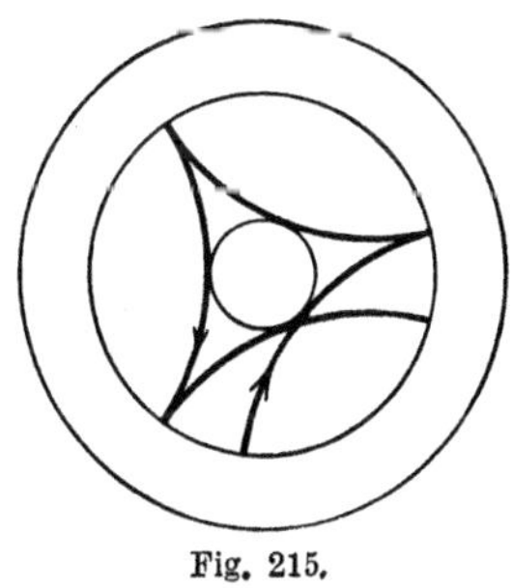

Fig. 215.

Zunächst verwandelt sich die ebene Pendelbewegung nach Fig. 213 unter Einfluß des anfänglich schwachen Drehstoßes $\pm\nu$ in eine sphärische nach Fig. 216; die Spitzenkurve berührt jetzt den äußeren und den inneren Grenzkreis und ist in sich geschlossen, so lange die Ausschläge ϑ nicht zu groß werden. (Für einen bestimmten Wert von ν, nämlich

$$(1) \qquad \nu = \pm\sqrt{\frac{g}{l\cos\vartheta_0}},$$

wo l die reduzierte Pendellänge des Kreisels bedeutet, beschreibt die Kreiselspitze den Kreis r_0, welch letzterer Ansatz für beliebiges ϑ_0 gilt.)

Mit dem gleichen schwachen $\pm\nu$ kommt man weiter von Fig. 214 zu zwei neuen Bewegungsformen.

Erstlich wird das negative ν sich der rückläufigen Präzession in Fig. 214 addieren, die Spitzen abrunden und den Durchmesser des inneren Grenzkreises vergrößern (Fig. 217). Die Spitzenkurve hat dabei in jedem Zweig zunächst zwei Wendepunkte.

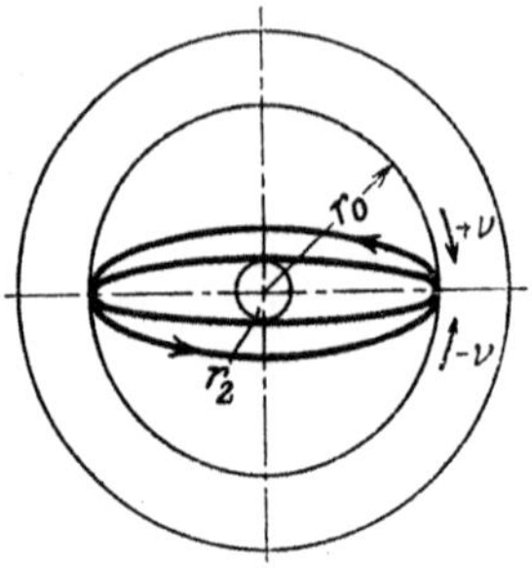

Fig. 216.

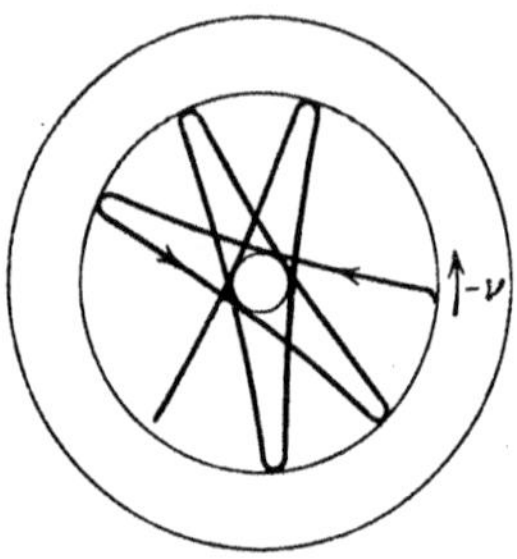

Fig. 217.

Stärker negatives ν verstärkt die rückläufige Präzession, die Spitzenabrundung und die Durchmesservergrößerung, während die beiden Wendepunkte näher zusammenrücken. Bei einem negativen ν von gewissem Betrage berührt die Spitzenkurve den inneren Grenzkreis so, daß sie dort eine vierpunktig berührende Tangente hat. Infolgedessen müssen die einzelnen Bögen der Spitzenkurve fast gerade gestreckt erscheinen (Fig. 218).

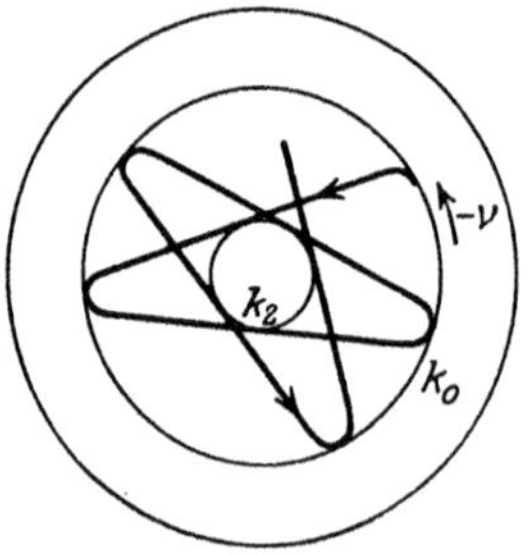

Fig. 218.

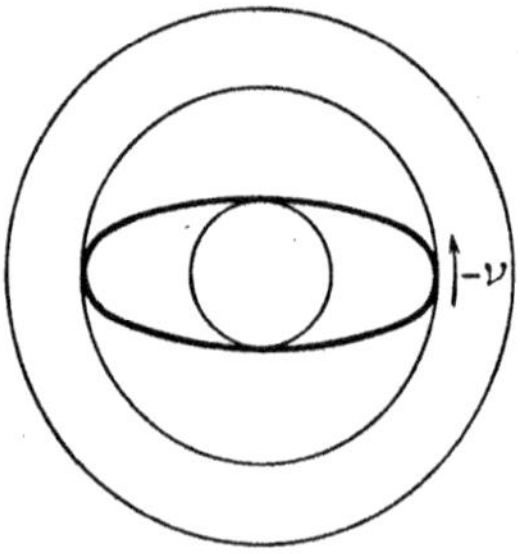

Fig. 219.

Geht man in der Richtung negativ wachsender ν weiter, so werden die einzelnen Kurvenbögen überall konkav gegen den inneren Grenzkreis, die rückläufige Präzession verstärkt sich, bis der erste (und damit jeder) Kurvenbogen gerade den Winkel π umspannt. Dann erhält die Kurve eine geschlossene ellipsenähnliche Gestalt

(Fig. 219). Es ist bemerkenswert, daß diese figürlich sehr einfache Bewegungsform beim gewöhnlichen sphärischen Pendel ($N = 0$) nie auftreten kann, sobald endliche Ausschläge betrachtet werden.

Noch weiter ins Negative wachsendes ν vergrößert den Umspannungswinkel der Kurvenzweige und den inneren Grenzkreis Fig. 220, bis schließlich im Falle des Kugelkreisels für

$$\nu = -\frac{G s}{\Theta \mu} \tag{2}$$

die reguläre Präzession eintritt (Fig. 221).

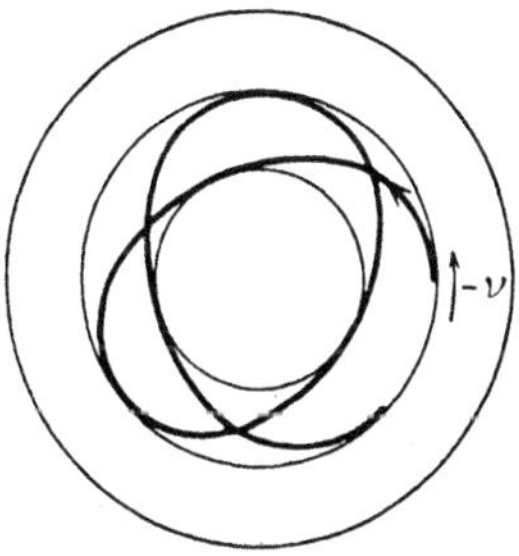

Fig. 220.

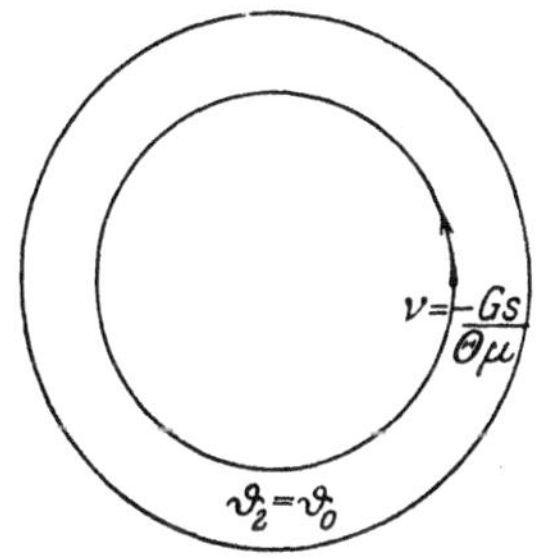

Fig. 221.

In entsprechender Weise kann man von jeder der Kurvengestalten Fig. 215, 211, 212 zur regulären Präzession hin gelangen, sobald man ν von Null bis $\frac{G s}{N}$ abnehmen läßt. Zwischen dem Drall N und dem Drehstoß $-\nu$ besteht dann die Hyperbelgleichung $-N\nu = G s$, wonach die Kurve in Fig. 222 gezeichnet ist. Jeder Punkt der ν-N-Ebene bezeichnet einen Bewegungszustand des vorgelegten Kreisels, von denen einige durch die angeschriebenen Zahlen mit den zugehörigen Bildern identifiziert sind.

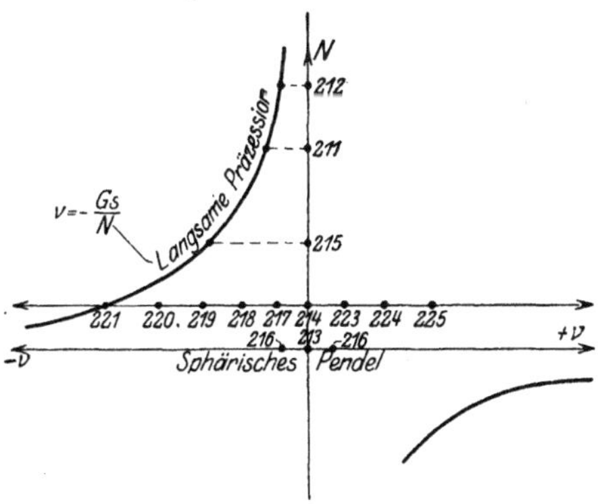

Fig. 222. Präzessionshyperbel des Kugelkreisels.

Es erübrigt nun noch, von Fig. 214 in Richtung der positiven ν weiterzugehen. Zunächst beginnt, bei genügend kleinem

$+\nu$, die Bewegung wieder im Punkt A tangential an den äußeren Kreis, und die Eigenschaft der Spitzenkurve, nach Fig. 214, den inneren Grenzkreis links von sich zu lassen, bleibt erhalten, während die Spitzen sich abrunden. Das bedeutet, daß die Spitzenkurve rechtsläufige und linksläufige Schleifen abwechselnd aufweist, etwa nach Fig. 223. Der innere Grenzkreis ist dabei kleiner als in Fig. 217.

Läßt man nun den Seitenstoß ν weiter positiv zunehmen, so gelangt man bald zu einem Wert, bei dem der innere Grenzkreis sich auf einen Punkt zusammenzieht (Fig. 224).

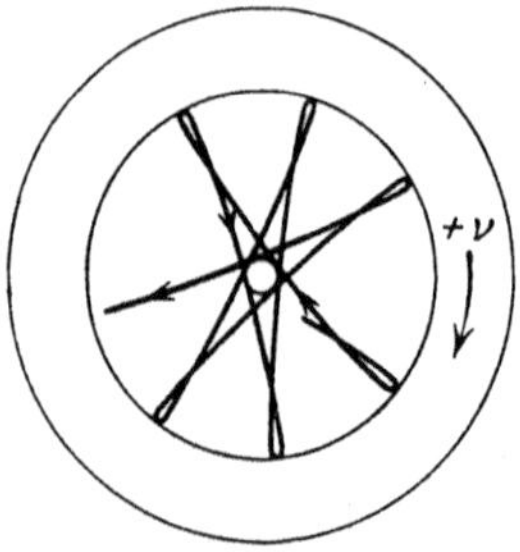

Fig. 223.

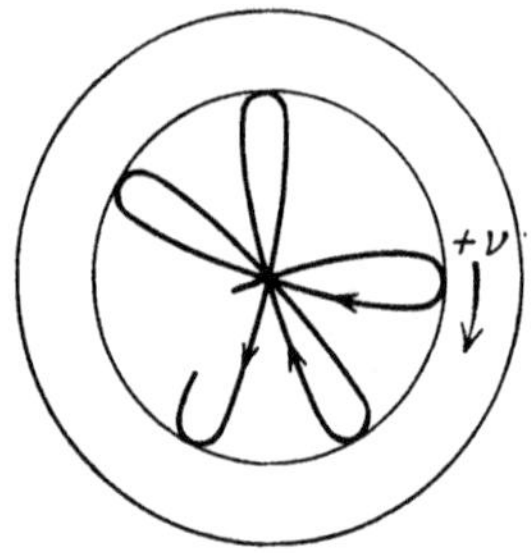

Fig. 224.

Weiter wachsende Werte $+\nu$ lassen die Kurvenbögen sich wieder mehr erweitern. Es tritt wieder ein Hüllkreis auf, der von den Schleifen umfaßt wird, wie in Fig. 225 gezeichnet ist.

Wächst schließlich ν gegen $+\infty$ hin, so drängen sich innerer Hüllkreis und Kurvenschleifen gegen den äußeren Grenzkreis zusammen, der bei $\nu = +\infty$ tatsächlich erreicht wird. Hiermit ist die Bewegung der schnellen regulären Präzession gegeben.

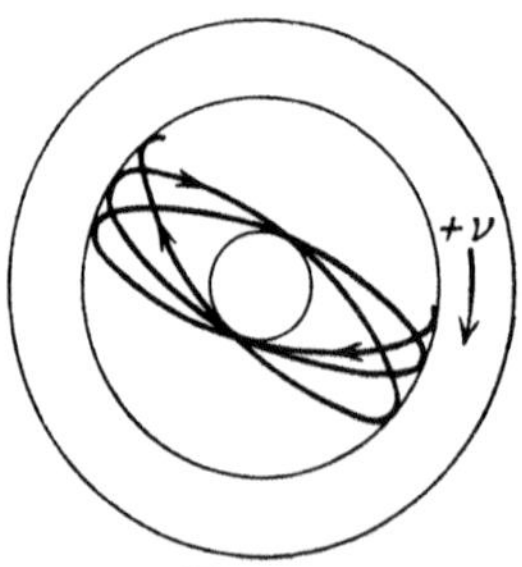

Fig. 225.

Es erübrigt nun noch, die Bewegungen kurz anzumerken, die eintreten, wenn man ν über $-\frac{G s}{\Theta \mu}$ weiter ins Negative wachsen läßt. Dann überschreitet die Spitzenkurve den äußeren Grenzkreis, in dessen Nähe sie übrigens mit kreisähnlicher Gestalt dauernd bleibt, um für $\nu = -\infty$ wieder in K_2 (und damit in die schnelle reguläre Präzession) überzugehen.

Um den Zusammenhang der Bewegungen des schweren symmetrischen Kreisels mit denen des Kugelkreises zu gewinnen, greifen wir auf Ansatz (8) in § 79 zurück, indem wir dabei, entsprechend der vorausgesetzten stabilen Unterstützung des Kreisels, für $G s$ das negative Vorzeichen wählen:

$$\nu^2(\Theta_3 - \Theta)\cos\vartheta_0 + \mu\,\nu\,\Theta_3 = -G s\,. \tag{3}$$

Durch diese Gleichung ist ein Zusammenhang zwischen den Drehgeschwindigkeiten μ und ν gegeben, den wir jetzt untersuchen wollen.

Ohne die Allgemeinheit wesentlich einzuschränken, können wir hier

$$(\Theta_3 - \Theta)\cos\vartheta_0 = \Delta\,; \qquad \Theta_3 = 1\,; \qquad G s = 1 \tag{4}$$

setzen und erhalten

$$\nu^2\Delta + \mu\,\nu = -1\,. \tag{5}$$

Diese Gleichung zwischen μ und ν stellt eine Hyperbel dar nach Fig. 226, deren im zweiten Quadranten liegender Ast allen möglichen regulären Präzessionen entspricht, die also bei positivem μ nur entstehen können, wenn der Drehstoß ν negativ gewählt wird. Der im vierten Quadranten liegende Hyperbelast liefert dem gegenüber nichts Neues.

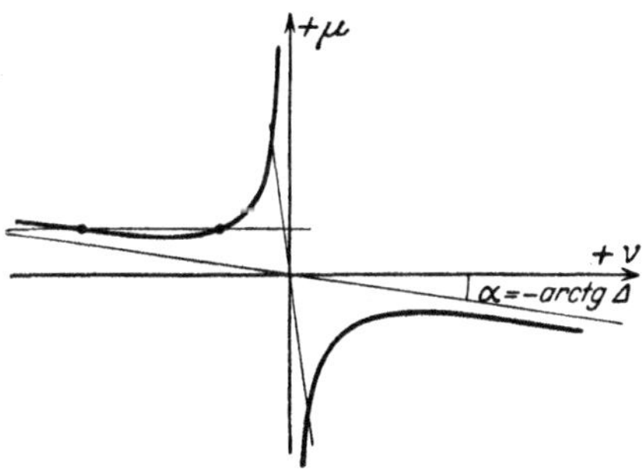

Fig. 226. Präzessionshyperbel des abgeplatteten Kreisels.

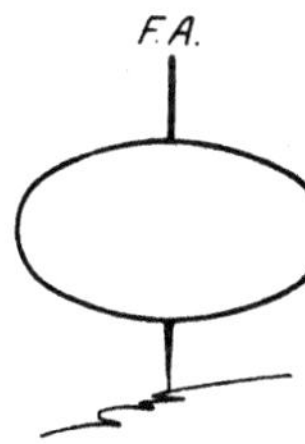

Fig. 227. Abgeplatteter Kreisel.

Der gezeichneten Figur liegt positives Δ, also die Annahme $\Theta_3 > \Theta$ zugrunde. Es handelt sich also um einen sog. abgeplatteten Kreisel (Fig. 227), bei dem das Trägheitsmoment um die F. A. größer ist als das äquatoriale.

Setzt man dagegen $\varDelta$ negativ voraus, so gelangt man zum verlängerten Kreisel (Fig. 228), dessen Präzessionshyperbel in Fig. 229 gezeichnet ist.

Den Übergang vom abgeplatteten zum verlängerten Kreisel bildet aber der Kugelkreisel, dessen schon in Fig. 222 mitgeteilte

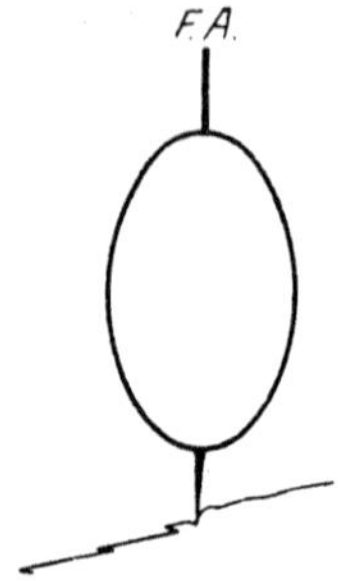

Fig. 228. Verlängerter Kreisel.

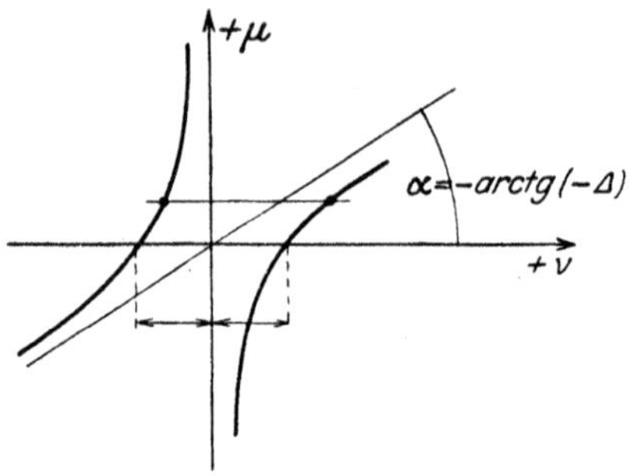

Fig. 229. Präzessionshyperbel des verlängerten Kreisels.

Präzessionshyperbel sich nunmehr genauer erklärt, insbesondere mit Bezug auf das Auftreten einer schnellen Präzession mit $\nu = \mp \infty$.

Analytisch läßt sich diese Präzession aus dem Ansatz (3) gewinnen, indem man nach ν auflöst. Man erhält dann zwei Wurzeln, die beide bei positivem $\varDelta$ stets negativ sind. Die der Null näher liegende von ihnen wird nun für $\varDelta = 0$ unbestimmt, die andere unendlich. Die Unbestimmtheit wird nach bekannten Regeln beseitigt, wodurch man

$$\nu = -\frac{G\, s}{\Theta_3\, \mu},$$

d. h. die langsame reguläre Präzession des Kugelkreisels erhält.

Geht man vom verlängerten Kreisel ($\varDelta < 0$) aus, so wird man auf entsprechendem Wege zum gleichen Ergebnis geführt.

Wird im Ansatz (3) $G\, s = 0$ gesetzt, so gelangen wir schließlich zur regulären Präzession des kräftefreien symmetrischen Kreisels, welche der Gleichung

$$\nu\,[\nu\,(\Theta_3 - \Theta)\cos\vartheta_0 + \mu\,\Theta_3] = 0$$

entspricht. Man hat diese Bewegung die **natürliche kräftefreie Bewegung** des Kreisels genannt und sie mit der geradlinigen gleichförmigen Bewegung eines Massenpunktes verglichen.

§ 82. Die Präzessionsbewegung der Erde[131]).

Die theoretische Behandlung der Kreiselbewegung ist angebahnt worden durch die Entdeckung einer kosmischen Erscheinung, nämlich des Vorrückens der Frühlings-Tag-und-Nachtgleiche.

Der Tatsachenstoff, wie er dem Beschauer von der Erde aus sich darstellt, ist in der Fig. 230 enthalten.

Danach bewegt sich die Sonne im Gegenzeigersinne um die Erde in einer (ebenen) Kreisbahn, der Ekliptik, deren Achse um den Winkel $\vartheta = 23^\circ{,}5$ (Schiefe der Ekliptik) gegen den Erdäquator geneigt ist. Die Äquatorebene der Erde, die durch

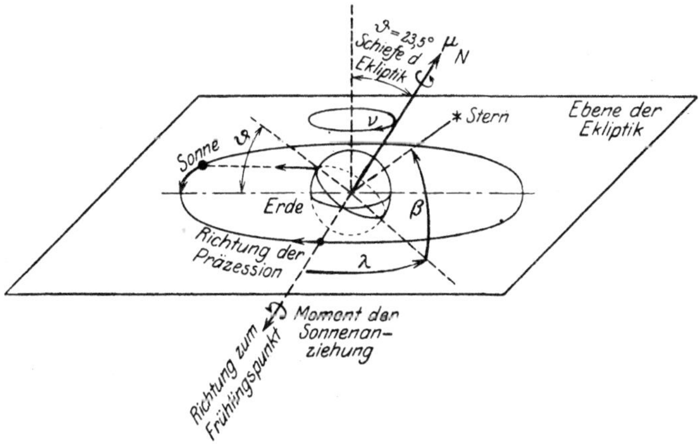

Fig. 230. Sonnenanziehung und Erdpräzession.

die Erddrehung festgelegt wird, und der der Himmelsäquator entspricht, schneidet die Ebene der Ekliptik in einer Geraden, der Knotenlinie, deren Durchstoßpunkte auf dem Himmelsgewölbe Äquinoktialpunkte heißen. Derjenige dieser Punkte, den die Sonne beim Übertritt von der südlichen Himmelshälfte über den Äquator hinweg nach der nördlichen durchschreitet, heißt das Frühlingsäquinoktium oder Frühlingsknoten.

Die Ebene der Sonnenbahn ist nun schon seitens der antiken Astronomie zusammen mit der in ihr liegenden Richtung zum Frühlingspunkt zur Grundlage des ekliptikalen Koordinatensystems zur Festlegung von Sternörtern an der Himmelskugel benutzt worden. Die hiernach sich ergebenden beiden

Sternkoordinaten sind die Länge λ und die Breite β, zwei Winkel, die in der Fig. 230 eingezeichnet sind.

Schon Hipparch (um 146 v. Chr.) wußte, daß die Längen aller Sterne in gleichem Maße zunehmen und konnte auch schon ziemlich annähernd den jährlichen Betrag dieser Zunahme ermitteln auf Grund der Vergleichung seiner Sternlängen mit denen, die Christyllos und Timocharis 150 Jahre vor ihm gemessen hatten. Die Längenzunahme in diesem Zeitraum fand Hipparch zu 2°.

Dieser Erscheinung entspricht, da die Sternlängen auf der Ekliptik im Gegenzeigersinne gerechnet werden, eine Bewegung des Frühlingspunktes im Uhrzeigersinne, eine Präzession des Frühlingsknotens, die einer Präzession der Erdachse entspricht und deren jährlicher Betrag heute mit ziemlicher Annäherung zu 50 Bogensekunden ermittelt ist.

Newton führte (1687) die Präzessionserscheinung auf die Anziehungskräfte zurück, die Sonne und Mond auf die abgeplattete Erde ausüben; wir werden im folgenden einen Weg zeigen, wie man die Abplattung der Erde aus der Präzessionsgeschwindigkeit ihrer Achse berechnen kann.

In der Fig. 230 ist durch den Pfeil angedeutet, wie die Sonnengravitation die der Abplattung entsprechende äquatoriale Massenanhäufung der Erde in die Ekliptik zu ziehen sucht, welche Wirkung nach den früheren Regeln den Hinzutritt eines Momentenvektors zum Drehvektor μ des Erdkreisels und damit eine Präzessionsbewegung in dem in Fig. 230 gezeichneten Sinne zur Folge haben muß. Die Gravitation des Mondes wirkt in entsprechender Weise, wobei man die Mondbahnebene angenähert als mit der Sonnenbahnebene zusammenfallend annimmt.

Die Untersuchung dieser Gravitationswirkungen gelingt nun auf Grund einer Vorstellung, die von Gauß stammt. Danach kann man jene Wirkungen der Massen m_1 und m_2 von Sonne und Mond, die in ihren Bahnen in den Zeiten T_1 und T_2 um die Erde umlaufen, ersetzt denken durch die Wirkung gleich großer, längs den Bahnen gleichmäßig verteilter Massen, solange die Periode der wirkenden Ursache (der Gravitation der umlaufenden Himmelskörper) klein ist gegen die Periode der bewirkten Störung (der Präzession der Erdachse). Diese letztere Periode (das Platonische Weltjahr) beträgt etwa 26 000 Jahre, ist also viel größer als die Umlaufzeiten von Sonne und Mond (Fig. 231).

Diese Körper können also bezüglich der Gravitation auf die äquatoriale Massenanhäufung der Erde als zwei Ringe gedacht werden, die wir den Sonnenring und den Mondring (mit den Radien r_1 und r_2) nennen werden.

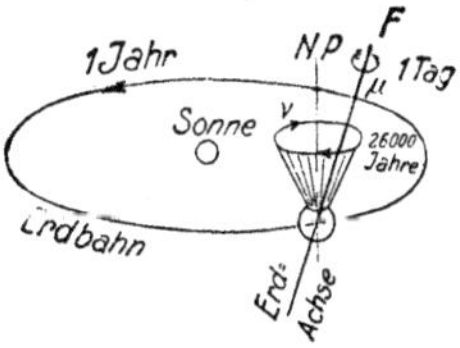

Fig. 231. Erdbewegung und Platonisches Weltjahr.

Auch die Massenanhäufung am Erdäquator werden wir durch einen gleichförmig mit Masse belegten Ring, den Erdring mit der Masse m und dem Radius R ersetzen, derart, daß dieser Ring zusammen mit einer Kugel des Trägheitsmoments Θ die richtigen Trägheitsmomente C (um die Drehungsachse) und A (um einen Äquatordurchmesser) des Erdellipsoids ergibt.

Dann ist anzusetzen:

$$(1)\qquad \begin{cases} C = \Theta + mR^2 \\ A = \Theta + \frac{1}{2} mR^2 \end{cases}$$

und hieraus zu berechnen:

$$(2)\qquad \begin{cases} m = 2\,\dfrac{C - A}{R^2} \\ \Theta = 2A - C\,. \end{cases}$$

Es wird unser Ziel sein, den reziproken Wert der Abplattung oder Elliptizität der Erde, d. h. die Größe $\dfrac{C}{C - A}$, zu ermitteln.

Hiermit sind alle Elemente gewonnen, die uns in den Stand setzen werden, zunächst die Drehmomente $\mathfrak{M}_1$ und $\mathfrak{M}_2$ von Sonne und Mond zu finden, welche die Präzession der Erdachse mit der Drehgeschwindigkeit ν nach der früher entwickelten Regel:

$$(3)\qquad \mathfrak{M}_1 + \mathfrak{M}_2 = C\,\mu\,\nu\sin\vartheta + (C - A)\,\nu^2\cos\vartheta\sin\vartheta$$

zur Folge haben. Hier gestattet uns die Kleinheit von ν gegenüber μ und der geringe Betrag der Differenz $C - A$ gegenüber von C das zweite Glied rechts fortzulassen und einfacher zu schreiben:

$$(3\,\text{a})\qquad \mathfrak{M}_1 + \mathfrak{M}_2 = C\,\mu\,\nu\sin\vartheta\,.$$

Zur Berechnung der Momente machen wir die Sonnenbahnebene zur xy-Ebene eines rechtwinkligen Koordinatensystems, dessen x-Achse mit der Knotenlinie zusammenfällt und zum Frühlingspunkt hin positiv gerechnet wird (Fig. 232).

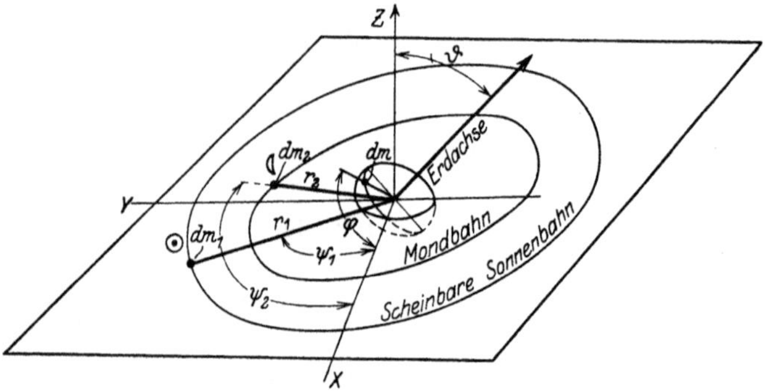

Fig. 232. Koordinaten des Systems Sonne, Erde, Mond.

Von der x-Achse aus geben wir den einzelnen Sonnenringpunkten x_1, y_1, z_1 die im Uhrzeigersinne positiv gezählten Amplituden ψ_1 und können danach ausdrücken:

(4a) $$x_1 = r_1 \cos\psi_1\,; \quad y_1 = r_1 \sin\psi_1\,; \quad z_1 = 0\,.$$

In entsprechender Weise finden wir für die Mondringpunkte:

(4b) $$x_2 = r_2 \cos\psi_2\,; \quad y_2 = r_2 \sin\psi_2\,; \quad z_2 = 0\,.$$

Für die Erdringpunkte x, y, z wählen wir eine von der Knotenlinie aus in der Äquatorebene im Uhrzeigersinne positiv zu zählende Amplitude φ und haben danach:

(5) $$x = R\cos\varphi\,; \quad y = R\sin\varphi\cos\vartheta\,; \quad z = R\sin\varphi\sin\vartheta\,.$$

Die einzelnen Sonnen- und Mondringpunkte sind die Träger der Elementarpotentiale dV_1 und dV_2 auf den Erdring, vermöge der ihnen anhaftenden Massenelemente $dm_1 = \frac{m_1}{2\pi}d\psi_1$ und $dm_2 = \frac{m_2}{2\pi}d\psi_2$ sowie des dem einzelnen Erdringpunkte anhaftenden Massenelementes $dm = \frac{m}{2\pi}d\varphi$.

Unter Heranziehung der allgemeinen Gravitationskonstante f ist zu schreiben:

$$(6)\qquad \begin{cases} dV_1 = f\dfrac{dm_1\,dm}{\varrho_1} = f\dfrac{m_1\,m}{4\,\pi^2\,\varrho_1}\,d\psi_1\,d\varphi \\[2ex] dV_2 = f\dfrac{dm_2\,dm}{\varrho_2} = f\dfrac{m_2\,m}{4\,\pi^2\,\varrho_2}\,d\psi_2\,d\varphi \end{cases}$$

wo

$$(7)\qquad \begin{cases} \varrho_1 = [(x_1 - x)^2 + (y_1 - y)^2 + (z - z)^2]^{\frac{1}{2}} \\ \quad\; = [r_1^2 + R^2 - 2\,r_1\,R S_1]^{\frac{1}{2}} \end{cases}$$

(mit der Abkürzung $S_1 = \cos\psi_1\cos\varphi + \sin\psi_1\sin\varphi\cos\vartheta$ (8))

die Entfernung des Sonnenringpunktes x_1, y_1, z_1 vom Erdringpunkt x, y, z bedeutet. Die entsprechenden Ansätze für das Mondringpotential ergeben sich aus (6) und (7) durch Ersetzung des Zeigers 1 durch 2.

Aus (6) findet sich das Gesamtpotential V_1 durch doppelte Integration längs des Sonnenringes und des Erdringes:

$$(8)\qquad V_1 = \frac{f\,m_1\,m}{4\,\pi^2}\int_0^{2\pi} d\varphi \int_0^{2\pi} \frac{d\psi_1}{\sigma_1}\,.$$

Diese Integration ist ausführbar, wenn wir $\frac{1}{\varrho_1}$ nach den Potenzen der kleinen Größe $\frac{R}{r_1}$ (R = Erdradius, r_1 = Erdbahnradius) entwickeln:

$$(9)\qquad \frac{1}{\varrho_1} = \frac{1}{r_1}\left[1 + \frac{R}{1}S_1 + \frac{3}{2}\left(\frac{R}{r_1}\right)^2 S_1^2 - \frac{1}{2}\left(\frac{R}{r_1}\right)^2 \ldots\right]$$

und höhere als quadratische Glieder vernachlässigen. Dann ist die Integration zurückzuführen auf die Ermittlung der Integrale:

$$(10)\qquad \int_0^{2\pi} S_1\,d\psi_1 = 0 \quad\text{und}\quad \int_0^{2\pi} S_1^2\,d\psi = \pi(\cos^2\varphi + \sin^2\varphi\cos^2\vartheta)\,,$$

von denen das zweite bei nochmaliger Integration über φ den Wert:

$$(11)\qquad \int_0^{2\pi} d\varphi \int_0^{2\pi} S_1^2\,d\psi_1 = \pi^2(1 + \cos^2\vartheta)$$

liefert.

Mit (9), (10) und (11) berechnet sich jetzt das Gesamtpotential des Sonnenringes auf den Erdring

$$V_1 = f\frac{m_1 m}{4\pi^2 r_1}\left[4\pi^2 + \frac{3\pi^2}{2}\left(\frac{R}{r_1}\right)^2(1+\cos^2\vartheta) - \frac{4\pi^2}{2}\left(\frac{R}{r_1}\right)^2 + \dots\right]$$

oder

$$(12)\qquad = f\frac{m_1 m}{r_1}\left[1 + \frac{3}{8}\left(\frac{R}{r_1}\right)^2(1+\cos^2\vartheta) - \frac{1}{2}\left(\frac{R}{r_1}\right)^2 + \dots\right]$$

und entsprechend für den Mondring:

$$(13)\qquad V_2 = f\frac{m\, m_2}{r_2}\left[1 + \frac{3}{8}\left(\frac{R}{r_2}\right)^2(1+\cos^2\vartheta) - \frac{1}{2}\left(\frac{R}{r_2}\right)^2 + \dots\right]$$

Aus diesen Potentialansätzen erhalten wir die Momente, die die Koordinate ϑ zu beeinflussen suchen, durch Differentiation nach dieser:

$$(14)\qquad \begin{cases} \mathfrak{M}_1 = \dfrac{\partial V_1}{\partial\vartheta} = -\frac{3}{4} f\dfrac{m_1 m R^2}{r_1^3}\cos\vartheta\sin\vartheta \\ \mathfrak{M}_2 = \dfrac{\partial V_2}{\partial\vartheta} = -\frac{3}{4} f\dfrac{m_2 m R^2}{r_2^3}\cos\vartheta\sin\vartheta\,. \end{cases}$$

Hiermit schreibt sich Gleichung (3):

$$(15)\qquad C\mu\nu = -\tfrac{3}{2} f(C-A)\cos\vartheta\left(\frac{m_1}{r_1^3} + \frac{m_2}{r_2^3}\right)$$

weil $m = 2\dfrac{C-A}{R^2}$ nach Gleichung (2) war.

Nun gilt aber nach dem dritten Keplerschen Gesetz:

$$(16)\qquad f\frac{m_1 + M}{r_1^3} = \left(\frac{2\pi}{T_1}\right)^2; \qquad f\frac{m_2 + M}{r_2^3} = \left(\frac{2\pi}{T_2}\right)^2$$

wo M die Erdmasse bedeutet.

Aus (16) findet sich

$$(17)\qquad f\frac{m_1}{r_1^3} = \left(\frac{2\pi}{T_1}\right)^2$$

weil M neben der großen Sonnenmasse m_1 zu vernachlässigen ist, und

$$(18)\qquad f\frac{m_2}{r_2^3} = \frac{m_2}{M + m_2}\left(\frac{2\pi}{T_2}\right)^2.$$

Mit (17) und (18) geht (15) über in

$$C\mu\nu = -6\pi^2(C-A)\left(\frac{1}{T_1^2} + \frac{m_2}{M+m_2}\frac{1}{T_2^2}\right)\cos\vartheta \tag{19}$$

wo nun die Bewegungskonstanten der drei in Wechselwirkung stehenden Himmelskörper einzusetzen sind.

Es ist die siderische Umlaufszeit der Erde:

$$T_1 = 366{,}24 \text{ Sterntage.}$$

die siderische Umlaufszeit des Mondes:

$$T_2 = 27{,}40 \text{ Sterntage;}$$

das Verhältnis der Mondmasse zur Erdmasse:

$$m_2 : M = 1:82\,, \qquad \text{mithin } m_2 : M + m_2 = 1:83$$

die Präzessionsgeschwindigkeit der Erde:

$$\nu = \frac{50}{366{,}24}\text{ Bogensekunden im Sterntag} = \frac{2\pi\cdot 50}{366{,}24\cdot 360\cdot 69\cdot 60}\,,$$

die Drehgeschwindigkeit der Erde, da der Sterntag die Zeiteinheit sein und Uhrzeigerbewegungen als positiv gelten sollen:

$$\mu = -2\pi$$

die Schiefe der Ekliptik:

$$\vartheta = 23^\circ{,}5\,.$$

Es findet sich nun, daß die reziproke Elliptizität der Erde

$$a = \frac{C}{C-A} = -\frac{6\pi^2}{\mu\nu}\left\{\frac{1}{T_1^2} + \frac{m_2}{M+m_2}\frac{1}{T_2^2}\right\}\cos\vartheta \tag{20}$$

aus zwei Teilen a_1 und a_2 besteht, deren Verhältnis sich berechnet zu:

$$a_1 : a_2 = \frac{M+m_2}{m_2}\cdot\frac{T_2^2}{T_1^2} = 0{,}47\,.$$

Den Anteil a_1 ermitteln wir nun, indem wir nur das erste Glied der Klammer in (20) zum Ansatz bringen, zu:

$$a_1 = \frac{6\pi^2\cdot 366{,}24\cdot 360\cdot 60\cdot 60\cos 23^\circ{,}5}{4\pi^2\cdot 50\cdot(366{,}24)^2} = 97{,}5$$

und hiernach:

$$a_2 = \frac{a_1}{0{,}47} = 207{,}5 \, .$$

Also wird schließlich:

$$a = \frac{C}{C - A} = a_1 + a_2 = 305 \, .$$

Schreibt man den Ansatz (20) in der Gestalt

$$\nu = -\frac{6\pi^2}{\mu} \frac{C - A}{C} \left\{ \frac{1}{T_1^2} + \frac{m_2}{M + m_2} \frac{1}{T_2^2} \right\} \cos\vartheta \tag{21}$$

so sieht man, daß die Präzession ν sich aus zwei Teilen

$$\nu_1 = -\frac{6\pi^2}{\mu} \frac{C - A}{C} \frac{1}{T_1^2} \cos\vartheta$$

und

$$\nu_2 = -\frac{6\pi^2}{\mu} \frac{C - A}{C} \frac{m_2}{M + m_2} \frac{1}{T_2^2} \cos\vartheta$$

zusammensetzt, von denen der erste mit $\nu_1 = 16$ Bogensekunden im Jahre von der Sonne, der zweite mit $\nu_2 = 34$ Bogensekunden vom Monde herrührt. Die Mondanziehung hat also einen erheblich stärkeren Einfluß auf die Präzessionsgeschwindigkeit als die Sonnenanziehung.

Die vorstehende Berechnung von $\frac{C}{C - A}$ beruht auf der Kenntnis einer Anzahl astronomischer Konstanten, von denen T_1 und T_2, ϑ, μ, ν sehr leicht durch Beobachtung bestimmbar sind. Anders steht es dagegen mit dem Verhältnis der Mondmasse zur Erdmasse $m_2 : M$. Diese für die Astrodynamik sehr wichtige Größe ist der unmittelbaren Beobachtung nicht zugänglich und in Wirklichkeit kann man sie nur mittelbar errechnen aus einer anderen bei der Erdbewegung zutage tretenden Kreiselwirkung, nämlich der Nutation der Erdachse, die mit Hilfe der Verlagerung von Sternörtern der Beobachtung ziemlich leicht zugänglich ist. Wir verweisen bezüglich dieser Erscheinung auf die Literatur[131a]). Jedenfalls aber bietet schon die Ermittlung der Erdelliptizität aus der Präzession ein besonders geeignetes Beispiel der Anwendung höherer Dynamik, bei welchem neben der Kreisellehre und den Grundtatsachen der sphärischen Astronomie die selten geübte Ableitung eines Drehmomentes aus einem Potential und die Vorstellung von Gauß zur Auswertung säkulärer Störungen zu Worte kommt, welch letztere durch die Kühnheit und Anschaulichkeit ihrer Konzeption einen Ingenieur besonders fesseln muß.

§ 83. Kreiselstabilisierung von Fahrzeugen.

Der Kreisel hat im Fahrzeugbetriebe bisher Anwendung gefunden zu dynamischen Stabilisierungen sowohl von Gleichgewichtslagen wie von Bewegungsvorgängen.

Bei der Stabilisierung von Gleichgewichtslagen kann die Kreiselwirkung die sein, daß sie die Richtkraft der Eigenschwingung um die Gleichgewichtslage verstärkt (Schiffskreisel, Flugzeug) oder sogar labile Gleichgewichtslagen stabil macht (Einschienenbahn). Oft wird der Stabilisationsvorgang mit einer Dämpfung verbunden entweder im gewöhnlichen Sinne (Schiffskreisel), oder die „Dämpfung" wird auf mechanischem Wege schwingungsfördernd eingeführt (Einschienenbahn). Diese Kreiselwirkungen können auch gegenüber periodischen Störungen günstig in Erscheinung treten (Schiffskreisel).

Handelt es sich um die Stabilisierung von Bewegungsvorgängen, so wird meistens die Erhaltung einer bestimmten Richtung gefordert. Das bekannteste Beispiel ist der Torpedogeradlaufapparat. Entweder spielt hierbei die Kreiselanordnung die Rolle eines Relais, welches die Steuerung betätigt (Whiteheadtorpedo), oder die stabilierenden Kräfte werden vom Kreisel unmittelbar auf den laufenden Torpedo übertragen (Howelltorpedo).

Zur Klasse der Bewegungsstabilisierungen gehört auch die Wirkung des Geschoßdralles in der Ballistik[132]).

I. Die Stabilisierung von Gleichgewichtslagen sei zunächst am Schiffskreisel von Schlick erörtert.

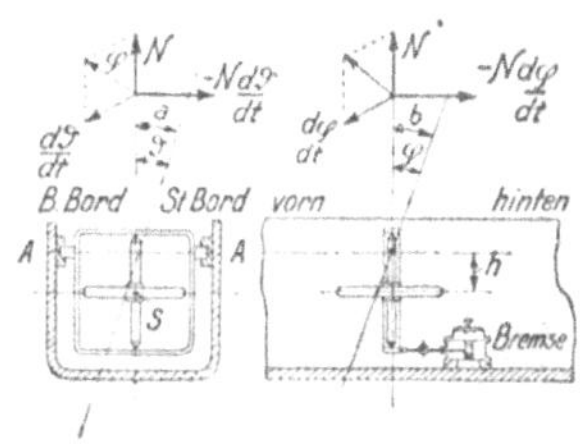

Fig. 233. Schema des Kreiselschiffes.

Die Schlicksche Einrichtung ist folgende[133]):

In Fig. 233 sei in einem Schiff ein Kreisel von einem Freiheitsgrade so aufgehängt, daß sein Schwerpunkt S um das Maß h unter der Aufhängeachse AA liege. Die Achse AA sei senkrecht zur Symmetrieebene des Schiffes.

Erfährt dieses z. B. im Seegang eine Krängung ϑ im Sinne des Pfeiles a, so setzt sich der zugehörige Impuls mit dem Impuls N des Kreisels nach der Parallelogrammregel zusammen: es ergibt sich eine Neigung der Kreiselachse mit der Winkelgeschwindigkeit $\frac{d\varphi}{dt}$ im Sinne des Pfeiles b (nach achtern), infolge des zum Pfeil a gehörigen Momentes $N\frac{d\vartheta}{dt}$.

Die hieraus hervorgehende Neigung der Kreiselachse liefert wiederum ein Moment $N\frac{d\varphi}{dt}$, dessen Pfeil sich mit dem des Impulses N zusammensetzt und eine Verlagerung der Kreiselachse nach Backbord zur Folge hat. Diese Verlagerung greift aber vermöge der Achse AA, auf der ihr Pfeil senkrecht steht, auf das Schiff selbst über und ist dessen anfänglicher Rollbewegung entgegengesetzt. Der Kreisel übt also auf das Schiff eine Rückwirkung aus in Gestalt eines die Rollbewegung hemmenden Momentes $-N\frac{d\varphi}{dt}$.

Die rechnerische Behandlung des Schiffskreisels gestaltet sich wie folgt:

Bezeichnet J das Trägheitsmoment des Schiffes, Q sein Gewicht, H die metazentrische Höhe, so wird die freie Schwingungsgleichung des Rollens (ohne Kreiselwirkung):

$$J\frac{d^2\vartheta}{dt^2} + QH\vartheta = 0\,. \tag{1}$$

Die Kreiselwirkung besteht, wie wir oben gesehen haben, in einem der Rollung entgegengesetzten Moment $-N\frac{d\varphi}{dt}$, welches in der Schwingungsgleichung durch Hinschreiben auf der rechten Seite zu berücksichtigen ist:

$$J\frac{d^2\vartheta}{dt^2} + QH\vartheta = -N\frac{d\varphi}{dt}\,. \tag{2}$$

In entsprechender Weise findet sich für den Kreisel, dessen Trägheitsmoment (einschließlich Rahmen) um die Achse AA gleich j sei, bei dem Gewicht q und dem Schwerpunktsabstand h, die Schwingungsgleichung sofort mit dem von der Rollung herrührenden Moment

$$j\frac{d^2\varphi}{dt^2} + qh\varphi = +N\frac{d\vartheta}{dt}\,. \tag{3}$$

Durch Division mit J bzw. j gehen (2) und (3) über in:

$$(4)\qquad \begin{cases} \dfrac{d^2\vartheta}{dt^2} + C^2\vartheta = -\Omega\dfrac{d\varphi}{dt} \\ \dfrac{d^2\varphi}{dt^2} + c^2\varphi = +\omega\dfrac{d\vartheta}{dt}. \end{cases}$$

Aus (4) entspringt für ϑ folgende Differentialgleichung:

$$(5)\qquad \frac{d^4\vartheta}{dt^4} + (C^2 + c^2 + \Omega\omega)\frac{d^2\vartheta}{dt^2} + C^2c^2\vartheta = 0.$$

Ein genau gleicher Ansatz gilt für φ.

Die allgemeine Lösung von (5)

$$(6)\qquad \vartheta = \sum_1^4{}_i A_i e^{\lambda_i t}$$

oder die entsprechende für φ

$$(7)\qquad \varphi = \sum_1^4{}_i B_i e^{\lambda_i t}$$

erfordert die Bestimmung von λ aus der Gleichung vierten Grades:

$$(8)\qquad \lambda^4 + (C^2 + c^2 + \Omega\omega)\lambda^2 + C^2c^2 = 0$$

während für die Konstanten A_i und B_i gilt:

$$(9)\qquad \frac{B_i^2}{A_i^2} = -\frac{\omega(\lambda_i^2 + C^2)}{\Omega(\lambda_i^2 + c^2)}.$$

Die aus (8) folgenden Wurzeln sind sämtlich imaginär und lauten mit den Abkürzungen:

$$(10)\qquad \begin{cases} C^2 + c^2 + \Omega\omega = 2p \\ C^2c^2 = q \end{cases}$$

wie folgt:

$$(11)\qquad \begin{cases} \lambda_1 = +\sqrt{-p + \sqrt{p^2 - q^2}} \\ \lambda_2 = -\sqrt{-p + \sqrt{p^2 - q^2}} \\ \lambda_3 = +\sqrt{-p - \sqrt{p^2 - q^2}} \\ \lambda_4 = -\sqrt{-p - \sqrt{p^2 - q^2}} \end{cases}$$

oder mit

$$(12)\qquad \begin{cases} -p+\sqrt{p^2-q^2}=-\lambda_a^2 \\ -p-\sqrt{p^2-q^2}=-\lambda_b^2 \end{cases}$$

auch

$$(13)\qquad \lambda_1=+i\lambda_a\,;\quad \lambda_2=-i\lambda_a\,;\quad \lambda_3=+i\lambda_b\,;\quad \lambda_4=-i\lambda_b\,.$$

Durch eine einfache Zwischenrechnung findet sich aus (8), (10), (12):

$$(14\text{a})\qquad \frac{\lambda_a^2-C^2}{\lambda_a^2-c^2}=\frac{\lambda_a^2\Omega\,\omega}{(\lambda_a^2-c^2)^2}$$

und

$$(14\text{b})\qquad \frac{\lambda_b^2-C^2}{\lambda_b^2-c^2}=\frac{\lambda_b^2\Omega\,\omega}{(\lambda_b^2-c^2)^2}\,.$$

Wegen (13) reduziert sich aber (9) auf die beiden Werte:

$$(15)\qquad \frac{B_{1,2}}{A_{1,2}}=i\sqrt{\frac{\omega}{\Omega}\,\frac{\lambda_a^2-C^2}{\lambda_a^2-c^2}}\quad \text{und}\quad \frac{B_{3,4}}{A_{3,4}}=i\sqrt{\frac{\omega}{\Omega}\,\frac{\lambda_b^2-C^2}{\lambda_b^2-c^2}}$$

oder nach (14a) und (14b):

$$(16)\qquad \frac{B}{A}=\frac{B_{1,2}}{A_{1,2}}=\pm i\,\frac{\omega\,\lambda_a}{\lambda_a^2-c^2}\,;\qquad \frac{B'}{A'}=\frac{B_{3,4}}{A_{3,4}}=\pm i\,\frac{\omega\,\lambda_b}{\lambda_b^2-c^2}\,.$$

Durch Einsetzen der Werte (13) in die Ansätze (6) und (7) gehen diese über in:

$$(17)\qquad \begin{cases} \vartheta=A\sin(\lambda_a t+\mu)+A'\sin(\lambda_b t+\mu') \\ \varphi=B\sin(\lambda_a t+\nu)+B'\sin(\lambda_b t+\nu')\,. \end{cases}$$

Es lagern sich also zwei Schwingungen übereinander mit den Schwingungsdauern

$$(18)\qquad T_a=\frac{2\pi}{\lambda_a}\,,\qquad T_b=\frac{2\pi}{\lambda_b}$$

von denen, da $\lambda_a^2<\lambda_b^2$, T_a die längere ist.

Durch Einsetzen von (17) in die Ausgangsgleichungen findet man leicht für die Phasenverschiebungen $\mu\,\mu'$, $\nu\,\nu'$:

$$(19)\qquad \begin{cases} (\cos\mu+\sin\mu)^2=(\cos\nu-\sin\nu)^2 \\ (\cos\mu'+\sin\mu')^2=(\cos\nu'-\sin\nu')^2 \end{cases}$$

aus denen folgt:

$$\nu = \mu - \frac{\pi}{2}, \qquad \nu' = \mu' - \frac{\pi}{2}$$

Mithin erfolgen die beiden Schwingungen des Schiffes und des Kreisels gegeneinander mit einer Phasenverschiebung von 90°.

Da man es durch geeignete Wahl der Konstanten des Kreisels dahin bringen kann, daß die lange Schwingungsdauer $\frac{2\pi}{\lambda_a}$ größer wird als die Schwingungsdauer des Schiffes ohne Kreisel

$$2\pi\sqrt{\frac{J}{HQ}}$$

so ist der eine Zweck des Kreisels, die Rollungen zu verlangsamen, erfüllt.

Geht man nun mit Schlick dazu über, den Schiffskreisel zu dämpfen, etwa durch Anbringung eines Flüssigkeitskataraktes nach Fig. 233, bei dem man durch Drehen des Ventiles die Flüssigkeitszirkulation zwischen den beiden Zylinderhälften beliebig regulieren kann, und berücksichtigt man auch die Dämpfung der Schiffsrollung selbst durch den Wasser- und Luftwiderstand, so hat man die Ansätze (1) und (2) auf der linken Seite zu vervollständigen durch die Glieder $B\frac{d\vartheta}{dt}$ bzw. $b\frac{d\vartheta}{dt}$ wie folgt:

$$(20) \quad \begin{cases} J\dfrac{d^2\vartheta}{dt^2} + B\dfrac{d\vartheta}{dt} + \Theta H\vartheta + N\dfrac{d\varphi}{dt} = 0\,, \\ j\dfrac{d^2\varphi}{dt^2} + b\dfrac{d\varphi}{dt} + qh\varphi - N\dfrac{d\vartheta}{dt} = 0\,. \end{cases}$$

Diese beiden Ansätze umschreiben die freien Schwingungen des aus Schiff und Kreisel bestehenden Systems. Die Stabilitätsbedingungen finden sich aus der Forderung, daß die Gleichung vierten Grades:

$$\begin{vmatrix} J\lambda^2 + B\lambda + QH & N\lambda \\ -N\lambda & j\lambda^2 + b\lambda + qh \end{vmatrix} = 0$$

keine Wurzeln mit positiven reellen Anteilen aufweisen darf, die übrigens bei dem System Schiff-Kreisel im allgemeinen stets als erfüllt angesehen werden darf.

Will man auch die erzwungenen Schwingungen (Schiff im Seegang) untersuchen, so ist auf der rechten Seite der ersten Gleichung (20) noch ein periodischer, dem Einfluß der Meereswellen auf das Schiff Rechnung tragender Ausdruck, etwa $P \cos \sigma t$ für einfache harmonische Bewegung, hinzuzufügen.

Der Untersuchung des Gleichungssystems (20) ist eine ausgedehnte Literatur gewidmet, auf die wir verweisen. Deren Ergebnisse bestätigen im allgemeinen die praktischen Erfahrungen, die durch die Fig. 234 und 235 näher beleuchtet werden.

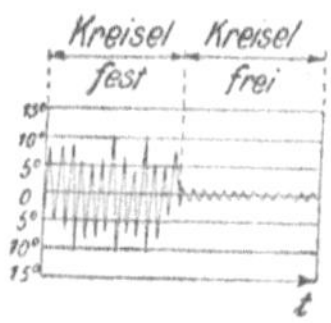

Fig. 234. Unterdrückung der Schiffsschwingungen durch die Kreiselwirkung.

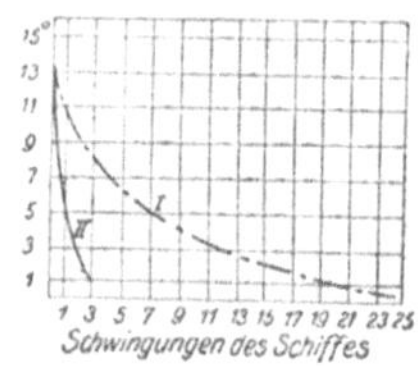

Fig. 235. Dämpfung der Schwingungsweiten des Schiffes: I ohne Kreisel; II mit Kreisel.

Bei einer der Ausführungen des Schlickschen Schiffskreisels beim Dampfer „Silvana" waren folgende zahlenmäßigen Verhältnisse zu wählen:

$$Q = 850\,000 \text{ kg} \qquad q = 6000 \text{ kg}$$
$$H = 0{,}4 \text{ m} \qquad h = 0{,}02 \text{ m}$$
$$J = 555\,000 \text{ mkg/sec}^2 \qquad j = 150 \text{ mkg/sec}^2$$

Ausgedehntere Verwendung hat der Schlicksche Schiffskreisel nicht gefunden, weil er eine aufmerksame Steuerung im Betriebe, namentlich im schweren Seegang erheischt, und vor allem weil der Schlingertank von Frahm[134]) eine wesentlich einfachere Anordnung bei gewünschter Leistungsfähigkeit bietet.

Aus ähnlichen Gründen hat sich die Verwendung des Kreisels zur Stabilisierung von Flugzeugen, insbesondere zum Schutz gegen seitliches Kippen, trotz vieler Versuche nicht einführen können.

II. Nach der Erörterung des Schiffskreisels können wir uns bei der Stabilisierung der Einschienenbahn[135]) (Fig. 236) kürzer fassen.

Der Einschienenwagen wird ebenso wie das Schiff als Schwingungssystem betrachtet, das jedoch labil ist, weil sein Schwerpunkt über dem Unterstützungspunkte liegt.

Seine Gleichung lautet:

$$J\frac{d^2\vartheta}{dt^2} - QH\vartheta = -N\frac{d\varphi}{dt}\,. \tag{21}$$

Das Minuszeichen beim Gliede $QH\vartheta$ ist hier das Kennzeichen der Labilität.

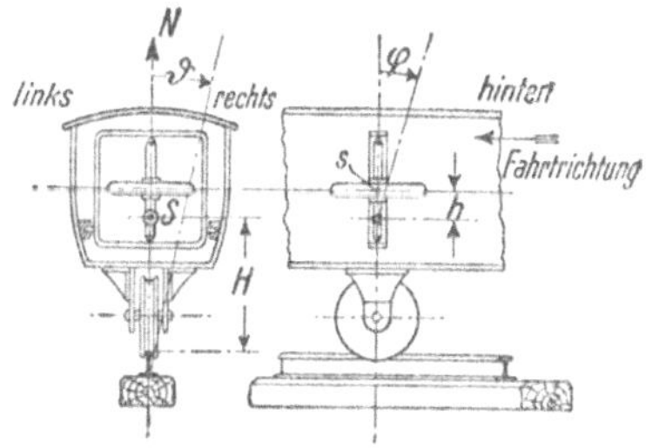

Fig. 236. Einschienenbahn.

Für den Kreisel liegen nun zwei Möglichkeiten vor: entweder kann er im Wagen so aufgehängt werden, daß sein Schwerpunkt unterhalb des Unterstützungspunktes liegt (stabile Aufhängung), oder die Aufhängung kann wie in Fig. **233** labil gewählt werden.

Die theoretische Untersuchung zeigt, daß bei der Einschienenbahn nur die labile Aufhängungsart des Kreisels möglich ist; seine Gleichung muß also lauten:

$$j\frac{d^2\varphi}{dt^2} - qh\varphi = +N\frac{d\vartheta}{dt}\,. \tag{22}$$

Denn aus (21) und (22) findet sich die charakteristische Gleichung:

$$\begin{vmatrix} J\lambda^2 - QH & N\lambda \\ -N\lambda & j\lambda^2 - qh \end{vmatrix} = 0 \tag{23}$$

die entwickelt liefert:

$$Jj\lambda^4 + (N^2 - Jqh - jQH)\lambda^2 + QHqh = 0\,. \tag{24}$$

Sollen hier vier rein imaginäre Werte λ entspringen, so müssen alle Beiwerte positiv sein. Dies wäre aber beim absoluten Gliede nicht der Fall, wenn h im Ansatz (22) positiv, stabiler Kreiselaufhängung entsprechend, eingesetzt wäre.

Abgesehen hiervon muß natürlich sein:

$$N^2 - Jqh - jQH > 0$$

und die Diskriminantenbedingung von (24) erfüllt werden:

$$(N^2 - Jqh - qhJ)^2 > 4QHqhJj\,.$$

Ein so beschaffenes System würde also, konstantes N und absolute Abwesenheit von Dämpfungen vorausgesetzt, dauernd stabil schwingen.

Die Dämpfungen aber, die wir ganz analog wie beim Schiffskreisel durch die Glieder $B\frac{d\vartheta}{dt}$ und $b\frac{d\varphi}{dt}$ einführen können, haben aber, ganz entgegengesetzt ihrer sonst bekannten Wirkung, bei der Einschienenbahn wiederum Labilität zur Folge.

Dies sieht man wieder aus der charakteristischen Gleichung:

$$(25)\quad \begin{cases} Jj\lambda^4 + (Jb + jB)\lambda^3 + (N^2 - QHj - qhJ + Bb)\lambda^2 \\ \qquad - (QHb + qhB)\lambda + QHqh = 0\,. \end{cases}$$

Denn das Glied mit λ muß, wenn Stabilität möglich sein soll, unbedingt positiv sein, was nur zu erreichen ist, wenn von den Dämpfungskonstanten B und b die eine negativ gewählt wird. Das bedeutet aber, daß die eine der beiden Koordinaten ϑ und φ des Systems von einer Kraftwirkung beeinflußt wird derart, daß sie den Ausschlag ϑ oder φ zu vergrößern sucht proportional der augenblicklichen Geschwindigkeit.

Auf der Einführung einer derartigen negativen Dämpfung beruht das Einschienenbahnsystem von Brennan und sein Patent. Die Wirkung wird dadurch erreicht, daß der Kreiselrahmen innerhalb des Wagens durch motorischen Antrieb künstlich in seiner jeweiligen Bewegungsrichtung beschleunigt wird. Nur so ist es möglich, den Wagen zu stabilieren, indem durch die Beschleunigung des Kreiselrahmens die den Wagen aufrichtenden Momente verstärkt werden. Andererseits muß aber der Wagen selbst genügend gedämpft sein, damit in Gl. (25) das Glied mit λ^3 bei negativem b positiv gemacht werden kann, sonst wäre die Stabilisierung ebenfalls unmöglich.

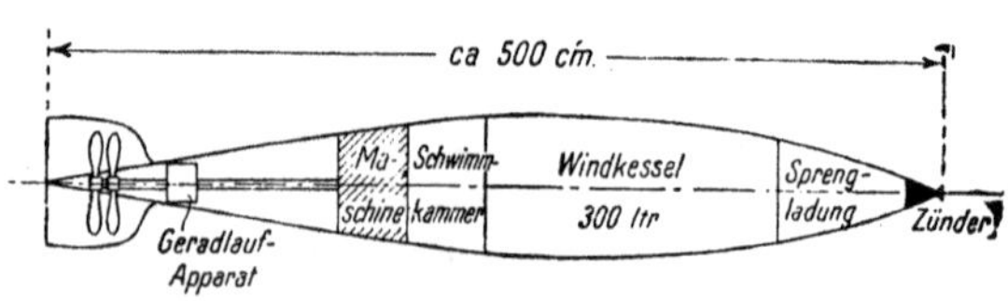

Fig. 237. Whiteheadtorpedo.

III. Der Behandlung des Torpedogeradlaufapparates[136]) schicken wir einige Angaben über eine ältere Torpedobauart, etwa aus dem Jahre 1900, nach Fig. 237 voraus.

Die Maschinenstärke eines solchen Geschosses betrug etwa 60 PS, die Propellerumlaufzahl 1000/min, die größte Schußentfernung 600 m, die Laufgeschwindigkeit 15 m/sec.

Der Hauptteil des Geradlaufapparates ist ein kardanisch aufgehängter Kreisel (Fig. 238), dessen Achse in die Schußrichtung fällt. Weicht der Torpedo aus irgendeinem Grunde aus dieser Richtung in horizontaler Ebene ab, so sucht der Kreisel diese Richtung beizubehalten. Seine Achse macht demnach eine Relativbewegung innerhalb des Torpedogehäuses, deren Kräfteüberschuß benutzt wird, um das Steuerventil der Rudermaschine des Torpedos zu betätigen.

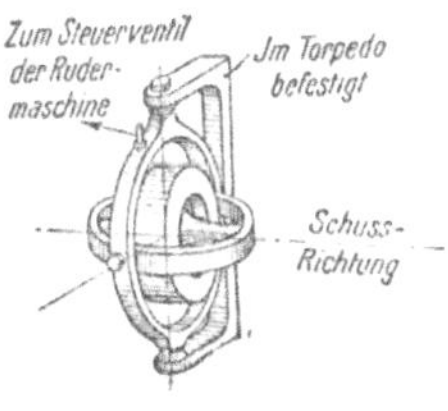

Fig. 238. Geradlaufapparat nach Obry.

Einen Überblick über den Zusammenhang des Steuerungsvorganges mit der Kreiselwirkung und die Stabilitätsbedingungen liefert die folgende Betrachtung.

In Fig. 239 sei der Torpedo des Trägheitsmoments J um die Vertikale um den Winkel x aus seiner Laufrichtung LL abgelenkt; das Ruder sei um den Winkel y gelegt. Das der Ruderlegung entsprechende, auf das Schiff steuernd wirkende Moment setzen wir y proportional und wir nehmen eine Dämpfung $B\frac{dx}{dt}$ der Schiffsbewegung an. Dann entspringt folgende Differentialgleichung für den eigentlichen Steuerungsvorgang:

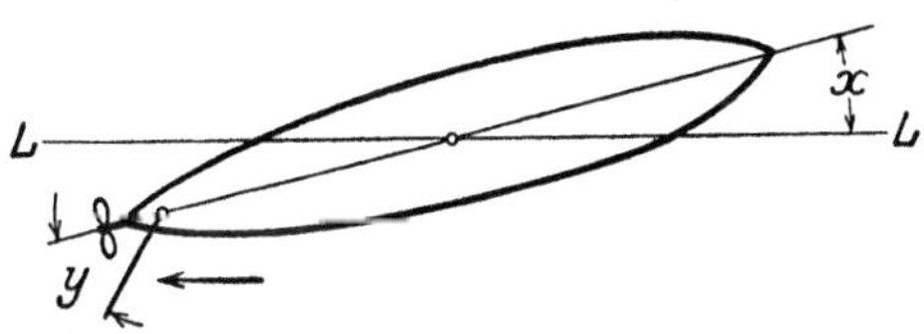

Fig. 239. Zum Steuervorgang beim Whiteheadtorpedo.

$$(1) \qquad J\frac{d^2x}{dt^2} + B\frac{dx}{dt} + ay = 0\,.$$

Die Kreiselachse im Torpedo kann nun der ursprünglichen Laufrichtung LL, in die er eingestellt gewesen sein möge, nicht genau parallel bleiben; sie wird vielmehr infolge der Reibungskräfte, die die kardanischen Ringe auf sie übertragen, und des Widerstandes, den das Steuerventil der Rudermaschine bietet, kleine Abweichungswinkel von LL zeigen, die in horizontaler Ebene mit ϑ, in vertikaler mit φ benannt sein mögen.

Der Kreisel habe den Drall N und seine beiden Trägheitsmomente, die den Koordinaten ϑ und φ entsprechen, seien, einschließlich der von den kardanischen Ringen herkommenden Trägheitswirkungen, Θ_1 und Θ_2. Die Kräfte, die auf die kardanischen Ringe wirken, mögen den Charakter linearer Dämpfungen haben, was auch hinsichtlich des Widerstandes, den das drehschieberartige Steuerventil der Rudermaschine der Relativbewegung der Kreiselachse im Torpedogehäuse bietet, gültig sei.

Dann gilt für das Ausweichen der Kreiselachse in horizontaler Ebene die Gleichung:

$$\Theta_1 \frac{d^2 \vartheta}{dt^2} + b_1 \frac{d(\vartheta - x)}{dt} + N \frac{d\varphi}{dt} = 0 \tag{2}$$

und in vertikaler Ebene:

$$\Theta_2 \frac{d^2 \varphi}{dt^2} + b_2 \frac{d\varphi}{dt} - N \frac{d\vartheta}{dt} = 0 . \tag{3}$$

ϑ und φ sind absolute Koordinaten im Raume, $\vartheta - x$ ist die relative Koordinate in horizontaler Ebene gegenüber dem Torpedo; φ ist gleichzeitig relative Koordinate in vertikaler Ebene, weil der Torpedo in vertikaler Ebene keine Bewegung ausführt.

Der Relativdrehung $\vartheta - x$ entspringt die Steuerwirkung; die Ruderlegung y ist proportional ihrem Zeitintegral:

$$y = \int_0^t \varrho\,(\vartheta - x)\,dt \tag{4a}$$

oder nach Differentiation:

$$\frac{dy}{dt} = \varrho\,(\vartheta - x) . \tag{4}$$

Die vier Gleichungen (1), (2), (3) und (4) beherrschen den ganzen Steuervorgang, dessen Stabilität abhängt von den Vorzeichen der Wurzeln λ der charakteristischen Gleichung:

$$\begin{vmatrix} J\lambda^2 + B\lambda & a & 0 & 0 \\ \varrho & \lambda & -\varrho & 0 \\ -b_1\lambda & 0 & \Theta_1\lambda^2 + b_1\lambda & +N\lambda \\ 0 & 0 & -N\lambda & \Theta_2\lambda^2 + b_2\lambda \end{vmatrix} = 0 .$$

Die Untersuchung dieser Gleichung und die Entwicklung der Bewegungsintegrale ergibt so kleine Schwingungen des Kreisels um seine Mittellage, daß die Verdrehung des Steuerventils tatsächlich der Abweichung des Torpedos aus der Lauflinie *LL* proportional wird.

Der Kreisel eines Obryapparates, der zu dem oben gekennzeichneten Torpedo gehört, zeigt folgende Konstanten:

Schwungringdurchmesser:	76 mm
Gewicht:	800 g
Drehgeschwindigkeit:	9000 Umdrehungen/Min.

Gegenüber dem Whiteheadtorpedo braucht der Howelltorpedo, der eine verfehlte Bauart darstellt, nur kurz besprochen zu werden.

Eigenartig ist bei dieser Bauart nach Fig. 240 zunächst der Schraubenantrieb, der von der lebendigen Kraft eines schweren,

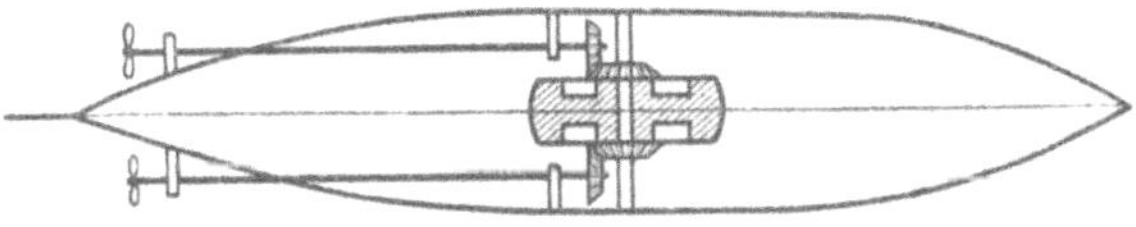

Fig. 240.

mittschiffs angebrachten Schwungrades (ca. 150 kg) besorgt wird. Die erforderliche anfängliche Umdrehungszahl 10 000 in der Minute wird dem Rade vor dem Abschuß von außen durch Kupplung mit der Welle einer Dampfturbine erteilt; die Abnahme der Laufgeschwindigkeit des Torpedos infolge Abnahme der lebendigen Kraft des Schwungrades wird durch automatische Erhöhung der Schraubensteigung gegen Ende des Laufes ausgeglichen.

Gleichzeitig mit dem Antrieb hat das Schwungrad als Kreisel die Seitenstabilierung zu besorgen. Diese Wirkung kommt nach Fig. 241 zustande bei einer seitlichen Drehung der Torpedoachse im Sinne des Pfeiles σ_1, indem sich der dieser entsprechende Drehvektor σ_2 mit dem Impulsvektor N des Schwungrades zusammensetzt. Daraus ergibt sich eine Krängung des Torpedos im Sinne des Pfeiles k_1. Der dieser Drehung entsprechende Vektor $k_2 = k_3$ setzt sich wieder mit N zusammen, wodurch eine zu σ_1 entgegengesetzte Seitenablenkung k_4 hervorgerufen wird.

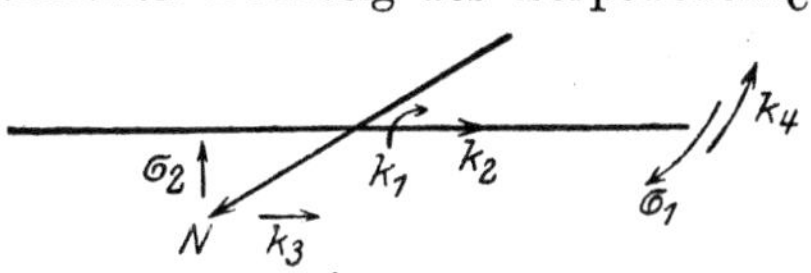

Fig. 241.

Man kann auch die Differentialgleichungen für die Schwingungen der Torpedoachse um die Laufrichtung leicht aufstellen. Ist φ die Koordinate für die Seitenabweichung, ψ die für die Krängung, J_1 das Torpedoträgheitsmoment um die vertikale Achse, J_2 das um die Längsachse, dann gilt für die Bewegung in der φ-Richtung:

$$J_1 \frac{d^2\varphi}{dt^2} + N\frac{d\psi}{dt} = 0$$

und in der ψ-Richtung:

$$J_2 \frac{d^2\psi}{dt^2} - N\frac{d\varphi}{dt} = 0 .$$

Durch Entfernung von φ ergibt sich als Schwingungsgleichung der Torpedoachse in der Seitenrichtung

$$\frac{d^3\varphi}{dt^3} + \frac{N^2}{J_1 J_2}\frac{d\varphi}{dt} = 0 ,$$

deren allgemeines Integral mit $\frac{N^2}{J_1 J_2} = c^2$ lautet:

$$\varphi = A + B\cos ct + C\sin ct .$$

Aus diesem Ansatz sieht man, daß eine zu irgend einer Zeit vorhandene Seitenabweichung, die z. B. durch eine zufällige Krängung hervorgerufen werden kann, wie sich aus dem Anblick der Vektorpfeile in Fig. 241 sofort ergibt, bestehen bleiben muß. Deshalb ist der Howelltorpedo von der Marine der Vereinigten Staaten, bei der er eingeführt war, wieder verlassen worden[137]).

§ 84. Der Kreisel als örtliches Orientierungsinstrument[138]).

Die Orientierungsaufgaben, die sich der Kreiseltechnik bieten, können entweder örtlicher oder terrestrischer Natur sein. Bei den ersteren handelt es sich meistens um die Ermittlung der Lotlinie oder des Horizontes relativ zu einem Fahrzeug bei Bewegungen des letzteren innerhalb eines kleinen Bereiches der Erdoberfläche. Die terrestrische Orientierung dagegen erstreckt sich auf Bewegungsvorgänge in ihrer Beziehung zum Erdmeridian und beruht auf den Wirkungen der Relativbewegung zwischen Kreisel und Erde (Kompaßkreisel). Wir widmen ihr also einen besonderen Abschnitt und besprechen im gegenwärtigen lediglich die wichtigsten Anwendungen des Kreisels für Zwecke der örtlichen Orientierung.

I. Der künstliche Horizont von Fleuriais.

Eine wichtige Aufgabe der Ortsbestimmung auf See fordert die Festlegung der Gestirnhöhe, d. h. des Winkels *SBH*, wo *S* den Stern, *B* den Beobachter, *H* die Richtung zum Horizont (Fig. 242) bedeutet. Gemessen wird der Winkel mit Hilfe des Sextanten, der durch eine doppelte Spiegelung *a*, *b* das Bild des Sternes mit dem Bild des Horizontes zur Deckung bringt. Die Höhe *h* ergibt sich hierbei als doppelter Drehwinkel 2α des Spiegels *a* aus seiner auf *BH* senkrechten Lage.

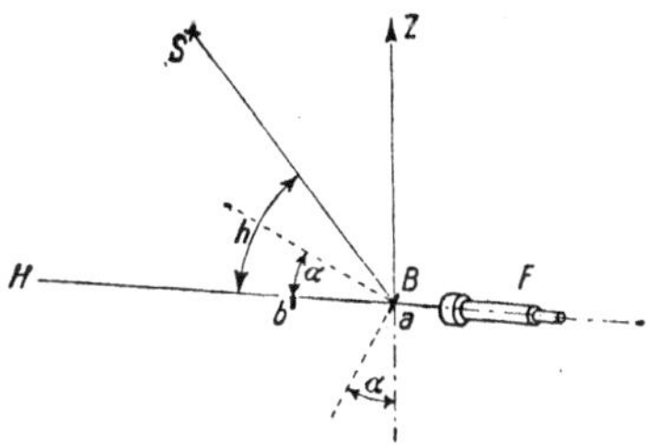

Fig. 242. Prinzip des Spiegelsextanten.

Dieses Verfahren ist nur anwendbar bei hellem, ruhigem Wetter. Bei Nebel oder Sturm versagt der natürliche Horizont, so daß man zum künstlichen übergehen muß. Einen solchen hat der französische Kapitän Fleuriais (1886) angegeben. Dieser Horizont wird geliefert durch einen schweren symmetrischen Kreisel nach Fig. 243.

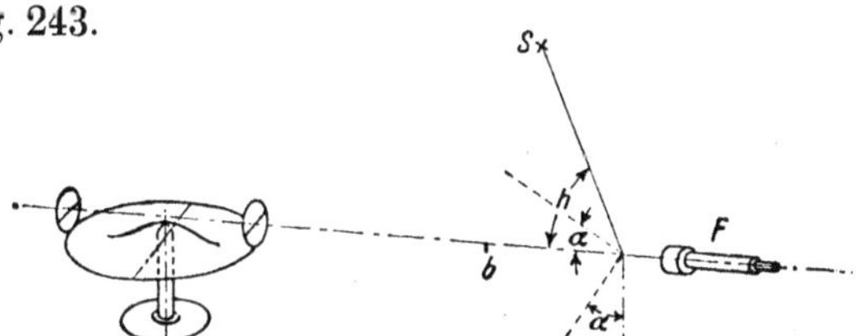

Gyroscopischer Horizont nach Fleuriais

Fig. 243.

Auf dem Rande des Rotationskörpers sind diametral einander gegenüber zwei plankonvexe Linsen angeordnet, die gegenseitig auf ihren einander zugekehrten Planseiten enthaltene schwarze Striche in das Sextantenfernrohr abbilden. Im Fernrohr sieht man dann den schwarzen Strich als Horizont und daneben in der üblichen Weise an *a*, *b* abgebildet den Stern *S*.

Das Instrument wirkt also nach dem Gesetz der Erhaltung der Richtung der Kreiselachse bei Abwesenheit von äußeren

Kräften. Insofern der Luftwiderstand und die Spitzenreibung Kräfte ausüben können, ist der Kreisel mit der Erscheinung der Präzession behaftet; außerdem richtet sich die Kreiselachse infolge der Spitzenreibung auf.

Diese Einflüsse sind bei der Beobachtung des Horizontstriches zu berücksichtigen, was große Übung verlangt. Der Fleuriaissche Horizont ist in der französischen Marine eingeführt.

II. Das Kreisellot dient zur Festlegung der Lotlinie und damit des Horizontes auf Flugzeugen, deren Schräglage damit auch in der Dunkelheit beurteilt werden kann.

Das Lot besteht aus einem Kreisel mit senkrecht stehender, in einem kardanischen Gehänge gelagerter Figurenachse; sein Schwerpunkt liege um das Maß h unter dem Mittelpunkt des Gehänges.

Befand sich die Figurenachse zu irgendeiner Zeit in der Richtung der Schwere, so liegt Anlaß zur Abweichung aus dieser nur vor im Falle des Vorhandenseins äußerer Kräfte neben der Schwerkraft.

Im Flugzeugbetriebe kommen außer den beim Fleuriais-Horizont genannten Reibungskräften besonders störend die Beschleunigungswirkungen der Flugzeugbewegung x in Frage, nämlich die eigentliche Massenwirkung $m \frac{d^2 x}{dt^2}$ und die Zentrifugalkraft $\frac{m}{\varrho}\left(\frac{dx}{dt}\right)^2$, wo ϱ den augenblicklichen Bahnradius bedeutet.

Die Summe dieser Beschleunigungskräfte werden wir im folgenden mit K und als unveränderlich nach Größe und Richtung annehmen, wie in der Fig. 244 gezeichnet.

Zur Aufstellung der Bewegungsgleichungen orientieren wir die Figurenachse durch ihre nur kleinen Abweichungen ϑ und ψ von der Lotlinie. Die diesen Koordinaten entsprechenden Trägheitsmomente der Kreiselanordnung seien J_1 und J_2 (einschließlich der Anteile der kardanischen Ringe), die äußeren Momente $\mathfrak{M}_\vartheta$ und $\mathfrak{M}_\psi$. Die Beschleunigungskraft K sei in horizontaler Ebene gegen die ψ-Ebene um den Winkel α geneigt.

Dann werden die Bewegungsgleichungen einfach

$$(1)\qquad \begin{cases} J_1 \dfrac{d^2\vartheta}{dt^2} + N \dfrac{d\psi}{dt} = \mathfrak{M}_\vartheta\,, \\ J_2 \dfrac{d^2\psi}{dt^2} - N \dfrac{d\vartheta}{dt} = \mathfrak{M}_\psi\,. \end{cases}$$

Die rechts stehenden Momente enthalten die Wirkung des Kreiselgewichtes G und der Beschleunigungskraft K und lauten:

$$(2)\qquad \begin{cases} \mathfrak{M}_\vartheta = -G\,h\,\vartheta + K\,h\cos\alpha\,, \\ \mathfrak{M}_\psi = -G\,h\,\psi + K\,h\sin\alpha\,. \end{cases}$$

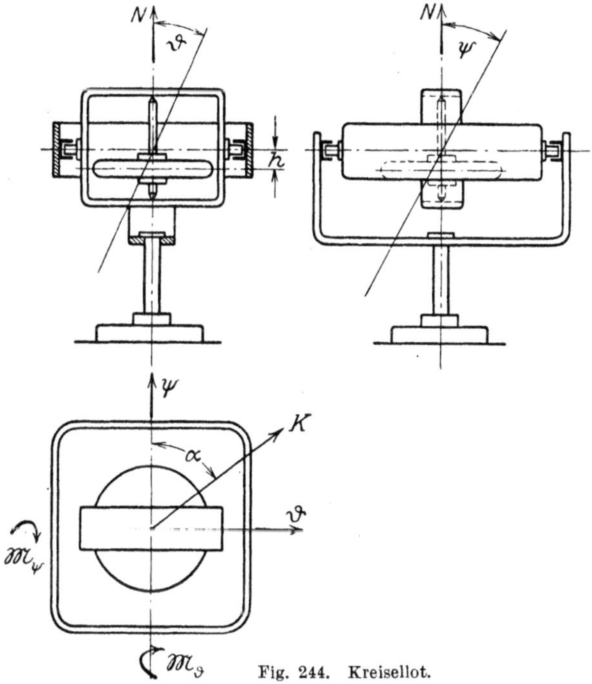

Fig. 244. Kreisellot.

Nach Division der Ansätze (1) durch J_1 bzw. J_2 und Ersetzen der rechten Seiten von (2) durch $-G\,h\,\overline{\vartheta}$ bzw. $-G\,h\,\overline{\psi}$ entspringt das neue Gleichungssystem:

$$(3)\qquad \begin{cases} \dfrac{d^2\overline{\vartheta}}{dt^2} + \sigma_1^2\,\overline{\vartheta} + \omega_1\,\dfrac{d\,\overline{\psi}}{dt} = 0\,, \\[2ex] \dfrac{d^2\overline{\psi}}{dt^2} + \sigma_2^2\,\overline{\psi} - \omega_2\,\dfrac{d\,\overline{\vartheta}}{dt} = 0\,, \end{cases}$$

wo die Koordinaten

$$\overline{\vartheta} = \vartheta - \frac{K\,h}{J_1}\cos\alpha \qquad \text{und} \qquad \overline{\psi} = \psi - \frac{K\,h}{J_2}\cos\alpha$$

sich auf die konstante Abweichung der Kreiselachse von der wahren Lotlinie, die bei nicht vorhandenem Drall durch die Beschleunigungskraft K hervorgebracht wird, als Anfangslage beziehen.

Dabei haben die Größen $\omega_1 = \frac{N}{J_1}$, $\omega_2 = \frac{N}{J_2}$, $\sigma_1 = \sqrt{\frac{G h}{J_1}}$; $\sigma_2 = \sqrt{\frac{G h}{J_2}}$ die Dimension von Winkelgeschwindigkeiten.

Das System (3) liefert zur Bestimmung seiner allgemeinen Lösung

$$\left\{\begin{aligned} \vartheta &= A e^{\lambda t}, \\ \psi &= B e^{\lambda t}, \end{aligned}\right. \tag{4}$$

für λ^2 die Determinante

$$\begin{vmatrix} \lambda^2 + \sigma_1^2 & \omega_1 \lambda \\ -\omega_2 \lambda & \lambda^2 + \sigma_2^2 \end{vmatrix} = 0, \tag{5}$$

aus der sich zunächst λ^2 findet neben:

$$\frac{A^2}{B^2} = -\frac{\omega_1}{\omega_2} \frac{\lambda^2 + \sigma_2^2}{\lambda^2 + \sigma_1^2}, \tag{6}$$

$$\lambda^2 = -\frac{\sigma_1^2 + \sigma_2^2 + \omega_1 \omega_2}{2} \pm \sqrt{\frac{(\sigma_1^2 + \sigma_2^2 + \omega_1 \omega_2)^2 - 4 \sigma_1^2 \sigma_2^2}{2}}. \tag{7}$$

Da aber hier das Glied $(\sigma_1^2 + \sigma_2^2 + \omega_1 \omega_2)^2$ unter der Wurzel das andere beträchtlich überwiegt, weil ω_1 und ω_2 den großen Drall des Kreisels enthalten, so kann die Wurzel angenähert ausgezogen werden und wir finden

$$\lambda^2 = \frac{\sigma_1^2 + \sigma_2^2 + \omega_1 \omega_2}{2} \left\{ -1 \pm \left(1 - \frac{2 \sigma_1^2 \sigma_2^2}{(\sigma_1^2 + \sigma_2^2 + \omega_1 \omega_2)^2} \right) \right\}. \tag{8}$$

Demnach entspringen für λ^2 zwei negative Näherungswerte, nämlich

$$\lambda_1^2 = -\frac{\sigma_1^2 \sigma_2^2}{\sigma_1^2 + \sigma_2^2 + \omega_1 \omega_2} \quad \text{und} \quad \lambda_2^2 = -(\sigma_1^2 + \sigma_2^2 + \omega_1 \omega_2). \tag{9}$$

Diese Werte entsprechen zwei Schwingungsdauern

$$T_1 = \frac{2\pi}{\lambda_1} \quad \text{und} \quad T_2 = \frac{2\pi}{\lambda_2},$$

von denen T_2, falls nur der Drall N so groß gemacht wird, daß $\sigma_1^2 + \sigma_2^2$ gegenüber $\omega_1 \omega_2$ verschwindet, unmerklich klein wird.

Für die Lösung von $\overline{\vartheta}$ und $\overline{\psi}$ bleibt also nur T_1 bzw. λ_1 übrig und wir können genügend genau schreiben:

$$(10)\quad \begin{cases} \overline{\vartheta} = \vartheta - \dfrac{Kh}{J_1}\cos\alpha = A_1 e^{-i\lambda_1 t} + A_2 e^{+i\lambda_1 t}\,, \\[2ex] \overline{\psi} = \psi - \dfrac{Kh}{J_2}\cos\alpha = B_1 e^{-i\lambda_1 t} + B_2 e^{+i\lambda_1 t}\,. \end{cases}$$

Die Beziehung (6)

$$\frac{A^2}{B_2} = -\frac{\omega_1}{\omega_2}\,\frac{\lambda_1^2 + \sigma_2^2}{\lambda_1^2 + \sigma_1^2}$$

verwandelt sich aber wegen des Näherungswertes $\lambda_1 = -\dfrac{\sigma_1^2\,\sigma_2^2}{\omega_1\,\omega_2}$ und mit Bezug auf die Erklärung für σ_1, σ_2, ω_1, ω_2 in

$$\frac{A^2}{B^2} = -1\,,$$

woraus folgt:

$$A_1 = iB_1\,; \qquad A_2 = -iB_2\,,$$

so daß wir statt (10) erhalten:

$$\vartheta - \frac{Kh}{J_1}\cos\alpha = A_1 e^{-i\lambda_1 t} + A_2 e^{+i\lambda_1 t}\,,$$

$$\psi - \frac{Kh}{J_2}\cos\alpha = -iA_1 e^{-i\lambda_1 t} + iA_2 e^{+i\lambda_1 t}\,.$$

Nach Einführung der zyklometrischen Funktionen

$$e^{+i\lambda_1 t} = \cos\lambda_1 t + i\sin\lambda_1 t\,;$$

$$e^{-i\lambda_1 t} = \cos\lambda_1 t - i\sin\lambda_1 t$$

und mit den neuen Konstanten

$$A_1 + A_2 = A'\,, \qquad i(A_1 - A_2) = A''$$

findet man

$$\vartheta - \frac{Kh}{J_1}\cos\alpha = A'\cos\lambda_1 t + A''\sin\lambda_1 t\,,$$

$$\psi - \frac{Kh}{J_2}\sin\alpha = -A''\cos\lambda_1 t + A'\sin\lambda_1 t\,,$$

aus welchen Ansätzen sich durch beiderseitiges Quadrieren und nachheriges Addieren ergibt:

$$\left(\vartheta - \frac{K h}{J_1} \cos\alpha\right)^2 + \left(\psi - \frac{K h}{J_2} \sin\alpha\right)^2 = A'^2 + A''^2 ,$$

d. h. die Kreiselachse beschreibt bei unveränderlicher und unveränderlich gerichteter horizontaler Beschleunigungskraft eine reguläre Präzession um die scheinbare Lotlinie.

Der halbe Öffnungswinkel des Präzessionskegels $\operatorname{tg} \vartheta_0$ wird

$$\operatorname{tg} \vartheta_0 = \frac{K}{G}$$

oder im Falle die Kraft K eine reine Zentrifugalkraft der Flugzeuggeschwindigkeit V in der Bahnkrümmung ϱ ist:

$$\operatorname{tg} \vartheta_0 = \frac{V^2}{g\,\varrho} .$$

Bei Flugzeugen sind Bahngeschwindigkeiten von 40 m/sec in Krümmungen von 40 m Radius keine Seltenheit. Damit wird aber

$$\operatorname{tg} \vartheta_0 = \frac{40 \cdot 40}{9{,}81 \cdot 40} = 4{,}08 ,$$

was einer scheinbaren Lotabweichung von über 76° entspricht. In solchem Falle dürfte aber das Kreisellot keine auch nur annähernd genügende Orientierungsmöglichkeit bieten.

Diese Präzession des Kreisellotes tritt zurück bei reinen Fliehbeschleunigungen, da deren Wirkungen bei den raschen kleinen Wendungen des gewöhnlichen Rechts- und Linkssteuerns sich herausheben und bei langsam beschriebenen größeren Kurven durch die Dämpfung des Kreiselpendels hintangehalten werden. Dagegen lassen die kurzen, meist immer in derselben Richtung wirkenden Beschleunigungen rascher Böenstöße, die vom Flieger langsam pariert werden, einen einseitigen Einfluß auf das Kreisellot zurück und veranlassen dieses zu einer Präzession, die oft erhebliche Abweichungen von der wahren Lotlinie zur Folge haben kann.

III. Der geringe Erfolg der bisherigen Versuche, auf Flugzeugen den wahren Horizont anzeigen zu lassen, hat bewirkt, daß man sich in der Praxis mit Instrumenten begnügt, die dem Flieger angeben, ob sich sein Flugzeug in der richtigen Querneigungsgleichgewichtslage befindet und ihm überdies ein Urteil darüber ermöglichen, in welcher Kurvenkrümmung er gerade fliegt.

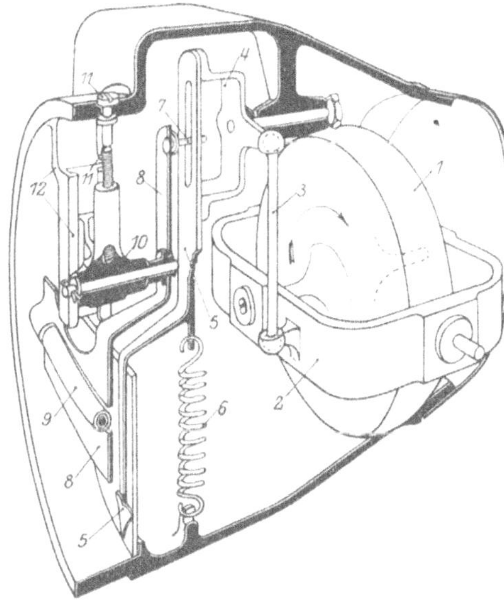

Fig. 245. Schnitt durch den Steuerzeiger von Drexler.

Ein besonders wirksames Instrument dieser Art ist der **Steuerzeiger** von **Drexler**[139]. Sein wesentlicher Teil ist nach Fig. 245 ein Kreisel *1*, mit längsschiffs gerichtetem Drall, dessen Rahmen *2* um die Schiffsquerachse drehbar ist. Die Rahmendrehung im Instrument überträgt sich durch eine Stangenverbindung *3—4* auf einen Zeiger *5* und erhält durch eine Feder *6* eine Richtkraft relativ zum Gehäuse des Instrumentes.

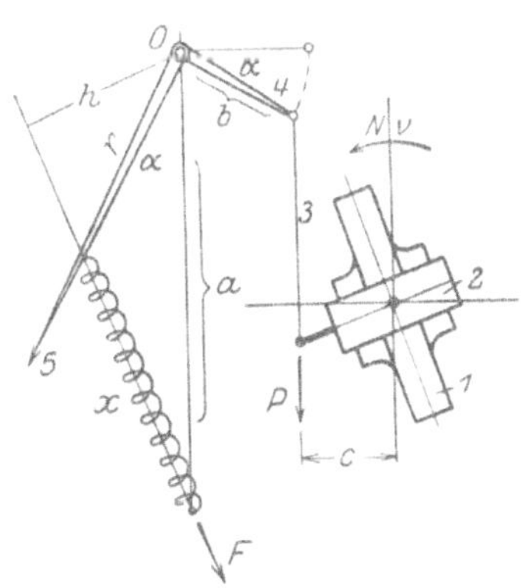

Fig. 246. Zur Theorie des Drexler-Steuerzeigers.

Steuert jetzt das Flugzeug mit der Bahngeschwindigkeit V und der Querneigung φ in horizontaler Ebene eine Kurve mit dem Krümmungsradius ϱ, so wird damit dem Kreiselrahmen eine Drehgeschwindigkeit $\nu = \frac{V}{\varrho}\cos\varphi$ um die Flugzeug-Vertikale aufgezwungen, auf die er mit einem Moment $N\nu$ antwortet. Dieses wird von der Feder *6* aufgenommen, deren Spannkraft nach Fig. 246 mit dem Zeigeranschlag ver-

Fig. 247. Drexlers Steuerzeiger.

knüpft ist. Ist x die Federlänge im gespannten Zustand, so wird, wenn x groß ist gegen die Länge der ungespannten Feder, die Spannung F mit x proportional

$$F = f x\,.$$

Das Moment in bezug auf den Zeigerdrehpunkt ist aber

$$F h = f h x = f a r \sin\alpha\,.$$

Diesem Moment hält die am Hebelarm $b \cos\alpha$ angreifende, vom Deviationsmoment des Kreisels $N \nu \sin\left(\frac{\pi}{2} - \alpha\right)$ herrührende Kraft P der Stange 3

$$P = \frac{N \nu \cos\alpha}{b \cos\alpha} = \frac{N \nu}{b}\,,$$

wenn $c = b$, ist das Gleichgewicht:

$$\begin{aligned} f a r \sin\alpha &= P b \cos\alpha \\ &= N \nu \cos\alpha \end{aligned}$$

oder

$$\varrho \operatorname{tg}\alpha = \frac{V N \cos\varphi}{f a r}\,.$$

Hier stehen aber rechts, abgesehen von der Querneigung φ, neben der ziemlich gleichbleibenden Fluggeschwindigkeit V lauter Apparatkonstanten, woraus sich die Eigenschaft des Instrumentes, durch größere

Zeigerausschläge schärfere Krümmungen anzuzeigen, ergibt. Geht das Flugzeug aus der Krümmung wieder zum Geradeausflug über, so verschwindet $N\nu$ und die Federkraft bringt den Kreiselrahmen widerstandslos in seine Mittellage zurück, weil er in bezug auf das Flugzeug nur einen Freiheitsgrad hat.

In Verbindung steht übrigens mit dem Steuerzeiger ein Pendelneigungsmesser (Ziffer *9* auf Fig. 245 und Fig. 247), der libellenartig als Glasrohr mit einer flüssigkeitsgedämpften Stahlkugel ausgebildet ist. Beim regulären Kurvenflug muß die Stahlkugel ihre Mittellage einnehmen, während der Zeiger des Instrumentes, wie oben dargelegt, Aufschluß über die Größe der augenblicklichen Kurvenkrümmung gibt. Diese beiden Angaben genügen aber für eine sichere Steuerung des Fahrzeuges.

Die am Steuerzeiger übrigens noch vorgesehene Nachdrehvorrichtung (Ziffern *7*, *8*, *10* auf Fig. 245) für die Libelle hat die Aufgabe einer Korrektur der regulären Kurvenlage, wie sie durch die Eigenart mancher Flugzeuge bedingt ist und steht außer Beziehung zu den Erörterungen dieses Abschnittes.

§ 85. Der Kompaßkreisel.

Das Verdienst, zuerst auf den Kreisel als Hilfsmittel zur Orientierung an der Erdoberfläche hingewiesen und die erste Grundlage zu den für die Lösung der Aufgabe nötigen theoretischen Betrachtungen gelegt zu haben, gebührt Foucault[140]).

1. Von den Kreiselanordnungen, die er behandelte, interessiert uns heutzutage zunächst die in Fig. 248 dargestellte. Ein Kreisel ist mit seiner Figurenachse AB in einem Bügel ADB gelagert, der von einer Stange DE getragen wird. Die letztere steht senkrecht auf AB und kann sich in der Hülse eines Statives sehr leicht drehen. Wie in der Figur gezeichnet, wird das Stativ so auf der Erdoberfläche aufgestellt, daß ED in die Zenitlinie fällt; die Kreiselachse AB kann sich dann nur in der Horizontalebene (Tangentialebene an die Erdoberfläche) bewegen.

Die Erddrehung ω wird im Sinne unserer früheren Definition durch einen vom Erdmittelpunkt nach dem Südpol hin gerichteten Pfeil dargestellt. Dieser Drehvektor wirkt auf den Kreisel ein, und zwar wenn der Apparat unter einer geographischen Breite φ aufgestellt ist, mit einer zum Erdmittelpunkt gerichteten

Komponente $\omega \sin\varphi$ und mit einer in der Meridianebene nach Süden gerichteten Komponente $\omega \cos\varphi$.

Die Komponente $\omega \sin\varphi$ ist diejenige relative Winkelgeschwindigkeit, mit der sich die Erde unter dem Kreisel hinwegdreht; da wir die Führung der Stange im Stativ als reibungslos angenommen haben, hat sie keinen Einfluß auf die Bewegung des Kreisels in der Horizontalebene.

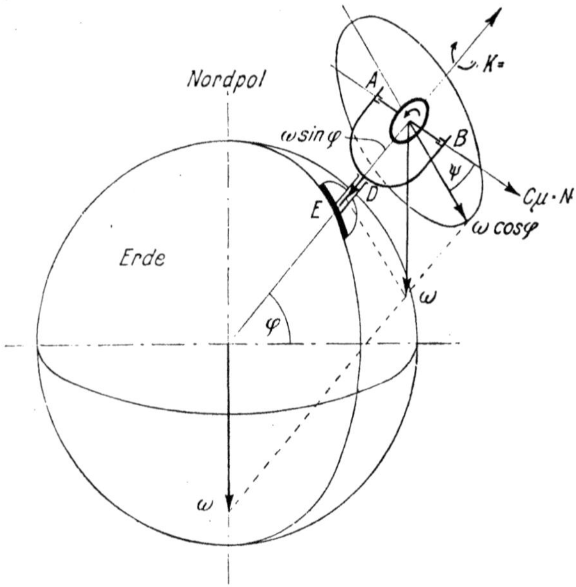

Fig. 248. Horizontkreisel.

Dagegen ist die Komponente $\omega \cos\varphi$ eine Winkelgeschwindigkeit, die dem Kreisel von seiten der Erddrehung aufgezwungen wird. Sie hat, wenn die Kreiselachse einen Winkel ψ mit dem Pfeil $\omega \cos\varphi$ einschließt, nach unserem Hauptkreiselsatz ein Moment zur Folge von der Größe

$$K = N\,\omega \cos\varphi \sin\psi\;,$$

welches bestrebt ist, die Kreiselachse in die Richtung von $\omega \cos\varphi$, d. h. in die Meridianebene zu drehen. Die Achse des Moments k fällt mit der Lotlinie zusammen und sucht den Winkel ψ zu verkleinern. Es wirkt beschleunigend auf die drehbaren Teile des

Apparates, deren gesamtes für die Drehung in Betracht kommendes Trägheitsmoment J sei. Dann haben wir für die Bewegung der Kreiselachse in der Horizontalebene die Differentialgleichung

$$(1) \qquad J \frac{d^2 \psi}{d t^2} = -N \omega \cos\varphi \sin\psi \,.$$

Dies ist aber nichts anderes als eine Schwingungsgleichung, deren Form wir für kleine Ausschläge ψ schreiben können

$$(2) \qquad \frac{d^2 \psi}{dt^2} + \varkappa^2 \psi = 0 \,.$$

mit

$$\varkappa^2 = \frac{N \omega \cos\varphi}{J} = \frac{C \mu \omega \cos\varphi}{J} \,.$$

Die Kreiselachse muß also eine Schwingung um den Meridian in der Horizontalebene vollziehen und wird sich, bei geeigneter Dämpfung, nach einiger Zeit in den Meridian einstellen. Die Schwingungsdauer, die mit einer derartigen Anordnung zu erreichen ist, findet sich zu

$$T = \frac{2\pi}{\varkappa} \,.$$

Um einen Anhalt für die Größenordnung der Schwingungsdauer zu erhalten, genügt es, die Trägheitsmomente C und J einander gleich und $\cos\varphi = 1$ (am Äquator) zu setzen. Dann wird $\varkappa = \sqrt{\mu \omega}$, wo μ bei 18 000 minutlichen Umläufen des Kreisels $= 200 \cdot 2\pi$ und $\omega = 2\pi/24 \cdot 60 \cdot 60$ zu setzen ist. $\varkappa$ erhält dann den Wert $\frac{\pi}{\sqrt{72}}$ und es wird $T = 2\sqrt{72} = 12\sqrt{2} = 17$ sec.

Zur Abschätzung der Größe des Richtmoments K setzen wir einen Schwungring von 1000 g Masse, reduziert auf 4 cm Trägheitsradius, voraus; dann wird

$$C = 1000 \cdot 4^2 = 16000 \text{ cgx}$$

und

$$K = C \mu \omega = \frac{C \pi^2}{72} = 2200 \text{ dyn} \cdot \text{cm} = 2{,}2 \text{ gx} \cdot \text{cm}.$$

Es ist klar, daß ein Kreiseleffekt von solcher Kleinheit den Wirkungen der Reibung (die hier außer Ansatz blieben) gegenüber nicht zur Geltung kommen kann, woraus die Schwierigkeit, derartige Konstruktionen brauchbar herzustellen, klar zutage tritt.

2. Eine zweite Kreiselanordnung, die ebenfalls Foucault[140]) behandelte, ist in Fig. 249 dargestellt. Hier findet sich die Kreiselachse AA in einem kreisförmigen Ring $ABAB$ gelagert, der seiner-

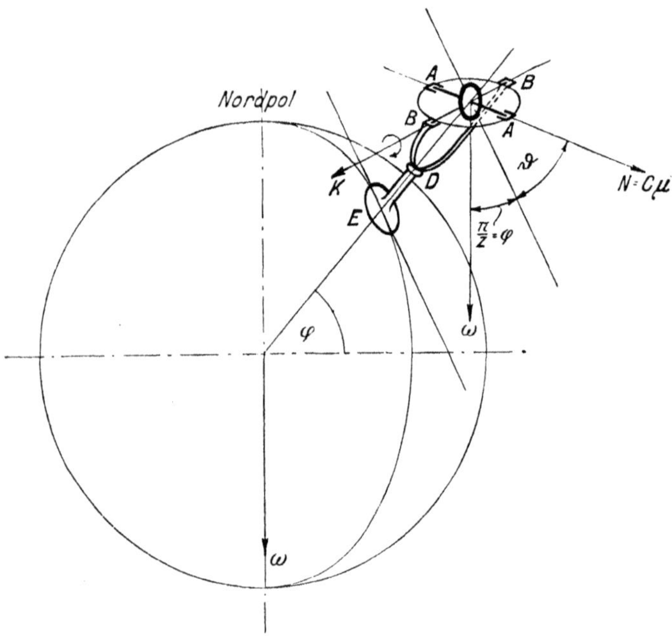

Fig. 249. Meridiankreisel.

seits um eine zum Parallelkreis parallele Achse BB drehbar in einem Gestell DE angeordnet ist. Die Kreiselachse kann sich also nur in der Meridianebene bewegen.

Bildet sie in dieser mit dem Horizont der Winkel ϑ, so schließt sie mit der Erdrotation den Winkel $\vartheta + \frac{\pi}{2} - \varphi$ ein. Dann wird das Moment, welches die Kreiselachse in die Richtung von ω zu drehen sucht:

$$K = -N\omega \sin\left(\vartheta + \frac{\pi}{2} - \varphi\right).$$

Entsprechend der vorher behandelten Kreiselanordnung ergibt sich hier als Schwingungsgleichung:

$$(3) \qquad J \frac{d^2\left(\vartheta + \frac{\pi}{2} - \varphi\right)}{dt^2} + N\,\omega \sin\left(\vartheta + \frac{\pi}{2} - \varphi\right) = 0\,.$$

In diesem Falle vollzieht die Kreiselachse in der Meridianebene ihre Schwingung um die zur Erdachse parallele Richtung von ω, würde also nach Einstellung in die Ruhelage die geographische Breite zu ermitteln gestatten.

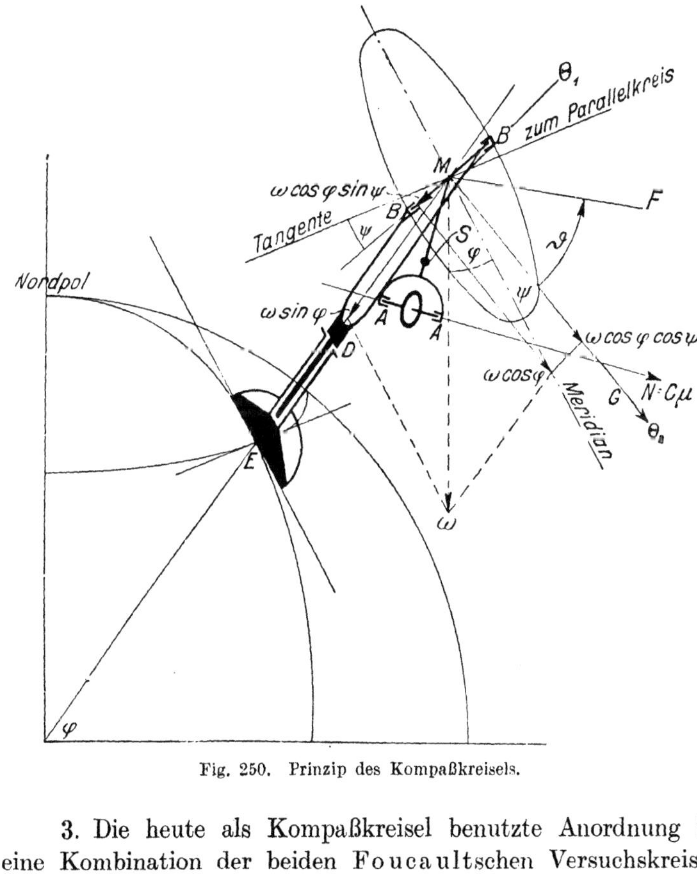

Fig. 250. Prinzip des Kompaßkreisels.

3. Die heute als Kompaßkreisel benutzte Anordnung ist eine Kombination der beiden Foucaultschen Versuchskreisel, mit einer Abänderung, die gleich besprochen werden wird. Eine

bloße Vereinigung der beiden Bauarten würde einen symmetrischen Kreisel von drei Freiheitsgraden in einem kardanischen Ringsystem ergeben, dessen Achse sowohl in der Horizontal- wie in der Meridianebene beweglich ist. Diese Eigenschaft hat der heutige Schiffskreiselkompaß (von Anschütz-Kämpfe)[141]) ebenfalls, nur mit dem Unterschied, daß die Kreiselachse nicht durch den Mittelpunkt des kardanischen Ringsystems geht, sondern tiefer liegt.

In Fig. 250 ist das Prinzip der Anordnung dargestellt. BB und ED sind die beiden kardanischen Achsen, M sein Mittelpunkt. Die Kreiselachse AA ist durch eine Stange mit Bügel an der Achse BB aufgehängt, auf der sie im übrigen senkrecht steht. Der Schwerpunkt des ganzen um BB drehbaren Apparatteiles mit der Masse m liegt um die Strecke $MS = a$ tiefer als M.

Die Drehungen der Bügelebene BDB bzw. deren Normalen MG gegenüber der Meridianebene werden durch den Winkel ψ gemessen, der positiv genommen wird, wenn, wie in der Figur, das Nordende der Normalen von BDB Westabweichung zeigt.

Die Erhebungen der Kreiselachse AA bzw. deren Parallelen MF über den Horizont werden durch den Winkel ϑ gemessen, und zwar gelten die Erhebungen des Nordendes der Kreiselachse positiv.

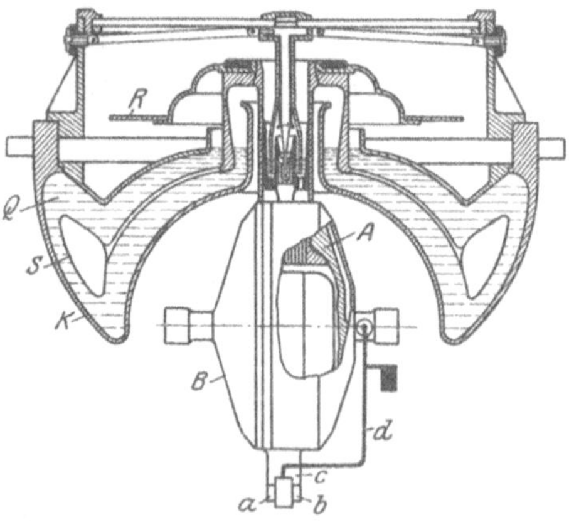

Fig. 251. Kompaßkreisel nach Anschütz-Kämpfe.

In der Figur ist der Deutlichkeit halber das Südende der Nadel als über den Horizont erhoben angenommen.

In Fig. 251 ist eine diesem Schema entsprechende Ausführung dargestellt. Das kardanische Ringsystem ist ersetzt durch einen Schwimmer S (an dem der Kreisel A hängt), der in einem ringförmigen, mit Quecksilber Q gefüllten Gefäß K beweglich ist. Diese Aufhängung liefert sofort die Drehmöglichkeit um eine Vertikale wie auch in der Meridianebene.

Die Ebene MAA, die die Kreiselachse enthält, dreht sich im Raum um den Erdradius mit einer Winkelgeschwindigkeit $\omega \sin\varphi + \frac{d\psi}{dt}$; es ist dies eine Winkelgeschwindigkeit, die wir als Präzessionsgeschwindigkeit der Kreiselachse auffassen können. Schließt nun die Kreiselachse, wie in der Figur gezeichnet, mit der Achse der Präzession (hier der Erdradius) einen Winkel $\frac{\pi}{2} - \vartheta$ ein, so findet sich als Folge der Präzession das Moment der Kreiselwirkung um die Achse BB:

$$N \sin\left(\frac{\pi}{2} - \vartheta\right)\left(\omega \sin\varphi + \frac{d\psi}{dt}\right).$$

Dieses Moment tritt mit dem Trägheitswiderstand $\Theta_1 \frac{d^2\vartheta}{dt^2}$ des Kreisels (nebst Schwimmer) um die Achse BB und dem Moment der Schwerewirkung $m\,g\,a \sin\vartheta$ nach dem Ansatz zusammen:

$$\Theta_1 \frac{d^2\vartheta}{dt^2} + m\,g\,a \sin\vartheta = N \cos\vartheta\left(\omega \sin\varphi + \frac{d\psi}{dt}\right) \tag{4}$$

Ferner betrachten wir die Bewegung der Kreiselachse AA in der Vertikalebene. Es ist dies eine Präzessionsbewegung im Raume um die Achse BB mit der Winkelgeschwindigkeit $\omega \cos\varphi$ $\sin\psi + \frac{d\vartheta}{dt}$.

Da der Impuls N auf BB senkrecht steht, gilt als Moment der Kreiselwirkung

$$N\left(\omega \cos\varphi \sin\psi + \frac{d\vartheta}{dt}\right)$$

um die Achse MS. Dieses Moment setzt sich mit dem Trägheitswiderstand des Kreisels um die Achse MS : $\Theta \frac{d^2\psi}{dt^2}$ und einem Widerstandsmoment zusammen, welch letzteres durch folgende Konstruktion vermittelt wird.

Der in einem Gehäuse umlaufende Kreisel saugt radial Luft an, die er durch einen tangential gerichteten Gehäuseansatz c (Fig. 251 und 252) wieder ausstößt.

Die Mündung des Ansatzes wird durch eine an einem Arm pendelnd aufgehängte Platte so teilweise verdeckt, daß bei senkrechter Stellung des Armes MS die an den beiden Längsseiten der Platte verbleibenden Öffnungen a und b für den Luftstrom gleich groß werden, so daß dieser kein Moment um MS hervorbringen kann.

Fig. 252. Ausführung des wirksamen Teiles des Kompaßkreisels.

Neigt sich jedoch MS um den Winkel ϑ, so werden die beiden Öffnungen a und b ungleich groß und die beiden austretenden Luftstrahlen erzeugen ein Drehmoment von der Größe $\varepsilon\vartheta$ um MS.

Die Differentialgleichung für die Koordinate ψ lautet dann:

$$(5) \qquad \Theta \frac{d^2\psi}{dt^2} + \varepsilon\,\vartheta = -N\left(\omega\cos\varphi\sin\psi + \frac{d\vartheta}{dt}\right).$$

In den Ansätzen (4) und (5) betrachtet man nun ϑ und ψ als kleine Winkel und findet durch Entfernung von ϑ für ψ die Differentialgleichung:

$$(6) \qquad \Theta\Theta_1 \frac{d^4\psi}{dt^4} + \{\Theta_1 N\omega\cos\varphi + \Theta\, m\, g\, a + N^2\} \frac{d^2\psi}{dt^2} + \varepsilon N \frac{d\psi}{dt}$$
$$+ N\, m\, g\, a\, \omega\cos\varphi\left(\psi + \frac{\varepsilon\sin\varphi}{m\, g\, a\cos\varphi}\right) = 0\,.$$

Gegenüber dem Quadrat des Kreiseldralls N^2 sind die mit Θ und Θ_1 behafteten Glieder klein und können daher gegenüber dem Gliede mit N^2 vernachlässigt werden, womit die Kreiselschwingungsgleichung um den Meridian entsteht:

$$(7) \qquad \frac{d^2\psi}{dt^2} + \frac{\varepsilon}{N}\frac{d\psi}{dt} + \frac{\omega\, m\, g\, a\cos\varphi}{N}\left(\psi + \frac{\varepsilon\sin\varphi}{m\, g\, a\cos\varphi}\right) = 0$$

Diese Schwingung erweist sich als gedämpft infolge der eigenartigen Luftstromdämpfung, die oben beschrieben wurde. Gleichzeitig hat aber diese Dämpfung zur Folge, daß die Schwingung aus der Anfangslage $\psi_1 - \psi_0$

$$\psi + \psi_0 = \psi_1 e^{-\frac{\varepsilon t}{2N}} \cos\frac{2\pi t}{T} \tag{7a}$$

nicht genau um den Meridian als Nullage erfolgt, sondern um eine um den Winkel $\psi_0 = -\varepsilon\frac{\operatorname{tg}\varphi}{m g a}$, d. h. (wegen des Minuszeichens) nach Osten verlagerte Ebene. Diesen Fehler des Kreisels nennt man den Breitenfehler, der als systematischer Fehler tabellenmäßig vorausberechnet werden kann; er beträgt z. B. für eine ausgeführte Dämpfung in $\varphi = 60°$ Nordbreite $\psi_0 = 2{,}2°$.

Für diesen Kompaß möge $m g = 1{,}6$ kg, $a = 0{,}11$ m gewählt sein; dann findet sich:

$$\varepsilon = \psi_0 \cdot \frac{m g a}{\operatorname{tg}\varphi} = \frac{2{,}2}{360} \cdot 2\pi \frac{1{,}76}{1{,}732} = 3.92 \cdot 10^{-3}\,[\text{mkg}]\,.$$

Ferner möge entsprechend Ansatz (7) die gedämpfte Schwingungsdauer des Kreisels

$$T' = \frac{2\pi}{\sqrt{\frac{m g a \omega \cos\varphi}{N} - \frac{\varepsilon^2}{4N^2}}} \tag{8}$$

70 Minuten betragen haben.

Aus $T' = 4200$ sec und $\varepsilon = 3{,}92 \cdot 10^{-3}$ mkg kann man (für $\omega = 0{,}725 \cdot 10^{-4}$) den erforderlichen Kreiseldrall berechnen. Wir erhalten mit $m g a \omega \cos\varphi = 6{,}36 \cdot 10^{-6}$ mkg aus (8):

$$\frac{(2\pi)^2}{(4{,}2)^2} \cdot 10^{-6} = \frac{6{,}36 \cdot 10^{-6}}{N} - \frac{(3{,}92)^2}{4N^2}\, 10^{-6}$$

oder

$$2{,}24\, N^2 - 6{,}36\, N = -3{,}85\,.$$

Für N bestehen also zwei Werte

$$N_1 = 1{,}97 \quad \text{und} \quad N_2 = 0{,}87$$

Mit dem größeren von beiden berechnen wir die ungedämpfte Schwingungsdauer:

$$T_0 = 2\pi \sqrt{\frac{N}{m\,g\,a\,\omega\cos\varphi}} = 2\pi \sqrt{\frac{1{,}97}{6{,}36} \cdot 10^3} = 3500 \text{ sec./m.}$$

$$= \text{rd. } 58 \text{ Minuten,}$$

also um 12 Minuten kürzer als die gedämpfte. Das logarithmische Dekrement $\Lambda = \frac{\varepsilon T}{2N}$, welches für den Dämpfungsverlauf maßgebend wird, berechnet sich dabei zu $\Lambda = 0{,}5 \cdot \frac{3{,}92 \cdot 10^{-3}}{1{,}97} \cdot 4200 = 4{,}2$.

Nach Verlauf einer Schwingung ist dann die Amplitude auf den $e^{4,2}$ ten Teil, d. h. auf etwa 1,5 v. H. des Anfangswertes, herabgesunken. Der kleinere Drall gibt eine größere Dämpfung.

Völlig abweichend in der Größenordnung berechnet sich die Schwingungsdauer um die Achse MG (Fig. 250), die der Kreiselachse angenähert parallel ist, da die Winkel ϑ stets klein bleiben. Diese Schwingungsdauer berechnet sich aus dem Trägheitsmoment Θ_2 um MG und dem Richtmoment $m\,g\,a$ der Schwerkraft wie folgt:

$$T_2 = 2\pi \sqrt{\frac{\Theta_2}{m\,g\,a}}\,.$$

Θ_2 ist etwa gleich dem Trägheitsmoment Θ_1 um die Achse BB und ungefähr halb so groß als das Trägheitsmoment Θ des Systems um die Vertikale. Setzen wir das gesamte Systemgewicht gleich 30 kg und den Trägheitsradius gleich 15 cm, so wird

$$\Theta_1 = \Theta_2 = \frac{\Theta}{2} = \frac{1}{2} \cdot \frac{30 \cdot 0{,}0225}{9{,}81} = 3{,}45 \cdot 10^{-2} \text{ mkgsec}^2$$

Oben war $m\,g\,a = 0{,}176$ mkg. Dann wird

$$T_2 = 2\pi \sqrt{\frac{3{,}45}{1{,}76} 10^{-1}} = 2\pi \sqrt{0{,}196} = 2{,}8 \text{ sec.}$$

Θ_1 gegenüber steht das scheinbare Trägheitsmoment um die Vertikale, welches sich aus (8) mit $\varepsilon = 0$ zu

$$\mathfrak{T} = \frac{N}{\omega\cos\varphi} = \frac{1{,}97 \cdot 10^4 \cdot 2}{0{,}725} = 54\,500 \text{ mkgsec}^2$$

findet.

Betrachten wir nun nach (4) auch die Schwingungen des Kreiselsystems um die Ost-Westrichtung BB, so findet sich auch hier durch Nullsetzen der Beschleunigungen und Geschwindigkeiten eine von Null abweichende Mittellage der Vertikalschwingung, nämlich (für kleine Ausschläge):

$$\vartheta_0 = \frac{N\omega}{m g a} \cdot \sin\varphi \,.$$

Vernachlässigt man ferner in (4) das erste Glied links gegenüber den Gliedern rechts, die den starken Kreiseltrall N enthalten, so wird mit (7a)

$$\vartheta - \vartheta_0 = \frac{N}{m g a}\frac{d\psi}{dt} = -\psi_1 \frac{N}{m g a}\frac{2\pi}{T} e^{-\frac{\varepsilon t}{2N}} \cos\left(\frac{2\pi t}{T} - \beta\right),$$

wo

$$\cos\beta = \frac{\varepsilon}{2\sqrt{m g a \omega N \cos\varphi}}$$

zu setzen ist.

Aus dem Ansatz ersieht man, daß auch die Schwingung ϑ sich in erster Annäherung mit dem großen scheinbaren Trägheitsmoment $\mathfrak{T} = \frac{N}{\omega\cos\varphi}$ vollzieht, so daß als Schwingungsgleichung um die Ost-Westlinie gilt:

$$\mathfrak{T}\frac{d^2\vartheta}{dt^2} + \frac{\varepsilon N}{\omega\cos\varphi}\frac{d\vartheta}{dt} + m g a(\vartheta - \vartheta_0) = 0 \,.$$

4. Außer dem Breitenfehler zeigt der Kreiselkompaß (mit einem Kreisel) noch eine Reihe weiterer Abweichungen.

Zunächst entsteht der Fahrtfehler durch die gleichförmige Relativbewegung des Schiffes auf der Erdoberfläche.

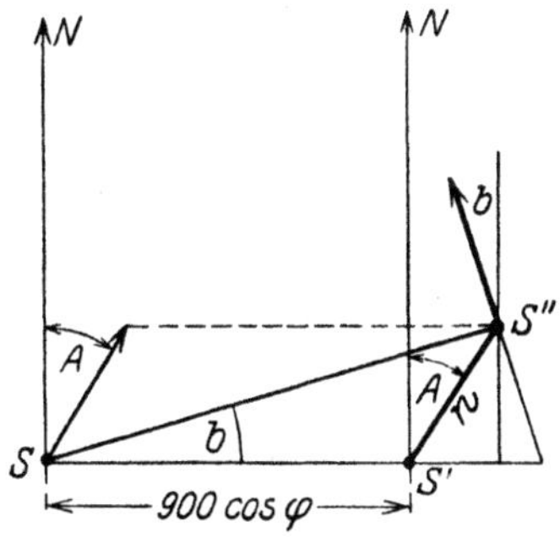

Fig. 253. Zur Erklärung des Fahrtfehlers.

Ein Schiff S (Fig. 253), welches mit rechtweisendem Kurs n Knoten fährt, gelangt in einer Stunde durch die Erddrehung von S nach S' und durch seine Fahrt nach S''; seine resultierende Bahn im Raum ist also $S'S''$, während nach unserer Ableitung der Kreiselgleichungen eine

Bewegung im Raum auf einem Breitenkreise SS' vorausgesetzt war. Das Ergebnis dieser Ableitung war, daß die Nullage der Kreiselachse auf der räumlichen Bahn, die der Kompaß zurücklegt, senkrecht stehen muß. Dieser Satz gilt natürlich auch für die Bahn SS'', und demzufolge wird das Nordende der Kreiselachse in eine Richtung zeigen, die um den Winkel

$$(9) \qquad b = \operatorname{arctg} \frac{n \cos A}{900 \cos \varphi - n \sin A}$$

vom wahren Meridian nach Westen abweicht, wenn man die Fahrtwinkel A ebenso wie die Kreiselwinkel ψ von der Nordrichtung aus nach Osten negativ zählt (nach Westen positiv).

In dem Ansatz (9) ist $900 \cos \varphi$ die stündliche Bewegung eines Parallelkreispunktes der Breite φ in Seemeilen. Der Fahrtfehler kann ebenso wie der Breitenfehler durch Tabellen leicht voraus ermittelt und jederzeit als Korrektur angebracht werden.

5. Wird die Bewegung des Schiffes infolge des Seeganges eine ungleichförmige, so treten zwei weitere Fehler in Erscheinung.

Der ballistische Fehler rührt her von denjenigen Komponenten p_n der Bahnbeschleunigungen des Schiffes, die in die Ebene MAA des Kreiselapparates fallen; die dazu senkrechten Komponenten stören nicht. Diese Beschleunigungen p_n drücken dem Kreiselsystem Momente $m p_n a$ um die Achse BB auf und bewirken Ablenkungen der Kreiselachse aus dem Meridian mit der Winkelgeschwindigkeit $\frac{d\psi}{dt}$ nach dem Ansatz:

$$N \frac{d\psi}{dt} = m p_n a .$$

Durch Integration folgt hieraus der ballistische Fehler

$$\psi_2 - \psi_1 = \frac{m a}{N} (v_2 - v_1)$$

ausgedrückt durch die Differenz der Nord-Südgeschwindigkeiten des Schiffes am Anfang und am Ende der Beobachtung. Demnach kommt der Fehler, der durch eine Fahrtbeschleunigung entstanden war, durch eine nachfolgende gleich große Fahrtverzögerung wieder zum Verschwinden.

Da nach Ansatz (8) für $\varepsilon = 0$ gilt

$$\frac{m\,a}{N} = \frac{4\,\pi^2}{g\,\omega\cos\varphi\,T^2}\,,$$

so zeigt sich der maximal mögliche ballistische Fehler

$$\psi_2 - \psi_1 = \frac{4\,\pi^2}{g\,\omega\cos\varphi\,T^2}\,(v_2 - v_1)$$

umgekehrt proportional dem Quadrat der Schwingungsdauer T des Kreiselkompasses.

6. Der Schlingerfehler ist eine Folge der Erregung von schiffsrelativen Kreiselschwingungen um die Nord-Südlinie durch die periodischen Schwingungen der Kreisfrequenz α des auf dem Kurs A steuernden Schiffes um die Längsachse. Jene Schwingungen des Kreiselsystems, die mit der Beschleunigung $b = b_0 \sin \alpha\, t$ erfolgen mögen, wecken zusammen mit den absoluten Elevationsschwingungen eine Coriolissche Momentwirkung um die Schwerelinie und infolgedessen eine konstante Abweichung der Kreiselmittellage aus der Nord-Südlinie.

Nach Grammel[142]) findet sich der über eine Schlingerperiode erstreckte Mittelwert jenes Momentes um die Schwerelinie zu

$$\overline{M} = \frac{c}{4}\,\frac{b_0^2}{g^2}\,m\,g\,a\sin 2\,A\,,$$

wo die Konstante c lautet:

$$c = m\,g\,a\left(\frac{1}{m\,g\,a - \mathfrak{T}\,\alpha^2} - \frac{1}{m\,g\,a - \Theta_2\,\alpha^2}\right).$$

Dieser Ansatz zeigt, daß c und damit $\overline{M}$ zum Verschwinden gebracht wird, wenn das Trägheitsmoment Θ_2 um die Nord-Südachse so groß wird, wie das scheinbare Trägheitsmoment $\mathfrak{T}$ des Kreiselsystems. Diesen Weg zur Beseitigung oder Herabminderung hat die Konstruktion des Dreikreiselkompasses von M. Schuler[143]) beschritten, die durch Hinzufügung von zwei weiteren Kreiseln die Schwingungsdauer um die Nord-Südlinie, die beim Einkreiselkompaß etwa 2 bis 3 Sekunden beträgt, auf 30 Sekunden erhöht.

Einen anderen Weg hat O. Martienssen[144]) zur Beseitigung des Schlingerfehlers eingeschlagen, indem er durch Anbringung eines Kreisellotes in der Rohrachse des Einkreiselkompasses die Amplitude der um die Nord-Südachse erregten Schwingungen des Systems, die die Corioliskraft wecken, stark herabsetzt, bezüglich deren Theorie wir auf die Originalarbeit von Martienssen verweisen.

Eine Kreiselkonstruktion auf ganz anderem Gebiete bedient sich ebenfalls des durch die Erdrotation orientierten Kompasses bei dem Bohrlochneigungsmesser, bezüglich dessen eine interessante Erörterung in dem Aufsatz „Der Kreiselkompaß im Schachtbau" von O. Martienssen (ETZ. 1920, Heft 24) enthalten ist.

§ 86. Vektorielle Behandlung der Kreiselbewegung[145]).

1. Zur Verständigung über das Rechnen mit Vektoren diene folgendes:

Ein Vektor ist eine gerichtete Größe, die graphisch durch einen Pfeil Fig. 254 (bestimmter Länge), rechnerisch durch einen fett gedruckten Buchstaben, z. B. $\boldsymbol{a}$ bezeichnet wird. In bezug auf ein rechtwinkliges Koordinatensystem hat er die Komponenten a_x, a_y, a_z Die Länge des Pfeiles, der absolute Betrag des Vektors, wird durch den gleichen normal gedruckten Buchstaben oder durch den zwischen senkrechte Striche gesetzten fett gedruckten Buchstaben bezeichnet:

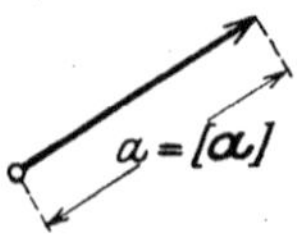

Fig. 254. Vektorpfeil.

(1) $$a = |\boldsymbol{a}|\,.$$

Die Summe mehrerer Vektoren Fig. 255 gibt wieder einen Vektor

(2) $$\boldsymbol{c} = \boldsymbol{a} + \boldsymbol{b}\,.$$

Zwei Vektoren a und b bestimmen völlig nach Lage und Größe das Parallelogramm $A\,B\,C\,D$; dadurch ist auch die Richtung der auf der Parallelogrammebene in A senkrecht stehenden Geraden bestimmt. Trägt man auf dieser Richtung den Parallelogramminhalt $a\,b \sin\alpha$ von A ausab, so erhält man einen neuen Vektor, das vektorielle oder äußere Produkt der beiden Vektoren a und b:

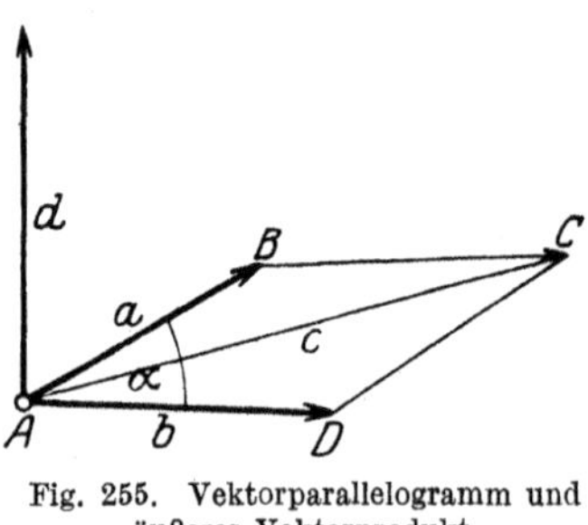

Fig. 255. Vektorparallelogramm und äußeres Vektorprodukt.

(3) $$\boldsymbol{d} = V\,\boldsymbol{a}\,\boldsymbol{b}$$

mit den Komponenten

$$a_y b_z - a_z b_y\,, \qquad a_z b_x - a_x b_z\,, \qquad a_x b_y - a_y b_x\,.$$

Eine andere Bezeichnung ist:

$$\boldsymbol{d} = [\boldsymbol{a}\,\boldsymbol{b}]\,. \tag{4}$$

Wir behalten die erstere bei.

Die Richtung des Pfeiles d wird dabei so gewählt, daß man von seiner Spitze aus eine Uhrzeigerbewegung gewahrt, wenn man a durch eine Drehung auf dem kürzesten Wege in b überführt. Der absolute Betrag von d ist:

$$d = |\boldsymbol{d}| = |V\boldsymbol{a}\,\boldsymbol{b}| = a\,b \sin\alpha\,. \tag{5}$$

Man nennt Vektoren, deren Definition wie bei a oder b auf einer Fortschreitung in Richtung des Vektors beruht, polare, dagegen solche, wie d, deren Definition auf einer Drehung um eine Achse (die Vektorrichtung) beruht, axiale.

Neben dem vektoriellen Produkt ist noch das innere oder skalare Produkt

$$\boldsymbol{a}\,\boldsymbol{b} = a\,b\cos(a\,,\,b) = a\,b\cos\alpha \tag{6}$$

möglich, welches durch Multiplikation des einen Vektors mit der richtungsgleichen Komponente des anderen erhalten wird (Fig. 256). Das skalare Produkt ist kein Vektor.

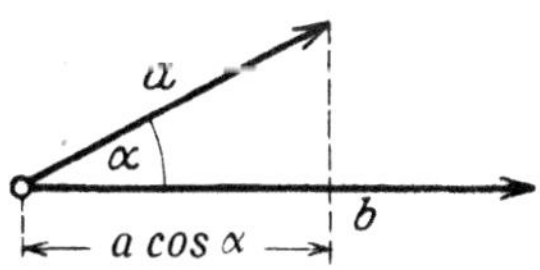

Fig. 256. Skalares Vektorprodukt.

Folgende Rechenregeln gelten

$$V\boldsymbol{a}\,\boldsymbol{b} = -V\boldsymbol{b}\,\boldsymbol{a}\,, \tag{7}$$

$$\boldsymbol{a}\,\boldsymbol{b} = \boldsymbol{b}\,\boldsymbol{a}\,,$$

$$V\boldsymbol{a}\,\boldsymbol{a} = \boldsymbol{a}^2 \sin(\boldsymbol{a}\,,\boldsymbol{a}) = 0\,, \tag{8}$$

$$\boldsymbol{a}\,\boldsymbol{a} = \boldsymbol{a}^2 = a^2\cos(\boldsymbol{a}\,,\boldsymbol{a}) = a^2\,. \tag{9}$$

Steht a auf b senkrecht, so ist:

$$\boldsymbol{a}\,\boldsymbol{b} = a\,b\cos(a\,,b) = 0\,, \tag{10}$$

$$|V\boldsymbol{a}\,\boldsymbol{b}| = a\,b\sin(a\,,b) = a\,b\,. \tag{11}$$

Ferner gilt:

$$\boldsymbol{a}\,V\boldsymbol{b}\,\boldsymbol{c} = \boldsymbol{b}\,V\boldsymbol{c}\,\boldsymbol{a} = \boldsymbol{c}\,V\boldsymbol{a}\,\boldsymbol{b}\,. \tag{12}$$

Wichtig ist noch die Regel zur Berechnung des Vektorproduktes aus einem polaren Vektor $\boldsymbol{a}$ und einem axialen Vektor $V\boldsymbol{b}\boldsymbol{c}$:

$$V\boldsymbol{a}V\boldsymbol{b}\boldsymbol{c} = \boldsymbol{b}\cdot\boldsymbol{a}\boldsymbol{c} - \boldsymbol{c}\cdot\boldsymbol{a}\boldsymbol{b}\,. \tag{13}$$

Es ergibt sich ein polarer Vektor, der sich aus zwei Komponenten zusammensetzt.

2. Die Mechanik bedient sich sowohl der polaren wie der axialen Vektoren. Die ersteren erscheinen bei der fortschreitenden Bewegung eines Punktes (Fig. 257) und stellen dar

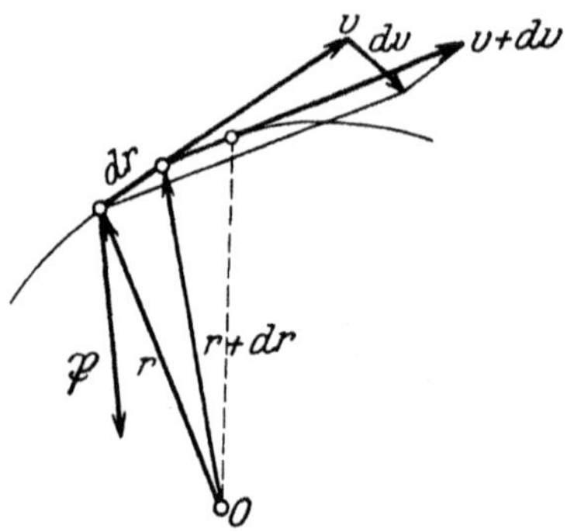

Fig. 257. Vektoren bei der Punktbewegung.

die Geschwindigkeit $\boldsymbol{v}$,

(14) die Beschleunigung $\boldsymbol{p} = \dfrac{d\boldsymbol{v}}{dt}$,

den Impuls oder die Bewegungsgröße $\boldsymbol{i}$,

den Radiusvektor $\boldsymbol{r}$,

die Kraft $\mathfrak{P}$.

Es gelten die Beziehungen:

$$\boldsymbol{v} = \frac{d\boldsymbol{r}}{dt}, \tag{15}$$

$$\boldsymbol{i} = m\boldsymbol{v}, \tag{16}$$

$$\mathfrak{P} = \frac{d\boldsymbol{i}}{dt} = m\frac{d\boldsymbol{v}}{dt} \quad \text{(das Newtonsche Bewegungsgesetz).} \tag{17}$$

Zu diesen polaren Vektoren treten die axialen mit Bezug auf den beliebig angenommenen Drehpunkt O:

$$\text{das Moment des Impulses } \mathfrak{D} = V\boldsymbol{r}\boldsymbol{i} = mV\boldsymbol{r}\boldsymbol{v}, \tag{18}$$

$$\text{das Moment der Kraft } \mathfrak{M} = V\boldsymbol{r}\mathfrak{P}. \tag{19}$$

Es gilt:

$$\frac{d\mathfrak{D}}{dt} = m\frac{d}{dt}V\boldsymbol{r}\boldsymbol{v} = mV\boldsymbol{v}\boldsymbol{v} + mV\boldsymbol{r}\frac{d\boldsymbol{v}}{dt} = V\boldsymbol{r}\frac{d\boldsymbol{i}}{dt} \tag{20}$$

und

$$\mathfrak{M} = \frac{d\mathfrak{D}}{dt} \quad \text{(Bewegungsgleichung der Drehung).} \tag{21}$$

Ferner bildet man noch das skalare Produkt:

(22) die Leistung oder den Effekt der Kraft $E = \mathfrak{P}\boldsymbol{v}$.

Es gilt:

(23) $$E = \mathfrak{P}\boldsymbol{v} = m\,\boldsymbol{v}\frac{d\boldsymbol{v}}{dt} = \frac{d}{dt}\left(\tfrac{1}{2}\,m\,\boldsymbol{v}^2\right) = \frac{dL}{dt}.$$

Das Skalar

(24) $$L = \tfrac{1}{2}\,m\,\boldsymbol{v}^2$$

heißt die kinetische oder Bewegungsenergie.

3. Für den im Schwerpunkt unterstützten Kreisel, d. h. einen starren Körper, der als eine Summe von Massenpunkten vorstellbar ist, können die einzelnen Gleichungen (16) bis (24) über die Massenpunkte summiert werden. Besteht die Bewegung des starren Körpers in einer Drehung mit der Winkelgeschwindigkeit ω durch den Schwerpunkt um eine Achse, so werde die letztere durch den axialen Vektor ω vom Schwerpunkt S aus gedeutet. Dann gilt für die Geschwindigkeit des einzelnen Körperpunktes (Fig. 258) m

(25) $$\boldsymbol{v} = -\mathrm{V}\boldsymbol{r}\,\boldsymbol{\omega} = \mathrm{V}\boldsymbol{\omega}\,\boldsymbol{r}.$$

Dann findet sich die gesamte Bewegungsgröße oder der Trieb des Körpers

(26) $$\boldsymbol{J} = \Sigma\,\boldsymbol{i} = m\,\Sigma\,\mathrm{V}\boldsymbol{\omega}\,\boldsymbol{r} = \mathrm{V}\boldsymbol{\omega}\,\Sigma\,m\,\boldsymbol{r}.$$

Da aber $\Sigma\,m\,r = 0$ ist, so ist auch $J = 0$. Ferner berechnen wir das gesamte Impulsmoment oder den Drall (auch Schwung) des Körpers

(27) $$\mathfrak{B} = \Sigma\,\mathfrak{D} = \Sigma\,m\,\mathrm{V}\boldsymbol{r}\,\boldsymbol{v} = \Sigma\,m\,\mathrm{V}\boldsymbol{r}\,\mathrm{V}\boldsymbol{\omega}\,\boldsymbol{r}.$$

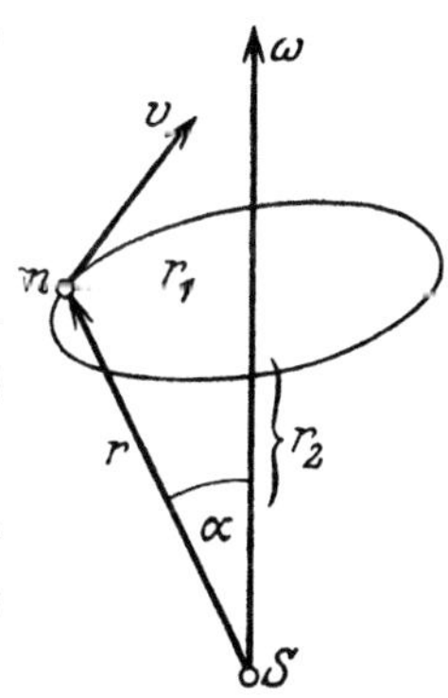

Fig. 258. Vektoren der Drehung.

Die rechte Seite formen wir nach (13) um in

(28) $$\begin{cases} \mathfrak{B} = \Sigma\,m\,\boldsymbol{\omega}\cdot\boldsymbol{r}^2 - \Sigma\,m\,\boldsymbol{r}\cdot\boldsymbol{\omega}\,\boldsymbol{r} \\ \quad = \boldsymbol{\omega}\,\Sigma\,m\,\boldsymbol{r}^2 - \Sigma\,m\,\boldsymbol{r}\cdot\boldsymbol{\omega}\,\boldsymbol{r}. \end{cases}$$

Hier ersetzen wir den Vektor r durch seine beiden Komponenten r_1 und r_2 (siehe Fig. 258)

(29) $$\boldsymbol{r} = \boldsymbol{r}_1 + \boldsymbol{r}_2$$

und bilden den Skalar:

(30) $$\boldsymbol{r}^2 = r^2 = r_1^2 + r_2^2.$$

Dann wird

$$(31)\qquad \mathfrak{B} = \omega \Sigma m (r_1^2 + r_2^2) - \Sigma m (\mathfrak{r}_1 + \mathfrak{r}_2) \cdot \omega (\mathfrak{r}_1 + \mathfrak{r}_2) .$$

Hier ist aber der Skalar $\omega \mathfrak{r}_1 = 0$, weil r_1 auf ω senkrecht steht und es wird einfacher

$$(32)\qquad \mathfrak{B} = \omega \Sigma m r_1^2 - \Sigma m \mathfrak{r}_1 \cdot \omega \mathfrak{r}_2 .$$

Das erste Glied auf der rechten Seite ist ein Vektor der Richtung ω; sein skalarer Faktor $\Sigma m r_1^2$ ist nur von der Massenverteilung abhängig und heißt das Trägheitsmoment um die Achse ω; dieses werde mit Θ bezeichnet. Dann haben wir

$$(33)\qquad \mathfrak{B} = \omega \Theta - \Sigma m \mathfrak{r}_1 \cdot \omega \mathfrak{r}_2 .$$

Greifen nun mit $\mathfrak{P} = 0$ keine äußeren Kräfte am Körper an, so wird $\mathfrak{B}$ konstant nach Größe und Richtung. Hieraus ergibt sich zunächst, daß der Drehvektor $\boldsymbol{\omega}$ mit dem Drallvektor $\mathfrak{B}$ im allgemeinen nicht zusammenfällt. Setzen wir nun auf der rechten Seite ω als unveränderlich voraus, so könnte man schreiben

$$(34)\qquad \mathfrak{B} = \omega \Theta - \omega \Sigma m \mathfrak{r}_1 r_2 .$$

Hier stünde aber der Vektor $\Sigma m \mathfrak{r}_1 r_2$ auf der Drehachse senkrecht und ist an den rotierenden Körper fest geheftet; er rotiert also mit, d. h. der Vektor $\omega \Sigma m \mathfrak{r}_1 r_2$ würde eine dauernde Verlagerung des Drallvektors $\mathfrak{B}$ im Raume zur Folge haben. Da dies aber der Voraussetzung widerspricht, so bleibt nichts übrig als den Drehvektor $\boldsymbol{\omega}$ als veränderlich anzunehmen. Außerdem aber wandert der Drehvektor im Raume, da er mit dem eben als beweglich nachgewiesenen Vektor $\Sigma m \mathfrak{r}_1 \cdot \boldsymbol{\omega} \mathfrak{r}_2$ den festen Vektor $\mathfrak{B}$ ergeben muß. Damit ist aber der bereits im § 76 abgeleitete wichtige Satz von der Konstanz des Drallvektors beim kräftefreien Kreisel gewonnen.

Wir berechnen nun die Arbeit der Kraft $\mathfrak{P}$ und die kinetische Energie der Drehbewegung:

$$(35)\qquad \begin{cases} \dfrac{dL}{dt} = \Sigma \mathfrak{P} \mathfrak{v} = \Sigma \mathfrak{P} \,|\, \omega \mathfrak{r} = \Sigma \,|\, \mathfrak{r} \mathfrak{P} \cdot \omega , \\ \qquad = \omega \Sigma \dfrac{d\mathfrak{D}}{dt} = \omega \dfrac{d\mathfrak{B}}{dt} \end{cases}$$

und

$$(36)\qquad \frac{dL}{dt} = \frac{d}{dt} \{ \tfrac{1}{2} \Sigma m \mathfrak{v}^2 \} .$$

Hieraus folgt aber

$$L = \frac{1}{2} \Sigma m \mathfrak{v}^2$$

oder mit $\mathfrak{v}^2 = \omega^2 r_1^2$.

(37) $$L = \frac{1}{2} \omega^2 \Sigma m r_1^2 = \frac{1}{2} \omega \mathfrak{B},$$

denn $\omega \Sigma m \mathfrak{r}_1 \cdot \omega \mathfrak{r}_2$ verschwindet, weil der Vektor $\Sigma m \mathfrak{r}_1 \cdot \omega \mathfrak{r}_2$ auf ω senkrecht steht.

Der Satz (37) entspricht dem in § 76 Gl. (3) gefundenen.

4. Wir betrachten jetzt die Zustände der Drehung des Körpers um sämtliche momentanen Drehachsen. Die sämtlichen Drehungen mögen vor sich gehen mit ein und derselben kinetischen Energie L. Es wird dann mit (37) und (33) die zur Drehachse gehörige Winkelgeschwindigkeit:

(38) $$\omega = \pm \sqrt{\frac{2L}{\Theta}},$$

wo Θ das zur Drehachse gehörige Trägheitsmoment

(39) $$\Theta = \Sigma m r_1^2$$

bedeutet.

Die nach (38) erhaltenen Werte von ω tragen wir auf der Drehachse vom Schwerpunkt aus in beiden Richtungen (positiv und negativ) als Fahrstrahlen auf. Die Endpunkte dieser Fahrstrahlen erfüllen eine Fläche, die den Schwerpunkt von allen Seiten umgibt und mit dem Körper fest verbunden ist.

Um ihre Natur naher zu ergründen, denken wir uns durch den Schwerpunkt ein rechtwinkliches Koordinatensystem gelegt, in welchem der einzelne Flächenpunkt durch seine Koordinaten ω_1, ω_2, ω_3, die Komponenten der auf dem zugehörigen Fahrstrahl aufgetragenen Drehgeschwindigkeit ω bezeichnet sei. Drücken wir nun das Geschwindigkeitsquadrat v^2 für den einzelnen Körperpunkt durch dessen Koordinaten $x\,y\,z$ und $\omega_1\,\omega_2\,\omega_3$ aus, so wird in

(40) $$L = \frac{1}{2} \Sigma m \mathfrak{v}^2,$$

die rechte Seite eine in ω_1, ω_2, ω_3 homogene quadratische Form. Der Ansatz (40) stellt also nach dieser Umformung eine Fläche zweiten Grades vor, die ein Ellipsoid sein muß, weil keiner ihrer Punkte im Unendlichen liegen kann. Dann müssen die halben Hauptachsen dieses von Poinsot in die Dynamik des starren

Körpers eingeführten Ellipsoids die Größen $\sqrt{\frac{2L}{\Theta_1}}, \sqrt{\frac{2L}{\Theta_2}}, \sqrt{\frac{2L}{\Theta_3}}$ haben, wo Θ_1, Θ_2, Θ_3 die Hauptträgheitsmomente des Körpers bedeuten; das Poinsot-Ellipsoid und das Trägheitsellipsoid des Körpers sind gleichachsig.

Bezeichnet φ den Winkel zwischen den Vektoren ω und $\mathfrak{B}$, so wird nach (37)

$$2L = |\omega| |\mathfrak{B}| \cos\varphi .$$

Da $\mathfrak{B}$ im Raume fest und von unveränderlicher Länge ist, so muß gelten

$$|\omega| \cos\varphi = \frac{2L}{|\mathfrak{B}|} ,$$

d. h. der Endpunkt des Drehvektors ω muß dauernd in der nach Fig. 259 gekennzeichneten im Raume festen Ebene bleiben.

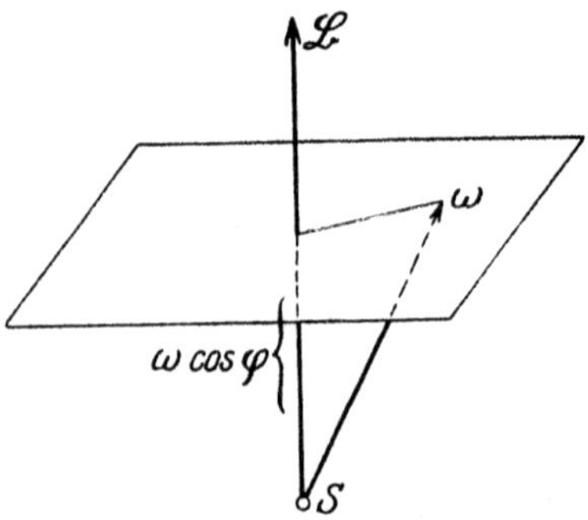

Fig. 259. Invariabele Ebene der Poinsotbewegung.

Im übrigen liegt der Endpunkt von ω auf dem Poinsotellipsoid und es gilt nach (35)

$$\omega\, d\mathfrak{B} = 0 .$$

Andererseits folgt aus (37) durch Differentiation:

$$\omega\, d\mathfrak{B} + d\omega\, \mathfrak{B} = 0 ,$$

also auch

$$\omega\, d\mathfrak{B} = d\omega\, \mathfrak{B} = 0 .$$

Der Ansatz

$$d\,\omega\, \mathfrak{B} = 0$$

bedeutet aber, daß alle auf dem Poinsotellipsoid liegenden Linienelemente $d\omega$ auf dem Drallvektor $\mathfrak{B}$ senkrecht stehen; sie liegen also in der invariabelen Ebene und die letztere berührt demnach das Poinsotellipsoid (Fig. 259).

Die Bewegung des starren im Schwerpunkt unterstützten Körpers ist also identisch mit einem Abrollen des Poinsotellipsoides auf der invariablen Ebene.

5. Wir wollen nun eine Differentialgleichung der Kreiselbewegung in Vektorform aufstellen. Oben fanden wir den Flächensatz:

$$\frac{d\mathfrak{B}}{dt} = \mathfrak{M}$$

der die Kreiselbewegung beherrscht.

Die Änderungsgeschwindigkeit $\frac{d\mathfrak{B}}{dt}$ des Dralles ist hier auf den festen Raum bezogen. Beziehen wir sie nun unter Anwendung eines Zeigers auf das im Raume mit dem Körper bewegliche Poinsotellipsoid, wodurch wir erhalten $\frac{\bar{d}\mathfrak{B}}{dt}$. Diese relative Änderungsgeschwindigkeit ist im Falle kräftefreier Bewegung identisch mit der Geschwindigkeit von $\mathfrak{B}$ gegenüber dem Poinsotellipsoid $|\!/\,\mathfrak{B}\,\omega$.

Es gilt also

$$\frac{\bar{d}\boldsymbol{\mathfrak{B}}}{dt} = |\!/\,\boldsymbol{\mathfrak{B}}\,\omega$$

oder

$$\frac{\bar{d}\boldsymbol{\mathfrak{B}}}{dt} + |\!/\,\boldsymbol{\omega}\,\boldsymbol{\mathfrak{B}} = 0\,,$$

welcher Ansatz im Falle nicht verschwindender äußerer Kräfte zu vervollständigen ist zu

$$\frac{\bar{d}\boldsymbol{\mathfrak{B}}}{dt} + |\!/\,\boldsymbol{\omega}\,\boldsymbol{\mathfrak{B}} = \boldsymbol{\mathfrak{M}}\,.$$

Hier muß man nun zu rechtwinklichen Koordinaten und Komponenten im Hauptachsensystem des Poinsotellipsoides übergehen. Die Komponenten sind

für $\boldsymbol{\mathfrak{B}}$: $\mathfrak{B}_1 = \Theta_1\,\omega_1$, $\mathfrak{B}_2 = \Theta_2\,\omega_2$, $\mathfrak{B}_3 = \Theta_3\,\omega_3$,

für $\boldsymbol{\omega}$: ω_1, ω_2, ω_3,

für $\boldsymbol{\mathfrak{M}}$: $\mathfrak{M}_1$, $\mathfrak{M}_2$, $\mathfrak{M}_3$,

für $|\!/\,\boldsymbol{\omega}\,\boldsymbol{\mathfrak{B}}$: $\omega_2\,\mathfrak{B}_3 - \omega_3\,\mathfrak{B}_2,\ \omega_3\,\mathfrak{B}_1 - \omega_1\,\mathfrak{B}_3,\ \omega_1\,\mathfrak{B}_2 - \omega_2\mathfrak{B}_1$.

Dann lautet die erste der drei entspringenden Gleichungen

$$\Theta_1\,\frac{d\omega}{dt} + (\Theta_3 - \Theta_2)\,\omega_2\,\omega_3 = \mathfrak{M}_1\,,$$

in welcher Gestalt wir diese nach L. Euler benannten Gleichungen bereits im § 74 auf anderem Wege gefunden haben.

XI. Schwingungen fester elastischer Körper.

§ 87. Saitenschwingungen.

Eine Saite sei mit ihren Endpunkten A und B befestigt (Fig. 260). In der Ruhelage falle sie mit der x-Achse zusammen und ihre Anfangsspannung sei $= P$. Diese Anfangsspannung ändere sich nicht, wenn die Saite eine kleine Auslenkung aus ihrer Ruhelage erfährt.

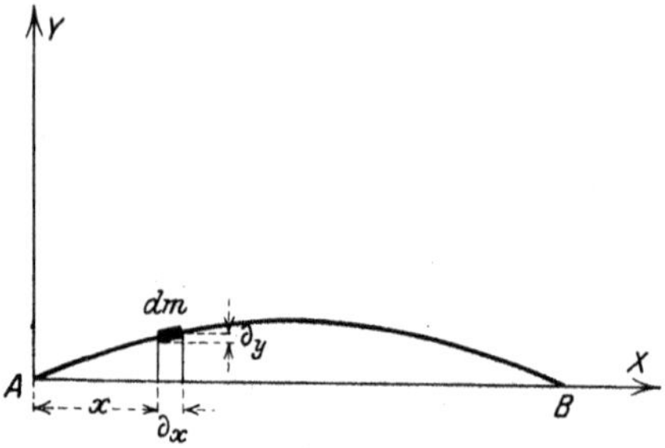

Fig. 260. Schwingende Saite.

Nun betrachten wir uns ein Saitenelement. In seinen Endpunkten x und $x + \partial x$ ziehen wir Tangenten an die Saite, deren Neigungswinkel α resp. α' seien; α und α' seien „klein". Dann ist die y-Komponente der Spannung P im Punkte x, y

$$Y = P \sin\alpha$$

und im Punkte $x + \partial x$, $y + \partial x$

$$Y + \partial Y = P \sin\alpha' .$$

Nun ist aber

$$\sin\alpha = \frac{\partial y}{\partial x},$$

$$\sin\alpha' = \frac{\partial y}{\partial x} - \frac{\partial^2 y}{\partial x^2}\,dx$$

und mithin, da Y und $Y + dY$ verschiedenes Vorzeichen haben, die Resultierende dY

$$= + P \cdot \frac{\partial^2 y}{\partial x^2}\,dx .$$

Diese Kraft muß aber nach dem Grundsatz der Mechanik gleich dem Trägheitswiderstand des Elementes dm sein, der sich mit der Beschleunigung $\frac{\partial^2 y}{\partial t^2}$ schreibt:

$$dm \cdot \frac{\partial^2 y}{\partial x^2} .$$

Wir erhalten also die Bewegungsgleichung:

$$dm \frac{\partial^2 y}{\partial t^2} = P \frac{\partial^2 y}{\partial x^2} dx \,. \tag{1}$$

Ist nun ϱ die Dichte, f der Querschnitt, l die Länge der Saite, dann ist

$$dm = \varrho f dx$$

und die Bewegungsgleichung wird mit $\frac{P}{\varrho f} = a^2$:

$$\frac{\partial^2 y}{\partial t^2} = a^2 \frac{\partial^2 y}{\partial x^2} \,. \tag{2}$$

Dies ist die Differentialgleichung für die ebenen Transversalschwingungen der Saite.

Zur Integration versuchen wir, ob eine partikuläre Lösung der Form

$$y = X \cdot T \tag{3}$$

möglich ist, wo X und T Funktionen von x und t allein bedeuten sollen. Durch Differentiation und Einsetzen in (2) ergibt sich:

$$\frac{1}{T} \frac{d^2 T}{dt^2} = \frac{a^2}{X} \frac{d^2 X}{dx^2} \,. \tag{4}$$

Diese Gleichung sagt aus, daß beide Seiten einer und derselben Konstanten, die wir mit $-k^2$ bezeichnen wollen, gleich sein müssen. Es ergeben sich mithin für T und X zwei totale Differentialgleichungen:

$$\left\{ \begin{aligned} \frac{d^2 T}{dt^2} &= -k^2 T \,, \\ \frac{d^2 X}{dt^2} &= -\frac{k^2}{a^2} X \,. \end{aligned} \right. \tag{5}$$

Partikuläre Lösungen dieser Gleichungen sind uns geläufig:

$$T = \cos k t \,, \qquad \sin k t \,,$$

$$X = \cos \frac{k}{a} x \,, \qquad \sin \frac{k}{a} x$$

genügen den Gleichungen (5). Da wir aber festgesetzt hatten, daß die Endpunkte der Saite auf der x-Achse liegen sollten, so muß X sowohl für $x = 0$ wie für $x = l$ verschwinden. Deshalb ist die Funktion $\cos\frac{k}{a}x$ unbrauchbar, und in der Funktion $\sin\frac{k}{a}x$ muß $k = \frac{a\,n\,\pi}{l}$ sein, wo n eine ganze Zahl bedeutet.

Nunmehr wird die Lösung

$$y = \sin\frac{n\pi}{l}x\cdot\left(A\cos\frac{a\,n\,\pi}{l}t + B\sin\frac{a\,n\,\pi}{l}t\right). \tag{6}$$

Die Schwingungszahl dieses Vorganges ist

$$Z_n = \frac{a\,n\,\pi}{2\pi l} = \frac{a\cdot n}{2l} = \frac{n}{T}, \tag{7}$$

d. h. wir erhalten je nach der Wahl von n Vorgänge verschiedener Schwingungszahlen. $n = 1$ liefert die kleinste Schwingungszahl oder den Grundton mit der Schwingungszeit T, während die größeren n die harmonischen Obertöne liefern.

Aus Gleichung (6) sieht man, daß für $x = \frac{l}{n}$ und die Vielfachen hiervon y dauernd Null ist. Schwingt also die Saite mit Obertönen, so tut sie dies, indem sie in n Teilen schwingt, deren Trennungspunkte dauernd in Ruhe bleiben; diese Trennungspunkte nennt man Knotenpunkte. Figur 261 zeigt die Gestalten einer schwingenden Saite für $n = 1, 2, 3$.

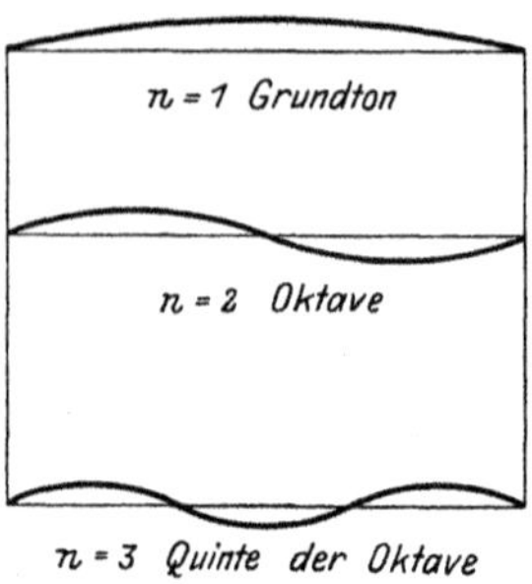

Fig. 261. Töne der Saite.

Natürlich kann auch eine Saite mehrere Schwingungen gleichzeitig ausführen. Analytisch drückt man dies aus, indem man den Grundton und die Obertöne summiert, d. h. ansetzt:

$$y = \sum_n\left(A_n\cos\frac{2\pi n}{T}t + B_n\sin\frac{2\pi n}{T}t\right)\sin\frac{n\pi x}{l}, \tag{8}$$

wo $T = \frac{2l}{a}$ die Schwingungsdauer des Grundtones ist. Die Bestimmung der Koeffizienten A_n und B_n geschieht dadurch, daß man festsetzt, daß zur Zeit $t = 0$ die Saite eine gegebene Anfangsgestalt

$$y = F(x) \tag{9}$$

und ihre Punkte eine gegebene anfängliche Geschwindigkeitsverteilung:

$$\frac{\partial y}{\partial t} = f(x) \tag{10}$$

haben sollen.

Diese Anpassung an den Anfangszustand gelingt, wenn man den Ansatz (8) unmittelbar bzw. nach Differentiation nach der Zeit für $t = 0$ spezialisiert und setzt:

$$\left\{\begin{aligned} &\sum_0^\infty {}^n A_n \sin\frac{n\pi x}{l} = F(x)\,, \\ &\sum_0^\infty {}^n n\, B_n \sin\frac{n\pi x}{l} = \frac{T}{2\pi} f(x)\,. \end{aligned}\right. \tag{11}$$

Nunmehr kann man sich der Entwicklung von $F(x)$ bzw. $f(x)$ in Fouriersche Reihen nach § 35 bedienen und findet:

$$\left\{\begin{aligned} A_n &= \frac{2}{l}\int_0^l F(x)\, \sin\frac{n\pi x}{l}\, dx\,, \\ B_n &= \frac{2}{a\pi n}\int_0^l f(x) \sin\frac{n\pi x}{l}\, dx\,. \end{aligned}\right. \tag{12}$$

Damit ist die Anpassung an den Anfangszustand gegeben.

Weiterhin läßt sich die Entwicklung (8) mit Hilfe der bekannten trigonometrischen Beziehungen:

$$\sin\alpha \cos\beta = \tfrac{1}{2}\sin(\alpha+\beta) + \tfrac{1}{2}\sin(\alpha-\beta)\,,$$

$$\sin\alpha \sin\beta = \tfrac{1}{2}\cos(\alpha-\beta) - \tfrac{1}{2}\cos(\alpha+\beta)\,,$$

wie folgt umformen:

$$\left\{\begin{aligned} y = {} & \frac{1}{2}\sum_0^\infty {}^n A_n \left\{\sin n\frac{\pi(x-at)}{l} + \sin n\frac{\pi(x+at)}{l}\right\} \\ & + \frac{1}{2}\sum_0^\infty {}^n B_n \left\{\cos n\frac{\pi(x-at)}{l} - \cos n\frac{\pi(x+at)}{l}\right\}. \end{aligned}\right. \tag{13}$$

Da nun die Integration der zweiten Gleichung (11)

$$\int \sum_0^\infty {}^n n\, B_n \sin\frac{n\pi x}{l}\, dx = \frac{T}{2\pi}\int f(x)\, dx \tag{14}$$

ergibt

$$\sum_0^\infty n B_n \cos\frac{n\pi x}{l} = -\frac{T}{2l}\int f(x)\,dx\,, \tag{15}$$

so findet sich:

$$y = \tfrac{1}{2}\{F(x+at) + F(x-at)\} + \frac{1}{2a}\int\limits_{x-at}^{x+at} f(x)\,dx\,. \tag{16}$$

Dies ist die d'Alembertsche[146]) Lösung der Differentialgleichung (2), während der Ansatz (8) auf Daniel Bernoulli[147]) zurückzuführen ist.

Wir werden nun prüfen, ob y den Bedingungen der Aufgabe genügt.

Daß (16) die Differentialgleichung (2) befriedigt, findet man leicht durch Ausführung der erforderlichen Differentiationen und Einsetzen in (2).

Ferner muß aber sein:

$$t = 0\,; \qquad y = F(x)\,; \qquad \frac{\partial y}{\partial t} = f(x)\,. \tag{17}$$

Dies erhärtet leicht durch Ausführung der vorgeschriebenen Operationen am Ansatz (16).

Weiter muß gelten:

$$\left\{\begin{aligned} x &= 0\,; & y &= 0\,,\\ x &= l\,; & y &= 0\,. \end{aligned}\right. \tag{18}$$

Dies gilt nur, wenn $F(x)$ und $f(x)$ den Bedingungen genügen:

$$\left\{\begin{aligned} F(x) &= -F(-x)\,; & f(x) &= -f(-x)\,,\\ F(l+x) &= -F(l-x)\,; & f(l+x) &= -f(l-x)\,. \end{aligned}\right. \tag{19}$$

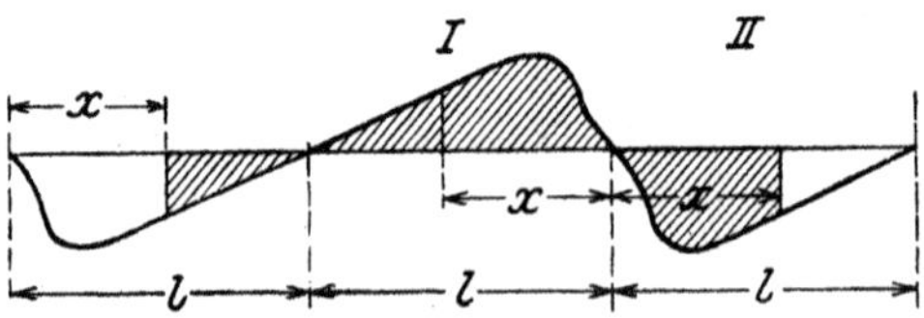

Fig. 262. Schwingungsform einer Saite.

In der Fig. 262 ist ein entsprechender Verlauf der Funktion

$$y = F(x)$$

dargestellt. Ist I die Gestalt der Saite zu einer bestimmten Zeit t, so ist II die Gestalt zur Zeit $t + \frac{T}{2}$.

Wir betrachten nun eine Saitenschwingung, bei der $F(x)$, d. h.

die anfängliche Störung der Saite, innerhalb eines Intervalles 2σ konstant $F(x) = p$ ist,

(20) $$m - \sigma \leqq x \leqq m + \sigma$$

$f(x)$ (die anfängliche Geschwindigkeit) aber für alle x verschwindet. Dann ist $F(x + at)$ nur dann von Null verschieden, wenn gilt:

(21) $$m - \sigma < x + at < m + \sigma\,,$$

und ebenso $F(x - at)$, wenn gilt:

(22) $$m - \sigma < x - at < m + \sigma\,.$$

Die Ungleichungen (21) und (22) kann man aber auch schreiben:

(23) $$\begin{cases} m - at - \sigma < x < m - at + \sigma\,, \\ m + at - \sigma < x < m + at + \sigma\,, \end{cases}$$

woraus folgt, daß

$$y = \tfrac{1}{2}\{F(x + at) + F(x - at)\}$$

zur Zeit t nur in den in Fig. 263 gezeichneten Bereichen von Null verschieden sein kann, und zwar ist im Bereiche I $F(x + at)$ gleich

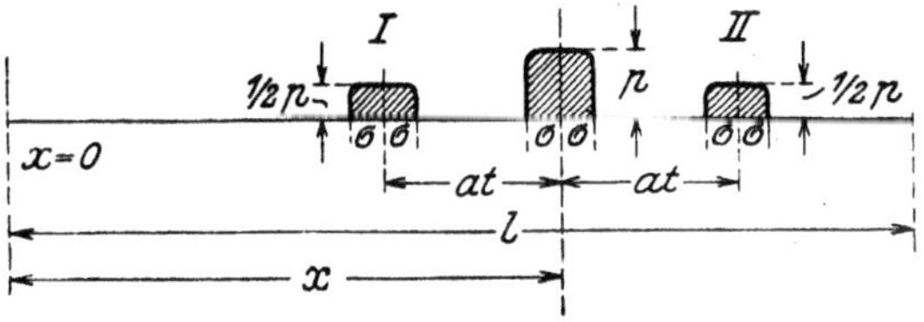

Fig. 263. Störungsfortpflanzung auf einer Saite.

Null, y also $= \frac{1}{2} F(x - at) = \frac{p}{2}$; entsprechend wird im Bereiche II $y = \frac{1}{2} F(x + at) = \frac{p}{2}$. Die anfängliche Störung des Betrages p pflanzt sich also nach beiden Seiten mit halber Stärke fort; die Fortpflanzungsgeschwindigkeit ist a.

Die Theorie der Saitenschwingungen ist für den Bau zahlreicher Musikinstrumente wichtig, z. B. Klavier, Streichinstrumente (Geigen), Zupfinstrumente (Zither), demzufolge ist die Bewegung der geschlagenen, gestrichenen und gezupften Saiten zahlreichen theoretischen und experimentellen Untersuchungen unterworfen worden, insbesondere zum Zwecke der wichtigen Klanganalyse, bezüglich deren auf die Literatur verwiesen sei.

Die Tonstärke der Saiten ist meist sehr gering, wie man sich sofort überzeugt, wenn man eine isolierte Saite ertönen läßt. Man verstärkt deshalb bei den Musikinstrumenten den Saitenton durch einen Resonanzkörper, der bei den Streichinstrumenten als Hohlraum, bei den Klavieren als Platte ausgebildet ist. Auch der Raum, in welchem das Instrument gespielt wird wirkt tonverstärkend[148]).

§ 88. Membranschwingungen.

1. Eine Membran sei im Ruhezustand in der $x\,y$-Ebene vermöge einer längs ihres Randes überall konstanten Zugspannung P ausgespannt. Kleine Ausweichungen der Membran aus der $x\,y$-Ebene bezeichnen wir mit z. Ist nun ϱ die Dichte eines Flächenelementes, so ist die Massenträgheit dieses Elementes in Richtung der z-Achse $\varrho\, dF \frac{\partial^2 z}{\partial t^2}$. Diese Trägheit muß der Summe der am Element angreifenden Zugkräfte gleich sein, d. h. es muß gelten:

$$\varrho\, dF \frac{\partial^2 z}{\partial t^2} = P\, dF \left(\frac{\partial^2 z}{\partial x^2} + \frac{\partial^2 z}{\partial y^2}\right) . \tag{1}$$

Diesem Ansatz liegen dieselben Anschauungen zugrunde wie dem Ansatz (1) in § 87, so daß wir auf eine Ableitung der Gleichung im einzelnen verzichten können.

Es handelt sich also um die Integration der partiellen Differentialgleichung

$$\frac{\partial^2 z}{\partial t^2} = a^2 \left(\frac{\partial^2 z}{\partial x^2} + \frac{\partial^2 z}{\partial y^2}\right) , \tag{2}$$

wo $a^2 = \frac{P}{\varrho}$ ist.

Zunächst versuchen wir ein partikuläres Integral der Form

$$z = e^{\pm i a k t} Z , \tag{3}$$

wo Z eine neue unbekannte Funktion von x und y allein ist.

Durch Differentiation und Einsetzen in (2) ergibt sich für Z die partielle Differentialgleichung:

$$\frac{\partial^2 Z}{\partial x^2} + \frac{\partial^2 Z}{\partial y^2} + k^2 Z = 0 . \tag{4}$$

Hierzu kommt die Randbedingung:

$$z = 0$$

und die Anfangsbedingung:

$$z = F(x, y)\,, \qquad \frac{\partial z}{\partial t} = f(x, y) \quad \text{für} \quad t = 0\,.$$

2. Die Differentialgleichung (4) wollen wir für den Fall einer rechteckigen Membran näher untersuchen. Das Rechteck habe die Seitenlängen a und b und liege so in der xy-Ebene, daß die Seite a in die $+x$-Achse, die Seite b in die $+y$-Achse falle.

Wir haben nun sofort partikuläre Lösungen von (4), wenn wir Z als Produkt von zweien folgender Funktionen ansetzen:

$$(5) \qquad \sin\mu_1 x\,, \qquad \cos\mu_1 x\,, \qquad \sin\mu_2 y\,, \qquad \cos\mu_2 y\,.$$

Da aber für $x = 0$, $y = 0$ Z ebenso wie z verschwinden muß, kommt nur das Produkt

$$(6) \qquad Z = \sin\mu_1 x \sin\mu_2 y$$

in Betracht. Damit nun Z und ebenso z auch für $x = a$ und $y = b$ verschwinden, muß sein

$$(7) \qquad \mu_1 = \frac{m\pi}{a}\,, \qquad \mu_2 = \frac{n\pi}{b}\,,$$

wo m und n ganze positive Zahlen sind, aus denen man berechnen kann:

$$(8) \qquad k = \pi\sqrt{\frac{m^2}{a^2} + \frac{n^2}{b^2}}\,.$$

Gehen wir jetzt auf den Ansatz (3) zurück, so wird mit der Bemerkung, daß z, um reell zu werden, sich stets aus einer geraden Anzahl von Gliedern, die konjugiert imaginär sind, zusammensetzen und damit eine periodische Funktion von t werden muß:

$$(9) \qquad z = (A\cos k a t + B\sin k a t)\sin\frac{m\pi x}{a}\sin\frac{n\pi y}{b}\,.$$

Hier können wir wieder $\frac{2\pi}{ka}$ als Schwingungsdauer ansprechen, und da k vermöge (8) von m und n abhängt, so wollen wir die einer Kombination m, n zugehörige Schwingungsdauer mit T_{mn} bezeichnen. Wieder ist der Grundton der, der dem kleinsten k entspricht, d. h. sich für $m = n = 1$ ergibt. Die allgemeine Bewegung der Membran kennzeichnet sich dann wieder durch Übereinanderlagerung der Grund- und Oberschwingungen und stellt sich dar in der Form:

$$(10) \quad z = \sum_{m\,n}^{1,\infty} \left(A_{mn} \cos \frac{2\pi t}{T_{mn}} + B_{mn} \sin \frac{2\pi t}{T_{mn}} \right) \sin \frac{m\pi x}{a} \sin \frac{n\pi y}{b} ,$$

wo sich die Koeffizienten mittels Fourierscher Doppelintegrale aus den Anfangsbedingungen berechnen lassen. Den Knotenpunkten der Saite entsprechen Knotenlinien der Membran, auf deren nähere Untersuchung wir hier nicht eingehen wollen; experimentell weist man die Knotenlinien in Gestalt der Chladnischen Klangfiguren nach[149]).

3. Im Falle einer kreisförmigen Membran hat man im Ansatz (4) vermöge:

$$(11) \quad \begin{cases} x = r \cos\varphi , \\ y = r \sin\varphi \end{cases}$$

zu Polarkoordinaten r, φ überzugehen. Diese Umformung liefert für Z folgende Differentialgleichung:

$$(12) \quad \frac{\partial^2 Z}{\partial r^2} + \frac{1}{r^2} \frac{\partial^2 Z}{\partial \varphi^2} + \frac{1}{r} \frac{\partial Z}{\partial r} + k^2 Z = 0 .$$

Mit Hilfe des Partikularansatzes

$$(13) \quad Z = R\,\Phi ,$$

wo R nur r, Φ nur φ enthält, zerfällt (12) in die beiden gewöhnlichsten Differentialgleichungen:

$$(14) \quad \begin{cases} \dfrac{d^2\Phi}{d\varphi^2} + m^2 \Phi = 0 , \\ \dfrac{d^2 R}{dr^2} + \dfrac{1}{r} \dfrac{dR}{dr} + \left(k^2 - \dfrac{m^2}{r^2} \right) R = 0 . \end{cases}$$

Die erste Gleichung (14) hat zum allgemeinen Integral

$$(15) \quad \Phi = A \cos m\varphi + B \sin m\varphi ,$$

aus welchem, da Φ die Periode 2π haben muß, sich findet, daß m eine ganze Zahl sein muß.

Damit gehen wir zur zweiten Differentialgleichung (14) über, die wir als sogenannte Besselsche erkennen, deren eines partikuläre Integral die Besselsche Funktion erster Art $m$ter Ordnung ist:

$$R = J_m(kr) \tag{16}$$

mit der Definition durch die Reihe:

$$J_m(x) = \frac{x^m}{2^m\, m!}\left[1 - \frac{x^2}{2^2(m+1)} + \frac{x^4}{(2\cdot 2)^2\cdot 2!\,(m+1)(m+2)} - \dots\right]. \tag{17}$$

Die Zahl m wird hier, ohne den Wert 0 auszuschließen, positiv und nach (15) ganz vorausgesetzt; für die Besselschen Funktionen im allgemeinen ist dies nicht notwendig vorauszusetzen[149a]).

Die Reihe konvergiert für endliche Werte von x; ihr Wert ist $=0$ für $x=0$, mit Ausnahme der Funktion $J_0(x)$, welche für $x=0$ den Wert 1 annimmt.

Der Ansatz (17) läßt sich noch in Summenform schreiben

$$J_m(x) = \sum_0^\infty {}_i \frac{(-1)^i}{i!\,(m+i)!}\left(\frac{x}{2}\right)^{m+2i}. \tag{18}$$

Durch Übergang zu negativem m findet sich hieraus

$$J_{-m}(x) = (-1)^m \sum_0^\infty {}_i \frac{(-1)^i}{i!\,(m+i)!}\left(\frac{x}{2}\right)^{m+2i}, \tag{19}$$

d. h.

$$J_{-m}(x) = (-1)^m J_{+m}(x). \tag{20}$$

Diese Beziehung gilt nur für ganzzahliges m; für gebrochenes m gilt sie nicht; dann ist $J_{-m}(x)$ von $J_{+m}(x)$ unabhängig und stellt das andere partikuläre Integral der Differentialgleichung (14) bzw.

$$x^2\frac{d^2J}{dx^2} + x\frac{dJ}{dx} + (x^2 - m^2)\,J = 0 \tag{21}$$

vor, die aus (14) durch die Substitution $x = kr$ hervorgeht.

Der Vollständigkeit halber sei bemerkt, daß im Falle ganzen m das fehlende zweite partikuläre Integral gegeben ist durch die Besselsche Funktion zweiter Art $Y_m(x)$, deren Definition wesentlich verwickelter ist als die von $J_m(x)$. Man hat

$$Y_m(x) = J_m(x)\lg x - \frac{1}{2}\left\{\left(\frac{x}{2}\right)^m \Sigma a + \left(\frac{x}{2}\right)^{-m}\Sigma b\right\}. \tag{22}$$

Die beiden Summenzeichen stellen ziemlich unübersichtliche Reihen von x dar; aus dem ersten Glied der rechten Seite erkennt man aber, daß $J_m(x)$ für $x = 0$ unendlich wird, weshalb wir dies Integral für unsere Behandlung der Membran außer acht lassen können, weil die Durchbiegung dieser in der Mitte unter allen Umständen endlich bleiben muß[149b]). Mit den Ansätzen (3), (15), (16) erhalten wir nun für die Durchbiegung:

$$(23)\quad Z = (A_1 \cos a k t + B_1 \sin a k t)(A_2 \cos m\varphi + B_2 \sin m\varphi)\, J_m(k r)\,.$$

Die Durchbiegung muß aber, wenn wir den Rand als eben eingespannt betrachten, für $r = R$ verschwinden, d. h. es muß sein

$$(24)\qquad J_m(k R) = 0\,.$$

Es handelt sich also darum, die unendlich vielen Nullstellen $\varrho_{m,i}$ $(i = 1,\ 2 \ldots \infty)$ der Besselschen Funktionen $J_m(x)$ aufzusuchen, wodurch man für die k unendlich viele Werte:

$$(25)\qquad k_{m,i} = \frac{\varrho_{m,i}}{R} \qquad i = 1, 2 \ldots \infty$$

erhält. Damit wird aber die Durchbiegung

$$(26)\qquad \left\{\begin{aligned} z_{m,i} = {} & A_{m,i} \cos k_{m,i} a t \cos m\varphi \\ & + B_{m,i} \cos k_{m,i} a t \sin m\varphi \\ & + C_{m,i} \sin k_{m,i} a t \cos m\varphi \\ & + D_{m,i} \sin k_{m,i} a t \sin m\varphi \end{aligned}\right\} J_m\left(\frac{\varrho_{m,i}}{R} r\right)$$

für jede Wertkombination ganzer positiver Zahlen m und i, wobei m auch $= 0$ sein kann. Die ganze Durchbiegung wird dann durch Übereinanderlagerung aller Werte (26) erhalten in Gestalt einer Doppelsumme

$$(27)\qquad z = \sum_{m=0}^{\infty} \sum_{i=1}^{\infty} z_{m,i}\,.$$

Hier sind die unbestimmten Koeffizienten A, B, C, D, wieder aus den Anfangsbedingungen zu bestimmen:

$$(28\,\text{a, b})\qquad z = F(r, \varphi)\,; \qquad \frac{\partial z}{\partial t} = f(r, \varphi) \qquad \text{für } t = 0\,.$$

Führen wir (28a) in (27) ein, so kommt

$$(29)\quad F(r, \varphi) = \sum_0^{\infty}{}_m \sum_1^{\infty}{}_i\, J_m\left(\frac{\varrho_{m,i}}{R} r\right)(A_{m,i} \cos m\varphi + B_{m,i} \sin m\varphi)\,.$$

Nach Multiplikation mit $\cos m\varphi\, d\varphi$ und Integration von 0 bis 2π bleibt nur übrig:

$$(30)\qquad \frac{1}{\pi}\int_0^{2\pi} F(r,\varphi)\cos m\varphi\, d\varphi = \sum_1^\infty{}_i\, A_{m,i}\, J_m\left(\frac{\varrho_{m,i}}{R}\, r\right).$$

In entsprechender Weise erhält man:

$$(31)\qquad \frac{1}{\pi}\int_0^{2\pi} F(r,\varphi)\sin m\varphi\, d\varphi = \sum_1^\infty{}_i\, B_{m,i}\, J_m\left(\frac{\varrho_{m,i}}{R}\, r\right).$$

Nach Multiplikation der Ansätze (30) und (31) mit $J_m\left(\frac{\varrho_{m,i}}{R}\, r\right)\cdot dr$ und Integration von 0 bis R finden sich unter Benutzung des Satzes:

$$\int_0^R J_m\left(\frac{\varrho_{m,i}}{R}\, r\right)\cdot J_m\left(\frac{\varrho_{m,j}}{R}\, r\right) r\, dr = 0 \text{ wenn } i \gtrless j$$
$$= \tfrac{1}{2}\left[J_{m+1}(\varrho_{m,i})\right]^2, \text{ wenn } i = j$$

folgende Doppelintegrale für $A_{m,i}$ und $B_{m,i}$:

$$(32)\qquad \begin{matrix} A_{m,i} \\ B_{m,i} \end{matrix} = \frac{2}{\pi\left[J_{m+1}(\varrho_{m,i})\right]^2}\int_0^R\int_0^{2\pi} F(r,\varphi)\, J_m\left(\frac{\varrho_{m,i}}{R}\, r\right) \begin{matrix} \cos m\varphi \\ \sin m\varphi \end{matrix}\; r\, dr\, d\varphi.$$

Für die Konstanten $C_{m,i}$ und $D_{m,i}$ folgt in entsprechender Weise:

$$(33)\qquad \begin{matrix} C_{m,i} \\ D_{m,i} \end{matrix} = \frac{R}{a\,\varrho_{m,i}}\,\frac{2}{\pi\left[J_{m+1}(\varrho_{m,i})\right]^2}\int_0^R\int_0^{2\pi} f(r,\varphi)\, J_m\left(\frac{\varrho_{m,i}}{R}\, r\right) \begin{matrix} \cos m\varphi \\ \sin m\varphi \end{matrix}\; r\, dr\, d\varphi.$$

Den Ansatz (26) für $z_{m,i}$ kann man in die Gestalt bringen

$$(34)\qquad z_{m,i} = Z_{m,i}\sin\left(\frac{2\pi t}{T_{m,t}} + \Delta_{m,i}\right)\sin m(\varphi-\varphi_0)\, J_m\left(\frac{\varrho_{m,i}}{R}\, r\right).$$

wo

$$(35)\qquad T_{m,i} = \frac{2\pi R}{a\,\varrho_{m,i}}$$

zu setzen ist.

Der Ausdruck (34) verschwindet nun abgesehen vom Rande der Membran ($r = R$) für

$$(\varphi - \varphi_0) = \frac{i\,\pi}{m} \tag{36}$$

wenn i eine ganze Zahl $\leq m$ bedeutet. Dann stellt (36) ein System von m Radien vor. Ferner verschwindet (34) für

$$r = R\,\frac{\varrho_{m,i'}}{\varrho_{m,i}}\,, \tag{37}$$

wenn $i' < i$ und $J_m(\varrho_{m,i'}) = 0$ gilt. Der Ansatz (37) stellt dann ein System von $i - 1$ konzentrischen Kreisen vor. Die Radien und die Kreise bilden ein einfaches System möglicher Knotenlinien der kreisförmigen Membran.

Die Membranen finden technische Anwendung bei Sprech- und Hörapparaten, insbesondere beim Telephon. Ferner bilden sie das wirksame Element gewisser Musikinstrumente (Trommel und Pauke). Membranen besonderer Wichtigkeit und Bauart sind das menschliche Trommelfell und die Membrana basilaris des Ohres sowie die Stimmbänder des Kehlkopfes[150].

§ 89. Plattenschwingungen.

1. Die Aufstellung der Differentialgleichung der Plattenschwingung nebst den zugehörigen Grenzbedingungen hat mehr als ein halbes Jahrhundert lang die Wissenschaft beschäftigt, bis nach nur teilweise richtigen Ansätzen von Sophie Germain und S. D. Poisson die richtige Ableitung Kirchhoff gelang, die dann von Gehring auf anderem Wege ebenfalls gefunden wurde. Die Voraussetzungen, von denen die Ableitungen ausgehen, sind folgende (Fig. 264):

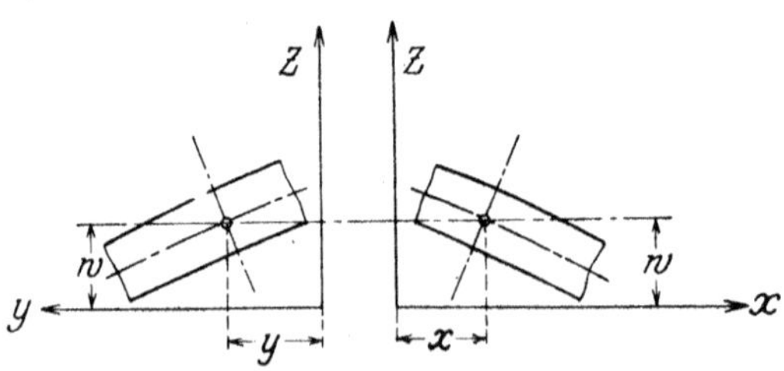

Fig. 264. Zur Plattenschwingung.

1. Die Plattendicke h sei klein gegenüber den Abmessungen der Platte in der $x\,y$-Ebene.

2. Die Durchbiegung der Punkte $x\,y$ der Plattenmittelebene

erfolge so, daß die Punkte sich parallel der z-Achse verschieben, d. h. die elastischen Horizontalverschiebungen u und v sollen verschwinden.

3. Die Durchbiegungen w seien klein gegen die Plattendicke h.

4. Eine Gerade, die zwei außerhalb der Mittelebene liegende Punkte verbindet und vor der Durchbiegung auf ihr senkrecht steht, soll dies auch nach der Durchbiegung tun.

Unter diesen Voraussetzungen hat (siehe Fig. 265) ein Punkt x, y, z der Platte nach der Durchbiegung eine Horizontalverschiebung

$$(1)\quad \xi = -z\frac{\partial w}{\partial x}; \quad y = -z\frac{\partial w}{\partial y}$$

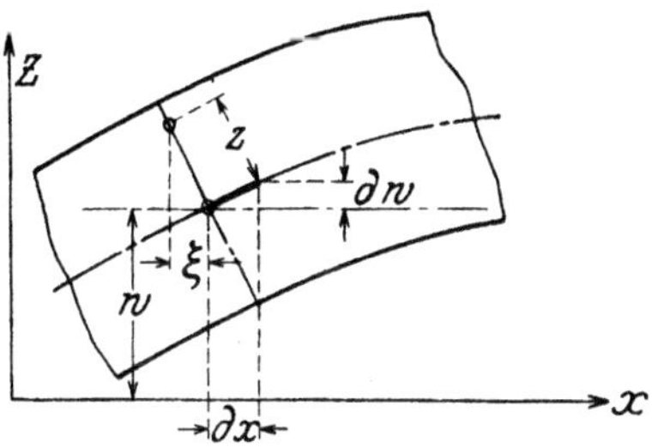

Fig. 265. Verschiebung der Plattenpunkte.

aufzuweisen (Fig. 265). Diesen Verschiebungen entsprechen nach den Regeln der Elastizitätstheorie die Dehnungen:

$$(2)\qquad \varepsilon_x = \frac{\partial \xi}{\partial x} = -z\frac{\partial^2 w}{\partial x^2}; \qquad \varepsilon_y = \frac{\partial y}{\partial x} = -z\frac{\partial^2 w}{\partial y^2}.$$

Nach dem allgemeinen Elastizitätsgesetz der Beziehung zwischen einem Dehnungszustand ε_x, ε_y, und einem Spannungszustand σ_x, σ_y, ist aber:

$$(4)\qquad \begin{cases} \varepsilon_x = \dfrac{1}{E}\left(\sigma_x - \dfrac{1}{m}\sigma_y\right), \\[2ex] \varepsilon_y = \dfrac{1}{E}\left(\sigma_y - \dfrac{1}{m}\sigma_y\right). \end{cases}$$

Mit (2) findet sich hinaus durch Auflösung nach σ_x und σ_y:

$$(4)\qquad \begin{cases} \sigma_x = -\dfrac{mE}{m^2-1}\,z\left(m\dfrac{\partial^2 w}{\partial x^2} + \dfrac{\partial^2 w}{\partial y^2}\right), \\[2ex] \sigma_y = -\dfrac{mE}{m^2-1}\,z\left(m\dfrac{\partial^2 w}{\partial y^2} + \dfrac{\partial^2 w}{\partial x^2}\right). \end{cases}$$

In Fig. 266 sind diese Normalspannungen an einem Plattenelemente angreifend dargestellt, dazu auch die Schubspannungen.

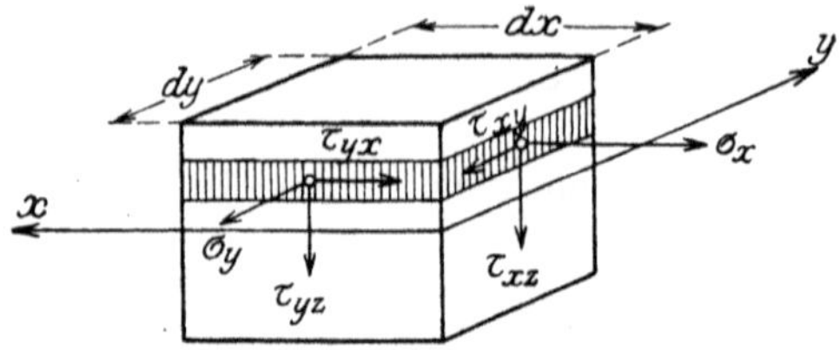

Fig. 266. Gleichgewicht am Plattenelement.

Sowohl σ_x wie σ_y ändern ihr Vorzeichen beim Übergang von $+z$ zu $-z$. Die Normalspannungen, die an den Begrenzungsflächen des Plattenelementes, wie in der Figur gezeichnet, angreifen, bilden also zu je zwei und zwei elementare Kräftepaare:

$$(5) \qquad d\mathfrak{M}\,\sigma_x = 2\,z\,\sigma_x\,dy\,dz \quad \text{und} \quad d\mathfrak{M}\sigma_y = 2\,z\,\sigma_y\,dx\,dz\,.$$

Nach Einführung von (4) und Integration von 0 bis $\frac{h}{2}$ findet sich

$$(6) \qquad \begin{cases} \mathfrak{M}\,\sigma_x = -\dfrac{m\,E}{m^2-1}\left(m\,\dfrac{\partial^2 w}{\partial x^2} + \dfrac{\partial^2 w}{\partial y^2}\right) 2\,dy \displaystyle\int_0^{\frac{h}{2}} z^2 (z^2)\,dz \\[2ex] \qquad = -\dfrac{m\,E}{m^2-1}\left(m\,\dfrac{\partial^2 w}{\partial x^2} + \dfrac{\partial^2 w}{\partial y^2}\right)\dfrac{h^3}{12}\,dy \end{cases}$$

und entsprechend

$$(7) \qquad \mathfrak{M}\,\sigma_y = -\frac{m\,E}{m^2-1}\left(m\,\frac{\partial^2 w}{\partial y^2} + \frac{\partial^2 w}{\partial x^2}\right)\frac{h^3}{12}\,dx\,.$$

Die Normalspannungen in den gegenüberliegenden Begrenzungsflächen liefern entsprechende entgegengesetzt drehende Momente, die die soeben berechneten um die Beträge $-\frac{\partial\mathfrak{M}\,\sigma_x}{\partial x}\,dx$ bzw. $-\frac{\partial\mathfrak{M}\,\sigma_y}{\partial x}\,dy$ übertreffen. Diese Überschüsse sind die resultierenden von den Normalspannungen herrührenden Momente; das erste dreht das Plattenelement um die y-Achse, das zweite um die x-Achse.

Wir schreiten nun zur Berechnung der Schubspannungen τ_{yx} und τ_{xy}. Nach den Regeln der Elastizitätstheorie ist

$$(8) \qquad \tau_{yx} = \tau_{xy} = G\left(\frac{\partial y}{\partial x} + \frac{\partial \xi}{\partial y}\right) = -2\,G\,z\,\frac{\partial^2 w}{\partial x\,\partial y}$$

In entsprechender Weise, wie bei den Normalspannungen, berechnen wir aus diesen Ansätzen das zugehörige Drehmoment

(9) $$\mathfrak{M}\,\tau_{yx} = \int\limits_0^{\frac{h}{2}} 2\,z\,\tau_{yx}\,dz\,dx = -2\,G\,z\,\frac{\partial^2 w}{\partial x\,\partial y}\,\frac{h^3}{12}\,dx\,.$$

(10) $$\mathfrak{M}\,\tau_{xy} = \int\limits_0^{\frac{h}{2}} 2\,z\,\tau_{xy}\,dz\,dy = -2\,G\,z\,\frac{\partial^2 w}{\partial x\,\partial y}\,\frac{h^3}{12}\,dy\,.$$

Die Überschüsse der entsprechenden Momente der Schubspannungen in den gegenüberliegenden Begrenzungsflächen sind wieder

(11) $$-\frac{\partial\,\mathfrak{M}\,\tau_{yx}}{\partial y}\,dy$$

und

(12) $$-\frac{\partial\,\mathfrak{M}\,\tau_{xy}}{\partial x}\,dx\,,$$

von denen der erstere um die y-Achse, der zweite um die x-Achse dreht.

Auch die Schubspannungen τ_{yz} und τ_{xz} liefern Momente, von denen sich das um die y-Achse findet

(13) $$\mathfrak{M}\,\tau_{xz} = dx\,\Sigma\,\tau_{xz}\,dF\,,$$

das um die x-Achse

(14) $$\mathfrak{M}\,\tau_{yz} = dy\,\Sigma\,\tau_{yz}\,dF\,.$$

Nunmehr lauten die Gleichgewichtsgleichungen gegen Verdrehen für die x-Achse:

(15) $$\frac{\partial\,\mathfrak{M}\,\sigma_y}{\partial x}\,dy + \frac{\partial\,\mathfrak{M}\,\tau_{xy}}{\partial x}\,dx + dy\,\Sigma\,\tau_{yz}\,dF = 0\,,$$

für die y-Achse:

(16) $$\frac{\partial\,\mathfrak{M}\,\sigma_x}{\partial x}\,dx + \frac{\partial\,\mathfrak{M}\,\tau_{yx}}{\partial y}\,dy + dx\,\Sigma\,\tau_{xz}\,dF = 0\,.$$

Hierzu kommt noch die Gleichgewichtsbedingung gegen Verschieben in Richtung der z-Achse zwischen den vertikalen Schubspannungsresultierenden $\frac{\partial \Sigma \tau_{yz} dF}{\partial y} dy$ und $\frac{\partial \Sigma \tau_{xz} dy}{\partial x} dx$ sowie der Oberflächenbelastung des Elementes $p\,dx\,dy$:

$$\frac{\partial \Sigma \tau_{xz} dF}{\partial x} dx + \frac{\partial \Sigma \tau_{yz} dF}{\partial y} dy + p\,dx\,dy = 0\,. \tag{17}$$

Aus (15) und (16) berechnet man $\Sigma \tau_{yz}\,dF$ und $\Sigma \tau_{xz}\,dF$ und führt das Ergebnis nach Ausübung der vorgeschriebenen Differentiationen in (17) ein. Wir erhalten:

$$\left\{\begin{aligned} \Sigma \tau_{yz} dF &= -\frac{m^2 E}{m^2-1}\,\frac{h^3}{12}\left[\frac{\partial^3 w}{\partial^2 x\,\partial y} + \frac{\partial^3 w}{\partial y^3}\right] dx\,, \\ \Sigma \tau_{xz} dF &= -\frac{m^2 E}{m^2-1}\,\frac{h^3}{12}\left[\frac{\partial^3 w}{\partial^3} + \frac{\partial^3 w}{\partial x\,\partial^2 y}\right] dy \end{aligned}\right. \tag{18}$$

und aus (17):

$$\frac{m^2 E}{m^2-1}\,\frac{h^3}{12}\left[\frac{\partial^4 w}{\partial x^4} + 2\frac{\partial^4 w}{\partial x^2\,\partial y^2} + \frac{\partial^4 w}{\partial y^4}\right] = p\,. \tag{19}$$

Wollen wir nun zur Schwingungsgleichung gelangen, so haben wir nur die auf die Einheit der Plattenfläche entfallende Trägheitskraft $h\varrho\frac{\partial^2 w}{\partial t^2}$ (ϱ bedeutet die Dichte) rechts hinzuzufügen und erhalten, wenn wir äußere Druckkräfte p nunmehr als abwesend voraussetzen:

$$\frac{m^2 E}{m^2-1}\,\frac{h^2}{12}\left[\frac{\partial^4 w}{\partial x^4} + 2\frac{\partial^4 w}{\partial x^2\,\partial y^2} + \frac{\partial^4 w}{\partial y^4}\right] + \varrho\frac{\partial^2 w}{\partial t^2} = 0\,. \tag{20}$$

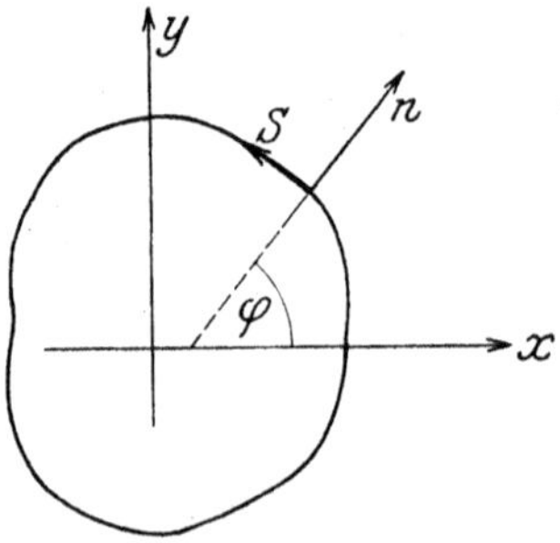

Fig. 267. Die elastischen Grenzbedingungen.

2. Neben der Differentialgleichung ist noch die Angabe der Grenzbedingungen nötig. Bezeichnet n (Fig. 267) die nach außen gerichtete Normale des Plattenrandes s, so gilt zunächst für festgehaltenen Rand

$$w = 0\,, \tag{21}$$

für eingespannten Rand

$$w = 0\,, \quad \frac{\partial w}{\partial n} = 0\,. \tag{22}$$

Für freien Rand (ein besonders wichtiger Fall wegen der Chladnischen Klangfiguren) sind die Grenzbedingungen viel verwickelter. Sie lauten:

$$
(23)\left\{\begin{aligned}
&m\frac{\partial}{\partial n}\left(\frac{\partial^2 w}{\partial x^2}+\frac{\partial^2 w}{\partial y^2}\right)\\
&+(m-1)\left\{\left(\frac{\partial^2 w}{\partial y^2}-\frac{\partial^2 w}{\partial x^2}\right)\sin\varphi\cos\varphi+\frac{\partial^2 w}{\partial x\,\partial y}(\cos^2\varphi\sin^2\varphi)\right\}=0\,,\\
&\left(\frac{\partial^2 w}{\partial x^2}+\frac{\partial^2 w}{\partial y^2}\right)\\
&+(m-1)\left\{\frac{\partial^2 w}{\partial x^2}\cos^2\varphi+\frac{\partial^2 w}{\partial y^2}\sin^2\varphi+2\frac{\partial^2 w}{\partial x\,\partial y}\cos\varphi\sin\varphi\right\}=0\,.
\end{aligned}\right.
$$

3. Durch die Substitution

$$
(24)\qquad w=\frac{\cos\omega t}{\sin\omega t}\,\Pi(x,y)
$$

geht (20) über in

$$
(25)\qquad \frac{\partial^4\Pi}{\partial x^4}+2\frac{\partial^4\Pi}{\partial x^2\,\partial y^2}+\frac{\partial^4\Pi}{\partial y^2}-k^4\,\Pi=0\,,
$$

wo $k^4=\dfrac{12\,\omega^2\,\varrho\,(m^2-1)}{m\,E\,h^2}$ zu setzen ist. Man kann den Ansatz (25) auch symbolisch schreiben

$$
(25\,\mathrm{a})\qquad (\Delta\Delta-k^4)\,\Pi=0
$$

oder auch

$$
(25\,\mathrm{b})\qquad (\Delta+k^2)(\Delta-k^2)\,\Pi+0\,,
$$

wo

$$
\Delta\Pi=\frac{\partial^2\Pi}{\partial x^2}+\frac{\partial^2\Pi}{\partial y^2}
$$

zu lesen ist.

Um nun zur Kreisplatte des Radius R überzugehen, hat man die Differentialgleichung (25) und die Grenzbedingungen (23) auf Polarkoordinaten

$$
x=r\cos\varphi\,,\qquad y=r\sin\varphi
$$

umzuformen. Dann geht der Operator Δ in die Form

$$
\frac{\partial^2}{\partial r^2}+\frac{1}{r}\frac{\partial}{\partial r}+\frac{1}{r^2}\frac{\partial^2}{\partial\varphi^2}
$$

über.

Versuchen wir jetzt entsprechend den Partikularansatz:

$$\Pi(r, \varphi) = R\,\Phi \quad \text{mit} \quad \Phi = \begin{matrix}\cos n\varphi \\ \sin n\varphi\end{matrix} \tag{26}$$

wo n als eine ganze Zahl zu wählen ist, da Φ die Periode 2π besitzen muß, so geht (25a) über in

$$\left(\frac{d^2}{dr^2} + \frac{1}{r}\frac{d}{dr} - \frac{n^2}{r^2} + k^2\right)\left(\frac{d^2}{dr^2} + \frac{1}{r}\frac{d}{dr} - \frac{n^2}{r^2} - k^2\right) R = 0 \tag{27}$$

oder abgekürzt:

$$(\Delta + k^2)(\Delta - k^2)\, R = 0\,. \tag{28}$$

Da nun die Operationen $\Delta + k^2$ und $\Delta - k^2$ nacheinander ausgeübt werden können, wovon man sich durch eine kurze Rechnung überzeugt, so wird (27) erfüllt durch jede Funktion, die einer der beiden Differentialgleichungen genügt:

$$\frac{d^2 R}{dr^2} + \frac{1}{r}\frac{dR}{dr} + \left(k^2 - \frac{n^2}{r^2}\right) R = 0 \tag{29}$$

oder:

$$\frac{d^2 R}{dr^2} + \frac{1}{r}\frac{dR}{dr} - \left(\frac{n^2}{r^2} + k^2\right) R = 0\,. \tag{30}$$

Die erste ist uns bereits bekannt als Differentialgleichung der Besselschen Funktion $n$ter Ordnung

$$R_1 = J_n(kr)\,, \tag{31}$$

während (30) die gleiche Funktion, jedoch mit imaginärem Argument $i\,k\,r$, bestimmt

$$R_2 = J_n(i\,k\,r)\,. \tag{32}$$

Allgemein gilt also, mit vorläufig unbekannten Konstanten a_n und b_n

$$R_n = a_n\, J_n(k\,r) + b_n\, J_n(i\,k\,r)\,. \tag{33}$$

Zu jeder ganzen Zahl n gehört eine solche Funktion Π_n und demnach ein Anteil der Durchbiegung der Platte w

$$w_n = [a_n\, J_n(k\,r) + b_n\, J_n(i\,k\,r)]\,(A_n \cos n\varphi + B_n \sin n\varphi)\,(A_n' \cos\omega t + B_n' \sin\omega t)\,.$$

Setzt man hier

$$\frac{B_n}{A_n} = \operatorname{tg}\alpha_n\,, \qquad \frac{b_n}{a_n} = \lambda_n\,, \qquad \frac{B_n'}{A_n'} = \operatorname{tg}\beta_n$$

und

$$A_n A_n' a_n = C_n ,$$

so wird

(34) $w_n = C_n[J_n(k r) + \lambda_n J_n(i k r)] \cos(n \varphi - \alpha_n) \cos(\omega t - \beta_n)$

und

$$(35) \qquad w = \sum_0^\infty {}^n w_n .$$

Zur Ermittlung der Größen k und λ_n sind jetzt die Grenzbedingungen (23) heranzuziehen. Zunächst formt man sie auf Polarkoordinaten um und spezialisiert sie für den Rand der Platte $r = R$:

$$(36) \begin{cases} \dfrac{\partial}{\partial r}\left(\dfrac{\partial^2 w}{\partial r^2} + \dfrac{1}{r}\dfrac{\partial w}{\partial r}\right) + \dfrac{\partial^2}{\partial \varphi^2}\left(\dfrac{2m-1}{m a^2}\dfrac{\partial w}{\partial r} - \dfrac{3m-1}{m a^3} w\right) = 0 , \\ \dfrac{\partial^2 w}{\partial r^2} + \dfrac{1}{m}\left(\dfrac{1}{a}\dfrac{\partial w}{\partial r} + \dfrac{1}{a^2}\dfrac{\partial^2 w}{\partial \varphi^2}\right) = 0 . \end{cases}$$

Führt man hier für w den Ansatz

$$w_n = C_n R_n \cos(n \varphi - \alpha_n)(\cos \omega t - \beta_n$$

ein, so findet sich

$$(37\,\text{a}) \quad \frac{d}{dr}\left(\frac{d^2 R_n}{dr^2} + \frac{1}{r}\frac{dR_n}{dr}\right) - n^2\left(\frac{2m-1}{m a^2}\frac{dR_n}{dr} - \frac{3m-1}{m a^3} R_n\right) = 0 ,$$

$$(37\,\text{b}) \quad \frac{d^2 R_n}{dr^2} + \frac{1}{m}\left(\frac{dR_n}{dr} - \frac{n^2}{a^2} R_n\right) = 0 .$$

Die Gleichungen (37a, b) werden nun, nachdem

$$R_n = J_n(k r) + \lambda_n J_n(i k r)$$

eingeführt ist, zur Bestimmung von k und λ_n benutzt. Für jeden Wert von n ergibt sich eine unendliche Reihe von k Werten

$$k = k_{n,j} \qquad (j = 1, 2, 3 \ldots)$$

und zu jedem Wert von $k_{n,j}$ gibt es einen Wert $\lambda_{n,j}$; vermöge

$$k^4 = \frac{12\,\omega^2 \varrho (m^2 - 1)}{m E h^2}$$

finden sich auch unendlich viele Werte $\omega_{n,j}$. Die letzteren bestimmen aber die Schwingungsperioden der Platte

$$T_{n,j} = \frac{2\pi}{\omega_{n,j}} .$$

Man nennt deshalb den Verein der Gleichungen (37) die Periodengleichung.

Um die unbestimmten Koeffizienten C_n, α_n, β_n zu bestimmen, muß auf die Anfangsbedingungen zurückgegriffen

$$w = F(r, \varphi), \quad \frac{\partial w}{\partial t} = f(r, \varphi) \quad \text{für} \quad t = 0$$

und das Verfahren der Fourierentwickelung benutzt werden, wie für die Membran in § 88.

Entsprechend der runden Membran gibt es auch bei der kreisförmigen Platte ein aus Radien

$$\cos(n\varphi - \alpha_n) = 0$$

und Kreisen

$$J_n(kr) + \lambda_n J(ikr) = 0$$

bestehendes Knotenliniensystem.

Die Theorie der schwingenden Platte ist von erheblicher physikalischer Wichtigkeit, weil ihre experimentelle Prüfung mit Hilfe der Chladnischen Klangfiguren eine sehr schöne Übereinstimmung des Versuchs mit der Rechnung liefert[151]). In der Anwendung treten die Platten als Tonerzeuger zurück; sie werden aber in weitgehendem Maße als Resonanzkörper bei wichtigen Musikinstrumenten (Geigen, Klaviere) benutzt[152]).

§ 90. Längs- und Querschwingungen von Stäben.

1. Ein fester Körper, der vorwiegend in einer bestimmten Richtung ausgedehnt ist, während seine senkrecht zu dieser Richtung betrachteten Abmessungen zurücktreten, heißt ein Stab.

Ist die bevorzugte Richtung gerade, so spricht man von einem geraden Stab, andernfalls liegt ein krummer Stab vor; krumme Stäbe sind z. B. die Stimmgabeln.

Innerhalb des Stabes wird die bevorzugte Richtung durch die Stabachse gekennzeichnet, von der wir annehmen, daß sie die Schwerpunkte der auf ihr senkrecht stehenden Stabquerschnitte verbindet.

Die Stabquerschnitte seien längs der Stabachse konstant oder langsam veränderlich, im übrigen aber klein gegen die Längsabmessung.

Ein Stab kann drei Arten von Schwingungen ausführen: Längsschwingungen, Biegungsschwingungen, Drehungsschwingungen. Wir betrachten in diesem Abschnitt die erstgenannten beiden Arten und behalten den Drehungsschwingungen den nächsten Abschnitt vor.

2. Längsschwingungen. Wir betrachten einen Stab mit unveränderlichem Querschnitt, dessen eines Ende im Koordinatenanfangspunkt befestigt ist und der selbst mit der x-Achse zusammenfalle (Fig. 268).

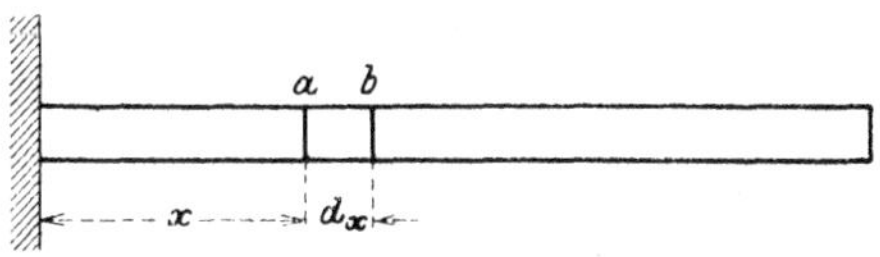

Fig. 268. Stablängsschwingung.

Die Längsschwingung besteht nun darin, daß jeder Punkt x des Stabes eine periodische Bewegung parallel zur x-Achse ausführt, deren Auslenkungen aus der Gleichgewichtslage wir mit u bezeichnen wollen. Es muß dann sein:

$$u = f(x, t), \tag{1}$$

welche Funktion für $x = 0$ stets verschwinden muß. Zur Aufstellung der Differentialgleichung betrachten wir ein Stabelement ∂x. Auf die Endquerschnitte derselben wirken Spannungen, die von der elastischen Längenänderung ∂u des Elementes ∂x herrühren. Es ist die Spannung im Querschnitt a, wenn E den Elastizitätsmodul bedeutet, gleich

$$E\frac{\partial u}{\partial x},$$

im Querschnitt b

$$E\frac{\partial u}{\partial x} + E\frac{\partial \frac{\partial u}{\partial x}}{\partial x}dx.$$

Beide Spannungen sind entgegengesetzt gerichtet, so daß als Resultierende übrigbleibt:

$$E\frac{\partial^2 u}{\partial x^2}dx.$$

Andererseits haben wir den Trägheitswiderstand des Elementes anzusetzen mit

$$\varrho\, dx\frac{\partial^2 u}{\partial t^2},$$

wo ϱ die Dichte des Stabstoffs bedeutet, womit sich die gesuchte Differentialgleichung der freien Schwingung ansetzt:

$$\varrho \frac{\partial^2 u}{\partial t^2} = E \frac{\partial^2 u}{\partial x^2}. \tag{2}$$

Wirkt noch eine axiale äußere Kraft, deren Wert für die Längeneinheit X sei, so erhält man als Differentialgleichung der erzwungenen Schwingung:

$$\varrho \frac{\partial^2 u}{\partial t^2} = E \frac{\partial^2 u}{\partial x^2} + X. \tag{3}$$

In der Differentialgleichung (2), die mit der Saitengleichung formal übereinstimmt, kommen noch die Grenzbedingungen.

Ist ein Stabende fest eingespannt, dann muß dafür gelten:

$$u = 0.$$

Ist dagegen ein Stabende frei, so hat man als Grenzbedingung

$$\frac{\partial u}{\partial x} = 0,$$

d. h. am freien Stabende kann keine elastische Kraft $\left(E \frac{\partial u}{\partial x}\right)$ übertragen werden.

Die Anfangsbedingungen können in der gleichen Weise eingeführt werden, wie bei der Saite; im folgenden betrachten wir nur solche Stabschwingungen, bei denen zur Zeit $t = 0$ gilt:

$$u = 0; \qquad \frac{\partial u}{\partial t} = 0.$$

Schreibt man nun mit $a^2 = \frac{E}{\varrho}$ die Schwingungsgleichung (2)

$$\frac{\partial^2 u}{\partial t^2} = a^2 \frac{\partial^2 u}{\partial x^2}, \tag{4}$$

so stehen als Partikularlösungen die multiplikativen Kombinationen von Paaren folgender Funktionen zur Verfügung:

$$\cos k t, \qquad \sin k t,$$

$$\cos \frac{k}{a} x, \qquad \sin \frac{k}{a} x.$$

Sind beide Stabenden fest:

$$x = 0 : u = 0 \, ; \qquad x = l : u = 0 \, ,$$

so scheidet $\cos\frac{k}{a}x$ aus, und es muß sein:

$$\frac{k}{a} l = n\pi \qquad \text{oder} \qquad \frac{k}{a} = \frac{n\pi}{l} \, ,$$

wo n eine ganze Zahl bedeutet, zu der die Schwingung gehört:

$$u_n = \sin\frac{n\pi}{l}x\left(A_n \cos\frac{a\,n\pi}{l}t + B_n \sin\frac{a\,n\pi}{l}t\right) \tag{5}$$

mit der Schwingungszeit:

$$T_n = \frac{2l}{a\,n} = \frac{2l}{n}\sqrt{\frac{\varrho}{E}} \, . \tag{6}$$

Sind beide Enden frei, so muß gelten:

$$x = 0 : \frac{\partial u}{\partial x} = -\frac{k}{a}\left[\sin\frac{k}{a}x\right]_{\substack{x=0\\x=l}} = 0 \quad \text{und} \quad \frac{k}{a}\left[\cos\frac{k}{a}x\right]_{\substack{x=0\\x=l}} = 0 \, .$$

Demnach scheidet jetzt $\sin\frac{k}{a}x$ aus und es bleibt als Schwingung übrig:

$$u_n = \cos\frac{n\pi}{l}x\left(A_n \cos\frac{a\,n\pi}{l}t + B_n \sin\frac{a\,n\pi}{l}t\right) \tag{7}$$

mit derselben Schwingungszeit.

Ist ein Ende fest ($x = 0$), das andere ($x = l$) frei, so gilt:

$$x = 0 : u = 0 \, ; \qquad x = l : \frac{\partial u}{\partial x} = 0$$

oder

$$\left[\sin\frac{k}{a}x\right]_{x=0} = 0 \, , \qquad \frac{k}{a}\left[\cos\frac{k}{a}x\right]_{x=l} = 0 \, ,$$

$$\left[\cos\frac{k}{a}x\right]_{x=0} = 0 \, , \qquad -\frac{k}{a}\left[\sin\frac{k}{a}x\right]_{x=l} = 0 \, .$$

Hier bleibt also wiederum die Sinusfunktion übrig mit der Bedingung:

$$\frac{k}{a} l = \frac{2n - 1}{2}\pi$$

und es wird:

$$(8)\quad u_n = \sin\frac{(2n-1)\pi}{2l}x\left(A_n\cos\frac{a(2n-1)\pi}{2l}t + B_n\sin\frac{a(2n-1)\pi}{2l}t\right)$$

mit der Schwingungszeit

$$(9)\quad T_n = \frac{4l}{2n-1}\sqrt{\frac{\varrho}{E}}\,.$$

Der Grundton ist also hier halb so hoch als in den beiden ersten Fällen.

Die drei Befestigungsfälle des Stabes unterscheiden sich wie folgt:

Der fest-feste Stab hat für den Grundton

$$(10)\quad T_1 = 2l\sqrt{\frac{\varrho}{E}}$$

an den Enden stets Knoten (Verdichtungen und Verdünnungen), in der Mitte einen Bauch (Fig. 269a).

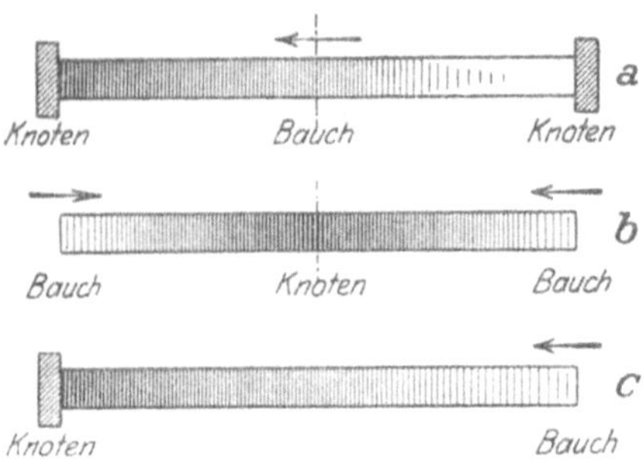

Fig. 269. Stablängsschwingung.

Der frei-freie Stab hat, wenn er im Grundton T_1 schwingt, an den Enden stets einen Bauch, in der Mitte einen Knoten (Verdichtung wechselnd mit Verdünnung) (Fig. 269b).

Der fest-freie Stab hat im Grundton

$$T_1 = 4l\sqrt{\frac{\varrho}{E}}$$

am festen Ende einen Knoten, am freien einen Bauch, dazwischen keine ausgezeichnete Stelle (Fig. 269c).

Die Schwingungszahl $N = \frac{1}{T}$ und damit die Tonhöhe ist also wesentlich durch die Größe $a = \sqrt{\frac{E}{\varrho}}$, d. h. die Wellengeschwindigkeit im Stabe, bestimmt. Für Stahlstäbe bestehen folgende Verhältnisse: $E = 2\cdot 10^6\,[\text{kgcm}^{-2}] = 2\cdot 9{,}81\cdot 10^{11}\,[\text{cm}^{-1}\text{grsec}^{-2}]$; $\varrho = 7{,}85\,[\text{grcm}^{-3}]$. Hieraus wird $\sqrt{\frac{E}{\varrho}} = 5\cdot 10^5\,\text{cmsec}^{-1}$ und für eine Stablänge $l = 50$ cm die kleinste Schwingungszahl $N_1 = \frac{5 \cdot 10^5}{2 \cdot 50} = 5000$. Die Longitudinaltöne liegen demnach bei Stäben stets sehr hoch. Für einen gleichlangen Goldstab ist dagegen $E = 0{,}785 \cdot 10^6\,[\mathrm{kgcm}^{-2}]$, $\varrho = 19{,}3\,[\mathrm{grcm}^{-3}]$ und damit $N_1 = 2000$.

Zur Untersuchung der Spannungs- und Energieverhältnisse in dem schwingenden Stabe knüpfen wir an an den Ansatz (5), in dem wir das Glied mit B_n fortlassen.

$$u_n = \sin \frac{n\pi}{l} x A_n \cos \frac{a n \pi}{l} t \,. \tag{11}$$

Berechnet man jetzt die zu u_n gehörende spezifische Dehnung

$$\varepsilon = \frac{\partial u_n}{\partial x} = \frac{n \pi A_n}{l} \cos \frac{n \pi x}{b} \cos \frac{a n \pi}{l} t \,, \tag{12}$$

so findet sich der zu ihrem Größtwert $\frac{n \pi A_n}{l}$ gehörige größte Spannungsbetrag zu

$$\sigma = \varepsilon E = \frac{n \pi A_n E}{l} \,. \tag{13}$$

Setzen wir eine größte Elongation A_1 für den Grundton $n = 1$ im Betrage von 10^{-3} cm bei einem Stahlstabe von 50 cm Länge voraus, was einer mittleren Tonstärke entsprechen dürfte, so findet sich die größte Schwingungsspannung

$$\sigma = 125\,[\mathrm{kgcm}^{-2}] \,. \tag{14}$$

Die größte im Stabe aufgespeicherte Spannungsenergie F finden wir durch Integration der spezifischen Spannungsenergie $\frac{\varepsilon^2 E}{2}$ über das ganze Stabvolumen

$$F = \left[\int_0^l \frac{\varepsilon^2 E}{2} f \, dx \right]_{t=0} \tag{15}$$

wo f den Stabquerschnitt bedeutet. Führt man die Integration aus, so findet sich

$$F = \frac{E}{4l} n^2 \pi^2 A_n^2 f \,. \tag{16}$$

In dem eben angeführten Falle eines Stahlstabes (vom Querschnitte $f = 1$ cm²) berechnet sich:

$$F = 0{,}1\,[\mathrm{kgcm}]\,. \tag{17}$$

Die elastische Energie ist also vergleichsweise klein.

In entsprechender Weise berechnet man die größte kinetische Energie L, die in dem Stabe aufgespeichert sein kann, aus der elementaren kinetischen Energie

$$\tfrac{1}{2}\,dm\left(\frac{\partial u}{\partial t}\right)^2$$

durch Integration über den ganzen Stab:

$$L = \left[\frac{1}{2}\int_0^l \left(\frac{\partial u}{\partial t}\right)^2 dm\right]_{t=\frac{l}{2a}}, \tag{18}$$

wo $dm = \varrho\, f\, dx$ einzuführen und $\dfrac{\partial u}{\partial t}$ aus (11) zu berechnen ist.

Wir erhalten zunächst:

$$\frac{\partial u}{\partial t} = -\sin\frac{n\pi x}{l}\, A_n \frac{a n \pi}{l} \sin\frac{a n \pi}{l}\, t \tag{19}$$

und damit:

$$L = \frac{a^2 n^2 \pi^2}{4l} A_n^2 f \varrho\,, \tag{20}$$

Weil aber $a^2 = \dfrac{E}{\varrho}$ ist, so wird

$$L = \frac{E}{4l} n^2 \pi^2 A_n^2 f\,, \tag{21}$$

also gleich dem Höchstbetrage der Spannungsenergie (15), wie es sein muß, da der Schwingungsvorgang im Stabe mit einem gegenseitigen periodischen Austausch der beiden Energieformen identisch ist.

3. Querschwingungen. Wir denken uns den Stab an einem Ende im Nullpunkt des Koordinatensystems so eingespannt, daß seine Achse mit der x-Achse in der Ruhelage zusammenfällt (Fig. 270).

Wir betrachten wieder ein Längenelement ∂x und stellen die Differentialgleichung für seine Schwingung parallel zur y-Achse auf. Es wirken an seinen Enden innere Schubkräfte $-S$ und $+S + \frac{\partial S}{\partial x} dx$ nebst einer äußeren Kraft $Y dx$, deren Resultierende wird:

$$\frac{\partial S}{\partial x} dx + Y dx .$$

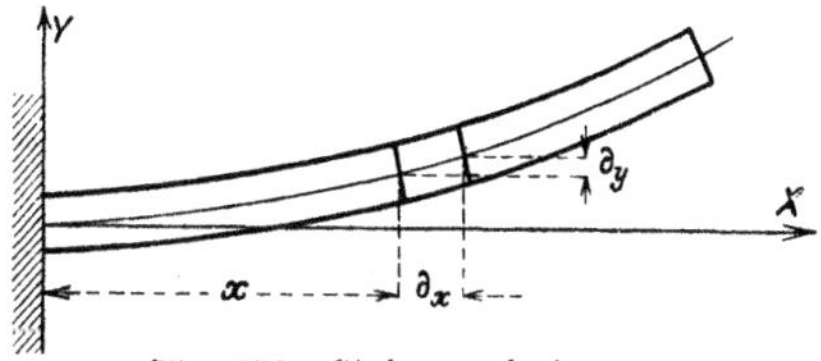

Fig. 270. Stabquerschwingung.

Der Trägheitswiderstand des Elementes ist

$$\varrho q \frac{\partial^2 y}{\partial t^2} dx ,$$

wo ϱ die Dichte und q den Querschnitt bedeutet. Die gesuchte Differentialgleichung wird also:

$$\varrho q \frac{\partial^2 y}{\partial t^2} = \frac{\partial S}{\partial x} + Y . \tag{22}$$

Außer der Translationsbewegung führt das Element ∂x auch noch eine Drehbewegung aus unter dem Einfluß der Momente der Schubspannungen und der Normalspannungen und etwaiger äußerer Momente.

Das Moment der Schubspannungen ist $S dx$, wo dx den Hebelarm des Kräftepaares bedeutet. Die an beiden Enden angreifenden Momente der Normalspannungen sind:

$$-N \quad \text{und} \quad +N + \frac{\partial N}{\partial x} dx ;$$

ein etwa vorhandenes äußeres Moment, dessen Betrag für die Längeneinheit M sei, liefert den Anteil:

$$M dx .$$

Die Resultierende sämtlicher Momente ist:

$$S dx + \frac{\partial N}{\partial x} dx + M dx .$$

Um den Trägheitswiderstand des Elementes gegen Drehen zu berechnen, bemerken wir, daß der Winkel, den die Achse des Elementes gegen die x-Achse macht, gleich $\frac{\partial y}{\partial x}$ ist. Nun setzen wir den Trägheitswiderstand an gleich Trägheitsmoment mal Winkelbeschleunigung und finden

$$\varrho J dx \frac{\partial^2}{\partial t^2}\left(\frac{\partial y}{\partial x}\right) ,$$

wo J das Trägheitsmoment des Querschnittes bedeutet. Hiermit wird aber die gesuchte Differentialgleichung:

$$\varrho J \frac{\partial^2}{\partial t^2}\left(\frac{\partial y}{\partial x}\right) = S + \frac{\partial N}{\partial x} + M. \tag{23}$$

Nach den Lehren der Elastizitätstheorie ist aber das Moment der Normalspannungen N stets gleich dem Produkt aus Elastizitätsmodul, Querschnittsträgheitsmoment, Krümmung, also

$$N = EJ \cdot \frac{\partial^2 y}{\partial x^2}. \tag{23a}$$

Eliminiert man nun aus (22) und (23) die Schubkraft S, dann kommt als einzige Differentialgleichung der Ansatz:

$$\varrho q \frac{\partial^2 y}{\partial t^2} + EJ \frac{\partial^4 y}{\partial x^4} = \varrho J \frac{\partial^4 y}{\partial x^2 \partial t^2} + Y - \frac{\partial M}{\partial x}. \tag{24}$$

Nimmt man an, daß äußere Momente M nicht vorhanden seien und vernachlässigt den Trägheitswiderstand der Drehbeschleunigung in (24), so wird

$$S = -\frac{\partial N}{\partial x}, \tag{24a}$$

und die gesuchte Differentialgleichung lautet einfacher:

$$\varrho q \frac{\partial^2 y}{\partial t^2} + EJ \frac{\partial^4 y}{\partial x^4} = Y. \tag{25}$$

Hier haben wir die Bedingungen zu prüfen, die für die mögliche Beschaffenheit der Stabenden gelten.

Für ein eingespanntes Ende verschwindet sowohl die Stabauslenkung y wie die Stabneigung $\frac{\partial y}{\partial x}$, d. h. es muß in diesem Falle sein

$$y = 0; \quad \frac{\partial y}{\partial x} = 0 \qquad \text{(eingespannt).} \tag{25a}$$

An einem freien Ende gibt es zunächst kein Moment N der Normalspannung; ferner werden keine Schubkräfte $S = -\frac{\partial N}{\partial x}$ übertragen; es muß also hier gelten

$$\frac{\partial^2 y}{\partial x^2} = 0; \quad \frac{\partial^3 y}{\partial x^3} = 0 \qquad \text{(frei).} \tag{25b}$$

An einem gestützten Ende gibt es keine Stabauslenkung y und kein Normalspannungsmoment N; also muß hier sein

$$(25\text{c})\qquad y = 0; \qquad \frac{\partial^2 y}{\partial x^2} = 0 \qquad \text{(gestützt).}$$

Wir wollen nun die freien Schwingungen aufsuchen, also $Y = 0$ setzen.

Dann liefert die versuchsweise Substitution

$$(26)\qquad y = \Xi e^{ikt},$$

wo Ξ eine Funktion nur von x sein soll, für Ξ die totale Differentialgleichung:

$$(27)\qquad \frac{d^4\Xi}{dx^4} - \frac{\varrho q k^2}{EJ}\Xi = 0 .$$

Kürzt man ab: $\frac{\varrho q k^2}{EJ} = m^4$, so hat (27) vier partikuläre Lösungen:

$$e^{-mx}, \qquad e^{+mx}, \qquad e^{-imx}, \qquad e^{+imx}.$$

Unter Einführung zyklometrischer und hyperbolischer Sinus- und Kosinusfunktionen erhalten wir das allgemeine Integral

$$(28)\qquad \Xi = A_1 \cos mx + A_2 \sin mx + B_1 \operatorname{Cof} mx + B_2 \operatorname{Sin} mx .$$

In unserem Falle des einseitig eingespannten Stabes muß nach (25a) für $x = 0$ auch Ξ und $\frac{d\Xi}{dx} = 0$ sein. Dies liefert:

$$A_1 = -B_1, \qquad A_2 = -B_2$$

und also

$$(29)\qquad \Xi = A(\cos mx - \operatorname{Cof} mx) + B(\sin mx - \operatorname{Sin} mx) .$$

Ferner muß noch zur Erfüllung der Bedingung (25b) für $x = l$: $\frac{d^2\Xi}{dx^2}$ und $\frac{d^3\Xi}{dx^3} = 0$ sein.

Diese Bedingungen liefern:

$$(30)\qquad \frac{A}{B} = \frac{\cos ml + \operatorname{Cof} ml}{\sin ml - \operatorname{Sin} ml} = -\frac{\sin ml + \operatorname{Sin} ml}{\cos ml + \operatorname{Cof} ml}.$$

Aus dieser Gleichung leiten wir zur Bestimmung von m die Beziehung ab

$$(31)\qquad \cos ml \operatorname{Cof} ml + 1 = 0 .$$

Diese Beziehung heißt die Periodengleichung. Alle Werte m, welche diese Gleichung befriedigen (siehe Fig. 271), liefern vermöge der Beziehung:

$$\frac{\varrho q k^2}{E J} = m^4$$

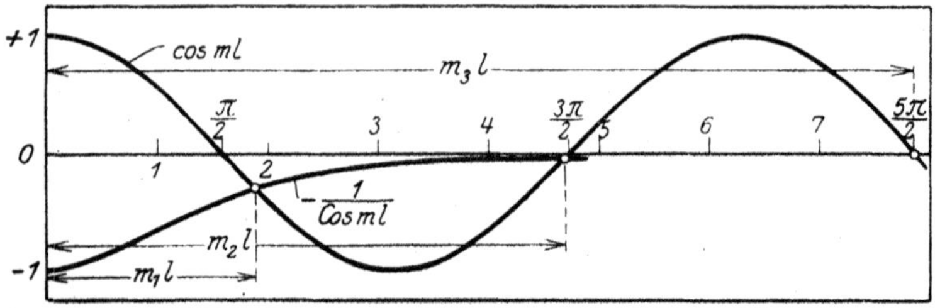

Fig. 271. Lösung der Periodengleichung $\cos m\, l\, \mathfrak{Cof}\, m\, l + 1 = 0$.

Werte von k, mittels deren sich das allgemeine Integral (26) schreibt:

(32) $$y = \Sigma\, \Xi_i \cdot C_i \cos(k_i t + \varepsilon_i)\,.$$

Die Berechnung der Werte m resp. k wollen wir hier nicht ausführen. Wir geben nach den Rechnungen von Lord Rayleigh[153]) die niedrigsten Lösungen an:

$$m_1 = 0{,}597 \frac{\pi}{l}\,,$$

$$m_2 = 1{,}494 \frac{\pi}{l}\,,$$

$$m_3 = 2{,}500 \frac{\pi}{l}\,,$$

. . . .

. . . .

mittels deren sich die Schwingungszahlen

(33) $$n_i = \frac{1}{T_i} = \frac{k_i}{2\pi}$$

für jeden Stab berechnen lassen.

4. **Eingespannter Stab mit Einzelmasse am freien Ende.** Wir vervollständigen jetzt die Berechnung der

Lamellen des Frequenzmessers von Frahm, die in § 23 abgebrochen wurde, unter Berücksichtigung der gleichmäßigen Verteilung der Lamellenmasse über ihre ganze Länge.

Es handle sich also um einen eingespannten Stab nach Fig. 272, der am freien Ende die Masse M_2 des Trägheitsmomentes Θ trägt, deren Schwerpunktsverschiebung mit y_2 bezeichnet werde; näherungsweise ist infolge der starren Verbindung zwischen der Lamelle und der Masse y_2 zugleich die freie Endauslenkung des Stabes.

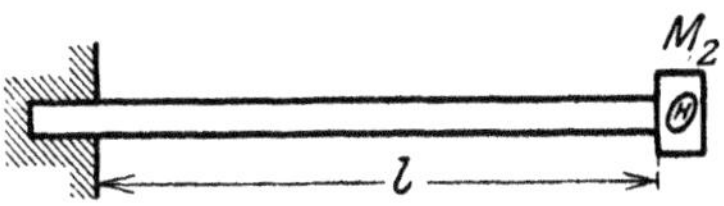

Fig. 272. Stab mit Einzelmasse.

Wir legen wieder den allgemeinen Lösungsansatz (26) zugrunde, den wir bis zur Berücksichtigung der Endbedingungen für $x = 0$ im Ansatz (29) verfolgen. Von hier aber ab ändert sich die Betrachtungsweise, weil für $x = l$ kein freies Ende vorliegt. Vielmehr überträgt die Masse M_2 vermöge ihrer Trägheit sowohl Schubkräfte wie Normalkräfte auf den Endquerschnitt $x = l$.

Die Schubkräfte $S = -\frac{\partial N}{\partial x}$ werden geliefert von der Massenträgheit gegen Verschieben $M_2 \frac{d^2 y_2}{dt^2}$, so daß gilt:

$$(34)\qquad -S = +\frac{\partial N}{\partial x} = +EJ\left(\frac{\partial^3 y}{\partial x^3}\right)_{x=l} = M_2 \frac{d^2 y_2}{dt^2} = M_2\left(\frac{\partial^2 y}{\partial t^2}\right)_{x=l}.$$

Ferner wird ein Moment N der Normalkräfte geliefert vom Trägheitswiderstand der Endmasse gegen Verdrehen:

$$\Theta \frac{\partial^2}{\partial t^2}\left(\frac{\partial y}{\partial x}\right)_{x=l},$$

d. h. es muß sein:

$$(35)\qquad -N = -EJ\left(\frac{\partial^2 y}{\partial x^2}\right)_{x=l} = \Theta \frac{\partial^2}{\partial t^2}\left(\frac{\partial y}{\partial x}\right)_{x=l}$$

Die negativen Vorzeichen stehen hier bei S und N, weil die elastischen Kräfte den Auslenkungen entgegenwirken.

Führen wir nun die Operationen (34) und (35) an dem aus (26) unter Fortlassung des Index i folgenden Ansatz:

$$y = \Sigma[A(\cos m x - \mathfrak{Cof}\, m x) + B(\sin m x - \mathfrak{Sin}\, m x)](\cos k t + \varepsilon)$$

durch, so findet sich nach einigen leichten Zwischenrechnungen mit (34):

$$(34\text{a})\quad \begin{cases} A(\sin m l - \mathfrak{Sin}\, m t) - B(\cos m l + \mathfrak{Cof}\, m l) \\ = -\dfrac{M_2 m}{\varrho q}\{A(\cos m l - \mathfrak{Cof}\, m l) + B(\sin m l - \mathfrak{Sin}\, m l)\} \end{cases}$$

und mit (35):

$$(35\text{a})\quad \begin{cases} A(\cos m l + \mathfrak{Cof}\, m l) + B(\sin m l + \mathfrak{Sin}\, m l) \\ = +\dfrac{\Theta m^3}{\varrho q}\{A(\sin m l + \mathfrak{Sin}\, m l) - B(\cos m l - \mathfrak{Cof}\, m l)\}\,. \end{cases}$$

Mit den Abkürzungen

$$m l = \sigma\,; \qquad \alpha = \frac{M_2}{l q \varrho} = \frac{M_2}{M_1}\,; \qquad \beta = \frac{\Theta}{l^3 q \varrho} = \frac{\Theta}{l^2 M_1}$$

(M_1 = Lamellenmasse) findet sich aus (34a) und (35a) durch Fortschaffung von $\frac{A}{B}$ die Periodengleichung:

$$(36)\quad \begin{cases} 1 - \alpha\beta\sigma^4 + \dfrac{1 + \alpha\beta\sigma}{\cos\sigma\,\mathfrak{Cof}\,\sigma} - \sigma(\alpha\sigma + \beta\sigma^2)\,\mathrm{tg}\,\sigma \\ \qquad + \sigma(\alpha\sigma - \beta\sigma^2)\,\mathfrak{Tg}\,\sigma = 0\,. \end{cases}$$

Mit $M_2 = \Theta = 0$, d. h. $\alpha = \beta = 0$ erhält man aus (36) wieder die Periodengleichung (31) des eingespannten Stabes ohne Masse am freien Ende.

Die Wurzeln der Gleichung (36) ermittelt man am besten durch die Schnitte der beiden Kurven

$$(36\text{a})\quad \begin{cases} y_1 = \dfrac{1 + \alpha\beta\sigma^4}{\cos\sigma\,\mathfrak{Cof}\,\sigma} - \sigma(\alpha\sigma + \beta\sigma^2)\,\mathrm{tg}\,\sigma \\ \text{und} \\ y_2 = -1 + \alpha\beta\sigma^4 - \sigma(\alpha\sigma - \beta\sigma^2)\,\mathfrak{Tg}\,\sigma\,. \end{cases}$$

Die erste dieser Kurven hat Pole bei $\frac{\pi}{2}, \frac{3\pi}{2}, \frac{5\pi}{2}, \ldots$, während die zweite wie σ^4 ins Unendliche strebt. Daher liegen die höheren Wurzeln der Periodengleichung (36) ebenso in der Nähe der ungeraden Vielfachen von $\frac{\pi}{2}$ wie die Wurzeln von (31), d. h. die höheren Eigenschwingungszahlen einer eingespannten Lamelle werden durch Hinzufügen einer Masse am freien Ende wenig beeinflußt.

Um die untersten Eigentöne zu untersuchen, legen wir nach Multiplikation mit $\cos\sigma$ in den Ansätzen (36a) und unter Vernachlässigung des Trägheitsmomentes Θ der Zusatzmasse ($\beta = 0$) die Teilkurven zugrunde:

$$(37)\begin{cases} y_1 = \dfrac{1}{\mathfrak{Cof}\,\sigma} - \alpha\,\sigma^2 \sin\sigma \quad \text{und} \\ y_2 = -(1 + \alpha\,\sigma^2)\,\mathfrak{Tg}\,\sigma\cos\sigma\,. \end{cases}$$

Diese Kurven sind in der Fig. 273 für das Massenverhältnis $\alpha = \dfrac{M_2}{M_1} = \dfrac{1}{4}$ gezeichnet. Die Abszissen ihrer dem Anfangspunkt am nächsten liegenden drei Schnittpunkte ermitteln sich zu:

$$\sigma_1 = 0{,}46\,\pi\,;$$
$$\sigma_2 = 1{,}29\,\pi\,;$$
$$\sigma_3 = 2{,}23\,\pi\,.$$

Demgegenüber liegen die niedersten Eigentöne des eingespannten Stabes ohne Zusatzmasse (nach Lord Rayleigh)

$$m_1\,l = 0{,}60\,\pi\,;$$
$$m_2\,l = 1{,}49\,\pi\,;$$
$$m_3\,l = 2{,}50\,\pi$$

wesentlich höher.

Die Schwingungszahlen der beiden ersten Eigentöne verhalten sich wie 1 : 1,7, d. h. durch eine Zusatzmasse von $\frac{1}{4}$ der Größe der Lamellenmasse wird der erste Eigenton etwa um eine große Sexte (5 : 3) erniedrigt. Die höheren Eigentöne erscheinen schwächer beeinflußt.

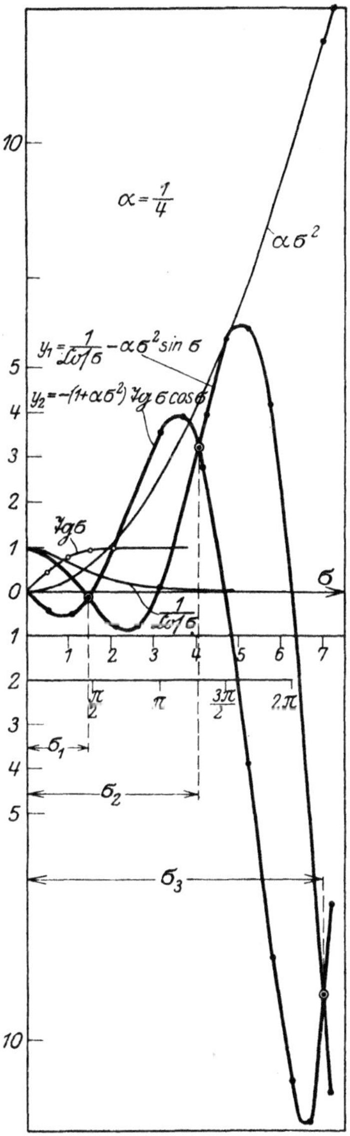

Fig. 273. Periodengleichung des Stabes mit Einzelmasse.

§ 91. Erschütterungen von Leuchttürmen im Winde.

Die Formeln des vorigen Paragraphen kann man zur Beurteilung der Erschütterung hoher Gebäude im Winde heranziehen.

Namentlich Leuchttürme sind in dieser Hinsicht oft von französischen Forschern geprüft worden.

Wir entnehmen Ribière[154]) eine Tabelle, die sich auf Erschütterungsmessungen mit Hilfe eines pallographähnlichen Instrumentes stützt.

Name des Turmes	Höhe in m	Dauer einer Schwingung in sec	Amplitude der Schwingungen in mm
Barfleur	66,0	0,83	0,5
Planier	54,0	0,55	Unmerklich
La Cauche	48,0	0,86	2,0
Île Vierge	70,0	0,77	Unmerklich
La Coubre	54,0	0,71	2,0

Berechnen wir jetzt die Dauer der langsamsten Eigenschwingung eines Turmes von $l = 50$ m Höhe, 7,5 m äußerem und 4,0 m innerem mittleren Durchmesser.

Man findet zunächst den mittleren Querschnitt des Turmes zu $q = 31{,}4\,[\mathrm{m}^2]$, das äquatoriale Trägheitsmoment zu $J = 142\,[\mathrm{m}^2]$. Nimmt man weiter den Elastizitätsmodul des Mauerwerks zu 360 000 [kg/cm^{-2}] und die Dichte zu $\varrho = 2{,}3\,[\mathrm{g/cm}^{-3}]$, so wird die Größe $\sqrt{\dfrac{E}{\varrho}}$, die nichts anderes ist als die Fortpflanzungsgeschwindigkeit des Schalles im Mauerwerk, gleich 3900 [m/sec^{-1}].

Mit diesen Werten wird schließlich die längste Schwingungsdauer, welche möglich ist:

$$T_1 = \frac{2\,l^2}{\pi \cdot (0{,}597)^2} \sqrt{\frac{\varrho\, q}{E J}} = 0{,}68 \text{ sec},$$

ein Wert, welcher mit den nach der Tabelle beobachteten gut übereinstimmt.

§ 92. Die Schiffsvibrationen[155]).

1. Die Schiffsvibrationen sind eine Resonanzerscheinung. Der Schiffskörper ist ein elastischer Stab sehr verwickelter Bauart, der

sowohl als Ganzes betrachtet Schwingungen ausführen kann, dessen einzelne Bestandteile (Platten, Balken usw.) aber auch für sich schwingen können.

So kommen für ein Schiff eine große Zahl von „Eigentönen“ in Betracht, die beim Zusammenklang mit den Perioden erregender Kräfte zu Resonanz und damit zu heftigen Vibrationen der Schiffsbauteile Anlaß geben können.

Die Untersuchung dieser Vorgänge liefert nun nur im Falle der Schwingung des Schiffes als Ganzes übersichtliche und allgemeingültige Verfahren und Ergebnisse, während man hinsichtlich der Erschütterungen von einzelnen Bauteilen auf die Betrachtung an Hand von § 49 (Fundamentschwingungen) angewiesen ist.

Über die elastische Eigenschwingung eines Schiffes als Ganzes betrachtet erhält man zunächst einen Überblick, wenn man es als einen gleichförmigen Stab gleicher Gesamtmasse und gleichen mittleren Trägheitsmomentes betrachtet, der an seinen beiden Enden frei ist. Von den drei möglichen Schwingungsarten, die für einen solchen Stab in Betracht kommen (§ 90, 1), sind beim Schiff vorzugsweise die Biegungsschwingungen von Wichtigkeit.

Aus den Ansätzen (25b) und (28) des § 90 finden wir die zur Bestimmung der Eigentöne des frei-freien Stabes dienende Periodengleichung durch Fortschaffung von A_1, B_1, A_2, B_2 aus:

$$(1)\quad \begin{cases} \left[\dfrac{\partial^2 y}{\partial x^2}\right]_{x=0} = -m^2(A_1 - B_1) = 0 \\ \left[\dfrac{\partial^2 y}{\partial x^2}\right]_{x=l} = -m^2(A_1 \cos ml + A_2 \sin ml - B_1 \mathfrak{Cos}\, ml - B_2 \mathfrak{Sin}\, ml) \\ \hfill = 0 \\ \left[\dfrac{\partial^3 y}{\partial x^3}\right]_{x=0} = -m^3(A_2 - B_2) = 0 \\ \left[\dfrac{\partial^3 y}{\partial x^3}\right]_{x=l} = m^3(A_1 \sin ml - A_2 \cos ml + B_1 \mathfrak{Sin}\, ml + B_2 \mathfrak{Cos}\, ml) = 0 \end{cases}$$

in dem Ansatz:

$$(2)\qquad \cos ml\, \mathfrak{Cos}\, ml = 1\,,$$

deren Auflösung nach $m\,l$ die niedrigsten Eigentöne liefert:

$$m_1\, l = 2{,}51\,\pi\,, \qquad m_2\, l = 3{,}10\,\pi\,, \qquad m_3\, l = 3{,}50\,\pi\,.$$

Mit diesen Werten erhält man die drei untersten Schwingungsgestalten des frei-freien Stabes durch den Ansatz

$$\text{(2a)}\qquad \left\{\begin{aligned} y = A\,\{&(\cos m\,l - \mathfrak{Cof}\,m\,l)\,(\cos m\,x + \mathfrak{Cof}\,m\,x)\\ &+ (\sin m\,l + \mathfrak{Sin}\,m\,l)\,(\sin m\,x + \mathfrak{Sin}\,m\,x)\} \end{aligned}\right.$$

oder nach den Fig. 274—276, von denen die erste für die Beurteilung der Schwingungsform eines Schiffskörpers in erster Linie in Betracht kommt. Danach besteht in etwa $^1/_4$ der Stab- oder Schiffslänge von den Enden je ein **Schwingungsknoten**. Je mehr die Massenverteilung des Schiffes von der Stabähnlichkeit abweicht, desto mehr ändert sich diese Knotenlage sowie der Ausschlag der Stabachse.

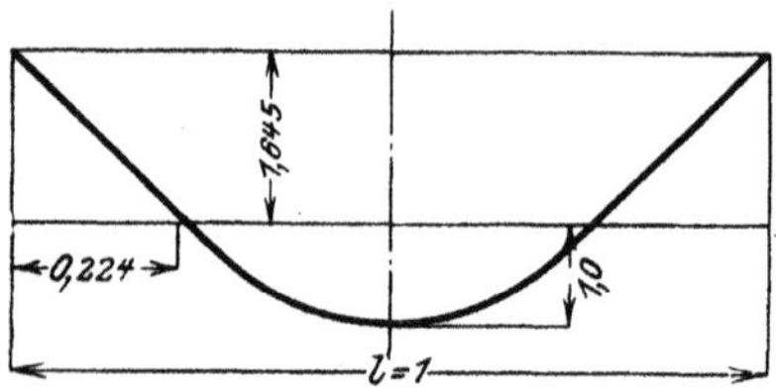

Fig. 274.

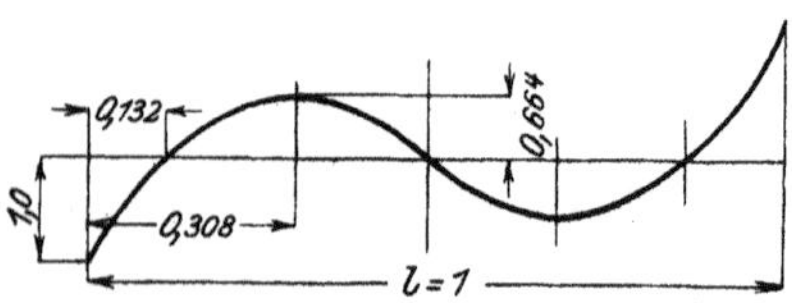

Fig. 275.

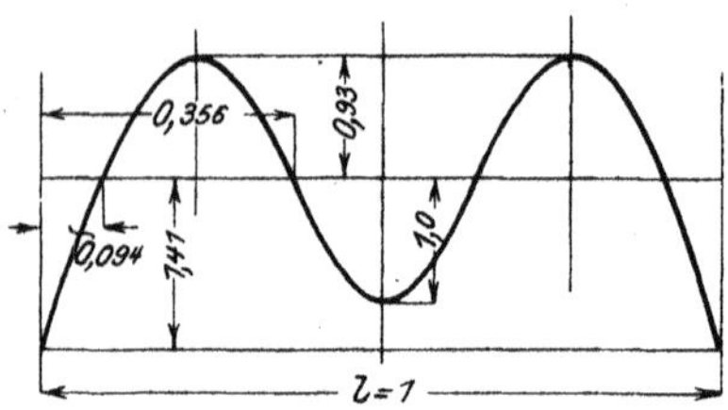

Fig. 276.
Schwingungsgestalten des frei-freien Stabes.

Nach Fig. 277 liegt die Nullage der Schwingungslinie so, daß sie stets eine Schwerachse des schwingenden Stabes ist. Fügt man nun zur Stabmasse m in der Mitte noch eine Einzelmasse M hinzu, so muß die Nullage des neuen schwingenden Systems $m + M$ wiederum eine Schwerachse werden, d. h. sie muß nach Fig. 277 an die Einzelmasse um das Maß $h = \dfrac{HM}{m+M}$ heranrücken, wodurch der Scheitelausschlag sich entsprechend verkleinert. Demgemäß rücken die Knotenpunkte mehr nach der Mitte. Einer solchen Massenverteilung würde ein Schiff entsprechen, welches in der Mitte stark belastet ist.

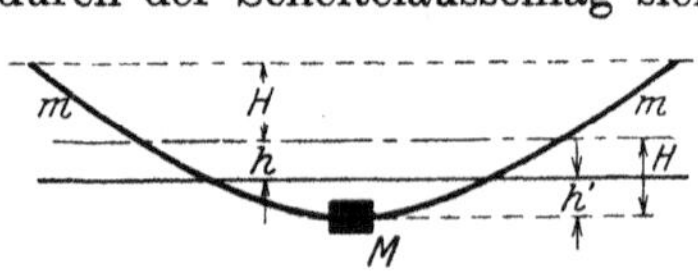

Fig. 277. Stab mit Einzelmasse.

Andererseits bewirken Massenanhäufungen an den Enden des Schiffes ein Abwandern der Knoten nach außen.

Die Fig. 278 zeigt die experimentell ermittelten Schwingungsgestalten der Längsachse eines Torpedobootes, deren Knotenpunkte voneinander nur unwesentlich weniger als die halbe Schiffslänge abstehen. Der hintere Knotenpunkt liegt ziemlich genau auf $^1/_4$ Schiffslänge, wonach auf eine starke Belastung der hinteren zwei Schiffsdrittel zu schließen ist.

Die Ermittelung der Eigentöne und der Knotenpunkte des Schiffskörpers ist maßgebend für die Beseitigung oder Fernhaltung schädlicher Schiffsvibrationen.

Sind diese, wie eingangs bemerkt, eine Resonanzerscheinung, so hat man nach den periodischen erregenden Ursachen zu fragen, die mit den Eigentönen des Schiffs in Gleichklang treten können, wodurch ja die Vibrationen bedingt sind.

Diese schwingungserregenden Ursachen sind in erster Linie in den Massendrücken und Massendruckmomenten der Kolbenschiffsmaschinen zu suchen.

Bekanntlich hat das Ausgleichsverfahren nach Schlick-Taylor zum Ziel, diese Massenwirkungen und damit die schwingungserregenden Ursachen zu vernichten.

Insofern aber oft nur unvollkommen ausgeglichene Maschinen vorliegen, so bleibt nichts übrig, als die Eigenschaft der Vibrationsfreiheit in anderer Weise herbeizuführen, entweder indem man die Umlaufszahl der Maschine möglichst verschieden macht

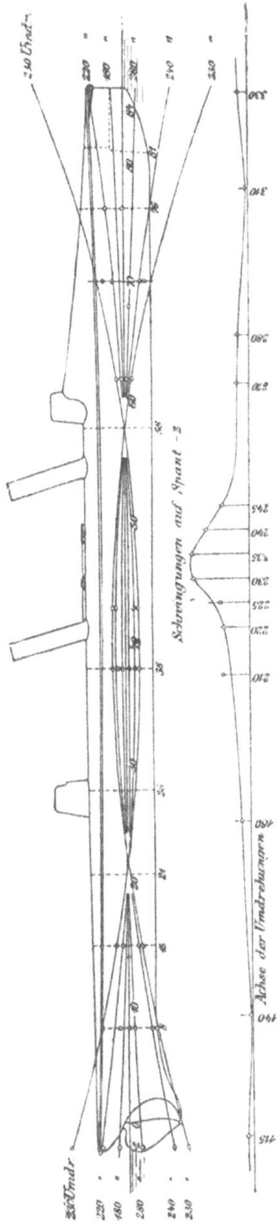

Fig. 278. Schwingungsgestalt eines Torpedobootes.

von dem Eigenton des Schiffes, oder indem man die nicht ganz ausgeglichene Maschine im Schiffe so aufstellt, daß ihre Restmassenwirkungen möglichst wenig Gelegenheit haben, schwingungserzeugend am Schiffskörper anzugreifen.

In Fig. 278 sind die Schwingungslinien des Torpedobootes für verschiedene Maschinenumlaufzahlen eingezeichnet; das untere Schaubild gibt unmittelbar den Zusammenhang der Größe der Schwingungsamplitude auf dem hintersten Schiffsspant mit der Maschinendrehzahl. Demnach würde in der Nähe von 230 bis 235 i. d. Min. der unterste Eigenton des Torpedokörpers liegen; bei Maschinendrehzahlen genügend weit unter oder über dem Eigenton nehmen die Ausschläge der Schwingungslinie kleinste Werte an.

Über den Einfluß des Aufstellungsortes der Schiffsmaschinen auf die Größe der Vibrationen gibt die folgende Betrachtung Aufschluß.

Die restlichen Massenwirkungen der Maschine lassen sich auf eine Einzelkraft in der mittleren Querschiffsebene der Maschine und ein Kräftepaar in deren mittlerer Längsschiffsebene zurückführen. Da die Knotenpunkte der Schwingungslinie als Drehpunkte aufzufassen sind, so wird der Einfluß der (Vertikalkomponente der) Einzelkraft verschwinden, wenn sie durch den Knotenpunkt geht, also kein Moment in bezug auf diesen hat. Dagegen kommen die Massendruckmomente voll zur Geltung, wenn ihre Paarkräfte etwa zu beiden Seiten eines Knotenpunktes angreifen.

Demnach bedingt das Verschwinden der Massenwirkungen eine gewisse Gegensätzlichkeit bezüglich der Aufstellung der Maschine, von der man am meisten frei ist, wenn die Maschine etwa auf Massendrucke oder auf Massendruckmomente ausgeglichen ist. Im ersteren Fall stellt man sie möglichst entfernt, im zweiten möglichst nahe einem Knotenpunkt auf.

2. Welche Maßnahmen aber auch ergriffen werden, stets ist die Kenntnis wenigstens des ersten Eigentones oder auch damit zusammenhängend der Lage der Knotenpunkte der Schwingungslinie notwendig.

Zur Ermittlung dieser betrachtet man das Schiff als einen einzigen elastischen Stab, bei welchem sowohl der Querschnitt wie das Trägheitsmoment eine z. B. graphisch gegebene Funktion der Schiffslänge x ist. Mit dieser Festsetzung nehmen wir an, daß die Schiffsvibrationen einer Gleichung genügen entsprechend Gleichung (25) in § 90, nur mit dem Unterschied, daß q und J von x abhängig sind.

Wir schreiben also

$$\varrho\, q(x)\, \frac{\partial^2 y}{\partial t^2} + E\, \frac{\partial}{\partial^2 x}\left(J(x)\, \frac{\partial^2 y}{\partial x^2}\right) = Y\,. \tag{4}$$

Daß hier $J(x)$ unter dem Zeichen $\frac{\partial}{\partial x^2}$ stehen muß, ergibt sich aus der Ableitung der Gleichung (25) des Paragraphen 90. Die Kräfte Y können verschiedener Art sein. In erster Linie sind es die Reaktionen der Schiffsmaschinen; es können aber auch Schwankungen des Propellerschubes sein, hervorgerufen durch Ungleichheiten der einzelnen Propellerflügel, wie Schlick nachgewiesen hat.

Welches nun auch die störenden Kräfte sein mögen, stets sind die Vibrationen eine Folge von Übereinstimmung zwischen den Perioden der störenden Kräfte und den Perioden der möglichen freien Schwingungen des Schiffes. Es ist also die Aufgabe zu lösen, die durch Gleichung (4) mit $Y = 0$ bestimmten freien Schiffsschwingungen zu ermitteln. Um dies auszuführen, setzt man

$$y = X\,T\,,$$

wo X und T Funktionen von x und t allein sind. Dadurch, daß man zur Gleichung (4) $m^2 \varrho\, q(x)\, X\, T$ additiv und subtraktiv hinzufügt, wird diese partielle Gleichung in zwei totale zerlegt:

$$\left\{\begin{aligned} &\frac{d^2 T}{dt^2} + m^2 T = 0 \qquad \text{und} \\ &E\, \frac{d^2}{dx^2}\left(J(x)\, \frac{d^2 X}{dx^2}\right) - m^2 \varrho\, q(x)\, X = 0\,. \end{aligned}\right. \tag{5}$$

Diese beiden Gleichungen dienen zur Ermittlung der Perioden $\frac{2\pi}{m}$, wofür L. Gümbel[156]) ein graphisches Verfahren angegeben hat.

Im folgenden wollen wir das Gümbelsche Verfahren im Anschluß an die Darstellung von A. Kriloff und C. H. Müller[157]) mit unseren obigen Ansätzen (5) in Zusammenhang bringen und einer analytischen Beleuchtung unterwerfen.

Zunächst sind unsere Ansätze (5) durch die Anfangs- und Grenzbedingungen zu ergänzen.

Die ersteren verlangen für den Stab eine zur Zeit $t = 0$ gegebene Gestalt und Geschwindigkeitsverteilung etwa entsprechend

$$(6) \qquad y = F(x)\,, \qquad \frac{\partial y}{\partial t} = f(x)\,, \qquad t = 0\,.$$

Die Grenzbedingungen aber haben auszusagen, daß bei dem freifreien Stab, als welcher ja ein Schiff betrachtet werden kann, an den Enden weder Momente noch Schubkräfte zu übertragen sind. Es muß also gelten:

$$(7) \quad \left\{ \begin{array}{ll} N = 0\,, & S = -\dfrac{\partial N}{\partial x} = 0 \quad \text{oder} \\ \dfrac{\partial^2 y}{\partial x^2} = 0\,, & \dfrac{\partial^3 y}{\partial x^3} = 0 \end{array} \right\} \text{für } x = 0 \text{ und } x = l\,.$$

Bei Gümbel werden die Bedingungen (6) stillschweigend in der speziellen Form der anfänglich in Ruhe befindlichen geraden Stabgestalt mit

$$F(x) = 0 \qquad \text{und} \qquad f(x) = 0$$

vorausgesetzt.

Die Bedingungen (7) erscheinen bei Gümbel in der Form

$$(7\text{a}) \qquad \mathfrak{M} = 0 \qquad \text{und} \qquad \sum \omega^2 y\, dM = 0\,,$$

wo Σ sich auf eine Summierung längs der Stabachse bezieht.

Der Zusammenhang des Ansatzes $\mathfrak{M} = 0$ mit (7) ist ohne weiteres ersichtlich, da ja $\mathfrak{M} = EJ\dfrac{\partial^2 y}{\partial x^2}$ gilt [Vgl. § 90, Gl. (23a)].

Dagegen bedarf die zweite Bedingung (7a) der näheren Betrachtung. Die Gümbelschen Zeichen ω, y, dM entsprechen der Reihe nach den unsrigen m, X, $\varrho\, q(x)\, dx$, so daß wir unter Vertauschung des Summenzeichens mit dem Integralzeichen schreiben können:

$$(8) \qquad \int_0^l m^2 \varrho\, X\, q(x)\, dx = 0\,.$$

Mit der zweiten Gleichung (5) kann man aber hierfür schreiben

$$(9) \qquad E\int_0^l \frac{d^2}{dx^2}\left(J(x)\,\frac{d^2 X}{dx^2}\right) dx = 0$$

oder nach Ausführung der Integration

$$(10)\qquad \left[E\frac{d}{dx}\left(J(x)\frac{d^2X}{dx^2}\right)\right]_l - \left[E\frac{d}{dx}\left(J(x)\frac{d^2X}{dx^2}\right)\right]_0 = 0\,.$$

Nach (23a) § 90 kann man hierfür schreiben:

$$(11)\qquad \left[\frac{dN}{dx}\right]_l - \left[\frac{dN}{dx}\right]_0 = 0\,.$$

Da das zweite Glied nach (7) verschwindet, bleibt nur übrig [mit Gl. (24a) § 90]

$$(12)\qquad \left[\frac{dN}{dx}\right]_l = -[S]_l = 0\,.$$

Demnach ist die zweite Gümbelsche Grenzbedingung (7a) identisch mit unserer zweiten (7).

Der gewöhnliche Gang der Lösung des Ansatzes (5) wäre nun der, daß man für die zweite Gleichung desselben vier voneinander unabhängige partikuläre Integrale $\Phi_\nu(x)(\nu = 1\ldots 4)$ aufsucht, in denen natürlich die willkürlich angenommene Größe m vorkommen muß. Damit wird das allgemeine Integral von $(5)_2$:

$$(13)\qquad X = \sum_1^4{}_\nu C'_\nu\,\Phi_\nu(x)\,.$$

Zur Bestimmung der Integrationskonstanten C_ν können etwa X und seine ersten drei Ableitungen in einem bestimmten Punkte $x = a$ herangezogen werden. So erhalt man die Ansätze

$$(14)\qquad X^{(\mu)}(a) = \sum_1^4{}_\nu C_\nu\,\Phi_\nu^{(\mu)}(a)\,,\qquad \mu = 0\,,\,1\,,\,2\,,\,3\,.$$

Durch Auflösung dieser nach den Konstanten C_ν finden sich letztere als lineare Funktionen der $X^{(\mu)}(a)$, die man in (13) einzusetzen hat. Ordnet man dann die rechte Seite nach den $X^{(\mu)}(a)$, so findet sich mit neuen Funktionszeichen $\Psi(x)$, die lineare Aggregate der Funktionen $\Phi_\nu(x)$ sind,

$$(15)\quad X = X(a)\,\Psi_1(x) + X'(a)\,\Psi_2(x) + X''(a)\,\Psi_3(x) + X'''(a)\,\Psi_4(x)\,.$$

Hier sind die Funktionen $\Psi_\nu(x)$ nicht ermittelbar; wählt man aber $a = 0$, so müssen $X''(a)$ und $X'''(a)$ auf Grund der Grenzbedingungen verschwinden, d. h. (15) zieht sich zusammen auf

$$(16)\qquad X = X(a)\,\Psi_1(x) + X'(a)\,\Psi_2(x)\,,$$

wo Ψ_1 und Ψ_2 die Eigenschaft haben müssen:

$$(17) \qquad \begin{cases} \Psi_1(0) = 1\,, & \Psi_2(0) = 0\,, \\ \Psi_1'(0) = 0\,, & \Psi_2'(0) = 1\,, \end{cases}$$

damit am Stabende $x = 0$ wird

$$(18) \qquad X_{x=0} = X_0 \quad \text{und} \quad X'_{x=0} = X'_0\,.$$

Nach (16) wird also die Stabgestalt, abgesehen von der Unbekannten m, die in den Ψ_1 und Ψ_2 vorkommt, durch die Auslenkung X_0 und die Richtung X'_0 der Stabachse am linken Stabende bedingt, wobei natürlich die Stabrichtung so gewählt werden muß, daß am rechten Stabende die Gleichungen (7) oder (7a) erfüllt werden. Wir haben also gewissermaßen zwei Gleichungen zur Bestimmung der beiden Unbekannten X'_0 und m; auf den Ausschlag X_0 kommt es nicht an, da er nur auf den Ordinatenmaßstab Einfluß hat.

Zur Lösung der Aufgabe schreibt Gümbel zwei Gleichungen an, die zusammen den zweiten Ansatz (5) ergeben (wir benutzen fortan unsere Zeichen):

$$(19) \qquad N = EJ(x)\frac{d^2X}{dx^2}\,, \qquad \frac{d^2N}{dx^2} = m^2\,\varrho\,q(x)\,X$$

und benutzt sie zur graphischen Konstruktion der Schwingungslinie X und der Momentenlinie N. Die erstere beginnt am linken Stabende mit dem schon oben willkürlich festgelegten Ausschlag X_0 und der ebenso willkürlich angenommenen Stabrichtung X'_0. Damit ist es möglich, für das erste Stabelement der Länge dx den Wert von $m^2\varrho\,q(x)\,X\,dx$ zu berechnen, sofern $q(x)$ für die ganze Stablänge graphisch oder numerisch gegeben ist und für m ein willkürlich gewählter Zahlenwert angenommen wird. Zweckmäßig wird man ihn so festlegen, daß er dem niedrigsten Eigenton des dem Schiffe entsprechenden gleichmäßigen Stabes mit der Schwingungsgleichung

$$(20) \qquad EJ_m\frac{d^4X}{dx^4} - \mu^2\,\varrho\,q_m\,X = 0$$

gleich kommt, wo gesetzt ist:

$$(21) \qquad J_m = \frac{1}{l}\int_0^l J(x)\,dx \quad \text{und} \quad q_m = \frac{1}{l}\int_0^l q(x)\,dx\,.$$

Der sonach für das erste Stabelement berechnete Wert von $\mu^2 \varrho\, q(x)\, X\, dx$ bestimmt aber nach der zweiten Gleichung (19) die Änderung $d\frac{dN}{dx}$ der Richtung der Momentenlinie. Für diese gilt als Anfangsbedingung die bisher noch nicht berücksichtigte Grenzbedingung am linken Stabende

$$(22) \qquad N_{x=0} = 0 \quad \text{und} \quad \left(\frac{dN}{dx}\right)_{x=0} = 0\,,$$

d. h. die Momentenlinie hat links beim ersten Stabelement mit horizontaler Tangente zu beginnen. Dann liefert

$$(23) \qquad d\left(\frac{dN}{dx}\right) - \mu^2 \varrho\, q(x)\, X\, dx$$

graphisch die Richtung der Momentenlinie und damit N selbst für das zweite Stabelement. Das so gewonnene N wird sogleich nach der ersten Gleichung (19) benutzt, um mit

$$(24) \qquad d\left(\frac{dX}{dx}\right) = \frac{N}{E \cdot J(x)}\, dx$$

die Richtung der Schwingungslinie für das zweite Stabelement zu bestimmen, die oben für das erste Element vermöge der Grenzbedingungen

$$X_{x=0} = X_0 \quad \text{und} \quad X'_{x=0} = X'_0$$

gewonnen war. Jedenfalls ergibt sich eine Stabgestalt (Schwingungslinie) $X = \varphi(x)$ als Seilpolygon zur Belastungslinie $\frac{N}{\Sigma J(x)}$ und eine Momentenlinie $N_x = \psi(x)$ als Seilpolygon zur Belastungslinie $m^2 \varrho\, q(x)\, X$. Zu jedem Seilpolygon entsteht dabei ein Kräfteplan, von denen uns der zu N_x gehörige interessiert. Seine Schlußkraft ist identisch der Schubkraft

$$-S_l = \int_0^l m^2 \varrho\, X\, q(x)\, dx$$

am rechten Schiffsende, die mit Rücksicht auf die Grenzbedingungen (7a) zu Null werden soll. Ebenso soll zu Null werden das Moment am rechten Schiffsende

$$N_l = \psi(l)\,.$$

Nach Voraussetzung sind S_l und N_l abhängig nur von m^2 und X_0'; durch Variierung dieser angenommenen Werte, jedesmalige Wiederholung der ganzen Konstruktion und Interpolation erhält man die Möglichkeit m^2 und X_0' so zu wählen, daß S_l und N_l verschwinden, d. h. daß die Grenzbedingungen (7a) erfüllt werden.

So ergeben sich Eigenschwingungsperiode und Schwingungsgestalt auf graphischem Wege, ohne daß es nötig wäre, die Periodengleichung aufzustellen.

§ 93. Schwingungen von Brücken und Fachwerken.[158]

1. Die Beanspruchung von Fachwerken rührt im allgemeinen her von den statischen Belastungen, die der gewöhnlichen Berechnung zugrunde gelegt werden. Daneben treten aber im Betriebe oft Beanspruchungen dynamischer Natur und damit zusätzliche Spannungen in den Fachwerksgliedern auf, zu deren Berechnung die Methoden der gewöhnlichen Statik der Baukonstruktionen nicht ausreichen.

Im allgemeinen rühren die dynamischen Beanspruchungen her von den Verkehrslasten, die auf das Bauwerk einwirken. So ist z. B. die Geschwindigkeit nicht gleichgültig, mit welcher ein Fahrzeug über eine Brücke fährt. Auch wenn die Brücke als ein an seinen Auflagern gestützter Vollträger betrachtet werden kann und eine Einzellast stoßfrei über sie hinweggeht, so kann man von einer dynamischen Beanspruchung durch die wandernde Last reden.

Besteht die wandernde Last aus einem Eisenbahnzug, so wird die dynamische Beanspruchung zur Schwingungsbeanspruchung. Diese rührt her von der periodischen Wirkung der Fliehkräfte der Gegengewichte der Lokomotive oder von den rhythmischen Stößen der Radsätze beim Überschreiten der Schienenlücken.

Diese periodischen Wirkungen sind besonders wichtig, weil sie in Resonanz treten können mit den Eigentönen der Brückenkonstruktion, mag diese nun als Vollwandträger oder als Fachwerk gebaut sein.

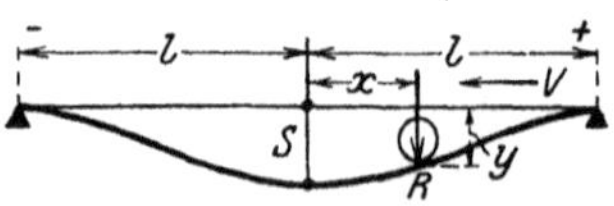

Fig. 279. Brücke mit wandernder Last.

2. Die Untersuchung der Beanspruchung einer gewöhnlichen Balkenbrücke durch eine wandernde Last ist zuerst von G. G. Stokes[159]) unternommen worden. Er setzt nach Fig. 279 die Länge

der Brücke $= 2l$, den unbekannten Druck der wandernden Last $Mg = R$, die Mittendurchbiegung der Brücke bei in der Mitte ruhender Last $= S$. Mit einem vorläufig unbestimmten Faktor C gilt dann:

(1) $$y = CR(l^2 - x^2)^2 .$$

Hier bestimmt sich C durch die Bedingung: $y = S$ für $R = Mg$ und $x = 0$ zu

$$C = \frac{S}{Mgl^4} .$$

Damit wird

(2) $$R = \frac{Mgl^4}{S} \frac{y}{(l^2 - x^2)^2} .$$

Die dynamische, die Masse M antreibende Wirkung ist nun offenbar die Differenz zwischen dem Gewicht Mg und der Reaktion R. Wir erhalten also die Differentialgleichung

(3) $$M\frac{d^2y}{dt^2} = Mg - Mgl^4 \frac{\eta}{(l^2 - x^2)^2}$$

oder mit $\frac{dx}{dt} = V$:

$$\frac{d^2y}{dx^2} = \frac{g}{V^2} - \frac{gl^4}{V^2 S} \frac{\eta}{(l^2 - x^2)^2} .$$

Durch die Substitutionen $x = l\xi$, $y = S\eta$, $\frac{gl^2}{SV^2} = \alpha$ wird hieraus:

(4) $$\frac{d^2\eta}{d\xi^2} + \frac{\alpha\eta}{(1 - \xi^2)^2} = \alpha .$$

Genau der gleiche Gedankengang, der, wie ersichtlich, die Masse der Brücke gegen die Masse der bewegten Last vernachlässigt, findet sich dann später 1896 bei H. Zimmermann[160]) mit fast der nämlichen Differentialgleichung. Bei Zimmermann findet sich auch das allgemeine Integral des Ansatzes (4):

(5) $$\eta = \left(C_1 + \frac{\alpha}{\gamma}\int \eta_2\, d\xi\right)\eta_1 + \left(C_2 - \frac{\alpha}{\gamma}\int \eta_1\, d\xi\right)\eta_2$$

mit den Festsetzungen:

$$
(6)\quad \begin{cases} & \alpha > 1 & \alpha = 1 & \alpha < 1 \\ \eta_1 = & \sqrt{1-\xi^2}\sin k w\,, & \sqrt{1-\xi^2}\,w\,, & \sqrt{1-\xi^2}\,\mathfrak{Sin}\,k w\,, \\ \eta_2 = & \sqrt{1-\xi^2}\cos k w\,, & \sqrt{1-\xi^2}\,, & \sqrt{1-\xi^2}\,\mathfrak{Cof}\,k w\,, \\ \gamma = & \sqrt{\alpha-1} = k\,, & 1\,, & \sqrt{1-\alpha} = k\,. \end{cases}
$$

$$
(7)\qquad w = \mathfrak{Arktg}\,\xi\,.
$$

Die Bestimmung der Integrationskonstanten C_1 und C_2 in (9) hätte nun so vor sich zu gehen, daß gilt

$$
(8)\qquad \frac{d\eta}{d\xi} = 0 \quad \text{für} \quad \xi = +1 \quad \text{und} \quad \xi = -1
$$

entsprechend der horizontalen Lage des Brückenbalkens beim Auffahren und Abfahren der wandernden Last. Denn da der Brückenbalken masselos ist, muß er seine gerade Gestalt im Augenblick des Abfahrens der Last wieder annehmen. Zimmermann führt aber zur Bestimmung von C_1 und C_2 die Bedingung ein

$$
(8a)\qquad \eta = 0 \quad \text{und} \quad \frac{d\eta}{d\xi} = 0 \quad \text{für} \quad \xi = +1\,.
$$

Von diesen ist aber $\eta = 0$ für $\xi = +1$ schon durch den Ansatz (5) an sich erfüllt, weil alle Integralkurven (5) durch die Punkte $\xi = \pm 1$, $\eta = 0$ hindurchgehen. So kommt es, daß Zimmermann nur für $\alpha = 0$ (unendlich große Fahrgeschwindigkeit V) und $\alpha = \infty$ (verschwindend kleine Fahrgeschwindigkeit) Bahnkurven der Last M findet, die den Bedingungen (8) genügen. Für alle dazwischen liegenden Werte von α erhält er Bahnkurven, die am linken Brückenende ($\xi = -1$) mit von Null verschiedener Neigung $\frac{d\eta}{d\xi}$ in die feste Fahrbahn einmünden.

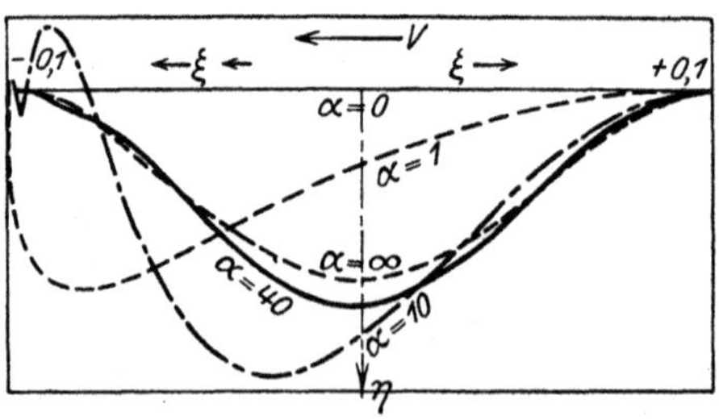

Fig. 280. Brückenschwingungen ohne Brückenmasse.

In Fig. 280 sind einige der von Zimmermann errechneten Bahnkurven verzeichnet; diejenige für $\alpha = 40$ entspricht etwa einer Lastgeschwindigkeit von 100 km/st; das rechte Ende der Bahnkurve geht noch merklich horizontal in die feste Fahrbahn über. Erst für kleinere

Werte α macht sich die eben erwähnte irrtümliche Konstantenbestimmung bemerkbar. Man wird also aus der Zimmermannschen Untersuchung die Ungleichung ziehen können

$$\alpha = \frac{g\,l^2}{S\,V^2} > 40$$

oder mit

$$S = \frac{M\,g\,l^3}{6\,E\,J}.$$

$$\frac{6\,E\,J}{M\,l} > 40\,V^2. \tag{10}$$

Für kleinere Werte von α kommen, wie in Fig. 280 dargestellt, Bahnkurven vor, die die gerade Lage der Brücke nach oben überschreiten und deshalb dem Energieges tz widersprechen, denn es ist nicht zu ersehen, woher die Arbeit kommen sollte, die zur Erhebung der Last $M\,g$ über die Bahn $A\,B$ nötig wäre. Für diesen Bereich der kleinen α verliert also die Zimmermannsche Untersuchung ihre Gültigkeit, wie von dem Verfasser selbst bemerkt wird. Ob hieran die richtige Bestimmung der Intergrationskonstanten an Hand der Bedingungen (8) etwas ändern würde, bleibe dahingestellt.

3. G. G. Stokes war bei seiner Untersuchung zu ganz ähnlichen Ergebnissen gekommen wie später H. Zimmermann; seine Bahnkurvenbilder zeigen genau dieselbe Erscheinung der Überschneidung der gestreckten Brückenlage bei wachsendem α. Übrigens war Stokes das allgemeine Integral (5) noch unbekannt, weshalb er seine Berechnungen durch Reihenentwicklung des Integrals durchführt.

Im übrigen gibt Stokes noch eine Untersuchung der Frage unter Berücksichtigung der Brückenmasse M'. Damit wird die Brücke ein schwingungsfähiges System, dessen Eigenschwingungen durch das Darüberfahren der Last angeregt werden. Zwar werden weder bei ganz langsamer noch auch bei außerordentlich schneller Fahrt Schwingungen entstehen können; im letzteren Falle deshalb nicht, weil mit wachsender Zuggeschwindigkeit die Brückendurchbiegungen, die zur Einleitung der Schwingungen nötig sind, verschwinden. Dagegen werden bei mittleren Zuggeschwindigkeiten sich Schwingungen ausbilden können. Ein Schaubild von Stokes gibt hierüber sehr schön Aufschluß. In Fig. 281 sind die Einflußlinien der Laststellung auf die mittlere Brückendurchbiegung η_0 gezeichnet. Die an den einzelnen Kurven angeschriebenen Zahlen geben die Zahl der Viertel - Brückenschwingungen an, die auf eine Überfahrt der Last entfallen. Die Schwingungsdauer wird dabei so berechnet, daß man im Mittelpunkt der Brücke eine Masse M_0 konzentriert denkt, die sich berechnet nach

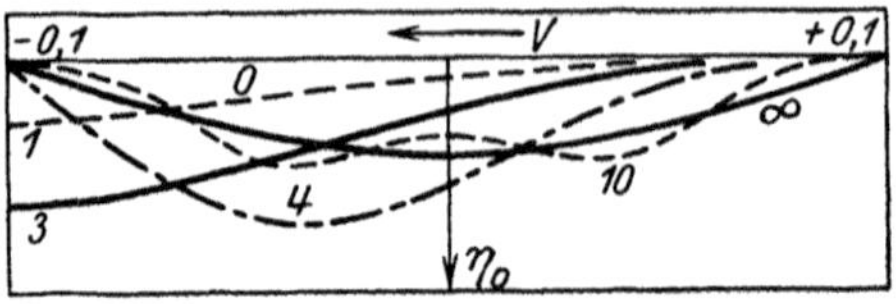

Fig. 281. Brückenschwingungen mit Brückenmasse.

$$M_0\,\eta_0^2 = \int_{-l}^{+l} y_s^2\, dM' \,, \tag{11}$$

wo y_s die statische Durchbiegungskurve der Brücke unter der gleichmäßig verteilten Last $M' g$ bedeutet, η_0 die mittelste Ordinate ($x = 0$) der y_s-Kurve.

4. Mit ganz anderer Methode hat 1899 M. Radakovic[161]) das Schwingungsproblem der Brücken angefaßt. Zunächst vernachlässigt er die Masse der die Brücke der Länge l durchwandernden Last, die er $= P$ setzt. Im übrigen betrachtet er die Brücke als einspannungsfreien Stab, für den die partielle Differentialgleichung gilt:

$$\varrho\, q\, \frac{\partial^2 \eta}{\partial t^2} + E J\, \frac{\partial^4 \eta}{\partial x^4} = 0 \tag{12}$$

mit denselben Bezeichnungen wie im § 90.

Als Ansatz für y wird nun die Kombination der einzelnen Teilschwingungen des Stabes

$$y = \sum_{l}^{\infty} \eta_i(t)\, Q_i(x) \tag{13}$$

herangezogen, wo für η_i gilt

$$\frac{d^2 \eta_i}{dt^2} + k_i^2\, \eta_i = 0 \tag{14}$$

mit

$$k_i = \frac{m_i^2}{l^2} \sqrt{\frac{E J}{\varrho}} \tag{15}$$

und die $Q_i(x)$ die sogenannten Normalfunktionen sind, die der Differentialgleichung

$$\frac{d^4 Q_i}{d x^4} - \frac{\varrho\, q\, k_i^2}{E J} Q_i = 0 \tag{16}$$

zu genügen haben, unter Berücksichtigung der Periodengleichung für den einspannungsfreien Stab

$$\cos m_i \operatorname{Cof} m_i = 1\,. \tag{17}$$

Als Lösung dieser letzteren findet sich nach Lord Rayleigh

$$m_i = \frac{2i+1}{2}\pi - (-1)^i \beta_i \tag{18}$$

mit rasch abnehmenden β_i, von denen $\beta_i = 0{,}0177$ die größte ist.

Hiermit werden die Normalfunktionen

$$(19)\left\{\begin{aligned} Q_i(x) &= \cot\beta_i \{\sin\beta_i - \cos(i\pi)\}\, \overline{Q}_i(x) \\ \overline{Q}_i(x) &= \frac{\cos i\pi}{\sqrt{2}\cos\left(\frac{\pi}{4} + (-1)^i \frac{\beta_i}{2}\right)} \left[\sqrt{2}\cos\left(\frac{m_i x}{l} + \frac{\pi}{4} + (-1)^i \frac{\beta_i}{2}\right)\right. \\ &\quad \left. + \exp\left(\frac{m_i x}{l}\right) \sin\left\{(-1)^i \frac{\beta_i}{2}\right\} - \exp\left(-\frac{m_i x}{l}\right) \cos\left\{(-1)^i \frac{\beta_i}{2}\right\}\right]. \end{aligned}\right.$$

5. Nach diesen Festsetzungen, die die Ermittlung der Eigentöne des freifreien Stabes und seiner Schwingungsgestalten betreffen, sorgen wir für einen Ansatz zur Ermittlung erzwungener Schwingungen. Hierzu ist es notwendig, die kinetische und potentielle Energie T bzw. V des schwingenden Stabes aufzustellen. Für erstere gilt:

$$(20)\left\{\begin{aligned} T &= \frac{1}{2}\int_0^l \varrho\, q \left(\frac{\partial y}{\partial t}\right)^2 dx = \frac{1}{2}\sum_1^{\infty} {}^i\, \varrho\, q \left(\int_0^l Q_i^2(x)\, dx\right) \left(\frac{d\eta_i}{dt}\right)^2 \\ &= \frac{1}{2}\sum_1^{\infty} {}^i\, \alpha_i \left(\frac{d\eta_i}{dt}\right)^2 \end{aligned}\right.$$

mit $a_i = \varrho\, q \int_0 Q_i^2(x)\, dx\,.$

Hier ist bei der Ausquadrierung von $\left(\frac{\partial y}{\partial t}\right)^2$ [an Hand des Ansatzes (13)] davon Gebrauch gemacht worden, daß die Normalfunktionen $Q_i(x)$ die sogenannte Orthogonalitätseigenschaft besitzen:

$$(21)\qquad \int_0^l Q_i(x)\, Q_j(x) = 0\,, \qquad i \gtrless j\,.$$

Die potentielle Energie wird für das Massenelement $\varrho\, q\, dx$ beim einzelnen Schwingungsanteil zu

$$d V_i = \tfrac{1}{2}\, k_i^2\, y_i^2\, \varrho\, q\, dx\,,$$

berechnet aus dem Biegungswiderstand $k_i^2 \eta_i$ und der Verschiebung y_i. Durch Summation über i und Integration längs x von 0 bis l erhält man:

$$(22)\qquad V = \frac{1}{2} \sum_1^\infty{}_i\, k_i^2 \left(\varrho\, \eta \int_0^l Q_i^2(x)\, dx\right) \eta_i^2 = \frac{1}{2} \sum_1^\infty{}_i\, a_i\, k_i^2\, \eta_i^2\,,$$

wobei wieder von der Orthogonalitätseigenschaft Gebrauch gemacht wurde.

Aus T und V ermitteln sich nun die Bewegungsgleichungen für die Koordinaten η_i im Falle freier Schwingungen nach dem aus dem Hamiltonschen Prinzip

$$\delta \int_0^t (T - V)\, dt = 0$$

folgenden Ansatz

$$\frac{d}{dt}\left(\frac{\partial T}{\partial \eta_i}\right) + \frac{\partial V}{\partial \eta_i} = 0$$

oder

$$(23)\qquad a_i \frac{d^2 \eta_i}{dt^2} + a_i\, k_i^2\, \eta_i = 0\,.$$

Wirken aber störende Kräfte Φ auf den Stab ein, so kann deren Wirkung berücksichtigt werden, wenn man die Arbeit dieser Kräfte kennt, die sie bei einer Änderung $d\eta_i$ der Koordinate η_i leisten. Ist diese Arbeit $\Phi_i\, d\eta_i$, so wird die Differentialgleichung für η_i mit Störungsfunktion

$$\frac{d^2\eta_i}{dt^2} + k_i^2\,\eta_i = \frac{1}{a_i}\,\Phi_i\,. \tag{24}$$

Die Φ_i ermitteln sich wie folgt: Es sei $H(x, t)$ eine Kraftverteilung längs des Stabes, wo H eine für $0 \leqq x \leqq l$ erklärte und in t eventuell periodische Funktion ist, bezogen auf die Längeneinheit des Stabes. Dann ist $H\,dy\,dx$ die auf das Längenelement dx bei dessen Verschiebung dy entfallende Arbeit. Integriert man nun über den ganzen Stab, so wird

$$A = \int_0^l H\,dy\,dx$$

die Gesamtarbeit. Da aber

$$dy = \sum_1^\infty{}^i\, Q_i(x)\,d\eta_i$$

ist, so wird

$$A = \sum_1^\infty{}^i \left(\int_0^l H(x_1 t)\,Q_i(x)\,dx\right) d\eta_i\,.$$

Andererseits ist aber offenbar auch

$$A = \sum_1^\infty{}^i\, \Phi_i\,d\eta_i$$

eben gleich der Arbeit, die durch die Summe sämtlicher Verschiebungen $d\eta_i$ geleistet wird, und wir erhalten

$$\Phi_i = \int_0^l H(x, t)\,Q_i(x)\,dx\,. \tag{25}$$

Damit stellt sich aber die erzwungene Lösung von (24) in die Integralgestalt

$$\eta_i = \frac{1}{a_i k_i} \int_{t'=0}^{t} \int_{x=0}^{l} H(x, t')\,Q_i(x) \sin k_i(t - t')\,dt'\,dx\,. \tag{26}$$

6. Wir untersuchen nunmehr eine Kraftwirkung derart auf die Brücke, daß je in Bereichen der Größe ε bei denjenigen ihrer Punkte, die die Koordinaten:

$$x_\nu = \nu\,\frac{l}{k}\,, \qquad \nu = 1 \ldots k - 1$$

haben, Druckkräfte der Größe F ausgeübt werden.

Diese Kräfte sollen zu den Zeiten: $j\tau$, $j = 1 \ldots r$ beginnen und zu den Zeiten

$$j\tau + \frac{\pi}{p}, \qquad j = 1 \ldots r$$

aufhören, dazwischen aber periodisch wie $\sin[p(t - j\tau)]$ verlaufen. Auf die Längeneinheit der Bereiche ε entfällt dann die Kraft

$$H(x, j\,t) = \frac{F}{\varepsilon} \sin[p(t - j\tau)],$$

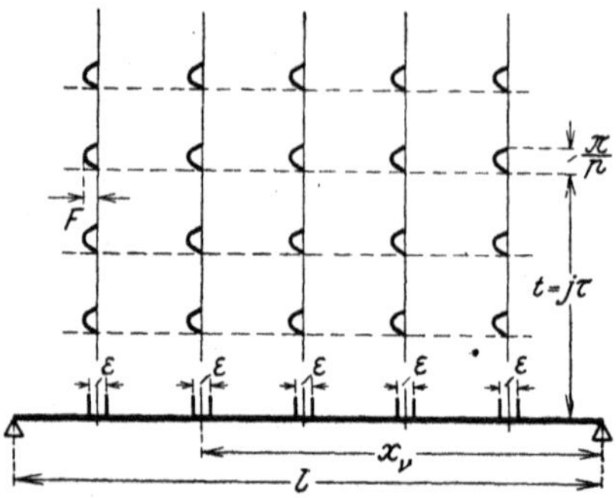

Fig. 282. Kraftwirkung auf eine Brücke nach Radakovic.

die als Funktion von x von Null verschieden ist nur in den Bereichen

$$x_\nu - \frac{\varepsilon}{2} < x < x_\nu + \frac{\varepsilon}{2}, \qquad x_\nu = \nu \frac{l}{k}, \qquad \nu = 1 \ldots k - 1 .$$

Das räumlich-zeitliche Bild dieser Kraftwirkung ist in Fig. 282 wiederg geben, Dann geht in (26) das Integral über l in eine Summe nach ν über und wir erhalten

$$(26\text{a}) \quad \eta_i = \frac{1}{a_i k_i} \sum_1^{k-1} F Q_i\left(\nu \frac{l}{k}\right) \sum_1^{\nu} \int\limits_{t' = j\tau}^{t' = j t + \frac{\pi}{p}} \sin[k_i(t - t')] \sin[p(t' - j\tau)]\, dt'.$$

Die Zeitintegration erstreckt sich aber deshalb nur über die Intervalle $j\tau < t' < j\tau + \frac{\pi}{p}$, $j = 1 \ldots r$, weil außerhalb dieser $H(x, t)$ verschwindet; $\frac{\pi}{p}$ sei kleiner als τ. Der Wert des bestimmten Integrals ist

$$\frac{2p}{p^2 - k_i^2} \cos\left(k_i \frac{\pi}{2p}\right) \sin\left[k_i\left(t - \frac{\pi}{2p}\right) - j\tau\right].$$

Damit wird die gesamte Brückenbewegung vom Ende der $r$ten bis zum Beginn der $(r + 1)$ten Druckwirkung:

$$(27)\quad y = \sum_{1}^{\infty}{}_{i} \frac{2\,p\,F\cos\left(k_i \frac{\pi}{2\,p}\right)}{(p^2 - k_i^2)\,k_i\,a_i} \left[\sum_{1}^{k-1} Q_i\left(\nu \frac{l}{k}\right)\right] Q_i(x) \sum_{1}^{\nu}{}_{j} \sin\left[k_i\left(t - \frac{2\,p}{\pi} - j\,\tau\right)\right]$$

$$\nu\,\tau + \frac{\pi}{p} \leqq t \leqq (\nu + 1)\,\tau\,.$$

Statt der periodischen Kräfte $F \sin p(t - j\,e)$ führen wir jetzt deren Zeitintegral, den sogenannten Antrieb A der Kräfte ein. Es wird

$$A = \int_{j\tau}^{j\,t + \frac{\pi}{p}} F \sin p(t - j\,\tau)\,dt = \frac{2\,F}{p}\,.$$

Wir sind dann in der Lage, die Druckkraftwirkung der F durch die Stoß- oder Impulswirkung der A zu ersetzen, indem wir p unbeschränkt abnehmen und F derart unbeschränkt zunehmen lassen, daß A endlich bleibt. Dann erhalten wir:

$$(28)\qquad y = \sum_{1}^{\infty}{}_{i} \frac{A}{a_i\,k_i} \sum_{1}^{k-1}{}_{\nu} Q_i\left(\nu \frac{l}{k}\right) Q_i(x) \sum_{1}^{\nu}{}_{j} \sin[k_i(t - j\,\tau)]\,.$$

Dieser Ansatz entspräche der Schwingung einer Brücke durch die Stöße an den Schienenlücken.

7. Soll jetzt der Einfluß einer mit der Geschwindigkeit V über die Brücke wandernden Last P geprüft werden, so kann an (26) angeknüpft werden, indem wir die spezifische Kraft $H(x, t')$ gleichsetzen mit der Kraft P, diese verteilt gedacht über ein kleines Brückenintervall ε. Die Zeit, die die Kraft zum Durchwandern der ganzen Brückenlänge benötigt, ist $\frac{l}{V}$. Diese Zeit teilt man in Intervalle τ ein, derart, daß $\varepsilon = V\,\tau$ sein möge. Die Wanderung von P wird dann dargestellt durch

$$(29)\quad \left\{\begin{array}{ll} H(x, t') = \dfrac{P}{\varepsilon}\,, & \left\{\begin{array}{l} \nu\,\varepsilon \leqq x \leqq (\nu + 1)\,\varepsilon \\ \nu\,\tau \leqq t' = \dfrac{x}{V} \leqq (\nu + 1)\,\tau \end{array}\right. \\ H(x, t') = 0\,, & \left\{\begin{array}{l} x < \nu\,\varepsilon\,, \quad x > (\nu + 1)\,\varepsilon \\ t' = \dfrac{x}{V} < \nu\,\tau\,, \quad t' = \dfrac{x}{V} > (\nu + 1)\,\tau\,. \end{array}\right. \end{array}\right\} \begin{array}{l} k\,\varepsilon = l \\ \nu = 1 \ldots k \\ k\,\tau = \dfrac{l}{V} \end{array}$$

Dann kann man bei genügend kleinem τ die Integrationsvariabele t' in $\sin k_i(t-t')$ während der Integration mit $\frac{x}{V}$ vertauschen, womit das Integral auf $\int\limits_{\nu\tau}^{(\nu+1)\tau} dt' = \tau$ zusammenzieht. Wir finden also:

$$(30)\qquad \eta_i = \frac{1}{a_i k_i}\int\limits_0^l \frac{P}{E}\,\tau\, Q_i(x)\sin k_i\left(t-\frac{x}{V}\right)dx\,.$$

Da aber $\frac{\varepsilon}{\tau} = V$ ist, so kann man für Zeiten $t < \frac{l}{V}$ die obere Integrationsgrenze $= Vt$ setzen, womit

$$(31)\qquad \eta_i = \frac{1}{a_i k_i}\int\limits_0^{Vt} \frac{P}{V}\, Q_i(x)\sin k_i\left(t-\frac{x}{V}\right)dx$$

die Bewegung liefert, im Falle die Kraft P erst bis zum Punkte $x = Vt$ gelangt ist. Die ganze Brückenausbiegung wird hieraus gefunden durch

$$(32)\qquad y = \sum_1^{\infty}{}_i \frac{Q_i(x)}{a_i k_i}\int\limits_0^{Vt} \frac{P}{V}\, Q_i(x)\sin k_i\left(t-\frac{x}{V}\right)dx\,.$$

Hier sind die Normalfunktionen $Q_i(x)$ durch die oben stehende Darlegung unter 4. erklärt.

8. Die Untersuchung von Fachwerkschwingungen ist in rationeller Weise von H. Reissner[162]) in Angriff genommen worden.

Einen ersten Überblick über die mögliche theoretische Behandlungsweise gewinnt Reissner durch Anwendung des Energiesatzes.

Man bezeichne bei einem Fachwerk mit r Knotenpunkten und mit q Stäben durch

x_i, y_i die Knotenpunktsverschiebungen,
ξ_j, η_j die Stabmittelpunktsverschiebungen,
φ_j die Stabrichtungsänderungen,
$M_i g$ die Knotenpunktsbelastungen durch Gewichte,
$m_j g$ die Stabgewichte,
s_j die Stablängen,
F_j die Stabquerschnitte,

E den Elastizitätsmodul des Stabmaterials,
S_{j0} die Stabspannungen im Ruhezustand,
S_{jx_i} die Spannungszunahme im Stabe infolge der Verschiebung x_i allein,
S_{jy_i} die Spannunszunahme im Stabe infolge der Verschiebung y_i allein.

Dann gilt als Arbeit der Gewichte:

$$A = g \sum_1^r {}_i M_i y_i + g \sum_1^q {}_j m_i \eta_i \, .$$

Ferner als Formänderungsarbeit des Fachwerks:

$$V = \frac{1}{2} \sum_1^q {}_j \sum_1^r {}_i \left[\frac{(S_{j0} + S_{jx_i} + S_{jy_i})^2 - S_{j0}^2}{EF_j} \right] s_j \, .$$

Schließlich als kinetische Energie:

$$T = \frac{1}{2} \left\{ \sum {}_i M_i (\dot{x}_i^2 + \dot{y}_i^2) + \sum {}_j m_j (\dot{\xi}_j^2 + \dot{\eta}_j^2) + \sum {}_j \frac{m_j s_j^2}{12} \dot{\varphi}_j^2 \right\} .$$

Nimmt man nun an, daß der Verschiebungszustand des Fachwerks durch eine in einem, etwa dem $i$ten Knotenpunkt angebrachte Kraft R hervorgerufen werden könne, so werden alle oben eingeführten Variabelen einer unter ihnen, etwa y_i, proportional, d. h. die Schwingung des Fachwerks kann als von einem Freiheitsgrad betrachtet werden, und die angeführten Arbeitsansätze vereinfachen sich wie folgt:

$$A - V = -\frac{y_i^2}{2\,\delta y_i}\,, \qquad T = \frac{1}{2}\, \dot{y}_i^2\, \mathsf{M}_i$$

$$\mathsf{M}_i = \frac{1}{\delta y_i^2} \left\{ \Sigma M_i \delta_i^2 + \Sigma m_j \left(\delta_j^2 + \frac{s_j^2\, \delta^2 \varphi_j}{12} \right) \right\},$$

wo bedeuten:

$\delta y_i = \frac{1}{c_i^2}$ die y-Verschiebung des Knotenpunktes i δ_i die Gesamtverschiebung des Knotenpunktes i δ_j die Gesamtverschiebung des Stabmittelpunktes j $\delta\varphi_j$ die Gesamtdrehung des Stabes j	infolge der Kraft $R = 1$ im Knotenpunkte i.

Dann ergibt sich die Energiegleichung:

$$-\frac{y_i^2}{2\,\delta_i} = \frac{1}{2}\,\mathsf{M}_i\,\dot{y}_i^2$$

oder durch Zeitdifferentiation:

$$\mathsf{M}_i\,\ddot{y}_i + c_i^2 y_i = 0\,,$$

welcher Ansatz darauf hinaus kommt, daß alle Trägheitswirkungen des Fachwerks auf den Knotenpunkt i reduziert werden. Hiernach wird die Schwingungsdauer

$$(33)\qquad T = 2\pi\,\frac{\sqrt{\mathsf{M}_i}}{c_i} = 2\pi\sqrt{\frac{\sum^i M_i\,\delta_i^2 + \sum^j m_j\left(\delta_j^2 + s_j^2\,\frac{\delta^2\varphi_j}{12}\right)}{\delta y_i}}$$

oder mit Vernachlässigung sämtlicher Stabmassen und aller Knotenpunktsmassen bis auf M_i und der Annäherung $\delta y_i = \delta_i$

$$T = 2\pi\sqrt{M_i\,\delta y_i}\,.$$

Eine ganz andere Betrachtungsweise knüpft an die partiellen Differentialgleichungen des einzelnen Fachwerksstabes für longitudinale und transversale Bewegungen an, deren Lösungen nach den bekannten Partikularansätzen (§ 90, Normalfunktionen) entwickelt werden. Die unbekannten Festwerte dieser Ansätze bestimmt man aus den Anfangs- und Grenzbedingungen. Die letzteren haben die gelenkige oder eingespannte Vereinigung der Stäbe in den Knotenpunkten und das Gleichgewicht der Resultierenden aller Stabreaktionen mit der Trägheitswirkung einer im Knotenpunkt vorhandenen stabfremden Masse auszudrücken. So erhält man aus ihnen eine Periodengleichung zur Bestimmung der unendlich vielen Eigentöne, die auch in dem einfachsten Falle eines Zweistabfachwerks, den Reissner behandelt hat, recht verwickelt ausfällt. Gleichwohl hat Reissner[163]) deren Lösung bis zur Ermittlung des niedrigsten Eigentons des Fachwerks durchgeführt, die er dann verglich mit dem nach Ansatz (33) zu berechnenden Wert. Hierbei ergab sich eine weitgehende Übereinstimmung; ein Fingerzeig dafür, daß die Stabmassen schon bei den einfachen Systemen, wo sie am ehesten eine selbständige Rolle gegenüber den Knotenpunktsmassen spielen könnten, ohne erhebliche Fehler für die Berechnung der Fachwerkseigentöne auf die Knotenpunkte reduziert werden können. Damit werden aber die Bewegungsgleichungen totale und die Zahl der Eigentöne endlich, entsprechend der Zahl der Freiheitsgrade des Fachwerks, die bei einem statisch bestimmten Fachwerk von r Knotenpunkten $2r - 3$ beträgt.

Die Aufstellung dieser Differentialgleichungen gelingt leicht, wenn man die spezifischen Knotenpunktsverschiebungen δ kennt.

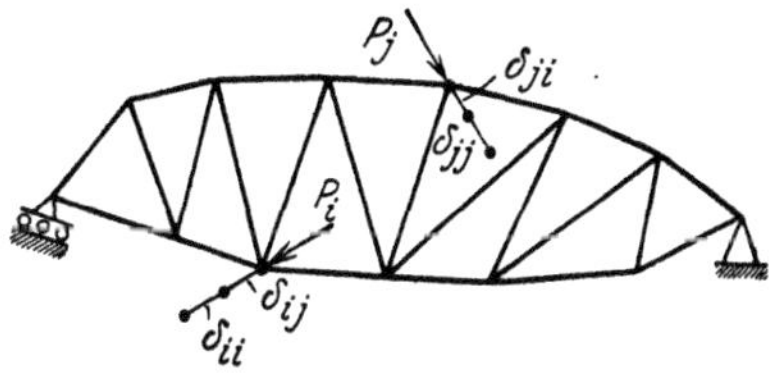

Fig. 283. Knotenpunktsverschiebungen eines Fachwerks.

Es seien in Fig. 283 die Verschiebungskomponenten

δ_{ii} die von der Kraft $P_i = 1$ in Richtung von P_i hervorgebrachte
δ_{ij} „ „ „ „ $P_j = 1$ „ „ „ P_i „
δ_{jj} „ „ „ „ $P_j = 1$ „ „ „ P_j „
δ_{ji} „ „ „ „ $P_i = 1$ „ „ „ P_j „

Aus den spezifischen Verschiebungen δ berechnet man die Federungszahlen $c^2 = \frac{1}{\delta}$ (mit den gleichen Zeigern), die Kräfte bedeuten, welche die Verschiebungen 1 hervorrufen. Sind nun die wirklichen Verschiebungen in den gezeichneten Richtungen p_i und p_j, so entsprechen ihnen Kräfte

$$c_{ii}^2\, p_i\,, \qquad c_{ij}^2\, p_i\,, \qquad c_{jj}^2\, p_j\,, \qquad c_{ji}^2\, p_j$$

bzw. in den Knotenpunkten i, j, j, i und demgemäß Arbeiten:

$$\tfrac{1}{2}\, c_{ii}^2\, p_i^2\,, \qquad \tfrac{1}{2}\, c_{ij}^2\, p_i\, p_j\,, \qquad \tfrac{1}{2}\, c_{jj}^2\, p_j^2\,, \qquad \tfrac{1}{2}\, c_{ji}^2\, p_j\, p_i\,.$$

Durch Erweiterung dieses Schlußverfahrens auf alle Knotenpunkte erhält man die dem Verschiebungszustand $p_i (i = 1 \ldots r)$ der Knotenpunkte entsprechende Formänderungsarbeit

$$V = \frac{1}{2} \sum_1^{\nu}{}_i \sum_1^{\nu}{}_j\, c_{ij}^2\, p_i\, p_j\,, \tag{34}$$

wobei noch gilt $c_{ij}^2 = c_{ji}^2$, mit Rücksicht auf die Gegenseitigkeit der Verschiebungen. Die potentielle Energie ist dann wieder:

$$T = \frac{1}{2} \sum_1^{\nu}{}_i\, M_i\, \dot{p}_i^2\,. \tag{35}$$

Aus (34) und (35) finden sich dann wie früher die Bewegungsgleichungen

$$M_i \ddot{p}_i + \sum_1^r c_{ij}^2 p_j , \qquad i = 1 \ldots r . \tag{36}$$

Dieser Ansatz kann etwa nach § 46 weiter behandelt werden. Man kommt auf eine Partikularlösung für die Koordinate p_i

$$p_i = P_i \sin(\lambda t + \varepsilon_i) ,$$

mit der sich die Eigenfrequenzen λ aus einer Determinante

$$\begin{matrix} i=1 \\ i=2\nu-3 \end{matrix} \left| c_{i_1}^2 \, c_{i_2}^2 \ldots \mu_i \lambda^2 + c_{ii}^2 \ldots c_{\nu\nu} \right| = 0$$

berechnen.

Wenn auch die c_{ij} Größen sind, die man bei der statischen Formänderungsermittlung von Fachwerken ohnehin braucht, so erfordert doch die Ausmittlung der Eigentöne λ und der Amplituden P_i einen nicht unbeträchtlichen weiteren Rechenaufwand, wenn auch die dynamischen Beanspruchungen geprüft werden sollen. Um diesen nach Möglichkeit herabzusetzen, hat E. Pohlhausen[164]) unter denselben allgemeinen Gesichtspunkten wie Reissner ein graphisch-rechnerisches Verfahren angegeben, welches, von einer willkürlichen Kombination λ_j, $P_i (i = 1 \ldots 2r - 3)$ ausgehend, durch eine Folge abwechselnder Kräftepläne und Williotscher Verschiebungspläne den ersten Eigenton λ_i und das ihm entsprechende Amplitudensystem P annähert. Das Verfahren ist recht elegant und führt nach wenigen Schritten (bei dem von Pohlhausen durchgeführten Beispiel in 3) zum Ziel. Es dürfte für denjenigen, der Gewandheit im Umgang mit statischen Konstruktionen hat, mit nicht allzugroßem Zeitaufwand durchführbar sein.

§ 94. Wellenschwingungen mit Eigenmasse und innerer und äußerer Dämpfung.

1. Im § 54 wurden Wellenschwingungen untersucht, bei denen nur die elastischen Eigenschaften der Welle in Ansatz kamen.

Nun ist eine Welle selbst mit Trägheit behaftet, auch trägt ihre innere Reibung sowie die an ihrer Oberfläche angreifenden Bewegungswiderstände zur Systemdämpfung bei, so daß durch diese früher unterdrückten Eigenschaften möglicherweise die Systembewegung, insbesondere die Eigenschwingungszahl erheblich beeinflußt werden können.

Um uns von diesen Einflüssen Rechenschaft geben zu können, betrachten wir ein Element dx der Welle, wobei wir der Allgemeinheit halber von durchgehender Gleichheit der Querschnittsträgheitsmomente J absehen.

Die Bewegungsgleichung des Elementes schreibt sich:

$$(1)\qquad \left\{\begin{aligned} &\Theta_x \frac{\partial^2 \varphi_x}{\partial t^2} + (M_a)_x + (M_i)_x - (M_i)_{x+dx} \\ &+ \partial_x G \frac{\partial \varphi_x}{\partial_x} - J_{x+dx} G \frac{\partial(\varphi_x + d\varphi_x)}{\partial x} = 0 \,. \end{aligned}\right.$$

Hier bedeutet nach Fig. 284 $\Theta_x = \sigma J_x dx$ das Trägheitsmoment des Wellenelementes mit der Dichte $\sigma = \frac{\gamma}{g}$ des Wellenstoffes, $(M_a)_x = \varrho_a dx \frac{\partial \varphi_x}{\partial t}$, das an der Mantelfläche des Elementes verzögernd angreifende, der Drehgeschwindigkeit $\frac{\partial \varphi_x}{\partial t}$ proportionale Moment der äußeren Reibung,

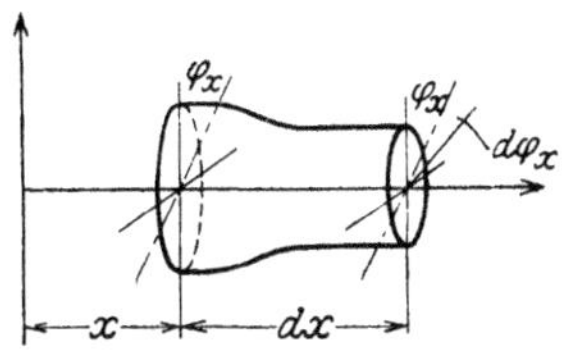

Fig. 284. Element einer tordierten Welle.

$$(M_i)_x = \left(\varrho_i \frac{\partial^2 \varphi}{\partial x \, \partial t}\right)_x ,$$

das der zeitlichen Änderung des spezifischen Verdrehungswinkels $\frac{\partial \varphi}{\partial x}$ proportionale Moment der inneren Reibung, welches im Querschnitt x verzögernd angreift, $-(M_i)_{x+dx} = \left(\varrho_1 \frac{\partial^2 \varphi}{\partial x \, \partial t}\right)_{x+dx}$ dasselbe, aber im Querschnitt $x + dx$ beschleunigend angreifende Moment (weil wir voraussetzen, daß die Verdrehungswinkel der Wellenquerschnitte mit wachsendem x zunehmen), $+ J_x G \frac{\partial \varphi x}{\partial x}$ das im Querschnitt x verzögernd angreifende elastische Torsionsmoment, $- J_{x+dx} G \frac{\partial(\varphi_x + d\varphi_x)}{\partial x}$ dasselbe im Querschnitt $x + dx$ beschleunigend angreifende Moment.

Entwickelt man in obiger Gleichung die am Endquerschnitte $x + dx$ wirkenden Momente, so entspringt, nach Division mit dx

und Fortlassung eines Gliedes $-\frac{\partial J}{\partial x}\frac{\partial^2\varphi}{\partial x}G$ als klein von höherer Ordnung und unter Verzicht auf den Zeiger x bei φ und J folgende partielle Differentialgleichung für φ:

$$(2)\qquad \frac{\gamma}{g}J\frac{\partial^2\varphi}{\partial t^2}+\varrho_a\frac{\partial\varphi}{\partial t}-\varrho_i\frac{\partial^3\varphi}{\partial x^2\,\partial t}-\frac{\partial J}{\partial x}\frac{\partial\varphi}{\partial x}G-J\frac{\partial^2\varphi}{\partial x^2}G=0\,.$$

Können wir nunmehr im Sonderfall eine rein zylindrische Welle voraussetzen, so verschwindet $\frac{\partial J}{\partial x}$ und wir erhalten einfacher:

$$(3)\qquad \sigma J\frac{\partial^2\varphi}{\partial t^2}+\varrho_a\frac{\partial\varphi}{\partial t}-\varrho_i\frac{\partial^3\varphi}{\partial x^2\,\partial t}-JG\frac{\partial^2\varphi}{\partial x^2}=0\,.$$

2. Dieser Differentialgleichung suchen wir durch den Partikularansatz

$$(4)\qquad \varphi=TX$$

zu genügen, wo T nur t, X nur x enthalten soll.

Nach Ausführung der erforderlichen Differentiationen und Einführung in (3) zerfällt die partielle Differentialgleichung nach Einführung eines noch zu bestimmenden Konstanten $-k^2$ in die beiden gewöhnlichen Differentialgleichungen

$$(5)\qquad \begin{cases} X''+k^2X=0\\ \sigma J\,T''+(\varrho_a+k^2\varrho_i)\,T'+JGk^2T=0\,.\end{cases}$$

Der erste dieser Ansätze hat die Lösungen $\sin kx$ und $\cos kx$ während für den zweiten sich die beiden partikulären Integrale $e^{\lambda_1 t}$ und $e^{\lambda_2 t}$ ergeben, wenn λ_1 und λ_2 die Wurzeln der quadratischen Gleichung:

$$(6)\qquad \lambda^2+\frac{\varrho_a+k^2\varrho_i}{J\sigma}\lambda+\frac{Gk^2}{\sigma}=0$$

sind.

Wie bekannt, kann man λ in der Form

$$\lambda=-\nu\pm i\omega$$

schreiben, so daß die beiden partikulären Integrale

$$(7)\qquad e^{-\nu t}\sin\omega t \quad\text{und}\quad e^{-\nu t}\cos\omega t$$

entspringen. Es ist

(7 a) $$\nu = \frac{\varrho_a + k^2 \varrho_i}{2 J \sigma} \quad \text{und} \quad \omega = \sqrt{\frac{k^2}{\sigma : G} - \nu^2}\,,$$

$$\sqrt{\frac{1}{\sigma : G}} = V$$

wird gleich der Fortpflanzungsgeschwindigkeit der Drehschwingungen längs der Welle, wie wir zeigen werden.

Allgemein baut sich eine Lösung für φ aus den Partikularansätzen in der Form auf:

(8) $$\left\{\begin{aligned} \varphi = (&A \sin k x \sin \omega t + B \sin k x \cos \omega t \\ &+ C \cos k x \sin \omega t + D \cos k x \cos \omega t)\, e^{-\nu t}\,. \end{aligned}\right.$$

3. Nunmehr ist es unsere Sorge, die noch unbekannte Konstante k zu ermitteln. Dies gelingt, indem wir unsere Lösung (8) den Grenzbedingungen der Welle anpassen.

Setzen wir für $x = 0$ und $x = l$ freie Endquerschnitte voraus, ohne dort irgendwelche wellenfremden Massen vorauszusetzen, so müssen die elastischen Torsionsmomente in den Endquerschnitten und damit die spezifischen Verdrehungen $\frac{\partial \varphi}{\partial x}$ verschwinden.

Wir erhalten also die Grenzbedingungen:

(9) $$\frac{\partial \varphi}{\partial x} = 0 \quad \text{für} \quad x = 0 \quad \text{und} \quad x = l\,.$$

Durch Differentiation von (8) findet sich

(10) $$\left\{\begin{aligned} \frac{\partial \varphi}{\partial x} = (&A k \cos k x \sin \omega t + B k \cos k x \cos \omega t \\ &- C k \sin k x \sin \omega t - D k \sin k x \cos \omega t)\, e^{-\nu t} \end{aligned}\right.$$

und mit der obigen Grenzbedingung:

(11) $$A k \sin \omega t + B k \cos \omega t = 0$$

(12) $$\left\{\begin{aligned} &A k \cos k l \sin \omega t + B k \cos k l \cos \omega t \\ &- C k \sin k l \sin \omega t - D k \sin k l \cos \omega t = 0\,. \end{aligned}\right.$$

Aus (11) folgt:

(13) $$A = 0\,, \quad B = 0$$

und aus (12) die Periodengleichung

(14) $$\sin k l = 0\,.$$

Also ist nun der Ansatz

$$\varphi = (C \sin \omega t + D \cos \omega t)\, e^{-\nu_n t} \cos k x \tag{15}$$

mit der Grenzbedingung verträglich, und für $k l$ findet sich die Wertreihe

$$K l = n \pi \qquad n = 1,\, 2,\, 3 \ldots \tag{16}$$

Wir haben demnach als allgemeinen Ansatz für φ:

$$\varphi = \sum (C_n \sin \omega_n t + D_n \cos \omega_n t)\, e^{-\nu_n t} \cos \frac{n \pi}{l} x \tag{17}$$

mit

$$\nu_n = \frac{\varrho_a + \dfrac{n^2 \pi^2}{l^2} \varrho_i}{2 \sigma J}, \qquad \omega_n = \sqrt{\frac{\dfrac{n^2 \pi^2}{l^2}}{\sigma : G} - \frac{\left(\varrho_a + \dfrac{n^2 \pi^2}{l^2} \varrho_i\right)^2}{4 \sigma^2 J^2}}\,. \tag{18}$$

Die ω_n sind die Torsionseigenfrequenzen der Welle.

4. Zur Bestimmung der Konstanten C_n und D_n führt die Anpassung von (17) an den Anfangszustand der Welle. Der letztere sei gegeben durch die Anfangsgestalt der Welle

$$[\varphi]_{t=0} = f(x) = \sum D_n \cos \frac{n \pi x}{l} \tag{19}$$

und die Anfangsverteilung der Drehgeschwindigkeiten

$$\left(\frac{\partial \varphi}{\partial t}\right)_{t=0} = g(x) = \sum (\omega_n C_n - \nu_n D_n) \cos \frac{n \pi x}{l}\,. \tag{20}$$

Nach dem Satze von Fourier finden sich hieraus die C_n und D_n als bestimmte Integrale:

$$\left\{\begin{aligned} D_n &= \frac{2}{l} \int_0^l f(x) \cos \frac{n \pi x}{l}\, dx\,, \\ C_n &= \frac{2}{l} \int_0^l \left(\frac{g(x)}{\omega_n} + \nu_n f(x)\right) \cos \frac{n \pi x}{l}\, dx\,. \end{aligned}\right. \tag{21}$$

5. Wir gehen nun dazu über, unsere Lösung einer anderen Grenzbedingung anzupassen, nämlich der, daß im Endquerschnitt $x = l$ ein konstantes arbeitendes Moment M (etwa eine Dampfturbine) zur Zeit $t = 0$ die Welle plötzlich erfasse, die bis dahin

in gestreckter Gestalt ($[\varphi]_{t=0} = 0$) und in Ruhe $\left(\left[\frac{\partial \varphi}{\partial t}\right]_{t=0} = 0\right)$ verharrt habe.

Dem Momente $M l$ entspricht eine spezifische Verdrehung im Endquerschnitt $x = l$

$$\left[\frac{\partial \varphi}{\partial x}\right]_{x=l} = \frac{M}{J G}\,. \tag{22}$$

Die Bedingung der Spannungslosigkeit für den anderen Endquerschnitt

$$x = 0 : \left[\frac{\partial \varphi}{\partial x}\right]_{x=0} = 0 \tag{23}$$

bleibe erhalten.

Ein Ansatz, der die Bedingungen

$$\left|\frac{\partial \varphi}{\partial t}\right|_{t=0} = 0\,, \qquad \left|\frac{\partial \varphi}{\partial x}\right|_{x=0} = 0 \quad \text{und} \quad \left|\frac{\partial \varphi}{\partial x}\right|_{x=l} = \frac{M}{J G}$$

und die Differentialgleichung (3) befriedigt, ist zunächst:

$$\varphi = \frac{M t}{\varrho_a l} + \frac{M J \sigma}{l \varrho_a^2}\left\{exp\left(-\frac{l \varrho_a t}{J \sigma}\right) - 1\right\} + \frac{M x^2}{2 J G l}\,. \tag{24}$$

Ergänzt man nun (24) durch einen Ansatz, der (3) erfüllt und außerdem die Bedingungen

$$\left|\frac{\partial \varphi}{\partial x}\right|_{x=0} = 0\,, \qquad \left|\frac{\partial \varphi}{\partial x}\right|_{x=l} = 0\,, \qquad \left|\frac{\partial \varphi}{\partial t}\right|_{t=0} = 0$$

und

$$|\varphi|_{t=0} = -\frac{M x^2}{2 J G l}\,,$$

so ist unsere Aufgabe gelöst. Ein solcher Ansatz findet sich aus (17), wenn $C = \frac{\nu}{\omega} D$ gesetzt und $D = -\frac{2}{l}\int\limits_0^l \frac{M x^2}{2 J G l} \cos k x\, d x$

berechnet wird.

Dann schreibt sich ausführlich:

$$\left\{\begin{aligned} \varphi &= \frac{M t}{\varrho_a l} + \frac{M J \sigma}{\varrho_a^2 l}\left\{exp\left(-\frac{\varrho_a t}{J \sigma}\right) - 1\right\} \\ &+ \frac{M}{J G l}\left\{\frac{x^2}{2} - \frac{2 l^2}{\pi^2}\sum_1^\infty{}_n \left(\frac{\nu}{\omega}\sin \omega t + \cos \omega t\right) e^{-\nu t} \frac{(-1)^n}{n^2}\left(\cos\frac{n \pi}{l} x - 1\right)\right\}. \end{aligned}\right. \tag{25}$$

Es ist leicht zu sehen, daß dieser Ausdruck alle festgesetzten Anfangs- und Grenzbedingungen erfüllt. Für unbegrenzt wachsende Zeit geht er über in

$$\varphi\,|_{t=\infty} = \frac{M\,t}{\varrho_a\,l} - \frac{M\,J\,\sigma}{\varrho_a^2\,l} + \frac{M\,x^2}{2\,J\,G\,l},$$

d. h. die Wellendrehung wird eine gleichmäßige mit der Winkelgeschwindigkeit $\left(\frac{\partial\varphi}{\partial t}\right)_\infty = \frac{M}{\varrho_a\,l}$: das an der Mantelfläche der Welle angreifende äußere Reibungsmoment $\varrho_a\,l\left(\frac{\partial\varphi}{\partial t}\right)_\infty$ ist dem beschleunigenden Moment M gleich geworden. Die Verteilung der Verdrehung längs der Welle ist eine parabolische.

Ferner gilt (25) auch noch für verschwindende ϱ_a indem wird:

$$\lim_{\varrho_a=0}\varphi = \frac{M\,t^2}{2\,J\,l\,\sigma} + \frac{M}{J\,G\,l}\left\{\frac{x^2}{2} - \frac{2\,l^2}{\pi^2}\sum_1^\infty{}_n\right\},$$

d. h. mit unbegrenzt wachsender Zeit bildet sich hier eine gleichförmig beschleunigte Drehung heraus:

$$\lim_{\varrho_a=0}[\varphi]_\infty = \frac{M\,t^2}{2\,J\,l\,\sigma} + \frac{M\,x^2}{2\,J\,G\,l}.$$

Die Formänderung ist auch hier parabolisch längs der Welle verteilt.

In beiden Fällen liefert die Reihenentwicklung in der geschweiften Klammer, die sich über die Hauptdrehung überlagernde Torsionsschwingung, die sich mit der Geschwindigkeit $V = \sqrt{\frac{G}{\sigma}}$ längs der Welle fortpflanzt.[165])

§ 95. Die Kraftfeldansätze bei Wellenschwingungen.

1. Im § 54 wurden die Drehungsschwingungen einer Welle mit zwei Massen und zwei Kraftfeldern, die in den Ebenen der Massen an der Welle angriffen, behandelt.

Die neuzeitliche Maschinentechnik erfordert nun auch öfters die Untersuchung von solchen Wellen, auf denen viele einzelne rotierende Massen angebracht sind und an denen zahlreiche Kraftfelder (in verschiedenen achsensenkrechten Ebenen) angreifen. Fig. 285,

Zunächst liegt, wenn es sich um eine Kolbenmaschine, etwa einen Dieselmotor handelt, in jeder Getriebeebene (die zu einem Zylinder gehört), eine Masse und ein (periodisches) Antriebsfeld vor; entsprechendes gilt von den Getrieben der Luftpumpen, die die Maschine besitzt, und die natürlich Widerstandskraftfelder liefern. Weiterhin sind die lediglich rotierenden Massen der mit der eigentlichen Antriebsmaschine gekuppelten Organe (Dynamos oder [bei Schiffsbetrieben] Propellerschrauben) zu berücksichtigen; Dynamo und Propeller liefern widerstehende Kraftfelder (von nicht periodischem Charakter). Solche widerstehende Kraftfelder kommen auch bei den Laufrädern der antreibenden Turbinen in Frage.

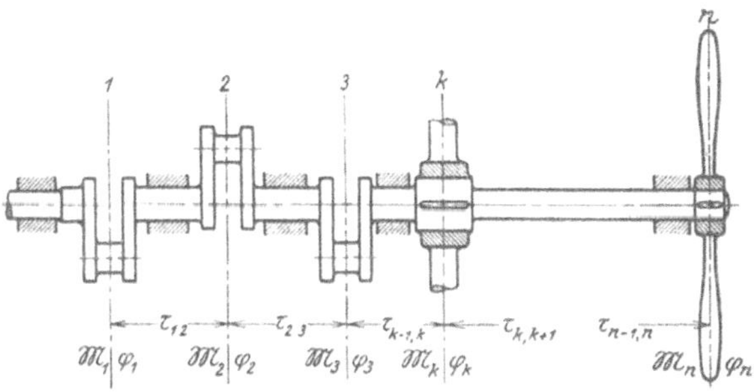

Fig. 285. Welle mit zahlreichen Kraftfeldebenen.

Neben den Massen, deren Mittelebene zugleich eine Kraftfeldebene ist, gibt es auf der rotierenden Welle auch Massen, denen keine Kraftfeldebene entspricht, z. B. Kupplungen und Schwungräder.

Die Massen der hin und her gehenden Glieder der Getriebe berücksichtigt man, indem man zunächst ein Drittel der Schubstangenmasse zur Kurbelzapfenmasse (als rein rotierender Anteil) hinzufügt. Die restlichen zwei Drittel sind als rein hin und her gehend mit den Massen vom Kreuzkopf, Kolbenstange und Kolben zu vereinigen. Von dieser Summe der Massen der lediglich hin und her gehenden Teile hat man die Hälfte zur Kurbelzapfenmasse hinzuzufügen.

Jedenfalls kann man in erster Annäherung in jeder Getriebeebene eine rein rotierende Masse voraussetzen.

Die Wellenmasse kann man ungefähr berücksichtigen, indem

man die Masse der Stücke, die zwischen zwei aufgekeilten Massen liegen, auf letztere nach dem Gefühl verteilt.

2. Zur Ermittlung der elastischen Kräfte, die in den Wellenstücken wirken, legen wir die Fig. 285 zugrunde.

Hier sind die Massenebenen mit $k = 1, 2 \ldots n$ bezeichnet, die zugehörigen Drehwinkel der Querschnitte gegen eine im Raum feste Anfangslage seien φ_k, die Massen (am Radius r wirkend gedacht) m_k, die Drehmomente $\mathfrak{M}_k$ (gleichwertig mit Kräften P_k am gleichen Radius).

Ferner werden die Torsionsfederungszahlen der einzelnen Wellenstücke zwischen den Massen mit $\tau_{k-1,k}$ bezeichnet.

Übrigens empfiehlt es sich, die Welle, deren einzelne Stücke wechselnde Querschnitte aufweisen, auf eine Welle überall gleichen Querschnittes zu beziehen, deren Abschnitte mit der gegebenen Welle gleiche Federungszahlen haben; beide Wellen sind dann elastisch gleichwertig.

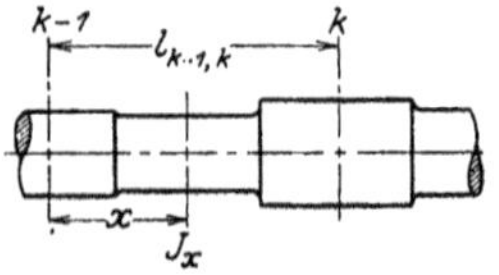

Fig. 286. Zur Ermittelung der Wellenfederungszahlen.

Die Bezugsformel gewinnt man wie folgt.

Ist J_x Querschnittsträgheitsmoment des Wellenstückes $l_{k-1,k}$, so wird die Länge des Bezugswellenstückes $L_{k-1,k}$ (für welches das Querschnittsträgheitsmoment J, wie für alle übrigen Stücke der Bezugswelle angenommen wurde)

$$(1) \qquad L_{k-1,k} = J \int_0^{l_{k-1,k}} \frac{dx}{J_x} x\,.$$

Der Beweis gründet sich (siehe Fig. 286) auf die Torsionsformel:

$$(2) \qquad \left\{ \begin{aligned} \varphi_{k-1} - \varphi_k &= \frac{M_{k-1,k}}{G} \frac{l_{k-1,k}}{J_{k-1,k}} = \frac{M_{k-1,k}}{G} \int_0^{l_{k-1,k}} \frac{dx}{J_x} \\ &= \frac{M_{k-1,k}}{\tau_{k-1,k}} = \frac{M_{k-1,k}}{G} \frac{L_{k-1,k}}{J}\,, \end{aligned} \right.$$

wo $M_{k-1,k}$ das die Verdrehung zwischen den Querschnitten φ_{k-1} und φ_k hervorrufende Moment, G den Gleitmodul des Wellenstoffes bedeutet.

Also wird die Federungszahl wie folgt definiert:

(3) $$r_{k-1,k} = \frac{GJ}{L_{k-1,k}}.$$

3. Die der Bewegung der Welle entgegenwirkenden Kräfte greifen sowohl an dieser selbst wie an den auf ihr befestigten Organen an.

Nach dem Ort des Angriffs an der Welle unterscheidet man innere und äußere Widerstandskräfte. Erstere haben ihren Sitz im Innern des Wellenstoffes und ihre Ursache liegt in der gegenseitigen Reibung seiner Teilchen infolge der stets vorhandenen elastischen Nachwirkung.

Es findet also eine Dämpfung der elastischen Schwingungen statt, die besonders leicht an den Drehungsschwingungen φ eines senkrecht aufgehängten Stabes der Länge l und der Querschnittsträgheit J, der am unteren Ende einer Masse des Trägheitsmoment Θ trägt, beobachtet werden kann. Wäre keine elastische Nachwirkung vorhanden, so würde die Schwingung nach dem Ansatz

(4) $$\Theta \frac{d^2\varphi}{dt^2} + \frac{JG}{l}\varphi = 0.$$

vor sich gehen, wo G den Gleitmodul des Stabstoffes bedeutet, d. h. es müßten harmonische Schwingungen mit unveränderlichem Anschlag entstehen. In Wirklichkeit treten jedoch rasch abklingende Schwingungen auf, deren Ausschlagabnahme durch den äußeren Luftwiderstand nicht erklärt werden kann. Es ist vielmehr notwendig, noch einen inneren der Drehung entgegenwirkenden Widerstand anzunehmen, den man, in Anlehnung an die innere Reibung von Flüssigkeiten, mit der Drehgeschwindigkeit $\frac{d\varphi}{dt}$ proportional setzt. Man erhält so die vervollständigte Schwingungsgleichung:

(5) $$\Theta \frac{d^2\varphi}{dt^2} + \frac{JG}{l}\varkappa\frac{d\varphi}{dt} + \frac{JG}{l}\varphi = 0.$$

Man sucht also die innere Reibung durch Einführung der Stoffkonstante $\varkappa$ zu beherrschen und man würde, falls sich dies $\varkappa$ wirklich als Stoffkonstante erwiese, in der Lage sein, für jedes Wellenstück der Länge l, der Querschnittsträgheit J und des Gleitmoduls G die Wirkung der inneren Reibung anzusetzen, sobald sie einmal für dünnen Draht des gleichen Stoffes ermittelt ist. An Hand des vorliegenden Versuchsmaterials bestätigt sich jedoch diese Annahme nicht. Es müßte nämlich nach Ansatz (5) die Schwingung den Verlauf nehmen

$$\varphi = \varphi_0 e^{-\frac{\lambda t}{T}} \sin \frac{2\pi t}{T}, \tag{6}$$

wo λ das logarithmische Dekrement und T die Schwingungsdauer bedeutet. Diese Größen stehen oben mit den Festwerten in (5) in folgendem Zusammenhang:

$$\frac{\lambda}{T} = \varkappa \alpha^2, \tag{7}$$

$$T = 2\pi \sqrt{\frac{\Theta l}{G J}} \sqrt{1 + \frac{\varkappa^2 \alpha^4}{4\pi^2} T}, \tag{8}$$

$$\alpha^2 = \frac{J G}{\Theta l}.$$

Sofern nun $\varkappa$ als klein vorauszusetzen ist, kann man in (7) die Schwingungsdauer T der gedämpften Bewegung durch die Schwingungsdauer $\frac{2\pi}{\alpha}$ der ungedämpften Bewegung ersetzen und findet:

$$\frac{\lambda}{4\pi^2} = \frac{\varkappa}{2\pi : \alpha}. \tag{9}$$

Es müßte also das logarithmische Dekrement λ der Bewegung der Schwingungsdauer $2\pi : \alpha$ umgekehrt proportional sein, wenn $\varkappa$ eine Stoffkonstante wäre. In Wirklichkeit ist diese umgekehrte Proportionalität nicht vorhanden, $\varkappa$ also keine Stoffkonstante. Vielmehr wird das logarithmische Dekrement besser als unabhängig von der Schwingungsdauer angenommen. Damit wird aber unser einfacher Ansatz (5) hinfällig. Man wird ihn also nur mit Vorsicht zur Grundlage von Berechnungen machen können, besonders auch deshalb, weil ausgiebige Versuche zur Ermittelung von $\varkappa$ nicht bekannt sind. Die Frage der inneren Reibung fester Körper ist im übrigen äußerst verwickelt und theoretisch wie experimentell z. B. noch ganz ungeklärt.[166])

4. Die äußeren an der Welle angreifenden Kräfte rühren her von der Luftreibung, da, wo jene von aufgesetzten Massen oder

umschließenden Lagern frei ist. Ihr Einfluß ist gering und kann im allgemeinen vernachlässigt werden.

Beträchtlicher ist der Einfluß der Lagerreibung. Diese Kraftwirkung kann man grundsätzlich auf zwei verschiedene Arten in Ansatz bringen.

Zunächst liegt vor der Begriff der Coulombschen Reibung R, die aus der Lagerbelastung P mit Hilfe des Beiwertes μ der trockenen Reibung zu berechnen ist:

$$R = \pm P \mu \,, \tag{10}$$

Ihr entspräche das Reibungsmoment

$$\mathfrak{M}_r' = \pm P \varrho \mu \,, \tag{11}$$

wo ϱ den Wellenhalbmesser im Lagerquerschnitt bedeutet; (das $\pm$-Zeichen soll daran erinnern, daß P bzw. $\mathfrak{M}_r'$ mit der Drehrichtung umzukehren sind). Die Größe des Beiwertes μ schwankt zwischen 0,001 bei vorzüglich ausgeführten, gut eingebauten und gewarteten Lagern bis 0,05 für gewöhnliche Zapfen aus Stahl in Bronzelagern im ersten Stadium des Einlaufens.

Der Coulombsche Ansatz (der übrigens auch bei der Berücksichtigung der Stopfbüchsen- und Kolbenreibung hin und her gehender Maschinengetriebe zu benutzen ist) kann für geschmierte Lager nur als ganz rohe Annäherung gelten, besonders insofern, als er die Unabhängigkeit des Beiwertes μ von der Wellendrehgeschwindigkeit $\frac{d\varphi}{dt}$ in sich schließt.

In Wirklichkeit ist jedoch μ proportional der Drehgeschwindigkeit: $\mu = \varkappa \frac{d\varphi}{dt}$, womit sich das entsprechende Reibungsmoment schreibt:

$$\mathfrak{M}_r'' = P \varrho \varkappa_r \frac{d\varphi}{dt} \,. \tag{12}$$

Für die Größe $\varkappa$ liegen einerseits Versuche vor, andererseits kann man sie mit einem gewissen Annäherungsgrade auf Grund der hydrodynamischen Lagerreibungstheorie[167]) vorausberechnen. Immerhin stehen der Bestimmung Schwierigkeiten entgegen, bei der Benutzung der Versuche, weil diese nicht ohne weiteres auf Lager beliebiger Bauart übertragen werden können, bei der theoretischen Berechnung, weil diese nur mit gewissen Umständlichkeiten (und auch nur unsicher) durchzuführen ist. Da zudem die Lagerreibung zu den nebensächlichen Widerstandsgrößen gehört, so würde man sich mit einer überschläglichen Berechnung auf Grund des Coulombschen Ansatzes begnügen können, wenn bei diesem nicht das doppelte Vorzeichen [Ansatz (11)] mathematische Schwierigkeiten bei der Durchführung der Schwingungsuntersuchung im Gefolge hätte (§ 5).

Man ersetzt deshalb bei einer Schwingung den Reibungsvorgang auf Grund des Coulombschen Ansatzes (11) durch einen anderen auf Grund des hydrodynamischen Ansatzes (12), bei dem die gleiche Arbeit verbraucht wird.

Die Schwingung gehe harmonisch vor sich mit den größten Ausschlägen $\pm \varphi_0$

$$\varphi = \varphi_0 \cos \omega t \,.$$

Bei der Coulombschen Reibung wird für eine halbe Schwingung die Arbeit verbraucht

$$\mathfrak{A}_r' = 2 \varphi_0 P \mu \varrho \,. \tag{13}$$

Für hydrodynamische Reibung gilt:

$$\left\{\begin{aligned} \mathfrak{A}_r'' &= \int_{-\varphi_0}^{+\varphi_0} P \varrho \varkappa_r \frac{d\varphi}{dt} \, d\varphi = P \varrho \varkappa_r \int_{-\varphi_0}^{+\varphi_0} \left(\frac{d\varphi}{dt}\right)^2 dt \\ &= \varrho_0^2 P \varrho \varkappa_r \omega \int_{\omega t = \pi}^{\omega t = 0} \sin^2 \omega t \, \omega \, d(\omega t) \\ &= \varphi_0^2 P \varrho \varkappa_r \omega \left[-\frac{1}{4} \sin^2 \omega t + \frac{1}{2} \omega t \right]_{\pi}^{0} = -\varphi_0^2 \frac{P \varrho \varkappa_r \omega \pi}{2} \,. \end{aligned}\right. \tag{14}$$

Durch Gleichsetzen der beiden Arbeiten findet sich aber (mit Unterdrückung des Vorzeichens):

$$\varkappa_r = \frac{4 \mu}{\pi \omega \varphi_0} \,. \tag{15}$$

5. Die Getriebe hin und her gehender Maschinen geben Anlaß zu Dämpfungswirkungen infolge der Stoß-Arbeitsverluste, die beim Druckwechsel im Kurbelzapfen- und im Kreuzkopflager entstehen. Die Stöße sind eine Folge des Zapfenspiels.

Zur überschlägigen Erörterung dieser Stoßverluste knüpfen wir an an das Tangentialdruckdiagramm einer Einzylindermaschine.

In Fig. 287 sei $\frac{2\pi}{\omega}$ die Maschinenperiode, $\frac{\pi}{\omega}$ die Tangentialdruckperiode. In den Punkten $D_1 \ldots D_4$ treten Druckwechsel auf. M_1 sei die auf den Kurbelradius r reduzierte Masse der hin und her gehenden Teile, M_2 die Gesamtmasse der drehenden Teile, M_2 sei groß gegen M_1.

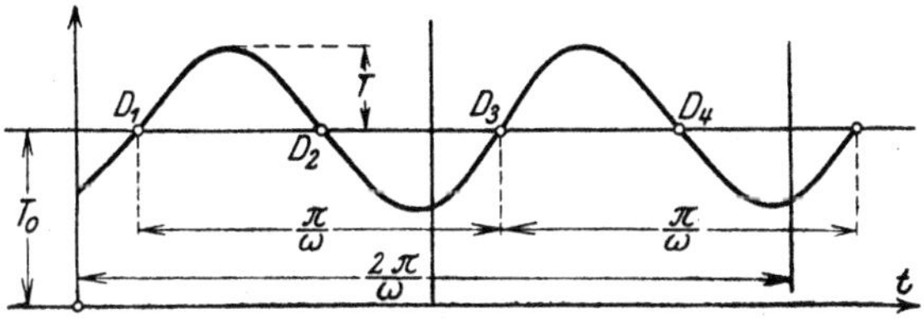

Fig. 287. Stöße beim Kurbeltrieb.

Die Wirkung des Stoßes ist die, daß in den Druckwechselpunkten D die bis dahin treibende Schale des Lagers sich vom Zapfen loslöst und von da ab das Gestänge sich lediglich unter Einfluß des mittleren Tangentialdruckes T_0 und seiner Masse M_1 bewegt, so lange, bis nach Zurücklegung des Zapfenspiels Δs die andere Schale an den Zapfen zur Anlage kommt. Das Gestänge legt nun den Weg Δs des Zapfenspiels zurück mit der gleichförmigen Beschleunigung

$$p = \frac{T_0}{M_1}$$

und erreicht am Ende dieser Periode einen Geschwindigkeitszuwachs

$$\Delta v = \sqrt{2 p \Delta s} = \sqrt{\frac{2 T_0}{M_1} \Delta s}\,.$$

Dieser Geschwindigkeitszuwachs wird durch den Stoß vernichtet, entsprechend einem Arbeitsverlust

$$\mathfrak{A}_s = \frac{1}{2} \frac{M_1 M_2}{M_1 + M_2} (\Delta v)^2$$

oder wegen $\frac{M_1}{M_2} \sim 0$:

(16) $$\mathfrak{A}_s = \tfrac{1}{2} M_1 (\Delta v)^2 = T_0 \Delta s\,.$$

Auf jede halbe Tangentialdruckperiode kommt ein Stoß, dessen Arbeitsverlust man sich entsprechend der Überlegung unter 4. als durch eine hydrodynamische Dämpfung $T_0\, r\, \varkappa_s \frac{d\varphi}{dt}$ innerhalb einer erzwungenen Schwingung von $-\varphi_0$ bis $+\varphi_0$ entstanden denkt. Der (14) entsprechende Ansatz lautet demnach:

$$(17) \qquad T_0\,\Delta_s = T_0\,r\,\Delta_\alpha = \varphi_0^2\,T_0\,r\,\varkappa_s\,2\,\omega \int\limits_{2\omega t=0}^{2\omega t=\pi} \sin^2(2\,\omega\,t)\,d(2\,\omega\,t)\,.$$

Hier steht statt ω der doppelte Betrag $2\,\omega$, weil die Schwingung mit der Kreisfrequenz des Tangentialdruckdiagramms vor sich geht. Wir erhalten für den Beiwert der Ersatzdämpfung:

$$(18) \qquad \varkappa_s = \frac{\Delta\,\alpha}{\pi\,\omega\,\varphi_0^2}\,.$$

Für die Größe $\Delta_s = r\,\Delta\,\alpha$ kann man überschläglich für normale Maschinen 0,01 cm setzen. Zu beachten ist noch, daß das Schmiermittel im Lager zu einer Verminderung der Schlagwirkung des Stoßwechsels Anlaß gibt; die Dämpfungswirkung wird nicht vermindert, weil unbedingt die Arbeit $T_0\,\Delta_s$ während der Druckwechselperiode vernichtet werden muß; ein Teil dieser Arbeit geht in Gestalt von Wärme an das Schmiermittel über. Im übrigen gilt der Verlustansatz (16) für Kurbellager und Kreuzkopflager zusammen, solange man annehmen kann, daß die Stoßperiode in beiden gleich lang ist.[168])

6. Gegenüber den Dämpfungswirkungen von Welle und Getriebe spielen die Bewegungswiderstände an den auf der Welle sitzenden Rädern eine wesentlich beträchtlichere Rolle.

Zunächst finden Turbinenräder einen Widerstand an der Reibung im Dampf, in dem sie laufen. Zur Berechnung der Größe dieser Reibung sind die zahlreichen Versuche über Gasreibung unanwendbar, da sie sämtlich unter der kritischen Geschwindigkeit liegen; sie haben im allgemeinen die Proportionalität zwischen Reibung und Geschwindigkeit zum Ergebnis.

Stodola hat zur Ausfüllung der Lücke Versuche angestellt mit Rädern bis zu 1,3 m Durchmesser und bis über 2000 Umdrehungen in der Minute.[169]) Er fand die Reibungsarbeit sehr genähert proportional mit der dritten Potenz der Umlaufszahl. Als einfachsten Ansatz stellte er für jene in PS die Formel auf:

$$(19) \qquad N_{rd} = \frac{\beta}{10^6}\,D^2\,n^3\,\gamma\,,$$

worin D der Außendurchmesser des Rades in m, n die äußerste Umfangsgeschwindigkeit in m/sec, γ das spezifische Gewicht der Gasart in kg/cbm ist, in der das Rad rotiert; für β gibt Stodola eine Zahlentafel an.

Das entsprechende Reibungsmoment $\mathfrak{M}_{rd}$ ermittelt sich aus (19) durch Verbindung mit dem Ansatz

$$(20) \qquad N_{rd} = \frac{\mathfrak{M}_r\,\omega}{7500},$$

wo $\mathfrak{M}_{rd}$ in m/kg aufzufassen ist. Setzt man noch in (19) $\frac{D}{2}\omega$ für n, so findet sich

$$(21) \qquad \mathfrak{M}_{rd} = \frac{75}{80000}\,D^5\,\omega^2\,\gamma\,.$$

Ersetzt man hier ω^2 durch $\left(\omega_m + \frac{d\varphi}{dt}\right)^2$, entsprechend der Überlagerung der kleinen Drehgeschwindigkeit $\frac{d\varphi}{dt}$ über die mittlere ω_m so wird angenähert:

$$\mathfrak{M}_{rd} = \frac{75}{8}\,10^{-4}\,\gamma\,D^5\,\omega_m\,\frac{d\varphi}{dt}\,.$$

Insofern das Trägheitsmoment Θ des Rades mit D^5 etwa proportional ist, liegt es nahe, unter Einführung eines neuen zusammenfassenden Beiwertes zu schreiben:

$$(22) \qquad \mathfrak{M}_{rd} = \varkappa_d\,\Theta\,\omega_m\,\frac{d\varphi}{dt}\,.$$

$\varkappa_d$ hat hier rund den Betrag $0{,}001\,\gamma$, wenn Θ in gr cm² eingeführt wird.

Für den Reibungswiderstand von Schiffsschrauben in Wasser fand Frahm[170]) den Ansatz

$$\mathfrak{M}_w = C\,\omega^r = C\left(\omega_m^r + r\,\omega_m^{r-1}\,\frac{d\varphi}{dt}\right).$$

Beschränkt man sich auf den Widerstand, der den Schwankungen $\frac{d\varphi}{dt}$ von ω entspricht, so hat man

$$(23) \qquad \mathfrak{M}_w = C\,r\,\omega_m^{r-1}\,\frac{d\varphi}{dt} = \mathfrak{M}_m\,\varkappa_w\,\frac{d\varphi}{dt}\,.$$

Demnach wird der Beiwert $\varkappa_w$ berechnet aus:

$$\mathfrak{M}_m \varkappa_\omega = r\, C\, \omega_m^{r-1} \doteq \frac{r \cdot \mathfrak{M}_m}{\omega_m} \tag{24}$$

zu

$$\varkappa_w = \frac{r}{w_m} .$$

Nach Frahm ist hier r mit 3,6 bis 4,0 einzusetzen.

Bei Dynamomaschinen gestaltet sich die Widerstandsberechnung einfacher. Ist Φ die Kraftlinienzahl eines Dynamopolpaares, J der Ankerstrom, so ist das zum Antrieb des Dynamo nötige Drehmoment mit einer Konstanten C

$$\mathfrak{M} = C\,\Phi\, J = \varkappa_e \Phi^2 \frac{d\varphi}{dt} . \tag{25}$$

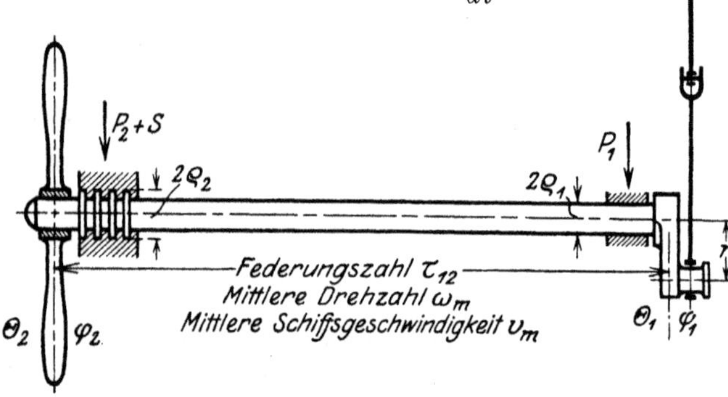

Fig. 288. Kräfte bei einer Schiffsmaschine.

Über den Beiwert $\varkappa_e$ lassen sich allgemeine Angaben nicht machen.

7. Um ein Beispiel für die Anwendung der obigen Ansätze zu geben, knüpfen wir an an die Übersichtszeichnung eines einfachen Schiffsschraubenantriebs nach Fig. 288. Hier wird φ_1 und φ_2 die Winkelabweichungen der Querschnitte 1 und 2 von einer mittleren Drehung der Welle mit der Geschwindigkeit ω_m.

Für diese beiden Querschnitte sind die Differentialgleichungen der Bewegung aufzustellen wie folgt:

$$\left\{\begin{aligned} &\Theta_1 \varphi_1'' + (P_1 \varrho_1 \varkappa_{r_1} + T_0 r \varkappa_s) \frac{d\varphi_1}{dt} + \tau_{12}(\varphi_1 - \varphi_2) = T \sin 2\omega_m t , \\ &\Theta_2 \varphi_2'' + ((P_2 + S)\, \varrho_2 \varkappa_{r_2} + T_0 r \varkappa_w) \frac{d\varphi_2}{dt} + \tau_{12}(\varphi_2 - \varphi_1) = 0 . \end{aligned}\right. \tag{26}$$

Hier entspricht die Zeichengruppe $P_1 \varrho_1 \varkappa_{r_1}$ der Reibungsdämpfung im Lager 1, $T_0 r \varkappa_s$ der Stoßdämpfung im Kurbel- und Kreuzkopflager. $(P_2 + S) \varrho_2 \varkappa r_2$ soll die Reibungsdämpfung im Lager 2 berücksichtigen, welches zugleich als Axiallager zur Aufnahme des Propellerschubs S vorausgesetzt wurde; die von letzterem herrührende Reibung kommt zur Lagerreibung hinzu und ist zu berücksichtigen durch Vermehrung des Lagerdrucks P_2 um die Größe $S = \frac{T_0 r \omega_m}{v_m}$. Die Gruppe $T_0 r \varkappa_w$ rührt her von der Dämpfung der Bewegung durch die Schraubenflügel.

Zur Erörterung der Bewegung auf Grund der Ansätze (26) verweisen wir auf die früher gegebenen Vorschriften.

§ 96. Schwingungen von zylindrischen Schraubenfedern[171]).

1. Schraubenfedern sind als wesentliche Bestandteile der Steuerungsorgane von Kraftmaschinen rasch wechselnden Beanspruchungen ausgesetzt. Da sie mit Masse und Elastizität behaftet sind, besitzen sie Schwingungsfähigkeit und können durch die periodischen Beanspruchungen zu unerwünschten, auf Resonanz beruhenden Formänderungen gebracht werden, die sich oft durch Schlaggeräusche oder sogar Brüche kundgeben.

In der Fig. 289 ist XX die Federachse, $O_1 O_2$ ein Stück der Feder vom Windungsradius r und der Windungssteigung α.

Die axiale Federkraft P wird durch Parallelverschiebung an den Punkt O_1 übertragen; sie wirkt auf den Federquerschnitt O_1 wie eine Kraft $\overline{P}$ in der Axialebene durch O_1 und ein Moment $\mathfrak{M} = r\,P$ senkrecht auf dieser Ebene. Durch Zerlegung von $\overline{P}$ und $\mathfrak{M}$ nach dem Federquerschnitt ergeben sich auf diesen

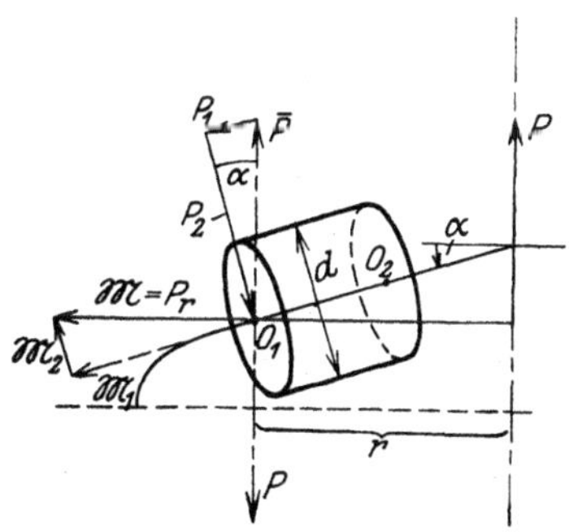

Fig. 289. Element einer Schraubenfeder.

eine Zugkraft P_1
eine Schubkraft P_2
ein verdrehendes Moment $\mathfrak{M}_1$
ein biegendes Moment $\mathfrak{M}_2$.

Die Feder muß also im allgemeinen Längsschwingungen, Biegungsschwingungen, Drillingsschwingungen ausführen.

Längsschwingungen treten auf infolge der Zugkraft $P_1 = \overline{P} \sin\alpha$; sie haben Verlängerungen und Verkürzungen der Schraubenlinienlänge L der Feder zur Folge und äußern sich demnach durch Vergrößerung oder Verkleinerung des Windungsradius (wenn die Federendpunkte, wie meist, unverschieblich in Richtung des Federumfangs sind). Erfahrungsgemäß sind Windungsänderungen bei Federn unerheblich; wir lassen also die Longitudinalschwingungen außer acht.

Das Moment $\mathfrak{M}_2 = \mathfrak{M} \sin\alpha$ erzeugt Biegungsschwingungen, die sich ebenfalls durch Änderungen des Windungsradius äußern müssen; auch sie lassen wir als unerheblich beiseite.

Die Schubkraft $P_1 = \overline{P} \cos\alpha$ hat Biegungsschwingungen in axialer Richtung zur Folge; bezüglich ihrer machen wir von der allgemein üblichen Vernachlässigung Gebrauch, daß die Formänderungen durch Schubkräfte stets in erster Annäherung unerheblich sind.

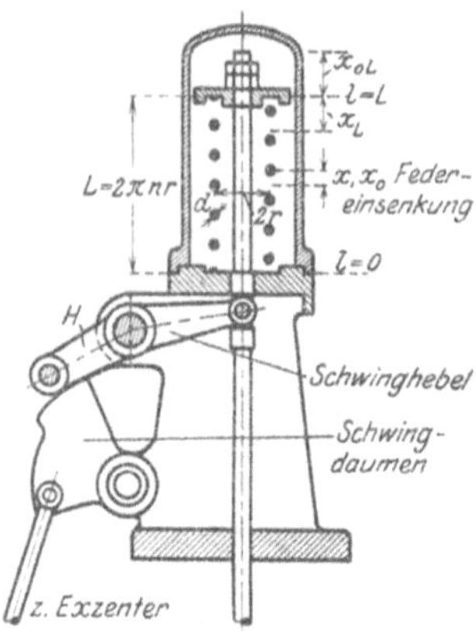

Fig. 290. Kraftmaschinenventil.

Es bleiben also nur die Drillingsschwingungen infolge des Moments $\mathfrak{M}_1 = \mathfrak{M} \cos\alpha$ übrig, die sich durch die erheblichen axialen Zusammendrückungen der Feder äußern.

In der Fig. 290 ist das Triebwerk eines Kraftmaschinenventiles skizziert. Die Längen l und L werden in der Schraubenlinie gemessen.

Die Feder sei mit der Anfangsspannkraft P_0 und der Anfangseinsenkung x_{L_0} des Endes $l = L$ eingesetzt. Es gilt mit dem Gleitmodul G

$$x_{L_0} = \frac{64\, n\, r^3}{d^4} \; \frac{P_0}{G}\,.$$

x_0 ist die Anfangsfedereinsenkung an der Stelle l; es gilt

$$x_0 = x_{L_0} \frac{l}{L} = \frac{32}{\pi} \; \frac{r^2}{d^4} \; \frac{P_0}{G}\, l\,.$$

Zur Ermittelung der Schwingungsdifferentialgleichung betrachten wir das Federelement der Länge ∂l mit der Masse

$$\partial m = \frac{d^2 \pi}{4} \varrho \, \partial l$$

und dem Trägheitsvermögen:

$$\partial m \frac{\partial^2 x}{\partial t^2} .$$

Das letztere steht in Wechselwirkung mit den an den Enden des Elements angreifenden Drillingsmomenten:

$$\mathfrak{M} = P r$$

und

$$\mathfrak{M} + \partial \mathfrak{M} = (P + \partial P) r ;$$

es gilt

$$\partial \mathfrak{M} = r \, \partial m \frac{\partial^2 x}{\partial t^2}$$

oder

$$\frac{\partial P}{\partial l} = \frac{d^2 \pi}{4} \varrho \frac{\partial^2 x}{d t^2} \qquad \left(\varrho = \frac{\gamma}{g} = \text{Dichte}\right) .$$

Da aber auch gilt:

$$P = \frac{\pi}{32} \frac{d^4 G}{r^2} \frac{\partial x}{\partial l} + l \frac{d^2 \pi}{4} \varrho g ,$$

wo das erste Glied rechts die Drillungskraft, das zweite (bei senkrecht angeordneter Feder) die Gewichtswirkung des herabhängenden Teils bedeutet, so lautet die gesuchte Differentialgleichung schließlich:

$$\varrho \frac{\partial^2 x}{\partial t^2} = \frac{d^2 G}{8 r^2} \frac{\partial x^2}{\partial l^2} + g \varrho . \tag{1}$$

Hier kann man noch die Fortpflanzungsgeschwindigkeit a der Störungen längs der Feder einführen mit

$$a^2 = \frac{d^2 G}{8 r^2 \varrho} , \tag{2}$$

die mit der Fortpflanzungsgeschwindigkeit $\sqrt{\frac{G}{\varrho}}$ einer reinen Drillung in einem geraden Stabe (§ 90) zusammenhängt entsprechend:

$$a = \frac{d}{2 \sqrt{2} r} \sqrt{\frac{G}{\varrho}} . \tag{3}$$

Durchschnittlich gelten für Stahl folgende Zahlenwerte:

$$(4)\quad \begin{cases} \text{Gleitmodul} \;\ldots\ldots\ldots\; G = 8{,}5 \cdot 10^9\,\text{kg/m}^2 \\ \text{Dichte} \;\ldots\ldots\ldots\; \varrho = \dfrac{\gamma}{g} = 800\,\text{kg sec}^2/\text{m}^4 \\ \text{Drillungsgeschwindigkeit} \;\sqrt{\dfrac{G}{\varrho}} = 3260\ \text{m/sec}^2\,. \end{cases}$$

Da üblicherweise $\frac{d}{r}$ bei Federn zwischen 0,15 und 0,33 schwankt, so bewegt sich a in den Grenzen von 173 m/sec bis 380 m/sec.

2. Die oben abgeleitete Differentialgleichung

$$(5)\qquad \frac{\partial^2 x}{\partial t^2} = a^2 \frac{\partial^2 x}{\partial l^2} + g$$

wollen wir nun zur Untersuchung der freien Schwingungen einer Feder benutzen, die an ihrem einen Ende befestigt senkrecht herabhängt, am anderen Ende die Anfangsverschiebung $x = t$ erhalten hat und plötzlich freigelassen wird.

Zur Ermittlung der Gleichgewichtsgestalt der Feder zur Zeit $t = 0$ schreiben wir mit $\frac{\partial^2 x}{\partial t^2} = 0$

$$(5\text{a})\qquad a^2 \frac{\partial^2 x}{\partial l^2} + g = 0\,,$$

wodurch sich das allgemeine Integral

$$(5\text{b})\qquad x = A + B\,l - \frac{g}{2\,a^2}\,l^2$$

oder nach gehöriger Konstantenbestimmung

$$(5\text{c})\qquad x = f\,\frac{l}{L} + \frac{g}{2\,a^2}\,l(L - l$$

findet.

Der Partikularansatz, der (5) genügt, lautet:

$$(6)\qquad x_n = \sin\frac{m}{a}\,l(A_n \cos m\,t + B_n \sin m\,t) - \frac{g}{2\,a^2}\,l(l - L)\,.$$

Er erfüllt ohne weiteres die Grenzbedingung: $x = 0$ für $l = 0$. Da die Feder anfänglich in Ruhe sein soll: $\frac{\partial x}{\partial t} = 0$ für $t = 0$, so muß B_n verschwinden; wir haben also einfacher

(7) $$x_n = A_n \sin\frac{m}{a} l \cos m t - \frac{g}{2a^2} l(l - L) .$$

Es muß aber auch noch die Bedingung der Spannungslosigkeit des freien Endes $x = L$ erfüllt werden: $\frac{\partial x}{\partial l} = 0$.
Dies führt auf:

$$\cos\frac{m}{a} L = 0 ,$$

also auf die Periodengleichung. Diese liefert:

(8) $$m = \frac{(2n + 1)\pi}{2L} ,$$

wo n eine ganze Zahl ist.

Die allgemeine Bewegung der Feder findet sich nun durch Übereinanderlagerung aller Teilschwingungen nach Ansatz (7)

$$x = \sum_0^\infty {}_n \sin\frac{(2n+1)\pi}{2L} l A_n \cos\frac{(2n+1)a\pi}{2L} t - \frac{g}{2a^2} l(l - L) .$$

Hier sind die unbekannten Beiwerte A_n mit Hilfe der Anfangsgestalt (5c) zu bestimmen:

$$\sum_0^\infty {}_n A_n \sin\frac{(2n+1)\pi}{2L} l = f\frac{l}{L} .$$

Es entsteht also die Aufgabe, im Intervall $0 < l < L$ die Funktion $f\frac{l}{L}$ in eine Fouriersche Reihe zu verwandeln. Man erhält

$$A_n = (-1)^n \frac{8f}{(2n+1)^2\pi^2}$$

und für x die Reihe

(9) $$x = \frac{8f}{\pi^2}\left\{\sin\frac{\pi}{2L} l \cos\frac{a\pi}{2L} t - \frac{1}{q}\sin\frac{3\pi}{2L} l \cos\frac{3a\pi}{2L} t + \ldots\right\}$$
$$- \frac{g}{2a^2} l(l - L) .$$

Setzt man hier $l = L$, so wird:

(10) $$x = \frac{8f}{\pi^2}\left\{\cos\frac{a\pi}{2L} t + \frac{1}{q}\cos\frac{3a\pi}{2L} t + \ldots\right\} .$$

Durch Differentiation nach der Zeit findet sich

$$(11)\qquad \left[\frac{\partial x}{\partial t}\right]_{l=L} = -\frac{4\,a\,f}{\pi L}\left\{\sin\frac{a\pi}{2L}t + \frac{1}{3}\sin\frac{3\,a\pi}{2L}t + \ldots\right\}.$$

Die Reihe in der geschweiften Klammer hat aber im Intervall $0 < t < \frac{2L}{a}$ den Summenwert $\frac{\pi}{4}$; mithin wird die Geschwindigkeit des freien Federendpunktes in dem genannten Intervall konstant

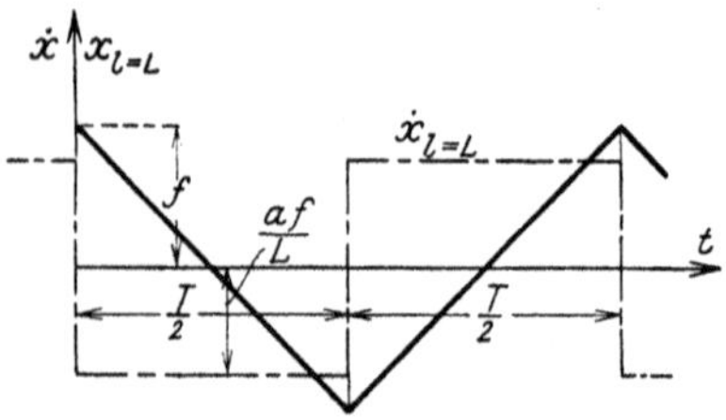

Fig. 291. Bewegung des Federendpunktes.

$$\left[\frac{\partial x}{\partial t}\right]_{l=L} = -\frac{af}{L}.$$

Im Intervall

$$\frac{2L}{a} < t < \frac{4L}{a}$$

wird dagegen

$$\left[\frac{\partial x}{\partial t}\right]_{l=L} = +\frac{af}{L}.$$

Der Federendpunkt macht also keine harmonische Schwingung. Deren Form bestimmt sich etwa nach der Fig. 291.

Ein mittlerer Federpunkt bei $l = \frac{L}{2}$ hat die Geschwindigkeit:

$$(12)\qquad \left[\left(\frac{\partial x}{\partial t}\right)\right]_{l=\frac{L}{2}} = -\frac{4\,a\,f}{\pi\sqrt{2}\,L}\left\{\cos\frac{a\pi}{2L}t - \frac{1}{3}\cos\frac{3\,a\pi}{2L}t + \frac{1}{5}\cos\frac{5\,a\pi}{2L}t - \frac{1}{7}\cos\frac{7\,a\pi}{2L}t + \ldots\right\}.$$

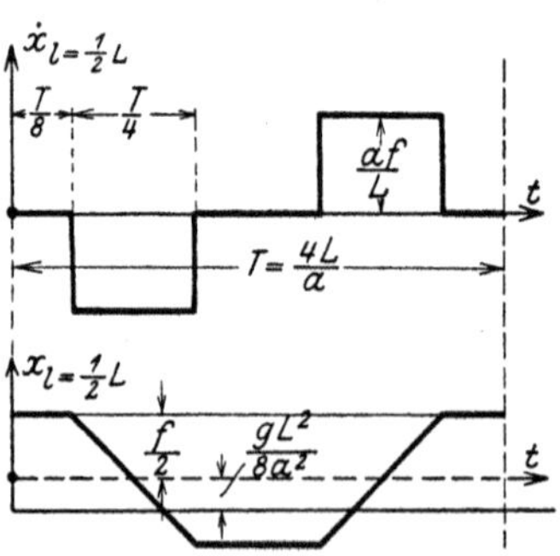

Fig. 292. Bewegung der Federmitte.

Die in der Klammer stehende Reihe hat aber den Wert $\frac{\pi}{4}\sqrt{2}$, im Intervall $\frac{L}{2a} < t < \frac{3L}{2a}$ und den Wert $-\frac{\pi}{4}\sqrt{2}$ im Intervall $\frac{5L}{2a} < t < \frac{7L}{2a}$, während sie sonst verschwindet. Ihre Gestalt findet sich also nach Fig. 292 und die Bewegung des Punktes $l = \frac{L}{2}$ geht also so vor sich, daß er von

$t = 0$ bis $t = \frac{L}{2a}$ in der anfänglichen Ruhelage $x = \frac{f}{2} + \frac{9}{2a^2}\frac{L^2}{4}$ verharrt. Zur Zeit $t = \frac{L}{2a}$ erreicht die Störung, die mit der Geschwindigkeit a vom freien Federende her heranrückt, den Punkt und bringt ihn mit der konstanten Geschwindigkeit

$$\left|\frac{\partial x}{\partial t}\right|_{l=\frac{L}{2}} = -\frac{af}{L}$$

zur Zeit $t = \frac{3L}{2a}$ in die Lage

$$x = -\frac{t}{2} + \frac{g}{2a^2}\frac{L^2}{4},$$

die er bis $t = \frac{5L}{2a}$ beibehält, um darauf in der Zeit $\frac{L}{a}$ mit der Geschwindigkeit $+\frac{af}{L}$ in die Lage $x = \frac{f}{2}$ zurückzugehen.

3. Die in 1. erwähnten unerwünschten Federbewegungen sind eine Folge der periodischen Einwirkung der Steuerorgane, die wir kurz als „Störung" bezeichnen wollen. Diese Störungen gehen im allgemeinen vom Federanfang A aus (Fig. 290) in Gestalt von Zusammendrückungen des Federanfangs nach Maßgabe der durch die Betriebsbedingungen der Maschine vorgeschriebenen Ventileröffnungskurve (Fig. 293).

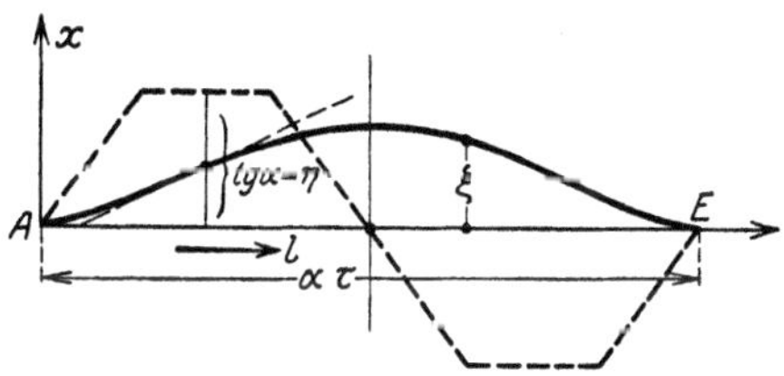

Fig. 293. Störung einer Feder.

Wie oben unter 1. dargelegt, pflanzen sich diese Störungen längs der Feder mit der Geschwindigkeit

$$a = \frac{d}{2r}\sqrt{\frac{G}{2\varrho}}$$

fort. Ist die Dauer der Ventileröffnung τ, so hat sich nach ihrem Ablauf die Störung vollständig über die Feder ausgebreitet (letztere vorläufig als unbegrenzt lang angenommen), ihr Ende ist im Federanfang A angekommen und sie nimmt längs der Feder eine Strecke $a\tau$ ein.

Im allgemeinen ist die Federlänge L viel kleiner als die Länge des Störungszuges $a\tau$; die Störung muß also am Federende E reflektiert werden, ehe sie am Anfang A beendet ist. Die Störung kombiniert sich also mit ihrer eigenen Reflexion.

Im allgemeinen wird eine Feder mit einer Anfangs- oder Vorspannung P_0 eingesetzt (vgl. oben 1.)

$$P_0 = \frac{\pi d^4 G}{32 r^2} \cdot \frac{x_{L_0}}{L}.$$

Über diese Vorspannung lagert sich im Betriebe eine zusätzliche von der kombinierten Störung x herrührende Spannung

$$P = \frac{\pi d^4 G}{32 r^2} \frac{\partial x}{\partial l},$$

deren Werte uns besonders am Federanfang und Federende interessieren:

$$(13) \qquad \begin{cases} P_A = \dfrac{\pi d^4 G}{32 r^2}\left(\dfrac{\partial x}{\partial l}\right)_{l=L} \\ P_E = \dfrac{\pi d^4 G}{32 r^2}\left(\dfrac{\partial x}{\partial l}\right)_{l=0}. \end{cases}$$

Es handelt sich also um die Ermittlung der Änderungen der Federdrahtachsenneigung

$$(14) \qquad y_a = \left(\frac{\partial x}{\partial l}\right)_{l=L} \quad \text{und} \quad y_e = \left(\frac{\partial x}{\partial l}\right)_{l=0},$$

die von den kombinierten Störungen x verursacht werden.

Zunächst gibt der Verlauf der ursprünglichen Ventileröffnungskurve ξ Anlaß zur Berechnung der entsprechenden Drahtachsenneigung $\eta = \frac{\partial \xi}{\partial l} = \frac{\partial \xi}{\partial (a\tau)}$ an Hand des Diagrammes Fig. 293. Man hat daher die Richtungstangenten der Ventileröffnungskurve als Funktion von l oder $a\tau$ aufzutragen. Die Neigungsänderungen η pflanzen sich nun naturgemäß in derselben Weise längs der Feder fort, wie die Störungen ξ; auch die Reflexionen an den Enden regeln sich in gleicher Weise.

Der Reflexionsvorgang am Federende $E\,(l = 0)$ erörtert sich am besten an Hand der Differentialgleichung:

$$(15) \qquad \frac{\partial^2 x}{\partial t^2} = a^2 \frac{\partial^2 x}{\partial l^2}.$$

Deren d'Alembertsche Lösung lautet aber

(16) $$x = (l + a t) + f(l - a t)\,,$$

d. h. eine an beliebiger Stelle eingeleitete Störung pflanzt sich nach entgegengesetzten Richtungen fort. Am Ende $l = 0$ muß die Feder in Ruhe sein: $x = 0$, d. h. es muß gelten $f\,(a\,t) + f\,(-\,a\,t) = 0$ oder

(17) $$f(a t) = - f(- a t)\,.$$

Die Neigung der Drahtachse ist aber:

(18) $$\left[\frac{\partial x}{\partial l}\right]_{l=0} = + \frac{1}{\alpha}\left(\frac{\partial f(a t)}{\partial t} - \frac{\partial f(- a t)}{\partial t}\right)$$

oder mit (6):

(19) $$\left[\frac{\partial x}{\partial l}\right]_{l=0} = \frac{2}{\alpha}\,\frac{\partial f(a t)}{\partial t} = 2\left[\frac{\partial f}{\partial l}\right]_{l=0}\,,$$

d. h. eine am Federende ankommende Störung f wird hier mit doppelter Amplitude zurückgeworfen.

Hiernach kann nun der kombinierte Störungsverlauf ermittelt werden, unter der Berücksichtigung, daß jede an einem Federendpunkt eingeleitete Störung nach Durchlaufen der doppelten Federlänge $2\,L$ an das gleiche Ende zurückgelangt.

So findet sich für den kombinierten Störungsverlauf am Ende A:

$$y_a = \eta \qquad 0 < l < 2\,L\,,$$

$$y_a = \eta + 2\,\eta_{l-2L} \qquad 2\,L < l < 4\,L\,,$$

$$y_a = \eta + 2(\eta_{l-2L} + \eta_{l-4L}) \qquad 4\,L < l < 6\,L\,,$$

. . . .

(20) $$y_a = \eta + 2\sum_0^n \eta_{l-2nL} \qquad 2\,n\,L < l < 2(n+1)\,L\,.$$

mit der Festsetzung:

$$\eta_{l-2nL} = 0 \quad \text{für} \quad n = 0.$$

Der Störungsverlauf zerfällt also in Perioden, die der doppelten Federlänge entsprechen.

Entsprechend gilt für das Federende E

(21) $$y_e = 2\sum_0^n \eta_{l-2nL} \qquad 0 < l < 2\,n\,L\,.$$

In der Fig. 294 ist die für Störungsuntersuchung maßgebende η-Kurve über ihrer Erstreckung $a\,\tau$ längs der Feder aufgezeichnet.

Man gewinnt aus ihr die kombinierte Störung y_a nach Vorschrift von (20) durch Verdoppelung von η, Verschiebung nach rechts jeweils um $2L$, $4L$ . . . , und Addition der erhaltenen Teilstörungen. Man erkennt, daß infolge der Reflexionen die Spannung der Feder den Betrag erheblich übersteigen kann, der sich ergibt, wenn man nur die Durchbiegung infolge der Ventilöffnung ξ allein in Rücksicht zieht. Im übrigen bilden sich nach Schluß des Ventils stehende Wellen in der Feder aus, die zur Verminderung der Vorspannung Anlaß geben, wie durch die senkrecht gestrichelten Trapeze gekennzeichnet ist. Überschritten diese Verminderungen die Größe der Vorspannung y_0, so würde damit ein Schlagen der

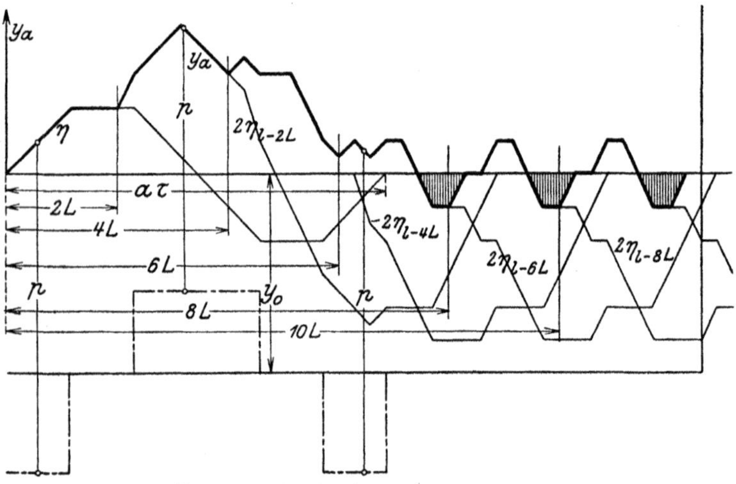

Fig. 294. Störungsuntersuchung einer Feder.

Feder am Anfang verbunden sein. Eine entsprechende Untersuchung kann man durch Aufzeichnung der Kurve y_e nach Ansatz (21) anstellen.

Mit der y_a-Kurve kann man noch die entsprechend übertragene Kurve der Beschleunigungskräfte, die am Ventil und seinem Steuerhebel H (Fig. 290) wirken, verbinden, wie in der Fig. 294 durch Einzeichnung des strichpunktierten Linienzuges geschehen ist. Die Gesamtordinaten p entsprechen dann den Druckkräften zwischen dem Steuerdaumen D und der Rolle des Hebels H (Fig. 290). Das Verschwinden der Druckkräfte D würde ein Schlagen der Rolle auf dem Daumen zur Folge haben.

§ 97. Seil- und Kettenschwingungen.

1. Ein Seil betrachten wir als unausdehnbar. Seine Länge von einem festen Punkte auf ihm gemessen sei s, sein Längenelement ds, die Masse des Längenelements $m\,ds$. An dem Element, dessen Raumkoordinaten x, y, z seien, greifen massenproportionale Kräfte Xm, Ym, Zm an. Die räumlichen Geschwindigkeitskomponenten des Elements seien $u = \frac{\partial x}{\partial t}$, $v = \frac{\partial y}{\partial t}$, $w = \frac{\partial z}{\partial t}$. Ist die Seilspannung T, so finden sich deren Komponenten nach den Koordinatenachsen zu $T\frac{dx}{ds}$, $T\frac{dy}{ds}$, $T\frac{dz}{ds}$ an dem einen Ende eines Seilelements. Am anderen Ende bestehen die Seilspannungen

$$T\frac{dx}{ds} + \frac{\partial}{\partial s}\left[T\frac{dx}{ds}\right] ds\,,$$

$$T\frac{dy}{ds} + \frac{\partial}{\partial s}\left[T\frac{dy}{ds}\right] ds\,, \quad T\frac{dz}{ds} + \frac{\partial}{\partial s}\left[T\frac{dz}{ds}\right] ds\,.$$

Die resultierenden Seilspannungen

$$\frac{\partial}{\partial s}\left[T\frac{dx}{ds}\right] ds\,, \quad \frac{\partial}{\partial s}\left[T\frac{dy}{ds}\right] ds\,, \quad \frac{\partial}{\partial s}\left[T\frac{dz}{ds}\right] ds$$

müssen im Gleichgewicht stehen mit den sogenannten verlorenen Kräften (§ 27)

$$m\left(X - \frac{\partial u}{\partial t}\right) ds\,, \quad m\left(Y - \frac{\partial v}{\partial t}\right) ds\,, \quad m\left(Z - \frac{\partial w}{\partial t}\right) ds\,,$$

d. h. es ergeben sich die Bewegungsgleichungen:

$$(1) \qquad \left\{\begin{aligned} m\frac{\partial^2 x}{\partial t^2} &= \frac{\partial}{\partial s}\left(T\frac{\partial x}{\partial s}\right) + mX \\ m\frac{\partial^2 y}{\partial t^2} &= \frac{\partial}{\partial s}\left(T\frac{\partial y}{\partial s}\right) + mY \\ m\frac{\partial^2 z}{\partial t^2} &= \frac{\partial}{\partial s}\left(T\frac{\partial z}{\partial s}\right) + mZ\,. \end{aligned}\right.$$

Hier sind s und t die unabhängigen Variabeln, X, Y, Z sind irgendwie als Konstanten oder als Funktionen von t und s gegeben; x, y, z und T sind als Funktionen von s und t zu ermitteln. Dazu fehlt noch eine vierte Gleichung, die wir in der Bedingung der Unausdehnbarkeit des Seiles finden. Diese Bedingung lautet

$$ds^2 = dx^2 + dy^2 + dz^2$$

oder nach Zeitdifferentiation

$$\frac{\partial x}{\partial s}\,\frac{\partial u}{\partial s} + \frac{\partial y}{\partial s}\,\frac{\partial v}{\partial s} + \frac{\partial z}{\partial s}\,\frac{\partial w}{\partial s} = 0 \,. \tag{2}$$

2. Beschränken wir uns auf ebene Seilbewegungen ($z = 0$) und setzen wir als massenproportionale Kräfte nur die Schwerkraft ($X = 0$, $Y = -g$, $Z = 0$) voraus, so werden die Gleichungen (1) einfacher

$$\left\{\begin{aligned} m\frac{\partial^2 x}{\partial t^2} &= \frac{\partial}{\partial s}\left(T\frac{\partial x}{\partial s}\right) \\ m\frac{\partial^2 y}{\partial t^2} &= \frac{\partial}{\partial s}\left(T\frac{\partial y}{\partial s}\right) - m g \,. \end{aligned}\right. \tag{1a}$$

Betrachten wir nun vorerst die Gleichgewichtslage des Seiles, so ermittelt sich diese $\left(\text{mit } \frac{\partial^2 x}{\partial t^2} = 0\,,\ \frac{\partial^2 y}{\partial t^2} = 0\right)$ aus:

$$\frac{d}{ds}\left(T\frac{dx}{ds}\right) = 0\,, \qquad \frac{d}{ds}\left[T\frac{dy}{ds}\right] - m g = 0 \,. \tag{1b}$$

Deren Integration liefert einerseits die für alle Seilpunkte konstante Horizontalkomponente der Seilspannungen

$$T\frac{dx}{ds} = H \tag{3}$$

andererseits die Vertikalkomponente

$$T\frac{dy}{ds} = m g s + V \,. \tag{4}$$

Durch Division von (4) durch (3) findet sich, wenn der Anfangspunkt des Seiles ($s = 0$) auf der Ordinatenachse ($x = 0$) liegt:

$$H\frac{dy}{dx} = m g\int\limits_0^x \sqrt{1 + \left(\frac{dy}{dx}\right)^2}\,dx + V \tag{5}$$

oder nach Differentiation

(6) $$H\frac{d^2y}{dx^2} = mg\sqrt{1+\left(\frac{dy}{dx}\right)^2}.$$

Diese Differentialgleichung 2. Ordnung hat ein allgemeines Integral mit zwei willkürlichen Integrationskonstanten C_1 und C_2, so daß mit dem Horizontalzug H drei unbekannte Größen zu ermitteln sind. Hierzu liefern die geometrischen Bedingungen für die Lage der beiden Seilendpunkte zwei Ansätze; der dritte findet sich durch die Verwendung der Seillänge L, die natürlich auch gegeben sein muß. Der dritte Ansatz lautet also

(7) $$L = \int_0^a \sqrt{1+\left(\frac{dy}{dx}\right)^2}\,dx\,,$$

wo $\frac{dy}{dx}$ aus dem allgemeinen Integral von (6) einzusetzen ist und a den Horizontalabstand der Seilendpunkte bedeutet.

Jedenfalls ist die Gleichgewichtslage des Seiles zu ermitteln, deren Gestaltskoordinaten x_1, y_1 wir nunmehr als Konstante betrachten. Von ihnen sollen jetzt die Koordinaten x, y der Punkte des bewegten Seiles sich um die Größe ξ bzw. η unterscheiden:

$$x = x_1 + \xi\,, \qquad y = y_1 + \eta\,,$$

während seine Spannung T sich von der Spannung T_1 des ruhenden Seiles um den Betrag τ unterscheide: $T = T_1 + \tau$.

Dann werden nach Ausführung der nötigen Differentiationen und nach Kombination der Ansätze (1a) und (1b) die Bewegungsgleichungen des gestörten Seiles:

(8) $$\begin{cases} m\dfrac{\partial^2\xi}{\partial t^2} = \dfrac{\partial}{\partial s}\left(T_1\dfrac{\partial\xi}{\partial s} + \tau\dfrac{\partial x_1}{\partial s}\right), \\[2ex] m\dfrac{\partial^2\eta}{\partial t^2} = \dfrac{\partial}{\partial s}\left(T_1\dfrac{\partial\eta}{\partial s} + \tau\dfrac{\partial y_1}{\partial s}\right). \end{cases}$$

Hierzu kommt noch die Unausdehnbarkeitsbedingung

$$\left(\frac{\partial x}{ds}\right)^2 + \left(\frac{\partial x}{\partial y}\right)^2 = \left(\frac{\partial x_1}{\partial s} + \frac{\partial\xi}{\partial s}\right)^2 + \left(\frac{\partial y_1}{\partial s} + \frac{\partial\eta}{\partial s}\right)^2 = 1$$

oder unter Vernachlässigung der kleinen Quadrate $\left(\frac{\partial\xi}{\partial s}\right)^2$ und $\left(\frac{\partial\eta}{\partial s}\right)^2$

(8a) $$\frac{\partial x_1}{\partial s}\,\frac{\partial \xi}{\partial s}+\frac{\partial y_1}{\partial s}\,\frac{\partial \eta}{\partial s}=0\,.$$

3. Fragen wir jetzt nach der Fortpflanzungsgeschwindigkeit einer kleinen Störung der Gleichgewichtsgestalt längs der Seilachse. Die Störung habe die Form einer kleinen wellenartigen Ausbauchung des Seiles. Da die Ausbauchung kontinuierlich in die Gleichgewichtsgestalt übergehen muß, so gilt stets an den Enden der über das Seil fortschreitenden Welle:

(9) $$\frac{\partial \xi}{\partial s}=0\,,\qquad \frac{\partial \xi}{\partial t}=0\,,\qquad \frac{\partial \eta}{\partial s}=0\,,\qquad \frac{\partial \eta}{\partial t}=0\,,\qquad \tau=0\,.$$

Aus den ersten beiden Ansätzen folgt durch Differentiation nach s bzw. t, wenn $\frac{\partial s}{\partial t}=v$ (Wellengeschwindigkeit) gesetzt wird:

$$v\,\frac{\partial^2 \xi}{\partial s^2}+\frac{\partial^2 \xi}{\partial s\,\partial t}=0 \quad \text{und} \quad \frac{\partial^2 \xi}{\partial t^2}+v\,\frac{\partial^2 \xi}{\partial t\,\partial s}=0\,,$$

woraus man

$$\frac{\partial^2 \xi}{\partial t^2}=v^2\,\frac{\partial^2 \xi}{\partial s^2}$$

ableitet. Ein entsprechender Ansatz findet sich für η. Hiermit gehen aber die Ansätze (8) für die Enden der Welle über in

$$\left(v^2-\frac{T_1}{m}\right)\frac{\partial^2 \xi}{\partial s^2}=0\,,\qquad \left(v^2-\frac{T_1}{m}\right)\frac{\partial^2 \eta}{\partial s^2}=0\,,$$

woraus folgt:

(10) $$v^2=\frac{T_1}{m}\,.$$

Wenn für die Gleichgewichtsgestalt $\frac{dy}{dx}=\operatorname{tg}\alpha$ gesetzt wird, so ergibt sich aus (4) und (3) durch Division und Differentiation:

$$H\,\frac{\partial \operatorname{tg}\alpha}{\partial s}=m\,g\,,$$

aus (3) allein:

$$T_1\cos\alpha=H\,.$$

Demnach wird:

$$(11)\qquad \frac{T_1}{m} = \frac{g}{\cos\alpha\,\dfrac{\partial\,\mathrm{tg}\,\alpha}{\partial s}} = g\,\varrho\cos\alpha\,,$$

weil $\dfrac{\partial\,\mathrm{tg}\,\alpha}{\partial s} = \dfrac{\partial\,\mathrm{tg}\,\alpha}{\partial\alpha}\,\dfrac{\partial\alpha}{\partial s} = \dfrac{1}{\cos^2\alpha}\cdot\dfrac{1}{\varrho}$ (ϱ = Krümmungsradius) ist.

Verbindet man nun (11) mit (10), so erkennt man, daß sich die Störung längs des Seiles fortpflanzt mit der Geschwindigkeit

$$v = \sqrt{g\,\varrho\cos\alpha} = \sqrt{\frac{H}{m\cos\alpha}}\,,$$

die Geschwindigkeit hat also im Scheitel des hängenden Seiles (im tiefsten Punkt) ihren kleinsten Wert, weil dort auch die Seilspannung am kleinsten ist. Denn unser Ansatz (10) ist identisch mit dem Ansatz $a = \dfrac{P}{\varrho f}$ § 87 für die Störungsgeschwindigkeit in einer gespannten Saite, da man jedes Seilelement als gespannte Saite betrachten kann, womit die Störungsgeschwindigkeit im Seil proportional mit der Quadratwurzel aus der Spannung werden muß.

4. Zur Untersuchung der kleinen ebenen Schwingungen eines Seiles oder einer Kette, die, an einem ihrer Enden im Koordinatenanfangspunkt befestigt, vertikal herabhängt, knüpfen wir an an die Ansätze (1a). Wegen der Kleinheit der Bewegung und der Unausdehnbarkeit ist $\dfrac{\partial y}{\partial t} = 0$ und $\dfrac{\partial y}{\partial s} = 1$, also $y = s$ zu setzen. Durch Integration der zweiten Gleichung (1a) findet sich hiernach:

$$(12)\qquad T = C + m\,g\,y$$

oder da am unteren Ende der Kette ($x = 0$, $y = -L$) die Spannung $T = 0$ sein muß:

$$(13)\qquad T = m\,g(y + L)\,.$$

Dies setzt man in die zweite Gleichung (1a) ein:

$$(14)\qquad \frac{1}{g}\,\frac{\partial^2 x}{\partial t^2} = \frac{\partial}{\partial y}\left[(y + L)\,\frac{\partial x}{\partial y}\right].$$

Schreiben wir nun η^2 statt $y + L$, so findet sich als Differentialgleichung für das Ausschwingen x der einzelnen Kettenpunkte

$$(15)\qquad \frac{4}{g}\,\frac{d^2 x}{\partial t^2} = \frac{1}{\eta}\,\frac{\partial x}{\partial\eta} + \frac{\partial^2 x}{\partial\eta^2}\,.$$

Durch den Ansatz $x = \mathsf{T}\,\mathsf{H}$, wo T nur t, H nur η enthalten sollen, entspringen hieraus mit der noch zu bestimmenden Konstanten k^2 und der Abkürzung $4\,c^2 = g$ die beiden gewöhnlichen Differentialgleichungen

$$(16) \qquad \begin{cases} \mathsf{T}'' + k^2 c^2\, \mathsf{T} = 0 \\ \mathsf{H}'' + \dfrac{1}{\eta}\mathsf{H}' + k^2 \mathsf{H} = 0\,. \end{cases}$$

Von diesen liefert die erste das allgemeine Integral

$$(17) \qquad \mathsf{T} = C_1 \sin(k\,c\,t + \alpha)\,,$$

die zweite:

$$\mathsf{H} = A_1\, J_0(k\,\eta) + B_1\, Y_0(k\,\eta)\,,$$

wo J_0 und Y_0 die Besselschen Funktionen erster und zweiter Art der Ordnung Null bedeuten. Am unteren Ende der Kette muß aber die Spannung

$$(18) \qquad \mathsf{T} = m\,g(y + L)$$

verschwinden, d. h. es gilt hier die Grenzbedingung: für $y + L = 0$ oder $\eta = 0$: $T = 0$. Mithin muß am unteren Ende ($\eta = 0$) H verschwinden, was nur dann möglich ist, wenn die Konstante B_1 gleich Null angenommen wird, denn für $\eta = 0$ würde $Y_0(k\,\eta)$ unendlich werden, weil es einen Term $\log(k\,\eta)$ enthält.

Für die seitlichen Ausschläge der Kette ergibt sich also, mit $C_1 A_1 = A$

$$(19) \qquad x = A\,J_0(k\,\eta)\sin(k\,c\,t + \alpha)\,.$$

Nun ist die zweite Grenzbedingung zu berücksichtigen, daß für $y = 0$ oder $\eta = \sqrt{L}$ dauernd x verschwinden muß, weil ja der Aufhängepunkt der Kette stets in Ruhe ist. Dies führt auf die Gleichung

$$(20) \qquad J_0(k\sqrt{L}) = 0$$

zur Bestimmung der unbekannten Konstanten k. Die Gleichung (20) liefert unendlich viele Wurzeln $\varrho_k = k\sqrt{L}$, und somit unendlich viele Werte der Konstanten

$$21) \qquad k = \frac{\varrho_k}{\sqrt{L}}\,.$$

Jeder dieser Werte liefert eine sogenannte Hauptschwingung der Kette

$$x_k = A_k J_0(k\eta) \sin(kct + \alpha_k) , \tag{22}$$

aus denen sich die gesamte Schwingung der Kette nach der Summe

$$x = \sum_1^{\infty} {}^{k} x_k$$

zusammensetzt. Hier bestimmen sich die Amplituden A_k und die Phasen α_k der einzelnen Schwingungsanteile entsprechend dem Verfahren bei der schwingenden Saite durch die Anfangsbedingungen. Vgl. § 87.

Für die Wurzeln ϱ_k gilt die Reihenentwickelung

$$\varrho_k = \pi\left(k - 0{,}25 + \frac{0{,}050661}{4k-1} - \frac{0{,}053041}{(4k-1)^3} + \ldots\right),$$

aus der sich für die langsamste Schwingung ($k = 1$) berechnet $\varrho_1 = 0{,}77\,\pi$. Damit findet sich aber die zugehörige Schwingungsdauer

$$\mathfrak{T}_1 = \frac{2\pi\sqrt{L}}{\varrho_k c} = \frac{4}{0{,}77}\sqrt{\frac{L}{g}} = 5{,}2\sqrt{\frac{L}{g}} .$$

Die Kette von der Länge L schwingt also etwas rascher als das gleichlange mathematische Pendel.[172])

XII. Periodische Bewegungen nicht elastischer Flüssigkeiten.

§ 98. Die Eulerschen Differentialgleichungen der Flüssigkeitsbewegung.

Wir betrachten zunächst eine im Gleichgewicht befindliche Flüssigkeit in einem Raumpunkt $x\,y\,z$; die dort herrschende Dichte bezeichnen wir mit ϱ, den Flüssigkeitsdruck mit p; ϱ und p setzen wir als mit dem Ort veränderlich voraus; bzw. ϱ heißt dies, daß wir die Flüssigkeit als kompressibel ansehen.

Nunmehr grenzen wir (Fig. 295) ein Flüssigkeitsparallelepiped der Kantenlängen Δx, Δy, Δz heraus und betrachten dessen Gleichgewicht gegen Verschieben in Richtung der x-Achse. Zunächst wirkt der Flüssigkeitsdruck auf die der $y\,z$-Ebene zugewendete Seite des Parallelepipeds mit dem Betrage

$$p\,\Delta y\,\Delta\,z\,.$$

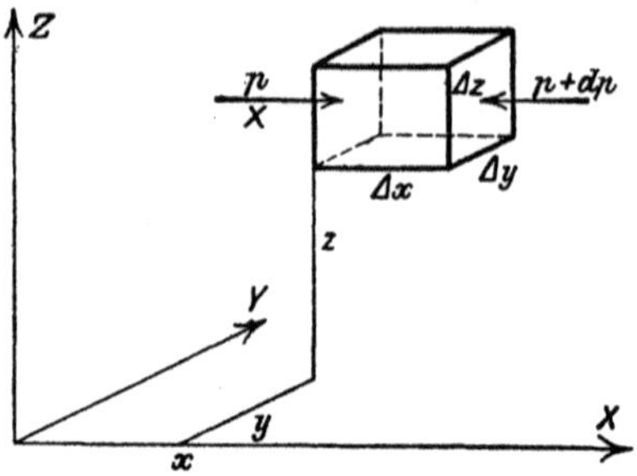

Fig. 295. Kräfte am Flüssigkeitselement.

Auf die gegenüberliegende Seite wirkt der Flüssigkeitsdruck mit dem Betrage

$$(p+\Delta p)\,\Delta y\,\Delta z = \left(p + \frac{\partial p}{\partial x}\,\Delta x\right)\Delta y\,\Delta z\,.$$

Schließlich sei noch eine der Dichte ϱ proportionale Kraft mit einer x-Komponente $= X\,\varrho\,\Delta x\,\Delta y\,\Delta z$ beteiligt. Die Gleichgewichtsbedingung lautet dann:

$$p\,\Delta y\,\Delta z - \left(p + \frac{\partial p}{\partial x}\,\Delta x\right)\Delta y\,\Delta z + X\,\varrho\,\Delta x\,\Delta y\,\Delta z = 0\,.$$

Für die anderen Koordinatenrichtungen existieren ähnliche Gleichungen, so daß folgendes System von Gleichungen resultiert:

$$(1)\qquad \left\{\begin{aligned} X - \frac{1}{\varrho}\,\frac{\partial p}{\partial x} &= 0\,,\\ Y - \frac{1}{\varrho}\,\frac{\partial p}{\partial y} &= 0\,,\\ Z - \frac{1}{\varrho}\,\frac{\partial p}{\partial z} &= 0\,.\end{aligned}\right.$$

Die Flüssigkeit sei nun in Bewegung. Dann ist die Massenträgheit des betrachteten Elementes

$$\varrho\,\Delta x\,\Delta y\,\Delta z\,\frac{d_x^2}{dt^2}\,,$$

oder wenn wir mit u die x-Komponente der Geschwindigkeit des Elementes bezeichnen

$$\varrho\, \Delta x\, \Delta y\, \Delta z \frac{du}{dt}\,.$$

Diese Massenträgheitskraft muß nun nach dem d'Alembertschen Prinzip gleich der Summe der angreifenden inneren und äußeren Kräfte sein, also:

$$\text{(2)} \qquad \left\{\begin{aligned} \frac{du}{dt} &= X - \frac{1}{\varrho}\frac{\partial p}{\partial x}\,, \\ \frac{dv}{dt} &= Y - \frac{1}{\varrho}\frac{\partial p}{\partial y}\,, \\ \frac{dw}{dt} &= Z - \frac{1}{\varrho}\frac{\partial p}{\partial z}\,. \end{aligned}\right.$$

Im allgemeinen wird nun die Geschwindigkeit sowohl eine Funktion des Ortes wie der Zeit sein, also:

$$\text{(3)} \qquad \left\{\begin{aligned} u &= \varphi(x\,y\,z\,t)\,, \\ v &= \psi(x\,y\,z\,t)\,, \\ w &= \chi(x\,y\,z\,t)\,. \end{aligned}\right.$$

Aus diesen Gleichungen berechnen sich die totalen Differentiale

$$\text{(4)} \qquad \left\{\begin{aligned} du &= \frac{\partial \varphi}{\partial x}dx + \frac{\partial \varphi}{\partial y}dy + \frac{\partial \varphi}{\partial z}dz + \frac{\partial \varphi}{\partial t}dt\,, \\ dv &= \frac{\partial \psi}{\partial x}dx + \frac{\partial \psi}{\partial y}dy + \frac{\partial \psi}{\partial z}dz + \frac{\partial \psi}{\partial t}dt\,, \\ dw &= \frac{\partial \chi}{\partial x}dx + \frac{\partial \chi}{\partial y}dy + \frac{\partial \chi}{\partial z}dz + \frac{\partial \chi}{\partial t}dt \end{aligned}\right.$$

und hieraus die Geschwindigkeiten selbst:

$$\text{(5)} \qquad \left\{\begin{aligned} \frac{du}{dt} &= u\frac{\partial u}{\partial x} + v\frac{\partial u}{\partial y} + w\frac{\partial u}{\partial z} + \frac{\partial u}{\partial t}\,, \\ \frac{dv}{dt} &= u\frac{\partial v}{\partial x} + v\frac{\partial v}{\partial y} + w\frac{\partial v}{\partial z} + \frac{\partial v}{\partial t}\,, \\ \frac{\partial w}{dt} &= u\frac{\partial w}{\partial x} + v\frac{\partial w}{\partial y} + w\frac{\partial w}{\partial z} + \frac{\partial w}{\partial t}\,. \end{aligned}\right.$$

womit sich die hydrodynamischen Gleichungen schreiben:

$$(6)\qquad \begin{cases} u\dfrac{\partial u}{\partial x}+v\dfrac{\partial u}{\partial y}+w\dfrac{\partial u}{\partial z}+\dfrac{\partial u}{\partial t}=X-\dfrac{1}{\varrho}\dfrac{\partial p}{\partial x}\,, \\ u\dfrac{\partial v}{\partial x}+v\dfrac{\partial v}{\partial y}+w\dfrac{\partial v}{\partial z}+\dfrac{\partial v}{\partial t}=Y-\dfrac{1}{\varrho}\dfrac{\partial p}{\partial y}\,, \\ u\dfrac{\partial w}{\partial x}+v\dfrac{\partial w}{\partial y}+w\dfrac{\partial w}{\partial z}+\dfrac{\partial w}{\partial t}=Z-\dfrac{1}{\varrho}\dfrac{\partial p}{\partial z}\,. \end{cases}$$

Dies sind die drei Eulerschen hydrodynamischen Differentialgleichungen für die vier Größen u, v, w, t. Es fehlt mithin noch eine Gleichung, nämlich die, welche die Dichtenänderung während der Bewegung angibt.

Die Dichtenänderung im Zeitelement dt in unserem Raumelement $\Delta x\,\Delta y\,\Delta z$ ist $\frac{\partial \varrho}{\partial t}dt$, und damit die Massenänderung:

$$\Delta x\,\Delta y\,\Delta z\frac{\partial \varrho}{\partial t}dt\,.$$

Wir betrachten nun die Massenänderung im Element $\Delta x\,\Delta y\,\Delta z$ während der Zeit dt.

In Richtung der x-Achse strömt ein:

$$\Delta y\,\Delta z\,\varrho\,u\,dt\,;$$

es strömt aus:

$$\Delta y\,\Delta z\left(\varrho\,u+\frac{\partial(\varrho\,u)}{\partial x}\Delta x\right)dt\,.$$

Im ganzen strömt also die Masse

$$-\Delta x\,\Delta y\,\Delta z\frac{\partial(\varrho\,u)}{\partial x}dt\,.$$

Analoge Strömungen finden statt parallel zur y- und z-Achse. Die Summe aller drei Strömungen muß gleich der obengenannten Massenänderung sein, also:

$$\Delta x\,\Delta y\,\Delta z\frac{\partial\varrho}{\partial t}dt=-\left(\frac{\partial(\varrho\,u)}{\partial x}+\frac{\partial(\varrho\,v)}{\partial y}+\frac{\partial(\varrho\,w)}{\partial z}\right)\Delta x\,\Delta y\,\Delta z\,dt\,.$$

oder nach Division mit $\Delta x\,\Delta y\,\Delta z\,dt$:

$$(7)\qquad \frac{\partial\varrho}{\partial t}+\frac{\partial(\varrho\,u)}{\partial x}+\frac{\partial(\varrho\,v)}{\partial y}+\frac{\partial(\varrho\,w)}{\partial z}=0\,.$$

Dies ist die **Kontinuitätsgleichung**, die ebenfalls schon von Euler aufgestellt wurde.

Die bisherigen Ansätze sprechen nur von Verschiebungen des Elementarteilchens $\Delta x \Delta y \Delta z$; wir wollen jetzt sehen, ob neben den Verschiebungen auch Drehungen vorkommen können.

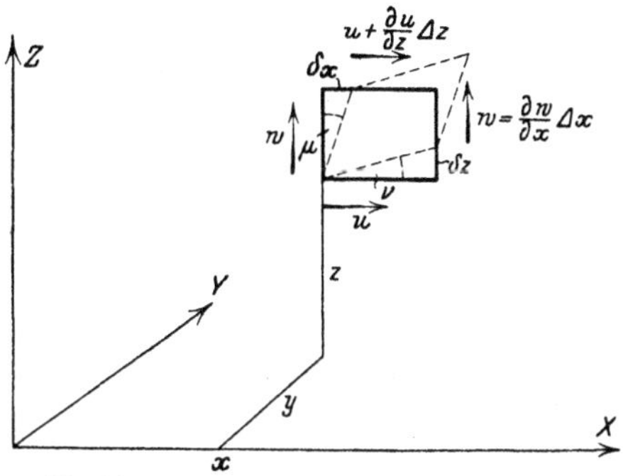

Fig. 296. Drehung eines Flüssigkeitselementes.

In der Figur 296 deformiere sich während der Zeit dt das ursprünglich rechtwinklige Parallelepiped in ein schiefwinkliges, was offenbar eintreten muß, da die Geschwindigkeiten in den Punkten x, y, z von denen in den Punkten $x + \Delta x$, y, z und x, y, $z + \Delta z$ verschieden sind. Infolge dieser Geschwindigkeitsunterschiede verschieben sich diese beiden letzten Punkte um

$$\delta z = \frac{\partial w}{\partial x} \Delta x \, dt$$

und

$$\delta x = \frac{\partial u}{\partial z} \Delta z \, dt \, .$$

Mit diesen Verschiebungen sind aber die Drehungen der Kanten Δx und Δz des Parallelepipeds um die Winkel μ und ν wie folgt verknüpft:

$$\delta z = \nu \cdot \Delta x \, ,$$

$$\delta x = \mu \cdot \Delta z \, .$$

Es finden sich also diese Winkel

$$\mu = \frac{\partial u}{\partial z} dt \, ,$$

$$\nu = \frac{\partial w}{\partial x} dt \, .$$

Aus den Winkeln μ und ν berechnet sich aber die mittlere Drehung des Elementes um die y-Achse:

$$d\beta = \frac{\mu - \nu}{2} = \frac{1}{2}\left(\frac{\partial u}{\partial z} - \frac{\partial w}{\partial x}\right) dt ,$$

und nach Division mit dt:

$$\eta = \frac{d\beta}{dt} = \frac{1}{2}\left(\frac{\partial u}{\partial t} - \frac{\partial w}{\partial x}\right).$$

Für die anderen Achsenrichtungen ergeben sich durch zyklische Vertauschung der Buchstaben analoge Gleichungen:

$$(8) \qquad \left\{ \begin{aligned} \xi &= \frac{d\alpha}{dt} = \frac{1}{2}\left(\frac{\partial w}{\partial y} - \frac{\partial v}{\partial z}\right), \\ \zeta &= \frac{\partial \gamma}{\partial t} = \frac{1}{2}\left(\frac{\partial v}{\partial x} - \frac{\partial u}{\partial y}\right), \end{aligned} \right.$$

ξ, η, ζ bedeuten also die Winkelgeschwindigkeiten des Flüssigkeitselementes.

Wir wollen jetzt eine Flüssigkeit, in der $\xi = 0$, $\eta = 0$, $\zeta = 0$ ist, in der also die Flüssigkeiten nicht rotieren, eine wirbelfreie nennen. Die Bedingung dafür, daß eine Flüssigkeit wirbelfrei ist, lautet dann:

$$(9) \qquad \frac{\partial w}{\partial y} = \frac{\partial v}{\partial z}, \qquad \frac{\partial u}{\partial z} = \frac{\partial w}{\partial x}, \qquad \frac{\partial v}{\partial x} = \frac{\partial u}{\partial y}.$$

Diese Bedingung wird z. B. erfüllt, wenn u, v, w von einer Funktion $\Phi(x y z)$ so abhängen, daß ist

$$(10) \qquad u = -\frac{\partial \Phi}{\partial x}, \qquad v = -\frac{\partial \Phi}{\partial y}, \qquad w = -\frac{\partial \Phi}{\partial z}.$$

Die Flüssigkeitsbewegung hat dann nach Helmholtz' Ausdrucksweise ein Geschwindigkeitspotential Φ, und man kann sagen, daß eine Flüssigkeitsbewegung mit Geschwindigkeitspotential wirbelfrei ist.

Setzt man nun noch die Kontinuitätsgleichung für inkompressible Flüssigkeiten mit $d\varrho = 0$ an:

$$(11) \qquad \frac{\partial u}{\partial x} + \frac{\partial v}{\partial y} + \frac{\partial w}{\partial z} = 0 ,$$

so findet man mit (10) folgende partielle Differentialgleichung für das Potential:

(12) $$\frac{\partial^2 \Phi}{\partial x^2} + \frac{\partial^2 \Phi}{\partial y^2} + \frac{\partial^2 \Phi}{\partial z^2} = 0\,.$$

Flüssigkeiten, die, wenn sie zu Anfang wirbelfrei waren, auch während der Bewegung wirbelfrei bleiben, nennt man ideale oder reibungsfreie; bei diesen bleiben Wirbel, die auf irgendeine Weise entstanden sind, dauernd erhalten[173]).

§ 99. Wellenbewegung bei Wirbelfreiheit[174]).

Wir untersuchen nun die Wellenbewegung einer inkompressiblen Flüssigkeit, indem wir ein Geschwindigkeitspotential Φ annehmen. Die Bewegung erfolge parallel zur xz-Ebene; dann beschränkt sich die Kontinuitätsgleichung auf:

(1) $$\frac{\partial u}{\partial x} + \frac{\partial w}{\partial z} = 0$$

und die Differentialgleichung des Potentials auf:

(2) $$\frac{\partial^2 \Phi}{\partial x^2} + \frac{\partial^2 \Phi}{\partial z^2} = 0\,.$$

Eine Lösung dieser Differentialgleichung ist

(3) $$\begin{cases} \Phi = Z \cos 2\pi\left(\dfrac{x}{\lambda} - \dfrac{t}{T}\right) & \text{oder auch} \\ \Phi = Z \sin 2\pi\left(\dfrac{x}{\lambda} - \dfrac{t}{T}\right), \end{cases}$$

wenn Z als Funktion von z der Gleichung genügt:

4) $$\frac{d^2 Z}{dt^2} = \frac{4\pi^2}{\lambda^2} Z\,.$$

Das allgemeine Integral dieser Differentialgleichung ist aber:

(5) $$Z = A e^{\frac{2\pi}{\lambda} z} + B e^{-\frac{2\pi}{\lambda} z}\,.$$

Für die Konstanten A und B liefert die Bemerkung, daß, falls die xy-Ebene der Boden des Gefäßes ist, für $t = 0$ auch $w = \dfrac{\partial \varphi}{\partial t} = 0$ sein muß, die Relation

$$A = B\,,$$

mithin:

$$\Phi = A\left(e^{\frac{2\pi}{\lambda}z} + e^{-\frac{2\pi}{\lambda}z}\right)\cos 2\pi\left(\frac{x}{\lambda} - \frac{t}{T}\right). \tag{6}$$

Aus diesem Ansatz ergibt sich, daß sich bei festen z und t Φ reproduziert für $x = k \cdot \lambda$, wo k eine ganze Zahl ist. Wir nennen also die Größe λ die Wellenlänge, d. h. den Horizontalabstand aller Punkte, in dem zur gleichen Zeit gleiche Bewegungszustände herrschen.

Weiter wollen wir annehmen, daß die Verschiebungen der Punkte und die Verschiebungsgeschwindigkeiten klein sind. Dann kann die dritte der hydrodynamischen Differentialgleichungen geschrieben werden mit $w = -\frac{\partial \Phi}{\partial z}$ und $Z = -g$:

$$-\frac{\partial}{\partial t}\left(\frac{\partial \Phi}{\partial z}\right) + g + \frac{1}{\varrho}\frac{\partial p}{\partial z} = 0. \tag{7}$$

Tauscht man hier im ersten Gliede die Reihenfolge der Differentiationen um und integriert nach z, so wird:

$$-\frac{\partial \Phi}{\partial t} + g z + \frac{p}{\varrho} = \text{Konst.} \tag{8}$$

und nach Differentiation nach der Zeit, wobei wir $\frac{dp}{dt}$ vernachlässigen, da die Schwankungen von p nur klein sein sollen:

$$-\frac{\partial^2 \Phi}{\partial t} + g\frac{\partial z}{\partial t} = 0 \tag{9}$$

und hieraus mit

$$\frac{\partial z}{\partial t} = w = -\frac{\partial \Phi}{\partial z}:$$

$$\frac{\partial^2 \Phi}{\partial t^2} + g\frac{\partial \Phi}{\partial z} = 0. \tag{10}$$

Mit unserem Ansatz (6) liefert uns diese Gleichung:

$$g\frac{2\pi}{\lambda}\left(e^{\frac{2\pi}{\lambda}z} - e^{-\frac{2\pi}{\lambda}z}\right) = \frac{4\pi^2}{T^2}\left(e^{\frac{2\pi}{\lambda}z} + e^{-\frac{2\pi}{\lambda}z}\right) \tag{11}$$

und hieraus

(12) $$\frac{1}{T^2} = \frac{g}{2\pi\lambda} \frac{e^{\frac{2\pi}{\lambda}z} - e^{-\frac{2\pi}{\lambda}z}}{e^{\frac{2\pi}{\lambda}z} + e^{-\frac{2\pi}{\lambda}z}}.$$

T ist die Zeit, nach welcher an einem bestimmten Orte x, z derselbe Bewegungszustand wiederkehrt, also die Oszillationsdauer, und

(13) $$V = \frac{\lambda}{T}$$

nennen wir die Fortpflanzungsgeschwindigkeit des Vorganges. Diese ergibt sich also als abhängig von der Wellenlänge und von der Wassertiefe. Die beiden unabhängigen Konstanten A und λ sind willkürlich wählbar, d. h. man kann in jeder Flüssigkeit Bewegungen beliebiger Amplitude und Wellenlänge erregen; dann aber ist die Fortpflanzungsgeschwindigkeit festgelegt.

Bemerkenswert ist die Abhängigkeit der Fortpflanzungsgeschwindigkeit von der Wassertiefe. Am Boden des Gefäßes ($z = 0$) ist sie Null, für sehr tiefes Wasser ($z = \infty$) wird sie an dessen Oberfläche:

(14) $$V = \sqrt{\frac{g\lambda}{2\pi}}.$$

Wir wollen nun noch die Bahnkurven des einzelnen Wasserteilchens ermitteln.

Zur Zeit $t = 0$ habe das Teilchen den Ort x, z; zur Zeit t den Ort $x + \xi$, $z + \zeta$. Es fragt sich, welche Kurve erhalte ich, wenn ich aus den Formeln für ξ und ζ die Zeit eliminiere.

Wir setzen die Geschwindigkeit der Teilchen an:

(15) $$\begin{cases} \dfrac{d\xi}{dt} = \dfrac{\partial\Phi}{\partial x} = -\dfrac{2\pi}{\lambda} A\left(e^{\frac{2\pi}{\lambda}z} + e^{-\frac{2\pi}{\lambda}z}\right) \sin 2\pi\left(\dfrac{x}{\lambda} - \dfrac{t}{T}\right) \\[2ex] \dfrac{d\zeta}{dt} = \dfrac{\partial\Phi}{\partial z} = +\dfrac{2\pi}{\lambda} A\left(e^{\frac{2\pi}{\lambda}z} - e^{-\frac{2\pi}{\lambda}z}\right) \cos 2\pi\left(\dfrac{x}{\lambda} - \dfrac{t}{T}\right). \end{cases}$$

Durch Integration zwischen 0 und t findet man:

(16) $$\begin{cases} \xi = -\dfrac{AT}{\lambda}\left(e^{\frac{2\pi z}{\lambda}} + e^{-\frac{2\pi z}{\lambda}}\right)\left\{\cos 2\pi\left(\dfrac{x}{\lambda} - \dfrac{t}{T}\right) - \cos\dfrac{2\pi x}{\lambda}\right\}, \\[2ex] \zeta = -\dfrac{AT}{\lambda}\left(e^{\frac{2\pi z}{\lambda}} - e^{-\frac{2\pi z}{\lambda}}\right)\left\{\sin 2\pi\left(\dfrac{x}{\lambda} - \dfrac{t}{T}\right) - \sin\dfrac{2\pi x}{\lambda}\right\}. \end{cases}$$

Kürzen wir jetzt ab:

$$(17)\qquad \begin{cases} -\dfrac{AT}{\lambda}\left(e^{\frac{2\pi z}{\lambda}} + e^{-\frac{2\pi z}{\lambda}}\right) = a\,, \\ -\dfrac{AT}{\lambda}\left(e^{\frac{2\pi z}{\lambda}} - e^{-\frac{2\pi z}{\lambda}}\right) = b\,, \end{cases}$$

so ergibt die Elimination von t:

$$(18)\qquad \left(\frac{\xi}{a} + \cos\frac{2\pi x}{\lambda}\right)^2 + \left(\frac{\zeta}{b} + \sin\frac{2\pi z}{\lambda}\right)^2 = 1\,,$$

als Bahnkurve des Teilchens x, z eine Ellipse.

§ 100. Die Lagrangeschen Differentialgleichungen der Flüssigkeitsbewegung.

Die Eulerschen Differentialgleichungen

$$(1)\qquad \begin{cases} \dfrac{du}{dt} = X - \dfrac{1}{\varrho}\dfrac{\partial p}{\partial x}\,, \\ \dfrac{dv}{dt} = Y - \dfrac{1}{\varrho}\dfrac{\partial p}{\partial y}\,, \\ \dfrac{dw}{dt} = Z - \dfrac{1}{\varrho}\dfrac{\partial p}{\partial z} \end{cases}$$

liefern uns den Bewegungszustand für jeden Punkt des Raumes, sagen uns dagegen nicht ohne weiteres, was mit einem bestimmten Punkt der Flüssigkeit geschieht. Wir wollen nun die Eulerschen Gleichungen so umformen, daß wir auch hierüber Aufschluß erhalten.

Wir fassen ein bestimmtes Flüssigkeitselement ins Auge, welches zu einer bestimmten Zeit $t = 0$ die Koordinaten a, b, c habe. Infolge der Bewegung der Flüssigkeit ändert das Element seinen Ort im Raume, wodurch es zur Zeit t im Punkte $x\,y\,z$ angekommen sei. In diesem Punkt gelten dann zunächst die Eulerschen Gleichungen. Nun betrachten wir die Wanderung eines Flüssigkeitselementes $a + \partial a,\ b + \partial b,\ c + \partial c$. Dieses wird sich zur Zeit t in $x + \partial x,\ y + \partial y,\ z + \partial z$ befinden. Die Eulerschen Differentialgleichungen in diesem Punkte lassen sich nun leicht aus denen in $x\,y\,z$ finden durch Einführung der partiellen Differentialquotienten:

$$\frac{\partial x}{\partial a},\quad \frac{\partial y}{\partial a},\quad \frac{\partial z}{\partial a},\quad \frac{\partial x}{\partial b},\quad \frac{\partial y}{\partial b},\quad \frac{\partial z}{\partial b},\quad \frac{\partial x}{\partial c},\quad \frac{\partial y}{\partial c},\quad \frac{\partial z}{\partial c},$$

indem wir die Gleichungen mit diesen Größen der Reihe nach multiplizieren und addieren. Wir erhalten:

$$(2)\quad \begin{cases} \left(\frac{du}{dt} - X\right)\frac{\partial x}{\partial a} + \left(\frac{dv}{dt} - Y\right)\frac{\partial y}{\partial a} + \left(\frac{\partial w}{\partial t} - Z\right)\frac{\partial z}{\partial a} + \frac{1}{\varrho}\frac{\partial p}{\partial a} = 0, \\ \left(\frac{du}{dt} - X\right)\frac{\partial x}{\partial b} + \left(\frac{dv}{dt} - Y\right)\frac{\partial y}{\partial b} + \left(\frac{\partial w}{\partial t} - Z\right)\frac{\partial z}{\partial b} + \frac{1}{\varrho}\frac{\partial p}{\partial b} = 0, \\ \left(\frac{du}{dt} - X\right)\frac{\partial x}{\partial c} + \left(\frac{dv}{dt} - Y\right)\frac{\partial y}{\partial c} + \left(\frac{\partial w}{\partial t} - Z\right)\frac{\partial z}{\partial c} + \frac{1}{\varrho}\frac{\partial p}{\partial c} = 0. \end{cases}$$

Durch diese Differentialgleichungen, welche zuerst von Lagrange veröffentlicht wurden, sind $x\,y\,z$ als Funktionen von a, b, c, t zu ermitteln, welche angeben, wo sich zur Zeit t das Element befindet, welches sich zur Zeit $t = 0$ in a, b, c befand.

Durch Elimination der Zeit ergibt sich dann die Bahnkurve des Elementes, welches sich zur Zeit $t = 0$ in a, b, c befand.

Es erübrigt noch, die Kontinuitätsgleichung entsprechend umzuformen.

Zu dem Zwecke betrachten wir unser Flüssigkeitselement noch in einem anderen Zeitpunkte t_0, zu welchem es sich in $x_0\,y_0\,z_0$ befinde. Zu dieser Zeit sei das Flüssigkeitselement ein rechtwinkliges Parallelepipedon der Kantenlängen Δx_0, Δy_0, Δz_0.

Die Endpunkte der in $x_0\,y_0\,z_0$ zusammenstoßenden Kanten haben dann die Koordinaten:

$$(3)\quad \begin{cases} x_0 + \Delta x_0 & y_0 & z_0, \\ x_0 & y_0 + \Delta y_0 & z_0, \\ x_0 & y_0 & z_0 + \Delta z_0. \end{cases}$$

Wir berechnen den Inhalt des von diesen Punkten und $x_0\,y_0\,z_0$ gebildeten Tetraeders zu

$$(4)\quad T_0 = \tfrac{1}{6}\,\Delta x_0\,\Delta y_0\,\Delta z_0\,.$$

Wir ermitteln nun, wie das Tetraeder sich zur Zeit t verhält. Sein Eckpunkt $x_0\,y_0\,z_0$ ist nach unseren Festsetzungen nach $x\,y\,z$ gekommen, die anderen Eckpunkte aber nach:

$$(5)\qquad \begin{cases} x+\dfrac{\partial x}{\partial x_0}\Delta x_0\,, & y+\dfrac{\partial y}{\partial x_0}\Delta x_0\,, \quad z+\dfrac{\partial z}{\partial x_0}\Delta x_0\,, \\ x+\dfrac{\partial x}{\partial y_0}\Delta y_0\,, & y+\dfrac{\partial y}{\partial y_0}\Delta y_0\,, \quad z+\dfrac{\partial z}{\partial y_0}\Delta y_0\,, \\ x+\dfrac{\partial x}{\partial z_0}\Delta z_0\,, & y+\dfrac{\partial y}{\partial z_0}\Delta z_0\,, \quad z+\dfrac{\partial z}{\partial z_0}\Delta z_0\,. \end{cases}$$

Das Parallelepipedon ist also schiefwinklig geworden, und der Inhalt des Tetraeders wird nach einem bekannten Satz der analytischen Geometrie

$$(6)\qquad T=\tfrac{1}{6}\begin{vmatrix} \dfrac{\partial x}{\partial x_0}\Delta x_0 & \dfrac{\partial y}{\partial x_0}\Delta x_0 & \dfrac{\partial z}{\partial x_0}\Delta x_0 \\ \dfrac{\partial x}{\partial y_0}\Delta y_0 & \dots & \dots \\ \dfrac{\partial x}{\partial z_0}\Delta z_0 & \dots & \dots \end{vmatrix}.$$

Den zwischen den senkrechten Strichen eingeschlossenen Ausdruck nennt man eine **Determinante**; sie reduziert sich vermöge eines Satzes der Theorie dieser Gebilde auf:

$$(7)\qquad \begin{cases} T=\tfrac{1}{6}\,\Delta x_0\,\Delta y_0\,\Delta z_0\begin{vmatrix} \dfrac{\partial x}{\partial x_0} & \dfrac{\partial y}{\partial x_0} & \dfrac{\partial z}{\partial x_0} \\ \dfrac{\partial y}{\partial x_0} & \dots & \dots \\ \dfrac{\partial z}{\partial x_0} & \dots & \dots \end{vmatrix} \\ \quad =\tfrac{1}{6}\,\Delta x_0\,\Delta y_0\,\Delta z_0\cdot D\,. \end{cases}$$

Es ist also D der Quotient der Tetraederinhalte $T : T_0$.

Die Determinante D läßt sich nun weiter umformen, indem wir uns der Abhängigkeit der Koordinaten $x_0\,y_0\,z_0$ und x, y, z von a, b, c erinnern.

Hiermit lassen sich die Differentialquotienten $\dfrac{\partial x}{\partial x_0}$ usw. umformen, z. B. ist

$$\frac{\partial x}{\partial x_0} = \frac{\partial x}{\partial a}\frac{\partial a}{\partial x_0} + \frac{\partial x}{\partial b}\frac{\partial b}{\partial x_0} + \frac{\partial x}{\partial c} \quad \text{usw.}$$

Führt man diese Relationen in die Determinante D ein, so zerfällt diese in ein Produkt von zwei Determinanten

$$(8) \qquad D = \begin{vmatrix} \frac{\partial a}{\partial x_0} & \frac{\partial b}{\partial x_0} & \frac{\partial c}{\partial x_0} \\ \frac{\partial a}{\partial y_0} & \cdots & \cdots \\ \frac{\partial a}{\partial z_0} & \cdots & \cdots \end{vmatrix} \times \begin{vmatrix} \frac{\partial x}{\partial a} & \frac{\partial y}{\partial a} & \frac{\partial z}{\partial a} \\ \frac{\partial x}{\partial b} & \cdots & \cdots \\ \frac{\partial x}{\partial c} & \cdots & \cdots \end{vmatrix}.$$

Hier ist der erste Faktor eine Konstante, da wir $x_0 y_0 z_0$ als einen fest gegebenen Punkt ansehen können, und wir erhalten als Kontinuitätsbedingung für inkompressible Flüssigkeiten:

$$(9) \qquad \begin{vmatrix} \frac{\partial x}{\partial a} & \frac{\partial y}{\partial a} & \frac{\partial z}{\partial a} \\ \frac{\partial x}{\partial b} & \frac{\partial y}{\partial b} & \frac{\partial z}{\partial b} \\ \frac{\partial x}{\partial c} & \frac{\partial y}{\partial c} & \frac{\partial z}{\partial c} \end{vmatrix} = \text{Konst.}$$

Die Umrechnung dieser Determinante in einen algebraischen Ausdruck wollen wir allgemein nicht ausführen, sondern statt dessen ein spezielles Beispiel einer Wellenbewegung untersuchen.

§ 101. Wellen auf dem Meere und in Kanälen.

1. Die oberflächliche Beobachtung der Wellen auf einem Wasserspiegel lehrt, daß hineingeworfene kleine schwimmende Teilchen im wesentlichen an demselben Orte bleiben, während die Wellen fortzuschreiten scheinen. Bei genauerer Betrachtung findet sich bei den schwimmenden kleinen Teilchen eine sowohl in horizontaler wie vertikaler Richtung hin und hergehende Bewegung; die Teilchen beschreiben geschlossene Bahnkurven in bestimmter Ebene. In erster Annäherung sei vermutet, daß diese Bahnkurven der Oberflächenteilchen Kreise seien, dies gelte auch von den tiefer liegenden Wasserteilchen.

Eine derartige Bewegung, die die hydrodynamischen Grundansätze streng erfüllen soll, wird beschrieben durch die Lagrangeschen Gleichungen des § 100 mit den Vereinfachungen:

a) es wirkt nur die Schwerkraft: $X = 0$; $Y = 0$; $Z = -g$;

b) die Bewegung geht in einer Vertikalebene vor sich:

$$y = b\,; \quad \frac{\partial y}{\partial a} = 0\,; \quad \frac{\partial y}{\partial b} = 1\,; \quad \frac{\partial z}{\partial c} = 0\,; \quad \frac{\partial^2 y}{\partial t^2} = 0\,;$$

$$\frac{\partial x}{\partial a} = 0\,; \quad \frac{\partial y}{\partial b} = 0\,; \quad \frac{\partial p}{\partial b} = 0\,.$$

Dann werden die Lagrangeschen Gleichungen für Wasser mit der Dichte $\varrho = 1$ einfach:

$$(1) \quad \begin{cases} \dfrac{\partial^2 x}{\partial t^2}\dfrac{\partial x}{\partial a} + \left(\dfrac{\partial^2 z}{\partial t^2} + g\right)\dfrac{\partial z}{\partial a} + \dfrac{\partial p}{\partial a} = 0\,, \\[2ex] \dfrac{\partial^2 x}{\partial t^2}\dfrac{\partial x}{\partial c} + \left(\dfrac{\partial^2 z}{\partial t^2} + g\right)\dfrac{\partial z}{\partial c} + \dfrac{\partial p}{\partial c} = 0 \end{cases}$$

und die Kontunitätsgleichung lautet:

$$(2) \quad \begin{vmatrix} \dfrac{\partial x}{\partial a} & 0 & \dfrac{\partial z}{\partial a} \\ 0 & 1 & 0 \\ \dfrac{\partial x}{\partial c} & 0 & \dfrac{\partial z}{\partial c} \end{vmatrix} = \frac{\partial x}{\partial a}\frac{\partial z}{\partial c} - \frac{\partial x}{\partial c}\frac{\partial z}{\partial a} = \text{const.}$$

Dem Ansatz (2) genügt folgende Bewegung einer an den Seiten und der Tiefe unbegrenzten Flüssigkeitsmasse:

$$(3) \quad \begin{cases} x = a + C\,e^{kc}\sin k(a + v\,t)\,, \\ z = c - C\,e^{kc}\cos k(a + v\,t)\,. \end{cases}$$

Hier sind a und c zur Identifizierung eines Wasserteilchens dienenden Koordinaten und die Ansatzgruppe (3) beschreibt die Lage des Teilchens zur Zeit t. Durch Ausschaltung von t aus (3) findet sich noch die Bahnkurve des Teilchens, der Kreis:

$$(4) \quad (x - a)^2 + (y - c)^2 = C^2\,e^{2kc}$$

mit dem gegen die Tiefe hin abnehmenden Radius $C\,e^{kc}$. Jedes Teilchen durchläuft seinen Kreis mit der Winkelgeschwindigkeit $\omega = k\,v = \dfrac{2\pi}{T}$ entgegengesetzt dem Uhrzeiger.

Schafft man aus (3) den Parameter a fort, so findet sich:

$$x + v\,t = \sqrt{R\,c^2 - (c-z)^2} + \frac{1}{k}\,\mathrm{arc}\cos\left\{\frac{c-z}{R}\right\} \tag{5}$$

als Ort aller Teilchen des gleichen Parameters c, nämlich eine Trochoide. Die Trochoiden werden erzeugt durch Rollen eines Kreises vom Radius $\frac{1}{k}$ auf der Unterseite der Geraden $c + \frac{1}{k}$; der erzeugende Punkt beschreibt einen oben erwähnten Kreis vom Radius $R = C\,e^{kc}$; s. Fig. 297.

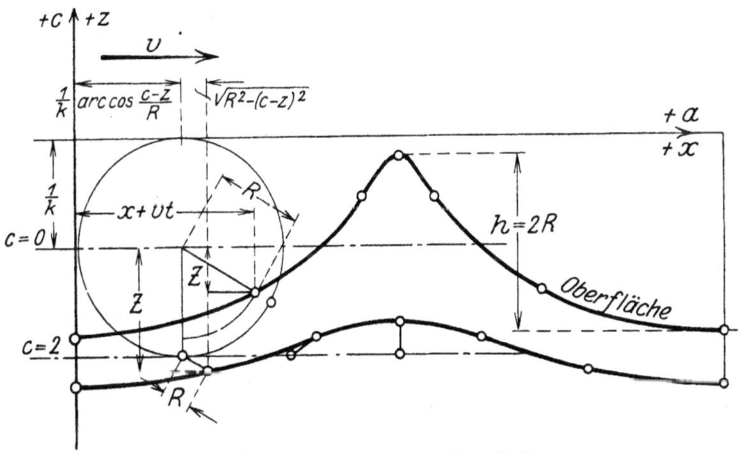

Fig. 297. Gestalt der Gerstnerschen Wellen.

Im übrigen liefert (5) noch das Ergebnis, daß die Wellenzüge die Länge $\lambda = \frac{2\pi}{k}$ haben und mit der Geschwindigkeit $v = \frac{\lambda}{T}$ in Richtung zu positiven x fortschreiten.

Weiter ergeben die Ansätze (3) mit (2) tatsächlich einen konstanten Betrag der Determinante

$$\frac{\partial x}{\partial a}\,\frac{\partial z}{\partial c} - \frac{\partial x}{\partial c}\,\frac{\partial z}{\partial a} = 1 - k^2\,C^2\,e^{2kc}\,,$$

und die Einfügung von (3) in (1) führt auf die Gleichung zur Berechnung des Druckes

$$\frac{\partial}{\partial c}\,(p + g\,z) = k^3\,v^2\,C^2\,e^{2kc} - k^2\,v^2\,C'\,e^{kc}\cos k\,(a + v\,t)\,,$$

durch deren Integration sich findet:

$$(6)\quad \begin{cases} p = A - g\{c - C\,e^{kc}\cos k(a+vt) - k\,v^2\,C\,e^{kc}\cos k(a+vt)\} \\ \quad + \tfrac{1}{2}k^2 v^2 C^2 e^{2kc}\,. \end{cases}$$

Hier muß aber der Druck an der freien Oberfläche $c = 0$ konstant sein, wodurch sich ergibt

$$(7)\qquad v^2 = \frac{g}{k} \quad \text{oder} \quad \frac{2\pi}{T^2} = \frac{g}{\lambda}\,.$$

Demnach pflanzen sich die längeren Wellen rascher fort, als die kürzeren, während die Wellenhöhe der freien Oberfläche ohne Einfluß ist. Durch letztere, die gleich h sei, wird die Konstante C bestimmt. Man erhält $C = \frac{h}{2}$; die Wellenhöhe h, ebenso wie die Länge λ ist von hier nicht weiter zu erörternden Bedingungen, besonders von der Stärke und der Dauer der die Wellen erregenden Kräfte (Wind) abhängig.

Indessen setzt die entwickelte Theorie ein bestimmtes kleinstes Verhältnis $\lambda : h$ fest, welches nicht unterschritten werden darf. Die Trochoiden (5) werden nämlich für $c = 0$ und $C = \frac{h}{2} = \frac{1}{k} = \frac{\lambda}{2\pi}$ zu gewöhnlichen Zykloiden, d. h. die Wellenberge der Oberfläche werden zu Spitzen. Dieser Grenzzustand wird demnach bezeichnet durch $\lambda : h = \pi$. Für kleinere Werte dieses Verhältnisses, d. h. für noch größere Wellenhöhen im Verhältnis zur Wellenlänge würde die Trochoide der freien Oberfläche Schleifen bilden müssen, was augenscheinlich unzulässig ist. In Wirklichkeit werden relativ so beträchtliche Wellenberge niemals beobachtet; die Wellenlänge beträgt auf dem Meere nach den bisherigen Feststellungen mindestens das 12fache der Wellenhöhe.

Es erübrigt noch, das Vorhandensein von Wirbeln in der durch (2) und (3) definierten Flüssigkeitsbewegung nachzuprüfen. Hierzu berechnen wir die drei Wirbelkomponenten nach § 98, von denen nur $\frac{1}{2}\left(\frac{\partial u}{\partial z} - \frac{\partial w}{\partial x}\right)$ von Null verschieden ist. Mit $u = \frac{dx}{\partial t}$ und $w = \frac{\partial t}{\partial t}$ ergibt sich an Hand von (3):

$$(8)\qquad \frac{1}{2}\left(\frac{\partial u}{\partial z} - \frac{\partial w}{\partial x}\right) = -\frac{2 + C^2 k^2 e^{2kc}\cos^2 k(a+vt)}{1 - C^2 k^2 e^{2kc}\cos^2 k(a+vt)}\,k\,v\,.$$

Die Bewegung ist also nicht wirbelfrei. Die Wirbelachsen stehen senkrecht zur x, z-Ebene; der Wirbelsinn ist überall entgegengesetzt dem Uhrzeiger gerichtet. Diese Drehrichtung ist mit der Wellenbewegung nicht recht vereinbar, wenn wir die letztere z. B. durch eine Windströmung in Richtung des Wellenfortschreitens entstanden denken. Diese Schwierigkeit kann man umgehen, wenn man in der Flüssigkeit ursprünglich eine horizontale, der schließlichen Wellenfortpflanzung entgegengesetzten Strömung annimmt[176]).

2. Betrachten wir jetzt die Wasserbewegung in einem Kanal unveränderlicher Breite b mit lotrechten Wänden, dessen Axe in der x-Richtung liegt, so können wir in den Eulerschen Gleichungen § 98 die Geschwindigkeitskomponente v beiseite lassen. Ferner sind keine äußeren Kräfte in der y-Richtung vorhanden, sondern nur in der x- und z-Richtung die Gefällewirkung $g\,\alpha$ bzw. g (wo α die Steigung der Kanalsohle bedeutet) und die Reibung $-\frac{\lambda}{2}\frac{u^2}{R}$, mit einer Erfahrungszahl $\frac{\lambda}{2}$, dem Profilradius R und der Strömungsgeschwindigkeit u. Es ist also zu setzen:

$$X = g\,\alpha - \frac{\lambda}{2}\frac{u^2}{R}\,; \qquad Z = -g \tag{9}$$

und demnach

$$\left\{\begin{aligned} \frac{\partial u}{\partial t} + u\frac{\partial u}{\partial x} + w\frac{\partial u}{\partial z} &= g\,\alpha - \frac{\lambda}{2}\frac{u^2}{R} - \frac{1}{\varrho}\frac{\partial p}{\partial x}\,, \\ \frac{\partial w}{\partial t} + u\frac{\partial w}{\partial x} + w\frac{\partial w}{\partial z} &= -g - \frac{1}{\varrho}\frac{\partial p}{\partial z}\,. \end{aligned}\right. \tag{10}$$

Vernachlässigen wir hier die vertikale Änderung der Horizontalgeschwindigkeit u und die zeitliche und räumliche Änderung der Vertikalgeschwindigkeit w, so wird die zweite Gleichung (10) integrabel:

$$p = p_0 + g\,\varrho\,(z_1 - z)\,, \tag{11}$$

wo p_0 den äußeren Atmosphärendruck, z_1 die Oberflächenkoordinate bedeutet. Für z_1 setzen wir jetzt mit der ungestörten Tiefe z_0

$$z_1 = z_0 + \zeta$$

und finden

$$\frac{\partial p}{\partial x} = g\,\varrho\,\frac{\partial \zeta}{\partial x}\,.$$

Damit und mit der Bemerkung, daß im Falle nur kleiner Störungen der gleichmäßigen Strömung mit $u = u_0 + \dot{\xi} = u_0 + \frac{\partial \xi}{\partial t}$ für $u \frac{\partial u}{\partial x}$ zu schreiben ist: $u_0 \frac{\partial \dot{\xi}}{\partial x}$, vereinfacht sich die erste Gleichung (10) zu

$$(12) \qquad \frac{\partial \dot{\xi}}{\partial t} + u_0 \frac{\partial \dot{\xi}}{\partial x} + \frac{u_0 \lambda}{z_0} \dot{\xi} + g \frac{\partial \zeta}{\partial x} = g\,\alpha - \frac{\lambda\, u_0^2}{2 z_0},$$

wo statt des Profilradius angenähert (bei flachen Kanälen) die ungestörte Tiefe z_0 gesetzt ist. Hierzu kommt mit den gleichen Vernachlässigungen die Kontinuitätsgleichung:

$$\frac{\partial (b\,z)}{\partial t} + \frac{\partial (b\,z\,u)}{\partial x} = 0$$

oder

$$(13) \qquad \frac{\partial \zeta}{\partial t} + u_0 \frac{\partial \zeta}{\partial x} + z_0 \frac{\partial \dot{\xi}}{\partial x} = 0\,.$$

Aus (12) und (13) ist die Veränderliche ξ auszuschalten, wodurch sich für die Spiegelstörung ζ die partielle Differentialgleichung ergibt:

$$(14) \quad \frac{\partial^2 \zeta}{\partial t^2} + 2 u_0 \frac{\partial^2 \zeta}{\partial x\, \partial t} + (u_0^2 - g\, z_0) \frac{\partial^2 \zeta}{\partial x^2} + u_0^2 \lambda \frac{\partial \zeta}{\partial x} + \frac{\lambda\, u_0}{z_0} \frac{\partial \zeta}{\partial t} = 0\,.$$

Mit $\lambda_0 = 0$ (vorläufig) ergibt sich hier der Ansatz für ungedämpfte Kanalschwingungen:

$$(14\text{a}) \qquad \alpha \frac{\partial^2 \zeta}{\partial t^2} + \beta \frac{\partial^2 \zeta}{\partial x\, \partial t} - \gamma \frac{\partial^2 \zeta}{\partial x^2} = 0$$

mit $\alpha = 1$, $\beta = 2 u_0$, $\gamma = g\, z_0 - u_0^2$. Dessen Lösung findet sich zu

$$\zeta = F(x + \lambda_1 t) + f(x + \lambda_2 t)\,,$$

wo λ_1 und λ_2 die beiden Wurzeln von

$$\alpha\, \lambda^2 + \beta\, \lambda = \gamma$$

sind, d. h. die Werte

$$(15) \qquad \lambda_1 = \sqrt{g\, z_0} - u_0 \qquad \text{und} \qquad \lambda_2 = -\sqrt{g\, z_0} - u_0$$

haben.

Demnach pflanzt sich eine Störung kanalabwärts mit der Geschwindigkeit $\sqrt{g z_0} + u_0$ kanalaufwärts aber mit $\sqrt{g z_0} - u_0$ fort. Die der anfänglichen Strömungsgeschwindigkeit u_0 sich überlagernde Wellengeschwindigkeit $\sqrt{g z_0}$ nimmt also mit der Kanaltiefe ab. Dementsprechend schreiten die Wellenkämme stets rascher vorwärts als die Wellentäler, womit die häufig beobachtete steile Stellung der Wellenbrust (im Vergleich mit dem Wellenrücken) und das schließliche Überstürzen der Kämme nach vorn erklärt ist.

3. Zur Untersuchung der allgemeineren Gleichung (14) ist der Lösungsansatz

$$\zeta = e^{i(\mu x + \nu t)} \tag{16}$$

zu machen, der auf die Bedingungsgleichung zwischen μ und ν führt:

$$\alpha \nu^2 + (\beta \mu - i \delta) \nu = \gamma \mu^2 + i \varepsilon \mu , \tag{17}$$

wo noch die Abkürzungen gelten:

$$\delta = \frac{\lambda u_0}{z_0} ; \qquad \varepsilon = u_0^2 \lambda .$$

Wählt man nun μ reell, so wird ζ in Bezug auf x periodisch; wir nennen $\frac{2\pi}{\mu}$ die Wellenlänge. Dann ist die quadratische Gleichung (17) nach ν aufzulösen. Finden sich die Lösungen ν_1 und ν_2 konjugiert komplex, so läßt sich beweisen, daß die reellen Anteile von $i \nu_1$ und $i \nu_2$ stets negativ sind; man würde also haben:

$$i \nu_1 = -p + i q ; \qquad i \nu_2 = -p - i q . \tag{18}$$

Damit ist aber die zeitliche Dämpfung für die Spiegelstörung gefunden.

Nimmt man andererseits ν reell, so erhält man eine in t periodische Lösung für ζ; $\frac{2\pi}{\nu}$ heißt die Schwingungsdauer. Die quadratische Gleichung (17) liefert dann für μ zwei Werte μ_1 und μ_2 derart, daß $i \mu_1$ und $i \mu_2$ negative reelle Anteile, etwa entsprechend

$$i \mu_1 = -\pi + i \varkappa ; \qquad i \mu_2 = -\pi - i \varkappa$$

erhalten. Die dieser Betrachtung entsprechende Lösung ist durch die räumliche Dämpfung längs der Kanalachse gekennzeichnet, die eine an einer bestimmten Stelle der Kanalachse vorhandene dauernde periodische Störung der Oberfläche in genügender Entfernung aufwärts und abwärts zum Verlöschen bringt [176a]).

§ 102. Stabilitätsuntersuchung bei einer Wirbelbewegung [177]).

1. Bewegt sich ein geeignet gestalteter Körper, etwa ein langes schmales Brett, gleichförmig durch ruhendes Wasser, so zeigt die Beobachtung, daß das letztere hinter dem Brett in einen wirbelnden Zustand gerät, der sich durch Anhäufung der Wirbelung um in zwei parallelen Reihen angeordnete isolierte Punkte kenntlich macht. Scheinbar erzeugt also die Bewegung des Brettes im Wasser

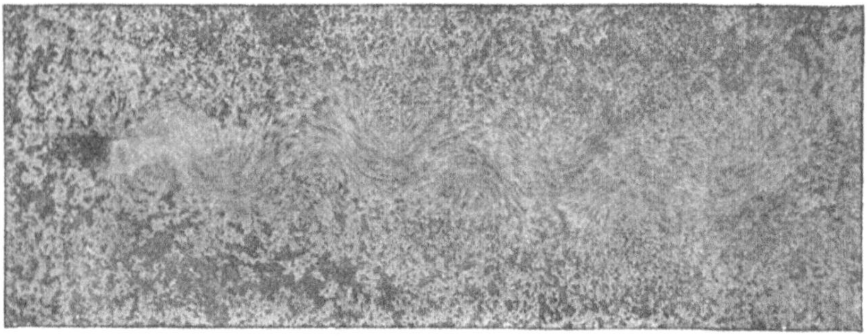

Fig. 298. Wirbelstraßenbild nach Th. v. Kármán.

eine Anzahl isolierter geradliniger Wirbelfäden, deren Bewegung ihrerseits offenbar stabil ist, denn aufgenommene Lichtbilder zeigen deutlich drei bis vier gut ausgebildete Wirbel hinter dem Brett, die dessen Bewegung in unveränderlicher relativer Lage folgen. Fig. 298 und 299. Dabei zeigt sich auch sogleich der auffallende Umstand, daß die Wirbel der beiden Reihen stets gegeneinander um den halben Wirbelabstand, den wir „Teilung“ nennen wollen, versetzt sind; denkbar wäre ja doch auch eine Anordnung, bei der die Wirbel der beiden Reihen sich paarweise gegenüberstünden.

Ohne nun auf den Mechanismus der Entstehung der Wirbel an dem Brett einzugehen, befassen wir uns, nach Vorgang von Th. v. Kármán, mit der Stabilität einer unendlich ausgedehnten Doppelreihe von Wirbeln gleicher Stärke.

Die Bewegung um einen einzelnen isolierten Wirbel, dessen Zentrum die Koordinaten x_n, y_n hat, berechnet sich aus einer Potentialfunktion Φ nach

$$u = \frac{dx}{dt} = \frac{\partial \Phi}{\partial x}; \qquad v = \frac{dy}{dt} = \frac{\partial \Phi}{\partial y}. \tag{1}$$

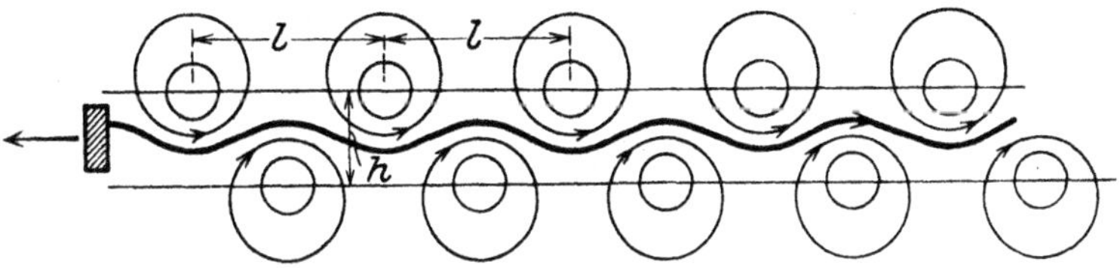

Fig. 299. Schema einer Wirbelstraße (alle kleinen Pfeile sind umzukehren).

Hier sind u und v die Komponenten der Geschwindigkeit eines beliebigen Punktes außerhalb von x_n, y_n; die Funktion $\Phi(x, y)$ aber ist so zu bestimmen, daß

$$\frac{\partial u}{\partial x} + \frac{\partial u}{\partial y} = \frac{\partial^2 \Phi}{\partial x^2} + \frac{\partial^2 \Phi}{\partial y^2} = 0 \tag{2}$$

gilt. Eine solche Funktion ist

$$\Phi = -\frac{\zeta}{2\pi} \operatorname{arctg} \frac{y - y_n}{x - x_n}, \tag{3}$$

wo ζ, von der Dimension $cm^2\, sec^{-1}$, die „Wirbelstärke" bedeutet. Aus (3) findet sich leicht

$$\left\{\begin{aligned} u &= \frac{dx}{dt} = \frac{\partial \Phi}{\partial x} = \frac{\zeta}{2\pi}\,\frac{y - y_n}{(x - x_n)^2 + (y - y_n)^2} \\ v &= \frac{dy}{dt} = \frac{\partial \Phi}{\partial y} = -\frac{\zeta}{2\pi}\,\frac{x - x_n}{(x - x_n)^2 + (y - y_n)^2}. \end{aligned}\right. \tag{4}$$

Da hierbei

$$-\frac{\partial u}{\partial x} = \frac{\zeta}{2\pi}\,\frac{2(x - x_n)(y - y_n)}{(x - x_n)^2 + (y - y_n)^2} = \frac{\partial u}{\partial y}$$

gilt, so ist (2) erfüllt.

Die Strömungsgeschwindigkeit V im Punkte x, y berechnet sich aus (4) zu:

$$V^2 = \sqrt{u^2 + v^2} = \frac{\zeta}{2\pi r}. \tag{5}$$

Da dies für $r = 0$ unendlich wird, so gilt das Wirbelpotential nicht für das Zentrum x_n, y_n des Wirbels selber.

2. Sind nun unendlich viele Wirbel der Stärke ζ vorhanden, so setzen sich die von ihnen herrührenden Geschwindigkeitskomponenten im einzelnen Punkte x, y additiv zusammen:

$$(6) \qquad \left\{ \begin{aligned} \frac{dx}{dt} &= \frac{\zeta}{2\pi} \sum_{-\infty}^{\infty}{}_n \frac{y - y_n}{(x - x_n)^2 + (y - y_n)^2} \\ \frac{dy}{dt} &= -\frac{\zeta}{2\pi} \sum_{-\infty}^{\infty}{}_n \frac{x - x_n}{(x - x_n)^2 + (y - y_n)^2} . \end{aligned} \right.$$

Ist nun der Punkt x, η selber das Zentrum eines der Wirbel, etwa des $m$ten, so ist für seine Bewegung zu schreiben:

$$(7) \qquad \left\{ \begin{aligned} \frac{dx_m}{dt} &= \frac{\zeta}{2\pi} \sum_{-\infty}^{\infty}{}_n \frac{y_m - y_n}{(x_m - x_n)^2 + (y_m - y_n)^2} \\ \frac{d\eta_m}{dt} &= -\frac{\zeta}{2\pi} \sum_{-\infty}^{\infty}{}_n \frac{x_m - x_n}{(x_m - x_n)^2 + (y_m - y_n)^2} \end{aligned} \right. \qquad m \lessgtr n ,$$

wo natürlich bei der Summation $m = n$ auszuschließen ist, entsprechend der beim Ansatz (5) ausgesprochenen Bemerkung.

Zuvörderst gelte der Ansatz (7) für eine einzige geradlinige Wirbelreihe in Gleichgewichtslagen längs der Achse mit der Teilung l. Dann wird, unter der Annahme kleiner Verschiebungen ξ_m, η_m des einzelnen Wirbelzentrums aus der Gleichgewichtslage zu setzen sein

$$\begin{aligned} x_m &= m\,l + \xi_m \\ y_m &= \qquad \eta_m , \end{aligned}$$

womit, unter Vernachlässigung der Quadrate kleiner Größen, die Ansätze (7) übergehen in

$$(8) \qquad \left\{ \begin{aligned} \frac{d\xi_m}{dt} &= \frac{\zeta}{2\pi} \sum_{-\infty}^{\infty}{}_n \frac{\eta_m - \eta_n}{(m - n)^2 l^2} \\ \frac{d\eta_m}{dt} &= \frac{\zeta}{2\pi} \sum_{-\infty}^{\infty}{}_n \frac{\xi_m - \xi_n}{(m - n)^2 l^2} \end{aligned} \right. \qquad n \lessgtr m .$$

Diese unbegrenzte Zahl von linearen Differentialgleichungen beschreibt die kleinen Schwingungen der Wirbelkette. Da kein Wirbel vor dem anderen etwas voraus hat, so muß, wenn zwischen den Schwingungen zweier benachbarter Wirbel eine Phasenverschiebung φ besteht, dieselbe Verschiebung zwischen zwei beliebigen anderen benachbarten Wirbeln bestehen. Wir können also alle Schwingungskoordinatenpaare ξ_m, η_m auf ein Paar, etwa ξ_0, η_0 beziehen, gemäß:

$$\xi_m = \xi_0 e^{i m \varphi} ; \qquad \eta_m = \eta_0 e^{i m \varphi} , \tag{9}$$

wobei wir uns vorbehalten, nach Bedarf die reellen Teile von den imaginären zu sondern.

Danach zieht sich das System (8) auf ein Gleichungspaar zusammen:

$$\left\{\begin{aligned} \frac{d\xi_0}{dt} &= \eta_0 \frac{\zeta}{2\pi} \sum_{-\infty}^{\infty}{}_n \frac{1 - e^{i n \varphi}}{n^2 l^2} \\ \frac{d\eta_0}{dt} &= \xi_0 \frac{\zeta}{2\pi} \sum_{-\infty}^{\infty}{}_n \frac{1 - e^{i n \varphi}}{n^2 l^2} \end{aligned}\right. \qquad n \gtrless 0 . \tag{10}$$

Setzt man hier $e^{i n \varphi} = \cos n\varphi + i \sin n\varphi$, so finden sich mit der Abkürzung:

$$\alpha = \frac{\zeta}{\pi l^2} \sum_{1}^{\infty} \frac{1 - \cos n\varphi}{n^2} = \frac{\zeta}{\pi} \frac{1}{l^2} \left(\frac{\pi\varphi}{2} - \frac{\varphi^2}{4} \right) = \frac{\zeta}{\pi l^2} K(\varphi) \tag{11}$$

die sehr einfachen Differentialgleichungen

$$\frac{d\xi_0}{dt} = \alpha\, \eta_0 ; \qquad \frac{d\eta_0}{dt} = \alpha\, \xi_0 , \tag{12}$$

aus denen sich ableitet:

$$\frac{d^2 \xi_0}{dt^2} - \alpha^2 \xi_0 = 0 . \tag{13}$$

Da aber $K(\varphi)$ für $0 < \varphi < 2\pi$ von Null verschieden ist, so ist es auch α^2 und die Schwingung (13) erweist sich als instabil.

3. Haben wir jetzt zwei im gegenseitigen Abstand h parallelle und zur x-Achse symmetrisch liegende Wirbelreihen zu unter-

suchen, so unterscheiden wir die Zentren jeder von beiden nach x_m, y_m und $x_{\bar m}$, $y_{\bar m}$. Dann schreiben sich die Geschwindigkeitsansätze (7) nach den Abkürzungen $r^2_{mn} = (x_m - x_n)^2 + (y_m - y_n)^2$ und $r^2_{m\bar n} = (x_m - x_{\bar n})^2 + (y_m - y_{\bar n})^2$ wie folgt:

$$\text{(7a)} \quad \left\{ \begin{aligned} \frac{2\pi}{\zeta}\dot{x}_m &= \sum_{-\infty}^{\infty}{}_n \frac{y_m - y_n}{r^2_{mn}} - \sum_{-\infty}^{\infty}{}_{\bar n} \frac{y_m - y_{\bar n}}{r^2_{m\bar n}} \\ \frac{2\pi}{\zeta}\dot{y}_m &= -\sum_{-\infty}^{\infty}{}_n \frac{x_m - x_n}{r^2_{mn}} + \sum_{-\infty}^{\infty}{}_{\bar n} \frac{x_m - x_{\bar n}}{r^2_{m\bar n}} \end{aligned} \right. \qquad m \lesseqgtr n\,,$$

wo die rechts an zweiter Stelle stehenden Summen von den entgegengesetzt drehenden Wirbeln der zweiten Reihe herrühren und zu denen sich zwei ähnliche Ausdrücke für $x_{\bar m}$ und $y_{\bar m}$ gesellen.

Geht man nun zu kleinen Schwingungen

$$x_m = a_m + \xi_m\,, \qquad y_m = b_m + \eta_m\,,$$
$$x_{\bar m} = a_{\bar m} + \xi_{\bar m}\,, \qquad y_{\bar m} = b_{\bar m} + \eta_{\bar m}$$

über, so findet man:

$$\begin{aligned} \frac{2\pi}{\zeta}\dot{\xi}_m = \sum \Big[(y_m - y_n)\Big\{\frac{\partial}{\partial x_m}\Big(\frac{1}{r^2_{mn}}\Big)\xi_m + \frac{\partial}{\partial x_n}\Big(\frac{1}{r^2_{mn}}\Big)\xi_n\Big\} + \Big\{\frac{\partial}{\partial y_m}\Big(\frac{y_m - y_n}{r^2_{mn}}\Big)\eta_m + \frac{\partial}{\partial y_n}\Big(\frac{y_m - y_n}{r^2_{mn}}\Big)\eta_n\Big\}\Big] \\ - \sum \Big[(y_m - y_{\bar n})\Big\{\frac{\partial}{\partial x_m}\Big(\frac{1}{r^2_{m\bar n}}\Big)\xi_m + \frac{\partial}{\partial x_{\bar n}}\Big(\frac{1}{r^2_{m\bar n}}\Big)\xi_{\bar n}\Big\} + \Big\{\frac{\partial}{\partial y_m}\Big(\frac{y_m - y_{\bar n}}{r^2_{mn}}\Big)\eta_m + \frac{\partial}{\partial y_{\bar n}}\Big(\frac{y_m - y_{\bar n}}{r^2_{m\bar n}}\Big)\eta_{\bar n}\Big\}\Big] \end{aligned}$$

nebst entsprechenden Ansätzen für η_m, $\xi_{\bar m}$, $\eta_{\bar m}$. Nach Ausführung der Differentiationen ist überall zu setzen:

$$\text{(14a)} \quad \left\{ \begin{aligned} & x_m = a_m = m\,l\,; \qquad y_m = b_m = +\frac{h}{2}\,; \\ & r^2_{mn} = (m-n)^2 l^2\,; \qquad x_m - x_n = (m-n)\,l\,; \\ & \qquad y_m - y_n = 0\,. \\ & x_{\bar m} = a_{\bar m} = \bar m\,l\,; \qquad y_{\bar m} = b_{\bar m} = -\frac{h}{2}\,; \\ & r^2_{m\bar n} = (m-\bar n)^2 l^2 + h^2\,; \qquad x_m - x_{\bar n} = (m-\bar n)\,l\,; \\ & \qquad y_m - y_{\bar n} = h\,. \end{aligned} \right.$$

wenn die einzelnen Zentren sich gegenüberstehen oder auch

$$
(14\text{b})\quad \left\{\begin{aligned}
& x_m = a_m = m\,l\,; \qquad \eta_m = b_m = +\frac{h}{2}\,; \\
& r^2_{m\,n} = (m-n)^2\,l^2\,; \qquad x_m - x_n = (m-n)\,l\,; \\
& \qquad \eta_m - \eta_n = 0\,. \\
& x_{\bar m} = a_{\bar m} = \left(m+\frac{1}{2}\right)l\,; \qquad y_{\bar m} = b_{\bar m} = -\frac{h}{2}\,; \\
& r^2_{m\,\bar n} = \left(m-n-\frac{1}{2}\right)^2 l^2 + h^2\,; \qquad x_m - x_{\bar n} = \left(m-n-\frac{1}{2}\right)l\,, \\
& \qquad \eta_m - y_{\bar n} = h\,,
\end{aligned}\right.
$$

wenn sie gegeneinander um die halbe Teilung versetzt sind. Damit werden im Falle (14a) Schwingungsansätze

$$
(15)\quad \left\{\begin{aligned}
\frac{2\pi}{\zeta}\dot{\xi}_m = {} & \sum_{-\infty}^{\infty}{}_n \left[\left\{\frac{1}{(m-n)^2\,l^2} - \frac{(m-n)^2\,l^2-h^2}{[(m-n)^2\,l^2+h^2]^2}\right\} + \frac{1}{h^2}\right]\eta_m \\
& - \sum_{-\infty}^{\infty}{}_n \frac{1}{(m-n)^2\,l^2}\,\eta_n - \sum_{-\infty}^{\infty}{}_n \frac{2\,(m-n)\,l\,h}{[(m-n)^2\,l^2+h^2]^2}\,(\xi_m - \bar{\xi}_n) \\
& + \sum_{-\infty}^{\infty}{}_n \left[\frac{(m-n)^2\,l^2-h^2}{[(m-n)^2\,l^2+h^2]^2} - \frac{1}{h^2}\right]\bar{\eta}_n \qquad m \gtrless n\,,
\end{aligned}\right.
$$

wozu drei entsprechende Ansätze für $\dot{\eta}_m$, $\dot{\bar{\xi}}_m$, $\dot{\bar{\eta}}_m$ hinzukommen. Stellen wir wieder dieselbe Überlegung an, wie oben zur Begründung des Ansatzes (9), so ist jetzt zu setzen:

$$
(16)\quad \left\{\begin{aligned}
& \xi_m = \xi_0\, e^{i\,m\,\varphi}\,; \qquad \eta_m = \eta_0\, e^{i\,m\,\varphi}\,; \\
& \xi_{\bar m} = \bar{\xi}_0\, e^{i\,m\,\varphi}\,; \qquad \eta_{\bar m} = \bar{\eta}_0\, e^{i\,m\,\varphi}\,.
\end{aligned}\right.
$$

Damit geht aber (15) nebst den drei entsprechenden Ansätzen für $\dot{\eta}_m$, $\dot{\bar{\xi}}_m$, $\dot{\bar{\eta}}_m$ über in:

$$
(17)\quad \left\{\begin{aligned}
\frac{2\pi}{\zeta}\dot{\xi}_0 &= \qquad\qquad \eta_0\,A(\varphi) - \bar{\xi}_0\,i\,B(\varphi) + \bar{\eta}_0\,C(\varphi) \\
\frac{2\pi}{\zeta}\dot{\eta}_0 &= \xi_0\,A(\varphi) \qquad\qquad + \bar{\xi}_0\,C(\varphi) + \bar{\eta}_0\,i\,B(\varphi) \\
\frac{2\pi}{\zeta}\dot{\bar{\xi}}_0 &= -\xi_0\,i\,B(\varphi) - \eta_0\,C(\varphi) \qquad\qquad - \bar{\eta}_0\,A(\varphi) \\
\frac{2\pi}{\zeta}\dot{\bar{\eta}}_0 &= -\xi_0\,C(\varphi) + \eta_0\,i\,B(\varphi) - \bar{\xi}_0\,A(\varphi)\,.
\end{aligned}\right.
$$

Hier bedeuten die A, B, C folgende Funktionen des Parameters φ:

$$(18)\quad \begin{cases} A(\varphi) = 2\sum_1^\infty{}_n \dfrac{1-\cos n\varphi}{n^2 l^2} - 2\sum_1^\infty{}_n \dfrac{n^2l^2-h^2}{(n^2l^2+h^2)^2} + \dfrac{1}{h^2} \\ B(\varphi) = 2\sum_1^\infty{}_n \dfrac{2nlh}{(n^2l^2+h^2)^2}\sin n\varphi\,; \\ C(\varphi) = 2\sum_1^\infty{}_n \dfrac{n^2l^2-h^2}{(n^2l^2+h^2)^2}\cos n\varphi - \dfrac{1}{h^2}\,; \end{cases}$$

(17) aber ist ein simultanes System zur Bestimmung der kleinen Störungen ξ_0, η_0, $\bar{\xi}_0$, $\bar{\eta}_0$, und hat so partikuläre Integrale der Form $exp\left(\frac{\zeta}{2\pi}\lambda t\right)$, wo λ für die Schwingungsfrequenzen bestimmend wird. Für λ findet sich nun aus (17) sofort die charakteristische Determinante

$$(19)\qquad \begin{vmatrix} -\lambda & A & -iB & C \\ A & -\lambda & C & iB \\ -iB & -C & -\lambda & -A \\ -C & +iB & -A & -\lambda \end{vmatrix} = 0\,,$$

deren Auswertung die Gleichung für λ ergibt

$$(20)\qquad \lambda^4 + 2(B^2 + C^2 - A^2)\lambda^2 + (B^2 - C^2 + A^2)^2 = 0$$

mit den 4 Lösungen

$$(21)\qquad \lambda = \pm i\left(B \pm \sqrt{C^2 - A^2}\right).$$

Damit sich hier keine λ positiver reeller Anteile ergeben, da sonst mit unbegrenzt wachsender Exponentialfunktion $exp\left(\frac{\zeta}{2\pi}\lambda t\right)$ Instabilität eintreten würde, muß für beliebige Werte von φ gelten:

$$(22)\qquad |C(\varphi)| \geqq |A(\varphi)|\,.$$

Eine genauere Untersuchung der Reihenentwicklungen (18) lehrt nun ihre Summation zu geschlossenen Ausdrücken, auf die mich Herr Prof. R. Fuchs hinweist:

$$
(23)\quad \left\{\begin{aligned}
A(\varphi) &= \frac{\pi\varphi}{l^2} - \frac{1}{2}\frac{\varphi^2}{l^2} + \frac{\pi^2}{l^2}\,\frac{1}{\mathfrak{Sin}^2\frac{\pi h}{l}};\\
B(\varphi) &= \frac{\pi\varphi}{l^2}\,\frac{\mathfrak{Cof}\frac{(\pi-\varphi)h}{l}}{\mathfrak{Sin}\frac{\pi h}{l}} - \frac{\pi^2}{l^2}\,\frac{\mathfrak{Sin}\frac{h\varphi}{l}}{\mathfrak{Sin}^2\frac{\pi h}{l}};\\
C(\varphi) &= -\frac{\pi\varphi}{l^2}\,\frac{\mathfrak{Sin}\frac{(\pi-\varphi)h}{l}}{\mathfrak{Sin}\frac{\pi h}{2}} - \frac{\pi^2}{l^2}\,\frac{\mathfrak{Cof}\frac{h\varphi}{l}}{\mathfrak{Sin}^2\frac{\pi h}{l}},
\end{aligned}\right.
$$

für welche die Beziehung gilt:

$$
A^2(\varphi) + B^2(\varphi) - C^2(\varphi) = \frac{1}{l^4}\left(\pi\varphi - \frac{\varphi^2}{2}\right)^2 = \frac{4}{l^4}K^2(\varphi).
$$

Damit reduziert sich die Betrachtung von (22) auf

$$
(24)\qquad C^2 - A^2 = B^2 - \frac{4}{l^4}K^2(\varphi).
$$

Da nun $B^2 < \frac{4}{l^4}K^2(\varphi)$, so ist $C^2 - A^2$ stets negativ, also ergeben sich nach (21) Werte von λ mit positivreellen Anteilen und demnach Instabilität der Bewegung der symmetrisch angeordneten Wirbelreihe.

4. Ist jetzt die unsymmetrische Wirbelanordnung mit gegeneinander versetzten Wirbelzentren der beiden Reihen nach (14b) zu betrachten, so lautet der (16) entsprechende Ansatz:

$$
(16a)\quad \left\{\begin{aligned}
\xi_m &= \xi_0\, e^{i m\varphi}; & \eta_m &= \eta_0\, e^{i m\varphi};\\
\xi_{\bar m} &= \bar\xi_0\, e^{i\left(m+\frac{1}{2}\right)\varphi}; & \eta_{\bar m} &= \bar\eta_0\, e^{i\left(m+\frac{1}{2}\right)\varphi}.
\end{aligned}\right.
$$

Die weiter folgende Rechnung führt wieder über ein simultanes Differentialgleichungssystem entsprechend (17) und eine Determinante (19) zur Ermittlung der Schwingungsperiode

$$
\lambda = \pm i\left\{B \pm \sqrt{C^2 - A^2}\right\}.
$$

Nur gestaltet sich jetzt die Abhängigkeit der Werte A, B, C von der Phasenverschiebung φ wie folgt:

$$
(25)\quad \begin{cases}
A(\varphi) = 2\sum\limits_1^\infty{}_n \dfrac{1-\cos n\, l}{n^2 l^2} - 2\sum\limits_0^\infty{}_n \dfrac{(n+\frac{1}{2})^2 l^2 - h^2}{(c\, n+\frac{1}{2})^2 l^2 + h^2)^2}\,; \\[2ex]
B(\varphi) = 2\sum\limits_0^\infty{}_n \dfrac{2(n+\frac{1}{2})\, l\, h}{[(n+\frac{1}{2})^2 l^2 + h^2)]^2} \sin(n+\tfrac{1}{2})\,\varphi\,; \\[2ex]
C(\varphi) = 2\sum\limits_0^\infty{}_n \dfrac{(n+\frac{1}{2})^2 l^2 - h^2}{[(n+\frac{1}{2})^2 + h^2]^2} \cos(n+\tfrac{1}{2})\,\varphi\,.
\end{cases}
$$

Auch diese Reihen lassen sich summieren, womit man findet:

$$
(26)\quad \begin{cases}
A(\varphi) = \dfrac{\pi\varphi}{l^2} - \dfrac{1}{2}\,\dfrac{\varphi^2}{l^2} - \dfrac{\pi^2}{l^2}\,\dfrac{1}{\mathfrak{Cos}^2 \dfrac{\pi h}{l}}\,; \\[4ex]
B(\varphi) = \dfrac{\pi\varphi}{l^2}\,\dfrac{\mathfrak{Sin}\dfrac{(\pi-\varphi)h}{l}}{\mathfrak{Cos}\dfrac{\pi h}{l}} + \dfrac{\pi^2}{l^2}\,\dfrac{\mathfrak{Sin}\dfrac{h\varphi}{l}}{\mathfrak{Cos}^2\dfrac{\pi h}{l}}\,; \\[4ex]
C(\varphi) = -\dfrac{\pi\varphi}{l^2}\,\dfrac{\mathfrak{Cos}\dfrac{(\pi-\varphi)h}{l}}{\mathfrak{Cos}\dfrac{h\pi}{l}} + \dfrac{\pi^2}{l^2}\,\dfrac{\mathfrak{Cos}\dfrac{h\varphi}{l}}{\mathfrak{Cos}^2\dfrac{h\pi}{l}}\,.
\end{cases}
$$

Es gilt auch hier: $A^2(\varphi) + B^2(\varphi) - C^2(\varphi) = \frac{4}{l^4} K^2(\varphi)$. Für die Beurteilung der Differenz $C^2 - A^2$ genügt wieder die Betrachtung von $f(\varphi) = B^2(\varphi) - \frac{4}{l^4} K^2(\varphi)$, welcher Ausdruck für alle Werte $0 \leqq \varphi \leqq 2\pi$ positiv sein muß, wenn Stabilität vorhanden sein soll. Es ist aber $f(\varphi)$ nur dann im allgemeinen positiv, wenn $f(\pi) = 0$ ist; diese Bedingung liefert nach kurzer Rechnung

$$\mathfrak{Cos}\,\frac{\pi h}{l} = \sqrt{2}$$

oder

$$(27)\qquad \frac{h}{l} = \frac{1}{\pi}\,\mathfrak{Ar}\mathfrak{cos}\sqrt{2} = 0{,}281\ldots$$

Ist diese Bedingung nicht erfüllt, dann existiert ein Gebiet $\pi - \delta < \varphi < \pi + \delta$ (δ = positive Größe), in welchem $f(\varphi)$ negativ wird. Das würde aber für dies Gebiet Instabilität der Wirbelanordnung bedeuten, die also nur durch die Bedingung (27) beseitigt wird. In der Tat haben die Beobachtungen von Wirbelbildungen bei Wasserströmungen um ein schmales Brett oder einen Stab gelehrt, daß die gemessenen Werte $\frac{h}{l}$ bei 0,30 bis 0,28 liegen, also sich in genügender Übereinstimmung mit dem theoretisch ermittelten Werte befinden.

§ 103. Schwingungen von Flüssigkeiten in Leitungen und Gefäßen[178]).

1. In Fig. 300 sind zwei miteinander verbundene Gefäße beliebiger Querschnittsgestaltung gezeichnet, in denen sich eine Wassermasse (spez. Gewicht γ) mit der Spiegeldifferenz

$$z = z_1 + z_2 \tag{1}$$

in Bewegung befinde; die Gerade AB bestimmt die gemeinsame Spiegellage nach Ausgleich der Bewegung. Zunächst stehen die Spiegelgeschwindigkeiten $\frac{dz_1}{dt}$ und $\frac{dz_2}{dt}$, die wir beide als positiv ansehen wollen, infolge der Kontinuität der Flüssigkeitsbewegung in dem Zusammenhang:

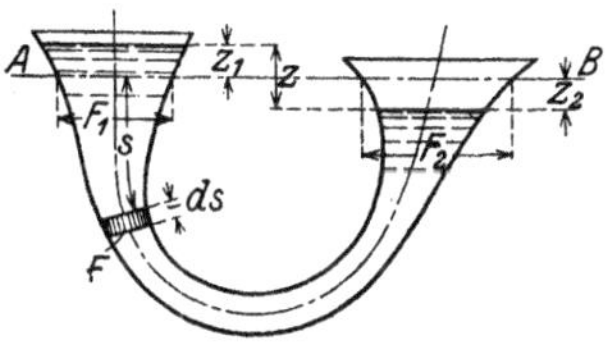

Fig. 300. Verbundene Gefäße.

$$F_1 \frac{dz_1}{dt} = F_2 \frac{dz_2}{dt}. \tag{2}$$

Damit wird:

$$F_1 \frac{dz_1}{dt} = \frac{F_1 F_2}{F_1 + F_2} \frac{dz}{dt}.$$

An einem beliebigen Querschnitt s haben wir dann die Strömungsgeschwindigkeit $\frac{ds}{dt}$, deren Betrag sich wiederum aus der Kontinuitätsgleichung

$$F \frac{ds}{dt} = F_1 \frac{dz_1}{dt} = \frac{F_1 F_2}{F_1 + F_2} \frac{dz}{dt} = \lambda \frac{dz}{dt} \tag{3}$$

ergibt. Mit $\frac{ds}{dt}$ ermittelt sich weiter die lebendige Kraft des beim Querschnitt F herausgegrenzten Flüssigkeitselementes

(4) $$dL = \frac{1}{2}\,\gamma F\,\frac{ds}{g}\left(\frac{ds}{dt}\right)^2 = \frac{\gamma}{2g}\,\lambda^2\left(\frac{dz}{dt}\right)^2\frac{ds}{F}\,,$$

wo die Abkürzung

(5) $$\lambda = \frac{F_1 F_2}{F_1 + F_2}$$

bedeutet.

Durch Integration über die ganze von Spiegel zu Spiegel längs der Gefäßmittellinie gemessene Entfernung S erhält man die lebendige Kraft der ganzen Flüssigkeitsmasse:

(6) $$L = \frac{\gamma}{2g}\,\lambda^2\left(\frac{dz}{dt}\right)^2\int_0^S \frac{ds}{F}\,.$$

Das Integral ist ausmittelbar, da man F als Funktion von S als gegeben betrachten kann. Unter Heranziehung eines mittleren Querschnittes F_m, der durch

(7) $$\frac{S}{F_m} = \int_0^S \frac{ds}{F}$$

bestimmt sei, schreiben wir endgültig die lebendige Kraft

(8) $$L = \frac{\gamma}{2g}\,\lambda^2\left(\frac{dz}{dt}\right)^2\cdot\frac{S}{F_m}\,.$$

Die auf das Zeitelement dt entfallende Änderung von L

(9) $$dL = \frac{\gamma\lambda^2}{g}\cdot\frac{S}{F_m}\,\frac{d^2z}{dt^2}\,dz\,,$$

welcher Ansatz durch Differentiation von (8) gefunden wird, ist nun gleichzusetzen der mit der Spiegeländerung z. B. dz_1 verbundenen Arbeitsleistung

(9 a) $$dA = -\gamma z F_1\,dz_1\,.$$

Hier ist γz der auf den Spiegel F_1 wirkende, vom Spiegelunterschied z herrührende Druckunterschied, $\gamma z F_1$ die die Arbeit leistende Kraft, dz_1 der Weg der letzteren, und das —-Zeichen steht deshalb, weil einem negativen dz_1 eine Zunahme von L

entspricht. Ersetzen wir nun noch $F_1 dz_1$ nach Gleichung (3) durch

$$F_1\, dz_1 = \lambda\, dz\,,$$

so kommt

$$\frac{\lambda S}{g F_m} \frac{d^2 z}{dt^2} + z = 0$$

oder

$$\frac{d^2 z}{dt^2} + \frac{g F_m}{\lambda S} z = 0\,. \tag{10}$$

In dieser Differentialgleichung sind λ und $\frac{S}{F_m}$ mit z als veränderlich zu betrachten, sobald die Gefäße wie in Fig. 300 vorausgesetzt, veränderlichen Querschnitt aufweisen. Unsere Differentialgleichung (10) erweist sich also in der Form

$$\frac{d^2 z}{dt^2} + g \frac{z}{f(z)} = 0 \tag{11}$$

als nicht harmonisch und ist daher nur näherungsweiser Integration fähig, wozu die Verfahren nach § 48 heranzuziehen sind.

Immerhin sind auch einige Sonderfälle wichtig, z. B. die Schwingungsbewegung in zylindrischen Gefäßen, die durch eine lange Leitung von unveränderlichem Querschnitt F verbunden sind; siehe Fig. 301. Dann kann $f(z)$ in Gleichung (11) mit

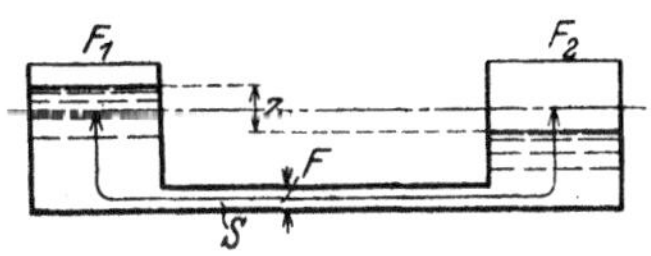

Fig. 301. Verbund. zylindrische Gefäße.

$$\frac{S}{F} \frac{F_1 F_2}{F_1 + F_1}$$

gleichgesetzt werden, und die Schwingung wird rein sinusförmig.

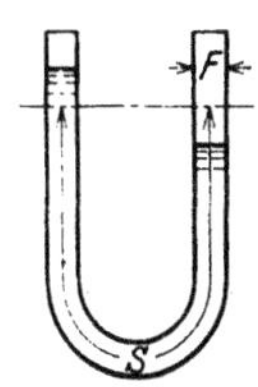

Fig. 302. Schwingung im U-Rohr.

Noch einfacher wird der Ansatz für ein U-förmiges Rohr nach Fig. 302. In diesem Falle zieht sich $f(z)$ wegen $F_1 = F_2 = F$ überhaupt auf $\frac{S}{2}$ zusammen, womit sich die Differentialgleichung

$$\frac{d^2 z}{dt^2} + \frac{2g}{S} z = 0$$

und hieraus die Schwingungsdauer

$$T = 2\pi\sqrt{\frac{S}{2g}}$$

findet.

2. Die Schwingungen von Flüssigkeiten gehen naturgemäß nicht reibungslos vor sich, weshalb die im Vorigen entwickelte Theorie nur in erster Annäherung gültig ist.

Will man die Reibung berücksichtigen, so ist in den die Bewegung darstellenden Differentialgleichungen ein Dämpfungsglied einzufügen, welches bei kleiner Strömungsgeschwindigkeit dieser proportional gesetzt werden kann. Bei größeren Strömungsgeschwindigkeiten, wie sie in Wirklichkeit auftreten, hat man mit einer dem Quadrat der Strömungsgeschwindigkeit proportionalen Dämpfung zu rechnen.

Um zunächst den Fall proportionaler Geschwindigkeitsdämpfung zu erledigen, knüpfen wir an Gleichung (4) des vorigen Abschnitts an und berechnen den mit der Bewegung des Flüssigkeitselementes $F\,ds$ verbundenen Reibungsverlust dR. Erfahrungsgemäß ist die von der Reibung herrührende verzögernde Kraft, die sich auf die Volumeneinheit bezieht, dem Querschnitt F umgekehrt, der Geschwindigkeit $\frac{ds}{dt}$ gerade proportional zu setzen, solange die letztere so klein ist, daß lediglich ihre Zähigkeit als Bewegungshindernis auftritt. Diese auf die Volumeneinheit bezogene verzögernde Kraft schreiben wir demnach:

$$K = \frac{\gamma}{g}\frac{\varkappa}{F}\frac{ds}{dt}, \tag{12}$$

woraus sich die das Volumenelement $F\,ds$ verzögernde Kraft findet:

$$K F\,ds = \frac{\gamma}{g}\varkappa\frac{ds}{dt}\,ds\,. \tag{13}$$

Längs des Weges $ds = \frac{\lambda}{F}dz$ leistet diese Kraft die Reibungsarbeit:

$$K F\,ds\,ds = \frac{\gamma}{g}\varkappa\lambda\frac{dz}{F}\frac{ds}{dt}\,ds\,. \tag{14}$$

Bezogen auf den ganzen Flüssigkeitskörper findet sich durch

Integration von 0 bis S die Gesamtreibung mit $\frac{ds}{dt} = \frac{dz}{dt}\frac{\lambda}{F}$:

$$dR = \frac{\gamma}{g}\varkappa\lambda^2\frac{dz}{dt}\,dz\int\limits_0^S\frac{ds}{F^2}\,. \tag{15}$$

Diese Gesamtreibung ist mit der in Gleichung (9) gefundenen Änderung der kinetischen Energie dL und der in (9a) gefundenen Arbeit des Spiegelunterschiedes dA wie folgt zusammenzusetzen:

$$dL = -dR + dA \tag{16}$$

oder:

$$\frac{\gamma}{g}\lambda^2\frac{S}{F_m}\frac{d^2z}{dt^2}\,dz + \frac{\gamma}{g}\varkappa\lambda^2\frac{dz}{dt}\,dz\int\limits_0^S\frac{ds}{F^2} + \gamma z\lambda\,dz = 0\,. \tag{17}$$

Nach gehöriger Kürzung und mit

$$\int\limits_0^S\frac{ds}{F^2} = \frac{\mathfrak{S}}{F_m^2} \tag{18}$$

findet sich:

$$\frac{S}{F_m}\frac{d^2z}{dt^2} + \varkappa\frac{\mathfrak{S}}{F_m^2}\frac{dz}{dt} + \frac{g}{\lambda}z = 0\,. \tag{19}$$

Mit

$$\frac{\varkappa\mathfrak{S}}{F_mS} = 2\beta \quad \text{und} \quad \frac{gF_m}{\lambda S} = \alpha^2 \tag{20}$$

ergibt sich wieder die Differentialgleichung der freien Schwingungen:

$$\frac{d^2z}{dt^2} + 2\beta\frac{dz}{dt} + \alpha^2 z = 0, \tag{21}$$

die nach den früher angegebenen Verfahren zu behandeln ist, indem wir $\frac{S}{F_m}$ und $\frac{\mathfrak{S}}{F_m^2}$ in erster Annäherung als von z unabhängig ansehen wollen.

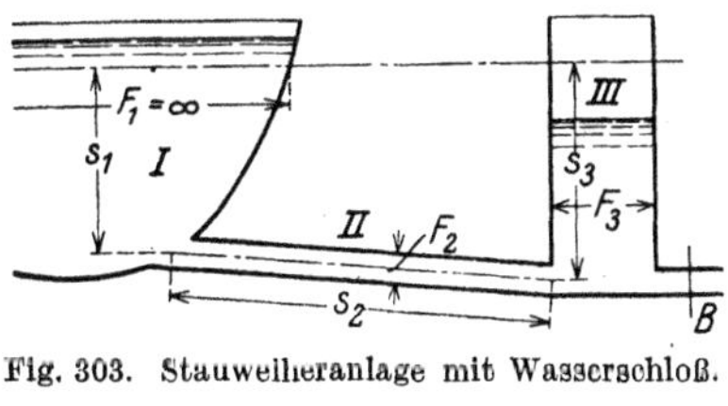

Fig. 303. Stauweiheranlage mit Wasserschloß.

3. Als Beispiel behandeln wir die Schwingung in einem System nach Fig. 303, in welcher ein Stauweiher I durch ein Rohr II mit einem sog. Wasserschloß III verbunden ist.

Der Durchfluß sei durch Abschluß des Schützen B verhindert; es soll die Periode und die Dämpfung der Spiegelschwankungen berechnet werden.

Es seien folgende Werte gegeben:

$$F_1 = \infty \qquad S_1 = 20 \text{ m}$$
$$F_2 = 1 \text{ qm} \qquad S_2 = 100 \text{ m}$$
$$F_3 = 20 \text{ qm} \qquad S_3 = 20 \text{ m}$$

Der Reibungskoeffizient $\varkappa$ sei $= 0{,}02$.

Dann berechnet sich:

$$\frac{1}{\lambda} = \frac{1}{F_1} + \frac{1}{F_3} = \frac{1}{20},$$

$$\frac{S}{F_m} = \int_0^S \frac{ds}{F} = \int_0^{20} \frac{ds}{\infty} + \int_0^{100} \frac{ds}{1} + \int_0^{20} \frac{ds}{20} = 0 + 100 + 1 = 101,$$

$$\frac{\mathfrak{S}}{F_m^2} = \int_0^S \frac{ds}{F^2} = \int_0^{20} \frac{ds}{\infty^2} + \int_0^{100} \frac{ds}{1} + \int_0^{20} \frac{ds}{400} = 0 + 100 + 0{,}05 = 100{,}05.$$

Demnach wird:

$$\alpha^2 = \frac{g F_m}{\lambda S} = \frac{9{,}81}{20 \cdot 101} = 0{,}00486$$

und die gesamte Schwingungsdauer

$$T = \frac{2\pi}{\alpha} = \frac{6{,}28}{0{,}0697} = 90 \text{ sec}.$$

Da weiter der Dämpfungsfaktor $e^{-\beta t} = e^{-\frac{\varkappa}{2} t} = e^{-0{,}01 t}$ die Spiegelschwankungsamplitude nach 300 Sekunden bereits auf $\frac{1}{20}$ ihres anfänglichen Wertes herabdrückt, so vergehen praktisch nur 3 vollständige Spiegelschwankungen, bis diese unmerklich werden.

§ 104. Schwingungen bei hydraulischen Maschinen[179]).

1. Die Schwingungen in hydraulischen Maschinen können dreierlei Art sein.

Zunächst gibt bei hydraulischen Kraftmaschinen, insbesondere bei Turbinen, ein Reguliervorgang Anlaß, freie Schwingungen zu beobachten, die sich auf die Maschine, die Regulierorgane und die Wasserzuflußanlage erstrecken. Diese Schwingungen verlaufen bei richtiger Bemessung aller Teile der Gesamtanlage rasch gedämpft.

Ferner ist bei hydraulischen Maschinen mit periodischem Antriebs- oder Arbeitsmoment, besonders bei den Kolbenpumpen und Kompressoren, die Möglichkeit erzwungener Schwingungen gegeben, die auch in Resonanz mit den Eigentönen der Maschinenanlage oder ihrer Teile treten können.

Schließlich liegt bei hydraulischen Maschinen mit nicht periodischem Drehmoment wie Turbinen und Kreiselpumpen die Möglichkeit instabiler Bewegungsvorgänge oder dauernder periodischer Bewegungsstörungen vor.

2. Zur Erörterung der Regulierschwingungen einer Turbine knüpfen wir an § 65 und an die Fig. 304.

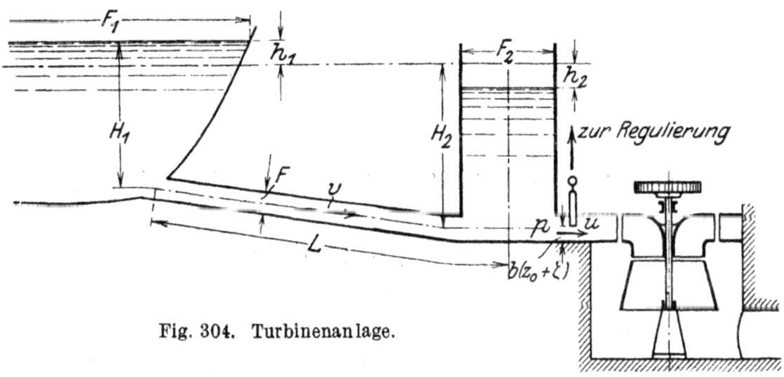

Fig. 304. Turbinenanlage.

Die Bewegungsgleichung der Turbine schreiben wir

$$\Theta \ddot{\varphi} = \mathfrak{M} - W \,. \tag{1}$$

Für das treibende Moment M haben wir den Ansatz

$$\mathfrak{M} = \eta \frac{GH}{\omega}$$

mit dem Wirkungsgrad η, dem sekundlichen Wassergewicht G und der Gefällhöhe H.

Das Wassergewicht ergibt sich aus der Strömungsgeschwindigkeit u im Leitradquerschnitt $b\,z$, wo z die Beaufschlagung, b die lichte Höhe der Leitradzellen bedeutet. Wir haben:

$$G = u\,b\,z\,g \,.$$

Mit der Gefällehöhe H steht die Strömungsgeschwindigkeit in dem Zusammenhang

$$H = \frac{u^2}{2g}.$$

Demnach findet sich

$$\mathfrak{M} = \eta\, b\, z\, \frac{u^3}{2\,\omega}. \tag{1a}$$

Für die Strömungsgeschwindigkeit u ist der Druck p am Boden des der Turbine vorgeschalteten Wasserschlosses maßgebend entsprechend

$$u = C\sqrt{p}\,, \tag{2}$$

wenn dort die Beschleunigungen $\dot{u}$ zu vernachlässigen sind.

Unter derselben Voraussetzung gilt für p

$$p = \gamma (H_2 - h_2)\,. \tag{3}$$

Weiterhin gilt für Zu- und Abfluß am Wasserschloß die Kontinuitätsgleichung:

$$F v + F_2 \frac{d h_2}{dt} = b z u\,. \tag{4}$$

Die Wasserbewegung im Zuflußrohr vollzieht sich nach dem Ansatz:

$$L \dot{v} + k v^2 = (H_1 + h_1)\,\gamma - p$$

mit einer der Wasserreibung im Rohr Rechnung tragenden Konstanten k.

Am Stauweiher haben wir wieder eine Kontinuitätsgleichung

$$F v + F_1 \frac{d h_1}{dt} = 0\,. \tag{5}$$

Nunmehr vollziehen wir in den Ansätzen (1), (1a), (2), (3), (4), (5) den Übergang zu kleinen Abweichungen von Beharrungszustand durch:

$$u = u_0 + \dot{\xi}\,; \qquad v = v_0 + \dot{\eta}\,; \qquad z = z_0 + \zeta\,; \qquad p = p_0 + \Delta p\,:$$
$$\omega = \omega_0 + \dot{\varphi}\,.$$

Dann erhalten wir

$$\mathfrak{M} = \eta\, b\, z_0 \frac{u_0^3}{2\,\omega_0}\left(1 + \frac{\zeta}{z_0} - \frac{\dot{\varphi}}{\omega_0} + \frac{3}{2}\,\frac{\Delta p}{p_0}\right),$$

und da im stationären Zustand $\mathfrak{M}_0 = \eta\, b\, z_0 \dfrac{u_0^3}{2\,\omega_0}$ dem Widerstandsmoment W gleich sein muß:

$$\Theta\,\ddot{\varphi} + \mathfrak{M}_0\left(\frac{\dot{\varphi}}{\omega_0} - \frac{\zeta}{z_0} - \frac{3}{2}\,\frac{\Delta p}{p_0}\right) = 0 \tag{1a}$$

als Turbinengleichung.

Die Einströmungsgleichung wird:

$$\frac{\dot{\xi}}{u_0} = \frac{\Delta p}{2\,p_0} \tag{2a}$$

und die Druckgleichung am Wasserschloß

$$\Delta p = -\gamma\, h_2\,. \tag{3a}$$

Die Kontinuitätsgleichung am Wasserschloß lautet

$$F\,\dot{\eta} + F_2\,\frac{d h_2}{d t} = b\, z_0\, u_0\left(\frac{\zeta}{z_0} + \frac{\dot{\xi}}{u_0}\right). \tag{4a}$$

Die Wasserbewegungsgleichung findet sich:

$$L\,\ddot{\eta} + 2\,k\, v_0\,\dot{\eta} = h_1\,\gamma - \Delta p\,. \tag{5a}$$

Diese ergänzt sich durch die Kontinuitätsgleichung am Stauweiher

$$F\,\dot{\eta} + F_1\,\frac{d h_1}{d t} = 0\,. \tag{6a}$$

Diese sechs Gleichungen umfassen die eigentliche hydromechanische Anlage der Turbine und sie enthalten die sieben Veränderlichen φ, $\dot{\xi}$, $\dot{\eta}$, ζ, Δp, h_1, h_2. Zu diesen Ansätzen kommen jetzt die schon in § 65 für die Regulieranlage aufgestellten, nämlich für den Hilfsmotor zur Verstellung des Leitradquerschnittes:

$$\dot{\zeta} + h\,\xi_3 = 0\,, \tag{7}$$

weiter für das Steuerventil des Hilfsmotors

$$\xi_3 + q\,\xi_2 + p\,\xi_1 = 0\,, \tag{8}$$

für die Isodromeinrichtung:

$$\dot{\xi}_2 - k_2\,\xi_2 + k_1\,\dot{\zeta} = 0 \tag{9}$$

und für das Reglerpendel

$$\dot{\xi}_1 + \lambda\,\ddot{\xi}_1 + \frac{\delta}{T_s^2}\,\xi_1 - \frac{2\,x_m}{\omega_0\,T_s^2}\,\dot{\varphi} = 0\,. \tag{10}$$

Somit sind zehn Gleichungen gewonnen für die sieben oben aufgeführten Veränderlichen und für ξ_1, ξ_2, ξ_3. Die Untersuchung dieser Ansätze führt zur Aufstellung der Stabilitätsbedingungen für die gesamte Regulierung, worauf wir hier allerdings nicht eingehen, indem wir uns auf Anführung der umfangreichen Literatur beschränken. Nur soviel sei erwähnt, daß die Anbringung des Wasserschlosses wie eine Vergrößerung der Schwungmassen der Turbine und im Sinne einer Aufnahme der Wasserdruckstöße im Zulaufrohr wirkt.

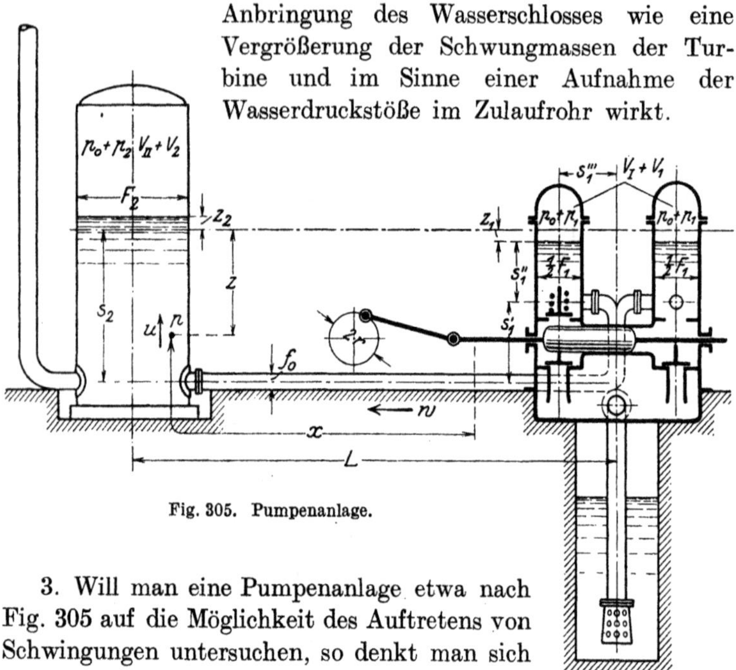

Fig. 305. Pumpenanlage.

3. Will man eine Pumpenanlage etwa nach Fig. 305 auf die Möglichkeit des Auftretens von Schwingungen untersuchen, so denkt man sich zweckmäßig die ganze Anlage durch eine Horizontalebene, die die Kolbennase enthält, in zwei Teile zerlegt, die Saugseite und die Druckseite. Auf beiden Seiten finden wir schwingungsfähige Systeme vor.

Abgesehen von den Ventilen, deren Schwingungsfähigkeit in § 58 untersucht ist, zeigt sich aber auch die ganze zwischen den Windkesselspiegeln und der äußeren Atmosphäre auf der Saug- und Druckseite vorhandene Wassermasse als schwingungsfähiges System. Die Federkraft bei diesem wird von der Elastizität der Windkesselinhalte, z. T. auch durch die Schwerkraft geliefert; die die Schwingungen erzwingende Ursache liegt in der periodischen Wasserförderung durch den Kolben.

Alle diese Systeme (bei einer Pumpe mit vier Ventilen sechs) stehen miteinander in Wechselwirkung, sie sind miteinander gekoppelt, da sie durch die Ventile hindurch miteinander in unmittelbarer Berührung stehen. Es würde aber sehr schwer sein, die Art dieser Koppelung auch nur annähernd zu ermitteln.

Wir wollen daher von vornherein darauf verzichten, die Koppelungsglieder aufzustellen und beschränken uns darauf, die Schwingungen des hydrodynamischen Systems der Pumpendruckseite zu betrachten.

Wir bezeichnen im folgenden mit u die Strömungsgeschwindigkeit in irgendeinem Querschnitt f des hydrodynamischen Systems, der um den Betrag z unter der Ebene des im Ruhezustande in der Pumpe und im Windkessel gleich hohen Wasserspiegels liegt. Weiter ist p der Druck im betrachteten Querschnitt und x seine der Ortsbestimmung dienende Entfernung von irgendeinem festgewählten Querschnitt; x wird längs der alle Querschnittsschwerpunkte verbindenden Linie gemessen.

Nun gilt die Strömungsgleichung:

$$\frac{du}{dt} = -\frac{g}{\gamma}\frac{\partial p}{\partial x} + g\frac{\partial z}{\partial x} \tag{11}$$

oder mit

$$\frac{du}{dt} = \frac{\partial u}{\partial t} + u\frac{\partial u}{\partial x}$$

auch

$$\frac{\partial u}{\partial t}dx + u\frac{\partial u}{\partial t}dx = -\frac{g}{\gamma}\frac{\partial p}{\partial x}dx + g\,dz\,.$$

Durch Integration zwischen den beiden Wasserspiegeln wird hieraus

$$\frac{p_2 - p_1}{\gamma} + z_1 + z_2 = \frac{1}{g}\int\limits_1^2 \frac{\partial u}{\partial t}dx + \frac{u_2^2 - u_1^2}{2g}\,. \tag{12}$$

Mit Hilfe der Kontinuitätsgleichung rechnen wir nun alle Strömungsgeschwindigkeiten auf die Stromgeschwindigkeit w der Rohrleitung um. Es ist:

$$u f = w f_0 = u_1 F_1 = u_2 F_2\,.$$

Damit wird zunächst das Integral

$$\int_1^2 \frac{\partial u}{\partial t}\,dx = f_0 \frac{dw}{dt}\int_1^2 \frac{dx}{f} = l_0 \frac{dw}{dt}$$

und die Differenz der Geschwindigkeitshöhen an den Spiegeln wird

$$\frac{w^2}{2g} f_0^2 \left(\frac{1}{F_2^2} - \frac{1}{F_1^2}\right) = \frac{2b}{g}\, w^2 .$$

Also findet sich als Strömungsgleichung

$$l_0 \frac{dw}{dt} + 2b\,w^2 - g\frac{(p_2 - p_1)}{\gamma} - (z_2 + z_1)\,g = 0 . \tag{13}$$

Die Luftinhalte der Windkessel setzen sich zusammen aus den festen Teilen V_I bzw. V_{II} und den kleinen Schwankungen V_1 bzw. V_2. Der Kolbenquerschnitt der Pumpe sei F, der Hub H und (r = Kurbelradius), n die minutliche Drehzahl. Dann ist die sekundliche Drehgeschwindigkeit

$$\omega = \frac{2\pi n}{60} .$$

Die Kolbenbewegung verläuft dann wie $r(1 - \cos\omega)$, und dementsprechend die Wasserförderung wie $r\,F\,(1 - \cos\omega\,t)$. Kolbenförderung und Volumänderung der Pumpenwindhauben ergeben die Strömung in der Pumpenleitung w und damit die Kontinuitätsgleichung:

$$f_0\,w = \frac{dV_1}{dt} + r\,F\,\omega\,|\sin\omega\,t| . \tag{14}$$

Kann vorausgesetzt werden, daß die Strömung in der Pumpensteigeleitung S eine gleichförmige ist, so wird ihre Lieferungsgeschwindigkeit $r\,F\,\frac{\omega}{\pi}$, die sich zusammensetzt aus der Liefergeschwindigkeit der Leitung L und der Volumänderung des Windkesselinhalts $V_{II} + V_2$.

Somit ergibt sich eine weitere Kontinuitätsgleichung:

$$r\,F\,\frac{\omega}{\pi} = f_0\,w + \frac{dV_2}{dt} . \tag{15}$$

Die Zusammendrückung und Ausdehnung der Windkesselinhalte erfolge isothermisch nach

$$(p_0 + p_2)(V_{II} + V_2) = p_0 V_{II} \quad \text{bzw.} \quad (p_0 + p_1)(V_I + V_1) = p_0 V_I ,$$

woraus sich findet:

$$(16) \qquad p_2 V_{II} + p_0 V_2 = 0 \quad \text{bzw.} \quad p_1 V_I + p_0 V_1 = 0 .$$

Schließlich gilt auch

$$(17) \qquad V_2 = -F_2 z_2 \quad \text{bzw.} \quad V_1 = F_1 z_1 .$$

Durch Entfernung von p_1, p_2, z_1, z_2, V_1, V_2, aus den Gleichungen (13) bis (17) findet sich für w die Schwingungsgleichung:

$$(18) \quad \begin{cases} l_0 \ddot{w} + 4 b \dot{w} w + g f_0 \left\{ \frac{p_0}{\gamma} \left(\frac{1}{V_I} + \frac{1}{V_{II}} \right) + \left(\frac{1}{F_1} + \frac{1}{F_2} \right) \right\} w \\ \qquad = g \frac{p_0 r F \omega}{\gamma} \left(\frac{1}{V_{II}} + \frac{|\sin \omega t|}{V_I} \right) . \end{cases}$$

Berechnet man nun die Schwingungszeit ohne Rücksicht auf das Dämpfungsglied $46 \dot{w} w$, so findet sich

$$(19) \qquad \mathfrak{T} = 2\pi \sqrt{\frac{l_0}{g}} \left[\frac{f_0 p_0}{\gamma} \left(\frac{1}{V_I} + \frac{1}{V_{II}} \right) + \left(\frac{1}{F_1} + \frac{1}{F_2} \right) \right]^{-\frac{1}{2}} .$$

Für eine von A. Gramberg untersuchte Pumpenanlage ist im Mittel zu wählen: $l_0 = 768$ cm, $f_0 = 70$ cm², $p_0 = 4{,}5$ kg/cm² abc., $V_{\text{I}} = 15\,000$ cm³, $V_{\text{II}} = 465\,000$ cm³, $F_1 = 700$ cm², $F_2 = 2800$ cm².

Hiermit findet sich $\mathfrak{T} = 1{,}1$ sec. Werden die Windhauben der Pumpe kleiner gewählt ($V_{\text{II}} = 1000$ cm²), so findet sich $\mathfrak{T} = 0{,}412$ sec, in Übereinstimmung mit Grambergs Versuchen. Diesem zuletzt errechneten $\mathfrak{T}$ entspricht die minutliche Schwingungszahl 146, von welchem Betrage sich die Pumpenhubzahl fern zuhalten hat, wenn Resonanz vermieden werden soll.

4. Zur Untersuchung, ob in einer Turbinenanlage unabhängig von der Wirkung der Reguliereinrichtung stationäre Schwingungen möglich sein können, knüpfen wir an die Ansätze des Abschnittes 2 dieses Paragraphen an, indem wir die Beaufschlagung konstant $= z_0$ annehmen. Dann ist $\zeta = 0$ zu setzen und die Gleichungen (7) bis (10) für die Reguliereinrichtung sind fortzulassen. So bleiben nur die sechs Ansätze übrig:

$$\Theta \ddot{\varphi} + \mathfrak{M}_0 \left(\frac{\dot{\varphi}}{\omega_0} - \frac{3}{2} \frac{\Delta p}{p_0} \right) = 0 ;$$

$$\frac{\dot{\xi}}{u_0} = \frac{\Delta p}{p_0}\,; \qquad \Delta p = -\gamma\, h_2\,;$$

$$F\,\dot{\eta} + F_2\,\dot{h}_2 = b\,z_0\,\dot{\xi}\,; \qquad F\,\dot{\eta} + F_1\,\dot{h}_1 = 0\,;$$

$$L\,\ddot{\eta} + 2\,k\,v_0\,\dot{\eta} = h_1\,\gamma - \Delta p\,.$$

Aus diesen entfernt man leicht die Veränderlichen $h_1\,h_2\,\Delta p$, so daß nur übrig bleiben

$$\Theta\,\ddot{\varphi} + \frac{\mathfrak{M}_0}{\omega_0}\,\dot{\varphi} - \frac{3\,\mathfrak{M}_0}{2\,u_0}\,\dot{\xi} = 0\,; \tag{20}$$

$$F_2\,\frac{p_0}{\gamma\,u_0}\,\ddot{\xi} + b\,z_0\,\dot{\xi} - F\,\dot{\eta} = 0\,; \tag{21}$$

$$L\,\dddot{\eta} + 2\,k\,v_0\,\ddot{\eta} + \gamma\,\frac{F}{F_1}\,\dot{\eta} + \frac{p_0}{u_0}\,\ddot{\xi} = 0\,. \tag{22}$$

Nun führen wir abkürzende Buchstaben ein, um die weitere Rechnung möglichst übersichtlich zu machen, in dem wir setzen:

$$\left\{\begin{aligned} \gamma_{32}\,\dot{\xi} + \beta_{33}\,\ddot{\varphi} + \gamma_{33}\,\dot{\varphi} &= 0\,,\\ \gamma_{21}\,\dot{\eta} + \beta_{22}\,\ddot{\xi} + \gamma_{22}\,\dot{\xi} &= 0\,,\\ \alpha_{11}\,\dddot{\eta} + \beta_{11}\,\ddot{\eta} + \gamma_{11}\,\dot{\eta} + \beta_{12}\,\dddot{\xi} &= 0\,. \end{aligned}\right. \tag{23}$$

Mit diesen neuen Beiwerten schreibt sich die zur Bestimmung der Eigenschwingungszahlen erforderliche charakteristische Determinante:

$$\begin{vmatrix} \alpha_{11}\,\lambda^3 + \beta_{11}\,\lambda^2 + \gamma_{11}\,\lambda & \beta_{12}\,\lambda^2 & 0\\ \gamma_{21}\,\lambda & \beta_{22}\,\lambda^2 + \gamma_{22}\,\lambda & 0\\ 0 & \gamma_{32}\,\lambda & \beta_{33}\,\lambda^2 + \gamma_{33}\,\lambda \end{vmatrix} = 0\,. \tag{24}$$

Deren Lösung liefert die dreifache Wurzel $\lambda^3_{1,2,3} = 0$; ferner $\lambda_4 = -\frac{\gamma_{33}}{\beta_{33}} = -\frac{\mathfrak{M}_0}{\omega_0\,\Theta}$ und für $\lambda_{5,6,7}$ die Gleichung dritten Grades

$$(\alpha_{11}\,\lambda^2 + \beta_{11}\,\lambda + \gamma_{11})\,(\beta_{22}\,\lambda + \gamma_{22}) - \beta_{12}\,\gamma_{21}\lambda = 0\,. \tag{25}$$

Falls nun $\lambda_{5,6,7}$ verschieden sind, wird der allgemeine Lösungsansatz etwa für η:

$$\eta = C_1 + C_2\,t + C_3\,t^2 + \sum_4^7 C_i \cdot e^{\lambda_i t}\,.$$

Hier ist die Gruppe $C_2 t + C_3 t^2$ das Anzeichen für die Instabilität des Systems; abgesehen hiervon wäre es aber möglich, $\lambda_{5,6,7}$ aus (25) so zu bestimmen, daß etwa λ_7 reell negativ, $\lambda_{5,6}$ dagegen konjugiert imaginär würden. Hierzu schreibt man (25) in der Form

$$A\lambda^3 + B\lambda^2 + C\lambda + D = 0 . \tag{26}$$

Damit diese Gleichung zwei konjugiert imaginäre Wurzeln und eine reell negative liefert, muß sein:

$$BC - AD = 0 . \tag{27}$$

Wenn diese Bedingung erfüllt ist, würde sich die Turbinenanlage so verhalten, daß Pendelungen zwischen den Spiegeln des Staubeckens und des Wasserschlosses sich dem Durchgehen der Turbine überlagern. Inwieweit die Durchgangsbewegung der Turbine infolge der Charakteristik dieser bei einer bestimmten endlichen Umlaufszahlerhöhung haltmacht, darüber geben unsere Ansätze keine Auskunft, weil sie auf der Anwendung kleiner Schwingungen beruhen.

Andere Beispiele instabiler Kreiselradbewegungen behandelt H. Lorenz in Technische Hydromechanik 1910, S. 194–206.

XIII. Periodische Bewegungen von Gasen und Dämpfen.

§ 105. Schall im freien Raume. Hörbarkeit von Tönen.

1. Der Schall ist eine Schwingungsbewegung in einem allseitig ausgebreiteten Mittel und wird daher von den für diese geltenden Bewegungsgleichungen beherrscht.

Der freie Raum ist von Luft erfüllt, die man im Sinne der Schallbewegung als eine zusammendrückbare Flüssigkeit zu betrachten hat; die Bewegungsgleichungen sind also die gewöhnlichen hydrodynamischen § (98)

$$\varrho\frac{du}{dt} + \frac{\partial p}{\partial x} = X\,; \quad \varrho\frac{dv}{dt} + \frac{\partial p}{\partial y} = Y\,; \quad \varrho\frac{dw}{dt} + \frac{\partial p}{\partial t} = Z \tag{1}$$

mit der Kontinuitätsgleichung

$$\frac{\partial\varrho}{\partial t} + \frac{\partial(\varrho u)}{\partial x} + \frac{\partial(\varrho v)}{\partial y} + \frac{\partial(\varrho w)}{\partial z} = 0 . \tag{2}$$

Diese vier Gleichungen enthalten die fünf Veränderlichen u, v, w, p, ϱ, erfordern demnach zur vollständigen Lösung noch einen weiteren Ansatz. Als solcher bietet sich die Zustandsgleichung entweder in der Boyleschen Form

(3 a) $$\frac{p}{\varrho} = \frac{p_0}{\varrho_0}$$

oder in der Poissonschen

3 (b) $$\frac{p}{\varrho^k} = \frac{p_0}{\varrho_0^k}$$

($k = 1{,}41$ ist das Verhältnis der beiden spezifischen Wärmen) dar, wo p_0 und ϱ_0 die als unveränderlich vorausgesetzten Zustandsgrößen vor Eintritt der Schallstörung bezeichnen.

Vorerst betrachten wir Schallbewegungen mit kleinen Dichteschwankungen $\varrho_0\,\delta$, womit die Poissonsche Gleichung (3b) wegen

(4) $$\varrho = \varrho_0(1 + \delta)$$

übergeht in

(5) $$p = p_0(1 + k\,\delta)\ .$$

Dies liefert durch Differentiation nach x, y, z die räumlichen Änderungen des Druckes, die in die Gleichungen (1) einzusetzen sind, unter Vernachlässigung der nichtlinearen Bestandteile der Geschwindigkeitsänderungen (weil wir auch die Geschwindigkeiten und ihre Änderungen als klein voraussetzen). Wir finden für (1) (bei Abwesenheit von äußeren Kräften X, Y, Z):

(6) $$\left\{\begin{aligned} &\frac{\partial u}{\partial t} = -\frac{p_0 k}{\varrho_0}\frac{\partial \delta}{\partial x}\,; \qquad \frac{\partial v}{\partial t} = -\frac{p_0 k}{\varrho_0}\frac{\partial \delta}{\partial y}\,; \\ &\qquad\qquad \frac{\partial w}{\partial t} = -\frac{p_0 k}{\varrho_0}\frac{\partial \delta}{\partial z} \end{aligned}\right.$$

und für die Kontinuitätsgleichung (2):

(7) $$\frac{\partial \delta}{\partial t} + \frac{\partial u}{\partial x} + \frac{\partial v}{\partial y} + \frac{\partial w}{\partial z} = 0\ .$$

Durch Einführung von (6) in (7) erhalten wir

(8) $$\frac{\partial^2 \delta}{\partial t^2} = \frac{p_0 k}{\varrho_0}\left(\frac{\partial^2 \delta}{\partial x^2} + \frac{\partial^2 \delta}{\partial y^2} + \frac{\partial^2 \delta}{\partial z^2}\right).$$

Vermöge $r^2 = x^2 + y^2 + z^2$ formt sich dieser Ansatz um in:

$$\frac{\partial^2(r\,\delta)}{\partial t^2} = \frac{p_0 k}{\varrho_0} \frac{\partial^2(r\,\delta)}{\partial r^2} \,. \tag{9}$$

d. h. in die Differentialgleichung für die kugelförmige Schallausbreitung; der Kugelmittelpunkt ist dabei der Herd der Schallbewegung. Ein Lösungsansatz für (9) ist:

$$r\,\delta = a\,\delta_0 \sin\frac{2\pi}{\lambda}(r - c\,t) = \varDelta \sin\frac{2\pi}{\lambda}(r - c\,t) \tag{10}$$

wenn gewählt wird $c = \sqrt{\frac{p_0 k}{\varrho_0}}$, während λ willkürlich bleibt und δ_0 die in der Entfernung a vom Kugelmittelpunkt bestehende Amplitude der Druckschwankung bedeutet. c ist aber die Schallgeschwindigkeit in der Luft und λ die Länge der Schallwellen, die mit der Schwingungszeit T zusammenhängt gemäß $\frac{\lambda}{T} = c$ und mit der sekundlichen Schwingungszahl n gemäß $\frac{\lambda n}{c} = 1$. Im übrigen ergibt sich noch aus (10)

$$\delta = \delta_0 \frac{a}{r} \sin\frac{2\pi}{\lambda}(r - c\,t) \,, \tag{11}$$

d. h. die Amplitude der Dichteschwankungen nimmt bei Kugelwellen proportional der Entfernung vom Erregungsherd ab.

Die Schallgeschwindigkeit ist nach den neuesten Messungen[180]) $c = 330{,}7$ m/sec, bezogen auf trockene Luft von 0° bei Atmosphärendruck. Setzt man im absoluten Maßsystem $p_0 = 1\,013\,667$, $\varrho_0 = 0{,}001\,293$, $k = 1{,}405$, so findet sich

$$c = \sqrt{\frac{p_0 k}{\varrho_0}} = 332 \text{ m/sec} \tag{12}$$

in genügender Übereinstimmung mit dem neuesten Werte, so daß die Annahme adiabatischer Zustandsänderung (Poissonsche Gleichung [3b]) bei der Schallausbreitung in der Luft mit großer Annäherung zutrifft.

3. Von größter Wichtigkeit bei der Beurteilung von Schall- oder Tonwirkungen ist die Schallintensität. Für diese sind eine

Reihe von Festsetzungen möglich. Am gebräuchlichsten ist als Maß der Schallstärke diejenige Schallmenge (Energie), die an einer Stelle des Raumes durch die zur Fortpflanzungsrichtung senkrechte Flächeneinheit in der Zeiteinheit hindurchgeht.

Ist die Verschiebung eines Luftteilchens in der Fortpflanzungsrichtung des Schalles σ und der Druck p, so wird an der Stelle mit der Verschiebung des Teilchens in der Zeit t die Arbeit geleistet:

$$E' = \int_0^t p \frac{\partial \sigma}{\partial t} dt$$

und während einer Schwingungsperiode T:

$$E = \int_0^T p \frac{\partial \sigma}{\partial t} dt . \tag{13}$$

Hiernach wird die Schallintensität zu erklären sein durch:

$$J = \frac{E}{T} = \frac{1}{T} \int_0^T p \frac{\partial \sigma}{\partial t} dt , \tag{14}$$

Setzt man hier aus unseren Ansätzen ein:

$$p = p_0(1 + k\,\delta) , \qquad \frac{\partial \sigma}{\partial t} = \sqrt{u^2 + v^2 + w^2}$$

$$= -A \frac{\lambda c}{2\pi} \frac{\partial}{\partial r} \left\{ \frac{1}{r} \cos \frac{2\pi}{\lambda} (r - c\,t) \right\} \quad \text{und} \quad T = \frac{\lambda}{c} ,$$

so findet sich für Kugelwellen

$$J = \frac{\varrho_0}{2} \frac{A^2}{r^2} c^3 = \frac{\varrho_0}{2} \frac{A^2}{r^2} c\, n^2 \lambda^2 . \tag{15}$$

Stellt man die entsprechende Betrachtung für ebene Wellen

$$\sigma = A \sin \frac{2\pi}{\lambda} (x - c\,t)$$

an, so findet sich

$$J = 2\pi^2 \varrho_0 A^2 c\, n^2 = 2\pi^2 \varrho_0 A^2 \frac{c^3}{\lambda^2} \tag{15a}$$

Die Intensität, die also in Watt/cm² gemessen wird, ist demnach bei Kugelwellen dem Quadrate der Dichteamplitude an der Beobachtungsstelle proportional.

4. Zur Beobachtung von Tonintensitäten steht subjektiv das menschliche Ohr zur Verfügung, objektiv gewisse physikalische Apparate, die entweder die Amplituden der Dichte- bzw. Druckschwankung absolut zu messen gestatten, oder aber die Schallstärke relativ zu anderen Energievorgängen festlegen.

Das menschliche Ohr ist zur physikalischen Schallstärkemessung äußerst ungeeignet. Denn zunächst ist die Schallempfindung keineswegs der physikalischen Schall- (oder Reiz-) Stärke proportional, sondern nach dem Fechnerschen psychophysischen Grundgesetz etwa deren Logarithmus, woraus sich ergeben würde, daß über eine gewisse Reizstärke hinaus die Empfindung nicht mehr wächst. Ferner ist die Schallempfindung, bei gleicher Reizstärke, von der Tonhöhe abhängig. Nach M. Wien[181]) betragen die physikalischen Schallstärken, die eben noch eine Gehörempfindung auslösen

320 000 000	Einheiten	bei	$n =$ 80	/sec
1 400 000	,,	,,	100	,,
12 000	,,	,,	200	,,
100	,,	,,	400	,,
8	,,	,,	800	,,
2,5	,,	,,	1 000	,,
2,5	,,	,,	3 200	,,
8	,,	,,	6 400	,,
90	,,	,,	12 800	,,

Demnach werden die hohen Töne von etwa 2000 Schwingungen in der Sekunde am deutlichsten empfunden; die niedrigste noch als Ton wahrnehmbare Schwingungszahl beträgt etwa 40, die höchste 20 000; die am Ohr erforderliche Mindestschallstärke beträgt etwa 10^{-18} Watt/cm.

Neben der Empfindung für die absolute Tonstärke und Tonhöhe gibt es noch die Unterschiedsempfindlichkeit. Für Schallstärken besitzt das Ohr eine sehr unvollkommene Unterschiedsempfindlichkeit, indem bei den schwächsten wahrnehmbaren Tönen erst 10% Unterschied in der physikalischen Schallstärke bemerklich werden; bei den höchsten Schallstärken, die man dem Ohr zumuten kann, werden erst 35% Unterschied der physikalischen Intensität vom Ohre empfunden.

Wesentlich feiner ist die Empfindlichkeit des Ohres für Tonhöhenunterschiede. Musikalische, gut geübte und disponierte Beobachter vermögen in mittleren Tonlagen etwa $^1/_4$ Schwingung zu unterscheiden; nach oben und unten wird die Unterschiedsempfindlichkeit geringer; sie kann auch bei ungeeigneten Personen sehr schlecht sein.

§ 106. Dämpfung von Schallwellen im freien Raum[182]).

1. Wenn die Ausbreitung des Schalles in der Luft verlustlos erfolgte, so würde eine punktförmig mit der Dichteamplitude $\varrho_0\,\delta_0$ (gemessen in der kleinen Entfernung a von der Schallquelle) erregte Schallstörung in der Entfernung r vom Erregungsmittelpunkt noch die Stärke

$$J = \frac{\varrho_0}{2}\,\frac{a^2\,\delta^2}{r^2}\,c^3$$

haben, oder, wenn man mit $\Delta p = p_0\,k\,\delta$ die anfängliche relative Druckamplitude $\frac{\Delta p}{p_0}$ einführt:

$$J = \frac{\varrho_0}{2\,k^2}\,\frac{a^2}{r^2}\left(\frac{\Delta p}{p_0}\right)^2 c^3$$

Zu der so festgelegten Schallschwächung durch räumliche Ausbreitung kommt nun die viel schwerwiegendere durch Schallabsorption, d. h. durch Umwandlung von Schallenergie in Energie anderer Form. Diese räumliche Schalldämpfung erklärt man durch einen Exponentialansatz

$$J = J_0 c^{-m\,r}$$

Hier bestimmt sich der räumliche Dämpfungswert m durch die Einflüsse von Strahlung, Reibung und Wärmeleitung. Erklärt man einen zeitlichen Dämpfungswert durch Strahlung vermöge des Dämpfungsfaktors $e^{-q\,t}$, der den zeitlichen Wärmeabklang einer kleinen auf konstantem Volumen gehaltenen Gasmasse bestimmen soll, ist ferner η die innere Reibungszahl des Mediums, λ ihr Wärmeleitvermögen, s ihre spezifische Wärme, so wird:

$$m = \frac{1}{2\,\varrho_0}\,\frac{n^2}{c^3}\left(\frac{4\,\eta}{3} + \frac{k-1}{k}\,\frac{\lambda}{s}\right) + \frac{k-1}{k}\,\frac{q}{2\,c}$$

ein Ansatz, der Untersuchungen von Stokes, Helmholtz und Kirchhoff vereinigt.

Dieser Ansatz gilt naturgemäß für homogene und ruhende Medien. In Wirklichkeit ist aber weder die Luft noch das Wasser, die für die Übertragung akustischer Zeichen — Schiffahrtsignale in der Luft und im Meere, Entdeckung von Luft- und Unterwasserfahrzeugen durch deren Geräuschwirkung — in Frage kommen, gleichmäßig und ruhig. In der Luft kommen Temperaturschichtungen und -schwankungen, im Meere Temperatur- und Salzgehaltänderungen, sowie Wellenbewegungen vor, die neben den in gleichmäßigen und ruhenden Medien nach obigen Formeln bedingten Dämpfungen noch besonders starke Beeinflussungen der Reichweiten des Schalles — auf diese kommt es uns an — im Gefolge haben. Aus dieser Verwickelung der Umstände ergibt sich, wie schwierig es ist, den räumlichen Auslöschungswert durch Versuche zu bestimmen, zumal, da sich die Schwächung durch Dämpfung derjenigen durch kugelförmige Ausbreitung überlagert.

2. Über die wirklichen Tragweiten von Schallsignalen liegen für freie Luft die Versuche von Allard[183]) vor, der bei tönenden Seezeichen verschiedener Art und Lautstärke die Entfernungen r in km bestimmte, in denen jene eben noch hörbar waren. Die Meßergebnisse erhellen aus folgender Tabelle.

Tonquelle	Tonhöhe n	Energieverbrauch A mkg	Hörbarkeitsbereich r km	$A \cdot r^2$
Kleine Glocke. .	800	0,33	1,89	0,10
Große Glocke . .	600	1,44	3,04	0,16
Preßlufthorn . .	650	2,50	3,17	0,22
Dampfpfeife . .	1500	37,50	4,90	1,56
Zungen-Trompete	450	300,00	7,96	4,73
Sirenen-Trompete	400	1200,00	9,44	13,46

Bezeichnet man die eben noch hörbare Schallstärke mit i und den unbekannten Auslöschungswert der Schallfortpflanzung mit m, so muß gelten (unter der Voraussetzung, daß die Arbeiten A von jedem der Tonerzeuger mit demselben Wirkungsgrad η in Schallenergie verwandelt werden:

$$i = \eta \frac{A}{r^2} e^{-mr}.$$

Durch Kombination dieses Ansatzes für alle möglichen Paare von Tonerzeugern nach der Tabelle erhält man 15 verschiedene Werte von m, deren Mittel 0,315 beträgt. Demnach würde unter den beobachteten Verhältnissen durch Auslöschung allein die Schallintensität erst in 22 km Entfernung auf den 1000. Teil herabsinken, dagegen durch Ausbreitung allein erst in 32 km Entfernung, durch beide zusammen in 8,5 km Entfernung. Die akustischen Reichweiten sind also für das bloße Ohr recht gering.

In anderer Weise erhellt die geringe Zuverlässigkeit akustischer Signale aus Fig. 306. Diese zeigt nach Ermittlungen der französischen Seezeichenverwaltung[184]) die Häufigkeit, mit der während zahlreicher, über mehrere Jahre erstreckten Beobachtungen der Ton einer kräftigen Sirene von 326 sekundlichen Schwingungen und 45 PS-Antriebsverbrauch auf bestimmte Entfernungen gehört wurde. Danach ergibt sich, daß nur auf ganz kurze Entfernungen der Ton der immerhin recht kräftigen Schallquelle niemals beim Beobachter ausblieb, daß dagegen bereits auf 10 km Entfernung nur etwa bei 50% der Beobachtungen der Ton gehört werden konnte.

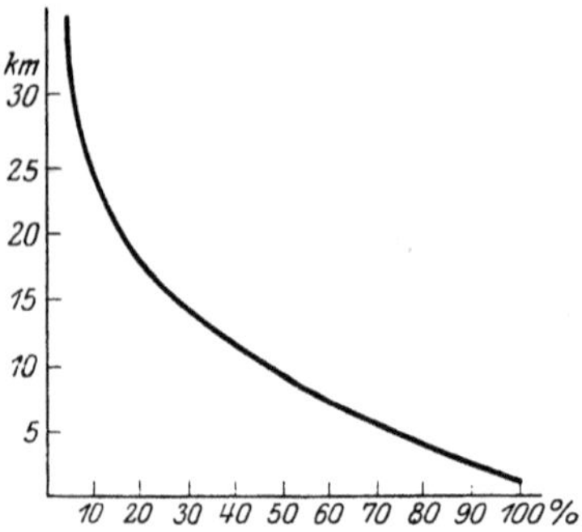

Fig. 306. Hörhäufigkeit akustischer Seezeichen.

Günstig auf die Hörweite wirkt in Richtung des Schalles wehender Wind. Der Schall sucht, wie jede Wellenausbreitung — etwa das Licht —, auf schnellstem Wege den Beobachter zu erreichen. Da nun die Windgeschwindigkeit infolge der Hemmung vom Erdboden mit der Höhe meistens zunimmt (es kommen Gradienten bis zu 10 m/sec auf 100 m Höhe vor), so nehmen von der Schallquelle schräg nach oben gehende Schallstrahlen in der Höhe größere Geschwindigkeiten an; krümmen sich konkav nach unten und erreichen so den auf gleicher Höhe mit der Schallquelle stehenden Beobachter schneller, als wenn sie im Gebiete der unteren, langsameren Windströmung den geraden Weg verfolgt hätten. Diese gekrümmten Schallstrahlen verlaufen auf dem größten Teil ihres Weges oberhalb der gewöhnlichen schallvernichtenden Bodenhindernisse und treffen also mit erheblich größerer Stärke das Ohr des Beobachters. So erklärt sich nach Stokes, Tyndall, Rayleigh die gute Hörbarkeit der mit dem Winde laufenden Schallwellen.

Die Schallausbreitung im Wasser folgt nach Versuchen von H. Barkhausen und H. Lichte[185]) ähnlichen Gesetzen wie die in der Luft. Hier überwiegt die exponentiale Schallauslöschung bedeutend die Schallschwächung durch Ausbreitung. Die Absorption betrug etwa 1 : 2,3 auf den Kilometer, entsprechend einem Exponenten $m = 0{,}833$. Als Wellensender wurden elektromagnetische Oszillatoren (vgl. § 118) verwendet, die etwa 300 Watt Leistung an das Wasser auszustrahlen imstande waren. Mit dem obigen Exponenten m ergibt sich hieraus ca. 8 km am Ort des Empfängers (Mikrophon) eine Schallstärke

$$i = \frac{300}{64} \frac{10^{-12}}{4\pi} e^{-0{,}833 \cdot 8} = 0{,}5\, 10^{-15}\ \text{Watt/cm}^2,$$

die die Mikrophone gerade noch nachzuweisen imstande waren. Diese geringen Reichweiten wurden in der Ostsee im Sommer erhalten, entsprechend der Tatsache, daß während der heißen Jahreszeit die schallauslöschenden Ungleichmäßigkeiten des Wassers in bezug auf Temperatur und Salzgehalt besonders groß sind. Im Winter ist das Wasser gleichmäßiger konstituiert; dementsprechend stiegen die Reichweiten dann auf etwa 20 km. Besonders ungünstige Umstände, namentlich zu geringe Wassertiefe, lassen die Reichweiten bei den gleichen Apparaten gelegentlich auf 2 km sinken, günstige dagegen auf 100 km steigen. Derartige außerordentlich große Reichweiten würden, wenn sie unter normalen Umständen ($m = 0{,}833$) erzwungen werden sollten, Leistungsverbrauche am Oszillator von vielen Tausend Kilowatt erfordern[186]).

§ 107. Probleme der Bauakustik.

1. Die „Hörsamkeit“ großer Räume ist ein wichtiges aber nicht restlos lösbares Problem der Bauakustik.

Die akustisch beste Gestalt eines Raumes ist das Rotationsparaboloid, in dessen Brennpunkt die annähernd punktförmig zu denkende Schallquelle steht. Dabei wäre noch vorauszusetzen, daß unmittelbare Schallstrahlen vom Zuhörerraum $A\,B$ (Fig. 307) abgeblendet sind, so daß nur einmalig rflektierte Wellen zur

Wirkung kommen. Ferner dürfte aus demselben Grunde der Zuhörerraum keine abschließende Wand haben. Auf diese Weise wäre es möglich, von einem Punkte des Raumes aus annähernd unverzerrte Schallwellen, etwa eines Redners, ohne Nachhall oder Echo, in den Zuhörerraum gelangen zu lassen. Das Sprechen von anderen Stellen des Raumes aus würde natürlich sehr viel weniger wirksam sein.

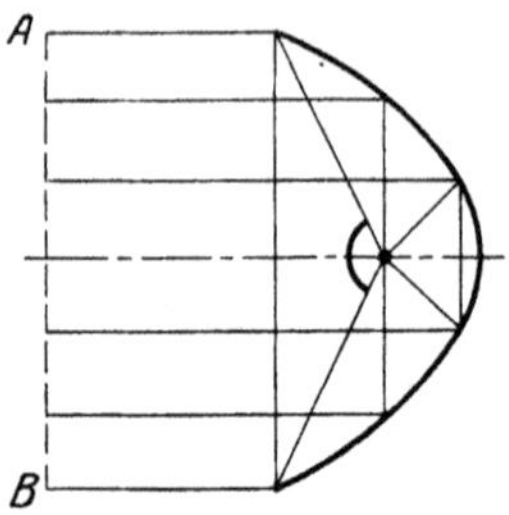

Fig. 307.
Paraboloidischer Hörraum

In Wirklichkeit ist die Schallquelle oft flächenhaft ausgedehnt (Orchester); es ist unmöglich, eine rein paraboloidische Raumform zu wählen oder auf eine Abschlußwand zu verzichten.

So besteht das Ergebnis der Schallwirkung aus der Übereinanderlegung der unmittelbar eintreffenden Schallwellen mit ein oder mehrmal zurückgeworfenen, wodurch Nachhall (Echo) oder durch Interferenz hervorgerufene Schallstille entstehen kann. Ferner werden Teile der baulichen Ausgestaltung des Raumes (Nischen, Wände) oft zum Mittönen veranlaßt (Resonanz). Alle diese Umstände haben Veränderungen der ursprünglichen Schallproduktion zur Folge; im ganzen werden die tieferen Töne weniger benachteiligt als die höheren.

Besonders störend ist der Nachhall, wenigstens in mittelgroßen Räumen, während er in kleineren günstig wirkt. Diese günstige Wirkung hängt von der Nachhalldauer ab; erfahrungsgemäß ist die günstigste Nachhalldauer etwa von der Größe 0,8 bis 1,0 Sekunden; wesentlich längere Nachhalldauer wirken störend, ebenso wie das Echo, das allerdings nur in großen Räumen (über 30 m Abmessung) auftritt.

Es ist daher bei der Gestaltung von Räumen vor allem darauf zu sehen, daß schädliche Schallrückwürfe vermieden werden, ohne zu vergessen, daß die Schallreflexion wesentlich zur gleichmäßigen Schallverteilung im Raume beiträgt.

Zweckmäßig dämpft man die Schallreflexion an der Begrenzung des Zuhörerraumes durch Anbringung von absorbierenden Stoffen (schweren Geweben) oder durch bauliche Gliederung. Allerdings muß hierbei darauf geachtet werden, daß Nischen oft zu Resonanzen Anlaß geben.

Ferner sorgt man dafür, daß die in der Nähe der Schallquelle reflektierenden Flächen dies so tun, daß der zurückgeworfene Schall auf möglichst kurzem Wege und möglichst in der gleichen Richtung wie der unmittelbare Schall in den Zuhörerraum gelangt. Durch Konstruktion der Wellenflächen des Schalles mit Hilfe der Spiegelungsmethode kann man sich in einem gegebenen Raum ein ungefähres Bild der Schallwirkung im obigen Sinne machen.

2. Das entgegengesetzte bauakustische Problem bildet die Fernhaltung des Schalles von einem Raum. Schall wird sowohl durch die Luft wie auch durch den Boden übertragen (Luftschall und Bodenschall), und es entsteht die Frage, wie man einen Schall produzierenden Raum gegen einen andern, der schallfrei bleiben soll, abgrenzt. Dabei soll es nicht darauf ankommen, ob die beiden akustisch gegeneinander abzugrenzenden Räume mit Luft oder einem festen Stoff (Boden) erfüllt seien.

Da der Schall eine Wellenbewegung ist, unterliegt er ebenso den Gesetzen der Reflexion und Brechung wie das Licht.

Hiervon ausgehend haben Rayleigh[186]) und Drude[187]) die Fragen der Schallübertragung an den Grenzen verschiedener Stoffe untersucht.

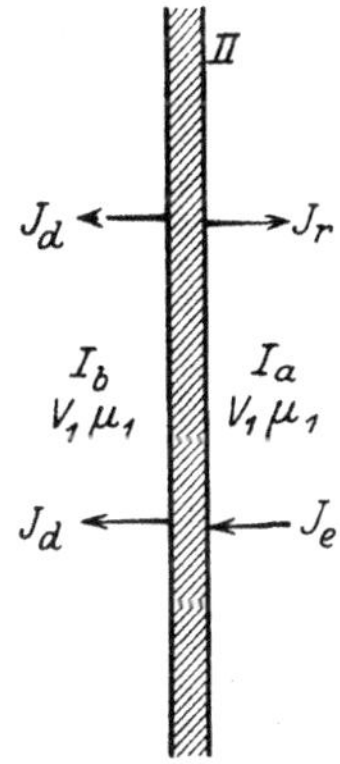

Fig. 308. Schalldurchgang durch eine Wand.

Aus der großen Zahl der hier vorliegenden Probleme greifen wir nach Rayleigh die Übertragung von longitudinalen Schallwellen der Frequenz N aus einem unbegrenzten Gebiete I (Fig. 308) der Dichte μ_1 und der Schallgeschwindigkeit V_1 durch eine dünne Wand II hindurch (Dicke h), in der die Schallgeschwindigkeit V_2 betrage (bei der Stoffdichte μ_2) in ein Gebiet I_b, derselben akustischen Eigenschaften wie I_a. Aus letzterem treffen Schallwellen der Intensität J_e auf die Wand ein. Diese werden teilweise an II reflektiert, teilweise dringen sie in I_b ein. Bei Vernachlässigung der Dämpfung in II gilt:

$$J_e = J_r + J_d$$

und

$$(1)\quad \begin{cases} J_r = J_e \dfrac{(n^2-1)^2 \sin^2\beta_2}{(n^2-1)^2\sin^2\beta_2 + 4n^2}, \\[2ex] J_d = J_e \dfrac{4n^2}{(n^2-1)^2\sin^2\beta_2 + 4n^2}. \end{cases}$$

Hier bedeutet n das „Brechungsverhältnis" der Schallwellen

$$n = \frac{V_1 \mu_1}{V_2 \mu_2}$$

und β_2 den Winkel

$$\beta_2 = 2\pi \frac{h}{\lambda_2},$$

wo λ_2 die Wellenlänge im Medium II

$$\lambda_2 = \frac{V_2}{N}$$

vorstellt.

Hier interessiert uns der kleinste Schalldurchgang J_d, der eintritt für $\sin\beta_2 = 1$, d. h. für

d. h. für
$$\left.\begin{aligned} \beta_2 &= \frac{2m-1}{2}\pi \\ h &= \frac{2m-1}{4}\lambda_2 . \end{aligned}\right\} \quad m = 1, 2 \ldots$$

Hiernach würde z. B. die Übertragung hoher Töne ($N = 3300$) innerhalb eines festen Körpers durch eine Luftschicht von

$$h = \frac{1}{4}\frac{330}{3300} = \frac{1}{4} \cdot 0{,}1\,m = 2{,}5\,\text{cm}$$

am besten gehindert werden.

Will man die Ansätze (1) auf den Schutz gegen Luftschall anwenden, so kann man sich zunächst unter II einen festen Körper vorstellen. Dann ist V_2 resp. μ_2 im allgemeinen groß gegen V_1 und μ_1 bei Luft.

Unter der Voraussetzung $V_2 = \infty$ wird aus (1):

$$(2) \qquad \left\{\begin{aligned} J_r &= J_e \frac{\left(\pi \frac{h\,\mu_2}{\lambda_1\,\mu_1}\right)^2}{\left(\pi \frac{h}{\lambda_1}\frac{\mu_2}{\mu_1}\right)^2 + 1}, \\ J_d &= J_e \frac{1}{\left(\pi \frac{h}{\lambda_1}\frac{\mu_2}{\mu_1}\right)^2 + 1}. \end{aligned}\right.$$

Hier sieht man aus der zweiten Formel ohne weiteres, daß der durchgelassene Schall J_d um so kleiner wird, je größer $h\mu_2$, also das Produkt aus Dichte und Dicke der Wand. Hieraus ergibt sich, daß schwerere Stoffe (Blechbekleidung) bessere Isolatoren gegen Luftschall sein müssen, als leichtere (Filz, Wolle usw.), deren Porosität stets Schall durchläßt. Im ganzen kann man sagen, daß das Produkt $V_2\mu_2$ maßgebend ist für die Undurchlässigkeit eines Stoffes gegen Luftschall, vorausgesetzt, daß in diesem keine Absorption stattfindet. Ist dies letztere der Fall, so kann die obige Aussage völlig umgekehrt werden. Z.B. wäre Blei ($V_2\mu_2 = 18100$) nach obigem doppelt so durchlässig als Eisen ($V_2\mu_2 = 36700$). In Wirklichkeit ist die Sache aber gerade umgekehrt, weil das Blei als plastischer Stoff den Schall stark absorbiert.

Wegen weiterer Behandlung der zahlreichen Fragen der Bauakustik verweisen wir auf die Literatur[188]).

§ 108. Theorie der Pfeifentöne.

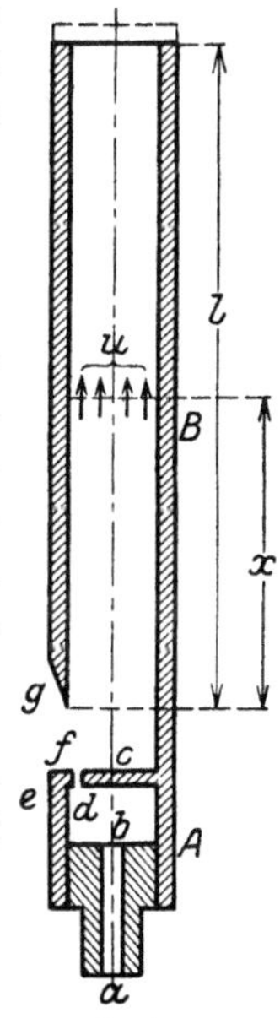

Fig. 309. Lippenpfeife.

1. Wir behandeln im Folgenden die wichtigste Art der Pfeifen, nämlich die Lippen- oder Orgelpfeifen. Diese (meist zylindrisch, manchmal konisch, von kreisförmigem oder rechteckigem Querschnitt) bestehen (Fig. 309) aus dem unteren Pfeifenfuß A und dem Pfeifenkörper B. Der Fuß enthält die Luftkammer b, in die der Wind durch das Zuführungsrohr a aus dem Orgelbalg eintritt. Die Luftkammer ist oben gegen den Pfeifenkörper durch den Kern c abgeschlossen, der den Kernspalt d enthält. Der Pfeifenkörper B beginnt oberhalb des Kernspaltes mit dem Pfeifenmaul f, welches aus der Unterlippe e und der Oberlippe f besteht. Nach oben ist der Pfeifenkörper offen (offene Pfeife) oder geschlossen (gedackte Pfeife). Für die Luftschwingung in einem Rohr nehmen wir ebene Bewegung und Wegfall äußerer Volumenkräfte an. Im einzelnen Querschnitt unterscheiden wir die Verschiebung ξ, die Geschwindigkeit

$$u = \frac{\partial \xi}{\partial t}, \tag{1}$$

die Dichte ϱ und den Druck p. Bei letzteren Größen sind miteinander verknüpft durch die drei Gleichungen:

(2) Bewegungsgleichung: $$\varrho \frac{\partial u}{\partial t} = -\frac{\partial p}{\partial x};$$

(3) Continuitätsgleichung: $$\varrho \frac{\partial u}{\partial x} = -\frac{\partial p}{\partial t};$$

(4) Adiabetische Zustandsgleichung: $$\varrho \frac{p}{\varrho^k} = \frac{p_0}{\varrho_0^k}.$$

wo $k = \frac{c_p}{c_v}$ das Verhältnis der beiden spezifischen Wärmen, p_0, ϱ_0 Druck und Dichte für den Ruhezustand bedeuten. Die Schwankungen um diesen sollen nur klein sein; daher schreiben wir

(5) $$\varrho = \varrho_0 (1 + \delta), \quad p = p_0 (1 + k\,\delta),$$

wo die Verdichtung δ klein gegen 1 sei.

Durch geeignete Verbindungen der Ansätze (1) bis (5) erhält man für jede der Größen ξ, u, ϱ, p, δ eine partielle Differentialgleichung folgender Form:

(6) $$\frac{\partial^2 \delta}{\partial t^2} = a^2 \frac{\partial^2 \delta}{\partial x^2}; \quad a^2 = \frac{p_0 k}{\varrho_0}.$$

Dieser Ansatz wird befriedigt durch die Partiallösungen für δ:

$$\sin k t \sin \frac{k x}{a}, \quad \sin k t \cos \frac{k x}{a}, \quad \cos k t \sin \frac{k x}{a}, \quad \cos k t \cos \frac{k x}{a}.$$

Im Falle der beiderseits offenen Pfeife nimmt man an, daß an deren Enden, d. h. für $x = 0$ und $x = l$ sich die Dichteschwankungen verlieren, weil dort die schwingende Gassäule mit der äußeren Luft in Verbindung steht. In diesem Falle sind nur die Partiallösungen brauchbar, die für $x = 0$ und $x = l$ die Verdichtung $\delta = 0$ liefern (Grenzbedingung). Demnach ist für δ anzusetzen:

(7) $$\delta = (A \cos k t + B \sin k t) \sin \frac{k x}{a}.$$

Dieser Ausdruck verschwindet für $x = 0$; damit er auch für $x = l$ verschwinde, muß sein:

(8) $$\frac{k l}{a} = n \pi.$$

Dies ist die Periodengleichung, die für die Kreisfrequenz k der Schwingung unendlich viele Werte

$$k_n = \frac{a\,n\,\pi}{l}\,; \qquad n = 1, 2, 3 \ldots \tag{9}$$

festlegt.

Demnach setzt sich die tatsächliche Schwingung aus einer Reihe von Tönen zusammen gemäß

$$\delta = \sum \delta_n = \sum \left(A_n \cos \frac{a\,n\,\pi}{l}\,t + B_n \sin \frac{a\,n\,\pi}{l}\,t\right) \sin \frac{n\,\pi}{l}\,x\,, \tag{10}$$

deren Schwingungszeit sich bestimmt zu

$$T_n = \frac{2\pi}{k_n} = \frac{2\,l}{a\,n}\,, \tag{10a}$$

während die Wellenlänge wird

$$\lambda_n = a\,T_n = \frac{2\,l}{n}\,. \tag{10b}$$

Die Schwingungszahlen werden

$$Z_n = \frac{1}{T_n} = \frac{a\,n}{2\,l}\,. \tag{10c}$$

Zur Erzeugung des tiefen Kontra-C (C') mit 32,2 sekundlichen Schwingungen im Grundton $n = 1$ ist demnach eine offene Pfeife von $l = \frac{333}{2 \cdot 32{,}2} = 5{,}15$ m Länge erforderlich.

Zur Behandlung der gedackten Pfeifen bedienen wir uns wieder des Ansatzes (6) bzw. (7), in welchem ja die Bedingung am offenen Ende $x = 0$ schon enthalten ist. Am geschlossenen Ende $x = l$ ist offenbar die Geschwindigkeit $u = 0$. Wir entwickeln also aus (2): $\frac{\partial u}{\partial t} = -\frac{1}{\varrho_0}\frac{\partial p}{\partial x}$. Nach (5) ist aber $\frac{\partial p}{\partial x} = p_0\,k\,\frac{\partial \delta}{\partial x}$. Also wird

$$u = -a\,k \int \frac{\partial \delta}{\partial x}\,dt = -a(A \sin k t - B \cos k t) \cos \frac{k\,x}{a}\,. \tag{11}$$

Die Bedingung $u = 0$ für $x = l$ liefert hier die Periodengleichung

$$\frac{k\,l}{a} = \frac{2\,n - 1}{2}\,\pi\,. \tag{12}$$

Also setzen sich die Töne einer gedackten Pfeife aus den ungeradzahligen Partialschwingungen zusammen, wodurch sich ihre von den offenen Pfeifen abweichende Klangfarbe bestimmt. Die Schwingungszeiten der Partialtöne werden:

$$T_n = \frac{2\pi}{k_n} = \frac{4l}{(2n-1)a}, \tag{13}$$

und die Wellenlängen:

$$\lambda_n = \frac{4l}{2n-1}, \tag{14}$$

die Schwingungszahlen

$$Z_n = \frac{(2n-1)a}{4l}. \tag{15}$$

Demnach braucht für die gleiche Grundtonhöhe die gedackte Pfeife nur halb so lang zu sein als die offene.

Die erhaltenen Bewegungen (9a) und (11) nennt man **stehende Wellen**, weil an den fest bestimmten Stellen $x = \frac{l}{n}$ bzw. $\frac{l}{2n-1}$ Knoten vorhanden sind und sie gestatten noch eine besondere Deutung. Schreibt man z. B. (9a) wie folgt:

$$\delta = \sum C_n \cos\left(\frac{an\pi}{l} t - \alpha_n\right) \sin\frac{n\pi}{l} x,$$

wo $C_n = \sqrt{A_n^2 + B_n^2}$, $\operatorname{tg}\alpha_n = \frac{B_n}{A_n}$ zu setzen ist, so findet sich nach der trigonometrischen Regel:

$$\cos\alpha \sin\beta = \tfrac{1}{2}\{\sin(\alpha+\beta) - \sin(\alpha-\beta)\};$$

$$\delta = \sum \frac{C_n}{2}\left\{\sin\left(\frac{n\pi}{l}x + \frac{an\pi}{l}t - \alpha_n\right) + \sin\left(\frac{n\pi}{l}x - \left[\frac{an\pi}{l}t - \alpha_n\right]\right)\right\}. \tag{16}$$

Hier setzt sich jede Partialschwingung aus zwei gegenläufigen Zügen fortschreitender Wellen zusammen, deren Übereinanderlagerung eben die stehende Welle der Pfeifenschwingung ergibt.

Bei der Berechnung der Länge einer offenen Pfeife für eine gewünschte Tonhöhe nach Ansatz (10c) wird angenommen, daß das Pfeifenende $x = l$ gerade einen Knoten $\delta = 0$ enthalte. In Wirklichkeit wird dies nicht der Fall sein; der Knoten wird vielmehr ein wenig außerhalb der Pfeife liegen in einer Entfernung

$x = l + \Delta l$, wo Δl die Pfeifenkorrektion genannt wird. Dabei ist zu beachten, daß außerhalb der Pfeife nach Fig. 310 sich der Schall in fortschreitenden Kugelwellen ausbreiten muß. Die Luftbewegung in dem gezeichneten System muß also eine derartige sein, daß die ebene stehende Schallschwingung im Pfeifenraum *I* in die fortschreitende Kugelschallschwingung im Außenraum *III* übergeht vermöge einer Zwischenzone, die einen gewissen Teil des Pfeifenraumes und des Außenraumes umfaßt.

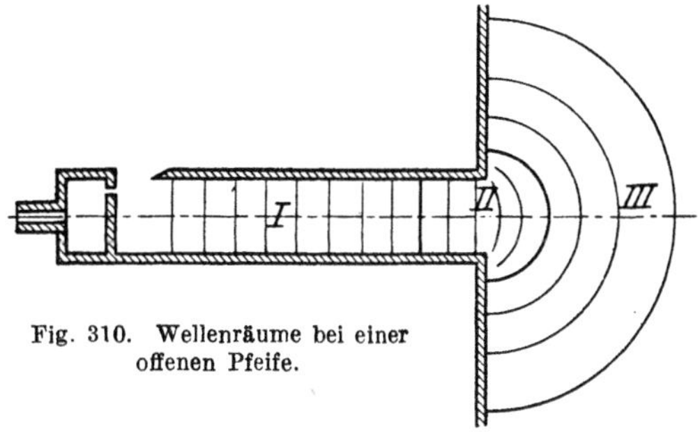

Fig. 310. Wellenräume bei einer offenen Pfeife.

Auf Grund dieser Vorstellung hat Helmholtz das Problem der Pfeifenkorrektion streng behandelt, durch Aufstellung der für die Räume *I*, *II*, *III* gültigen Potentialfunktionen der Bewegung, die übrigens auch beim Problem der Stromleitung aus einem zylindrischen Leiter in einen großen von einer Ebene begrenzten leitenden Körper nach Fig. 311 eine Rolle spielen. Die Figur zeigt in diesem Fall die Strom- und Potentiallinien.

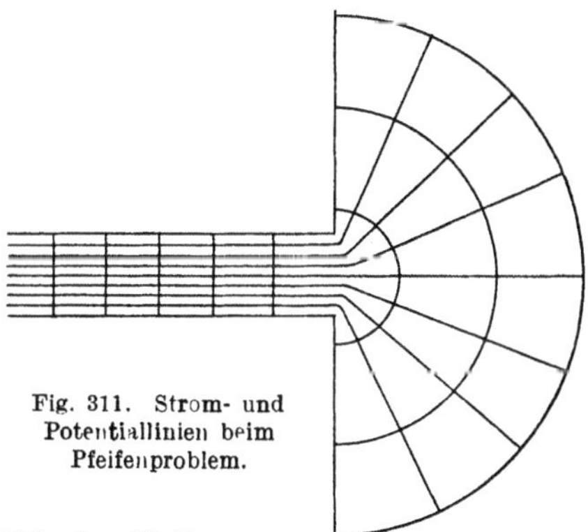

Fig. 311. Strom- und Potentiallinien beim Pfeifenproblem.

Helmholtz setzte übrigens bei seiner Untersuchung zylindrische Pfeifen vom Radius R mit einer kurzen konischen Erweiterung vom Radius R_1 nach Fig. 312 voraus und fand so die Mündungskorrektion

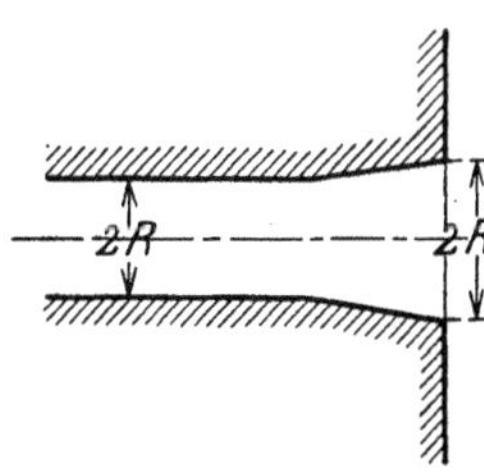

Fig. 312. Zur Mündungskorrektion nach Helmholtz.

$$\Delta l = \frac{\pi R_1^2}{2R} - \frac{\pi R}{4}. \tag{17}$$

Hiernach wird für eine bestimmte Erweiterung der Mündung, nämlich für $R_1 = R\sqrt{2}$, die Korrektion $\varDelta l = 0$; dann liegt also der erste Verdichtungsknoten (oder Schwingungsbauch) in der Mündung. Ist dagegen das Pfeifenrohr rein zylindrisch mit $R = R_1$, dann erscheint eine Korrektion im Betrage $\varDelta l = \frac{\pi}{4} R$.

3. Bisher wurde die Frage offen gelassen, wie in dem Pfeifenrohr Schwingungen erregt werden können.

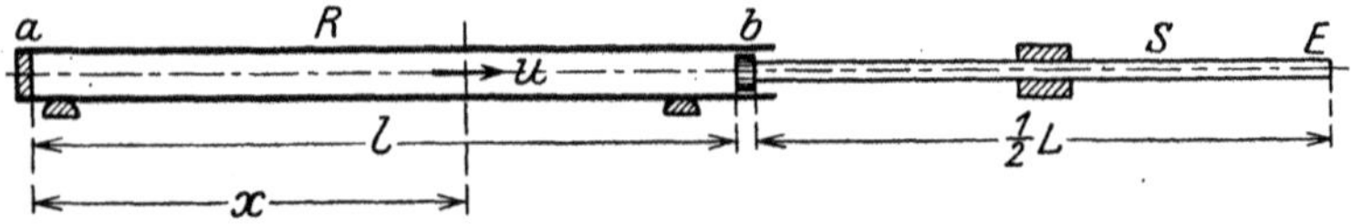

Fig. 313. Zur Erzeugung Kundtscher Staubfiguren.

Hier bietet sich zunächst die Möglichkeit, periodische Erregungen von außen anzuwenden. Z. B. kann man nach Fig. 313 das beiderseits geschlossene Rohr an dem Ende $x = l$ mit einem elastischen in der Mitte eingespannten Stab S in Longitudinalverbindung bringen, dessen irgendwie erregte Schwingungen sich durch den Verschluß b auf die im Rohr eingeschlossene Luft übertragen. Die Schwingungen im Stab erregt man z. B. durch Reiben in der Längsrichtung am freien Ende E. Auf diese Weise bewegt sich das Stabende b dauernd mit der Geschwindigkeit

$$u_l = C \cos \omega t .$$

Für die Geschwindigkeit der Luftteilchen gilt die Differentialgleichung

$$\frac{\partial^2 u}{\partial x^2} = a^2 \frac{\partial^2 u}{\partial x^2} \tag{18}$$

mit den Grenzbedingungen:

$$u = 0 \text{ für } x = 0 \quad \text{und} \quad u = u_l \text{ für } x = l .$$

Der hier genügende Ansatz für u ist offenbar

$$u = B \sin \frac{k}{a} x \cos k t , \tag{19}$$

wenn $k = \omega$ und $B = \dfrac{C}{\sin \frac{\omega}{a} l}$ gesetzt wird. Mit der Abkürzung

$\frac{\omega}{a} = q$ schreibt man

$$u = \frac{C}{\sin q l} \sin q x \cos \omega t \,. \tag{20}$$

Demnach sind im Rohr stehende Wellen vorhanden. Bei $x = 0$ liegt ein Geschwindigkeitsknoten, ebenso an den Stellen $x = \frac{n\pi}{q}$ $(n = 0, 1, 2, \ldots)$, sofern $\frac{n\pi}{q} < l$. Es ist aber $\frac{\pi}{q} = \frac{\pi a}{\omega} = \frac{\lambda}{2}$ die halbe Wellenlänge der Luftschwingung; daher gibt es nur für diejenigen ganzen Zahlen n Knoten, die der Bedingung $\frac{n\lambda}{2} < l$ entsprechen.

Wählt man

$$q h = m\pi \,, \tag{21}$$

wo m eine ganze Zahl bedeutet, so wird nach (20) die Amplitude von u unbegrenzt groß. Da aber $q = \frac{2\pi}{\lambda}$ ist, so wird (21) identisch mit der Bedingung

$$l = m \frac{\lambda}{2} \,, \tag{22}$$

d. h. die Röhrenlänge ist ein ganzes Vielfaches der Wellenlänge, mit der der Stab S schwingt. Dies ist aber die Resonanz zwischen Stabschwingung und Luftschwingung, womit sich die theoretische Möglichkeit der unbegrenzten Anwachsens der Amplituden von u erklärt. In Wirklichkeit wird dies Anwachsen durch die Dämpfung verhindert, so daß nur maximale Amplitudenwerte der Resonanz entsprechen.

Die Anordnung nach Fig. 313 benutzt man zur Ermittelung der Schallgeschwindigkeit im Stabe S. Streut man nämlich in die Röhre ein wenig Lykopodiumpulver, so ordnet sich dieses an den Knotenpunkten an (Kundtsche Staubfiguren — 1866), durch deren Abstand die halbe Wellenlänge $\frac{\lambda}{2}$ der Luftschwingung meßbar ist. Die halbe Wellenlänge der Stabschwingung ist aber gleich der Länge des eingespannten Stabes.

Die Kreisfrequenzen der beiden Schwingungen sind nach Ansatz (20)

$$\omega = \frac{2\pi a}{\lambda} = \frac{2\pi V}{L},$$

wenn V die Schallgeschwindigkeit im Stabe ist. Also findet sich:

$$V : L = a : \lambda,$$

womit sich V ermittelt.

Wegen der ziemlich verwickelten Theorie des Anblasens der Pfeifen sei auf die Literatur verwiesen[190]).

§ 109. Schwingungen von Gasen in den Rohrleitungen von Kolbenmaschinen.

Bei allen Kolbenmaschinen durchströmt der arbeitende Körper die verschiedenen Teile der Anlage unter dem Einfluß einer von der Bewegung des Kolbens im Arbeitszylinder ausgehenden periodischen Kraftwirkung. Es ist klar, daß die Bewegung des arbeitenden Körpers ebenfalls eine periodische sein muß. Die Bewegung ist nichts anderes als eine Schwingungserregung, mit der die Eigenschwingungen des schwingenden Körpers, hier des in der Maschinenanlage oder in einem ihrer Teile, entweder in der Saug- oder der Druckleitung, eingeschlossenen Gaskörpers in Resonanz treten können.

Dieser Sachverhalt erhellt z. B. aus den Versuchen von W. Borth[191]), von denen in Fig. 314 ein Schaubild wiedergegeben ist.

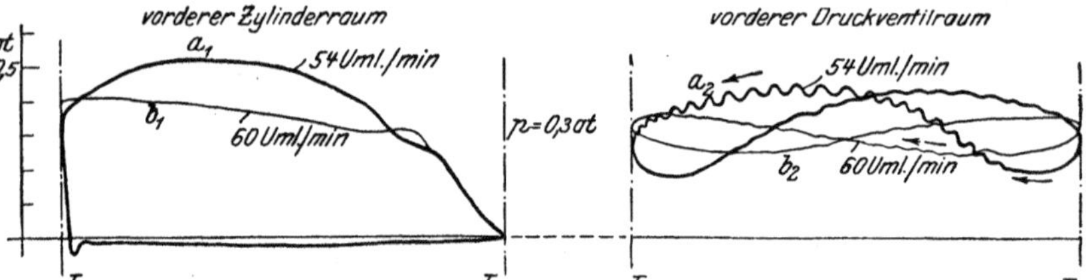

Fig. 314. Schwingungen im Druckraum eines Gebläses.

Hiernach zeigte sich bei der untersuchten Maschine (ein Hochofenkolbengebläse) ein Indikatordiagramm a_1 mit starker Drucksteigerung bei 54 minutlichen Umläufen, verbunden mit beträchtlichen Druckschwankungen a_2 in der Druckleitung. (Die der Druckkurve a_2 überlagerten kleinen Schwingungen rühren her vom Flattern der Ventile und stehen hier nicht zur Erörterung.)

Mit steigender Umlaufzahl, etwa bei 60/min, nahmen die Schaulinien die mit b_1 bzw. b_2 bezeichneten Gestalten an, entsprechend einem Abrücken von der Resonanz. Die Arbeit des Gebläsezylinders verminderte sich dabei erheblich, so daß die Maschine in dem betreffenden Gebiete eine abfallende Charakteristik aufwies. Derartige Charakteristiken geben aber bei Arbeitsmaschinen zu Instabilität Anlaß, wie im § 113 weiter dargetan wird, sofern die Antriebsmaschinen meistens eine flacher abfallende Charakteristik haben kann. In der Tat zeigte die von W. Borth untersuchte Maschine einen Instabilitätsbereich um den Resonanzpunkt im Gebiete von 35 bis 70 minutlichen Umlaufzahlen. In diesem Bereich war ein stabiler Lauf des Gebläses nicht möglich.

Eine einfache Vorstellung über den Verlauf der Resonanzschwingungen in einer Gasleitung erlangt man nach A. Sommerfeld[192], indem sich das Leitungsrohr nach Fig. 315 entsprechend § 108 als eine schwingende, an einem Ende ($x = 0$) offene Luftsäule der Länge l vorstellt, an deren anderem Ende ($x = l$) eine periodische Erregung der Luftbewegung im Rohr durch das Kolbenspiel aufrecht erhalten wird.

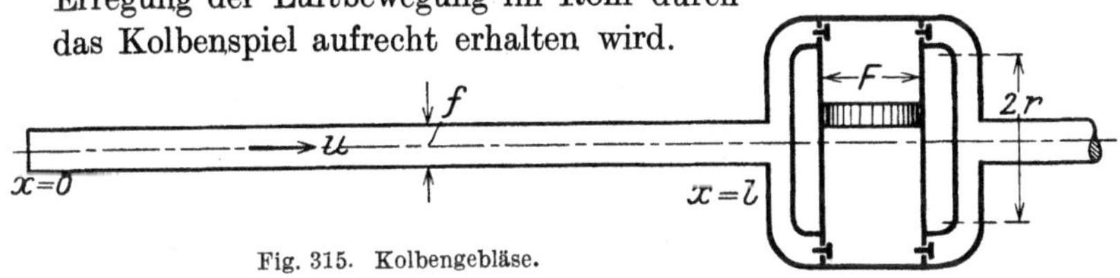

Fig. 315. Kolbengebläse.

Die Luftgeschwindigkeit im Rohr sei u, der Druck p, die Dichte ϱ. Druck und Dichte schwanken um die der freien Atmosphär entsprechenden Werte p_0 und ϱ_0 um die Beträge p_d bzw. μ, so daß gilt:

$$(1) \qquad p = p_0 + p_d\,; \qquad \varrho = \varrho_0 + \mu\,.$$

Ferner setzen wir bei der ganzen Bewegung adiabatische Zustandsänderungen voraus gemäß

$$(2) \qquad \begin{cases} \dfrac{p}{p_0} = \left(\dfrac{\varrho}{\varrho_0}\right)^k = \left(1 + \dfrac{\mu}{\varrho_0}\right)^k = 1 + k\dfrac{\mu}{\varrho_0}\,; \\[2ex] p = p_0\left(1 + k\dfrac{\mu}{\varrho_0}\right) = p_0 + \dfrac{p_0\,k}{\varrho_0}\,\mu\,; \\[2ex] p_d = \dfrac{p_0\,k}{\varrho_0}\,\mu = a^2\,\mu\,. \end{cases}$$

Hier ist k das Verhältnis der beiden spezifischen Wärmen $k = \frac{c_p}{c_v}$ und $a = \sqrt{\frac{p_0 k}{\varrho_0}}$ die Schallgeschwindigkeit in der Luft.

Die Bewegungsgleichungen sind die gleichen wie in § 108, aus denen sich z. B. für u der Ansatz ergibt

$$\frac{\partial^2 u}{\partial t^2} = a^2 \frac{\partial^2 u}{\partial x^2}\,. \tag{3}$$

Zu diesem kommen die Grenzbedingungen. Es muß sein:

$$\text{Für } x = 0 : \varrho = \varrho_0\,; \qquad \mu = 0\,; \qquad \frac{\partial u}{\partial x} = 0 \tag{4}$$

(Dichtezustand der freien Atmosphäre),

(5) für $x = l : u =$ Fördergeschwindigkeit des Kompressors

Die Fördergeschwindigkeit des doppelt wirkenden Gebläses ist

$$[u]_{x=l} = \frac{F}{f} r\,\omega\,|\sin\omega\,t| = v\,|\sin\omega\,t| \tag{6}$$

mit den Bezeichnungen der Figur und der Kurbelwinkelgeschwindigkeit ω des Gebläses. Die beiden senkrechten Striche deuten dabei an, daß nur positive Werte von $\sin\omega\,t$ zu nehmen sind, entsprechend Förderung nur in einer Richtung. Demgemäß hat $|\sin\omega\,t|$ die Periode π. Für das folgende entwickelt man $|\sin\omega\,t|$ in eine Fourierschen Reihe:

$$|\sin\omega\,t| = \frac{2}{\pi}\left(1 - \frac{2}{3}\cos 2\,\omega\,t - \frac{2}{15}\cos 4\,\omega\,t - \frac{2}{35}\cos 6\,\omega\,t \ldots\right). \tag{7}$$

Setzt man nun diese Entwicklung in $[u]_{x=l} = v\,|\sin\omega\,t|$ ein, so findet sich das erste Glied der Reihe für $[u]_{x=l}$ zu $u_m = \frac{2\,v}{\pi} = \frac{F}{f}\,\frac{2\,r\,\omega}{\pi}$, wo $\frac{2\,r\,\omega}{\pi}$ die mittlere Kolbengeschwindigkeit des Gebläses ist.

Die Differentialgleichung (3) hat mit Rücksicht auf die erste Grenzbedingung (4) die spezielle Lösungsgestalt:

$$u_k = (A_k \cos a\,k\,t + B_k \sin a\,k\,t) \cos k\,x \tag{8}$$

mit den Integrationskonstanten A_k, B_k und der Periodizitätszahl k, die zu bestimmen sind. Auch eine Summe

$$u = \sum u_k \tag{9}$$

mit beliebigem k befriedigt den Ansatz (3).

Nun ist (9) der Grenzbedingung (5) anzupassen, d. h. es ist die Reihe (9) für $x = l$ der Cosinusentwicklung (7), vermöge (6), gleich zu setzen.

Demnach darf u keine Sinusglieder $B_k \sin a\,k\,t$ enthalten: B_k muß verschwinden. Ferner hat jedes der übrig bleibenden Glieder $A_k \cos a\,k\,t \cos k\,l$ die Form $\frac{2\,v}{\pi}\,\mathfrak{A}_m \cos m\,\omega\,t$ anzunehmen, wo der Reihe nach $\mathfrak{A}_m$ die Werte $1, -\frac{2}{3}, -\frac{2}{15}, -\frac{2}{35} \ldots$ bedeutet. Dies erreicht man durch die Gleichungen:

$$m\,\omega = k\,a\,; \qquad \frac{2\,v}{\pi}\,\mathfrak{A}_m = A_k \cos k\,l\,.$$

Daraus ergibt sich:

$$A_k = \frac{2\,v}{\pi}\,\frac{\mathfrak{A}_m}{\cos\frac{m\,\omega\,l}{a}}$$

und für u die Entwicklung:

$$u = \frac{2\,v}{\pi}\left(1 - \frac{2}{3}\,\frac{\cos\frac{2\,\omega\,x}{a}}{\cos\frac{2\,\omega\,l}{a}}\cos 2\,\omega\,t - \frac{2}{15}\,\frac{\cos\frac{4\,\omega\,x}{a}}{\cos\frac{4\,\omega\,l}{a}} - \ldots\right). \tag{10}$$

Leitet man aus u vermöge $\frac{\partial\,\mu}{\partial\,x} = -\frac{\varrho_0}{a^2}\,\frac{\partial\,u}{\partial\,t}$ und der Ansatzgruppe (2) die Dichteschwankung

$$p_d = -\frac{4\,v\,k\,p_0}{\pi}\left\{\frac{1}{3}\,\frac{\sin\frac{2\,\omega\,x}{a}}{\cos\frac{2\,\omega\,t}{a}}\sin 2\,\omega\,t + \frac{1}{15}\,\frac{\sin\frac{4\,\omega\,x}{a}}{\cos\frac{4\,\omega\,t}{a}} + \ldots\right\} \tag{11}$$

ab, so findet sich, daß unter der Bedingung

$$\frac{m\,\omega\,l}{a} = (2\,q + 1)\,\frac{\pi}{2} \qquad \begin{pmatrix} q = 0, 1, 2 \ldots \\ m = 2, 4, 6 \ldots \end{pmatrix} \tag{12}$$

die Druckschwankungen unbegrenzt anwachsen können. Dies kann vermieden werden dadurch, daß man die Rohrlänge l verschwinden macht von den kritischen Werten, die durch (12) bestimmt sind:

$$l \gtrless \frac{(2q+1)\,a\pi}{2m\omega} \qquad \begin{pmatrix} q = 0, 1, 2 \ldots \\ m = 2, 4, 6 \ldots \end{pmatrix}. \tag{13}$$

Andererseits aber kann man das Anwachsen der Druckschwankungen dämpfen, etwa durch Einbau einer Drosselstelle an geeigneten Punkten der Rohrleitung. So ist W. Borth in dem eingangs erwähnten Falle unzulässiger Druckschwankungen in einer Gebläsesaugleitung verfahren[193]).

§ 110. Luftwellen mit endlicher Schwingungsweite.

Die gewöhnliche Behandlung von Wellenbewegungen (§ 105) in der Luft beruht auf der Annahme kleiner Dichteänderungen, wodurch die hydrodynamischen Differentialgleichungen linear und der Lösung zugänglich werden. Die Ergebnisse dieser Behandlungsweise stimmen mit den Versuchen genügend überein; insbesondere ist die Unabhängigkeit der Schallgeschwindigkeit von den Schwingungsamplituden ein Beweis dafür, daß für gewöhnliche Schallbewegungen die Annahme der kleinen Dichteänderungen sicher begründet ist.

Verläßt man diese Annahme, so gelangt man in das Gebiet der Luftbewegungen mit endlichen Dichte- und Druckänderungen, bei denen eigentliche Schallerscheinungen stark zurücktreten. Hier gilt nicht mehr das Gesetz von der Konstanz der Schallgeschwindigkeit, es kommen vorwiegend Geschwindigkeiten oberhalb der gewöhnlichen Schallgeschwindigkeit vor, die Dichte- und Druckänderungen machen sich in starkem Maße geltend, sie treten häufig oder schroff (unstetig) auf und haben zerstörende Wirkungen im Gefolge; es handelt sich um die Erörterung des Verhaltens der Verdichtungsstöße oder der Explosionen.

Die erste theoretische Behandlung der Luftwellen von endlicher Schwingungsweite und damit der nicht linearen hydrodynamischen Grundgleichungen, ist einer berühmten Arbeit von B. Riemann[194]) zu verdanken, der wir zunächst folgen werden.

Wir betrachten eine Luftbewegung, die nur von der x-Koordinate abhängig sei, also in allen Punkten einer x-normalen Ebene den gleichen Zustand aufweise. Dabei kann es sich entweder um eine unendlich ausgebreitete Luftmasse handeln, oder um eine in einem

x-koaxialen Zylinder eingeschlossene; im letzteren Fall ist Reibung an der Zylinderwandung auszuschließen. Äußere Kräfte seien nicht vorhanden; dann stehen (vgl. § 105) folgende Ansätze für die Geschwindigkeit u, den Druck p, die Dichte ϱ zur Verfügung:

Die eigentliche hydrodynamische Bewegungsgleichung

$$\varrho \frac{du}{dt} = -\frac{\partial p}{\partial x}, \tag{1}$$

die Kontinuitätsgleichung

$$\frac{\partial \varrho}{\partial t} + \frac{\partial (\varrho u)}{\partial x} = 0, \tag{2}$$

die Zustandsgleichung

$$p = \varphi(\varrho). \tag{3}$$

die Gestalt von $\varphi(\varrho)$ bleibt vorläufig unbestimmt; wir werden sie später entweder für das Boylesche Gesetz mit $a^2 \varrho$ oder für das Poissonsche Gesetz mit $a^2 \varrho^k$ spezialisieren; wir setzen nur voraus, daß $\varphi'(\varrho)$ wesentlich positiv ist, d. h. daß einer Dichtesteigerung (Volumenverminderung) stets eine Drucksteigerung entspreche; auch seien für ϱ nur positive Werte zugelassen.

In leicht zu übersehender Weise gehen die Gleichungen (1) bis (3) durch Ausschaltung von p in die beiden folgenden für u und $\log \varrho$ über:

$$\frac{\partial u}{\partial t} + u \frac{\partial u}{\partial x} = -\varphi'(\varrho) \frac{\partial \log \varrho}{\partial x}, \tag{4}$$

$$\frac{\partial \log \varrho}{\partial t} + u \frac{\partial \log \varrho}{\partial x} = -\frac{\partial u}{\partial x}. \tag{5}$$

Multipliziert man hier die zweite Gleichung mit $\pm\sqrt{\varphi'(\varrho)}$ und addiert zur ersten, so erhält man nach Einführung der Abkürzung:

$$\int \sqrt{\varphi'(\varrho)}\, d \log \varrho = f(\varrho), \tag{6}$$

und neuer Variabeln r und s vermöge

$$f(\varrho) + u = 2r, \quad f(\varrho) - u = 2s \tag{6a}$$

anstelle von (4) und (5) einfachere Ansätze

$$\frac{\partial r}{\partial t} = -\left(u + \sqrt{\varphi'(\varrho)}\right) \frac{\partial r}{\partial x}, \qquad \frac{\partial s}{\partial t} = -\left(u - \sqrt{\varphi'(\varrho)}\right) \frac{\partial s}{\partial x}, \tag{7}$$

wo u und ϱ nach den Gleichungen (6a) als Funktionen von r und s einzuführen sind.

Wir betrachten nun ein zur Zeit $t = 0$ längs der x-Achse im Gebiete $a < x < b$ vorhandenes Störungsgebiet, gekennzeichnet durch eine Dichte- und Geschwindigkeitsverteilung gemäß:

$$\varrho_0 = g(x)\,; \qquad u_0 = h(x)\,.$$

Für $x < a$ (links von dem Gebiet) seien Dichte und Geschwindigkeit als Konstante ϱ_{0a} und u_{0a}, für $x > b$ als entsprechende Konstante ϱ_{0b} und u_{0b} gegeben. Es sei im übrigen:

$$g(a) = \varrho_{0a}\,; \qquad g(b) = \varrho_{0b}\,;$$
$$h(a) = u_{0a}\,; \qquad h(b) = u_{0b}\,.$$

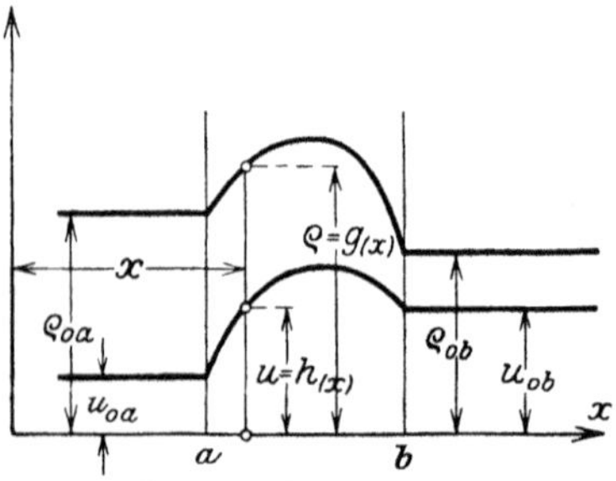

Fig. 316. Störungsgebiet in einer Luftmasse.

Dieser Zustand wird durch die Fig. 316 veranschaulicht.

Gemäß (6a) kann man nun diesen Zustand auch durch die Variabeln r und s ausdrücken, der eine ganz der Fig. 316 entsprechende Veranschaulichung erfährt; es wird

$$r_0 = G(x)\,; \qquad \varrho_0 = H(x)\,;$$
$$G(a) = r_{0a}\,; \qquad G(b) = r_{0b}\,; \qquad H(a) = s_{0a}\,; \qquad H(b) = s_{0b}\,.$$

Man kann nun Aufschluß darüber gewinnen, in welcher Weise sich das Gebiet (r, s) mit der Zeit verschiebt, wenn man die totalen Änderungen von r und s bildet:

$$(8)\quad \left\{\begin{aligned} dr &= \frac{\partial r}{\partial x}\,dx + \frac{\partial r}{\partial t}\,dt = \left\{dx - \left(u + \sqrt{\varphi'(\varrho)}\right)dt\right\}\frac{\partial r}{\partial x} \\ ds &= \frac{\partial s}{\partial x}\,dx + \frac{\partial s}{\partial t}\,dt = \left\{dx - \left(u - \sqrt{\varphi'(\varrho)}\right)dt\right\}\frac{\partial s}{\partial x}\,. \end{aligned}\right.$$

Aus dem ersten Ansatz sieht man, daß im r-Gebiete konstante Werte r ($dr = 0$) nur anzutreffen sind, wenn man sich mit der Geschwindigkeit $\frac{dx}{dt} = \sqrt{\varphi'(\varrho)} + u$ nach vorwärts (in der positiven x-Richtung) bewegt. Dagegen findet sich aus dem zweiten Ansatz, daß konstante s-Werte ($ds = 0$) sich mit der Geschwindigkeit $\sqrt{\varphi'(\varrho)} - u$ nach rückwärts bewegen. Das r-Gebiet und das

s-Gebiet rücken demnach (siehe Fig. 317) auseinander, so daß sie zur Zeit $t = t_1$ zwischen sich einen Raum lassen, in welchem gilt:

$$r = r_{0a}\,; \qquad s = s_{0b}\,.$$

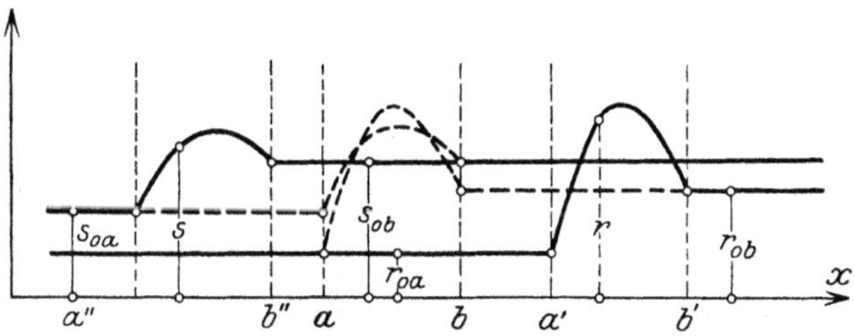

Fig. 317. Verschiebung des Störungsgebietes.

Diesem Auseinandereilen der Gebiete der Variabeln r und s entspricht, bezogen auf die Variabeln ϱ und u, ein Fortschreiten des ursprünglichen Störungsgebietes in positiver wie negativer x-Richtung.

Die Geschwindigkeiten sind bestimmbar mit Hilfe der Gleichungen (6a). In der vorschreitenden Welle $a'\,b'$ gilt:

(9) $$u = f(\varrho) - 2\,s_{0b}\,.$$

Da s_{0b} konstant ist, so heißt das, daß im Gebiete $a'\,b'$ gemäß (9) der Dichtezustand ϱ mit dem Geschwindigkeitszustand u verbunden ist; größeren Dichten ϱ entsprechen größere Geschwindigkeiten u. Dieser Zustand eilt mit der Geschwindigkeit $\frac{dx}{dt} = \sqrt{\varphi'(\varrho)} + u = \sqrt{\varphi'(\varrho)} + f(\varrho) - 2\,s_{0b}$ vorwärts, also so, daß die Gebiete größerer Dichte schneller vorwärtseilen, als die kleinerer Dichte.

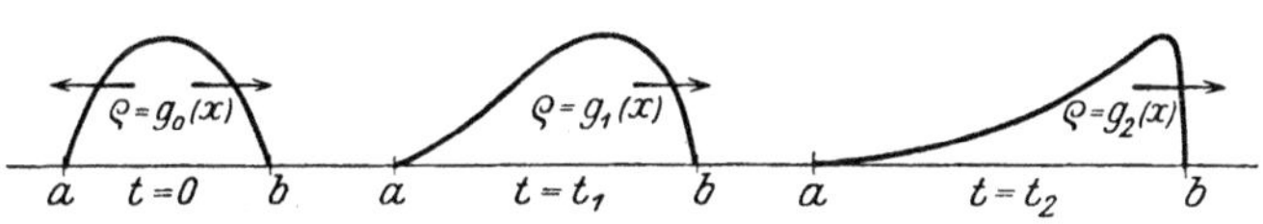

Fig. 318. Steilwerden der Wellenfront.

Entsprechend gilt in der rückwärtslaufenden Welle $a''\,b''$

(10) $$u = -f(\varrho) + 2\,r_{0a}\,;$$

ihre Punkte eilen also mit der Geschwindigkeit $\frac{dx}{dt} = \sqrt{\varphi'(\varrho)} - u = \sqrt{\varphi'(\varrho)} + f(\varrho) - 2\,r_{0a}$ rückwärts und wieder so, daß die Punkte größerer Dichte schneller eilen. Dieser Verschiedenheit der Fortschreitung des Wellenzustandes entspricht eine Verzerrung der Wellenform etwa nach Fig. 318, indem sich eine Verbreiterung des Störungsgebietes, verbunden mit Steilerwerden der Wellenfront und Flacherwerden des Wellenschwanzes ergibt. Im Endzustand wird die Wellenfront senkrecht, die Welle selbst zu einem unstetigen Verdichtungsstoß.

Um die Geschwindigkeit

$$\frac{dx}{dt} = \sqrt{\varphi'(\varrho)} + f(\varrho) - 2\,r_{0a}$$

für stetige Wellen zu berechnen, setzen wir ihr Fortschreiten in ruhender ($u = 0$) Luft der Dichte $\varrho_{0a} = \varrho_{0b} = \lambda = 1$, des Druckes $p_{0a} = p_{0b} = 1$ voraus. Dann wird $r_{0a} = r_{0b} = 0$, $s_{0a} = s_{0b} = 0$ und $\frac{dx}{dt} = \sqrt{\varphi'(\varrho)} + f(\varrho)$. Hier ist das Integral $f(\varrho)$ zwischen λ und ϱ zu nehmen, wodurch sich die Integrationskonstante bestimmt. Es wird mit dem Poissonschen Gesetz $\varphi(\varrho) = a^2 \varrho^k$:

$$f(\varrho) = \int_{\lambda}^{\varrho} \sqrt{\varphi'(\varrho)}\, d\log\varrho = \frac{2a\sqrt{k}}{k-1}\left(\varrho^{\frac{k-1}{2}} - \lambda^{\frac{k-1}{2}}\right)$$

und

$$v = \frac{dx}{dt} = \sqrt{\varphi'(\varrho)} + f(\varrho) = a\sqrt{k}\,\lambda^{\frac{k-1}{2}}\left\{\left(\frac{\varrho}{\lambda}\right)^{\frac{k-1}{2}}\left(1 + \frac{2}{k-1}\right) - \frac{2}{k-1}\right\} \tag{11}$$

Hier ist $a\sqrt{k}\,\lambda^{\frac{k-1}{2}}$ die dem Zustand p_0, λ, entsprechende Schallgeschwindigkeit c_0; also wird

$$v = c_0\left\{\left(\frac{\varrho}{\lambda}\right)^{\frac{k-1}{2}}\left(1 + \frac{2}{k-1}\right) - \frac{2}{k-1}\right\}. \tag{12}$$

Diese Ergebnisse der Theorie sind verschiedentlich durch Versuche geprüft worden, so von W. Wolff[195]) (1897/98) in Versuchen mit Explosionen von je 1500 kg Sprengstoff. Aus seinem Bericht geben wir die Aufnahme einer Welle im Abstand von 125 m vom Explosionsherd in Fig. 319 wieder. Bestätigt wird hierdurch zunächst die Umgestaltung der Wellenfront; ferner die erhöhte Fortpflanzungsgeschwindigkeit v, die sich nach Ansatz (12) im vorliegenden Falle zu $v = 360$ m/sec berechnen würde, also in hinreichender Übereinstimmung mit dem Versuch. In größerer Nähe zum Explosionsherd werden natürlich entsprechend dem dort größeren p auch wesentlich größere Fortpflanzungsgeschwindigkeiten gemessen. So wurden bei dem gleichen Versuch in 10 m Entfernung $v = 866$ m/sec gemessen, welchem Werte ein Dichte-

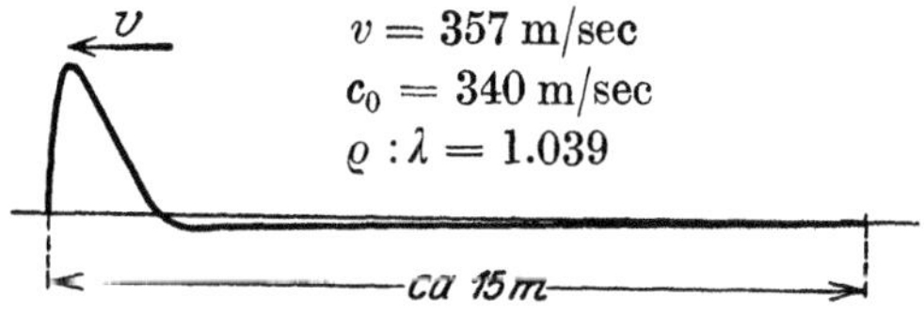

Fig. 319. Experimentell aufgenommene Verdichtungswelle.

verhältnis $\frac{\varrho}{\lambda} = 3{,}61$ entsprechen würde. Zu diesem Dichteverhältnis würde an der betreffenden Stelle eine Drucksteigerung auf 6,1 Atmosphären gehören[196]).

Die Ursachen derartiger Luftwellen endlicher Amplituden sind die Explosionen, wegen deren theoretischer und experimenteller Untersuchung auf die ausgedehnte Literatur zu verweisen ist[197]).

§ 111. Strömungen mit Überschallgeschwindigkeit.

1. Strömungen von Gasen und Dämpfen durch Rohre gehen im allgemeinen mit Wärmeaustausch gegen die Rohrwand und Reibungsverlusten vor sich. Sehen wir aber, um eine einfache Übersicht zu erhalten, bei raschen Strömungen von Wärmeaustausch und Reibungsverlust ab, so erhalten wir die adiabatische Strömung.

Der Wärmeinhalt i des strömenden Mittels (bezogen auf 1 kg in WE.) setzt sich zusammen aus der inneren Energie u und dem Wärmeäquivalent der äußeren Arbeit $A\,p\,v$

$$i = u + A\,p\,v\,, \tag{1}$$

wo p den Druck in kg/qcm und v das spezifische Volumen in cbm/kg bedeutet; v hängt mit der Dichte ϱ zusammen durch die Beziehung

$$\varrho = \frac{1}{g\,v}\,.$$

Eine adiabatische Zustandsänderung wird gekennzeichnet mit $di = 0$, d. h.

$$0 = du + A\,p\,dv\,. \tag{2}$$

Für vollkommene Gase ist aber $u = c_v T$, wo c_v die spezifische Wärme bei konstanten Volumen und T die absolute Temperatur bedeutet. Mit dem Boyle-Gay-Lussacschen Gesetz

(2a) $$p v = R T$$

wird dann

(3) $$0 = \frac{c_v}{R} d(p v) + A p d v$$

oder

$$0 = \frac{c_v}{R} v d p + \left(A + \frac{c_v}{R}\right) p d v .$$

Führt man hier die spezifische Wärme bei konstantem Druck

$$\frac{c_p}{R} = A + \frac{c_v}{R}$$

ein, so wird:

(4) $$0 = c_v v d p + c_p p d v .$$

Dies liefert nach Integration die adiabatische Zustandsgleichung:

(5) $$p v^k = \text{Const} = p_0 v_0^k$$

mit $k = \frac{c_p}{c_v}$.

Strömt nun das Gas mit der Geschwindigkeit w, so muß die Summe der lebendigen Kraft der Gewichtseinheit $\frac{w^2}{2g}$ und der äußeren Gasarbeit konstant bleiben:

(5a) $$\int \left(d \frac{w^2}{2g} + v d p\right) = \text{Const} .$$

Findet die Strömung zwischen zwei Stellen 1 und 2 statt, so wird

(6) $$\frac{w_2^2 - w_1^2}{2g} = - \int_{p_1}^{p_2} v d p .$$

Ist an der Stelle 1 die Geschwindigkeit $w_1 = 0$, etwa entsprechend dem Ausfluß eines sehr großen Gefäßes, so berechnet sich die Geschwindigkeit an der Stelle 2 nach:

(7) $$\frac{w_2^2}{2g} = \int_{p_2}^{p_1} v d p .$$

Hier hat das Integral auf der rechten Seite die Bedeutung einer Länge L, die wir als die Druckhöhendifferenz zwischen 1 und 2 bezeichnen. Demnach gilt

$$w_2 = \sqrt{2\,g\,L}$$

entsprechend der gleichen Formel bei der Flüssigkeitsströmung.

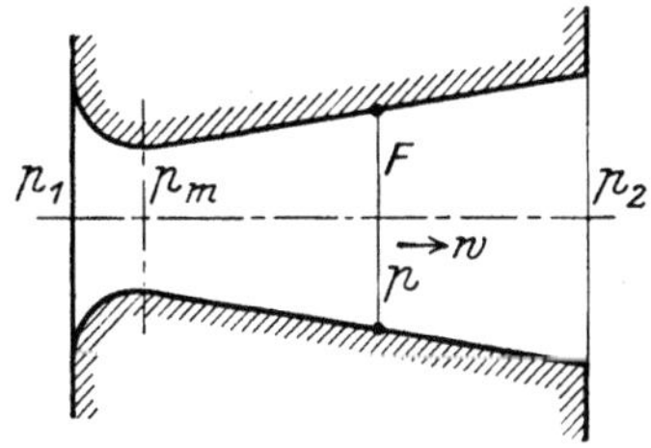

Fig. 320. Düse.

Mit Hilfe der Adiabate (5) läßt sich das Integral in (7) auswerten. Die Stellen 1 und 2 bezeichnen Anfang und Ende einer Düse (Fig. 320). An einer beliebigen Stelle im Innern dieser wird dann die Geschwindigkeit

$$(8) \qquad w = \sqrt{\frac{2\,g\,k}{k-1}\left[1 - \left(\frac{p}{p_1}\right)^{\frac{k-1}{k}}\right] p_1\,v_1}\;.$$

Beträgt die sekundlich den Querschnitt F durchfließende Stoffmenge G kg, so muß in jedem Düsenquerschnitt als Kontinuitätsbedingung gelten

$$(9) \qquad G\,v = F\,w\,,$$

woraus sich mit $v = v_1\left(\frac{p_1}{p}\right)^{\frac{1}{k}}$ die Menge G ermittelt

$$(10) \qquad G = F\sqrt{\frac{2\,g\,k}{k-1}\left[\left(\frac{p}{p_1}\right)^{\frac{2}{k}} - \left(\frac{p}{p_1}\right)^{\frac{k+1}{k}}\right]\frac{p_1}{v_1}} = F\,\varphi(p)\;.$$

Hier sieht man nun ohne weiteres, daß $\varphi(p)$ im engsten Querschnitt F_m ein Maximum haben muß. Der hier herrschende Druck p_m ermittelt sich aber aus $\frac{d\varphi(p)}{dp} = 0$ zu $p_m = p_1\left(\frac{2}{k+1}\right)^{\frac{k}{k-1}}$, ein kritischer Wert, der dort auch die kritische Strömungsgeschwindigkeit

$$(11) \qquad w_m = \sqrt{2\,g\,\frac{k}{k+1}\,p_1\,v_1}$$

und das kritische Volumen $v_m = v_1\left(\frac{k+1}{2}\right)^{\frac{k}{k-1}}$ liefert. Demnach ist die sekundliche Druckflußmenge

$$(12)\qquad G = \frac{F_m w_m}{v_m} = F_m \sqrt{\frac{2\,g\,k}{k+1}\left(\frac{2}{k+1}\right)^{\frac{2}{k-1}} \frac{p_1}{v_1}}$$

nur abhängig vom Anfangszustande $p_1 v_1$ und vom engsten Querschnitt.

Mit einer leichten Umrechnung findet sich jetzt aus (11)

$$(13)\qquad w_m = \sqrt{g\,k\,p_m\,v_m} = \sqrt{\frac{k\,p_m}{\varrho_m}}\,.$$

Dies ist aber die dem Zustand $p_m\,v_m$ entsprechende Schallgeschwindigkeit, mit der also das Medium den engsten Querschnitt durchströmt.

Hört nun die Düse mit dem engsten Querschnitt auf (die Stelle 2 rückt nach F_m), so wird p_m der Druck in der (engsten) Ausflußmündung, der sich stets einstellt, sofern der Außendruck

$$(13\,\text{a})\qquad p_2 \leqq p_1 \left(\frac{2}{k+1}\right)^{\frac{k}{k-1}}$$

bleibt. Ist $p_2 > p_m$, so wird der Mündungsdruck $= p_2$ und die Ausflußgeschwindigkeit

$$(14)\qquad w_2 = \sqrt{\frac{2\,g\,k}{k-1}\left(1 - \left(\frac{p_2}{p_1}\right)^{\frac{k-1}{k}}\right) p_1\,v_1}\;;$$

man findet unmittelbar, daß $w_2 < w_m$, wenn $p_2 : p_1 > \left(\frac{2}{k+1}\right)^{\frac{k}{k-1}}$.

Letzterer Wert ist also das kritische Druckverhältnis, unterhalb dessen die Ausströmung mit Schallgeschwindigkeit w_m und unabhängig von $p_2 : p_1$ erfolgt. Auch läßt sich leicht beweisen, daß für $p_2 : p_1 > \frac{2}{k+1}^{\frac{k}{k-1}}$ die wirkliche Geschwindigkeit w_2 kleiner ist, als die dem Zustand $p_2\,v_2$ entsprechende Schallgeschwindigkeit.

2. Um die Strömung in einer vollständigen Düse[198]) zu untersuchen, knüpft man an an die Gleichungen (8) und (9). Die erstere schreibt sich mit $v = v_1 \left(\frac{p_1}{p}\right)^{\frac{1}{k}}$ in der Gestalt

$$(14\,\text{a})\qquad w^2 = \frac{2\,g\,k}{k-1}\,(p_1\,v_1 - p\,v)\,,$$

während (9) erhalten bleibt:

$$G v = F w . \tag{15}$$

Durch Entfernung von v findet sich:

$$w^2 + \frac{2 g k}{k-1} \frac{p F}{G} w = \frac{2 g k}{k-1} p_1 v_1 , \tag{16}$$

d. h. die Strömungsgeschwindigkeit w ist konstant in allen Punkten, in denen $\frac{p F}{G}$ konstant ist.

Nach Festlegung der größten Durchflußmenge nach Gleichung (12) kann man also für jede Geschwindigkeit w eine Kurve

$$p F = G \left(\frac{p_1 v_1}{w} - \frac{k-1}{2 g k} w \right) \tag{17}$$

finden.

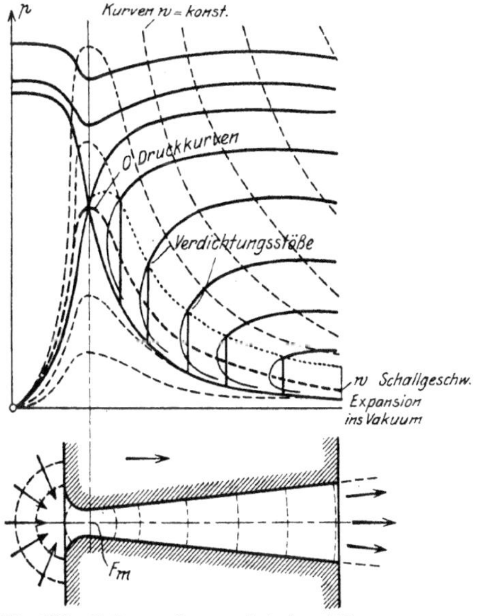

Fig. 321. Strömungskurven bei einer Düse.

Dieses Kurvensystem $w =$ Const. ist in Fig. 321 gestrichelt gezeichnet; stärker gestrichelt ist die Kurve $w = w_m$ (Schallgeschwindigkeit) hervorgehoben.

Schreibt man nun die Gleichungen (4), (5a), (9) in den Formen

$$v\, d p + k\, p\, d v = 0 ; \tag{18}$$

$$\frac{w\, d w}{g} + v\, d p = 0 ; \tag{19}$$

$$\frac{d v}{v} = \frac{d w}{w} + \frac{d F}{F} ; \tag{20}$$

so ergibt sich nach Entfernung von dv und dw die eine Gleichung

$$\frac{1}{k p} \frac{d p}{d x} = - \frac{w^2}{w^2 - a^2} \frac{1}{F} \frac{d F}{d x} , \tag{21}$$

wo noch $a^2 = g k p v$ (Schallgeschwindigkeit des Zustandes $p v$) gesetzt ist. Somit berechnet sich in jedem Punkte der Kurven $w =$ Const. eine Richtung $\frac{d p}{d x}$, so daß sich die Gestalten der

Kurven $p = f(x)$ als Trajektorien des Kurvensystems w finden. Unter den Druckkurven befindet sich zunächst die stark ausgezogene der Ausströmung ins Vakuum. Weiter interessieren die schwächer ausgezogenen Kurven für erhöhten Gegendruck. Diese, als Trajektorien gezeichnet, unterhalb des Punktes O ohne Zusammenhang mit der Vakuumexpansionslinie, verbinden sich mit dieser durch die Einführung eines Druck- bzw. Verdichtungsstoßes.

Ein solcher kann von jedem Druckwert p_a der Expansionslinie unterhalb O ausgehen; er ende im Wert p_b. Bedeuten w_a und w_b die zugehörigen Geschwindigkeiten, so gilt zunächst:

$$\frac{w_a^2 - w_b^2}{2g} = \frac{k}{k-1}(p_b v_b - p_a v_a) \tag{22}$$

als Integral der Energieänderung zwischen a und b der aus (18) und (19) folgenden Gleichung (für die verlustlose Strömung)

$$\frac{k}{k-1} d(p v) + \frac{w\,dw}{g} = 0\,. \tag{23}$$

Außer (22) ist aber noch gültig der Satz für die Änderung der Bewegungsgröße zwischen a und b vermöge des Antriebs. Die Bewegungsgröße eines den Querschnitt F mit der Geschwindigkeit w durchströmenden Stoffes vom spezifischen Volumen v und dem Drucke p ist $\frac{F w\,dt}{v g}$, die zugehörige Antriebsgröße aber $F p\,dt$. Zwischen den Zuständen a und b gilt demnach:

$$\frac{w_a^2}{v_a} - \frac{w_b^2}{v_b} = g(p_b - p_a)\,. \tag{24}$$

Außerdem gilt die Kontinuitätsgleichung

$$\frac{w_a}{v_a} = \frac{w_b}{v_b}\,. \tag{25}$$

Entfernt man aus (22), (24), (25) p_b und v_b, führt nach (14a)

$$w_a^2 = \frac{2gk}{k-1}(p_1 v_1 - p_a v_a) \tag{26}$$

ein, sowie nach (11) die Schallgeschwindigkeit des Zustandes $p_m\,v_m$

$$w_m = \sqrt{2g\frac{k}{k+1} p_1 v_1}\,,$$

so findet sich nach einigen Zwischenrechnungen kurz:

$$w_b = \frac{w_m^2}{w_a} \tag{27}$$

und

$$p_b = p_a + \frac{w_a}{g\, v_a}(w_a - w_b)\ . \tag{28}$$

So ist von jedem Druckwert p_a der Hauptexpansionslinie ausgehend der obere Wert p_b des dort einsetzenden Druckstoßes zu berechnen. Diese oberen Werte erfüllen die in Fig. 321 gezeichnete punktierte Linie und liefern so den Übergang zwischen der Expansionslinie und den zur Düsenmündung führenden Zweigen der Druckkurve, die durch den Außendruck p_2 festgelegt wird.

Inwieweit diese in Fig. 321 niedergelegten theoretischen Vorstellungen zutreffend sind, erhellt qualitativ aus Fig. 322, die Düsenströmungsversuche[199]) von A. Stodola wiedergibt. Die mancherlei Abweichungen sind in der Außerachtlassung der Strömungsverluste und des Wärmeaustausches bei unserer Ableitung begründet.

3. Aus dem Ansatz (21) findet sich, daß in divergenten Düsen $\left(\frac{dF}{dx} > 0\right)$ die Strömung auf der Expansionslinie unterhalb O mit Überschallgeschwindigkeit vor sich gehen muß. Denn auf der Expansionslinie ist $\frac{dp}{dx} < 0$, was nur möglich ist, wenn $w > a$ gilt.

Die Existenz der Überschallgeschwindigkeit hat L. Prandtl mit der Schlierenmethode in Machscher Anordnung an Düsenströmungen nach Fig. 323 nachgewiesen[200]). Zieht eine Strömung mit der Überschallgeschwindigkeit w an einem Hindernis vorbei, so wird letzteres der Ausgangspunkt einer stehenden Schallwelle, die mit der Stromrichtung einen Winkel $\alpha = \arcsin \frac{a}{w}$ einschließt. [Hier bedeutet a die beim Ansatz (21) eingeführte Schallgeschwindigkeit.] Im Falle der Fig. 323 verursachen die kleinen Wandrauhigkeiten im Düseninnern die stehenden Schallwellen (oder Stöße), die sich vermöge der damit verbundenen Dichtesprünge im Schlierenbild bemerklich machen. Besonders deutlich ist in Fig. 323 die gegen den Düsenmund sich einstellende Verkleinerung von α, entsprechend wachsender Überschallgeschwindigkeit w längs der Expansionslinie[201]).

Wird der Düsenmund nach Fig. 324 teilweise verengt, so entsteht in der Verengung ein künstlich erhöhter Gegendruck p_2

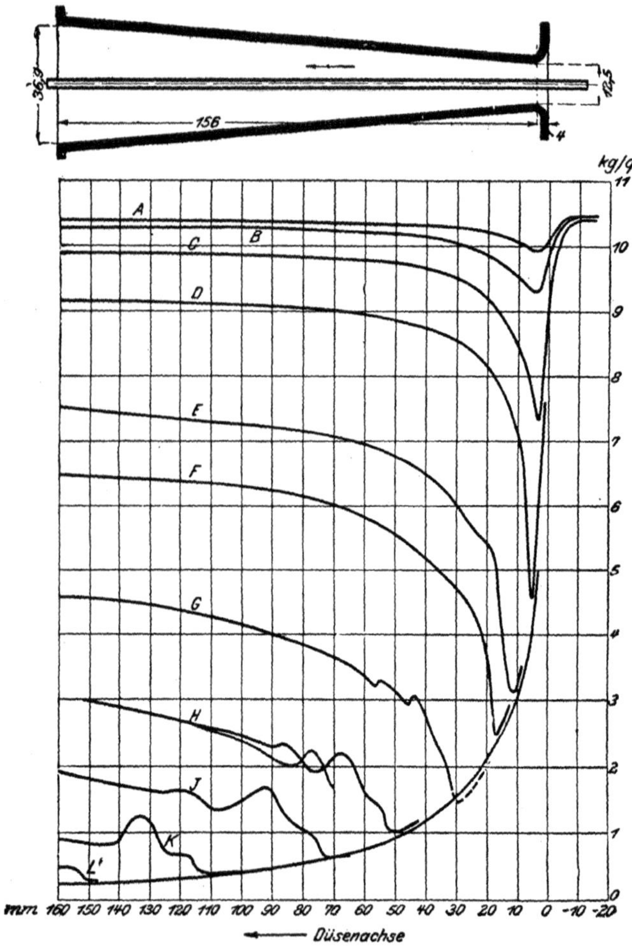

Fig. 322. Düsenströmung nach Versuchen Stodolas.

und damit ein Drucksprung $p_a - p_b$ von einem bestimmten Punkte der unteren Expansionslinie aus. Damit ist aber eine Verminderung der Stromgeschwindigkeit gemäß (27) auf Unterschallgeschwindigkeit und damit ein Verschwinden der schlierenbildenden stehenden Schallwellen verbunden.

Fig. 323. Schlierenbild einer Düsenströmung.

4. Die Austrittskante der Düse ist der Ausgangspunkt besonders kräftiger stehender Wellen, die an der Außenfläche des freien Gasstrahles reflektiert werden (Fig. 323). Diese Reflexionen stehen in Verbindung mit stationären, sich periodisch wiederholenden Einschnürungen[202]) des Strahles, etwa nach Fig. 325.

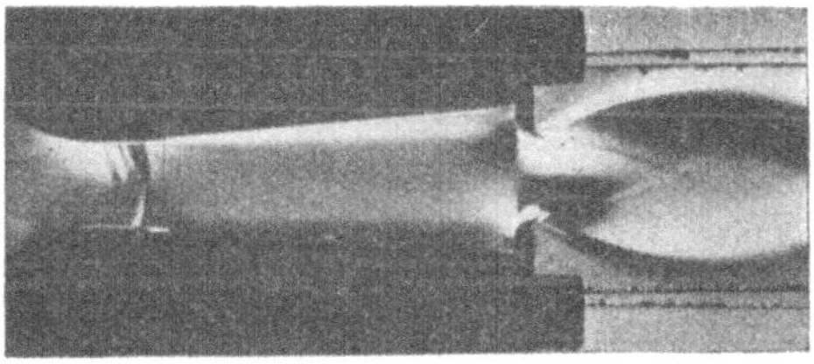

Fig. 324. Gedrosselte Düsenströmung.

Die Periode dieser Einschnürungen (ihre Wellenlänge) hat L. Prandtl bestimmt[203]).

Im freien Strahl kreisförmigen Querschnitts des Durchmessers d gilt:

(29) $$\frac{dp}{\varrho} + w\,dw = 0 \quad \text{Arbeitsgleichung;}$$

(30) $$div(\varrho\, w) = 0 \quad \text{Kontinuitätsgleichung;}$$

(31) $$\frac{\partial p}{\partial \varrho} = a^2 \quad \text{Schallgeschwindigkeitsgleichung.}$$

Unter Voraussetzung nur kleiner Abweichungen der z-Komponente w_z der Geschwindigkeit von einer parallel der z-Achse genommenen mittleren Geschwindigkeit w_m und kleiner r-Komponenten w_r, sowie einer über den Strahlquerschnitt genommenen mittleren, nur von z abhängigen Dichte ϱ_m schreiben wir für (30)

(32) $$div(\varrho\, w) = \varrho_m\, div\, w + w_m\, div\, \varrho\,;$$

(32a) $$div\,\varrho = \frac{d\varrho_m}{dz} = \frac{d\varrho_m}{dp}\cdot\frac{dp}{dw_z}\,\frac{\partial w_z}{\partial z} \sim \frac{d\varrho_m}{dp}\,\frac{dp}{dw_m}\,\frac{\partial w_z}{dz};$$

(32b) $$div\,w = \frac{\partial w_r}{\partial r} + \frac{w_r}{r} + \frac{\partial w_z}{\partial z}.$$

Aus (29) und (31) findet sich:

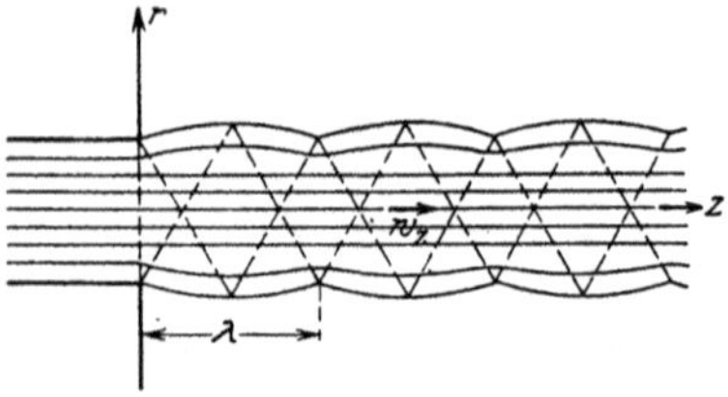

Fig. 325. Stehende Wellen im freien Strahl.

$$\frac{dp}{dw_m} = -\varrho_m w_m;$$

$$\frac{d\varrho_m}{dp} = \frac{1}{a^2}.$$

Damit wird (32a)

$$w_m\,div\,\varrho = -\varrho_m\frac{w_m^2}{a^2}\,\frac{\partial w_z}{\partial z}$$

und (32):

(33) $$div(\varrho\,w) = \varrho_m\left\{\frac{\partial w_r}{\partial r} + \frac{w_r}{r} + \left(1 - \frac{w_m^2}{a^2}\,\frac{\partial w_z}{\partial z}\right)\right\} = 0.$$

Dieser Differentialgleichung sucht man zu genügen durch einen Potentialansatz $\varphi(r, z)$ für w_r und w_z [wegen (29) ist die Strömung wirbelfrei]

(34) $$\begin{cases} w_r = \dfrac{\partial\varphi}{\partial r}; \quad w_z = \dfrac{\partial\varphi}{\partial z}; \\ \varphi = w_m z + k\sin\beta z\cdot f(r); \\ w_r = k\sin\beta z\, f'(r); \\ w_z = w_m + k\beta\cos\beta z\, f(r). \end{cases}$$

Führt man (34) in (33) ein, so entspringt für $f(r)$ die totale Differentialgleichung.

(35) $$f'' + \frac{f'}{r} + \left(\frac{w_m^2}{a^2} - 1\right)\beta^2 f = 0.$$

Demnach wird f in r eine Besselsche Funktion der Ordnung Null erster Art (die Funktion zweiter Art kommt nicht in Betracht, weil sie für $r = 0$ unendlich wird):

(36) $$f = C J_0(q\,r)$$

mit $$q = \beta\sqrt{\frac{w_m^2}{a^2} - 1}.$$

Am Strahlrande muß w_z konstant sein, was in erster Annäherung der Fall ist für $w_z = w_m$, d. h. für $f\left(\frac{d}{2}\right) = 0$. Es finden sich also durch Lösung der transzendenten Gleichung

$$J_0\left(q\frac{d}{2}\right) = 0$$

für q die Werte

$$q_i = \frac{2\,x_i}{d}\,; \qquad i = 1, 2 \ldots,$$

wo die x_i die Nullstellen der Besselschen Funktion $J_0(x)$ sind.

Somit berechnen sich die Werte

$$\beta_i = \frac{2\,x_i}{d}\left(\frac{w_m^2}{a^2} - 1\right)^{-\frac{1}{2}}; \qquad i = 1, 2 \ldots$$

oder die Wellenlängen:

$$\lambda_i = \frac{2\,\pi}{\beta_i} = \frac{\pi\,d}{x_i}\sqrt{\frac{w_m^2}{a^2} - 1}\,; \quad i = 1, 2 \ldots$$

Die niedrigste λ_1 dieser ermittelt sich mit $x_1 = 2{,}405$ zu

$$\lambda_1 = 1{,}307\,d\sqrt{\frac{w_m^2}{a^2} - 1}\,.$$

Demnach sind die beobachteten stationären Strahleinschnürungen nur möglich bei Strömungen mit Überschallgeschwindigkeit, und ihre Wellenlänge ist bestimmt durch das Verhältnis $\frac{w_m}{a}$.

XIV. Elektrisch-mechanische Schwingungen.

§ 112. Beurteilung von Stabilitätsfragen mit Hilfe der elektrischen Charakteristiken.

I. Kriterium der elektrischen Stabilität.

Jede Vorrichtung, welche mechanisch-elektrische Energieumsetzungen leistet, kann als aus zwei voneinander getrennten Teilen bestehend aufgefaßt werden, die wir als Erzeuger und Verbraucher der Energie bezeichnen wollen.

Einige Beispiele mögen den Sinn dieser Bezeichnungen noch verdeutlichen.

Eine Batterie werde durch einen Widerstand entladen; dann ist die Batterie der Erzeuger, der Widerstand der Verbraucher.

Eine Dynamomaschine speise durch einen Vorschaltwiderstand eine Bogenlampe. Dann kann man den Vorschaltwiderstand zur Dynamomaschine oder zur Bogenlampe rechnen, also entweder zum Erzeuger oder zum Verbraucher.

Ein Drehstrommotor sei mit einer Gleichstromdynamo belastet; dann ist der Drehstrommotor der Erzeuger, die Dynamo der Verbraucher.

Betrachten wir nun etwas eingehender die Entladung einer Batterie durch einen Widerstand.

Nach dem Ohmschen Gesetz gilt für den Entladestrom (Fig. 326):

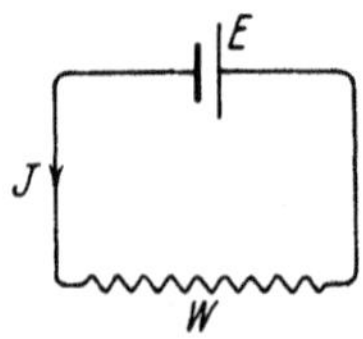

Fig. 326. Batteriestromkreis.

$$J = \frac{E}{W} \tag{1}$$

oder auch:

$$E = J W. \tag{1a}$$

Hier ist es nun zweckmäßig, die Größe $J W$ als eine an den Klemmen des Verbrauchers wirkende, der Batteriespannung entgegengesetzte gleiche Spannung oder elektrische Gegenkraft e aufzufassen und zu schreiben:

$$e = J W . \tag{2}$$

Dann haben wir als Ausdruck für das Gleichgewicht zwischen der Batteriespannung und der elektrischen Gegenkraft:

$$e = E . \tag{3}$$

Wir wissen, daß das vorliegende Gleichgewichtsproblem ein stabiles ist, weil sowohl E wie W als unveränderlich zu betrachten sind.

Es gibt aber zahlreiche Fälle, bei denen die Spannung des Erzeugers E sowohl wie die Gegenspannung des Verbrauchers E vom Strom J abhängig sind:

$$\left\{\begin{aligned} E &= f(J) , \quad \text{(Erzeuger)} \\ e &= \varphi(J) . \quad \text{(Verbraucher)} \end{aligned}\right. \tag{4}$$

Man kann diese beiden Beziehungen in einem rechtwinkligen Koordinatensystem auftragen und erhält so die Charakteristiken des Erzeugers und Verbrauchers.

Der Ansatz für das Spannungsgleichgewicht $e = E$ sagt dann aus, daß der Schnittpunkt der beiden Charakteristiken $e_0 = \varphi(J_0)$ und $E_0 = f(J_0)$ einen möglichen Betriebszustand für die aus Erzeuger und Verbraucher bestehende Vorrichtung abgibt (Fig. 327).

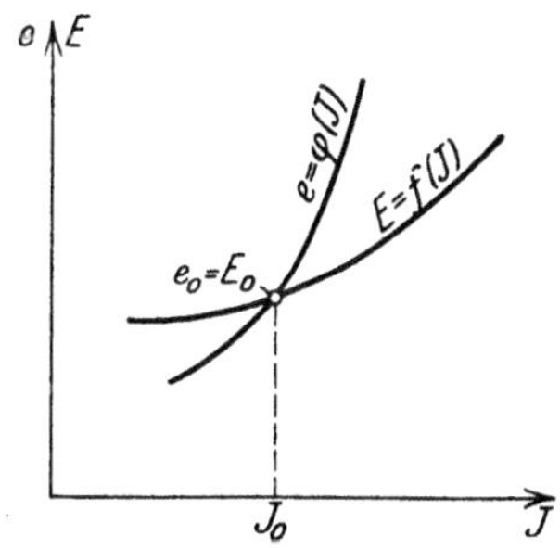

Fig. 327. Verbraucher- u. Erzeuger charakteristik.

Wir stellen nun die Frage: Ist dieser mögliche Betriebszustand ein stabiler, in dem Sinne, daß eine kleine Störung des Zustandes mit der Zeit von selbst ohne äußeren Eingriff in die Wirkungsweise der Vorrichtung verschwindet?

Wir setzen voraus, daß der Stromkreis der Vorrichtung eine gewisse Selbstinduktion L besitze und daß der Strom J_0 eine kleine Abweichung ΔJ durch irgendwelche Ursachen annehme:

$$J = J_0 + \Delta J \,. \tag{5}$$

Dann werden die zugehörigen Werte der Erzeuger- und Verbraucherspannung:

$$\begin{cases} E = E_0 + \Delta E = f(J_0 + \Delta J)\,, & (6) \\ e = e_0 + \Delta e = \varphi(J_0 + \Delta J)\,. & (7) \end{cases}$$

Infolge der Störung sind J, E, e mit der Zeit veränderliche Größen, für welche der Ansatz gilt:

$$E = e + L\frac{dJ}{dt}\,, \tag{8}$$

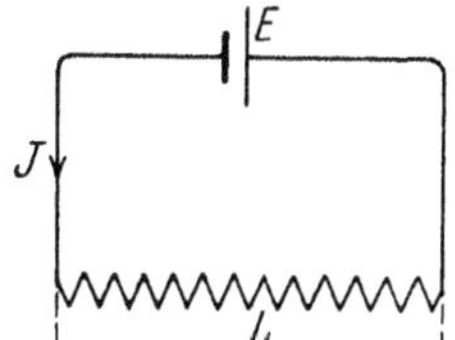

Fig. 328. Selbstinduktionsstromkreis.

oder nach Einführung von:

$$E = E_0 + \Delta E \qquad \text{und} \qquad e = e_0 + \Delta e\,,$$

sowie nach Berücksichtigung von

$$E_0 = e_0$$

erhalten wir:

$$\Delta E = \Delta e + L\frac{d\Delta J}{dt}\,. \tag{9}$$

Entwickeln wir jetzt:

$$E = E_0 + \Delta E = f(J_0 + \Delta J) \tag{10}$$

nach dem Taylorschen Lehrsatz, so folgt:

$$E = E_0 + \Delta E = f(J_0) + \Delta J \left[\frac{\partial f}{\partial J}\right]_{J_0} + \dots \tag{11}$$

oder:

$$\Delta E = \Delta J \left[\frac{\partial f}{\partial J}\right]_{J_0} \tag{12}$$

und in entsprechender Weise:

$$\Delta e = \Delta J \left[\frac{\partial \varphi}{\partial J}\right]_{J_0}. \tag{13}$$

Beseitigen wir jetzt aus den Gleichungen (9), (12) und (13) die beiden veränderlichen ΔE und Δe, so folgt:

$$\frac{\partial \Delta J}{dt} = -\frac{1}{L}\left[\left(\frac{\partial \varphi}{\partial J}\right)_{J_0} - \left(\frac{\partial f}{\partial J}\right)_{J_0}\right] \Delta J. \tag{14}$$

Dieser Ansatz sagt aus, daß bei gegebener Störung ΔJ diese das Bestreben hat, mit der Zeit kleiner zu werden (negativer Wert des Differentialquotienten nach der Zeit $\frac{d\Delta J}{dt}$), wenn der Ausdruck:

$$\left[\left(\frac{\partial \varphi}{\partial J}\right)_{J_0} - \left(\frac{\partial f}{\partial J}\right)_{J_0}\right] > 0 \tag{15}$$

gilt. Diese Ungleichung kann man auch schreiben:

$$\left(\frac{\partial \varphi}{\partial J}\right)_{J_0} > \left(\frac{\partial f}{\partial J}\right)_{J_0}. \tag{16}$$

Diese Ausdrücke auf den beiden Seiten dieser Ungleichung sind aber nichts anderes als die Richtungen der beiden Charakteristiken im Betriebspunkte $e_0 = E_0$, und die Ungleichung besagt, daß die Verbrauchercharakteristik im Betriebspunkte steiler ansteigen muß als die Erzeugercharakteristik, wenn der Betrieb ein stabiler sein soll.

II. Beispiele stabiler elektrischer Vorgänge.

1. Wir behandeln jetzt den Betrieb einer Bogenlampe durch eine Stromquelle, zunächst mit einer Batterie, unter Benutzung eines Vorschaltwiderstandes (Fig. 329). Rechnen wir den letz-

teren zum Erzeuger, so erhalten wir die Charakteristik als Gerade nach Fig. 330. Die Charakteristik des Verbrauchers, des Lichtbogens, ist nun für unveränderliche Bogenlänge eine Kurve $C_1 C_2$ (siehe Fig. 330). Wie bekannt, hat diese Kurve den Charakter abnehmender Bogenspannung mit zunehmender Stromstärke. Damit nun unser Kriterium:

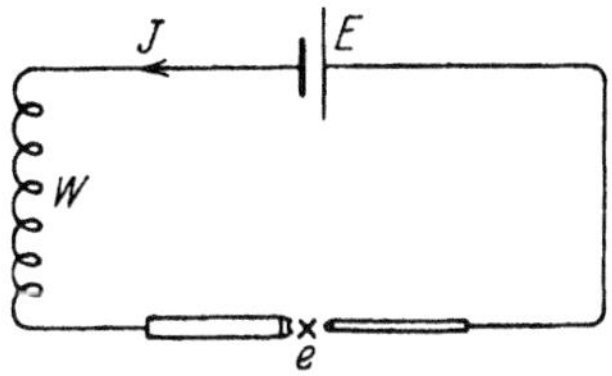

Fig. 329. Lichtbogen-Stromkreis.

$$\left(\frac{\partial \varphi}{\partial J}\right)_{J_0} > \left(\frac{\partial f}{\partial J}\right)_{J_0}$$

erfüllt wird, ist es notwendig, daß die Erzeugercharakteristik im Punkte S stärker abfällt als die Verbrauchercharakteristik, was durch den Vorschaltwiderstand erreicht wird. Ohne diesen wäre die Charakteristik der Batterie eine horizontale Gerade und könnte niemals das Kriterium erfüllen. Da die Erzeugercharakteristik die Gleichung $f(J) = E - WJ$ hat, so lautet das Kriterium; $\left(\frac{\partial e}{\partial J}\right)_{J_0} + W < 0$, in welcher Form es von Kaufmann[204]) aufgestellt wurde.

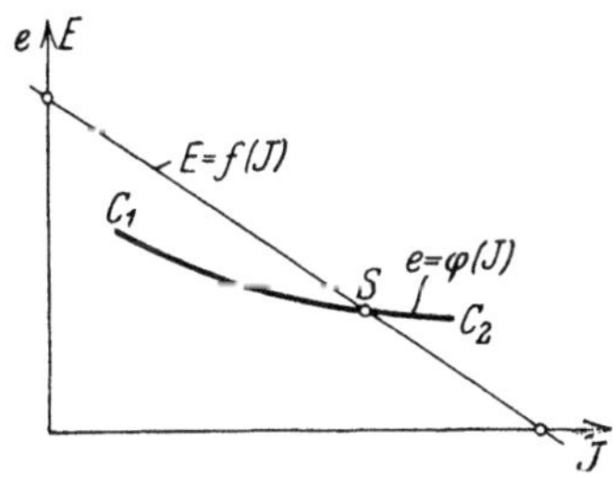

Fig. 330. Lichtbogencharakteristik.

Ist die Stromquelle eine Dynamomaschine, so kann man den Vorschaltwiderstand entbehren, wenn man die Dynamo für sich mit abfallender Charakteristik, gegebenenfalls durch Gegenverbundwicklung, ausführt.

In der Elektrotechnik ist der Widerstand W als Beruhigungswiderstand bekannt, der um so kleiner gewählt werden kann, je schwächer geneigt die Charakteristik der Bogenlampenkohlen sich erweist, wie es z. B. bei den neuzeitlichen Dochtkohlen der Fall ist. Das bei allen Bogenlampen vorhandene Regelwerk hat auf die Gültigkeit des Stabilitätskriteriums keinen Einfluß, weil seine Wirkung viel träger ist als die automatische Stabilisierung auf Grund der elektrischen Eigenschaften des Stromkreises. Das Regelwerk beherrscht in erster Linie den Abbrand der Kohlen.

2. Als weiteres Beispiel behandeln wir die Hauptstromdynamomaschine. Die Charakteristik derselben:

$$E = f(J)$$

ist eine ansteigende (Fig. 331), während sonst in der Elektrotechnik die Stromspannungscharakteristiken im allgemeinen absteigende sind.

Schließt man die Hauptstrommaschine durch einen Widerstand W, so kann derselbe zunächst so gewählt werden, daß seine Charakteristik:

$$e = W_1 J$$

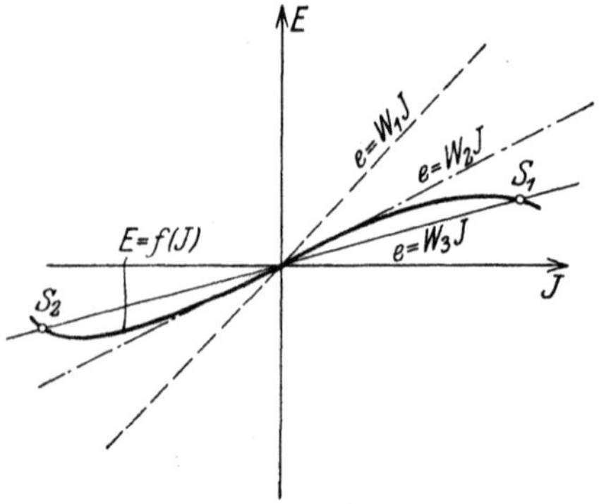

Fig. 331. Charakteristik der Hauptstromdynamo.

steiler ist als die Charakteristik:

$$E = f(J).$$

Dann ist eine Stromlieferung der Hauptstromdynamo überhaupt unmöglich. Wählt man jetzt die Verbrauchercharakteristik:

$$e = W_2 J$$

so, daß sie mit dem geradlinig ansteigenden Ast der Erzeugercharakteristik zusammenfällt, so ist das Gleichgewicht indifferent. Es wird stabil, wenn die Verbrauchercharakteristik:

$$e = W_3 J$$

wird. Dann erregt sich die Dynamo von selbst, und die Punkte S_1 und S_2 sind Punkte stabilen Betriebes.

§ 113.

Die mechanische Charakteristik und ihr Stabilitätskriterium[205]).

Die Stabilitätsbeurteilung eines rotierenden Motors hat auszugehen von der dynamischen Bewegungsgleichung der Rotation

$$\Theta \frac{d\omega}{dt} = \mathfrak{M}, \tag{1}$$

wo Θ das Trägheitsmoment der sich drehenden Teile, ω die Winkelgeschwindigkeit und $\mathfrak{M}$ das Drehmoment der äußeren Kräfte bedeuten.

Letzteres spaltet sich im allgemeinen in zwei Teile, deren einer das treibende Moment M des Motors, der andere das widerstehende Moment W der angetriebenen Arbeitsmaschine bedeutet:

$$\mathfrak{M} = M - W\,. \tag{2}$$

Im Beharrungszustand ist $\frac{d\omega}{dt} = \text{Const.}$ und es wird

$$M = W\,. \tag{3}$$

Im allgemeinen wird M und W von der Geschwindigkeit ω abhängig, und man kann die Momente M und W in einem rechtwinkligen Koordinatensystem auftragen, wodurch die beiden mechanischen Charakteristiken der Maschine entstehen.

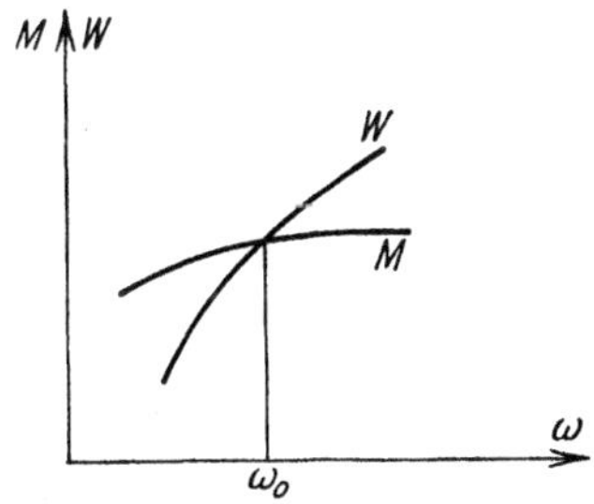

Fig. 332. Zur mechanischen Charakteristik.

Der Schnittpunkt der beiden Charakteristiken (Fig. 332) liefert den der Gleichgewichtsgleichung (3) entsprechenden Betriebszustand ω_0, M_0, W_0.

Fragen wir nun nach den Bedingungen der Stabilität der Rotation, so haben wir eine kleine Änderung der Winkelgeschwindigkeit $\Delta\omega$ anzunehmen, zu der Abweichungen ΔW und ΔM der beiden Momente gehören. Die gesamten Momente werden

$$M = M_0 + \Delta M\,; \qquad W = W_0 + \Delta W\,. \tag{4}$$

Hiermit geht die Bewegungsgleichung (1) über in:

$$\Theta\frac{d\Delta\omega}{dt} + \Delta M = \Delta W \tag{5}$$

oder, wenn man die Abhängigkeit von M und W von ω heranzieht,

$$\left\{\begin{aligned} M &= M_0 + \left[\frac{\partial M}{\partial\omega}\right]_{\omega=\omega_0}\Delta\omega = M_0 + \Delta M \\ W &= W_0 + \left[\frac{\partial W}{\partial\omega}\right]_{\omega=\omega_0}\Delta\omega = W_0 + \Delta W\,. \end{aligned}\right. \tag{6}$$

Hiermit geht aber (5) über in

$$\Theta \frac{d\Delta\omega}{dt} + \left[\frac{\partial W}{\partial \omega} - \frac{\partial M}{\partial \omega}\right]_{\omega = \omega_0} \Delta\omega = 0 \,. \tag{7}$$

Damit diese Differentialgleichung für $\Delta\omega$, deren allgemeines Integral ist:

$$\Delta\omega = C\, e^{-\frac{\left[\frac{\partial W}{\partial \omega} - \frac{\partial M}{\partial \omega}\right] t}{\Theta}}, \tag{8}$$

eine mit wachsender Zeit verschwindende Lösung hat, muß sein

$$\left[\frac{\partial W}{\partial \omega} - \frac{\partial M}{\partial \omega}\right]_{\omega = \omega_0} > 0$$

oder

$$\left[\frac{\partial W}{\partial \omega}\right]_{\omega = \omega_0} > \left[\frac{\partial M}{\partial \omega}\right]_{\omega = \omega_0}, \tag{9}$$

d. h. für stabile Rotation ist erforderlich, daß die Widerstandscharakteristik W im Beharrungspunkte steiler verläuft als die Antriebscharakteristik M.

In den meisten Fällen haben die Widerstandscharakteristiken ansteigenden, die Antriebscharakteristiken abfallenden Verlauf und ergeben dann allgemein stabile Bewegungszustände.

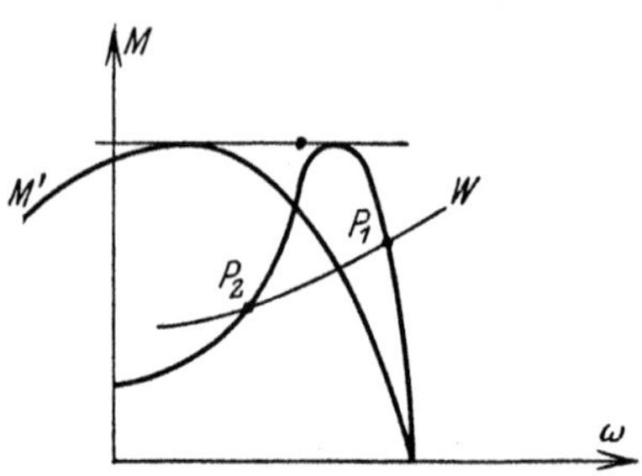

Fig. 333. Charakteristik des Asynchronmotors.

Solche abfallenden Antriebscharakteristiken zeigen alle Gleichstrommotoren, die Dampf- und Gaskraftmaschinen usw.

Eine Ausnahme biidet der asynchrone Drehstrommotor, dessen Charakteristik nach Fig. 333 zuerst ansteigt, dann abfällt. Es ist klar, daß eine Widerstandscharakteristik W mit dem Asynchronmotor nur im Punkte P_1 stabile Bewegungszustände liefert; die Punkte P_2 auf dem anderen Zweig der Drehstromcharakteristik sind instabil, die Drehzahlen nehmen ab, der Motor kann nicht unter Last anlaufen. Durch Vorschalten eines Anlaßwiderstandes verändert man die Charakteristik in die Gestalt M', bei der labile Punkte nicht auftreten können.

§ 114. Das Pendeln parallelgeschalteter Wechselstrommaschinen.

Die Elektrotechnik bezeichnet die gleichzeitige Mitwirkung mehrerer Einzeldynamos an der Aufbringung einer bestimmten elektrischen Energiemenge als Parallelarbeiten der Maschinen.

Es verdient als ein technisches Ereignis bezeichnet zu werden, daß Edison auf den Gedanken kam, zwei Gleichstrommaschinen wie zwei Klingelelemente „parallel zu schalten". Der Ausführung des Gedankens folgte die Untersuchung der Bedingungen ihrer Möglichkeit. Wir wissen jetzt genau, unter welchen Bedingungen Gleichstrommaschinen parallel geschaltet werden können, und in jeder elektrischen Zentrale kann man beobachten, wie der Maschinist in wenigen Minuten Tausende von Pferdestärken dem einen Maschinensatz abnimmt, um sie dem anderen aufzubürden.

Nicht so einfach verläuft das Parallelschalten von Wechselstrommaschinen. Hier ist es nicht nur erforderlich, daß die Maschinen im Augenblick des Parallelschaltens gleiche Spannungen haben, sondern ihre Spannungskurven müssen auch in Phase und die Antriebsmaschinen in Kurbelsynchronismus sein. Sind diese Bedingungen erfüllt, so kann man die Maschinenpole gefahrlos miteinander verbinden; die hinzugeschaltete Maschine läuft leer mit, wobei die Maschinen sich gegenseitig in synchronem Lauf halten.

Soll die zweite Maschine nun auch an der elektrischen Arbeitsleistung teilnehmen, so genügt es nicht, wie beim Gleichstrom, durch Regulierung des Magnetfeldes ihre elektromotorische Kraft zu erhöhen. Bei Wechselstrommaschinen hat dies lediglich einen Ausgleichsstrom zwischen den Maschinen zur Folge, der gegen die elektromotorische Kraft der Maschinen um beinahe $\pi/2$ verschoben, also wattlos ist. Man muß vielmehr gleichzeitig die Energiezufuhr der Antriebsmaschine (durch Verstellen der Steuerung) erhöhen; erst dann beginnt die Maschine an der Energielieferung teilzunehmen.

Während nun nach richtigem Parallelschalten Gleichstrommaschinen dauernd gut laufen, ist dies bei Wechselstrommaschinen durchaus nicht immer der Fall. Man beobachtet vielmehr häufig an den Amperemetern der Maschinen Stromschwankungen mit periodisch ab- und zunehmender Amplitude, deren Größe in manchen Fällen mit der Belastung sich ändert; vielfach nehmen diese Stromschwankungen derartige Beträge an, daß der Parallelbetrieb überhaupt unmöglich wird; manchmal beruhigen sie sich wieder.

Die Elektrotechnik hat sich schon frühzeitig mit der Untersuchung dieser Erscheinungen beschäftigt, und man hat erkannt, daß hier verwickelte Schwingungsvorgänge vorliegen.

Zunächst haben Hutin[206]) und Leblanc[207]) die Dämpfung der Schwingungen vorgeschlagen. Sie gingen dabei von der Auffassung aus, daß das Polrad bei normalem Gang der Maschinen synchron mit dem in der Statorwicklung fließenden Strom läuft; es hat dies zur Folge, daß das Polrad relativ zu dem vom Armaturstrom erregten Wechselfelde in Ruhe ist. Sucht aber die Antriebsmaschine das Polrad zu beschleunigen, so schneiden die Pole des Rotors die Kraftlinien des Armaturstromfeldes, wodurch in den Polen Wirbelströme auftreten. Diese benutzten Hutin und Leblanc, indem sie die Pole mit massiven Kupferringen armierten, in denen bei Schwingungen um die synchrone Bewegung kräftige dämpfend wirkende Wirbelströme induziert wurden. Durch dieses Mittel gelingt es in der Tat, in vielen Fällen einen befriedigenden Parallelbetrieb zu erzielen.

Von anderen Gesichtspunkten gingen Görges[208]) und Rosenberg[209]) aus. Sie suchten die Ursache der Pendelungen in Resonanzwirkungen zwischen dem periodischen Antriebsfeld der Maschine und den Eigenschwingungen des Polrades. Sie analysierten daher das Antriebsfeld und dimensionierten die Wechselstrommaschine hinsichtlich ihres Trägheitsmomentes und ihrer elektrischen Eigenschaften so, daß man sich möglichst fern hielt von gefährlichen, Resonanzerscheinungen ermöglichenden Eigenschwingungszahlen. Auch auf diesem Wege sind Erfolge erzielt worden.

Die wissenschaftliche Berechtigung der Auffassung der genannten Autoren hat neuerdings Sommerfeld[210]) durch eine eingehende Untersuchung nachgewiesen, auf die wir noch zurückkommen werden.

Dieser Auffassung der Pendelungen als einer Resonanzerscheinung steht nun eine von Föppl[211]) herrührende Überlegung gegenüber, welche die Pendelungen als Anzeichen eines instabilen Bewegungszustandes der beiden Maschinensätze betrachtet. Dabei spielt natürlich die Wirkung der Regulatoren eine ebenso wesentliche Rolle wie beim oben behandelten Regulierproblem. Die Föpplsche Auffassung hat in der Praxis weniger Beachtung gefunden aus dem Grunde, weil Pendelungen infolge von Resonanz viel häufiger auftreten als Pendelungen infolge von Bewegungsinstabilität. Immerhin sind auch Fälle bekannt geworden, in denen man nur durch Auswechslung der zu leichten Regulatoren gegen schwerere einen befriedigenden Parallelbetrieb erzielen konnte.

Die genaue Theorie zeigt, daß beides berücksichtigt werden muß: Resonanz und Instabilität. Von diesem Standpunkt aus soll im folgenden das Problem behandelt werden.

Wir benutzen unsere im VIII. Abschnitt, § 62 abgeleiteten Bewegungsgleichungen von Maschine und Regulator, die wir für zwei Maschinensätze anschreiben, indem wir ϑ durch $\omega_0 t + \vartheta$ und $D_0 - k\tau_0$ durch D ersetzen. ϑ ist dann als kleine Abweichung von dem gleichmäßigen, ungestörten Gang aufzufassen, D als das mittlere Drehmoment, welches dieser gleichmäßigen Bewegung entspricht.

$$
\text{(1a)} \quad \left\{ \begin{aligned} &\Theta \frac{d^2\vartheta_1}{dt^2} + k\eta_1 = D + F(\omega_0 t + \vartheta_1) - W_1 , \\ &m \frac{d^2\eta_1}{dt^2} + b\frac{d\eta_1}{dt} + c\eta_1 = a\frac{d\vartheta_1}{dt} ; \end{aligned} \right.
$$

$$
\text{(1b)} \quad \left\{ \begin{aligned} &\Theta \frac{d^2\vartheta_2}{dt^2} + k\eta_2 = D + F(\omega_0 t + \vartheta_2) - W_2 , \\ &m \frac{d^2\eta_2}{dt^2} + b\frac{d\eta_2}{dt} + c\eta_2 = a\frac{d\vartheta_2}{dt} . \end{aligned} \right.
$$

Das Gleichungssystem (1a) wird nun mit (1b) gekoppelt dadurch, daß die beiden Maschinen parallel geschaltet sind. Die Gegenmomente W_1 und W_2 stehen in einfachem Zusammenhang mit den Strömen i und den elektromotorischen Kräften e der Maschinen. Es seien i und e die Momentanwerte, so daß man schreiben kann:

$$
\text{(2a)} \quad \left\{ \begin{aligned} &e_1 = f(p\omega_0 t + p\vartheta_1)\left(\omega_0 + \frac{d\vartheta_1}{dt}\right) , \\ &e_2 = f(p\omega_0 t + p\vartheta_2)\left(\omega_0 + \frac{d\vartheta_2}{dt}\right) \end{aligned} \right.
$$

und

$$\text{(2b)} \qquad \begin{cases} \dfrac{de_1}{dt} = \sigma \dfrac{d^2 i_1}{dt^2} + \varrho \dfrac{d i_1}{dt} + \dfrac{de}{dt}, \\[2ex] \dfrac{de_2}{dt} = \sigma \dfrac{d^2 i_2}{dt^2} + \varrho \dfrac{d i_2}{dt} + \dfrac{de}{dt}. \end{cases}$$

Die Gleichungen (2a) sagen aus, daß die elektromotorischen Kräfte gleich sind den Produkten aus den Feldstärken $f(p_1\,\omega_0\,t + p\,\vartheta)$ und Winkelgeschwindigkeiten $\omega_0 + \frac{d\vartheta}{dt}$. Die Größe p bedeutet in diesen Formeln die Polpaarzahl.

Nach den Gleichungen (2b) regelt sich der Stromverlauf in den Ankern, die die Ohmschen Widerstände ϱ und die Selbstinduktionen σ aufweisen, während e die beiden Maschinen gemeinsame Klemmenspannung des Netzes bedeutet. Bezeichnet man den ins Netz fließenden Strom mit J, so ist

$$\text{(3)} \qquad \frac{de}{dt} = s\,\frac{d^2 J}{dt^2} + r\,\frac{dJ}{dt},$$

wenn wir von Kapazität im Netz absehen und s und r Selbstinduktion und Ohmschen Widerstand im Netz bedeuten.

Außerdem gilt noch die Stromverteilungsgleichung:

$$\text{(4)} \qquad J = i_1 + i_2\,.$$

Die Gegenmomente W_1 und W_2 berechnen sich nun wie folgt.

Es ist $i \cdot e$ der Effekt der Maschinen; Effekt dividiert durch die Winkelgeschwindigkeit ist aber das Moment, welches der Effekt hervorbringt. Demnach kann man schreiben:

$$\text{(5)} \qquad \begin{cases} W_1 = i_1 \cdot f(p\,\omega_0\,t + p\,\vartheta_1), \\ W_2 = i_2 \cdot f(p\,\omega_0\,t + p\,\vartheta_2). \end{cases}$$

Unsere Gleichungen sind jetzt vollständig. Wir haben nach Einführung von (5) in (1a) und (1b) für zehn Unbekannte ϑ_1, ϑ_2, η_1, η_2, i_1, i_2, e_1, e_2, e, J zehn Gleichungen: (1a), (1b), (2a), (2b), (3), (4). Sie umfassen sowohl den Föpplschen wie den Sommerfeldschen Ansatz.

Für die Weiterbehandlung betrachten wir neben der zu erwartenden Bewegung der Maschinen den zugehörigen Spannungs- und Stromverlauf als Schwingungen um einen mittleren

Zustand und setzen voraus, daß die Abweichungen der Veränderlichen von den Werten des mittleren Zustandes nur klein sind.

Demnach schreiben sich die Ströme:

$$i_1 = I + j_1 \,, \qquad i_2 = I + j_2$$

und die Spannungen

$$e_1 = E + \varepsilon_1 \,, \qquad e_2 = E + \varepsilon_2 \,, \qquad e = \mathsf{E} + \varepsilon \,.$$

Dabei ist I der halbe momentane Netzstrom

$$J = 2\,I.$$

Für die Gegenmomente findet sich hiernach durch Entwicklung nach Taylor, indem man die Produkte kleiner Größen vernachlässigt

$$\text{(5a)} \quad \begin{cases} W_1 = i_1 f(p\,\omega_0 t + p\,\vartheta_1) = \frac{J}{2} f(p\,\omega_0\,t) + \frac{J}{2} f'(p\,\omega_0\,t)\,p\,\vartheta_1 + j_1 f(p\,\omega_0\,t) \,, \\ W_2 = i_2 f(p\,\omega_0 t + p\,\vartheta_2) = \frac{J}{2} f(p\,\omega_0\,t) + \frac{J}{2} f'(p\,\omega_0\,t)\,p\,\vartheta_2 + j_2 f(p\,\omega_0\,t) \,, \end{cases}$$

und für die elektromotorischen Kräfte

$$\text{(2c)} \quad \begin{cases} e_1 = \omega_0 f(p\,\omega_0\,t) + \omega_0\,p\,\vartheta_1 f'(p\,\omega_0\,t) + f(p\,\omega_0\,t)\,\frac{d\vartheta_1}{dt} \,, \\ e_2 = \omega_0 f(p\,\omega_0\,t) + \omega_0\,p\,\vartheta_2 f'(p\,\omega_0\,t) + f(p\,\omega_0\,t)\,\frac{d\vartheta_2}{dt} \,. \end{cases}$$

Nach Subtraktion kann man jetzt aus (2b) die Differentialgleichung für die „Stromvoreilung" ($j = i_1 - i_2$) ableiten:

$$\text{(2d)} \qquad \sigma\,\frac{dj}{dt} + \varrho\,j = \omega_0\,p\,\vartheta \cdot f'(p\,\omega_0\,t) + f(p\,\omega_0\,t)\,\frac{d\vartheta}{dt} \,,$$

wo $\vartheta = \vartheta_1 - \vartheta_2$ die Winkelvoreilung der Polräder ist.

Durch Subtraktion der einander entsprechenden Gleichungen (1a) und (1b) gelangt man zu folgenden Formeln:

$$\text{(1c)} \quad \begin{cases} \Theta\,\frac{d^2\vartheta}{dt^2} + k\,\eta = \vartheta\,F'(\omega_0\,t) - \frac{J}{2}\,p\,\vartheta\,f'(p\,\omega_0\,t) - j\,f(p\,\omega_0\,t) \,, \\ m\,\frac{d^2\eta}{dt^2} + b\,\frac{d\eta}{dt} + c\,\eta = a\,\frac{d\vartheta}{dt} \,, \end{cases}$$

wo alle Differentationen an den periodischen Funktionen nach $\omega_0 t$ resp. $p\,\omega_0 t$ auszuführen sind.

Mit (2d) zusammen sind dies drei Gleichungen für die Winkelvoreilung ϑ, die Stromvoreilung j und die Differenz der Regulatorhübe η. F', f und I sind dabei gegebene Funktionen der Zeit, indem gilt:

$$\omega_0 f(p\,\omega_0 t) = \frac{\sigma}{2}\frac{dJ}{dt} + \varrho\frac{J}{2} + s\frac{dJ}{dt} + r\cdot J$$

oder

$$2\,\omega_0 f(p\,\omega_0 t) = (\sigma + 2s)\frac{dJ}{dt} + (\varrho + 2r)\,J\,. \tag{6}$$

Wir haben also folgende vier Differentialgleichungen:

1. Die Gleichung für die Voreilung ϑ der Polräder:

$$\Theta\frac{d^2\vartheta}{dt^2} + k\,\eta = \vartheta\,F'(\omega_0 t) - \frac{J}{2}\,p\,\vartheta\,f'(p\,\omega_0 t) - j\,f(p\,\omega_0 t)\,.$$

2. Die Gleichung für die Differenz η der Regulatorhübe:

$$m\frac{d^2\eta}{dt^2} + b\frac{d\eta}{dt} + c\,\eta = a\frac{d\vartheta}{dt}\,.$$

3. Die Gleichung für die Stromvoreilung j:

$$\sigma\frac{dj}{dt} + \varrho\,j = \omega_0\,p\,\vartheta\,f'(p\,\omega_0 t) + \frac{d\vartheta}{dt}\,f(p\,\omega_0 t)\,.$$

4. Die Gleichung für die Stromverteilung im Netz:

$$(\sigma + 2s)\frac{dJ}{dt} + (\varrho + 2r)\,J = 2\,\omega_0 f(p\,\omega_0 t)\,.$$

Nun wollen wir grundsätzlich einfach sinusförmige Spannungskurven voraussetzen, also

$$f = a\sin(p\,\omega_0 t) \tag{7}$$

setzen.

Hiermit liefert die Integration der vierten Gleichung den Netzstrom J:

$$J = \frac{2\,\omega_0\,a}{\sqrt{(2s+\sigma)^2 p^2\omega_0^2 + (2r+\varrho)^2}}\sin\left(p\,\omega_0 t - \operatorname{arctg}\frac{p\,\omega_0(2s+\sigma)}{2r+\varrho}\right). \tag{8}$$

Weiter unterscheiden wir zwischen langsam veränderlichen und rasch veränderlichen Größen. Erstere sind die Variabeln ϑ und η sowie die periodische Funktion $F(\omega_0 t)$, rasch veränderlich sind die Ströme J und j, sowie die periodische Funktion $f(p\,\omega_0\,t)$. Diese Festsetzung ist dadurch gerechtfertigt, daß bei den rasch veränderlichen Größen p Wechsel auf einen Wechsel der langsam veränderlichen entfallen. Die Polpaarzahl p ist nun stets so groß, daß die raschen Wechsel auf die Bewegung der Massen der Maschinen und des Regulators keinen Einfluß haben, so daß wir in allen Differentialgleichungen (1) und (2) für die langsam veränderlichen Größen die Wirkung der rasch veränderlichen Größen durch ihre Mittelwerte ersetzen können.

Zunächst berechnen wir den Mittelwert M_1 von

$$-\frac{J}{2}\,p\,f'(p\,\omega_0\,t)$$

mit Hilfe der Gleichungen (7) und (8) und finden

$$M_1 = \frac{\mathsf{E}^2}{\omega_0^2}\,\frac{\sin^2\alpha}{2s+\sigma}\,, \tag{9}$$

wo E der Effektivwert der elektromotorischen Kraft einer Maschine und α die Phasenverschiebung des Netzstromes gegen die elektromotorische Kraft der Maschinen ist.

Ferner wollen wir in der Differentialgleichung (3) für die rasch veränderliche Größe j die langsam veränderliche Größe ϑ bei der Integration als konstant ansehen. Unter dieser Voraussetzung kann Gleichung (3) wie folgt geschrieben werden:

$$\sigma\frac{dj}{dt} + \varrho\,j = A\sin p\,\omega_0\,t + B\cos p\,\omega_0\,t\,, \tag{10}$$

wo A und B Abkürzungen bedeuten:

$$A = \frac{a}{p}\,\frac{d\vartheta}{dt}\,; \qquad B = p\,a\,\omega_0\,\vartheta\,. \tag{11}$$

Die Integration von (10) liefert:

$$\left\{\begin{aligned} j = {} & \frac{A}{\sqrt{\sigma^2 p^2 \omega_0^2 + \varrho^2}}\sin\left(p\,\omega_0\,t - \operatorname{arctg}\frac{\sigma\,p\,\omega_0}{\varrho}\right) \\ & + \frac{B}{\sqrt{\sigma^2 p^2 \omega_0^2 + \varrho^2}}\cos\left(p\,\omega_0\,t - \operatorname{arctg}\frac{\sigma\,p\,\omega_0}{\varrho}\right). \end{aligned}\right. \tag{12}$$

Mit Hilfe dieser Gleichung kann nun in Gleichung (1) der Mittelwert M_2 von

$$- j f(p \omega_0 t)$$

gebildet werden.

Man findet:

$$M_2 = - \frac{\mathsf{E}^2}{\omega_0^2} \left(\frac{\cos^2 \varepsilon}{\varrho} \frac{d\vartheta}{dt} + \frac{\sin^2 \varepsilon}{\varrho} \vartheta \right), \tag{13}$$

wo $\varepsilon = \operatorname{arctg} \frac{\sigma p \omega_0}{\varrho}$ ist.

Durch Einführung der Mittelwerte M_1 und M_2 in Gleichung (1) resultiert nun:

$$\left\{ \begin{aligned} &\Theta \frac{d^2 \vartheta}{dt^2} + \frac{\mathsf{E}^2}{\omega_0^2} \frac{\cos^2 \varepsilon}{\varrho} \frac{d\vartheta}{dt} + \frac{\mathsf{E}^2}{\omega_0^2} \left(\frac{\sin^2 \varepsilon}{\sigma} - \frac{\sin^2 \alpha}{2s + \sigma} \right) \vartheta \\ &\qquad + k \eta = \frac{\vartheta}{\omega_0} F'(\omega_0 t) . \end{aligned} \right. \tag{14}$$

Der Übersichtlichkeit halber fügen wir Gleichung (2) nochmals hinzu:

$$m \frac{d^2 \eta}{dt^2} + b \frac{d\eta}{dt} + c \eta = a \frac{d\vartheta}{dt} . \tag{15}$$

In Gleichung (14) liefert das Verschwinden der drei ersten Glieder die freie Relativschwingung zwischen den beiden Schwungrädern. Wir erkennen, daß die Schwingung gedämpft verläuft infolge des Ohmschen Widerstandes ϱ der Dynamomaschinen. Würde $\varrho = 0$ sein, so würde das mit $\frac{d\vartheta}{dt}$ behaftete Glied verschwinden. In der Praxis ist die dämpfende Wirkung des Ohmschen Widerstandes zu klein, um befriedigende Wirkung zu erzielen. Man unterstützt deshalb die Wirkung des Ohmschen Widerstandes durch Anbringung von besonderen Dämpfungswicklungen[213]) nach Hutin-Leblanc, was sich in der Differentialgleichung (14) durch Hinzutritt einer additiven Konstante zu $\frac{\mathsf{E}^2}{\omega_0^2} \frac{\cos^2 \varepsilon}{\varrho}$ ausdrücken würde.

Das dritte Glied nennt man das synchronisierende Moment. Bei der Bewegung der schwingenden Magnetnadel nannten wir dieses Glied das Direktionsmoment. Die Größe $\frac{E^2}{\omega_0^2 \sigma}$ heißt Synchronisierungsfaktor.

Wir betrachten jetzt die erzwungene Relativschwingung der beiden Schwungräder. Für diese ist das Störungsglied $\frac{\vartheta}{\omega_0} F'(\omega_0 t)$ maßgebend. Dieses Glied ist nun noch mit der Winkelvoreilung ϑ behaftet. Hierdurch wird die Integration in geschlossener Form[212]) unmöglich gemacht, wir können aber doch einige allgemeine Schlüsse ziehen. Keinesfalls wird die Frequenz der störenden Kraft durch ϑ alteriert, so daß wir uns wieder davor hüten müssen, die Eigenschwingungszahl des Systems mit einer der Frequenzen der störenden Kraft zusammenfallen zu lassen.

Dagegen beeinflußt ϑ die Amplituden der störenden Kraft, so daß diese periodische Funktionen der Zeit werden, d. h. die störende Kraft hat Schwebungscharakter. Hiermit wird aber auch die Voreilung ϑ und damit der Ausgleichsstrom j Schwebungscharakter annehmen, eine Erscheinung, die wir ja an den Amperemetern eines pendelnden Maschinensatzes wahrnehmen.

Nehmen wir nun noch die Regulatorgleichung (15) hinzu, so werden die Eigenschwingungen des so vervollständigten Systems von einer Differentialgleichung vierter Ordnung abhängig, wie schon von Föppl bemerkt wurde. Die Stabilität dieser Eigenschwingung wird, wie uns bekannt, durch die Diskussion der Hurwitzschen Determinaten beurteilt; natürlich muß das Zusammenfallen dieser Eigenschwingungen mit der Frequenz der störenden Kraft vermieden werden. Im übrigen erkennt man, daß auch bei Nichtvorhandensein einer periodischen störenden Kraft (wie z. B. bei Turbinen) langsame Pendelungen auftreten können, falls die Hurwitzschen Determinanten nur annähernd erfüllt sind. Der Pendelvorgang ist dann ein Zeichen von Instabilität; er verläuft unregelmäßiger als das Pendeln infolge von periodischen Störungen und ist von Zufälligkeiten in der Änderung der Belastung der Maschinen abhängig[214]).

§ 115. Synchrone Übertragung von Bewegungen[215]).

Wir behandeln ein mechanisch-elektrisches System, welches zur Übertragung einer synchronen Bewegung bei der Steuerung eines schweren Körpers B in Fig. 334, dessen Trägheitsmoment um die vertikale Achse beträchtlich ist, dient. Diese Aufgabe kommt vor, wenn der Drehkörper ein Panzerturm ist, dessen Schußrichtung parallel der optischen Achse eines Fernrohres gesteuert werden soll, so, daß die Schußrichtung den Bewegungen des Fernrohres automatisch folgt. Zur Lösung dieser Aufgabe ist eine große

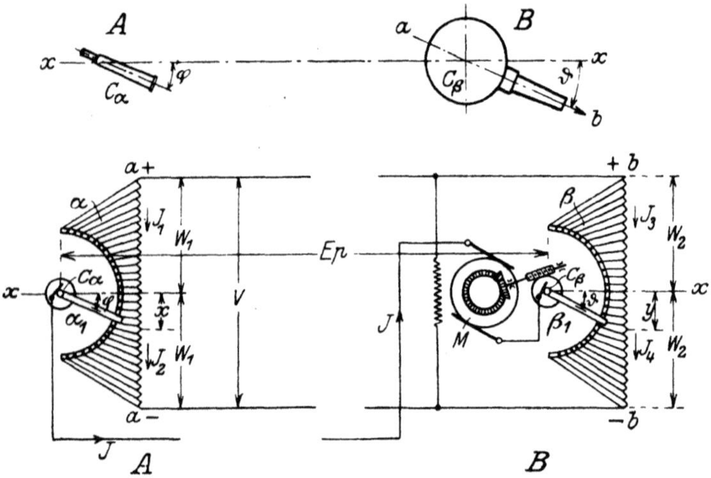

Fig. 334. Schema einer Synchronübertragung.

Anzahl von Konstruktionen und elektrischen Schaltungen erdacht und ausgeführt worden. In Fig. 334 sind die Spuren der vertikalen Drehachsen C_α und C_β des Panzerturmes und des Fernrohres gezeichnet, die mit den Drehachsen zweier Schleifhebel α_1 und β_1 zusammenfallen. Durch mechanische Übersetzungsmittel ist dafür gesorgt, daß die Winkel φ und ϑ der Schleifhebel gegen die Gerade $x\,x$ identisch sind mit den entsprechenden Winkeln am Fernrohr bzw. am Panzerturm. Die Hebel α_1 und β_1 schleifen je über eine Reihe halbkreisförmig angeordneter Kontakte α bzw. β, welche mit den einzelnen Unterteilungen zweier elektrischer Widerstände $W_1\,W_1$ bzw. $W_2\,W_2$ leitend verbunden sind, so daß zwischen je zwei Kontakten gleiche Teile der Widerstände liegen, mit anderen Worten, die Widerstände sollen gleichförmig über die Kontakte verteilt sein.

Somit entsprechen den Winkeln φ bzw. ϑ der Schleifhebel proportionale Teile x bzw. y der Widerstände. Es ist:

(1) $$\varphi = \frac{\pi}{2 W_1} x$$

und:

(2) $$\vartheta = \frac{\pi}{2 W_2} y \, .$$

Die Endpunkte $a\, a$ bzw. $b\, b$ der Widerstände sind paarweise miteinander verbunden und so an eine konstante elektrische Spannung V gelegt, so daß $W_1\, W_1$ zu $W_2\, W_2$ parallel geschaltet ist.

Weiterhin sind die Drehpunkte C_α und C_β der Schleifhebel durch eine Leitung $J\, J$ über den Anker eines Elektromotors M miteinander leitend verbunden.

Es entsteht so die Schaltung einer Wheastoneschen Brücke, die in Fig. 335 nochmals vereinfacht gezeichnet ist.

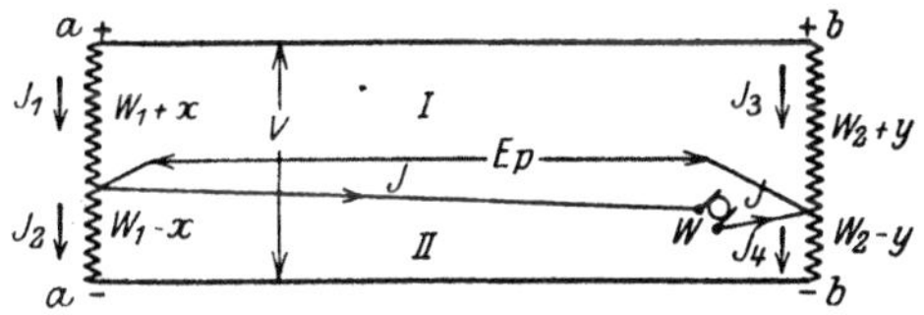

Fig. 335. Schaltung der Wheastoneschen Brücke.

Im allgemeinen wird eine bestimmte Einstellung der Winkel φ und ϑ die beiden Brückenzweige $a\, a$ und $b\, b$ in den Verhältnissen:

(2a) $$\frac{W_1 + x}{W_1 - x} \quad \text{bzw.} \quad \frac{W_2 + y}{W_2 - y}$$

teilen, wodurch in der Ausgleichsleitung $J\, J$ der Brücke ein Strom auftritt, wenn nicht gerade zufällig zwischen den vier Widerständen die Beziehung gilt:

(3) $$\frac{W_1 + x}{W_1 - x} = \frac{W_2 + y}{W_2 - y} \, ,$$

woraus folgen würde:

(4) $$x : y = W_1 : W_2$$

oder in Verbindung mit Gleichung (1) und (2):

(5) $$\vartheta = \varphi \, ,$$

d. h. Fernrohr- und Drehkörperrichtung stehen einander parallel, sobald die Ausgleichsleitung stromlos ist. Fließt aber darin ein

Strom J, so herrscht an den Enden der Ausgleichsleitung eine gewisse Spannung E_p, und in den vier Teilwiderständen $W_1 + x$, $W_1 - x$, $W_2 + y$, $W_2 - y$ fließen vier Ströme J_1 bzw. J_2 bzw. J_3 bzw. J_4. Hiermit haben wir folgende Reihe unbekannter Größen: $J_1, J_2, J_3, J_4, J, E_p, y, \vartheta$; x betrachten wir als durch die Fernrohrbewegung φ vermöge Gleichung (1) gegeben. Zwischen den Unbekannten bestehen folgende Gleichungen:

$$(6)\qquad \begin{cases} J_1(W_1 + x) + J_2(W_1 - x) = V\,, \\ J_3(W_2 + y) + J_4(W_2 - y) = V\,, \\ J_1(W_1 + x) + E_p - J_3(W_2 + y) = 0\,, \\ J_2(W_1 - x) - E_p - J_4(W_2 - y) = 0\,, \\ J_1 = J_2 + J\,, \\ J_3 = J_4 - J\,, \end{cases}$$

wovon aber die vierte eine Folge der drei ersten ist.

Das erste Gleichungspaar ist der Ausdruck Ohmschen Gesetzes für die Spannungsverteilung in den beiden Brückenzweigen $a\,a$ bzw. $b\,b$. Das zweite Paar liefert die Spannungsverteilung in den Brückenkreisen I bzw. II, das dritte folgt aus dem Kirchhoffschen Verzweigungsgesetz an den Endpunkten der Ausgleichsleitung. Wir fassen nun den Ausgleichsstrom näher ins Auge und wiederholen, daß er nur fließt, sobald die Brückengleichung nicht erfüllt ist oder sobald das Fernrohr und die Geschützachse nicht parallel stehen.

Diesen Umstand benutzen wir, indem wir den Ausgleichsstrom J zur Drehung des Ankers eines Motors M verwenden, welche Drehung wir durch mechanische Mittel (in der Abbildung als Kegelrad- und Schneckenradgetriebe angedeutet) so auf den Panzerturm überleiten, daß sie stets auf die Überführung des ganzen Systems in Stromlosigkeit der Ausgleichsleitung hinwirkt. Diese Maßnahme liefert die Gleichung für die Massenbewegung des Drehkörpers unter Einfluß des Drehmomentes des Motors.

Seien alle sich drehenden Massen, einschließlich des Motorankers, auf die Drehachse des Panzerturmes B reduziert und im Trägheitsmoment Θ zusammengefaßt, setzen wir ferner die gesamte Systemreibung proportional mit der Drehgeschwindigkeit, so lautet die Bewegungsgleichung:

$$(7)\qquad \Theta \frac{d^2\vartheta}{dt^2} + b\,\frac{d\vartheta}{dt} = k \cdot 1{,}02 \times 10^{-9}\, J\, \frac{N n}{2\pi}\,,$$

wo k der Kraftübersetzung vom Motor nach dem Drehkranz des Panzerturmes B Rechnung trägt, während N die Polstärke, n die Leiterzahl auf dem Anker des Motors bedeutet. Der Motor hat Parallelschaltung des Ankers. Bei Serienschaltung müßte $\frac{Nn}{2\pi}$ durch $\frac{Nnp}{2\pi}$ (p = Polpaarzahl) ersetzt werden.

Zu den entwickelten Gleichungen kommt noch die Spannungsgleichung des Motors:

$$E_p = JW + 10^{-8} k \frac{Nn}{2\pi} \frac{d\vartheta}{dt}, \tag{8}$$

welche aussagt, daß die Spannungsdifferenz E_p an den Enden der Ausgleichsleitung dazu dient, den Spannungsverlust JW im Ankerwiderstande W und die gegenelektromotorische Kraft:

$$10^{-8} k \frac{Nn}{2\pi} \frac{d\vartheta}{dt}$$

zu überwinden.

Wir haben nunmehr für die acht Veränderlichen bzw. Unbekannten außer Gleichung (2) und den fünf Gleichungen (6) noch die beiden Gleichungen (7) und (8), womit der Ansatz zu ihrer Bestimmung vollständig ist.

Zur Aussonderung der Veränderlichen ϑ, welche die horizontale Bewegung des Panzerturmes bestimmt, verfahren wir wie folgt: Aus der fünften und sechsten Gleichung (6) bestimmen sich:

$$\left\{\begin{aligned} J_2 &= J_1 - J, \\ J_4 &= J_3 + J. \end{aligned}\right. \tag{8a}$$

Diese Werte sind in die ersten beiden Gleichungen (6) einzuführen:

$$\left\{\begin{aligned} J_1(W_1 + x) + (J_1 - J)(W_1 - x) &= V, \\ J_3(W_2 + y) + (J_3 + J)(W_2 - y) &= V. \end{aligned}\right. \tag{8b}$$

Aus diesem Ansatz folgt:

$$\left\{\begin{aligned} J_1 &= \frac{V + J(W_1 - x)}{2W_1}, \\ J_3 &= \frac{V - J(W_2 - y)}{2W_2}. \end{aligned}\right. \tag{8c}$$

Setzt man hiernach J_1 und J_3 in die dritte Gleichung (6) ein, so findet sich:

$$(9)\quad V\left\{\frac{W_1+x}{2W_1}-\frac{W_2+y}{2W_2}\right\}+J\left\{\frac{W_1^2-x^2}{2W_2}+\frac{W_2^2-y^2}{2W_2}\right\}=-E_p\,.$$

Wiederholen wir jetzt die Gleichungen (2), (7), (8):

$$(10)\qquad \vartheta=\frac{\pi}{2W_2}y\,,$$

$$(11)\qquad \Theta\frac{d^2\vartheta}{dt^2}+b\frac{d\vartheta}{dt}=\pi k_1 J n N\,,$$

$$(12)\qquad JW+k_2' n N\frac{d\vartheta}{dt}=E_p\,,$$

wo k_1 und k_2' als Abkürzungen bedeuten:

$$(13)\qquad \begin{cases} k_1=1{,}02\,10^{-9}\dfrac{k}{2\pi^2}\,,\\[2ex] k_2'=10^{-8}\dfrac{k}{2\pi}\,,\end{cases}$$

so liefert die weitere Aussonderung von E_p, J und y durch Addition von Gleichung (9) zu (12), dann Einsetzen von J aus Gleichung (11) und y aus Gleichung (10) folgende Differentialgleichung für ϑ:

$$(14)\qquad \begin{cases} \dfrac{\Theta\lambda_1}{k_1 n N}\dfrac{d^2\vartheta}{dt^2}+\left\{\dfrac{b\lambda_1}{k_1 n N}+\pi k_2' n N\right\}\dfrac{d\vartheta}{dt}+V\vartheta\\[2ex] \qquad=\dfrac{\pi V}{2W_1}x-\dfrac{2W_2^2\vartheta^2}{\pi^2 k_1 n N}\left(\Theta\dfrac{d^2\vartheta}{dt^2}+b\dfrac{d\vartheta}{dt}\right),\end{cases}$$

wo zur Abkürzung:

$$(15)\qquad \lambda_1=\frac{x^2}{2W_1}+W+\frac{W_1+W_2}{2}$$

gesetzt ist.

Diese Differentialgleichung ist linear von der zweiten Ordnung mit unveränderlichen Beiwerten, bis auf das zweite Glied der rechten Seite, welches vom dritten Grade ist. Den Einfluß dieses Gliedes wollen wir wie folgt berücksichtigen. Es sei vorausgesetzt, daß die gesuchte Bewegung dadurch eingeleitet werde, daß zur Zeit $t=0$ das Fernrohr, welches bis dahin parallel mit der Panzerturmrichtung in der Mittellage des Systems stand, plötzlich um den endlichen Winkel φ aus seiner Lage herausgedreht wurde. Dieser Fernrohrbewegung entspricht dann eine plötzliche Änderung der Einstellung des Brückenzweiges $a\,a$ um den Widerstandsbetrag x. Es ist klar, daß eine solche plötzliche Änderung der Systemeinstellung als stärkste Anforderung an die Wirkungsweise betrachtet werden muß. Es entstehen nun die Fragen:

1. Strebt der Panzerturm überhaupt einer neuen festen Einstellung zu?
2. Wird seine Richtung in der neuen Stellung wieder zum Fernrohr parallel stehen?
3. In welcher Zeit wird die neue parallele Lage erreicht?

Wir wollen voraussetzen, daß die Frage 2 bejahend zu beantworten ist und wollen untersuchen, ob diese Annahme mit den Aussagen der Differentialgleichung (14) in Einklang steht. Wir wollen auch weiter fordern, daß der Panzerturm B ohne Pendelung in die neue Lage übergeht. Dann gilt für den Verlauf des Horizontalrichtungswinkels ϑ das Schaubild 336.

Da die Bewegung mit der Winkelgeschwindigkeit $\frac{d\vartheta}{dt} = 0$ anfängt und aufhört, so muß die ϑ-Kurve der Zeitachse bei $t = 0$ und bei $t = T$ annähernd parallel sein; da die Bewegung aperiodisch sein soll, kann die Kurve nur einen Wendepunkt zwischen 0 und T haben. Nach diesem Verlauf von ϑ bestimmt sich nun angenähert die Wirkung des Gliedes:

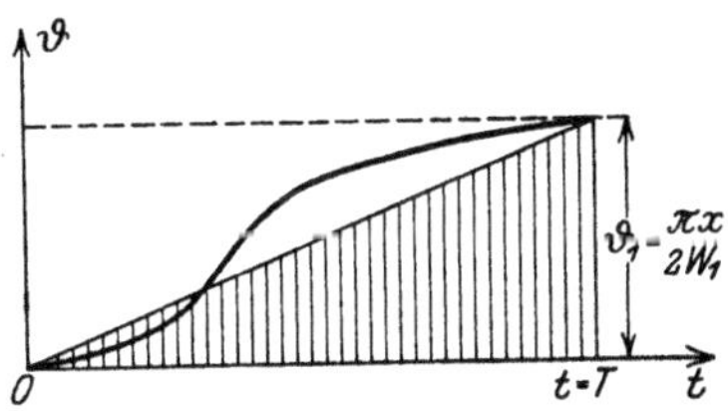

Fig. 336.
Mittelwertbildung beim Horizontalwinkel.

$$(16) \qquad -\frac{2\,W_2}{\pi^2 k_1 n N}\left(\Theta\frac{d^2\vartheta}{dt^2} + b\frac{d\vartheta}{dt}\right)\vartheta^2$$

auf der rechten Seite von Gleichung (14). Wir ersetzen ϑ^2 durch seinen Mittelwert $M\,|\vartheta^2|$, der ein Bruchteil vom Endwert ϑ_1^2 sein muß, und schreiben unter Wahl einer Größe $0 < \alpha < 1$:

$$(17) \qquad \vartheta^2 \sim M\,|\vartheta^2| = \alpha\,\vartheta_1^2 = \alpha\,\frac{\pi^2 x^2}{2\,W_1^2}\,.$$

Infolge dieser Maßnahme kann das Glied (16) auf die linke Seite von (14) gesetzt werden, wodurch unsere Differentialgleichung übergeht in:

$$(18)\quad \frac{\Theta\lambda}{k_1 n N}\frac{d^2\vartheta}{dt^2} + \left\{\frac{b\lambda}{k_1 n N} + \pi k_2' n N\right\}\frac{d\vartheta}{dt} + V\vartheta = \frac{\pi V}{2 W_1} x\,,$$

wo zur Abkürzung gesetzt ist:

$$(19)\quad \lambda = \lambda_1 + \frac{\alpha x^2 W_2}{2 W_1^2} = x^2 \frac{W_1 + \alpha W_2}{2 W_1^2} + W - \frac{W_1 + W_2}{2}\,.$$

Die Differentialgleichung (18) hat als gemeinsames Integral:

$$(20)\quad \vartheta = A e^{\mu_1 t} + B e^{\mu_2 t} + \pi \frac{x}{2 W_1}\,,$$

wo μ_1 und μ_2 der quadratischen Gleichung genügen müssen:

$$(21)\quad \frac{\Theta\lambda}{k_1 n N}\mu^2 + \left\{\frac{b\lambda}{k_1 n N} + \pi k_2' n N\right\}\mu + V = 0\,.$$

Damit die Bewegung (20) stabil ist, muß zunächst in (21) λ positiv sein, d. h. es muß gelten:

$$(22)\quad W > \frac{W_1 + W_2}{2}\,,$$

wodurch eine untere Grenze für den Ankerwiderstand des Elektromotors festgesetzt wird.

Damit ferner der Voraussetzung der Aperiodizität genügt wird, so muß unter den Beiwerten von Gleichung (18) die Beziehung bestehen:

$$(22\text{a})\quad \frac{b\lambda}{k_1 n N} + \pi k_2' n N = 2\sqrt{\frac{\Theta\lambda V}{k_1 n N}}$$

oder mit $k_2 = \pi k_2'$:

$$(23)\quad b\lambda + k_1 k_2 n^2 N^2 = 2\sqrt{k_1 n N \Theta\lambda V}$$

entsprechend der Bedingung zweier gleicher negativer Wurzeln:

$$(23\text{a})\quad b^2 = 2\sqrt{m c}$$

der quadratischen Gleichung:

$$(23\text{b})\quad m\mu^2 + b\mu + c = 0\,.$$

Sind also die Bedingungen (22) und (23) erfüllt, so sind die obigen Fragen 1 und 2 zu bejahen. Der neue Horizontalwinkel des Panzerturms B wird dann nach (20), weil $A\,e^{\mu_1 t} + B\,e^{\mu_2 t}$ nach Verlauf einer gewissen Zeit verschwindet:

$$\vartheta_1 = \frac{\pi x}{2 W_1}, \tag{24}$$

wie oben unter (17) vorausgesetzt.

Unsere Annahme steht demnach nicht im Widerspruch mit der abgeleiteten Differentialgleichung.

Die Zeit, die nötig ist, um ϑ_1 zu erreichen, ist theoretisch unendlich. Man wird deshalb (23) nicht genau erfüllen, sondern $2\sqrt{k_1\, n\, N \Theta \lambda\, V}$ etwas größer als $b\lambda + k_1\, k_2\, n^1 N^2$ machen; dann sieht der Verlauf von ϑ aus, wie in Fig. 337 dargestellt.

Der Betrag $\Delta\vartheta$, um den das System dann überreguliert, ist so zu bemessen, daß er innerhalb der zulässigen Abweichung vom Parallelismus bleibt. Jedenfalls kann man aus der Gleichung (23) einen Anhaltspunkt für die Bemessung der Größe:

$$\lambda = x^2 \frac{W_1 + \alpha W_2}{2 W_1^2} + W - \frac{W_1 + W_2}{2}$$

gewinnen.

Es ist nun bemerkenswert, daß hier die Stabilitätskriterien die Größe der Störung x selbst enthalten, was daher rührt, daß wir den Einfluß des Gliedes (16) nur mit Hilfe der Größe der Störung x abschätzen konnten. Wir müssen also die Stabilitätskriterien so berücksichtigen, daß sie für alle möglichen Größen der Störung x erfüllt sind. Der größte Wert, den x annehmen kann, ist offenbar:

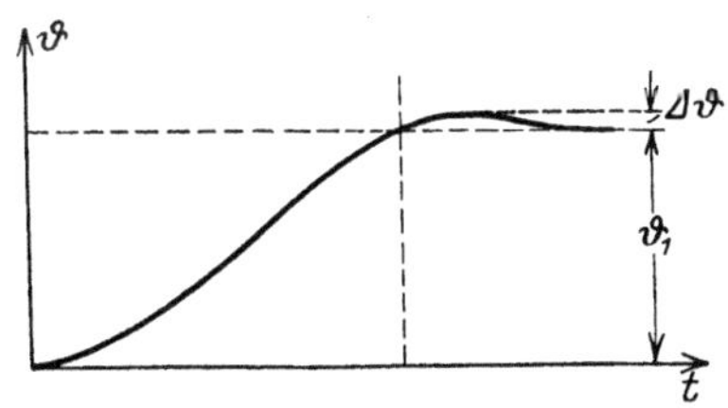

Fig. 337. Verlauf der Horizontalwinkel.

$$x = 2\, W_1\,, \tag{24a}$$

wenn wir nämlich das Fernrohr und damit den Panzerturm aus einer Endlage in die andere überführen sollen. Dann wird:

$$\lambda = W + \frac{3 W_1}{2} + \frac{(\alpha - 1) W_2}{2} \tag{24b}$$

oder mit $\alpha \backsim 1$:

$$\lambda = W + \frac{3W_1}{2}. \tag{24c}$$

Löst man nun (23) nach λ auf, so ergibt sich:

$$W + \frac{3W_1}{2} = \frac{k_1 n N}{b^2}\left\{2\Theta V - b k_2 n N \pm \sqrt{\Theta^2 V^2 - b k_2 n N \Theta V}\right\}. \tag{25}$$

Dieser Ansatz liefert, da λ nicht komplex werden darf, die weitere Bedingung:

$$\Theta V \gtreqless b k_2 n N, \tag{26}$$

womit zugleich der Inhalt der geschweiften Klammer positiv wird, was nötig ist, damit λ nicht negativ wird.

Schließlich kann man noch die Bemerkung machen, daß der Ansatz (25) bei verschwindendem b (nicht vorhandener Dämpfung) nach zweimaliger Differentiation des Nenners und Zählers liefert:

$$W + \frac{3W_1}{2} = \frac{k_1 k_2^2 n^3 N^3}{4\Theta V}, \tag{27}$$

was darauf hinweist, daß in diesem Falle die notwendige Dämpfung durch den Energieverlust in den Widerständen ersetzt wird[216]).

§ 116. Schallsender und Schallempfänger.

1. Schallsender dienen zur Übertragung von Schallenergie auf einen Zwischenstoff (Luft oder Wasser) zur Fortpflanzung in diesem zu einem Schallempfänger. Ein sehr bekannter und einfacher Schallsender ist das Telephon; der zugehörige Schallempfänger ist das menschliche Ohr[217]).

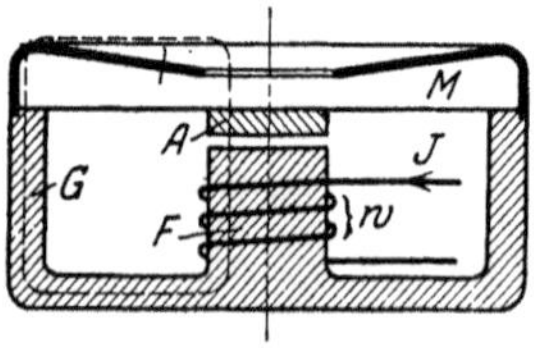

Fig. 338. Telephon.

Der schwingende Teil des Telephons ist die Membran M (Fig. 338), in der Mitte verstärkt durch einen Anker A. Diesen Teil kann man ersetzt denken durch eine Masse m, die auch noch einen bestimmten von der mitschwingenden Masse des Zwischenstoffes herrührenden Zuschlag enthalte. Den Ausschlag der Membranmitte aus ihrer Ruhelage bezeichnen wir mit x. Der Schwingungsbewegung setzen sich der Dämpfungswiderstand $2m\delta\dot{x}$ und die Federkraft der Membran $\alpha^2 x$ entgegen; die von außen an der

Membran angreifende Kraft rührt von dem Feldelektromagneten F her und sei K. Dann wird die mechanische Schwingungsgleichung:

$$m\ddot{x} + 2\,\delta m\dot{x} + \alpha^2 x = K\,. \tag{1}$$

Sei die Induktion im Eisen des Feldmagneten $= B$, der Eisenquerschnitt Q, dann ist

$$K = \frac{1}{8\pi} B^2 Q\,. \tag{2}$$

Andererseits ist die Induktion mit dem gesamten Kraftfluß N, dem Strom J, der Windungszahl ξ und den Kraftlinienwegen l' in Luft und l'' im Eisen der Permeabilität μ verknüpft durch:

$$B = \frac{N}{Q} = \frac{4\pi\xi J}{l' + (l'' : \mu)}\,. \tag{3}$$

Durch Einführung des äquivalenten Luftweges

$$l = l' + (l'' : \mu)$$

findet sich

$$B = \frac{4\pi\xi\,(J_0 + i)}{l - (a + x)}\,. \tag{4}$$

wo a die unveränderliche, durch den Gleichstrom J_0 hervorgerufene Anfangsablenkung der Membran bedeutet.

Nunmehr kann die Kraft K berechnet werden. Unter der Voraussetzung, daß die Auslenkung x klein gegen $s = l - a$ und der Wechselstrom i klein gegen J_0 sei, findet sich so die Schwingungsgleichung:

$$m\ddot{x} + 2\,\delta m\dot{x} + \alpha^2 x = 4\pi\xi^2 Q\,\frac{J_0^2}{s^2}\left(\frac{i}{J_0} + \frac{x}{s}\right). \tag{5}$$

Hier kann man das Glied mit x von rechts mit $\alpha^2 x$ links vereinigen. Durch die Gleichstrommagnetisierung J_0 wird also die ungedämpfte Eigenfrequenz der Membran erniedrigt. Wir schreiben, indem wir noch die Selbstinduktion des Feldmagneten $L = \frac{4\pi\xi^2 Q}{s}$ einführen:

$$\alpha^2 - \frac{L J_0^2}{s^2} = \nu^2 m$$

und finden als Schwingungsgleichung

$$m\ddot{x} + 2\,m\,\delta\dot{x} + m\,\nu^2 x = \frac{L J_0}{s}\,i\,. \tag{6}$$

Zu dieser elektromechanischen Gleichung des Telephons kommt noch die elektromagnetische hinzu durch Ansetzung des Gleichgewichts der elektromotorischen Kräfte in der Feldwicklung. Ist E die an die Wicklung gelegte Wechselspannung, so gilt

$$\xi \frac{dN}{dt} + R\,i = E\,. \tag{7}$$

Hier bedeutet R den die Kupfer- und Eisenverluste umfassenden Verlustwiderstand des Apparates. Man wertet mit Ansatz (3) und (4) das Glied $\xi \frac{dN}{dt}$ aus und findet

$$L\frac{di}{dt} + R\,i + \frac{L J_0}{s}\dot{x} = E \tag{8}$$

als elektromagnetische Schwingungsgleichung.

Ist die Spannung E sinusförmig von der Kreisfrequenz ω und fassen wir sie nach § 43 vektoriell auf

$$E = \mathfrak{E} = a \sin \omega t\,,$$

so kann man auch $x = \mathfrak{X}$ und $i = \mathfrak{J}$ vektoriell auffassen. Zunächst findet sich nach den Regeln in § 43 für (6) und (8)

$$-m\,\omega^2\,\mathfrak{X} + 2\,m\,\delta j\,\omega\,\mathfrak{X} + m\,\nu^2\,\mathfrak{X} = \frac{L J_0}{s}\mathfrak{J}\,; \tag{9}$$

$$L j\,\omega\,\mathfrak{J} + R\,\mathfrak{J} + \frac{L J_0}{s} j\,\omega\,\mathfrak{X} = \mathfrak{E}\,. \tag{10}$$

Entfernt man aus (9) und (10) den Vektor $\mathfrak{X}$, so findet sich für das Verhältnis der Vektoren $\mathfrak{J}$ und $\mathfrak{E}$

$$\left\{R + \frac{2\,\delta\,\omega^2\,(L^2 J_0^2 : s^2 m)}{(\nu^2 - \omega^2)^2 + 4\,\delta^2\,\omega^2}\right\} + j\,\omega\left\{L + \frac{(\nu^2 - \omega^2)\,(L^2 J_0^2 : s^2 m)}{(\nu^2 - \omega^2)^2 + 4\,\delta^2\,\omega^2}\right\} = \mathfrak{E} : \mathfrak{J}\,. \tag{11}$$

Das Telephon verhält sich also wie ein Wechselstromkreis mit dem Scheinwiderstand

$$\mathfrak{Z} = R + R' + j\,\omega\,(L + L')\,. \tag{12}$$

Die neue Widerstandsgröße R' erreicht bei Resonanz $\nu = \omega$ ihr Maximum, während L' bei Resonanz verschwindet.

Nun ist die vom Sender aufgenommene Leistung

$$\mathsf{A} = \mathsf{I}^2\,(R + R')\,. \tag{13}$$

wenn I der Effektivwert des Wechselstromes $\mathfrak{J}$ ist. Hier ist $I^2 R$ der elektromagnetische Verlust, $I^2 R'$ die mechanisch-akustische, d. h. die von der Membran an das Zwischenmittel abgegebene Leistung; demnach wäre

(14) $$\eta = \frac{R'}{R + R'}$$

der Wirkungsgrad des Senders. Im Resonanzfalle wird:

$$R'_{\max} = \bar{R}' = L^2 J_0^2 : 2\, s^2\, m\, \delta$$

und daraus:

(15) $$\bar{R}' : R' = 1 + [(\nu^2 - \omega^2)^2 : 4\, \delta^2\, \omega^2] .$$

Durch Einführung des Dekrements $\mathfrak{d} = \frac{2\pi\delta}{\nu}$ (bei kleiner Dämpfung) findet sich:

(16) $$\bar{R}' : R' = 1 + \left(\frac{\nu^2 - \omega^2}{\nu\,\omega}\right)^2 \left(\frac{\pi}{\mathfrak{d}}\right)^2$$

und in Resonanznähe mit der Verstimmung $z = 1 - \frac{\nu}{\omega}$:

(17) $$\bar{R}' : R' = 1 + \left(\frac{2\pi z}{\mathfrak{d}}\right)^2 .$$

Andererseits berechnet sich aus dem Wirkungsgrad (14)

$$R' : R = \eta : (1 - \eta)$$

und im Resonanzfalle

(18) $$\bar{R}' : R = L^2 J_0^2 : 2\, s^2\, m\, \delta\, R = \eta : (1 - \eta) .$$

Da hier L, J_0, s, R Konstante sind, so ist auch

(19) $$L^2 J_0^2 : s^2 R = 2\, m\, \delta\, \eta : (1 - \eta)$$

eine Apparatkonstante, unabhängig von der Natur des Zwischenstoffes, in welchem man den Sender arbeiten läßt. Durch Einführung des Dekrements $\mathfrak{d}$ wird aus (19):

$$L^2 J_0^2 : s^2 R = m\, \nu\, \mathfrak{d}\, \eta : \pi\, (1 - \eta)$$

oder

(20) $$\eta\, \mathfrak{d} : \nu\, (1 - \eta) = \pi\, L^2 J_0^2 : s^2\, R\, m\, \nu^2 = C .$$

Hieraus ermittelt sich der Wirkungsgrad

(21) $$\eta = 1 : (1 + \mathfrak{d} : \nu C).$$

Zur Untersuchung eines Telephons auf seine Leistungseigenschaften läßt man einen Wechselstrom durch seine Wickelung gehen, dessen Frequenz man bei festgehaltener Effektivstromstärke verändert. Eine solche Meßreihe wird einmal bei festgebremster Membran, ein anderes Mal bei schwingender Membran genommen, wodurch man R und $R + R'$ in Abhängigkeit von der Erregungsfrequenz erhält. Zwei solche Reihen gibt Fig. 339 nach Messungen von H. Carsten[218]). $R' + R$ zeigt ein ausgesproche-

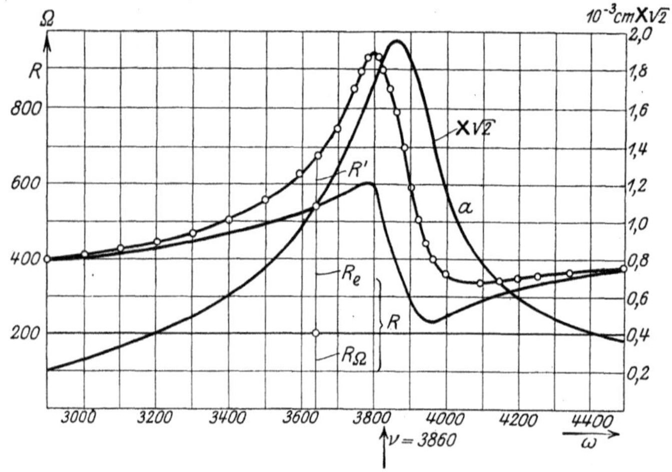

Fig. 339. Resonanzkurven eines Telephons.

nes Maximum bei $\omega = 3800$, R ist allerdings nicht konstant, sondern wegen der Eisenverluste R_e erheblich mit der Erregungsfrequenz veränderlich. Der beste Wirkungsgrad des Telephons liegt demnach in der Nähe von $\omega = 3860$, $\eta = \frac{40}{94} = 0{,}42$, also nicht mit dem Höchstwert des Gesamtwiderstandes zusammenfallend.

Parallel mit den Widerstandsmessungen geht die Messung der Selbstinduktionen L und L'. Sie bestimmen die Phasennacheilung φ_1 des Stromes $\mathfrak{J}$ hinter der Spannung $\mathfrak{E}$ gemäß

(22) $$\operatorname{tg} \varphi_1 = \frac{\omega (L + L')}{R + R'},$$

welcher Ausdruck im Resonanzfalle übergeht in

$$\text{(23)} \qquad \operatorname{tg} \overline{\varphi}_1 = \frac{\nu L}{\overline{R} + \overline{R'}} .$$

Ist aber die Membran festgebremst, so wird die Nacheilung:

$$\text{(24)} \qquad \operatorname{tg} \overline{\varphi}_0 = \frac{\nu \overline{L}}{\overline{R}} .$$

Hahnemann und Hecht[219]) nennen das Komplement von $\overline{\varphi}_0$:

$$\text{(25)} \qquad \frac{\pi}{2} - \overline{\varphi}_0 = \overline{\psi}; \; \ldots \left(\operatorname{tg} \overline{\psi} = \frac{\overline{R}}{\nu \overline{L}}\right)$$

den Verlustwinkel. Aus (23) und (24) sowie (18) ergibt sich noch

$$\frac{\operatorname{tg} \overline{\varphi}_1}{\operatorname{tg} \overline{\varphi}_0} = \frac{\overline{R}}{\overline{R} + \overline{R'}} = 1 - \overline{\eta} .$$

Es gelingt also, durch die Messung den Wirkungsgrad $\overline{\eta}$ und den Verlustwinkel $\operatorname{tg} \overline{\psi} = \frac{\overline{R}}{\nu \overline{L}}$ für die Resonanz zu bestimmen. Mit Hilfe von (16) zeichnet man dann die Kurve des Dekrements $\mathfrak{d} = f(\omega)$ und entnimmt ihr den Wert $\overline{\mathfrak{d}}$ für den maximalen Nutzwiderstand. Dann berechnet man nach (20)

$$\text{(26)} \qquad L^2 J_0^2 : s^2 m = \frac{\overline{\eta}}{1 - \eta} \left(\frac{\overline{\mathfrak{d}}}{\pi}\right) \overline{R} \nu = p .$$

Jetzt verändert man die Membranmasse m durch Anbringung einer Zusatzmasse M_0 in der Mitte (ein kleines Metallplättchen), bestimmt von neuem die Größen $\overline{\eta}_0$, $\overline{\mathfrak{d}}_0$, ν_0 und schreibt

$$L^2 J_0^2 : s^2 (m + M_0) = \frac{\overline{\eta}_0}{1 - \overline{\eta}_0} \left(\frac{\overline{\mathfrak{d}}_0}{\pi}\right) \overline{R} \nu_0 = p_0 .$$

Dann wird

$$\frac{M_0}{m} = \frac{p - p_0}{p_0} ; \qquad m = \frac{M_0 \, p}{p - p_0}$$

und

$$L^2 J_0^2 : s^2 = \frac{M_0 \, p^2}{p - p_0} = \sigma^2 .$$

Um nun die Membranamplitude $\mathfrak{X}$ zu ermitteln, schreiben wir die Leistung an der Membran

A = eff. Kraft × eff. Geschwindigkeit × Leistungsfaktor.

Die effektive Kraft ist

$$\text{(27)} \qquad \mathsf{K} = \mathsf{I}\,(L\,J_0 : s) = \mathsf{I}\,\sigma\,.$$

Die effektive Geschwindigkeit ist $\omega\,\mathsf{X}$, wo X der zum Wegvektor $\mathfrak{X}$ gehörige Effektivweg ist.

Der Leistungsfaktor aber ist $= \cos\,[\mathfrak{J}, j\,\mathfrak{X}]$

$$= \cos\left[\mathfrak{J}, \frac{j\,\mathfrak{J}}{\nu^2 - \omega^2 + 2\,j\,\omega\,\delta}\right] = \cos\,[\mathfrak{J}, \mathfrak{J}\,\{2\,\omega\,\delta + j\,(\nu^2 - \omega^2)\}]$$

$$= 2\,\omega\,\delta : \sqrt{(\nu_2 - \omega^2)^2 + 4\,\omega^2\,\delta^2}\,.$$

Also wird

$$\text{(28)} \qquad A = \mathsf{K}\,\mathsf{X}\,\omega\,\cos\,[\mathfrak{J}, j\,\mathfrak{X}]$$

$$= \mathsf{I}\,\mathsf{X}\,\sigma\,\omega^2\,2\,\delta : \sqrt{(\nu^2 - \omega^2)^2 + 4\,\omega^2\,\delta^2} = \eta\,\mathsf{I}^2\,(R + R')$$

und die effektive Membranamplitude

$$\text{(29)} \qquad \mathsf{X} = \frac{\eta\,\mathsf{I}\,(R + R')\,\sqrt{(\nu^2 - \omega^2)^2 + 4\,\omega^2\,\delta^2}}{2\,\delta\,\omega^2\,\sigma}\,,$$

aus der sich die wirkliche Amplitude X berechnet

$$X = \mathsf{X}\,\sqrt{2}\,.$$

Hiernach ist die in der Fig. 339 gezeichnete Kurve a gewonnen.

Den behandelten Schallgeber kann man auch als Empfänger ausnutzen, indem man ihn in ein schwingendes Medium bringt. Dann ist in Gleichung (6) rechts die erregende Kraft K, die vom schwingenden Medium herrührt, hinzuzufügen, während in Gl. (7) statt L und R die Summen $L + l$ und $R + w$ zu schreiben sind, wo l und w die Selbstinduktion bzw. den Nutzwiderstand des die Wicklung W schließenden Hörers bedeuten, während natürlich die Spannung E fortzulassen ist.

2. Das gewöhnliche Telephon hat eine äußerst geringe Schallleistung. Man kann sie für das nach Fig. 339 untersuchte Telephon an der Membran berechnen.

Nach (26) findet man mit $\overline{\eta} = 0{,}42$, $\mathfrak{d} = 0{,}062$ [vgl. die Aufzeichnung von $\mathfrak{d}$ nach (16) als Funktion $f\,(\omega)$], $R = 380$ Ohm (Fig. 339), $\nu = 3860$ und der Membranmasse $m = 1$ g die Größe

$\sigma = 458 \cdot 10^3$. Aus (29) ergibt sich (für $\nu = \omega$) die Stromstärke $\mathsf{I} = \mathsf{X}\, w\, \sigma : \overline{\eta}\, (\overline{R} + \overline{R'})$ mit $X\sqrt{2} = 2 \cdot 10^{-3}\, cm$ und $\overline{R} + \overline{R'} = 800\ \Omega$ (Fig. 339) zu $\mathsf{I} = 745 \cdot 10^{-8}\, cgs$ und damit aus (28) die Leistung $A = \eta\, \mathsf{I}^2\, (\overline{R} + \overline{R'}) = 18{,}7\, cgs = 187 \cdot 10^{-6}$ Watt.

Wesentlich stärkere Schallsender benutzt die Unterwassersignaltechnik[220]). Eine derartige Einrichtung zeigt Fig. 340 in etwa $^1/_6$ der natürlichen Größe. Hier ist M die Membran, an der 400 Watt geleistet werden. F ist wieder die Feldwicklung, deren Anker A durch Vermittlung des elastischen Rohrstabsystems $R\,S$ am Tisch T und somit an der Membran angreift; der Tisch T trägt zugleich fest verbunden die Feldwicklung. Das Ganze ist mit einer Haube G abgedeckt, die im Raume festliegend zu denken ist.

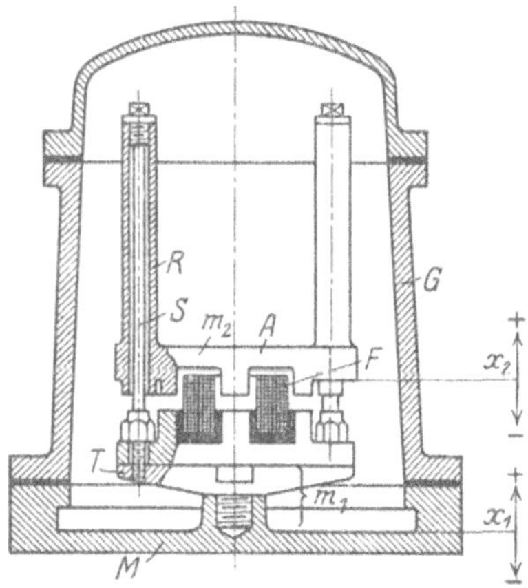

Fig. 340. Unterwasserschallsender nach Hahnemann-Hecht.

Die Vorrichtung besteht also aus zwei schwingenden Massen m_1 und m_2, die miteinander und mit dem Gehäuse elastisch verbunden sind. Die Auslenkungen beider aus der Mittellage seien x_1 und x_2; dann lauten die Differentialgleichungen des Systems unter Anlehnung an die oben eingeführten Bezeichnungen:

$$(30)\quad m_1\ddot{x}_1 + 2\delta_1 m_1 \dot{x}_1 + m_1\nu_1^2 x_1 + m_1\tau_1^2(x_1 - x_2) = \frac{LJ_0}{s}\, i + \frac{LJ_0^2}{s^2}\,(x_1 - x_2)$$

$$(31)\quad m_2\ddot{x}_2 \qquad\qquad + m_2\tau_2^2(x_1 - x_2) = -\frac{LJ_0}{s}\, i - \frac{LJ_0^2}{s^2}\,(x_1 - x_2)$$

$$(32)\quad \frac{LJ_0}{s}\,(\dot{x}_1 - \dot{x}_2) + L\frac{di}{dt} + Ri = E$$

wo $m_1\tau_1^2\,(x_1 - x_2) = m_2\tau_2^2\,(x_1 - x_2)$ die elastische Zusammendrükkung des Rohrstabsystems ($x_1 > x_2$) bedeutet. Die Untersuchung dieser Gleichungen gestaltet sich ganz entsprechend wie oben bei

(6) und (8); wir beschränken uns hier auf die Erörterung der Wirkung der beiden Massen m_1 und m_2. Durch Addition von (30) und (31) findet sich

(33) $$m_1 \ddot{x}_1 + 2\,\delta_1\, m_1\, \dot{x}_1 + m_1\, \nu_1^2\, x_1 + m_2\, \ddot{x}_2 = 0.$$

Ist nun wieder E sinusperiodisch mit der Frequenz ω, so gilt dies auch von x_1 und x_2, die wir wieder vektoriell $\mathfrak{X}_1$ und $\mathfrak{X}_2$ schreiben. Aus (33) wird dann

$$-m_1\,\omega^2\,\mathfrak{X}_1 + 2\,\delta_1\, m_1\, j\,\omega\,\mathfrak{X}_1 + m_1\,\nu_1^2\,\mathfrak{X}_1 - m_2\,\omega_2\,\mathfrak{X}_2 = 0$$

oder mit den Absolutwerten X_1 und X_2

(34) $$X_1 = \frac{m_2}{m_1} \frac{\omega^2 X_2}{\sqrt{(\nu_1^2 - \omega^2)^2 + 4\,\omega^2\,\delta_1^2}}.$$

Man hat es also durch Wahl des Massenverhältnisses $\frac{m_2}{m_1}$ in der Hand, die Amplitude X_1 so klein wie möglich zu machen. Klein muß aber X_1 werden mit Rücksicht auf die Schwingungseigenschaften des Wassers. In einem schwingenden Medium ist die Schallleistung (Schallintensität) auf die Flächeneinheit einer ebenen Schallwelle [Gl.(15a) S. 564]

(35) $$J = \frac{\varrho_0\, c}{2}\,(2\,\pi\, n\, A)^2$$

oder mit $2\,\pi\,n\,A = V$ (Geschwindigkeitsamplitude eines Wellenteilchens)

(36) $$J = \frac{\varrho_0\, c\, V^2}{2}.$$

Andererseits ist aber nach § 106

$$J = \frac{\varrho_0}{2}\,\frac{c^3}{K^2}\left(\frac{\Delta p}{p_2}\right)^2$$

oder mit $c^2 = K p_0 : \varrho_0$

(37) $$J = \frac{\Delta p^2}{2\,\varrho_0\, c}.$$

Aus (36) und (37) findet sich:

(38) $$J = \tfrac{1}{2}\, V \cdot \Delta p \quad \text{und} \quad \Delta p = \varrho_0\, c\, V$$

und mit (35) $\frac{\Delta p}{A} = 2\,\pi\, n\, c\, \varrho_0 = h$. Diesen letzteren Ausdruck nennen H a h n e m a n n und H e c h t die Schallhärte[221]). Sie beträgt

für Wasser: $h_{\text{Wasser}} = 2\,\pi\, n \cdot 1435 \cdot 10^2$ cgs

für Luft: $h_{\text{Luft}} = 2\,\pi\, n \cdot 330 \cdot 10^3 \cdot 0{,}0012$ cgs.

Ist nun eine Schallintensität J bei der Schwingungszahl n auf ein Medium der Härte h zu übertragen, so muß dort die Schwingungsamplitude A

$$A = \frac{\sqrt{2 J \varrho_0 c}}{h} = \frac{1}{\pi n} \sqrt{\frac{J}{2 \varrho_0 c}} \text{ cm}$$

erzeugt werden.

Ist bei dem Schallsender Fig. 340 der Membrandurchmesser $D = 30$ cm und sollen 400 Watt im ganzen auf das Wasser übertragen werden, so ist zu wählen:

$$J = \frac{400}{\pi D^2 : 4} = 0{,}57 \text{ Watt/cm}^2 = 0{,}57 \cdot 10^7 \, [\text{g s}^{-3}]$$

und damit (für $n = 1000$) $A = 0{,}0064$ cm.

Die Amplituden der Membran müssen also sehr klein genommen werden. Die Druckamplituden werden aber

$$\Delta p = h A = 2 \pi n \cdot 1435 \cdot 10^2 \cdot A \text{ Dyn/cm}^2 = 5{,}75 \text{ kg/cm}^2 ,$$

also für die ganze Membran berechnet $= \frac{\pi D^2}{4} \cdot 5{,}75 = 4000$ kg. Eine derartige beträchtliche Kraftwirkung würde aber nach Gl. (2) auf eine Induktion $B = 12000 \text{ c}^{-\frac{1}{2}} \text{g}^{\frac{1}{2}} \text{s}^{-1}$ führen, wenn der Querschnitt des Feldmagneten gleich der Membranfläche gemacht werden könnte, was aus baulichen Gründen offensichtlich unausführbar wäre. Andererseits würde aber eine Induktion von 12000 Eisenverluste (Hysteresis und Wirbelströme) im Gefolge haben, die ein Vielfaches der Nutzleistung von 400 Watt betragen würden. Deshalb ist im Schallsender eine Umformung der Schwingungsweite vorgesehen durch Anordnung des Stabrohrsystems und der Masse m_2. Letztere ist viel kleiner als m_1 gewählt; sie macht also viel größere Schwingungen [Gl. (34)] bei viel kleinerer Kraftwirkung, wodurch man in die Lage kommt, die Eisenverluste im Feldmagneten klein zu halten.

3. Als Schallsender kann man auch die Stimmgabeln betrachten, die zu den Stäben (§ 90) gehören. Sie haben daher ebenso wie diese eine ganze Reihe von Tönen, deren Grundton man im allgemeinen vor den Obertönen durch einen Resonanzkasten (Fig. 341) verstärkt.

Obertonfreie Schwinger erhält man durch Trennung der schwingenden Masse von der Elastizität, die ja in den Stäben und Stimmgabeln gleichmäßig längs der Stabachse verteilt ist. Zwei derartige Bauweisen zeigen die Fig. 342 und 343.

Bei dem Tonpilz von Hahnemann und Hecht[222]) sind zwei walzenförmige Massen m_1 und m_2 durch eine stabförmige Richtkraft C verbunden; bei dem Reintöner von H. Gerdien und H. Riegger[223]) sind die Massen ringförmig (m_1)

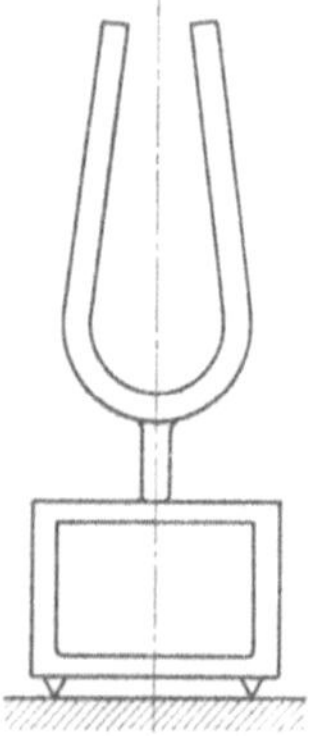

Fig. 341. Stimmgabel mit Resonator.

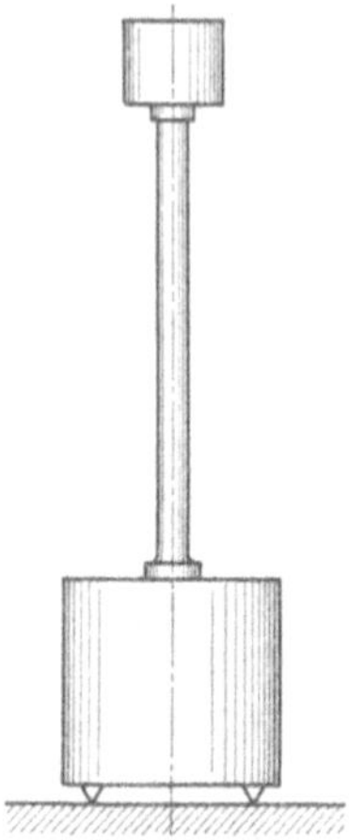

Fig. 342. Tonpilz nach Hahnemann-Hecht.

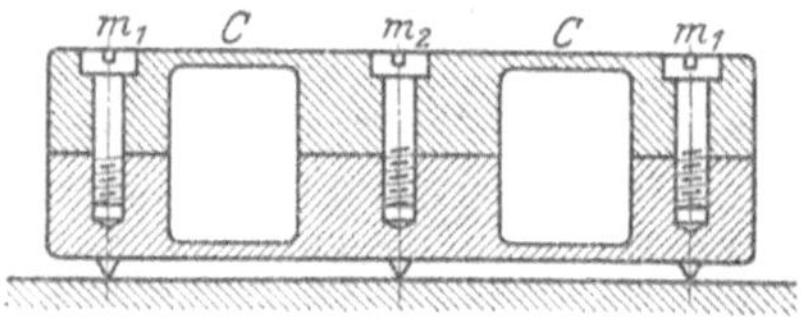

Fig. 343. Reintöner nach Gerdien-Riegger.

bzw. zylindrisch (m_2); die Richtkraft wird hier von zwei dünnen Stahlplatten ausgeübt, die mit den Massen aus einem Stück gedreht sind. Die Frequenz ν dieser Schwinger berechnet sich nach:

$$\nu^2 = C\left(\frac{1}{m_1} + \frac{1}{m_2}\right).$$

XV. Theorie der Koppelschwingungen.

§ 117. Freie ungedämpfte Koppelschwingungen.

Der allgemeine Ansatz für Schwingungen zweier gekoppelter Teilsysteme schreibt sich nach der Bezeichnungsweise von M. Wien[224]) wie folgt:

$$(1)\quad \begin{cases} \ddot{x}_1 + 2\,\delta_1\,\dot{x}_1 + \nu_1^2\,x_1 + \varrho_1\,\ddot{x}_2 + 2\,\delta_1\,\sigma_1\,\dot{x}_2 + \nu_1^2\,\vartheta_1\,x_2 = 0\,; \\ \ddot{x}_2 + 2\,\delta_2\,\dot{x}_2 + \nu_2^2\,x_2 + \varrho_2\,\ddot{x}_1 + 2\,\delta_2\,\sigma_2\,\dot{x}_1 + \nu_2^2\,\vartheta_2\,x_1 = 0\,; \end{cases}$$

wo $\varrho_1\,\sigma_1\,\vartheta_1\,\varrho_2\,\sigma_2\,\vartheta_2$ die Koppelungsbeiwerte sind.

1. Lassen wir in (1) mit $\delta_1 = \delta_2 = 0$ die Dämpfung, mit $\varrho_1 = \varrho_2 = 0$ die Trägheitskoppelung, mit $\sigma_1 = \sigma_2 = 0$ die Rei-

bungskoppelung verschwinden, so erhalten wir die ungedämpften Eigenschwingungen des Systems mit Kraftkoppelung:

$$(2)\qquad \begin{cases} \ddot{x}_1 + \nu_1^2 x_1 + \nu_1^2 \vartheta_1 x_2 = 0\,; \\ \ddot{x}_2 + \nu_2^2 x_2 + \nu_2^2 \vartheta_2 x_1 = 0\,. \end{cases}$$

Hier lassen x_1 und x_2 Lösungen der Form $A\,e^{\lambda t}$ zu, durch deren Einsatz sich für λ die Gleichung vierten Grades findet:

$$\begin{vmatrix} \lambda^2 + \nu_1^2 & \nu_1^2 \vartheta_1 \\ \nu_2^2 \vartheta_2 & \lambda^2 + \nu_2^2 \end{vmatrix} = 0$$

mit dem Lösungsergebnis:

$$(3)\qquad \lambda^2 = -\tfrac{1}{2}\left(\nu_1^2 + \nu_2^2 \pm \sqrt{(\nu_2^2 - \nu_1^2)^2 + 4\,\nu_1^2 \nu_2^2 \vartheta_1 \vartheta_2}\right).$$

Der Klammerinhalt ist stets positiv, sofern $\vartheta_1 \vartheta_2 < 1$ gilt; er werde für das negative Zeichen mit $2\,n_a^2$, für das positive mit $2\,n_b^2$ bezeichnet. Demnach gibt es für λ die beiden Lösungspaare $\pm\, i\, n_a$ und $\pm\, i\, n_b$. Setzt man voraus, daß ν_2 größer als ν_1 ist, und $(\nu_2^2 - \nu_1^2)^2$ groß gegen $4\,\nu_1^2 \nu_2^2 \vartheta_1 \vartheta_2$, so lassen sich angenähert n_a^2 und n_b^2 wie folgt darstellen [durch Ausziehen der Quadratwurzel in (3)]:

$$(3\text{a})\qquad n_a^2 = \nu_1^2 - \frac{\nu_1^2 \nu_2^2 \vartheta_1 \vartheta_2}{\nu_2^2 - \nu_1^2}\,; \qquad n_b^2 = \nu_2^2 + \frac{\nu_1^2 \nu_2^2 \vartheta_1 \vartheta_2}{\nu_2^2 - \nu_1^2}\,.$$

Sowohl für x_1 wie x_2 erhält man so statt des Exponentialansatzes $e^{\lambda t}$ eine aus zwei Schwingungen bestehende periodische Lösung:

$$(4)\qquad \begin{cases} x_1 = A_1 \sin(n_a t + \alpha) + B_1 \sin(n_b t + \beta)\,; \\ x_2 = A_2 \sin(n_a t + \alpha) + B_2 \sin(n_b t + \beta)\,. \end{cases}$$

Jedes Teilsystem schwingt also nach der Koppelung mit zwei Eigenfrequenzen n_a und n_b, die gegenüber den ungekoppelten Frequenzen ν_1 und ν_2 auseinandergerückt sind.

Wie man sich leicht durch Einsetzen in (2) überzeugt, muß gelten:

$$(5)\qquad A_2 = A_1 \frac{n_a^2 - \nu_1^2}{\nu_1^2 \vartheta_1} = -A_1 \varkappa_2\,; \quad B_2 = B_1 : \frac{n_b^2 - \nu_2^2}{\nu_2^2 \vartheta_2} = B_1 \varkappa_1\,.$$

Es bleiben also nur die vier willkürlichen Integrationskonstanten A_1, B_1, α, β übrig, die durch die Anfangsbedingungen zu bestimmen sind. Setzen wir als solche z. B. für $t = 0$ fest:

$$(6)\qquad \begin{cases} x_1 = p\,; & \dot{x}_1 = 0\,; \\ x_2 = 0\,; & \dot{x}_2 = 0\,. \end{cases}$$

Eine leichte Zwischenrechnung liefert:

$$(7)\qquad A_1 = \frac{p\,\varkappa_1}{\varkappa_1 + \varkappa_2}\,;\quad B_1 = \frac{p\,\varkappa_2}{\varkappa_1 + \varkappa_2}\,;\quad \alpha = \beta = \frac{\pi}{2}$$

und damit:

$$(8)\qquad \begin{cases} x_1 = \dfrac{p}{\varkappa_1 + \varkappa_2}\left[\varkappa_1 \sin\left(n_a t + \dfrac{\pi}{2}\right) + \varkappa_2 \sin\left(n_b t + \dfrac{\pi}{2}\right)\right]; \\[2ex] x_2 = -\dfrac{p\,\varkappa_1\,\varkappa_2}{\varkappa_1 + \varkappa_2}\left[\sin\left(n_a t + \dfrac{\pi}{2}\right) - \sin\left(n_b t + \dfrac{\pi}{2}\right)\right]. \end{cases}$$

Danach ergeben sich sowohl x_1 wie x_2 als Schwebungen (nach § 34) mit der Schwebungsdauer $T_s = \frac{2\pi}{n_b - n_a}$; die Amplituden von x_1 schwanken zwischen $\pm\, p$ und $\pm\, p\,\frac{\varkappa_1 - \varkappa_2}{\varkappa_1 + \varkappa_2}$, diejenigen von x_2 zwischen Null und $\pm\, 2\,p\,\frac{\varkappa_1\,\varkappa_2}{\varkappa_1 + \varkappa_2}$ mit entsprechendem Pendeln der Energie zwischen den Systemen (Fig. 344). Die Stärke der Schwingung im System x_2 ist abhängig von

$$(9)\qquad \frac{\varkappa_1\,\varkappa_2}{\varkappa_1 + \varkappa_2} = \frac{\nu_1^2\,\nu_2^2\,\vartheta_2\,\vartheta_2}{(\nu_2^2 - \nu_1^2)\,(\nu_1^2\,\vartheta_1 + \nu_2^2\,\vartheta_2)}$$

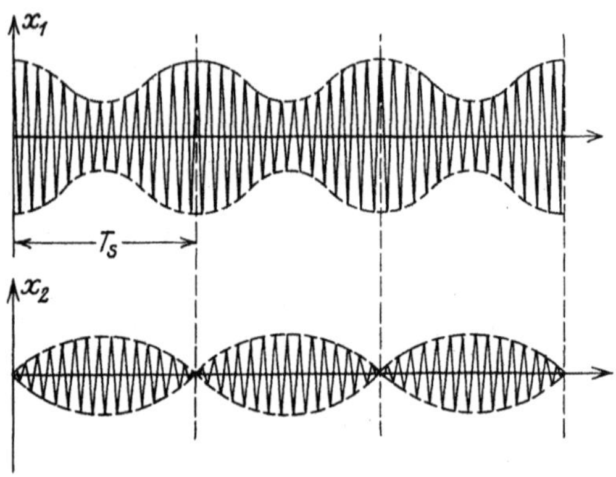

Fig. 344. Ungedämpfte Koppelschwingungen.

und um so beträchtlicher, je stärker die Koppelung $\vartheta_1\,\vartheta_2$ gewählt wird und je mehr die ungekoppelten Systeme gleichgestimmt ($\nu_2^2 - \nu_1^2$ so klein, als nicht-gegen die Voraus) setzungen von (3a) verstoßen wird) sind.

Zur Untersuchung der Gleichstimmung der beiden Teilsysteme ($\nu_1^2 = \nu_2^2 = \nu^2$) knüpfen wir an an (3) und finden:

$$(10)\qquad n_a^2 = \nu^2\left(1 - \sqrt{\vartheta_1\vartheta_2}\right)\,;\quad n_b^2 = \nu_2^2\left(1 + \sqrt{\vartheta_1\vartheta_2}\right).$$

Statt der einen gemeinsamen Eigenfrequenz ν erscheinen jetzt, falls $\vartheta = \sqrt{\vartheta_1 \vartheta_2}$ klein ist gegen 1, zwei Frequenzen $n_a = \nu\left(1 - \frac{\vartheta}{2}\right)$ und $n_b = \nu\left(1 + \frac{\vartheta}{2}\right)$ um gleiche Beträge oberhalb und unterhalb von ν. Daraus ergibt sich der Koppelungsfaktor:

$$\vartheta = \frac{n_b - n_a}{\nu}.$$

Die Schwingungen selbst finden sich nun, da $\varkappa_1 = \varkappa_2 = \sqrt{\frac{\vartheta_2}{\vartheta_1}}$ wird:

$$(11) \qquad \begin{cases} x_1 = \frac{p}{2}\left[\sin\left(n_a t + \frac{\pi}{2}\right) + \sin\left(n_b t + \frac{\pi}{2}\right)\right]; \\ x_2 = -\frac{p}{2}\sqrt{\frac{\vartheta_2}{\vartheta_1}}\left[\sin\left(n_a t + \frac{\pi}{2}\right) - \sin\left(n_b t + \frac{\pi}{2}\right)\right]. \end{cases}$$

Die Schwebungen beider Teilsysteme verlaufen zwischen 0 und $\pm\, p$; die Schwingungsenergie geht zeitweilig völlig aus dem System x_1 in x_2 über. Die Dauer der Schwebungen wird nach § 34

$$(13) \qquad T_s = \frac{2\pi}{n_b - n_a} = \frac{2\pi}{\nu\vartheta}.$$

Die Schwebungsdauer wird um so kürzer, je stärker die Koppelung ist.

Man kann auch noch die Zahl N der auf eine Schwebung im Mittel entfallenden Schwingungen, deren Dauer $T = \frac{2\pi}{\nu}$ ist, berechnen durch

$$(14) \qquad N = \frac{T_s}{T} = \frac{1}{\vartheta}.$$

ϑ kann also höchstens $= 1$ werden.

2. Lassen wir jetzt aus (1) mit $\delta_1 = \delta_2 = 0$, $\vartheta_1 = \vartheta_2 = 0$, $\sigma_1 = \sigma_2 = 0$ das System mit Trägheits- oder Beschleunigungskoppelung:

$$(15) \qquad \ddot{x}_1 + \nu_1^2 x_1 + \varrho_1 \ddot{x}_2 = 0\,; \quad \ddot{x}_2 + \nu_2^2 x_2 + \nu_2 \ddot{x}_1 = 0,$$

hervorgehen, so erhalten wir wiederum die Eigenfrequenzen:

$$\begin{matrix} n_a \\ n_b \end{matrix} \Big> = i\lambda$$

mit

(16) $$\lambda^2 = \frac{1}{2(1-\varrho_1\varrho_2)}\left(\nu_1^2 + \nu_2^2 \pm \sqrt{(\nu_2^2-\nu_1^2)^2 + 4\,\nu_1^2\nu_2^2\varrho_1\varrho_2}\right)$$

und bei entsprechender Vorzeichenanordnung; hiernach lassen sich die periodischen Lösungen (4), (8), (11) leicht in analoger Weise wie zu 1. aufstellen.

Die Frequenzen n_a und n_b aber nehmen in dem Grenzfalle, daß $(\nu_2^2-\nu_1^2)^2$ groß gegen ist gegen $4\,\nu_1^2\nu_2^2\varrho_1\varrho_2$, die Beträge an:

(17) $$n_a^2 = \left(\nu_1^2 - \frac{\nu_1^2\nu_2^2\varrho_1\varrho_2}{\nu_2^2-\nu_1^2}\right)\frac{1}{1-\varrho_1\varrho_2}; \qquad n_b^2 = \left(\nu_2^2 + \frac{\nu_1^2\nu_2^2\varrho_1\varrho_2}{\nu_2^2-\nu_1^2}\right)\frac{1}{1-\varrho_1\varrho_2}.$$

Es läßt sich leicht beweisen, daß auch hier durch die Koppelung die Frequenzen der ungekoppelten Systeme stets auseinander gerückt werden.

Im Falle der Gleichstimmung $\nu_1^2 = \nu_2^2 = \nu^2$ findet sich:

(18) $$n_a^2 = \frac{\nu^2}{1+\sqrt{\varrho_1\varrho_2}}; \qquad n_b^2 = \frac{\nu^2}{1-\sqrt{\varrho_1\varrho_2}}.$$

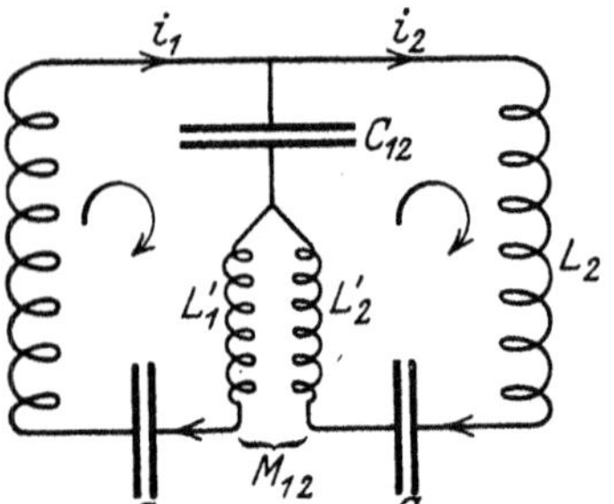

Fig. 345.
Gekoppelte elektrische Schwingungskreise.

3. Ist sowohl Kraft- wie Trägheitskoppelung vorhanden, so kombinieren sich die bisherigen Ansätze für die Frequenzen n_a und n_b und zwar ist die Wirkung der beiden Koppelungsarten die, daß sie, wenn beide ϑ und beide ϱ gleiche Vorzeichen haben, einander bezüglich der Beeinflussung der Frequenzen entgegen arbeiten. Man erkennt dies aus den Ansätzen für n_a und n_b im Falle gleichgestimmter Einzelfrequenzen:

(19) $$n_a = \frac{\nu^2(1-\sqrt{\vartheta_1\vartheta_2})}{1-\sqrt{\varrho_1\varrho_2}}; \qquad n_b = \frac{\nu(1+\sqrt{\vartheta_1\vartheta_2})}{1+\sqrt{\varrho_1\varrho_2}}.$$

Für gleiche Koppelungsstärken $\vartheta_1\vartheta_2 = \varrho_1\varrho_2$ stimmen dann die Koppelungsfrequenzen mit der gemeinsamen Teilsystemfrequenz überein. Andererseits ergibt sich bei Verschiedenheit der Teilsystemfrequenzen für $\vartheta_1 = \varrho_1$ und $\vartheta_2 = \varrho_2$, daß die Koppelungen einander gerade aufheben und somit $n_a = \nu_1$ und $n_b = \nu_2$ wird; ein Energieaustausch zwischen den Teilsystemen findet dann nicht statt.

Bei elektrischen Schwingungen ist die Beschleunigungs- (induktive oder magnetische) Koppelung stets positiv, die Kraft- (kapazitive) Koppelung stets negativ, wie sich aus den für Fig. 345 gültigen Schwingungsansätzen ergibt:

$$(20)\quad \begin{cases} \int \frac{i_1\,dt}{C_1} + (L_2 + L_1')\frac{di_1}{dt} = -\,M_{12}\frac{di_2}{dt} - \int \frac{(i_1 - i_2)}{C_{12}}\,dt; \\ \int \frac{i_2\,dt}{C_2} + (L_2 + L_2')\frac{di_2}{dt} = -\,M_{12}\frac{di_1}{dt} - \int \frac{(i_2 - i_1)}{C_{12}}\,dt; \end{cases}$$

oder:

$$(21)\quad \begin{cases} (L_1 + L_1')\,\ddot{i}_1 + M_{12}\,\ddot{i}_2 + i_1\left(\frac{1}{C_1} + \frac{1}{C_{12}}\right) - \frac{i_2}{C_{12}} = 0; \\ (L_2 + L_2')\,\ddot{i}_2 + M_{12}\,\ddot{i}_1 + i_2\left(\frac{1}{C_2} + \frac{1}{C_{12}}\right) - \frac{i_1}{C_{12}} = 0. \end{cases}$$

Daher nehmen für elektrische Schwingungskreise bei Gleichstimmung der Teilsysteme die Ansätze die Gestalt an:

$$(22)\qquad n_a^2 = \nu^2\,\frac{(1-\vartheta)}{1+\varrho}\,; \qquad n_b^2 = \nu^2\,\frac{1+\vartheta}{1-\varrho}\,;$$

d. h. die induktive und kapazitive Koppelung wirken im gleichen Sinne verschiebend auf die Teilsystemfrequenzen.

§ 118. Freie gedämpfte Koppelschwingungen.

1. Behalten wir nunmehr zur Untersuchung gedämpfter Koppelungseigenschwingungen die Dämpfungen δ_1 und δ_2 in Ansatz (1), § 117, bei (unter Fortlassung der Trägheitskoppelglieder wie oben), so ergeben sich die Eigenfrequenzen $n_1^2 = \nu_1^2 - \delta_1$ sowie $n_2^2 = \nu_2^2 - \delta_2^2$ und es haben die Gleichungen:

$$(1)\qquad \begin{cases} \ddot{x}_1 + 2\,\delta_1\,\dot{x}_1 + \nu_1^2\,x_1 + \nu_1^2\,\vartheta_1\,x_2 = 0; \\ \ddot{x}_2 + 2\,\delta_2\,\dot{x}_2 + \nu_2^2\,x_2 + \nu_2^2\,\vartheta_2\,x_1 = 0 \end{cases}$$

partikuläre Integrale der Form $e^{\lambda t}$, wo sich die λ aus der Gleichung vierten Grades

$$\begin{vmatrix} \lambda^2 + 2\delta_1 \lambda + \nu_1^2 & \nu_1^2 \vartheta_1 \\ \nu_2^2 \vartheta_2 & \lambda^2 + 2\delta_2 \lambda + \nu_2^2 \end{vmatrix} = 0 \tag{2}$$

bestimmen. Im allgemeinen existieren vier Lösungen:

$$\left\{ \begin{aligned} &\left.\begin{matrix}\lambda_1\\ \lambda_2\end{matrix}\right\} = -\delta_a \pm i\, n_a\, ; \\ &\left.\begin{matrix}\lambda_3\\ \lambda_4\end{matrix}\right\} = -\delta_b \pm i\, n_b\, ; \end{aligned}\right. \tag{3}$$

also zwei Koppelfrequenzen n_a und n_b der Dämpfungen δ_a und δ_b, womit sich für x_1 und x_2 die allgemeinen Integrale

$$\left\{ \begin{aligned} x_1 &= A_1\, e^{-\delta_a t} \sin(n_a t + \alpha_1) + B_1\, e^{-\delta_b t} \sin(n_b t + \beta_1); \\ x_2 &= A_2\, e^{-\delta_a t} \sin(n_a t + \alpha_2) + B_2\, e^{-\delta_b t} \sin(n_b t + \beta_2) \end{aligned}\right. \tag{4}$$

finden. Durch Ansätze entsprechend (5) § 117 vermindert sich die Anzahl der willkürlichen Integrationskonstanten auf 4, deren Bestimmung mit Hilfe irgendwelcher Anfangsbedingungen entsprechend (6) geschieht.

Hier beschränken wir uns darauf, die beiden Paare übereinandergelagerter gedämpfter Schwingungen x_1 und x_2 (4) hinsichtlich ihrer Frequenzen n_a und n_b und ihrer Dämpfungen δ_a und δ_b zu untersuchen. Es handelt sich also um den Aufbau der Lösungen (3) der Gleichung vierten Grades (2) aus den Beiwerten der Schwingungsansätze (1). Diese ziemlich verwickelte Untersuchung hat M. Wien[224]) durchgeführt. Seine Resultate, denen wir folgen, gelten nur in der Nähe der Gleichstimmung der Teilsysteme, d. h. unter der Voraussetzung, daß $\Delta n = n_2 - n_1$ klein gegen n_2 und n_1 ist. Ferner werden nur kleine Dämpfungen δ und Koppelungen $\vartheta = \sqrt{\vartheta_1 \vartheta_2}$ betrachtet, derart, daß δ^3, $\vartheta^3 n^3$, Δn^3 gegen n^3 vernachlässigt werden.

Im Falle gleicher Dämpfung $\delta_1 = \delta_2 = \delta$ gestaltet sich das Ergebnis sehr einfach. Zunächst sind die Koppeldämpfungen ebenfalls einander gleich und identisch mit den Teilsystemdämpfungen:

$$\delta_a = \delta_b = \delta_1 = \delta_2 = \delta\,.$$

Die Frequenzen aber ermitteln sich nach

$$(5)\qquad \left.\begin{matrix} n_a^2 \\ n_b^2 \end{matrix}\right\} = \frac{n_1^2 + n_2^2}{2} \mp \frac{1}{2}\sqrt{(n_2^2 - n_1^2)^2 + 4\,\vartheta_1\vartheta_2 n_1^2 n_2^2}\,,$$

wo bedeutet

$$n_1^2 = \nu_1^2 - \delta_1^2;\quad n_2^2 = \nu_2^2 - \delta_2^2\,,$$

und wo gilt $n_2 > n_1$. Ist $n_2 - n_1 = \Delta n$ groß, so wird wieder angenähert:

$$(6)\qquad n_a^2 = n_1^2 - \frac{n_1^2 n_2^2 \vartheta_1 \vartheta_2}{n_2^2 - n_1^2}\,;\qquad n_a^2 = n_2^2 + \frac{n^2 n_2^2 \vartheta_1 \vartheta_2}{n_2^2 - n_1^2}\,.$$

Die Erscheinungen verlaufen also bezüglich der Verschiebung der Frequenzen ganz entsprechend denen bei ungedämpfter Koppelung. Insbesondere findet sich hier bei Gleichstimmung der Teilsysteme ($n_1 = n_2 = n$)

$$n_a^2 = n^2\left(1 - \sqrt{\vartheta_1\vartheta_2}\right);\quad n_b^2 = n^2\left(1 + \sqrt{\vartheta_1\vartheta_2}\right).$$

In diesem Falle ergeben sich gedämpft verlaufende Schwebungen nach Fig. 346.

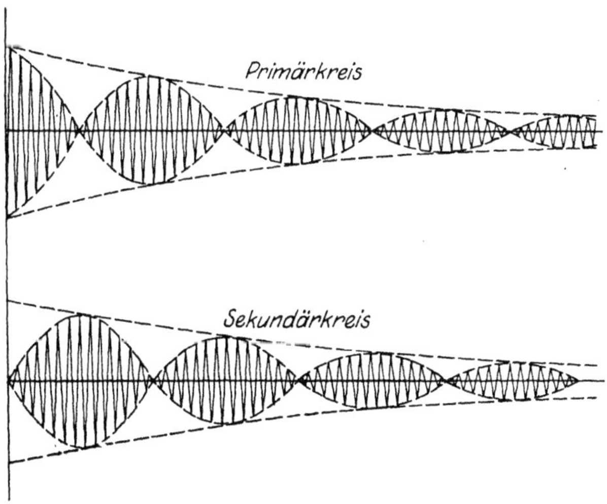

Fig. 346. Gedämpfte Koppelschwingungen.

Sind die Teildämpfungen δ_1, δ_2 ungleich ($\delta_2 > \delta_1$; $\delta_2 - \delta_1 = \Delta\delta$), die Frequenzen $n_1 = n_2 = n$ aber gleichgestimmt, so sind drei Fälle zu unterscheiden:

a) $\frac{\Delta^2 \delta}{4} < \vartheta^2 n^2$ (vorherrschende Koppelung),

b) $\frac{\Delta^2 \delta}{4} = \vartheta^2 n^2$;

c) $\frac{\Delta^2 \delta}{4} > \vartheta^2 n^2$ (vorherrschende Dämpfung).

Zur Abkürzung führen wir nun eine Größe $n\Theta$ ein, die im Falle a) mit $\sqrt{\vartheta^2 n^2 - \frac{\Delta^2 \vartheta}{4}}$, im Falle b) mit Null, im Falle c) mit $\sqrt{\frac{\Delta^2 \delta}{4} - \vartheta^2 n^2}$ gleichzusetzen ist. Dann finden sich: zu a) zwei Koppelschwingungen gleicher Dämpfung $\delta_a = \delta_b = \frac{\delta_1 + \delta_2}{2}$, aber verschiedener Frequenz:

$$\left.\begin{matrix} n_a \\ n_b \end{matrix}\right\} = n\left(\sqrt{1 - \frac{\vartheta^2}{4}} \mp \Theta\right); \tag{7}$$

zu b) zwei Koppelschwingungen gleicher Dämpfung $\delta_a = \delta_b = \frac{\delta_1 + \delta_2}{2}$ und gleicher Frequenz:

$$n_a = n_b = n\sqrt{1 - \frac{\vartheta^2}{4}};$$

zu c) zwei Koppelschwingungen gleicher Frequenz:

$$n_a = n_b = n\sqrt{1 - \frac{\delta^2}{4}}; \tag{8}$$

aber verschiedener Dämpfungen:

$$\left.\begin{matrix} \delta_a \\ \delta_b \end{matrix}\right\} = \frac{\delta_1 + \delta_2}{2} \mp n\Theta, \tag{9}$$

oder angenähert:

$$\delta_a = \delta_1 + \frac{\vartheta^2 n^2}{4\Delta\delta}; \quad \delta_b = \delta_2 - \frac{\vartheta^2 n^2}{4\Delta\delta}. \tag{10}$$

Die Dämpfungen der Teilsysteme werden also durch die Koppelung einander genähert. Ist die Koppelung vorherrschend ($\Theta^2 < 0$), so treten zwei Koppelfrequenzen auf und die Schwingungen verlaufen als Schwebungen; bei loser Koppelung ($\Theta^2 \geqq 0$) gibt es nur eine Koppelfrequenz. Ist in diesem Falle das Primärsystem x_1 äußerst

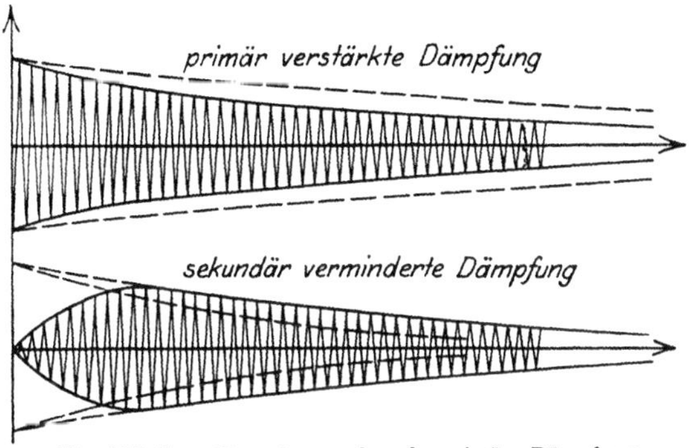

Fig. 347. Lose Koppelung, schwache primäre Dämpfung.

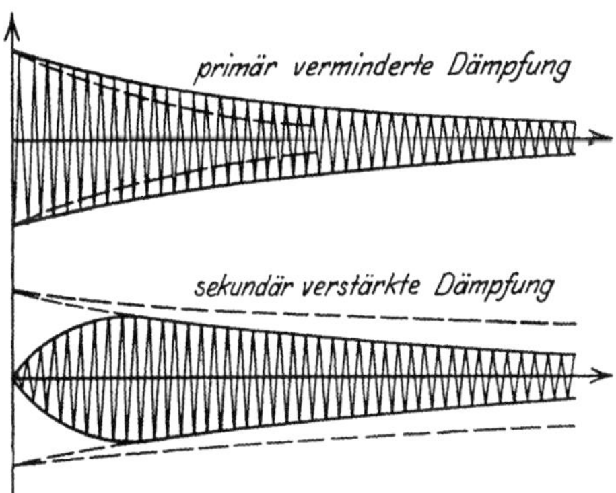

Fig. 348. Lose Koppelung, starke primäre Dämpfung.

schwach gedämpft ($\delta_1 = 0$), so erhält gleichwohl die entsprechende Koppelschwingung a eine, wenn auch schwache, Dämpfung, während die Dämpfung der Koppelschwingung b ungefähr der Dämpfung des Systems x_2 entspricht; daher werden die Schwingungen der Frequenz n_a stark gedämpft, und es bleibt nur die schwach gedämpfte Frequenz n_b übrig. In der Fig. 347 ist dargestellt, wie in diesem Falle die Koppelschwingungen verlaufen, während Fig. 348

den entgegengesetzten Fall starker primärer bei schwacher sekundärer Dämpfung darstellt. Kommt es darauf an, die Energie auf das Sekundärsystem zu übertragen, so ist offenbar der Vorgang nach Fig. 347 der günstigere.

M. Wien hat in seiner Untersuchung auch den Fall verschiedener Frequenz der Teilsysteme ($n_1 \gtrless n_2$) behandelt. Es würde zu weit führen, diese Ergebnisse hier noch hinzuzufügen angesichts des Umstandes, daß in der Praxis meist mit Gleichstimmigkeit der Teilsysteme gearbeitet wird ($n_1 - n_2 = n$).

Dagegen wollen wir noch kurz die Ermittlungen einer Arbeit von P. Drude[225]) über die Frequenzen und Dämpfungen gleichgestimmter ($n_1 = n_2 = n$) kapazitiv gekoppelter Systeme mitteilen. Hier handelt es sich also um die Ansätze

$$(11) \qquad \begin{cases} \ddot{x}_1 + 2\,\delta_1 \dot{x}_1 + \nu_1^2 x_1 + \varrho_1 \ddot{x}_2 = 0; \\ \ddot{x}_2 + 2\,\delta_2 \dot{x}_2 + \nu_2^2 x_2 + \varrho_2 \ddot{x}_1 = 0 \end{cases}$$

mit dem Koppelungskoeffizienten $\varrho^2 = \varrho_1 \varrho_2$. Wir führen die Hilfsgröße $P^2 n^2 = \varrho^2 n^2 - \Delta\,\delta^2$ ein, die im allgemeinen, wenn die Dämpfungen nicht zu stark sind, sich von $\varrho^2 n^2$ nicht sehr unterscheiden kann. Dann finden sich die Koppelfrequenzen

$$(12) \qquad \left.\begin{matrix} n_a \\ n_b \end{matrix}\right\} = \frac{n}{\sqrt{1 \mp P}}$$

und die Dämpfungen:

$$(13) \qquad \delta_a = \frac{\delta_1 + \delta_2}{2} \frac{n_a}{n}; \qquad \delta_b = \frac{\delta_1 + \delta_2}{2} \frac{n_b}{n}.$$

Für vorherrschende Dämpfung gelten die gegebenen Ansätze nicht. Überhaupt ist mit den zitierten Veröffentlichungen von M. Wien und P. Drude die Erörterung der Frequenzen und Dämpfungen der Koppelschwingungen keineswegs abgeschlossen. Vielmehr greift neuerdings deren erweiterte Untersuchung für beliebig verschiedene Teilsystemfrequenzen und alle Koppelungsgrade Platz im Zusammenhang mit der Theorie der Zwischenkreisröhrensender, insbesondere mit einer bei deren Betrieb auftretenden Art von Instabilitätserscheinung, dem sogenannten „Ziehen“. Die hier vorliegenden Ansätze sind im Literaturverzeichnis angeführt[226]).

§ 119. Die einwellige Resonanzkurve[227]).

1. Die Amplitude x_0 einer erzwungenen gedämpften Schwingung $\ddot{x} + 2\,\delta\,\dot{x} + \nu^2 x = A \sin \omega t$ hängt von δ, ν, A, ω wie folgt ab: $|x| = x_0 = A\,[(\nu^2 - \omega^2)^2 + 4\,\delta^2\,\omega^2]^{-\frac{1}{2}}$, und nimmt mit von 0 bis ∞ wachsender Erregungsfrequenz ω bei konstant gehaltenem A von $\frac{A}{\nu}$ über ein Maximum bis 0 ab. Das Amplitudenmaximum tritt ein für $\omega_r = \nu^2 - 2\,\delta^2 = n^2 - \delta^2$, wo n die Eigenfrequenz des gedämpften Systems bedeutet. ω_r heißt die Resonanzfrequenz, und das Amplitudenmaximum hat den Wert $x_{0\,\max} = \frac{A^2}{2\,\delta n}$.

Die bei dem Schwingungsvorgang in einer Periode umgesetzte Energie (die Schwingungsintensität) hat den Wert:

$$(1) \qquad J = 2\,\frac{|\dot{x}|^2}{2} = 2\,\frac{(x_0\,\omega)^2}{2} = A^2\,\omega^2\,[(\nu^2 - \omega^2)^2 + 4\,\delta^2\,\omega^2]^{-1}.$$

Deren Maximum

$$(2) \qquad J_{\max} = \frac{A^2}{4\,\delta^2} \quad \text{(Erregungsamplitude konstant)}$$

liegt bei $\omega_r = \nu$, wenn die Erregeramplitude A wiederum konstant gehalten wird.

Hält man aber die Energie der erregenden Schwingung $A \sin \omega t$, nämlich $E = A^2\,\omega^2$ konstant, so tritt das Maximum der erzwungenen Schwingungsenergie ein bei $\omega_r = n^2 - \delta^2$, und es hat den Wert

$$(3) \qquad J_{\max} = \frac{A^2\,\omega^2}{4\,\delta^2 n^2} = \frac{E}{4\,\delta^2 n^2} \quad \text{(Erregungsenergie konstant)}$$

Mit abnehmender Dämpfung δ erhält man immer höhere Resonanzmaxima (sowohl der Amplituden wie der Intensitäten); die Schärfe der Resonanz nimmt mit abnehmender Dämpfung zu, indem die Breite der Resonanzkurve abnimmt; die Resonanzkurven erhält man, indem man x_0, J oder $J : J_{\max}$ als Funktion von ω oder auch $\omega : \nu$ graphisch aufträgt.

Bildet man z. B. aus den Ansätzen (1) und (2) den Quotienten:

$$(4) \qquad \frac{J}{J_{\max}} = \frac{1}{1 + \frac{\nu^2}{4\,\delta^2}\left(\frac{\nu}{\omega} - \frac{\omega}{\nu}\right)^2},$$

so ergibt sich durch graphische Auftragung das Bild 349. Fragt man nun nach denjenigen Werten von $\xi = \frac{\omega}{\nu}$, für die $J : J_{\max} = \frac{1}{2}$ wird, so ist die Gleichung zu lösen:

$$\left(\xi - \frac{1}{\xi}\right)^2 = \frac{4\,\delta^2}{\nu^2}$$

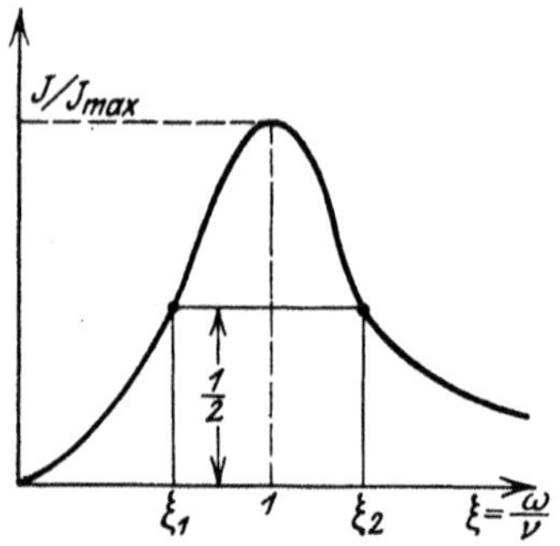

Fig. 349. Resonanzbreite und Dämpfung.

mit dem angenäherten Ergebnis (für $\delta < \nu$ gültig)

$$\xi_1 = 1 + \frac{\delta^2}{\nu^2} - \frac{\delta}{\nu}\sqrt{1 + \frac{\delta^2}{\nu^2}},$$

$$\xi_2 = 1 + \frac{\delta^2}{\nu} + \frac{\delta}{\nu}\sqrt{1 + \frac{\delta^2}{\nu^2}}.$$

Damit wird aber die Breite der Resonanzkurve

$$\xi_2 - \xi_1 = \frac{2\,\delta}{\nu}\sqrt{1 + \frac{\delta^2}{\nu^2}},$$

also mit abnehmender Dämpfung abnehmend.

Aus der Gestalt der Resonanzkurve in der Umgebung der Resonanzstelle kann man die Dämpfung ermitteln.

Man geht aus von dem Quotienten $J_{\max} : J$ aus (3) und (1):

$$J_{\max} : J = \frac{(\nu^2 - \omega^2)^2 + 4\,\delta^2\omega^2}{4\,\delta^2(\nu^2 - \delta^2)}. \tag{5}$$

Durch Einführung der Eigenfrequenz $n^2 = \nu^2 - \delta^2$, des logarithmischen Dekrementes $\mathfrak{d} = \frac{2\,\pi\,\delta}{n}$ und der Resonanzbezeichnung

$$\frac{n^2 - \delta^2}{n^2} = 1 - \frac{\mathfrak{d}^2}{4\pi^2} = \frac{\omega_r^2}{n^2}$$

findet sich aus (5)

$$J_{\max} : J = \frac{\pi^2}{\mathfrak{d}^2}\left\{\frac{\omega_r^2}{n^2} - \frac{\omega^2}{n^2}\right\}^2 + 1. \tag{6}$$

Daraus ermittelt sich aber das logarithmische Dekrement

$$\mathfrak{d} = \pm\pi\,\frac{\omega_r^2 - \omega^2}{n^2}\sqrt{\frac{J}{J_{\max} - J}}, \tag{7}$$

wo das Vorzeichen stets so zu wählen ist, daß $\mathfrak{d}$ positiv wird. Bestimmt man nun auf der vorliegenden Resonanzkurve (Fig. 350) die beiden $J = \frac{1}{2} J_{\max}$ entsprechenden Punkte mit den Abszissen ω_2 und ω_1, so hat man:

$$\mathfrak{d} = -\pi \frac{\omega_r^2 - \omega_2^2}{n^2}; \quad \mathfrak{d} = +\pi \frac{\omega_r^2 - \omega_1^2}{n^2}$$

oder

$$\mathfrak{d} = \frac{\pi}{2} \frac{\omega_2^2 - \omega_1^2}{n^2}.$$

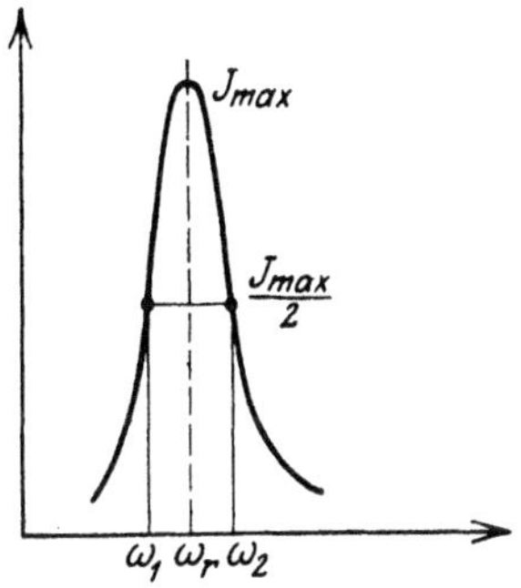

Fig. 350.
Bestimmung des Dekrementes.

Nun kann man bei kleinen Dämpfungen angenähert $n_r^2 = \omega_2^1$ setzen; auch ist angenähert in der Umgebung der Resonanz: $\omega_1 + \omega_2 = 2\omega_r$.
Damit wird aber endgültig das logarithmische Dekrement

$$(8) \qquad \mathfrak{d} = \pi \frac{\omega_2 - \omega_1}{\omega_r}.$$

Eine andere Bestimmung von $\mathfrak{d}$ ergibt sich aus dem Dämpfungsfaktor $e^{-\delta t}$ der freien Schwingung. Dieser nimmt nach Verlauf der Zeit $t = \frac{1}{\delta}$ den Wert $\frac{1}{e}$ an; nach $\frac{1}{\delta}$ Sekunden ist also die Amplitude durch die Dämpfung auf $\frac{1}{2{,}71}$ herabgesunken. Andererseits ist das logarithmische Dekrement ϑ definiert durch

$$(9) \qquad \mathfrak{d} = \frac{2\pi}{n}\delta = T\delta,$$

wo T die gedämpfte Schwingungsdauer bedeutet.

Demnach wird

$$\frac{1}{\delta} = t = \frac{T}{\mathfrak{d}}$$

oder

$$(10) \qquad \frac{1}{\mathfrak{d}} = \frac{t}{T} = N.$$

Demnach ist $\frac{1}{\mathfrak{d}}$ gleich der Anzahl N von Schwingungen, innerhalb deren die Amplitude auf $\frac{1}{e}$ ihres anfänglichen Wertes herabsinkt. Die Energie sinkt innerhalb derselben Zeit auf $\frac{1}{e^2} = \frac{1}{7{,}4}$ herab.

§ 120. Erzwungene Koppelschwingungen.

1. Erregt man ein gekoppeltes System durch eine sinusförmige Kraft nach dem Ansatz

$$(1)\qquad \begin{cases} \ddot{x}_1 + 2\,\delta_1\,\dot{x}_1 + \nu_1^2\,x_1 + \nu_1^2\,\vartheta_1\,x_2 = a \sin \omega\,t, \\ \ddot{x}_2 + 2\,\delta_2\,\dot{x}_2 + \nu_2^2\,x_2 + \nu_2^2\,\vartheta_2\,x_1 = 0\,, \end{cases}$$

so ermittelt man leicht die Schwingungsamplitude in den beiden Teilsystemen durch die Vektormethode nach § 43, indem man statt der Zeitwerte $a \sin \omega t$, x_1, x_2 die Symbole $\mathfrak{a}$, $\mathfrak{x}_1$, $\mathfrak{x}_2$ einführt. Mit den Abkürzungen

$$(2)\qquad \begin{cases} \mathfrak{z}_1 = \nu_1^2 - \omega^2 + 2\,\delta_1\,\omega\,j\,, & \mathfrak{z}_2 = \nu_2^2 - \omega^2 + 2\,\delta_2\,\omega\,j\,, \\ \mathfrak{z} = \mathfrak{z}_1\,\mathfrak{z}_2 - K^4, & K^4 = \nu_1^2\,\nu_2^2\,\vartheta_1\vartheta_2 \end{cases}$$

findet sich:

$$(3)\qquad \mathfrak{x}_2 = -\,\nu_2^2\,\vartheta_2\,\frac{\mathfrak{x}_1}{\mathfrak{z}_2} = -\,\nu_2^2\,\vartheta_2\,\frac{\mathfrak{a}}{\mathfrak{z}}\,; \qquad \mathfrak{x}_1 = \frac{\mathfrak{a}\,\mathfrak{z}_2}{\mathfrak{z}}\,.$$

Auch die Phasenverschiebungswinkel lassen sich leicht berechnen, z. B.

$$(4)\qquad \begin{cases} \cos(\mathfrak{x}_2, \mathfrak{x}_1) = \cos\left(-\,\nu_2^2\,\vartheta_2\,\dfrac{\mathfrak{x}_1}{\mathfrak{z}_2}, \mathfrak{x}_1\right) \\ \qquad = \cos(-\,1,\ \mathfrak{z}_2) = -\,\dfrac{\nu_2^2 - \omega^2}{\sqrt{(\nu_2^2 - \omega^2)^2 + 4\,\delta_2^2\omega^2}}\,. \end{cases}$$

Geht man wieder zu den Zeitwerten x_1, x_2 zurück, so findet man deren größte Ausschläge X_1 und X_2 als die Absolutwerte der entsprechenden Vektoren, also:

$$(5)\qquad X_1 = |\,\mathfrak{x}_1\,| = \frac{|\,\mathfrak{a}\,|\,|\,\mathfrak{z}_2\,|}{|\,\mathfrak{z}\,|}\,; \quad X_2 = |\,\mathfrak{x}_2\,| = \nu_2^2\,\vartheta_2\,\frac{|\,\mathfrak{a}\,|}{|\,\mathfrak{z}\,|}\,.$$

So werden die Ausschläge Funktionen der Erregungsfrequenz ω; für X_1 ergibt sich

$$(6)\qquad X_1 = a\,\frac{z_2^2}{\sqrt{z_1^2\,z_2^2 - 2\,p\,K^4 + K^8}}$$

mit

$$z_1^2 = (\nu_1^2 - \omega^2)^2 + 4\,\delta_1^2\omega^2; \quad z_2^2 = (\nu_2^2\,\omega^2) + 4\,\delta_2^2\,\omega^2;$$
$$p = \omega^4 - \omega^2\,(\nu_1^2 + \nu_2^2 + 4\,\delta_1\,\delta_2) + \nu_1^2\,\nu_2^2$$

und

$$(7)\qquad X_2 = a\,\frac{\nu_2^2\,\vartheta_2}{\sqrt{z_1^2\,z_2^2 - 2\,p\,K^4 + K^8}}\,.$$

Diese Ansätze liefern die Resonanzkurven gekoppelter Systeme, wenn man X_1 bzw. X_2 in Abhängigkeit von ω aufträgt. Die Untersuchung dieser Kurven, die im allgemeinen vom 10. Grade sind, ist ziemlich verwickelt[228]; doch entstehen für feste Koppelung und nicht zu starke Dämpfung gleichgestimmter Teilsysteme Gestalten etwa nach Fig. 351.

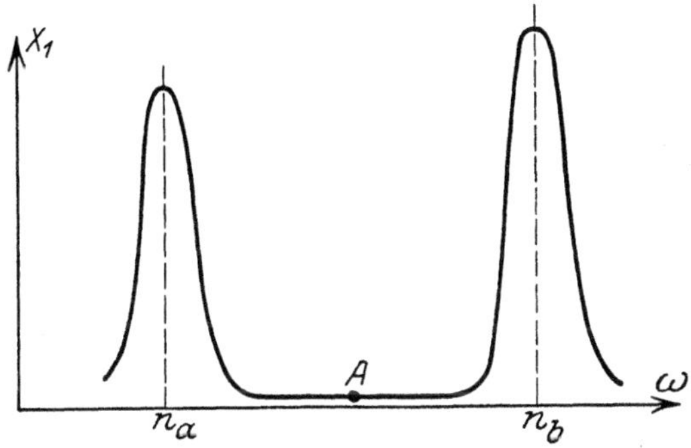

Fig. 351. Zweiwellige Resonanzkurve bei starker Koppelung und schwacher Dämpfung.

Die auftretenden Maxima liegen ungefähr bei den Koppelfrequenzen der Systeme (vgl. § 117), deren Koppeldämpfungen δ_a und δ_b man nach der in § 118 beschriebenen Methode finden kann. Auch die Koppelung kann man nun ermitteln mit Hilfe von Gl. (12), § 118, aus

$$\frac{n_a}{n_b} = \frac{\sqrt{1-P}}{\sqrt{1+P}}.$$

Es findet sich $P = \dfrac{1 - \dfrac{n_a^2}{n_b^2}}{1 + \dfrac{n_b^2}{n_b^2}}$ und somit

$$\varrho^2 = \varrho_1\,\varrho_2 = P^2 + \frac{(\delta_a - \delta_b)^2}{n^2}. \tag{8}$$

Ist die Koppelung loser, so rücken die beiden Maxima näher zusammen; bei stärkeren Dämpfungen werden sie flacher nach Fig. 352.

In diesem Falle wird das angegebene Ermittelungsverfahren für n_a und n_b, δ_a, δ_b unanwendbar. Dann ist die Resonanzkurve nach einem Verfahren experimentell aufzunehmen, welches die Wirkung der einen Schwingung auf das Meßinstrument ausschaltet. An den so für jede einzelne Schwingung getrennten Re-

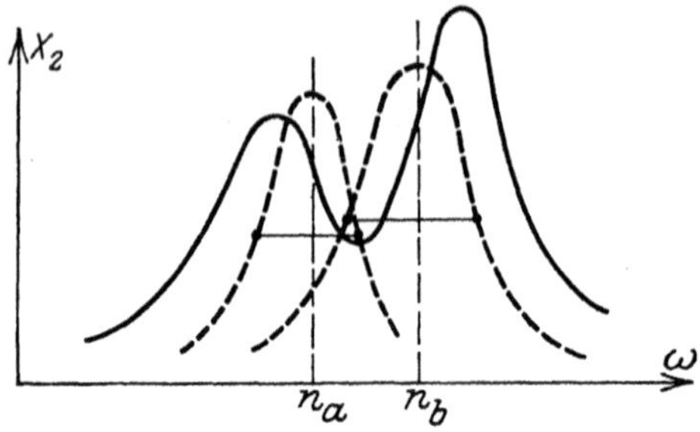

Fig. 352. Zweiwellige Resonanzkurve bei schwacher Koppelung und starker Dämpfung.

sonanzkurven (gestrichelt in Fig. 352) lassen sich die Bestimmungsstücke der gekoppelten Systeme wie oben ermitteln. Die Meßmethode ist auf Veranlassung von J. Zenneck[229]) und C. Fischer[230]) ausgearbeitet worden.

2. Handelt es sich um die Energieverhältnisse in dem gekoppelten System, so muß man auf die nicht gekürzten Schwingungsgleichungen:

$$(9) \quad \begin{cases} L_1 \ddot{x}_1 + W_1 \dot{x}_1 + \dfrac{1}{C_1} x_1 + M x_2 = a \sin \omega t, \\ L_2 \ddot{x}_2 + W_2 \dot{x}_2 + \dfrac{1}{C_2} x_2 + M x_1 = 0 \end{cases}$$

zurückgehen. Wir führen wieder zu 1. die Abkürzungen ein:

$$(10) \quad \begin{cases} \mathfrak{z}_1 = \left(\dfrac{1}{C_1} - L_1 \omega^2\right) + j W_1 \omega; \quad \mathfrak{z}_2 = \left(\dfrac{1}{C_2} - L_2 \omega^2\right) + j W_2 \omega \\ \mathfrak{z} = \mathfrak{z}_1 \mathfrak{z}_2 - M^2. \end{cases}$$

Dann findet sich:

$$(11) \qquad \mathfrak{x}_2 = -\frac{M}{\mathfrak{z}_2} \mathfrak{x}_1 = -\frac{\mathfrak{a} M}{\mathfrak{z}}; \quad \mathfrak{x}_1 = \frac{\mathfrak{a}\, \mathfrak{z}_2}{\mathfrak{z}}.$$

Die Leistungen A_1 und A_2, die in beiden Kreisen verbraucht werden, finden sich nun zu

$$(12) \qquad A_1 = W_1 \frac{|\mathfrak{x}_1|^2}{2}; \quad A_2 = W_2 \frac{|\mathfrak{x}_2|^2}{2}$$

und demnach der Wirkungsgrad

$$(13) \qquad \eta = \frac{A_2}{A_1 + A_2} = \frac{W_2 M^2}{W_2 M^2 + W_1 |\mathfrak{z}_2|^2}.$$

Der Wirkungsgrad nimmt also mit wachsender Koppelung M und abnehmender primärer Dämpfung W_1 zu. Im übrigen errechnet sich eine günstigste Frequenz ω, welche dem Wirkungsgrad η ein Maximum verleiht, aus der Extrembedingung:

$$\frac{\partial \eta}{\partial \omega} = 0. \tag{14}$$

Die Ausrechnung führt auf:

$$\omega^2 = \frac{1}{L_2 C_2} - \frac{W_2^2}{2 L_2^2} = \nu_2^2 - 2\,\delta_2^2 = n_2^2 - \delta_2^2, \tag{15}$$

d. h. das Maximum des Wirkungsgrades wird erreicht etwa bei Übereinstimmung der Erregungsfrequenz ω mit der Eigenfrequenz des Sekundärkreises (vgl. auch § 119); die Frequenz des Primärkreises ist ohne Einfluß auf den Wirkungsgrad. Dagegen spielt die Frequenz n_1 eine Rolle bei der Beurteilung der Amplituden $|\mathfrak{x}_1|$ und $|\mathfrak{x}_2|$. Diese nehmen Kleinstwerte an, wenn $n_1 = n_2 = n = \omega$ gewählt wird, also die Teilsysteme untereinander und mit der Erregungsfrequenz gleichgestimmt sind. Das System schwingt dann entsprechend dem Punkte A der Frequenzkurve in Fig. 351.

§ 121. Anwendungen der Koppelungstheorie.

1. Der Schlingertank nach Frahm[231]). In einem Schiff (Fig. 353) sind zwei kommunizierende Gefäße CC eingebaut, deren Spiegelräume durch einen Kanal KK verbunden sind.

Das Schiff schwingt für sich, wenn die Wasserbewegung in den Tanks CC durch den Verschluß S des Kanals KK gehindert wird, nach dem Ansatz (§ 69)

$$\Theta_1 \frac{d^2\varphi}{dt^2} + 2\,K_1 \frac{d\varphi}{dt} + Q\,m_1\,\varphi = m_1\,Q\,\varphi_0 \sin \frac{2\,\pi}{T_w}\,t, \tag{1}$$

wo $2K_1 \dfrac{d\varphi}{dt}$ den Formwiderstand des Schiffes gegenüber den Rollbewegungen bedeutet.

Die Wassersäule in den Tanks aber schwingt bei in senkrechter Lage festgehaltenem Schiff (§ 103) nach

$$m \frac{d^2 z}{dt^2} + 2\beta m \frac{dz}{dt} + \alpha^2 m z = 0, \tag{2}$$

wo m die Gesamtmasse des Tankwassers bedeutet, oder mit $z = B\psi$ (nach der Fig. 353)

$$(3) \qquad m\,B\,\psi'' + 2\beta\,m\,B\,\psi' + \alpha^2\,m\,B\,\psi = 0.$$

Wird jetzt das Schiff und das Tankwasser freigelassen, so wirken beider Bewegungen aufeinander zurück.

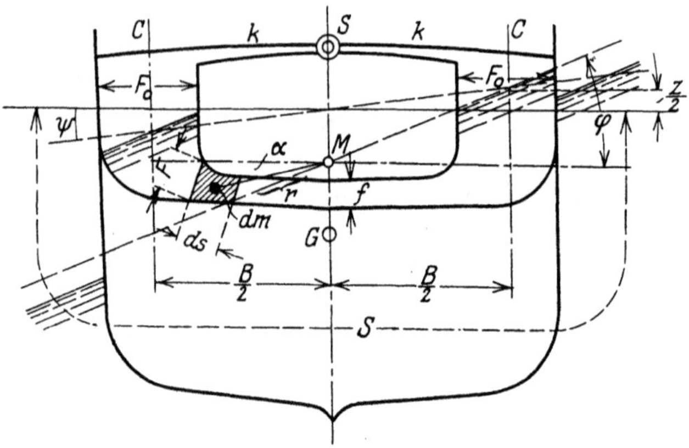

Fig. 353. Anordnung des Schlingertanks.
(Die gestrichelte Linie durch M ist horizontal zu denken.)

Das Tankwasser wirkt auf das Schiff durch die Verschiebung seines Gewichts und durch seine Trägheit, die nach der Figur die entsprechenden dynamischen Größen bei der Schiffsbewegung vermindern. Die Rückwirkung des Tankwassers auf das Schiff durch seine Eigenreibung in den Tanks vernachlässigen wir.

Das Moment der Gewichtsverschiebung des Wassers findet sich zu

$$(4) \qquad \frac{1}{2}\gamma\,F_0\,z\,B = \frac{1}{2}\gamma\,F_0\,B^2\,\psi.$$

Die Trägheit eines Wasserteilchens dm ist

$$dm\,\frac{F_0}{F}\,\frac{dz^2}{dt^2} = dm\,\frac{F_0}{F}\,B\,\frac{d^2\psi}{dt^2}$$

in Richtung des mittleren Wasserfadens. Die Komponente in bezug auf den Drehpunkt M aber ist $dm\,\frac{F_0}{F}\,B\sin\alpha\,\frac{d^2\psi}{dt^2}$; das

Moment der Trägheitswirkung der Gesamtmasse wird hieraus durch Multiplikation mit r und Integration r von 0 bis S erhalten:

$$(5) \qquad F_0 B \frac{d^2\psi}{dt^2} \int_0^S \frac{r \sin\alpha}{F} \, dm = F_0 B N \frac{d^2\psi}{dt^2}.$$

Setzt man die Momente der Gewichtsverschiebung und Trägheitswirkung in die Bewegungsgleichung des Schiffes ein, so findet sich

$$(6) \qquad \Theta_1 \frac{d^2\varphi}{dt^2} + 2 K_1 \frac{d\varphi}{dt} + Q m_1 \varphi - F_0 B N \frac{d^2\psi}{dt^2} - \frac{1}{2} \gamma F_0 B^2 \psi = m_1 Q \varphi_0 \sin \frac{2\pi}{T_w} t.$$

Betrachten wir nun die Rückwirkung der Schiffsbewegung auf das Tankwasser.

In Gl. (2) bedeutet z den die Wasserschwingung hervorrufenden Druckhöhenunterschied, $\alpha^2 m$ das auf die Einheit von z bezogene Wassergewicht bei in der Mittellage ($\varphi = 0$) ruhendem Schiff. Bei, wie in der Figur, geneigtem Schiff ist z durch $B(\psi - \varphi)$ zu ersetzen, $\alpha^2 m$ durch γF_0; es findet sich

$$(7) \qquad \alpha^2 m z = \gamma F_0 B (\psi - \varphi).$$

Weiter ist in Gl. (2) auch das Trägheitsglied $m \frac{d^2 z}{dt^2}$ auf den festen Raum zu beziehen durch Hinzufügung der von der Schiffsbewegung φ herrührenden Beschleunigungswirkung. Jedes Massenelement dm in den Tanks erhält demnach in Richtung des mittleren Wasserfadens die Beschleunigung $r \frac{F_0}{F_0} \frac{d^2\varphi}{dt^2} \sin\alpha$, die ganze Wassermasse erfährt so eine zusätzliche Beschleunigungswirkung

$$(8) \qquad F_0 \frac{d^2\varphi}{dt^2} \int_0^S \frac{r \sin\alpha}{F_0} \, dm = F_0 N' \frac{d^2\varphi}{dt^2}.$$

Demnach ist statt Gl. (2) zu schreiben:

$$(9) \quad M B \frac{d^2\psi}{dt^2} - F_0 N' \frac{d^2\varphi}{dt^2} + 2 M \beta B \frac{d\psi}{dt} + \gamma F_0 B (\psi - \varphi) = 0$$

oder mit

$$(10)\quad M = \frac{\gamma}{g}\int_0^S F\,ds = \frac{\gamma}{g} F_0 S_0, \quad \frac{g N'}{\gamma B S_0} = \varrho_2, \quad \frac{g}{S_0} = \nu_2^2, 2\beta = 2\delta_2$$

in vereinfachter Form:

$$(11)\qquad \frac{d^2\psi}{dt^2} + 2\,\delta_2 \frac{d\psi}{dt} + \nu_2^2 \psi - \varrho_2 \frac{d^2\varphi}{dt^2} - \nu_2^2 \varphi = 0.$$

Auch die Schiffsbewegungsgleichung schreiben wir vereinfacht mit

$$(12)\qquad \begin{cases} \dfrac{2 K_1}{\Theta_1} = 2\,\delta_1; \quad \dfrac{Q m_1}{\Theta_1} = \nu_1^2; \quad \dfrac{F_0 B N}{\Theta_1} = \varrho_1; \\[2ex] \dfrac{1}{2}\gamma \dfrac{F_0 B^2}{\Theta_1} = \vartheta_1 \nu_1^2; \quad \dfrac{2\pi}{T_w} = \omega \end{cases}$$

wie folgt:

$$(13)\quad \frac{d^2\varphi}{dt^2} + 2\,\delta_1 \frac{d\varphi}{dt} + \nu_1^2 \varphi - \varrho_1 \frac{d^2\psi}{dt^2} - \vartheta_1 \nu_1^2 \psi = \nu_1^2 \varphi_0 \sin\omega\, t\,.$$

An Hand der Differentialgleichungen (11) und (13) ist nun das System zunächst auf die Stabilität der freien Schwingungen zu untersuchen. Es darf nämlich die in λ biquadratische Gleichung

$$(14)\qquad \begin{vmatrix} \lambda^2 + 2\,\delta_1 \lambda + \nu_1^2 & -\varrho_1 \lambda^2 - \vartheta_1 \nu_1^2 \\ -\varrho_2 \lambda^2 - \nu_2^2 & \lambda^2 + 2\,\delta_2 \lambda + \nu_2^2 \end{vmatrix} = a_0 \lambda^4 + a_1 \lambda^3 + a_2 \lambda^2 + a_3 \lambda + a_4 = 0$$

nur Wurzeln mit negativ-reellen Anteilen haben, wozu nötig wäre, daß die Beiwerte den Bedingungen genügen (§ 44):

$$(15)\ a_0 > 0,\ a_1 > 0,\ a_1 a_2 - a_0 a_3 > 0,\ a_3(a_1 a_2 - a_0 a_3) - a_1^2 a_1 > 0,\ a_4 > 0.$$

In den Beiwerten der Determinante (14) ergibt dies:

$$(16)\qquad \begin{cases} a_0 = 1 - \varrho_1 \varrho_2 > 0, \quad a_1 = 2(\delta_1 + \delta_2) > 0, \quad a_1 a_2 > a_0 a_3 \\ \text{oder} \\ \qquad \dfrac{1 - \vartheta_1}{1 - \varrho_1 \varrho_2} > \dfrac{\delta_1 \nu_2^2 + \delta_2 \nu_1^2}{(\delta_1 + \delta_2)\,\nu_1^2}, \end{cases}$$

was man nach Wahl einer kleinen positiven Größe $0 < \varepsilon < 1$ durch die Gleichung ersetzen kann

$$(17)\qquad \frac{\delta_1 \nu_2^2 + \delta_2 \nu_1^2}{(\delta_1 + \delta_2)\,\nu_1^2} = \varepsilon \frac{1 - \vartheta_1}{1 - \varrho_2 \varrho_2}\,.$$

Damit erhält man für die vierte Ungleichung (15):

$$\frac{1-\vartheta_1}{1-\varrho_1\varrho_2}(1-\varepsilon) > \frac{\nu_2}{\nu_1}. \tag{18}$$

Die letzte Ungleichung (15) aber lautet einfacher

$$1-\vartheta_1 > 0. \tag{19}$$

An Hand der Ansätze (16) bis (19) findet man so die Grenzen, in denen die Beiwerte zu wählen sind, damit das System Schiff-Tankwasser überhaupt stabil ist; vor allem müssen die Beiwerte der Trägheits- und der Kraftkopplung $\varrho_1 \varrho_2$ bzw. ϑ_1 kleiner als 1 sein.

Ferner findet man nach § 120 die Größe der Ausschlagwinkel φ und ψ für die erzwungene Schiffsschwingung im Wellengang. Es ist der Zweck des Tanks, die Schiffsrollwinkel φ klein zu halten. Dies wird erreicht, wenn man die Eigenfrequenzen des Schiffs und des Tankwassers gleich macht:

$$n_1^2 = \nu_1^2 - \delta_1^2 = n_2^2 = \nu_2^2 - \delta_2^2 = n^2,$$

und wenn die Erregungsfrequenz ω mit der gemeinsamen Eigenfrequenz übereinstimmt; man hat also den Punkt A der Resonanzkurve Fig. 351 zu wählen. Nun ist aber nicht zu erwarten, daß die Frequenz der Meereswellen stets mit den Eigenfrequenzen eines gegebenen Schiff-Schlingertanksystems übereinstimme; deshalb muß man die Kopplung der Teilsysteme groß wählen, damit die Resonanzkurve in der Umgebung des Punktes A so flach verlauft wie in Fig. 351. Die Koppelungen wirken aber in unserem Falle, da sie gleiche Vorzeichen haben, einander entgegen, wie sich aus Gl. (19), § 117, ergibt. Es ist deshalb notwendig, $\varrho_1 \varrho_2$, d. h. die Trägheitskoppelung groß, ϑ_1, die Kraftkopplung, klein zu machen, was übrigens auch mit den Forderungen der Ungleichungen (16) bis (19) übereinstimmt. Die Dämpfungen der Teilsysteme dürfen nicht zu groß werden, weil sonst der Sperrbereich der Resonanzkurve gegen die Frequenzen der Meereswellen weniger ausgeprägt wird (vgl. Fig. 352). Diese Forderung kann wohl in Einklang mit den obigen Ungleichungen gebracht werden, sie widerspricht aber etwas der Forderung, daß auch die freien Schiffsschwingungen möglichst gedämpft verlaufen sollen. Um hier etwas zu erreichen, macht man die Dämpfung δ_2 der freien Tankwasserschwingung etwas größer als die Dämpfung δ_1 der freien Schiffsschwingung durch Regelung des Luftaustausches zwischen den Spiegelräumen der Tanks vermittels des Schiebers S. Dadurch wird die Koppeldämpfung (wegen der starken Koppelung; vgl. § 118, a) $\delta_u = \frac{\delta_1 + \delta_2}{2}$, also größer als die ungekoppelte Schiffsdämpfung.

Die oben aufgestellte Forderung starker Trägheitskoppelung ist wesentlich, sonst wäre gar nicht zu verstehen, warum die Schlingertanks in so weiten Bereichen der Wellenfrequenzen ihre Wirkung tun; man ist durch die Kopplung in der Lage, die Erregungsfrequenzen in einem Bereich bis zu 20% oberhalb und unterhalb der Eigenfrequenz von dem schwingungsfähigen System Schiff-Tankwasser abzudrosseln. Fig. 354 gibt die Wirkung eines praktisch ausgeführten Schlingertanks wieder[232]).

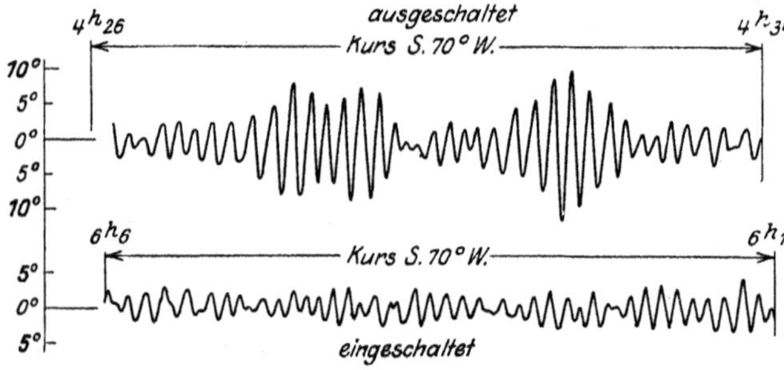

Fig. 354. Wirkung des Schlingertanks.

2. Der Zeeman-Effekt. Die Kraft $\mathfrak{P}$, die ein gerichtetes Stromelement $J\,d\mathfrak{s}$ von einem magnetischen Felde der Stärke $\mathfrak{H}$ (Fig. 355) erfährt, ist gleich dem äußeren Produkt beider:

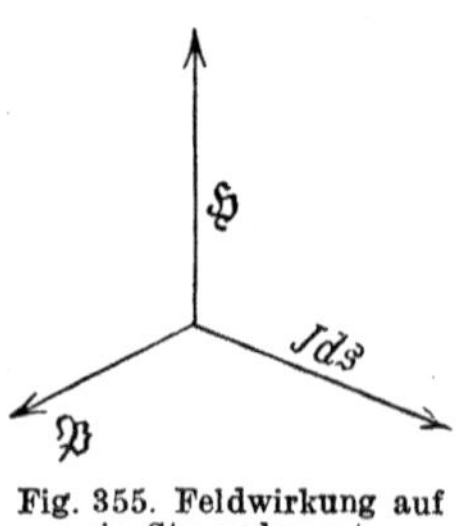

Fig. 355. Feldwirkung auf ein Stromelement.

$$(1) \qquad \mathfrak{P} = \frac{1}{c}[J\,d\mathfrak{s}\,\mathfrak{H}],$$

wo c die Lichtgeschwindigkeit bedeutet und J elektrostatisch gemessen werde. Hat das Stromelement den Querschnitt q, so kann die Stromdichte $\mathfrak{i} = \frac{J}{q}$ und das Volumenelement $d\tau = q\,ds$ eingeführt werden; damit die Richtungseigenschaft des Stromelementes gewahrt bleibt, so muß jetzt die Stromdichte vektoriell geschrieben werden:

$$J\, d\mathfrak{s} = \mathfrak{i}\, d\tau\,. \tag{2}$$

Enthält jetzt ein Volumelement des Querschnittes 1 die Elektrizitätsdichte ϱ und bewegt es sich mit der Geschwindigkeit $\mathfrak{v}$, so wird:

$$\mathfrak{i} = \varrho\, \mathfrak{v}\,. \tag{3}$$

Statt (1) kann man mit (2) und (3) schreiben:

$$\mathfrak{P} = \frac{\varrho\, d\tau}{c} [\mathfrak{v}\, \mathfrak{H}]\,. \tag{4}$$

Sei jetzt die Elektrizitätsmenge $\varrho\, d\tau$ durch ein elektrisches Elementarquantum, ein Elektron der Ladung e, dargestellt, das sich mit der Geschwindigkeit $\mathfrak{v}$ bewegt, so ist

$$\mathfrak{P} = \frac{e}{c} [\mathfrak{v}\, \mathfrak{H}] \tag{5}$$

die Kraftwirkung des magnetischen Feldes auf dieses.

Die Elektronentheorie des Lichtes geht von der Vorstellung aus, daß die Lichtemission von Elektronen erregt wird, die an die kleinsten Teilchen der Materie gebunden sind und in oder an diesen um eine Gleichgewichtslage schwingen. Die Elektronen besitzen eine Ladung e und eine (scheinbare) Masse m, und sie sind (wie man sich vorstellt) an ihre Gleichgewichtslagen durch Kräfte nach Art der elastischen Richtkräfte gebunden. Ist die Auslenkung des Elektrons vektoriell $= \mathfrak{r}$, so ist die elastische Kraft $f\,\mathfrak{r}$, und die Gleichung der freien Schwingung des Elektrons wird

$$m \frac{d\mathfrak{v}}{dt} + f\,\mathfrak{r} = 0\,. \tag{6}$$

Bringt man das schwingende Elektron in ein Magnetfeld $\mathfrak{H}$, so wird mit (5) die Schwingungsgleichung

$$m \frac{d\mathfrak{v}}{dt} + f\,\mathfrak{r} = \frac{e}{c} [\mathfrak{v}\, \mathfrak{H}] \tag{7}$$

entstehen. Dividiert man hier mit m, so bezeichnet $\nu^2 = \sqrt{\frac{f}{m}}$ die Eigenschwingungszahl des Elektrons, $\frac{e}{m}$ seine spezifische Ladung γ:

$$\frac{d\mathfrak{v}}{dt} + \nu^2 \mathfrak{r} = \frac{\gamma}{c} [\mathfrak{v}\, \mathfrak{H}]\,. \tag{8}$$

Der Ansatz (8) würde also besagen, daß eine Lichtquelle der Frequenz ν oder der Wellenlänge $\frac{2\pi c}{\nu}$ in ein Magnetfeld $\mathfrak{H}$ gebracht sei.

Zur weiteren Untersuchung gehen wir zur Koordinaten-Schreibweise über, indem wir das Magnetfeld parallel der x-Achse annehmen; die entsprechende Komponente sei $H_x = H$; H_y, H_z sind Null. Dann schreibt sich statt (8):

$$(9)\qquad \begin{cases} \ddot{x} + \nu^2 x = 0\,; \\ \ddot{y} + \nu^2 y = \frac{\gamma}{c}\,\dot{z}\,H\,; \\ \ddot{z} + \nu^2 z = -\frac{\gamma}{c}\,\dot{y}\,H\,. \end{cases}$$

Demnach wird die Schwingung des Elektrons in der Richtung des Magnetfeldes (x) nicht beeinflußt; sie verläuft mit der Eigenfrequenz ν. Die Schwingungen in den beiden anderen Richtungen sind aber durch das Magnetfeld miteinander verkoppelt, und zwar ist es eine Geschwindigkeitskopplung. Zur Ermittlung der Koppelfrequenzen n versuchen wir die Ansätze

$$(10)\qquad y = B\,e^{int}; \quad z = C\,e^{int},$$

die, in (9) eingesetzt, auf

$$(11)\qquad (\nu^2 - n^2)\,B = \frac{i n \gamma}{c}\,C\,H\,;\ (\nu^2 - n^2)\,C = -\frac{i n \gamma}{c}\,B\,H$$

führen. Hieraus ermittelt sich durch Multiplikation und Division

$$(12)\qquad \nu^2 - n^2 = \pm\frac{n\gamma}{c}\,H$$

und

$$(13)\qquad B = \pm i\,C\,.$$

Erfahrungsgemäß ist die Koppelfrequenz n von der Eigenfrequenz ν nicht sehr verschieden; wir setzen also mit einer kleinen Größe ϑ:

$$(14)\qquad n = \nu\,(1 - \vartheta)\,.$$

Daraus folgt $\nu^2 - n^2 = 2\,\vartheta\,\nu^2$ und aus (12) wird

$$\vartheta = \pm \frac{\gamma H}{2 \nu c}.$$

So erhält man zwei Koppelfrequenzen

$$(15)\qquad n = \begin{Bmatrix} n_1 \\ n_2 \end{Bmatrix} = \left(\nu \mp \frac{\gamma H}{2c}\right),$$

und die Ansätze (10) schreiben sich:

$$(16)\quad y = B(\cos n t + i \sin n t); \quad z = \mp i B)(\cos n t + i \sin nt).$$

Unter Berücksichtigung der Vorzeichenanordnung haben wir zwei Lösungsysteme:

$$y = B(\cos n_1 t + i \sin n_1 t); \quad z = -i B \cos n_1 t + B \sin n_1 t$$

und:

$$y = B(\cos n_2 t + i \sin n_2 t); \quad z = +i B \cos n_2 t - B \sin n_2 t.$$

Von diesen Lösungen nehmen wir entweder nur die reellen oder nur die imaginären Teile und finden:

$$(17\text{a})\qquad y = B \cos n_1 t; \quad z = B \sin n_1 t$$

und

$$(17\text{b})\qquad y = B \cos n_2 t; \quad z = -B \sin n_2 t.$$

Bei der Schwingung (17a) bewegt sich das Elektron mit der Frequenz n_1 auf einem Kreise entgegengesetzt dem Uhrzeiger, bei der Schwingung (17b) mit der Frequenz n_2 im Uhrzeigersinn (Fig. 336). Es handelt sich also um zirkular und einander entgegengesetzt polarisierte in der $y\,z$-Ebene verlaufende Schwingungen verschiedener Frequenz, die sich der spektroskopischen Auflösung gegenüber als Lichtdoppellinie (Duplet) zu erkennen geben, wenn man parallel zu den Kraftlinien beobachtet; die x-Schwingung ist nicht beobachtbar, da sie als longitudinal kein Licht aussendet. Beobachtet man transversal zum Magnetfeld, so sieht man die Schwingungen der Frequenzen n_1 und n_2 linear und senkrecht zu den Kraftlinien polarisiert, die x-Schwingung aber parallel zu ihnen und zwar ohne

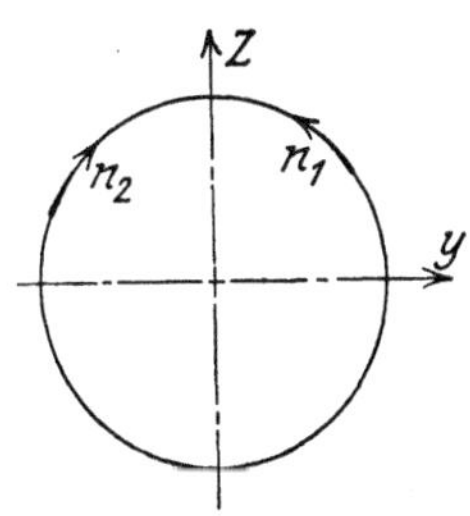

Fig. 356.
Entgegengesetzt zirkular polarisierte Wirkungen.

Kopplungswirkung des Feldes [vgl. (1a)]. Auch diese Schwingung ist linear polarisiert. Bei der transversalen Beobachtung sieht man also drei Linien statt einer, ein Triplet [233]).

XVI. Schwingungserzeugung durch unperiodische Kräfte.

§ 122. Allgemeine Übersicht.

1. Der bisher behandelten mannigfach möglichen Schwingungserzeugung durch periodische Kräfte, die durch die Theorie der Schwingungsdifferentialgleichung mit Erregungs- oder Störungsfunktion beherrscht wird, steht das ebenso vielgestaltige Gebiet der Schwingungserzeugung durch nichtperiodische Energiequellen gegenüber. Ja, man könnte sogar sagen, daß im letzten Grunde alle Schwingungen durch nicht periodische Kräfte erzeugt werden, wenn man sich vergegenwärtigt, daß z. B. die Wechsel- EMK einer Turbodynamo, die einen elektrischen Schwingungskreis erregt, hervorgerufen ist durch die Wirksamkeit der nichtperiodischen Energie des Turbinendampfes. Und gewaltige kosmische Schwingungsvorgänge, wie etwa der Umlauf der Planeten um die Sonne, werden unterhalten durch die nichtperiodische Energie der Gravitation.

Untersuchungen, die das Grundsätzliche einer solchen allgemeinen Betrachtung der Schwingungsvorgänge erörtern, sind noch recht spärlich und erstrecken sich fast ausschließlich auf gewisse selbsterregte elektrische Schwingungen [234]), die einer übersichtlichen Behandlung am ehesten zugänglich sind, während die viel verwickelteren mechanischen Vorgänge sich bisher einer gleich umfassenden Analyse (von gewissen Sonderfällen abgesehen) noch entziehen.

Im folgenden werden wir für die geläufigsten Schwingungserzeugungen aus unperiodischer Energiequelle mechanischer, mechanisch-elektrischer und elektrischer Natur physikalische Erklärungen geben.

2. Mechanische Schwingungen. Ein allgemein bekanntes Beispiel ist die Uhr. Die unperiodische Energiequelle ist das Schwerefeld (oder die Federenergie); das System, das die periodische Bewegung, nämlich eine Rotation, ausführt, ist das Steigrad mit

dem Räderwerk. Mit dem Steigrad in Eingriff oder Koppelung steht ein zweites (steuerndes) System, das Pendel oder die Unruhe, welches einer Eigenschwingung fähig ist, welche Eigenschaft vom Steigrad nicht gilt. Diese Verkoppelung zweier Systeme, von denen das eine einer Eigenschwingung fähig ist, ist besonders wichtig für die Schwingungserregung mit unveränderlicher Periodenzahl, die durch die Eigenschwingungszahl des steuernden Systems bestimmt wird.

Der Uhr gegenüber stellen wir die gewöhnliche Kolbendampfmaschine mit Muschelschieber als eine Anordnung, die (ohne Regulator) keine feste Periodenzahl hat. Ihre Steuerung ist mit dem Kurbelgetriebe zwangläufig zu einem Freiheitsgrad verbunden und liefert an sich keine unveränderliche Drehzahl. Aber bei Dampfmaschinen mit Trägheitsregulator[234a]) kann man wieder von einer Koppelung der Steuerung mit dem Kurbelgetriebe im eigentlichen Sinne sprechen; es sind zwei Freiheitsgrade vorhanden, das steuernde System (der Trägheitsregler) hat eine Eigenschwingungsdauer, die auch unendlich sein kann, mit der Drehzahl der Maschine allerdings nicht unmittelbar in Zusammenhang steht.

Der Vergleich ergibt, daß die Uhr ohne Pendel der Dampfmaschine ohne Regulator entspricht; keinesfalls hat die Steuerung an sich die Eigenschaft der Periodenerzeugung. Im übrigen ist die schwungradlose Einzylindermaschine einer periodischen Bewegung unfähig; schwungradlose Maschinen müssen wenigstens zwei Zylinder mit verschränkten Kurbeln haben. Auch hieraus ersieht man, daß der Steuerungsmechanismus allein nicht periodenerzeugend wirkt.

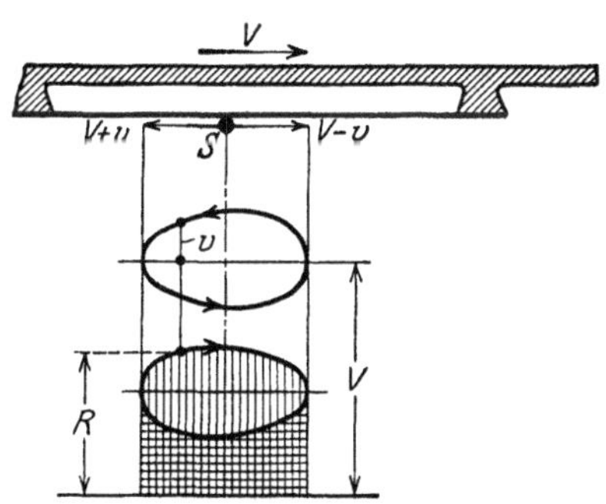

Fig. 357. Mechanismus der gestrichenen Saite.

Diese bei der Uhr und der Dampfmaschine einfachen kinematischen Andeutungen wollen wir nun durch die Untersuchung der Kraft und Energieverhältnisse an einem in dieser Hinsicht einfachen Beispiel, der gestrichenen Geigensaite ergänzen, welches allerdings kinematisch viel verwickelter liegt. Der Geigenbogen B (Fig. 357) habe die Streichgeschwindigkeit V, die Saite S die

Schwingungsgeschwindigkeit v. Der Bogen V übt auf die Saite eine Reibungskraft R aus, vermöge deren jene nach rechts mitgenommen wird, bis die entstehende Saitenspannung die Saite S nach links zurückführt. Nehmen wir nun voraus, daß die auf die Saite übertragene Kraft R mit wachsnder relativer Streichgeschwindigkeit abnimmt, so stellt der Inhalt der untersten ellipsenähnlichen Kurve in Fig. 357 die vom Bogen auf die Saite übertragene Arbeit dar, die positiv ist und zur Deckung der Schwingungsverluste der Saite durch die Dämpfung dient. Dieser eben angenommene Sinn der Abhängigkeit der Reibung von der Relativgeschwindigkeit ist notwendig für das Zustandekommen der Schwingung, und sie trifft zu für trockene, mit Kolophonium bestrichene Bögen. Reibt man dagegen den Bogen mit Öl ein, so finden die Gesetze der Flüssigkeitsreibung statt, die der Relativgeschwindigkeit proportional ist, und es kann keine Arbeit auf die Saite übertragen werden; diese nimmt eine dem Gleichgewicht zwischen übertragener Reibungskraft und Spannung entsprechende Lage ein.

Ein weiteres wichtiges mechanisches Beispiel der Schwingungserzeugung aus nichtperiodischer Energiequelle bietet das Anblasen der Orgelpfeifen (wie überhaupt die Tonerzeugung auf Blasinstrumenten). Zwei Arten von Pfeifen kommen in Frage (die sich auch bei den Blasinstrumenten wiederfinden): die Zungen- und die Lippenpfeifen. Fig. 358 zeigt die Einrichtung der ersten Art. In die Luftkammer k der Pfeife ragt ein Rahmen r, der mit dem Resonanzrohr R durch einen Kanal in Verbindung steht. Der Innenraum des Rahmens ist einerseits durch die Wand w, andererseits durch die federnde Zunge z abgeschlossen. Wird in die Kammer Luft eingeblasen, so drückt sie die Zunge in den Rahmen und kann demnach in diesen und von da in das Resonanzrohr strömen. Mit zunehmender Strömungsgeschwindigkeit nimmt aber die Kraftwirkung der Luft auf die Zunge ab (weil jene eben an der Zunge vorbei strömen kann); diese schwingt vermöge ihrer Elastizität zurück, versperrt dem Luftstrom den Weg, wird von neuem durchgebogen usw. Es ist klar, daß dieser Schwingungsvorgang die Eigenperiode der Zunge haben muß. Durch ihn wird

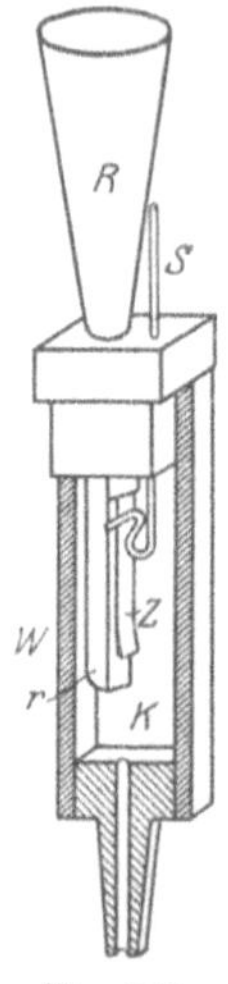

Fig. 358.
Zungenpfeife.

die Periode der Luft im Resonanzrohr angeregt. Zungenschwingung und Rohrschwingung beeinflussen sich gegenseitig; es kommt ein einheitlicher Klang zustande, wenn beide auf einander abgestimmt sind; die Abstimmung erreicht man durch den Stimmdraht S, dessen Verschiebung den schwingenden Teil der Zunge verkürzt oder verlängert[234b]). — Der Vorgang in der Zungenpfeife hat große Ähnlichkeit mit dem Streichen der Saiten, weil ihm ebenfalls eine mit wachsender Geschwindigkeit abnehmende Kraftwirkung des schwingungserregenden Körpers zugrunde liegt. — Von den Blasinstrumenten gehören zum Zungenpfeifentypus einerseits Klarinette, Oboe, Fagott, andererseits Trompete, Posaune, Horn. Bei den letzteren bilden die Lippen des Bläsers die schwingende Zunge (membranartige Doppelzungen). Auch das Harmonium ist ein Zungeninstrument; es fehlen hier jedoch (der Raumersparnis halber) die Resonanzrohre.

Das Anblasen der Lippenpfeifen beruht nach den neuesten Anschauungen[235]) auf der Erscheinung der Schneidentöne. Bläst nach Fig. 359 ein Luftstrom aus einem Spalt gegen eine keilförmige Schneide, so löst er sich an dieser in eine Reihe von Wirbeln auf, deren erster bald rechts, bald links von der Schneide entsteht. Diese Erscheinung ist ganz entsprechend der Entstehung einer Wirbelreihe, wie in § 102 behandelt wurde. Die Wirbelbildungen folgen im jetzigen Falle so rasch aufeinander, daß ein Ton zustande kommt, dessen Höhe von der Blasgeschwindigkeit abhängig ist. Verbindet man eine solche, aus Spalt und Keil (Lippe) bestehende Anordnung nach Fig. 310 mit einem Resonanzrohr, so erhält man eine Lippenpfeife. — Von den Orchesterinstrumenten ist die Flöte eine Lippenpfeife.

Fig. 359. Anblasen einer Schneide.

3. Als Beispiel einer mechanisch-elektrischen Schwingung betrachten wir den elektromagnetischen Unterbrecher. Der Elektromagnet E zieht den Anker A an; dadurch öffnet sich der Kontakt k, so daß der Anker losgelassen wird und von neuem Kontakt macht usw. Damit die zur Unterhaltung dieses Schwingungsvorganges nötige Arbeit sichtbar wird, muß das Kraft-Weg-Diagramm der Ankeranziehung einen positiven Flächeninhalt haben. Dies wäre nicht der Fall, wenn die Anziehung bei derselben Ankerstellung beim

Öffnen plötzlich verschwände, bei der sie beim Schließen plötzlich entstünde. In Wirklichkeit entsteht und verschwindet die Anziehungskraft infolge von Selbstinduktion, Hysteresis und Wirbelströmen niemals plötzlich, so daß ein Kraftdiagramm nach Fig. 361 entsteht. Andererseits sorgt aber die meist vorhandene Kontaktfeder F dafür, daß das Öffnen bei größerem Ankerhub erfolgt als das Schließen, so daß ein Kraft-Weg-Bild nach Fig. 362 zustande kommt. — Ein verwickelteres Beispiel einer mechanisch-elektrischen Schwingung behandeln wir in § 123.

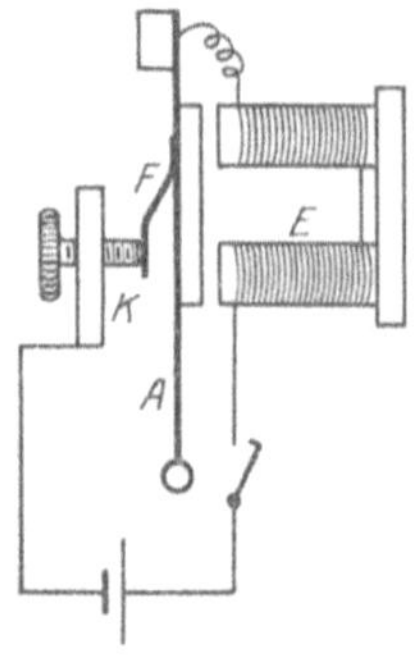

Fig. 360. Elektromagnetische Unterbrecher.

4. Beispiele reiner elektrischer Schwingungen bieten der selbst erregte Wechselstromlichtbogen und die Elektronenröhre, auf deren ausführliche Behandlung in § 124 und § 125 wir verweisen.

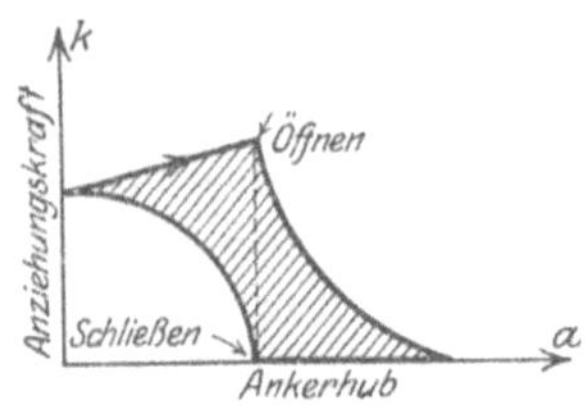

Fig. 361. Kraftdiagramm des Unterbrechers.

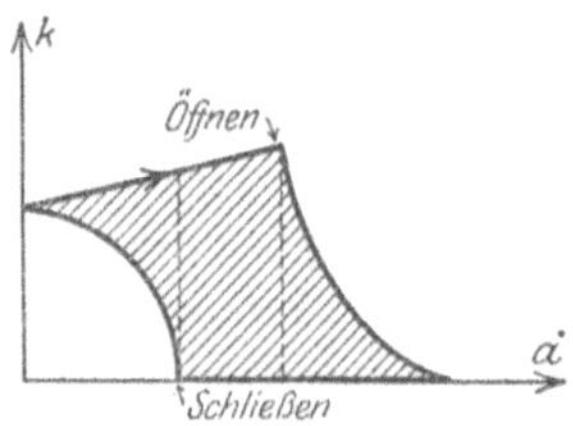

Fig. 362. Kraftdiagramm des Unterbrechers mit Kontaktfeder.

§ 123. Das Pendeln von Gleichstrommotoren.

In § 113 wurde die dynamische Gleichung für die Rotation eines Motors mit Arbeitsmaschine in der Form aufgestellt:

(1) $$\Theta \frac{d\omega}{dt} + W = M .$$

Handelt es sich um einen Elektromotor, so ist das Antriebsmoment M proportional zu setzen mit dem Produkt aus dem Ankerstrom J und der Polstärke N

(2) $$M = k\,J\,N ,$$

wo k im absoluten Maßsystem bei Parallelschaltung des Ankers mit $\frac{n}{2\pi}$, bei Serienschaltung mit $\frac{np}{2\pi}$ anzunehmen ist; n ist hier die gesamte Leiterzahl auf dem Anker, p die Polpaarzahl.

Unter Berücksichtigung kleiner Schwankungen ΔN und ΔJ um einen stationären Zustand N_0, J_0 hat man

$$M = k(N_0 + \Delta N)(J_0 + \Delta J)\,. \tag{2a}$$

Nach Einfügung von (2a) in (1) erhalten wir mit

$$\omega = \omega_0 + \Delta\omega \quad \text{und} \quad \frac{d\Delta\omega}{dt} = 0$$

die Bedingung für den Beharrungszustand

$$W = k\,N_0\,J_0\,, \tag{2b}$$

und damit als Differentialgleichung für die kleinen Schwankungen ΔN und ΔJ.

$$\Theta\frac{d\Delta\omega}{dt} = k\,(J_0\,\Delta N + N_0\Delta J)\,. \tag{1a}$$

Als weiteren Ansatz haben wir den Ausdruck für den Ausgleich der an den Anker der Maschine angelegten Spannung E_a durch die in der Ankerwicklung nebst der zugehörigen Verbundwicklung auftretenden Spannungsgefälle aufzustellen. Es ist:

$$\left\{\begin{aligned} E_a = (J_0 + \Delta J)w_a &+ k(N_0 + \Delta N)(\omega_0 + \Delta\omega) \\ &+ L_a\frac{d\Delta J}{dt} + q_a\frac{d\Delta N}{dt}\,. \end{aligned}\right. \tag{3}$$

Hier ist w_a der Ohmsche Widerstand von Anker- und Verbundwicklung, L_a der entsprechende Selbstinduktionskoeffizient, q_a die Zahl der Verkettungen zwischen dem Ankerstromkreis und dem Feld N.

Eine entsprechende Gleichung besteht für den Ausgleich der Spannungsgefälle der Nebenschlußwicklung:

$$E_n = (i_0 + \Delta i)\,w_n + q_n\frac{d\Delta N}{dt}\,, \tag{4}$$

wo $i_0 + \Delta i$ den Nebenschlußstrom, w_n den Nebenschlußwiderstand, q_n die Verkettungszahl der Nebenschlußwickelung mit dem Feld N bedeuten.

Schließlich ist noch die Abhängigkeit des Feldes $N_0 + \Delta N$ von den Strömen $J_0 + \Delta J$ und $i_0 + \Delta i$ zu berücksichtigen:

$$N_0 + \Delta N = F(J_0 + \Delta J, i_0 + \Delta i)\,, \tag{5}$$

welche Abhängigkeit wir durch Entwicklung nach dem Taylorschen Satz wie folgt näherungsweise ausdrücken:

$$N_0 + \Delta N = F(J_0, i_0) + \frac{\partial F}{\partial J_0}\Delta J + \frac{\partial F}{\partial i_0}\Delta i\,, \tag{6}$$

oder mit

$$N_0 = F(J_0, i_0)$$

und

$$\frac{\partial F}{\partial J_0} = k_a \quad \text{und} \quad \frac{\partial F}{\partial i_0} = k_n\,.$$

$$\Delta N = k_a \Delta J + k_n \Delta i\,. \tag{6a}$$

Für die Ansätze (3) und (4) ergeben sich übrigens ebenfalls durch Bezug auf den stationären Betrieb

$$E_a = J_0 w_a + k N_0 \omega_0$$

und

$$E_n = i_0 w_n$$

noch die Vereinfachungen:

$$w_a \Delta J + k(N_0 \Delta\omega + \omega_0 \Delta N) + L_a \frac{d\Delta J}{dt} + q_a \frac{d\Delta N}{dt} = 0 \tag{3a}$$

und

$$w_n \Delta i + q_n \frac{d\Delta N}{dt} = 0\,. \tag{4a}$$

So entspringen für die vier veränderlichen Größen $\Delta\omega$, ΔJ, Δi, ΔN die vier linearen Differentialgleichungen mit konstanten Koeffizienten: (1a), (3a), (4a), (6a).

$$\left\{\begin{aligned}
&\Theta \frac{d\Delta\omega}{dt} - k(J_0 \Delta N + N_0 \Delta J) = 0\,,\\
&\Delta N - k_a \Delta J - k_n \Delta i = 0\,,\\
&w_a \Delta J + k(N_0 \Delta\omega + \omega_0 \Delta N) + L_a \frac{d\Delta J}{dt} + q_a \frac{d\Delta N}{dt} = 0\,,\\
&w_n \Delta i + q_n \frac{d\Delta N}{dt} = 0\,.
\end{aligned}\right. \tag{7}$$

Durch Elimination der drei Variabeln ΔN, ΔJ, Δi entsteht für die vierte $\Delta\omega$ eine lineare Differentialgleichung mit konstantem Koeffizienten von höchstens der vierten Ordnung:

$$a_1\,\Delta\omega'''' + b_1\,\Delta\omega''' + c_1\,\Delta\omega'' + d_1\,\Delta\omega' + e_1\,\Delta\omega = 0\,,$$

deren partikuläre Lösungen durch die Exponentialfunktionen $e^{\mu_i t}$ $(i = 1, 2 \ldots 4)$ gegeben sind, wenn die μ_i die vier Wurzeln der Gleichung

$$a_1\,\mu^4 + b_1\,\mu^3 + c_1\,\mu^2 + d_1\,\mu + e_1 = 0$$

sind.

Diese Gleichung ergibt sich nach der Vorschrift (13) des § 45 in Determinantenform wie folgt:

$$\text{(10)}\qquad \begin{vmatrix} \Theta\mu & -kJ_0 & -kN_0 & 0 \\ 0 & 1 & -k_a & -k_n \\ kN_0 & q_a\mu + k\omega_0 & L_a\mu + w_a & 0 \\ 0 & q_n\mu & 0 & w_n \end{vmatrix} = 0$$

oder, wenn man nach den Unterdeterminanten der Elemente der letzten Zeile entwickelt:

$$\text{(11)}\qquad \begin{cases} q_n\mu \begin{vmatrix} \Theta\mu & -kN_0 & 0 \\ 0 & -k_a & -k_n \\ kN_0 & L_a\mu + w_a & 0 \end{vmatrix} \\ + w_n \begin{vmatrix} \Theta\mu & -kJ_0 & -kN_0 \\ 0 & 1 & -k_a \\ kN_0 & q_a\mu + k\omega_0 & L_a\mu + w_a \end{vmatrix} = 0\,. \end{cases}$$

Werden diese Determinanten weiter aufgelöst, so entspringt, nach Ordnung nach Potenzen von μ, folgende Gleichung:

$$\text{(12)}\qquad \begin{cases} \mu^3 k_n q_n L_a + \mu^2 \{k_n q_n w_a + k_a q_a w_n + w_n L_a\} \\ + \mu \left\{ w_n [k k_a \omega_0 + w_a] + k^2 N_0^2 \dfrac{k_n q_n}{\Theta} \right\} + w_n \dfrac{k^2 N_0 [N_0 + k_a J_0]}{\Theta} = 0. \end{cases}$$

Infolge der besonderen Gestaltung der Differentialgleichungen (7) ist also der Grad der determinierenden Gleichung um eine Einheit niedriger, als oben erwartet, und wir schreiben (13) in der abgekürzten Form:

$$\text{(13)}\qquad \mu^3 + a_1\mu^2 + a_2\mu + a_3 = 0\,.$$

Damit der betrachtete mechanisch-elektrische Schwingungsvorgang stabil verläuft, muß nach § 43 gelten:

$$\text{(14)}\qquad a_1 > 0\,,\quad a_2 > 0\,,\quad a_3 > 0\,,\quad a_1 a_2 - a_3 > 0\,.$$

Nun sind alle in die Gleichung (12) eingehenden Maschinenkonstanten positiv bis auf k_a, den Einfluß des Ankerstromes auf das Feld. Dieser Einfluß besteht aber im allgemeinen in einer Schwächung des Feldes, entsprechend negativen Werten von k_a. Die Ungleichung $a_3 > 0$ würde also mit $k_a = -\gamma_a$ zu lauten haben:

$$N_0 > \gamma_a J_0 ,$$

d. h. der Einfluß des Ankerstromes auf das Feld darf nicht auf eine Umkehrung desselben hinaus kommen.

Der Koeffizient a_2 enthält das wesentlich positive Glied:

$$\frac{k^2 N_0^2}{\Theta} q_n k_n$$

sowie das Glied:

$$w_n [k_a k \omega_0 + w_a] ,$$

welches wegen $k_a = -\gamma_a$ auch negativ ausfallen kann. Es handelt sich also um die Differenz

$$w_a - \gamma_a k \omega_0 ,$$

die zu Pendelungen Anlaß geben kann, wenn sie negativ wird und ihr Einfluß gegenüber dem wesentlich positiven Anteil des Koeffizienten a_2 überwiegt.

Der positive Anteil wird nun klein bei Feldschwächung und bei großem Θ; die Gefahr des Pendelns rückt also näher, wenn man bei einem Motor, der eine verhältnismäßig schwere Maschine antreibt, eine Drehzahländerung durch Feldschwächung herbeiführen will.

Über die Bedeutung des Ausdrucks $w_a - \gamma_a k \omega_0$ kann man sich mit Hilfe von Gleichung (3) Rechenschaft geben, wenn man die letzten beiden Glieder, die gegenüber den ersten beiden an Einfluß erheblich zurücktreten), vernachlässigt. Wir haben dann bei konstanter Drehzahl ω_0

$$E_a = J w_a + k N \omega_0$$

oder nach partieller Differentation:

$$\frac{\partial E_a}{\partial J} = w_a + k \omega_0 \frac{\partial N}{\partial J}$$

und, da nach (6)

$$\frac{\partial N}{\partial J} = k_a = -\gamma_a ,$$

$$\frac{\partial E_a}{\partial J} = w_a - \gamma_a k \omega_0 .$$

Es ist also $w_a - \gamma_a k \omega_0$ der Einfluß des Ankerstromes auf die bei konstanter Drehzahl erforderliche Klemmenspannung.

Wie ohne weiteres zu sehen, wird $w_a - \gamma_a k \omega_0$ bei Vergrößerung des Ankerwiderstandes w_a, wozu auch ein Vorschaltwiderstand zu rechnen ist, im Sinne einer etwaigen Verminderung der Pendelgefahr verändert.

Besonders wichtig ist der Einfluß von γ_a. Wir erinnern an den Ansatz (6a):

$$\Delta N = -\gamma_a \Delta J + \frac{L_n}{q_n} \Delta i\,, \tag{15}$$

wonach $-\gamma_a$ der Koeffizient der Ankerrückwirkung ist. Bekanntlich kann man dieser entgegenwirken durch eine Verbundwicklung auf den Feldpolen, sie vergrößern durch eine Gegenverbundwicklung. Im ersteren Falle entfernt man sich von der Pendelgefahr, im zweiten nähert man sich ihr.

Eine weitere Übersicht über die Umstände der Pendelgefahr erhält man, wenn schon in den Ausgangsgleichungen (7) die Vernachlässigungen $L_a = q_a = 0$ vorgenommen werden und für das Produkt $q_a k_n$ die Selbstinduktion L_n der Nebenschlußwicklung geschrieben wird. Dann wird die resultierende Differentialgleichung von der zweiten Ordnung, etwa diejenige für $\Delta\omega$:

$$\begin{aligned} (16)\qquad & L_n w_a \frac{d^2 \Delta\omega}{dt^2} + \left\{ w_n (w_a - \gamma_a k \omega_0) + \frac{k^2 N^2 L_n}{\Theta} \right\} \frac{d \Delta w}{dt} \\ & + w_n \frac{k^2 N_0 (N_0 - \gamma_a J_0)}{\Theta} \overline{\Delta\omega} = 0\,. \end{aligned}$$

Schreibt man diese Differentialgleichung kurz

$$\frac{d^2 \Delta\omega}{dt} + 2\mathrm{b} \frac{d \Delta\omega}{dt} + c^2 \Delta\omega = 0\,, \tag{17}$$

so werden die beiden Wurzeln der quadratischen Gleichung

$$\lambda^2 + 2\mathrm{b}\lambda + c^2 = 0$$

maßgebend für die Neigung zum Pendeln. Eine solche ist um so weniger vorhanden, je besser die Umgleichungen

$$\begin{aligned} \Theta w_n (w_a - \gamma_a k w_0) + k^2 N_0^2 L_n &> 0 \\ N_0 - \gamma_a J_0 &> 0 \end{aligned} \tag{18}$$

erfüllt sind,

in Übereinstimmung mit der Untersuchung der vollständigeren Gleichung (12). Diese beiden Bedingungen werden aber am besten erreicht, wenn man die Ankerrückwirkung $-\gamma_a$ und dem durch die Konstante L_n bezeichneten Einfluß der Feldfluktuationen auf die Ströme in der Nebenschlußwicklung beseitigt. Das erstere erreicht man durch eine Hauptstromwickelung, das zweite durch eine passende magnetische Verkettung von Ankerstrom und Nebenschlußstrom außerhalb der Maschine. Dann wird die Pendelgleichung von der Ordnung:

$$\frac{d\,\Delta\omega}{dt} + \frac{k^2 N_0^2}{w_a \Theta} \Delta\omega = 0 \tag{19}$$

entsprechend aperiodischeren Verlauf einer Störung $\Delta\omega_0$ zur Zeit $t = 0$:

$$\Delta\omega = \Delta\omega_0\, e - \frac{k^2 N_0^2}{w_a \Theta} t\,. \tag{20}$$

Das Abklingen der Störung erfolgt also um so energischer, je kräftiger das Feld N_0 und γ kleiner die Rotationsträgheit Θ ist.

Es gibt noch einen anderen Grenzzustand der Pendelneigung, der gegeben ist durch das Verschwinden der Dämpfungsglieder der Gleichung (16)

$$w_n (w_a - \gamma_a k \omega_0) + \frac{k^2 N_0^2 L_n}{\Theta} = 0\,. \tag{21}$$

Dann vollzieht die Maschine ungedämpfte Pendelungen $\Delta\omega$ um den Bewegungszustand ω_0 mit der Schwingungsdauer:

$$T = 2\pi \sqrt{\frac{\Theta L_n w_a}{w_n k^2 N_0 (N_0 - \gamma_a J_0)}}\,.$$

Nun tritt das Pendeln besonders gern bei Wendepolmotoren auf; auf die Ursache dieser Erscheinung wollen wir noch kurz eingehen.

Man wendet Wendepole an, um eine gute Kommutierung zu erzielen, indem man in der Stromwendezone ein dem Ankerfelde entgegengerichtetes, dasselbe aufhebendes Hilfsfeld erzeugt. Liegen die Bürsten symmetrisch in der Kommutierungszone, so haben die Wendepole keinen Einfluß auf das die EMK erzeugende Magnetfeld. Sind aber die Bürsten gegen die Drehrichtung des Motors verschoben, so wird das Hauptfeld durch die Wendepole stark geschwächt, mithin die Gefahr des Pendelns näher gerückt. Ferner wirken die Wendepole entsprechend ihrem Zweck auf eine Unterdrückung der Kurzschlußströme der Kommutierung; diese haben aber die Wirkung einer Bekämpfung der Ankerrückwirkung. Die Unterdrückung der Kommutierungsströme hat also eine verstärkte Schwächung des Hauptfeldes durch den Ankerstrom zur Folge und ergibt somit wiederum eine vergrößerte Pendelgefahr.

Hinsichtlich genauerer Erörterung der Pendelerscheinungen sei auf die Literatur verwiesen[236]). Im Ganzen geben die obigen Ansätze die Erscheinungen qualitativ richtig wieder und gestatten somit die Beurteilung der Pendelgefahr. Genauere Übereinstimmung mit den Versuchen, z. B. der Pendeldauer T findet nicht statt[237]), weil die eingeführten Größen z. T. veränderlich sind (z. B. W, γ_a und L_n), ferner, weil nur kleine Schwingungen betrachtet werden und schließlich, weil der Einfluß von Wirbelströmen und Hysterese vernachlässigt ist[238]).

§ 124. Elektrische Schwingungen im Lichtbogen.

Die Strömung von Elektrizität in Gasen und im Vakuum beruht auf dem Vorhandensein von freier Elektrizität (Ionen, Elektronen) in der Strömungsbahn oder Entladungsstrecke, an deren Enden (Elektroden, Pole) ein elektrisches Feld (elektrische Spannung) angelegt ist. Die Strömungserscheinungen werden demnach berechenbar, wenn die Umstände der Erzeugung und des Verschwindens der freien Elektrizität in der Strombahn bekannt sind.

1. Bei einer technisch wichtigen Gasentladungsstrecke, dem elektrischen Lichtbogen, kann man die genannten Erscheinungen etwa wie folgt darstellen[239]).

Der Messung unmittelbar zugänglich ist die Elektrodenspannung E des Lichtbogens und seine Stromstärke J. Der Quotient

$$(1) \qquad J : E = \sigma$$

bezeichnet die Leitfähigkeit der Bogenstrecke; der Quotient $E : J = \omega$ ihren Widerstand; es ist $\sigma\,\omega = 1$. Die Elektrizitätsbewegung im Lichtbogen läßt sich am einfachsten durch die Leitfähigkeit beschreiben, die auf dem Entstehen und Verschwinden körperlicher Elektrizität in der Strombahn beruht. Das durch die

Elektrodenspannung E definierte Feld treibt die vorhandene positive und negative Elektrizität der Kathode bzw. der Anode zu, welchen Vorgang man eben eine elektrische Strömung $J = E\sigma$ nennt. Die Leitfähigkeit σ ist proportional der Gesamtmenge freier Elektrizität in der Strombahn. Über die Leitfähigkeit einer gegebenen Gasstrecke weiß man folgendes:

a) Sie nimmt ab durch Selbstentionisation, die in erster Linie durch Neutralisierung der Ionen infolge der molekularen Gasbewegung bedingt und proportional ist der jeweils vorhandenen Elektrizitätsmenge und damit der Leitfähigkeit entsprechend $-a\sigma$.

b) Sie nimmt zu durch Stoßionisation infolge desjenigen Betrages (und ihm proportional) der Energieentwicklung EJ des Stromes in seiner Bahn, der über einem gewissen Kleinstwert $E_0 J_0$ liegt, bei welchem keine Stoßionisation stattfindet:

$$= c\,(EJ - E_0 J_0)\,.$$

c) Sie nimmt zu durch die Elektronenaussendung der glühenden Elektroden, proportional deren absoluter Temperatur $T = \varrho_a T_a + \varrho_k T_k$ (a für Anode, k für Kathode), wo die ϱ charakteristische Werte der Elektroden unter Berücksichtigung der polaren Unterschiede sind.

Demnach gilt für die zeitliche Leitfähigkeitsänderung:

$$\frac{d\sigma}{dt} = -a\sigma + c\,(EJ - E_0 J_0) + \varrho_a T_a + \varrho_k T_k\,. \tag{2}$$

Die Elektrodentemperaturen nehmen aber ab durch Wärmeverluste proportional ihrer Übertemperatur, und zwar im Zusammenhang mit der Energieproduktion der Strombahn. Es gilt also:

$$\frac{dT_a}{dt} = -s_a\,(T_a - T_0) + r_a EJ; \tag{3}$$

$$\frac{dT_k}{dt} = -s_k\,(T_k - T_0) + r_k EJ; \tag{4}$$

wo die s und r wieder Festwerte der Elektroden sind; bei den r sind wieder Polarisationsunterschiede anzunehmen.

Die Gleichungen (2), (3) und (4) lassen sich erheblich vereinfachen durch die Annahme kongruenter Elektroden mit $s_a = s_k = s$ und $s_a T_0 = h_a = s_k T_0 = h_k = h$, sowie durch die Einsetzungen:

$c E_0 J_0 = b$; $\varrho_a T_a + \varrho_k T_k = \varrho T$; $\varrho_a + \varrho_k = \varrho$, $\varrho_a r_a + \varrho_k r_k = \varrho r$, wobei sich (3) und (4) auf eine Gleichung zusammenziehen:

$$\frac{d\sigma}{dt} + a\sigma + b = c E J + \varrho T; \tag{5}$$

$$\frac{dT}{dt} + s T = r E J + h. \tag{6}$$

Den Wert dieser beiden Ansätze können wir sofort prüfen durch Ermittlung der statischen Charakteristik $E = f(J)$ des Lichtbogens aus ihnen (§ 112). Denn diese ist bedingt durch $\frac{d\sigma}{dt} = \frac{dT}{dt} = 0$ und findet sich so aus (1), (5) und (6) durch Entfernung von σ und T in der Gestalt:

$$E^2 - \frac{m}{n}\frac{E}{J} - \frac{1}{n} = 0, \tag{7}$$

wo m und n Abkürzungen sind:

$$m = \frac{1}{a}\left(b - \varrho\frac{h}{s}\right); \qquad n = \frac{1}{a}\left(c + \frac{\varrho r}{s}\right). \tag{7a}$$

Gl. (7) hat in E folgende positive Wurzel (die negative ist natürlich bedeutungslos):

$$E = \frac{m}{2nJ} + \sqrt{\frac{1}{n} + \frac{m^2}{4n^2J^2}} \tag{8}$$

und liefert somit eine statische Charakteristik, die mit der von Frau H. Ayrton[240]) empirisch gefundenen

$$E = \frac{B}{J} + A \tag{9}$$

für große Stromstärken übereinstimmt und auch für kleine J die Versuche genügend wiedergibt.

2. Eine weitere Probe der Theorie bietet die Prüfung der Stabilität des durch (1), (5), (6) beschriebenen Vorgangs. Wir behalten alle Beziehungen bei, schalten jedoch den Lichtbogen mit einem konstanten Widerstand W in Reihe an eine unveränderliche Spannung E. Dann kommt zu den genannten noch der Ansatz hinzu:

$$W J + E = \mathsf{E}. \tag{10}$$

Die dem stationären Zustande entsprechenden Größen bezeichnen wir mit J_0, E_0, σ_0, T_0, deren (kleine) Störungen Δi, Δe, $\Delta\sigma$, ΔT seien. Für die letzteren gelten dann die Differentialgleichungen:

$$(11)\quad \begin{cases} W\,\Delta i + \Delta e = 0 & (10\text{a})\\ \Delta i - \sigma_0\,\Delta e - E_0\,\Delta\sigma = 0 & (1\text{a})\\ c\,E_0\,\Delta i + c\,J_0\,\Delta e - \Delta\dot{\sigma} - a\,\Delta\sigma + \varrho\,\Delta T = 0 & (5\text{a})\\ r\,E_0\,\Delta i + r\,J_0\,\Delta e - \Delta\dot{T} - s\,\Delta T = 0 & (6a) \end{cases}$$

Diese haben eine partikuläre Lösung $e^{\lambda t}$, wo für λ gilt:

$$(12)\quad \begin{vmatrix} W & 1 & 0 & 0\\ 1 & -\sigma_0 & -E_0 & 0\\ cE_0 & cJ_0 & -\lambda-a & +\varrho\\ rE_0 & rJ_0 & 0 & -\lambda-s \end{vmatrix} = \begin{aligned}&(W\sigma_0+1)\lambda^2+[(a+s)(W\sigma_0+1)\\ &\quad + c\,E_0\,(W\,J_0 - E_0)]\,\lambda\\ &\quad + W[a\,s\,\sigma_0+(s\,c+\varrho\,r)\,E_0\,J_0]\\ &\quad + a\,s - (s\,c+\varrho\,r)\,E_0^2 = 0.\end{aligned}$$

Damit Stabilität vorhanden ist (λ nur negative reelle Teile), so muß sein:

$$(13)\qquad (a+s)(W\sigma_0+1) + c\,E_0\,(W\,J_0 - E_0) > 0$$

$$(14)\qquad W[a\,s\,\sigma_0 + (s\,c+\varrho\,r)\,E_0\,J_0] + a\,s - (s\,c+\varrho\,r)\,E_0^2 > 0.$$

Aus (13) berechnet sich:

$$(13\text{a})\qquad W > \omega_0\,\frac{c\,E_0^2 - (a+s)}{c\,E_0^2 + (a+s)},$$

aus (14) aber:

$$(14\text{a})\qquad W > \omega_0\,\frac{(s\,c+\varrho\,r)\,E_0^2 - a\,s}{(s\,c+\varrho\,r)\,E_0^2 + a\,s}.$$

Man sieht sogleich, daß (13a) erfüllt ist, wenn (14a) erfüllt ist; das letztere ist also das eigentliche Stabilitätskriterium. Um es mit dem Kriterium von Kaufmann[241]) zu vergleichen, bilden wir aus (7) den Differentialquotienten $\partial E_0 : \partial J_0$. Wir finden:

$$(15)\qquad \frac{\partial E_0}{\partial J_0} = -\frac{E_0}{J_0}\,\frac{n\,E_0^2 - 1}{n\,E_0^2 + 1}.$$

Mit $E_0 : J_0 = \omega_0$ und (7a) wird aber die rechte Seite von (15), wenn man vom Minuszeichen absieht, gleich der rechten Seite von (14a). Statt der letzteren Ungleichung können wir also schreiben:

$$(16)\qquad W + \frac{\partial E_0}{\partial J_0} > 0.$$

Dies ist aber das Kaufmannsche Kriterium für die Stabilität eines Gleichstromlichtbogens mit vorgeschaltetem Widerstand. Hiermit haben wir eine weitere Bewährung unserer Ausgangsgleichungen gewonnen.

3. Wir behandeln nun die quasistationären Schwingungen eines Gleichstromlichtbogens[242]). Solche sind möglich bei einer Schaltung nach Fig. 363. Der Lichtbogen liegt in Reihe mit einem Widerstand W und einer Selbstinduktion L; parallel zu dieser Reihe liegt der Kondensator C. Zu den Verzweigungspunkten A und B sind die Pole einer genügend starken Batterie E über einen Widerstand W_0 und eine Drosselspule L_0 geführt. Der Lichtbogen läßt dann einen singend-pfeifenden Ton hören, das Amperemeter 1 zeigt Gleichstrom J_0, 2 und 3 Wechselstrom Δi, unter sich gleich, aber von J_0 verschieden, an. Eine oszillographische Aufnahme von $E_0 + \Delta e$ sowie von $J_0 + \Delta i$ ergibt periodische Kurven nach Fig. 364. Demnach lagert sich dem Speisestrom J_0 ein Wechselstrom Δi über. Der Vorgang läßt sich wie folgt beschreiben. Während des Zeitabschnitts I fließt die Elektrizitätsmenge $-\int \Delta i\, dt$ in den Kondensator, dieser ladet sich auf. Entsprechend

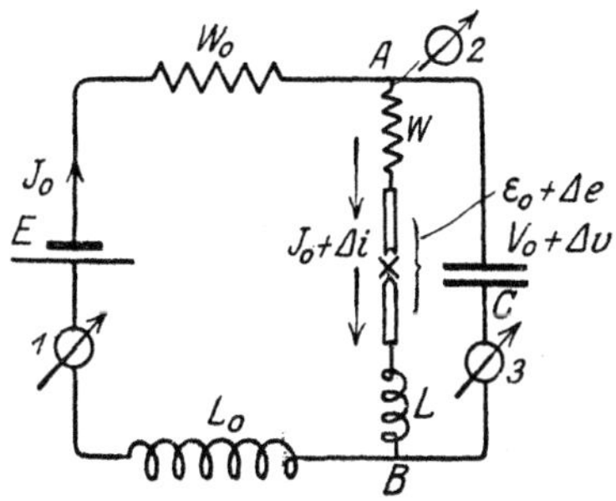

Fig. 363. Schaltung des tönenden Lichtbogens.

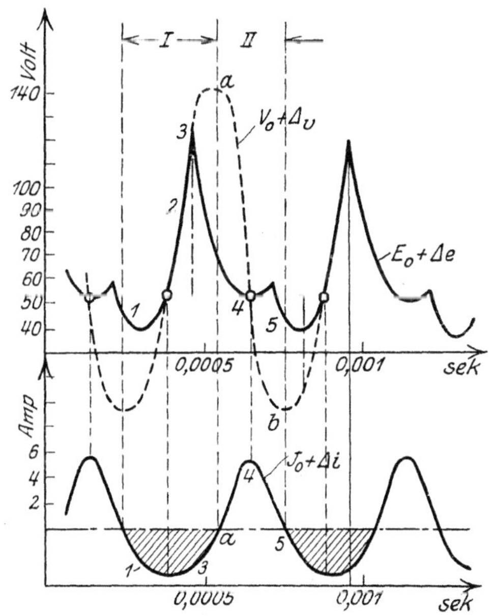

Fig. 364. Lichtbogenschwingungen erster Art.

nimmt die Stromstärke des Lichtbogens kleinere Werte $J_0 - \Delta i$ an, die Bogenspannung $E_0 + \Delta e$ befindet sich deshalb im Anschwellen (Ziffern 1—2), entsprechend der Tendenz der mit fallendem Strom ansteigenden Charakteristik. (Vgl. hierzu Fig. 365, wo die gestrichelte Linie die statische, die ausgezogene mit den entsprechend Fig. 364 beigeschriebenen Ziffern die dynamische Charakteristik bedeutet.) Jenem Ansteigen folgt auch die Zunahme der Kondensatorspannung $V_0 + \Delta v$, entsprechend dem Ansatz des Spannungsgleichgewichts:

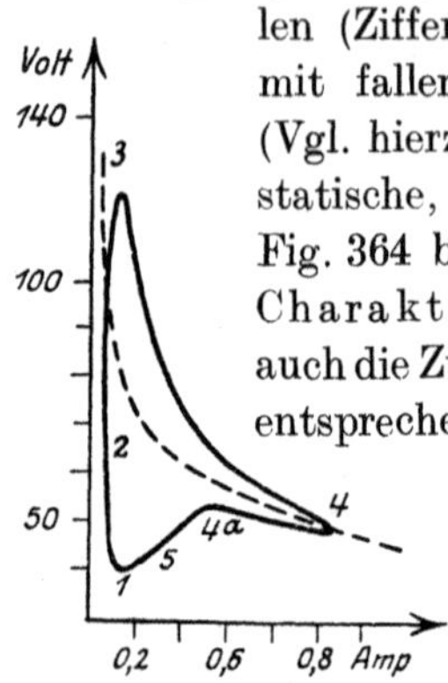

Fig. 365. Statische und dynamische Lichtbogen-Charakteristik.

$$(17)\qquad V_0 + \Delta v = E_0 + \Delta e + W\Delta i + L\frac{d\Delta i}{dt}\,.$$

In der Fig. 364 ist aber $W\,\Delta i$ durchweg als klein und $L\dfrac{d\Delta i}{dt}$ auf der Strecke des Anstiegs 2—3 vernachlässigt, weil hier Δi nahezu konstant ist. Im Verlauf des Anstiegs 2—3 erreicht die Bogenspannung ihren Zündgipfel 3, womit der Lichtbogenstrom längs 3—4 wieder anzuschwellen beginnt. Das Anwachsen des Bogenstromes 3—4 bedingt aber sofort ein Abfallen der Bogenspannung längs der Charakteristik, wobei jene unter die Kondensatorspannung fällt; trotzdem bleibt der Ladestrom von 3 bis a noch aufrecht erhalten infolge der induzierenden Wirkung des mit $\dot{\Delta i}$ verschwindenden Feldes $L\,\dot{\Delta i}$ der Selbstinduktion. Im Punkte a ist die Ladung des Kondensators beendet. Von hier ab wird der Lichtbogenstrom größer als der Speisestrom J_0, wozu die nötige Elektrizitätsmenge aus dem Kondensator geliefert wird, der sich durch den Bogen hindurch entladet (II). Seine Spannung nimmt dabei ab und sinkt von 4 an unter die Bogenspannung. Trotzdem setzt sich die Entladung durch den Bogen hindurch noch bis 5 fort, weil, wie vorhin, das verschwindende Feld der Selbstinduktion den Strom Δi noch eine Zeitlang weiter treibt. Am Ende des Zeitabschnittes II ist der Kondensator völlig entladen, seine Spannung erheblich unter die des Bogens gefallen; die Aufladung und damit der Schwingungsvorgang beginnt von neuem.

4. Zur quantitativen Untersuchung des Vorganges, dessen Periode T offenbar wesentlich durch die Eigenschaften des dem

Bogen parallel geschalteten Zweiges bedingt ist ($T = 2\pi\sqrt{LC}$), greifen wir auf die Ansätze (1), (5), (6), (10) bzw. die Gruppe (11) zurück, die wir entsprechend Fig. 363 ergänzen. Neu kommt hinzu die Ladegleichung für den Kondensator

$$\frac{1}{C}\Delta i + \dot{\Delta} v = 0. \tag{18}$$

Ferner ist in (10a) die E. M. K der Selbstinduktion $L\dot{\Delta} i$ und die Kondensatorspannung Δv hinzuzufügen, wie es schon in Ansatz (17) geschehen ist. Es entsteht für die Störungen Δi, Δe, $\Delta \sigma$, ΔT, Δv ein System von 5 Differentialgleichungen entsprechend (11), dessen charakteristische Determinante lautet:

$$\begin{vmatrix} \frac{1}{C} & 0 & 0 & 0 & +\lambda \\ L\lambda + W & 1 & 0 & 0 & -\lambda \\ 1 & -\sigma_0 & -E_0 & 0 & 0 \\ cE_0 & cJ_0 & -\lambda - a & \varrho & 0 \\ rE_0 & rJ_0 & -\lambda - s & 0 & 0 \end{vmatrix} = 0 \tag{18}$$

Deren Entwicklung liefert für λ eine Gleichung vierten Grades:

$$\lambda^4 + a_1\lambda^3 + a_2\lambda^2 + a_3\lambda + a_4 = 0\,. \tag{19}$$

Die Prüfung der Hurwitzschen Stabilitätsbedingungen (§ 44):

$$a_1 > 0;\quad a_1 a_2 - a_3 > 0,\quad (a_1 a_2 - a_3)\,a_3 - a_1^2 a_4 > 0;\quad a_4 > 0 \tag{20}$$

ergibt zunächst, daß hier das Kaufmannsche Kriterium (14a) bzw. (16) nicht erfüllt zu sein braucht, daß viel mehr ein dem nach Kaufmann instabilen Zweig parallel geschalteter Kondensator wieder Stabilität herbeiführt.

Ferner kann man fragen, unter welchen Umständen unser Differentialgleichungssystem eine rein periodische (ungedämpfte) Lösung, etwa

$$\Delta i = A\sin\nu t + B\cos\nu t \tag{21}$$

hat. Es wird dies der Fall sein, wenn (19) die Lösungen hat: $\pm i\nu$, $-\beta \pm i\nu$. Durch Einsetzen in (18) findet man für deren Beiwerte folgendes Gleichungssystem:

$$a_1 = 2\beta,\quad a_2 = \beta^2 + \nu^2,\quad a_3 = 2\beta\nu^2,\quad a_4 = (\beta^2 + \nu^2)\,\nu^2, \tag{22}$$

woraus sich berechnet:

$$(23) \qquad \nu^2 = a_3 : a_1; \quad \beta = a_1 : 2,$$

falls die Bedingungn erfüllt sind:

$$(24) \quad a_1 a_2 - a_3 = \left(\frac{a_1^2}{4} + \frac{a_3}{a_3}\right) a_1; \quad (a_1 a_2 - a_3) a_3 - a_1^2 a_4 = 0.$$

Aus diesen letzteren findet sich der wichtige Satz, daß die ungedämpften Schwingungen nur möglich sind an solchen Stellen der durch (8) definierten Charakteristik, an denen $\partial E_0 : \partial J_0$ negativ ist; diese Eigenschaft hat aber unser durch die Gleichungen (1), (5), (6) definierter Lichtbogen sicher.

Besonders wichtig ist die Frequenz $\nu = \sqrt{a_3 : a_1}$ der Schwingungen, die nach gehöriger Auswertung in den Beiwerten der Anordnung Fig. 363 die Form annimmt:

$$(25) \qquad \nu = \frac{1}{\sqrt{LC}} \sqrt{\frac{1}{1+p}} + q.$$

Hier ist q eine kleine Größe, die positiv ist, wenn das Kaufmannsche Kriterium erfüllt ist; p aber hat den Wert

$$(26) \qquad p = (W + \omega_0) : (c E_0^2 + a + s) L,$$

der beim Zustandekommen der Schwingungen kleiner als 1 ist und bei der obengewählten Versuchsanordnung etwa bei 1 : 4 liegt. Demnach muß die erregte Frequenz ν kleiner sein als die Eigenfrequenz $\frac{1}{\sqrt{LC}}$. Sie nähert sich aber dieser als Grenzwert, wenn man bei festgehaltenem LC entweder L oder E_0 oder beides zugleich wachsen läßt.

Der in Fig. 364 dargestellte Schwingungsverlauf zeigt eine Lichtbogenschwingung erster Art. Schwingungen zweiter Art liegen vor, wenn Δi gleich J_0 wird, der Lichtbogenstrom also zeitweise verschwindet, dritter Art, wenn $J_0 + \Delta i$ seine Richtung zeitweise sogar umkehrt. Übrigens ist unser Beispiel nahe zueine Schwingung zweiter Art; diese werden in der Funkentelegraphie ausnahmslos verwendet, weil sie unter sonst gleichen Umständen eine beträchtlichere Produktion an Schwingungsenergie ermöglichen als die Schwingungen erster Art. Schwingungen dritter Art verwendet man nicht, weil sie durch Oberwellen verzerrt sind und demnach die Abstimmung der Sende- und Empfangsorgane erschweren.

§ 125. Elektrische Schwingungen in Vakuumröhren.

1. Die grundlegende Anordnung einer Vakuumröhre ist in Fig. 366 dargestellt. In einem stark ausgepumpten Glasgefäß R ist eine plattenförmige Anode A und eine fadenförmige Kathode K eingeschmolzen. Letztere ist zweipolig und wird durch einen Heizstrom J_h (mittels der Heizbatterie B_h) zum Glühen gebracht. Zwischen der Anode und einem Ende des Kathodendrahtes liegt die Anodenbatterie B_a, deren Spannung E_a (Anodenspannung) reguliert werden kann. Dann fließt von der Anode zur Kathode ein Strom, der Anodenstrom J_a, bestehend in einem Transport negativer Elektrizität von der Kathode zur Anode. Die negative Elektrizität aber besteht aus Elektronen, die der Kathodenfaden infolge seiner Heizung aussendet.

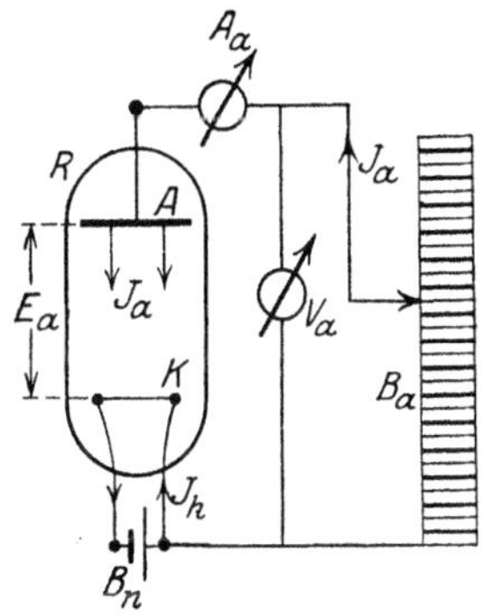

Fig. 366. Vakuumröhre.

Die Abhängigkeit des Anodenstromes J_a von der Anodenspannung E_a ist in Fig. 367 wiedergegeben. J_a steigt mit E_a an bis zu einem Höchstwert J_s, dem Sättigungsstrom, der mit der Kathodentemperatur T oder dem Heizstrom J_h zunimmt. Der Zu-

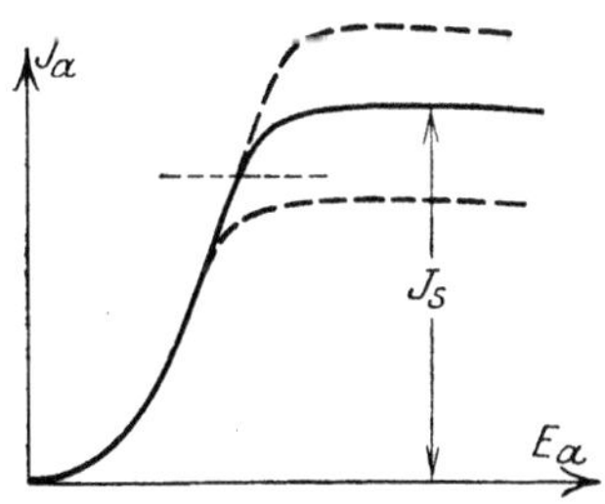

Fig. 367. Kennlinie und Sättigungskurve.

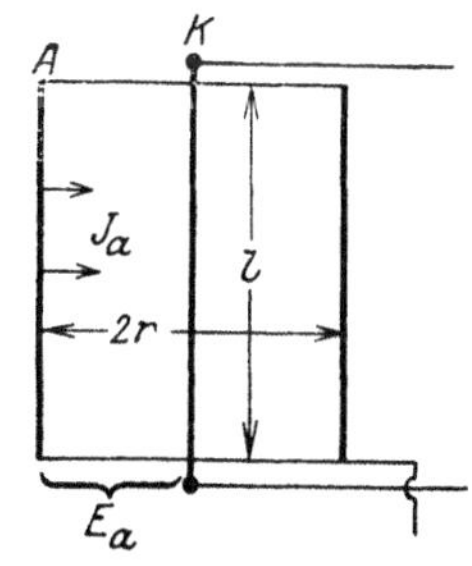

Fig. 368. Anoden-Kathoden-Anordnung.

sammenhang zwischen J_a und E_a kann für eine gegebene Röhre sehr leicht experimentell ermittelt werden; es ist aber auch möglich, mit ziemlich einfachen Vorstellungen der Potentialtheorie und der Elektrondynamik die Gestalt der Anodenspannungskennlinie $J_a = f(E_a)$ wenigstens bis zum Sättigungspunkt zu ermitteln.

Für eine Anoden-Kathodenanordnung nach Fig. 368 hat J. Langmuir[243]) die Beziehung abgeleitet:

$$(1) \qquad J_a = 1{,}465 \cdot 10^{-5} \frac{l}{r} E_a^{\frac{3}{2}}.$$

2. Eine Vakuumröhre in der besprochenen Form ist ein rein physikalischer Apparat; zu einem technischen Apparat wird sie erst durch Hinzufügung einer zweiten Anode, des sogenannten Gitters, nach Fig. 369 und in Ausführungsgestalt nach Fig. 370. Legt man zwischen Gitter und Kathode eine Spannung E_g an, wird sich auch diese an dem Transport von Elektronen beteiligen.

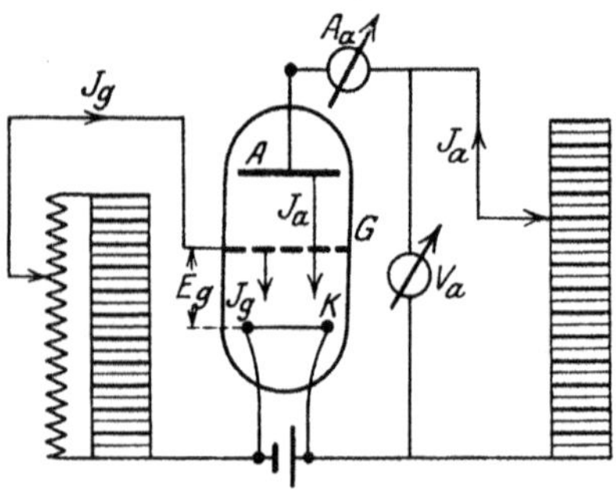

Fig. 369. Verstärkerröhre.

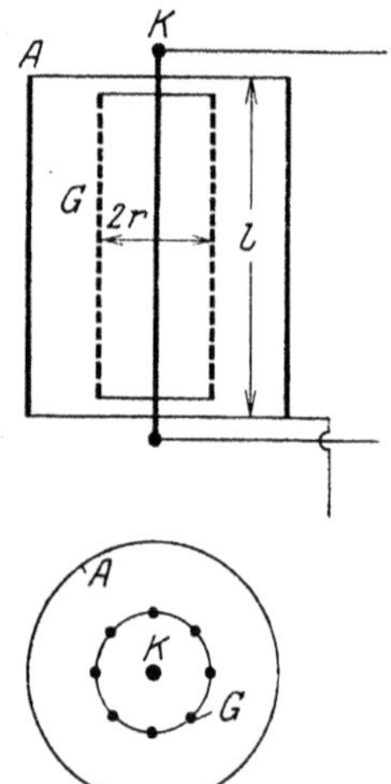

Fig. 370. Anode, Gitter, Kathode.

Wäre der Gitterkreis allein da, so müßte für ihn die Langmuirsche Formel gelten:

$$(2) \qquad J_g = 1{,}465 \cdot 10^{-5} \frac{l}{r} E_g^{\frac{3}{2}}.$$

Kommt jetzt noch die Anodenwirkung hinzu, so vermehrt sich der Gitterstrom J_g um den Anodenstrom J_a zum Emissionsstrom

$$(3) \qquad J_e = J_g + J_a.$$

Zur Erzeugung von J_a steht aber jetzt nicht mehr die ganze Anodenspannung E_a zur Verfügung, sondern nur ein Bruchteil $D E_a$; man hat sich vorzustellen, daß die elektrostatische Wirkung der Anodenspannung auf die Kathode, die den Elektronentransport verursacht, durch das Gitter hindurch, welches selbst eine Spannung E_g besitzt, vermindert wird; die Anodenspannung greift also nur zu einem Bruchteil $D E_a$ durch das Gitter hindurch; die Zahl $D < 1$ nennt man den „Durchgriff“ der Anode; sie ist eine mit den Ansätzen der Potentialtheorie berechenbare reine Abmessungskonstante [244]) (wenigstens für große Bereiche der Stromstärke J_e; vgl. hierzu Anm. [245]). Es vereinigen sich also jetzt E_g und $D E_a$ zur sogenannten Steuerspannung $E_{st} = E_g + D E_a$, die für den Emissionsstrom maßgebend ist.

Die Formel (3) schreibt sich demnach in der Gestalt:

$$(4) \qquad J_e = 1{,}465 \cdot 10^{-5} \frac{l}{r} (E_g + D E_a)^{\frac{3}{2}} = A (E_g + D E_a)^{\frac{3}{2}},$$

wo aber nunmehr r der Gitterradius sein muß (siehe Fig. 370), damit für verschwindende Anodenspannung E_a für das Gitter die richtige Langmuirsche Formel herauskommt. Der Ansatz (4) erfordert zur graphischen Darstellung entweder eine Fläche oder eine Kurvenschar. Wir wählen die letztere Art, und zwar als Parameter der Schar die Anodenspannung, als Abszisse das Gitterpotential (E_g-Kennlinie). Dann ergibt sich die Fig. 371.

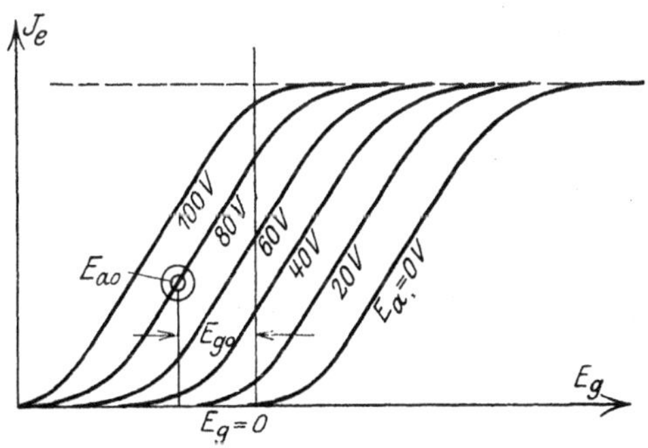

Fig. 371. Kennlinienschar.

Die Kurven entsprechen bis ans Sättigungsknie dem Ansatz:

$$(5) \qquad J_e = A (E_g + D E_a)^{\frac{3}{2}}.$$

Hierbei ist zu beachten, daß bei negativem Gitterpotential E_g gegebenenfalls $E_g + D E_a$ negativ werden könnte, falls D klein genug ist. Trotzdem können negative Emissionsströme nicht auftreten, entsprechend dem imaginären Werte der Wurzel $\sqrt{-E_{st}^3}$. Die Elektronenröhre besitzt also die Ventil- oder Gleichrichtereigenschaft. Andererseits bestimmt sich der Anteil des Gitterstroms am Emissionsstrom bei negativem Gitterpotential durch die Unmöglichkeit des Übertrittes von Elektronen auf das Gitter. In diesem Falle ist der Emissionsstrom gleich dem Anodenstrom.

In ihrem mittleren Teil sind die Kurven der Fig. 371 einander ungefähr parallel, von gleicher „Steilheit" S. Auf derselben Strecke in der Umgebung eines Arbeitspunktes E_{g0}, E_{a0} kann man sie als annähernd geradlinig ansehen und die Steilheit darstellen durch

$$S = \left(\frac{\partial J_e}{\partial E_g}\right)_0 = \frac{3}{2} A \sqrt{E_{g0} + D E_{a0}}\,, \tag{6}$$

und das Produkt aus Steilheit und Durchgriff

$$D S = \left(\frac{\partial J_e}{\partial E_a}\right)_0 = \frac{3}{2} A D \sqrt{E_{g0} + D E_{a0}}\,, \tag{7}$$

Demnach bestimmen sich kleine Strom- und Spannungsänderungen in der Umgebung des Arbeitspunktes durch:

$$\Delta J_e = S \Delta E_g + D S \Delta E_a\,. \tag{8}$$

Arbeitet die Röhre nun im Gebiete negativen Gitterpotentials, so kann ΔJ_a statt ΔJ_e geschrieben werden, entsprechend

$$\Delta J_a = S \Delta E_g + D S \Delta E_a\,. \tag{9}$$

Ist nun im Anodenkreis ein Widerstand R eingeschaltet, so entspricht der Stromänderung ΔJ_a eine Änderung der Anodenspannung

$$\Delta E_a = - R \Delta J_a\,, \tag{10}$$

womit sich nach Einsetzen in Gl. (9) ergibt:

$$\Delta J_a = S \Delta E_g - D S R \Delta J_a \tag{10a}$$

oder

$$\Delta J_a = \frac{S \Delta E_g}{1 + D S R}\,. \tag{11}$$

Dies ist die Verstärkungsgleichung der Röhre. Man erkennt, daß die kleinen Änderungen ΔE_g der Gitterspannung sich als um so stärkere Schwankungen ΔJ_a des Anodenstromes zu erkennen geben, je größer S ist, je steiler also die E_g-Kennlinie im Arbeitspunkte verläuft. Andererseits aber nimmt die Verstärkerwirkung zu mit kleinerem Durchgriff D. Die Größenordnung von S kann bei einer kleinen Röhre etwa $S = 10^{-4}$ Amp. : Volt sein, der Durchgriff $D = 0{,}1$. Schreibt man in (10a) $DS = 1 : R_i$,[246]) so kann man R_i als den inneren Widerstand der Röhre ansprechen, da $\frac{R\,\Delta J_a}{R_i} = -\frac{\Delta E_a}{R_i}$ die von der Änderung der Anodenspannung herrührende Stromänderung bedeutet. R_i hat stets sehr große Werte; im vorliegenden Falle wird $R_i = 1 : D\,S = 100\,000$ Ohm. Hieraus ergibt sich, daß nur sehr kleine Ströme durch die Röhre gehen.

Bei 100 Volt Anodenspannung beträgt der Strom nur 1 Milliampere.

3. Betrachten wir jetzt die Wirkung der Vakuumröhre als Schwingungserzeuger an Hand von Fig. 372, wo in den Anodenzweig ein elektrischer Schwingungskreis L, C, R in „Rückkoppelung“[247]) mit der Gitterspannung eingeschaltet ist.

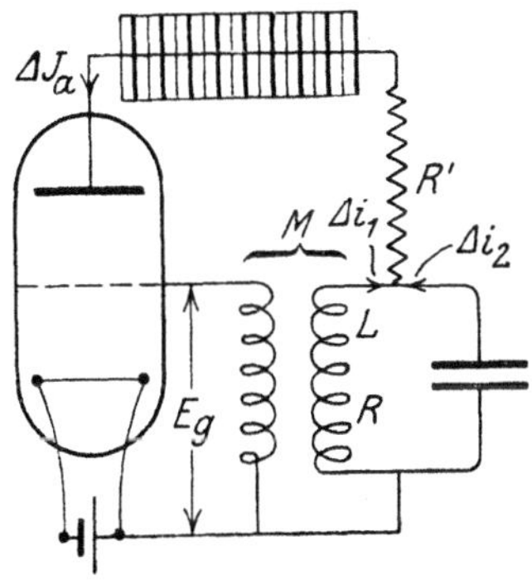

Fig. 372. Vakuumröhre als Schwingungserzeuger.

Folgendes System von Gleichungen (12) ist anzusetzen:[248])

a) für die E_g-Kennlinie:

$$\Delta J_a = S\,\Delta E_g + D\,S\,\Delta E_a;$$

b) für die Stromteilung am Schwingungskreis:

$$\Delta J_a = \Delta i_1 + \Delta i_2\,;$$

c) für die Spannungen im Schwingungskreis:

$$R\,\Delta i_1 + L\frac{d\,\Delta i_1}{d\,t} = \frac{1}{C}\int \Delta i_2\,d\,t\,;$$

d) für die Spannungen im Anodenkreis:

$$\Delta E_a = -R'\,\Delta J_a - \frac{1}{C}\int \Delta i_2\,d\,t;$$

e) für die Spannungen im Gitterkreis:

$$\Delta E_g = +M\frac{d\,\Delta i_1}{d\,t}.$$

Diese fünf Gleichungen dienen zur Ermittlung der kleinen Schwankungen ΔJ_a, Δi_1, Δi_2, ΔE_a, ΔE_g, die sich auf einen nicht periodischen Bewegungszustand im Gebiete wesentlich negativer Gitterpotentiale ($M = 0$) beziehen.

Das übliche Ausschaltungsverfahren liefert für $\varDelta i_2$ die Differentialgleichung

$$(13) \qquad a \frac{d^2 \varDelta i_2}{d t^2} + b \frac{d \varDelta i_2}{d t} + c \varDelta i_2 = 0$$

mit den Werten:

$$(14) \qquad \begin{cases} a = (1 + D S R') L C; \\ b = D S L + (1 + D S R') C - S M; \\ c = 1 + D S (R + R'). \end{cases}$$

Soll hier eine stationäre Schwingung möglich sein, so muß die Bedingung erfüllt werden

$$(15) \qquad b = D S L + (1 + D S R') C - S M = 0,$$

woraus sich der Ausdruck für die Stärke der Rückkoppelung findet

$$(16) \qquad M = D L + \left(\frac{1}{S} + D R'\right) C.$$

Man erkennt also, daß die nötige Rückkopplung um so schwächer zu sein braucht, je kleiner der Durchgriff D (die Rückwirkung der Anodenspannung)und je größer S, (die Steilheit der Kennlinie) ist. Das sind aber dieselben Bedingungen, die wir oben für eine gute Verstärkerwirkung fanden.

Ist die Rückkopplung richtig bemessen, so wird die Frequenz der eintretenden ungedämpften Schwingung:

$$(17) \qquad \omega = \sqrt{\frac{c}{a}} = \frac{1}{\sqrt{L C}} \sqrt{\frac{1 + D S (R + R')}{1 + D S R'}}$$

Die entstehende Frequenz wird also nahe gleich (etwas größer) der Eigenfrequenz des Schwingungskreises gefunden. Sie nähert sich dieser um so mehr, je kleiner $D\,S$ oder je größer der innere Widerstand der Röhre ist.[248a)]

XVII. Elektromagnetische Vorgänge auf geradlinig ausgestreckten Leitern.

§ 126. Aufstellung der Telegraphengleichung.

1. Aus einer geradlinig ausgestreckten Doppelleitung mit den auf die Längeneinheit (1 km) bezogenen Werten des Ohm-

schen Widerstands R, der Selbstinduktivität L, der Ableitung (Ausstrahlungsverlust) G, Kapazität C grenzen wir nach Fig. 373 ein Stück heraus, auf das wir das zweite elektromagnetische Grundgesetz (§ 133) anwenden:

$$\mu\,\omega \frac{d\mathfrak{H}}{dt} = -\int_0^s \mathfrak{E} \cos(\mathfrak{E}, ds)\, ds .$$

Hier ist die Permeabilität $\mu = 1$ zu setzen, während für $\frac{d(\omega\,\mathfrak{H})}{dt}$ die Änderung $L\,\frac{\partial J}{\partial t}$ des magnetischen Feldes der Selbstinduktion eintritt.

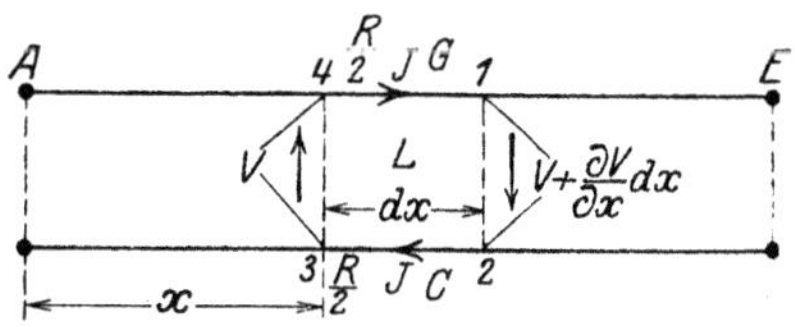

Fig. 373. Linienelement einer Leitung.

Das Linienintegral der elektrischen Kraft wird über 1 2 3 4 genommen. Wir erhalten:

$$L\,\frac{\partial J}{\partial t}\,dx = -\left[\left(V + \frac{\partial V}{\partial x}\,dx\right) + \frac{R}{2}\,dx\,J - V + \frac{R}{2}\,dx\,J\right]$$

oder

$$(1) \qquad -\frac{\partial V}{\partial x} = RJ + L\,\frac{\partial J}{\partial t} .$$

Zu diesem Ansatz kommt die Kontinuitätsbedingung der elektrischen Strömung, indem die Stromänderung ∂J längs dx mit dem Ableitungsverlust $G\,V\,dx$ und dem kapazitiven Strom des Elementes dx: $\frac{\partial}{\partial t}(C\,V\,dx)$ die Summe Null ergeben muß:

$$\partial J + G\,V\,dx + \frac{\partial}{\partial t}(C\,V\,dx) = 0$$

oder

$$(2) \qquad -\frac{\partial J}{\partial x} = G\,V + C\,\frac{\partial V}{\partial t} .$$

Schaltet man aus (1) und (2) V aus, so findet sich für J

$$(3) \qquad \frac{\partial^2 J}{\partial x^2} = G\,R\,J + (G\,L + C\,R)\,\frac{\partial J}{\partial t} + C\,L\,\frac{\partial^2 J}{\partial t^2} .$$

Für V ergäbe sich eine entsprechende Gleichung, wenn man J aus (1) und (2) ausschaltete.

Man schreibt deshalb statt (3) eine gemeinsame Gleichung mit einer neuen Variablen U:

$$\frac{\partial^2 U}{\partial x^2} = G\,R\,U + (G\,L + C\,R)\,\frac{\partial U}{\partial t} + C\,L\,\frac{\partial^2 U}{\partial t^2}\,, \tag{4}$$

mit der V und J durch die Ansätze verbunden sind:

$$V = \frac{\partial U}{\partial x}\,; \quad J = -\left(C\,\frac{\partial U}{\partial t} + G U\right). \tag{5}$$

Je nach Bedarf werden wir nun (1) und (2) oder (4) und (5) heranziehen.

2. Man nennt die Gleichung der Gestalt (3) oder (4) die Telegraphengleichung, weil sie zuerst zur Untersuchung von Vorgängen in Telegraphenleitungen aufgestellt wurde. Durch die Einsetzung

$$J = e^{-\frac{G}{C}t}\,\psi \tag{6}$$

kann man (3) in die Form bringen:

$$\frac{\partial^2 \psi}{\partial x^2} = (C\,R - G\,L\,\frac{\partial \psi}{\partial t} + C\,L\,\frac{\partial^2 \psi}{\partial t}\,. \tag{7}$$

Besteht die Bedingung

$$CR - GL = 0\,, \tag{7a}$$

so bleibt übrig:

$$\frac{\partial^2 \psi}{\partial x^2} = C\,L\,\frac{\partial^2 \psi}{\partial t^2} \tag{8}$$

mit der allgemeinen Lösung:

$$\psi = f\left(t \pm \frac{x}{w}\right). \tag{9}$$

wo f eine ganz beliebige Funktion ist und $w = \frac{1}{\sqrt{CL}}$ bedeutet. Die Gleichung (9) besagt, daß sich ein an der Stelle $x = 0$ gegebener Wert $\psi = f(0)$ nach der Zeit $\frac{x}{w}$ unverändert an den Stellen $\pm x$ der Leitung wiederfindet, d. h. eine Welle ψ pflanzt sich zeitlich ungedämpft und räumlich unverzerrt mit der Geschwindigkeit w auf der Leitung fort. Dagegen erfährt der Strom J ebenso wie die Spannung V gemäß

$$J = e^{-\frac{G}{C}t}\,\psi$$

eine zeitliche Dämpfung; die Eigenschaft der räumlichen Verzerrungsfreiheit bleibt aber erhalten; man nennt daher eine Leitung, deren elektrische Konstanten die Bedingung (7a) erfüllen, verzerrungsfrei.

3. Kann man in den Gleichungen (1) und (2) den Ohmschen Widerstand R und die Ableitungskonstante G gleich Null setzen, so erhält man die Differentialgleichungen der verlustfreien Leitung:

$$(9\text{a})\qquad \begin{cases} -\dfrac{\partial V}{\partial t} = L\dfrac{\partial J}{\partial t} \\[2ex] -\dfrac{\partial J}{\partial x} = C\dfrac{\partial V}{\partial t} \end{cases}$$

mit der Lösung:

$$(9\text{b})\qquad V = f(x - wt)\,, \qquad J = \frac{V}{Z}$$

oder

$$(9\text{c})\qquad V = g(x + wt)\,, \qquad J = -\frac{V}{Z}$$

$$Z = \sqrt{\frac{L}{C}}\,, \qquad w = \frac{1}{\sqrt{LC}}\,.$$

Die Funktionen f und g sind ganz beliebig und bedeuten das unverzerrte Fortschreiten einer beliebigen Spannungsverteilung längs der Leitung mit der Geschwindigkeit $w = \frac{1}{\sqrt{LC}}$ in entgegengesetzten Richtungen, also eine Wanderwelle, deren Natur später genauer untersucht wird. Die verlustfreie Leitung ist ebenfalls verzerrungsfrei.

Bemerkenswert ist die Konstante Z, der Proportionalitätswert der Spannung zum Strom an jeder Stelle. Man nennt ihn deshalb den Wellenwiderstand oder auch die Leitungscharakteristik.

4. Nach H. Poincaré[249]) und K. W. Wagner[250]) kann man die Grundgleichungen (1) und (2) durch die Einsetzungen

$$(10)\qquad \begin{cases} x = \dfrac{\mathsf{X}}{\sigma}\,; & t = \dfrac{\mathsf{T}}{w\sigma}\,; \\[2ex] \sigma = \dfrac{RC - GL}{2\sqrt{LC}}\,; & w = \dfrac{1}{\sqrt{CL}} \end{cases}$$

und

$$(11)\qquad \begin{cases} V = \dfrac{\mathsf{V}}{\sigma} e^{-\mathsf{T}}; & J = \dfrac{\mathsf{J}}{\sigma Z} e^{-\gamma \mathsf{T}}; \\[2ex] \gamma = \dfrac{2GL}{RC - GL}\,; & Z = \sqrt{\dfrac{L}{C}} \end{cases}$$

umformen, so daß sie die Gestalt annehmen:

$$(12)\qquad \begin{cases} 2\mathsf{J} + \dfrac{\partial \mathsf{J}}{\partial \mathsf{T}} = -\dfrac{\partial \mathsf{V}}{\partial \mathsf{X}}\,; \\[2ex] \dfrac{\partial \mathsf{V}}{\partial \mathsf{T}} = -\dfrac{\partial \mathsf{J}}{\partial \mathsf{X}}\,. \end{cases}$$

An Stelle des Paares von Differentialgleichungen (12) kann die einzige

$$(13)\qquad \frac{\partial^2 \mathsf{U}}{\partial \mathsf{X}^2} = 2\frac{\partial \mathsf{U}}{\partial \mathsf{T}} + \frac{\partial^2 \mathsf{U}}{\partial \mathsf{T}^2}$$

treten für die Variable U, aus der sich J und V ableiten vermöge:

$$(14)\qquad \mathsf{V} = \frac{\partial \mathsf{U}}{\partial \mathsf{X}}\,; \qquad \mathsf{J} = -\frac{\partial \mathsf{U}}{\partial \mathsf{T}}\,.$$

Die Bedeutung dieser Normalformen der Telegraphengleichung liegt darin, daß durch die Umformungen (10) und (11) sämtliche Sondereigenschaften der Leitung verschwunden sind, so daß alle möglichen Leitungen auf eine einzige zurückgeführt werden, andererseits aber sind die neuen unabhängigen Veränderlichen

$$(15)\qquad \mathsf{X} = \sigma x\,; \qquad \mathsf{T} = w\sigma t$$

reine Zahlen geworden. Insbesondere ist dies wichtig für die Längenvariable X, die wesentlich den Verlauf der Erscheinungen im Kabel beeinflußt; man nennt sie das Längenmaß des Kabels oder der Leitung und findet, daß die Erscheinungen in letzterem gleichartig verlaufen, sobald das Längenmaß das gleiche ist.

4. Eine Lösung der Ansätze (12) bzw. (13) sei für den Fall eines sehr langen Kabels mitgeteilt, an dessen Anfang $\mathsf{X} = 0$ eine Spannung $\mathsf{V} = f(\mathsf{T})$ angelegt ist. Wie K. W. Wagner[250]) nachgewiesen hat, findet sich dann für die potentialartige Funktion U [Gleichung (13)] der Ansatz

$$\mathsf{U} = -\int_{-\infty}^{\mathsf{T}-\mathsf{X}} f(\tau)\, e^{(\gamma+1)\tau-\mathsf{T}} J_0 \sqrt{\mathsf{X}^2 - (\mathsf{T}-\tau)^2}\, d\tau, \tag{16}$$

wo $J_0(z)$ die Besselsche Funktion erster Art nullter Ordnung

$$J_0(z) = 1 - \frac{\left(\frac{1}{2} z\right)^2}{1!^2} + \frac{\left(\frac{1}{2} z\right)^4}{2!^2} - \frac{\left(\frac{1}{2} z\right)^6}{3!^2} + \cdots \tag{17}$$

bedeutet. Das Integral erfordert eine Zeitintegration (nach τ) derart, daß $\mathsf{T} - \mathsf{X}$ die obere Schranke der Integrationsvariablen bzw. des Argumentes τ von $f(\tau)$ wird:

$$\tau \leqq \mathsf{T} - \mathsf{X}. \tag{18}$$

Wird nun die angelegte Spannung so gewählt, daß gilt:

$$\left\{\begin{array}{ll} \mathsf{V} = f(\mathsf{T}) = 0\,; & -\infty < \mathsf{T} < 0\,; \\ \mathsf{V} = f(\mathsf{T}) = p\,; & -\ 0 < \mathsf{T} < +\infty, \end{array}\right. \tag{19}$$

so kann man die Integration (16) in die beiden Teile zerlegen:

$$\mathsf{U} = -\left[\int_{-\infty}^{0} f(\tau) \ldots . d\tau + \int_{0}^{\mathsf{T}-\mathsf{X}} f(\tau) \ldots . d\tau\right].$$

Der erste Teil verschwindet, weil die Integration gemäß (19a) nur im Bereich verschwindender $f(\mathsf{T})$ verläuft. Andererseits ist auch das zweite Integral nur von Null verschieden, sofern $\mathsf{T} - \mathsf{X} < 0$ gilt; denn das Gegenteil: $\mathsf{T} - \mathsf{X} < 0$ würde eine negative obere Grenze des Integrals bedeuten; im Gebiet enegativer T ist aber das Integral wegen (19a) stets Null. Demnach ist $\mathsf{T} - \mathsf{X} = 0$ oder $\mathsf{T} = \mathsf{X}$ die Bedingung für den Beginn des Einwirkens der Spannung p auf den Leitungspunkt X; die Einwirkung beginnt zur Zeit T. $\mathsf{T} = \mathsf{X}$ bedeutet aber nach (10): $x = wt = \frac{t}{\sqrt{LC}}$ d. h. auf dem wirklichen Kabel wird der Einwirkungspunkt x nach der Zeit t vermöge der Fortpflanzungsgeschwindigkeit $\frac{1}{\sqrt{LC}}$ der

Störung p erreicht, im Einklang mit dem oben für die verzerrungsfreie Leitung abgeleiteten Ergebnis. Es ist bemerkenswert, daß für $L = 0$, also für verschwindende Selbstinduktion die Fortpflanzungsgeschwindigkeit unendlich groß wird. Wir werden später sehen, warum im Grenzfalle $L = 0$ ein Kabel keine eigentliche Fortpflanzungsgeschwindigkeit hat.

§ 127. Fortpflanzung von Wechselströmen längs Leitungen.

1. Wir benutzen nun die Ansätze des § 126 zur Prüfung des Verlaufes von sinusförmigen Wechselströmen längs einer Leitung nach Fig. 374 [251]).

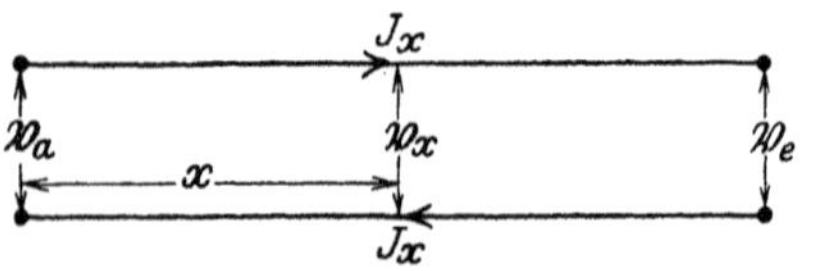

Fig. 374. Bezeichnungen an einer Wechselstromleitung.

Am Anfang sei der Leitung eine Wechselspannung (der Frequenz ω) $\mathfrak{V}_a = V_a e^{i\omega t}$ aufgedrückt. Im stationären Zustande werden Spannung und Strom an beliebiger Stelle x dann ebenfalls die Frequenz ω haben und sich symbolisch schreiben lassen:

$$\mathfrak{V}_x = V_x e^{i\omega t}; \qquad \mathfrak{J}_x = J_x e^{i\omega t}.$$

Damit schreiben sich aber auch die Gleichungen (1) und (2) des § 126 symbolisch:

$$(1) \qquad \begin{cases} -\dfrac{\partial \mathfrak{V}}{\partial x} = (R + i\omega L)\,\mathfrak{J}_x; \\[2ex] -\dfrac{\partial \mathfrak{J}_x}{\partial x} = (G + i\omega C)\,\mathfrak{V}_x. \end{cases}$$

Hier kann man etwa $\mathfrak{J}_x$ entfernen und erhält:

$$(2) \qquad \frac{\partial^2 \mathfrak{V}_x}{\partial x^2} = (R + i\omega L)(G + i\omega C)\,\mathfrak{V}_x$$

deren allgemeines Integral sich mit der Abkürzung

$$(R + i\omega L)(G + i\omega C) = \gamma^2$$

in der Form:

$$(3) \qquad \mathfrak{V}_x = A_1 e^{\gamma x} + A_2 e^{-\gamma x}$$

findet; hier nennen wir $\gamma = ai + b$ die Fortpflanzungskonstante der Leitung. Aus (3) findet sich $\mathfrak{J}_x$ durch Differentiation

$$\mathfrak{J}_x = -\frac{A_1\gamma}{R+i\omega L}e^{\gamma x} + \frac{A_2\gamma}{R+i\omega L}e^{-\gamma x}. \tag{4}$$

Führt man mit der Abkürzung

$$\mathfrak{Z} = \sqrt{\frac{R+i\omega L}{G+i\omega C}}$$

den Wellenwiderstand oder die Charakteristik $\mathfrak{Z}$ der Leitung ein, so kann man statt (4) schreiben:

$$J_x = -\frac{A_1}{\mathfrak{Z}}e^{\gamma x} + \frac{A_2}{\mathfrak{Z}}e^{-\gamma x}. \tag{5}$$

Die unbekannten Integrationskonstanten A_1 und A_2 bestimmen sich aus den Bedingungen am Anfang der Leitung. Sei hier außer $\mathfrak{V}_a$ auch noch $\mathfrak{J}_a$ gegeben; so hat man für $x = 0$:

$$\begin{cases} \mathfrak{V}_a = A_1 + A_2; \\ \mathfrak{J}_a = -\dfrac{A_1}{\mathfrak{Z}} + \dfrac{A_2}{\mathfrak{Z}}. \end{cases} \tag{6}$$

Es berechnet sich hiernach:

$$A_1 = \tfrac{1}{2}(\mathfrak{V}_a - \mathfrak{Z}\mathfrak{J}_a); \qquad A_2 = \tfrac{1}{2}(\mathfrak{V}_a + \mathfrak{Z}\mathfrak{J}_a). \tag{7}$$

Durch Einführung in (3) bzw. (4) findet sich:

$$\begin{cases} \mathfrak{V}_x = \mathfrak{V}_a\dfrac{e^{+\gamma x}+e^{-\gamma x}}{2} - \mathfrak{Z}\mathfrak{J}_a\dfrac{e^{+\gamma x}-e^{-\gamma x}}{2}, \\ \mathfrak{J}_x = \mathfrak{J}_a\dfrac{e^{+\gamma x}+e^{-\gamma x}}{2} - \dfrac{\mathfrak{V}_a}{\mathfrak{Z}}\dfrac{e^{+\gamma x}-e^{-\gamma x}}{2}; \end{cases} \tag{8}$$

oder unter Verwendung hyperbolischer Funktionen:

$$\begin{cases} \mathfrak{V}_x = \mathfrak{V}_a \operatorname{Cos}\gamma x - \mathfrak{Z}\mathfrak{J}_a \operatorname{Sin}\gamma x; \\ \mathfrak{J}_x = \mathfrak{J}_a \operatorname{Cos}\gamma x - \dfrac{\mathfrak{V}_a}{\mathfrak{Z}} \operatorname{Sin}\gamma x. \end{cases} \tag{8a}$$

Am Ende der Leitung $x = l$ wird $\mathfrak{V}_x = \mathfrak{V}_e$, $\mathfrak{J}_x = \mathfrak{J}_e$; man erhält

$$\begin{cases} \mathfrak{V}_e = \mathfrak{V}_a \operatorname{Cos}\gamma l - \mathfrak{Z}\mathfrak{J}_a \operatorname{Sin}\gamma l; \\ \mathfrak{J}_e = \mathfrak{J}_a \operatorname{Cos}\gamma l - \dfrac{\mathfrak{V}_a}{\mathfrak{Z}} \operatorname{Sin}\gamma l. \end{cases} \tag{8b}$$

Hier kann man nach $\mathfrak{V}_a$, $\mathfrak{J}_a$ auflösen und in (8a) einsetzen; man erhält:

$$(8c)\qquad \begin{cases} \mathfrak{V}_a = \mathfrak{V}_e \operatorname{Cos} \gamma l + \mathfrak{Z}\,\mathfrak{J}_e \operatorname{Sin} \gamma l; \\ \mathfrak{J}_a = \mathfrak{J}_e \operatorname{Cos} \gamma l + \dfrac{\mathfrak{V}_e}{\mathfrak{Z}} \operatorname{Sin} \gamma l; \end{cases}$$

oder mit den Abkürzungen:

$$(8e)\qquad \mathfrak{A} = \operatorname{Cos} \gamma l; \qquad \mathfrak{B} = \mathfrak{Z} \operatorname{Sin} \gamma l; \qquad \mathfrak{C} = \frac{1}{\mathfrak{Z}} \operatorname{Sin} \gamma l;$$

$$(8f)\qquad \begin{cases} \mathfrak{V}_a = \mathfrak{A}\,\mathfrak{V}_e + \mathfrak{B}\,\mathfrak{J}_e \\ \mathfrak{J}_a = \mathfrak{A}\,\mathfrak{J}_e + \mathfrak{C}\,\mathfrak{V}_e \end{cases}$$

wo die Beziehung gilt:

$$(8g)\qquad \mathfrak{A}^2 - \mathfrak{B}\,\mathfrak{C} = 1.$$

2. An Hand der Gleichungen (8) kann man sich über den allgemeinen Verlauf der Schwingungsfortpflanzung wie folgt Rechenschaft geben. Wir setzen $\gamma = a\,i + b$ und ersetzen die Exponentialfunktionen mit imaginärem Exponenten durch die Kreisfunktionen. Dann erhalten wir z. B. für $\mathfrak{J}_x$ in reeller Form (mit $\mathfrak{J}_a = J_a e^{i\omega t}$, $|\mathfrak{Z}| = Z$, φ = Phase von $\frac{1}{\mathfrak{Z}}$ + Phase von $(\mathfrak{J}_a, \mathfrak{V}_a)$:

$$(9)\qquad J_x = \frac{J_a}{2}\left[e^{bx}(\cos \omega t + a x) + e^{-bx}(\cos \omega t - a x)\right].$$

$$-\frac{V_a}{2Z}\, e^{-bx}(\cos \omega t + a x + \varphi) - e^{-bx}\cos(\omega t - a x + \varphi)].$$

Es handelt sich also im wesentlichen um die beiden Wellenformen $e^{bx}\cos(\omega t + ax)$ und $e^{-bx}\cos(\omega t - ax)$. Betrachten wir die erstere zu den Zeiten t_1 und t_2 sowie an den Stellen x_1 und x_2, so wird Gleichphasigkeit vorhanden sein, wenn gilt

$$\omega\, t_1 + a\, x_1 = \omega\, t_2 + a\, x_2$$

oder

$$\omega\,(t_1 - t_2) = -\,a\,(x_1 - x_2)\,.$$

Ist nun $t_2 > t_1$, also t_2 später liegend, so muß $x_1 > x_2$ sein, d. h. die Welle läuft von der Ausgangsstelle x_1 gegen den Anfang der Leitung. Andererseits liefert dieselbe Betrachtung für die Welle $e^{-bx}\cos(\omega t - ax)$, daß sie gegen das Ende der Leitung läuft. Man nennt diese Welle die einfallende, die erste die reflektierte.

Nun sind noch die beiden Faktoren e^{bx} und e^{-bx} zu betrachten. Es ergibt sich ohne weiteres, daß e^{bx} für $x_1 > x_2$ mit wachsender Zeit, d. h. mit dem Fortschreiten der Welle gegen den Leitungsanfang, abnimmt; die Welle wird also räumlich gedämpft. In entsprechender Weise nimmt e^{-bx} gegen das Ende der Leitung ab.

Betrachten wir jetzt die Wellen in solchen Leitungspunkten x_1, x_2, daß eine Phasenänderung 2π vorliegt, so ist zu setzen:

$$\omega t_1 + a x_1 = 2\pi \mid \omega t_1 + a x_2,$$

woraus sich findet:

$$(x_1 - x_2) = \frac{2\pi}{a}.$$

Die beiden Leitungspunkte x_1, x_2 haben also einen konstanten Abstand, die Wellenlänge:

$$\lambda = \frac{2\pi}{a}. \tag{10}$$

Für die einfallende Welle gilt der gleiche Satz.

Übrigens bestimmt die Größe a zusammen mit der Frequenz ω noch die Fortpflanzungsgeschwindigkeit der Wellen:

$$\mathrm{w} = \frac{\omega}{a}. \tag{11}$$

Demnach ist der Verlauf des Vorgangs, abgesehen von den Grenzbedingungen, abhängig von der Größe a, der Wellenlängenkonstante, die mit der Länge x des Leitungsstückes das Winkelmaß $a x$ bestimmt. Für die Dämpfung ist maßgebend die Dämpfungskonstante b, die mit der Länge x den Dämpfungsexponenten $b x$ ergibt.

3. Mit Hilfe der Gleichungen (8c) kann man in (8a) statt $\mathfrak{V}_a$, $\mathfrak{J}_a$ die Endwerte $\mathfrak{V}_e$, $\mathfrak{J}_e$ einführen:

$$\left\{\begin{aligned} \mathfrak{V}_x &= \mathfrak{V}_e \operatorname{Cos} \gamma (l - x) + \mathfrak{Z}\,\mathfrak{J}_e \operatorname{Sin} \gamma (l - x); \\ \mathfrak{J}_x &= \mathfrak{J}_e \operatorname{Cos} \gamma (l - x) + \frac{\mathfrak{V}_e}{\mathfrak{Z}} \operatorname{Sin} \gamma (l - x). \end{aligned}\right. \tag{12}$$

Ist die Leitung am Ende offen, so wird $\mathfrak{J}_e = 0$ und

$$\mathfrak{V}_x = \mathfrak{V}_e \operatorname{Cos} \gamma (l - x); \quad \mathfrak{J}_x = \frac{\mathfrak{V}_e}{\mathfrak{Z}} \operatorname{Sin} \gamma (l - x). \tag{12a}$$

Nun sei $y = l - x$ der Abstand vom Ende der Leitung; es liefert dann

$$(13)\qquad \mathfrak{V}'_y = \frac{e^{\gamma y} + e^{-\gamma y}}{2} = \tfrac{1}{2}\, e^{\gamma y} + \tfrac{1}{2}\, e^{-\gamma y}$$

das Verhältnis der Amplitude von $\mathfrak{V}_x$ zu $\mathfrak{V}_e$ und den Phasenunterschied von $\mathfrak{V}_x$ gegenüber $\mathfrak{V}_e$. Für die Größen $e^{\gamma y}$ bzw. $e^{-\gamma y}$ wählen wir jetzt die polare Darstellung (§ 43):

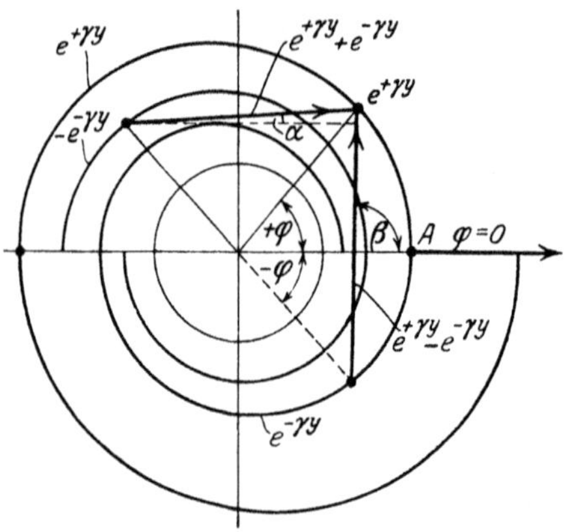

Fig. 375. Darstellung der Hyperbelfunktionen durch logarithmische Spiralen.

$$(14)\qquad e^{\gamma y} = r\, e^{i\varphi}; \quad e^{-\gamma y} = \frac{1}{r}\, e^{-i\varphi}$$

mit

$$r = e^{\frac{b}{a}\varphi}; \quad \varphi = a\, y.$$

Demnach stellen sich die beiden Ansätze (14) als logarithmische Spirale [252]) nach Fig. 375 dar, die bei A mit $r = 1$ und $\varphi = 0$ beginnt. Entsprechend ergibt $-e^{\gamma y}$ eine zu jener zentrosymmetrische Spirale. Die gesuchten Ausdrücke $\mathfrak{Cof}\,\gamma y$ und $\mathfrak{Sin}\,\gamma y$ finden sich durch geometrische Addition der durch $\varphi = \pm a\,y$ festgelegten Spiralenvektoren und Halbierung, wobei der Richtungssinn durch die eingezeichneten Pfeile zu berücksichtigen ist. Die letzteren ergeben zusammen mit der positiven reellen Achsenrichtung des gezeichneten Koordinatensystemes die Phasenwinkel von $\mathfrak{Cof}\,\gamma y$ bzw. $\mathfrak{Sin}\,\gamma y$. Trägt man die Werte dieser Funktionen mit den zugehörigen Phasenwinkeln in einem Polardiagramm zusammen, so erhält man das Spiralenschaubild der Leitung, wie es in Fig. 376 für $\mathfrak{V}'_x = \mathfrak{Cof}\,\gamma\,y$ gezeichnet ist.

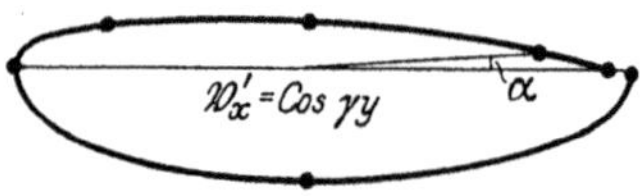

Fig. 376. Spiralenschaubild einer Leitung.

§ 128. Kraftübertragung mittels Wechselstrom.

1. Die Ansätze (8a) des § 127 wollen wir zunächst benutzen, um den Strom- und Spannungsverlauf in einer unendlichen, am Ende offenen Leitung zu untersuchen, die am Anfang die Spannung

$$\mathfrak{V}_a = V_a \cos \omega t$$

erhält. Die Untersuchung besteht darin, daß man von den Ansätzen (8a) nach den Regeln der komplexen Zahlenrechnung zu reellen Werten übergeht. Dann wird

$$\mathfrak{V}_x = V_a e^{-bx} \cos (\omega t - a x)$$

und

$$\mathfrak{J}_x = V_a \frac{C\omega}{\sqrt{a^2 + b^2}} e^{-bx} \cos (\omega t - a x + \varphi);$$

$$\operatorname{tg} \varphi = \frac{b}{a};$$

$$(1) \quad \begin{cases} a^2 = \frac{1}{2} \left\{ \sqrt{(\omega^2 L^2 + R^2)(\omega^2 C^2 + G^2)} + (\omega^2 L C - C R) \right\}; \\ b^2 = \frac{1}{2} \left\{ \sqrt{(\omega^2 L^2 + R^2)(\omega^2 C^2 + G^2)} - (\omega^2 L C - G R) \right\}. \end{cases}$$

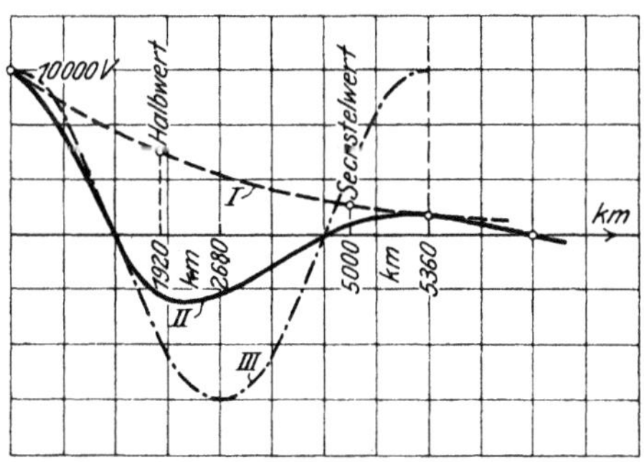

Fig. 377. Verteilung einer Wechselstromspannung längs unbegrenzter Leitung.

In Fig. 377 ist beispielsweise der Verlauf von $\mathfrak{V}_a$ mit $V_a = 10\,000$ Volt, $\omega = 50$, $L\omega = 0{,}82$ [$\sec^{-1}$], $C\omega = 0{,}94 \cdot 10^{-6}$ [$\text{km}^{-2} \sec^{1}$], $R = 1{,}36$ [$\sec^{-1}$], $G = 0$, $a = 1{,}17 \cdot 10^{-3}$ [km^{-1}], $b = 0{,}36 \cdot 10^{-3}$ [km^{-1}], $\sqrt{a^2 + b^2} = 1{,}22 \cdot 10^{-3}$ [km^{-1}]; $\operatorname{tg}\varphi = \frac{b}{a} = 0{,}308$; $\varphi = 17^\circ\, 7'$ verzeichnet.

2. Liegt weiter eine Leitung der endlichen Länge l vor, so ist an Gleichung (12a) bzw. (13) § 127 anzuknüpfen:

$$\mathfrak{V}_y = \mathfrak{V}_e \,\mathfrak{Cof}\, \gamma y; \quad \mathfrak{J}_y = \frac{\mathfrak{V}_e}{\mathfrak{Z}} \,\mathfrak{Sin}\, \gamma y.$$

Ist $\mathfrak{V}_e = V_e \cos \omega t$, so wird

$$(2)\quad \mathfrak{V}_y = \frac{\mathfrak{V}_e}{2} \cos \omega t \left\{ e^{by} (\cos a y + i \sin a y) + e^{-by} (\cos a y - i \sin a y) \right\}$$

$$= \frac{V_e}{2} \left\{ e^{by} \cos (\omega t + a y) + e^{-by} \cos (\omega t - a y) \right\}.$$

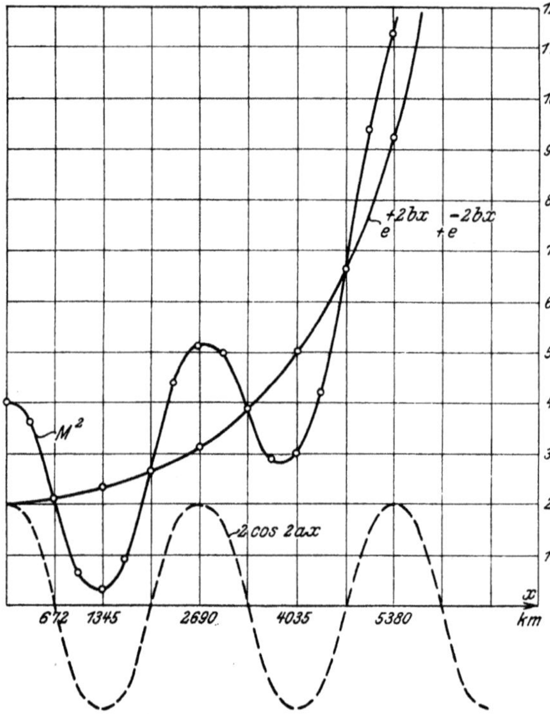

Fig. 378. Verteilung einer Wechselstromspannung längs einer begrenzten Leitung.

Diesen Ausdruck kann man auf die Form bringen:

$$(3)\qquad \mathfrak{V}_y = \frac{V_e}{2} M \cos (\omega t + \psi).$$

Man findet leicht:

$$(4)\qquad M^2 = e^{2by} + e^{-2by} + 2 \cos 2 a y ;$$

$$(5)\qquad \psi = \frac{e^{+by} - e^{-by}}{e^{+by} + e^{-by}} \operatorname{tg} a y .$$

In der Fig. 378, in der nur x durch y zu ersetzen ist, ist für $a = 1{,}17 \cdot 10^{-3}$ und $b = 0{,}36 \cdot 10^{-3}$ die Funktion M^2 aufgezeichnet. Die Kurve hat für $y = 0$ ein Minimum, wenn $a < b$, ein Maximum, wenn, wie in unserem Beispiel, $a > b$ ist. Dann nimmt also nach dem freien Ende hin die Spannung zu (wie ja auch aus Fig. 378 ersichtlich ist); eine Dynamo von 10 000 Volt unter obigen Bedingungen an eine Freileitung von 672 km angeschlossen, würde am offenen Ende eine Spannung von $10\,000 \dfrac{2}{\sqrt{2{,}1}} = 13\,800$ Volt ergeben. Diese Erscheinung ist unter dem Namen Ferranti-Phänomen seit 1890 bekannt.

3. Zur Untersuchung der Energieverluste und des Wirkungsgrades bei einer Wechselstromfernleitung bemerken wir zunächst, daß eine solche unter allen Umständen Energie aufnimmt, mag sie nun am Generatorgegenende offen oder kurz geschlossen sein. In beiden Fällen ist der Wirkungsgrad der Energieübertragung durch die Leitung Null, anders als bei Gleichstromübertragungen, die bei offenem Ende den Wirkungsgrad 1, allerdings bei der Energieaufnahme Null, haben.

Die offene ($\mathfrak{J}_e = 0$) und die kurz geschlossene ($\mathfrak{V}_e = 0$) Wechselstromleitung bieten am Generatorende die scheinbaren Widerstände $\mathfrak{W}_0$ und $\mathfrak{W}_k$ dar; es ist [s. Gleichung (8c), § 127]

$$\text{(6)} \qquad \mathfrak{W}_0 = \frac{\mathfrak{V}_a}{\mathfrak{J}_a} = \mathfrak{Z}\,\mathfrak{Cotg}\,\gamma l; \qquad \mathfrak{W}_k = \mathfrak{Z}\,\mathfrak{Tg}\,\gamma l;$$

woraus sich findet

$$\text{(7)} \qquad \mathfrak{Cof}\,\gamma l = \sqrt{\frac{\mathfrak{W}_0}{\mathfrak{W}_0 - \mathfrak{W}_k}}\,.$$

Ist nun am Generatorgegenende ein Verbraucher des scheinbaren Widerstandes $\mathfrak{R}_e$ angeschaltet, so wird $\mathfrak{R}_e = \dfrac{\mathfrak{V}_e}{\mathfrak{J}_e}$ und die Leistungsabgabe

$$\text{(8)} \qquad A_e = J_e^2\, R_e \cos\varphi_e\,,$$

wo $J_e = |\mathfrak{J}_e|$, $R_e = |\mathfrak{R}_e|$ die Effektivwerte, φ_e die Phasenverschiebung am Ende bedeuten.

Mit Gleichung (8c), § 127, ergibt sich nun am Generatorende:

$$\text{(9)} \qquad \begin{cases} \mathfrak{V}_a = (\mathfrak{V}_e + \mathfrak{J}_e \mathfrak{W}_k)\,\mathfrak{Cof}\,\gamma l; \\ \mathfrak{J}_a = \left(\mathfrak{J}_e + \dfrac{\mathfrak{V}_e}{\mathfrak{W}_0}\right)\mathfrak{Cof}\,\gamma l; \end{cases}$$

und somit der scheinbare Widerstand am Anfang

(10) $$\mathfrak{R}_a = \frac{\mathfrak{B}_a}{\mathfrak{J}_a} = \frac{\mathfrak{R}_e + \mathfrak{W}_k}{1 + \frac{\mathfrak{R}_e}{\mathfrak{W}_0}}.$$

Zur Berechnung der Leistungsaufnahme am Generatorende nach (9) beziehen wir die Phase von $\mathfrak{B}_a$ und $\mathfrak{J}_a$ auf $\mathfrak{J}_e \operatorname{Cof} \gamma l$, indem wir setzen:

(11) $$|\mathfrak{J}_e \operatorname{Cof} \gamma l| = c J_e .$$

Dann wird:

(12) $$\mathfrak{B}_a = c J_e (\mathfrak{R}_e + \mathfrak{W}_k); \quad \mathfrak{J}_a = c J_e \left(1 + \frac{\mathfrak{R}_e}{\mathfrak{W}_0}\right).$$

Nun sind für $\mathfrak{R}_e$, $\mathfrak{W}_k$, $\frac{1}{\mathfrak{W}_0}$ ihre komplexen Formen einzuführen:

(13) $$\mathfrak{R}_e = \alpha_r + i \beta_r; \quad \mathfrak{W}_k = \alpha_k + i \beta_k; \quad \frac{1}{\mathfrak{W}_0} = \alpha_0 + i \beta_0$$

mit dem Ergebnis:

(14) $$\begin{cases} \mathfrak{B}_a = c J_e [(\alpha_r + \alpha_k) + i (\beta_r + \beta_k)]; \\ \quad\; = c J_e (a_v + i b_v) \\ \mathfrak{J}_a = c J_e [(1 + \alpha_r \alpha_0 - \beta_r \beta_0) + i (\alpha_r \beta_0) + \alpha_0 \beta_r)] \\ \quad\; = c J_e (a_j + i b_j). \end{cases}$$

Damit wird aber die aufgenommene Leistung

(15) $$A_a = c^2 J_e^2 (a_v a_j + b_v b_j) = c^2 J_e^2 N$$

und der Wirkungsgrad

(16) $$\eta = \frac{A_e}{A_a} = \frac{\alpha_r}{c^2 N}.$$

Durch Auflösung von

(17) $$\frac{\partial \eta}{\partial \alpha_r} = 0 \quad \text{und} \quad \frac{\partial \eta}{\partial \beta_r} = 0$$

nach α_r und β_r findet sich:

(18) $$|\mathfrak{R}_e|^2 = \alpha_r^2 + \beta_r^2 = \frac{\alpha_k}{\alpha_0}; \quad \frac{\beta_r}{\sqrt{\alpha_r^2 + \beta_r^2}} = \frac{\alpha_k \beta_0 - \alpha_0 \beta_k}{2 \sqrt{\alpha_0 \alpha_k}}.$$

Durch Einsetzung von α_r und β_r in (16) findet sich schließlich $\eta_{\max}$ [253]).

§ 129. Die Wanderwellen.

1. Die bisherigen Untersuchungen beziehen sich nur auf die stationären Lösungen der Differentialgleichungen (1), (2) bzw. (4), (5) des § 126. Die stationären Lösungen entsprechen den Beharrungszuständen auf den Leitungen, oder wenn man will, den erzwungenen Schwingungen.

Dieselben Differentialgleichungen kann man aber auch zur Ermittlung der Ausgleichsvorgänge benutzen, die von einem Beharrungszustand zu einem anderen überführen[254]).

Sei der anfängliche Beharrungszustand auf einer Leitung durch $U_1(x, t)$, der neue durch $U_2(x, t)$ nach Fig. 379 gekennzeichnet. Für den Übergang zwischen beiden Zuständen benötigen wir eine Ausgleichsfunktion $U_f(x, t)$, die im Augenblick $t = 0$ des beginnenden Ausgleichs die Bedingung zu erfüllen hat:

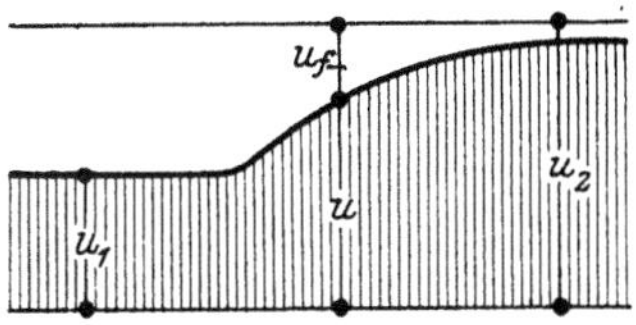

Fig. 379. Schema eines Ausgleichsvorgangs.

$$U_2(x, 0) = U_1(x, 0) + U_f(x, 0)\,. \tag{1}$$

Alle U haben den Differentialgleichungen des § 126 und gewissen, durch die Besonderheit der jeweils vorliegenden Aufgabe gestellten Bedingungen zu genügen. Dann ist für $t > 0$ der Zustand gegeben durch:

$$U(x, t) = U_2(x, t) - U_f(x, t)\,. \tag{2}$$

Wir werden sehen, daß stets gilt:

$$U_f(x, \infty) = 0\,, \tag{3}$$

d. h. $U(x, t)$ geht tatsächlich nach genügend langer Zeit in den neuen Beharrungszustand $U_2(x, t)$ über. $U_f(x, t)$ stellt die freien Schwingungen der Leitung dar, die mit $t = \infty$ vermöge der Dämpfung abklingen.

2. Wir suchen nun für U_f eine Lösungsform der Differentialgleichung (4) des § 126

$$\frac{\partial^2 U}{\partial x^2} = p^2 r\, U + 2\, q r \frac{\partial U}{\partial t} + r \frac{\partial^2 U}{\partial t^2} \tag{4}$$

mit $p^2 r = GR$, $2qr = GL + CR$; $r = CL$ in der Gestalt:

$$(5) \qquad U = A\, e^{ia\sqrt{r}x + bt}.$$

Durch Einsetzen in (4) findet sich:

$$(6) \qquad -a^2 = p^2 + 2bq + b^2.$$

Man kann nun nach b auflösen:

$$(7) \qquad b = -q \pm \sqrt{q^2 - p^2 - a^2} = -m \pm in,$$

wo

$$(7a) \qquad m = \frac{GL + CR}{2CL}; \qquad n = \sqrt{a^2 + \frac{GR}{CL} - \frac{(GL + CR)^2}{4C^2L^2}}$$

bedeutet. Jede Wahl von a, welches zunächst willkürlich bleibt, liefert ein Integral der Gestalt (5); wir erhalten vier solcher Formen:

$$(8) \qquad \begin{cases} A\, e^{+ia\sqrt{r}x}\, e^{(-m+in)t}; & A\, e^{+ia\sqrt{r}x}\, e^{(-m-in)t}; \\ A\, e^{-ia\sqrt{r}x}\, e^{(-m+in)t}; & A\, e^{+ia\sqrt{r}x}\, e^{(-m-in)t}; \end{cases}$$

aus denen sich das allgemeine Integral:

$$(9) \quad U = e^{-mt}(A\cos a\sqrt{r}\,x + B\sin a\sqrt{r}\,x)(C\cos n\,t + D\sin n\,t)$$

aufbaut. Jede Wahl von $a = a_k$ liefert eine Lösung U_k, wofern b nach Gleichung (7) bzw. (7a) bestimmt wird:

$$(10) \qquad U_k = e^{-mt}(A_k\cos a_k\sqrt{r}\,x + B_k\sin a_k\sqrt{r}\,x)\\ (C_k\cos n_k t + D_k\sin n_k t)$$

und die Summe aller U_k bestimmt die allgemeine Lösung

$$(11) \qquad U = \sum U_k.$$

Die hierin vorhandenen unbekannten Größen a_k bestimmen sich durch die Grenzbedingungen; A_k, B_k, C_k, D_k durch die Anfangsbedingungen. Dabei bedeutet:

$$(12) \qquad T_k = \frac{2\pi}{n_k}$$

die Schwingungsdauer des betreffenden Anteils U_k;

$$(13) \qquad \lambda_k = \frac{2\pi}{a_k\sqrt{CL}}$$

seine Wellenlänge;

$$(14) \qquad \frac{\lambda_k}{T_k} = V_k = \frac{n_k}{a_k\sqrt{CL}}$$

die Fortpflanzungsgeschwindigkeit. In der Tat ist die Bedingung (3) erfüllt vermöge des Dämpfungsfaktors e^{-mt} in allen gefundenen Ansätzen.

3. Wir behandeln zunächst die Anschaltung einer am Ende $x = l$ offenen Leitung mit ihrem Anfangspunkt $x = 0$ an eine konstante Spannung E; der Schaltmoment sei $t = 0$. Dann hat man für den Zustand U_1: $\mathfrak{J}_1 = 0$, $\mathfrak{B}_1 = 0$, für U_2: $\mathfrak{J}_2 = 0$, $\mathfrak{B}_2 = E$. Für den Beginn des Ausgleichs gilt demnach nach (1):

$$(15) \qquad \mathfrak{J}_f(x, o) = 0; \quad \mathfrak{B}_f(x, o) = E .$$

Im übrigen wollen wir die Ausgangsdifferentialgleichung etwas vereinfachen, indem wir keinen Ableitungsverlust G voraussetzen. Dann gilt nach § 126:

$$(15\text{a}) \qquad \mathfrak{B} = \frac{\partial U}{\partial x}; \quad \mathfrak{J} = -C\frac{\partial U}{\partial t}.$$

Diese Ansätze rechnen wir mit Hilfe von (9), (10), (11) für $t = 0$ aus und finden:

$$(16) \quad \begin{cases} E = \sum a_k \sqrt{r}\, C_k\,(B_k \cos a_k \sqrt{r}\, x - A_k \sin a_k \sqrt{r}\, x); \\ 0 = -C\sum(n_k D_k - m\sqrt{r}\, C_k)(A_k \cos a_k \sqrt{r}\, x + B_k \sin a_k \sqrt{r}\, x). \end{cases}$$

Zu diesen Anfangsbedingungen kommen noch die Grenzbedingungen. Am Anfang der Leitung $x = 0$ ist dauernd

$$(17) \qquad \mathfrak{B}_f(0, t) = \mathfrak{B}_2(0, t) - \mathfrak{B}_1(0, t) = E - E = 0,$$

und am Ende der Leitung $x = 0$

$$(18) \qquad \mathfrak{J}_e(l, t) = 0 .$$

(17) liefert den Ansatz:

$$(17\text{a}) \qquad e^{-mt}\sum a_k \sqrt{r}\, B_k\,(C_k \cos n_k t + D_k \sin n_k t) = 0,$$

der offenbar nur erfüllt wird durch $B_k = 0$. Berücksichtigen wir dies sofort bei der Berechnung von (18), so findet sich:

$$(18\text{a}) \qquad -C e^{-mt}\sum A_k \cos a_k \sqrt{r}\, l \\ \{(n_k D_k - m C_k)\cos n_k t - (m D_k + n_k C_k)\sin n_k t)\} = 0.$$

Dieser Gleichung kann nur genügt werden durch

$$(19) \qquad \cos a_k \sqrt{r}\, l = 0$$

oder

$$(20) \qquad a_k l = \frac{(2k+1)\pi}{2\sqrt{CL}}, \quad k = 0, 1, 2,$$

womit die bisher unbekannten Größen a festgelegt sind, und wodurch noch folgt:

$$n_k = \sqrt{\frac{(2k+1)^2\pi^2}{4l^2LC} - \frac{R^2}{4L^2}}. \tag{21}$$

Nunmehr gewinnt man aus (16) die Ansätze:

$$\begin{cases} E = -\sum a_k\sqrt{r}\,C_k A_k \sin a_k\sqrt{r}\,x; \\ 0 = \sum (n_k D_k A_k - m C_k A_k)\cos a_k\sqrt{r}\,x. \end{cases} \tag{22}$$

Die erste Gleichung (22) liefert die Koeffizienten $M_k = C_k A_k$ vermöge einer Fourierentwicklung (§ 35) durch

$$M_k = -\frac{E}{a_k\sqrt{r}}\,\frac{\int_0^l \sin a_k\sqrt{r}\,x\,dx}{\int_0^l \sin^2 a_k\sqrt{r}\,x\,dx} = -\frac{4E}{(2k+1)\pi a_k\sqrt{r}}, \tag{23}$$

und die zweite Gleichung (22) die Koeffizienten

$$D_k A_k = N_k = \frac{m}{n_k}M_k = -\frac{4mE}{(2k+1)\pi a_k n_k\sqrt{r}}. \tag{24}$$

Damit finden wir aber die Ausgleichsgrößen

$$\begin{cases} \mathfrak{V}_f = e^{-mt}\sum (M_k\cos n_k t + N_k \sin n_k t)\sin a_k\sqrt{r}\,x, \\ \mathfrak{J}_f = Ce^{-mt}\sum \{(n_k M_k - m N_k)\cos n_k t - (m N_k + n_k M_k)\sin n_k t\}\sin a_k\sqrt{r}\,x \end{cases} \tag{24}$$

mit denen sich der Ausgleichsvorgang schreibt:

$$\begin{cases} \mathfrak{V} = E - \mathfrak{V}_f; \\ \mathfrak{J} = -\mathfrak{J}_f. \end{cases} \tag{26}$$

4. Wir berechnen jetzt mit den Zahlenwerten von § 128 ein Beispiel für $l = 1$ km.

Es ergeben sich die Konstanten

$$m = 260\,[\mathrm{sec}^{-1}],\quad a_k^2 = 0{,}314\,(2k+1)^2\,10^{12}\,[\mathrm{sec}^{-2}]$$

Demnach ist bereits für Schwingungen niedrigster Ordnung ($k = 0$) a_0^2 so groß, daß dagegen $m^2 = 6{,}8 \cdot 10^4$ in

$$n_k = \sqrt{a_k^2 - m^2}$$

vernachlässigt werden kann. Wir haben also das angenäherte Resultat:

$$n_k = a_k.$$

Damit wird aber die Fortpflanzungsgeschwindigkeit

$$V_k = \frac{n_k}{a_k\sqrt{CL}} = \frac{1}{\sqrt{CL}} = \frac{\lambda_k}{T_k}$$

eine Konstante. Unter diesen Umständen vereinfachen sich die Gleichungen (26) und (25) in:

$$\mathfrak{B} = E\left(1 - \frac{4e^{-mt}}{\pi}\sum\frac{1}{2k+1}\sin\frac{2\pi}{\lambda_k}x\cos\frac{2\pi}{T_k}t\right);$$

$$\mathfrak{J} = -\frac{4E}{\pi}\sqrt{\frac{C}{L}}e^{-mt}\sum\frac{1}{2k+1}\cos\frac{2\pi}{\lambda_k}x\sin\frac{2\pi}{T_k}t.$$

Der hierdurch beschriebene Wellenzug für $\mathfrak{B}$ stellt sich bildlich nach Fig. 380 dar, wenn wir von der Dämpfung absehen, als die Kombination der konstanten Spannung E mit den beiden gegenläufigen Wellen

$$\left.\begin{matrix}W_1\\W_2\end{matrix}\right\} = -\frac{2E}{\pi}e^{-mt}\sum\frac{1}{2k+1}\sin a_k\sqrt{r}\,(x\mp V)$$

Demnach rückt die aufgedrückte Spannung E mit der Geschwindigkeit $V = \frac{1}{\sqrt{CL}}$ gegen das Leitungsende vor (I. Stadium, s. Fig. 380). Am Ende findet eine Reflexion statt, so daß die Spannung auf $2E$ steigt (II. Stadium). Diese verdoppelte Spannungswelle läuft zum Leitungsanfang zurück und wird hier zum halben Betrag reflektiert; die Leitung beginnt sich wieder zu entladen (III. Stadium). Am Leitungsende findet Reflexion auf die Spannung 0 statt (IV. Stadium); die Leitung beendet ihre Entladung. Schließlich ist die ganze Leitung wieder strom- und spannungslos und der beschriebene Vorgang beginnt von neuem.

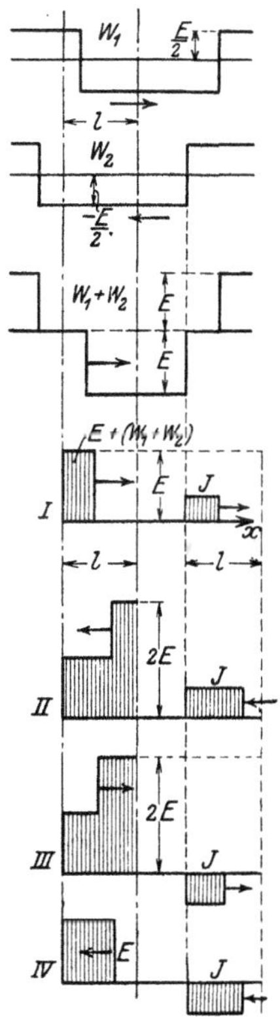

Fig. 380. Einschaltung einer Spannung.

Infolge der stets vorhandenen Dämpfung nimmt aber die Amplitude der beiden Wellenzüge dauernd ab. In unserem Beispiel ist $m = 0{,}26 \cdot 10^{+3}$ und die Dauer eines Schwingungsvorganges $T = 4\,l\,\sqrt{LC} = 4 \cdot 2{,}8 \cdot 10^{-6} = 1{,}12 \cdot 10^{-5}$ [sec]. Demnach wird der Dämpfungsfaktor für eine Periode $e^{-mT} = \frac{1}{1{,}004}$, entsprechend einer Spannungsverminderung von 4 v. T. Praktisch ist der ganze Schwingungsvorgang nach $10^5\,T = 1{,}12$ sec abgeklungen, während welcher Zeit 10 0000 Ladungen und Ent-

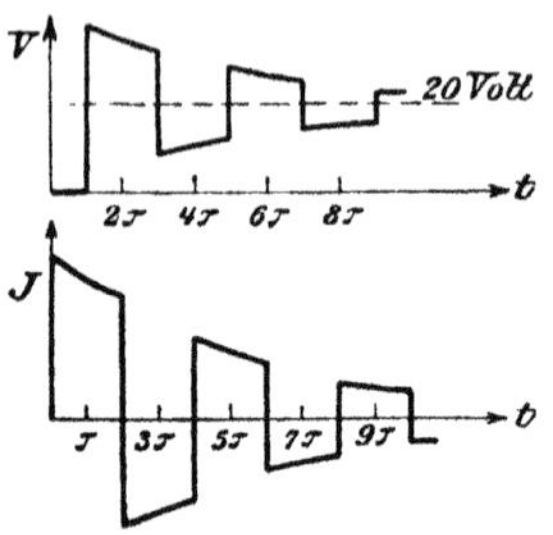

Fig. 381. Gedämpfter Einschaltevorgang, berechnet.

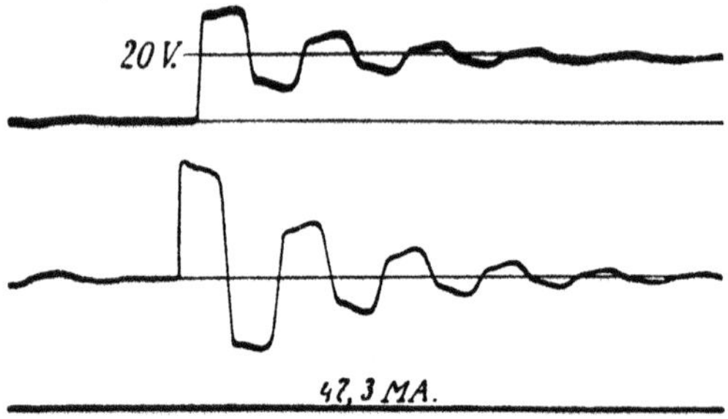

Fig. 382. Gedämpfter Einschaltevorgang, experimentell.

ladungen der Leitung stattfinden. Der Strom $\mathfrak{J}$ ist im Endzustand null. Dieser Vorgang spielt sich etwa ab nach Fig. 381, wo die Spannung am Ende und der Strom am Anfang einer plötzlich eingeschalteten, am Ende offenen Leitung, nach Berechnung verzeichnet sind. Fig. 382 gibt dieselben Größen nach Versuchen K. W. Wagners unter den der Berechnung entsprechenden Verhältnissen [255]).

§ 130. Das Telephonkabel.

Die telephonische Übertragung der Sprache erfordert die Fortleitung von Wechselströmen auf große Entfernungen, die sich nach den allgemeinen Ansätzen des § 128 regelt. Vor allem wird hier notwendig die Untersuchung der als Wellenlängen- und Dämpfungskonstante erklärten Größen:

$$(1) \qquad \begin{aligned} a^2 &= +\tfrac{1}{2}(\omega^2 CL - GR) + \tfrac{1}{2}\sqrt{(\omega^2 C^2 + G^2)(\omega^2 L^2 + R^2)}; \\ b^2 &= -\tfrac{1}{2}(\omega^2 CL - GR) + \tfrac{1}{2}\sqrt{(\omega^2 C^2 + G^2)(\omega^2 L^2 + R^2)}. \end{aligned}$$

Nun setzen wir voraus, was bei Telephonleitungen stets der Fall ist, daß die Verluste in einer halben Periode $\frac{R J^2 \pi}{2\,\omega}$ bzw. $\frac{G V^2 \pi}{2\,\omega}$

klein seien gegen die schwingenden Energien $\frac{1}{2} L J^2$ bzw. $\frac{1}{2} C V^2$, daß also $\left(\frac{G}{\omega C}\right)^2$ und $\left(\frac{R}{\omega L}\right)^2$ gegen 1 zu vernachlässigen seien. Dann kann man durch Absonderung von $\omega^2 CL$ die Ausdrücke (1) näherungsweise durch die folgenden ersetzen:

$$a = \omega \sqrt{CL}\,; \qquad b = \frac{R}{2}\sqrt{\frac{C}{L}} + \sqrt{\frac{L}{C}}\,. \tag{2}$$

Also pflanzen unter den gemachten Annahmen sich alle Wellen unabhängig von der Frequenz mit der Geschwindigkeit $w = \frac{1}{\sqrt{CL}}$ fort. Das Wellenbild der menschlichen Sprache, welches aus Schwingungen der verschiedensten Frequenzen besteht, wird also nahezu unverzerrt fortgepflanzt, mit einer Dämpfung b, die nach (2) von den elektrischen Grundeigenschaften der Leitung C, L, R, G abhängt. Die praktische Erfahrung hat gezeigt, daß für die Übertragung der Sprache ein Periodenbereich von 800 bis 1200 in der Sekunde wesentlich ist; dementsprechend müssen die Kreisfrequenzen 5000 bis 7500 durch das Kabel in genügender Stärke übertragen werden. Dies ist der Fall, wenn der Dämpfungsexponent $b\,l$ den Wert 3,0 oder darunter hat.

Für große Leitungslängen l ist es daher notwendig, b so klein wie möglich zu machen. Bei einer gewöhnlichen Fernsprechfreileitung aus 2 mm starken Bronzedrähten ist b etwa $= 10^{-2}\,\text{km}^{-1}$ zu setzen, woraus sich mit $10^{-2}\,l = 3$ eine Reichweite des Sprechens von 300 km ergeben würde. Ginge man von der Freileitung zum Kabel über (aus Gründen der Betriebssicherheit), so würde man bei 1,2 mm starken Kupferdrähten auf $b = 0{,}12\,\text{km}^{-1}$ kommen, d. h. auf eine Reichweite von 25 km.

Mit der zweiten Formel (2) kann man sich die Wirkung der elektrischen Grundgrößen C, L, R, G auf die Dämpfungskonstante b anschaulich machen. Es ist für die Freileitung[256]):

$$\left\{\begin{array}{l} b = \left(\frac{12{,}8}{2}\sqrt{\frac{0{,}0052}{0{,}0022}} + \frac{0{,}5}{2}\sqrt{\frac{0{,}0022}{0{,}0052}}\right) 10^{-3} = 0{,}01\,; \\ \text{für das Kabel:} \\ b = \left(\frac{31}{2}\sqrt{\frac{0{,}044}{0{,}0007}} + \frac{2{,}5}{2}\sqrt{\frac{0{,}0007}{0{,}044}}\right) 10^{-3} = 0{,}12\,. \end{array}\right. \tag{2a}$$

In beiden Fällen hat das erste Glied den Hauptanteil an b, der beim Kabel deshalb viel ungünstiger wird, als bei der Freileitung, weil dort die Kapazität C die Selbstinduktion bedeutend überwiegt, und man erkennt ohne weiteres, daß sich b beim Kabel verbessern ließe durch Vergrößerung der Selbstinduktion. Diesen Weg auf Anregung von O. Heaviside[257]) verfolgt und für die Berechnung der zum Kabel hinzuzufügenden Selbstinduktionsspulen die richtigen Verfahren angegeben zu haben, ist das Verdienst J. M. Pupins[258]). Er schaltete in eine Leitung der Konstanten $\mathfrak{A}, \mathfrak{B}, \mathfrak{C}$ (vgl. § 127) nach der Fig. 383 in gleichen Abständen s Spulen der gleichen Impedanz $\mathfrak{W}$ ein. In der $m$ten

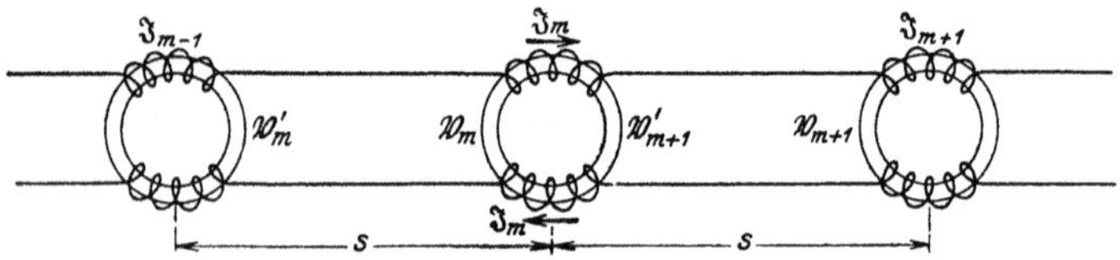

Fig. 383. Pupinleitung.

Spule fließt der Strom $\mathfrak{J}_m$; die Spannungen an den Enden sind $\mathfrak{B}_m$ und $\mathfrak{B}'_{m+1}$. Für das zwischen der $(m-1)$ten und der $m$ten Spule liegende Leitungsstück, sowie das zwischen der $m$ten und $(m+1)$ten liegende lassen sich nach § 127 die Strombeziehungen hinschreiben:

$$(3) \qquad \begin{cases} \mathfrak{J}_{m-1} = \mathfrak{A}\,\mathfrak{J}_m + \mathfrak{C}\,\mathfrak{B}_m ; \\ \mathfrak{J}_{m+1} = \mathfrak{A}\,\mathfrak{J}_m - \mathfrak{C}\,\mathfrak{B}'_{m+1} , \end{cases}$$

wo natürlich $\mathfrak{A}$ und $\mathfrak{C}$ statt der Länge l den Spulenabstand s enthalten. Außerdem gilt an den Enden der Spule:

$$(4) \qquad \mathfrak{B}_m = \mathfrak{B}'_{m+1} + \mathfrak{W}\,\mathfrak{J}_m .$$

Aus (3) und (4) leitet sich die Beziehung der drei aufeinanderfolgenden Ströme ab:

$$(5) \qquad \mathfrak{J}_{m-1} - (2\,\mathfrak{A} + \mathfrak{C}\,\mathfrak{W})\,\mathfrak{J}_m + \mathfrak{J}_{m+1} = 0 .$$

Wir suchen nun eine homogene Leitung mit der unbekannten Fortpflanzungskonstanten γ_h und der Charakteristik $\mathfrak{Z}_h$ derart, daß sie bei denselben Endbedingungen wie bei der Pupin-Leitung an der Stelle $x = m\,s$ den gleichen Strom führt. Nach § 127,

Gleichung (8a), erhalten wir (mit $\mathfrak{Cos}\,\gamma_n x = \cos i\,\gamma_h x$, $\mathfrak{Sin}\,\gamma_h x = -\,i \sin i\,\gamma_h x$)

$$(6) \qquad \mathfrak{J}_x = \mathfrak{J}_a \cos i\,\gamma_h x + i\,\frac{\mathfrak{V}_a}{\mathfrak{Z}_h} \sin i\,\gamma_h x,$$

oder, mit $x = m\,s$ und den abkürzenden Buchstaben $\mathfrak{M}_a$ und $\mathfrak{N}_a$,

$$(7) \qquad \mathfrak{J}_m = \mathfrak{M}_a \cos i\,\gamma_h m s + \mathfrak{N}_a \sin i\,\gamma_h m s.$$

Führt man dieses in die Gleichung (5) ein, so findet man nach kurzer Zwischenrechnung:

$$(8) \qquad \cos i\,\gamma_h s = \mathfrak{A} + \tfrac{1}{2}\mathfrak{C}\,\mathfrak{W}.$$

Durch Einführung der für $\mathfrak{A}$ und $\mathfrak{C}$ gültigen Erklärungen findet man:

$$(9) \qquad 4 \sin^2 \frac{i\,\gamma_h s}{2} = 4 \sin^2 \frac{i\,\gamma\, s}{2} + \frac{\mathfrak{W}\,i}{\mathfrak{Z}} \sin i\,\gamma\, s.$$

Nun bedeutet die Unterteilung der gegebenen Leitung in die Stücke s nichts anderes als die Ersetzung des stetigen Spiralendiagramms (§ 127) durch einen spiralig gebrochenen Linienzug, dessen Linienstücke die Zentriwinkel $a\,s$ haben. Wählt man nun s so klein, daß $a\,s$ mit $\sin a\,s$ vertauscht werden kann, dann unterscheidet sich der Linienzug nur sehr wenig von dem stetigen Spiralendiagramm und man kann auch $i\,\gamma\,s$ an Stelle von $\sin i\,\gamma\,s$ setzen. Die gleiche Betrachtung lassen wir für die der Pupin-Leitung entsprechende homogene Leitung gelten, d. h. wir vertauschen $\sin i\,\gamma_h s$ mit $i\,\gamma_h s$ und erhalten an Stelle von (9)

$$(10) \qquad \gamma_h^2 s^2 = \gamma^2 s^2 + \gamma\, s\,\frac{\mathfrak{W}}{\mathfrak{Z}}.$$

War nun die Impedanz der einzelnen Pupin-Spule $\mathfrak{W} = R_s + i\,\omega\,L_s$, so wird

$$(11) \qquad \gamma_h = \sqrt{(G + i\,\omega\,C)\,(R_h + i\,\omega\,L_h)} = a_h i + b_h,$$

mit

$$R_h = R + \frac{R_s}{s}, \qquad L_h = L + \frac{L_s}{s}.$$

Nach (2) ist aber angenähert

$$a_h = \omega\sqrt{C L_h},$$

und mit der höchsten zu übertragenden Kreisfrequenz $\omega = 10\,000$

$$a_h = 10\,000\sqrt{C(L\,s + L_s)}.$$

Soll nun der Linienzug der Pupin-Leitung sich nur sehr wenig von dem Spiralendiagramm der entsprechenden homogenen Leitung unterscheiden, so muß der Winkel $\frac{s\,a_h}{2}$ mit seinem Sinus ohne großen Fehler vertauschbar sein. Mit höchstens 5% Fehler gilt dies für Winkel bis zum 30° oder $\frac{\pi}{6}$, d. h. innerhalb dieser Fehlergrenze muß gelten:

$$(12) \qquad s\,a_h = 10\,000\sqrt{s\,C(L\,s + L_s)} = \frac{\pi}{3}\,.$$

Zur Bestimmung der beiden Größen R_s und L_s der Pupin-Spulen hat man die vorgeschriebene Dämpfung

$$(13) \qquad b = \tfrac{1}{2}(R + R_s : s)\sqrt{\frac{C}{L + L_s : s}} + \tfrac{1}{2}G\sqrt{\frac{L + L_s : s}{C}}$$

zu berücksichtigen. Da C, L, R, G für eine vorliegende zu pupinisierende Leitung als bekannt anzunehmen sind, so ist noch über die Zeitkonstante der Spulen $\tau = L_s : R_s$ nach vorliegenden Ausführungen Verfügung zu treffen. Man kann etwa $\tau = 0{,}04\,\text{sec}^{-1}$ annehmen. Dann kann man aus (12) und (13) L_s und s berechnen. Sei das Kabel (2a) so zu pupinisieren, daß $b = 0{,}022$ wird, so findet man durch Auflösung von (12) und (13): $s = 3{,}0$ km, $L_s = 0{,}075$ Henry, $R_s = 1{,}8$, und (13) die Dämpfung schreibt sich in Zahlenwerten:

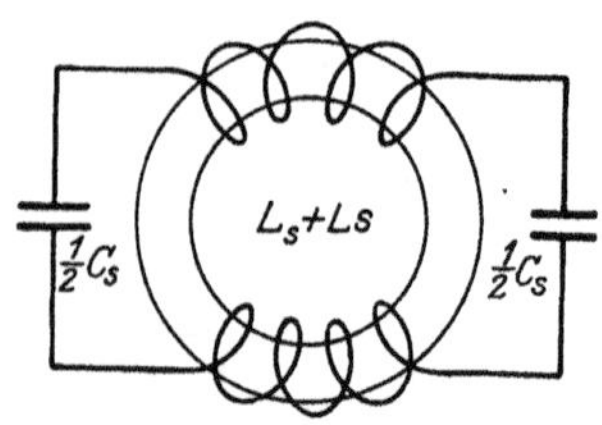

Fig. 384. Element einer Pupinleitung.

$$0{,}022 = \frac{31{,}6}{2}\sqrt{\frac{0{,}044}{0{,}025}} + \frac{2{,}5}{2}\sqrt{\frac{0{,}025}{0{,}044}}\,.$$

Mit diesem Kabel würde man über $l = \frac{3}{0{,}022} = 135$ km eine Verständigung der durch $b\,l = 3$ vorgeschriebenen Güte erreichen.

Bemerkenswert ist noch eine weitere Eigenschaft der Pupin-Leitung.

Man kann eine ihrer Spulen mit den halben Leitungsstücken zu ihren beiden Seiten als selbständiges kleines Schwingungssystem auffassen, indem man sich die Kapazitäten $\frac{1}{2}\,Cs$ der halben Leitungsstücke nach Fig. 384 konzentriert denkt.

Die Eigenschwingungszahl dieses kleinsten selbständigen Elementes der Pupin-Leitung ist

$$\omega_0 = \frac{2}{\sqrt{(L_s + L\,s)\,C\,s}},$$

die man die Grenzfrequenz nennt. Wie wir später finden werden, läßt die Pupin-Leitung nur Frequenzen $\omega < \omega_0$ durch; in unserem Falle wird $\omega_0 = 20\,000$, also der Bereich der Sprachfrequenzen ungefährdet.

§ 131. Das Telegraphenkabel.

1. Beim Telegraphieren sendet man kurzdauernde Stromstöße in rascher Folge in die Leitung, die am anderen Ende genügend stark, um die Endapparate zu betreiben, ankommen müssen, und die sich auch nicht gegenseitig stören dürfen; eine solche Störung wäre da, wenn die Stromstöße so am Ende ankämen, daß ihre Dauer größer würde als das Zeitintervall zwischen zwei aufeinanderfolgenden telegraphischen Zeichen am Anfang der Leitung.

Zur Untersuchung dieser Frage ziehen wir den im § 126 erklärten Ansatz (16) heran:

$$(1) \qquad \mathsf{U} = -\int\limits_{-\infty}^{\mathsf{T}-\mathsf{X}} f(\tau)\, e^{(\gamma+1)\tau-\mathsf{T}}\, J_0\left(\sqrt{\mathsf{X}^2 - (\mathsf{T}-\tau)^2}\right) d\tau,$$

wo $f(\mathsf{T})$ die am Anfang der Leitung angelegte Spannung bedeutet und wo der Strom sich aus U ableitet vermöge [vgl. Ansatz (10), § 129]:

$$(2) \qquad J = -\frac{\partial \mathsf{U}}{\partial \mathsf{T}} \cdot \frac{e^{-\gamma \mathsf{T}}}{\sigma Z}.$$

Die Spannungsfunktion $f(\mathsf{T})$ bedeutet nun dann einen kurzen Stromstoß (dessen Höhe wir der Einfachheit halber gleich eins annehmen wollen), wenn für sehr kleine Zeiten ε gilt:

$$(3) \qquad \int\limits_{-\varepsilon}^{+\varepsilon} f(\tau)\, d\tau = 1\,.$$

Dann wird die Potentialfunktion U nach (1):

$$\text{(4a)}\qquad \mathsf{U} = -e^{-\mathsf{T}} J_0\left(\sqrt{\mathsf{X}^2 - \mathsf{T}^2}\right) \quad \text{für} \quad \mathsf{T} > \mathsf{X},$$

also unabhängig von γ und

$$\text{(4b)}\qquad \mathsf{U} = 0 \quad \text{für} \quad \mathsf{T} < \mathsf{X}.$$

Dementsprechend wird der Strom

$$\text{(5a)}\qquad J = \frac{e^{-(\gamma+1)\mathsf{T}}}{\sigma Z} J_0\left(\sqrt{\mathsf{X}^2 - \mathsf{T}^2}\right); \quad \mathsf{T} > \mathsf{X}.$$

$$\text{(5b)}\qquad J = 0; \qquad \mathsf{T} < \mathsf{X}.$$

In (5a) geht man zweckmäßig zum imaginärem Argument in der Besselschen Funktion J_0 über gemäß:

$$\text{(6)}\qquad J = \frac{e^{-(\gamma+1)\mathsf{T}}}{\sigma Z} J_0\left(i\sqrt{\mathsf{T}^2 - \mathsf{X}^2}\right); \quad \mathsf{T} > \mathsf{X}.$$

Die hier stehende Besselsche Funktion ist überall reell; für $\mathsf{X} = \mathsf{T} = 0$ nimmt sie den Wert 1 an; also ist der Strom am Anfang der Leitung im Augenblick der Einschaltung $= 1 : \sigma Z$.

Der Strom rückt auf der Leitung vorwärts und gelangt zur Stelle X nach der Zeit $\mathsf{T} = \mathsf{X}$ in der Stärke

$$\text{(7)}\qquad J_f = \frac{e^{-\mathsf{X}(\gamma+1)}}{\sigma Z} = \frac{e^{-\sigma(\gamma+1)x}}{\sigma Z},$$

wo

$$\sigma(\gamma+1) = \frac{1}{2}\left(R\sqrt{\frac{C}{L}} + G\sqrt{\frac{L}{C}}\right)$$

die räumliche Dämpfungsgröße (auf die Längeneinheit) bedeutet. Der Strom erreicht die Stelle X mit steiler Wellenfront der Höhe J_f und zieht über diese Stelle hin mit abnehmender Stärke gemäß (6). Hinter der Front zieht also ein Wellenschweif her, dessen Gestalt weiter unten genauer untersucht wird.

Dieses allgemeine Verhalten der Stromwelle ändert sich ab, wenn die Leitung mit $L = 0$ induktionsfrei ist; dann wird $\sigma(\gamma + 1) = \infty$ und $J_f = 0$; eine eigentliche Wellenfront bildet sich nicht aus, daher die Fortpflanzungsgeschwindigkeit unbestimmt (formal unendlich groß) wird, wie wir auch schon in § 126 bemerkt haben.

2. Die Gestalt der Stromwellen (6) hat K. W. Wagner[259]) graphisch und experimentell untersucht. Fig. 385 stellt die von ihm berechnete Gestalt der Stromwelle dar. Man sieht die steilen Wellenfronten und die nach rechts mit wachsendem T verlaufenden Schweife. Die Fronten werden immer niedriger, je größere Werte von X (längere Leitungen) man ins Auge faßt. Schon bei kleinen Werten des Längenmaßes X werden die Frontspitzen unscharf; vgl. Fig. 386, wo nach einer Aufnahme von K. W. Wagner[259]) die untere Kurve den Stromverlauf am Ende $\mathsf{X} = 2{,}83$ ($x = 1045$ km) einer Leitung darstellt. Die hier sich zeigende Unschärfe der Frontspitze artet in völlige Verzerrung bei noch größeren Entfernungen aus nach Fig. 387, die sich auf ein Längenmaß $\mathsf{X} = 6{,}95$ (3430 km) bezieht. Diese Wellenverzerrung kann man für große X untersuchen, wenn man für die Besselsche Funktion J_0 den Näherungswert einführt (für große U):

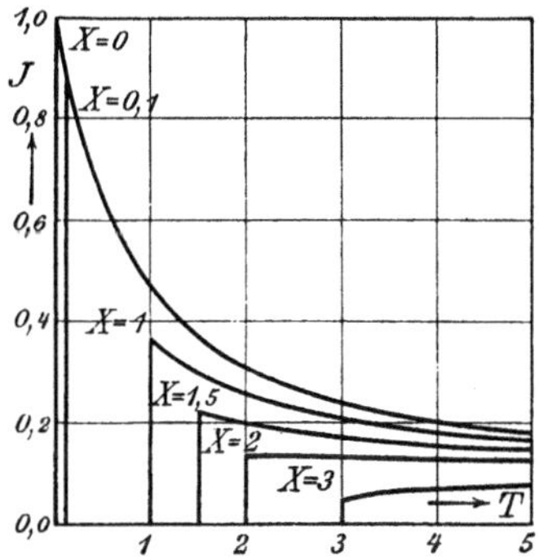

Fig. 385. Verlauf von Stromstößen in einem Kabel.

$$(8) \qquad J_0(i\,u) \sim \frac{e^u}{\sqrt{2\pi u}}.$$

Da nun $u = \sqrt{\mathsf{T}^2 - \mathsf{X}^2}$ ist und $\mathsf{T} > \mathsf{X}$, so kann man angenähert schreiben

$$(9) \qquad u = \mathsf{T}\sqrt{1 - \frac{\mathsf{X}^2}{\mathsf{T}^2}} = \mathsf{T}\left(1 - \frac{\mathsf{X}^2}{2\,T^2}\right)$$

oder

$$u - \mathsf{T} = -\frac{\mathsf{X}^2}{2\,\mathsf{T}^2}.$$

Mit (8) wird aber nach (1) der reduzierte Strom J [vgl. Ansatz (14), § 126]:

$$(10) \qquad \mathsf{J} = -\frac{\partial \mathsf{U}}{\partial \mathsf{T}} = \frac{e^{u-\mathsf{T}}}{\sqrt{2\pi u}}$$

oder da, bei genügend großem T, gilt $u \sim \mathsf{T}$:

$$\mathsf{J} = \frac{e^{-\frac{\mathsf{X}^2}{2\mathsf{T}}}}{\sqrt{2\pi\mathsf{T}}}. \tag{11}$$

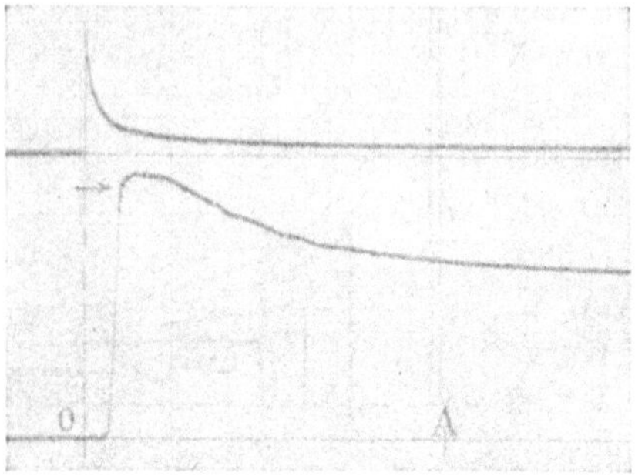

Fig. 386.
Frontverzerrung in einem Kabel mittlerer Länge.

Dieser Stromverlauf hat als Funktion von T für große X ein Maximum bei $\mathsf{T} = \mathsf{X}^2$, d. h. der am Ende langer Kabel ankommende Stromstoß erreicht sein Maximum nach Verlauf der Zeit $\mathsf{T} = \mathsf{X}^2$, wenn seine Wellenfront zur Zeit $\mathsf{T} = \mathsf{X}$ angekommen war. Für lange Kabel kann man aber X gegen X^2 vernachlässigen; also ist $\mathsf{T} = \mathsf{X}^2$ ein Maß für die Verzerrung des ankommenden Stromes, welches sich im gewöhnlichen Zeitmaß mit den Ansätzen des § 126 findet in

$$t = \tfrac{1}{2}(R\,x)\,(C\,v)\,, \tag{12}$$

wo (Rx) den Ohmschen Widerstand und (Cx) die Kapazität des ganzen Kabels bedeuten. Die Verzerrung der Zeichengebung wächst also proportional dem Produkt aus Kapazität und Widerstand. Dies ist das K.-R.-Gesetz, welches von W. Thomson[260]) in seiner Theorie des induktionsfreien ($L = 0$) und ableitungsfreien ($G = 0$) Kabels zuerst ermittelt wurde. Man kann es auch so aussprechen, daß die Telegraphiergeschwindigkeit auf einem langen Kabel dem Produkt aus Kapazität und Widerstand umgekehrt proportional ist.

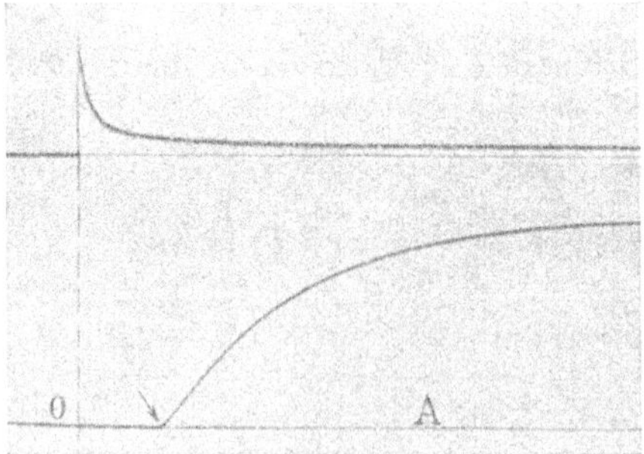

Fig. 387. Frontverzerrung in einem sehr langen Kabel.

§ 132. Die Kettenleiter.[261])

1. Unter Kettenleitern versteht man eine Schaltung aus mehreren gleichen Elementen nach Fig. 388. Jedes Element besteht aus einem Reihenschluß- und einem Nebenschlußstück, die sich

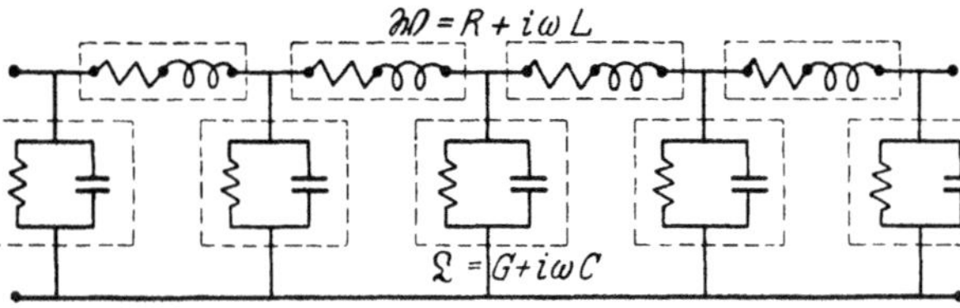

Fig. 388. Schema eines Kettenleiters.

ihrerseits wieder beliebig aus Selbstinduktionen, Kapazitäten und Widerständen zusammensetzen. Wir denken uns die Wirkung des Reihenschlußstückes $\mathfrak{W}$ symbolisch als Scheinwiderstand $\mathfrak{W} = R + i\omega L$, die des Nebenschlußstückes als Scheinleitwert $\mathfrak{L} = G + i\omega C$ dargestellt. Grundsätzlich sind zwei Arten von Kettenleitern möglich, je nachdem am Anfang und am Ende ein halbes Reihenschlußstück $\frac{1}{2}\mathfrak{W}$ oder ein halbes Nebenschlußstück $\frac{1}{2}\mathfrak{L}$ besteht. Fig. 389 zeigt je ein mittleres Element der beiden Arten von Kettenleitern.

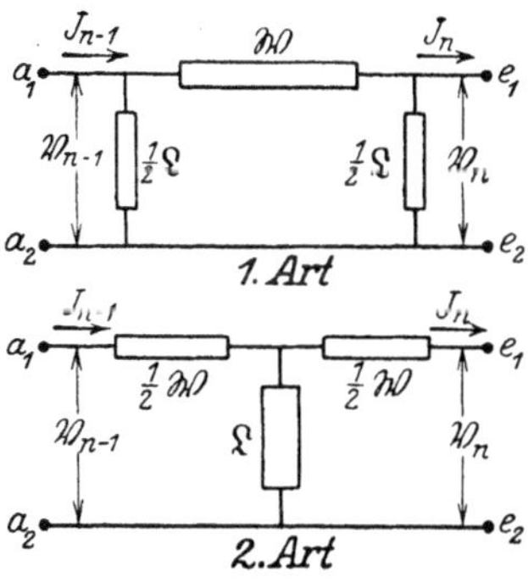

Fig. 389. Kettenleiterelement erster und zweiter Art.

An Hand des in Fig. 389 eingezeichneten Strom- und Spannungsverlaufes stellen wir die Grundgleichungen auf für Kettenleiter 1. Art:

$$\text{(1a)} \quad \begin{cases} \mathfrak{J}_{n-1} = \mathfrak{J}_n + \frac{1}{2}\mathfrak{L}\mathfrak{V}_n + \frac{1}{2}\mathfrak{L}\mathfrak{V}_{n-1}\,; \\ \mathfrak{V}_{n-1} = \mathfrak{V}_n + \mathfrak{W}(\mathfrak{J}_{n-1} - \frac{1}{2}\mathfrak{L}\mathfrak{V}_{n+1}), \end{cases}$$

während für Kettenleiter 2. Art gilt:

$$\text{(1b)} \quad \begin{cases} \mathfrak{J}_{n-1} = \mathfrak{J}_n + \mathfrak{L}(\mathfrak{V}_{n-1} - \frac{1}{2}\mathfrak{W}\mathfrak{J}_{n-1})\,; \\ \mathfrak{V}_{n-1} = \mathfrak{V}_n + \frac{1}{2}\mathfrak{W}\mathfrak{J}_{n-1} + \frac{1}{2}\mathfrak{W}\mathfrak{J}_n\,. \end{cases}$$

Verfolgen wir zunächst den Ansatz (1a) weiter (zwei lineare simultane Differenzengleichungen), so führt die Ausschaltung von $\mathfrak{J}$ bzw. $\mathfrak{B}$ auf eine Differenzengleichung für $\mathfrak{B}$:

$$\mathfrak{B}_{n-1} - \mathfrak{B}_n (2 + \mathfrak{W}\mathfrak{L}) + \mathfrak{B}_{n+1} = 0 \tag{2}$$

nebst einem entsprechenden Ansatz für $\mathfrak{J}$. Nach der Theorie dieser Gebilde[261a]) kommt es an auf die Auflösung der quadratischen Gleichung:

$$\lambda^2 - (2 + \mathfrak{W}\mathfrak{L})\,\lambda + 1 = 0 \tag{3}$$

oder:

$$(1 - \lambda)^2 = \mathfrak{W}\mathfrak{L}\,\lambda, \tag{4}$$

wozu wir zweckmäßig $\lambda = e^\gamma$ einführen. Dann schreibt man für (4):

$$1 - e^\gamma = \pm e^{\frac{\gamma}{2}} \sqrt{\mathfrak{W}\mathfrak{L}}$$

oder

$$\mathfrak{Sin}\,\frac{\gamma}{2} = \pm \tfrac{1}{2} \sqrt{\mathfrak{W}\mathfrak{L}}\,. \tag{6}$$

Mit den so sich findenden Wurzeln der Gleichung (3)

$$\lambda_1 = e^{+2\,\mathrm{arc}\,\mathfrak{Sin}\,\frac{1}{2}\sqrt{\mathfrak{W}\mathfrak{L}}}, \qquad \lambda_2 = e^{-2\,\mathrm{arc}\,\mathfrak{Sin}\,\frac{1}{2}\sqrt{\mathfrak{W}\mathfrak{L}}}$$

finden sich die allgemeinen Lösungen von (1a):

$$\left\{\begin{aligned} \mathfrak{B}_n &= A_1 \lambda_1^n + A_2 \lambda_2^n = A_1 e^{n\gamma_1} + A_2 e^{n\gamma_2} = A_1 e^{n\gamma} + A_2 e^{-n\gamma}; \\ \mathfrak{J}_n &= B_1 \lambda_1^n + B_2 \lambda_2^n = B_1 e^{n\gamma_1} + B_2 e^{n\gamma_2} = B_1 e^{n\gamma} + B_2 e^{-n\gamma}; \end{aligned}\right. \tag{7}$$

hier bezeichnet man

$$\gamma = 2\,\mathrm{arc}\,\mathfrak{Sin}\,\frac{1}{2}\sqrt{\mathfrak{W}\mathfrak{L}} = \mathrm{arc}\,\mathfrak{Cof}\left(1 + \frac{\mathfrak{W}\mathfrak{L}}{2}\right)$$

als die Fortpflanzungskonstante des Kettenleiters. Die Integrationskonstanten A, B sind nicht unabhängig voneinander. Es findet sich durch Einsetzen in (1a)

$$-\frac{B_1}{A_1} = \frac{B_2}{A_2} = \frac{\frac{1}{2}\mathfrak{L}}{\mathfrak{Tg}\,\frac{1}{2}\gamma} = \frac{1}{\mathfrak{Z}_1}; \tag{8}$$

wo

$$\mathfrak{Z}_1 = \frac{2\,\mathfrak{Tg}\,\frac{1}{2}\gamma}{\mathfrak{L}} = \sqrt{\frac{\mathfrak{W}}{\mathfrak{L}}} \cdot \frac{1}{\mathfrak{Cof}\,\frac{1}{2}\gamma}$$

den Wellenwiderstand des Kettenleiters bedeutet. Die Ansätze (7) vereinfachen sich also in

$$(9)\qquad \begin{cases} \mathfrak{W}_n = A_1\, e^{n\gamma} + A_2\, e^{-n\gamma}\,; \\ \mathfrak{J}_n = -\dfrac{A_1}{\mathfrak{Z}_1}\, e^{n\gamma} + \dfrac{A_2}{\mathfrak{Z}_1}\, e^{-n\gamma} \end{cases}$$

oder mit den am Anfang der Leitung ($n = 0$) gegebenen Werten:

$\mathfrak{V}_a = A_1 + A_2\,, \quad \mathfrak{Z}_1 \mathfrak{J}_a = -A_1 + A_2:$

$$(10)\qquad \begin{cases} \mathfrak{V}_n = \mathfrak{V}_a \,\mathfrak{Cof}\, n\gamma - \mathfrak{Z}_1 \mathfrak{J}_a \,\mathfrak{Sin}\, n\gamma\,; \\ \mathfrak{J}_n = \mathfrak{J}_n \,\mathfrak{Cof}\, n\gamma - \dfrac{\mathfrak{V}_a}{\mathfrak{Z}_1} \,\mathfrak{Sin}\, n\gamma\,. \end{cases}$$

Es ist leicht zu sehen, wie diese Betrachtung mit der von § 127 zusammenhängt. — Für die Kettenleiter zweiter Art gestaltet sich die Untersuchung ganz entsprechend. Man erhält:

$$(11)\qquad \begin{cases} \mathfrak{V}_n = \mathfrak{V}_a \,\mathfrak{Cof}\, n\gamma - \mathfrak{Z}_2 \mathfrak{J}_a \,\mathfrak{Sin}\, n\gamma\,; \\ \mathfrak{J}_n = \mathfrak{J}_a \,\mathfrak{Cof}\, n\gamma - \dfrac{\mathfrak{V}_a}{\mathfrak{Z}_2} \,\mathfrak{Sin}\, \gamma \end{cases}$$

mit derselben Fortpflanzungskonstante γ, aber mit dem Wellenwiderstand:

$$(12)\qquad \mathfrak{Z}_2 = \frac{\mathfrak{W}}{2\,\mathfrak{Tg}\,\frac{1}{2}\gamma} = \sqrt{\frac{\mathfrak{W}}{\mathfrak{L}}}\,\mathfrak{Cof}\,\tfrac{1}{2}\gamma\,.$$

2. Zur Untersuchung der Fortpflanzung von Wechselströmen der Frequenz ω in einem Spulenkettenleiter[262]) mit $\mathfrak{W} = R + i\omega L$, $\mathfrak{L} = G + i\omega C$ (Drosselkette) betrachten wir zunächst die Konstante γ. Es ist:

$$(13)\quad \mathfrak{Cof}\,\gamma = 1 + \frac{\mathfrak{W}\mathfrak{L}}{2} = \mathfrak{Cof}\,(a i + b) = \cos a\, \mathfrak{Cof}\, b + i \sin a\, \mathfrak{Sin}\, b\,.$$

Nun wollen wir zur Vereinfachung der Rechnung die energieverbrauchenden Anteile von $\mathfrak{W}$ und $\mathfrak{L}$, die stets klein sind, als nicht vorhanden ansehen, den Kettenleiter also als verlustlos voraussetzen.

Es wird:

$$(14)\quad 1 + \frac{\mathfrak{W}\mathfrak{L}}{2} = 1 - \frac{\omega^2}{2} LC + GR + i\omega\,(GL + RC) = M + iN\,.$$

Bei der verlustlosen Leitung ist aber $G = R = 0$, und demnach:

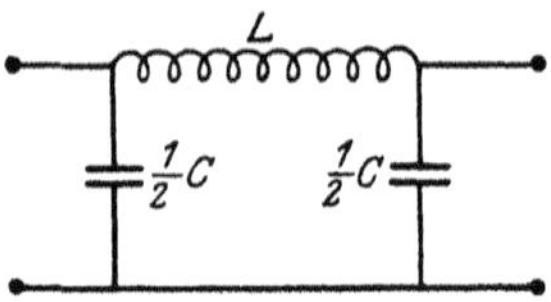

Fig. 390. Element der Drosselkette.

$$(15)\qquad \begin{cases} M = 1 - \dfrac{\omega^2}{2} LC\,; \\ N = 0\,. \end{cases}$$

Hieraus wird mit (13)

$$(16)\qquad \begin{cases} \cos a\, \mathfrak{Cof}\, b = 1 - \dfrac{\omega^2}{2} LC = M\,; \\ \sin a\, \mathfrak{Sin}\, b = 0\,. \end{cases}$$

$\dfrac{2}{\sqrt{LC}}$ ist aber die Grenzfrequenz ω_0 des Kettenleiterelementes (Fig. 390) und wir haben mit $\dfrac{\omega}{\omega_0} = \eta$

$$(17)\qquad \begin{cases} \cos a\, \mathfrak{Cof}\, b = 1 - 2\eta^2 = M\,; \\ \sin a\, \mathfrak{Sin}\, b = 0\,. \end{cases}$$

Zur Auflösung dieser Ansätze haben wir die Fälle $|M| \lesseqgtr 1$ zu unterscheiden. Im ersteren ergibt sich

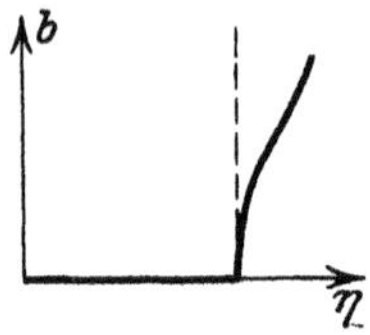

Fig. 391. Sperrbereich der Drosselkette.

$$(18)\qquad b = 0,\ \cos a = 1 - 2\eta^2;\quad |1 - 2\eta^2| < 1,$$

d. h. solange $\eta < 1$ oder $\omega < \omega_0$, ist die Dämpfung $b = 0$; die Frequenzen ω unter der Eigenfrequenz des Kettenelementes werden ungedämpft fortgepflanzt. Ist aber $|M| > 1$, so wird die Lösung von (17):

$$\sin a = 0; \qquad \mathfrak{Cof}\, b = 1 - 2\eta^2.$$

$1 - 2\eta^2$ kann aber für $\eta = \dfrac{\omega}{\omega_0} > 1$ nur negativ werden, daher muß $a = \pi$, $\cos a = -1$ werden. Demnach wird $\mathfrak{Cof}\, b = 2\eta^2 = 1$, $b = 2 \operatorname{arc} \mathfrak{Cof} \dfrac{\omega}{\omega_0}$. Für Frequenzen ω oberhalb der Grenzfrequenz nimmt also die Dämpfung b mit $\eta = \dfrac{\omega}{\omega_0}$ rasch zu. Die Fig. 391 gibt die Abhängigkeit der Größen b von $\eta = \dfrac{\omega}{\omega_0}$.

3. Untersuchen wir jetzt eine verlustfreie Kondensatorkette nach Fig. 392, so ist $\mathfrak{W} = \frac{1}{i C \omega}$, $\mathfrak{L} = \frac{1}{i L \omega}$, und wir haben:

$$M = 1 - \frac{1}{2\omega^2 LC}; \quad N = 0. \tag{19}$$

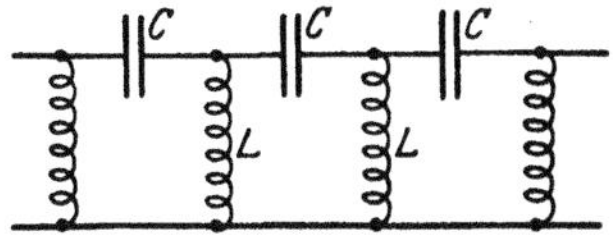

Fig. 392. Element der Kondensatorkette.

Die Grenzfrequenz wird

$$\omega_0 = \frac{1}{2\sqrt{LC}}$$

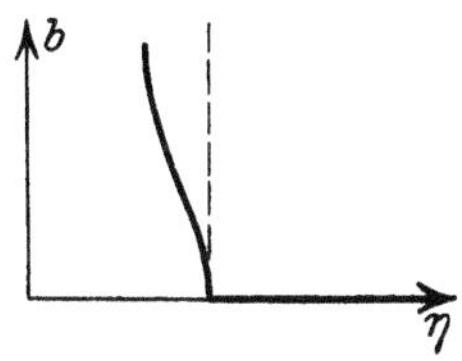

Fig. 393. Sperrbereich der Kondensatorkette.

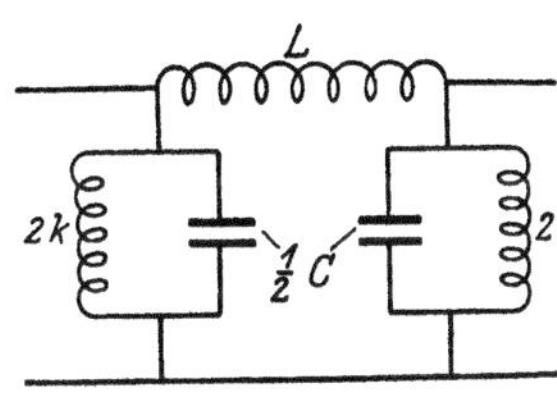

Fig. 394. Element der Siebkette.

und mit $\eta = \frac{\omega}{\omega_0}$

$$M = 1 - \frac{2}{\eta^2}.$$

Nunmehr ist das dämpfungsfreie Gebiet an die Bedingung $\frac{\omega}{\omega_0} > 1$ geknüpft, entsprechend Fig. 393.

Die Kondensatorkette läßt also nur die Schwingungen oberhalb der Grenzfrequenz durch.

4. Durch geeignete Schaltungen kann man nun Ketten herstellen, die die Eigenschaften der Drossel- und der Kondensatorkette miteinander verbinden, d. h. also zwei Grenzfrequenzen bestimmen, die das schwingungsdurchlässige Gebiet entweder einschließen oder ausschließen, mithin gewisse Frequenzbereiche aussieben. Von den zahlreichen möglichen Schaltungsarten, die K. W. Wagner in seinen zitierten Arbeiten behandelt, beschäftigen wir uns hier nur mit der Siebkette mit Nebenschlußdrosselspulen nach Fig. 394. Für diese Schaltung gilt:

$$\mathfrak{W} = i\omega L;$$

$$\mathfrak{L} = i\left(\omega C - \frac{1}{\omega} K\right).$$

Demnach wird:

$$(20)\qquad \begin{cases} M = 1 + \dfrac{\mathfrak{W}\,\mathfrak{L}}{2} = 1 - \dfrac{\omega^2 L C}{2} + \dfrac{L}{2K}\,; \\[2ex] N = 0; \end{cases}$$

Offenbar besteht hier das Kettenelement aus zwei schwingungsfähigen Unterteilen, nämlich $1 \cdot L$ mit den beiden Kapazitäten $\frac{1}{2}\,C$ und $2 \cdot 2k$ mit der Kapazität $\frac{1}{2}\,C$, von denen jeder eine Eigenfrequenz hat. Es ist

$$\omega_1 = \frac{2}{\sqrt{LC}}\,; \qquad \omega_2 = \frac{1}{\sqrt{KC}}\,,$$

womit sich (20) schreibt mit $\eta = \dfrac{\omega}{\omega_1}$, $\xi = \dfrac{\omega}{\omega_2}$

$$(21)\qquad M = 1 + \frac{2}{\xi^2} - 2\,\eta^2\,.$$

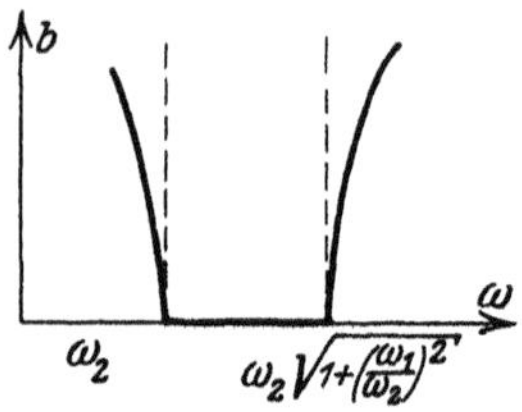

Fig. 395. Sperrbereich der Siebkette.

Wiederum bestimmt der Wert von M die Lösung von

$$\cos a\,\mathfrak{Cos}\,b = M\,;$$
$$\sin a\,\mathfrak{Sin}\,b = 0\,.$$

Es bestimmt $|M| < 1$ das Gebiet der durchgelassenen Frequenzen, $|M| > 1$ das Gebiet der abgedämpften Frequenzen. Das erstere liegt so, daß $|M| < 1$ erfüllt ist für:

$$\frac{1}{\xi^2} < \eta^2 < \frac{1}{\xi^2} + 1,$$

oder für:

$$\omega^2 \sqrt{1 + \left(\frac{\omega_1}{\omega_2}\right)^2} \left(\frac{\omega_2}{\omega_1}\right)^2 < \left(\frac{\omega^2}{\omega_1}\right) < \left(\frac{\omega_2}{\omega_1}\right)^2 + 1\,,$$

d. h. ω muß zwischen den Grenzfrequenzen ω_2 und $\omega_2 \sqrt{1 + \left(\dfrac{\omega_1}{\omega_2}\right)^2}$ liegen (Fig. 395).

Fig. 396 gibt nach Versuchen von K. W. Wagner das Oszillogramm einer Wechselspannung am Anfang und Ende einer Drosselkette. Die am Anfang sich zeigende dritte Oberschwingung ist am Ende völlig abgedämpft.

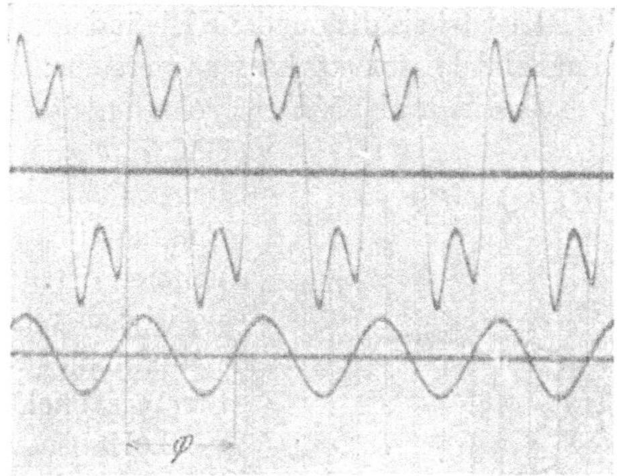

Fig. 393. Reinigung eines Wellengemisches durch eine Drosselkette.

Wegen der zahlreichen weiteren Anwendungsmöglichkeiten verweisen wir auf die Literatur[263]).

XVIII. Elektromagnetische Schwingungsvorgänge im Raum.

§ 133. Aufstellung der Maxwellschen Gleichungen.

Der grundlegende Gedanke, der Maxwell[264]) zu seinen Gleichungen führte, war der, die für Stromleitr bekannteen beiden elektromagnetischen Grundgesetze auch auf Nichtleiter — Dielektrika — anzuwenden.

Diese Grundgesetze lauten folgendermaßen:

1. Fließen in metallischen Leitern elektrische Ströme i, so erzeugen diese in ihrer Umgebung ein magnetisches Feld, dessen Stärke in einem beliebigen Punkte mit $\mathfrak{H}$ bezeichnet werde (Fig. 397). Diese Feldstärke ist ein Vektor, d. h. eine Größe, die in jedem Raumpunkt einen Zahlwert und eine Richtung besitzt. Zieht man in diesem magnetischen Felde eine beliebige geschlossene Kurve s so, daß sie die sämtlichen Stromleiter umschließt, dann gilt die Gleichung:

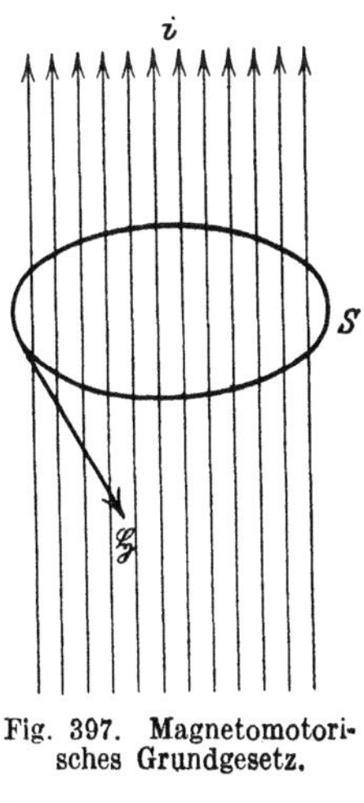

Fig. 397. Magnetomotorisches Grundgesetz.

$$4\pi i \omega = \int_s \mathfrak{H} \cos(\mathfrak{H}, ds) \cdot ds \,. \quad (1)$$

Hier ist i als die auf die Einheit der von s umschlossenen Fläche entfallende Stromstärke zu verstehen; ω ist diese Fläche selbst.

Das Integral auf der rechten Seite bedeutet, daß längs der Kurve s die Tangentialkomponenten der Feldstärke zu nehmen und ihre Summe über die ganze Kurve zu nehmen ist. Die Komponenten sind positiv zu rechnen im Uhrzeigersinne, wenn man auf s in Richtung des Stromes blickt.

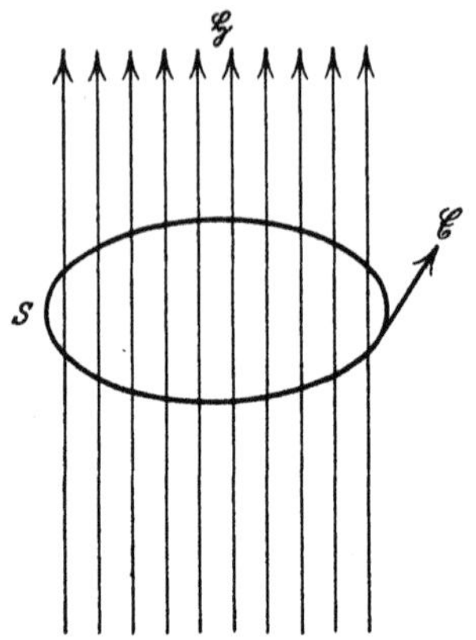

Fig. 398. Elektromotorisches Grundgesetz.

2. Haben wir andererseits ein zeitlich veränderliches magnetisches Feld der Stärke $\mathfrak{H}$ pro Flächeneinheit, so induziert dieses in einer geschlossenen Leiterkurve s elektromotorische Kräfte $\mathfrak{E}$ nach folgender Gleichung:

$$\omega\,\mu\,\frac{d\mathfrak{H}}{dt} = -\int_s \mathfrak{E}\cos(\mathfrak{E},\ ds)\,ds\,. \tag{2}$$

Hier bedeutet ω die ganze von s umschlossene Fläche, μ die Magnetisierungskonstante des Feldes (Fig. 398). Das Integral ist analog zu erklären wie bei Gleichung (1). Die elektromotorischen Kräfte $\mathfrak{E}$ sind positiv zu rechnen im Uhrzeigersinne, wenn man in Richtung der magnetischen Kraft auf s blickt.

3. Wollen wir nun diese Gesetze auf das Dielektrikum übertragen, so sind noch einige Vorbemerkungen über die Stromvorgänge in diesem zu machen.

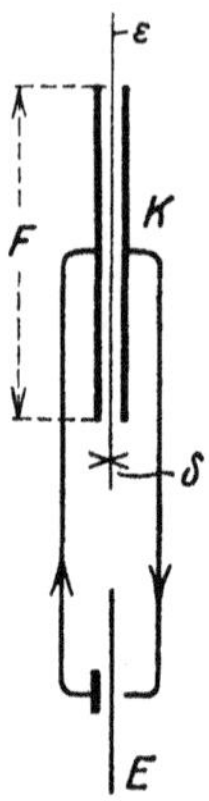

Fig. 399. Kondensator.

Wir wollen hierzu an den Kondensator anknüpfen (Fig. 399). Legen wir den Kondensator an die konstante EMK E, so beginnt er sich zu laden, indem Elektrizität in den Zuleitungsdrähten von dem positiven Pol zum Kondensator und von diesem zum negativen Pol zu fließen beginnt. Es ist nun eine entscheidende Vorstellung, daß man sagt, die Elektrizität fließe auch durch den Kondensator. Hiermit ist der Begriff eines Stromes im Dielektrikum festgelegt. Doch ist das Verhalten eines solchen Stromes in einem Dielektrikum wesentlich verschieden von dem Verhalten eines Stromes in einem Leiter. Beginnt in einem Leiter eine EMK zu wirken, so fließt der **Leitungsstrom** so lange, als die EMK wirkt, wobei die Arbeit des Stromes sich in Joulesche Wärme umwandelt. Für den Leitungsstrom gilt das Gesetz:

(3) $$i = \mathfrak{E} \cdot \sigma ,$$

wo σ die Leitfähigkeit des Leiters bedeutet. Wirkt dagegen eine EMK auf einen Kondensator, so hört der Strom nach einiger Zeit auf, und schaltet man dann die EMK vom Kondensator ab, so findet sich auf seinen beiden Belegungen Elektrizität vor. Der Strom hat also lediglich die Wirkung gehabt, Elektrizität zwischen den Belegungen des Kondensators zu **verschieben**. Wir bezeichnen die verschobene Elektrizitätsmenge mit Q, so ist

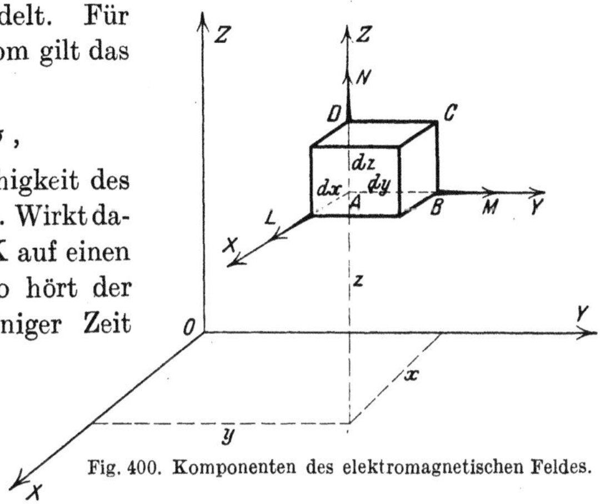

Fig. 400. Komponenten des elektromagnetischen Feldes.

(4) $$Q = E \frac{F \varepsilon}{4 \pi \delta} ,$$

wo ε die Elektrizitätskonstante, F die Belegungsflächen, δ deren Abstand bedeutet.

Aus (4) berechnet sich der Verschiebungsstrom:

(5) $$J = \frac{dQ}{dt} = \frac{dE}{dt} \frac{F \varepsilon}{4 \pi \delta} .$$

Nennen wir nun $i = \frac{J}{F}$ die Dichte des Verschiebungsstromes und $\mathfrak{E} = \frac{E}{\delta}$ die elektrische Kraft, die die elektrische Verschiebung hervorbringt, so wird

(6) $$i = \frac{\varepsilon}{4 \pi} \frac{\partial \mathfrak{E}}{\partial t} .$$

4. Wir betrachten nunmehr ein kontinuierliches Dielektrikum, aus dem wir ein Raumelement $\Delta x \, \Delta y \, \Delta z$ (Fig. 400) herausgrenzen.

Im Punkte $x\,y\,z$ herrsche die elektrische Kraft $\mathfrak{E}$ und die magnetische Kraft (Feldstärke) $\mathfrak{H}$, deren Komponenten nach den Achsen XYZ resp. LMN seien.

Wir berechnen jetzt die Wirkung der elektrischen Kraftkomponente X auf das Volumelement. Nach Gleichung (6) kommt ein Verschiebungsstrom der Dichte

$$i_x = \frac{\varepsilon}{4\pi}\frac{\partial X}{\partial t} \tag{7}$$

zustande. Auf den Verschiebungsstrom wenden wir die Gleichung (1) an, indem wir als Kurve s das Rechteck $ABCD$ annehmen. Die in den Seiten dieses Rechtecks wirkenden magnetischen Komponenten der Feldstärke sind:

$$\begin{aligned}
&\text{in } AB \ldots\ldots M\,,\\
&\text{,, } BC \ldots\ldots N + \frac{\partial N}{\partial y}\Delta y\,,\\
&\text{,, } CD \ldots -M - \frac{\partial M}{\partial z}\Delta z\,,\\
&\text{,, } DA \ldots -N\,.
\end{aligned}$$

Summieren wir, so findet sich

$$\left\{\begin{aligned}
&\int_s \mathfrak{H}\cos(\mathfrak{H},\ ds)\cdot ds\\
&= \left\{M - \left(M + \frac{\partial M}{\partial z}\Delta z\right)\right\}\Delta y + \left\{N + \frac{\partial N}{\partial y}\Delta y - N\right\}\Delta z\\
&= \left(\frac{\partial N}{\partial y} - \frac{\partial M}{\partial z}\right)\Delta y\,\Delta z\,,
\end{aligned}\right. \tag{8}$$

und der ganze durch das Rechteck tretende Verschiebungsstrom wird wegen $\omega = \Delta y\,\Delta z$

$$J = 4\pi i\,\omega = \varepsilon\frac{\partial X}{\partial t}\Delta y\,\Delta z$$

und also nach (1)

$$\varepsilon\frac{\partial X}{\partial t} = \frac{\partial N}{\partial y} - \frac{\partial M}{\partial z}\,. \tag{9}$$

Für die beiden anderen Koordinatenrichtungen ergibt sich:

$$(10)\qquad \begin{cases} \varepsilon \dfrac{\partial Y}{\partial t} = \dfrac{\partial L}{\partial z} - \dfrac{\partial N}{\partial x}, \\ \varepsilon \dfrac{\partial Z}{\partial t} = \dfrac{\partial M}{\partial x} - \dfrac{\partial L}{\partial y}. \end{cases}$$

Die drei Gleichungen (9) und (10) bilden das erste Maxwellsche Gleichungssystem.

Das zweite erhält man aus dem zweiten elektromagnetischen Grundgesetz, indem wir die elektrischen Kräfte über das Rechteck $ABCD$ summieren.

Man erhält für die x-Komponente der magnetischen Kraft:

$$(11)\qquad \begin{cases} \mu \dfrac{\partial L}{\partial t} \Delta y \Delta z \\ = -\left[Y \Delta y + \left(Z + \dfrac{\partial Z}{\partial y} \Delta y\right) \Delta z - \left(Y + \dfrac{\partial Y}{\partial z} \Delta z\right) \Delta y - Z \Delta z\right] \\ = -\left[\dfrac{\partial Z}{\partial y} - \dfrac{\partial Y}{\partial z}\right] \Delta y \Delta z \end{cases}$$

oder

$$(12)\qquad \mu \frac{\partial L}{\partial t} = -\left[\frac{\partial Z}{\partial y} - \frac{\partial Y}{\partial z}\right]$$

und für die beiden anderen Achsen

$$(13)\qquad \begin{cases} \mu \dfrac{\partial M}{\partial t} = -\left[\dfrac{\partial X}{\partial z} - \dfrac{\partial Z}{\partial x}\right], \\ \mu \dfrac{\partial N}{\partial t} = -\left[\dfrac{\partial Y}{\partial z} - \dfrac{\partial X}{\partial y}\right]. \end{cases}$$

Die Gleichungen (12) und (13) bilden das zweite Maxwellsche Gleichungssystem.

Die Formelsysteme (9), (10) und (12), (13) bedürfen noch einer Modifikation, indem wir bemerken, daß in ihnen Strom und elektrische Kraft im elektromagnetischen Maßsystem eingeführt sind. Wollen wir zum elektrostatischen übergehen, so ist auf der rechten Seite dieser Gleichungen die Lichtgeschwindigkeit V multiplikativ einzuführen.

Ferner wollen wir neben den Verschiebungsströmen auch Leitungsströme $\sigma\mathfrak{E}$ zulassen. Wir erhalten also endgültig:

$$
(14) \quad \left\{
\begin{aligned}
\text{I.}\quad & \varepsilon\frac{\partial X}{\partial t} + 4\pi\sigma X = V\left(\frac{\partial N}{\partial y} - \frac{\partial M}{\partial z}\right), \\
& \varepsilon\frac{\partial Y}{\partial t} + 4\pi\sigma Y = V\left(\frac{\partial L}{\partial z} - \frac{\partial N}{\partial x}\right), \\
& \varepsilon\frac{\partial Z}{\partial t} + 4\pi\sigma Z = V\left(\frac{\partial M}{\partial x} - \frac{\partial L}{\partial y}\right); \\
\text{II.}\quad & \mu\frac{\partial L}{\partial t} = -V\left(\frac{\partial Z}{\partial y} - \frac{\partial Y}{\partial z}\right), \\
& \mu\frac{\partial M}{\partial t} = -V\left(\frac{\partial X}{\partial z} - \frac{\partial Z}{\partial x}\right), \\
& \mu\frac{\partial N}{\partial t} = -V\left(\frac{\partial Y}{\partial x} - \frac{\partial X}{\partial y}\right).
\end{aligned}
\right.
$$

§ 134. Fortpflanzung der elektromagnetischen Wellen und der Energie im Raum.

1. Diese beiden Gleichungssysteme wollen wir nun in Vektorform schreiben, indem wir XYZ als Komponenten eines Vektors $\mathfrak{E} = \sqrt{X^2 + Y^2 + Z^2}$ der Richtungskosinus: $\frac{X}{\sqrt{\;}}, \frac{Y}{\sqrt{\;}}, \frac{Z}{\sqrt{\;}}$ auffassen. Analog sind LMN Komponenten des Vektors $\mathfrak{H} = \sqrt{L^2 + M^2 + N^2}$ der Richtungskosinus $\frac{L}{\sqrt{\;}}, \frac{M}{\sqrt{\;}}, \frac{N}{\sqrt{\;}}$. Die auf den rechten Seiten in Klammern stehenden Größen fassen wir als Komponenten eines Vektors $\mathfrak{K}$ auf, der mit dem Vektor $\mathfrak{H}$ durch die Gleichung zusammenhängt

$$\mathfrak{K} = \operatorname{curl}\mathfrak{H}.$$

Dies ist nichts als eine Definition, aus der umgekehrt folgt: Ist $\mathfrak{H}$ ein Vektor mit den Komponenten L, M, N, so hat der Vektor $\operatorname{curl}\mathfrak{H}$ die Komponenten:

$$\frac{\partial N}{\partial y} - \frac{\partial M}{\partial z}, \quad \frac{\partial L}{\partial z} - \frac{\partial N}{\partial x}; \quad \frac{\partial M}{\partial x} - \frac{\partial L}{\partial y}.$$

Analog interpretieren wir die Gleichungen II und erhalten somit für I und II

$$(15)\qquad \begin{cases} \varepsilon \dfrac{\partial \mathfrak{E}}{\partial t} + 4\pi\sigma\mathfrak{E} = V \operatorname{curl}\mathfrak{H}\,, \\[2ex] \mu \dfrac{\partial \mathfrak{H}}{\partial t} = -V \operatorname{curl}\mathfrak{E}\,. \end{cases}$$

Differenzieren wir jetzt die Gleichungen (14) I der Reihe nach $x y z$ und addieren, so folgt:

$$(16)\quad \varepsilon \frac{\partial}{\partial t}\left(\frac{\partial X}{\partial x} + \frac{\partial Y}{\partial y} + \frac{\partial Z}{\partial z}\right) + 4\pi\sigma\left(\frac{\partial X}{\partial x} + \frac{\partial Y}{\partial y} + \frac{\partial Z}{\partial z}\right) = 0\,.$$

Hier schreiben wir die Klammergrößen $\operatorname{div}\mathfrak{E}$ (zu lesen Divergenz $\mathfrak{E}$), womit (16) übergeht in

$$(17)\qquad \varepsilon \frac{\partial}{\partial t} \operatorname{div}\mathfrak{E} + 4\pi\sigma \operatorname{div}\mathfrak{E} = 0\,.$$

Wir setzen nun voraus, daß dauernd gelte:

$$(18)\qquad \operatorname{div}\mathfrak{E} = 0\,,$$

d. h. es soll sich nirgends eine Elektrizitätsquelle vorfinden.

Aus den beiden Gleichungen (15) eliminieren wir $\mathfrak{H}$, indem wir die erste nach der Zeit differenzieren

$$V \operatorname{curl}\frac{\partial \mathfrak{H}}{\partial t} = \varepsilon \frac{\partial^2 \mathfrak{E}}{\partial t^2} + 4\pi\sigma \frac{\partial \mathfrak{E}}{\partial t}$$

und dies in die zweite Gleichung einsetzen:

$$(19)\qquad -V^2 \operatorname{curl}\operatorname{curl}\mathfrak{E} = \varepsilon\mu \frac{\partial^2 \mathfrak{E}}{\partial t^2} + 4\pi\sigma\mu \frac{\partial \mathfrak{E}}{\partial t}\,.$$

Jetzt gehen wir von der Vektorgleichung (19) zu rechtwinkligen Koordinaten über, indem wir uns erinnern, daß $\operatorname{curl}\mathfrak{E}$ ein Vektor ist mit den Komponenten:

$$\frac{\partial Z}{\partial y} - \frac{\partial Y}{\partial z}\,, \qquad \frac{\partial X}{\partial z} - \frac{\partial Z}{\partial x}\,, \qquad \frac{\partial Y}{\partial x} - \frac{\partial X}{\partial y}\,.$$

Folglich ist curl curl $\mathfrak{E}$ ein Vektor mit den Komponenten:

$$(20)\quad \left\{\begin{aligned} &\frac{\partial}{\partial y}\left(\frac{\partial Y}{\partial x}-\frac{\partial X}{\partial y}\right)-\frac{\partial}{\partial z}\left(\frac{\partial X}{\partial z}-\frac{\partial Z}{\partial x}\right),\\ &\frac{\partial}{\partial z}\left(\frac{\partial Z}{\partial y}-\frac{\partial Y}{\partial z}\right)-\frac{\partial}{\partial x}\left(\frac{\partial Y}{\partial x}-\frac{\partial X}{\partial y}\right),\\ &\frac{\partial}{\partial x}\left(\frac{\partial X}{\partial z}-\frac{\partial Z}{\partial x}\right)-\frac{\partial}{\partial y}\left(\frac{\partial Z}{\partial y}-\frac{\partial Y}{\partial z}\right). \end{aligned}\right.$$

Fügt man zu diesen Komponenten bzw.

$$\frac{\partial^2 X}{\partial x^2},\quad \frac{\partial^2 Y}{\partial y^2},\quad \frac{\partial^2 Z}{\partial z^2}$$

additiv und subtraktiv hinzu, so gehen sie über in:

$$(21)\quad \left\{\begin{aligned} &\frac{\partial}{\partial x}\left(\frac{\partial X}{\partial x}+\frac{\partial Y}{\partial y}+\frac{\partial Z}{\partial z}\right)-\left(\frac{\partial^2 X}{\partial x^2}+\frac{\partial^2 X}{\partial y^2}+\frac{\partial^2 X}{\partial z^2}\right),\\ &\frac{\partial}{\partial y}\left(\frac{\partial X}{\partial x}+\frac{\partial Y}{\partial y}+\frac{\partial Z}{\partial z}\right)-\left(\frac{\partial^2 Y}{\partial x^2}+\frac{\partial^2 Y}{\partial y^2}+\frac{\partial^2 Y}{\partial z^2}\right),\\ &\frac{\partial}{\partial z}\left(\frac{\partial X}{\partial x}+\frac{\partial Y}{\partial y}+\frac{\partial Z}{\partial z}\right)-\left(\frac{\partial^2 Z}{\partial x^2}+\frac{\partial^2 Z}{\partial y^2}+\frac{\partial^2 Z}{\partial z^2}\right), \end{aligned}\right.$$

so daß man in Vektorform schreiben kann:

$$(21a)\qquad \operatorname{curl}\operatorname{curl}\mathfrak{E} = \operatorname{grad}\operatorname{div}\mathfrak{E} - \Delta\,\mathfrak{E}.$$

In (21) verschwinden jedoch die ersten Glieder wegen Gleichung (18), und die Vektorgleichung schreibt sich in Koordinatenform:

$$(22)\quad \left\{\begin{aligned} &V^2\left(\frac{\partial^2 X}{\partial x^2}+\frac{\partial^2 X}{\partial y^2}+\frac{\partial^2 X}{\partial z^2}\right)=\varepsilon\mu\frac{\partial^2 X}{\partial t^2}+4\pi\sigma\mu\frac{\partial X}{\partial t},\\ &V^2\left(\frac{\partial^2 Y}{\partial x^2}+\frac{\partial^2 Y}{\partial y^2}+\frac{\partial^2 Y}{\partial z^2}\right)=\varepsilon\mu\frac{\partial^2 Y}{\partial t^2}+4\pi\sigma\mu\frac{\partial Y}{\partial t},\\ &V^2\left(\frac{\partial^2 Z}{\partial x^2}+\frac{\partial^2 Z}{\partial y^2}+\frac{\partial^2 Z}{\partial z^2}\right)=\varepsilon\mu\frac{\partial^2 Z}{\partial t^2}+4\pi\sigma\mu\frac{\partial Z}{\partial t}. \end{aligned}\right.$$

Wir wollen nun annehmen, daß die elektrische Kraft nur von x abhänge, daß also in allen Punkten einer Ebene $x = a$ die Kraft dieselbe sei. Dann reduziert sich z. B. die erste Gleichung (22) auf

$$(23)\qquad V^2\frac{\partial^2 X}{\partial x^2}=\varepsilon\mu\frac{\partial^2 X}{\partial t^2}+4\pi\sigma\mu\frac{\partial X}{\partial x}.$$

Dies ist die Differentialgleichung einer gedämpften ebenen elektrischen Welle. Sehen wir von der Dämpfung mit $\lambda = 0$ ab, so entsteht:

$$\frac{\partial^2 X}{\partial t^2} = \frac{V^2}{\varepsilon \mu} \frac{\partial^2 X}{\partial x^2}, \tag{24}$$

die Gleichung einer ungedämpften elektrischen Welle. Sie ist analog mit der Gleichung der Schallbewegung in Gasen, und es ergibt sich die elektrische Kraft wie dort die Dichteänderung der Luft als periodische Funktion

$$\sin\left(x - \frac{V}{\sqrt{\varepsilon \mu}} t\right)$$

oder

$$\sin\left(x + \frac{V}{\sqrt{\varepsilon \mu}} t\right).$$

Der Faktor $\frac{V}{\sqrt{\varepsilon \mu}}$ ist wieder die Fortpflanzungsgeschwindigkeit der Erregung, welche also, im Fall der Vorgang sich in Luft abspielt mit $\mu = 1$, $\varepsilon = 1$, sich gleich der Lichtgeschwindigkeit ergibt.

2. Pflanzt sich eine ebene Welle in einem vollkommen leitenden Medium fort, so ist mit $\varepsilon = 0$ die Gleichung zu behandeln:

$$\frac{\partial X}{\partial t} = \frac{V^2}{4 \pi \sigma \mu} \frac{\partial^2 X}{\partial x^2}. \tag{25}$$

Kürzen wir hier ab

$$\frac{V^2}{4 \pi \sigma \mu} = a^2$$

und setzen wir fest, daß zur Zeit $t = 0$ die Verteilung der elektrischen Kraft in dem unbegrenzt gedachten leitenden Medium

$$X = \varphi(x)$$

gewesen sei, so liefert die Integration von (25) als Ausdruck für die Verteilung der elektrischen Kraft zur Zeit t:

$$X = \frac{1}{2 a \sqrt{\pi t}} \cdot e^{-\frac{x^2}{4 a^2 t}} \int_{-\infty}^{+\infty} \varphi(\alpha)\, e^{-\frac{\alpha^2 - 2 \alpha x}{4 a^2 t}}\, d\alpha. \tag{26}$$

Die Ableitung dieser Formel würde uns hier zu weit führen.

Wir verweisen also auf Riemann, Partielle Differentialgleichungen [265]), wo die Gleichung (25) als Differentialgleichung der Wärmeleitung behandelt ist.

Jedenfalls geht aus (26) hervor, daß in einem vollkommen leitenden Medium die elektrische Kraft mit der Zeit verschwindet.

3. Die beiden Begriffe der elektrischen und magnetischen Feldstärke $\mathfrak{E}$ bzw. $\mathfrak{H}$ geben Anlaß zur Aufstellung der entsprechenden Energiedichten $\frac{\varepsilon \mathfrak{E}^2}{8\pi}$ und $\frac{\mu \mathfrak{H}^2}{8\pi}$, aus denen sich der Energieinhalt eines Raumes nach Multiplikation mit dem Volumelement d,v und Integration ergibt:

$$(1) \qquad L = \frac{1}{8\pi}\int (\varepsilon \mathfrak{E}^2 + \mu \mathfrak{H}^2)\, dv\,.$$

Man kann die elektromagnetische Energie mit den Maxwellschen Gleichungen verknüpfen.

Ausgehend von

$$(2) \qquad \left\{ \begin{aligned} \operatorname{curl}\mathfrak{H} &= \frac{4\pi\sigma}{V}\mathfrak{E} + \frac{\varepsilon}{V}\frac{\partial \mathfrak{E}}{\partial t}; \\ \operatorname{curl}\mathfrak{E} &= -\frac{\mu}{V}\frac{\partial \mathfrak{H}}{\partial t} \end{aligned} \right.$$

findet sich durch Multiplikation der ersten Gleichung mit $\mathfrak{E}$ der zweiten mit $\mathfrak{H}$ und Subtraktion:

$$(3) \qquad \mathfrak{E}\operatorname{curl}\mathfrak{H} - \mathfrak{H}\operatorname{curl}\mathfrak{E} = \frac{4\pi\sigma}{V}\mathfrak{E}^2 + \frac{1}{V}\frac{\partial}{\partial t}\frac{\varepsilon\mathfrak{E}^2 + \mu\mathfrak{H}^2}{2}\,.$$

Nach einer bekannten Regel der Vektoranalysis ist die linke Seite nichts anderes als $-\operatorname{div}[\mathfrak{E}\mathfrak{H}]$, wo $[\mathfrak{E}\mathfrak{H}]$ das äußere Vektorprodukt von $\mathfrak{E}$ und $\mathfrak{H}$ bedeutet. Auf der rechten Seite kann man aber nach Gleichung (3), § 133, für $\sigma\mathfrak{E}^2$ schreiben $i\mathfrak{E}$, d. h. $\sigma\mathfrak{E}^2$ ist die in der Volumeinheit und Zeiteinheit entwickelte Joulesche Wärme w, während unter der Zeitdifferentiation sich die Energiedichte $4\pi\frac{dL}{dv}$ nach Gleichung (1) findet. Man schreibt demnach für (3)

$$(4) \qquad -\frac{V}{4\pi}\operatorname{div}\,(\mathfrak{E}\mathfrak{H}) = w + \frac{\partial}{\partial t}\left(\frac{dL}{dv}\right)$$

Hier steht links die Divergenz eines Vektors

(5) $$\mathfrak{S} = \frac{V}{4\pi}[\mathfrak{E}\mathfrak{H}],$$

so daß nach Integration über den Raum sich findet:

(6) $$-\int \operatorname{div} \mathfrak{S}\, dv = \int w\, dv + \frac{\partial L}{\partial t}.$$

Nach dem Satze von Gauss kann links statt des Raumintegrals ein Oberflächenintegral geschrieben werden gemäß

(7) $$\int \operatorname{div} \mathfrak{S}\, dv = \int \mathfrak{S}_n\, df,$$

wo $\mathfrak{S}_n$ die in die Flächennormale fallende Komponente von $\mathfrak{S}$ bedeutet. Das Oberflächenintegral bedeutet aber den Fluß des Vektors $\mathfrak{S}$ durch die Oberfläche hindurch; dieser Fluß ist nach Gleichung (6) ein Effekt- oder Leistungsfluß, derart, daß er zusammen mit der im Raume entwickelten Jouleschen Wärme $\int w\, dv$ die zeitliche Änderung der im Raume enthaltenen elektromagnetischen Energie L ergibt.

Betrachtet man eine Fläche der Größe 1, auf der $\mathfrak{S}$ senkrecht steht, so ist $\mathfrak{S}$ nichts anderes als die durch die Flache 1 in der Zeiteinheit hindurchtretende Energie (Leistung). Diese hat demnach, insofern ihr eine Bewegung anhaftet, den Charakter eines Vektors. Diese Entdeckung ist auf Pointing[266]) zurückzuführen; man nennt $\mathfrak{S}$ den Pointingschen Energievektor, der nach (5) auf den Richtungen der beiden Feldstärken gleichzeitig senkrecht steht.

§ 135. Elektromagnetische Wellen im Erdraum.

1. Die Ansätze für die Fortpflanzung elektromagnetischer Wellen (§ 134) haben offenbar nur Gültigkeit für den freien homogenen Raum, in welchem keine Diskontinuitätsflächen der elektromagnetischen Eigenschaften vorkommen.

Die Erdoberfläche ist eine solche Kontinuitätsfläche, die uns zwingt, die elektromagnetischen Bewegungsgleichungen für die Räume oberhalb und unterhalb jener anzusetzen[267]).

Zunächst betrachten wir die Erdoberfläche in unserem Bereich als eben und machen sie zur xz-Ebene eines Koordinatensystems (Fig. 401). Die Wellenbewegung sei nur von x und y abhängig und erfolge nur in Richtungen in der xy-Ebene (zylindrische Ausbreitung, mit horizontaler Zylinder(z)-Achse).

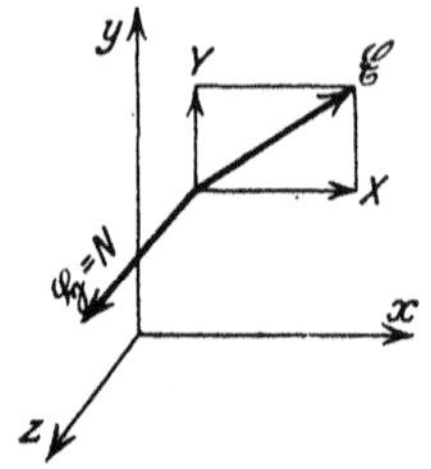

Fig. 401. Zylindrisches elektromagnetisches Feld.

Dann verläuft entweder die Feldstärke $\mathfrak{E} = \sqrt{x^2 + y^2}$ stets in der xy-Ebene und $\mathfrak{H} = N$ steht auf dieser senkrecht, oder $\mathfrak{H} = \sqrt{A^2 + M^2}$ liegt in der xy-Ebene und $\mathfrak{E} = Z$ steht auf dieser senkrecht. Wir wählen nach der Fig. 401 die erstere Möglichkeit (die zweite würde zum gleichen Ergebnis führen) und finden, daß sich die Maxwellschen Gleichungen beschränken auf:

$$(1)\quad \begin{cases} -\mu\dfrac{\partial N}{\partial t} = \dfrac{\partial Y}{\partial x} - \dfrac{\partial X}{\partial y}; \qquad V\dfrac{\partial N}{\partial y} = \varepsilon\dfrac{\partial X}{\partial t} + 4\pi\sigma X; \\ \qquad\qquad\qquad\qquad\qquad -V\dfrac{\partial N}{\partial x} = \varepsilon\dfrac{\partial Y}{\partial t} + 4\pi\sigma Y. \end{cases}$$

Diese Gleichungen sind für die Luft (Index 1) und für das Erdinnere (Index 2) anzusetzen. Im Luftraum sei die Leitfähigkeit null, Magnetisierungs- und Dielektrizitätskonstante eins; unterhalb der Erdoberfläche seien die entsprechenden Werte σ, 1 und ε.

Dann gilt:

$$(2)\quad -\frac{\partial N_1}{\partial t} = V\left(\frac{\partial Y_1}{\partial x} - \frac{\partial X_1}{\partial y}\right); \quad V\frac{\partial N_1}{\partial y} = \frac{\partial X_1}{\partial t}; \quad -V\frac{\partial N_1}{\partial x} = \frac{\partial Y_1}{\partial t}$$

und

$$(3)\quad \begin{cases} -\dfrac{\partial N_2}{\partial t} = V\left(\dfrac{\partial Y_2}{\partial x} - \dfrac{\partial X_2}{\partial y}\right); \quad V\dfrac{\partial N_2}{\partial y} = \varepsilon\dfrac{\partial X_2}{\partial t} + 4\pi\sigma X_2; \\ \qquad\qquad\qquad\qquad\qquad -V\dfrac{\partial N_2}{\partial x} = \varepsilon\dfrac{\partial Y_2}{\partial t} + 4\pi\sigma Y_2. \end{cases}$$

Leicht durchführbare Aussonderungsrechnung liefert für die verschiedenen Veränderlichen die Ansätze:

$$(2\text{a})\quad \frac{\partial^2 N_1}{\partial x^2} = V^2 \Delta N_1; \qquad \frac{\partial^2 X_1}{\partial t^2} = V^2 \Delta X_1; \qquad \frac{\partial^2 Y_1}{\partial t^2} = V^2 \Delta Y_1$$

und

$$(3a)\quad \begin{cases} \varepsilon\frac{\partial^2 N_2}{dt^2} + 4\pi\sigma\frac{\partial N_2}{\partial t} = V^2\Delta N_2; \quad \varepsilon\frac{\partial^2 X_2}{\partial t^2} + 4\pi\sigma\frac{\partial X_2}{\partial t} = V^2\Delta X_2; \\ \qquad\qquad\qquad\qquad\qquad\qquad \varepsilon\frac{\partial^2 Y_2}{\partial t^2} + 4\pi\sigma\frac{\partial Y_2}{\partial t} = V^2\Delta Y_2, \end{cases}$$

wo das Zeichen Δ überall den Laplaceschen Operator

$$(4)\qquad \Delta = \frac{\partial^2}{\partial x^2} + \frac{\partial^2}{\partial y^2}$$

bedeutet. Für die Feldkomponenten besteht also die nämliche Differentialgleichung, die mit der Telegraphengleichung große Ähnlichkeit hat. Wir versuchen zu ihrer Lösung einen Ansatz entsprechend § 129, indem wir uns zunächst mit N_1 und N_2 beschäftigen:

$$(5)\qquad \begin{cases} N_1 = A\,e^{-\gamma x - \gamma_1 y + i\omega t}; \\ N_2 = A\,e^{-\gamma x + \gamma_2 y + i\omega t}. \end{cases}$$

Hiermit erfüllen wir schon die wichtige Grenzbedingung, daß in der Erdoberfläche $y = 0$ die Werte der magnetischen Feldstärken N_1 und N_2 sowie der Ströme $\frac{\partial N_1}{\partial x}$ und $\frac{\partial N_2}{\partial x}$ oberhalb und unterhalb ineinander übergehen müssen. Führen wir nun (5) in (2a) bzw. (3a) ein, so findet sich

$$(6)\qquad -\omega^2 = V^2(\gamma^2 + \gamma_1^2); \quad -\varepsilon\omega^2 + 4\pi i\sigma\omega = V^2(\gamma^2 + \gamma_2^2).$$

Den Lösungsansatz (5) legen wir auch für die elektrischen Feldstärken X_1 und X_2 zugrunde, nur mit dem Unterschied, daß wir an Stelle der willkürlichen Konstanten A den Buchstaben B treten lassen. Dann liefern die Ausgangsgleichungen (2) bzw. (3):

$$-V.\gamma_1 A = i\omega B \quad \text{und} \quad + V\gamma_2 A = (\varepsilon i\omega + 4\pi\sigma) B$$

oder

$$(7)\qquad V\gamma_2 = -V\gamma_1\varepsilon\left(1 - i\frac{4\pi\sigma}{\varepsilon\omega}\right) = -V\gamma_1\varepsilon(1 - i\varkappa).$$

Hiermit nehmen wir zusammen nach (6)

$$(8)\qquad V^2(\gamma^2 + \gamma_1^2) = -\omega^2$$

$$(9)\qquad V^2(\gamma^2 + \gamma_2^2) = -\omega^2\varepsilon(1 - i\varkappa)$$

wo überall $\varkappa = \frac{4\pi\sigma}{\varepsilon\omega}$ bedeutet.

Gleichung (7), (8), (9) bestimmen die drei Fortpflanzungskonstanten γ, γ_1, γ_2 der elektromagnetischen Wellen, von denen γ für die Fortpflanzung längs der x-Achse maßgebend ist. Die Konstanten finden sich in kompleter Form $a\,i + b$, womit wir den Anschluß an die Betrachtungen des § 127 gefunden haben. Besonders interessieren die Dämpfungskonstanten: b in der Fortpflanzungsrichtung, b_1 nach oben in der Luft, b_2 nach unten im Erdboden.

Nach Angaben von J. Zenneck[268]) beträgt für Seewasser, elektromagnetisch gemessen, $\sigma\,\mathrm{cm} = 10^{-11}$ [cgs]; elektrostatisch ist aber $\sigma_{es} = V^2 \sigma\,\mathrm{cm} = 9 \cdot 10^9$ [cgs]; die Dielektrizitätskonstante beträgt $\varepsilon = 80$. Demnach wird, bei einer Länge der elektromagnetischen Wellen von 2 km, entsprechend $\omega = 10^6$ der Festwert:

$$\varkappa = \frac{4\pi\sigma}{\omega\varepsilon} = 1410.$$

Da nun die Auflösung von (7), (8), (9) nach γ ergibt:

$$V^2\gamma^2 = V^2 (a + i b)^2 = -\omega^2 \frac{\varepsilon (i\varkappa - 1)}{\varepsilon (i\varkappa - 1) - 1}, \tag{10}$$

so wird, weil $\varepsilon\varkappa$ groß gegen 1 ist:

$$\gamma^2 = (a i + b)^2 = -(a^2 - b^2) + 2 i a b = -\frac{\omega^2}{V^2}. \tag{11}$$

Wir erhalten also $a = \dfrac{\omega}{V}$ neben einem sehr kleinen Wert von b Um diesen zu finden, trennen wir in der strengen Formel (10) das Reelle vom Imaginären:

$$2ab = \frac{\omega^2}{V^2} \frac{\varepsilon\varkappa}{\varepsilon^2\varkappa^2 + (\varepsilon + 1)^2}.$$

Da $\varepsilon\varkappa$ groß ist, ist hier zu schreiben mit $a = \dfrac{\omega}{V}$:

$$b = \frac{\omega}{2V\varepsilon\varkappa} = \frac{\omega^2}{\gamma V \pi\sigma} = 1{,}5 \cdot 10^{-10}.$$

Dieses Dämpfungsmaß bezieht sich auf Zentimeter, auf Kilometer bezogen würde sich $b = 1{,}5 \cdot 10^{-5}$ finden, also bedeutend weniger als bei den in § 130 betrachteten Telephonleitungen.

Die Dämpfung b_1 in der Luft senkrecht nach oben erweist sich bei näherer Untersuchung wesentlich beträchtlicher als b, aber immer noch unmerklich innerhalb der uns in der Atmosphäre zugänglichen Höhen, während in den Erdboden (b_2) die elektromagnetische Welle nur wenige Meter tief eindringt.

2. Die bisherigen Ansätze geben insofern kein vollständiges Bild von der Ausbreitung der elektromagnetischen Wellen im Erdraum, als sie die in der drahtlosen Telegraphie gebräuchliche Erregungsart der Wellen durch Antennen nicht berücksichtigen, andererseits vom Einfluß der Erdkrümmung absehen.

Zuerst hat H. Hertz[269]) die Ausbreitung elektrischer Wellen von einer Erregungsstelle (im freien Raum mit $\varepsilon = 1$, $\mu = 1$) untersucht.

Es handelt sich wieder um die Integration der Maxwellschen Gleichungen:

$$\frac{\partial \mathfrak{E}}{\partial t} = V \operatorname{curl} \mathfrak{H}; \qquad \frac{\partial \mathfrak{H}}{\partial t} = -V \operatorname{curl} \mathfrak{E}, \tag{12}$$

und der Kontinuitätsgleichungen der elektrischen und magnetischen Feldstärke

$$\operatorname{div} \mathfrak{E} = 0; \qquad \operatorname{div} \mathfrak{H} = 0. \tag{13}$$

Führt man nun den Hertzschen Vektor $\mathfrak{U}$ ein durch

$$V \mathfrak{H} = \operatorname{curl} \frac{\partial \mathfrak{U}}{\partial t}, \tag{14}$$

so wird dadurch zunächst die zweite Gleichung (13) erfüllt (wegen $\operatorname{div} \operatorname{curl} \mathfrak{U} = 0$). Andererseits wird die zweite Gleichung (12) befriedigt durch:

$$\mathfrak{E} = \operatorname{grad} \operatorname{div} \mathfrak{U} - \frac{1}{V^2} \frac{\partial^2 \mathfrak{U}}{\partial t^2}. \tag{15}$$

Setzt man nun (14) und (15) in die erste Gleichung (12) ein, so kommt als Differentialgleichung für $\mathfrak{U}$:

$$\operatorname{grad} \operatorname{div} \mathfrak{U} - \frac{1}{V^2} \frac{\partial^2 \mathfrak{U}}{\partial t^2} = \operatorname{curl} \operatorname{curl} \mathfrak{U} \tag{16}$$

oder da gilt:

$$\operatorname{curl} \operatorname{curl} \mathfrak{U} = -\Delta \mathfrak{U} + \operatorname{grad} \operatorname{div} \mathfrak{U}, \tag{17}$$

einfacher:

$$\frac{\partial^2 \mathfrak{U}}{\partial t^2} = V^2 \Delta \mathfrak{U}. \tag{18}$$

Den hiernach zu bestimmenden Vektor $\mathfrak{U}$ spezialisiert Hertz von vornherein so, daß er nur eine Komponente U_z hat, indem gesetzt wird:

$$U_x = 0, \quad U_y = 0, \quad U_z = \Pi(x, y, z), \tag{19}$$

wo Π wegen (18) der Wellengleichung genügen muß:

$$\frac{\partial^2 \Pi}{\partial t^2} = V^2 \left(\frac{\partial^2 \Pi}{\partial x^2} + \frac{\partial^2 \Pi}{\partial y^2} + \frac{\partial^2 \Pi}{\partial z^2} \right). \tag{20}$$

Dann ist zunächst $\operatorname{div} \mathfrak{U} = \frac{\partial \Pi}{\partial z}$ und die Komponenten der elektrischen Feldstärke werden:

$$X = \frac{\partial^2 \Pi}{\partial x \, \partial z}, \quad Y = \frac{\partial^2 \Pi}{\partial y \, \partial z}, \quad Z = -\left(\frac{\partial^2 \Pi}{\partial x^2} + \frac{\partial^2 \Pi}{\partial y^2} \right). \tag{21}$$

Für das magnetische Feld ergibt sich:

$$L = \frac{1}{V} \frac{\partial^2 \Pi}{\partial y \, \partial t}; \quad M = -\frac{1}{V} \frac{\partial^2 \Pi}{\partial x \, \partial t}; \quad N = 0. \tag{22}$$

Nun hat (20), wie man sich leicht überzeugt, die partikuläre Lösung:

$$\Pi = \frac{1}{r} f\left(t - \frac{r}{V} \right), \tag{23}$$

wo $r = \sqrt{x^2 + y^2 + z^2}$ bedeutet und f eine beliebige, überall stetige und endliche Funktion ist. Die Lösung Π ist daher überall endlich und stetig, abgesehen vom Punkte $r = 0$.

Aus der Form der Ansätze (19), (21), (22) sieht man bereits, daß die Hertzsche Lösung axial-symmetrisch um die z-Achse des Koordinatensystemes ist; wir gehen daher zu Zylinderkoordinaten ϱ, ϑ, z, vermöge $x = \varrho \cos \vartheta$, $y = \varrho \sin \vartheta$, über, in denen wir die Feldkomponenten mit E_ϱ, E_ϑ, Z bzw. H_ϱ, H_ϑ, N bezeichnen.

Nach den obigen Ansätzen kann man diese Komponenten in Abhängigkeit von f bestimmen; man findet:

$$(24)\quad \begin{cases} E_\varrho = \dfrac{z\,\varrho}{r^2}\left(\dfrac{3f}{r^3} + \dfrac{3f'}{r^2 V} + \dfrac{f''}{r V^2}\right); \qquad E_\vartheta = 0; \\ Z = \dfrac{\lambda}{r^2}\left(\dfrac{3z^2 - r^2}{r^3} f + \dfrac{3z^2 - r^2}{r^2 V} f' + \dfrac{z^2 - r^2}{r V^2} f''\right) \end{cases}$$

und

$$(25)\qquad H_\varrho = 0\,; \qquad H_\vartheta = \frac{\varrho}{rV}\left(\frac{f'}{r^2} + \frac{f''}{rV}\right); \qquad N = 0\,.$$

Demnach verläuft die elektrische Kraft überall in Ebenen durch die z-Achse, die magnetische aber in Kreisen, die auf den Ebenen der elektrischen Kraft senkrecht stehen. Die Fortpflanzungsgeschwindigkeit der Störung f ist, wie sich aus (22) ergibt, die Lichtgeschwindigkeit V.

Sei jetzt die Störung f eine harmonische der Kreisfrequenz ω

$$(26)\qquad f\left(t - \frac{r}{V}\right) = p\cos\omega\left(t - \frac{r}{V}\right),$$

so wollen wir das elektromagnetische Feld zunächst in einem Bereich untersuchen, in welchem die Laufzeit $\frac{r}{V}$ der Störung klein ist gegen die Periode $\frac{2\pi}{\omega}$

$$\frac{r}{V} \ll \frac{2\pi}{\omega}$$

oder

$$r << \frac{2\pi V}{\omega}.$$

Da hier $\frac{2\pi V}{\omega}$ nichts anderes ist als die Wellenlänge λ der Störung, so kann auch geschrieben werden:

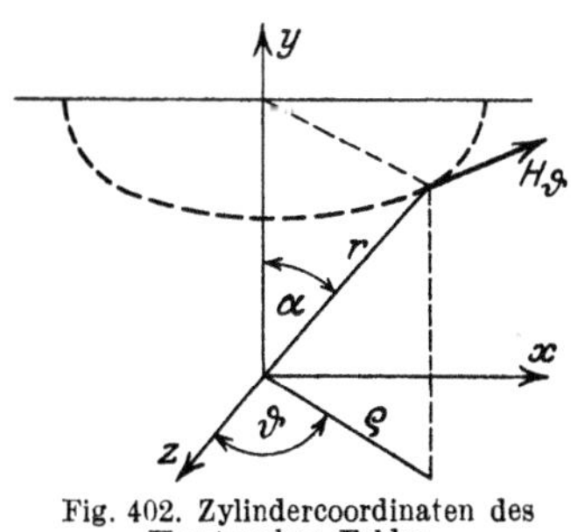

Fig. 402. Zylindercoordinaten des Hertzschen Feldes.

$$(27)\qquad r << \lambda\,.$$

In diesem Nähebereich betrachten wir von der Feldstärke H_ϑ [Gleichung (25)] nur den Hauptanteil (Fig. 402):

$$(27\,\mathrm{a})\qquad H_\vartheta \sim \frac{\varrho f'}{V r^3} = \frac{f'}{V r^2}\sin\alpha\,.$$

Dieser Ansatz erinnert an das Gesetz von Biot-Savart vom magnetischen Felde eines Stromelementes $i\,l$ und wird mit ihm identisch, wenn wir f' mit $i\,l$ gleichsetzen:

$$(28) \qquad H_\vartheta = \frac{i\,l}{V r^2}\sin\alpha\,; \qquad i\,l = f' = -\omega\,p\sin\omega\,t\,.$$

Damit ist erwiesen, daß man sich die Hertzsche Lösung erzeugt denken kann durch eine Erregungsquelle im Anfang des Koordinatensystems in Gestalt eines Stromelementes gemäß (28). Hertz ist nun noch einen Schritt weitergegangen und hat sich von dem Stromelement eine genauere physikalische Vorstellung gemacht. Man kann den Strom i erzeugt denken durch Änderung einer elektrischen Ladung Q gemäß

$$(29) \qquad i = \frac{dQ}{dt}\,.$$

Dann wird aus (28) durch Integration

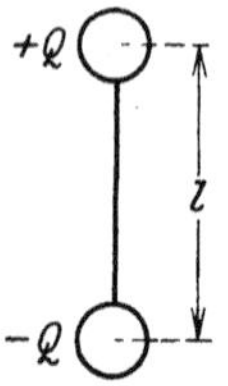

Fig. 403. Dipol nach H. Hertz.

$$(30) \qquad Q\,l = f = p\cos\omega\,t.$$

Somit ist das Stromelement ersetzt durch den Hertzschen Doppelpol des Momentes $Q\,l$, dessen Ladung Q gemäß (30) oszilliert und das Feld (24), (25) erregt. Der Hertzsche Doppelpol (auch Dipol, Fig. 403) ist gewissermaßen die Primärform der Antennen der drahtlosen Telegraphie, auf die wir weiter unten noch besonders eingehen.

3. Hertz hat auch den Mechanismus des von ihm entworfenen elektromagnetischen Feldes bildlich dargestellt. In der Folge der Fig. 404a bis 404i sieht man in der Mitte den erregenden Doppelpol, aus dem die Linien der elektrischen Kraft herausquellen; die Pfeile geben die Kraftrichtung an. Nach Verlauf einer halben Periode hat sich ein erstes Kraftlinienbüschel vom Doppel losgelöst, um nach außen zu wandern; ihm folgend quillt von innen ein zweites mit umgekehrter Kraftrichtung nach, dessen Abschnürung nach einer weiteren halben Periode vollendet ist; dann beginnt der Vorgang von neuem. Die magnetischen Kraftlinien stehen auf den Ebenen der elektrischen Kraftlinien überall senkrecht und wandern mit diesen in immer sich erweiternden Kreisen nach außen.

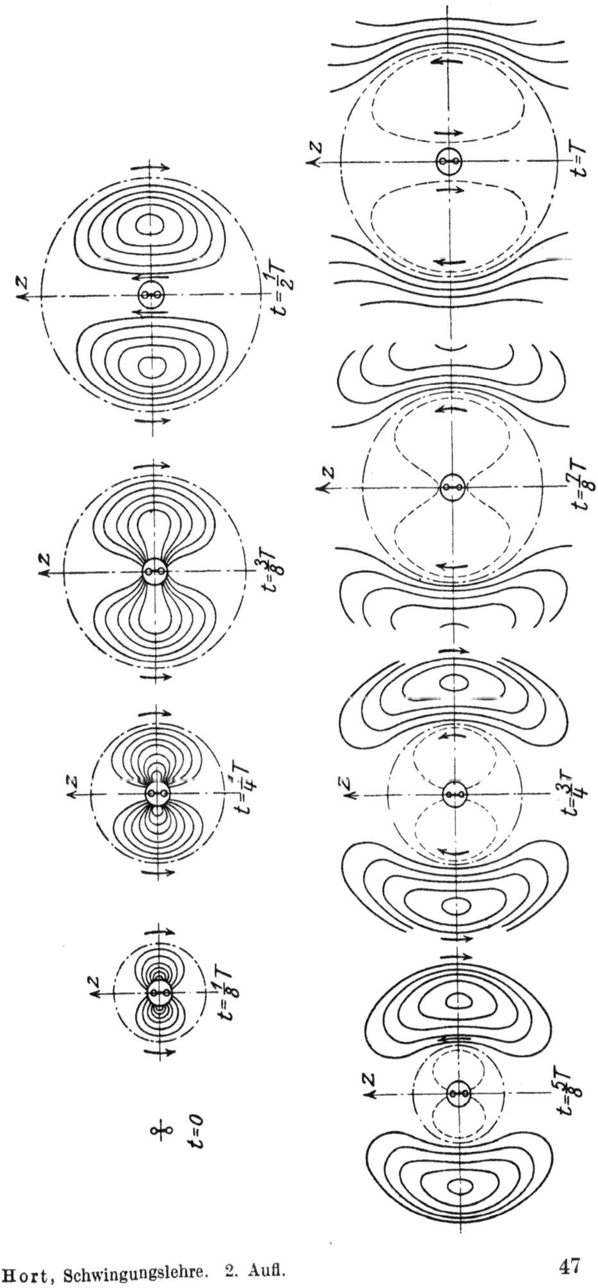

Fig. 404 a bis i. Mechanismus zur Ausbreitung des elektromagnetischen Feldes.

Die Hertzsche Lösung dient auch als Grundlage für die Wellenausbreitung von einem Erregungszentrum in einem von einem extrem gut leitenden Körper eben begrenzten Halbraum. Man braucht sich nur durch den Doppelpol eine auf z senkrechte Ebene zu denken, um sofort den Feldverlauf in dem darüber liegenden Halbraum zu erhalten, wie es M. Abraham[270]) getan hat.

4. Die Wellenausbreitung von einem Erregungszentrum aus in einem Halbraum 1, der von einem Körper 2 beschränkter Leitfähigkeit eben begrenzt wird, ist von A. Sommerfeld[271]) untersucht worden. Er bringt für die beiden Räume ein Hertzsches Funktionenpaar Π_1 und Π_2 in Ansatz, das durch Differentialgleichungen und Grenzbedingungen eindeutig in Gestalt zweier bestimmter Integrale (aus Besselschen und Exponentialfunktionen) hergestellt wird. Die Lösung für Π_1 umfaßt zwei Bestandteile, nämlich die Raumwellen Q_1 und die Oberflächenwellen P. Die ersteren breiten sich mit einer Intensitätsabnahme wie $\frac{1}{r^2}$ aus, die letzteren flächenhaft wie $\frac{1}{r}$, wenn man von der räumlichen Dämpfung zunächst absieht. Die letztere aber verschiebt die für die Oberflächenwellen nach obigem günstige Sachlage für große Entfernungen zugunsten der Raumwellen. Diese verwickelten Verhältnisse übersieht man am besten, wenn man nicht mit den absoluten Entfernungen r arbeitet, sondern mit einer sich bei A. Sommerfelds Untersuchungen einstellenden numerischen Entfernung ϱ, die als reine Zahl auftritt und definiert ist durch:

$$\varrho = \left| \frac{k_1^4}{k_2^4} \frac{k_1^2 - k_2^2}{k_1^2} \frac{k_1 r}{2} \right|, \tag{31}$$

wo k_1 und k_2 die durch

$$k^2 = \frac{\varepsilon \mu \omega^2 + i \mu \sigma \omega}{V^2} \tag{32}$$

erklärten Fortpflanzungskonstanten in beiden Medien bedeuten. Mit diesem ϱ, das ganz entsprechend ist dem Längenmaß X in der Drahttelegraphie (§ 126), schreiben sich die für den Verlauf der Raumwellen Q_1 und der Oberflächenwellen P maßgebenden Größen u und v:

$$u = 1 - 2\sqrt{\varrho}\, e^{-\varrho} \int_0^{\sqrt{\varrho}} e^{\beta^2} d\beta, \qquad v = \sqrt{\varrho \pi}\, e^{-\sigma}, \tag{33}$$

aus denen sich Π_1 aufbaut gemäß

$$\Pi_1 = (u - i v) \frac{e^{i k_1 r}}{r}, \tag{34}$$

wo k_1 wegen $\sigma_1 = 0$ reell anzunehmen ist.

Den Verlauf der beiden Größen u und v stellt die Fig. 405 dar. Demnach gibt es ein Gebiet von $\varrho = 0{,}2$ bis $\varrho = 2{,}2$, in welchem die Intensität der Oberflächenwellen die der Raumwellen überwiegt. Für $\varrho < 0{,}2$ überwiegen die Raumwellen, die nach der Theorie von Hertz für $\sigma_2 = \infty$, d. h. für kleines ϱ allein vorhanden sind. Für $\varrho > 2{,}2$ überwiegen wieder die Raumwellen, weil dann die exponentielle Dämpfung $e^{-\varrho}$ die Oberflächenwellen beschränkt. Wollen wir nun die auf der Erdoberfläche vorkommenden Telegraphierentfernungen r an die in Fig. 405 dargestellten Bezirke der numerischen Entfernung ϱ anschließen, so brauchen wir nur festzustellen, daß die Entfernung $r = 2500$ km für eine Wellenlänge von 2 km der numerischen Entfernung ϱ entspricht bei:

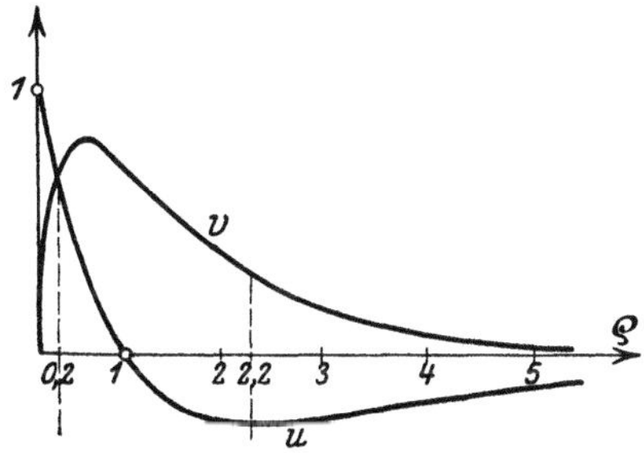

Fig. 405.
Bestandteile der elektromagnetischen Wellenausbreitung im Halbraum nach A. Sommerfeld.

Seewasser	nassem Boden	Süßwasser	trockenem Boden
$\varrho = 0{,}033$	$\varrho = 6{,}5$	$\varrho = 30$	$\varrho = 300$

Da die großen Entfernungen meistens über See gehen, so kommen für sie nur kleine ϱ und damit wesentlich Wirkung der Raumwellen in Betracht. Sofern jedoch neben dem Meere auch Landstrecken zu überwinden sind, so käme auch das Gebiet der mittleren ϱ und damit Wirkung der Oberflächenwellen in Frage. Auf alle Fälle nimmt die numerische Entfernung mit wachsender Wellenlänge quadratisch ab entsprechend der praktischen Erfahrung von der guten Wirksamkeit der langen elektromagnetischen Wellen beim Telegraphieren über weite Strecken.

5. Über die elektromagnetische Wellenausbreitung über die gekrümmte Erdoberfläche geben die vorstehenden Untersuchungen keinen Aufschluß. Hier tritt eine Untersuchung von W. v. Rybczynski[272]) ein, in der die Potentialfunktion Π des

Feldes jener Wellenausbreitung entwickelt wird. In Fig. 406 ist die Erde des Radius a dargestellt. A ist die Sendeantenne. Wir führen eine Zahl:

$$\varrho = \frac{2\pi a}{\lambda} \tag{35}$$

(λ = Wellenlänge) und schreiben mit Rybczynski:

$$\Pi = p \frac{e^{-0,33\,\Theta \sqrt[3]{\varrho}}}{\Theta \sin \Theta} = p \cdot \chi, \tag{36}$$

wo p die Antennenerregung ausdrückt. Der Zerstreuungsfaktor χ, der die Beugung der elektromagnetischen Raumwellen um die Erdkrümmung, Umwandlung der Raumwellen in Oberflächenwellen, Dämpfungsverluste durch Leitung in der Erde und die Ausstrahlung in den Raum in sich schließt, nimmt bei zahlenmäßiger Auswertung Größen an, die seine Brauchbarkeit für die Überwindung der Erdkrümmung in der drahtlosen Telegraphie in einem Zutrauen erweckenden Licht erscheinen lassen.

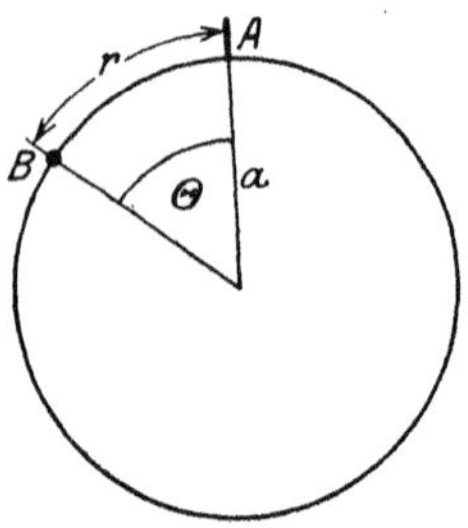

Fig. 406. Wellenausbreitung und Erdkrümmung.

Sei beispielsweise über einen halben Erdquadranten ($r = 5000$k) zu telegraphieren. Dann ist $\Theta = \frac{\pi}{4}$, und es wird $\varrho = 8000$ bei einer Wellenlänge $\gamma = 5$ km. Damit wird der Zerstreuungsfaktor

$$\chi = \frac{1}{135}$$

entsprechend einer Schwächung der Sendeenergie, die keineswegs außerhalb der Leistungsfähigkeit unserer Empfangsapparate liegen dürfte. Die Theorie von Rybzynski erklärt demnach die Überwindung der Erdkrümmung hinreichend und schließt sich gut an die Messungen von L. M. Austin[273]) an, worauf J. Zenneck[274]) hinweist.

§ 136. Antennen-Strahlung und Empfang.

1. Wir untersuchen nunmehr die Energieströmung durch eine Kugelfläche, die mit sehr großem Radius r um das Erregungszentrum des Hertzschen Feldes (§ 135, 2) beschrieben ist. Von den Komponenten des Feldes werden nur die Anteile höchster Potenz von r beibehalten:

$$\text{(1)}\quad \begin{cases} E_\varrho = \dfrac{z\varrho}{r^3 V^2} f''; & Z = \dfrac{z^2 - r^2}{r^3 V^2} f''; \\[2ex] H_\vartheta = \dfrac{\varrho}{V^2 r^2} f'' & = \dfrac{\sin\alpha}{r V^2} f''. \end{cases}$$

Statt E_ϱ und Z führen wir die Komponenten in Richtung von r und senkrecht dazu ein: E_r und E_α durch

$$\text{(2)}\quad E_r = E_\varrho \sin\alpha + Z\cos\alpha = 0$$

und

$$\text{(3)}\quad E_\alpha = E_\varrho \cos\alpha - Z\sin\alpha$$

$$= \frac{\varrho}{V^2 r^2} f'' = H_\vartheta .$$

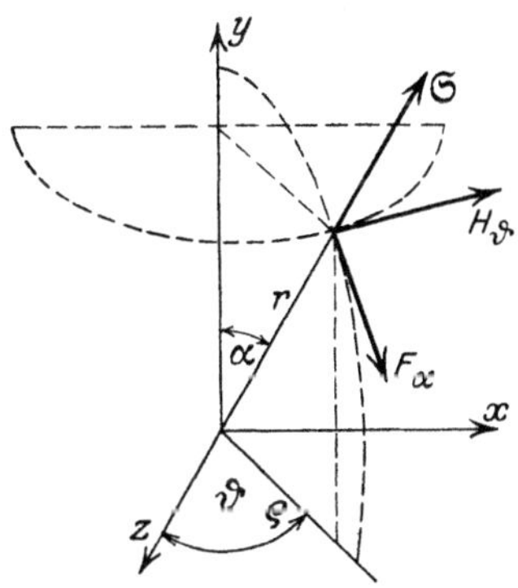

Fig. 407. Zylindercoordinaten der Dipolstrahlung.

E_α und H_ϑ stehen auf r senkrecht, folglich schreibt sich der Poyntingsche Energievektor an der betrachteten Stelle (Fig. 407) nach Gleichung (5), §134:

$$\text{(4)}\quad \mathfrak{S} = \frac{V}{4\pi} E_\alpha H_\vartheta = \frac{V}{4\pi} H_\vartheta^2 = \frac{\sin^2\alpha}{4\pi r^2 V^3} f''^2 .$$

oder nach Gleichung (29) und (30) in § 135:

$$\text{(5)}\quad \mathfrak{S} = \frac{l^2 \sin^2\alpha}{4\pi r^2 V^3}\left(\frac{di}{dt}\right)^2 = \frac{l^2 \sin^2\alpha}{4\pi r^2 V^3}\left(\frac{d^2 Q}{dt^2}\right)^2 .$$

Nach Gleichung (7), § 134, findet man den Energiefluß durch die Oberfläche der Kugel des Radius r, wenn man in

$$\text{(6)}\quad L = \int \mathfrak{S}_n \, df$$

das Flächenelement df ersetzt durch $2\pi r^2 \sin\alpha\, d\alpha$ und über die ganze Kugel, d. h. von 0 bis π integriert. Man erhält:

$$(7)\qquad L = \frac{l^2}{2V^3}\left(\frac{di}{dt}\right)^2 \int_0^\pi \sin^2\alpha\, d\alpha = \frac{2}{3}\frac{l^2}{V^2}\left(\frac{di}{dt}\right)^2 = \frac{2}{3}\frac{l^2}{V^3}\left(\frac{d^2Q}{dt^2}\right)^2.$$

In diesen Ansätzen wird, wie überall bisher, i und Q elektrostatisch gemessen; geht man zum elektromagnetischen Maßsystem über, so hat man:

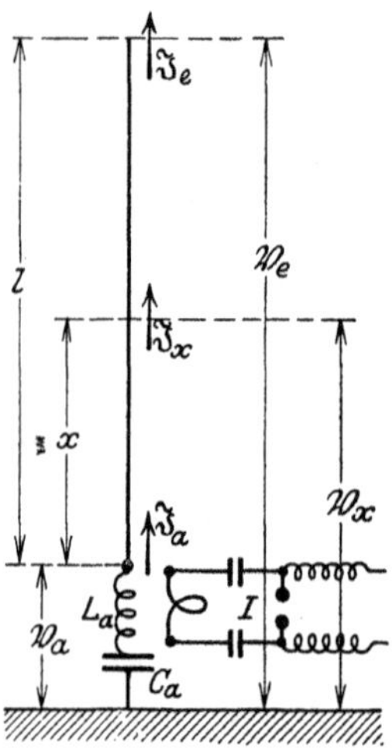

Fig. 408.
Sondeantenne mit Kapazität und Selbstinduktion am untern Ende.

$$(8)\qquad L = \frac{2}{3}\frac{l^2}{V}\left(\frac{d\bar{i}}{dt}\right)^2 = \frac{2}{3}\frac{l^2}{V}\left(\frac{d^2\bar{Q}}{d\bar{t}^2}\right)^2.$$

Nach § 135 ist hier:

$$(9)\qquad i = \frac{dQ}{dt}\,; \qquad Q = \frac{p}{l}\cos\omega t\,.$$

Man kann danach sowohl für L wie für i^2 die über eine Periode $\frac{2\pi}{\omega}$ erstreckten Mittelwerte L_m und $(i^2)_m$ berechnen. Deren Quotienten

$$(10)\qquad R_s = \frac{L_m}{(i^2)_m}$$

nennt man den Strahlungswiderstand des Doppelpols, der sich hier elektromagnetisch ermittelt zu

$$(11)\qquad \bar{R}_s = \frac{2\,l^2}{3}\frac{\omega^2}{V} = \frac{8\pi^2 V}{3}\cdot\frac{l^2}{\lambda^2}\,,$$

also abhängig von der Dimension l des schwingenden Systemes und der Wellenlänge λ.

2. Zur Aussendung elektromagnetischer Wellen dienen die Antennen, die sich von ihrem Urbild, dem Hertzschen Doppelpol, nicht unwesentlich unterscheiden. Es ist aber möglich, manche ihrer Eigenschaften auf diesen zu beziehen.

Die einfachste Antenne ist der geradlinige, senkrecht nach oben gehende Luftleiter (Fig. 408). Sein unteres Ende ist meist geerdet; außerdem enthält es eine Spule mit Selbstinduktion L_a zur Aufnahme der Schwingungsenergie aus dem primären Erregungskreis und eine Kapazität C_a, über deren Zweck noch zu sprechen sein wird. Im übrigen besitzt der Luftleiter noch linear verteilte Selbstinduktion L und Kapazität C.

Der Ohmsche Widerstand werde zunächst vernachlässigt.

Wir wenden auf die Antenne die allgemeinen Ansätze von § 126 an:

$$\text{(12)}\quad \begin{cases} -\dfrac{\partial \mathfrak{V}}{\partial x} - L\dfrac{\partial \mathfrak{J}}{\partial t}, \\ -\dfrac{\partial \mathfrak{J}}{\partial x} = C\dfrac{\partial \mathfrak{V}}{\partial t}. \end{cases}$$

Mit dem Lösungsschema $\mathfrak{V} = Ve^{i\omega t}$, $\mathfrak{J} = Je^{i\omega t}$ findet sich:

$$\text{(13)}\quad -\frac{\partial V}{\partial x} = i\omega L J; \quad -\frac{\partial J}{\partial x} = i\omega C\, V,$$

und mit der Abkürzung $m^2 = \omega^2 LC$ durch Ausschaltung einer der beiden abhängigen Veränderlichen:

$$\text{(14)}\quad \frac{d^2V}{dx^2} + m^2V = 0 \quad \text{oder} \quad \frac{d^2J}{dx^2} + m^2J = 0\,.$$

Nimmt man für V die allgemeine Lösung

$$\text{(15a)}\quad V = A\sin m x + B\cos m x$$

an, so ergibt sich für J:

$$\text{(15b)}\quad J = i\sqrt{\frac{C}{L}}\,(A\cos m x - B\sin m x)\,.$$

Die allgemeine Lösung (15a), (15b) ist nun den Grenzbedingungen, zunächst zur Ermittlung der Eigenschwingungen, d. h. für unerregten Primärkreis, anzupassen.

Am unteren Ende ($x = 0$) der Antenne gilt:

$$\text{(16)}\quad \begin{cases} V_a = B = -L_a\left(\dfrac{d\mathfrak{J}}{dt}\right)_{x=0} + \dfrac{1}{C_a}\left(\int \mathfrak{J}\, dt\right)_{x=0} \\ \qquad = -i\left(L_a\,\omega - \dfrac{1}{\omega C_a}\right) J_{x=0} = A\left(L_a\,\omega - \dfrac{1}{\omega C_a}\right)\sqrt{\dfrac{C}{L}}\,. \end{cases}$$

Damit findet sich:

$$\text{(17)}\quad J = i A\left\{\sqrt{\frac{C}{L}}\cos m x - \left(L_a\,\omega - \frac{1}{\omega C_a}\right)\frac{C}{L}\sin m x\right\}.$$

Da aber am oberen Ende ($x = l$) der Strom $J = 0$ sein muß, so wird

$$\cot m\, l = \cot \omega\, l \sqrt{LC} = \left(L_a \omega - \frac{1}{\omega C_a}\right) \sqrt{\frac{C}{L}}\,. \tag{18}$$

Die Eigenfrequenzen des Antennensystems ermittelt man durch Auflösung der transzendenten Gleichung (18) nach ω.

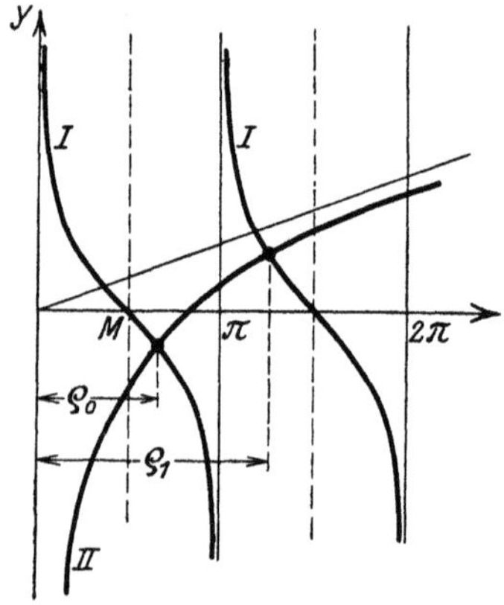

Fig. 409. Eigenschwingungen der Antenne mit Kapazität und Selbstinduktion am unteren Ende.

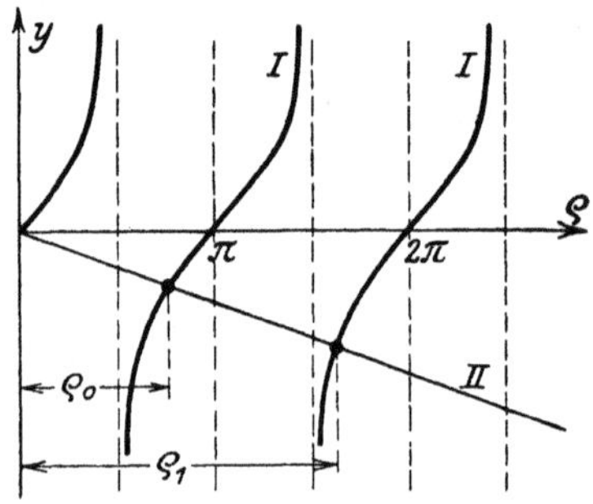

Fig. 410. Eigenschwingungen der kapazitiv verkürzten Antenne.

Die Auflösung gelingt, wenn man $\omega\, l \sqrt{LC} = \varrho$ setzt. Dann schreibt sich (18):

$$\cot \varrho = \frac{L_a}{l L}\, \varrho - \frac{l C}{C_a} \frac{1}{\varrho}\,, \tag{19}$$

welcher Ansatz gleichbedeutend ist mit den Schnitten der Kotangenslinie $y = \cot \varrho$ und der Hyperbel $y = \frac{L_a}{l L}\, \varrho - \frac{l C}{C_a} \cdot \frac{1}{\varrho}$. Diese beiden Kurven sind in der Fig. 409 mit I und II bezeichnet.

Die Hyperbel geht mit der Ordinatenachse und mit der Geraden $y = \frac{L_a}{l L}\, \varrho$ ins Unendliche.

Die Wurzeln haben die Werte:

$$\varrho_k = (2k + 1)\frac{\pi}{2} + \varepsilon_k \tag{20}$$

$k = 0, 1, 2, 3$, wo die ε_k positiv oder negativ sein können.

Um die Wirkung von Selbstinduktion L_a und Kapazität C_a getrennt zu untersuchen, setzen wir in (19) $L_a = 0$. Dann ist zu schreiben:

$$\operatorname{tg}\varrho = -\frac{C_a}{lC}\varrho, \tag{21}$$

und die Figur 409 nimmt die Gestalt Fig. 410 an:

Alle ε_k sind positiv; sie werden null, wenn $C_a = \infty$ wird, wenn also allein die Kapazität der Erde in Frage kommt. Dann werden die Frequenzen:

$$\omega_k = \frac{\varrho_k}{l\sqrt{LC}} = \frac{2k+1}{l\sqrt{LC}}\frac{\pi}{2}, \tag{22}$$

und die zugehörigen Wellenlängen:

$$\lambda_k = \frac{2\pi V}{\omega_k} = \frac{4 l V \sqrt{LC}}{2k+1}. \tag{24}$$

Wählt man nun $1 : \sqrt{LC}$ gleich der Lichtgeschwindigkeit V, so ist die Wellenlänge der Grundschwingung der Antenne ohne Kapazität und Selbstinduktion am unteren Ende $\lambda_0 = 4l$.

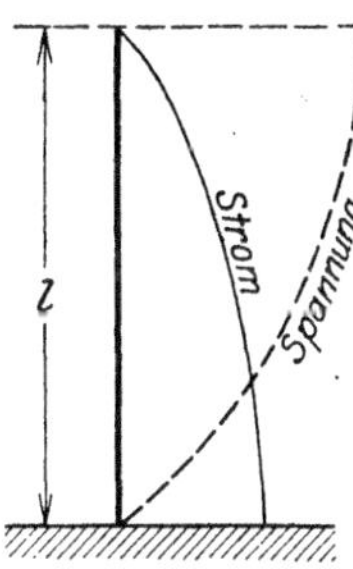

Fig. 411. Unverkürzte Antenne.

Die Antenne schwingt nach Fig. 411 mit einem Strombauch am unteren, einem Spannungsbauch am oberen Ende. Ist dagegen am unteren Ende eine endliche Kapazität C_a eingeschaltet, so werden die Eigenfrequenzen des so entstehenden Systems größer, die ausgesandten Wellenlängen kürzer; dementsprechend redet man von einer kapazitiven Verkürzung der Antenne, deren Schwingungsform sich nach Fig. 412 darstellt.

Andererseits kann man in (19) C_a unendlich werden lassen; dann bleibt nur die Spule L_a am unteren Ende der geerdeten Antenne übrig. In diesem Falle gestaltet sich die graphische Lösung für die Gleichung:

$$\operatorname{tg}\varrho = \frac{lL}{L_a}\frac{1}{\varrho},$$

nach Fig. 413. Alle ϱ_k werden kleiner als $(2k+1)\frac{\pi}{2}$ und damit alle ω kleiner als die entsprechenden Kreisfrequenzen der Antenne nach Fig. 411. Da hiermit eine Vergrößerung der zugehörigen Wellenlängen λ_k verbunden ist, so spricht man von einer induktiven Verlängerung der Antenne. Für derartige Antennen mit nichtquasistationärer Stromverteilung kann man ebenfalls den Strahlungswiderstand berechnen durch Einführung des Form-

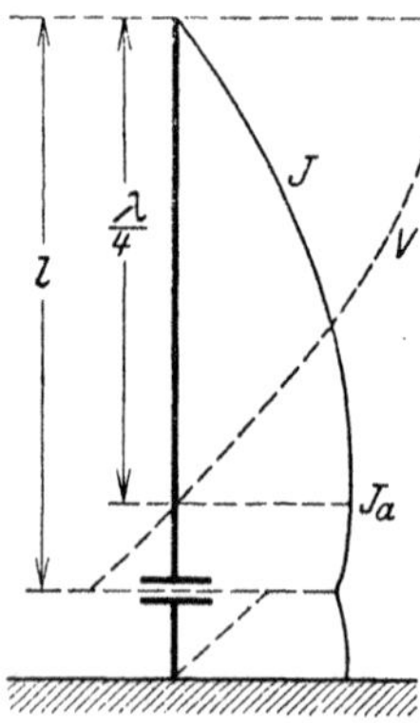

Fig. 412. Kapazitiv verkürzte Antenne.

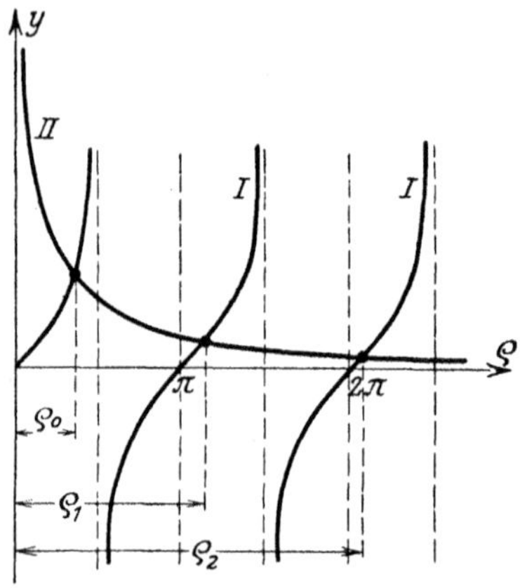

Fig. 413. Eigenschwingungen der induktiv verlängerten Antenne.

faktors α der Antenne, der erklärt wird durch das Verhältnis der mittleren Stromamplitude längs der Antenne zur Stromamplitude im Strombauch:

$$\alpha = \frac{\int_0^l J\, d_x}{l\, J_a}.$$

Damit wird der Strahlungswiderstand der geerdeten Antenne der Höhe h (angenähert nach R. Rüdenberg)[276]), weil in Formel (11) l durch $2h$ zu ersetzen, wegen der Erdung aber nur die halbe Energie anzunehmen ist:

$$\overline{R_s} = \frac{1}{2}\,\frac{8\pi^2 V}{3}\left(\frac{2\alpha h}{\lambda}\right)^2. \tag{25}$$

Für die quasistationäre Verteilung ist $\alpha = 1$; für die oben [Gleichung (15a), (15b)] behandelte sinusförmige Verteilung wird $\alpha = \frac{2}{\pi}$.

Mit dem Strahlungswiderstand hängt das Dekrement $\mathfrak{d}_s$ der Antennenstrahlung in entsprechender Weise zusammen, wie das Dekrement einer elektrischen Schwingung in geschlossener Strombahn mit deren Widerstand gemäß dem Ansatz:

$$\mathfrak{d}_s = \frac{\overline{R}_s \pi}{\omega l L} = \frac{\overline{R}_s}{2} \frac{T}{l L} = \delta_s T \,, \tag{26}$$

wenn T die Schwingungsdauer bedeutet, und im übrigen an die Darlegungen des § 119, Gleichung (9) erinnert wird.

Auf Grund des Ansatzes (19) ist man in der Lage, durch geeignete Wahl von L_a und C_a die niedrigste Wurzel $\varrho_0 = \frac{\pi}{2}$ zu erzielen. Dann geht in Fig. 409 die Hyperbel II durch den Punkt M und die Antenne ist weder verkürzt noch verlängert. Aber sie hat einen Formfaktor $\alpha < 1$, woraus sich nach (25) bzw. (26) ein verkleinerter Strahlungswiderstand bzw. eine verkleinerte Strahlungsdämpfung ergeben.

3. Zum Empfang der elektromagnetischen Wellen benutzt man ebenfalls lineare Antennen, die zweckmäßig als Resonatoren auf die ankommenden Wellenlängen abgestimmt werden.

Diesen linearen Antennen gegenüber, die von der elektrischen Komponente des ankommenden Feldes erregt werden, benutzt man neuerdings mehr und mehr die Rahmenantennen, geschlossene Schwingungskreise, die man von den magnetischen Kraftlinien des Feldes durchsetzen läßt. Wie in § 135 dargelegt, bilden die magnetischen Kraftlinien um eine Sendeantenne als Mittelpunkt Kreise in horizontalen Ebenen, auf denen die Ebenen der Rahmenantennen senkrecht und radial zur Sendeantenne hin gerichtet stehen müssen.

Die in den n Windungen eines Rahmens der Windungsfläche F erregte EMK $= E$ hängt mit der magnetischen Feldstärke H_ϑ [vgl. § 135, Gleichung (27)] zusammen durch:

$$E = -n F \frac{\partial H_\vartheta}{\partial t} \,. \tag{27}$$

Sind L und C' Selbstinduktion und Kapazität des Rahmens, so muß wegen der Abstimmung gelten:

$$\lambda = 2 \pi \sqrt{L C} \cdot V \,, \tag{28}$$

wenn λ die ankommende Wellenlänge ist.

Für quadratische Rahmen der Seitenlänge a ist L ungefähr proportional $a^2 n^2$, C proportional a, woraus sich mit (27) und (28) findet:

$$E \text{ proportional } \lambda \sqrt{a}\,.$$

Also auch für den Rahmenempfang gilt der Erfahrungssatz von der Wirksamkeit der großen Wellenlängen.

XIX. Nichtharmonische Schwingungen.

§ 137. Allgemeine Übersicht.

1. Alle in den vorhergehenden Abschnitten behandelten Schwingungserscheinungen, sowohl die quasistationären wie die nichtquasistationären, kommen auf die Untersuchung der linearen Schwingungsgleichung mit festen Beiwerten:

$$m\frac{d^2x}{dt^2} + 2b\frac{dx}{dt} + cx = P\sin\omega t, \tag{1}$$

hinaus. Bei dieser Untersuchung finden sich die Begriffe der Eigenschwingungszahl, der Dämpfung, der erzwungenen Schwingung, deren Hauptwerte und Phase, der Anfangsbedingungen, der Resonanz, der Superposition.

Als Haupteigenschaften der durch (1) definierten harmonischen Schwingungen finden sich: Unabhängigkeit der Eigenschwingungszahl und der Dämpfung von den Anfangsbedingungen, Unveränderlichkeit des Hauptwertes und der Phase der erzwungenen Schwingung mit der Zeit, die Superposition der Eigenschwingung und aller erzwungenen Schwingungen verschiedener Frequenz. Handelt es sich um mehrere Freiheitsgrade, so kommt noch der Begriff der Stabilität hinzu; die Stabilitätsbedingungen sind von den Anfangsbedingungen unabhängig.

2. Insoweit die Gestalt der Gleichung (1) nicht von vornherein bei der physikalischen Ansetzung streng richtig war, wie bei den meisten elektrischen Schwingungsvorgängen, führt der Übergang zu nur kleinen Ausschlägen x, d. h. solchen, deren Quadrate zu vernachlässigen sind, zu dem bevorzugten und leicht diskutierbaren Ausgangsansatz. Die Transformation auf kleine Schwingungen war nötig bei fast allen mechanischen Problemen, so z. B.

gleich bei dem mathematischen Pendel § 1, dessen Gleichung ohne den Übergang lauten müßte:

$$(2) \qquad m\frac{d^2x}{dt^2} + 2b\frac{dx}{dt} + c\sin x = 0\,.$$

Denkt man sich hier $\sin x$ in seine Potenzreihe $x - \frac{1}{3}x^3 + \cdots$ entwickelt, so findet sich statt (2):

$$(2\text{a}) \qquad m\frac{d_2x}{dt^2} + 2b\frac{dx}{dt} + cx(1 - \tfrac{1}{3}x^2 + \cdots) = 0\,.$$

Es erscheint also die Richtkraftzahl c mit einer ganzen rationalen Funktion der Positionskoordinate x multipliziert, die für $x = 0$ den Wert 1 annimmt.

Entsprechende Abänderungen sind denkbar bei der Trägheitszahl m und der Dämpfungszahl b, so daß wir allgemein schreiben können:

$$(3) \qquad m\cdot m(x)\frac{d^2x}{dt} + 2b\cdot b(x)\frac{dx}{dt} + c\cdot c(x)\,x = P\sin\omega t\,.$$

Es sollen also $m(x)$, $b(x)$, $c(x)$ ganze rationale Funktionen (endlicher Gliederzahl) von x sein, die für $x = 0$ den Wert 1 annehmen. Technisch-physikalische Beispiele, bei denen entweder $m(x)$ oder $c(x)$ für $x \lessgtr 0$ von 1 verschieden waren, sind in der Literatur mehrfach behandelt worden, worauf wir unten eingehen werden. Ein Fall, in welchem das gleiche von $b(x)$ gelte, scheint noch nicht untersucht zu sein; in den zu erörternden Beispielen wird im allgemeinen auch $b = 0$, der Vorgang also ungedämpft, angenommen.

Der allgemeine Charakter des solcherweise verwickelteren Schwingungsvorganges ist der, daß zunächst die Unabhängigkeit der Schwingungszahl von den Anfangsbedingungen und andererseits das Superpositionsgesetz aufgegeben werden muß; auch besteht der Begriff der Resonanz (auch im Falle mangelnder Dämpfung) nicht mehr. Es wird sich weiter unten finden, welche Ansätze nun an die Stelle der früheren treten.

Die kurze Bezeichnung dieser Schwingungen als pseudoharmonische ist, wie es scheint, auf G. Duffing[277]) zurückzuführen.

3. Weiter haben technische Bedeutung diejenigen Vorgänge, bei denen die Beiwerte von (1) periodische Funktionen der Zeit werden:

$$(4) \qquad m \cdot m(\omega_1 t) \frac{d^2 x}{d t^2} + 2 b \cdot b(\omega_2 t) \frac{d x}{d t} + c \cdot c(\omega_3 t) x = P \sin \omega t,$$

die so beschaffen seien, daß sie für $t = 0$ den Wert 1 annehmen. Meist ist $m(\omega, t) = 1$ für jedes $t \lesseqgtr 0$, ferner gewöhnlich $\omega_2 = \omega_3$ und $P = 0$. Für diese Sonderfälle werden unten Beispiele behandelt.

Das allgemeine Ergebnis der Untersuchung von (4) ist, daß Hauptwert und Phase der Eigenschwingung periodische Funktionen der Zeit werden, mit Frequenzen, die in erster grober Annäherung mit $\omega_2 = \omega_3$ identisch sind, während die Kreisfrequenz der Eigenschwingung mit derselben Annäherung $= \sqrt{\frac{c}{m}}$ wird; genauer werden die Frequenzen sämtlicher in der Lösung zu (4) vorkommenden Zeitfunktionen in verwickelterer Weise durch die Beiwerte der Ausgangsgleichung bestimmt. Die Anfangsbedingungen aber haben keinen Einfluß.

Um eine kurze Bezeichnung zu schaffen, sei für diese Vorgänge der Name quasiharmonische vorgeschlagen.

§ 138. Freie pseudoharmonische Schwingungen ohne Dämpfung.

1. Die strenge Differentialgleichung des mathematischen Pendels (vgl. § 1)

$$(1) \qquad \frac{d^2 \alpha}{d t^2} + \frac{g}{l} \sin \alpha = 0$$

liefert nach Multiplikation mit $2 \frac{d x}{d t}$ ein erstes Integral

$$(2) \qquad \left(\frac{d \alpha}{d t}\right)^2 = C + \frac{2 g}{l} \cos \alpha,$$

dessen Konstante C durch die Anfangsbedingung:

$$(2a) \qquad \alpha = \alpha_0 \quad \text{für} \quad \frac{d x}{d t} = 0,$$

also durch Festsetzung des größten Pendelausschlages, bestimmt wird zu

$$C = -\frac{2g}{l}\cos\alpha_0 \tag{3}$$

Damit wird eine zweite Integration ermöglicht:

$$t = \sqrt{\frac{l}{2g}}\int\limits_0^{\alpha}\frac{dx}{\sqrt{\cos\alpha - \cos\alpha_0}}, \tag{4}$$

womit zugleich die weitere Anfangsbedingung, daß zur Zeit $t = 0$ das Pendel seine Mittellage $\alpha = 0$ einnehmen soll, erfüllt wird. Nun ersetzt man $\cos\alpha$ durch $1 - 2\sin^2\frac{\alpha}{2}$, $\cos a_0$ durch $1 - 2\sin^2\frac{\alpha_0}{2}$ und findet

$$t = \frac{1}{2}\sqrt{\frac{l}{g}}\int\limits_0^{\alpha}\frac{d\alpha}{\sqrt{\sin^2\frac{\alpha_0}{2} - \sin^2\frac{\alpha}{2}}}. \tag{5}$$

Die weiteren Einsetzungen $\sin\frac{\alpha_0}{2} = k$, $\sin\frac{\alpha}{2} = k\sin\vartheta$ liefern

$$t = \sqrt{\frac{l}{g}}\int\limits_0^{\vartheta}\frac{d\vartheta}{\sqrt{1 - k^2\sin^2\vartheta}} = T(k, \vartheta), \tag{6}$$

d. h. die Zeit als elliptisches Integral erster Gattung, dessen Periode

$$T = 4\sqrt{\frac{l}{g}}\int\limits_0^{\frac{\pi}{2}}\frac{d\vartheta}{\sqrt{1 - k^2\sin^2\vartheta}} \tag{7}$$

ersichtlich von der Anfangsbedingung (2a) abhängig ist. Diese Abhängigkeit ergibt sich explizite, wenn man das vollständige elliptische Integral

$$K = \int\limits_0^{\frac{\pi}{2}}\frac{d\vartheta}{\sqrt{1 - k^2\sin^2\vartheta}} = F\left(k, \frac{\pi}{2}\right) \tag{8}$$

einführt, welches durch die Reihenentwicklung erklärt ist:

$$K = \frac{\pi}{2}\left[1 + \left(\frac{1}{2}\right)^2 k^2 + \left(\frac{1 \cdot 3}{2 \cdot 4}\right)^2 k^4 + \cdots\right], \tag{9}$$

durch den Ansatz:

$$T = 4\sqrt{\frac{l}{g}}\, K. \tag{9a}$$

Für verschwindende k (kleine Ausschläge) geht dann (7) wieder in die gewöhnliche Pendelformel

$$T = 2\pi\sqrt{\frac{l}{g}} \tag{10}$$

über.

2. Eine allgemeinere Untersuchung freier pseudoharmonischer Schwingungen beim Ausgangsansatz:

$$m\ddot{x} + \alpha x\,(1 + a_1 x + a_2 x^2 + \cdots) = 0, \tag{11}$$

hat J. Horn gegeben[278]). Durch Einführung einer neuen Zeit $\tau = t\sqrt{\frac{\alpha}{m}}$ geht (11) über in

$$\frac{d^2 x}{d\tau^2} + x = -\,(a_1 x^2 + a_2 x^3 + \cdots), \tag{12}$$

woraus das Zwischenintegral der lebendigen Kraft:

$$\left(\frac{dx}{d\tau}\right)^2 + x^2 = C^2 - \left(\frac{2}{3} a_1 x^3 + \frac{2}{4} a_2 x^4 + \cdots\right), \tag{13}$$

folgt. Hier ist C offenbar die Geschwindigkeit für $x = 0$. Führt man den positiven und negativen größten Ausschlag von x mit x_1 und x_2 in (13) ein, so kann man diese $\left(\text{für}\ \frac{dx}{d\tau} = 0\right)$ berechnen:

$$\begin{cases} x_1 = +C - \frac{1}{3} a_1 C^2 + \left[\frac{5}{18} a_1^2 - \frac{1}{4} a_2\right] C^3 + \cdots \\ x_2 = -C - \frac{1}{3} a_1 C^2 - \left[\frac{5}{18} a_1^2 - \frac{1}{4} a_2\right] C^3 + \cdots \end{cases} \tag{14}$$

Um den zeitlichen Verlauf von x nach (12) für die Anfangsbedingung

$$x = x_1; \qquad \frac{dx}{d\tau} = 0; \qquad t = 0, \tag{14a}$$

zu ermitteln, erweist sich eine Potenzreihenentwicklung von x nach x_1 zweckmäßig, welche bei hinreichend kleinem x_1 für beliebiges τ konvergiert:

$$x = x_1\,\xi_1(\tau) + x_1^2\,\xi_2(\tau) + x_1^3\,\xi_3(\tau) + \cdots, \tag{15}$$

wo die Zeitfunktionen ξ nach (14a) die Eigenschaften haben müssen:

$$\begin{cases} \xi_1(0) = 1; & \xi_2(0) = 0; & \xi_3(0) = 0 \cdots \\ \dot{\xi}_1(0) = 0; & \dot{\xi}_2(0) = 0; & \dot{\xi}_3(0) = 0 \cdots \end{cases} \tag{16}$$

Führt man (15) in (12) ein und berücksichtigt (16), so ergeben sich für die ξ die Differentialgleichungen:

$$\ddot{\xi}_1 + \xi_1 = 0; \quad \ddot{\xi}_2 + \xi_2 = -a_1\,\xi_1^2; \quad \ddot{\xi}_3 + \xi_3 = -2\,a_1\,\xi_1\,\xi_2 - a_2\,\xi_1^2; \tag{17}$$

mit den Integralen:

$$\begin{cases} \xi_1 = \cos\tau; \quad \xi_2 = -\dfrac{a_1}{6}\,(3 - 2\cos\tau - \cos 2\tau); \\ \xi_3 = -\dfrac{1}{3}\,a_1^2 + \left[\dfrac{29}{144}\,a_1^2 - \dfrac{1}{32}\,a_2\right]\cos\tau + \dfrac{1}{9}\,a_1^2\cos 2\tau \\ \qquad + \left[\dfrac{1}{48}\,a_1^2 + \dfrac{1}{32}\,a_2\right]\cos 3\tau + \left[\dfrac{5}{12}\,a_1^2 - \dfrac{3}{8}\,a_2\right]\tau\sin\tau. \end{cases} \tag{18}$$

Zur Bestimmung der halben Periode τ_0 hat man in (15) nach Zeitdifferentiation $\dfrac{dx}{d\tau} = 0$ zu setzen:

$$0 = \dot{\xi}_1(\tau_0) + x_1\,\dot{\xi}_2(\tau_0) + x_1^2\,\dot{\xi}_3(\tau_0) + \cdots \tag{19}$$

oder

$$\begin{cases} 0 = -\sin\tau_0 - x_1\,\dfrac{a_1}{3}\,(\sin\tau_0 + \sin 2\tau_0) \\ \quad - x_1^2\left\{\left[\dfrac{29}{144}\,a_1^2 - \dfrac{1}{32}\,a_2\right]\sin\tau_0 + \dfrac{2}{9}\,a_1^2\sin 2\tau_0\right\} \\ \quad - x_1^3\left\{\left[\dfrac{1}{16}\,a_1^2 + \dfrac{3}{32}\,a_2\right]\sin 3\tau_0 + \left[\dfrac{5}{12}\,a_1^2 - \dfrac{3}{8}\,a_2\right](\tau_0\cos\tau_0 + \sin\tau_0)\right\}. \end{cases} \tag{19a}$$

Die Auflösung von (19a) nach τ_0 liefert unter Fortlassung höherer Glieder:

$$\tau_0 = \pi\left\{1 + \left(\frac{5}{12}\,a_1^2 - \frac{3}{8}\,a_2\right)x_1^2\right\}, \tag{20}$$

womit die ganze Schwingungsdauer in der ursprünglichen Zeit sich findet:

$$(21) \qquad T = 2\tau_0 \sqrt{\frac{m}{\alpha}} = 2\pi \sqrt{\frac{m}{\alpha}} \left\{1 + \left(\frac{5}{12} a_1^2 - \frac{3}{8} a_2\right) x_1^2 \right\},$$

sodaß auch in diesem Falle die Abhängigkeit der Schwingungsdauer vom Anfangsausschlag erwiesen ist.

3. Es ist bemerkenswert, daß der Ansatz (15) keine periodische Lösung von (11) darstellt, weil ξ_3 in (18) die Zeit τ außerhalb der Kreisfunktionszeichen enthält ($\tau \sin \tau$); diese Glieder werden als säkuläre bezeichnet.

Will man eine periodische Lösung von (11) herstellen, so kann man das Verfahren von Newcomb und Lindstedt[279]) anwenden durch Einführung der Substitution

$$(21a) \qquad \tau = t \sqrt{\frac{\alpha (1 + \mu)}{m}},$$

wodurch (11) übergeht in:

$$(21b) \qquad (1 + \mu) \frac{d^2 x}{d\tau^2} + x = -(a_1 x^2 + a_2 x^3 + \cdots).$$

Hier ist μ eine Konstante, über die Verfügung vorbehalten bleibt. Um nun eine den Anfangsbedingungen

$$(21c) \qquad \tau = 0, \quad x = x_1, \quad \dot{x} = 0$$

entsprechende und für hinreichend kleines x_1 konvergente, in τ rein periodische, Entwicklung zu finden, setzen wir für x die Reihe an:

$$(21d) \qquad x = x_1 \xi_1(\tau) + x_1^2 \xi_2(\tau) + x_1^3 \xi_3(\tau) + \cdots$$

Diese führen wir in (21b) ein und erhalten für die Zeitfunktionen ξ, die den Bedingungen (16) zu genügen haben, ein (17) entsprechendes System von Differentialgleichungen. Damit aber dieses nur rein periodische Lösungen erhält, verfügen wir über die Konstante μ so, daß in den ξ keine säkularen Terme auftreten können. Zu diesem Zweck setzen wir μ als Potenzreihe von x_1 an:

$$(21e) \qquad \mu = \mu_1 x_1 + \mu_2 x_1^2 + \mu_3 x_1^3 + \cdots$$

Ordnet man nach Einsetzung von (21d) und (21e) den Ansatz

(21 b) nach Potenzen von x_1, deren Beiwerte verschwinden müssen, so findet sich folgendes System von Differentialgleichungen:

$$(21\,\mathrm{f})\quad \left\{\begin{aligned} &\ddot{\xi}_1 + \xi_1 = 0,\\ &\ddot{\xi}_2 + \xi_2 = -\mu_1 \ddot{\xi}_1 - a_1 \xi_1^2,\\ &\ddot{\xi}_3 + \xi_3 = -\mu_2 \ddot{\xi}_1 - \mu_1 \ddot{\xi}_2 - 2\,a_1 \xi_1 \xi_2 - a_2 \xi_1^3,\\ &\ddot{\xi}_4 + \xi_4 = -\mu_3 \ddot{\xi}_1 - \mu_2 \ddot{\xi}_2 - \mu_1 \ddot{\xi}_3 - a_1 \xi_2^2 - 2\,a_1 \xi_1 \xi_3\\ &\qquad\qquad - 3\,a_2 \xi_1^2 \xi_2 - a_3 \xi_1^4.\\ &\dots\dots\dots\dots\dots\dots \end{aligned}\right.$$

Die erste Gleichung hat die Lösung $\xi_1 = \cos\tau$. Damit ξ_2 periodisch wird, darf auf der rechten Seite der Differentialgleichung $\cos\tau$ nicht vorkommen; also muß μ_1 verschwinden. Dann wird $\xi_2 = -\frac{1}{6} a_1 (3 - 2\cos\tau - \cos 2\tau)$. Mit den gefundenen Werten für ξ_1 und ξ_2 wird die Differentialgleichung für ξ_3:

$$(21\,\mathrm{g})\quad \begin{aligned} \ddot{\xi}_3 + \xi_3 = -\tfrac{1}{3} a_1^2 + (\mu_2 + \tfrac{5}{6} a_1^2 - \tfrac{3}{4} a_2)\cos\tau - \tfrac{1}{3} a_1^2 \cos 2\tau\\ - (\tfrac{1}{4} a_2 + \tfrac{1}{6} a_1^2)\cos 3\tau. \end{aligned}$$

Damit die Lösung periodisch wird, muß wieder das Glied mit $\cos\tau$ rechts verschwinden oder für μ_2 gelten:

$$(21\,\mathrm{h})\quad \mu_2 = \tfrac{3}{4} a_2 - \tfrac{5}{6} a_1^2.$$

Nunmehr erhält man:

$$(21\,\mathrm{i})\quad \left\{\begin{aligned} \xi_3 = -\frac{1}{3} a_1^2 + \left(\frac{29}{144} a_1^2 - \frac{1}{32} a_2\right)\cos\tau + \frac{1}{9} a_1^2 \cos 2\tau\\ + \left(\frac{1}{48} a_1^2 + \frac{1}{32} a_2\right)\cos 3\tau. \end{aligned}\right.$$

Ordnet man x statt nach Potenzen von x_1 nach trigonometrischen Funktionen von τ, so findet sich

$$(21\,\mathrm{k})\quad \left\{\begin{aligned} x = &\left\{-\frac{1}{2} a_1 x_1^2 - \frac{1}{3} a_1^2 x_1^3 + \cdots\right\}\\ &+ \left\{x_1 + \frac{1}{3} a_1 x_1^2 + \left(\frac{29}{144} a_1^2 - \frac{1}{32} a_2\right) x_1^3 + \right\}\cos\tau\\ &+ \left\{\frac{1}{6} a_1 x_1^2 + \frac{1}{9} a_1 x_1^3 + \cdots\right\}\cos 2\tau\\ &+ \left\{\frac{1}{48} a_1^2 + \frac{1}{32} a_2\right\} x_1^3 \cos 3\tau + \cdots \end{aligned}\right.$$

Geht man vermöge (21a) auf die Zeit t zurück, so erhält man die Periode von (21k)

$$T = 2\pi\sqrt{\frac{m}{\alpha}} \cdot \frac{1}{\sqrt{1+\mu}},$$

und nach (21h) mit

$$\mu = \left(\frac{3}{4}a_2 - \frac{5}{6}a_1^2\right)x_1^2$$

durch Ausziehen der Quadratwurzel (μ klein gegen 1)

$$T = 2\pi\sqrt{\frac{m}{\alpha}}\left\{1 + \left(\frac{5}{12}a_1^2 - \frac{3}{8}a_2\right)x_1^2\right\},$$

in Übereinstimmung mit (21).

4. Will man die Methode der Reihenentwicklung nach J. Horn vermeiden, so kann man, falls in Gleichung (13) die höchste Potenz von x den Wert 4 nicht überschreitet, zu elliptischen Integralen bzw. Funktionen übergehen. Man erhält nämlich aus (13)

$$(22) \qquad \tau = \int_0^x \frac{dx}{\sqrt{C^2 - x^2 - \frac{2}{3}a_1 x^3 - \frac{2}{4}a_2 x^4}}$$

ein Integral vom elliptischen Typus, das man nach einem bekannten Verfahren (z. B. O. Schlömilch, Kompendium der höheren Analysis II, 4. Aufl., S. 289) auf eines der elliptischen Normalintegrale zurückführen kann. So verfährt z. B. J. Biermanns[280]) bei der Untersuchung eines Schwingungskreises mit eisenhaltiger Induktivität. Bezeichnet φ den magnetischen Kraftlinienfluß (Induktion) im Eisen, so wird die Schwingungsgleichung (Fig. 414):

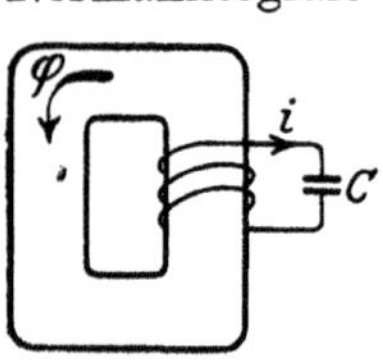

Fig. 414. Schwingungskreis mit eisenhaltiger Induktivität.

$$(23) \qquad \frac{d\varphi}{dt} + \frac{1}{C}\int i\,dt = 0.$$

Hier ist aber die Induktion φ mit dem Feldstrom verknüpft vermöge der Magnetisierungskurve der betreffenden Eisensorte nach dem Verlauf von Fig. 415. Mit genügender Annäherung kann man sich zur analytischen Darstellung dieses Verlaufes auf die ersten beiden ungeraden Glieder der Reihenentwicklung beschränken:

(24) $$i = \frac{1}{L}\varphi + \frac{1}{\lambda}\varphi^3.$$

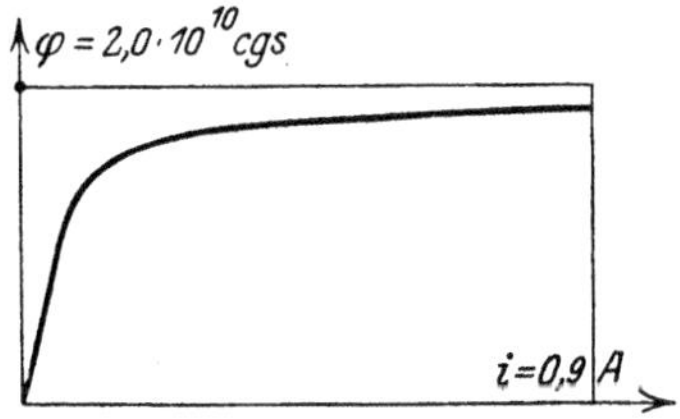

Fig. 4 5. Magnetisierungskurve.

Aus (23) und (24) findet sich für die Zeit t mit einer willkürlichen Integrationskonstante A das Integral

(25) $$t = \int_0^{\varphi} \frac{d\varphi}{\sqrt{A^2 - \frac{1}{CL}\varphi^2 - \frac{1}{2C\lambda}\varphi^4}},$$

welches mit der neuen Integrationskonstante $B^2 = 2C\lambda A^2$, den Festwerten

(26) $$\begin{cases} \alpha = \frac{\lambda}{L}; \quad \varepsilon^2 = \frac{B^2}{2(\alpha^2 + B^2 \pm \alpha\sqrt{\alpha^2 + B^2})}; \\ a = \alpha \pm \sqrt{\alpha^2 + B^2} \end{cases}$$

und durch die Einsetzungen $\varphi = x\sqrt{a}$; $x = \frac{B}{a}\cos\psi$ übergeht in:

(27) $$t = -\varepsilon\frac{\sqrt{2Ca\lambda}}{B}\int_0^{\psi}\frac{d\psi}{\sqrt{1 - \varepsilon^2\sin^2\psi}}.$$

Hieraus findet sich das elliptische Integral

(28) $$\int_0^{\psi}\frac{d\psi}{\sqrt{1 - \varepsilon^2\sin^2\psi}} = -t\sqrt{\frac{1+\mu^2}{CL}},$$

wo

(28a) $$\mu^2 = \frac{B^2}{\alpha^2 \pm \alpha\sqrt{\alpha^2 + B^2}}$$

zu setzen ist, und durch Umkehrung

(29) $$\psi = -\operatorname{am}\left(t\sqrt{\frac{1+\mu^2}{CL}},\ \varepsilon\right),$$

sowie

$$\varphi = -\frac{B}{\sqrt{a}} \operatorname{cosam}\left(t\sqrt{\frac{1+\mu^2}{CL}},\ \varepsilon\right). \tag{30}$$

Demnach wird die Schwingungsdauer

$$T = 4\sqrt{\frac{CL}{1+\mu^2}} \cdot \int_0^{\frac{\pi}{2}} \frac{d\psi}{\sqrt{1-\varepsilon^2 \sin^2\psi}}, \tag{31}$$

oder nach (9)

$$T = 2\pi\sqrt{\frac{CL}{1+\mu^2}}\left\{1 + \left(\frac{1}{2}\right)\varepsilon^2 + \left(\frac{1\cdot 3}{2\cdot 4}\right)^2 \varepsilon^4 + \cdots\right\}, \tag{32}$$

die für kleines B [vgl. (26) und (28a)], d. h. entweder unterhalb der Sättigungsgrenze ($\lambda = \infty$) oder für kleine Amplituden ($A = 0$) mit $\varepsilon = 0$ und $\mu = 0$ in die gewöhnliche Schwingungsformel für den ungedämpften Thomsonkreis übergeht:

$$T = 2\pi\sqrt{CL}\,.$$

Durch endliches B wird diese Eigenfrequenz erhöht, weil $\sqrt{1+\mu^2}$ schneller wächst als $(1 + (\frac{1}{2})^2 \varepsilon^2)$.

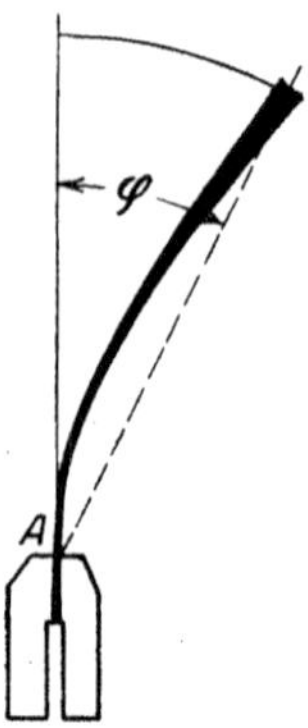

Fig. 416. Schwingende Lamelle mit verstärktem Ende.

5. Ist die Trägheitskraft eine Funktion des Ausschlags, so kann man gleichfalls das Verfahren der Reihenentwicklung nach Potenzen des Anfangsausschlages oder auch die Darstellung der Schwingung durch elliptische Funktionen befolgen[281]). Ein einfaches Beispiel hierfür bietet die Schwingung einer eingespannten Stahlzunge mit verstärktem Ende nach Fig. 416. Deren Differentialgleichung kann man ansetzen in der Form:

$$\Theta(1 - b\varphi^2)\frac{d\varphi^2}{dt^2} + c^2\varphi = 0\,, \tag{33}$$

weil offenbar das Trägheitsmoment der Drehung um A mit wachsenden φ vermöge der Krümmung der Zunge abnimmt. Ein erstes Integral liefert wieder der Ansatz der lebendigen Kraft:

$$\left(\frac{d\varphi}{dt}\right)^2 + \frac{2c^2}{\Theta}\int \frac{\varphi\, d\varphi}{1 - b\varphi^2} = C^2\,. \tag{34}$$

Vermöge der Kleinheit von b ist die Reihenentwicklung gestattet:

$$\frac{1}{1 - b\,\varphi^2} = 1 + b\,\varphi^2 + (b\,\varphi^2)^2 + \cdots,$$

von der nur die beiden ersten Glieder beibehalten werden.

Dann liefert nochmalige Integration und Auflösung nach t das elliptische Integral

$$(35) \qquad t = \int_0^{\varphi} \frac{d\varphi}{\sqrt{C^2 - \frac{c^2}{\Theta}\varphi^2 - \frac{b\,c^2}{2\,\Theta}\varphi^4}},$$

welches entsprechend (25) weiter zu behandeln ist. Wir übergehen die Einzelheiten der Durchrechnung und schreiben nur die endgültige Ermittlung der Schwingungsdauer hin:

$$(36) \qquad T = 2\,\pi\,\frac{c}{\sqrt{\Theta}}\left(1 - \frac{3\,b}{8}\,\varphi_1^2\right),$$

wo φ_1 den Anfangsausschlag bedeutet. Demnach hat die vorausgesetzte Veränderlichkeit der Trägheit eine Erhöhung der Eigenfrequenz für kleine Ausschläge zur Folge.

§ 139. Erzwungene pseudoharmonische Schwingungen.

1. Schwingungsvorgänge von der allgemeinen Form

$$(1) \qquad m\,\ddot{x} + \alpha\,x \sum_1^{\infty} \nu\,(1 + a_\nu\,x^\nu) = \sum_1^{\infty} \nu\,A_\nu \sin(\omega_\nu\,t + \alpha_\nu)$$

kommen sehr häufig bei technischen oder physikalischen Fragen vor.

Der Induktionsverlauf in Drosselspulen mit Eisenkern, in Reihe mit einer Kapazität C [vgl. § 138 (23)] und einem Ohmschen Widerstand W an eine Wechselspannung $E = \alpha \sin \omega\,t$ eingeschaltet, regelt sich nach dem Ansatz:

$$(2) \qquad \ddot{\varphi} + W\left(\frac{1}{L} + \frac{3}{\lambda}\varphi^2\right)\dot{\varphi} + \frac{1}{LC}\varphi + \frac{1}{\lambda C}\varphi^3 = \frac{dE}{dt} = \frac{a\,\omega}{L}\cos\omega t.$$

Hat man hiernach φ ermittelt, so findet man den Stromverlauf nach

$$(3) \qquad i = \frac{1}{L}\varphi + \frac{1}{\lambda}\varphi^3.$$

Die Erscheinungen weichen, wie O. Martienssen[282]) durch Versuche bewiesen hat, völlig ab von dem Verhalten des gewöhnlichen wechselstromerregten Stromkreises:

$$\frac{d^2 i}{dt^2} + \frac{W}{L}\frac{di}{dt} + \frac{1}{LC} i = \frac{a\omega}{L}\cos\omega t. \tag{4}$$

Insbesondere ist die Frage nach dem Stromverlauf im Resonanzfalle $\frac{1}{\sqrt{LC}} = \omega$ wichtig.

Ist der dämpfende Widerstand W in (2) vernachlässigbar klein, so findet sich die Ansatzgestalt (1).

2. Ein **Drehstromgenerator** mit dem Magnetrad des Trägheitsmomentes Θ und der Winkelbeschleunigung $\ddot{\vartheta}$ erzeugt Dreiphasen-Wechselstrom der Frequenz $p\,\omega_0$, wenn p seine Polpaarzahl und ω_0 die mittlere Winkelgeschwindigkeit der Antriebsmaschine bedeutet. Ist ferner E die EMK, e die Klemmenspannung des Generators, L die Selbstinduktion, ψ der Phasenwinkel, um den das Magnetfeld dem Ankerdrehfeld vorauseilt, so ist die ans Netz abgegebene Leistung der Maschine[283])

$$A_e = \frac{E\,e\sin\psi\sqrt{3}}{L\,\omega_0\,p} \tag{5}$$

und das zugehörige Widerstandsdrehmoment

$$M_e = \frac{E\,e\sin\psi\sqrt{3}}{L\,\omega_0^2\,p}. \tag{6}$$

Das Antriebsmoment M_a setzt sich nun aus dem dem Beharrungszustand entsprechenden unveränderten Teil M_0 und dem von der Drehung der antreibenden Kolbenmaschine herrührenden periodischen Teil $M_1 \sin n\,\omega_0\,t$ zusammen:

$$M_a = M_0 + M_1 \sin n\,\omega_0\,t, \tag{7}$$

wo die ganze Zahl n von der Bauart der Antriebsmaschine abhängig ist.

M_0 muß gleich dem Widerstandsmoment des Beharrungszustandes sein:

$$M_0 = \frac{E\,e\sin\psi_0\sqrt{3}}{L\,\omega_0^2\,p}. \tag{8}$$

Andererseits gilt:

(9) $$\dot{\vartheta} = \omega_0 + \frac{\dot{\psi}}{p} \quad \text{und} \quad \ddot{\vartheta} = \frac{1}{p}\ddot{\psi}.$$

So entsteht die Bewegungsgleichung des Magnetrades:

(10) $$\Theta\ddot{\vartheta} = M_a - M_e$$

oder

(11) $$\Theta\ddot{\psi} + \frac{E e\sqrt{3}}{L\omega_0^2 p}(\sin\psi - \sin\psi_0) = M_1 \sin n\,\omega_0 t.$$

Ersetzt man hier ψ durch die beiden ersten Glieder seiner Potenzreihenentwicklung, so entsteht ein Ansatz der Form (1). Die Untersuchung des Ansatzes (11) hat festzustellen, unter welchen Umständen ein durch Resonanz bedingtes Außertrittfallen des Generators zu befürchten steht.

3. Im folgenden suchen wir von Anfangsbedingungen freie periodische Annäherungslösungen der ungedämpften pseudoharmonischen symmetrischen Differentialgleichung:

(12) $$m\ddot{x} + \alpha x + \alpha a_2 x^3 = m P \sin\omega t$$

zu gewinnen.

Das einzuschlagende Näherungsverfahren nach G. Duffing[277]) geht bei Gl. (12) aus von einem ersten Näherungswert x_0 für x:

(13) $$x_0 = A\sin\omega t.$$

Diesen führt man bei der Gruppe $\alpha(x + a_2 x^3)$ in (12) ein, unter Gebrauch der Abkürzung $\nu^2 = \frac{\alpha}{m}$, und erhält zur Berechnung eines zweiten Näherungswertes:

(14) $$\begin{cases} \ddot{x}_1 = P\sin\omega t - \nu^2(x_0 + a_2 x_0^3) \\ \quad = (P - \nu^2 A - \frac{3}{4}\nu^2 a_2 A^3)\sin\omega t + \frac{1}{4}\nu^2 a_2 A^3 \sin 3\,\omega t, \end{cases}$$

und hieraus durch zweimalige Integration:

(15) $$x_1 = -\frac{1}{\omega^2}\left(P - \nu^2 A - \frac{3}{4}\nu^2 a_2 A^3\right)\sin\omega t - \frac{\nu^2 a_2 A^3}{36\,\omega^2}\sin 3\,\omega t.$$

In (13), (14), (15) ist A noch unbekannt; wir bestimmen es dadurch, daß wir die Grundschwingung der Näherung (15) mit (13) in Übereinstimmung bringen durch die Gleichsetzung

$$A = -\frac{1}{\omega^2}\left(P - \nu^2 A - \frac{3}{4}\nu^2 a_2 A^3\right) \tag{16}$$

oder

$$(\omega^2 - \nu^2) A + P = \frac{3}{4}\nu^2 a_2 A^3 . \tag{16a}$$

Diese Gleichung dritten Grades für A ergibt entweder einen oder drei reelle Werte, deren jeder in (15) eingeführt eine angenäherte Lösung

$$x = A \sin\omega t - \frac{\nu^2 a_2 A^3}{36\,\omega^2}\sin 3\,\omega t \tag{17}$$

liefert, mit welchem Ansatz wir auf die Berechnung weiterer Näherungswerte durch Wiederholung des Verfahrens nach (14) und (15) verzichten. Wir betrachten also (17) als eine solche Lösung, die das Verhalten der durch (12) definierten erzwungenen Schwingung im großen und ganzen richtig wiedergibt. Wir untersuchen dies Verhalten an Hand der Gleichung (16) für A.

Zunächst liefert diese Gleichung im Falle der Resonanz $\nu = \omega$ nur eine reelle, endliche Lösung für A, nämlich

$$A = \sqrt[3]{\frac{4P}{3\nu^2 a_2}}, \tag{18}$$

die für negatives a_2 negativ wird.

Damit hat aber die Resonanzschwingung stets endliche Amplituden gemäß

$$x = A \sin\omega t \mp \frac{|a_2|\,A^3}{36}\sin 3\,\omega t, \tag{19}$$

wo das $+$-Zeichen für negative a_2 gilt.

Die Verhältnisse außerhalb der Resonanz gestalten sich verschieden, je nach dem Vorzeichen von a_2. Wir schreiben zunächst (16) in der Gestalt:

$$(\omega^2 - \nu^2) A + P = \pm\tfrac{3}{4}\nu^2 |a_2| A^3, \tag{20}$$

und betrachten die Schnittpunkte von

$$y = (\omega^2 - \nu^2) A + P \quad \text{mit} \quad y = +\tfrac{3}{4}\nu^2 |a_2| A^3 \tag{21}$$

für positives a_2, sowie von

(22) $$y = (\omega^2 - \nu^2) A + P \quad \text{mit} \quad y = -\tfrac{3}{4} \nu^2 |a_2| A^3$$

für negatives a_2.

Es handelt sich demnach um die Schnitte einer Geraden mit einer Kurve dritter Ordnung, die in den Figuren 417 und 418 dargestellt sind.

Zunächst ergibt sich für positives a_2 bei oder unterhalb der Resonanz ($\omega \leqq \nu$) nur ein Schnittpunkt; es ist also nur eine

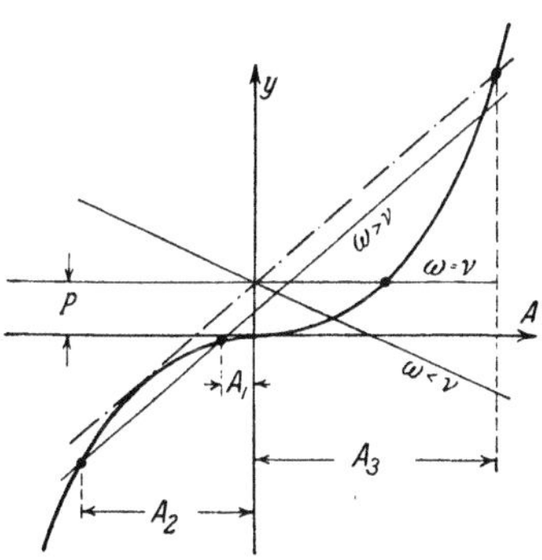

Fig. 417. Erzwungene symmetrische pseudoharmonische Schwingungen mit verstärkter Richtkraft.

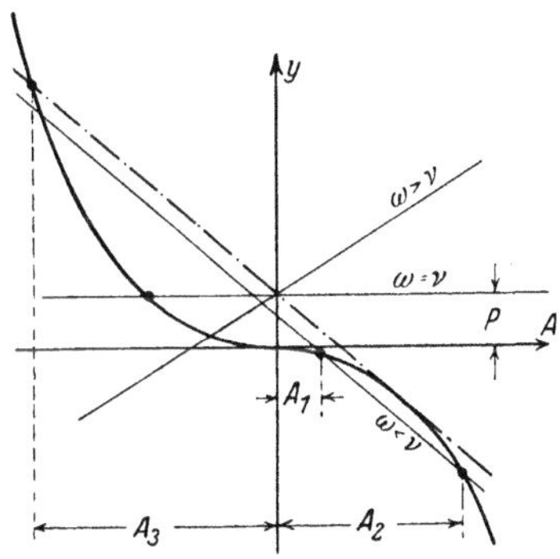

Fig. 418. Erzwungene symmetrische pseudoharmonische Schwingungen mit verminderter Richtkraft.

Schwingung möglich. Oberhalb der Resonanz ($\omega > \nu$) ist die Zahl der möglichen Schwingungen von der Größe der Erregung P abhängig. Bei hinreichend kleiner Erregung und einer bestimmten Erregungsfrequenz $\omega > \nu$ (entsprechend der schwach ausgezogenen Linie in der Fig. 417) gibt es drei reelle Wurzeln, deren kleinste A_1 für die Amplituden der erzwungenen Schwingung bestimmend wird. Steigert man die Größe der Erregung bei festgehaltener Frequenz ω, so nimmt auch die Amplitude A_1 der Schwingung zu, bis ein bestimmter Wert von P (strichpunktierte Linie) erreicht ist, jenseits dessen die Amplitude auf den Wert A_3 entgegengesetzten Vorzeichens umspringt.

Für negatives a_2 finden sich die gleichen Ergebnisse; nur sind die Bereiche unterhalb und oberhalb der Resonanz vertauscht. Bei diesem Fall hat G. Duffing Übereinstimmung der Rechnung mit dem Versuch gefunden.

Der Fall $a_2 > 0$ ist unseres Wissens noch nicht experimentell untersucht.

Für $a_2 = 0$ müßte die erzwungene harmonische Schwingung erscheinen. Dies ist auch durchaus im Einklang mit unseren bisherigen Ergebnissen, denn im Ansatz (19) wird $A = \infty$ für $a_2 = 0$; die Kurven dritter Ordnung in (21) und (22) oben werden mit $|a_2| = 0$ mit der A-Achse identisch, wodurch sämtliche Schnitte der Kurven mit der A-Parallelen $y = P$ ins Unendliche rücken, während die Gerade $y = (\omega^2 - \nu^2) + P$ für $\omega \gtrless \nu$ mit der so ausgearteten Kurve dritter Ordnung unter allen Umständen nur einen Schnittpunkt hat.

4. Das wichtige Problem der Kombinationstöne in der Akustik führt auf einen Ansatz der Form:

$$m\ddot{x} + \alpha x(1 + a_1 x) = m\{A \sin(pt) + B \sin(qt + \beta)\}, \tag{23}$$

der die Vorstellung in sich schließt, daß zwei Töne der Frequenzen $\frac{p}{2\pi}$ und $\frac{q}{2\pi}$ gleichzeitig einen schwingungsfähigen Körper der unsymmetrischen elastischen Richtkraft $\alpha x + \alpha a_1 x^2$ erregen.

Da das Trommelfell trichterförmig gebaut ist, kann man ihm derartige elastische Eigenschaften zusprechen. Der Ansatz (23) ist von Helmholtz[284]) zur Erklärung der im Ohre hörbaren Kombinationstöne von p und q untersucht worden.

Er setzt für x die Reihe an:

$$x = \varepsilon x_1 + \varepsilon^2 x_2 + \varepsilon^3 x_3 + \cdots \tag{24}$$

und für A bzw. B:

$$A = \varepsilon A_1, \qquad B = \varepsilon B_1. \tag{25}$$

Durch Einsetzen in (23) und Vergleichung gleichhoher Potenzen von ε finden sich für die x_1, x_2, x_3 ... folgende Differentialgleichungen $\left(\text{mit } \frac{\alpha}{m} = \nu^2\right)$:

$$\begin{cases} \ddot{x}_1 + \nu^2 x_1 = A_1 \sin pt + B_1 \sin(qt + \beta), \\ \ddot{x}_2 + \nu^2 x_2 = -\nu^2 a_1 x_1^2, \\ \ddot{x}_3 + \nu^2 x_3 = -2\nu^2 a_1 x_1 x_2, \\ \dots\dots\dots\dots\dots\dots \end{cases} \tag{26}$$

Verzichtet man auf das Hinschreiben der infolge der Dämpfung verschwindenden Eigenschwingung, so finden sich durch Integration der Differentialgleichungen (26) mit den Abkürzungen

$$M = \frac{A_1}{p^2 - \nu^2}, \qquad N = \frac{B_1}{q^2 - \nu^2} \tag{27}$$

die gewöhnlichen erzwungenen harmonischen Schwingungen:

$$x_1 = M \sin p t + N \sin (q t + \beta), \tag{28}$$

sowie die Obertöne $2p$ und $2q$, und Kombinationstöne erster Ordnung $p + q$ und $p - q$ in:

$$\left\{\begin{aligned} x_2 = & -\frac{a_1}{2}(M^2 + N^2) - \frac{M^2}{2(4p^2 - \nu^2)} \cos 2pt \\ & - \frac{M^2}{2(4q^2 - \nu^2)}(\cos 2qt + \beta) + \frac{MN}{(p-q)^2 - \nu^2} \cos\{(p-q)t + \beta\} \\ & - \frac{MN}{(p+q)^2 - \nu^2} \cos\{(p+q)t + \beta\}. \end{aligned}\right. \tag{29}$$

Die Töne der Frequenzen $p + q$ nennt man Summationstöne, die der Frequenzen $p - q$ heißen Differenztöne. Die höheren Glieder der Reihe (24) $x_3 \ldots$ enthalten die höheren Kombinationstöne $2p + q$, $2p - q$, $p + 2q$, $p - 2q$. Auf die vielfachen Angriffe[285]), die diese Theorie erfahren hat, gehen wir nicht ein. Nach E. Waetzmann[286]) trifft letztere im ganzen das Wesen der Sache, insoweit die Unsymmetrie des schwingenden Organs eine notwendige Voraussetzung ist. Dagegen muß der Mechanismus der Entstehung der Kombinationstöne aus den Primärtönen p und q an Hand der Theorie der Stoßtöne von R. König[287]) erklärt werden. Danach bilden sich aus p und q die Königschen Stöße (Schwebungen), die aber nun nicht (wie R. König wollte) unmittelbar die Erscheinung der Kombinationstöne ergeben, sondern, wie ebenfalls E. Waetzmann[288]) nachgewiesen hat, erst infolge Verzerrung durch die Mitwirkung eines unsymmetrisch schwingenden Organes. Jedenfalls aber liegt im Ansatz (29) die in § 137 bereits erwähnte Zerstörung des Superpositionsgesetzes bei pseudoharmonischen Schwingungen[289]).

Zu den Ansätzen (27) und (28) ist anzumerken, daß in ihnen eine Anerkennung des Resonanzgesetzes auch bei pseudoharmonischen Schwingungen liegen würde, die nach Ansatz (15) aufgegeben werden muß. In der Tat ist das Hinschreiben der Lösungen (27) und (28) nach H. Helmholtz im Falle $p = \nu$, $q = \nu$ unzulässig, weil ja dann x_1 offenbar keine Näherungslösung ist. Hier schafft Abhilfe die oben auseinandergesetzte Methode von G. Duffing, deren Anwendung ebenfalls die Kombinationstöne liefert, aber für $p = \nu$, $q = \nu$ die uneigentlichen Lösungen (27), vermeidet[290]).

§ 140. Quasiharmonische Schwingungen.

1. Differentialgleichungen der Form (4) § 137 haben in mehreren Fällen zur Beschreibung von Schwingungsvorgängen Verwendung gefunden.

Zunächst läßt sich die Gleichung des Pendelns parallel geschalteter Wechselstrommaschinen [Gl. (14), § 114], wenn man von der Kopplung mit den Regulatoren absieht, in folgender Form schreiben:

$$(1) \qquad \Theta \ddot{\vartheta} + 2b\dot{\vartheta} + c\left[1 - \frac{F'(\omega t)}{c\,\omega}\right]\vartheta = 0\,.$$

Die Bedeutung der Festwerte ist aus dem angeführten Paragraph zu entnehmen. Von $F(\omega t)$, dem rein periodischen Teil des Tangentialmomentes der Antriebsmaschinen, behalten wir nur die Grundschwingung $-a \sin \omega t$ bei (wo n je nach der Bauart der Maschine eine ganze Zahl $n \geqq 1$ bedeutet) und finden aus (1):

$$(1\,\text{a}) \qquad \Theta \ddot{\vartheta} + 2b\dot{\vartheta} + (c + n a \cos \omega t)\,\vartheta = 0\,.$$

Dieser Ansatz kann vermöge einer, auch für die homogene Form der allgemeinen Gleichung (4) § 137 gültigen, Transformation vereinfacht werden. Wir schreiben für die allgemeine Form:

$$(2) \qquad \ddot{x} + 2q\dot{x} + rx = 0\,,$$

wo

$$(2\,\text{a}) \qquad q = \frac{b}{m}\frac{b(\omega_2 t)}{b(\omega_1 t)}\,, \qquad r = \frac{c}{m}\frac{c(\omega_3 t)}{m(\omega_1 t)}$$

zu setzen ist. Die erwähnte Substitution lautet nun:

$$(3) \qquad x = y\,e^{-\int q\,dt}$$

und liefert für (2)

(4) $$\ddot{y} + M y = 0.$$

Hier ist M eine Abkürzung

(5) $$M = r - \dot{q} - q^2,$$

kann also in den Zeitfunktionen (2a) ausgedrückt werden.

Wenden wir die Substitution auf (1a) folgerichtig an mit

(6) $$\vartheta = \varphi e^{-\frac{bt}{\Theta}},$$

so ergibt sich für φ die Differentialgleichung:

(7) $$\ddot{\varphi} + \frac{c}{\Theta}\left(1 - \frac{b^2}{\Theta} + \frac{na}{c}\cos\omega t\right)\varphi = 0$$

oder mit den Abkürzungen $1 - \frac{b^2}{\Theta} = \alpha$, $\frac{na}{c} = \beta$

(8) $$\ddot{\varphi} + \frac{c}{\Theta}(\alpha + \beta\cos\omega t)\,\varphi = 0.$$

Durch Einführung einer neuen Zeit τ vermöge

(9) $$\tau = t\sqrt{\frac{c}{\Theta}}$$

findet sich

(10) $$\frac{d^2\varphi}{d\tau^2} + (\alpha + \beta\cos\omega\tau)\,\varphi = 0.$$

2. Die Differentialgleichung (4)

(10) $\ddot{y} + M(t)\,y = 0$

beherrscht auch in gewisser Hinsicht die Erscheinung des Schüttelns elektrischer Lokomotiven mit Kurbelantrieb[291]). Bei diesen Lokomotiven wird mittels zweier um 90° gegeneinander versetzter Kurbeln nebst Treibstangen von einer Motorwelle M aus eine Blindwelle B angetrieben, von der aus die Drehung sich durch Kuppelstangen auf das Fahrzeug (Fig. 419) überträgt. Die

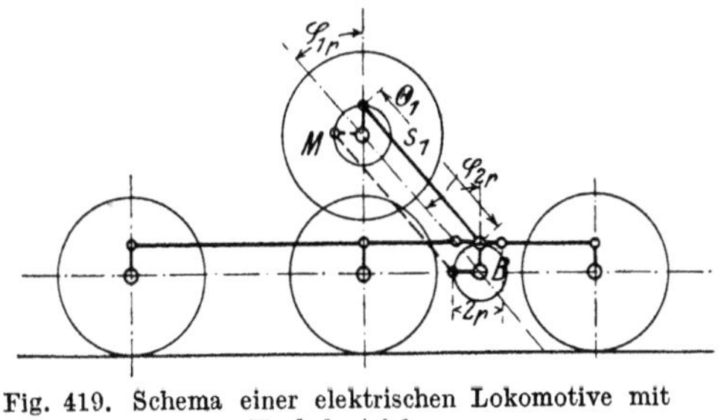

Fig. 419. Schema einer elektrischen Lokomotive mit Kurbelantrieb.

Wellen und Treibstangen werden als elastisch vorausgesetzt, so daß wir für jede der vier Treibkurbeln eine Drehungskoordinate (φ_{1l}, φ_{1r}, φ_{2l}, φ_{2r}) anzunehmen haben; dabei bezieht sich der Index 1 auf die Motorwelle, 2 auf die Blindwelle, l auf die linke, r auf die rechte Maschinenseite. Daneben betrachten wir noch die Drehungen φ_1 und φ_2 der Mittelquerschnitte der beiden Wellen, in denen wir auch die Trägheitsmomente Θ_1 und Θ_2 der bewegten Teile vereinigt denken. Θ_1 ist hier das Trägheitsmoment des rotierenden Teiles des Antriebsmotors, Θ_2 dasjenige Trägheitsmoment, welches der auf die Blindwelle reduzierten Massenwirkung der sich fortbewegenden Lokomotive entspricht. Alle φ-Koordinaten werden auf die den beiden Wellen gemeinsame Ebene bezogen, ebenso wie eine mittlere Drehungskoordinate φ_m, die mit der den φ-Koordinaten gemeinsamen mittleren Änderungsgeschwindigkeit wächst. Das treibende Moment an der Motorwelle sei D, das an der Blindwelle widerstehende Moment sei W. Dann gelten für φ_1 und φ_2 die Differentialgleichungen

$$(11)\qquad \begin{cases} \Theta_1 \ddot{\varphi}_1 + T_{1l} + T_{1r} = D, \\ \Theta_2 \ddot{\varphi}_2 - (T_{2l} + T_{2r}) = -W, \end{cases}$$

wo die T die in den beiden Wellen (links und rechts der Mittelebene) wirkenden elastischen Torsionsmomente bedeuten. Diese berechnen sich aus den Verdrehungen der vier Wellenhälften wie folgt:

$$(12)\qquad \begin{cases} T_{1l} = \dfrac{J_1 G}{L}(\varphi_1 - \varphi_{1l}) = \dfrac{J_1 G}{L}\Delta\varphi_{1l} = \tau_1 \Delta\varphi_{1l};\ T_{1r} = \tau_1 \Delta\varphi_{1r}, \\[2ex] T_{2l} = \dfrac{J_2 G}{L}(\varphi_{2l} - \varphi_2) = \dfrac{J_2 G}{L}\Delta\varphi_{2l} = \tau_2 \Delta\varphi_{2l};\ T_{2r} = \tau_2 \Delta\varphi_{2r}. \end{cases}$$

Hier bedeuten die J die Querschnittsträgheitsmomente der Welle, L ihre halben Längen, G den Gleitmodul des Wellenstoffes. Andererseits aber verdrehen sich die linken und rechten Kurbeln gegeneinander vermöge der elastischen Längenänderungen λ_l bzw. λ_r der Treibstangen. Bezeichnen wir die Stangenkräfte mit P_l bzw. P_r, mit s die Stangenlänge, mit F den Stangenquerschnitt, mit E den Zugmodul des Stangenstoffes, so gilt:

$$(13)\qquad \lambda_l = \frac{s P_l}{E F} = \varepsilon P_l; \qquad \lambda_r = \frac{s P_r}{E F} = \varepsilon P_r.$$

Diese Verlängerungen hängen aber mit den Verdrehungen $\Delta\varphi_l = \Delta\varphi_{1l} - \Delta\varphi_{2l}$ und $\Delta\varphi_r = \Delta\varphi_{1r} - \Delta\varphi_{2r}$ zusammen, wie folgt:

$$(14) \qquad r\sin\varphi_m\,\Delta\varphi_l = \lambda_l\,; \qquad r\cos\varphi_m\,\Delta\varphi_r = \lambda_r\,.$$

Weiter gilt für den Zusammenhang der Drehmomente T mit den Stangenkräften P:

$$(15) \qquad \begin{cases} T_{1l} = P_l\,r\sin\varphi_m\,; & T_{1r} = P_r\,r\cos\varphi_m\,,\\ T_{2l} = P_l\,r\sin\varphi_m\,; & T_{2r} = P_r\,r\cos\varphi_m\,. \end{cases}$$

Aus der Kombination von (12), (13), (14), (15) findet sich:

$$(16) \qquad \begin{cases} \varepsilon\,\tau_1\,\Delta\varphi_{1l} = r^2\sin^2\varphi_m\,\Delta\varphi_l\,; & \varepsilon\,\tau_1\,\Delta\varphi_{1r} = r^2\cos^2\varphi_m\,\Delta\varphi_r\,,\\ \varepsilon\,\tau^2\,\Delta\varphi_{2l} = r^2\sin^2\varphi_m\,\Delta\varphi_l\,; & \varepsilon\,\tau_2\,\Delta\varphi_{2r} = r^2\cos^2\varphi_m\,\Delta\varphi_r\,. \end{cases}$$

Betrachten wir nun die gegenseitige Verdrehung $\Delta\varphi = \varphi_1 - \varphi_2$ der beiden mittleren Wellenquerschnitte, so muß diese mit der Summe der einzelnen Verdrehungen sowohl auf der linken wie auf der rechten Maschinenseite gleich sein:

$$(17) \qquad \Delta\varphi = \varphi_1 - \varphi_2 = \Delta\varphi_{1l} + \Delta\varphi_{2l} + \Delta\varphi_l = \Delta\varphi_{1r} + \Delta\varphi_{2r} + \Delta\varphi_r\,.$$

Die Differenz der Gleichungen (11) ist nun geeignet, im Verein mit (16) und (17) eine Differentialgleichung für $\Delta\varphi$ aufzustellen, die sich nach einigen Zwischenrechnungen wie folgt findet:

$$(18) \qquad \begin{cases} \Delta\ddot{\varphi} + \dfrac{\tau}{\Theta}\left\{\dfrac{\sin^2\varphi_m}{\sin^2\varphi_m + (\tau\,\varepsilon : r^2)} + \dfrac{\cos^2\varphi_m}{\cos^2\varphi_m + (\tau\,\varepsilon : r^2)}\right\}\Delta\varphi\\ \quad = \dfrac{D}{\Theta_1} + \dfrac{W}{\Theta_2}\,, \end{cases}$$

mit den Abkürzungen:

$$\frac{1}{\Theta} = \frac{1}{\Theta_1} + \frac{1}{\Theta_2} \qquad \text{und} \qquad \frac{1}{\tau} = \frac{1}{\tau_1} + \frac{1}{\tau_2}\,.$$

Der Inhalt der geschweiften Klammer ist mit $\varphi_m = \omega\,t$ eine periodische Funktion der Zeit; ebenso kann auf der rechten Seite von (18) D eine periodische Funktion der Zeit sein, sofern das Motordrehmoment aus einem konstanten und einem pulsierenden Anteil (bei Wechselstrommaschinen) besteht[292]). Somit behandelt sich die Bewegung der elektrischen Lokomotiven mit Kurbelantrieb, wenn man vom Einfluß des Lagerspieles und der Stichmaßfehler[293]) absieht, durch eine Differentialgleichung der Gestalt:

$$\Delta \ddot{\varphi} + M(t) \Delta \varphi = N(t). \tag{19}$$

3. Gleichfalls ins Gebiet der quasiharmonischen Schwingungen gehört ein Ansatz, den O. Emersleben[294]) zur Grundlegung einer Theorie des Fernsprechens ohne Draht benutzt hat. Er untersucht hierzu diejenigen Veränderungen der Schwingungseigenschaften eines Thomsonkreises, die eintreten, wenn dessen Widerstand und Kapazität periodisch geändert werden; diese periodischen Änderungen sollen von den Sprachlauten herrühren, die vermöge der Schwingungen des Thomsonkreises auf bekannte Art in Amplitudenvariationen elektromagnetischer Schwingungen im Raume zu verwandeln sind. Bezeichnen wie üblich L, R, C Selbstinduktion, Widerstand, Kapazität des Thomsonkreises, von denen R und C als Zeitfunktionen vorauszusetzen sind, J, V, Q dagegen die Stromstärke, das Kondensatorpotential und die Kondensatorladung des Kreises, so gelten die Beziehungen:

$$L\frac{dJ}{dt} + RJ = V; \quad Q = CV; \quad J = -\frac{dQ}{dt}, \tag{19}$$

aus denen sich die Differentialgleichung der Ladung findet:

$$L\frac{d^2Q}{dt^2} + R(t)\frac{dQ}{dt} + \frac{Q}{C(t)} = 0 \tag{20}$$

Emersleben nimmt die Zeitfunktionen R und C in den einfachen Formen an:

$$R = R_0(1 + \lambda \sin \alpha t); \qquad C = C_0(1 + \varkappa \sin \alpha t), \tag{21}$$

und führt vermöge der Einsetzungen:

$$Q = y; \quad \alpha t = x; \quad \frac{R_0}{\alpha L} = 2\delta; \quad \frac{1}{\alpha\sqrt{C_0 L}} = h \tag{22}$$

den Ansatz (21) zurück auf (22):

$$y'' + 2\delta(1 + \lambda \sin x)y' + \frac{h^2 y}{1 + \varkappa \sin x} = 0. \tag{23}$$

Dieser letztere verwandelt sich aber vermöge der Umformung (3) in:

$$\eta'' + M(x)\eta = 0, \tag{24}$$

wo

$$(24a)\qquad M(x) = \frac{h^2}{1 + \varkappa \sin x} - \delta \lambda \cos x - \delta^2 (1 + \lambda \sin x)^2$$

zu setzen ist.

4. Wir beschäftigen uns nunmehr mit der Untersuchung der erzwungenen quasiharmonischen Schwingung:

$$(25)\qquad \ddot{x} + M(t)\, x = N(t),$$

und bei dieser zunächst mit der zugehörigen quasiharmonischen Eigenschwingung[295]):

$$(26)\qquad \ddot{x} + M(t)\, x = 0.$$

Wir setzen voraus, daß $M(t)$ periodisch $M(t + T) = M(t)$ sei und im übrigen nirgends unendlich werde; diese letztere Voraussetzung würde bei den Ansätzen (24) und (24a) bedingen, daß $|\varkappa| \gtrless 1$ sei.

Wie jede lineare Differentialgleichung zweiter Ordnung hat auch (26) ein allgemeines Integral x, das sich aus zwei partikulären Integralen η_1 und η_2 mittels zweier willkürlicher Integrationskonstanten C_1 und C_2 zusammensetzt:

$$(27)\qquad x = C_1 \eta_1 + C_2 \eta_2 .$$

Die beiden partikulären Integrale sind im Falle (26) periodische Funktionen zweiter Art, d. h. Funktionen der Eigenschaft

$$(28a)\qquad \eta_1 (t + T) = \sigma_1 \eta_1 (t),$$

$$(28b)\qquad \eta_2 (t + T) = \sigma_2 \eta_2 (t),$$

wo die Konstanten σ_1 und σ_2 Lösungen einer noch aufzustellenden quadratischen Gleichung sind. Sind die beiden Lösungen gleich $\sigma_1 = \sigma_2 = \sigma_0$, so hat das zweite der partikulären Integrale die Form

$$(29)\qquad \eta_2 = \sigma_0\, h(t) + \alpha\, t\, \eta_1 (t),$$

wo $h(t + T) = \sigma\, h(t)$ gilt und a durch σ_0 bestimmt ist.

Wir setzen nun voraus, η_1 und η_2 seien so bestimmt, daß

$$(29a)\qquad \eta_1 (0) = 1; \quad \dot{\eta}_1 (0) = 0; \quad \eta_2 (0) = 0; \quad \dot{\eta}_2 (0) = 1$$

gelte, so hat man:

$$(30)\qquad \begin{cases} \eta_1 (t + T) = a\, \eta_1 (t) + b\, \eta_2 (t) = \sigma_1 \eta_1 (t), \\ \eta_2 (t + T) = c\, \eta_1 (t) + d\, \eta_2 (t) = \sigma_2 \eta_2 (t), \end{cases}$$

woraus sich die Determinante findet:

$$\begin{vmatrix} a - \sigma & b \\ c & d - \sigma \end{vmatrix} = 0. \tag{31}$$

Dies ist die erwähnte quadratische Gleichung für σ_1 und σ_2:

$$\sigma^2 - (a + d)\sigma + (ad - bc) = 0. \tag{32}$$

Da nun η_1 und η_2 dem Ansatz (26) genügen, so hat man:

$$\begin{cases} \ddot{\eta}_1 + M\eta_1 = 0, \\ \ddot{\eta}_2 + M\eta_2 = 0. \end{cases} \tag{33}$$

oder

$$\eta_1 \ddot{\eta}_2 - \eta_2 \ddot{\eta}_1 = 0,$$

oder nach partieller Integration:

$$\eta_1 \dot{\eta}_2 - \eta_2 \dot{\eta}_1 = \text{Const.} \tag{34}$$

In (34) multipliziert sich aber die linke Seite unter Anwendung der Periodizitätseigenschaft von η_1 und η_2 mit $\sigma_1 \sigma_2$, während die rechte ungeändert bleibt. Also muß $\sigma_1 \sigma_2 = 1$ sein, weshalb auch $ad - bc$ in (32) gleich 1 anzunehmen ist. Demnach wird

$$\sigma^2 - (a + d)\sigma + 1 \tag{35}$$

die gesuchte quadratische Gleichung.

Nunmehr benutzen wir (34), um einen Überblick über die Eigenschaften von η_1 und η_2 zu gewinnen.

Es sei

$$\left|\frac{a + d}{2}\right| > 1. \tag{36}$$

Dann werden σ_1, σ_2 reell und σ_1 ist absolut größer als 1, wenn σ_2 absolut kleiner als 1 ist. $n$fache Anwendung der Periodizitätseigenschaft gibt:

$$\eta_1(t + nT) = \sigma_1^n \eta_1(t); \qquad \eta_2(t + nT) = \sigma_2^n \eta_2(t), \tag{37}$$

d. h. η_1 wächst unbegrenzt, während η_2 unbegrenzt abnimmt.

Wir nennen daher im Falle $\left|\frac{a + d}{2}\right| > 1$, 1, d. h. reeller σ, die E i g e n s c h w i n g u n g von (26) i n s t a b i l.

Ist dagegen

$$\left|\frac{a + d}{2}\right| < 1, \tag{38}$$

so werden σ_1 und σ_2 komplex. Man kann setzen:

$$\sigma_1 = e^{2\pi i \mu}; \qquad \sigma_2 = e^{2\pi i \mu},$$

wo μ reell ist und $0 < \mu < \frac{1}{2}$ gilt. In diesem Falle sind aber schon

$$(39) \qquad \eta_1 = e^{\frac{2\pi i \mu t}{T}} P_1(t) \quad \text{und} \quad \eta_2 = e^{\frac{2\pi i \mu t}{T}} P_2(t)$$

mit rein periodischen P_1 und P_2 $[P_1(t+T) = P_1(t);\ P_2(t+T) = P_2(t)]$ Integrale, die dem Ansatz (26) genügen, weil sie periodisch zweiter Art sind. Denn $e^{\pm 2\pi i \frac{\mu t}{T}}$ reproduziert sich mit $t = t + nT$ gemäß

$$(40) \qquad e^{\pm 2\pi i \mu \frac{(t+nT)}{T}} = e^{\pm 2\pi i \mu \frac{t}{T}} \cdot e^{\pm 2\pi i n \mu} = \sigma_{1,2}^n\, e^{\pm 2\pi i \mu \frac{t}{T}}.$$

Statt der Integrale (39) kann man aber auch die rellen Formen schreiben:

$$(41) \qquad \begin{cases} \eta_1 = p_1 \cos \dfrac{2\pi \mu t}{T} - p_2 \sin \dfrac{2\pi \mu t}{T}, \\[2ex] \eta_2 = p_1 \sin \dfrac{2\pi \mu t}{T} + p_2 \cos \dfrac{2\pi \mu t}{T}, \end{cases}$$

wo p_1 und p_2 gewöhnliche periodische Funktionen sind. Diese Integrale sind also überhaupt periodisch erster Art und bleiben stets zwischen festen endlichen Grenzen.

Daher nennen wir die zu komplexen σ $\left(\left|\frac{a+d}{2}\right| < 1\right)$ gehörende Eigenschwingung von (26) stabil.

Im Grenzfalle $\left|\frac{a+d}{2}\right| = 1$ sind die beiden Wurzeln σ gleich und es tritt die Lösungsform (28a) mit (29) ein, von der man beweisen kann, daß η_1 und h periodisch sein müssen. Dann kommt es auf den Wert der Konstanten a an, die Null sein kann und damit eine stabile Lösung liefert. Ist aber a von Null verschieden, dann bedingt auch der Grenzfall eine instabile Lösung.

5. Um nun die erzwungene Schwingung (25) wenigstens im Falle gleicher Perioden von M und N zu untersuchen, schreiben wir deren allgemeines Integral in der Form:

$$(42) \qquad x = e(t) + C_1 \eta_1 + C_2 \eta_2,$$

wo $e(t)$ irgendeine Lösung von (25) sei. Wir fragen, ob x rein periodisch sein könne, d. h. ob gelten kann:

$$x(t+T) = e(t+T) + C_1\,\eta_1(t+T) + C_2\,\eta_2(t+T)\,. \tag{43}$$

Hieraus folgt:

$$\begin{cases} x(T) = e(T) + C_1\,\eta_1(T) + C_2\,\eta_2(T)\,, \\ x'(T) = e'(T) + C_1\,\eta_1'(T) + C_2\,\eta_2'(T)\,. \end{cases} \tag{44}$$

Aus (29a) und (30) aber findet sich:

$$\eta_1(T) = a\,; \quad \eta_1'(T) = b\,; \quad \eta_2(T) = c\,; \quad \eta_2'(T) = d\,, \tag{45}$$

und demnach mit (44):

$$\begin{cases} x(T) = e(T) + C_1\,a + C_2\,b\,, \\ x'(T) = e'(T) + C_1\,c + C_2\,d\,. \end{cases} \tag{46}$$

Damit nun $x(t)$ periodisch wird, genügt es

$$x(T) = x(0)\,, \qquad x'(T) = x'(0) \tag{47}$$

zu machen, denn dann stimmen nach (25) auch alle höheren Ableitungen von x in $t = 0$ und $t = T$ überein, sofern nur $M(t)$ und $N(t)$ die gleiche Periode T haben. Die Forderung (47) wird aber nach (29a) (43) und (45) erfüllt durch:

$$\begin{cases} -e(T) + e(0) = C_1\,(a-1) + C_2\,b\,, \\ -e'(T) + e'(0) = C_1\,c + C_2\,(d-1)\,. \end{cases} \tag{48}$$

Hieraus finden sich die beiden willkürlichen Integrationskonstanten:

$$\begin{cases} C_1 = \dfrac{1}{\Delta}\left\{(d-1)\,\Delta e - b\,\Delta' e\right\}, \\[2ex] C_2 = \dfrac{1}{\Delta}\left\{-c\,\Delta e + (A-1)\,\Delta' e\right\}, \\[2ex] \Delta = (a-1)(d-1) - b\,c\,; \quad \Delta e = e(0) - e(T)\,, \\ \Delta' e = e'(0) - e'(T)\,, \end{cases} \tag{49}$$

wenn $\Delta \lessgtr 0$ wird. Wegen $a\,d - b\,c = 1$ wird aber $\Delta = 2-(a+d)$. Demnach sind die Konstanten C_1 und C_2 nach (49) berechenbar, wenn $\dfrac{a+d}{2} \lessgtr 1$ ist.

Wir haben also den Satz, daß sich im Falle gleichperiodischen $M(t)$ und $N(t)$ die Konstanten des allgemeinen Integrals (42) von

(25) so bestimmen lassen, daß als partikuläres Integral eine rein periodische Lösung erscheint, sofern $\frac{a+d}{2} \gtrless 1$ ist. Ist aber $\frac{a+d}{2} = 1$, so wird in (49) $\Delta = 0$ und es entsteht ein uneigentliches Integral mit unendlich großen C_1 und C_2. Dieser Fall würde einer Resonanzlösung der quasiharmonischen Differentialgleichung entsprechen.

6. Wir kehren nun zur quasiharmonischen Eigenschwingung (26) zurück und untersuchen deren Stabilität.

Durch die Substitutionen $\tau = t\frac{2\pi}{T}$, $M(t) = 4\,\pi^2\, m\,(\tau)$, $T^2 = \lambda$ geht (26) über in:

(50) $$\frac{d^2 x}{d\tau^2} + \lambda\, m\,(\tau) = 0\,.$$

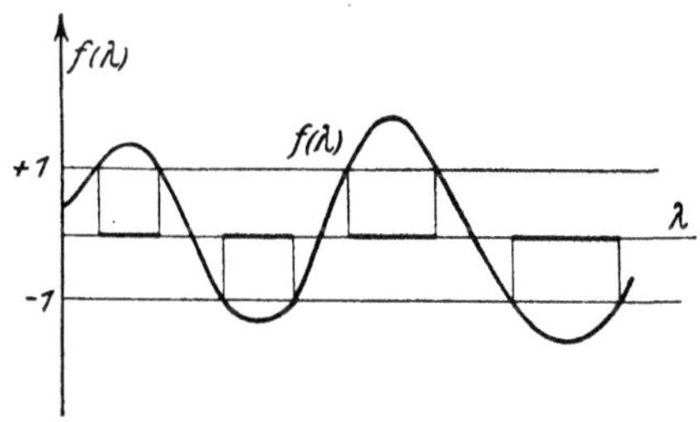

Fig. 420. Zur Stabilität der quasiharmonischen Schwingung.

Durch Einführung des positiven Parameters λ werden nun die Größen a, b, c, d von λ abhängig; demnach wird auch die für die Stabilität entscheidende Grenzgröße $\left|\frac{a+d}{2}\right|$ eine Funktion $f(\lambda)$ von λ. Das Stabilitätskriterium lautet jetzt:

$$|f(\lambda)| > 1\,,$$

und kann graphisch durch die Fig. 420 dargestellt werden. Überall, wo die Kurve $y = f(\lambda)$ die beiden λ-Parallelen $y = \pm 1$ schneidet, entstehen Instabilitätsbereiche, die durch stärkeres Ausziehen der λ-Achse hervorgehoben sind.

An den Grenzen $\lambda = \lambda_i$ dieser Intervalle und in den Stabilitätsbereichen existieren rein periodische Integrale mit der Periode $2\,\pi$. Im allgemeinen existiert eine unendliche Reihe von Werten λ, für die die periodischen Integrale auftreten. Wegen der Berechnung der Grenzen, zu der im allgemeinen die Theorie der Integralgleichungen heranzuziehen ist, verweisen wir auf die Literatur; in einem einfachen Falle werden die Instabilitätsbereiche ermittelt bei E. Meissner[292].)

Anhang 1.

Einheiten und Dimensionen der technisch-physikalischen Größen.

	Größe	Technische Einheit	Zeichen	Verhältnis zur absoluten Einheit	Dimension der absoluten Einheit Elektromagnetisch	Dimension der absoluten Einheit Elektrostatisch	Verhältnis der elektromagnet. zur elektrostat. Einheit
1.	Elektrische Feldstärke			1	$c^{\frac{1}{2}} g^{\frac{1}{2}} s^{-2}$	$c^{-\frac{1}{2}} g^{\frac{1}{2}} s^{-1}$	$V = 3 \cdot 10^{10}$ $c^1 s^{-1}$
2.	Magnet. Feldstärke (Induktion)	Gauß		1	$c^{-\frac{1}{2}} g^{\frac{1}{2}} s^{-1}$	$c^{-\frac{1}{2}} g^{\frac{1}{2}} s^{-1}$	1
3.	Elektrizitätsmenge	Coulomb	Cb	10^{-1}	$c^{\frac{1}{2}} g^{\frac{1}{2}}$	$c^{\frac{3}{2}} g^{\frac{1}{2}} s^{-1}$	$1 : V$
4.	Magnetische Menge (Polstärke, Kraftlinienzahl)			1	$c^{\frac{3}{2}} g^{\frac{1}{2}} s^{-1}$	$c^{\frac{3}{2}} g^{\frac{1}{2}} s^{-1}$	1
5.	Elektr. Spannung	Volt	V	10^8	$c^{\frac{3}{2}} g^{\frac{1}{2}} s^{-2}$	$c^{\frac{1}{2}} g^{\frac{1}{2}} s^{-1}$	V
6.	Stromstärke	Ampère	A	10^{-1}	$c^{\frac{1}{2}} g^{\frac{1}{2}} s^{-1}$	$c^{\frac{3}{2}} g^{\frac{1}{2}} s^{-1}$	$1 : V$
7.	Elektr. Leistung	Watt	VA	10^7	$c^2 g^1 s^{-3}$	$c^2 g^1 s^{-3}$	1
8.	Widerstand	Ohm	Ω	10^9	$c^1 s^{-1}$	$c^{-1} s^1$	V^2
9.	Ableitung	Siemens		10^{-9}	$c^{-1} s^1$	$c^1 s^{-1}$	$1 : V^2$
10.	Elektrisches Leitvermögen			1	$c^{-3} s^1$	$c^{-1} s^{-1}$	$1 : V^2$
11.	Selbstinduktion	Henry	H	10^9	c	$c^{-1} s^2$	V^2
12.	Kapazität	Farad	Φ	10^{-9}	$c^{-1} s^2$	c	$1 : V^2$
13.	Elektrische Arbeit	Joule	J	10^7	$c^2 g^1 s^{-2}$ = 1 Erg	$c^2 g^1 s^{-2}$	1
14.	Kraft	Kilogramm	kg	980665	$c^1 g^1 s^{-2}$ = 1 Dyn	$c^1 g^1 s^{-2}$	1
15.	Masse	Masse von 9,807 kg Gewicht	$\mathrm{kg}\,\frac{\mathrm{sk}^2}{\mathrm{m}}$	9807	g	g	1
16.	Mechanische Arbeit	Meterkilogramm	mkg	98066500 = 9,807 Joule = $^1/_{427}$ kg Cal.	$c^2 g^1 s^{-2}$	$c^2 g^1 s^{-2}$	1
17.	Mechan. Leistung	Pferdekraft	PS = 75 mkg	$736 \cdot 10^7$ = 736 Watt	$c^2 g^1 s^{-3}$	$c^2 g^1 s^{-3}$	1

Anhang 2.

Hauptformeln der Vektoranalysis[296].

I. Ein skalares Feld wird definiert durch eine Ortsfunktion

$$S = \varphi(x, y, z).$$

Den Differentialquotienten $\frac{dS}{ds}$ nennt man das Gefälle von S in der Richtung s. Das größte an einem bestimmten Ort herrschende Gefälle nennt man den Gradienten von S. Der Gradient hat eine bestimmte Richtung und ist daher ein Vektor

$$\mathfrak{G} = \operatorname{grad} \varphi,$$

mit den Komponenten $\frac{\partial \varphi}{\partial x}, \frac{\partial \varphi}{\partial y}, \frac{\partial \varphi}{\partial z}$.

Der Absolutwert G von $\mathfrak{G}$:

$$\mathrm{G} = \sqrt{\left(\frac{\partial \varphi}{\partial x}\right)^2 + \left(\frac{\partial \varphi}{\partial y}\right)^2 + \left(\frac{\partial \varphi}{\partial z}\right)^2}$$

heißt der erste Differentialparameter von φ. Die Divergenz von $\mathfrak{G}$:

$$\operatorname{div} \mathfrak{G} = \operatorname{div} \operatorname{grad} \varphi = \frac{\partial^2 \varphi}{\partial x^2} + \frac{\partial^2 \varphi}{\partial y^2} + \frac{\partial^2 \varphi}{\partial z^2} = \Delta \varphi$$

heißt der zweite Differentialparameter von φ. $\Delta \varphi$ heißt auch der Laplacesche Operator.

II. Ein Vektorfeld wird definiert durch Angabe eines Vektors $\mathfrak{A}$ mit den Komponenten A_x, A_y, A_z. Zu dem Vektor definiert man die Divergenz:

$$\operatorname{div} \mathfrak{A} = \frac{\partial A_x}{\partial x} + \frac{\partial A_y}{\partial y} + \frac{\partial A_z}{\partial z},$$

und den Curl oder die Rotation:

$$\operatorname{curl} \mathfrak{A} = \operatorname{rot} \mathfrak{A} = \left(\frac{\partial A_z}{\partial y} - \frac{\partial A_y}{\partial z}, \frac{\partial A_x}{\partial z} - \frac{\partial A_z}{\partial x}, \frac{\partial A_y}{\partial x}, \frac{\partial A_x}{\partial y}\right).$$

Es gilt:

$$\operatorname{div} \operatorname{rot} \mathfrak{A} = 0.$$

Als zweiten Differentialparameter von $\mathfrak{A}$ definiert man den Vektor

$$\varDelta\mathfrak{A} = \frac{\partial^2\mathfrak{A}}{\partial x^2} + \frac{\partial^2\mathfrak{A}}{\partial y^2} + \frac{\partial^2\mathfrak{A}}{\partial z^2}$$

mit den Komponenten $\varDelta A_x$, $\varDelta A_y$, $\varDelta A_z$. Es gilt:

$$\operatorname{rot}\operatorname{rot}\mathfrak{A} = -\varDelta\mathfrak{A} + \operatorname{grad}\operatorname{div}\mathfrak{A}.$$

III. Von zwei Vektoren $\mathfrak{A}$ und $\mathfrak{B}$ bildet man das skalare oder innere Produkt:

$$\mathfrak{A}\mathfrak{B} = \mathfrak{B}\mathfrak{A} = A_x B_x + A_y B_y + A_z B_z = |\mathfrak{A}|\,|\mathfrak{B}|\cos(\mathfrak{A},\mathfrak{B})$$

sowie das vektorielle oder äußere Produkt

$$\mathfrak{C} = [\mathfrak{A}\mathfrak{B}] = -[\mathfrak{B}\mathfrak{A}]$$

mit den Komponenten

$$A_y B_z - A_z B_y, \quad A_z B_x - A_x B_z, \quad A_x B_y - A_y B_x$$

und dem absoluten Betrag:

$$|\mathfrak{C}| = |\mathfrak{A}|\,|\mathfrak{B}|\sin(\mathfrak{A},\mathfrak{B}).$$

Es ist $\mathfrak{A}\mathfrak{A} = |\mathfrak{A}|^2$ und $[\mathfrak{A}\mathfrak{A}] = 0$.

Für drei Vektoren gilt:

$$\mathfrak{A}[\mathfrak{B}\mathfrak{C}] = \mathfrak{B}[\mathfrak{C}\mathfrak{A}] = \mathfrak{C}[\mathfrak{A}\mathfrak{B}]$$

und

$$[\mathfrak{A}[\mathfrak{B}\mathfrak{C}]] = \mathfrak{B}\cdot\mathfrak{C}\mathfrak{A} - \mathfrak{C}\cdot\mathfrak{A}\mathfrak{B}.$$

Anhang 3.

I. Haupteigenschaften der Hyperbelfunktionen[297].

$$\operatorname{Sin} x = \frac{e^x - e^{-x}}{2}; \qquad \operatorname{Cos} x = \frac{e^x + e^{-x}}{2};$$

$$e^x = \operatorname{Cos} x + \operatorname{Sin} x; \qquad e^{-x} = \operatorname{Cos} x - \operatorname{Sin} x,$$

$$\operatorname{Ar}\operatorname{Sin} x = ln\left(x + \sqrt{x^2+1}\right); \qquad \operatorname{Ar}\operatorname{Cos} x = ln\left(x + \sqrt{x^2-1}\right),$$

$$\operatorname{Cos} x = \cos i x; \qquad \operatorname{Sin} x = -i \sin i x,$$

$$\operatorname{Sin} x = x + \frac{x^3}{3!} + \frac{x^5}{5!} + \cdots; \qquad \operatorname{Cos} x = 1 + \frac{x^2}{2!} + \frac{x^4}{4!} + \cdots,$$

$$\mathfrak{Sin}\,0 = 0\,, \qquad \mathfrak{Cof}\,0 = 1\,, \qquad \mathfrak{Tg}\,0 = 0\,,$$

$$\mathfrak{Sin}\,\infty = \infty, \qquad \mathfrak{Cof}\,\infty = \infty, \qquad \mathfrak{Tg}\,\infty = 1\,,$$

$$\mathfrak{Sin}\,(-x) = -\mathfrak{Sin}\,x\,, \qquad \mathfrak{Cof}\,(-x) = \mathfrak{Cof}\,x\,, \qquad \mathfrak{Tg}(-x) = -\mathfrak{Tg}\,x\,,$$

$$\mathfrak{Cof}^2 x = 1 + \mathfrak{Sin}^2 x\,, \qquad \mathfrak{Tg}\,x = \frac{\mathfrak{Sin}\,x}{\mathfrak{Cof}\,x}\,; \qquad \mathfrak{Cot}\,x = 1 : \mathfrak{Tg}\,x$$

$$\mathfrak{Sin}\,(x \pm y) = \mathfrak{Sin}\,x\,\mathfrak{Cof}\,y \pm \mathfrak{Cof}\,x\,\mathfrak{Sin}\,y\,,$$

$$\mathfrak{Cof}\,(x \pm y) = \mathfrak{Cof}\,x\,\mathfrak{Cof}\,y \pm \mathfrak{Sin}\,x\,\mathfrak{Sin}\,y\,,$$

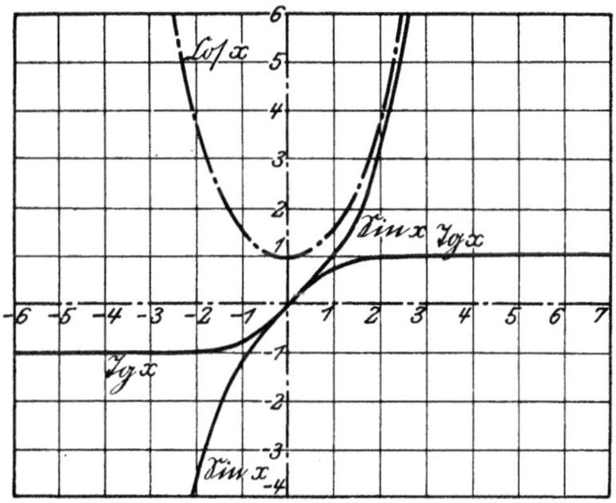

Fig. 421. Die drei Hyperbelfunktionen.

$$\mathfrak{Sin}\,x + \mathfrak{Sin}\,y = 2\,\mathfrak{Sin}\,\frac{x+y}{2}\,\mathfrak{Cof}\,\frac{x-y}{2}\,,$$

$$\mathfrak{Cof}\,x + \mathfrak{Cof}\,y = 2\,\mathfrak{Cof}\,\frac{x+y}{2}\,\mathfrak{Cof}\,\frac{x-y}{2}\,;$$

$$\mathfrak{Sin}\,x\,\mathfrak{Sin}\,y = \tfrac{1}{2}\,\mathfrak{Cof}\,(x+y) - \tfrac{1}{2}\,\mathfrak{Cof}\,(x-y)\,,$$

$$\mathfrak{Cof}\,x\,\mathfrak{Cof}\,y = \tfrac{1}{2}\,\mathfrak{Cof}\,(x+y) + \tfrac{1}{2}\,\mathfrak{Cof}\,(x-y)\,;$$

$$\mathfrak{Sin}^2 x - \mathfrak{Sin}^2 y = \mathfrak{Cof}^2 x - \mathfrak{Cof}^2 y = \mathfrak{Sin}\,(x+y)\,\mathfrak{Sin}\,(x-y)\,,$$

$$\mathfrak{Sin}^2 x + \mathfrak{Cof}^2 y = \mathfrak{Cof}^2 x + \mathfrak{Sin}^2 y = \mathfrak{Cof}\,(x+y)\,\mathfrak{Cof}\,(x-y)\,,$$

$$(\mathfrak{Cof}\,x \pm \mathfrak{Sin}\,x)^n = \mathfrak{Cof}\,n\,x \pm \mathfrak{Sin}\,n\,x\,,$$

$$d\,\mathfrak{Sin}\,x = \mathfrak{Cof}\,x\,dx\,, \qquad d\,\mathfrak{Cof}\,x = \mathfrak{Sin}\,x\,dx\,, \qquad d\,\mathfrak{Tg}\,x = \frac{dx}{\mathfrak{Cof}^2 x}\,,$$

$$d\,\mathfrak{Ar}\,\mathfrak{Sin}\,x = \frac{dx}{\sqrt{x^2+1}}\,, \qquad d\,\mathfrak{Ar}\,\mathfrak{Cof}\,x = \frac{dx}{\sqrt{x^2-1}}\,.$$

II. Haupteigenschaften der Besselschen Funktionen. (B. F.)[298]

Die definierende Differentialgleichung

$$(1) \qquad x^2 \frac{d^2 y}{d x^2} + x \frac{d y}{d x} + (x^2 - \nu^2) y = 0$$

hat, wenn der Parameter ν nicht ganz ist, als partikuläre unabhängige Lösungen die B. F. erster Art $J_\nu(x)$ und $J_{-\nu}(x)$; der Parameter ν bestimmt die Ordnung der B. F. Für $x = 0$ ist $J_\nu(x)$ stets endlich, wenn ν gebrochen und positiv ist; ist ν ganz, dann ist $J_{\pm\nu}(x)$ für $x = 0$ stets endlich. Alle $J_{-\nu}(x)$ sind bei gebrochenem ν für $x = 0$ unendlich.

Für die B. F. erster Ordnung gilt die Reihenentwicklung:

$$(2) \quad J_\nu(x) = \frac{x^\nu}{2^\nu \Pi\nu} \left\{ 1 - \frac{x^2}{2(2\nu+2)} + \frac{x^4}{2 \cdot 4 \cdot (2\nu+2)(2\nu+4)} - \cdots \right\}$$

wenn ν eine beliebige reelle Zahl bedeutet. Ist ν ganz $= n$, so gilt: $J_{-n}(x) = (-1)^n J_n(x)$. In diesem Falle ist $J_{-n}(x)$ kein von $J_n(x)$ unabhängiges partikuläres Integral von (1). Daher sind die B. F. zweiter Art $Y_n(x)$ einzuführen durch die Definition:

$$(3) \qquad Y_n(x) = J_n(x) \left[\ln x - \left(1 + \frac{1}{2} + \frac{1}{3} + \cdots + \frac{1}{n} \right) \right] - \frac{n!}{2} \sum_{i=0}^{n=1} \frac{1}{n-i} \left(\frac{2}{x} \right)^{n-i} \frac{J_i(x)}{i!} - \sum_{i=1}^{\infty} (-1)^i \frac{n+2i}{n+i} J_{n+2i}(x).$$

Die B. F. zweiter Art werden für $x = 0$ unendlich.

Für die B. F. erster Art $J_\nu(x)$ gelten folgende Sätze: $J_0(0) = 1$, $J_\nu(0) = 0$, wenn $\nu > 0$ ist; ist ν nicht ganz und negativ, so gilt $J_\nu(0) = \infty$; im Unendlichen gilt $\lim\limits_{x=\infty} J_\nu(x) = \infty$; sonst werden diese Funktionen nirgends unendlich.

Die transzendente Gleichung $J_\nu(\varrho_i) = 0$ hat lauter reelle Wurzeln. Für die Funktionen niedrigster ganzer Ordnung haben die kleinsten Wurzeln ϱ_i folgende Werte:

	$\nu = 0$	$\nu = 1$	$\nu = 2$	$\nu = 3$	$\nu = 4$	$\nu = 5$
$i = 1$	2,41	3,83	5,14	6,40	7,59	8,78
$i = 2$	5,52	7,02	8,42	9,76	11,06	12,94
$i = 3$	8,65	10,17	11 62	13,02	14,37	15,70
$i = 4$	11,79	13,32	14,80	16,22	17,62	18,98

Die Gestalt dieser B. F. hat etwa den allgemeinen Charakter einer bis ins Unendliche verlaufenden gedämpften Schwingung (Fig. 422). Die Funktionen höherer Ordnung nehmen erst in größerer Entfernung vom Nullpunkt von Null wesentlich verschiedene Beträge an.

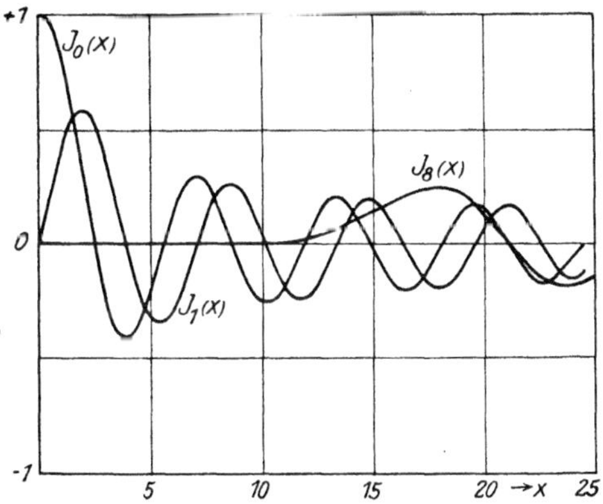

Fig. 422. Besselsche Funktionen niedrigster Ordnung.

Zwischen den B. F. verschiedener Ordnung bestehen folgende Beziehungen:

(4) $2J'_\nu = J_{\nu-1} - J_{\nu+1}$,

(4a) $J'_0 = -J_1$,

(5) $\frac{2\nu}{x} J_\nu = J_{\nu+1} + J_{\nu+1}$,

(6) $J_{\nu-1} = \frac{\nu}{x} J_\nu + J'_\nu$,

(7) $$J_{\nu+1} = \frac{\nu}{x} J_\nu - J'_\nu,$$

(8) $$\beta J_n(\alpha) J_{n+1}(\beta) - \alpha J_n(\beta) J_{n+1}(\alpha) = (\beta^2 - \alpha^2) \int_0^1 x J_n(\alpha x) J(\beta x)\, dx,$$

(8a) $$\alpha J_1(\alpha) = \alpha^2 \int_0^1 x J_0(\alpha x)\, dx = \int_0^\alpha x J_0(x)\, dx.$$

III. Haupteigenschaften der elliptischen Integrale und Funktionen[299]).

Jedes Integral von der allgemeinen Form

$$\int [f(x) : \sqrt{a\,x^4 + b\,x^3 + c\,x^2 + d\,x + e}]\,d\,x \tag{1}$$

heißt ein elliptisches, wenn f in x rational ist. Das einfachste allgemeine elliptische Integral dieser Form ist:

$$\Phi = \int \frac{d\,x}{\sqrt{a\,x^4 + b\,x^3 + c\,x^2 + d\,x + e}} \tag{2}$$

und wird nach Auflösung der Gleichung vierten Grades

$$\begin{gathered} a\,x^4 + \cdots + e = a\,(x-\alpha)\,(x-\beta)\,(x-\gamma)\,(x-\delta) = 0\,, \\ \alpha > \beta > \gamma > \delta \end{gathered} \tag{3}$$

durch eine lineare Substitution[300])

$$x = \frac{\alpha-\beta}{2} + \frac{\alpha+\beta}{2}\,\frac{\nu+\xi}{1+\nu\,\xi} \tag{4}$$

$\left(\nu \text{ ist definiert durch } \frac{1-\nu}{1+\nu} = \sqrt{\frac{(\alpha-\gamma)\,(\alpha-\delta)}{(\beta-\gamma)\,(\beta-\delta)}}\right)$ übergeführt in das spezielle elliptische Integral:

$$\Phi = \frac{2\sqrt{\varkappa}}{\sqrt{a\,(\alpha-\beta)\,(\gamma-\delta)}} \int \frac{d\,\xi}{\sqrt{(1-\xi^2)\,(1-\varkappa^2\,\xi^2)}}\,, \tag{5}$$

wo der Modul $\varkappa$ definiert ist durch

$$\left(\frac{1-\varkappa}{1+\varkappa}\right)^2 = \frac{\alpha-\gamma}{\beta-\gamma} \cdot \frac{\beta-\delta}{\alpha-\delta}\,. \tag{6}$$

Es handelt sich hinfort unter Fortlassung der multiplikativen Konstanten um das Integral

$$F = \int_0^\xi \frac{d\,\xi}{\sqrt{(1-\xi^2)\,(1-\varkappa^2\,\xi^2)}}\,. \tag{7}$$

Von diesem speziellen Integral abgesehen, führt die Untersuchung verwickelterer Formen des Integrals (1) noch auf die beiden anderen speziellen elliptischen Integrale:

$$E = \int_0^\xi \frac{\sqrt{1 - \varkappa^2 \xi^2}\, d\xi}{\sqrt{1 - \xi^2}} \tag{8}$$

und

$$\Pi = \int_0^\xi \frac{d\xi}{(1 + \lambda \xi^2)\sqrt{(1 - \xi^2)(1 - \varkappa^2 \xi^2)}} \tag{9}$$

Unternimmt man jetzt in (7), (8), (9) die Einsetzung $\xi = \sin\varphi$, so entstehen die drei Legendreschen elliptischen Integrale erster, zweiter und dritter Gattung:

$$F(\varphi, \varkappa) = \int_0^\varphi \frac{d\varphi}{\sqrt{1 - \varkappa^2 \sin^2\varphi}} \quad ; \quad E(\varphi, \varkappa) = \int_0^\varphi \sqrt{1 - \varkappa^2 \sin^2\varphi}\, d\varphi$$

$$\Pi_0(\varphi, \varkappa, \lambda) = \int_0^\varphi \frac{d\varphi}{(1 + \lambda \sin^2\varphi)\sqrt{1 - \varkappa^2 \sin^2\varphi}}.$$

Hier heißt φ die Amplitude, $\varkappa$ der Modul, λ der Parameter des betreffenden elliptischen Integrals. Statt $\sqrt{1 - \varkappa^2 \sin^2\varphi}$ schreibt man oft $\Delta\varphi$.

Durch Umkehrung des elliptischen Integrals erster Gattung

$$u = F(\varphi, \varkappa)$$

findet sich die Amplitude

$$\varphi = \operatorname{am} u$$

und

$$\xi = \sin\varphi = \sin\operatorname{am} u = \operatorname{sn} u\,,$$

ferner

$$\sqrt{1 - \xi^2} = \cos\varphi = \cos\operatorname{am} u = \operatorname{cn} u$$

und

$$\sqrt{1-\varkappa^2\,\xi^2} = \sqrt{1-\varkappa^2\sin^2\varphi} = \mathrm{delta\,am}\,u = \Delta\,\mathrm{am}\,u = \mathrm{dn}\,u\,.$$

$\mathrm{sn}\,u$, $\mathrm{cn}\,u$, $\mathrm{dn}\,u$ sind die elliptischen Funktionen nach C. G. Jakobi. Es gelten folgende Sätze:

$$\mathrm{sn}(-u) = -\mathrm{sn}\,u;\quad \mathrm{cn}(-u) = \mathrm{cn}\,u;\quad \mathrm{dn}(-u) = \mathrm{dn}\,u;$$

$$\mathrm{sn}^2 u + \mathrm{cn}^2 u = 1;\ \mathrm{dn}^2 u + \varkappa^2 \sin^2 u = 1\,;\ \mathrm{dn}^2 u - \varkappa^2 \mathrm{cn}^2 u = 1-\varkappa^2;$$

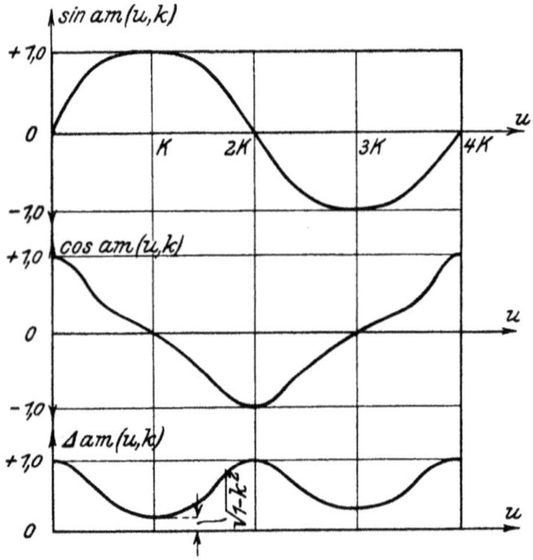

Fig. 423. Die drei Jakobischen elliptischen Funktionen.

$$\frac{d\,\mathrm{sn}\,u}{du} = \mathrm{cn}\,u\,\mathrm{dn}\,u;$$

$$\frac{d\,\mathrm{cn}\,u}{du} = -\mathrm{sn}\,u\,\mathrm{dn}\,u\,;$$

$$\frac{d\,\mathrm{dn}\,u}{du} = -\varkappa^2\,\mathrm{sn}\,n\,\mathrm{cn}\,u\,.$$

Alle drei Jakobischen elliptischen Funktionen (Fig. 423) haben die Periode $4\,K$, wo

$$K = \int\limits_0^{\frac{\pi}{2}} \frac{d\varphi}{\sqrt{1-\varkappa^2\sin^2\varphi}},$$

das vollständige elliptische Integral erster Gattung ist, mit der Reihenentwicklung

$$\frac{2}{\pi}\,K = 1 + \left(\frac{1}{2}\right)^2\varkappa^2 + \left(\frac{1\cdot 3}{2\cdot 4}\right)^2\varkappa^2 + \left(\frac{1\cdot 3\cdot 5}{2\cdot 4\cdot 6}\right)^2\varkappa^4 + \left(\frac{1\cdot 3\cdot 5}{2\cdot 4\cdot 6}\right)^2\varkappa^6 + \cdots$$

Literatur und Anmerkungen.

§ 1. Mathematisches Pendel.

[1]) Literatur zum mathematischen Pendel: G. Galilei, Discorsi e dimostrazioni. Ostwalds Klassiker 11, 24, 25. — Chr. Huyghens, Horologium oscillatorium. Paris 1673. — C. F. Gauß, Werke Bd. V, S. 322. — F. Kohlrausch, Praktische Physik. Leipzig 1896, S. 477. — P. Volkmann, Theoretische Physik. Leipzig 1900, S. 117.

§ 2. Biegungsschwingungen eines belasteten Stabes.

[2]) Literatur der Biegungsschwingungen: A. Castigliano, Theorie der Biegungs- und Torsionsfedern. Deutsch von R. Totz. Wien 1888, S. 76 bis 80. — H. Zimmermann, Schwingungen eines Trägers mit bewegter Last. 1893.

§ 3. Theorie des physikalischen Pendels und der Wage.

[3]) Literatur des physikalischen Pendels: P. Volkmann, Theoretische Physik. 1900. — Chr. Huyghens, Horologium oscillatorium. 1673. — I. G. F. Bohnenberger, Astronomie. Tübingen 1811. — H. Kater, Philos. Transact. 1818. — F. W. Bessel, Untersuchungen der Länge des einfachen Sekundenpendels. 1826. Ostwalds Klassiker Nr. 7.

[4]) Folgende Arbeiten Bessels kommen in Betracht: Untersuchungen der Länge des einfachen Sekundenpendels. 1826. — Versuche über die Kraft, mit welcher die Erde Körper von verschiedener Beschaffenheit anzieht. 1830. — Bestimmung der Länge des einfachen Sekundenpendels für Berlin. 1831. — Abh. der Berliner Akademie.

[5]) Eingehende Darstellung der Konstruktionsverhältnisse der Präzisionswage bei W. Felgenträger, Theorie der Hebelwage. Leipzig, Teubner, 1907

§ 4. Theorie der Magnetometer und Galvanometer.

[6]) Literatur zu § 4; P. Volkmann, Theoretische Physik. 1900. — G. Jäger, Theoretische Physik, III. Leipzig, Göschen, 1899.

[7]) Ch. A. Coulomb, Recherches théoriques et expérimentales sur la Force de torsion et sur l'elasticité des fils de métal. Paris 1784.

[8]) C. F. Gauß, Über ein neues Verfahren zur Bestimmung der Horizontalintensität des Erdmagnetismus. 1837. — Zur Bestimmung der Konstanten des Bifilarmagnetometers. Werke V.

[9]) Abriß der Theorie des Bifilar- (und Unifilar-)Instrumentes bei P. Volkmann. Theoretische Physik 1900.

§ 5. Schwingungen unter dem Einfluß einer konstanten Reibung.

[10]) Ein ähnliches Beispiel ist behandelt bei H. Lorenz, Technische Mechanik. München, Oldenbourg, 1902.

§ 6. Freie Schwingungen eines Galvanometers mit linearer Dämpfung.

[11]) G. Jäger, Theoretische Physik. Leipzig, Göschen, 1899.

§ 7. Einzelheiten zur Behandlung gedämpfter Schwingungen beim Galvanometer.

Berichtigung: In Formel (1) S. 30 muß es statt B_2 heißen B^2.

§ 9. Entladung eines Kondensators.

[12]) Dies Phänomen wurde 1858 von B. W. Feddersen beobachtet, der auch bereits die Oscillationsdauer der Entladung bestimmte.

§ 11. Schwingungen mit quadratischer Dämpfung.

[13]) Nähere Ausführungen und Literaturangaben zu § 11 siehe bei Ph. Forchheimer, Hydraulik. Leipzig 1914, S. 348f.

§ 15. Die allgemeine Wechelstromgleichung.

Berichtigungen: In Fig. 37 muß es statt $\frac{1}{2}\int idt$ heißen: $\frac{1}{C}\int idt$.

Auf S. 64. Z. 4 v. u. muß es statt § 8 heißen: § 3.

§ 17. Verhalten eines Schwingungskreises bei gedämpfter Erregung.

[14]) W. Bjerknes, Ann. Phys. u. Chem. **55** (1895), 137. Auch sei erwähnt F. Breissig, Theoretische Telegraphie. Braunschweig 1910, S. 210ff.

§ 18. Der Indikator.

[15]) Eugen Meyer, Untersuchungen am Gasmotor. Forschungsarbeiten des Ver. deutsch. Ing., Heft 3. Ausführliches über die Anwendung des Indikators (nebst dynamischer Untersuchung) bietet auch: A. Gramberg, Technische Messungen. 3 A. (1914), 296.

[16]) A. Böttcher, Leistungszähler für Kolbenmaschinen mit beliebig veränderlicher Belastung. Zeitschr. d. Ver. deutsch. Ing. 1910, S. 1236.

§ 19. Die Seismographen.

[16a]) Die physikalischen Institute der Universität Göttingen. Festschrift. Teubner, 1906.

[16b]) Eine ausführliche Behandlung der Seismographen enthält B. Galitzin, Vorlesungen über Seismometrie. Leipzig u. Berlin 1914.

§ 20. Der Pallograph.

[17]) Eine Beschreibung des Pallographen und seiner Anwendung findet sich in: O. Schlick, On apparatus for measuring and registering the vibrations of Steamers, Trans. Inst. Nov. Arch. **34** (1893), **167** und Ders., Die Vibrationserscheinungen der Dampfer. Zeitschr. d. Ver. deutsch. Ing. 1905, 1561.

[17a]) Der Pallograph von Schlick wird gebaut von der Firma H. Maihack A.-G., Hamburg, in neuer Konstruktion vom Jahre 1912.

Berichtigung: Auf S. 86. Zeile 8 v. o. muß es statt Sacken heißen: Senken.

§ 21. Der Oszillograph.

[18]) Zu vorstehender Theorie des Oszillographen vgl. die Arbeit von H. Busch, E. T. Z. 1913, H. 29: Ph. Z. 1912, S. 615, sowie auch A. Blondel, C. R. **116**, 502, 748 (1893). — A. Blondel, Eclairage éléctrique **33**, 117 (1902). — W. Duddell, Electrician **39**, 636 (1897).

[19]) Vgl. die beiden Meßschleifen auf Bild 50 links. Nach Mitteilung der Firma Siemens & Halske A.-G. ist eine Neukonstruktion des Oszillographen in Ausarbeitung begriffen.

[19a]) Zur Information über die Elektrokardiographen dient u. a. folgende Literatur: P. Schrumpf und H. Zöllich, Saiten- und Spulengalvanometer zur Aufzeichnung der Herztöne. Archiv f. d. ges. Physiol. **170** (1918). — P. Schrumpf, Pulsdynamische Studien bei Veränderungen der Aorta usw. Zeitschr. f. klin. Med. **85**, (1918) H. 1 u. 2.

§ 22. Das Vibrationsgalvanometer.

[20]) H. Zöllich, Über ein hochempfindliches Vibrationsgalvanometer für sehr niedrige Frequenzen. Archiv f. Elektrotechn. **3** (1905), H. 15, mit zahlreichen weiteren Zitaten.

§ 23. Der Schwingungsmesser von Frahm.

[21]) Die Originalarbeit über den Frequenzmesser von H. Frahm ist verfaßt von F. Lux, E. T. Z. 1905, 264, 387.

§ 24. Der Kinematograph.

[22]) Das Kinogramm Fig. 61 ist in der deutschen Versuchsanstalt für Luftfahrt an einem Tachometer System W. Bruhn (Westendarp & Pieper, G. m. b. H., Berlin) aufgenommen worden.

§ 25. Die mathematischen Hilfsmittel der Technik.

[23]) Hierher gehören u. a. folgende zusammenfassende, von Ingenieuren stammende Darstellungen: Chr. Nehls, Über graphische Integration und ihre Anwendung in der graphischen Statik. Hannover 1877, neue Auflage Leipzig 1885. — M. J. Massau, Mémoire sur l'Intégration graphique et ses Applications. Livre 1/2; Extrait des Annales de l'Association des Ingenieurs sortis des écoles spéciales de Gand. 1878. Livre 3; Extrait wie

vor. 1884. Livre 4/6; Extrait de la Revue universelle des mines, T. 20—22 (1886/87).

Einzelprobleme behandeln z. B. K. Reinhardt, Zeitschr. d. Ver. deutsch. Ing. **45** (1901), 232 (selbstspannende Kolbenringe): L. Gümbel, Jahrbuch d. schiffbautechn. Gesellsch. 1901, S. 211 (Schiffsschwingungen): oder J. F. Radinger, Dampfmaschinen mit hoher Kolbengeschwindigkeit. 3. Aufl. Wien 1892. — Weitere zahlreiche, hierher gehörige Literaturangaben bieten K. Heun, Die kinetischen Probleme der wissenschaftlichen Technik. Jahresber. d. deutsch. Mathem.-Ver. **9**, Heft 2 (1900): Th. v. Karman, Festigkeitsprobleme im Maschinenbau. Enzyklop. d. math. Wiss. Bd. IV, 2, II, H. 3, S. 311 (1910): R. v. Mises, Dynamische Probleme der Maschinenlehre. Enzyklop. d. math. Wiss. Bd. IV, II, H. 2 (1911), S. 153.

[24]) J. Newton, Philosophiae naturalis principia mathematica. 1617.

[25]) J. B. J. Fourier, Théorie analytique de la chaleur. Paris, 1822.

[26]) P. S. de Laplace, Mécanique céleste. 1799.

[27]) Vgl. Th. Beck, Zeitschr. d. Ver. deutsch. Ing. 1906, S. 524. Hier auch weitere Literatur.

[28]) Über die Arbeiten dieses Mathematikers vgl. E. Pascal, Repertorium der höheren Mathematik. I. Teubner, 1909.

[29]) Die beiden letztgenannten haben ihre und andere Arbeiten zusammengefaßt in: C. Runge, Graphische Methoden. Leipzig u. Berlin 1915 und R. Mehmcke, Leitfaden zum graphischen Rechnen. Leipzig u. Berlin 1917. Hierzu gesellt sich noch; H. v. Sanden, Praktische Analysis, Leipzig u Berlin 1914, sowie der Bericht von C. Runge und Fr. A. Willers, Numerische und graphische Quadratur und Integration gewöhnlicher und partieller Differentialgleichungen, Enzyklop. d. math. Wiss. Bd. II, 3, H. 3, S. 49. Die Arbeiten von J. Horn betreffen meist die analytische Theorie der kleinen Schwingungen, unter Berücksichtigung von Kräften, die nicht linear von den Koordinaten und Geschwindigkeiten abhängen, und sind in den Bden. 47, 49, 52, 53 der Zeitschr. f. Math. u. Phys. erschienen (1901—1905). Ferner ist auch zu erwähnen; G. Hamel, Über die lineare Differentialgleichung 2. Ordnung mit periodischen Koeffizienten. Mathem. Annalen **73**, H. 3 (1912).

[30]) J. Perry, (Calculus for Engineers) Höhere Analysis für Ingenieure. Lehrbuch, übersetzt von R. Fricke und F. Süchting. 2. Aufl. Leipzig, Teubner, 1910. — W. Koestler und M. Tramer, Differential- und Integralrechnung für Ingenieure. I. Berlin, Springer, 1912. — H. Egerer, Ingenieurmathematik. Berlin, Springer, 1913.

§ 26. Die allgemeinen Grundlagen der Mechanik.

[31]) A. Voss, Die Prinzipien der Mechanik. Enzyklop. d. math. Wiss. Bd. IV, 1. Leipzig, Teubner, 1901.

[32]) H. Poincaré, Wissenschaft und Hypothese. Übersetzt von F. u. L. Lindemann. Leipzig, Teubner, 1904.

[33]) E. Mach, Die Mechanik in ihrer Entwicklung, historisch und kritisch dargestellt. Leipzig 1901. 4. Aufl.

[34]) J. Kepler, Astronomia nova. Heidelberg 1609. — J. Kepler, Harmonices mundi. Libri V. Lincii 1619.
[35]) 1546—1601.
[36]) Vgl. Anm. 1.
[37]) Vgl. Anm. 1.
[38]) Siehe Anm. 24.

§ 27. Die Newtonsche Bewegungsgleichung und das Prinzip von d'Alembert.

[39]) J. L. d'Alembert, Traité de dynamique. Paris 1743.
[40]) P. Varignon, Nouvelle mécanique. Paris 1725. — Joh. Bernoulli, Opera. 4. Bd. 1742.
[41]) Siehe Anm. 39.

§ 28. Die unfreie Bewegung und die Gleichungen von Lagrange.

[42]) J. L. Lagrange, Mécanique analytique. Paris 1788, 4. éd., 1892.
Berichtigung: Auf S. 114, Formel (5) muß es überall statt dt_k heißen: df_k.

§ 31. Die Lagrange'schen Gleichungen zweiter Art.

[43]) Siehe Anm. 42.

§ 32. Kleine Schwingungen um eine Gleichgewichtslage.

[44]) J. L. Lagrange, Mécanique analytique. Bd. 1. — E. J. Routh, Dynamics of a system of rigid bodies. I, II. London 1882/84. Deutsche Übersetzung, bes. v. A. Schepp. I, II. Leipzig 1898/99. — Lord Rayleigh, Theory of sound. London 1878. — K. Heun, Die kinetischen Probleme der wissenschaftlichen Technik. Jahresbericht d. dtsch. Math. — Ver. 9, 2 (1909).

§ 33. Kleine Schwingungen um einen Bewegungszustand.

[45]) Routh, A treatise on the Stability of a given state of Motion. London 1877. K. Heun, Kinetische Probleme der wissenschaftl. Technik, Anm.[44]).

§ 36. Rechnerische Analyse von graphisch gegebenen Kurvenzügen.

[46]) E. Arnold, Die Wechselstromtechnik. Bd. IV. Berlin, Springer, 1904.

§ 37. Verfahren von Zipperer.

Das im Texte mitgeteilte Verfahren ist von Herrn L. Zipperer in Dinglers polyt. Journ. **333**, (1918), 201, veröffentlicht. Es besteht aber eine Vorveröffentlichung desselben Verfahrens von L. Herrmann, Pflügers Arch. für die ges. Physiologie **47** (1890), 45. Vgl. auch Z. f. angew. Math. u. Mech. **2** (1922), 153.

§ 38. Verfahren von Pichelmayer und von Schrutka.

[47]) K. Pichelmayer und L. v. Schrutka, Eine neue Methode der Analyse von Wechselstrom-Kurven. E. T. Z. 1912, S. 129

§ 39. Verfahren von Meurer.

[48]) F. Meurer, Eine neue Methode zur Analyse periodischer Kurven. E. T. Z. 1913, S. 121.

Die in den §§ 38 und 39 mitgeteilten Figuren sind den angezogenen Veröffentlichungen mit Zustimmung der Schriftleitung der E. T. Z. entnommen.

§ 40. Verfahren von Runge-Emde.

[49]) Vgl. zu § 40: H. v. Sanden, Praktische Analysis. Teubner, Leipzig u. Berlin 1914, sowie R. Runge und F. Emde, Rechnungsformular zur Zerlegung einer empirisch gegebenen Funktion in Sinuswellen. Braunschweig 1913, welches für $2n = 24$ durchgeführt ist.

§ 41. Analysator nach Henrici.

[50]) Weitere Apparate zur harmonischen Analyse sind beschrieben in: A. Galle, Die mathematischen Instrumente. Teubner, Leipzig 1912.

[51]) Der Druckstock zur Fig. 80 ist von der Firma A. Coradi - Zürich zur Verfügung gestellt.

§ 42. Analysator nach Mader.

[52]) O. Mader, Ein einfacher harmonischer Analysator mit beliebiger Basis. E. T. Z. 1909, S. 847.

§ 43. Vektorielle Behandlung von Schwingungsvorgängen.

[53]) Zahlreiche Anwendungen der vektoriellen, komplexen oder symbolischen Methode auf Probleme der Elektrotechnik enthalten u. a.: E. Orlich, Die Theorie der Wechselströme. Leipzig 1912. — Ch. P. Steinmetz, Theorie und Berechnung der Wechselstromerscheinungen. Leipzig 1900. — Auf Steinmetz geht übrigens die Einführung der symbolischen Methode in die technische Elektrizitätslehre wesentlich zurück.

Berichtigung: Auf S. 158, Zeile 3. v. o. muß es statt Kosinus heißen: Sinus.

§ 44. Totale Differentialgleichungen mit konstanten Koeffizienten.

[53a]) Befinden sich unter den λ_i eine oder mehrere Anzahlen untereinander gleicher Wurzeln, so ist das Verfahren zur Ermittlung des allgemeinen Integrals durch eine besondere Untersuchung zu ergänzen, etwa nach W. Hort, Die Differentialgleichungen des Ingenieurs. Berlin 1922, S. 201.

[54]) A. Hurwitz, Mathem. Annalen **46**, (1875), 273.

§ 45. Differentialgleichungen mit konstanten Koeffizienten und Störungsfunktion.

[55]) Siehe hierzu etwa Hütte **1**, 49f. (1915).

§ 46. Allgemeines Verfahren zur Behandlung der kleinen Schwingungen.

[56]) Das Verfahren ist ausführlich erörtert in: E. J. Routh, Die Dynamik der Systeme starrer Körper. Bd. II. Leipzig 1899, S. 245.

§ 47. Integraldarstellung der Lösung einer Differentialgleichung zweiter Ordnung mit Störungsfunktion.

[57]) Vgl. hierzu: H. Helmholtz, Die Lehre von den Tonempfindungen. 5. Aufl. Braunschweig 1896, S. 640. — G. Duffing, Erzwungene Schwingungen bei veränderlicher Eigenfrequenz und ihre technische Bedeutung. Braunschweig 1918, S. 10f.

[58]) a. a. O. Anm. [57]).

Berichtigungen:

Auf S. 173, Gl. (4) muß es statt α_2 heißen: α^2,
„ „ 174, Gl. (5) „ „ „ β^3 „ β^2,
„ „ „ , Zeile 9 u. 10 ist rechts der Faktor 2 hinzuzufügen,
„ „ „ , Zeile 10 muß es statt $-i$ heißen: $+i$,
„ „ „ , Gl. (7) ist rechts der Teiler 2 zu streichen,
„ „ „ , Gl. (7) muß es statt $\cos\lambda$ heißen: $\cos\lambda t$,
„ „ „ und 175, und in den Gl. (9), (10), (12), (13) rechts überall die Teiler 2 zu streichen,
„ „ 175, Gl. (13) muß es rechts im Nenner statt $-e^{-2\beta t}$ heißen: $+e^{-2\beta t}$.

§ 48. Zeichnerische und rechnerische Näherungsbehandlung der Schwingungsdifferentialgleichung.

[59]) Ausführliche Darstellungen zu diesem Abschnitt bieten: H. v. Sanden, Praktische Analysis. Teubner, 1914. — C. Runge, Graphische Methoden. Teubner, 1915. — R. Mehmke, Leitfaden zum graphischen Rechnen. Teubner, 1917. — Auch sei auf den Bericht von R. Runge und Fr. A. Willers in der Enzyklop. d. math. Wiss. Bd. II, 3, H. 2 (1915) verwiesen.

[60]) Das Verfahren mit dem Krümmungskreis stammt von Lord Kelvin (William Thomsen), Phil. Mag. (5) **34**, 443—448 (1892).

[61]) E. Meißner, Über graphische Integration von totalen Differentialgleichungen. Schweiz. Bauztg. LXII, H. 15/16 (1913).

[62]) Der Satz, daß die Gewinnung der Seilkurve auf graphischem Wege mit einer zweifachen Integration der die Belastungsfläche darstellenden Funktion gleichwertig ist, stammt von O. Mohr. — Vgl. auch W. Hort, Differentialgleichungen des Ingenieurs. 1922, S. 82f.

[63]) L. Gümbel, Die graphische Lösung von Differentialgleichungen zweiter Ordnung in Anwendung auf die Schwingungslehre. Zeitschr. d. Ver. deutsch. Ing. 1919, H. 33/34.

[64]) Mathem. Annalen **46**, 168—178.

[65]) R. Rothe, Zur graphischen Integration von Differentialgleichungen zweiter Ordnung. Zeitschr. f. Math. u. Phys. **64**, 90 (1916). Das hier angegebene Verfahren eignet sich besonders für die Korrektur der oben angegebenen Verfahren mit dem Krümmungskreis. — Eine andere Methode hat C. Runge angegeben, die sich namentlich auf simultane Systeme (und demgemäß auf Differentialgleichungen beliebig hoher Ordnung) anwenden läßt (Jahresber. d. deutsch. Math.-Vereinig. **16**, 270—272 (1907)). — Hierher gehört auch A. Schwaiger, Die graphische Integration von Differentialgleichungen zweiter Ordnung. Archiv f. Elektrot. **4**, 267 (1916).

§ 49. Übertragung von Maschinenschwingungen auf das Fundament.

[66]) Vgl. auch A. Stodola, Die Dampfturbinen. 4. Aufl. Berlin 1910, S. 624.

[67]) A. Sommerfeld, Zeitschr. d. Ver. deutsch. Ing. 1912, S. 391.

[68]) Außer den Arbeiten Schlicks über die elastischen Schwingungen von Schiffskörpern sind zu nennen: L. Mintrop, Über die Ausbreitung der von den Massendrücken einer Großgasmaschine erzeugten Bodenschwingungen. Diss. Göttingen 1911. — F. Weisbach, Bauakustik. Springer, 1913. — H. Sauer, Messung und Rechnung der Fundamentschwingungen von einfachwirkenden Viertaktmaschinen. Diss. Darmstadt 1916. — R. Ottenstein, Über den Schutz gegen Schall und Erschütterungen. Oldenbourg, 1916.

§ 50. Fortpflanzung von Erschütterungen, insbesondere von Maschinenschwingungen im Erdboden.

[69]) Versuche von K. Zöppritz und L. Geiger (1909) nach B. Galitzin, Vorlesungen über Seismometrie. Teubner, 1914, S. 63.

[70]) Versuche von K. Almstedt bei der Artillerie-Prüfungskommission (1918) mit einem von L. Mintrop angegebenen tragbaren Erschütterungsmesser.

[71]) Mit dem zu [70]) genannten Erschütterungsmesser.

[72]) Nach L. Geiger, Seismische Registrierungen in Göttingen im Jahre 1907. Göttinger Nachrichten 1909.

§ 51. Biegungsschwingungen rasch rotierender Wellen.

[73]) Literatur zur Theorie der Lavalturbinenwelle: W. Dunkerley, Phil. Trans. R. S. London **185** (1895). Hier auch weitere Literaturangaben. — A. Föppl, Zivilingenieur 1895, S. 333. — A. Föppl, Technische Mechanik. Bd. IV. 1909.

[74]) Die Auffindung der neuen kritischen Drehzahl ist A. Stodola zuzuschreiben (Neuere Beobachtungen über die kritischen Umlaufzahlen von Wellen. Schweiz. Bauztg. 1916 u. 1917). Die im Text gegebene Darstellung schließt sich an H. Lorenz, Kritische Drehzahlen rasch umlaufender Wellen. Zeitschr. d. Ver. deutsch. Ing. 1919, S. 240 an.

Die Stodolasche Bemerkung wurde Gegenstand einer ausführlichen Erörterung: L. Gümbel, Über mit Biegung verbundene Schwingungen von

Wellen. Dinglers polyt. Journ. 1917, S. 235, 251; 1918, S. 71. — A. Stodola, Eine neue kritische Wellengeschwindigkeit. Dinglers polyt. Journ. 1918, 1, S. 17; 1918, S. 119. — L. Prandtl, Beiträge zur Frage der kritischen Drehzahlen. Dinglers polyt. Journ. 1918, S. 179. — O. Föppl, Kritische Schwingungen von schnellumlaufenden Rotoren. Zeitschr. f. d. ges. Turbinenwesen **15** (1918), 157, 168.

[75]) A. Stodola, Die Dampfturbinen. 4. Aufl. 1910, S. 293f.

[76]) A. Stodola, a. a. O. S. 621.

[77]) A. Dunkerley, a. a. O. Der Dunkerleysche Ansatz ist neuerdings von G. Kull, Zeitschr. d. Ver. deutsch. Ing. 1918, S. 249 und H. Lorenz, Zeitschr. f. d. ges. Turbinenwesen 1920, S. 247 kritisch untersucht und durch einen verbesserten ersetzt worden.

[78]) a. a. O.

[79]) In einer neueren Arbeit (Zeitschr. f. d. ges. Turbinenwesen **17** (1920), S. 253, 264, 269) hat A. Stodola die aus der Schiefstellung der Turbinenräder folgende Kreiselwirkung weiter untersucht und die Existenz neuer kritischer Drehzahlen dargetan.

§ 52. Verhalten rasch umlaufender Wellen im Gebiete der kritischen Drehzahlen, bei Berücksichtigung der Widerstände.

[80]) Die Figuren 116, 117, 118 der folgenden Darstellung sind gezeichnet nach O. Föppl, Schnellumlaufende Rotoren und kritische Geschwindigkeit. Zeitschr. f. d. ges. Turbinenwesen **13** (1916), 61, 75.

[81]) Die Fig. 109 ist entnommen aus der Anm. [74]) genannten Arbeit Stodolas von 1916.

[82]) Bezüglich Behandlung der Kräftepolygone vgl. die Anm. [74]) genannte Arbeit Gümbels von 1917, außerdem des gleichen Verfassers Aufsätze: Torsional Vibrations of Shafts. Trans. Inst. Nav. Arch. 1902 u. 1912. (Die Anm. [82]) gehört zu S. 215f. Gl. (16).)

§ 53. Torsionsschwingungen rasch rotierender Wellen.

[83]) H. Lorenz, Dynamik des Kurbelgetriebes. 1900.

[84]) Von ganz anderem Standpunkt als in den vorhergehenden Abschnitten ist das Wellenproblem betrachtet in W. Behrens, Ein mechanisches Problem aus der Theorie der Lavalturbine, behandelt mit Methoden der Himmelsmechanik. Zeitschr. f. Math. u. Phys. 1911, S. 337.

§ 54. Torsionsschwingungen langsam rotierender Wellen.

[85]) H. Frahm, Zeitschr. d. Ver. deutsch. Ing. 1902, S. 779, 886.

[86]) Von Torsionsdynamometern ist das bekannteste das von H. Föttinger (siehe Zeitschr. d. Ver. deutsch. Ing. 1902, S. 1868), das mechanisch registriert. Ein optisch-photographisch aufzeichnendes Instrument hat Herm. Frahm angegeben; Zeitschr. d. Ver. deutsch. Ing. 1918, H. 14. Zahlreiche weitere Konstruktionen findet man beschrieben bei P. Nettmann, Der Torsionsindikator. I. II. Berlin 1912—1915.

§ 55. Auswuchten rotierender Maschinenteile.

[87]) Literatur zum Auswuchtproblem; F. Lawaczek, Das Auswuchten rasch umlaufender Massen. Zeitschr. f. d. ges. Turbinenwesen H. 28—32. — E. Heidebroek, Das Auswuchten umlaufender Maschinenteile. Zeitschr. d. Ver. deutsch. Ing. 1916, H. 1 u. 2. — H. Heymann, Schwingungsvorgänge beim Auswuchten rasch umlaufender Massen nach dem System Lawaczek. Diss. Darmstadt 1916. — H. Heymann, Die dynamische Balancierung von rasch umlaufenden Drehkörpern. E. T. Z. 1919, H. 21—23. — Beim Auswuchten namentlich kleinerer Rotoren ist es häufig gestattet und mit Rücksicht auf die Kosten geboten, auf die Beseitigung des Axenfehlers zu verzichten. Zur Beseitigung des Massenfehlers genügt dann ein rein statisches Verfahren. Nach diesem Grundsatz ist die Krupp'sche Schwerpunktswage enstanden. Vgl. H. Hort, Das Auswuchten schnell umlaufender Maschinenteile. Krupp'sche Monatshefte **3** (1922), 70.

§ 56. Dynamik des Kurbelgetriebes.

[88]) Literatur zur Dynamik des Kurbelgetriebes; J. Radinger, Dampfmaschinen mit hoher Kolbengeschwindigkeit. 1870. — F. Wittenbauer, Bestimmung des Massendruckes der Dampfmaschinenteile. Zeitschr. d. Ver. deutsch. Ing. 1896. — H. Lorenz, Dynamik des Kurbelgetriebes. 1900. — K. Heun, Kinetische Probleme der wissenschaftlichen Technik. Jahresber. d. deutsch. Math.-Vereins **9**, H. 2 (1900). — M. Hiepe, Die spezifischen Schnittreaktionen des Kurbelgetriebes. Diss. Jena 1914. — W. Hort, Differentialgleichungen des Ingenieurs. 1921.

§ 57. Der Schlick'sche Massenausgleich.

[89]) Literatur zum Massenausgleich; L. Lechatelier, Etudes sur la stabilité des machines locomotives en mouvement. Paris 1849. — Y. Villarceau, Theorie de la stabilité des machines locomotives en mouvement. Paris 1852. — H. Résal, Notice sur la stabilité des machines locomotives. Ann. des Mines **3** (1853). — F. Redtenbacher, Gesetze des Lokomotivbaues. Mannheim 1865. — W. Lindemann, Über das Wogen und das Nicken der Lokomotive. Glasers Annalen 1907, Januar u. Juli. — L. Kleen, Die elastischen Schwingungen des Schiffskörpers. Zeitschr. d. Ver. deutsch. Ing. 1893. — D. Schlick, Zeitschr. d. Ver. deutsch. Ing. 1894. — Deutsches Patent 80974 vom 10. November 1893. — S. D. Taylor, The causes of vibrations of screw steamers. Journ. Amer. Soc. of Nav. Eng. **3** (1891). — A. F. Yarrow, Engl. Patent 5321 vom 17. November 1892. — H. Lorenz, Dynamik des Kurbelgetriebes. 1900. — H. Schubert, Zur Theorie des Schlickschen Problems. Mitteil. d. math. Ges. Hamburg **3** (1897). — K. Heun, Kinetische Probleme der wissenschaftlichen Technik. Jahresber. d. deutsch. Math.-Vereins **9**, H. 2 (1900).

§ 58. Theorie der Ventilbewegung.

[90]) Literatur zur Ventilbewegung: C. Bach, Versuche über Ventilbelastung und Ventilwiderstand. Springer, 1884. — C. Bach, Versuche zur Klarstellung der Bewegung selbsttätiger Pumpenventile. Zeitschr. d.

Ver. deutsch. Ing. 1886, S. 461f. — M. Westphal, Beitrag zur Größenbestimmung von Pumpenventilen. Ebenda 1893, S. 381f. — O. H. Müller jr., Das Pumpenventil. Leipzig 1900, Arthur Felix. — H. Berg, Die Wirkungsweise federbelasteter Pumpenventile und ihre Berechnung. Zeitschr. d. Ver. deutsch. Ing. 1904, S. 1093f. — L. Klein, Über freigehende Pumpenventile. Ebenda 1905, S. 485, 618. — R. Baumann, Versuche zur Bestimmung der Ausflußziffer bei Pumpenventilen. Ebenda 1906, S. 2103. — H. Sieglerschmidt, Das Verhalten selbsttätiger Pumpenventile unter Voraussetzung des „Schwebezustandes". Ebenda 1908, S. 780. — G. Lindner, Berechnung der Pumpenventile. Ebenda 1908, S. 1392. — K. Körner, Untersuchung der Bewegung selbsttätiger Pumpenventile. Ebenda 1908, 1442. — K. Schoene, Versuche mit großen, durch Blattfedern geführten Ringventilen für Kanalisationspumpen und Beiträge zur Dynamik der Ventilbewegung. Ebenda 1913, S. 1246; auch Forschungsarb. H. 143.

Berichtigungen: Auf S. 247, Z. 4 v. o. muß es statt von heißen: auf. Auf S. 247 Zeile 17 v. o. fehlt rechts der Faktor π.

§ 59. Technische Anwendungen des Doppelpendels.

[91]) Siehe die Abhandlung: Über die Bewegung einer Glocke. Dinglers polyt. Journ. **220** (1876). — Eine andere Behandlung des Problems ohne die Lagrangeschen Gleichungen zweiter Art gibt H. Lorenz in seiner technischen Mechanik S. 311ff.

§ 60. Statik der Zentrifugalregulatoren.

[92]) Die Statik der Regulatoren behandeln vorzugsweise folgende Lehrbücher: W. Lynen, Berechnung der Zentrifugalpendelregulatoren. Berlin 1895. — A. Laskus und H. Lang, Schwungräder und Zentrifugalregulatoren. Leipzig 1884. — M. Tolle, Die Regelung der Kraftmaschinen. Berlin 1921 (auch dynamische Behandlung). — Weitere Literatur siehe bei W. Hort, Entwicklung der stetigen Kraftmaschinenregelung. Zeitschr. f. Math. u. Phys. **50**, 233 (1904) und bei K. Heun, Kinetische Probleme der wissenschaftlichen Technik. Jahresber. d. deutsch. Math.-Verein. **9**, H. 2 (1900).

§ 61. Theorie der Drehpendeltachometer.

[93]) Entnommen aus: W. Wilke, Untersuchungen über Fliehkraft-Tachometer nach dem Drehpendelprinzip. Zeitschr. d. Ver. deutsch. Ing. 1918, S. 801, 829.

[94]) Entnommen wie zu Anm. [93]).

[95]) Weitere Literatur zur Theorie der Drehpendeltachometer: Fr. Pflug, Geschwindigkeitsmesser für Motorfahrzeuge und Lokomotiven. Springer Berlin 1908. — A. Wagner, Über Geschwindigkeitsmesser und deren Prüfung. Zeitschr. d. Ver. deutsch. Ing. 1909, S. 483. — P. Hoffmann, Prüfung von Geschwindigkeitsmessern. Forschungsarb. H. 100 (1911). — H. Koschmieder, Geschwindigkeitsmesser, Tourenanzeiger und Regler. Deutsche Technikerztg. 1910, S. 55.

§ 62. Regulator und Kraftmaschine.

[96]) Die Wischnegradskysche Arbeit ist zu finden: Zivilingenieur 1877, S. 95 und Compt. rend. **85**, No. 5. — Weitere umfangreiche Literaturangaben bei Heun und Hort, a. a. O. Anm. [92]).

[97]) R. v. Mises, Zur Theorie der Regulatoren. Elektrot. u. Maschinenbau 1908, H. 37.

§ 63. Die Inertieregulatoren.

[98]) Dinglers polyt. Journ. **98**, 81. — W. v. Siemens, Wissenschaftliche und technische Arbeiten. II. 1891, S. 2.

[99]) Zeitschr. d. Ver. deutsch. Ing. 1899, S. 506.

[100]) Eine theoretische Behandlung dieser Einrichtungen verdankt man A. Stodola, Das Siemenssche Regulierprinzip und die amerikanischen Inertieregulatoren. Zeitschr. d. Ver. deutsch. Ing. 1899, S. 506, 673.

[101]) Zeitschr. d. Ver. deutsch. Ing. 1899, S. 673.

§ 64. Regulatoren mit Krafteinschaltung.

[102]) Patentiert 1878, seitdem vielfach verbessert.

[103]) Patentiert 1879.

Berichtigung: Auf S. 284, Zeile 12 v. u. muß es statt Hurwietz heißen: Hurwitz.

§ 65. Regulierung der Turbinen.

[104]) Schweiz. Bauztg. **22**, Nr. 17—20; **23**, Nr. 17—18.

[105]) Literatur zur Turbinenregelung: A. Pfarr, Der Reguliervorgang bei Turbinen mit indirekt wirkendem Regulator. Z. d. V. d. I. 1899, 1553, 1594. — W. Bauersfeld, Die automatische Regulierung der Turbinen. Springer 1905. — O. Moog, Die Dämpfung am mittelbar wirkenden Geschwindigkeitsregler für Kraftmaschinen. Z. d. V. d. I. 1916, 665, 713. — O. Mohr u. G. v. Troeltsch, Doppelregelung der Turbinen der Papelera Espagñola. Z. d. V. d. I. 1916, 421. — H. Kröner, Über Isodromregler. Z. d. V. d. I. 1920, 529.

§ 66. Theorie unstetiger Reguliervorgänge.

[106]) Vgl. Hort, a. a. O. Anm. [92]).

[107]) Enzyklop. d. math. Wiss. **4**, 1 II; Dynamische Probleme der Maschinenlehre. 1911, S. 286.

§ 67. Theorie der Schiffssteuerung.

[108]) Siehe W. Hort, Zur Dynamik synchroner Bewegungsübertragungen. Dinglers polyt. Journ. 1917, S. 297.

§ 68. Schiffsschwingungen in ruhigem Wasser.

[109]) Sehr eingehende Literaturangaben zur Theorie der Schiffsschwingungen gibt der Artikel IV, 22 der Enzyklop. d. math. Wiss. von A. Kriloff und C. H. Müller. Für uns kommen in Betracht: L. Euler,

Scientia navalis. Petr. 1749. — J. Pollard und A. Dudebout, Théorie du Navire. Paris 1890—1894.

[110]) Zur Messung von Krängungswinkeln hat Schlick einen „Schlingerindikator" angegeben, der von der Firma Maihak - Hamburg gebaut wird. Andere Apparate (zur Registrierung der Schwingungen) sind angegeben worden von Huet, Note sur les courbes de roulis obtenus par la photographie. Mém. génie. marit. 1895, 4. livr. — W. Froude, Description of an instrument for automatically recording the rolling of ships. Trans. Inst. Nav. Arch. **14** (1873). — E. Bertin, Observations de roulis et de tangage executés avec l'oscillographe double. Paris. Mém. prés. par div. sav. **26** (1878).

[111]) Zur Ausführung solcher Schiffsmodellversuche bestehen seit neuerer Zeit große Anstalten, denen vor allen Dingen die Vorausbestimmung der für ein projektiertes Schiff erforderlichen Maschinenstärke obliegt. Über solche Anstalten verfügt in Deutschland der Norddeutsche Lloyd in Bremen, die Elbschiffahrtsgesellschaft „Kette" in Übigau bei Dresden und die preußische Regierung in Berlin.

Berichtigung: Auf S. 307 ist M_1 als Längsmetazentrum, M_2 als Quermetazentrum zu bezeichnen.

§ 69. Schiffschwingungen im Seegang.

[112]) W. Froude, On the rolling of ships. Trans. Inst. Nav. Arch. **2**, 180 (1861); **3** (1862); **4** (1863). — A. Kriloff, A new theory of the pitching motion of ships on waves. Trans. Inst. Nav. Arch. **37** (1896). — A. Kriloff, A general theory of the oscillations of a ship on waves. Trans. Inst. Nav. Arch. **40** (1898).

§ 70. Schwingungen und Stabilität von Luftfahrzeugen.

[113]) Eine Übersicht über die rationelle Behandlung der Luftfahrzeugdynamik bietet: R. v. Mises, Dynamische Probleme der Maschinenlehre. Enzyklop. d. math. Wiss. **4**, 1 II, 26 (1911).

[114]) Die nachstehende Behandlung der Luftschiffquerstabilität schließt an an L. Prandtl, Zeitschr. f. Flugtechn. u. Motorluftschiffahrt.

[115]) Die Anwendung der kleinen Schwingungen auf die Stabilität der Flugzeuge geht zurück auf A. H. Bryan und W. E. Williams, The Longitudinal Stability of Aerial Gliders. Proc. Roy. Soc. London 1903. Die Behandlung auch der Querstörungen ist zuzuschreiben: H. Reißner, Die Seitensteuerung der Flugmaschinen. Zeitschr. f. Flugtechn. u. Motorluftschiffahrt **1** (1910), 103. — Eine Zusammenfassung des Stoffes bietet Bryan - Bader, Die Stabilität der Flugzeuge. Springer, Berlin 1914.

[116]) a) Eine Übersicht über die Ergebnisse der älteren Aeromechanik bietet S. Finsterwalder, Aerodynamik. Enzyklop. d. math. Wiss. **4**, 3, 17 (1902). Den Übergang zur modernen hydrodynamischen Flugzeugtheorie bildet F. W. Lanchester, Aerodynamik, übers. von C. u. A. Runge I (1909), II (1911). Teubner, Leipzig. Reichhaltiger experimenteller Stoff zur Aeromechanik ist enthalten in G. Eiffel, Der Luftwiderstand und der

Flug. 2. Aufl. Übers. von F. Huth. 1912 (seitdem eine neue französische Ausgabe). — b) Die neuere Strömungstheorie der Flugzeuge wurde eingeleitet durch W. M. Kutta, Antriebskräfte in strömenden Flüssigkeiten. Ill. aeron. Mitt. 1902, S. 133, und N. Joukowsky, Über die Konturen der Tragflächen der Drachenflieger. Zeitschr. f. Flugtechn. u. Motorluftschiffahrt **1**, 281 (1910) und **3**, 81 (1912). Für die Heranziehung der Wirbelerscheinungen sind wichtig L. Prandtl, Über Flüssigkeitsbewegung bei sehr kleiner Reibung. Verh. III. Int. Math.-Kongr. Heidelberg (1904), und Th. v. Karmann, Über den Mechanismus des Widerstandes, den ein bewegter Körper in einer Flüssigkeit erfährt. Nachr. d. Ges. d. Wiss. Göttingen, math.-phys. Kl. 1911, S. 509 und 1912, S. 547. Neueste Zusammenfassungen in R. Grammel, Die hydrodynamischen Grundlagen des Fluges. Vieweg, Braunschweig 1917, und besonders L. Prandtl, Tragflächenauftrieb und Widerstand in der Theorie. Jahrb. d. wiss. Ges. f. Luftf. V (1920).

Berichtigungen:

Auf S. **316**, Zeile 2 v. u. muß es statt (2) heißen (**9**).

„ „ 317, Gl. (10) muß hinter λ_1 und λ_2 das Zeichen = eingefügt werden.

„ „ 318, Zeile 17 v. o. muß es statt einer heißen: einem.

§ 71. Schwingungen von Lokomotiven.

117) Die ältere Literatur über Lokomotivschwingungen findet man in dem Bericht von K. Heun, Die kinetischen Probleme der wissenschaftlichen Technik. Jahresber. d. deutsch. Math.-Verein. **9**, 2 (1900), zusammengestellt. Eine neuere Darstellung der vorliegenden Ergebnisse bietet R. v. Mises, Dynamische Probleme des Maschinenbaues. Enzyklop. d. math. Wiss. IV, 1, II, 10 (1911).

118) Vgl. hierzu A. Fliegner, Einfluß der Schienenstöße auf die gaukelnden Bewegungen der Lokomotiven. Vierteljahresschr. d. Schw. naturf. Ges., Zürich 1897.

119) Vgl. zum folgenden; M. Radakovic, Über die theoretische Behandlung des Problems der störenden Lokomotivbewegungen. Zeitschr. f. Math. u. Phys. **53**, 225 (1906).

120) Vgl. zu den folgenden Ansätzen § 47 und Anm. [58]).

§ 72. Der Impuls beim symmetrischen Kreisel.

121) Ältere Werke der Mechanik, die für die Kreiseltheorie grundlegend bleiben, sind: L. Euler, Theoria motus corporum solidorum seu rigidorum (1765); J. L. Lagrange, Mécanique analytique (1788) und L. Poinsot, Theorie nouvelle de la rotation des corps (1834). — Aus neuerer Zeit kommt in Betracht: E. J. Routh, Die Dynamik der Systeme starrer Körper, I/II. (1898). — Von modernen Lehrbüchern der technischen Mechanik behandeln die Kreiselfragen ausführlich: H. Lorenz, Technische Mechanik starrer Systeme (1902) und A. Föppl, Technische Mechanik **4** (1909); **6** (1910). — Als umfassendstes Spezialwerk der Kreiselliteratur ist zu nennen: F. Klein und A. Sommerfeld, Über die Theorie des Kreisels, I/IV, 1897—1910

welches auch die Anwendungen ausgiebig berücksichtigt und fast zu allen in unserem Buche behandelten Fragen weitere Auskunft gibt. — Als kürzeres Kreiselwerk aus neuester Zeit ist zu nennen: R. Grammel, Der Kreisel und seine technischen Anwendungen (1920) sowie die knappe Monographie: H. Lorenz, Technische Anwendungen der Kreiselbewegung (1920). — Die Werke Klein-Sommerfeld und Grammel sind durch reiche Literaturangaben besonders wertvoll.

§ 73. Flächensatz und Kreiselwirkungsgesetz.

[122]) Vgl. Klein-Sommerfeld IV, S. 771f.

[123]) Vgl. Klein-Sommerfeld IV, S. 916f.

[124]) Eine ausführliche Theorie der Kollergänge gibt R. Grammel, Kurvenkreisel und Kollergang. Zeitschr. d. Ver. deutsch. Ing. 1917, S. 572, von wo auch unser Zahlenbeispiel entstammt.

[125]) Der Einfluß der Reibung bei der Kreiselbewegung ist ausführlich berücksichtigt bei Klein-Sommerfeld, III, A. Föppl, Bd. VI.

[126]) Ausführlich handelt über die Theorie der Geschoßbewegung: C. Cranz, Lehrbuch der Ballistik Bd. I (1910).

[127]) Vgl. hierzu Klein-Sommerfeld, Bd. IV, S. 863f. und R. Grammel.

§ 75. Die Stabilität der kräftefreien Bewegung eines starren Körpers um seinen Schwerpunkt.

[128]) Beschrieben nach Angaben von L. Prandtl bei F. Pfeiffer, Experimente mit dem Prandtlschen Kreiselapparat. Zeitschr. f. Math. u. Phys. **60**, 337 (1912).

§ 76. Integration der Eulerschen Differentialgleichungen.

[129]) Ein elegantes Integrationsverfahren für die Eulerschen Gleichungen (nach G. Kirchhoff) gibt R. Grammel, Der Kreisel, S. 45f. Auch R. Fricke, Analytisch-funktionentheoretische Vorlesungen, Teubner, Leipzig 1900, S. 331 ist zu beachten.

§ 81. Die allgemeine Bewegung des Kugelkreisels.

[130]) Das Folgende schließt sich in figürlicher Hinsicht an Klein-Sommerfeld, Bd. II, an. Die Figuren 218, 225, 228 mit den zugehörigen Schlußfolgerungen sind neu.

§ 82. Die Präzessionsbewegung der Erde.

[131]) Die astronomische Anwendung der Kreiseltheorie auf die Erd- und Monddrehung behandelt ausführlich Klein-Sommerfeld, Bd. III, S. 633f.

[131a]) J. Bauschinger, Bestimmung und Zusammenhang der astronomischen Konstanten. Enzykl. d. math. Wiss. VI, 2, (1919), 844.

§ 83. Kreiselstabilisierung von Fahrzeugen.

132) Siehe § 73, e und Anm. 126).

133) Die Erfindung Schlicks ist beschrieben in Trans. Nav. Arch. **46** (1904). Über einschlägige Versuche berichtet O. Schlick, Zeitschr. d. Ver. deutsch. Ing. 1906, S. 1466 u. 1929. Die Grundlegung der Theorie erfolgte durch H. Lorenz, Phys. Zeitschr. **5** (1904) und A. Föppl, Zeitschr. d. Ver. deutsch. Ing. 1904, S. 478 u. 983. Theoretisch weiter bedeutsam ist die Untersuchung von F. Noether bei Klein - Sommerfeld, Bd. III, § 5—8.

134) Siehe § 121.

135) Zur Einschienenbahn vgl. auch R. Grammel, S. 316f.

136) Eine ausführlichere Theorie des Geradlaufapparates bietet Klein-Sommerfeld, Bd. 4, S. 782.

137) Eine umfassendere Untersuchung des Howelltorpedos mit etwa demselben Gesamtergebnis der Beurteilung des Torpedos ist zu finden bei R. Grammel, S. 311f.

Berichtigung: Auf S. 393, Zeile 13 v. o. muß es statt 233 heißen: 236.

§ 84. Der Kreisel als örtliches Orientierungsinstrument.

138) Vgl. zu den Orientierungsfragen weiter Klein - Sommerfeld, Bd. IV, R. Grammel, H. Lorenz.

139) Eine ausführliche Beschreibung des Drexler-Steuerzeigers ist enthalten in Flugsport 1920, S. 104, welchem Aufsatz auch unsere Figuren 244 und 246 entstammen.

§ 85. Der Kompaßkreisel.

140) L. Foucault, Sur une nouvelle démonstration expérimentale du mouvement de la Terre. C. R. **35** (1852), 421. Sur les phénomènes d'orientation des corps tournants entrainés par une axe fixe à la surface de la Terre-Nouveaux signes sensibles du mouvement diurne. C. R. **35** (1852), 524.

141) H. Anschütz - Kämpfe, Jahrbuch der Schiffbau techn. Gesellschaft **10** (1909), 352. — M. Schuler, ebenda, 561. — O. Martienssen, Die Theorie des Kreiselkompasses. Z. f. Instrk. **32** (1912), 301. — H. Usener, Der Kreisel als Richtungsweiser. München 1917.

142) R. Grammel, Der Kreisel und seine technischen Anwendungen. Braunschweig 1920, S. 265f.

143) M. Schuler, Der Kreiselkompaß. Lehrbuch für den Unterricht in der Navigation an der Kaiserlichen Marineschule (Hrsg. vom Reichsmarineamt). Berlin 1917 (Mittler & Sohn). Teil V.

144) O. Martienssen, Ein neuer Kreiselkompaß. Z. f. Instrk. **39** (1919), 165.

§ 86. Vektorielle Behandlung der Kreiselbewegung.

145) Wegen ausführlicherer Darstellung der Vektormethode beim Kreisel siehe A. Föppl, Technische Mechanik, Bd. IV (1909) und VI (1910).

§ 87. Saitenschwingungen.

146) Berl. Hist. 1747, 214; 1750, 355.

147) Berl. Hist. 1753, 147.

148) Vgl. zu den musikalischen Anwendungen der Saitenschwingungen: H. Helmholtz, Lehre von den Tonempfindungen, 5. A., 1896. — Ferner über Töne gestrichener Saiten: A. Krigar-Menzel und A. Raps, Wied. Ann. **44** (1891), 623. — Über gezupfte Saiten: Dieselben, Wied. Ann. **50** (1893), 444. — Über geschlagene Saiten: W. Kaufmann, Diss. Berlin 1895.

§ 88. Membranschwingungen.

149) Über die Klangfiguren siehe E. Fr. Chladni, Entdeckungen über die Theorie des Klangs. Leipzig 1787. — Die Akustik. Leipzig 1802.

149a) Näheres über Besselsche Funktionen siehe P. Schafheitlin, Die Theorie der Besselschen Funktionen. Leipzig und Berlin 1908.

149b) Näheres über die Besselschen Funktionen zweiter Art siehe a. a. O., Anm. 149a und Jahnke und Emde, Funktionentafeln und Kurven. Leipzig und Berlin 1908.

150) Membranen für deutlichste Sprachreproduktion: E. Wiersch, Ann. d. Phys. **17** (1905), 999. — Kesselpauke: L. Euler, De motu vibratorio tympanorum 1766. J. W. Rayleigh, Phil. Mag. **7** (1879), 149. — Trommelfell: H. v. Helmholtz, Pflügers Archiv **1** (1869), 1. — Membrana basilaris: H. v. Helmholtz, Die Lehre von den Tonempfindungen, 5. A. 1896, 240, 643.

§ 89. Plattenschwingungen.

151) P. Melde, Wied. Ann. **66** (1898), 767.

152) M. Wien, Ann. d. Phys. **4** (1901), 450 (Telephonplatte). — F. Weber, Die Resonanz des Klaviers. 1913.

§ 90. Stabschwingungen.

153) J. W. Rayleigh, Theorie des Schalles. Übers. v. Neesen. 2 Bde. 1880.

§ 91. Erschütterungen von Leuchttürmen.

154) C. Ribière, Phares et signaux maritimes. Paris 1908.

§ 92. Die Schiffsvibrationen.

155) Literatur über Schiffsvibrationen: S. D. Taylor, Die Ursachen der Schwingungen von Schraubenschiffen. Journ. Am. Soc. Nav. Eng. **3** (1891). — O. Schlick, Über die Mittel zur Beseitigung der Vibrationen von Dampfern. Hamburg 1894. — Die Untersuchung der Vibrationserscheinungen von Dampfern. Leipzig 1903. — O. Berling, Schiffsschwingungen, ihre Ursachen und Kritik der Mittel zu ihrer Verhinderung. Z. d. V. d. J. 1899, 981. — A. Kriloff, Über die erzwungenen Schwingungen von gleichförmigen elastischen Stäben. Math. Ann. **61** (1905), 211. — W. Hort, Diff.-Gleichungen des Ingenieurs. 2. A. 1922.

[156]) L. Gümbel, Ebene Transversalschwingungen freier stabförmiger Körper mit variablem Querschnitt. Jahrb. Schiffb. Ges. **2** (1901), 211.

[157]) A. Kriloff und C. H. Müller, Die Vibrationen des Schiffes. Encycl. d. Math. Wiss. Bd. IV, 3; 517 (1907).

§ 93. Schwingungen von Brücken und Fachwerken.

[158]) Literatur über Brückenschwingungen: F. Steiner, Grundformeln schwingender Brücken. Z. öst. Ing. Arch. V. **44** (1892), 113. (Hier auch einiges über Schwingungsbeobachtungen bzw. Messungen). — Fr. Engesser, Über die Schwingungsdauer eiserner Brücken. Z. öst. Ing. Arch. V. **44** (1892), 386, 671. — Deslandres, Ann. Ponts. Chauss. (7) 4 (1892), 765. — Souleyre, Ann. Pont. Chauss. **18** (1889), II, 341—441. — Glauser, Zentr. Bauverw. 1892, 159, 199, 215. — Glauser, Glasers Ann. 1894, 56—59. — H. Saller, Einfluß bewegter Last auf Eisenbahnoberbau und Brücken. Berlin 1921.

[159]) G. G. Stokes, Discussion of a Differential Equation relating to the Breaking of Railway, Bridges. Trans. Cambr. Ph. Soc. VIII (1849), 707. — Math. Phys. Pap. (1883), Vol. II, 178.

[160]) H. Zimmermann, Schwingungen eines Trägers mit bewegter Last. Berlin 1896.

[161]) M. Radakovic, Über die Bewegung einer Saite unter der Einwirkung einer Kraft mit wanderndem Angriffspunkt. Wien. Ber. **8**, IIa (1899), 577.

[162]) H. Reissner, Zur Dynamik der Fachwerke. Z. f. Bauw. **49** (1899), 478.

[163]) H. Reissner, Schwingungsaufgaben aus der Theorie des Fachwerks. Z. f. Bauw. **53** (1903), 135.

[164]) E. Pohlhausen, Berechnung der Eigenschwingungen statisch bestimmter Fachwerke. Z. Ans. Math. Mech. **1** (1911), 28.

§ 94. Wellenschwingungen mit Eigenmasse und innerer und äußerer Dämpfung.

[165]) Weitere Ausführungen zu diesem Abschnitte findet man bei H. Holzer, Die Berechnung der Drehschwingungen. Berlin, J. Springer, 1921.

§ 95. Die Kraftfeldansätze bei Wellenschwingungen.

[166]) Eine Übersicht über die vorliegenden Ergebnisse und Problemstellungen bietet der Bericht von Th. v. Kármán und L. Föppl, Physikalische Grundlagen der Festigkeitslehre. Encycl. d. Math. Wiss. Bd. IV, 31 (1904).

[167]) Vgl. hierzu die Zusammenfassungen: L. Gümbel, Der heutige Stand der Schmierungsfrage. Forschungsarb. V. d. I. Nr. 224 (1920). — A. Sommerfeld, Zur Theorie der Schmiermittelreibung. Z. f. techn. Physik **2** (1921), 58 und 89.

[168]) Ausführlich wird die Frage der Stöße bei Maschinen behandelt von: F. Döhne, Über Druckwechsel und Stöße bei Maschinen mit Kurbel-

trieb. Forschungsarb. Nr. 118 (1912). — H. Polster, Untersuchung der Druckwechsel und Stöße im Kurbelgetriebe von Kolbenmaschinen. Forschungsarb. Nr. 172/73 (1915).

[169]) A. Stodola, Die Dampfturbine. 4. A. 1910. S. 120.

[170]) H. Frahm, Neue Untersuchungen über Wellenschwingungen. Z. d. V. d. I. 1902, 779, 886.

§ 96. Schwingungen von zylindrischen Schraubenfedern.

[171]) Literatur: J. Magg, Schwingungserscheinungen in zylindrischen Schraubenfedern und die Gesetze des Schlagens der Ventile. Verh. Ges. Bef. Gew. Tl. **91** (1912), 480. — P. Fröhlich, Die dynamischen Vorgänge in zylindrischen Schraubenfedern mit besonderer Berücksichtigung der Massendruck-Kompensatoren. Z. f. Math. Phys. **56** (1908), 379. — C. Fischer, Die Schraubenfeder. Mitt. Preuß. Haupt. St. Nat. Wiss. Unterr. **1** (1920), 78. — J. Magg, Die Steuerungen der Verbrennungskraftmaschinen. J. Springer, Berlin 1914.

§ 97. Seil- und Kettenschwingungen.

[172]) Weitere Ausführungen über Kettenschwingungen finden sich in E. J. Routh, Die Dynamik der Systeme starrer Körper II, 1898, S. 574f. — Eine Anwendung findet die Seilschwingungstheorie im Fördermaschinenbetriebe, worüber ausgiebiges Versuchsmaterial beigebracht wird von E. Jahnke und G. Keinath in dem Bericht: Zur Überwachung von Schacht und Fördermaschine während der Betriebsfahrt. Z. f. d. Berg-, Hütten- und Salinenwesen im Preuß. Staate 1921.

§ 98. Die Eulerschen Differentialgleichungen der Flüssigkeitsbewegung.

[173]) Ausführlicheres über die Anwendung der Eulerschen Gleichungen bei A. Föppl, Techn. Mechanik VI, 1910. — H. Lorenz, Technische Hydromechanik 1910. — Riemann-Weber, Partielle Differentialgleichungen II, 1901.

§ 99. Wellenbewegung bei Wirbelfreiheit.

[174]) Vgl. zur Darstellung dieses Paragraphen: G. Jäger, Theoret. Physik I, 1906, und H. Lamb, Lehrbuch der Hydrodynamik 1907, deutsch von J. Friedel.

§ 100. Die Lagrangeschen Differentialgleichungen der Flüssigkeitsbewegung.

[175]) Die Lagrangeschen hydrodynamischen Gleichungen werden als Untersuchungsmittel besonders benutzt bei Riemann-Weber, Die partiellen Differentialgleichungen der math. Physik II, 1901.

§ 101. Wellen auf dem Meere und in Kanälen.

[176]) Die vorstehend entwickelte Theorie stammt von F. J. v. Gerstner [Theorie der Wellen, Ann. d. Phys. **32** (1809)] und wurde später von W. J. M. Rankine (On the Exact Form of Wawes near the Surface of Deep Water;

Phil. Trans. 1863) neu aufgefunden. Obwohl sie wegen der im Text erwähnten physikalischen Schwierigkeit heute besser durch andere Theorien zu ersetzen ist (vgl. § 99), so bildet sie doch noch häufig einen Bestandteil der hydrodynamischen Lehrbücher, so z. B. bei A. Föppl und H. Lamb (Anm. 173).

176a) Die Theorie der Kanalwellen geht besonders zurück auf eine umfangreiche Abhandlung von J. V. Boussinesq, Essai sur la théorie des eaux courants. Paris. Mém. prés. par div. sav. **23**, **24** (1877). — Kürzere neuere Darstellungen finden sich bei Ph. Forchheimer, Hydraulik 1914, H. Lamb (Ann. 174) und H. Lorenz, Technische Hydromechanik 1910. — Eine experimentelle Studie eines Spezialproblems aus neuester Zeit bietet E. Feifel, Veränd. Strömung in offenen Gerinnen usw. Forschungsarb. Nr. 205 (1918).

§ 102. Stabilitätsuntersuchung bei einer Wirbelbewegung.

177) Literatur: Th. v. Karman, Über den Mechanismus des Widerstands, den ein bewegter Körper in einer Flüssigkeit erfährt. Gött. Nachr. 1911, 507, und 1912, 547. — Th. v. Karman und H. Rubach, Über den Mechanismus des Flüssigkeits- und Luftwiderstands. Phys. Z. 1912, 49. — F. Pfeiffer, Theorien des Flüssigkeitswiderstandes. Jahresber. d. Math. Vergg. **22** (1913), 113. — Andere Wirbelbewegungen behandeln: L. Föppl, Wirbelbewegung hinter einem Kreiszylinder. Münch. Ber. 1913. — M. Lagally, Über die Bewegung einzelner Wirbel in einer strömenden Flüssigkeit. Münch. Ber. 1914.

§ 103. Schwingungen von Flüssigkeiten in Leitungen und Gefäßen.

178) Über die Schwingungen in Leitungen und Gefäßen gibt es seit J. Newton eine ausgedehnte Literatur, über die ausführlich bei Ph. Forchheimer (Anm. 176a) berichtet ist.

§ 104. Schwingungen bei hydraulischen Maschinen.

179) Allg. Literatur: H. Lorenz, Technische Hydromechanik 1910, S. 146. — A. Utard, Dinglers polyt. Journ. **324** (1909), 401. — Literatur zu Ziff. 2: A. Stodola, Schweiz. Bauzeitung **22** (1893), 113, und **23** (1894), 108. — A. Rateau, Traité des turbomachines. Paris 1900, 240. — E. Feifel, (Anm. 176a). — R. Dubs und V. Bataillard, Allg. Theorie der veränderlichen Bewegung in Rohrleitungen von L. Allievi. Berlin 1909. — Literatur zu Ziff. 3: A. Gramberg, Wirkungsweise und Berechnung der Windkessel der Kolbenpumpen. Forschungsarb. Nr. 129 (1912). — Literatur zu Ziff. 4: A. Rasch und F. Bauwens, Die Kraftübertragungsanlagen der Rurtalsperrengesellschaft. Z. d. V. d. I. **52** (1908), 609.

§ 105. Schall im freien Raum. Hörbarkeit von Tönen.

180) R. Ladenburg und E. v. Angerer, Über die Ausbreitung des Schalles in der freien Atmosphäre. Privatdruck der ehemaligen Preußischen Artillerieprüfungskommission. Berlin 1918.

181) M. Wien, Über die Empfindlichkeit des menschlichen Ohres für Töne verschiedener Höhe. Phys. Z. **3** (1902); **4** (1903), 71.

§ 106. Dämpfung von Schallwellen im freien Raum.

[182]) A. Winkelmann, Handbuch der Physik II. F. Auerbach, Akustik. S. 494 (1909).

[183]) E. Allard, Memoire sur la portée des sons et sur les charactères à attribuer aux signaux sonores. Paris 1882. C. R. **95** (1882), 1062.

[184]) C. Ribière, Phares et Signaux Maritimes. Paris 1908.

[185]) H. Barkhausen und H. Lichte, Quantitative Unterwasserschallversuche. Ann. d. Phys. IV. **62** (1920), 485.

[186]) Weitere Literatur: R. Berger, Über die Schalldurchlässigkeit. Diss. München 1911. — F. Weisbach, Bauakustik. Berlin 1913. — R. Ottenstein, Über den Schutz gegen Schall und Erschütterungen. Beihefte z. Gesundheitsingenieur, Reihe 2, H. 1. München und Berlin 1916. — Rayleigh, Theorie des Schalles. **2**, 104, Braunschweig 1881.

§ 107. Probleme der Bauakustik.

[187]) P. Drude, Über die Reflexion und Brechung von Schallwellen an der Grenze zweier isotroper, mit innerer Reibung behafteter Medien. Wied. Ann. **41** (1890), 759.

[188]) F. Weisbach, Bauakustik. Schutz gegen Schall und Erschütterungen. Berlin 1913. — R. Ottenstein, Über den Schutz gegen Schall und Erschütterungen. Beihefte z. Gesundheitsingenieur, Reihe 2, H. 1. München und Berlin 1916. — R. Berger, Über die Schalldurchlässigkeit. Diss. München 1911. — E. Michel, Hörsamkeit großer Räume. Braunschweig 1921.

§ 108. Theorie der Pfeifentöne.

[189]) H. v. Helmholtz, Theorie der Luftschwingungen in Röhren mit offenen Enden. Crelle J. **57** (1860), 1. — A. Kalähne, Grundzüge der mathematisch-physikalischen Akustik. I, II. Leipzig und Berlin 1913.

[190]) Über die Erregung von Pfeifentönen durch Anblasen siehe Handbuch der Physik von A. Winkelmann. 2. Aufl., II: F. Auerbach, Akustik. S. 432f. (1909), sowie unsere Darstellung in § 122.

Berichtigung: Auf S. 574, Zeile 5 v. o. muß es statt Adiabetische heißen: Adiabatische.

§ 109. Schwingungen von Gasen in den Rohrleitungen von Kolbenmaschinen.

[191]) W. Borth, Schwingungs- und Resonanzerscheinungen in den Rohrleitungen von Kolbengebläsen. Z. d. V. d. I. 1916, S. 565, 591, 611.

[192]) P. Voissel, Resonanzerscheinungen in der Saugleitung von Kompressoren und Gasmotoren. Mitt. üb. Forsch.arb. H. 106 (1911), Z. 1912, S. 720.

[193]) Weitere Literatur: E. W. Koester, Luftkompressoren. Z. d. V. d. I. 1904, S. 109. — H. Baer und H. Bonte, Erfahrungen im Bau und Betriebe von Gebläsen. Z. d. V. d. I. 1906, S. 1, 53. — A. Gramberg, Wirkungsweise und Berechnung der Windkessel von Kolbenpumpen. Mitt. üb. Forsch.arb. H. 129 (1911), Z. 1911, S. 842.

§ 110. Luftwellen mit endlicher Schwingungsweite.

[194]) B. Riemann, Über die Fortpflanzung ebener Luftwellen von endlicher Schwingungsweite. Gött. Nachr. 1860. Ges. Werke. 2. Aufl. 1892, 157. — R. H. Weber und R. Gans, Repertorium der Physik. I. 1 (1905), 387.

[195]) W. Wolff, Über die bei Explosionen in der Luft eingeleiteten Vorgänge. Ann. d. Phys. N. F. **69**, 329.

[196]) Weitere Literatur zur Fortpflanzung von Verdichtungsstößen: J. Hadamard, Leçons sur la propagation des ondes et les équations de l'hydrodynamique. Paris 1903. — G. Zemplen, Über unstetige Bewegungen in Flüssigkeiten. Enzykl. d. Math. IV, (3), (1905), 281. — R. Rüdenberg, Über die Fortpflanzungsgeschwindigkeit und Impulsstärke von Verdichtungsstößen. Artillerist. Monatshefte Nr. 113, Maiheft 1916.

[197]) Den eigentlichen Explosionsvorgang behandeln: H. Brunswig, Die Explosivstoffe. Leipzig 1903. — H. Lorenz, Die mechanische Wirkung der Treibmittel im Rohr. Artillerist. Monatshefte Nr. 129, Sept.-Heft 1917. — Vgl. hierzu auch die ausführlich bei Rüdenberg genannte Literatur.

§ 111. Gasströmungen mit Überschallgeschwindigkeit.

[198]) H. Lorenz, Die stationäre Strömung von Gasen durch Rohre mit veränderlichem Querschnitt. Phys. Z. **4** (1903), 333. — H. Lorenz, Die stationäre Strömung von Gasen und Dämpfen durch Rohre mit veränderlichem Querschnitt. Z. d. V. d. I. **47** (1903), 1600. — L. Prandtl, Beiträge zur Theorie der Dampfströmung durch Düsen. Z. d. V. d. I. **48** (1904), 348.

[199]) A. Stodola, Die Dampfturbinen und die Aussichten der Wärmekraftmaschinen. Z. d. V. d. I. **47** (1903), 1.

[200]) L. Prandtl, Neue Untersuchungen über die strömende Bewegung der Gase und Dämpfe. Phys. Z. **8** (1907), 23.

[201]) Vgl. hierzu auch: Th. Meyer, Über zweidimensionale Bewegungsvorgänge in einem Gas, welches mit Überschallgeschwindigkeit strömt. Forsch.arb. H. 62, 1908, und E. Magin, Optische Untersuchung über den Ausfluß von Luft durch eine Lavoldüse. Forsch.arb. H. 62, 1908.

[202]) Zuerst beobachtet von: R. Emden, Ausströmungserscheinungen permanenter Gase. Wied. Ann. N. F. **69** (1899), 264, 426.

[203]) L. Prandtl, Über die stationären Wellen in einem Gasstrahl. Phys. Z. **5** (1904), 599.

§ 112. Beurteilung von Stabilitätsfragen mit Hilfe der elektrischen Charakteristiken.

[204]) W. Kaufmann: Elektrodynamische Eigentümlichkeiten leitender Gase. Ann. d. Phys. (4) **2** (1900), 158.

§ 113. Die mechanische Charakteristik und ihr Stabilitätskriterium.

[205]) Vgl. zum folgenden H. Busch: Stabilität, Labilität und Pendelungen in der Elektrotechnik. Leipzig 1913.

§ 114. Das Pendeln parallel geschalteter Wechselstrommaschinen.

206) Procédé Hutin et Leblanc pour la synchronisation des alternateurs. Lum. électr. **46** (1892), 601, 651.

207) S. Anm. 206.

208) Arbeiten und Bemerkungen von Görges: ETZ. 1900, 192; 1902, 1053; 1903, 378, 676, 1023.

209) Arbeiten und Bemerkungen von Rosenberg: ETZ. 1902, 425; 1903, 761, 857, 1024.

210) A. Sommerfeld: Das Pendeln parallel geschalteter Maschinen. E. T. Z. 1904 H. 14/15.

211) A. Föppl: Das Pendeln parallel geschalteter Maschinen. E. T. Z. 1902, H. 4.

212) Durch das Verfahren der sukzessiven Näherungen wäre es möglich, eine Fourierentwicklung für ϑ zu gewinnen. Vgl. hierzu § 140.

213) Mit der Berechnung derartiger Dämpferwicklungen beschäftigen sich: P. Boucherot: Amortissement et amortisseurs des alternateurs. Lum. él. **24** (1913), 167, und M. Liwschitz: Entwurf der Dämpferwicklung einer Mehrphasen-Synchronmaschine im Parallelbetrieb. Arch. f. El. **10** (1921), 96.

214) Neuere Literatur: C. Feldmann und W. Nobel: Kritische Untersuchung über das Pendeln synchroner Maschinen. Arch. f. El. **1** (1912), 291. — G. Benischke: Der Parallelbetrieb von Wechselstrommaschinen. 2. Aufl. Braunschweig 1918. — L. Dreyfus: Zur Theorie des Parallelbetriebes von Synchronmaschinen. Arch. f. El. **8** (1919), 132.

§ 115. Synchrone Übertragung von Bewegungen.

215) Vgl. hierzu W. Hort: Zur Dynamik synchroner Bewegungsübertragungen. Dinglers Polyt. Journ. **332** (1917), 297.

216) Über praktische Ausführungen vgl. A. Stauch: Über den elektrischen Antrieb des Schiffssteuers. Schiffbau 1908.

§ 116. Schallsender und Schallempfänger.

217) Zur Theorie des Telephons vgl. H. Poincaré: L'éclairage électrique **20** (1907), 221. — W. Hahnemann und H. Hecht: Eine Theorie des Telephons. Ann. d. Phys., IV. F. **63**, (1920), 57. — W. Hahnemann und H. Hecht: Der mechanische akustische Aufbau eines Telephons. Ann. d. Phys., IV. F., **60** (1919), 454.

218) H. Carsten: Bemerkungen zur experimentellen Untersuchung von Telephonen. Phys. Z. **22** (1921), 501. — Ders.: Leistungsmessungen an Telephonen. Z. f. techn. Phys. **2** (1921), 312. — Über andere Messungen siehe: Manne Siegbahn: Untersuchung über die Schwingungen von Telephonmembranen. I. Ann. d. Phys. (4) **42** (1913), 689. II. Ann. d. Phys. (4) **46** (1915), 278.

219) In den zu Anm. 217) genannten Arbeiten.

220) Über die Einrichtung und Wirkung der Unterwasserschallsender handeln ausführlich: A. du Bois-Reymond, W. Hahnemann und H. Hecht: Entwicklung, Wirkung und Leistung des elektromagnetisch erregten Unterwasserschallsenders nach dem Telephonprinzip. Z. f. techn

Phys. **2** (1921), 1. — H. Lichte: Elektromagnetische Schallsender. Z. f. techn. Phys. **2** (1921), 12. — W. Hahnemann und H. Hecht: Schallgeber und Schallempfänger. Phy. Z. **20** (1919), 104, 245; **21** (1920), 26, 426. — H. Hecht: Über technische Akustik mit besonderer Berücksichtigung des Unterwasserschallwesens. Z. f. techn. Phys. **2** (1921), 265.

221) W. Hahnemann und H. Hecht: Schallfelder und Schallantennen. Phys. Z. **17** (1916), 601; **18** (1917), 261.

222) W. Hahnemann und H. Hecht: Die Grundform des mechanisch-akustischen Schwingungskörpers. (Der Tonpilz.) Phys. Z. **21** (1920), 187.

223) H. Gerdien und H. Riegger: Ein akustischer Schwinger. Wiss. Veröff. a. d. Siemens-Konzern I, 1 (1920), 137. — K. Boedeker und H. Riegger: Über Bau und Anwendungen eines mechanischen Schwingers. Ebenda 141. — H. Gerdien: Über einen akustischen Schwinger. Z. f. techn. Phys. **3** (1922), 40.

§ 117. Freie ungedämpfte Koppelschwingungen.

224) M. Wien: Über die Rückwirkung eines resonierenden Systems. Ann. d. Phys. (N. F.) **61** (1897), 151. — Ders.: Über die Verwendung der Resonanz in der drahtlosen Telegraphie. Ann. d. Phys. (4) **8** (1902), 686.

§ 118. Freie gedämpfte Koppelschwingungen.

225) P. Drude: Über induktive Erregung zweier elektrischer Schwingungskreise mit Anwendung auf Perioden- und Dämpfungsmessung, Teslatransformatoren und drahtlose Telegraphie. Ann. d. Phys. (4) **13** (1904), 512.

226) F. Kiebitz: Vollständige Lösung der Differentialgleichungen zweier magnetisch gekoppelter konstant gedämpfter elektrischer Schwingungskreise. Ann. d. Phys. **40** (1913), 138. — G. Glage und H. Edler: Über das Ziehen des Zwischenkreisröhrensenders. Arch. f. El. **9** (1920), 20. — W. Rogowsky: Die Dämpfungen zweier induktiv gekoppelter Schwingungskreise. I. Vorherrschende Kopplung. Arch. f. El. **9** (1921), 427. — F. Harms: Die Theorie gekoppelter Systeme mit Selbsterregung. Ann. d. Phys. **66** (1921), 25.

Alle diese Untersuchungen stehen im engen Zusammenhang mit den Erscheinungen selbsterregter Schwingungen, die wir in Abschnitt XVI noch besonders behandeln werden. Die mannigfachen Beziehungen, die in dieser Hinsicht zwischen mechanischen und elektrischen Systemen bestehen finden eingehende und aufschlußreiche Behandlung bei H. Vogel: Die Zungenpfeife als resonierendes System [Ann. d. Phys. (4) **66** (1920), 247] und H. Vogel und M. Wien: Zungenpfeife und Röhrensender [Ann. d. Phys. (4) **66** (1920), 649], namentlich in bezug auf die erwähnte Erscheinung des „Ziehens".

§ 119. Die einwellige Resonanzkurve.

227) A. Kalähne: Grundzüge der mathematisch-physikalischen Akustik. I. II. Berlin und Leipzig 1910—1913.

§ 120. Erzwungene Koppelschwingungen.

[228]) Vgl. Anm. [224]).

[229]) J. Zenneck: Lehrbuch der drahtlosen Telegraphie, 4. Aufl. 1916, S. 168.

[230]) C. Fischer: Methoden zur getrennten Untersuchung gekoppelter Oszillatoren. Ann. d. Phys. (4) **19** (1906), 182.

§ 121. Anwendungen der Koppelungstheorie.

[231]) H. Frahm: Neuartige Schlingertanks zur Abdämpfung von Schiffsrollbewegungen und ihre erfolgreiche Anwendung in der Praxis. Jb. d. Schiffbautechn. Ges. **12** (1911), 283. — F. Horn: Theorie des Frahmschen Schlingerdämpfungstanks. Ebenda, 453.

[232]) Nach einem von Herrn H. Frahm zur Verfügung gestellten Originaldiagramm.

[233]) P. Zeeman: Over den invloed eener magnetisatie op den aard van het door een stuf uitgezonden licht. Versl. kon. acad. v. wetensch. Amsterdam, Deel V (1896), 181, 242

§. 122. Allgemeine Übersicht.

[234]) H. Barkhausen: Das Problem der Schwingungserzeugung mit besonderer Berücksichtigung schneller elektrischer Schwingungen. Leipzig 1907. — Ders.: Artikel „Schwingungserregung" im Handwörterbuch der Naturwissenschaften. Jena 1913.

[234a]) Siehe § 63.

[234b]) Zum genaueren Studium der bei Zungenpfeifen auftretenden Schwingungen vgl. die Anm. [226]) zitierten Arbeiten von H. Vogel und M. Wien.

[235]) V. Hensen: Die Triebkraft für die Tonschwingung in den Labialpfeifen und die Lamellentöne. Ann. d. Phys. **2** (1900), 719. — Ders.: Darstellung der Lamellentöne. Ebenda **4** (1901), 41. — Ders.: Über die Umwandlung periodischer Massenanhäufungen in akustisch wirksame Bewegungen. Ebenda **16** (1905), 838. — Ders.: Über den zur Unterhaltung von Tonschwingungen notwendigen Anstoß. Ebenda **21** (1906), 781. — Vgl. auch die Darstellung von F. Auerbach: Artikel „Akustik" im Handbuch der Physik von A. Winkelmann, 2. Aufl. II (1909), S. 432f.

§ 123. Das Pendeln von Gleichstrommotoren.

[236]) Literatur: K. Humburg: Das Pendeln bei Gleichstrommotoren mit Wendepolen. Berlin 1912. — H. Busch: Stabilität, Labilität und Pendelungen in der Elektrotechnik. Leipzig 1913. — M. Hähnle: Experimentelle Untersuchungen am pendelnden Gleichstromnebenschlußmotor mit Wendepolen. Diss. Stuttgart 1918. — W. Otto: Das Pendeln von Gleichstrom-Wendepolmotoren. Arch. f. El. **9** (1921), 442.

[237]) Siehe Hähnle: Anm. [236]), S. 115.

[238]) Siehe Busch: Anm. [236]), S. 197.

§ 124. Elektrische Schwingungen im Lichtbogen.

[239]) Vgl. zum folgenden die Arbeit von A. Szarvassi: Elektrodynamische Theorie der Lichtbogen- und Funkenentladung. Ann. d. Phys. (4) **42** (1913), 1031.

[240]) Mrs. H. Ayrton: The elektric arc. London 1903. — Vgl. auch B. Monasch: Der elektrische Lichtbogen. Berlin 1904, und den Artikel „Lichtbogenentladung" von H. Th. Simon im Handwörterbuch der Naturwissenschaften Bd. VI (1912).

[241]) Vgl. Anm. [204]).

[242]) W. Dudell hat die Erscheinung des schwingenden Lichtbogens zuerst beschrieben: On Rapid variations in the Current through the Direct-Current-Arc. The Elektrician **46** (1900), 269, 310. Die genauere Erforschung verdankt man: H. Th. Simon und M. Reich: Über die Erzeugung hochfrequenter Wechselströme und ihre Verwendung in der drahtlosen Telegraphie. Phys. Zeitschr. **4** (1903), 364, 737. — H. Th. Simon: Zur Theorie des selbsttönenden Lichtbogens. Phys. Zeitschr. **7** (1906), 433. — Ders.: Über ungedämpfte elektrische Schwingungen. Jb. d. drahtl. Telegraphie **1** (1907), 16. — E. Riecke: Beitrag zur Theorie ungedämpfter elektrischer Schwingungen bei Gasentladungen. Gött. Nachr. 1907, 953. — Die praktische Anwendung stammt von W. Poulsen: Ein Verfahren zur Erzeugung ungedämpfter Schwingungen und seine Anwendung auf die drahtlose Telegraphie. ETZ. **27** (1906), 1040.

§ 125. Elektrische Schwingungen in Vakuumröhren.

[243]) J. Langmuir: Thermionenströme im hohen Vakuum. Phys. Z. **15** (1914), 348. — Vgl. auch H. G. Möller: Die Elektronenröhren. Braunschweig 1920.

[244]) M. Abraham: Berechnung des Durchgriffs von Verstärkerröhren. Arch. f. El. **8** (1919), 42.

[245]) H. Rukop: Die Hochvakuum-Eingitterröhre. Jb. d. drahtl. Telegr. **14** (1919), 113.

[246]) H. Barkhausen: Die Vakuumröhre und ihre technische Anwendung. Jb. d. drahtl. Telegr. **14** (1919), 27; **16** (1920), 82.

[247]) Vgl. D.R.P. 291 604 von A. Meissner.

[248]) Vgl. G. Vallauri: Über die Wirkungsweise der in der drahtlosen Telegraphie benutzten Vakuumröhren mit drei Elektroden (Audion). Jb. d. drahtl. Telegr. **12** (1918), 349.

[248a]) Die weitere Untersuchung der Elektronenröhren erstreckt sich, abgesehen von den Fragen der Ökonomie, des Wirkungsgrades und der Betriebssicherheit, besonders auf die Erscheinung des „Ziehens" bei den sog. Zwischenkreisröhrensendern, über die Literatur unter Anm. [226]) angegeben ist.

§ 126. Aufstellung der Telegraphengleichung.

[249]) H. Poincaré: Etude de la propagation du courant en période variable. Ecl. electr. **40** (1904), 121, 161, 201, 241.

[250]) K. W. Wagner: Die Fortpflanzung von Strömen in Kabeln und unvollkommenem Dielektrikum. ETZ. **34** (1911), 258. — Ders.: gl. Tit. Gött. Nachr. 1910, 425.

§ 127. Fortpflanzung von Wechselströmen längs Leitungen.

[251]) Vgl. zum folgenden: G. Roessler: Fernleitung von Wechselströmen. Springer, Berlin 1905.

[252]) Ausführlicher werden die Spiralendiagramme behandelt bei F. Breisig: Theoretische Telegraphie. Vieweg, Braunschweig 1910, und bei K. W. Wagner: Elektromagnetische Ausgleichsvorgänge in Freileitungen und Kabeln. Teubner, Leipzig 1908.

§ 128. Kraftübertragung mittels Wechselstrom.

[253]) Wertvolle Zahlenangaben über die Größe der Wirkungsgrade bei verschiedenen Leitungen findet man in dem Anm. [251]) zitierten Buche von G. Roessler.

§ 129. Die Wanderwellen.

[254]) Ausführliches über die Theorie der Wanderwellen bietet: K. W. Wagner: Elektromagnetische Ausgleichsvorgänge in Freileitungen und Kabeln. Teubner, Leipzig 1908.

[255]) Die Figuren 381 und 382 sind mit Genehmigung des Herrn Verfassers entnommen aus: K. W. Wagner: Elektromagnetische Ausgleichsvorgänge in Freileitungen und Kabeln. (Eine experimentelle Untersuchung.) ETZ. **32** (1911), 899, 928, 947.

§ 130. Das Telephonkabel.

[256]) Die folgenden Zahlenwerte entstammen dem Artikel „Kabelerscheinungen" von K. W. Wagner im Handwörterbuch der Naturwissenschaften, Bd. V (1914).

[257]) O. Heaviside: Electromagnetic theory. London 1894.

[258]) J. M. Pupin: Transactions Amer. Instit. El. Eng. **17** (1900), 245. (Außer den Pupin-Kabeln gibt es noch die Krarup-Kabel, die die Erhöhung der Selbstinduktion durch Umspinnung des Kupferdrahtes mit Eisendraht erreichen. Vgl. F. Breisig: Theoretische Telegraphie 1910, S. 320, und C. E. Krarup: ETZ. 1902, 344.)

§ 131. Das Telegraphenkabel.

[259]) Mit Genehmigung des Herrn Verfassers nach K. W. Wagner: Eine neue künstliche Leitung zur Untersuchung von Telegraphierströmen und Schaltvorgängen. ETZ. **33** (1912), 1289, 1321.

[260]) W. Thomson: On the theory of the Electric Telegraph. Phil. Mag. (4) **11** (1856), 146.

§ 132. Die Kettenleiter.

[261]) Vgl. zum folgenden: K. W. Wagner: Die Theorie der Kettenleiter nebst Anwendungen. Arch. f. El. **3** (1915), 315.

[261a]) Siehe W. Hort: Differentialgleichungen des Ingenieurs. 2. Aufl. J. Springer, Berlin 1922.

[262]) Vgl. K. W. Wagner: Spulen- und Kondensatorleitungen. Arch. f. El. **8** (1919), 61.

[263]) K. W. Wagner: Elektrische Kettenleiter und ihre technischen Anwendungen. Z. f. techn. Phys. **2** (1921), 297. — U. Meyer: Zur Theorie der Spulenleitungen. Z. f. techn. Phys. **2** (1921), 306. — H. Wigge: Ein mechanisches Modell des Kettenleiters. Z. f. techn. Phys. **2** (1921), 302.

§ 133. Aufstellung der Maxwellschen Gleichungen.

[264]) J. C. Maxwell, A Treatise of Electricity and Magnetism. Oxford 1873.

§ 134. Fortpflanzung elektromagnetischer Wellen und der Energie im Raum.

[265]) H. Weber: Die partiellen Differentialgleichungen der mathematischen Physik. Nach Riemanns Vorlesungen bearbeitet. 4. Aufl. Vieweg, Braunschweig 1901. Bd. I, S. 91f.

[266]) J. H. Poynting: On the Transfer of Energy in the Electromagnetic Field. Phil. Trans. **175** (1885), 343.

§ 135. Elektromagnetische Wellen im Erdraum.

[267]) Vgl. zum folgenden: F. Breisig: Theoretische Telegraphie. Friedr. Vieweg, Braunschweig 1910, S. 394f.

[268]) J. Zenneck: Lehrbuch der drahtlosen Telegraphie. 4. Aufl. Enke, Stuttgart 1916, S. 297.

[269]) H. Hertz: Untersuchungen über die Ausbreitung der elektrischen Kraft. Leipzig 1892, S. 150. Wied. Ann. **36** (1888), 1.

[270]) M. Abraham: Die elektrischen Schwingungen um einen stabförmigen Leiter, behandelt nach der Maxwellschen Theorie. Ann. d. Phys. (N. F.) **66** (1898), 435.

[271]) A. Sommerfeld: Über die Ausbreitung der Wellen in der drahtlosen Telegraphie. Ann. d. Phys. **28** (1909), 665. — Ders. Ausbreitung der Wellen in der drahtlosen Telegraphie. Jb. d. drahtl. Telegr. **4** (1911), 157.

[272]) W. v. Rybczynski: Über die Ausbreitung der Wellen in der drahtlosen Telegraphie auf der Erdkugel. Ann. d. Phys. **41** (1913), 191. — A. Sommerfeld: Die Überwindung der Erdkrümmung durch die Wellen der drahtlosen Telegraphie. Jb. f. drahtl. Telegr. **12** (1918), 2.

[273]) L. W. Austin: Über einige Versuche mit Radiotelegraphie auf große Entfernungen. Jb. d. drahtl. Telegr. **5** (1912), 75 (Referat).

[274]) Lehrbuch der drahtlosen Telegraphie 1916, S. 308.

§ 136. Antennen-Strahlung und -Empfang.

[275]) K. W. Wagner: Zur Elektrodynamik von Strahlerkreisen. Arch. f. El. **8** (1919), 490.

[276]) R. Rüdenberg: Der Empfang der elektrischen Wellen in der drahtlosen Telegraphie. Ann. d. Phys. **25** (1908), 446.

§ 137. Allgemeine Übersicht.

[277]) G. Duffing: Erzwungene Schwingungen bei veränderlicher Eigenfrequenz und ihre technische Bedeutung. Samml. Vieweg Bd. 41/42 (1918).

§ 138. Freie pseudoharmonische Schwingungen.

[278]) J. Horn: Zur Theorie der kleinen endlichen Schwingungen von Systemen mit einem Freiheitsgrad. Z. f. Math. u. Phys. **47** (1902), 400, sowie Erweiterungen dieser Untersuchungen: Ebenda **48** (1903), 400; **49** (1903), 246; **52** (1905), 1.

[279]) Wegen dieser Methode vgl. H. Burkhardt: Schwingungen unter Einfluß einer dem Quadrat der Geschwindigkeit proportionalen Dämpfung. Z. f. Math. u. Phys. **63** (1915), 303.

[280]) J. Biermanns: Der Schwingungskreis mit eisenhaltiger Induktivität. Arch. f. El. **3** (1915), 345.

[281]) R. Hartmann-Kempf: Über den Einfluß der Amplitude auf die Tonhöhe und das Dekrement von Stimmgabeln und zungenförmigen Stahlfederbändern. Ann. d. Phys. (4) **13** (1904), 124.

§ 139. Erzwungene Pseudoharmonische Schwingungen.

[282]) O. Martienssen: Über neue Resonanzerscheinungen in Wechselstromkreisen. Phys. Z. **11** (1910), 448.

[283]) Vgl. G. Duffing: a. a. O. Anm. [277]).

[284]) H. Helmholtz: Die Lehre von den Tonempfindungen. 5. Aufl., 1896, S. 650.

[285]) F. Auerbach: Akustik. 2. Bd. des Handwörterbuchs der Physik von A. Winkelmann. 1909, S. 623.

[286]) E. Waetzmann: Zur Theorie der Kombinationstöne. Ann. d. Phys. (4) **24** (1907), 68. — Cl. Schaefer: Über mögliche Erweiterungen der Helmholtzschen Theorie der Kombinationstöne. Ann. d. Phys. **33** (1910), 1216. — F. A. Schulze: Zur Theorie der Kombinationstöne. Ann. d. Phys. **34** (1911), 817.

[287]) R. König: Über den Zusammenklang zweier Töne. Pogg. Ann. **157** (1876), 177. — Ders.: Quelques expériences d'Acoustique. Paris 1872, S. 87.

[288]) E. Waetzmann: Versuch einer Versöhnung der Helmholtzschen Theorie der Kombinationstöne und der R. Königschen Theorie der Stoßtöne. Z. f. Phys. **1**, (1920), 416. — Ders.: Über erzwungene Schwingungen bei gestörter Superposition. Ann. d. Phys. **62** (1920), 371. — Ders.: Verzerrung von Schwingungen infolge unsymmetrischer Verhältnisse. Z. f. Phys. **1**, (1020), 271.

[289]) Cl. Schaefer und E. Juretzka: Theorie der Kombinationstöne an Saiten und Membranen. Ann. d. Phys. **41** (1913), 581.

[290]) Ergänzungen und Weiterführungen zu den vorstehenden Untersuchungen bieten: J. Horn: Über kleine, endliche erzwungene Schwingungen. Arch. f. Math. u. Phys. **28** (1920), und G. Hamel: Über erzwungene Schwingungen bei endlichen Amplituden. Math. Ann. **86** (1922), 1. —

Eine Untersuchung erzwungener pseudoharmonischer Schwingungen bei mehreren Freiheitsgraden bietet die Theorie des Wechselstromlichtbogens bei A. Szarvassi: Elektrodynamische Theorie der Lichtbogen- und Funkenentladung. Ann. d. Phys. (4) **42** (1913), 1031.

§ 140. Quasiharmonische Schwingungen.

[291]) Zusammenfassung der Literatur bei: A. Wichert: Neuere Theorien der Schüttelerscheinungen elektrischer Lokomotiven mit Parallelkurbelgetrieben. ETZ. **42** (1921), 103, 128, 151. Den Schlußfolgerungen dieser Zusammenfassung kann man nicht überall zustimmen.

[292]) Die Anwendung der quasiharmonischen Differentialgleichung auf die Schüttelschwingungen wird erstmalig versucht bei E. Meissner: Über Schüttelerscheinungen in Systemen mit periodisch veränderlicher Elastizität. Schweiz. Bauz. **72** (1918), 95. — Eine experimentelle Prüfung dieser Theorie versucht K. E. Müller: Über die Schüttelschwingungen des Kuppelstangenantriebs. Schweiz. Bauz. **74** (1919), 141.

[293]) Diese Einflüsse und überhaupt die Verhältnisse an ausgeführten Lokomotiven behandelt: A. C. Couwenhoven: Über die Schüttelerscheinungen elektrischer Lokomotiven mit Kurbelantrieb. Forschungsarb. des V. d. Ing., H. 218 (1919).

[294]) O. Emersleben: Freie Schwingungen in Kondensatorkreisen. Phys. Z. **22** (1921), 393.

[295]) Die Theorie dieser Differentialgleichung wird in besonders weitgehender Weise behandelt bei G. Hamel: Über die lineare Differentialgleichung zweiter Ordnung mit periodischen Koeffizienten. Math. Ann. **73** (1912), 371.

Anhänge.

[296]) Zur umfassenden Einführung in die Vektoranalysis dienen: W. v. Ignatowsky, Die Vektoranalysis und ihre Anwendung in der theoretischen Physik I. II. 1909/10. — E. Jahnke, Vorlesungen über Vektorenrechnung 1905.

[297]) Tabellen und zahlreiche Formeln über die Hyperbelfunktionen sind zu finden in „Hütte“, Des Ingenieurs Taschenbuch, Bd. I, sowie bei E. Jahnke und F. Emde, Funktionentafeln mit Formeln und Kurven. B. G. Teubner, Leipzig und Berlin 1909.

[298]) Zur Einführung in die Theorie der B. F. sei empfohlen: P. Schafheitlin, Die Theorie der Besselschen Funktionen. B. G. Teubner, Leipzig und Berlin 1908. — Formeln, Tabellen und Kurven der B. F. enthält auch das Anm. [297]) zitierte Werk von Jahnke-Emde.

[299]) Zum Studium der elliptischen Funktionen diene: M. Krause, Theorie der elliptischen Funktionen. B. G. Teubner. Leipzig und Berlin 1912. — O. Schlömilch, Kompendium der höheren Analysis II. 5. H. Braunschweig 1895.

[300]) Die Theorie dieser Substitution ist nachzusehen bei O. Schlömilch, a. a. O. Anm. [299]), S. 289f.

Sachverzeichnis.

Namenverzeichnis.

Aufgaben aus der technischen Mechanik. Von Professor **Ferd. Wittenbauer** in Graz.
Erster Band: **Allgemeiner Teil.** 843 Aufgaben nebst Lösungen. Vierte, vermehrte und verbesserte Auflage. Mit 627 Textfiguren. Unveränderter Neudruck. 1921. Gebunden Preis M. 48.—
Zweiter Band: **Festigkeitslehre.** 611 Aufgaben nebst Lösungen und einer Formelsammlung. Dritte, verbesserte Auflage. Mit 505 Textfiguren. Unveränderter Neudruck. Erscheint im Sommer 1922
Dritter Band: **Flüssigkeiten und Gase.** 634 Aufgaben nebst Lösungen und einer Formelsammlung. Dritte, vermehrte und verbesserte Auflage. Mit 433 Textfiguren. 1921. Gebunden Preis M. 50.—

Graphische Dynamik. Ein Lehrbuch für Studierende und Ingenieure. Von Professor **Ferdinand Wittenbauer** in Graz. Mit etwa 750 Textabbildungen. Erscheint im Sommer 1922

Elastizität und Festigkeit. Die für die Technik wichtigsten Sätze und deren erfahrungsmäßige Grundlage. Von Professor Dr.-Ing. **C. Bach** in Stuttgart. Unter Mitwirkung von Professor **R. Baumann** in Stuttgart. Achte, vermehrte Auflage. Mit in den Text gedruckten Abbildungen, 2 Buchdrucktafeln und 25 Tafeln in Lichtdruck. 1920. Gebunden Preis M. 88.—

Einführung in die Festigkeitslehre nebst Aufgaben aus dem Maschinenbau und der Baukonstruktion. Ein Lehrbuch für Maschinenbauschulen und andere technische Lehranstalten, sowie zum Selbstunterricht und für die Praxis. Von Ingenieur **Ernst Wehnert** in Leipzig. Mit 247 Textfiguren. Zweite, verbesserte und vermehrte Auflage. Unveränderter Neudruck 1921. Preis M. 30.—

Die Lehre von der zusammengesetzten Festigkeit nebst Aufgaben aus dem Gebiete des Maschinenbaues und der Baukonstruktion. Ein Lehrbuch für Maschinenbauschulen und andere technische Lehranstalten sowie zum Selbstunterricht und für die Praxis. Von Ingenieur **Ernst Wehnert.** Mit 142 Textfiguren. Unveränderter Neudruck. 1920. Gebunden Preis M. 24.—

Kompendium der Statik der Baukonstruktionen. Von Dr.-Ing. **J. Pirlet** in Aachen. In zwei Bänden.
Erster Band: **Die statisch bestimmten Systeme.**
Zweiter Band: **Die statisch unbestimmten Systeme.** In vier Teilen.
Zuerst erschien:
Zweiter Band, 1. Teil: Die allgemeinen Grundlagen zur Berechnung statisch unbestimmter Systeme. Die Untersuchung elastischer Formänderungen. Die Elastizitätsgleichungen und deren Auflösung. Mit 136 Textfiguren. 1921. Preis M. 40.—; gebunden M. 46.—
Zweiter Band, 2. Teil: Anwendung auf einfachere Aufgaben. Gerade Träger mit Endeinspannungen und mehr als zwei Stützen. Der beiderseits eingespannte Rahmen. Das Gewölbe. Armierte Balken und dergleichen. Mit etwa 160 Textfiguren. Erscheint im Herbst 1922

Praktische Winke zum Studium der Statik und zur Anwendung ihrer Gesetze. Ein Handbuch für Studierende und praktisch tätige Ingenieure. Von **Robert Otzen,** Geh. Regierungsrat und Professor an der Technischen Hochschule zu Hannover. Dritte Auflage. Mit 125 Textfiguren. (C.W.Kreidel's Verlag in Berlin W 9.) 1921. Preis M. 20.—; gebunden M. 24.—

Statik der Vierendeelträger. Von Dr.-Ing. **K. Kriso.** Mit 185 Textfiguren und Tabellen. 1922. Preis M. 270.—; gebunden M. 330.—

Hierzu Teuerungszuschläge

GPSR Compliance

The European Union's (EU) General Product Safety Regulation (GPSR) is a set of rules that requires consumer products to be safe and our obligations to ensure this.

If you have any concerns about our products, you can contact us on ProductSafety@springernature.com

In case Publisher is established outside the EU, the EU authorized representative is:

Springer Nature Customer Service Center GmbH
Europaplatz 3
69115 Heidelberg, Germany

Batch number: 10682439

Printed by Printforce, the Netherlands